28'75€

W0386595

inicia DUAL

1

# MATEMÁTICAS I

## BACHILLERATO

Esther Bescós i Escruela
Zoila Pena i Terrén

Oxford
EDUCACIÓN

# ÍNDICE DE CONTENIDOS

# 1 Números reales

Hacia el año 2000 a. C., los egipcios tomaban 256/81 como valor aproximado de $\pi$. Varios siglos más tarde, utilizando el cálculo de perímetros de polígonos regulares inscritos y circunscritos en una circunferencia, Arquímedes (siglo III a. C.) estimó que $\pi$ era un número comprendido entre 223/71 y 22/7.

Tsu Chung Chich (siglo V d. C.) realizó, mediante métodos geométricos, una aproximación de $\pi$ con 6 cifras decimales exactas.

A finales del siglo XIX, y recurriendo esta vez a métodos aritméticos, se consiguió una aproximación a $\pi$ de 707 cifras decimales exactas.

Actualmente, gracias a la capacidad de cálculo de los ordenadores, se ha logrado determinar una aproximación de $\pi$ con aproximadamente 500 millones de cifras decimales.

En esta unidad, además del número $\pi$, se tratan otros números llamados irracionales que, junto con los racionales, constituyen el conjunto de los números reales.

# Repasa lo que sabes

El conjunto de **números reales** ($\mathbb{R}$) lo componen el conjunto de los números **racionales** ($\mathbb{Q}$) y el de los **irracionales** ($\mathbb{I}$).

**OBSERVA**

- Un **número racional** se puede expresar como una fracción.
- Un **número irracional** es una expresión decimal ilimitada no periódica, y no se puede expresar como una fracción.

**1.** Piensa y escribe dos números racionales y otros dos números irracionales. Clasifícalos.

**2.** Escribe un número decimal exacto, uno decimal periódico puro y un decimal periódico mixto.

**3.** Ordena de mayor a menor estos números decimales.

*a)* $0{,}26 \quad 0{,}2\overset{\frown}{6} \quad 0{,}\overset{\frown}{26} \quad 0{,}26\overset{\frown}{9}$

*b)* $-0{,}0\overset{\frown}{3} \quad -0{,}035 \quad -0{,}03\overset{\frown}{2} \quad -0{,}0\overset{\frown}{32}$

*c)* $1{,}57 \quad 1{,}569 \quad 1{,}56$

El **valor absoluto** de un número entero es la distancia del segmento cuyos extremos son 0 y el número entero.

Para representar el valor absoluto de un número, escribimos ese número entre dos líneas verticales: $|a|$

**4.** Calcula el valor absoluto de $+5$ y de $-5$.

Las **identidades notables** más utilizadas son:

$$(a+b)^2 = a^2 + 2ab + b^2$$
$$(a-b)^2 = a^2 - 2ab + b^2$$
$$(a+b)(a-b) = a^2 - b^2$$

**5.** Desarrolla las siguientes expresiones.

*a)* $(x+4)^2$ *b)* $(3x-8)^2$ *c)* $(x^2-1)(x^2+1)$

**6.** Utiliza las identidades notables para expresar estos polinomios como producto de binomios.

*a)* $9x^2-1$ *b)* $4x^2-4x+1$ *c)* $4x^2-16$

El **conjugado** de la expresión $a+b$ es $a-b$.

**7.** Calcula el producto de $\left(\sqrt{3}+\sqrt{2}\right)$ por su conjugado.

- Si la base de una potencia es positiva, el resultado será siempre positivo.
- Si la base de una potencia es negativa, el resultado será positivo si el exponente es par y negativo si el exponente es impar.

**8.** Calcula el resultado de estas potencias.

*a)* $3^2$ *c)* $-3^3$ *e)* $-3^2$

*b)* $3^3$ *d)* $(-3)^2$ *f)* $(-3)^3$

# 1. Números y expresiones decimales

## 1.1. Los números racionales

**OBSERVA**

Una fracción da lugar a un número decimal exacto si, en su expresión irreducible, el denominador es un producto de potencias de 2 y de 5.

Así, 1/4, 34/125, 7/20 dan lugar a números decimales exactos, puesto que:

$$\frac{1}{4}=\frac{1}{2^2\cdot 5^0}=0{,}25$$

$$\frac{34}{125}=\frac{34}{5^3\cdot 2^0}=0{,}272$$

$$\frac{7}{20}=\frac{7}{2^2\cdot 5}=0{,}35$$

El conjunto de los **números racionales** está constituido por los números enteros y los números fraccionarios. Por tanto, cualquier número que pueda expresarse en forma de fracción es racional.

Toda fracción da lugar a un número decimal exacto o a un número decimal periódico. Por tanto, un número decimal es **racional** si, y solo si, es exacto o periódico. El conjunto de los números racionales está designado por $\mathbb{Q}$.

Por ejemplo:

- $27/4 = 6{,}75$ es decimal exacto.
- $56/33 = 1{,}\widehat{69}$ es decimal periódico puro.
- $-91/12 = -7{,}58\widehat{3}$ es decimal periódico mixto.

Todas estas expresiones decimales son ejemplos de números racionales.

Los números racionales se pueden **representar gráficamente** sobre una recta en la que se han determinado un origen y una unidad.

Así, para representar el número decimal 3,47, hacemos lo siguiente:

Dado que $3{,}47 = 3 + \frac{4}{10} + \frac{7}{100}$, se divide sucesivamente la unidad en 10 y 100 partes iguales. Se toman 3 unidades, 4 décimas y 7 centésimas, y se señala el punto correspondiente al número:

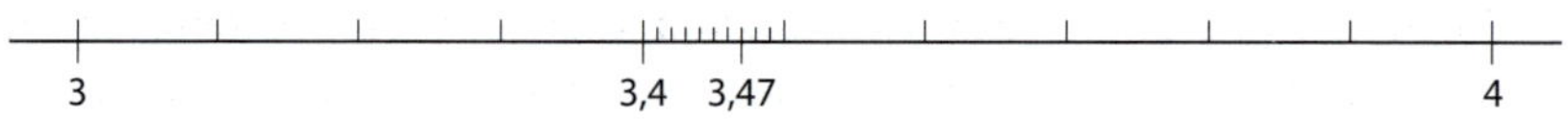


FIGURA 1.1.

**OBSERVA**

Un número decimal periódico con **período 9** es un decimal exacto:

$7{,}12\widehat{9} = 713/100 = 7{,}13$

Teóricamente, cualquier número racional se puede representar sobre la recta graduada pero, en la práctica, a menudo resulta imposible. Por ejemplo, es extraordinariamente difícil representar $-2{,}7645$ o $3{,}\widehat{61}$.

### Ejercicio resuelto

▶ *Representar el número decimal periódico* $1{,}\widehat{6}$.

Se escribe el número en forma de fracción: $1{,}\widehat{6} = 5/3$.

Puesto que $5/3 = 1 + 2/3$, se señala en una recta graduada el punto 1 y se traza una recta auxiliar con una cierta inclinación, la que se desee, que parta de dicho punto (figura 1.2).

Con el compás, se marcan sobre la recta auxiliar tres divisiones iguales. Se une mediante un segmento el punto que determina la tercera división con el que determina el número 2.

Basándonos en el teorema de Tales, se traza una paralela al segmento anterior que pase por el punto que determina la segunda división de la recta auxiliar. El punto de intersección de esta paralela con la recta graduada representa el valor $1{,}\widehat{6}$.

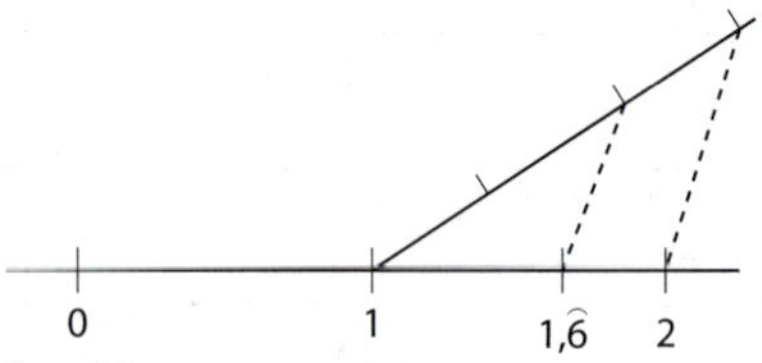


FIGURA 1.2.

## 1.2. Los números irracionales

Además de las expresiones decimales exactas o periódicas, existen **expresiones decimales ilimitadas no periódicas;** por ejemplo:

- 1,010 010 001...
- −3,525 125 625...
- 3,141 592 653... = $\pi$
- 1,414 213 562... = $\sqrt{2}$
- 2,718 281 828... = e

Se denominan **números irracionales** las expresiones decimales que no son limitadas ni periódicas y que, por tanto, no pueden expresarse como fracciones. El conjunto de los números irracionales está designado por $\mathbb{I}$.

Los miembros de la escuela pitagórica (siglo VI a. C.) ya conocían la existencia de números que no podían ser expresados como una fracción. Ejemplos de estos números irracionales son la diagonal de un cuadrado cuyo lado es la unidad, $\sqrt{2}$, y la diagonal de un pentágono regular que tiene por lado también la unidad, el **número áureo:**

$$\Phi = \frac{1 + \sqrt{5}}{2}$$

Otro ejemplo de número irracional es el número $\pi$, que proporciona la razón entre la longitud de una circunferencia y su diámetro.

### Representación gráfica de los números irracionales

Puesto que los números irracionales admiten una expresión decimal, aunque ilimitada, es lógico suponer que pueden representarse en una recta, al igual que los racionales: una vez situada la parte entera, se procede a dividir la unidad en diez partes para disponer las décimas; a continuación, cada décima se subdivide en diez partes para situar las centésimas, y se prosigue del mismo modo para las milésimas, diezmilésimas, cienmilésimas... (figura 1.3).

Este proceso supone una forma de aproximación al número irracional mediante la construcción de lo que se denominan **segmentos encajados.** Por ejemplo, $\pi$ es un número mayor que 3 y menor que 4. Si se divide en diez partes el segmento de la recta comprendido entre 3 y 4, resulta que $\pi$ está entre 3,1 y 3,2. Prosiguiendo de este modo, $\pi$ está determinado por una sucesión[1] de segmentos, que se podrían indicar como sigue:

$s_0 = (3, 4)$ $\quad$ $s_3 = (3{,}141; 3{,}142)$

$s_1 = (3{,}1; 3{,}2)$ $\quad$ $s_4 = (3{,}1415; 3{,}1416)$

$s_2 = (3{,}14; 3{,}15)$ $\quad$ ...

Cada segmento está contenido en el anterior y es la décima parte de él.

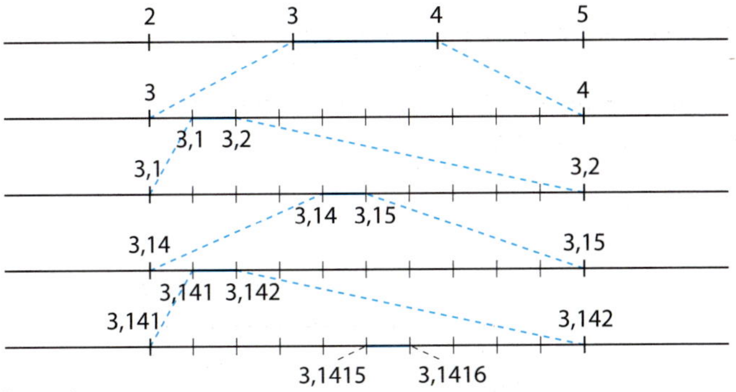


FIGURA 1.3.

[1]**sucesión:** secuencia de elementos escritos en un cierto orden.

Si aceptamos como axioma[1] que existe un punto común para cada sucesión decimal de segmentos encajados, podemos concluir que la expresión decimal que determina un número irracional se puede representar por un punto en la recta graduada.

Se ha introducido la noción de sucesión decimal de segmentos encajados como una forma de representar una expresión decimal ilimitada no periódica. No obstante, conviene remarcar que un número decimal cualquiera también se puede representar de la misma forma, aunque este no sea el procedimiento más habitual.

La representación exacta de un número irracional es, a menudo, imposible.

Los números irracionales que proceden de radicales cuadráticos pueden representarse como se indica en la figura 1.4.

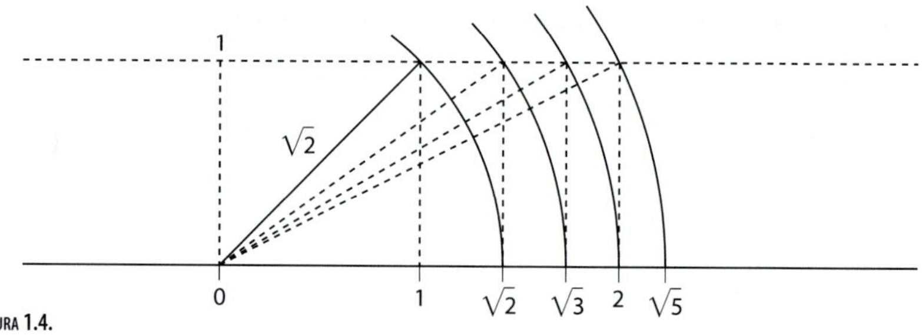


FIGURA 1.4.

La representación de los números irracionales rellena los huecos que deja en la recta la representación de los números racionales, por lo que la completan.

Del mismo modo, podemos afirmar que a cualquier punto, *P*, de la recta se le puede asignar un número racional o irracional; basta con realizar el proceso contrario: cualquier punto, *P*, de la recta será el punto común de una sucesión decimal de segmentos encajados. Si esta sucesión es finita, determina una expresión decimal exacta, y si no lo es, una ilimitada.

A toda **expresión decimal** (racional o irracional) le corresponde un único punto en la **recta graduada,** y viceversa.

### OBSERVA

El número decimal exacto $-2{,}456$ se puede determinar a partir de la siguiente **sucesión decimal:**

$-2{,}456 = [(-3, -2), (-2{,}5; -2{,}4), (-2{,}46; -2{,}45)]$

El número decimal periódico $0{,}\widehat{3}$ se puede determinar a partir de la sucesión decimal ilimitada:

$0{,}\widehat{3} = [(0, 1), (0{,}3; 0{,}4), (0{,}33; 0{,}34), (0{,}333; 0{,}334) \ldots]$

## Actividades

**1** ¿Por qué $-5{,}02\widehat{27}$ no es un número irracional?

**2** Determina y razona cuáles de los siguientes números son racionales y cuáles irracionales.

$$\frac{2}{7},\ 0{,}017,\ -3{,}41232323\ldots,\ \sqrt{3},$$

$$\sqrt{\frac{1}{81}},\ 4{,}1213141516\ldots$$

**3** Razona cuál de las siguientes frases es cierta.

*a)* Todo número decimal se puede expresar como una fracción.

*b)* Los números reales se pueden expresar como un número decimal exacto o periódico.

*c)* Todo número racional es real.

*d)* Todo número entero es racional.

*e)* Hay números reales que no pueden expresarse como una fracción.

*f)* Entre dos números racionales hay infinitos irracionales.

*g)* Los números irracionales no se pueden expresar en forma decimal.

[1] **axioma:** proposición universalmente aceptada y no demostrada. Es un principio claro y evidente.

# 2. El conjunto de los números reales

Los números decimales exactos, periódicos e ilimitados no periódicos constituyen el denominado conjunto de los números reales.

Los números racionales y los irracionales constituyen el conjunto de los **números reales,** que está designado por $\mathbb{R}$:

$$\mathbb{R} = \mathbb{Q} \cup \mathbb{I}$$

La determinación de un número real mediante segmentos encajados no es única ni, por supuesto, práctica. Un número real admite otro tipo de representaciones:

- Mediante **sucesiones de números decimales.** Por ejemplo:
  - 1/3 se puede aproximar mediante las sucesiones:
    - 0,3; 0,33; 0,333; … que se aproxima a $\frac{1}{3}$ por defecto.
    - 0,4; 0,34; 0,334; … que se aproxima a $\frac{1}{3}$ por exceso.
  - $\sqrt{2}$ se puede aproximar mediante las sucesiones:
    - 1; 1,4; 1,41; 1,414; … que se aproxima a $\sqrt{2}$ por defecto.
    - 2; 1,5; 1,42; 1,415; … que se aproxima a $\sqrt{2}$ por exceso.

  En ambas sucesiones, cada término ofrece una mejor aproximación al número real que el término anterior.

- Mediante una **expresión decimal.** Por ejemplo:
  - $\frac{3}{8} = 0{,}375$
  - $\frac{5}{13} = 0{,}384\,615\,384\,6\ldots$
  - $\sqrt{2} = 1{,}414\,213\,5\ldots$

  Como no es posible manejar infinitas cifras decimales, se utilizan aproximaciones. Por ejemplo, el número $\pi$ se expresa de forma aproximada en función de la necesidad de precisión: 3,14, si se aproxima con dos cifras decimales; 3,1416, si se hace con cuatro, etc. El número decimal 3,14 es una aproximación por defecto de $\pi$, y 3,1416 lo es por exceso.

**RECUERDA**

Si un número $a$ es una aproximación por defecto del número real $x$, entonces $a < x$. Si es una aproximación por exceso, $a > x$.

Es decir, toda aproximación supone un cierto error.

**RECUERDA**

Para hacer cálculos con números racionales, es conveniente utilizar sus **expresiones fraccionarias.** Así se garantiza la exactitud en el proceso.

## Actividades

**4** Determina una sucesión que se aproxime por defecto al número irracional $\sqrt{5}$.

**Solución:** 2; 2,2; 2,23; 2,236; 2,236 0; 2,236 06; 2,236 067; 2,236 067 9; 2,236 067 97; 2,236 067 977; 2,236 067 977 4; …

**5** Escribe una sucesión que se aproxime a $-\frac{4}{7}$ por exceso.

**Solución:** −0,5; −0,57; −0,571; −0,571 4; −0,571 42; −0,571 428; −0,571 428 5; −0,571 428 57; −0,571 428 571; −0,571 428 571 4; −0,571 428 571 42; …

**6** Aproxima por defecto el número e mediante una expresión con cuatro cifras decimales.

**7** Escribe dos números, uno racional y otro irracional, comprendidos entre los siguientes pares de números.

*a)* 5,1497 y 5,1498 *b)* −0,0091 y −0,009

# 3. La recta real. Intervalos

## 3.1. La recta real

Como ya hemos visto, si en la recta de la figura 1.5 se fija un punto de origen, 0, y se determina un segmento unidad, a cada número real le corresponde un único punto, y viceversa: a cada punto se le puede asignar un único número real.

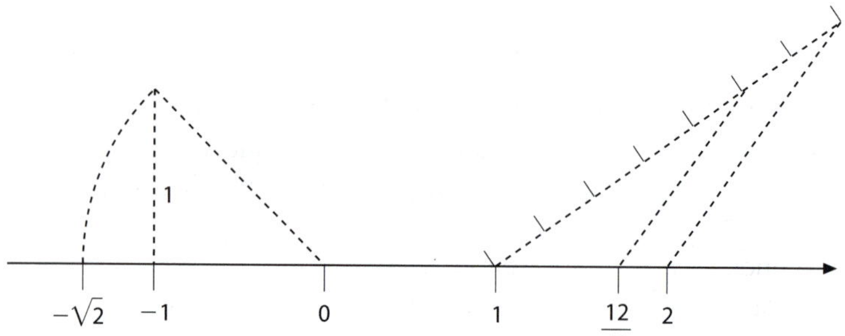


FIGURA 1.5.

La representación gráfica del conjunto de los números reales se denomina **recta real** o **recta numérica.**

## 3.2. Intervalos

Un **intervalo** es un subconjunto de números reales que se corresponde gráficamente con los puntos de un **segmento** o de una **semirrecta** de la **recta real** (figuras 1.6.a y 1.6.b).

En la recta numérica se asigna $-\infty$ al extremo izquierdo, y $+\infty$, al derecho; por eso, en ocasiones, se utiliza el intervalo $(-\infty, +\infty)$ para denotar el conjunto de todos los **números reales.**

Sean $a$ y $b$ dos números reales tales que $a<b$; se denomina **intervalo abierto** de extremos $a$ y $b$ al conjunto de números reales, $x$, tales que $a<x<b$. Se representa por $(a, b)$:

$$(a, b) = \{x \in \mathbb{R} \mid a<x<b\}$$

Gráficamente, el intervalo $(a, b)$ es el conjunto de los puntos del segmento $ab$, excluyendo los extremos, $a$ y $b$ (figura 1.6.a).

FIGURA 1.6.a.

FIGURA 1.6.b.

El conjunto de números reales, $x$, tales que $a \leq x \leq b$ constituye un **intervalo cerrado;** se representa por $[a, b]$:

$$[a, b] = \{x \in \mathbb{R} \mid a \leq x \leq b\}$$

Gráficamente, el intervalo $[a, b]$ es el conjunto de puntos del segmento $ab$ incluyendo los extremos (figura 1.6.b).

El intervalo $(a, b]$ representa el conjunto de números reales, $x$, tales que $a < x \leq b$. El intervalo $[a, b)$ representa el conjunto de números reales, $x$, tales que $a \leq x < b$.

Ambos intervalos, $(a, b]$ y $[a, b)$, se llaman **semiabiertos** o **semicerrados,** ya que solo uno de sus extremos pertenece al intervalo:

$$(a, b] = \{x \in \mathbb{R} \mid a < x \leq b\} \qquad [a, b) = \{x \in \mathbb{R} \mid a \leq x < b\}$$

**OBSERVA**

La expresión $b > a$ significa que $b$ es mayor que $a$; por tanto, en la recta, $b$ está a la derecha de $a$.

La expresión $a > 0$ equivale a decir que $a$ es un número positivo y se representa a la derecha del origen, 0, en la recta real. Cuando $a$ es un número negativo, se escribe $a < 0$ y se representa a la izquierda del origen.

Cuando aparecen los signos $\leq$ o $\geq$ entre dos expresiones numéricas o algebraicas, se entiende que estas pueden ser también iguales.

**OBSERVA**

Si $a = b$, el intervalo abierto $(a, b)$ no contiene ningún punto: es el **conjunto vacío.**

Si $a = b$, el intervalo cerrado $[a, b]$ solo contiene un punto, $P = a = b$.

Gráficamente, el intervalo $(a, b]$ es el conjunto de puntos del segmento $ab$ excluyendo el extremo $a$ e incluyendo el extremo $b$ (figura 1.6.c).

De la misma manera, el intervalo $[a, b)$ es el conjunto de puntos del segmento $ab$ donde se incluye el extremo $a$ y se excluye el otro extremo, $b$ (figura 1.6.d).

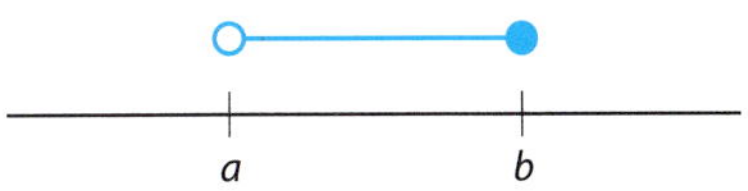


**FIGURA 1.6.c.**

**FIGURA 1.6.d.**

La **amplitud** de un intervalo es la longitud del segmento que determina.

El conjunto de los números reales, $x$, tales que $x < a$, se representa por $(-\infty, a)$ (figura 1.6.e). Del mismo modo, el conjunto de los números reales, $x$, tales que $x > a$, está representado por $(a, +\infty)$ (figura 1.6.f). Gráficamente, corresponden a dos **semirrectas** cuyo origen es $a$ (al que no incluyen) y tienen sentido opuesto (figuras 1.6.e y 1.6.f).

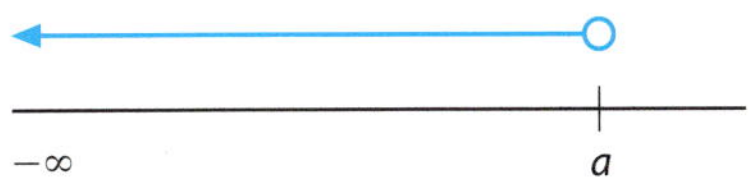


**FIGURA 1.6.e.**

**FIGURA 1.6.f.**

El **entorno de un punto, $x_0$,** es el intervalo $(x_0 - r, x_0 + r)$, donde $r$ es el radio, es decir, la mitad de la amplitud (figura 1.7). Dicho entorno se designa por $E(x_0, r)$.

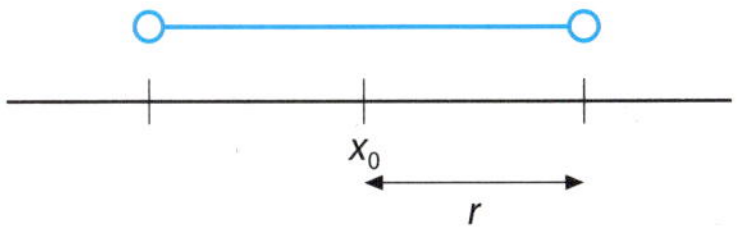


**FIGURA 1.7.**

## Ejercicios resueltos

▶ *Representar gráficamente los intervalos* $(3, 5)$, $(-1/2, 3/4]$, $(-\infty, 6)$, $[-2, +\infty)$ *y* $[-5/2, 7/3]$.

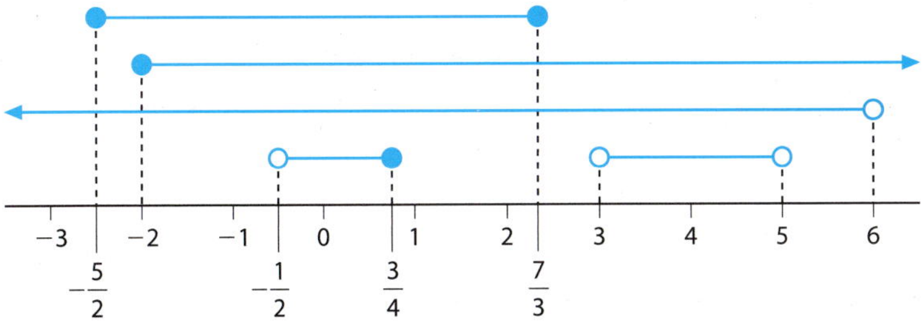


**FIGURA 1.8.**

▶ *¿Con qué conjuntos de números reales se corresponden los intervalos del ejemplo anterior?*

Se corresponden con $3 < x < 5$, $-1/2 < x \leq 3/4$, $x < 6$, $x \geq -2$ y $-5/2 \leq x \leq 7/3$, respectivamente.

▶ *Indicar el entorno del punto* $-1$, *de radio* $0{,}5$.

Es el intervalo $(-1{,}5; -0{,}5)$.

## Actividades

**8** Representa en la recta real los intervalos $\left(-2, -\frac{1}{2}\right)$ y $\left(-5, \frac{4}{3}\right]$.

**9** Representa gráficamente los números reales que verifican $-5 < x \leq 3$, $x > \sqrt{2}$, $1/3 \leq x \leq 5/2$ y $x \leq 3$. Escribe, en cada caso, de qué intervalo se trata.

# 4. Orden de números reales. Valor absoluto

## 4.1. Orden de números reales

El conjunto de los números reales con la relación menor o igual que ($\leq$) verifica las siguientes propiedades:

- $a \leq b$ si, y solo si, $b - a$ es un número real positivo o cero: $b - a \geq 0$.
- $a < b$, si, y solo si, $b - a > 0$. En este caso, decimos que $a$ es estrictamente menor que $b$.

Las expresiones $a \leq b$ y $a < b$ reciben el nombre de **desigualdades.**

### Propiedades

**1.** Si se suma un mismo número real a los dos miembros de una desigualdad, esta se mantiene: si $a < b$ (o $a \leq b$), entonces $a + c < b + c$ (o $a + c \leq b + c$), donde $c$ es un número real cualquiera.

Así, como $-4 < 5$, también $-4 + 3 < 5 + 3$, es decir, $-1 < 8$. Del mismo modo, $-4 - 3 < 5 - 3$, es decir, $-7 < 2$.

**2.** Si se multiplican los dos miembros de una desigualdad por un mismo número **positivo,** se mantiene la desigualdad, es decir: si $a < b$ (o $a \leq b$), y $c > 0$, entonces $a \cdot c < b \cdot c$ (o $a \cdot c \leq b \cdot c$).

Así, como $-5 < 3/5$, también $-5 \cdot 5/7 < 3/5 \cdot 5/7$, es decir, $-25/7 < 3/7$.

**3.** Si se multiplican los dos miembros de una desigualdad por un mismo número real **negativo,** se invierte la desigualdad, es decir: si $a < b$ (o $a \leq b$), y $c < 0$, entonces $a \cdot c > b \cdot c$ (o $a \cdot c \geq b \cdot c$).

Si en la desigualdad $-7 < -2$ se multiplican ambos miembros por $-2$, se obtiene $14 > 4$. De este modo, si $a$ es un número positivo, $a/3 < 3a/7$, y si es negativo, $a/3 > 3a/7$. Cambia el sentido

**OBSERVA**

La propiedad **2** sirve para la división por un número real positivo, puesto que dividir es lo mismo que multiplicar por el inverso.

La propiedad **3** se puede demostrar de la siguiente forma:

Sea $a < b$. En este caso, $b - a > 0$. Multiplicando $(b - a)$ por un número real negativo $c$, tenemos que $(b - a) \cdot c < 0$, es decir, $b \cdot c - a \cdot c < 0$. Esta desigualdad significa que $b \cdot c$ es menor que $a \cdot c$; por tanto, $a \cdot c > b \cdot c$, como se quería demostrar.

**Ejercicio resuelto**

▶ *Si a cumple* $-1 < a + 3$ y $a + 3 < 0$, *¿a qué intervalo pertenece?*

A partir de las condiciones del enunciado, podemos determinar que:

$$-1 < a + 3 < 0$$

Por tanto, $a + 3$ pertenece al intervalo $(-1, 0)$. Para determinar a qué intervalo pertenece $a$, se procede del siguiente modo:

$$-1 - 3 < a + 3 - 3 < 0 - 3, \text{ es decir, } -4 < a < -3$$

Por consiguiente, $a$ pertenece al intervalo $(-4, -3)$.

**Actividades**

**10** Si $a > 0, b > 0$ y $a < b$, ¿qué relación de desigualdad existe entre $1/a$ y $1/b$?

**11** Si $a < 0$ y $b > 0$, ¿qué relación de desigualdad existe entre $1/a$ y $1/b$?

**12** Si $2a - 1 > 0$ y $-3a > 4$, determina el intervalo al que pertenece $a$.

**13** Si $x, y, z$ son positivos, y $x \cdot (y + z) > y \cdot (x + z)$, ¿qué relación de orden existe entre $x$ e $y$?

**14** La diferencia de edad entre una madre y su hija es de 28 años. ¿Cuándo superará la edad de la hija la mitad de la de su madre más 10 años?

**Solución:** Cuando la hija tenga más de 48 años, la madre tendrá más de 76.

## 4.2. Valor absoluto de los números reales

Sea $x$ un número real. Se define su **valor absoluto,** $|x|$, como:

$$|x| = \begin{cases} -x & \text{si } x < 0 \\ x & \text{si } x \geq 0 \end{cases}$$

Algunos ejemplos de valores absolutos son los siguientes:

$|5| = 5,\quad |-1/3| = 1/3,\quad |-\sqrt{3}| = \sqrt{3},\quad |2-\sqrt{7}| = \sqrt{7} - 2$

Si $|x| < a$, entonces $-a < x < a$, es decir, $x$ pertenece a $(-a, a)$.

Si $|x| \geq a$ y $a > 0$, entonces $x \geq a$ o $x \leq -a$. Dado que esta condición es contraria a la del ejemplo anterior, el conjunto que forma la unión de los dos intervalos se puede escribir como:

$$(-\infty, -a] \cup [a, +\infty) = \mathbb{R} - (-a, a)$$

Si $a$ y $b$ son dos números reales, entonces $|a - b| = |b - a|$. Por ejemplo, si tomamos $a = 7$ y $b = 2$, entonces:

$$|7 - 2| = |5| = 5 \text{ y } |2 - 7| = |-5| = 5$$

### Propiedades

**1.** Para cualquier número real $a$:

$$|a| \geq 0$$

**2.** El valor absoluto del producto de números reales es igual al producto de los valores absolutos de los factores:

$$|a \cdot b| = |a| \cdot |b|$$

**3.** Dados dos números reales $a$ y $b$, se cumple que:

$$|a + b| \leq |a| + |b|$$

Esta expresión se llama **desigualdad triangular** o **desigualdad de Schwartz.**

### Ejercicio resuelto

*Determinar el conjunto de números reales que cumplen:*

- $|x| = 5$. Hay dos números reales que lo cumplen: $-5$ y $5$.
- $|x| \geq 2 \Rightarrow x \leq -2$ o $x \geq 2$

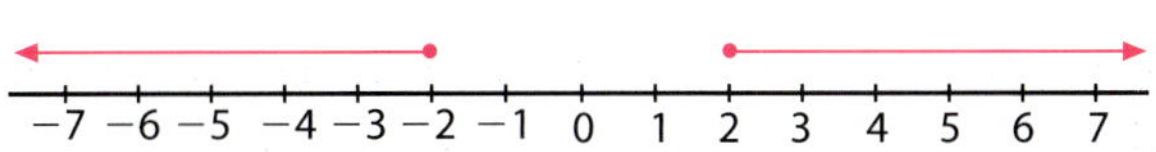


**Figura 1.9.a.**

- $|x| < 2 \Rightarrow -2 < x < 2$

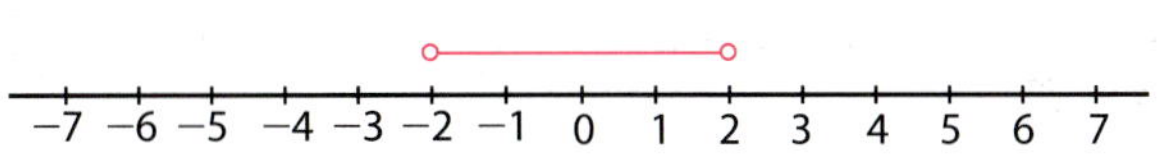


**Figura 1.9.b.**

- $|2 - x| < 5 \Rightarrow |x - 2| < 5 \Rightarrow -5 < x - 2 < 5 \Rightarrow$
  $\Rightarrow -5 + 2 < x < 5 + 2 \Rightarrow -3 < x < 7$

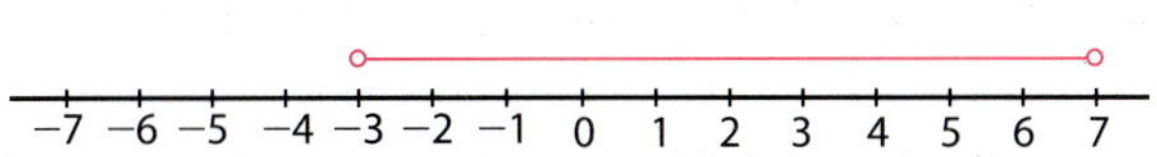


**Figura 1.9.c.**

### OBSERVA

La **distancia** entre los puntos $a$ y $b$ es:

$$d(a, b) = |b - a|$$

### Actividades

**15** Escribe dos números racionales y dos irracionales que sean, en valor absoluto, menores que 0,1.

**16** Si sabemos que $|x - 1| < 5$, ¿a qué intervalo pertenece $x$?

**17** Si $|x| \leq \sqrt{2}$, determina la amplitud del intervalo en el que está $x$.

**18** Determina el conjunto de números reales que cumplen que $|x| > 4$.

**19** Realiza las siguientes operaciones.

*a)* $\left| |(2/3) - 1| - |(1/2) - (7/6)| \right|$

*b)* $|2 - \sqrt{5}| - |\sqrt{5} + 1|$

**Solución:** *a)* 1/3 *b)* −3

# 5. Operaciones con números reales

**RECUERDA**

La resta de dos números reales, $a - b$, es la suma del primero y el opuesto del segundo:

$$a - b = a + (-b)$$

La división de dos números reales, $a/b$, donde $b \neq 0$, es la multiplicación del primero y el inverso del segundo:

$$a/b = a \cdot (1/b)$$

Las operaciones de adición y multiplicación se definen en el conjunto de los números reales con las mismas propiedades que en el de los racionales.

## Propiedades de la suma de números reales

- **Conmutativa:** $a + b = b + a$.
- **Asociativa:** $(a + b) + c = a + (b + c)$.
- Existe un **elemento neutro,** que es el cero: $a + 0 = 0 + a = a$.
- Cualquier número real, $a$, tiene un **opuesto,** $-a$, tal que $a + (-a) = 0$.

## Propiedades de la multiplicación de números reales

- **Conmutativa:** $a \cdot b = b \cdot a$.
- **Asociativa:** $(a \cdot b) \cdot c = a \cdot (b \cdot c)$.
- Existe un **elemento neutro,** que es el uno: $a \cdot 1 = 1 \cdot a = a$.
- Todo número real no nulo, $a$, tiene un **inverso,** $1/a$, tal que $a \cdot (1/a) = 1$.
- **Distributiva** respecto de la suma: $a \cdot (b + c) = a \cdot b + a \cdot c$.

Cuando se opera con números reales, a menudo se trabaja con **aproximaciones** y, por tanto, es conveniente precisar qué cifras del resultado se pueden considerar correctas o exactas, a partir de las cifras aproximadas de los operandos.

### Ejercicios resueltos

▶ *Para sumar los números reales $\sqrt{3}$ y $\pi$, ambos irracionales, se pueden sumar sus aproximaciones por defecto:*

- $\sqrt{3} = 1{,}7320$ y $\pi = 3{,}1415$
- $\sqrt{3} + \pi = 4{,}8735$

*¿Cuántas cifras se pueden considerar correctas?*

Los dos números, $\sqrt{3}$ y $\pi$, están contenidos, respectivamente, entre:

$$1{,}7320 \leq \sqrt{3} \leq 1{,}7321 \qquad 3{,}1415 \leq \pi \leq 3{,}1416$$

Por tanto: $4{,}8735 \leq \sqrt{3} + \pi \leq 4{,}8737$

Únicamente se pueden considerar cuatro cifras correctas: $\sqrt{3} + \pi = 4{,}873$.

En general, cuando se suman o se restan aproximaciones, se admite que solo se puede garantizar la exactitud del resultado hasta un orden menos que el del sumando menos preciso.

Si se suman las aproximaciones $\sqrt{3} = 1{,}732$ y $\pi = 3{,}1415$, el resultado con todas sus cifras exactas es $\sqrt{3} + \pi = 4{,}87$.

▶ *Al multiplicar los números reales $x = 2{,}7854\ldots$ y $z = 1{,}74\ldots$, obtenemos:*

$$x \cdot z = 4{,}846596\ldots$$

*¿Cuántas cifras pueden considerarse exactas?*

Como $2{,}7854 \leq x \leq 2{,}7855$ y $1{,}74 \leq z \leq 1{,}75$, entonces:

$$4{,}846596 \leq x \cdot z \leq 4{,}874625$$

Por tanto, solo hay dos cifras exactas: $x \cdot z = 4{,}8$

En general, en la multiplicación de aproximaciones ocurre lo mismo que en la suma: en este último ejemplo, como el factor menos preciso tiene tres cifras exactas, solo se puede garantizar que el número de cifras exactas del producto es dos.

# 6. Potenciación de números reales

Sea $a$ un número real, $a \in \mathbb{R}$, y $n$, un número entero, $n \in \mathbb{Z}$. Se define $a^n$ como:

$$a^n = \underbrace{a \cdot a \cdot \ldots \cdot a}_{n \text{ veces}} \text{ si } n > 0$$

$$a^0 = 1$$

Cuando el exponente es negativo, $-n$, donde $n > 0$, tenemos:

$$a^{-n} = \frac{1}{a^n} \text{ donde } a \neq 0$$

Por ejemplo: $\left(\frac{1}{2}\right)^2 = \frac{1}{4}$ $\quad (-4)^{-2} = \frac{1}{(-4)^2} = \frac{1}{16}$ $\quad \left(\frac{-5}{2}\right)^5 = \frac{-3\,125}{32}$

## Propiedades

Examen (Saber aplicarlas)

- Producto de potencias de igual exponente: $a^m \cdot b^m = (a \cdot b)^m$
- Cociente de potencias de igual exponente: $\frac{a^m}{b^m} = \left(\frac{a}{b}\right)^m$
- Producto de potencias de igual base: $a^m \cdot a^n = a^{m+n}$
- Cociente de potencias de igual base: $\frac{a^m}{a^n} = a^{m-n}$
- Potencia de una potencia: $(a^m)^n = a^{m \cdot n}$

**OBSERVA**

A partir de las propiedades de la potenciación, se deducen las siguientes igualdades:

- $a^0 = 1$, ya que:

$$1 = \frac{a^n}{a^n} = a^{n-n} = a^0$$

- $a^{-n} = \frac{1}{a^n}$, ya que:

$$\frac{1}{a^n} = \frac{a^0}{a^n} = a^{0-n} = a^{-n}$$

Importante

**RECUERDA**

Algunas **identidades notables** relacionadas con las potencias son:

- $(a + b)^2 = a^2 + 2ab + b^2$
- $(a + b) \cdot (a - b) = a^2 - b^2$
- $(a - b)^2 = a^2 - 2ab + b^2$

## Actividades

**20** Realiza las siguientes operaciones.

*a)* $3^2 + 3^{-2}$ *b)* $2^{-3} \cdot 2^5$ *c)* $2^3/2^{-6}$ *d)* $3 \cdot (6/5)^{-2}$ *e)* $2^{-1} \cdot (2/3)^2 \cdot (1/6)^{-2} - 2^{-3}$ *f)* $5^{-2} \cdot (1/5)^{-4}$

**Solución:** *a)* 82/9 *b)* 4 *c)* 512 *d)* 25/12 *e)* 63/8 *f)* 25

**21** Expresa los siguientes números como potencias de exponente negativo.

*a)* $1/4^7$ *b)* $(3/5)^6$ *c)* 1/125 *d)* 729/64

**Solución:** *a)* $2^{-14}$ *b)* $(5/3)^{-6}$ *c)* $5^{-3}$ *d)* $(2/3)^{-6}$

**22** Escribe en forma de potencias de base 10 las siguientes expresiones.

*a)* 1/10 000 *b)* 0,000001 *c)* 1/0,001 *d)* 10 000 000

**23** Simplifica las siguientes expresiones.

*a)* $\frac{6^4 \cdot 3^{-2} \cdot 7^{-3}}{14^{-3} \cdot 3^2 \cdot 10^7}$ *b)* $\left(\frac{1}{3}\right)^{-2} \cdot \left(\frac{4}{3}\right)^3 \cdot \left(\frac{2}{3}\right)^{-5}$ *c)* $\frac{21^5 \cdot 5^{-7} \cdot 15^2 \cdot 3^4}{2^{-8} \cdot 36^2}$

**Solución:** *a)* $5^{-7}$ *b)* $2 \cdot 3^4$ *c)* $2^4 \cdot 3^7 \cdot (7/5)^5$

**24** Di si son ciertas estas igualdades. Cuando no lo sean, escribe la igualdad correcta.

*a)* $\frac{2^{-4}}{3^{-7}} = \left(\frac{2}{3}\right)^3$ *b)* $\left(\frac{1}{64}\right)^{-3} = 2^{18}$ *c)* $\left(\frac{3^{-3} \cdot 3^2}{6^{-1}}\right) = 2$

**25** Realiza las siguientes operaciones y simplifica el resultado.

*a)* $\left(\frac{2}{3}\right)^2 - 1$

*b)* $\left(\frac{2}{3} - 1\right)^2$

*c)* $\left[\left(\frac{2}{3}\right)^{-2} - 1\right]^{-1}$

*d)* $\left[\left(-\frac{2}{3}\right)^{-2} - 1\right]^{-2} \cdot \left[1 - \left(-\frac{2}{3}\right)^2\right]^2$

**Solución:** *a)* −5/9 *b)* 1/9 *c)* 4/5 *d)* 16/81

# 7. Radicación de números reales

## 7.1. Raíz de un número real y propiedades

A partir de la definición de potencia $n$-ésima de $x$, donde $n$ es un número natural, si $x^n = a$, $x$ es la raíz $n$-ésima de $a$ y se escribe $x = \sqrt[n]{a}$. Es decir:

$$x = \sqrt[n]{a} \Leftrightarrow x^n = a$$

La expresión anterior, $\sqrt[n]{a}$, se llama **radical** de **índice $n$,** y **radicando $a$.**

Así, por ejemplo:

$\sqrt{9} = 3$ ya que $3^2 = 9$

$\sqrt[3]{27} = 3$ ya que $3^3 = 27$

$\sqrt[3]{-27} = -3$ ya que $(-3)^3 = -27$

Los radicales pueden ser números racionales o irracionales. Por ejemplo:

- $\sqrt{4}, \sqrt{49}, \sqrt{0{,}25}, \sqrt[3]{125}$ y $\sqrt[5]{32}$ son números racionales, ya que su expresión decimal es exacta:

  $\sqrt{4} = 2, \sqrt{49} = 7, \sqrt{0{,}25} = 0{,}5, \sqrt[3]{125} = 5, \sqrt[5]{32} = 2$

- $\sqrt{2}, \sqrt{3}, \sqrt[3]{-11}, \sqrt[4]{5}$ y $\sqrt[5]{30}$ son números irracionales, puesto que su expresión decimal es ilimitada y no periódica:

  $\sqrt{2} = 1{,}4142\ldots, \sqrt{3} = 1{,}7320\ldots, \sqrt[3]{-11} = -2{,}2239\ldots, \sqrt[4]{5} = 1{,}49953\ldots, \sqrt[5]{30} = 1{,}9743\ldots$

### Propiedades

**1.** Si $\sqrt[n]{a} = x$, $x^n = a$, por lo que $x = \sqrt[n]{x^n}$.

**2.** Si $\sqrt[n]{a} = -x$, $(-x)^n = a$, por lo que $x = -\sqrt[n]{(-x)^n}$.

En las dos propiedades anteriores, si $n$ es par, $x$ solo existe para $a > 0$.

Fíjate en estos dos ejemplos:

- $3 = \sqrt{3^2} = \sqrt[3]{3^3} = \sqrt[4]{3^4} = \sqrt[5]{3^5}\ldots$

  Es decir: $3 = \sqrt{9} = \sqrt[3]{27} = \sqrt[4]{81} = \sqrt[5]{243}\ldots$

- $-3 = -\sqrt{3^2} = -\sqrt[3]{3^3} = -\sqrt[4]{3^4} = -\sqrt[5]{3^5}\ldots$

  Es decir: $-3 = -\sqrt{9} = \sqrt[3]{-27} = -\sqrt[4]{81} = \sqrt[5]{-243}\ldots$

### Radicales equivalentes

Los radicales que expresan un mismo número real son **equivalentes.**

Así, son radicales equivalentes:

- $\sqrt{7} = \sqrt[4]{49} = \sqrt[6]{343} = \sqrt[8]{2\,401} = \sqrt[10]{16\,807}$

  puesto que: $\sqrt{7} = \sqrt[4]{7^2} = \sqrt[6]{7^3} = \sqrt[8]{7^4} = \sqrt[10]{7^5}$

- $\sqrt[3]{-7} = -\sqrt[6]{49} = \sqrt[9]{-343} = -\sqrt[12]{2\,401} = \sqrt[15]{-16\,807}$

  ya que: $\sqrt[3]{-7} = -\sqrt[6]{(-7)^2} = \sqrt[9]{(-7)^3} = -\sqrt[12]{(-7)^4} = \sqrt[15]{(-7)^5}$

**Simplificar** un radical es calcular su radical equivalente de índice menor.

**RECUERDA**

Una potencia de exponente negativo equivale a su inversa con exponente positivo:

$$x^{-n} = \left(\frac{1}{x}\right)^n$$

**OBSERVA**

- Existen dos números reales que, elevados al cuadrado, dan 4, que son $+2$ y $-2$:

$$x^2 = 4 \Rightarrow \begin{cases} x = +\sqrt{4} = 2 \\ x = -\sqrt{4} = -2 \end{cases}$$

Esto no significa que $\sqrt{4}$ tenga dos valores: $+\sqrt{4} = 2$ es un número positivo, y $-\sqrt{4} = -2$ es un número negativo.

- Solo existe un número real que elevado al cubo dé 8, que es $+2$:

$$x^3 = 8 \Rightarrow x = \sqrt[3]{8} = 2$$

- Solo existe un número real que elevado al cubo dé $-8$, que es $-2$:

$$x^3 = -8 \Rightarrow x = \sqrt[3]{-8} = -2$$

**OBSERVA**

Cuando el radicando es positivo, se pueden multiplicar el índice y el exponente de un radical por un mismo número, con el fin de obtener un radical equivalente.

Cuando haya que calcular un radical de índice par, equivalente a un radical de índice impar y radicando negativo, se procede como en el siguiente ejemplo:

$$\sqrt[3]{-5} = -\sqrt[3]{5} = -\sqrt[6]{5^2} = -\sqrt[6]{25}$$

## 7.2. Expresión de un radical como una potencia de exponente fraccionario

Dado que $\sqrt[n]{x^n} = x = x^1 = x^{n/n}$, resulta $\sqrt[n]{x^n} = x^{n/n}$.

Por tanto, si $x = \sqrt[n]{a}$, entonces $x = a^{1/n}$, es decir, un radical se puede expresar como una potencia de exponente fraccionario:

$$\sqrt[n]{a} = a^{1/n}$$

**OBSERVA**

En el cálculo con potencias de exponente fraccionario son válidas las mismas propiedades estudiadas para las potencias con exponente entero.

## 7.3. Reglas de cálculo con radicales

- **Producto y cociente de radicales**
  - Si son del mismo índice:

$$\sqrt[n]{a^m} \cdot \sqrt[n]{b^p} = \sqrt[n]{a^m \cdot b^p}$$

Así, por ejemplo:

$$\sqrt{2^5} \cdot \sqrt{3} = \sqrt{2^5 \cdot 3} = \sqrt{96}$$

  - Si tienen índices distintos, se transforman previamente los factores en radicales equivalentes de índice común. Así, por ejemplo:

$$\frac{\sqrt{2} \cdot \sqrt[3]{(-3)}}{\sqrt[6]{2^5}} = \frac{\sqrt[6]{2^3} \cdot \left(-\sqrt[6]{3^2}\right)}{\sqrt[6]{2^5}} = \frac{-\sqrt[6]{2^3 \cdot 3^2}}{\sqrt[6]{2^5}} = -\sqrt[6]{\frac{3^2}{2^2}} = -\sqrt[3]{\frac{3}{2}}$$

- **Potencia de un radical**

$$\left(\sqrt[n]{a}\right)^m = \sqrt[n]{a^m}$$

Así, por ejemplo:

$$\left(\sqrt[3]{-3}\right)^2 = \sqrt[3]{(-3)^2} = \sqrt[3]{9}$$

$$\left(\sqrt[4]{2}\right)^{-3} = \frac{1}{\left(\sqrt[4]{2}\right)^3} = \frac{1}{\sqrt[4]{2^3}} = \frac{1}{\sqrt[4]{8}}$$

- **Raíz de un radical**

$$\sqrt[m]{\sqrt[n]{a}} = \sqrt[m \cdot n]{a}$$

Así, por ejemplo:

$$\sqrt[3]{(\sqrt[5]{4^6})} = \sqrt[15]{4^6} = \sqrt[15]{2^{12}} = \sqrt[5]{2^4}$$

- **Extracción de factores de un radical**

Para extraer factores del radical $\sqrt[n]{a^p}$, $p$ debe ser mayor o igual que $n$. Así:

$$\sqrt[3]{288} = \sqrt[3]{2^5 \cdot 3^2} = \sqrt[3]{2^{3+2}} \cdot \sqrt[3]{3^2} = \sqrt[3]{2^3} \cdot \sqrt[3]{2^2} \cdot \sqrt[3]{3^2} =$$
$$= 2\sqrt[3]{2^2} \cdot \sqrt[3]{3^2} = 2\sqrt[3]{2^2 \cdot 3^2} = 2 \cdot \sqrt[3]{36}$$

- **Suma de radicales**

Solo se puede efectuar si los radicales son semejantes:

$\sqrt{8}$ y $\sqrt{2}$ son radicales semejantes, puesto que $\sqrt{8} = 2\sqrt{2}$.

$\sqrt{32}$ y $\sqrt[4]{324}$ también son radicales semejantes, ya que:

$$\sqrt{32} = 4\sqrt{2} \text{ y } \sqrt[4]{324} = \sqrt[4]{3^4 \cdot 2^2} = 3 \cdot \sqrt[4]{2^2} = 3 \cdot \sqrt{2}$$

Así, por ejemplo:

$$-\sqrt{245} + 4\sqrt{7} - \sqrt{125} = -7\sqrt{5} + 4\sqrt{7} - 5\sqrt{5} = 4\sqrt{7} - 12\sqrt{5}$$

## Racionalización

Racionalizar una expresión en cuyo denominador aparecen radicales es transformarla en otra equivalente sin radicales en el denominador.

- Si en el denominador aparece un radical $\sqrt[n]{a^m}$, se multiplican numerador y denominador por $\sqrt[n]{a^{n-m}}$, ya que:

$$\sqrt[n]{a^m} \cdot \sqrt[n]{a^{n-m}} = \sqrt[n]{a^{m+n-m}} = \sqrt[n]{a^n} = a$$

- Si en el denominador aparece una suma o una resta de radicales cuadráticos (de índice 2), se multiplican numerador y denominador por la expresión conjugada del denominador, puesto que:

$$\left(\sqrt{a}+\sqrt{b}\right)\cdot\left(\sqrt{a}-\sqrt{b}\right)=\left(\sqrt{a}\right)^2-\left(\sqrt{b}\right)^2=a-b$$

**RECUERDA**

El conjugado de $\sqrt{a}+\sqrt{b}$ es $\sqrt{a}-\sqrt{b}$, y viceversa.

### Ejercicio resuelto

▶ *Racionalizar las expresiones* $\dfrac{2}{\sqrt{3}}, \dfrac{2}{\sqrt[3]{3^2}}, \dfrac{2}{1-\sqrt{3}}$ y $\dfrac{-1+\sqrt{2}}{\sqrt{2}-\sqrt{3}}$.

- $$\frac{2}{\sqrt{3}} = \frac{2\sqrt{3}}{\sqrt{3}\cdot\sqrt{3}} = \frac{2\sqrt{3}}{3}$$

- $$\frac{2}{\sqrt[3]{3^2}} = \frac{2\sqrt[3]{3}}{\sqrt[3]{3^2}\cdot\sqrt[3]{3}} = \frac{2\sqrt[3]{3}}{3}$$

- $$\frac{2}{1-\sqrt{3}} = \frac{2\left(1+\sqrt{3}\right)}{\left(1-\sqrt{3}\right)\cdot\left(1+\sqrt{3}\right)} = \frac{2\left(1+\sqrt{3}\right)}{1-\left(\sqrt{3}\right)^2} =$$
$$= \frac{2\left(1+\sqrt{3}\right)}{-2} = -1-\sqrt{3}$$

- $$\frac{-1+\sqrt{2}}{\sqrt{2}-\sqrt{3}} = \frac{\left(-1+\sqrt{2}\right)\cdot\left(\sqrt{2}+\sqrt{3}\right)}{\left(\sqrt{2}-\sqrt{3}\right)\cdot\left(\sqrt{2}+\sqrt{3}\right)} =$$
$$= \frac{\left(-1+\sqrt{2}\right)\cdot\left(\sqrt{2}+\sqrt{3}\right)}{\left(\sqrt{2}\right)^2-\left(\sqrt{3}\right)^2} = \frac{-\sqrt{2}-\sqrt{3}+2+\sqrt{6}}{-1} =$$
$$= -2+\sqrt{2}+\sqrt{3}-\sqrt{6}$$

### Actividades

**26** Escribe tres radicales equivalentes a estos otros:

$$\sqrt[5]{2^2},\ \sqrt{14},\ \sqrt[3]{(-3)}\ \text{y}\ \sqrt[4]{2^3}$$

**27** ¿Por qué son falsas las siguientes igualdades?

***a)*** $\sqrt{-2}=\sqrt[8]{(-2)^4}=\sqrt[8]{16}$

***b)*** $\sqrt[3]{-2}=\sqrt[12]{(-2)^4}=\sqrt[12]{16}$

**28** Escribe un radical equivalente a cada uno de los siguientes radicales con el índice común.

$$\sqrt{3},\ \sqrt[3]{3^2},\ \sqrt[4]{3^3}$$

**29** Simplifica los radicales $\sqrt[4]{5^2}$, $\sqrt[14]{7^7}$, $\sqrt[8]{3^6}$ y $\sqrt[12]{2^{16}}$.

**Solución:** $\sqrt{5}$, $\sqrt{7}$, $\sqrt[4]{3^3}$, $\sqrt[3]{2^4}$

## Actividades

**30** Escribe estas expresiones en forma de potencias de exponente fraccionario.

*a)* $\sqrt[3]{a^7}$ *d)* $\sqrt[12]{5^9}$ *g)* $\dfrac{\sqrt[5]{2^3}}{\sqrt[3]{2^{-2}}}$

*b)* $\sqrt{2^5}$ *e)* $\dfrac{1}{\sqrt[3]{4^2}}$ *h)* $\sqrt{3^{-1}}\cdot\sqrt[3]{3^2}$

*c)* $\sqrt[4]{3^{-3}}$ *f)* $a^3\cdot\sqrt[3]{a^{-2}}$ *i)* $\sqrt{5\sqrt{5\sqrt{5\sqrt{5}}}}$

**Solución:** *a)* $a^{7/3}$ *b)* $2^{5/2}$ *c)* $3^{-3/4}$ *d)* $5^{3/4}$ *e)* $2^{-4/3}$ *f)* $a^{7/3}$ *g)* $2^{19/15}$ *h)* $3^{1/6}$ *i)* $5^{15/16}$

**31** Realiza las siguientes operaciones, expresando el resultado como un único radical lo más simplificado posible.

*a)* $\sqrt[3]{125^5}\cdot\sqrt[7]{-\dfrac{1}{5^6}}$ *c)* $\sqrt{27}\cdot\sqrt{15}\cdot\sqrt{40}$ *e)* $\dfrac{\sqrt[4]{3^3}\cdot\sqrt[6]{6}}{\sqrt{3}}$

*b)* $3\sqrt{2}\cdot\sqrt[3]{3}$ *d)* $\sqrt[3]{a^2}\cdot\sqrt[4]{a^3\cdot b^{-3}}\cdot\sqrt[3]{(-a)}$ *f)* $\dfrac{\sqrt{a\sqrt[3]{a}}\cdot\sqrt[4]{a^3}}{\sqrt[12]{a^5}}$

**Solución:** *a)* $-5^4\sqrt[7]{5}$ *b)* $3\sqrt[6]{72}$ *c)* $90\sqrt{2}$ *d)* $-\sqrt[4]{\dfrac{a^7}{b^3}}$ *e)* $\sqrt[12]{3^5\cdot 2^2}$ *f)* $a$

**32** Simplifica las siguientes operaciones extrayendo factores fuera del radical.

*a)* $\dfrac{\sqrt{6048x^7y^3}}{\sqrt{7938xy^4}}$ *b)* $\dfrac{\left(\sqrt[3]{a^2}\right)^4\cdot\left(a^2\cdot\sqrt{a}\right)^3}{\sqrt[6]{a^2}}$

**Solución:** *a)* $2^2\cdot x^3\cdot\sqrt[6]{\dfrac{6xy}{7}}$ *b)* $a^9\cdot\sqrt[3]{a}$

**33** Efectúa las siguientes operaciones simplificando al máximo.

*a)* $\sqrt[6]{8}+\sqrt[4]{4}-7\sqrt{72}$ *b)* $\sqrt{75}-\dfrac{\sqrt{18}}{3}+\dfrac{3\sqrt{12}}{4}-\sqrt{\dfrac{2}{25}}$

**Solución:** *a)* $-40\sqrt{2}$ *b)* $\dfrac{13\sqrt{3}}{2}-\dfrac{6\sqrt{2}}{5}$

**34** Simplifica las expresiones.

*a)* $\sqrt{512}+\sqrt{648}-\sqrt{\dfrac{128}{81}}$ *b)* $\sqrt[6]{6\,561a^2}+\sqrt[3]{3\,993a}-\sqrt[3]{3a^4}$

**Solución:** *a)* $\dfrac{298\sqrt{2}}{9}$ *b)* $(14-a)\cdot\sqrt[3]{3a}$

**35** Realiza las siguientes operaciones.

*a)* $\left(2\sqrt{3}+\sqrt{5}\right)^2$ *b)* $2\sqrt{6}\cdot\left(2\sqrt{5}-\sqrt{2}\right)^2$

**36** Efectúa estos cálculos.

*a)* $\left(\sqrt{2}+1\right)^2\cdot\sqrt{3}$ *c)* $\left[\left(\sqrt{2}-1\right)^2-1\right]\cdot\sqrt{2}$

*b)* $\left(2\sqrt{2}-\sqrt{3}\right)\cdot\left(\sqrt{3}+3\right)$ *d)* $\left(1+\sqrt{2}\right)\cdot\left(\sqrt{2}-1\right)$

**Solución:** *a)* $3\sqrt{3}+2\sqrt{6}$ *b)* $2\sqrt{6}-3\sqrt{3}+6\sqrt{2}-3$ *c)* $2\sqrt{2}-4$ *d)* $1$

**37** Racionaliza las siguientes expresiones.

*a)* $\dfrac{\sqrt{3}+1}{\sqrt{2}}$ *b)* $\dfrac{1-\sqrt{5}}{2\sqrt{5}+1}$ *c)* $\dfrac{7}{\sqrt{3}\cdot\sqrt[3]{2}}$ *d)* $\dfrac{\sqrt{3}}{\sqrt{2\sqrt{3}}}$

**Solución:** *a)* $\dfrac{\sqrt{6}+\sqrt{2}}{2}$ *b)* $\dfrac{-11+3\sqrt{5}}{19}$ *c)* $\dfrac{7\sqrt[6]{432}}{6}$ *d)* $\dfrac{\sqrt[4]{12}}{2}$

### Raíces no cuadráticas con calculadora

Para calcular raíces con la calculadora científica; en primer lugar se debe introducir el índice de la raíz, a continuación, según la calculadora, hay que presionar una de las teclas siguientes:

INV SHIFT 2ndF

Y seguidamente, una de las teclas

$x^{1/y}$, $\sqrt[x]{\ }$, $\sqrt[x]{y}$

Para finalizar se introduce el radicando y se pulsa sobre las teclas

= EXE RUN

Por ejemplo, para calcular $\sqrt[3]{-48}$, se puede proceder así:

3 SHIFT $\sqrt[x]{\ }$ − 48 =

La pantalla mostrará:

-3.634241186

Averigua cómo se procede con tu calculadora.

ma1b2

# 8. Aproximaciones decimales y errores

## 8.1. Aproximaciones

Dejando aparte los enteros y algunos decimales exactos, cuando se han de efectuar cálculos se toman **aproximaciones.** Las aproximaciones a un número real se pueden realizar mediante dos métodos: truncamiento y redondeo. Veamos, a continuación, la diferencia que hay entre ellos:

- **Truncar** un número consiste en cortar su expresión decimal en un lugar determinado. Este tipo de aproximación es siempre **por defecto.**
- **Redondear** un número consiste en prescindir de sus cifras decimales, a partir de una dada, de manera que:
  - Si la primera cifra que se desprecia **es menor que 5,** las que se mantienen se conservan como estaban. Esta es una **aproximación por defecto.**
  - Si la primera cifra que se desprecia **es mayor o igual que 5,** la última cifra decimal que se conserva queda aumentada en una unidad. Esta es una **aproximación por exceso.**

### Redondeo con la calculadora

Las calculadoras científicas redondean siempre los resultados a la última cifra. Para redondear, basta con pulsar la opción FIX y, a continuación, el número de cifras decimales que se desea.

Generalmente, para activar esta opción, hay que pulsar:

MODE (3 veces)

Aparece en pantalla

FIX SCI NORM
1 2 3

Pulsa la tecla 1 y en pantalla aparece

FIX 0-9

Presionamos el número de decimales deseados.

Así, para redondear $\pi$ con 4 cifras decimales, según el modelo de calculadora, se pulsan estas teclas:

π MODE MODE MODE

1 4 =

En la pantalla aparecerá:

3.1416

Averigua cómo puedes redondear con tu calculadora.

## 8.2. Error absoluto

El **error absoluto** que se comete en una aproximación es el valor absoluto de la diferencia entre el valor aproximado y el valor exacto.

### Ejercicios resueltos

- *Si se toma el valor* 0,666 *para aproximar* 2/3, *¿qué error absoluto se comete?*

$$\left|0{,}666 - \frac{2}{3}\right| = \left|\frac{666}{1\,000} - \frac{2}{3}\right| = \left|-\frac{2}{3\,000}\right| = \frac{2}{3\,000} = \frac{1}{1\,500}$$

- *Si tomamos el valor* 0,667 *para aproximar* 2/3, *¿qué error absoluto se comete?*

$$\left|0{,}667 - \frac{2}{3}\right| = \left|\frac{667}{1\,000} - \frac{2}{3}\right| = \left|\frac{1}{3\,000}\right| = \frac{1}{3\,000}$$

Considerando el valor absoluto del error cometido en cada caso, es mejor la segunda aproximación.

Cuando se redondea un número, el **máximo error absoluto** que se comete es media unidad del orden de la última cifra que se conserva. Todas las cifras de un redondeo se denominan, por convenio, **cifras exactas.**

Cuando se trabaja con una aproximación y no se conoce su error absoluto, se toma el máximo error absoluto correspondiente al redondeo, es decir, la mitad de la unidad decimal de la última cifra escrita.

Si el número que queremos aproximar es entero, se toma como máximo error absoluto la mitad de la unidad que ocupa la posición de la última cifra escrita no nula. Así, el máximo error cometido al aproximar un resultado como 2 500 es 50; es decir, el resultado estará entre 2 450 y 2 550.

### OBSERVA

**Redondear** un número a una determinada unidad decimal es buscar la aproximación decimal cuyo error sea menor.

- Si el número $\sqrt{2}$ se redondea a las centésimas, 1,41, el error que se comete es:

$$\left|1{,}41 - \sqrt{2}\right| = 0{,}004\ldots < 0{,}005$$

es decir, menor que 5 milésimas.

- Si no se indica cuál es su error absoluto, 9,42 estaría entre:

$$9{,}42 - 0{,}005 \;\text{ y }\; 9{,}42 + 0{,}005$$

### Actividades

**38** Establece, en cada caso, una aproximación con 4 cifras exactas.

*a)* $\sqrt{23}$ *b)* $\sqrt[6]{3}$ *c)* $-4{,}\widehat{57}$

Se llama **incertidumbre** o **cota de error,** $\Delta x$, de una aproximación, $x$, al valor máximo que puede alcanzar el error absoluto. Se indica de la siguiente forma: $x \pm \Delta x$.

La incertidumbre o cota de error de un número redondeado se toma como la mitad de la unidad decimal de la última cifra escrita.

## Ejercicios resueltos

▶ *¿Cuál es la incertidumbre del número aproximado* 3,8?

Es 0,05 y se escribe $3{,}8 \pm 0{,}05$.

▶ *¿Cuál es la incertidumbre del número aproximado* 3,80?

Es 0,005 y se escribe $3{,}80 \pm 0{,}005$.

▶ *¿Cuál es la incertidumbre del número aproximado* 45 780?

Es 5 y se escribe $45\,780 \pm 5$.

▶ *El valor exacto de un número está comprendido entre* 3,615 *y* 3,625. *¿Cuáles son el número aproximado que lo representa y su incertidumbre?*

El número aproximado que representa dicho valor y su incertidumbre es $3{,}62 \pm 0{,}005$.

### Cifras significativas

En una aproximación, las **cifras significativas** son aquellas que tienen sentido físico. Hablamos de cifras significativas propiamente dichas al referirnos a las aproximaciones que se obtienen de procesos de medida, y en las que basta con que la incertidumbre sea menor que una unidad del orden de la última cifra que se conserva.

## 8.3. Error relativo

La incertidumbre, o cota de error, de un número aproximado proporciona información sobre el intervalo de valores en el que se encuentra dicho número, pero no sobre la calidad de la estimación.

El **error relativo** de una aproximación mide el error que se comete por unidad aproximada. Se expresa en forma de porcentaje:

$$e_r = \frac{\Delta x}{x} \cdot 100$$

Un atleta invierte 40 s ± 1 s en recorrer 400 m, mientras que otro tarda 125 min ± 1 min en cubrir 40 km. El error relativo de la primera medición es $(1/40) \cdot 100 = 2{,}5$, es decir, 2,5 %, y el de la segunda, $(1/125) \cdot 100 = 0{,}8$, esto es, 0,8 %.

Como se puede observar, el error absoluto cometido al cronometrar el tiempo es mayor en la carrera de 40 km que en la de 400 m. Sin embargo, el error relativo es menor en la segunda medición.

## Actividades

**39** Haciendo uso de la calculadora, redondea el resultado de los siguientes cálculos con un error menor que una milésima.

*a)* $\sqrt{10} \cdot \pi$ *b)* $\sqrt{7} - \sqrt[3]{2}$ *c)* $\sqrt[5]{7} \cdot 7{,}02$

**40** Determina entre qué valores están comprendidos cada uno de los siguientes números aproximados. Escribe la aproximación y su incertidumbre en cada uno de los casos.

*a)* −7,06 *b)* 0,003 *c)* −50 000

**41** Utilizando la calculadora, averigua qué error relativo se comete en las siguientes aproximaciones de $\pi$:

*a)* 3,14 *b)* 267/85 *c)* 3 927/1 250

**Solución:** *a)* 0,05 % *b)* 0,01 % *c)* 0,000 2 %

# 9. Notación científica

**OBSERVA**

Hay ciertos números conocidos que se suelen expresar en notación científica:

- Carga del electrón: $e = 1{,}602 \cdot 10^{-19}$ C
- Constante de gravitación: $G = 6{,}672 \cdot 10^{-11}\ \mathrm{N \cdot m^2 \cdot kg^{-2}}$
- Presión atmosférica normal (1 atmósfera): $1{,}1013 \cdot 10^5$ Pa
- Número de Avogadro: $N_A = 6{,}022 \cdot 10^{23}$ moléculas · $\mathrm{mol^{-1}}$
- Radio medio de la Tierra: $R_T = 6{,}37 \cdot 10^6$ m
- Velocidad de la luz en vacío: $c = 2{,}9979 \cdot 10^8\ \mathrm{m \cdot s^{-1}}$
- Masa del electrón: $m_e = 9{,}108 \cdot 10^{-31}$ kg

Expresar un número no nulo, $x$, en **notación científica** consiste en escribirlo como el producto de un número, $a$, comprendido entre 1 y 10, por una potencia entera de 10:

$$x = a \cdot 10^n, \text{ con } 1 \leq a < 10 \text{ y } n \in \mathbb{Z}$$

**Ejercicio resuelto**

▶ *Escribir* 45 070 000 000 y 0,003 91 *en notación científica.*

- $45\,070\,000\,000 = 4{,}507 \cdot 10^{10}$
- $0{,}003\,91 = \dfrac{391}{100\,000} = \dfrac{3{,}91}{1\,000} = 3{,}91 \cdot 10^{-3}$

La escritura en notación científica de algunas constantes importantes, como las que hay en el margen, proporcionan el número de cifras exactas y su grado de incertidumbre. Por ejemplo, en el caso de la carga del electrón, la última cifra exacta es del orden de $10^{-22}$, y esto significa que el error que se comete cuando se toma este valor es del orden de $0{,}5 \cdot 10^{-22}$ o $5 \cdot 10^{-23}$.

Para operar con números en notación científica, es necesario tener en cuenta que están formados por dos factores y que uno es una potencia.

**Ejercicio resuelto**

▶ *Calcular en notación científica.*

- $5{,}32 \cdot 10^4 - 9{,}74 \cdot 10^7 + 3{,}14 \cdot 10^6 = 5{,}32 \cdot 10^4 - 9\,740 \cdot 10^4 + 314 \cdot 10^4 =$
  $= (5{,}32 - 9\,740 + 314) \cdot 10^4 = -9\,420{,}68 \cdot 10^4 = -9{,}42068 \cdot 10^7$
- $9{,}601 \cdot 10^{-3} - 7{,}9 \cdot 10^{-5} = 960{,}1 \cdot 10^{-5} - 7{,}9 \cdot 10^{-5} =$
  $= (960{,}1 - 7{,}9) \cdot 10^{-5} = 952{,}2 \cdot 10^{-5} = 9{,}522 \cdot 10^{-3}$
- $4{,}032 \cdot 10^4 \cdot 2{,}03 \cdot 10^{-12} : 6{,}5 \cdot 10^{-16} =$
  $= (4{,}032 \cdot 2{,}03 : 6{,}5) \cdot 10^{4-12+16} = 1{,}259 \cdot 10^8$

**Múltiplos y submúltiplos de unidades**

| | | | |
|---|---|---|---|
| tera | $10^{12}$ | deca | $10^1$ |
| giga | $10^9$ | deci | $10^{-1}$ |
| mega | $10^6$ | centi | $10^{-2}$ |
| miria | $10^4$ | mili | $10^{-3}$ |
| kilo | $10^3$ | micro | $10^{-6}$ |
| hecto | $10^2$ | nano | $10^{-9}$ |

**Notación científica con la calculadora**

Para escribir un número en notación científica con la calculadora, se usa la tecla:

EXP

Por ejemplo, si se desea escribir el número $4{,}3 \cdot 10^{-6}$, hay que pulsar:

4,3 EXP (–) 6 =

En la pantalla aparecerá:

4.3-06

o bien:

0.0000043

ma1b3

## Actividades

**42** Realiza las siguientes operaciones expresadas en notación científica.

*a)* $2 \cdot 10^7 \cdot 3{,}5 \cdot 10^4 \cdot 1{,}25 \cdot 10^5$ *b)* $1{,}03 \cdot 10^{-6} + 5 \cdot 10^{-8} - 10^{-5}$ *c)* $(4{,}7 \cdot 10^{-4})^2$

**Solución:** *a)* $8{,}75 \cdot 10^{16}$ *b)* $-8{,}92 \cdot 10^{-6}$ *c)* $2{,}209 \cdot 10^{-7}$

**43** Expresa $3{,}7 \cdot 10^9$ años luz en km (velocidad de la luz: $c = 2{,}9979 \cdot 10^8\ \mathrm{m \cdot s^{-1}}$).

**Solución:** $3{,}498 \cdot 10^{22}$ km aprox.

**44** Sabiendo que 18 g de agua contienen $6{,}022 \cdot 10^{23}$ moléculas, expresa en notación científica la masa de una molécula de agua.

**Solución:** $2{,}99 \cdot 10^{-23}$ g aprox.

**45** Expresa en notación científica y con tres cifras exactas.

*a)* 299 792,4562 km/s
*b)* 0,003450 g
*c)* 33 075 894,32 m
*d)* $0{,}003468 \cdot 10^{-3}$ cm

**46** Realiza estas operaciones y expresa el resultado en notación científica.

*a)* $4{,}872 \cdot 10^4 + 1{,}74 \cdot 10^5 - 9{,}54 \cdot 10^6$ *b)* $3{,}76 \cdot 10^{-12} - 8{,}53 \cdot 10^{-13} + 4{,}98 \cdot 10^{-14}$

**Solución:** *a)* $-9{,}317\,28 \cdot 10^6$ *b)* $2{,}956\,8 \cdot 10^{-12}$

# 10. Logaritmos

Para una determinada base, $a$, positiva y diferente de 1, el exponente $y$, tal que $x = a^y$ se denomina **logaritmo en base $a$ de $x$,** y se escribe $\mathbf{y = \log_a x}$.

Por ejemplo:

- $\log_2 8 = 3$, porque $2^3 = 8$.
- $\log_2 (1/8) = -3$, porque $2^{-3} = 1/8$.
- $\log_{10} 1\,000 = 3$, porque $10^3 = 1\,000$.
- $\log_{10} 0{,}000\,001 = -6$, porque $10^{-6} = 0{,}000\,001$.

> El **logaritmo en base $a$ de un número $x$** es el número, $y$, al que hay que elevar $a$ para obtener $x$:
>
> $$y = \log_a x \Leftrightarrow a^y = x$$

Observa que el número $x$ debe ser siempre positivo, puesto que es una potencia de base positiva.

Cuando la base es 10, el logaritmo se denomina **decimal** y se escribe simplemente **log $x$.** Hay otra base importante, el número irracional e, que da nombre a los logaritmos **neperianos,** que se escriben como **ln $x$** o, en ocasiones, **L $x$.**

## Ejercicios resueltos

▶ *Calcular* $\log_2 16$, $\log_{\sqrt{3}} (1/27)$ *y* $\ln \sqrt[3]{e^2}$.

- $\log_2 16 = 4$, puesto que $2^4 = 16$.
- $\log_{\sqrt{3}} (1/27) = -6$, puesto que $(\sqrt{3})^{-6} = 1/27$.
- $\ln \sqrt[3]{e^2} = 2/3$, puesto que $e^{2/3} = \sqrt[3]{e^2}$.

▶ *Averiguar el valor de x en las siguientes igualdades.*

- $\ln x = 2 \Rightarrow x = e^2$
- $\log_x 1\,000 = 3 \Rightarrow x^3 = 1\,000 \Rightarrow x = 10$
- $\log x = \pi \Rightarrow x = 10^{\pi}$

## Actividades

**47** Calcula los siguientes logaritmos.

*a)* $\log_{1/3} \sqrt{3}$ *c)* $\log_{\sqrt{3}} 729$

*b)* $\log_2 0{,}0625$ *d)* $\log_{1/5} \sqrt[3]{78\,125}$

**Solución:** *a)* $-1/2$ *b)* $-4$ *c)* 12 *d)* $-7/3$

**48** Calcula $x$ en estos logaritmos.

*a)* $\log_x 1\,024 = 5$ *c)* $\log_{2/5} x = -1$

*b)* $\log_x \left(\dfrac{1}{2\,187}\right) = 7$ *d)* $\log_{\sqrt{2}} x = \dfrac{2}{3}$

**Solución:** *a)* $x = 4$ *b)* $x = 1/3$ *c)* $x = 5/2$ *d)* $x = \sqrt[3]{2}$

**49** Ordena de menor a mayor las siguientes expresiones.

$\log_4 2$, $\log_2 (1/2)$, $\log_4 (1/8)$, $\log_2 2$, $\log_3 9$, $\log_{1/4} 2$, $\log_{1/9} 1$, $\log_{1/4} (1/8)$, $\log_{1/2} 8$

**Solución:** $\log_{1/2} 8 < \log_4 (1/8) < \log_2 (1/2) < \log_{1/4} 2 < \log_{1/9} 1 < \log_4 2 < \log_2 2 <$
$< \log_{1/4} (1/8) < \log_3 9$

### Los números rojos

El relojero y astrónomo suizo Jost Bürgi (1552-1632) y el matemático escocés John Neper (1550-1617) construyeron de forma independiente tablas de logaritmos a partir de los trabajos de Michael Stifel (1487-1567). Tomaron bases próximas a la unidad, ya que, de esta forma, las potencias enteras de dichas bases también están muy próximas entre sí.

Bürgi elaboró una tabla de valores para $1{,}0001^n$, escribiendo los exponentes en tinta roja, y los resultados, en tinta negra. Por esta razón, llamó a los logaritmos *números rojos.* A partir de esta tabla desarrolló la de logaritmos en base 1,0001.

Neper utilizó como base 0,999 999 9. Como ves, ambas bases están muy cerca de la unidad.

Neper publicó sus tablas en 1614, en la obra titulada *Mirificilogarithmorum canonis descriptio* y, después de su muerte, apareció *Mirifici ipsius.*

### Logaritmos con la calculadora

En las calculadoras científicas hay dos teclas para calcular logaritmos:

- **LOG** para logaritmos decimales.
- **ln** para logaritmos neperianos.

Para calcular potencias de base 10 o potencias de base e, es necesario pulsar previamente la tecla que permite el paso a la segunda función, que, según la calculadora, puede ser:

**INV**, **SHIFT** o **2ndF**

Así, para calcular log 54,7, basta con pulsar lo siguiente:

**LOG** 54,7 **=**

El resultado aparecerá en el visor:

1,737987326

Para calcular $e^{\pi}$, se activa la función exponencial, pulsando previamente la tecla de segunda función:

**SHIFT** $e^x$ $\pi$ **=**

En el visor aparecerá:

23.14069263

ma1b4

### OBSERVA

Si $x = b$, entonces:

$$\log_a b = \frac{1}{\log_b a}$$

y se deduce lo siguiente:

$$\log e \cdot \ln 10 = 1$$

## Propiedades de los logaritmos y de sus operaciones

- Dos números distintos tienen logaritmos distintos: si $x \neq y \Rightarrow \log_a x \neq \log_a y$. Y además, si $x > y$ entonces $\log_a x > \log_a y$ si $a > 1$.
- El logaritmo de la base siempre es 1: $\log_a a = 1$ porque $a^1 = a$.
- El logaritmo de 1 es cero en cualquier base: $\log_a 1 = 0$ porque $a^0 = 1$.
- El **logaritmo de un producto** es igual a la suma de los logaritmos de cada uno de los factores.

$$\log_a (x \cdot y) = \log_a x + \log_a y$$

- El **logaritmo de un cociente** es igual al logaritmo del numerador menos el logaritmo del denominador.

$$\log_a (x/y) = \log_a x - \log_a y$$

- El **logaritmo de una potencia** es igual al producto del exponente por el logaritmo de la base.

$$\log_a x^n = n \cdot \log_a x$$

- El **logaritmo de una raíz** es igual al cociente entre el logaritmo del radicando y el índice de la raíz.

$$\log_a \sqrt[n]{x} = \frac{\log_a x}{n}$$

**Ejercicio resuelto**

▶ *Desarrollar* $\log_a \dfrac{x^3 \cdot 3y}{\sqrt{z}}$.

$$\log_a \frac{x^3 \cdot 3y}{\sqrt{z}} = \log_a (x^3 \cdot 3y) - \log_a \sqrt{z} = \log_a x^3 + \log_a 3y - \log_a \sqrt{z} =$$

$$= 3 \log_a x + \log_a 3 + \log_a y - \frac{1}{2} \log_a z$$

## Cambio de base

Las calculadoras trabajan con logaritmos decimales y neperianos, por eso conviene expresar un logaritmo de base cualquiera en bases 10 o e.

Si $y = \log_a x$ entonces $x = a^y$. Aplicando las propiedades de los logaritmos:

$$\log x = \log a^y \Rightarrow \log x = y \log a$$

Como $y = \log_a x$, sustituyendo se obtiene $\log x = \log_a x \cdot \log a$, por tanto:

$$\log_a x = \frac{\log x}{\log a}$$

Lo mismo se obtiene con logaritmos en otra base: $\log_a x = \dfrac{\log_b x}{\log_b a}$

**Ejercicio resuelto**

▶ $\log_3 45 = \log 45/\log 3 = 3{,}464\,973\,521$

## Actividades

**50** Expresa como un solo logaritmo $3 \ln a - (1/2) \ln b + 5 (\ln a - (1/2) \ln b)$.

**Solución:** $\ln (a^8/b^3)$

**51** Calcula:

*a)* $\log_{1/2} 0{,}006$ *b)* $\log_{0,3} \sqrt[5]{52}$

**Solución:** *a)* 7,380 821 8 *b)* −0,656 367 6

## Obtención de la fracción generatriz de un número racional

**1. Averiguar la fracción reducida que genera un número racional.**

Un número racional es aquel que puede expresarse mediante una fracción.

Una expresión fraccionaria da lugar a un número decimal exacto o a un número decimal periódico.

A continuación se expone el procedimiento razonado para la obtención de la fracción generatriz de cualquier número racional:

*a)* Supongamos un **decimal exacto:**

Para obtener la fracción reducida que lo genera, es decir la fracción generatriz se procede de la siguiente manera:

- Se expresa el decimal como una fracción cuyo denominador es la potencia de 10 necesaria para eliminar la coma del decimal.
- A continuación, se obtiene la fracción reducida equivalente.

$$0{,}056 = \frac{56}{1\,000} = \frac{7}{125}$$

$$713{,}201\,2 = \frac{7\,132\,012}{10\,000} = \frac{1\,783\,003}{2\,500}$$

*b)* Supongamos un **decimal periódico puro:**

- Denominamos $z$ a este decimal. A continuación, se multiplica $z$ por la potencia de 10 cuyo exponente es la longitud del período, $p$. Se obtiene $10^p \cdot z$, que es un nuevo decimal con el mismo período.
- Se restan ambos decimales, $10^p \cdot z - z$, con lo que el resultado es un número entero, ya que tienen la misma parte decimal.
- Por último, se obtiene $z$ dividiendo el número obtenido al restar $10^p - 1$. Siempre que sea posible, se simplifica la fracción resultante.

Por ejemplo, en el caso de $z = 125{,}\widehat{6}$:

$$10z = 1\,256{,}\widehat{6}$$

$$10z - z = 1\,131 \Rightarrow 9z = 1\,131 \Rightarrow z = \frac{1\,131}{9} = \frac{377}{3}$$

Por tanto, $125{,}\widehat{6} = \frac{377}{3}$.

Consideramos ahora $z = 32{,}\widehat{27}$:

$$100z = 3\,227{,}\widehat{27}$$

$$100z - z = 3\,195 \Rightarrow 99z = 3\,195 \Rightarrow z = \frac{3\,195}{99} = \frac{355}{11}$$

Por tanto, $32{,}\widehat{27} = \frac{355}{11}$.

*c)* Supongamos un **decimal periódico mixto:**

El procedimiento es similar al del caso anterior. Denominamos $z$ al decimal. A continuación, se multiplica por la potencia de 10, necesaria para transformarlo en un decimal periódico puro. A partir de aquí, se procede de forma análoga al caso del apartado ***b).***

Así, por ejemplo, para $z = 1{,}0\widehat{5}$:

$$10z = 10{,}\widehat{5} \text{ y } 100z = 105{,}\widehat{5}$$

$$100z - 10z = 95 \Rightarrow 90z = 95 \Rightarrow z = \frac{95}{90} = \frac{19}{18}$$

Por tanto, $1{,}0\widehat{5} = \frac{19}{18}$.

Y si $z = 0{,}00\widehat{48}$:

$$100z = 0{,}\widehat{48} \text{ y } 10\,000z = 48{,}\widehat{48}$$

$$10\,000z - 100z = 48 \Rightarrow 9\,900z = 48 \Rightarrow z = \frac{48}{9\,900} = \frac{4}{825}$$

Podemos decir entonces que $0{,}00\widehat{48} = \frac{4}{825}$.

## Cálculo con expresiones en valor absoluto

**2.** **Realizar la demostración de la desigualdad triangular, $|a+b| \leq |a| + |b|$.**

De la definición de valor absoluto se deduce que $a \leq |a|$ para todo número real, y que el producto de dos números reales cualesquiera, $a \cdot b$, siempre es $a \cdot b \leq |a| \cdot |b|$.

Partiendo de estas consideraciones y teniendo en cuenta que $|a| = \sqrt{a^2}$, podemos observar que:

$$\left(|a+b|\right)^2 = (a+b)^2 = a^2 + 2ab + b^2 \leq a^2 + 2 \cdot |a| \cdot |b| + b^2 =$$
$$= |a|^2 + 2 \cdot |a| \cdot |b| + |b|^2 = \left(|a| + |b|\right)^2$$

Por tanto, se concluye que $|a+b| \leq |a| + |b|$.

Si $a$ y $b$ tienen el mismo signo, entonces $|a+b| = |a| + |b|$.

Si $a$ y $b$ tienen signo diferente, entonces $|a+b| < |a| + |b|$.

## Operaciones con potencias

**3.** **Realizar las siguientes operaciones utilizando las reglas de cálculo con potencias:**

***a)*** $\left(\left(\left(\left(1+\frac{1}{2}\right)^2 - \frac{5}{4}\right)^2 + 1\right)^3 - 7\right)^5$

***b)*** $\left(\frac{1}{2} + \frac{57}{6}\right)^3 + (-0{,}01)^{-2} + 10^4$

***c)*** $(-45)^{-2} \cdot \left(\frac{49}{25} - 1\right)^2 \cdot \left(\frac{8}{175}\right)^{-1}$

***a)*** $\left(\left(\left(\left(1+\frac{1}{2}\right)^2 - \frac{5}{4}\right)^2 + 1\right)^3 - 7\right)^5 = \left(\left(\left(\frac{9}{4} - \frac{5}{4}\right)^2 + 1\right)^3 - 7\right)^5 = (2^3 - 7)^5 = 1$

***b)*** $\left(\frac{1}{2} + \frac{57}{6}\right)^3 + (-0{,}01)^{-2} + 10^4 = 10^3 + 100^2 + 10^4 = 1\,000 + 10\,000 + 10\,000 = 21\,000$

***c)*** $(-45)^{-2} \cdot \left(\frac{49}{25} - 1\right)^2 \cdot \left(\frac{8}{175}\right)^{-1} = \frac{1}{3^4 \cdot 5^2} \cdot \left(\frac{2^3 \cdot 3}{5^2}\right)^2 \cdot \left(\frac{5^2 \cdot 7}{2^3}\right) = \frac{2^6 \cdot 3^2 \cdot 5^2 \cdot 7}{2^3 \cdot 3^4 \cdot 5^6} = \frac{2^3 \cdot 7}{3^2 \cdot 5^4}$

## Operaciones con radicales

**4.** **Realizar las siguientes operaciones utilizando las reglas de cálculo con potencias y radicales:**

***a)*** $\dfrac{\sqrt[4]{3^3} \cdot \sqrt[6]{6}}{\sqrt{3}}$

***b)*** $\sqrt{5 \cdot \sqrt{5 \cdot \sqrt[3]{5^6}}}$

***c)*** $\sqrt{3 \cdot \sqrt[3]{2}} : \sqrt[6]{9}$

***d)*** $\sqrt{5} : \sqrt[3]{3} \cdot \sqrt[6]{15}$

***e)*** $\sqrt{\sqrt[4]{32}} \cdot \sqrt[4]{32} : \sqrt{8}$

***f)*** $33\sqrt[4]{a^5} + \frac{11}{2}\sqrt[4]{16a^9} - 19\sqrt[4]{81a^5}$

***g)*** $4\sqrt{\frac{3}{2}} - 5\sqrt{\frac{27}{8}} + \sqrt{\frac{75}{98}}$

***h)*** $\frac{1}{\sqrt{3}} + \frac{1}{\sqrt{3}-1} + \frac{1}{\sqrt{3}+1}$

***a)*** $\dfrac{\sqrt[4]{3^3} \cdot \sqrt[6]{6}}{\sqrt{3}} = \dfrac{\sqrt[12]{3^9} \cdot \sqrt[12]{6^2}}{\sqrt[12]{3^6}} = \sqrt[12]{\dfrac{3^9 \cdot 2^2 \cdot 3^2}{3^6}} = \sqrt[12]{2^2 \cdot 3^5}$

***b)*** $\sqrt{5 \cdot \sqrt{5 \cdot \sqrt[3]{5^6}}} = \sqrt[4]{5^2 \cdot 5 \cdot 5^2} = \sqrt[4]{5^5} = 5 \cdot \sqrt[4]{5}$

***c)*** $\sqrt{3 \cdot \sqrt[3]{2}} : \sqrt[6]{9} = \sqrt[6]{3^3 \cdot 2} : \sqrt[6]{3^2} = \sqrt[6]{2 \cdot 3} = \sqrt[6]{6}$

***d)*** $\sqrt{5} : \sqrt[3]{3} \cdot \sqrt[6]{15} = \sqrt[6]{5^3} : \sqrt[6]{3^2} \cdot \sqrt[6]{3 \cdot 5} = \sqrt[6]{\frac{5^3}{3^2}} \cdot \sqrt[6]{3 \cdot 5} = \sqrt[6]{\frac{5^4}{3}}$

***e)*** $\sqrt{\sqrt[4]{32}} \cdot \sqrt[4]{32} : \sqrt{8} = \sqrt[8]{2^5} \cdot \sqrt[4]{2^5} : \sqrt{2^3} = \sqrt[8]{2^5 \cdot 2^{10} : 2^{12}} = \sqrt[8]{2^3}$

***f)*** $33\sqrt[4]{a^5} + \frac{11}{2}\sqrt[4]{16a^9} - 19\sqrt[4]{81a^5} = 33a\sqrt[4]{a} + \frac{11}{2} \cdot 2 \cdot a^2 \cdot \sqrt[4]{a} - 19 \cdot 3 \cdot a \cdot \sqrt[4]{a} =$
$= (33a + 11a^2 - 57a)\sqrt[4]{a} = (11a^2 - 24a)\sqrt[4]{a}$

***g)*** $4\sqrt{\frac{3}{2}} - 5\sqrt{\frac{27}{8}} + \sqrt{\frac{75}{98}} = 4\sqrt{\frac{3}{2}} - 5 \cdot \frac{3}{2}\sqrt{\frac{3}{2}} + \frac{5}{7}\sqrt{\frac{3}{2}} = \left(4 - \frac{15}{2} + \frac{5}{7}\right)\sqrt{\frac{3}{2}} =$
$= \frac{-39}{14}\sqrt{\frac{3}{2}}$

***h)*** $\frac{1}{\sqrt{3}} + \frac{1}{\sqrt{3}-1} + \frac{1}{\sqrt{3}+1} = \frac{(\sqrt{3}-1)(\sqrt{3}+1)}{\sqrt{3}(\sqrt{3}-1)(\sqrt{3}+1)} + \frac{\sqrt{3}(\sqrt{3}+1)}{\sqrt{3}(\sqrt{3}-1)(\sqrt{3}+1)} +$
$+ \frac{\sqrt{3}(\sqrt{3}-1)}{\sqrt{3}(\sqrt{3}-1)(\sqrt{3}+1)} = \frac{(3-1) + 3 + \sqrt{3} + 3 - \sqrt{3}}{\sqrt{3} \cdot (3-1)} = \frac{8}{2\sqrt{3}} = \frac{4}{\sqrt{3}} = \frac{4\sqrt{3}}{3}$

## Uso de aproximaciones y cálculo de errores

**5. Calcular el área de la corona circular si $r = 3$ cm y $R = 5$ cm, y expresar el resultado con un error absoluto menor que 5 diezmilésimas.**

El área de la región sombreada corresponde a la diferencia entre las áreas de los dos círculos:

$$A = \pi \cdot (R^2 - r^2) = \pi \cdot (5^2 - 3^2) = 16\pi \text{ cm}^2$$

Puesto que debemos dar el resultado con un error absoluto menor que 5 diezmilésimas, basta con redondear a las milésimas:

$$A = 50{,}265 \text{ cm}^2$$

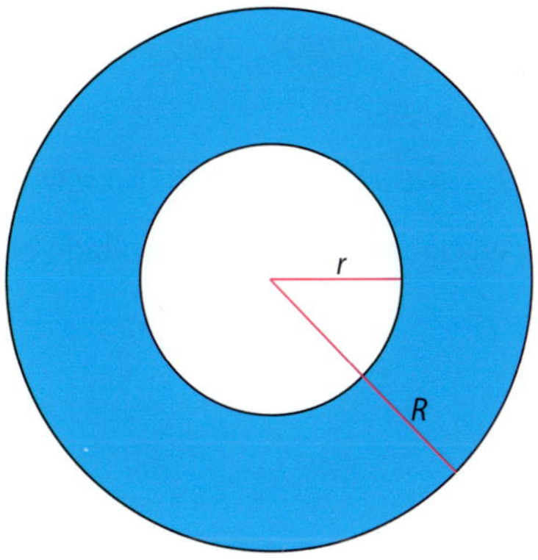


FIGURA 1.10.

## Operaciones con logaritmos

**6. Sin utilizar la calculadora, hallar las siguientes potencias.**

***a)*** $3^{\log_3 2}$

***b)*** $2^{\log_4 3}$

*a)* $3^{\log_3 2}$

Igualamos $3^{\log_3 2} = y$, para tomar logaritmos en base 3 a ambos lados de la igualdad y al aplicar las propiedades de los logaritmos, resulta:

$$\log_3 3^{\log_3 2} = \log_3 y \Rightarrow \log_3 2 \cdot \log_3 3 = \log_3 y \Rightarrow \log_3 2 \cdot 1 = \log_3 y \Rightarrow \log_3 2 = \log_3 y \Rightarrow$$
$$\Rightarrow 2 = y \Rightarrow 3^{\log_3 2} = 2$$

*b)* $2^{\log_4 3}$

Volvemos a igualar $2^{\log_4 3} = y$. Se hace lo mismo que en el apartado anterior, pero esta vez con logaritmos en base 4:

$$\log_4 2^{\log_4 3} = \log_4 y \Rightarrow \log_4 3 \cdot \log_4 2 = \log_4 y \Rightarrow \log_4 3 \cdot \frac{1}{2} = \log_4 y \Rightarrow$$
$$\Rightarrow \log_4 \sqrt{3} = \log_4 y \Rightarrow \sqrt{3} = y \Rightarrow 2^{\log_4 3} = \sqrt{3}$$

## Operaciones y aproximaciones con radicales

**7. Calcular la arista de un cubo de 200 cm³ de volumen. Una vez determinada la arista, calcular la longitud de la diagonal de una cara y la longitud de la diagonal del cubo. ¿Son exactos los resultados?**

El volumen de un cubo de arista $a$, es: $V = a^3$, por lo que $a = \sqrt[3]{200} = 2\sqrt[3]{25}$ cm.

La diagonal de una de las caras es la hipotenusa de un triángulo rectángulo isósceles cada uno de cuyos catetos mide $a$:

$$d = \sqrt{\left(\sqrt[3]{200}\right)^2 + \left(\sqrt[3]{200}\right)^2} = \sqrt{2 \cdot \left(\sqrt[3]{200}\right)^2} = \sqrt[3]{200} \cdot \sqrt{2} \text{ cm}$$

La diagonal del cubo es la hipotenusa de un triángulo rectángulo de catetos $a$ y $d$:

$$D = \sqrt{\left(\sqrt[3]{200}\right)^2 + \left(\sqrt{2} \cdot \sqrt[3]{200}\right)^2} = \sqrt{3 \cdot \left(\sqrt[3]{200}\right)^2} = \sqrt[3]{200} \cdot \sqrt{3} \text{ cm}$$

Los resultados no son exactos. El resultado, entonces, es:

$$a = \sqrt[3]{200} \text{ cm}$$

$$d = \sqrt[3]{200} \cdot \sqrt{2} \text{ cm}$$

$$D = \sqrt[3]{200} \cdot \sqrt{3} \text{ cm}$$

## Números racionales e irracionales

**1** Sin realizar la división, di qué fracciones dan lugar a decimales exactos y cuáles a decimales periódicos puros o mixtos.

$$\frac{7}{99},\ \frac{6}{15},\ -\frac{3}{14},\ \frac{2}{9},\ \frac{15}{17},\ -\frac{11}{8},\ \frac{21}{30},\ \frac{23}{990},\ -\frac{81}{90},\ -\frac{68}{85}$$

**2** Halla la fracción generatriz irreducible de estos números decimales:

$$0{,}0\widehat{32},\ -7{,}\widehat{39},\ 31{,}0\widehat{9},\ 2{,}\widehat{312},\ -5{,}355$$

**Solución:** $0{,}0\widehat{32} = 16/495$; $-7{,}\widehat{39} = -244/33$; $31{,}0\widehat{9} = 311/10$; $2{,}\widehat{312} = 770/333$; $-5{,}355 = -1\,071/200$

**3** Ordena de menor a mayor.

$0{,}40$; $0{,}45$; $7/16$; $1/2$; $0{,}\widehat{428\,571}$; $5/12$; $0{,}\widehat{407}$; $13/32$

**4** Realiza estas operaciones y expresa el resultado en forma decimal.

*a)* $2{,}\widehat{18} \cdot 0{,}\widehat{4}$

*b)* $0{,}\widehat{21} \cdot 2/7$

*c)* $3 \cdot 0{,}2\widehat{7}/0{,}\widehat{24}$

*d)* $5 \cdot 2{,}\widehat{9}/3$

**Solución:** *a)* $0{,}\widehat{96}$ *b)* $0{,}\widehat{06}$ *c)* $3{,}437\,5$ *d)* $5$

**5** Calcula las siguientes raíces.

*a)* $\sqrt{0{,}\widehat{4}}$ *b)* $\sqrt{0{,}18\widehat{7}}$ *c)* $\sqrt{1/0{,}00\widehat{1}}$

**Solución:** *a)* $0{,}\widehat{6}$ *b)* $0{,}4\widehat{3}$ *c)* $30$

**6** Clasifica en racionales e irracionales cada uno de los siguientes números reales.

*a)* $11{,}003\,003\,003\,003\ldots$

*b)* $-2{,}797\,140\,797\,140\ldots$

*c)* $\sqrt{4{,}9}$

*d)* $\sqrt[3]{0{,}0\widehat{01}}$

*e)* $\sqrt[5]{-32}$

*f)* $3\sqrt{2{,}\widehat{7}}$

*g)* $\sqrt{1{,}21/25}$

*h)* $\pi^2$

**7** Representa sobre la recta real $\sqrt{3}$, $\sqrt{5}$, $\sqrt{6}$ y $\sqrt{7}$. ¿Cómo se representarían $\sqrt{29}$, $\sqrt{50}$ y $\sqrt{148}$?

**8** Escribe tres números irracionales entre 12 y 13.

**9** Escribe un número racional y otro irracional que pertenezcan al intervalo $(-4; -3{,}98)$.

**10** Ordena de menor a mayor $-4$; $-3{,}9\widehat{8}$; $-3{,}\widehat{98}$; $5{,}1\widehat{7}$; $5{,}\widehat{17}$; $5{,}170\widehat{9}$; $5{,}171$; $\pi$; $3{,}1416$; $3{,}141593$; $3{,}1415926$.

**11** Representa sobre la recta real los siguientes números: $-2{,}\widehat{3}$; $0{,}05$; $1{,}9$.

**12** Escribe un número decimal que sea 3 milésimas menor que:

*a)* $-0{,}097$

*b)* $1{,}567\,57$

*c)* $47{,}76$

*d)* $-\pi$

**13** Indica la relación de orden que existe entre los siguientes pares de números.

*a)* $1{,}209$ y $1{,}20\widehat{9}$

*b)* $1/1{,}209$ y $1/1{,}20\widehat{9}$

*c)* $-1/1{,}209$ y $-1/1{,}20\widehat{9}$

*d)* $-2 \cdot 1{,}209$ y $-2 \cdot 1{,}20\widehat{9}$

**14** *a)* Sabiendo que los segmentos en que se divide $OP$ son de la misma longitud, indica qué números racionales representan los puntos $A$, $B$, $C$ y $D$ de la siguiente figura.

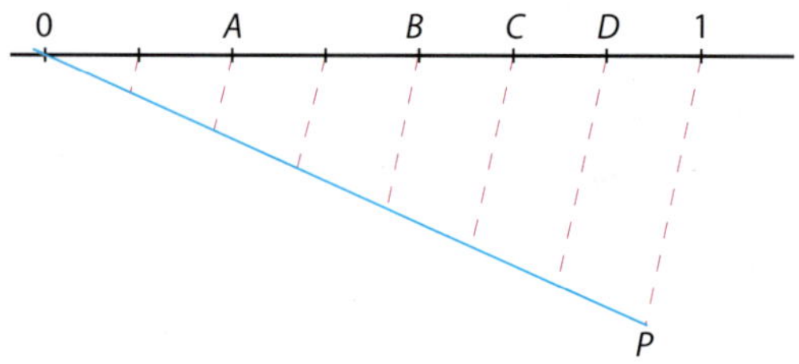


**Figura 1.11.**

*b)* Determina qué números irracionales representan los puntos $P$, $Q$, $R$ y $S$ de la figura.

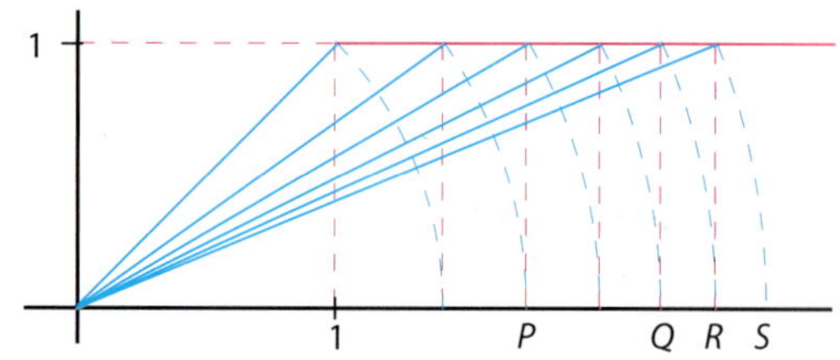


**Figura 1.12.**

## Intervalos y valor absoluto

**15** Representa sobre la recta los siguientes intervalos.

*a)* $[-2, 3]$

*b)* $(5, 7]$

*c)* $[-4, 1)$

*d)* $[2, +\infty)$

**16** Dado el intervalo $(-3{,}7;\ -\pi)$ de la recta real, indica cuáles de los siguientes puntos pertenecen a él:

$-3{,}72$ $\quad -3{,}46$ $\quad -11\pi/10$ $\quad -3{,}14$

**17** Determina a qué intervalo pertenecen los números reales que cumplen las siguientes condiciones.

*a)* $-4/3 < x \leq 10$

*b)* $1/5 \leq x \leq 0{,}25$

*c)* $x > 7$ y $x \leq 9$

*d)* $x \leq -9/5$

*e)* $x > 21/4$

*f)* $x < 13$ y $x \leq 14$

**18** ¿A qué intervalo pertenece $x$?

*a)* $0 < \dfrac{x}{4} + 1 \leq 7$

*b)* $-2 \leq -x + 3 < 4$

**Solución:** *a)* $x \in (-4, 24]$ *b)* $x \in (-1, 5]$

**19** Si $|-x+3| \leq 7$, ¿a qué intervalo pertenece $x$?

**Solución:** $x \in [-4, 10]$

**20** ¿Qué conjunto de números reales, $x$, cumplen la desigualdad $|2x-1| > 2$?

**Solución:** $\mathbb{R} - [-1/2, 3/2]$

**21** Calcula las siguientes expresiones.

*a)* $\big|2 \cdot |-3| + |-5+6|\big| - \big|-|7-9| \cdot (-1)\big|$

*b)* $\big|(3/5) \cdot (1/3 - 4) \cdot |1-(5/2)|\big|$

*c)* $\big|(\sqrt{5}/3) - 1\big| - \big|3 - 2\sqrt{5}\big|$

**Solución:** *a)* $5$ *b)* $33/10$ *c)* $4 - 7\sqrt{5}/3$

**22** Calcula la amplitud de estos intervalos en la recta real.

*a)* $(x-3,\ x+3)$

*b)* $\left(\sqrt{2},\ 5\sqrt{2}\right)$

*c)* $\left(-\sqrt{3}/2,\ 7\sqrt{3}/5\right)$

*d)* $(8/3,\ 13)$

**Solución:** *a)* 6 *b)* $4\sqrt{2}$ *c)* $19\sqrt{3}/10$ *d)* 31/3

## Potencias y radicales

**23** Efectúa las siguientes operaciones.

*a)* $\dfrac{2^3\cdot 5^{-7}\cdot 7^3}{(-2)^{-4}\cdot 5^7\cdot 7^3}$

*b)* $\dfrac{a^{-4}\cdot (6^2)^{-1}\cdot b^2}{2^3\cdot 3^2\cdot a^6\cdot b^{-7}}$

*c)* $\dfrac{(a\cdot b)^2\cdot (a^{-3}\cdot b^3)^3}{(a\cdot b^2\cdot c^3)^{-5}}$

*d)* $\dfrac{(4\cdot 3^2\cdot 6^{-2})^2\cdot (2^3\cdot 3^4)^{-1}}{(2^6\cdot 3^7)^{-3}\cdot (6^4)^3}$

**Solución:** *a)* $\dfrac{2^7}{5^{14}}$ *b)* $\dfrac{b^9}{a^{10}2^5 3^4}$ *c)* $\dfrac{b^{21}c^{15}}{a^2}$ *d)* $2^3\cdot 3^5$

**24** Efectúa las siguientes operaciones.

*a)* $\left(\dfrac{3}{5}-\left(\dfrac{3}{2}\right)^{-2}\right)^2$

*b)* $\left(-2-\left(\dfrac{-1}{4}\right)^{-3}\right)^{-2}$

*c)* $\left(\dfrac{3}{8}-(-2)^{-3}\right)^3$

**Solución:** *a)* 49/2 025 *b)* 1/3 844 *c)* 1/8

**25** Introduce factores dentro del radical.

*a)* $2\sqrt{\dfrac{7}{8}}$

*b)* $\dfrac{2^3\cdot 5}{3}\sqrt[3]{\dfrac{3^2\cdot 7\cdot 5}{2^2}}$

*c)* $(x-3)^2\sqrt[3]{(x-3)^2(x+3)}$

**26** Extrae factores del radical.

*a)* $\sqrt{2^3\cdot 8^{-2}}$

*b)* $\sqrt[3]{\dfrac{3^4\cdot 12^{-1}\cdot 7^3}{2^2}}$

*c)* $\sqrt{\left(1-\dfrac{3}{11}\right)\cdot\left(\dfrac{6}{25}+\dfrac{3}{4}\right)}$

*d)* $\sqrt{24a^5b^6-32a^9b^4}$

*e)* $\sqrt[3]{8m^4n^6p^8}$

*f)* $\sqrt[6]{1\,024}$

*g)* $\sqrt[5]{2\,187x^9y^{12}}$

*h)* $\sqrt{4^2\cdot 3^2\cdot 12^2x^5y^7}$

**27** Expresa las siguientes potencias como raíces.

*a)* $2^{3/4}$ *b)* $12^{5/7}$ *c)* $3^{-1/4}$

**28** Expresa estas raíces en forma de potencias.

*a)* $\sqrt[5]{3^2}$ *b)* $\sqrt[3]{10^2}$ *c)* $\dfrac{3}{\sqrt[3]{7}}$

**29** Expresa en forma de potencias de exponente fraccionario.

*a)* $\sqrt[3]{2^2}\cdot\sqrt[4]{\dfrac{3^5}{2^3}}$

*b)* $\dfrac{1}{\sqrt{3^{-5}}}\cdot\sqrt[3]{2^4\cdot 3^{-2}}$

*c)* $\sqrt{2\sqrt{2\sqrt{2^3}}}$

**Solución:** *a)* $2^{-1/12}\cdot 3^{5/4}$ *b)* $2^{4/3}\cdot 3^{11/6}$ *c)* $2^{9/8}$

**30** Realiza los siguientes cálculos.

*a)* $\sqrt[3]{0{,}04}\cdot\sqrt{0{,}2}$

*b)* $\left(\sqrt{2}\right)^3\cdot\dfrac{\sqrt[3]{2}}{\sqrt{6}}$

*c)* $\sqrt[4]{4}\cdot\sqrt[6]{8}\cdot\sqrt[8]{81}$

*d)* $\sqrt[5]{5}\cdot\sqrt[3]{2}$

**Solución:** *a)* $\dfrac{1}{5\sqrt[6]{5}}$ *b)* $2\sqrt[6]{\dfrac{2^2}{3^3}}$ *c)* $2\sqrt{3}$ *d)* $\sqrt[15]{4\,000}$

**31** Realiza estos cálculos simplificando al máximo.

*a)* $\sqrt{3}\cdot\sqrt[3]{4}$

*b)* $\sqrt{32}+\sqrt{18}-\sqrt{3}$

*c)* $\sqrt[3]{\sqrt{5}}$

*d)* $\sqrt{2}\cdot\dfrac{\sqrt{\sqrt[3]{2^2}}}{\sqrt{\sqrt[3]{2}}}$

**Solución:** *a)* $\sqrt[6]{432}$ *b)* $7\sqrt{2}-\sqrt{3}$ *c)* $\sqrt[6]{5}$ *d)* $\sqrt[3]{2^2}$

**32** Efectúa el cálculo y expresa el resultado como un radical.

$$\frac{3^{-3/4}\cdot 9^{3/2}}{\left(\sqrt{3}\right)^{-3}\cdot\sqrt{81}}$$

**Solución:** $3\sqrt[4]{3^3}$

**33** Calcula las siguientes expresiones con radicales.

*a)* $\sqrt{10}+2\sqrt{10}-\dfrac{1}{2}\sqrt{10}$

*b)* $3\sqrt{12}-2\sqrt{75}+7\sqrt{3}$

*c)* $\sqrt{243}-5\sqrt{3}+2\sqrt{27}$

*d)* $3\sqrt{8}-5\sqrt{72}+\sqrt{50}+4\sqrt{18}$

*e)* $\sqrt{32}-5\sqrt{18}+\sqrt{3}$

*f)* $3\sqrt{8}+2\sqrt{50}-4\sqrt{18}$

*g)* $5\sqrt{27}+3\sqrt{12}-4\sqrt{75}$

*h)* $\sqrt{512}+\sqrt{648}+\sqrt{\dfrac{128}{81}}$

*i)* $\sqrt{75}-\dfrac{\sqrt{18}}{3}+\dfrac{3\sqrt{12}}{4}-\sqrt{\dfrac{2}{25}}$

**Solución:** *a)* $\dfrac{5}{2}\sqrt{10}$ *b)* $3\sqrt{3}$ *c)* $10\sqrt{3}$ *d)* $-7\sqrt{2}$ *e)* $\sqrt{3}-11\sqrt{2}$ *f)* $4\sqrt{2}$ *g)* $\sqrt{3}$ *h)* $\dfrac{314}{9}\sqrt{2}$ *i)* $\dfrac{13}{2}\sqrt{3}-\dfrac{6}{5}\sqrt{2}$

**34** Calcula cada una de las siguientes expresiones con radicales.

*a)* $\left(\sqrt{2}+\sqrt{6}\right)^2$

*b)* $\left(2-2\sqrt{3}\right)^2-2\sqrt{48}$

*c)* $\left(\sqrt{7}-\sqrt{18}\right)^2-3\sqrt{56}$

*d)* $\left(1+\sqrt{5}\right)^2\cdot\left(1-\sqrt{5}\right)^2$

**Solución:** *a)* $8+4\sqrt{3}$ *b)* $16\left(1-\sqrt{3}\right)$ *c)* $25-12\sqrt{14}$ *d)* 16

**35** Efectúa, simplificando al máximo.

*a)* $2\sqrt{5}\cdot\left(\sqrt{20}-8\sqrt{45}\right)-\left(\sqrt{3}+\sqrt{5}\right)\cdot\left(\sqrt{3}-\sqrt{5}\right)$

*b)* $-\sqrt[3]{-16}-\sqrt[3]{-54}-\sqrt[3]{-250}$

**Solución:** *a)* $-218$ *b)* $10\sqrt[3]{2}$

**36** Realiza las siguientes operaciones.

*a)* $\sqrt[4]{x+1}\cdot\sqrt{(x+1)^3}\cdot\sqrt[8]{\dfrac{1}{(x+1)^7}}$

*b)* $\left(\sqrt{7}-\sqrt{18}\right)^2+6\sqrt{14}$

*c)* $\left(\sqrt{a-b}+\sqrt{a+b}\right)\cdot\left(\sqrt{a-b}-\sqrt{a+b}\right)$

*d)* $\sqrt[3]{-4}\cdot\sqrt{6}\cdot\sqrt[4]{9}$

**Solución:** *a)* $\sqrt[8]{(x+1)^7}$ *b)* 25 *c)* $-2b$ *d)* $-6\sqrt[6]{2}$

**37** Simplifica las siguientes expresiones.

*a)* $\dfrac{1}{1-a}\cdot\sqrt[3]{\dfrac{1}{(a+1)^2}}\cdot\sqrt[3]{(1-a)^2}$

*b)* $\sqrt[4]{a}\cdot\sqrt[3]{a}\cdot\sqrt{a\sqrt{a}}$

**Solución:** *a)* $\dfrac{1}{\sqrt[3]{(1-a)\cdot(1+a)^2}}$ *b)* $a\sqrt[3]{a}$

**38** Determina si son ciertas o falsas las igualdades que se dan a continuación.

*a)* $\dfrac{x+3}{\sqrt{x^2-9}}=\sqrt{\dfrac{x+3}{x-3}}$

*b)* $\sqrt{2}+\sqrt{8}=\sqrt{18}$

**39** Racionaliza las siguientes expresiones.

*a)* $\dfrac{2-\sqrt{2}}{2\sqrt{3}}$

*b)* $\dfrac{\sqrt{6}-2}{\sqrt[3]{9}}$

*c)* $\dfrac{\sqrt{7}+\sqrt{5}}{\sqrt{7}-\sqrt{5}}$

*d)* $\dfrac{\sqrt[3]{2}-\sqrt{2}}{\sqrt{2}-2}$

**Solución:** *a)* $\dfrac{2\sqrt{3}-\sqrt{6}}{6}$ *b)* $\dfrac{\left(\sqrt{6}-2\right)\cdot\sqrt[3]{3}}{3}$ *c)* $6+\sqrt{35}$ *d)* $\dfrac{-\sqrt[6]{32}}{2}-\sqrt[3]{2}+\sqrt{2}+1$

**40** Calcula el resultado de las siguientes operaciones, simplificando al máximo.

*a)* $\dfrac{2-\sqrt{2}}{2+\sqrt{2}}-\dfrac{2+\sqrt{2}}{2-\sqrt{2}}+\dfrac{2}{\sqrt{2}}$

*b)* $\dfrac{\sqrt{\sqrt{5}+1}\cdot\sqrt{\sqrt{5}-1}}{\sqrt{\sqrt{8}+2}\cdot\sqrt{\sqrt{8}-2}}$

*c)* $\sqrt{2\sqrt{\dfrac{1}{2}\sqrt{2\sqrt{\dfrac{1}{2}}}}}$

*d)* $\left[\dfrac{2}{\sqrt{3}+\sqrt{2}}-\dfrac{3}{\sqrt{3}-\sqrt{2}}\right]\cdot\dfrac{1}{\sqrt{2}-\sqrt{3}}$

**Solución:** *a)* $-3\sqrt{2}$ *b)* 1 *c)* $\sqrt[16]{2^5}$ *d)* $13+6\sqrt{6}$

## Aproximaciones y errores

**41** A Brahmagupta (siglo VII a. C.) se le atribuye una aproximación de $\pi$ que vale $\sqrt{10}$. Siglos después, en el III a. C., Arquímedes propuso otra: $\dfrac{245}{78}$. Calcula cuántas cifras exactas tiene cada aproximación y qué porcentaje de error se comete cuando se aproxima $\pi$ con cada una de ellas.

**Grabado de Arquímedes en la bañera.**

**42** Redondea a dos cifras decimales estos números e indica si la aproximación es por exceso o por defecto.

*a)* 3,056 79

*b)* −2,934 6

*c)* 0,000 78

*d)* 45,862 0

*e)* 4,345 05

*f)* −3,005 31

**43** Calcula el error absoluto que se comete al tomar 0,71 como aproximación de 5/7.

**Solución:** 3/700

**44** Aproxima $\sqrt{13}$ con un error absoluto menor que una milésima. ¿Existe una sola aproximación?

**45** El número decimal 7,543 es la aproximación por redondeo de cierto número real. ¿En qué intervalo está comprendido? Escríbelo e indica su incertidumbre.

**46** A continuación se ofrece una tabla con las aproximaciones de algunos números reales. Cópiala y determina, para cada caso, el tipo de aproximación, la incertidumbre o cota de error y el intervalo en el que está comprendido el número exacto. Indica también el número de cifras exactas y el error relativo cometido. ¿Cuál de las aproximaciones crees que es la mejor?

| Valor exacto | $(1+\sqrt{5})/2$ | $\sqrt{5}$ | $-7{,}5436\ldots$ | $299\,792{,}5$ | $\sqrt[3]{10}$ |
|---|---|---|---|---|---|
| Valor aproximado | 1,62 | 2,236 | −7,544 | 300 000 | 2,154 |
| Aproximación | × | × | × | × | × |
| Incertidumbre | × | × | × | × | × |
| Intervalo | × | × | × | × | × |
| Cifras exactas | × | × | × | × | × |
| Error relativo | × | × | × | × | × |

**47** Determina entre qué números están comprendidos los valores exactos de cada una de las siguientes aproximaciones.

*a)* $6{,}87 \pm 0{,}02$

*b)* $67\,894 \pm 5$

*c)* $0{,}0543 \pm 0{,}0001$

*d)* $67{,}0 \pm 0{,}2$

## Notación científica

**48** Utilizando la notación científica escribe las siguientes magnitudes en metros:

*a)* La Unidad Astronómica de distancia es la distancia media que separa la Tierra del Sol, su valor es 149,6 millones de kilómetros.

*b)* Un año-luz es la distancia que recorre la luz en un año (velocidad de la luz = 300 000 km/s).

*c)* El C-elegans fue el primer organismo cuyo genoma fue completamente secuenciado. Su longitud es de aproximadamente 1 mm.

**Solución:** *a)* $1{,}496 \cdot 10^{11}$ m *b)* $9{,}4608 \cdot 10^{15}$ m *c)* $10^{-3}$ m

**49** Ordena de menor a mayor los siguientes números, expresándolos previamente en notación científica.

*a)* $3{,}23 \cdot 10^{18}, 523{,}17 \cdot 10^{16}, 444 \cdot 10^{17}$

*b)* $3{,}19 \cdot 10^{-12}, 0{,}033 \cdot 10^{-10}, 444 \cdot 10^{-14}$

**50** Si $X = 3 \cdot 10^7$, $Y = 4{,}25 \cdot 10^5$ y $Z = 72{,}12 \cdot 10^{10}$, calcula, expresando el resultado en notación científica.

*a)* $(X + Y) \cdot Z$

*b)* $\dfrac{X \cdot Y}{Z}$

**Solución:** *a)* $2{,}194251 \cdot 10^{19}$ *b)* $1{,}767886855 \cdot 10$

## Logaritmos

**51** Calcula.

*a)* $\log 0{,}00001$ *d)* $\log_{1/3} \sqrt{3}$ *g)* $\log_{23} 1$

*b)* $\log_5 (1/625)$ *e)* $\log_{\sqrt{2}} 0{,}125$ *h)* $\log_{13} \sqrt[5]{2197}$

*c)* $\log_2 2048$ *f)* $\log_a \sqrt[3]{a^7}$ *i)* $\log_3 81$

**Solución:** *a)* −5 *b)* −4 *c)* 11 *d)* −1/2 *e)* −6 *f)* 7/3 *g)* 0 *h)* 3/5 *i)* 4

**52** Utilizando las propiedades de los logaritmos, calcula $x$ en las siguientes expresiones.

*a)* $\log_x \left(\dfrac{1}{27}\right) = -3$

*b)* $\log_{1/2} 128 = x$

*c)* $\log_5 x = \dfrac{6}{5}$

*d)* $\log_x 4 = \dfrac{1}{8}$

*e)* $\log_x 4{,}9 = 0{,}16$

*f)* $\log_{\sqrt{3}} x = 6{,}5$

*g)* $\log_{x+1} 25 = 2$

*h)* $\log (x^3 - 25) = 2$

*i)* $\log_2 32^x = 0{,}1$

**Solución:** *a)* 3 *b)* −7 *c)* $\sqrt[5]{5^6}$ *d)* $2^{16}$ *e)* $4{,}9^{\frac{25}{4}}$ *f)* $\sqrt[4]{3^{13}}$ *g)* 4 *h)* 5 *i)* 1/50

**53** Formula estas expresiones como un solo logaritmo.

*a)* $3 (\log 5 + \log 2) - \log 2 - \log 7$

*b)* $\dfrac{3}{2}(1 - \log 5) + \dfrac{1}{2} \log 2$

*c)* $3 \ln 2 - 1 + \dfrac{\ln 5}{3}$

**Solución:** *a)* $\log (500/7)$ *b)* $\log 4$ *c)* $\ln \left(8\sqrt[3]{5}/e\right)$

**54** Halla el valor de $a$ para que se cumplan las siguientes igualdades.

*a)* $\log_a 12 + \log_a 3 = 2$

*b)* $3^a = 10$

*c)* $\log a = 1 + 3\log 2 - \dfrac{1}{2} \log 64$

*d)* $\ln a = \log_3 243 - \log_{\sqrt{3}} \dfrac{1}{9}$

**Solución:** *a)* 6 *b)* $\ln (10)/\ln (3)$ *c)* 10 *d)* $e^9$

**55** Calcula $x$ para que se cumpla cada una de las siguientes igualdades.

*a)* $\log_8 (2x + 1) = -\frac{1}{3}$

*b)* $x^{0,8} = 1\,024$

*c)* $5^{x-2} = e$

*d)* $2^{x^2-1} = 3^{\ln 2}$

**Solución:** *a)* $x = -1/4$ *b)* $x = \sqrt{2^{25}}$
*c)* $x = 2 + 1/\ln(5)$ *d)* $x = \pm\sqrt{1 + \ln(3)}$

**56** Calcula cuánto vale $k$ en cada caso.

*a)* $\log_a x - \log_{1/a} x^k = 0$

*b)* $\log_2 x^k = \log_4 x$

**Solución:** *a)* $k = -1$ *b)* $k = 1/2$

## Ejercicios de aplicación

**57** Indica cuál de las siguientes opciones es más conveniente.

- Que te cobren el precio de un artículo sin IVA.
- Que te cobren el precio del artículo más el 21 % de IVA y que después te hagan un descuento del 21 %.

Razona la respuesta.

**58** Un comerciante vende sus artículos en las rebajas de enero al 80 % del precio que tenían en diciembre; en las rebajas de febrero los vende al 70 % del precio de las de enero. Determina:

*a)* El precio de un jersey en diciembre y enero si en febrero costaba 50 €.

*b)* El precio en diciembre y febrero de unos pantalones que en enero costaban 50 €.

**Solución:** *a)* 89,29 € y 71,42 €, respectivamente
*b)* 62,50 € y 35 €, respectivamente

**59** Tres operarios remodelan una cocina trabajando 8 h diarias durante quince días. ¿En cuánto tiempo habrían remodelado la cocina 4 operarios trabajando 9 h diarias?

**Solución:** 10 días

**60** Al medir a un niño de 90 cm de altura se obtuvieron 91 cm y al medir un edificio de 30 m de altura se obtuvieron 31 m, determina:

*a)* El error absoluto de las dos medidas.

*b)* El error relativo de las dos medidas.

*c)* ¿Cuál te parece la medida más precisa?

**61** La arista de un cubo mide 6 cm. ¿Cuánto mide su diagonal?

**Solución:** D = 10,39 cm

**62** Calcula la longitud de la diagonal de una caja de dimensiones 11 cm × 32 cm × 14 cm.

**Solución:** D = 36,62 cm

**63** La pirámide de Keops tenía 230,35 m de lado y 146,6 m de altura, cuando la construyeron en el 2400 a.C. estaba recubierta de planchas de piedra pulida. ¿Cuántos metros cuadrados de piedra pulida necesitaron los constructores para recubrirla?

**Solución:** 85 889,16 m²

**64** Se quiere construir un rectángulo áureo. Sabiendo que el lado menor mide 7 cm, ¿cuánto deberá medir el lado mayor?

**Solución:** $L = 11{,}33$ cm

**65** Halla el área de la zona sombreada si $D = 2\sqrt{2}$ cm, y expresa el resultado con cuatro cifras exactas.

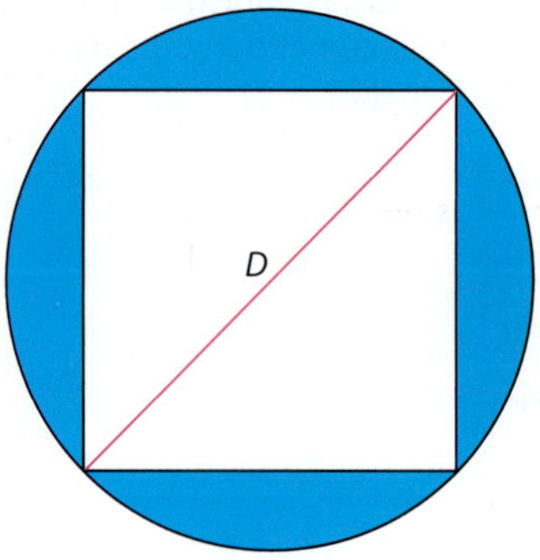


FIGURA 1.13.

**Solución:** 2,283 cm²

**66** El punto $G$ es el baricentro del triángulo isósceles $ABC$, $AB = AC = 5$ cm y $BC = 3$ cm. Sabiendo que $G$ cumple $GM = \frac{1}{2}GA$, calcula el área del triángulo $GBC$ y redondea el resultado con un error menor que una milésima.

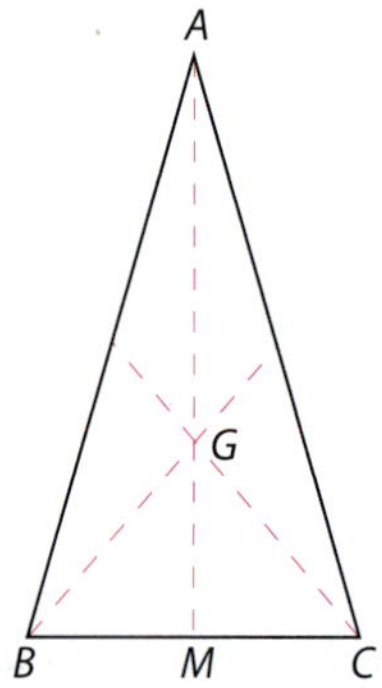


FIGURA 1.14.

**67** El área de un hexágono regular es de $9\sqrt{3}$ cm². Halla la longitud del lado, expresando esta medida con un radical.

**Solución:** $\sqrt{6}$ cm

**68** Aplicando las propiedades de los logaritmos, demuestra lo siguiente.

*a)* $\log_a x = -\log_{1/a} x$

*b)* $\log_{\sqrt{a}} x = 2\log_a x$

**69** Una población sufre una fuerte emigración y en 10 años se ve reducida a la cuarta parte. Su decrecimiento es exponencial, del tipo $P = P_o \cdot e^{-kt}$, donde $k$ es la tasa de decrecimiento, y $t$, el tiempo, medido en años. Calcula la constante $k$.

**Solución:** $k = 0{,}138$

**70** El pH de una disolución es el logaritmo decimal del inverso de la concentración de iones hidronio, $[H_3O^+]$, es decir, pH = log $(1/[H_3O^+])$. El pH máximo es 14 y, evidentemente, siempre es positivo. Una disolución es ácida si su pH es menor que 7 y básica cuando es mayor que 7. ¿Cuál es el pH de una disolución cuya concentración de iones hidronio es de $6 \cdot 10^{-5}$ mol/L? ¿Es ácida o básica?

**Solución:** pH = 4,22

# Evaluación

| Soy capaz de... | Actividades |
|---|---|
| Reconocer los distintos tipos de números reales y utilizarlos para representar e interpretar adecuadamente información cuantitativa. | 1 |
| Realizar operaciones numéricas con eficacia, empleando cálculo mental, algoritmos de lápiz y papel, calculadora o herramientas informáticas. | 2 y 3 |
| Obtener cotas de error y estimaciones en los cálculos aproximados realizados valorando y justificando la necesidad de estrategias adecuadas para minimizarlas. | 4 |
| Conocer y aplicar el concepto de valor absoluto para calcular distancias y manejar desigualdades. | 5 |
| Resolver problemas en los que intervienen números reales y su representación e interpretación en la recta real. | 6 |
| Aplicar correctamente las propiedades para calcular logaritmos sencillos en función de otros conocidos. | 7-10 |

**1.** Clasifica estos números en racionales e irracionales.

*a)* $\sqrt{2}$ *b)* $2,2\widehat{1}$ *c)* $\sqrt{9}$ *d)* $\frac{1}{5}$ *e)* $2$ *f)* $1,\widehat{3}$ *g)* $\sqrt{5}$

**2.** Realiza las siguientes operaciones con la calculadora.

*a)* $0,\widehat{3}\cdot 0,15-0,1$ *b)* $1,\widehat{2}+1,3+1,1\widehat{2}$

**3.** Resuelve.

*a)* $3\sqrt{2}+\sqrt{18}-\sqrt{50}$ *b)* $\sqrt{2}\cdot\sqrt[3]{3}:\sqrt{6}$ *c)* $\frac{\sqrt{7}+\sqrt{5}}{\sqrt{7}-\sqrt{5}}+\frac{\sqrt{7}-\sqrt{5}}{\sqrt{7}+\sqrt{5}}$

**4.** Si una aproximación a $\sqrt{2}$ es $\frac{7}{5}$, calcula el error absoluto de la aproximación y su error relativo. Realiza el mismo cálculo pero con la aproximación $\frac{707}{500}$. ¿Dónde se comete más error?

**5.** Calcula y escribe el intervalo de $|x-3|\leq 9$.

**6.** Representa estos números $\sqrt{2}$, $\sqrt{5}$ y $\sqrt{11}$ en la recta utilizando el teorema de Pitágoras. Comprueba los resultados con *GeoGebra*.

**7.** Calcula estos logaritmos.

*a)* $\log 10\,000$ *b)* $\ln e^5$ *c)* $\log_2 \frac{1}{16}$ *d)* $\log_{\sqrt{2}} 1\,024$

**8.** ¿Qué valor tiene $x$ en cada caso? Calcula.

*a)* $\log x=3$ *b)* $\log x=-2$ *c)* $\log_{\frac{1}{4}} x=-2$ *d)* $\log_x 27=-3$

**9.** Si $\log 2=0,30$, ¿qué valor tienen las siguientes expresiones?

*a)* $\log 20$ *b)* $\log 50$ *c)* $\log 800$ *d)* $\log \sqrt{2}$

**10.** Reduce a una expresión algebraica en cada caso.

*a)* $\ln A=2\ln x-3\ln y+\frac{1}{2}\ln z$ *b)* $\ln B=\frac{3}{2}\ln y-\frac{5}{3}\ln x$

# 2 Ecuaciones y sistemas

Uno de los períodos más fructíferos de la ciencia en China tuvo lugar durante el reinado de la dinastía Sung (960-1279). En el siglo XIII, coincidiendo con el declive de dicha dinastía, el desarrollo del álgebra alcanzó cotas elevadas en este país.

Actualmente se conservan admirables trabajos de cuatro matemáticos chinos: Qin Jiu-shao, Yang Hui, Zhu Shi-jie y Li-Ye. De este último podemos mencionar dos textos: el Tse yuan hai jing (Espejo marino de las medidas del círculo) y el Yi gu yan duan (Nuevos pasos del cálculo). Ambas obras reducen problemas geométricos a problemas algebraicos planteando el método tian-yuan (método de los elementos celestiales) para la resolución de ecuaciones algebraicas.

El método tian-yuan se introdujo en Europa varios siglos después, en el siglo XV, con Al-Kasi; en el año 1600 con F. Vieta y en 1804 con P. Ruffini. En esta unidad aprenderás a utilizar la versión europea del tian-yuan.

# Repasa lo que sabes

Los **intervalos** de números reales pueden ser:

- Abiertos: $(a, b) = \{x \in \mathbb{R} / a < x < b\}$
- Cerrados: $[a, b] = \{x \in \mathbb{R} / a \leq x \leq b\}$
- Semiabierto por la izquierda: $(a, b] = \{x \in \mathbb{R} / a < x \leq b\}$
- Semiabierto por la derecha: $[a, b) = \{x \in \mathbb{R} / a \leq x < b\}$

**OBSERVA**

Un **intervalo** es el conjunto de números reales comprendidos entre otros dos números dados, que son los **extremos del intervalo.**

**1.** Representa sobre la recta los siguientes intervalos.

*a)* $[-3, 5]$ *b)* $(7, 12)$ *c)* $[-5, 0)$ *d)* $(-1, 1]$

**2.** Escribe, en forma de intervalo, el conjunto de valores que verifican $x < 4$.

**3.** Escribe, en forma de intervalo, el conjunto de números $\{x \in \mathbb{R} / x \leq 4\}$.

Las **propiedades de los logaritmos** son:

- $\log_a a = 1$
- $\log_a 1 = 0$
- $\log_a (x \cdot y) = \log_a x + \log_a y$
- $\log_a \left(\frac{x}{y}\right) = \log_a x - \log_a y$
- $\log_a (x^n) = n \cdot \log_a x$
- $\log_a \sqrt[n]{x} = \frac{\log_a x}{n}$

**Definición de logaritmo**

El **logaritmo** en base *a* de un número *x* es el número, *y*, al que hay que elevar *a* para obtener *x*:

$$y = \log_a x \Leftrightarrow a^y = x$$

**4.** Halla el valor de $\log \left(\frac{100}{5^2}\right)$.

**5.** Calcula $\log_2 1\,024$.

**6.** Sabiendo que $\ln x$ es el logaritmo en base *e* de *x*, calcula *x* si $\ln x = 0$.

Si *x* es un número real, su **valor absoluto** $|x|$ se define como:

$$|x| = \begin{cases} -x & \text{si } x < 0 \\ x & \text{si } x < 0 \end{cases}$$

**7.** ¿A qué intervalo pertenece *x* si $|x - 8| < 12$?

La **ecuación general o implícita** de una recta es: $Ax + By + C = 0$

**8.** ¿Cuál es la ecuación general de la recta que pasa por los puntos $(1, 3)$ y $(5, 1)$?

**9.** ¿Qué podrías afirmar acerca de la posición relativa de los siguientes pares de rectas?

*a)* $\begin{cases} r_1: 2x - 4y + 10 = 0 \\ s_1: x - 2y + 5 = 0 \end{cases}$ *b)* $\begin{cases} r_2: 2x - 4y + 10 = 0 \\ s_2: 4x - 8y + 5 = 0 \end{cases}$

# 1. Polinomios

## 1.1. Concepto de polinomio

Un **polinomio** de grado $n$ es cualquier expresión del tipo:

$$p(x) = p_0 + p_1 x + p_2 x^2 + p_3 x^3 + \ldots + p_n x^n$$

donde $p_n \neq 0$; $n$ es un número natural denominado **grado** del polinomio; $p_i$, con $i = 0, \ldots, n$, son números reales llamados **coeficientes,** y $x$ es la **indeterminada** del polinomio. El polinomio $p(x) = p_0$ es de grado 0.

Así, por ejemplo:

$3x^3 - 7x^2 - 10$ es un polinomio de grado 3.

$2x - 9$ es un polinomio de grado 1.

$2x^{-1/2} + x^{-1} - 7x^{-3/2}$ no es un polinomio.

No tiene sentido escribir $0x^3 - 7x^2 - 10x$. Por esta razón, se impone $p_n \neq 0$.

Cada uno de los términos $p_i x^i$, con $i = 1, \ldots, n$, se denomina **monomio** de grado $i$. Se designa como $p_i$ al **coeficiente** del monomio de grado $i$, mientras que $p_0$ recibe el nombre de **término independiente.**

Dos polinomios son **iguales** si y solo si lo son los coeficientes correspondientes a los monomios del mismo grado.

## 1.2. Operaciones con polinomios

### Suma de polinomios

Dados dos polinomios:

$p(x) = p_0 + p_1 x + p_2 x^2 + p_3 x^3 + \ldots + p_n x^n$, de grado $n$

$q(x) = q_0 + q_1 x + q_2 x^2 + q_3 x^3 + \ldots + q_m x^m$, de grado $m$

se denomina **polinomio suma, $p(x) + q(x)$,** al que resulta de sumar los monomios que tienen el mismo grado:

$$p(x) + q(x) = p_0 + q_0 + (p_1 + q_1)x + (p_2 + q_2)x^2 + \ldots$$

**OBSERVA**

La resta de polinomios es similar a la suma, pero se cambia de signo a todos los monomios que componen el polinomio sustraendo.

### Multiplicación de polinomios

Dados dos polinomios:

$p(x) = p_0 + p_1 x + p_2 x^2 + p_3 x^3 + \ldots + p_n x^n$, de grado $n$

$q(x) = q_0 + q_1 x + q_2 x^2 + q_3 x^3 + \ldots + q_m x^m$, de grado $m$

el polinomio producto, $p(x) \cdot q(x)$, es el que resulta de multiplicar cada uno de los monomios de $p(x)$ por cada uno de los de $q(x)$ y después sumar los de igual grado, teniendo en cuenta que $(p_i x^i) \cdot (q_j x^j) = p_i q_j x^{i+j}$:

$$p(x) \cdot q(x) = (p_0 q_0) + (p_1 q_0 + p_0 q_1)x + (p_0 q_2 + p_1 q_1 + p_2 q_0)x^2 + \ldots + (p_n q_m)x^{n+m}$$

**Ejercicio resuelto**

▶ *Dados los polinomios $p(x) = -5x^2 + 10x - 4$ y $q(x) = 6x^3 - 3x + 5$, hallar el polinomio suma $p(x) + q(x)$ y el polinomio producto $p(x) \cdot q(x)$.*

$p(x) + q(x) = 6x^3 - 5x^2 + (10 - 3)x - 4 + 5 = 6x^3 - 5x^2 + 7x + 1$

$p(x) \cdot q(x) = -5x^2 \cdot (6x^3 - 3x + 5) + 10x \cdot (6x^3 - 3x + 5) - 4 \cdot (6x^3 - 3x + 5) = -30x^5 + 15x^3 - 25x^2 + 60x^4 - 30x^2 + 50x - 24x^3 + 12x - 20 = -30x^5 + 60x^4 + (15 - 24)x^3 + (-25 - 30)x^2 + (50 + 12)x - 20 = -30x^5 + 60x^4 - 9x^3 - 55x^2 + 62x - 20$

## División entera de polinomios

Dados dos polinomios:

$$p(x) = p_0 + p_1 x + p_2 x^2 + p_3 x^3 + \ldots + p_n x^n, \text{ de grado } n$$
$$q(x) = q_0 + q_1 x + q_2 x^2 + q_3 x^3 + \ldots + q_m x^m, \text{ de grado } m$$

con $n \geq m$, la división entera de $p(x)$ entre $q(x)$ consiste en hallar dos polinomios $c(x)$ y $r(x)$ que verifiquen la siguiente igualdad:

$$p(x) = q(x) \cdot c(x) + r(x)$$

en la que el grado de $r(x)$ es menor que el grado de $q(x)$: grado $r(x) <$ grado $q(x)$.

Si $r(x) = 0$, se dice que la división es **exacta.**

### Ejercicio resuelto

▶ *Dados* $p(x) = 4x^3 - 7x + 5$ *y* $q(x) = 2x + \frac{1}{3}$, *calcular* $p(x)/q(x)$.

$$\begin{array}{rrr|l} 4x^3 & & -7x+5 & 2x+1/3 \\ \cline{4-4} -4x^3 & -\frac{2}{3}x^2 & & 2x^2 \\ \hline & -\frac{2}{3}x^2 & -7x & \end{array}$$

El primer monomio del cociente es aquel que, al ser multiplicado por el monomio de mayor grado del divisor, $2x$, da $4x^3$, es decir, $2x^2$. Se multiplica $2x^2$ por el divisor, y se resta el resultado al dividendo.

$$\begin{array}{rrr|l} 4x^3 & & -7x+5 & 2x+1/3 \\ \cline{4-4} -4x^3 & -\frac{2}{3}x^2 & & 2x^2-\frac{1}{3}x-\frac{31}{9} \\ \hline & -\frac{2}{3}x^2 & -7x & \\ & \frac{2}{3}x^2 & +\frac{1}{9}x+5 & \\ \hline & & -\frac{62}{9}x+5 & \\ & & \frac{62}{9}x+\frac{31}{27} & \\ \hline & & \frac{166}{27} & \end{array}$$

Como el resto no es un polinomio de grado menor que el divisor, es preciso continuar. Se multiplica el término $2x$ del divisor por $\frac{1}{3}x$ para obtener $-\frac{2}{3}x^2$.

Se vuelve a restar el resultado. Tras repetir la operación, se obtiene ahora $\frac{166}{27}$ como resto y $2x^2 - \frac{1}{3}x - \frac{31}{9}$ como cociente.

Se puede comprobar la división una vez concluida:

$$4x^3 - 7x + 5 = \left(2x + \frac{1}{3}\right) \cdot \left(2x^2 - \frac{1}{3}x - \frac{31}{9}\right) + \frac{166}{27}$$

> **OBSERVA**
>
> En la división de polinomios, estos se disponen como en la división de números, dejando los huecos que corresponden a los monomios de coeficiente 0.

> **OBSERVA**
>
> El procedimiento de restar al dividendo el producto del cociente por el divisor es análogo al que se realiza en la división numérica, aunque, en este caso, la resta se hace de forma implícita, sin escribir el producto.

> **OBSERVA**
>
> En el ejercicio resuelto puede comprobarse que la diferencia de grados de los polinomios dividendo, $p(x)$, y divisor, $q(x)$, es igual al grado del polinomio cociente, $c(x)$. Es decir:
>
> grado $c(x) =$
> $=$ grado $p(x) -$ grado $q(x)$

Dados dos polinomios, $p(x)$ y $q(x)$, se dice que $p(x)$ es **múltiplo** de $q(x)$ si la división $p(x)/q(x)$ es exacta. En este caso, $p(x)$ es **divisible** por $q(x)$. Así, el polinomio $p(x)$ es divisible por $q(x)$ si el resto de la división $p(x)/q(x)$ es **cero.**

### Actividades

**1** Realiza las siguientes divisiones.

*a)* $(4x^4 - 12x^3 + 7x - 5) : (3x^2 - 6x)$

*b)* $(7x^5 + 4x^4 - 3x^3 - 12x^2 + 5) : (x^3 + 2x)$

**Solución:** *a)* $c(x) = \frac{4}{3}x^2 - \frac{4}{3}x - \frac{8}{3}$, $r(x) = -9x - 5$

*b)* $c(x) = 7x^2 + 4x - 17$, $r(x) = -20x^2 + 34x + 5$

## División de un polinomio $p(x)$ por el binomio $x - a$

Cuando se trata de dividir un polinomio $p(x)$ entre un binomio del tipo $q(x) = x - a$, puede utilizarse el procedimiento denominado **regla de Ruffini,** que se expone en el siguiente ejemplo:

### Ejercicio resuelto

▶ *Dados* $p(x) = 10x^3 - 7x + 5$, y $q(x) = x + 1/3$, *calcular* $p(x)/q(x)$.

$$\begin{array}{r|rrrr} & 10 & 0 & -7 & 5 \\ -\frac{1}{3} & & & & \\ \hline & & & & \end{array}$$

Se ordena el polinomio dividendo según los grados de sus términos de modo decreciente y se completa añadiendo los ceros de los monomios que no aparecen en él. Se coloca el valor de $a$, en este caso $-1/3$, en el extremo inferior izquierdo.

$$\begin{array}{r|rrrr} & 10 & 0 & -7 & 5 \\ -\frac{1}{3} & & & & \\ \hline & 10 & & & \end{array}$$

El primer coeficiente del cociente ha de coincidir con el primero del dividendo.

$$\begin{array}{r|rrrr} & 10 & 0 & -7 & 5 \\ -\frac{1}{3} & & -\frac{10}{3} & & \\ \hline & 10 & -\frac{10}{3} & & \end{array}$$

Para obtener el segundo término del cociente, el primer coeficiente del cociente se multiplica por el valor de $a$, $-\frac{1}{3}$, y el producto resultante se suma al segundo término del dividendo.

$$\begin{array}{r|rrr|r} & 10 & 0 & -7 & 5 \\ -\frac{1}{3} & & -\frac{10}{3} & \frac{10}{9} & \frac{53}{27} \\ \hline & 10 & -\frac{10}{3} & -\frac{53}{9} & \frac{188}{27} \end{array}$$

Se procede del mismo modo con todos los coeficientes, hasta el último de los términos del dividendo. El número situado a la derecha, bajo la línea inferior, $\frac{188}{27}$, es el resto de la división.

### OBSERVA

A partir del procedimiento seguido en el ejercicio resuelto, podemos asegurar que:

$$10x^3 - 7x + 5 =$$

$$= \left(x + \frac{1}{3}\right) \cdot \left(10x^2 - \frac{10}{3}x - \frac{53}{9}\right) +$$

$$+ \frac{188}{27}$$

De este modo, el cociente es:

$$10x^2 - \frac{10}{3}x - \frac{53}{9}$$

y el resto:

$$\frac{188}{27}$$

### Actividades

**2** Realiza las siguientes divisiones utilizando la regla de Ruffini.

*a)* $(x^3 - 2x^2 + 3x - 5) : (x - 2)$

*b)* $(7x^3 + 2x^2 - 5x + 10) : (x + 2)$

*c)* $(6x^3 + 2x - 3) : (x - 5)$

**Solución:** *a)* $c(x) = x^2 + 3,\ r(x) = 1$ *b)* $c(x) = 7x^2 - 12x + 19,\ r(x) = -28$

*c)* $c(x) = 6x^2 + 30x + 152,\ r(x) = 757$

**3** Dados $p(x) = x + 1/3$, $q(x) = x^4 + 3x^2 - 3x + 1$, y $s(x) = 3x^2 - 5x - 2$, calcula:

*a)* $p(x) + q(x) - s(x)$ *c)* $q(x) \cdot s(x)$ *e)* $s(x) : p(x)$

*b)* $p(x) \cdot s(x)$ *d)* $q(x) : s(x)$ *f)* $q(x) : p(x)$

**Solución:** *a)* $x^4 + 3x + \frac{10}{3}$ *b)* $3x^3 - 4x^2 - \frac{11}{3}x - \frac{2}{3}$

*c)* $3x^6 - 5x^5 + 7x^4 - 24x^3 + 12x^2 + x - 2$

*d)* $c(x) = \frac{1}{3}x^2 + \frac{5}{9}x + \frac{58}{27},\ r(x) = \frac{239}{27}x + \frac{143}{27}$

*e)* $c(x) = 3x - 6,\ r(x) = 0$

*f)* $c(x) = x^3 - \frac{1}{3}x^2 + \frac{28}{9}x - \frac{109}{27},\ r(x) = \frac{190}{81}$

## 1.3. Teorema del resto

Al sustituir la indeterminada, $x$, de un polinomio, $p(x)$, por un número cualquiera, $a$, se obtiene otro número que recibe el nombre de **valor numérico** del polinomio para $x = a$, y que está representado por $p(a)$.

Así, el valor numérico de $p(x) = 3x^3 - 2x^2 + 5x - 1$, para $x = 2$, es:

$$p(2) = 3 \cdot 2^3 - 2 \cdot 2^2 + 5 \cdot 2 - 1 = 24 - 8 + 10 - 1 = 25$$

Nos encontramos ahora en condiciones de enunciar el **teorema[1] del resto:**

> El **resto** de la división de un polinomio cualquiera $p(x)$ por el binomio $x - a$ es igual al valor numérico del polinomio para $x = a$, es decir, $p(a)$.

Para demostrar el teorema del resto, se procede de la siguiente manera:

1. Al dividir $p(x)$ entre $x - a$, se obtienen un cociente, $c(x)$, y un resto, $r$, que es un número, es decir, un polinomio de grado cero, pues el divisor es de grado 1.
2. Se cumple que $p(x) = (x - a) \cdot c(x) + r$.
3. El valor numérico de $p(x)$ para $x = a$ es:

$$p(a) = (a - a) \cdot c(a) + r = 0 + r$$

4. Por tanto, $p(a) = r$, como se quería demostrar.

Puede deducirse, como consecuencia inmediata del teorema del resto, que si el polinomio $p(x)$ es divisible por el binomio $x - a$, entonces $p(a) = 0$, y viceversa.

> Las **raíces** o **ceros** de un polinomio $p(x)$ son los valores de $x$ que hacen que el valor numérico de dicho polinomio sea igual a cero. Un número real $a$ es raíz de $p(x)$ si $p(a) = 0$.

**OBSERVA**

Si $a$ es una raíz del polinomio $p(x)$, entonces $p(x)$ es divisible por $(x - a)$.

## 1.4. Descomposición factorial

Cualquier **polinomio** puede descomponerse como un producto de polinomios irreducibles.

> Un polinomio es **irreducible** si solo es divisible por él mismo y por un polinomio de grado 0.

Los binomios del tipo $x - a$ son irreducibles; también lo son los polinomios que no tienen raíces. Así, $s(x) = x^2 + 1$ es irreducible.

El que un polinomio, $p(x)$, pueda descomponerse en factores irreducibles significa que él mismo no es irreducible; si tiene una raíz $a_1$, se puede escribir así:

$$p(x) = (x - a_1) \cdot c_1(x)$$

De este modo, $c_1(x)$ es el cociente de la división $p(x) : (x - a_1)$. Si $c_1(x)$ tiene también una raíz $a_2$, que lo será a su vez de $p(x)$, entonces $p(x)$ puede escribirse:

$$p(x) = (x - a_1) \cdot (x - a_2) \cdot c_2(x)$$

Generalizando el proceso anterior, si un polinomio de grado $n$:

$$p(x) = p_0 + p_1 x + p_2 x^2 + p_3 x^3 + \ldots + p_n x^n$$

tiene $n$ raíces, $a_1, a_2, a_3, \ldots, a_n$, es posible descomponerlo de manera única en factores irreducibles del modo siguiente:

$$p(x) = p_n (x - a_1) \cdot (x - a_2) \cdot \ldots \cdot (x - a_n)$$

Si se desea factorizar un polinomio con coeficientes enteros, se deben conocer sus raíces. Las posibles raíces enteras de un polinomio con coeficientes enteros son divisores de su término independiente.

**RECUERDA**

Todo **número entero** puede descomponerse como producto de números primos. Un **número primo** solo es divisible por sí mismo y por la unidad.

**Demostración**

Dado el polinomio con coeficientes enteros:

$$p(x) = p_0 + p_1 x + p_2 x^2 + p_3 x^3 + \ldots + p_n x^n$$

si $a_1$ es una raíz entera, entonces:

$$p(a_1) = 0 = p_0 + p_1 a_1 + p_2 a_1^2 + p_3 a_1^3 + \ldots + p_n a_1^n$$

$$0 = p_0 + a_1(p_1 + p_2 a_1 + p_3 a_1^2 + \ldots + p_n a_1^{n-1})$$

$$-p_0 = a_1(p_1 + p_2 a_1 + p_3 a_1^2 + \ldots + p_n a_1^{n-1})$$

Teniendo en cuenta que $p_0$ y $a_1$ son números enteros, en la expresión anterior, $a_1$ y $(p_1 + p_2 a_1 + p_3 a_1^2 + \ldots + p_n a_1^{n-1})$ son divisores de $p_0$.

[1]**teorema:** proposición matemática que debe demostrarse.

## Método para factorizar polinomios

Para factorizar un polinomio podemos aplicar la siguiente secuencia de pasos:

**1.** Si es posible, sacar factor común.

**2.** Si aparece una identidad notable, factorizarla.

**3.** Si el polinomio resultante es de grado 2, $ax^2 + bx + c$, se pueden averiguar sus raíces resolviendo la ecuación de segundo grado correspondiente:

$$ax^2 + bx + c = 0 \Rightarrow$$
$$\Rightarrow ax^2 + bx + c = a(x - x_1) \cdot (x - x_2)$$

**4.** Si el polinomio es de grado superior a dos, el teorema del resto y la regla de Ruffini permiten averiguar las posibles raíces enteras entre los divisores del término independiente (si el polinomio tiene coeficientes enteros) y escribir su descomposición factorial.

**5.** Si el polinomio es de grado superior a dos y no tiene raíces enteras, es posible que aún no estemos en condiciones de factorizarlo.

## Ejercicios resueltos

▶ *Averiguar las raíces enteras del polinomio* $p(x) = 3x^3 - 6x^2 - 3x + 6$.

Las raíces enteras de $p(x)$ serán divisores de su término independiente. Hay que probar con 1, −1, 2, −2, 3, −3, 6 y −6. Aplicando el teorema del resto:

$p(1) = 3 - 6 - 3 + 6 = 0$, luego $x = 1$ es una raíz de $p(x)$.

$p(-1) = -3 - 6 + 3 + 6 = 0$, luego $x = -1$ es una raíz de $p(x)$.

$p(2) = 24 - 24 - 6 + 6 = 0$, luego $x = 2$ es una raíz de $p(x)$.

Observa que $p(x)$ es un polinomio de grado 3, y que, por tanto, como máximo tendrá tres raíces (en este caso las tres enteras) puesto que se puede decomponer, como máximo, en producto de tres polinomios irreducibles de grado 1. En este caso su descomposición factorial es:

$$p(x) = 3x^3 - 6x^2 - 3x + 6 = 3(x - 1) \cdot (x + 1) \cdot (x - 2)$$

▶ *Calcular las raíces del polinomio* $p(x) = 4x^4 - 20x^3 - x^2 + 5x$, *y escribir su descomposición factorial.*

En primer lugar, se saca factor común:

$$p(x) = 4x^4 - 20x^3 - x^2 + 5x = (4x^3 - 20x^2 - x + 5)x$$

Por tanto, una de sus raíces es $x = 0$.

A continuación, debemos averiguar el resto de las raíces de $p(x)$, que lo serán del factor $q(x) = 4x^3 - 20x^2 - x + 5$, que es un polinomio de grado 3.

Se calcula el valor numérico de $q(x)$ para los divisores de su término independiente, 1, −1, 5 y −5. Ya que $p(5) = 0$, aplicando el teorema del resto, obtenemos que $x = 5$ es una raíz de $q(x)$ y que $q(x)$ es divisible por $(x - 5)$. Utilizamos la regla de Ruffini para calcular $q(x) : (x - 5)$ (ver margen).

|   | 4 | −20 | −1 | 5 |
|---|---|---|---|---|
| 5 |   | 20 | 0 | −5 |
|   | 4 | 0 | −1 | 0 |

$4x^2 - 1$

El cociente de esta división es el polinomio de segundo grado $s(x) = 4x^2 - 1$.

Por todo esto, $q(x)$ se puede factorizar como $q(x) = (x - 5) \cdot s(x)$:

$$q(x) = (x - 5) \cdot (4x^2 - 1)$$

Las raíces de $s(x) = 4x^2 - 1$, que lo serán a su vez de $p(x)$ y de $q(x)$, son:

$$4x^2 - 1 = (2x + 1) \cdot (2x - 1) \Rightarrow 4x^2 - 1 = 0 \text{ si } x = \frac{1}{2} \text{ y } x = -\frac{1}{2}$$

Por tanto, el polinomio $p(x)$ tiene cuatro raíces: dos enteras, 0 y 5, y dos racionales, $\frac{1}{2}$ y $-\frac{1}{2}$; se puede entonces factorizar de esta forma:

$$p(x) = 4x^4 - 20x^3 - x^2 + 5x = 4x(x - 5) \cdot (x - 1/2) \cdot (x + 1/2)$$

▶ *Factorizar el polinomio* $p(x) = x^3 - 2x^2 - 4x + 8$.

Se prueba con los divisores del término independiente, 1, −1, 2, −2, 4, −4, 8 y −8. Como $p(2) = 0$, la división entre $(x - 2)$ es exacta (ver margen).

|   | 1 | −2 | −4 | 8 |
|---|---|---|---|---|
| 2 |   | 2 | 0 | −8 |
|   | 1 | 0 | −4 | 0 |

El cociente de la división es el polinomio $c(x) = x^2 - 4$:

$$p(x) = (x - 2) \cdot (x^2 - 4)$$

$c(x) = x^2 - 4$ se puede descomponer como: $x^2 - 4 = (x + 2) \cdot (x - 2)$.

Así, el polinomio $p(x)$ se puede factorizar de la siguiente forma:

$$p(x) = (x - 2) \cdot (x - 2) \cdot (x + 2) = (x - 2)^2 \cdot (x + 2)$$

## OBSERVA

Es posible que, al factorizar un polinomio, alguna raíz aparezca más de una vez, como has podido observar en el último ejercicio resuelto. Se dice que la **raíz es doble** si se repite dos veces, **triple** si se repite tres, y así sucesivamente.

## Actividades

**4** Factoriza los siguientes polinomios.

*a)* $t(x) = 2x^2 + x - 1$

*b)* $p(x) = x^3 - 9x^2 + 27x - 27$

*c)* $q(x) = x^3 - x^2 - 21x + 45$

*d)* $s(x) = 9x^3 - 9x^2 - x + 1$

# 2. Fracciones algebraicas

## 2.1. Concepto de fracción algebraica

Se denomina **fracción algebraica** al cociente de polinomios:

$$\frac{p(x)}{q(x)}, \text{con } q(x) \neq 0$$

Son fracciones algebraicas:

$$\frac{3x-5}{7x^2+4} \qquad \frac{7x^2+7x-5}{5x+43} \qquad \frac{x^4-3x^3+4x}{3x^2+2x-3}$$

Las fracciones algebraicas $p(x)/q(x)$ y $s(x)/t(x)$ son **equivalentes** si:

$$p(x) \cdot t(x) = q(x) \cdot s(x)$$

**RECUERDA**

Dos fracciones numéricas, $\frac{a}{b}$ y $\frac{c}{d}$, son equivalentes si:

$$a \cdot d = b \cdot c$$

**Ejercicio resuelto**

▶ *Demostrar que* $\frac{x^2+3x+2}{x^2-4}$ *y* $\frac{x^2+4x+3}{x^2+x-6}$ *son equivalentes.*

$$(x^2+3x+2) \cdot (x^2+x-6) = x^4+4x^3-x^2-16x-12$$
$$(x^2-4) \cdot (x^2+4x+3) = x^4+4x^3-x^2-16x-12$$

Para simplificar o reducir fracciones a denominador común, puede utilizarse el criterio de equivalencia de fracciones algebraicas.

## 2.2. Simplificación

Para **simplificar** una fracción algebraica, hay que descomponer factorialmente los polinomios del numerador y del denominador y eliminar después, si los hubiera, los factores comunes de ambos.

**OBSERVA**

Si multiplicamos o dividimos el numerador y el denominador de una fracción algebraica cualquiera, $p(x)/q(x)$, por un mismo polinomio, $r(x) \neq 0$, la fracción algebraica resultante es equivalente a la primera. Así, las fracciones:

$$\frac{p(x) \cdot r(x)}{q(x) \cdot r(x)} \text{ y } \frac{p(x)/r(x)}{q(x)/r(x)}$$

son equivalentes a esta otra:

$$\frac{p(x)}{q(x)}$$

**Ejercicio resuelto**

▶ *Simplificar la fracción* $\frac{x^3+5x^2+6x}{x^3+3x^2+2x}$.

Primero se descomponen factorialmente los dos polinomios:

$$x^3+5x^2+6x = x \cdot (x+3) \cdot (x+2)$$
$$x^3+3x^2+2x = x \cdot (x+1) \cdot (x+2)$$

Después se eliminan sus factores comunes:

$$\frac{x^3+5x^2+6x}{x^3+3x^2+2x} = \frac{\cancel{x} \cdot (x+3) \cdot \cancel{(x+2)}}{\cancel{x} \cdot (x+1) \cdot \cancel{(x+2)}} = \frac{x+3}{x+1}$$

**Actividades**

**5** Simplifica las siguientes fracciones algebraicas.

*a)* $\frac{x^3+3x^2-13x-15}{x^3+x^2-9x-9}$ *b)* $\frac{x^3-4x}{x^3+4x^2+4x}$ *c)* $\frac{2(2x^3-5x^2+x+2)}{2x^3+x^2-8x-4}$

**Solución:** *a)* $\frac{x+5}{x+3}$ *b)* $\frac{x-2}{x+2}$ *c)* $\frac{2(x-1)}{x+2}$

**RECUERDA**

Para calcular el **mínimo común múltiplo** de varios números, se descomponen estos en factores primos y se toman los factores comunes y no comunes con el mayor exponente.

Por ejemplo, para hallar el mínimo común múltiplo de 27, 99 y 15, se procede así:

$27 = 3^3,\ 99 = 3^2 \cdot 11,\ 15 = 3 \cdot 5$

$3^3 \cdot 11 \cdot 5 = 1\,485$

De este modo, 1 485 es el m.c.m. de 27, 99 y 15.

## 2.3. Operaciones con fracciones algebraicas

### Suma y resta de fracciones algebraicas

Para sumar y restar fracciones algebraicas se reducen a común denominador. Para ello, se procede del mismo modo que en las fracciones numéricas, es decir, se calcula el mínimo común múltiplo de los denominadores y se sustituye cada una de las fracciones por otra equivalente cuyo denominador es el mínimo común múltiplo de los denominadores.

Para calcular el mínimo común múltiplo se factorizan y se toman los factores comunes y no comunes con el mayor exponente.

**Ejercicio resuelto**

▶ *Realizar la operación* $\dfrac{3x-1}{x^2+2x+1} - \dfrac{4x^2-1}{x^2-2x-3}$.

Se factorizan los denominadores:

$$x^2+2x+1 = (x+1)^2 \quad \text{y} \quad x^2-2x-3 = (x+1)\cdot(x-3)$$

El mínimo común múltiplo es $(x+1)^2 \cdot (x-3)$.

Las fracciones equivalentes a las dadas, con las que se debe operar, son:

$$\frac{3x-1}{x^2+2x+1} - \frac{4x^2-1}{x^2-2x-3} = \frac{(3x-1)\cdot(x-3)}{(x+1)^2\cdot(x-3)} - \frac{(4x^2-1)\cdot(x+1)}{(x+1)^2\cdot(x-3)} =$$

$$= \frac{-4x^3-x^2-9x+4}{x^3-x^2-5x-3}$$

ma1b5

**OBSERVA**

Antes de operar con fracciones algebraicas, es importante factorizar los polinomios del numerador y del denominador, ya que para sumar o restar las fracciones algebraicas será necesario reducirlas a denominador común y, para multiplicar o dividir las fracciones algebraicas interesará tenerlas lo más simplificadas posible para que el resultado sea también más fácil de simplificar.

### Multiplicación de fracciones algebraicas

Dadas dos fracciones algebraicas, $\dfrac{p(x)}{q(x)}$ y $\dfrac{s(x)}{r(x)}$, su producto es:

$$\frac{p(x)}{q(x)} \cdot \frac{s(x)}{r(x)} = \frac{p(x)\cdot s(x)}{q(x)\cdot r(x)}$$

### División de fracciones algebraicas

Dadas dos fracciones algebraicas, $\dfrac{p(x)}{q(x)}$ y $\dfrac{s(x)}{r(x)}$, su cociente es:

$$\frac{p(x)}{q(x)} : \frac{s(x)}{r(x)} = \frac{p(x)\cdot r(x)}{q(x)\cdot s(x)}$$

siempre que $s(x) \neq 0$.

**Actividades**

**6** Dadas las fracciones algebraicas $a(x) = \dfrac{2x-1}{x^2+4x+3}$ y $b(x) = \dfrac{5}{x^2+x-6}$ calcula $a(x)+b(x)$, $a(x)-b(x)$, $a(x)\cdot b(x)$ y $a(x):b(x)$.

**Solución:** $a(x)+b(x) = \dfrac{2x^2+7}{x^3+2x^2-5x-6}$ $\quad a(x)-b(x) = \dfrac{2x^2-10x-3}{x^3+2x^2-5x-6}$

$a(x)\cdot b(x) = \dfrac{10x-5}{x^4+5x^3+x^2-21x-18}$ $\quad \dfrac{a(x)}{b(x)} = \dfrac{2x^2-5x+2}{5x+5}$

# 3. Igualdades, identidades y ecuaciones

Una **igualdad algebraica** está constituida por dos expresiones algebraicas unidas por el signo igual (=).

Por ejemplo, son igualdades algebraicas:

$$3a + 1 = 2a - 5 \qquad (a + b)^2 = a^2 + 2ab + b^2$$

Una **identidad algebraica** es una igualdad algebraica que se verifica para cualquier valor que se asigne a las letras que en ella aparecen, es decir, es una igualdad siempre verdadera.

Así, de las igualdades anteriores, la expresión $(a + b)^2 = a^2 + 2ab + b^2$ es una identidad, puesto que se verifica para cualquier valor de $a$ y $b$.

Una **ecuación algebraica** es una igualdad algebraica que solo se verifica para determinados valores de sus indeterminadas, que se denominan **incógnitas.**

Así, de las igualdades anteriores, la expresión $3a + 1 = 2a - 5$ es una ecuación, ya que la igualdad solo se verifica para $a = -6$.

## Ejercicios resueltos

▶ *Indica cuáles de las siguientes igualdades son identidades y cuáles ecuaciones y, en este último caso, clasifícalas:*

- $(a + b) \cdot (a - b) = a^2 - b^2 \Rightarrow$ Identidad, se cumple siempre.
- $a^2 + b^2 = 4 \Rightarrow$ Ecuación no lineal de segundo grado con dos incógnitas.

▶ *Deduce cuáles de los valores son solución de* $6x^3 - 13x^2 + x + 2 = 0$.

$$x = 1/2,\ x = -1/2,\ x = 3,\ x = 2, x = -1$$

Se sustituye $x$ por cada uno de los valores que se indican:

$6(1/2)^3 - 13(1/2)^2 + 1/2 + 2 = 0 \Rightarrow x = 1/2$ es solución de la ecuación.

$6(-1/2)^3 - 13(-1/2)^2 - 1/2 + 2 = -5/2 \Rightarrow x = -1/2$ no es solución.

$6 \cdot 3^3 - 13 \cdot 3^2 + 3 + 2 = 50 \Rightarrow x = 3$ no es solución.

$6 \cdot 2^3 - 13 \cdot 2^2 + 2 + 2 = 0 \Rightarrow x = 2$ es solución.

$6(-1)^3 - 13(-1)^2 - 1 + 2 = -18 \Rightarrow x = -1$ no es solución.

Las expresiones que hay a ambos lados del igual se llaman **miembros:** el de la izquierda es el **primer miembro,** y el de la derecha, el **segundo miembro.**

Las **soluciones** de una ecuación son todos los valores de las incógnitas que hacen que la igualdad sea cierta. **Resolver** una ecuación es hallar sus soluciones.

Dos ecuaciones con las mismas soluciones son **ecuaciones equivalentes.**

Las ecuaciones pueden clasificarse según los siguientes criterios:

- Por el número de incógnitas: ecuaciones con una, dos, ... incógnitas.
- Por el grado al que aparecen elevadas las incógnitas: ecuaciones de segundo grado, de tercer grado...

Se llaman ecuaciones lineales si todas las incógnitas tienen grado 1 y además no están multiplicadas ni divididas entre ellas.

Por ejemplo:

$3x^3 - 2x^2 + 7 = 0$ es una ecuación de tercer grado con una incógnita.

$2x + 3yz = 2$ es una ecuación no lineal con tres incógnitas.

**RECUERDA**

Una **expresión algebraica** es una combinación de números e indeterminadas relacionados mediante operaciones.

# 4. Ecuaciones con una incógnita

## 4.1. Ecuaciones polinómicas

Si $p(x)$ es un polinomio, $p(x) = 0$ es una **ecuación polinómica.** Las soluciones de esta ecuación serán las raíces del polinomio $p(x)$.

### Ecuaciones de primer grado

Las **ecuaciones de primer grado** son del tipo:

$$ax + b = 0$$

Estas ecuaciones han sido estudiadas en cursos anteriores. Así, por ejemplo, para resolver la ecuación $3x - 2 = 4$, se hace lo siguiente:

$$3x = 2 + 4 = 6 \Rightarrow x = \frac{6}{3} \Rightarrow x = 2$$

La solución de la ecuación es 2. Como se puede observar, la solución de cada una de estas ecuaciones es única.

### Ecuaciones de segundo grado

Las **ecuaciones de segundo grado** son del tipo:

$$ax^2 + bx + c = 0$$

Por ejemplo, son ecuaciones de segundo grado las siguientes:

$$3x^2 - 2x + 5 = 0 \qquad -x^2 + 2 = 0 \qquad -2x^2 + 3x = 0$$

Para resolver una ecuación de este tipo, se utiliza la fórmula:

$$x = \frac{-b \pm \sqrt{b^2 - 4ac}}{2a}$$

Para demostrar la fórmula anterior se realizan los siguientes pasos:

1. Se multiplican los dos miembros de la ecuación $ax^2 + bx + c = 0$ por $4a$:

$$4a \cdot (ax^2 + bx + c) = 4a^2x^2 + 4abx + 4ac = 0$$

2. Se suma $b^2$: $\quad 4a^2x^2 + 4abx + 4ac + b^2 = b^2$
3. Se resta $4ac$: $\quad 4a^2x^2 + 4abx + b^2 = b^2 - 4ac$
4. El miembro de la izquierda de la ecuación es $(2ax + b)^2$:

$$(2ax + b)^2 = b^2 - 4ac$$

5. Se saca la raíz cuadrada de ambos miembros, obteniéndose dos ecuaciones:

$$2ax + b = +\sqrt{b^2 - 4ac} \qquad 2ax + b = -\sqrt{b^2 - 4ac}$$

6. Por último, se despeja $x$ en cada una de las ecuaciones:

$$x = \frac{-b + \sqrt{b^2 - 4ac}}{2a} \qquad x = \frac{-b - \sqrt{b^2 - 4ac}}{2a}$$

En la práctica, se escriben las dos soluciones en una:

$$x = \frac{-b \pm \sqrt{b^2 - 4ac}}{2a}$$

El número de soluciones que puede tener la ecuación de segundo grado depende del valor de la expresión $b^2 - 4ac$, llamada **discriminante,** y que está representada por $\Delta$.

$$\Delta = b^2 - 4ac$$

El número de soluciones de la ecuación depende del discriminante de la siguiente manera:

- Si $\Delta > 0$, existen dos soluciones.
- Si $\Delta = 0$, existe una única solución, llamada raíz doble.
- Si $\Delta < 0$, no existe ninguna solución.

## Casos particulares

- Cuando la ecuación de segundo grado no tiene término independiente, es decir, cuando $ax^2 + bx = 0$, hay que sacar $x$ factor común: $x \cdot (ax + b) = 0$.

  Dado que para que un producto de dos factores sea cero es preciso que al menos uno de los dos sea cero, caben estas posibilidades:
  - $x = 0$
  - $ax + b = 0 \Rightarrow x = -b/a$

  Luego las soluciones son $x = 0$ y $x = -b/a$.
- Cuando la ecuación de segundo grado no tiene monomio de primer grado, es decir, cuando $ax^2 + c = 0$, entonces $ax^2 = -c$.

  Las soluciones son $x = \pm\sqrt{-c/a}$, si $-c/a > 0$. Si $-c/a < 0$, la ecuación no tiene solución real.

## Ecuaciones de grado superior a dos

Para resolver una ecuación de grado superior a dos del tipo $p(x) = 0$, será preciso, en general, factorizar $p(x)$.

### Ejercicios resueltos

▶ *Resolver la ecuación* $12x^3 - 73x^2 + 5x + 6 = 0$.

Primero se factoriza el polinomio $p(x) = 12x^3 - 73x^2 + 5x + 6$, probando, en primer lugar, con los divisores del término independiente, 1, −1, 2, −2, 3, −3, 6 y −6.

Al aplicar la regla de Ruffini (ver margen), el único valor que da una división exacta es 6. El cociente de la división es el polinomio $12x^2 - x - 1$.

Se escribe la ecuación inicial como $(x - 6) \cdot (12x^2 - x - 1) = 0$.

Una de las soluciones será $x = 6$. Las otras soluciones pueden obtenerse resolviendo la ecuación $12x^2 - x - 1 = 0$.

$$x = \frac{1 \pm \sqrt{1 + 48}}{2 \cdot 12} = \frac{1 \pm 7}{24} = \begin{cases} 1/3 \\ -1/4 \end{cases}$$

| | | | | |
|---|---|---|---|---|
| | 12 | −73 | 5 | 6 |
| 6 | | 72 | −6 | −6 |
| | 12 | −1 | −1 | 0 |

$12x^2 - x - 1$

▶ *Resolver la ecuación* $x^4 - 13x^2 + 12x = 0$.

Como la ecuación no tiene término independiente, se saca $x$ factor común:

$$x \cdot (x^3 - 13x + 12) = 0$$

Se factoriza el polinomio por Ruffini (ver margen):

$$x^3 - 13x + 12 = (x - 1) \cdot (x - 3) \cdot (x + 4)$$

Las soluciones de la ecuación $x^4 - 13x^2 + 12x = 0$ son:

$$x = 0,\ x = 1,\ x = 3 \text{ y } x = -4$$

| | | | | |
|---|---|---|---|---|
| | 1 | 0 | −13 | 12 |
| 1 | | 1 | 1 | −12 |
| | 1 | 1 | −12 | 0 |
| 3 | | 3 | 12 | |
| | 1 | 4 | 0 | |
| −4 | | −4 | | |
| | 1 | 0 | | |

**OBSERVA**

Si la ecuación de segundo grado $ax^2 + bx + c = 0$ tiene dos soluciones, $x_1$ y $x_2$, podrá factorizarse, al igual que se hace con los polinomios como:

$$a(x - x_1) \cdot (x - x_2) = 0$$

Si tiene una única solución, $x_1$, podrá factorizarse así:

$$a(x - x_1) \cdot (x - x_1) = a \cdot (x - x_1)^2 = 0$$

Una ecuación polinómica $p(x) = 0$, donde $p(x)$ es un polinomio irreducible, no tiene solución en el campo de los números reales.

**OBSERVA**

Si el producto de dos factores es cero, al menos uno de ellos ha de ser cero. De este modo, si $a \cdot b = 0$, deberá darse uno de estos tres casos:

$a = 0$; $b = 0$; $a = b = 0$

**OBSERVA**

Las ecuaciones bicuadradas podrían resolverse aplicando la regla de Ruffini si alguna de sus raíces fuese entera, pero el procedimiento de efectuar el cambio de variable es más general, ya que permite resolver la ecuación aunque sus raíces no sean enteras.

**OBSERVA**

Al realizar el cambio de variable $x^2 = t$ en una ecuación bicuadrada, las soluciones de $t$ que sean negativas no darán solución a $x$.

## Ecuaciones bicuadradas

Un caso particular de ecuaciones polinómicas de grado superior a dos es el de las **ecuaciones bicuadradas.** Estas ecuaciones son del tipo:

$$ax^4 + bx^2 + c = 0$$

Para resolverlas, puede efectuarse el cambio $x^2 = t$, de manera que la ecuación anterior se convierta en:

$$at^2 + bt + c = 0$$

Esta es una ecuación de segundo grado que puede resolverse por el procedimiento habitual. Cada una de las soluciones de $t$ da lugar a dos soluciones de $x$, es decir, $x = \pm\sqrt{t}$.

### Ejercicio resuelto

▶ *Resolver la ecuación* $x^4 - 13x^2 + 36 = 0$.

Primero se efectúa el cambio $x^2 = t$, con lo que la ecuación inicial se convierte en la siguiente:

$$t^2 - 13t + 36 = 0$$

Aplicando la fórmula para resolver ecuaciones de segundo grado, se tiene:

$$t = \frac{13 \pm \sqrt{169 - 144}}{2} = \frac{13 \pm 5}{2} = \begin{matrix} \nearrow 9 \\ \searrow 4 \end{matrix}$$

Los valores 9 y 4 no son las soluciones de la ecuación inicial. Para calcularlas debemos deshacer el cambio $x^2 = t$:

$$x = \pm\sqrt{t}$$

Por tanto: $x = \pm\sqrt{9}$ y $x = \pm\sqrt{4}$. Luego: $x = \pm 3$ y $x = \pm 2$.

Una ecuación polinómica del tipo $p(x) = 0$, donde $p(x)$ es un polinomio irreducible de grado mayor que uno, no tiene solución.

### Actividades

**7** Resuelve las siguientes ecuaciones.

*a)* $x^4 + 7x^2 + 13 = 0$

*b)* $x^3 - 9x^2 + 15x + 25 = 0$

*c)* $x^3 - 4x = 0$

*d)* $x^3 + 4x = 0$

**Solución:** *a)* No tiene solución. *b)* $x = 5$, $x = -1$ *c)* $x = 0$, $x = 2$, $x = -2$ *d)* $x = 0$

**8** Resuelve las siguientes ecuaciones.

*a)* $x^3 - 3x^2 - 9x - 5 = 0$

*b)* $x^3 - 9x = 0$

*c)* $x^4 + 4x^2 = 0$

*d)* $x^3 - 3x^2 - 2x + 6 = 0$

**Solución:** *a)* $x = 5$, $x = -1$ *b)* $x = 0$, $x = 3$, $x = -3$ *c)* $x = 0$ *d)* $x = 3$, $x = \sqrt{2}$, $x = -\sqrt{2}$

**9** Resuelve las siguientes ecuaciones.

*a)* $x^4 - 5x^2 + 4 = 0$

*b)* $9x^4 - 6x^2 + 1 = 0$

*c)* $x^4 + 5x^2 + 20 = 0$

**Solución:** *a)* $x = 1$, $x = -1$, $x = 2$, $x = -2$ *b)* $x = \sqrt{\frac{1}{3}}$, $x = -\sqrt{\frac{1}{3}}$ *c)* No tiene solución.

## 4.2. Ecuaciones racionales

Las **ecuaciones racionales** son las que presentan fracciones algebraicas. Se resuelven reduciendo las fracciones a común denominador, eliminando los denominadores y solucionando la ecuación polinómica que se obtiene.

Pueden aparecer soluciones nuevas que no lo sean de la ecuación original, por lo que hay que prestar especial atención y **comprobarlas todas.**

**Ejercicio resuelto**

▶ *Resolver la ecuación* $\frac{4x}{x-4} + x - 4 = \frac{16}{x-4}$.

Se reduce a común denominador y se eliminan los denominadores:

$$4x + (x-4)^2 = 16$$
$$x^2 - 4x = 0$$

Esta ecuación de segundo grado incompleta tiene dos soluciones:

$$x = 0 \text{ y } x = 4$$

Razona por qué no es válida la solución $x = 4$.

**OBSERVA**

No pueden ser soluciones de una ecuación racional las raíces de los polinomios que aparecen en el denominador.

## 4.3. Ecuaciones irracionales

Las **ecuaciones irracionales** son aquellas cuya incógnita aparece bajo el signo radical.

Para resolver este tipo de ecuaciones, una vez aislado el término irracional, se elevan los dos miembros a una misma potencia a fin de intentar que desaparezcan los radicales. En muchos casos es necesario realizar este procedimiento varias veces.

La ecuación obtenida tendrá las soluciones de la ecuación irracional, pero es posible que aparezcan otras nuevas. Por tanto, es necesario comprobar las soluciones en la ecuación original.

**Ejercicio resuelto**

▶ *Resolver la ecuación* $\sqrt[3]{6x^2 + 3} = x + 1$.

Se elevan los dos miembros de la ecuación al cubo:

$$6x^2 + 3 = x^3 + 3x^2 + 3x + 1$$

De donde: $$x^3 - 3x^2 + 3x - 2 = 0$$

Esta ecuación polinómica se resuelve por el procedimiento habitual:

| | | | | |
|---|---|---|---|---|
| | 1 | −3 | 3 | −2 |
| 2 | | 2 | −2 | 2 |
| | 1 | −1 | 1 | 0 |

La ecuación que se obtiene a partir del polinomio cociente, $x^2 - x + 1 = 0$, no tiene solución, como puede comprobarse al aplicar la fórmula para la resolución de ecuaciones de segundo grado.

La ecuación, $x^3 - 3x^2 + 3x - 2 = 0$, tiene una única solución: $x = 2$. Se puede comprobar que $x = 2$ es una solución de la ecuación irracional inicial sustituyendo y verificando que la igualdad es cierta.

## Ejercicios resueltos

▶ *Resolver la ecuación* $\sqrt{x+11} = x - 1$.

Se elevan al cuadrado ambos miembros para eliminar la raíz:

$$x + 11 = x^2 - 2x + 1 \Rightarrow x^2 - 3x - 10 = 0$$

Al resolver la ecuación de segundo grado, se obtienen las siguientes soluciones: $x = 5$ y $x = -2$. El valor 5 es solución de la ecuación, pero el valor $-2$, no. Así pues, la única solución de la ecuación irracional dada es $x = 5$.

▶ *Resolver la ecuación* $\sqrt{x+1} + \sqrt{4x-3} = 5$.

Se escribe, en primer lugar, $\sqrt{4x-3} = 5 - \sqrt{x+1}$.

Al elevar al cuadrado ambos miembros, se obtiene:

$$4x - 3 = 25 - 10\sqrt{x+1} + x + 1$$

Se deja a un lado de la igualdad el término con radical:

$$3x - 29 = -10\sqrt{x+1}$$

Se eleva de nuevo al cuadrado:

$$9x^2 - 174x + 841 = 100x + 100 \Rightarrow 9x^2 - 274x + 741 = 0$$

Resolviendo la ecuación de segundo grado, se obtiene:

$$x = \frac{274 \pm \sqrt{75\,076 - 26\,676}}{18} = \frac{274 \pm 220}{18} = \begin{cases} \nearrow 3 \\ \searrow 247/9 \end{cases}$$

Para comprobar si $x = 3$ y $x = \frac{247}{9}$ son soluciones de la ecuación inicial, se sustituye $x$ por su valor:

- Para $x = 3$:

$$\sqrt{3+1} + \sqrt{4 \cdot 3 - 3} = \sqrt{4} + \sqrt{9} = 2 + 3 = 5$$

- Para $x = \frac{247}{9}$:

$$\sqrt{\frac{247}{9} + 1} + \sqrt{4 \cdot \frac{247}{9} - 3} = \sqrt{\frac{256}{9}} + \sqrt{\frac{961}{9}} = \frac{16}{3} + \frac{31}{3} = \frac{47}{3} \neq 5$$

Por tanto, la solución de la ecuación irracional dada es $x = 3$.

## Actividades

**10** Resuelve las siguientes ecuaciones racionales.

***a)*** $x - 5 = -\frac{6}{x}$

***b)*** $\frac{2x}{x+1} = \frac{4}{x^2 - 1}$

***c)*** $\frac{6x+1}{x^2 - 4} = \frac{x+1}{x+2} + \frac{x}{x-2}$

***d)*** $\frac{4x}{x^2 - 1} - \frac{4}{x+1} = \frac{25}{x^2 - 1}$

**Solución:** ***a)*** $x = 3,\ x = 2$ ***b)*** $x = 2$ ***c)*** $x = 3,\ x = -\frac{1}{2}$ ***d)*** No tiene solución.

**11** Resuelve las siguientes ecuaciones irracionales.

***a)*** $3 + \sqrt{2x+3} = 2x$

***b)*** $\sqrt[3]{9x-8} = \sqrt{2x}$

***c)*** $\sqrt{x+6} + \sqrt{x} = 6$

***d)*** $x - 1 = \sqrt{x^2 - 25}$

***e)*** $\sqrt{2x-3} + 1 = x$

***f)*** $\sqrt{3x-2} + \sqrt{x-1} = 3$

**Solución:** ***a)*** $x = 3$ ***b)*** $x = 8$ y $x = \frac{17 + \sqrt{33}}{16}$ ***c)*** $x = \frac{25}{4}$ ***d)*** $x = 13$ ***e)*** $x = 2$ ***f)*** $x = 2$

## 4.4. Ecuaciones exponenciales y logarítmicas

### Ecuaciones exponenciales

Una ecuación se denomina **exponencial** cuando la incógnita se encuentra en el exponente. Por ejemplo, $3^x = 27$ es una ecuación exponencial.

Para resolver una ecuación exponencial se utiliza alguno de estos métodos:

- **Expresar los dos miembros como potencias de la misma base**

**Ejercicios resueltos**

▶ *Resolver la ecuación* $4^{x^2-2x-1} = \dfrac{1}{2^{3x+1}}$.

Esta ecuación puede expresarse así: $2^{2(x^2-2x-1)} = 2^{-3x-1}$.

Igualando los exponentes y simplificando, se obtiene:

$$2(x^2-2x-1) = -3x-1 \Rightarrow 2x^2-x-1=0$$

Las soluciones de esta ecuación son: $x_1 = 1$ y $x_2 = -1/2$.

▶ *Resolver la ecuación* $2^x + 2^{x+2} + 2^{x+4} = 168$.

Esta ecuación puede expresarse del siguiente modo:

$$2^x + 2^x \cdot 2^2 + 2^x \cdot 2^4 = 168, \text{ es decir, } 2^x(1+2^2+2^4) = 168$$

Según esto, $2^x \cdot 21 = 168 \Rightarrow 2^x = 168/21 \Rightarrow 2^x = 8$.

Expresando los dos miembros de la igualdad como potencias de la misma base, se obtiene $2^x = 2^3$, es decir, $x = 3$.

- **Realizar cambios de variable**

**Ejercicio resuelto**

▶ *Resolver la ecuación* $2 \cdot 3^{2x-1} = 1 - 3^{x-1}$.

Esta ecuación se puede reescribir del siguiente modo: $2 \cdot \dfrac{3^{2x}}{3} = 1 - \dfrac{3^x}{3}$.

Se multiplica por el denominador común y se obtiene $2 \cdot 3^{2x} = 3 - 3^x$. Reordenando la expresión, resulta: $2 \cdot 3^{2x} + 3^x - 3 = 0$.

Se hace el cambio de variable, $t = 3^x$, y se resuelve $2t^2 + t - 3 = 0$.

Dos soluciones de esta ecuación son $t_1 = 1$ y $t_2 = -3/2$.

**Atención:** Hay que deshacer el cambio de variable, ya que $t = 3^x$.

Para $t = 1$, $3^x = 1$, la solución debe ser $x = 0$, y para $t = -3/2$, debe ser $3^x = -3/2$; pero no existe ningún valor de $x$ que cumpla esta última ecuación, ya que $3^x$ es siempre positivo. Así, la solución de la ecuación es $x = 0$.

- **Tomar logaritmos en los dos miembros de la ecuación**

**Ejercicio resuelto**

▶ *Resolver la ecuación* $5 = e^{-2x}$.

No es posible expresar los dos miembros como potencias de la misma base ni realizar un cambio de variable. Tomamos logaritmos en los dos miembros de la ecuación y aplicamos sus propiedades:

$$\ln 5 = \ln e^{-2x} \Rightarrow \ln 5 = -2x \ln e \Rightarrow \ln 5 = -2x \Rightarrow x = \frac{\ln 5}{-2}$$

Hemos tomado logaritmos neperianos porque $\ln e = 1$.

ma1b6

**RECUERDA**

La técnica de cambios de variable se ha utilizado en la resolución de las ecuaciones bicuadradas.

## Ecuaciones logarítmicas

Una ecuación se denomina **logarítmica** cuando la incógnita se encuentra dentro de una expresión logarítmica. Por ejemplo, $\log x - 2\log 3 = 1$.

Para resolver estas ecuaciones se utilizan las propiedades de los logaritmos.

### Ejercicios resueltos

- *Resolver la ecuación* $\log x - 2\log 3 = 1$.

En primer lugar, se aplican las propiedades de los logaritmos que procedan. Así, podemos escribir:

$$\log x - \log 9 = \log 10$$

$$\log\left(\frac{x}{9}\right) = \log 10, \text{ con lo que } \frac{x}{9} = 10 \Rightarrow x = 90$$

En ocasiones, será necesario expresar una ecuación logarítmica en forma exponencial.

- *Resolver la ecuación* $\ln(x+1) - \ln x = 2$.

Aplicando las correspondientes propiedades de los logaritmos:

$$\ln\left(\frac{x+1}{x}\right) = 2$$

Esta ecuación es equivalente a esta otra:

$$e^2 = \frac{x+1}{x} \Rightarrow x \cdot e^2 = x + 1 \Rightarrow x \cdot (e^2 - 1) = 1, \text{ con lo que } x = \frac{1}{e^2 - 1}$$

- *Resolver la ecuación* $10^{\ln x} = 5$.

Esta ecuación tiene la incógnita en el exponente, pero está afectada por un logaritmo. Aplicamos logaritmos decimales a ambos miembros:

$$\ln x \cdot \log 10 = \log 5$$

Como $\log 10 = 1$, la expresión anterior es equivalente a esta otra:

$$\ln x = \log 5$$

Esta ecuación logarítmica se resuelve escribiendo la expresión exponencial equivalente:

$$x = e^{\log 5}$$

### Actividades

Resuelve estas ecuaciones exponenciales y logarítmicas.

**12** $3^x + 3^{-x} = 2$

**Solución:** $x = 0$

**13** $10^x + 10^{x-1} + 3 \cdot 10^{x-2} = 11\,300$

**Solución:** $x = 4$

**14** $1 = 2(1 - e^{-x})$

**Solución:** $x = \ln 2$

**15** $\ln(x+1) - \ln x = 1$

**Solución:** $x = \dfrac{1}{e - 1}$

**16** $\log(x+3) - \log(x+1) = 1 - \log 5$

**Solución:** $x = 1$

**17** $\log 2^{\log x} + \log x^{\log 2} = \log x^x$

**Solución:** $x = \log 4$ y $x = 1$

# 5. Inecuaciones

Una **inecuación** es una desigualdad entre expresiones algebraicas. **Resolver** una inecuación consiste en hallar todas sus **soluciones.**

Dos inecuaciones son **equivalentes** si tienen el mismo conjunto solución.

## 5.1. Inecuaciones con una incógnita

### Inecuaciones polinómicas

Si $p(x)$ es un polinomio, cualquiera de las expresiones siguientes será una inecuación polinómica:

$$p(x) < 0, \ p(x) > 0, \ p(x) \leq 0 \ \text{y} \ p(x) \geq 0$$

### Inecuaciones de primer grado

Si la inecuación presenta un polinomio de primer grado, $p(x)$, para resolverla se opera en los dos lados de la desigualdad, de modo que quede despejada la incógnita, $x$, respetando el signo de la desigualdad en función de las operaciones que se realizan.

**Ejercicio resuelto**

▶ *Resolver la inecuación* $8 - 2x < 0$.

Se resta 8 en los dos miembros de la desigualdad y se obtiene:

$$8 - 2x - 8 < 0 - 8$$
$$-2x < -8$$

Se dividen por $-2$ los dos miembros, con lo que se debe invertir el signo de la desigualdad:

$$\frac{-2x}{-2} > \frac{-8}{-2}$$

De este modo, se obtiene:

$$x > 4$$

La solución de la inecuación dada es:

$$\{x \in \mathbb{R} \mid x > 4\} = (4, +\infty)$$

Las soluciones de una inecuación de este tipo siempre corresponden a una semirrecta.

### Inecuaciones de segundo grado

Si $p(x)$ es un polinomio de segundo grado, para resolver la inecuación será necesario factorizarlo:

$$p(x) = a \cdot (x - x_1) \cdot (x - x_2)$$

donde $x_1$ y $x_2$ son los ceros o raíces de $p(x)$.

Supongamos que $x_1 < x_2$; entonces pueden darse los siguientes casos:

- La expresión $(x - x_1)$ es negativa en $(-\infty, x_1)$, positiva en $(x_1, +\infty)$, y vale cero en $x_1$.
- La expresión $(x - x_2)$ es negativa en $(-\infty, x_2)$, positiva en $(x_2, +\infty)$, y vale cero en $x_2$.

Por tanto, el signo de $p(x)$ cambiará en $x_1$ y en $x_2$.

**Operaciones con desigualdades**

Dada una desigualdad del tipo $a < b$, entonces:

- Si se suma o resta a ambos miembros de la desigualdad un número real, $c$, esta continúa siendo cierta:

$$a + c < b + c \qquad a - c < b - c$$

- Si se multiplica o divide por un número real positivo, $d$, el signo de la desigualdad se conserva:

$$a \cdot d < b \cdot d$$

- Si el número por el que se multiplica o divide es negativo, el signo de la desigualdad se invierte:

Si $k < 0$, entonces $a \cdot k > b \cdot k$.

Así, por ejemplo:

$$3 < 5 \ \text{y} \ 3 \cdot (-2) > 5 \cdot (-2)$$

**OBSERVA**

Si $p(x) = a \cdot (x - x_1)^2$, el polinomio tiene una raíz doble.

En este caso, puede ocurrir que:

- La constante $a$ sea positiva, con lo que $p(x)$ es positivo en $(-\infty, x_1) \cup (x_1, +\infty)$ y cero en $x_1$.
- La constante $a$ sea negativa, con lo que $p(x)$ es negativo en $(-\infty, x_1) \cup (x_1, +\infty)$ y cero en $x_1$.

Si $p(x) = ax^2 + bx + c$ no tiene solución, el polinomio será positivo en $(-\infty, +\infty)$ si $a > 0$, y negativo en el mismo intervalo, si $a < 0$.

## OBSERVA

- Como se observa, la gráfica de la función $y = x^2 + 3x - 10$ es positiva en $(-\infty, -5) \cup (2, +\infty)$.

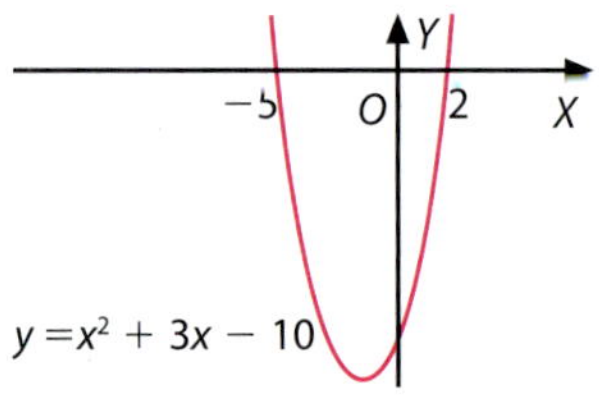


FIGURA 2.1.

- Como se observa, la gráfica de la función $y = -x^2 + 3x + 4$ es negativa en $(-\infty, -1) \cup (4, +\infty)$.

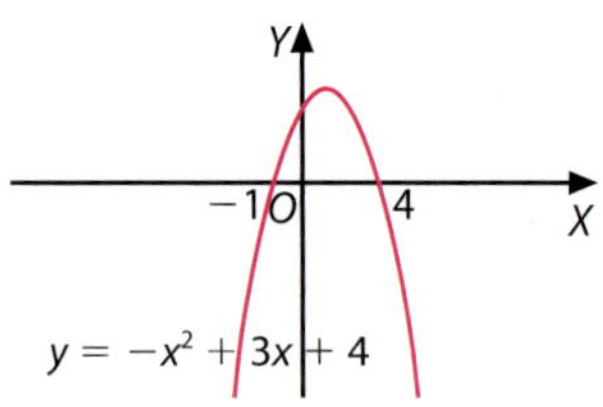


FIGURA 2.2.

- Como vemos, la gráfica de la función $y = x^2 - 7x - 18$ es positiva en $(-\infty, -2) \cup (9, +\infty)$.

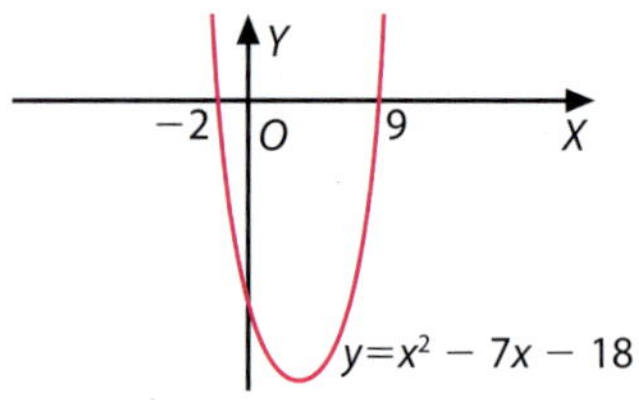


FIGURA 2.3.

- La gráfica de la función $y = x^2 + 1$ es siempre positiva.

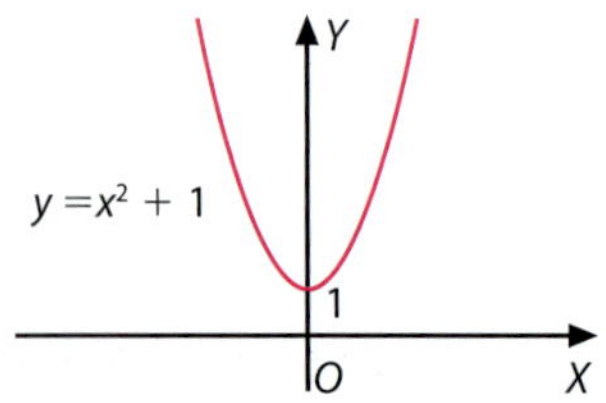


FIGURA 2.4.

- Como vemos, la gráfica de la función $y = x^2 + 2x + 1$ es siempre positiva o nula (en $x = -1$).

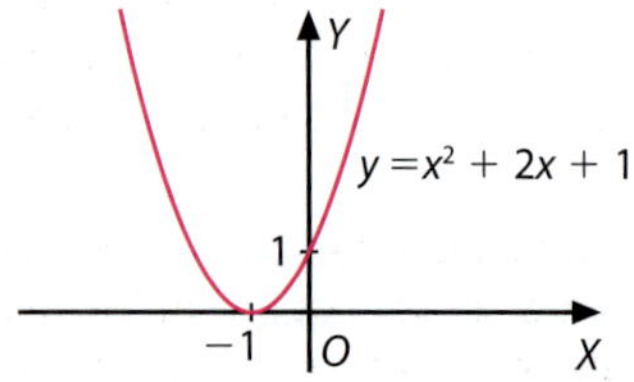


FIGURA 2.5.

Serán intervalos de signo constante del polinomio los siguientes:

$$(-\infty, x_1), (x_1, x_2) \text{ y } (x_2, +\infty)$$

Se deben tomar como soluciones los intervalos que cumplen la desigualdad.

| | $-\infty$ a $x_1$ | $x_1$ a $x_2$ | $x_2$ a $+\infty$ |
|---|---|---|---|
| $(x - x_1)$ | − | + | + |
| $(x - x_2)$ | − | − | + |
| $(x - x_1) \cdot (x - x_2)$ | + | − | + |

Si la desigualdad no es estricta, $p(x) > 0$ o bien $p(x) < 0$, sino que hay un $\leq$ o un $\geq$, entonces $x_1$ y $x_2$ también serán soluciones de la inecuación.

## Ejercicios resueltos

▶ *Resolver la inecuación* $x^2 + 3x - 10 > 0$.

Al resolver la ecuación $x^2 + 3x - 10 = 0$, se obtiene $x = 2$ y $x = -5$.

Se observa que el polinomio $x^2 + 3x - 10 = (x - 2) \cdot (x + 5)$ es positivo cuando los dos paréntesis tienen el mismo signo.

La solución son los puntos del conjunto $(-\infty, -5) \cup (2, +\infty)$.

| | $-\infty$ a $-5$ | $-5$ a $+2$ | $+2$ a $+\infty$ |
|---|---|---|---|
| $(x + 5)$ | − | + | + |
| $(x - 2)$ | − | − | + |
| $(x + 5) \cdot (x - 2)$ | + | − | + |

▶ *Resolver la inecuación* $-x^2 + 3x + 4 < 0$.

Las raíces del polinomio $-x^2 + 3x + 4 = 0$ son $x = -1$ y $x = 4$. La solución son los puntos del conjunto $(-\infty, -1) \cup (4, +\infty)$.

| | $-\infty$ a $-1$ | $-1$ a $+4$ | $+4$ a $+\infty$ |
|---|---|---|---|
| $(x + 1)$ | − | + | + |
| $(x - 4)$ | − | − | + |
| $-1$ | − | − | − |
| $-(x + 1) \cdot (x - 4)$ | − | + | − |

▶ *Resolver la inecuación* $x^2 - 7x - 18 \geq 0$.

Las raíces del polinomio $x^2 - 7x - 18 = 0$ son $x = -2$ y $x = 9$. La solución son los puntos del conjunto $(-\infty, -2] \cup [9, +\infty)$.

| | $-\infty$ a $-2$ | $-2$ a $+9$ | $+9$ a $+\infty$ |
|---|---|---|---|
| $(x + 2)$ | − | + | + |
| $(x - 9)$ | − | − | + |
| $(x + 2) \cdot (x - 9)$ | + | − | + |

▶ *Resolver la inecuación* $x^2 + 1 \leq 0$.

El polinomio $x^2 + 1 = 0$ no tiene raíces. El valor numérico del polinomio $x^2 + 1$ es siempre positivo cualquiera que sea el valor de $x$; por tanto, la inecuación $x^2 + 1 \leq 0$ no tiene solución.

▶ *Resolver la inecuación* $x^2 + 2x + 1 \geq 0$.

El polinomio tiene $x = -1$ como raíz doble.

Por tanto, $x^2 + 2x + 1 = (x + 1)^2$. Como $(x + 1)^2 \geq 0$ para cualquier valor de $x$, el intervalo solución de la inecuación es $(-\infty, +\infty)$.

## Inecuaciones de grado superior

Estas inecuaciones se resuelven factorizando los polinomios que presentan un grado superior a 2. Para ello, se escriben los intervalos de signo constante y se toman aquellos que cumplen el signo de la desigualdad.

**Ejercicio resuelto**

▶ *Resolver la inecuación* $x^3 - 4x^2 - x + 4 < 0$.

Factorizando el polinomio, obtenemos sus raíces: $x = -1$, $x = 1$ y $x = 4$.

Los intervalos solución de la inecuación son $(-\infty, -1)$ y $(1, 4)$, es decir, el conjunto de soluciones es $(-\infty, -1) \cup (1, 4)$.

$\infty$ 1 +1 +4 $+\infty$

| | | | | |
|---|---|---|---|---|
| $(x + 1)$ | − | + | + | + |
| $(x - 1)$ | − | − | + | + |
| $(x - 4)$ | − | − | − | + |
| $(x + 1) \cdot (x - 1) \cdot (x - 4)$ | − | + | − | + |

## Inecuaciones racionales

Para resolver una inecuación racional del tipo $\frac{p(x)}{q(x)} > 0$, se debe cumplir que el numerador y el denominador tengan el mismo signo. Para determinar el signo de $p(x)$ y de $q(x)$, se procede como en el apartado anterior.

Si la inecuación es del tipo $\frac{p(x)}{q(x)} < 0$, la solución será el intervalo en el cual los polinomios $p(x)$ y $q(x)$ tengan signos distintos.

**Ejercicio resuelto**

▶ *Resolver las siguientes inecuaciones:*

- $\frac{2 - x}{x + 3} \geqslant 0$

$-\infty$ $-3$ $+2$ $+\infty$

| | | | |
|---|---|---|---|
| $(2 - x)$ | + | + | − |
| $(x + 3)$ | − | + | + |
| $(2 - x) / (x + 3)$ | − | + | − |

El intervalo solución es $(-3, 2]$.

- $\frac{x + 5}{x^2 - 9} < 0$

Para construir el cuadro de signos correspondiente, factorizamos el denominador $x^2 - 9 = (x + 3) \cdot (x - 3)$.

$-\infty$ $-5$ $-3$ $+3$ $+\infty$

| | | | | |
|---|---|---|---|---|
| $(x + 5)$ | − | + | + | + |
| $(x + 3)$ | − | − | + | + |
| $(x - 3)$ | − | − | − | + |
| $(x + 5) / (x^2 - 9)$ | − | + | − | + |

El conjunto solución es $(-\infty, -5) \cup (-3, 3)$.

**OBSERVA**

Si la inecuación es del tipo:

$$\frac{p(x)}{q(x)} \geq 0 \quad \text{o} \quad \frac{p(x)}{q(x)} \leq 0$$

también serán solución de esta los valores de la incógnita que anulen el polinomio del numerador.

Nunca deberán tomarse como soluciones de la inecuación los valores de la incógnita que anulen el denominador.

## 5.2. Inecuaciones con dos incógnitas

Las inecuaciones de primer grado con dos incógnitas pueden ser:

$ax + by + c > 0$, $ax + by + c < 0$, $ax + by + c \geq 0$ y $ax + by + c \leq 0$

Para resolverlas gráficamente, se representa, en primer lugar, la recta de ecuación $ax + by + c = 0$. Esta recta divide el plano en dos regiones: una de ellas es solución de la inecuación $ax + by + c > 0$, y la otra, de la inecuación $ax + by + c < 0$. Para determinar cuál de las regiones es solución de cada una de las inecuaciones, bastará con sustituir un punto de una de las regiones del plano en la expresión $ax + by + c$ y observar si el resultado es positivo o negativo.

**OBSERVA**

Si se escoge el punto (0, 0), la determinación de la región del plano solución de la inecuación es, generalmente, inmediata.

**OBSERVA**

Si la desigualdad es estricta ($>$ o $<$), la recta no es solución de la inecuación; en este caso se dibuja de forma discontinua.

### Ejercicio resuelto

▶ *Resolver la inecuación* $3x + 2y - 1 > 0$.

Al representar la recta $3x + 2y - 1 = 0$, el plano queda dividido en dos semiplanos, de los cuales solo uno es solución de la inecuación.

Para determinar cuál es el semiplano solución, se toma un punto, por ejemplo, el (0, 0), y se sustituye en la inecuación: $0 + 0 - 1 > 0$. Se puede observar que la desigualdad no se cumple; por tanto, el semiplano solución es el que no contiene el punto (0, 0).

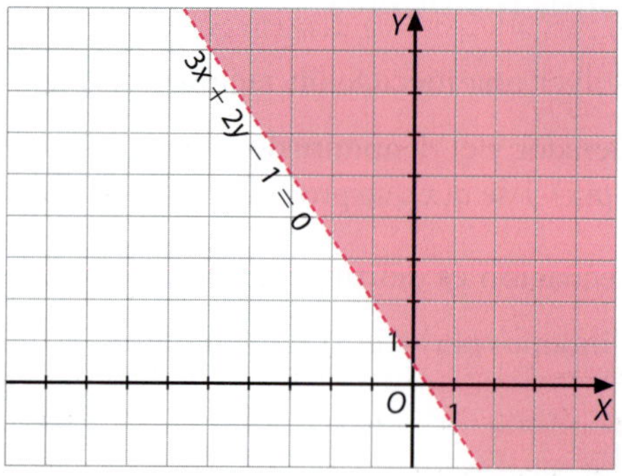


FIGURA 2.6.

Los puntos con ordenada $y > -3/2x + 1/2$ están *por encima* de la recta $y = -3/2x + 1/2$, es decir, $3x + 2y - 1 > 0$. *Por debajo* de esta recta están los puntos con ordenada $y < -3/2x + 1/2$, es decir, $3x + 2y - 1 < 0$.

Si se hubiese tomado un punto que cumpliera la desigualdad, el semiplano solución sería aquel que contuviese dicho punto.

Si la inecuación fuese $3x + 2y - 1 \geq 0$, también serían solución de ella los puntos de la recta, que, en este caso, se dibujaría de forma continua.

### Actividades

**18** Resuelve las siguientes inecuaciones.

*a)* $3x + 1 \leq 7$ *c)* $-x^2 - x + 6 \geq 0$

*b)* $x^2 + 9 < 0$ *d)* $x^4 + 2x^3 - 2x - 1 > 0$

**Solución:** *a)* $(-\infty, 2]$ *b)* $\varnothing$[1] *c)* $[-3, 2]$ *d)* $(-\infty, -1) \cup (1, +\infty)$

**19** Resuelve las siguientes inecuaciones.

*a)* $\dfrac{x^2 - 16}{x + 5} > 0$ *c)* $\dfrac{x^2 + x - 6}{x - 9} \leq 0$

*b)* $\dfrac{x + 5}{x^2 - 9} \leq 0$ *d)* $\dfrac{x + 5}{16 - x^2} \geq 0$

**Solución:** *a)* $(-5, -4) \cup (4, +\infty)$ *b)* $(-\infty, -5] \cup (-3, 3)$ *c)* $(-\infty, -3] \cup [2, 9)$ *d)* $(-\infty, -5] \cup (-4, 4)$

[1] $\varnothing$ es el símbolo que indica el conjunto vacío.

# 6. Sistemas de ecuaciones

Un **sistema de ecuaciones** está constituido por varias ecuaciones consideradas conjuntamente.

Las **soluciones del sistema** son los valores de las incógnitas que son soluciones de todas las ecuaciones simultáneamente.

## Clasificación de los sistemas de ecuaciones

Además de poder clasificar un sistema por el **número de ecuaciones y de incógnitas,** se puede clasificar según **el grado de las incógnitas** y según su **número de soluciones:**

- Según el **grado** de las incógnitas:
  - Sistema **lineal:** si todas las ecuaciones son lineales.
  - Sistema **no lineal:** si no todas las ecuaciones son lineales.
- Según las **soluciones:**
  - Sistema **compatible** es el que tiene solución:
    - Sistema **compatible determinado** es el que tiene una única solución.
    - Sistema **compatible indeterminado** es el que tiene múltiples soluciones.
  - Sistema **incompatible** es el que no tiene solución.

Dos sistemas de ecuaciones son **equivalentes** si tienen las mismas soluciones.

## 6.1. Sistemas de ecuaciones lineales

Los **métodos** de resolución de sistemas de dos ecuaciones con dos incógnitas de **reducción,** de **sustitución** y de **igualación** se han visto en cursos anteriores.

Cuando el sistema lineal está formado por más de dos ecuaciones, es muy útil la aplicación del llamado **método de Gauss** o de **triangulación.**

Este procedimiento consiste en obtener un sistema equivalente aplicando el método de reducción, de manera que en una de las ecuaciones solo quede una incógnita, en otra aparezcan dos incógnitas, entre las que se encuentre la que se ha mantenido en la ecuación anterior, en otra queden tres incógnitas, entre las que estén las dos de la ecuación anterior, y así sucesivamente. Cuando el sistema esté triangulado de este modo, la resolución será inmediata.

**Ejercicio resuelto**

*Resolver el siguiente sistema:*

$$\begin{cases} x + y + z = 1 \\ x - y - z = 0 \\ 2x + 3y + 3z = 1 \end{cases}$$

A la segunda ecuación le restamos la primera, y a la tercera le restamos la primera multiplicada por 2:

$$\begin{cases} x + y + z = 1 \\ -2y - 2z = -1 \\ y + z = -1 \end{cases}$$

A la tercera ecuación multiplicada por 2 le sumamos la segunda:

$$\begin{cases} x + y + z = 1 \\ -2y - 2z = -1 \\ 0 = -3 \end{cases}$$

El sistema es **incompatible,** no tiene solución.

**OBSERVA**

Dado el siguiente sistema:

$$\begin{cases} x^2 + 2x - 3 = 0 \\ x^2 - 1 = 0 \end{cases}$$

Las soluciones de la primera ecuación son $x = 1$ y $x = -3$.

Las soluciones de la segunda ecuación son $x = -1$ y $x = 1$.

Por tanto, $x = 1$ es la solución del sistema.

Las ecuaciones de un sistema pueden tener solución y, sin embargo, no tenerla el sistema.

**OBSERVA**

Los siguientes sistemas, según el número de ecuaciones y de incógnitas, son:

- $\begin{cases} x^2 + y = 7 \\ x + y = 5 \end{cases}$

  Sistema no lineal de dos ecuaciones con dos incógnitas.

- $\begin{cases} x^2 + 1 = 10 \\ x + 1 = 4 \\ x - 4 = -1 \end{cases}$

  Sistema no lineal de tres ecuaciones con una incógnita.

- $\begin{cases} 2x + y = 4 \\ x - y = -1 \end{cases}$

  Sistema lineal de dos ecuaciones con dos incógnitas.

ma1b7

## Ejercicios resueltos

▶ *Resolver el siguiente sistema:*

$$\begin{cases} 2x - 4y + 3z = 11 \\ 3x + 3y - \ \ z = 2 \\ \ \ x - \ \ y + 2z = 5 \end{cases}$$

Multiplicamos la segunda ecuación por 2 y le restamos la primera ecuación multiplicada por 3, luego multiplicamos la tercera por 2 y le restamos la primera:

$$\begin{cases} 2x - \ \ 4y + \ \ 3z = 11 \\ \qquad 18y - 11z = -29 \\ \qquad\ \ 2y + \ \ \ \ z = -1 \end{cases}$$

Si multiplicamos la tercera ecuación por 9 y le restamos la segunda, resulta el siguiente sistema:

$$\begin{cases} 2x - \ \ 4y + \ \ 3z = 11 \\ \qquad 18y - 11z = -29 \\ \qquad\qquad\quad 20z = 20 \end{cases}$$

De la última ecuación se deduce que $z = 1$. Sustituyendo este valor, resulta $y = -1$. Por último, tenemos que $x = 2$.

El sistema es **compatible determinado.**

▶ *Resolver este sistema:*

$$\begin{cases} \ \ x + 2y - \ \ z = -4 \\ 3x + \ \ y + 2z = 8 \\ 4x + 3y + \ \ z = 4 \end{cases}$$

A la segunda ecuación le restamos la primera multiplicada por 3, y a la tercera ecuación le restamos la primera multiplicada por 4:

$$\begin{cases} x + 2y - \ \ z = -4 \\ \quad\ -5y + 5z = 20 \\ \quad\ -5y + 5z = 20 \end{cases}$$

Como se observa hay dos ecuaciones iguales, luego solo hay dos ecuaciones independientes: $\begin{cases} x + 2y - z = -4 \\ \quad\ -y + z = 4 \end{cases}$

El sistema es **compatible indeterminado.**

Las soluciones dependen de un **parámetro,** $z$. Las soluciones son:

$$x = 4 - z,\ y = -4 + z,\ z = z$$

**RECUERDA**

En este ejercicio resuelto, para cada valor de $z$, que puede ser cualquier número real, tenemos una solución, luego hay infinitas soluciones. Por ejemplo, son soluciones:

$z = 0, y = -4, x = 4; z = 1, y = -3, x = 3; z = -1, y = -5, x = 5\ldots$

Como ves, no siempre es posible obtener una ecuación con una sola incógnita. En su lugar se puede llegar a igualdades del tipo $0 = 0$, o a una igualdad falsa entre números distintos, como $2 = 0$. En el primer caso, se elimina esa ecuación, y en el segundo, el sistema no tiene solución.

## Actividades

**20** Resuelve los siguientes sistemas.

***a)*** $\begin{cases} 2x + 2y + z = 4 \\ \ \ x + 3y + z = 0 \\ 5x + \ \ y + z = 12 \end{cases}$ ***b)*** $\begin{cases} x - 2y + \ \ z = 1 \\ \qquad 2y + 2z = 0 \\ x - \ \ 4y - \ \ z = 3 \end{cases}$ ***c)*** $\begin{cases} x - 5y + \ \ z = -2 \\ x - 4z = 3 \\ 2x - 5y - 3z = 1 \end{cases}$

**Solución:** ***a)*** $x = 2,\ y = -2,\ z = 4$, sistema compatible determinado.
***b)*** No tiene solución, sistema incompatible.
***c)*** $x = 3 + 4z, y = z + 1$, sistema compatible indeterminado.

## 6.2. Sistemas de ecuaciones no lineales

Si el sistema de ecuaciones no es lineal, no hay un procedimiento estándar para resolverlo. En general, suele ser conveniente emplear el método de sustitución. Si existe alguna ecuación lineal, lo más aconsejable es aislar la incógnita en ella.

**Ejercicios resueltos**

▶ *Resolver el siguiente sistema:*

$$\begin{cases} x + y = 4 \\ x^2 + y^2 = 10 \end{cases}$$

Se despeja una de las incógnitas de la primera ecuación: $x = 4 - y$, y se sustituye en la otra ecuación: $(4 - y)^2 + y^2 = 10$.

Al desarrollar el cuadrado del binomio, resulta:

$$16 - 8y + y^2 + y^2 = 10 \Rightarrow 2y^2 - 8y + 6 = 0$$

Simplificando la ecuación, obtenemos $y^2 - 4y + 3 = 0$, que se resuelve así:

$$y = \frac{4 \pm \sqrt{16 - 12}}{2} = \frac{4 \pm 2}{2} = \begin{matrix} \nearrow 3 \\ \searrow 1 \end{matrix}$$

Sustituyendo ahora en $x = 4 - y$, se obtienen para $x$ los valores 3 y 1.

Las soluciones del sistema son:

$$x = 3,\ y = 1 \ \text{ y } \ x = 1,\ y = 3$$

▶ *Resolver el sistema:*

$$\begin{cases} \log (x + y) - \log y = 1 \\ 3^x - 9 \cdot 3^y = 0 \end{cases}$$

En la primera ecuación, aplicando las propiedades de los logaritmos, se obtiene:

$$\log \frac{x + y}{y} = \log 10 \Rightarrow \frac{x + y}{y} = 10$$

En la segunda ecuación podemos escribir: $3^x - 3^{2+y} = 0 \Rightarrow x = 2 + y$.

Hemos de resolver el sistema equivalente $\begin{cases} \dfrac{x + y}{y} = 10 \\ x = 2 + y \end{cases}$

Sustituimos $x$ en la primera ecuación: $\dfrac{2 + 2y}{y} = 10 \Rightarrow 2 + 2y = 10y \Rightarrow$ $\Rightarrow 8y = 2 \Rightarrow y = \dfrac{1}{4}$

Luego $x = 2 + y = 2 + \dfrac{1}{4} = \dfrac{9}{4}$. Comprobamos que la solución verifica el sistema inicial.

La solución del sistema es: $x = \dfrac{9}{4}$, $y = \dfrac{1}{4}$

**OBSERVA**

Conviene despejar siempre la incógnita que sea más fácil de aislar y también de sustituir.

**Actividades**

**21** Resuelve los siguientes sistemas.

*a)* $\begin{cases} x \cdot y = 4 \\ x^2 \cdot y^3 = 16 \end{cases}$  *b)* $\begin{cases} 4^{x+1} = 2^y \\ \ln x + 1 = \ln y \end{cases}$

**Solución:** *a)* $x = 4,\ y = 1$  *b)* $x = 2/(e - 2),\ y = 2e/(e - 2)$

# 7. Sistemas de inecuaciones

## 7.1. Sistemas de inecuaciones lineales

La solución de una inecuación lineal con una incógnita es un conjunto de puntos representado por un intervalo.

La solución de un **sistema de inecuaciones lineales con una incógnita** será la **intersección,** si existe, de los conjuntos de puntos solución de cada una de las inecuaciones por separado.

**Ejercicio resuelto**

▶ *Resolver el siguiente sistema:* $\begin{cases} \dfrac{x-1}{2}+3>0 \\ 2x+6\leq 3-x \end{cases}$

$$\begin{cases} \dfrac{x-1}{2}+3>0 \\ 2x+6\leq 3-x \end{cases} \Rightarrow \begin{cases} x+5>0 \\ 3x+3\leq 0 \end{cases} \Rightarrow \begin{cases} x>-5 \\ x\leq -1 \end{cases}$$

La intersección de los dos intervalos es la solución. En este caso $(-5, -1]$.

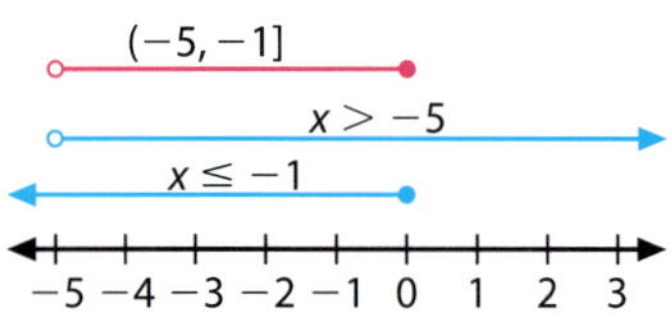

FIGURA 2.7.

La solución de una inecuación lineal con dos incógnitas se encuentra, como ya se ha visto, en todos los puntos pertenecientes a un semiplano.

La solución de un **sistema de inecuaciones lineales con dos incógnitas** se corresponde gráficamente con el conjunto de puntos pertenecientes a la región intersección de los semiplanos solución de cada una de las inecuaciones. Así, la solución gráfica de este sistema es la que se muestra en la figura 2.8:

$$\begin{cases} 3x+2y-4>0 \\ x+y-7<0 \\ 2x+5\geq 0 \end{cases}$$

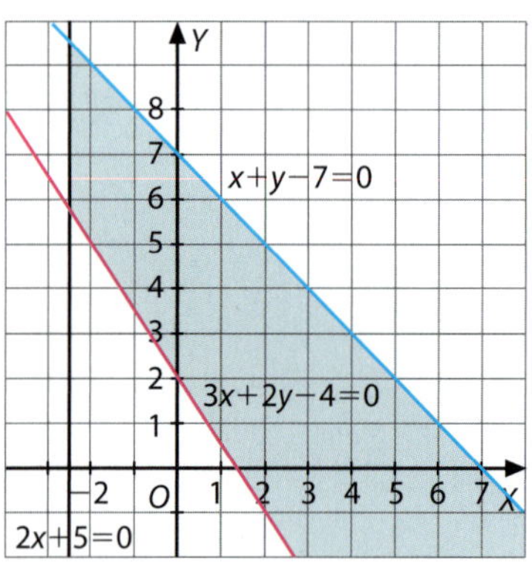

FIGURA 2.8.

## 7.2. Sistemas de inecuaciones no lineales

La solución de una inecuación no lineal con una incógnita es, generalmente, un conjunto de puntos representado por uno o más intervalos.

La solución de un **sistema de inecuaciones no lineales con una incógnita** será la **intersección,** si existe, de los conjuntos de puntos solución de cada una de las inecuaciones por separado.

**RECUERDA**

Los **sistemas de inecuaciones no lineales con dos incógnitas** se pueden resolver, al igual que los lineales, gráficamente.

**Ejercicio resuelto**

▶ *Resolver este sistema:* $\begin{cases} x^2+5x+4>0 \\ x^2-2x-15\leq 0 \end{cases}$

Factorizamos las dos inecuaciones: $\begin{cases} (x+1)\cdot(x+4)>0 \\ (x+3)\cdot(x-5)\leq 0 \end{cases}$

La solución de la primera inecuación es $(-\infty, -4) \cup (-1, +\infty)$, y la de la segunda, $[-3, -5]$.

Por tanto, la solución del sistema es $(-1, 5]$.

| | $-\infty$ a $-4$ | $-4$ a $-1$ | $-1$ a $+\infty$ |
|---|---|---|---|
| $(x+1)$ | − | − | + |
| $(x+4)$ | − | + | + |
| $(x+1)\cdot(x+4)$ | + | − | + |

| | $-\infty$ a $-3$ | $-3$ a $5$ | $5$ a $+\infty$ |
|---|---|---|---|
| $(x+3)$ | − | + | + |
| $(x-5)$ | − | − | + |
| $(x+3)\cdot(x-5)$ | + | − | + |

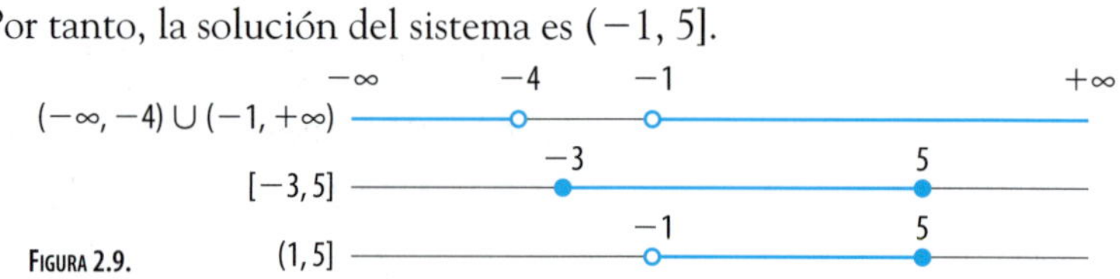

FIGURA 2.9.

## Resolución de ecuaciones con raíces de índices distintos

**1. Resolver esta ecuación:**

$$\sqrt{x+1} = \sqrt[3]{x^2-1}$$

Para resolver una ecuación irracional en la que los miembros son raíces de índices distintos, se deberán elevar ambos a una potencia que sea el mínimo común múltiplo de los índices de las raíces. Así se consigue que estas desaparezcan.

Para resolver la ecuación $\sqrt{x+1} = \sqrt[3]{x^2-1}$, se elevan los dos miembros de la igualdad al mínimo común múltiplo de 2 y 3, es decir, a 6:

$$\left(\sqrt{x+1}\right)^6 = \left(\sqrt[3]{x^2-1}\right)^6 \Rightarrow (x+1)^3 = (x^2-1)^2 \Rightarrow x^3+3x^2+3x+1 = x^4-2x^2+1 \Rightarrow$$
$$\Rightarrow x^4 - x^3 - 5x^2 - 3x = 0 \Rightarrow x(x^3 - x^2 - 5x - 3) = 0$$

Una solución será $x = 0$. Las demás se obtienen resolviendo la ecuación $x^3 - x^2 - 5x - 3 = 0$.

| | | | | |
|---|---|---|---|---|
| | 1 | −1 | −5 | −3 |
| 3 | | 3 | 6 | 3 |
| | 1 | 2 | 1 | 0 |
| −1 | | −1 | −1 | |
| | 1 | 1 | 0 | |
| −1 | | −1 | | |
| | 1 | 0 | | |

Las soluciones obtenidas son $x = 0$, $x = 3$ y $x = -1$.

Sustituyendo en la ecuación inicial, resulta:

Para $x = 0$: $\sqrt{0+1} = \sqrt[3]{0^2-1} \Rightarrow \sqrt{1} = \sqrt[3]{-1}$

Para $x = 3$: $\sqrt{3+1} = \sqrt[3]{3^2-1} \Rightarrow \sqrt{4} = \sqrt[3]{8}$

Para $x = -1$: $\sqrt{-1+1} = \sqrt[3]{(-1)^2-1} \Rightarrow \sqrt{0} = \sqrt[3]{0}$

Luego las soluciones válidas son $x = 3$ y $x = -1$.

## Cálculo con fracciones algebraicas

**2. Simplificar estas fracciones:**

- $A(x) = \dfrac{x^3+x^2-2x}{x^3-4x^2+3x}$
- $B(x) = \dfrac{3x^2-6x}{x^3-4x}$

**Realizar después las siguientes operaciones:**

*a)* $[A(x)]^2 \cdot B(x)$

*b)* $\dfrac{A(x)+B(x)}{A(x)-B(x)}$

Para simplificar las fracciones, en primer lugar se descomponen el numerador y el denominador en producto de factores:

$$A(x) = \frac{x^3+x^2-2x}{x^3-4x^2+3x} = \frac{(x-1)(x+2)x}{(x-1)(x-3)x} = \frac{x+2}{x-3}$$

$$B(x) = \frac{3x^2-6x}{x^3-4x} = \frac{3x(x-2)}{x(x+2)(x-2)} = \frac{3}{x+2}$$

Con las fracciones ya simplificadas, podemos realizar las operaciones cómodamente:

*a)* $[A(x)]^2 \cdot B(x) = \dfrac{(x+2)^2}{(x-3)^2} \cdot \dfrac{3}{x+2} = \dfrac{3(x+2)}{(x-3)^2}$

*b)* En primer lugar realizamos la suma y la resta:

$$A(x)+B(x) = \frac{x+2}{x-3} + \frac{3}{x+2} = \frac{(x+2)^2+3(x-3)}{(x-3)(x+2)} = \frac{x^2+7x-5}{(x-3)(x+2)}$$

$$A(x)-B(x) = \frac{x+2}{x-3} - \frac{3}{x+2} = \frac{(x+2)^2-3(x-3)}{(x-3)(x+2)} = \frac{x^2+x+13}{(x-3)(x+2)}$$

Como ambas tienen el mismo denominador, se simplifica cuando realizamos la división:

$$\frac{A(x)+B(x)}{A(x)-B(x)} = \frac{x^2+7x-5}{x^2+x+13}$$

Esta nueva fracción no se puede simplificar, ya que el denominador es irreducible.

## Resolución de ecuaciones racionales

**3. Resolver la siguiente ecuación racional:**

$$\frac{x}{x^2-4}-\frac{x+1}{x+2}+\frac{3}{x^2+2x}=0$$

En primer lugar factorizamos los denominadores para averiguar si alguna de las fracciones se puede simplificar:

$$\frac{x}{(x+2)(x-2)}-\frac{x+1}{x+2}+\frac{3}{x(x+2)}=0$$

El denominador común es $(x+2)(x-2)x$. Por tanto, escribimos con este denominador las correspondientes fracciones equivalentes:

$$\frac{x^2}{(x+2)(x-2)x}-\frac{(x+1)(x-2)x}{(x+2)(x-2)x}+\frac{3(x-2)}{x(x+2)(x-2)}=0$$

Puesto que el denominador es común, esta ecuación es equivalente a:

$$x^2-(x+1)(x-2)x+3(x-2)=0$$

Realizando las operaciones, se obtiene: $-x^3+2x^2+5x-6=0$

Debemos resolver esta ecuación. Para ello hay que averiguar las raíces del polinomio. Empezamos por determinar si tiene raíces enteras. Aplicamos el teorema del resto con los divisores de $-6$, que son $1, -1, 2, -2, 3, -3, 6$ y $-6$.

Con $x=1$, se obtiene $-1^3+2\cdot1^2+5\cdot1-6=0 \Rightarrow x=1$ es una raíz.

Podemos seguir probando con los demás divisores o podemos proceder a la factorización de la ecuación. Es más práctico el segundo camino, porque si no hay más raíces enteras, podemos seguir buscando las soluciones a partir de una ecuación de segundo grado.

| | | | | |
|---|---|---|---|---|
| | −1 | 2 | 5 | −6 |
| 1 | | −1 | 1 | 6 |
| | −1 | 1 | 6 | 0 |

$$-x^3+2x^2+5x-6=0 \Rightarrow (x-1)(-x^2+x+6)=0$$

Para encontrar las otras soluciones, si existen, resolvemos $-x^2+x+6=0$ y se obtiene $x=-2$ y $x=3$.

En principio, parece que las tres soluciones son $1$, $-2$ y $3$. Pero debemos comprobar que ninguna de ellas anula el denominador. Como $x=-2$ anula el denominador, no es solución de la ecuación.

Las soluciones de la ecuación propuesta son $x=1$ y $x=3$.

## Resolución de ecuaciones con valor absoluto

**4. Resolver la siguiente ecuación:**

$$\left|\frac{x-1}{x-x^2}\right|=2$$

Para resolver esta ecuación debemos considerar lo siguiente:

$$\frac{x-1}{x-x^2}=2 \qquad \frac{x-1}{x-x^2}=-2$$

Debemos resolver las dos ecuaciones racionales.

- Para la primera tenemos que:

  $$\frac{x-1}{x-x^2}=2 \Rightarrow x-1=2x-2x^2 \Rightarrow 2x^2-x-1=0$$

  Las soluciones de esta ecuación de segundo grado son $x=1$ y $x=-\frac{1}{2}$. La primera solución no es válida, puesto que anula el denominador de la ecuación.

- Para la segunda tenemos que:

  $$\frac{x-1}{x-x^2}=-2 \Rightarrow x-1=-2x+2x^2 \Rightarrow 2x^2-3x+1=0$$

  Las soluciones de esta ecuación de segundo grado son $x=1$ y $x=\frac{1}{2}$. La primera solución no es válida, puesto que anula el denominador de la ecuación.

  Por tanto, las soluciones de esta ecuación son: $x=\frac{1}{2}$ y $x=-\frac{1}{2}$

## Resolución de ecuaciones exponenciales

**5. Resolver la siguiente ecuación:**

$$\frac{2}{7^x} - 3 \cdot 7^x + 5 = 0$$

Para resolverla se hace el cambio de variable $a = 7^x$, y se convierte en racional.

$$\frac{2}{7^x} - 3 \cdot 7^x + 5 = 0 \Rightarrow \frac{2}{a} - 3 \cdot a + 5 = 0 \Rightarrow 2 - 3 \cdot a^2 + 5a = 0 \Rightarrow -3a^2 + 5a + 2 = 0$$

Resolviendo esta ecuación de segundo grado se obtiene: $a = -1/3$ y $a = 2$

Hay que deshacer el cambio $a = 7^x$.

Solo es posible $2 = 7^x$, ya que una potencia de base positiva no puede ser negativa.

Para despejar $x$ tomamos logaritmos y utilizamos la calculadora para obtener el valor de $x$:

$\ln 2 = \ln 7^x \Rightarrow \ln 2 = x\ln 7 \Rightarrow x = \ln 2/\ln 7$

**6. Resolver esta ecuación exponencial:**

$$2^{3x} = 3^{2x+1}$$

No se pueden expresar ambos miembros como potencias de la misma base. En este caso tomamos logaritmos y aplicamos sus propiedades:

$$\ln 2^{3x} = \ln 3^{2x+1} \Rightarrow 3x\ln 2 = (2x + 1)\ln 3$$

Ahora la ecuación es una ecuación polinómica de grado uno y con una incógnita:

$$3x\ln 2 = (2x + 1)\ln 3 \Rightarrow 3x\ln 2 = 2x\ln 3 + \ln 3 \Rightarrow x(3\ln 2 - 2\ln 3) = \ln 3$$

Se despeja $x$ y se obtiene la solución.

$$x = \frac{\ln 3}{3\ln 2 - 2\ln 3}$$

## Resolución de sistemas de ecuaciones no lineales

**7. Resolver este sistema:**

$$\begin{cases} 2\log x - 3\log y = 1 \\ \log\left(\dfrac{x}{y}\right) = 2 \end{cases}$$

Por las propiedades de los logaritmos y convirtiendo el sistema se convierte en:

$\begin{cases} x^2/y^3 = 10 \\ x/y = 100 \end{cases}$. A partir de aquí, por sustitución, se resuelve el sistema.

Pero también se puede convertir en el sistema equivalente siguiente:

$\begin{cases} 2\log x - 3\log y = 1 \\ \log x - \log y = 2 \end{cases}$ y utilizar el método de reducción para averiguar $\log x$ y $\log y$.

Multiplicamos la segunda ecuación por 2 y la restamos de la primera:

$$-\log y = -3 \Rightarrow \log y = 3 \Rightarrow y = 10^3$$

Ahora multiplicamos la segunda ecuación por 3 y la restamos de la primera. Se obtiene:

$$-\log x = -5 \Rightarrow \log x = 5 \Rightarrow x = 10^5$$

Las soluciones son, pues: $x = 10^5$ e $y = 10^3$

**8. Resolver este sistema:**

$$\begin{cases} xy = 2 \\ 2xy - 3x + y^2 = 5 \end{cases}$$

Sustituimos el valor de $x$, despejado de la primera ecuación $x = 2/y$ en la segunda:

$$4 - 3(2/y) + y^2 = 5$$

Y ahora se procede como en otras ecuaciones racionales que se han resuelto:

$$4 - 3(2/y) + y^2 = 5 \Rightarrow 4y - 6 + y^3 = 5y \Rightarrow y^3 - y - 6 = 0$$

La ecuación resultante debe resolverse por Ruffini. Probamos con los divisores de $-6$, y puesto que para $y = 2$ la ecuación se verifica, $y = 2$ es una solución.

| | | | | |
|---|---|---|---|---|
| | 1 | 0 | −1 | −6 |
| 2 | | 2 | 4 | 6 |
| | 1 | 2 | 3 | 0 |

Entonces tenemos que: $y^3 - y - 6 = 0 \Rightarrow (y - 2)(y^2 + 2y + 3) = 0$

Puesto que $y^2 + 2y + 3 = 0$ no tiene solución, $y = 2$ es la única solución.

Para este valor de $y$ buscamos el valor de $x$. Por tanto, $x = 2/y \Rightarrow x = 1$

Luego la solución del sistema es: $x = 1, y = 2$.

## Resolución de sistemas de inecuaciones lineales

**9. Resolver el siguiente sistema:**

$$\begin{cases} 2x - 3y > 0 \\ x + y + 5 \leq 0 \end{cases}$$

Es conveniente resolver el sistema gráficamente, pues la solución es la región del plano que resulta de la intersección de los semiplanos solución de cada una de las inecuaciones.

Por tanto, en primer lugar se representan las rectas $2x - 3y = 0$ y $x + y + 5 = 0$.

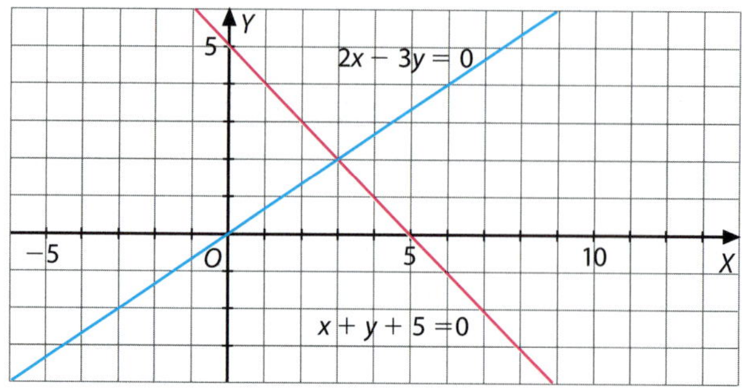


**Figura 2.10.a.**

Para determinar el semiplano solución de cada una de las inecuaciones, se sustituye un punto en cada una de ellas y se observa si se cumple la desigualdad: si se verifica, el semiplano solución es el que contiene dicho punto, y si no, es el que no lo contiene.

- Para la primera inecuación tomamos el punto (1, 1). Como $2 \cdot 1 - 3 \cdot 1 = -1 < 0$, el semiplano solución es el que no contiene el punto (1, 1). Además, los puntos de la recta $2x - 3y = 0$ no son solución de la inecuación.
- Para la segunda sustituimos el (0, 0): $0 + 0 + 5 > 0$, por lo que el semiplano solución no contiene al (0, 0). Los puntos $x + y + 5 = 0$ pertenecen al semiplano solución.

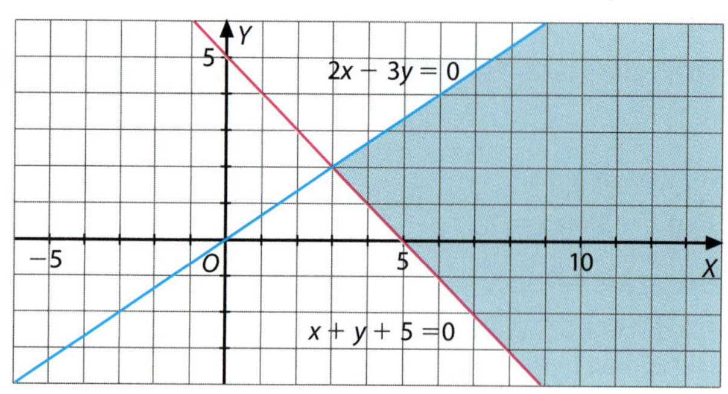


ma1b8

**Figura 2.10.b.**

## Resolución de sistemas de inecuaciones no lineales

**10. Resolver el siguiente sistema:**

$$\begin{cases} y \geq x^2 \\ 3x + 2y - 3 \leq 0 \end{cases}$$

En primer lugar representamos la parábola $y = x^2$ y la recta $3x + 2y - 3 = 0$.

Los puntos de la región solución de $y \geq x^2$ deben cumplir la inecuación; probamos con el punto (0, 1): $1 \geq 0^2$, por lo que este punto pertenece al conjunto solución.

Como (0, 0) verifica $3x + 2y - 3 \leq 0$, este punto pertenece a su semiplano solución.

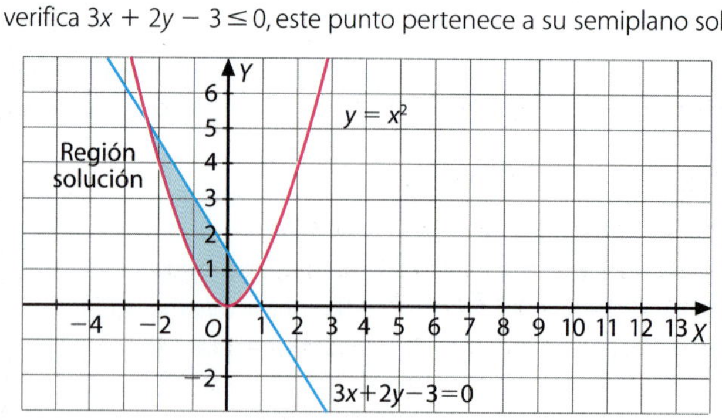


**Figura 2.11.**

## Polinomios y operaciones con polinomios

**1** Dados $p(x) = 4x^3 - 2x^2 + 5x - 9$ y $q(x) = 7x^2 + 11x - 5$, halla:

*a)* $3p(x) - 2q(x)$ *b)* $\dfrac{p(x)}{q(x)}$

**Solución:** *a)* $12x^3 - 20x^2 - 7x - 17$
*b)* $c(x) = 4x/7 - 58/49$; $r(x) = 1\,023x/49 - 731/49$

**2** Calcula.

*a)* $(3x - 4)^2$
*b)* $(x^2 - 3x + 1)^2$
*c)* $(3x^3 - 7x + 2)(-x - 2)x^2$
*d)* $(2x - 3)^3$
*e)* $(x^2 - 5x)(x^2 + 5x)$
*f)* $(x^3 - 2x^2 - 5)(x^3 - x)$

**Solución:** *a)* $9x^2 - 24x + 16$ *b)* $x^4 - 6x^3 + 11x^2 - 6x + 1$
*c)* $-3x^6 - 6x^5 + 7x^4 + 12x^3 - 4x^2$ *d)* $8x^3 - 36x^2 + 54x - 27$
*e)* $x^4 - 25x^2$ *f)* $x^6 - 2x^5 - x^4 - 3x^3 - 5x$

**3** Calcula el cociente y el resto de las siguientes divisiones.

*a)* $(x^5 - 3x^4 + 5x^3 - 5x^2 - 3) : (x^2 - x + 3)$
*b)* $(2x^6 - 5x^5 + x^4 + 5x^2 + 5x) : (x^4 - 1)$
*c)* $(12x^4 - 15x^3 - 32x^2 + 41x + 6) : (4x^2 - 5x)$

**Solución:** *a)* $c(x) = x^3 - 2x^2 + 1$, $r(x) = x - 6$
*b)* $c(x) = 2x^2 - 5x + 1$, $r(x) = 7x^2 + 1$ *c)* $c(x) = 3x^2 - 8$, $r(x) = x + 6$

**4** Dados dos polinomios, $P(x)$ de grado 5 y $Q(x)$ de grado 3:

*a)* ¿Cuál será el grado de $P(x) \cdot Q(x)$?
*b)* ¿Cuál será el grado de $P(x) : Q(x)$?
*c)* ¿Cuál será, como máximo, el grado del resto de la división $P(x)$ entre $Q(x)$?

**5** Determina el valor de $a$ y $b$ para que sea exacta la división $(3x^4 - 8x^3 - 5x^2 + ax + b) : (x^2 - 3x)$.

**Solución:** $a = 6$, $b = 0$

**6** Calcula el cociente y el resto de:

*a)* $(7x^3 - 5x^2 + 3x - 7) : (x + 2)$
*b)* $(4x^4 - 3x^3 + 2x^2 - x) : (x - 2)$
*c)* $(x^4 - 16) : (x + 2)$

**Solución:** *a)* $c(x) = 7x^2 - 19x + 41$, $r(x) = -89$
*b)* $c(x) = 4x^3 + 5x^2 + 12x + 23$, $r(x) = 46$
*c)* $c(x) = x^3 - 2x^2 + 4x - 8$, $r(x) = 0$

## Factorización de polinomios y teorema del resto

**7** Dados los polinomios $p(x) = x^3 - 5x^2 + 7x - 3$ y $q(x) = x^3 - 9x^2 + 23x - 15$:

*a)* Calcula las raíces de $p(x)$ y de $q(x)$.
*b)* Descompón factorialmente los dos polinomios.
*c)* Calcula el m.c.d. y el m.c.m. de $p(x)$ y $q(x)$ ayudándote de sus descomposiciones factoriales.

**Solución:** *a)* De $p(x)$: $x = 1$, doble y $x = 3$. De $q(x)$: $x = 5$, $x = 3$ y $x = 1$
*b)* $p(x) = (x - 3)(x - 1)^2$; $q(x) = (x - 3)(x - 1)(x - 5)$
*c)* m.c.d. $= (x - 3)(x - 1) = x^2 - 4x + 3$;
m.c.m. $= (x - 3)(x - 1)^2(x - 5) = x^4 - 10x^3 + 32x^2 - 38x + 15$

**8** Utiliza el teorema del resto para determinar el resto de la división del polinomio $P(x) = x^4 - 7x^3 + 12x - 6$ entre $(x - 2)$ y entre $(x + 3)$.

**Solución:** entre $(x - 2)$ el resto es $-22$ y entre $(x + 3)$, 228.

**9** Calcula el valor de $m$ para que el polinomio:

$$p(x) = x^3 + mx^2 + (3m + 1)x - 2$$

sea divisible por el binomio $x + 2$.

**Solución:** $m = -6$

**10** Si la división del polinomio $p(x)$ entre $(x + 2)$ es exacta, ¿qué puedes afirmar de $p(-2)$? ¿Y de $p(2)$?

**11** Determina en cada caso el valor de $k$, para que las siguientes divisiones sean exactas:

*a)* $(x^6 - x^4 + 3x^3 - kx^2 + x - 5) : (x - 1)$
*b)* $(x^5 + 3x^3 + 2x^2 + kx - 5) : (x + 1)$
*c)* $(x^5 - 7x^4 + 2x^3 + 8x^2 - x - k) : (x + 2)$

**Solución:** *a)* $k = -1$ *b)* $k = -7$ *c)* $k = -126$

**12** Si dado el polinomio $q(x)$ se verifica que $q(-7) = 10$, ¿cuál será el resto de la división de $q(x) : (x + 7)$?

**Solución:** 10

**13** Calcula el valor de $m$ para que el resto de la división de $(x^4 - 7x^3 + mx^2 - 5x + 2)$ entre $(x - 2)$ sea 7.

**Solución:** $m = 55/4$

**14** Sin efectuar divisiones, contesta razonadamente las siguientes preguntas.

*a)* ¿Es divisible $(x^3 - 64)$ por $(x - 4)$? ¿Y por $(x + 4)$?
*b)* ¿Es divisor $(x + 3)$ de $(x^4 - 81)$? ¿Y de $(x^4 + 81)$?
*c)* ¿Es el polinomio $p(x) = 2x^3 - 2x - 6x^2 + 6$ múltiplo del binomio $q(x) = x - 4$?

**15** Halla el polinomio de segundo grado que satisfaga las siguientes condiciones:

*a)* Que el coeficiente de segundo grado sea $-2$.
*b)* Que sea divisible por $x - 3$.
*c)* Que al dividirlo por $x + 2$, el resto de la división sea $-10$.

**Solución:** $p(x) = -2x^2 + 4x + 6$

**16** Dado el polinomio $p(x) = x^3 - ax^2 + 7x + b$, calcula $a$ y $b$ sabiendo que $p(x)$ es divisible por $(x - 5)$ y que el resto de dividir $p(x)$ por $(x - 2)$ es 9.

**Solución:** $a = 7$ y $b = 15$

**17** Dado el polinomio $P(x) = 3x^4 - 5x^3 + 4x^2 - ax + b$, determina el valor de $a$ y $b$ sabiendo que al dividirlo por $(x - 1)$ la división es exacta, y que al dividirlo por $(x + 2)$ el resto es 101.

**Solución:** $a = -1/3$ y $b = -7/3$

**18** Calcula $a$ y $b$ para que $p(x) = 2x^4 + ax^3 + bx^2 - 4x$ sea divisible por $(x + 4)$ y al dividirlo por $(x + 1)$ el resto sea $-6$.

**Solución:** $a = 7$ y $b = -5$

**19** Siendo $p(x) = x^5 + ax^4 + 2x^3 - x^2 + bx - 2$, calcula $a$ y $b$ para que sea múltiplo de $(x - 1)$ y $(x + 2)$.

**Solución:** $a = 3$ y $b = -3$

**20** Escribe tres polinomios de tercer grado que tengan por raíces:

*a)* 2, −2 y 7.

*b)* 2 y −1.

*c)* Únicamente 3.

**21** Escribe un polinomio de grado 4 que no tenga ninguna raíz real.

**22** Calcula el m.c.d. y el m.c.m. de los siguientes polinomios.

- $p(x) = (x+1)^2 \cdot (x-2) \cdot (x^2+2x-3)$
- $q(x) = (x^2-1) \cdot (x^2-4)$
- $s(x) = (x^2+6x+9) \cdot (x^2-3x+2)$

**Solución:** m.c.d. $= (x-2)(x-1)$; m.c.m. $= (x+1)^2(x-2)(x+2)(x-1)(x+3)^2$

**23** Descompón factorialmente los siguientes polinomios y halla sus raíces.

*a)* $x^4 - 9$

*b)* $x^3 - 4x^2 + x + 6$

*c)* $x^3 + 3x^2 - 9x + 5$

*d)* $3x^3 - 9x^2 - 3x + 9$

**24** Extrae factor común y utiliza las identidades notables para factorizar cada uno de los siguientes polinomios, y di cuáles son sus raíces.

*a)* $x^3 + 6x^2 + 9x$

*b)* $5x^4 - 20x$

*c)* $x^3 - 4x$

*d)* $2x^4 + 8x^2$

*e)* $6x^3 - 54x$

*f)* $\dfrac{x^3}{4} + x^2 + x$

**25** Factoriza.

*a)* $x^5 - 2x^4 - 3x^3 - 8x^2 + 16x + 24$

*b)* $4x^3 + 14x^2 + 6x$

*c)* $3x^3 - 6x^2 - 45x$

**26** Determina las raíces de cada uno de los siguientes polinomios.

*a)* $x^4 - 7x^2 - 6x$

*b)* $x^5 + 3x^4 - x - 3$

*c)* $3x^4 - 5x^3 - 28x^2$

**Solución:** *a)* 0, −1, −2, 3 *b)* 1, −1, −3 *c)* 0 (doble), 4, −7/3

**27** Si un polinomio, $P(x)$, tiene como raíces $x = -2$ y $x = 4$, ¿puede ser el grado de $P(x)$ mayor que dos?

**28** Calcula un polinomio que tiene por cuadrado $x^4 + 4x^3 - 2x^2 - 12x + 9$.

**Solución:** $x^2 + 2x - 3$

**29** Averigua el m.c.m. y el m.c.d. de los siguientes polinomios.

*a)* $A(x) = 2x^4 + x^3 - x^2$ y $B(x) = x^3 - x$

*b)* $A(x) = x^4 + 2x^2 + 1$, $B(x) = x^5 + 2x^3 + x$ y $C(x) = x^5 - 2x^4 + 2x^3 - 4x^2 + x - 2$

*c)* $A(x) = x^4 + x^3 - x - 1$ y $B(x) = 2x^3 - 3x^2 + 1$

**Solución:** *a)* m.c.m. $= (x+1)(x-1)(2x-1)x^2$; m.c.d. $= (x+1)x$
*b)* m.c.m. $= x(x-2)(x^2+1)^2$; m.c.d. $= (x^2+1)^2$
*c)* m.c.m. $= (x^2+x+1)(x+1)(x-1)^2(2x+1)$; m.c.d. $= (x-1)$

## Fracciones algebraicas

**30** Dada la fracción $\dfrac{x-2}{x^2+1}$ determina una equivalente que tenga en el numerador un polinomio de grado 3.

**31** Determina, en cada caso, $q(x)$ de modo que estas fracciones sean equivalentes.

*a)* $\dfrac{2x-5}{4x} = \dfrac{q(x)}{12x}$

*b)* $\dfrac{3x+1}{x^2} = \dfrac{3x^2+x}{q(x)}$

*c)* $\dfrac{x+3}{2x} = \dfrac{x^2-9}{q(x)}$

*d)* $\dfrac{x^2-4x}{x^4} = \dfrac{x-4}{q(x)}$

**Solución:** *a)* $6x - 15$ *b)* $x^3$ *c)* $2x^2 - 6x$ *d)* $x^3$

**32** Extrae factor común y simplifica cada una de las siguientes fracciones.

*a)* $\dfrac{3x^2+3xy}{2xy+2y^2}$

*b)* $\dfrac{2x^2-8}{2x^2-8x+8}$

*c)* $\dfrac{x^3-xy^2}{2x^2-2xy}$

**Solución:** *a)* $\dfrac{3x}{2y}$ *b)* $\dfrac{x+2}{x-2}$ *c)* $\dfrac{x+y}{2}$

**33** Calcula la fracción irreducible equivalente a las siguientes fracciones.

*a)* $\dfrac{x^2-1}{x^3+2x^2-3x}$

*b)* $\dfrac{7x(x+2)}{x^3-4x}$

*c)* $\dfrac{6x^2-30x+36}{3x^2-9x+6}$

**Solución:** *a)* $\dfrac{x+1}{x^2+3x}$ *b)* $\dfrac{7}{x-2}$ *c)* $\dfrac{2(x-3)}{x-1}$

**34** Averigua si existe un polinomio $p(x)$ que verifique la siguiente igualdad:

$$\frac{x^2+4x-5}{x^2-1} = \frac{p(x)}{x+1}$$

**Solución:** $p(x) = x + 5$

**35** Simplifica las siguientes fracciones algebraicas.

*a)* $\dfrac{x^2+2x+1}{x^2-1}$

*b)* $\dfrac{x^3-64}{x^2-16}$

*c)* $\dfrac{2x^5+x^3+2x^2-10x+5}{2x^4+3x^3-4x^2-4x+3}$

*d)* $\dfrac{x^2+4x+3}{x^3+3x^2-x-3}$

**Solución:** *a)* $\dfrac{x+1}{x-1}$ *b)* $\dfrac{x^2+4x+16}{x+4}$ *c)* $\dfrac{2x^4+2x^3+3x^2+5x-5}{2x^3+5x^2+x-3}$ *d)* $\dfrac{1}{x-1}$

**36** Efectúa, simplificando al máximo, las siguientes operaciones con fracciones algebraicas.

a) $\frac{7x}{x+1}-\frac{2x}{3x(x+1)}-\frac{7}{x+1}$

b) $\frac{x^2-9}{x+1}\cdot\frac{x^2-1}{x+3}$

c) $\frac{x^4-16}{3x-15}:\frac{4x^2+16}{x^2-9}$

d) $\left(\frac{x+1}{x-3}\right)^2$

e) $\frac{3x}{x-2}\left(\frac{x+1}{x-1}-\frac{2x+5}{x}\right)$

f) $\frac{x-2}{2x}+\frac{x-1}{x}+\frac{3x+3}{3x}$

g) $\frac{x^2-5}{x}-\frac{x+1}{x^2}$

h) $\frac{10}{3x^2+6x}-\frac{1}{4x^2+8x}$

i) $\frac{3}{x+1}-\frac{5x+1}{x-1}+\frac{2x}{x^2-1}$

j) $\frac{x-1}{x+3}+\frac{2x-5}{x-1}+\frac{4x}{x^2+2x-3}$

k) $2-\frac{5}{x^2+2x+1}-\frac{7x}{x+1}$

l) $\left(1-\frac{x+5}{x+2}\cdot\frac{x-3}{x+2}\right):\frac{4}{x+2}$

m) $\left(\frac{x+2}{x-2}-\frac{x-2}{x+2}\right)\cdot\left(x-\frac{4}{x}\right)$

n) $\frac{2x}{x-1/x}-\frac{2}{x^2+1}$

ñ) $\frac{6}{\frac{1}{1+(1/x)}-1}$

o) $\frac{x^2-8x+16}{x^2+5x+6}:\frac{x-4}{x+2}$

p) $\frac{x^2-49}{2x}\cdot\frac{3x^3}{x^2+2x-35}$

**Solución:** a) $\frac{21x-23}{3(x+1)}$ b) $(x-3)(x-1)$ c) $\frac{x^4-13x^2+36}{12x-60}$ d) $\frac{x^2+2x+1}{x^2-6x+9}$ e) $\frac{-3x^2-6x+15}{(x-1)(x-2)}$ f) $\frac{5x-2}{2x}$ g) $\frac{x^3-6x-1}{x^2}$ h) $\frac{37}{12x^2+24x}$ i) $\frac{-5x^2-x-4}{x^2-1}$ j) $\frac{3x^2+3x-14}{x^2+2x-3}$ k) $\frac{-5x^2-3x-3}{x^2+2x+1}$ l) $\frac{2x+19}{4x+8}$ m) 8 n) $\frac{2x^4+2}{x^4-1}$ ñ) $-6(x+1)$ o) $\frac{x-4}{x+3}$ p) $\frac{3x^3-21x^2}{2x-10}$

**37** Calcula $a$ y $b$ para que se cumpla que:

$$\frac{3x+2}{(x-1)(x+2)}=\frac{a}{x-1}+\frac{b}{x+2}$$

**Solución:** $a=5/3, b=4/3$

**38** Calcula $a$, $b$ y $c$, sabiendo que:

$$\frac{-2x^2-16x+2}{(x-1)(x+2)(x-5)}=\frac{a}{x-1}+\frac{b}{x+2}+\frac{c}{x-5}$$

**Solución:** $a=4/3, b=26/21, c=-32/7$

**39** Determina $A$, $B$ y $C$ para que se cumpla que:

$$\frac{3x^2+5}{4x^3+16x^2+21x+9}=\frac{A}{x+1}+\frac{B}{2x+3}+\frac{C}{(2x+3)^2}$$

**Solución:** $A=8, B=-29/2, C-\ -47/2$

## Ecuaciones polinómicas

**40** Resuelve las siguientes ecuaciones.

a) $x^2-5x+4=0$

b) $x^2-3x-4=0$

c) $x^2-6x-16=0$

d) $x^2-16=0$

e) $2x^2+10x+8=0$

f) $x^2-x-6=0$

**41** ¿Qué valor debe tener $c$ en la ecuación $x^2-5x+c=0$ para que esta no tenga soluciones reales?

**Solución:** $c>25/4$

**42** Resuelve las siguientes ecuaciones bicuadradas.

a) $x^4+3x^2-4=0$

b) $x^4-5x^2+4=0$

c) $x^4+5x^2+4=0$

d) $x^4-10x^2+9=0$

**Solución:** a) $x=\pm1$ b) $x=\pm1, x=\pm2$ c) No tiene soluciones reales. d) $x=\pm1, x=\pm3$

**43** Halla las soluciones de las siguientes ecuaciones.

a) $3x^3+12x^2+3x-18=0$

b) $x^3+x^2-16x+20=0$

c) $x^4-x^3-24x^2+4x+80=0$

d) $2x^3-24x+32=0$

e) $x^3+9x^2+15x+7=0$

f) $2x^3-5x^2-4x+3=0$

g) $6x^3+25x^2-24x+5=0$

**Solución:** a) $x=1, x=-2, x=-3$ b) $x=-5, x=2$ c) $x=2, x=-2, x=-4, x=5$ d) $x=2, x=-4$ e) $x=-7, x=-1$ f) $x=-1, x=3, x=1/2$ g) $x=-5, x=1/3, x=1/2$

## Ecuaciones racionales

**44** Resuelve las siguientes ecuaciones.

a) $x^2-\frac{64}{x^2}=-12$

b) $\frac{4}{x^2-1}+\frac{1}{x+1}=0$

c) $\frac{1}{x+3}+\frac{1}{x^2-9}=\frac{1}{x-3}$

d) $\frac{3x-3}{x-1}+\frac{x^2+2}{x+1}=\frac{7x+1}{x^2-1}$

**Solución:** a) $x=\pm2$ b) $x=-3$ c) No tiene solución. d) $x=-3, x=2$

## Ecuaciones con valor absoluto

**45** Resuelve las siguientes ecuaciones.

*a)* $|x^2 + 7x - 8| = 10$

*b)* $\left|\dfrac{x+1}{x-2}\right| = 6$

*c)* $|x^2 + 2| = 4$

**Solución:** *a)* $x_1 = -9, x_2 = 2, x_3 = \dfrac{-7+\sqrt{41}}{2}, x_4 = \dfrac{-7-\sqrt{41}}{2}$

*b)* $x_1 = \dfrac{13}{5}, x_2 = \dfrac{11}{7}$ *c)* $x_1 = \sqrt{2}, x_2 = -\sqrt{2}$

## Ecuaciones irracionales

**46** Resuelve estas ecuaciones.

*a)* $x = 1 + \sqrt{x^2 + 25}$

*b)* $\sqrt{2x+5} + 3 = 3x$

*c)* $\sqrt{x} + \dfrac{1}{\sqrt{x}} = \dfrac{x+1}{2}$

*d)* $\sqrt{x+6} + \sqrt{x} = 6$

**Solución:** *a)* No tiene solución. *b)* $x = 2$

*c)* $x = 4$ y $x = -1$ *d)* $x = \dfrac{25}{4}$

## Ecuaciones exponenciales y logarítmicas

**47** Resuelve las siguientes ecuaciones exponenciales.

*a)* $2^{-2x} = 10^{x+1}$

*b)* $3^{x+1} + 9^{x-1} = 162$

*c)* $\sqrt{2^x\sqrt{4^x\sqrt{8^x}}} = \sqrt[4]{2^{2x+7}}$

*d)* $3^{2x} = 12$

*e)* $3^{x+1} + 3^x + 3^{x-1} = 117$

*f)* $0{,}4 = \dfrac{1}{1+e^{-x}}$

*g)* $\left(\dfrac{1}{2}\right)^{4x-1} - 7\left(\dfrac{1}{2}\right)^{2x} + 3 = 0$

*h)* $2 \cdot 4^{x+1} + 2^{x+2} = \dfrac{3}{2}$

*i)* $3^{x+1} = 2 \cdot 5^{2x}$

**Solución:** *a)* $x = \dfrac{-1}{2\log 2 + 1}$ *b)* $x = 3$ *c)* $x = 2$ *d)* $x = \dfrac{\log 12}{2\log 3}$

*e)* $x = 3$ *f)* $x = \ln(2/3)$ *g)* $x = 1/2; x = -\ln 3/(2\ln 2)$

*h)* $x = -2$ *i)* $x = \dfrac{\ln 2 - \ln 3}{\ln 3 - 2\ln 5}$

**48** Resuelve las siguientes ecuaciones logarítmicas.

*a)* $\log_8 4^{2x} = 4$

*b)* $\ln(x+2)\log e = 1$

*c)* $\log e^{\ln x} + \ln x^{\log e} = 1$

*d)* $x^{1+\log x} = 10x$

*e)* $\log_{x+1} 25 = 2$

*f)* $\log\sqrt{x+1} - \log\sqrt{x} = \log 1\,000$

*g)* $2x \cdot \ln x - 3x = 0$

**Solución:** *a)* $x = 3$ *b)* $x = 8$ *c)* $x = \sqrt{10}$ *d)* $x = 10$ *e)* $x = 4$

*f)* $x = \dfrac{1}{10^6 - 1}$ *g)* $x = \sqrt{e^3}$

## Inecuaciones

**49** Resuelve las siguientes inecuaciones.

*a)* $2 + x - x^2 > 0$

*b)* $\dfrac{(x+7)(x-5)}{x-2} \le 0$

*c)* $\dfrac{x^3+x}{x+1} < 0$

*d)* $x^3 + 1 \ge 0$

*e)* $-x^3 + 3x^2 + x - 3 < 0$

*f)* $x^2 - 6x + 8 > 0$

*g)* $x^3 - 3x^2 - x + 3 \le 0$

**Solución:** *a)* $(-1, 2)$ *b)* $(-\infty, -7] \cup (2, 5]$ *c)* $(-1, 0)$

*d)* $[-1, +\infty)$ *e)* $(-1, 1) \cup (3, +\infty)$ *f)* $(-\infty, 2) \cup (4, +\infty)$

*g)* $(-\infty, -1] \cup [1, 3]$

**50** Resuelve estas inecuaciones racionales.

*a)* $\dfrac{1-x}{x+2} \ge 0$

*b)* $\dfrac{x^2-x-6}{x+5} \le 0$

*c)* $\dfrac{3x^2+5x-2}{x^2-9} < 0$

**Solución:** *a)* $(-2, 1]$ *b)* $(-\infty, -5) \cup [-2, 3]$

*c)* $(-3, -2) \cup (1/3, 3)$

**51** Resuelve las siguientes inecuaciones.

*a)* $3x - 2y + 4 < 0$

*b)* $4x + y - 2 \ge 0$

*c)* $7x \le 3y + 1$

*d)* $2x + 3y \ge 5$

## Sistemas de ecuaciones

**52** Resuelve los siguientes sistemas de ecuaciones lineales, indicando si son incompatibles o compatibles y, en este caso, si son determinados o indeterminados.

*a)* $\begin{cases} 3x - 2y = -5 \\ x + y = 10 \end{cases}$

*b)* $\begin{cases} 2x - y = 5 \\ 4x - 2y = 0 \end{cases}$

*c)* $\begin{cases} x + 3 = y \\ 2x = y - 2 \end{cases}$

*d)* $\begin{cases} 1 + x = y \\ 2x - 2y = -2 \end{cases}$

*e)* $\begin{cases} x + 3y = 12 \\ \dfrac{x-y}{2} = \dfrac{2x}{3} - 2 \end{cases}$

*f)* $\begin{cases} \dfrac{2x}{3} - \dfrac{y+1}{2} = 1 \\ 4x - 7y = 5 \end{cases}$

*g)* $\begin{cases} -(x+3) + \dfrac{x+y}{4} = -1 \\ \dfrac{y-x}{2} + \dfrac{5y}{3} = x + \dfrac{12+5y}{3} \end{cases}$

*h)* $\begin{cases} 2x - 7y = -22 \\ x + y = 5/2 \end{cases}$

*i)* $\begin{cases} (3/2)(x+y) = 2 + 4y \\ 3(x+2) - 5y = 11 \end{cases}$

*j)* $\begin{cases} 2(x+2) = 24 - (3x+y) \\ 12 - 3(x+y) = 0 \end{cases}$

**Solución:** *a)* Compatible determinado: $x = 3, y = 7$ *b)* Incompatible

*c)* Compatible determinado: $x = 1, y = 4$

*d)* Compatible indeterminado: $x = y - 1$

*e)* Compatible indeterminado: $x = 12 - 3y$

*f)* Compatible determinado: $x = 3, y = 1$

*g)* Compatible indeterminado: $x = (-8 + y)/3$

*h)* Compatible determinado: $x = -1/2, y = 3$ *i)* Incompatible

*j)* Compatible determinado: $x = 4, y = 0$

**53** Utilizando el método de Gauss, resuelve los siguientes sistemas de ecuaciones lineales.

***a)*** $\begin{cases} 2x + 3y - z = 2 \\ x - y + z = 5 \\ x + y - 3z = -1 \end{cases}$

***b)*** $\begin{cases} 2x + 3y + z = 4 \\ -2x + 3y - z = 4 \\ -2x + 2y + 2z - 8 \end{cases}$

***c)*** $\begin{cases} 2x + 3y - z = 12 \\ x - y + 2z = -4 \\ 3x + 2y + z = 8 \end{cases}$

***d)*** $\begin{cases} 2x - 3y + 4z = 3 \\ x - 2y + z = 0 \\ y - 2z = -1 \end{cases}$

***e)*** $\begin{cases} 3(x + y) - 2z = -1 \\ 3x - 2y = 0 \\ -y + \dfrac{z}{2} = 3 \end{cases}$

***f)*** $\begin{cases} x + y - 6z = 2 \\ -x + y = -1/4 \\ 2x + y - 5z - 0 \end{cases}$

***g)*** $\begin{cases} x + 2y - 3z = -6 \\ 2(x - y) + 3(y - z) = 7 \\ x + y - 2z = 0 \end{cases}$

***h)*** $\begin{cases} x + y = \dfrac{5(x + 1)}{6} \\ 2y - z = \dfrac{5x + y}{2} \\ x - 6 = z + 1 \end{cases}$

**Solución:** ***a)*** $x = 3, y = -1, z = 1$ ***b)*** $x = -8/9, y = 4/3, z = 16/9$
***c)*** Compatible indeterminado: $x = -z, y = 4 + z$
***d)*** $x = 1, y = 1, z = 1$ ***e)*** $x = 22/3, y = 11, z = 28$
***f)*** $x = -39/32, y = -47/32, z = -25/32$ ***g)*** Incompatible
***h)*** $x = 11/5, y = 7/15, z = -24/5$

**54** Resuelve los siguientes sistemas de ecuaciones no lineales.

***a)*** $\begin{cases} xy + x^2 + y^2 = 7 \\ xy = 2 \end{cases}$

***b)*** $\begin{cases} \log(x + 1) - \log y = 1 \\ x - 2y = 3 \end{cases}$

***c)*** $\begin{cases} \sqrt{x^2 + 1} - y = 2 \\ x^2 - y^2 = 1 \end{cases}$

***d)*** $\begin{cases} x = 1 - \dfrac{\ln y}{\ln 3} \\ y = 3^x - 2 \end{cases}$

**Solución:** ***a)*** $x = 1, y = 2; x = -1, y = -2; x = 2, y = 1;$
$x = -2, y = -1$ ***b)*** $x = 4, y = 1/2$ ***c)*** $y = -1/2, x = \pm\sqrt{5}/2$
***d)*** $x = 1, y = 1$

## Sistemas de inecuaciones

**55** Resuelve los siguientes sistemas de inecuaciones.

***a)*** $\begin{cases} 3x - 1 < \dfrac{-3 - x}{4} \\ -(x + 6) \geq 8x - 1 \end{cases}$

***b)*** $\begin{cases} \dfrac{1 + x}{3} \geq x + 1 \\ 2(x - 1) \geq 1 + \dfrac{x}{2} \end{cases}$

**Solución:** ***a)*** $x \leq -5/9$ ***b)*** No tiene solución

**56** Resuelve gráficamente los sistemas de inecuaciones.

***a)*** $\begin{cases} 3x + 2y - 7 < 0 \\ 2x - 4y + 3 > 0 \end{cases}$

***b)*** $\begin{cases} 4x + 3y - 7 \leq 0 \\ y < 2 \end{cases}$

***c)*** $\begin{cases} x > -1 \\ 3x - y < 0 \\ x + y > 6 \end{cases}$

***d)*** $\begin{cases} x < 5 \\ x + y - 2 > 0 \\ 3x - \dfrac{5(y + 1)}{2} < 0 \end{cases}$

**57** Resuelve estos sistemas de inecuaciones no lineales.

***a)*** $\begin{cases} x^2 - x - 2 \geq 0 \\ -2x^2 + 3x + 9 \geq 0 \end{cases}$

***b)*** $\begin{cases} -x^2 + 8x - 12 \geq 0 \\ x^2 + 4x + 3 < 0 \end{cases}$

***c)*** $\begin{cases} \dfrac{x + 1}{2 - x} \leq 0 \\ x^3 - 4x > 0 \end{cases}$

***d)*** $\begin{cases} x^2 - 4x + 4 \leq 0 \\ \dfrac{x^2 + 1}{x} > 0 \end{cases}$

**Solución:** ***a)*** $[-3/2, -1] \cup [2, 3]$ ***b)*** No tiene solución.
***c)*** $(-2, -1] \cup (2, +\infty)$ ***d)*** $x = 2$

**58** Resuelve gráficamente estos sistemas no lineales.

***a)*** $\begin{cases} y > x^2 - x - 2 \\ 3x + 2y - 3 < 0 \end{cases}$

***b)*** $\begin{cases} y^2 < x \\ x - y - 3 \geq 0 \end{cases}$

***c)*** $\begin{cases} y < -x^2 + x + 2 \\ x^2 - 2x + 1 < y \end{cases}$

***d)*** $\begin{cases} y > 1/x^2 \\ x^2 + y^2 < 2 \end{cases}$

## Problemas de aplicación

**59** Un padre tiene el doble de edad que su hijo, al que dentro de 15 años sacará 25 años. ¿Qué edades tienen los dos en la actualidad?

**Solución:** 50 años y 25 años

**60** Actualmente un padre tiene 30 años más que su hijo, y dentro de 10 años la edad del hijo será la cuarta parte de la suma de sus edades. ¿Qué edades tienen el padre y el hijo actualmente?

**Solución:** 35 años y 5 años

**61** La suma de las dos cifras de un número es 12. Si a este número le restamos 54, el resultado es igual al obtenido al cambiar de orden las cifras del número inicial. ¿De qué número se trata?

**Solución:** 93

**62** Halla un número de dos cifras sabiendo que las decenas son el cuádruple de las unidades y que si invertimos sus cifras y sumamos el número resultante con el anterior, obtenemos 55.

**Solución:** 41

**63** Determina qué número se diferencia de su cuadrado en 30 unidades.

**Solución:** 6 y −5

**64** Un bodeguero vende 54 L de vino de dos tipos: uno de 2 €/L y el otro de 4 €/L. El precio total de la venta es 174 €. ¿Cuántos litros ha vendido de cada vino?

**Solución:** 21 L del de 2 €/L y 33 L del de 4 €/L

**65** Las longitudes de los lados de un triángulo rectángulo son tres números consecutivos. Averigua las medidas de dicho triángulo, en cm.

**Solución:** 3, 4 y 5 cm, respectivamente

**66** Sobre la hipotenusa de un triángulo rectángulo se puede construir un cuadrado de 65 $cm^2$ de superficie. Uno de los catetos de dicho triángulo mide 3 cm más que el otro. Averigua el área del triángulo.

**Solución:** 14 $cm^2$

**67** Calcula el área de un triángulo isósceles cuyo perímetro mide 32 cm y cuyo lado desigual es de 12 cm.

**Solución:** 48 $cm^2$

**68** Un grifo tarda 3 h en llenar un depósito, mientras que otro solo necesita 2 h. ¿Cuánto tiempo emplearán los dos grifos en llenarlo si están funcionando a la vez?

**Solución:** 1,2 h = 1 h y 12 min

**69** Dos grifos llenan un recipiente en 10 s. Si uno de ellos lo llena en 14 s, ¿en cuánto tiempo lo llena el otro?

**Solución:** 35 s

**70** Tres amigos invierten 10 000 €, 40 000 € y 50 000 €, respectivamente, para abrir un negocio. Tras finalizar el primer ejercicio económico y al repartir los beneficios, el segundo de los amigos obtiene 2 400 € más que el primero. ¿Cuáles son los beneficios del negocio?

**Solución:** 800 €, 3 200 € y 4 000 €

**71** Los beneficios de una empresa se reparten entre tres socios: uno recibe la mitad, otro el 60 % de lo que queda y el tercero, 3 700 €. ¿A cuánto ascendían los beneficios? ¿Qué porcentaje de capital había puesto cada uno de ellos, si suponemos que los beneficios se reparten de forma proporcional al capital invertido?

**Solución:** 18 500 €; 50 %, 30 % y 20 %, respectivamente

**72** Una hipoteca aumenta dos veces durante un año: la primera un 0,75 %, y la segunda, un 1,25 %. Calcula el importe de la mensualidad inicial si ha sufrido en total un incremento de 10 €.

**Solución:** 498 €

**73** Un cierto capital se coloca a lo largo de un año al 1,25 % anual. Transcurrido el año, se coloca el capital final al 4 % anual durante otro año. Si al final del segundo año se ha obtenido un beneficio total de 2 650 €, ¿cuál fue el capital invertido?

**Solución:** 50 000 €

**74** Una población de 10 000 habitantes sufre primero un descenso y después, gracias a la inmigración, llega a ser de 11 520 habitantes. Sabiendo que el porcentaje de aumento ha sido 5 veces mayor que el porcentaje de disminución, averigua qué porcentajes de disminución y aumento ha sufrido la población.

**Solución:** 4 % de disminución y 20 % de aumento
76 % de disminución y 380 % de aumento

**75** Con una lámina cuadrada de cartón de 121 $cm^2$ de superficie, se desea construir una caja sin tapa que tenga una capacidad de 75 $cm^3$, cortando cuatro cuadrados idénticos en cada esquina. Determina las dimensiones de los cuadrados que debemos recortar de la lámina original.

**Solución:** cuadrados de lado 3 cm o 0,878 cm

**76** En el mercado, Pedro se ha gastado 11,60 € por la compra de patatas, manzanas y naranjas que costaban, respectivamente, 1 €/kg, 1,20 €/kg y 1,50 €/kg. ¿Cuántos kilos ha comprado de cada alimento si entre todos han pesado 9 kg y, además, se ha llevado 1 kg más de naranjas que de manzanas?

**Solución:** 2 kg de patatas, 3 kg de manzanas y 4 kg de naranjas

**77** Una familia tiene unos ingresos al mes de 3 250 € por los sueldos de la madre, el padre y el hijo. Si la madre gana el doble que el hijo, y el padre 2/3 de lo que recibe la madre, ¿cuánto gana cada uno de los miembros de la familia?

**Solución:** el padre gana 1 000 €, la madre, 1 500 € y el hijo, 750 €

**78** Calcula tres números sabiendo que el tercero es igual a dos veces el primero más el segundo; que el segundo es la cuarta parte del doble del primero más el tercero, y que si se resta al tercero la suma del primero más el segundo, el resultado da 3.

**Solución:** 3, 4 y 10

**79** Determina los valores de $a$, $b$ y $c$ para que la parábola de ecuación $y = ax^2 + bx + c$ pase por los puntos (1, 0), (−1, 10) y (3, 14).

**Solución:** $a = 3, b = -5$ y $c = 2$

# Evaluación

| Soy capaz de... | Actividades |
|---|---|
| Resolver ecuaciones (algebraicas y no algebraicas) e inecuaciones (de primer y segundo grado). | 1-6 |
| Formular algebraicamente las restricciones indicadas en una situación de la vida cotidiana, estudiar y clasificar un sistema de ecuaciones lineales planteado (como máximo de tres ecuaciones y tres incógnitas), resolverlo, mediante el método de Gauss, en los casos que sea posible, y aplicarlo para resolver problemas. | 6 y 7 |
| Resolver problemas en los que se precise el planteamiento y resolución de ecuaciones (algebraicas y no algebraicas) e inecuaciones (de primer y segundo grado), e interpretar los resultados en el contexto del problema. | 8 |
| Expresar verbalmente, de forma razonada, el proceso seguido en la resolución de un problema, con el rigor y la precisión adecuados. | 7 y 8 |

**1.** Dados los polinomios $p(x) = 4x^5 - 6x^4 + x^3 - 3x + 1$ y $q(x) = 2x^3 - x + 1$, realiza $\dfrac{p(x)}{q(x)}$ y comprueba que se cumple que $p(x) = q(x) \cdot c(x) + r(x)$.

**2.** Averigua cuánto deben valer $a$ y $b$ para que esta división $(4x^4 - 10x^3 + 5x^2 + ax + b) : (4x^2 - 10x + 1)$ sea exacta.

**3.** Resuelve estas ecuaciones.

***a)*** $x^5 - x^4 - 12x^3 + 34x^2 + 11x - 30 = 0$

***b)*** $\dfrac{x-22}{x} + \dfrac{x+4}{x-1} = \dfrac{x-6}{3-x}$

***c)*** $\sqrt{x+22} - 1 = \sqrt{19-x}$

***d)*** $3 \cdot 4^x + 2^x + 15 = 215$

***e)*** $2 \cdot \log x - \log(2x) = 2$

***f)*** $|x+5| = 3$

**4.** Resuelve las siguientes inecuaciones.

***a)*** $x^2 + 5x + 9 \leq 3$

***b)*** $\dfrac{x+3}{2x-4} \geq 1$

**5.** Halla y representa la región solución de estos sistemas de inecuaciones.

***a)*** $\begin{cases} x + 3y \geq 2 \\ 2x - y \geq 5 \\ -x + y \leq 0 \end{cases}$

***b)*** $\begin{cases} x^2 + y - 2x \geq 0 \\ x^2 - y \leq -2 \end{cases}$

**6.** Resuelve por el método de Gauss los siguientes sistemas de ecuaciones.

***a)*** $\begin{cases} 3x + 2y - z = 3 \\ x - y + z = 2 \\ -x + 2y - 3z = -5 \end{cases}$

***b)*** $\begin{cases} x - y + z = 5 \\ 3x - 2y - z = 6 \\ 5x - 4y + z = 4 \end{cases}$

**7.** Al dividir un número de tres cifras entre la suma de todas ellas, se obtiene 38 de cociente y 3 de resto. Si la cifra de las centenas es igual a la mitad de la suma de las otras dos, y la cifra de las decenas es igual a la suma de las unidades y las centenas, ¿cuál es el número de tres cifras inicial?

**8.** En una reunión de 120 personas, todos son matemáticos o físicos. Los matemáticos hombres son la mitad del total de las mujeres, de las cuales 25 son físicos. Si hay más de 44 físicos hombres y más de 24 matemáticos mujeres, ¿cuántas personas de cada especialidad y género hay? Explica cómo has resuelto el problema.

# 3 Trigonometría I

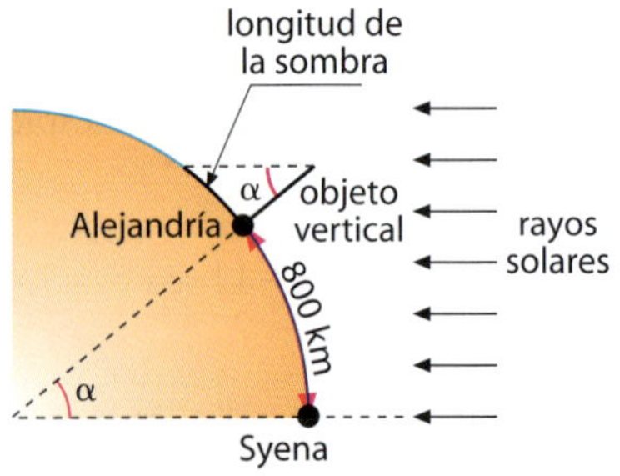


Hacia el 200 a. C. el matemático y astrónomo griego Eratóstenes leyó que en la ciudad egipcia de Syena (actualmente Asuán) el día del solsticio de verano el Sol iluminaba el fondo de un pozo al mediodía. La interpretación que dio a este curioso fenómeno fue que en ese preciso momento y lugar los rayos de Sol incidían perpendicularmente sobre la superficie del suelo. Decidió comprobar si en Alejandría, el mismo día y a la misma hora, una estaca clavada perpendicularmente al suelo no proyectaba sombra alguna. Observó que, aunque pequeña, la sombra existía: la única explicación lógica para este hecho era que la Tierra debía de ser esférica.

Eratóstenes calculó que, en Alejandría, la inclinación de los rayos del Sol respecto a la vertical era de unos 7° 12'. Así:

$$\frac{\text{Distancia de Syena a Alejandría}}{7^\circ\ 12'} = \frac{\text{Perímetro de la Tierra}}{360^\circ}$$

Para conocer la distancia de Syena a Alejandría contrató a un soldado, que la midió contando sus pasos. Y resultó ser de unos 800 km.

De este modo pudo deducir Eratóstenes que el perímetro de la circunferencia máxima de la Tierra era, aproximadamente, de 40 000 km.

# Repasa lo que sabes

La **razón** entre dos números *a* y *b* es el cociente indicado entre ellos: $r = \frac{a}{b}$

Una **proporción** es una igualdad entre dos razones: $\frac{a}{b} = \frac{c}{d}$

**1.** Calcula la razón entre los números de cada apartado. ¿Qué dos razones forman proporción?

***a)*** $-2$ y 7 ***b)*** 3 y 4 ***c)*** 4 y $-14$ ***d)*** 3 y 1

Dos **polígonos** son **semejantes** si sus ángulos correspondientes son iguales y sus lados correspondientes son proporcionales.

**2.** Decide cuáles de los siguientes polígonos son semejantes.

Dos **triángulos** son **semejantes** si se cumple una de las siguientes condiciones:

- Sus tres lados son proporcionales.
- Tienen dos ángulos iguales.
- Tienen un ángulo igual y los lados homólogos a este son proporcionales.

**3.** Decide si estos pares de triángulos son semejantes. ¿Qué criterio de semejanza has utilizado en cada caso?

***a)***

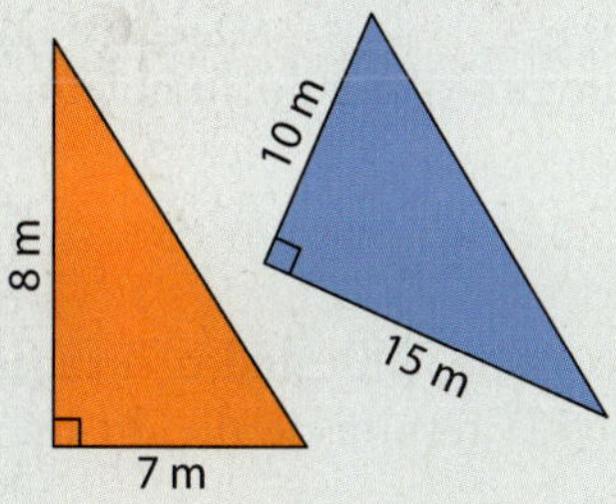


***b)***

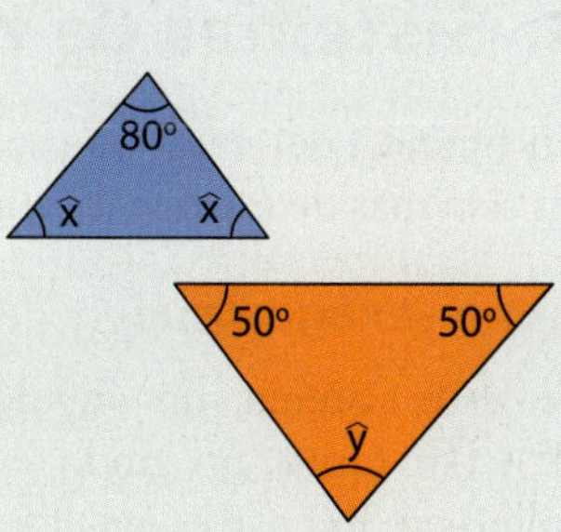


El **ángulo central de un polígono regular** de *n* lados mide **360° : *n*.**

La **suma de los ángulos interiores de un polígono** de *n* lados es **180 · (*n* − 2).**

**4.** Halla la medida del ángulo central en los siguientes polígonos. ¿Cuánto valen las sumas de sus ángulos interiores?

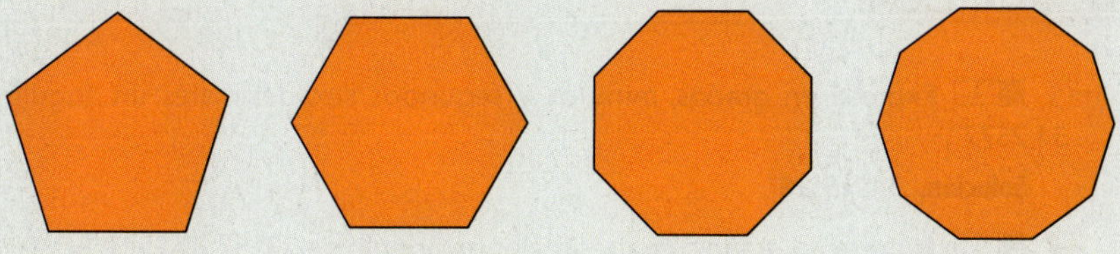

**OBSERVA**

Para comprobar si dos razones forman una proporción multiplicamos los números en cruz.

$$\frac{a}{b} = \frac{c}{d} \rightarrow a \cdot d = b \cdot c$$

**Ángulos en triángulos rectángulos**

Si dos triángulos rectángulos tienen un mismo ángulo agudo, entonces los tres ángulos son iguales y, por tanto, los triángulos son semejantes.

# 1. Ángulos

## 1.1. Ángulos en el plano

Dos semirrectas, ***r*** y ***s***, con un origen común, **O,** dividen el plano en dos regiones, cada una de las cuales determina un **ángulo.** En este caso, **O** es el **vértice** de los ángulos α y β.

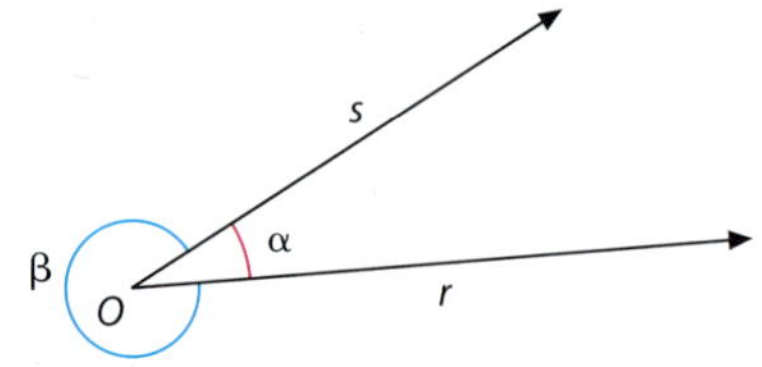


FIGURA 3.1.

## 1.2. Criterio de orientación de ángulos

El sentido de un ángulo queda determinado al girar una de las dos semirrectas, denominada **semirrecta origen,** hasta la otra, llamada **semirrecta extremo.**

- Se considera que un ángulo α está orientado en *sentido positivo* cuando el giro desde la semirrecta origen a la semirrecta extremo se realiza en sentido opuesto al de las agujas del reloj.
- Si, por el contrario, el giro se realiza a favor de las agujas del reloj, se dice que el ángulo está orientado en *sentido negativo*.

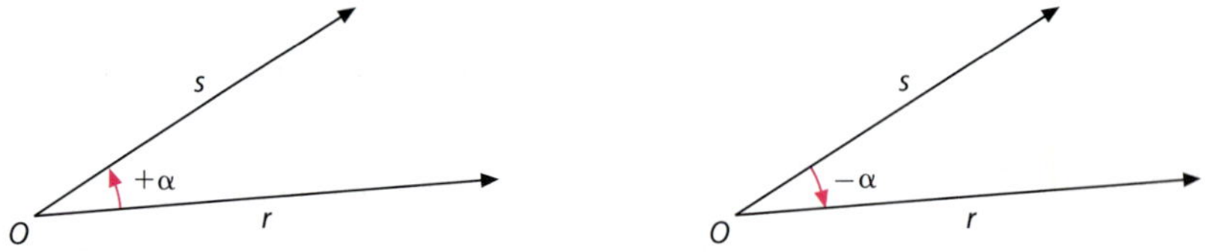


FIGURA 3.2.

## 1.3. Sistemas de medida de ángulos

En función del valor que se asigne a un giro o ángulo completo, existen varios sistemas de medida de ángulos.

### Sistema sexagesimal

En este sistema, un ángulo completo mide 360 grados sexagesimales (360°). Por tanto, un grado sexagesimal (1°) resulta de dividir un ángulo completo en 360 partes iguales.

Se deduce que un ángulo recto mide 90°, y uno llano, 180°.

Un grado sexagesimal se divide en 60 minutos (60'), y cada minuto, en 60 segundos (60").

$$1° = 60'$$
$$1' = 60''$$

**Actividades**

**1** Expresa en grados, minutos y segundos sexagesimales un ángulo de 34,2577°.

**Solución:** 34° 15′ 28″

**2** Expresa en grados sexagesimales un ángulo de 23° 57′ 33″.

**Solución:** 23,96°

**RECUERDA**

Para pasar a grados 36° 44′ 54″, hay que realizar las siguientes operaciones:

$$54'' \cdot \frac{1'}{60''} = 0{,}9'$$

$$44' + 0{,}9' = 44{,}9'$$

$$44{,}9' \cdot \frac{1°}{60'} = 0{,}75°$$

$$36° + 0{,}75° = 36{,}75°$$

Por tanto: 36° 44′ 54″ = 36,75°

**Transformaciones con la calculadora**

- Para pasar a grados 36° 44′ 54″ con la calculadora, se procede de la siguiente forma:

36 [° ’ ’’] 44 [° ’ ’’] 54 [° ’ ’’] [=]

En la pantalla aparece:

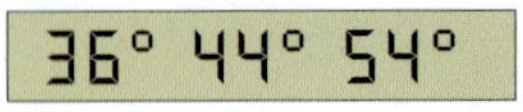


Se vuelve a presionar la tecla [° ’ ’’] y en la pantalla aparece:

Redondeando, queda: 36,75°

- Para pasar a grados, minutos y segundos 27,475°, se teclea:

27.475 [° ’ ’’] [=]

En la pantalla aparece:

Es decir: 27° 28′ 30″

## Medida en radianes

Los grados sexagesimales son una unidad de medida de ángulos poco práctica para resolver algunos problemas que se plantean en las ciencias experimentales.

Imaginemos que un cuerpo describe una trayectoria circular de radio $r$ y gira un ángulo de 30°: este cuerpo recorre un arco de circunferencia de longitud $a$. En cambio, si el radio de la trayectoria es $2r$, la longitud del arco recorrido al girar el mismo ángulo es $2a$ (figura 3.3).

El ángulo que gira el cuerpo no informa sobre la longitud del arco de circunferencia recorrido. Sin embargo, la longitud del arco recorrido puede proporcionar un método para medir el ángulo girado. Para ello, se emplea una unidad de medida de ángulos denominada radián, que se abrevia rad.

> El **radián** (rad) es el valor del ángulo central que abarca una longitud de arco igual al radio.

**OBSERVA**

El sistema de medida de ángulos en radianes es adimensional (sin dimensiones).

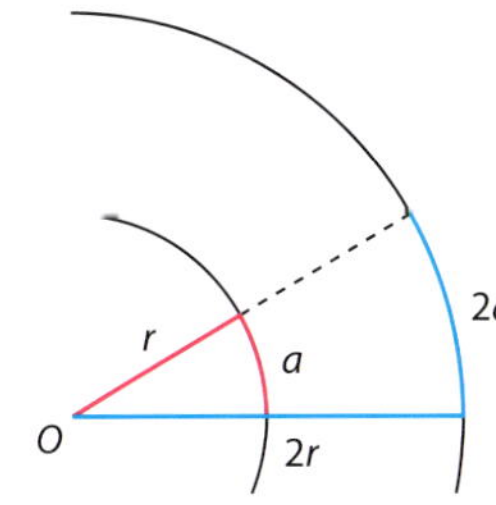


FIGURA 3.3.

En la figura 3.4, si $\widehat{AB} = r$, entonces $\alpha = 1$ radián $= 1$ rad.

Se puede afirmar que:

$$\text{Ángulo (en radianes)} = \frac{\text{Longitud arco}}{\text{Radio}}$$

Se observa que, si el radio es 1, la longitud del arco coincide con el valor del ángulo en radianes.

El ángulo completo, que abarca una circunferencia de longitud $2\pi r$ es:

$$\text{Ángulo completo} = \frac{2\pi r}{r} = 2\pi \text{ rad}$$

Por tanto, un ángulo llano mide $\pi$ rad, y un ángulo recto, $\frac{\pi}{2}$ rad.

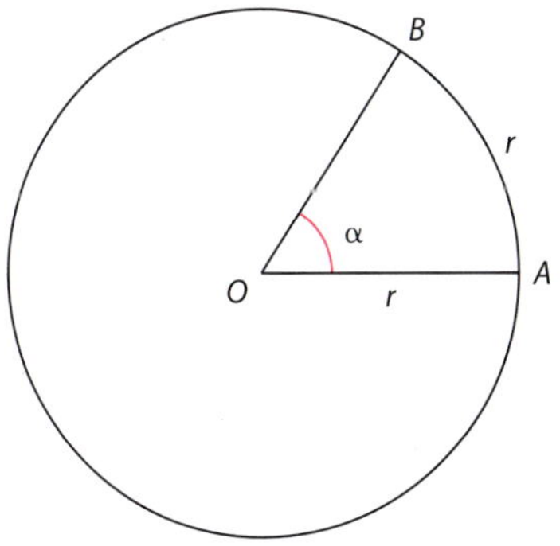


FIGURA 3.4.

### Ejercicio resuelto

▶ *Transformar 30° sexagesimales en radianes, y 2,3 radianes en grados sexagesimales.*

Para transformar 30° en radianes, se procede de la siguiente manera:

$$30° \frac{\pi \text{ rad}}{180°} = \frac{\pi}{6} \text{ rad}$$

Para transformar 2,3 rad en grados, se sigue este procedimiento:

$$2{,}3 \text{ rad} \frac{180°}{\pi \text{ rad}} = 131{,}78°$$

**OBSERVA**

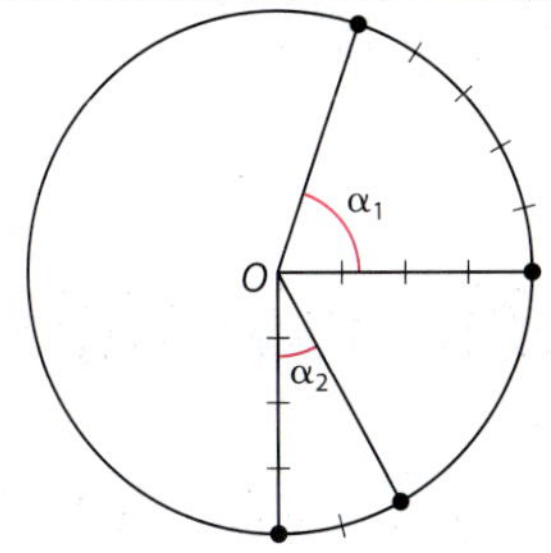


FIGURA 3.5.

Así, en la figura:

$$\alpha_1 = \frac{5}{4} = 1{,}2 \text{ radianes}$$

$$\alpha_2 = \frac{2}{4} = 0{,}5 \text{ radianes}$$

### Actividades

**3** Calcula en grados, minutos y segundos sexagesimales el valor de un ángulo de 1 rad.

**Solución:** 57° 17′ 45″

**4** Expresa $\frac{5\pi}{3}$ rad en grados, minutos y segundos sexagesimales.

**Solución:** 300°

**5** Expresa 63° 25′ 48″ en radianes.

**Solución:** 1,11 rad.

**6** Calcula la medida en radianes de los ángulos representados en la figura 3.6.

**Solución:** $\alpha = \frac{2}{3}$ rad, $\beta = 2$ rad

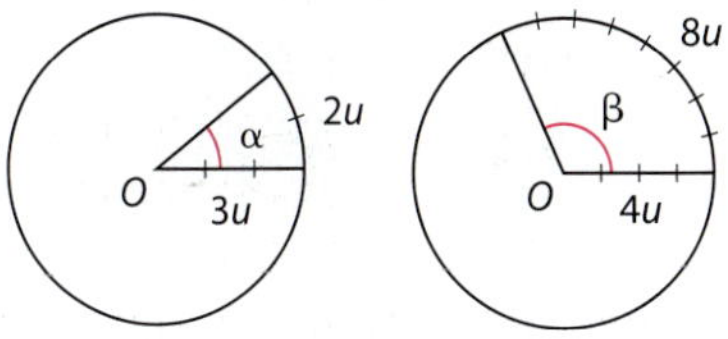


FIGURA 3.6.

## 1.4. Reducción de ángulos al primer giro

Para representar geométricamente un ángulo, se sitúa sobre unos ejes cartesianos y se toma como semirrecta origen el semieje positivo de abscisas.

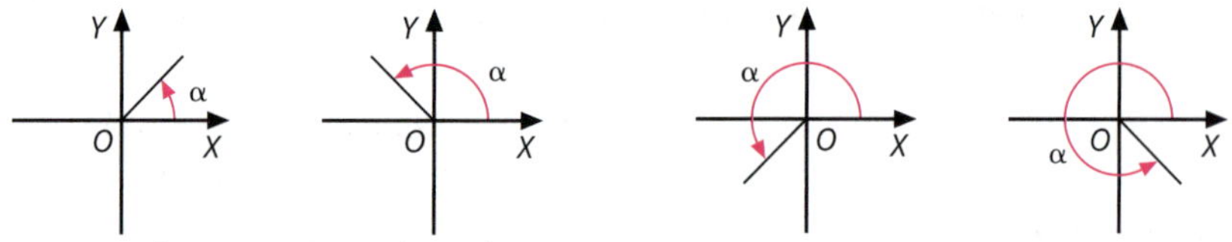


Primer cuadrante | Segundo cuadrante | Tercer cuadrante | Cuarto cuadrante

FIGURA 3.7.

Imaginemos un cuerpo que describe una trayectoria circular. Es fácil observar que, cada vez que realiza una vuelta completa, su posición coincide con la que tenía en la vuelta anterior. Por tanto, tiene sentido decir que el móvil ha girado un ángulo superior a 360° o a $2\pi$ rad.

Para representar geométricamente un ángulo mayor de 360°, se le restan tantas vueltas completas como sea posible, asociándole, por tanto, un ángulo comprendido entre 0° y 360°.

### Ejercicios resueltos

**En grados sexagesimales**

▶ *Calcular el ángulo comprendido entre* 0° y 360° *equivalente a* 1 940°.

Se divide la medida del ángulo entre la de una vuelta completa (360°).

$$\begin{array}{r|l} 1\,940 & 360 \\ \hline 140 & 5 \end{array}$$

El cociente indica el número de vueltas completas, y el resto representa el ángulo equivalente comprendido entre 0° y 360°.

Es importante observar que no se debe simplificar antes de realizar la división, pues se obtendría un resto distinto.

El ángulo equivalente a 1 940° entre 0° y 360° es 140°.

**En radianes: ángulos expresados como múltiplos de $\pi$**

▶ *Calcular el ángulo comprendido entre* 0 rad y $2\pi$ rad *equivalente a* $19\pi$ rad.

$$\begin{array}{r|l} 19\pi & 2\pi \\ \hline \pi & 9 \end{array}$$

El ángulo equivalente a $19\pi$ rad en el primer giro es $\pi$ rad.

**En radianes: ángulos expresados mediante números decimales**

▶ *Calcular el ángulo comprendido entre* 0 rad y $2\pi$ rad *equivalente a* 19,3 rad.

$$\begin{array}{r|l} 19{,}30 & 6{,}28 \\ \hline 46 & 3 \end{array}$$

El ángulo equivalente a 19,3 rad comprendido entre 0° y 360° es 0,46 rad.

### Actividades

**7** Halla los ángulos comprendidos entre 0° y 360° equivalentes.

*a)* 3 724° *b)* $23{,}5\pi$ rad *c)* $\frac{64\pi}{7}$ rad *d)* 123 rad

**Solución:** *a)* 124° *b)* $\frac{3\pi}{2}$ rad *c)* $\frac{8\pi}{7}$ rad *d)* 3,62 rad

**Big Ben, Londres.** La aguja minutera de un reloj describe en una hora un ángulo de 360° o $2\pi$ rad.

# 2. Razones trigonométricas de un ángulo agudo

La **trigonometría**[1] estudia, principalmente, la relación entre los lados y los ángulos de un triángulo.

Por eso, conviene recordar el concepto de semejanza de dos triángulos cualesquiera y, en particular, aplicar los criterios para determinar cuándo dos triángulos rectángulos son semejantes.

Dos triángulos rectángulos son semejantes si se cumple una de las siguientes condiciones:

- Tienen dos lados homólogos proporcionales.
- Tienen un ángulo agudo igual.

Basta con comprobar una de las dos condiciones anteriores, ya que, en el caso de los triángulos rectángulos, es claro que si se cumple una, también se cumple la otra.

## 2.1. Definiciones

Dado un ángulo agudo α cualquiera, se puede construir sobre él un triángulo rectángulo *ABC*, como se indica en la figura 3.9.

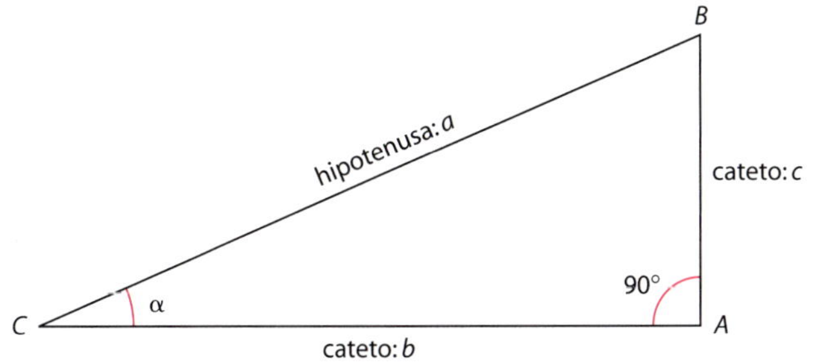


FIGURA 3.9.

A partir de la construcción de la figura anterior, se establecen las siguientes definiciones:

El cociente entre la longitud del cateto opuesto al ángulo α y la longitud de la hipotenusa se denomina **seno** del ángulo α (sen α).

$$\text{seno de } \alpha = \frac{\text{longitud del cateto opuesto a } \alpha}{\text{longitud de la hipotenusa}}$$

El cociente entre la longitud del cateto contiguo al ángulo α y la longitud de la hipotenusa se llama **coseno** del ángulo α (cos α).

$$\text{coseno de } \alpha = \frac{\text{longitud del cateto contiguo a } \alpha}{\text{longitud de la hipotenusa}}$$

El cociente entre las longitudes del cateto opuesto y del cateto contiguo al ángulo α recibe el nombre de **tangente** del ángulo α (tg α).

$$\text{tangente de } \alpha = \frac{\text{longitud del cateto opuesto a } \alpha}{\text{longitud del cateto contiguo a } \alpha}$$

**RECUERDA**

Dos triángulos, *ABC* y *A'B'C'* (figura 3.8) son semejantes si:

- Los ángulos son iguales: $\hat{A} = \hat{A}'$, $\hat{B} = \hat{B}'$, $\hat{C} = \hat{C}'$
- Los lados homólogos son proporcionales:

$$\frac{AB}{A'B'} = \frac{BC}{B'C'} = \frac{CA}{C'A'}$$

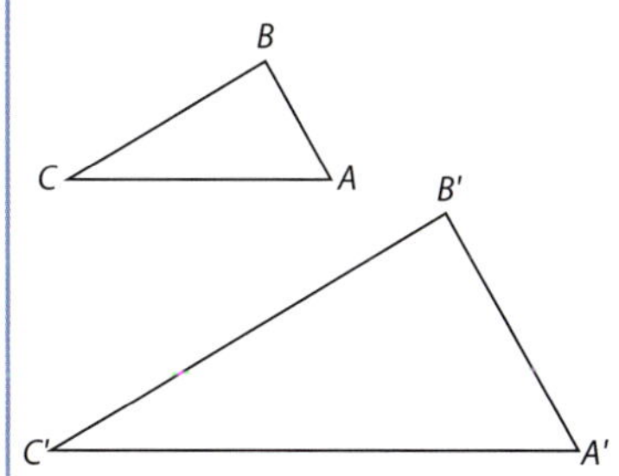


FIGURA 3.8.

La **razón de semejanza** es el cociente entre las longitudes de sus lados homólogos.

[1]**trigonometría:** palabra que procede del griego *trigonos*, «triángulo», y *metría*, «medida».

**Teodolito.** Este instrumento es utilizado en topografía para medir ángulos.

Las definiciones de las razones trigonométricas que acabamos de ver no dependen de las dimensiones del triángulo rectángulo que se construya sobre el ángulo α, dado que todos los posibles triángulos rectángulos serán semejantes por tener un ángulo agudo, α, igual. Por tanto, el valor que resulta de dichas definiciones será siempre el mismo.

Así, en el triángulo *ABC* de la figura 3.9, las definiciones anteriores se expresan de esta forma:

$$\text{sen}\ \alpha = \frac{BA}{CB} \qquad \cos\alpha = \frac{CA}{CB} \qquad \text{tg}\ \alpha = \frac{BA}{CA}$$

La razón inversa del seno de α se llama **cosecante** de α (cosec α); la inversa del coseno de α, **secante** de α (sec α), y la inversa de la tangente de α, **cotangente** de α (cotg α).

$$\text{cosec}\ \alpha = \frac{1}{\text{sen}\ \alpha} \qquad \sec\alpha = \frac{1}{\cos\alpha} \qquad \text{cotg}\ \alpha = \frac{1}{\text{tg}\ \alpha}$$

Las seis razones definidas anteriormente se denominan **razones trigonométricas** del ángulo agudo α.

A partir de las definiciones de sen α, cos α y tg α, se deduce que el valor de tg α corresponde al cociente entre el sen α y el cos α.

$$\text{tg}\ \alpha = \frac{\text{sen}\ \alpha}{\cos\alpha}$$

## Actividades

**8** Los lados de un triángulo miden 12 cm, 9 cm y 6 cm. Calcula la longitud de los lados de un triángulo semejante a él si la razón de semejanza vale 2/3.

**Solución:** 8 cm, 6 cm y 4 cm

**9** ¿El triángulo cuyos lados miden 4 cm, 8 cm y 10 cm es semejante al triángulo cuyos lados miden 5 cm, 10 cm y 12,5 cm? ¿Por qué?

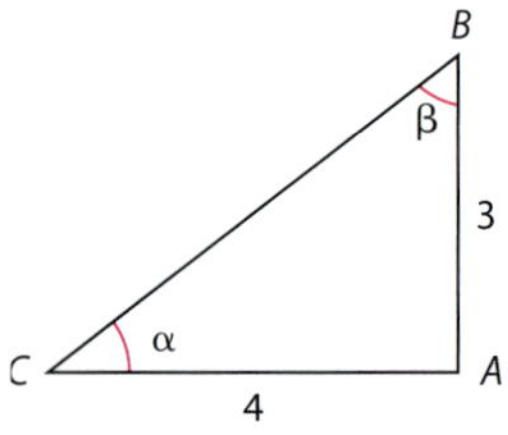


**Figura 3.10.**

**10** Dado el triángulo *ABC* de la figura 3.10, cuyas medidas están expresadas en cm, calcula las razones trigonométricas de α.

**11** Deduce las razones trigonométricas del ángulo β del triángulo de la figura 3.10.

**12** Dado el triángulo *ABC* de la figura, sabemos que $AC = 6$ m y tg $\beta = 0{,}6$. Calcula el otro cateto y la hipotenusa.

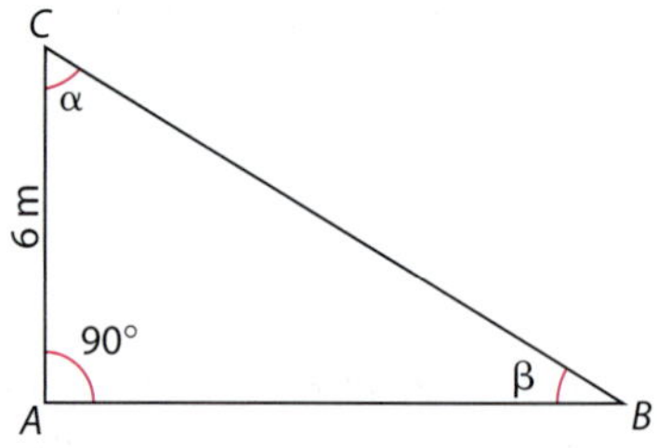


**Figura 3.11.**

**Solución:** $AB = 10$ m, $CB = 11{,}66$ m

**13** Con los resultados del ejercicio anterior, calcula sen α.

**Solución:** sen $\alpha = 0{,}86$

## 2.2. Propiedades

Las razones trigonométricas de un ángulo agudo tienen las siguientes propiedades:

- A partir de las definiciones de las razones trigonométricas, y considerando que $0° < \alpha < 90°$, se deduce que:

$$0 < \text{sen}\,\alpha < 1 \quad \text{y} \quad 0 < \cos\alpha < 1$$

Esta propiedad se deriva del hecho de que en todo triángulo rectángulo los catetos son menores que la hipotenusa.

- Para cualquier ángulo, $\alpha$, se cumple que:

$$\text{sen}^2\,\alpha + \cos^2\alpha = 1$$

Esta igualdad, denominada **identidad fundamental de la trigonometría,** se obtiene al sustituir las razones trigonométricas por sus definiciones y aplicar el teorema de Pitágoras:

$$\text{sen}^2\,\alpha + \cos^2\alpha = \left(\frac{BA}{CB}\right)^2 + \left(\frac{CA}{CB}\right)^2 = \frac{(BA)^2 + (CA)^2}{(CB)^2} = \frac{(CB)^2}{(CB)^2} = 1$$

Si se divide la igualdad anterior por $\cos^2\alpha$, se tiene:

$$\frac{\text{sen}^2\,\alpha}{\cos^2\alpha} + \frac{\cos^2\alpha}{\cos^2\alpha} = \frac{1}{\cos^2\alpha}$$

de donde:

$$\text{tg}^2\,\alpha + 1 = \sec^2\alpha$$

**RECUERDA**

Usando la identidad fundamental de la trigonometría y la relación $\frac{\text{sen}\,\alpha}{\cos\alpha} = \text{tg}\,\alpha$, se puede calcular todas las razones trigonométricas de un ángulo agudo a partir de una razón cualquiera.

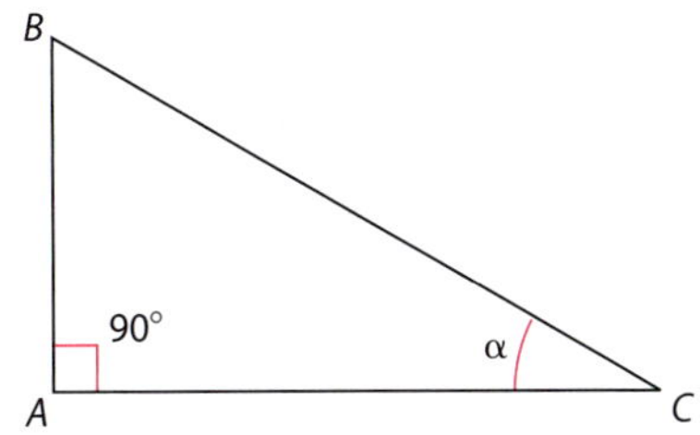

FIGURA 3.12.

### Ejercicio resuelto

▶ *Sabiendo que la* $\text{tg}\,\alpha = 4$*, calcular las demás razones trigonométricas.*

Utilizando la ecuación obtenida anteriormente:

$$1 + \text{tg}^2\,\alpha = \sec^2\alpha$$

y sustituyendo $\text{tg}\,\alpha$ por 4, $1 + 4^2 = \sec^2\alpha$, se obtiene: $\sec^2\alpha = 17$.

Luego, $\sec\alpha = \sqrt{17}$, y $\cos\alpha = \dfrac{\sqrt{17}}{17}$

Despejando $\text{sen}^2\,\alpha$ en la identidad fundamental, se obtiene:

$$\text{sen}\,\alpha = \frac{4\sqrt{17}}{17},\ \text{cosec}\,\alpha = \frac{\sqrt{17}}{4}\ \text{y}\ \text{cotg}\,\alpha = \frac{1}{4}$$

### Actividades

**14** Calcula las razones trigonométricas de un ángulo agudo $\alpha$, si $\cos\alpha = 0{,}35$.

**Solución:** $\text{sen}\,\alpha = 0{,}94$, $\text{tg}\,\alpha = 2{,}68$, $\text{cosec}\,\alpha = 1{,}07$, $\sec\alpha = 2{,}86$, $\text{cotg}\,\alpha = 0{,}37$

**15** Calcula las razones trigonométricas de un ángulo agudo $\alpha$, si $\text{cotg}\,\alpha = 3$.

**Solución:** $\text{tg}\,\alpha = \frac{1}{3}$, $\text{sen}\,\alpha = \frac{\sqrt{10}}{10}$, $\cos\alpha = \frac{3\sqrt{10}}{10}$, $\text{cosec}\,\alpha = \sqrt{10}$, $\sec\alpha = \frac{\sqrt{10}}{3}$

**16** Demuestra que: $1 + \text{cotg}^2\,\alpha = \text{cosec}^2\,\alpha$

## 2.3. Razones trigonométricas de los ángulos de 30°, 45° y 60°

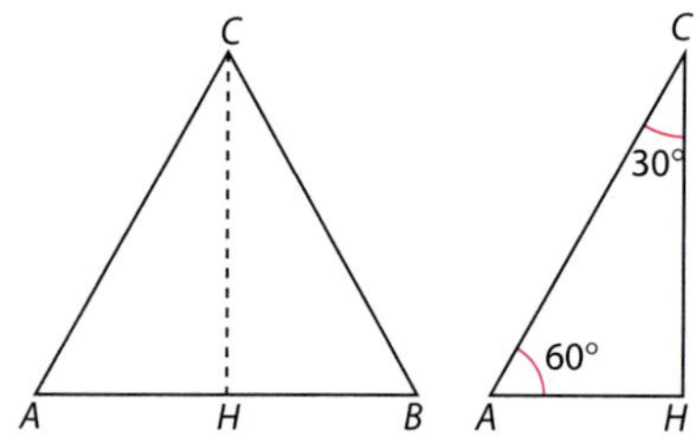

FIGURA 3.13.

Para calcular las razones trigonométricas de los ángulos de 30°, 45° y 60°, se construyen triángulos que proporcionen dichos ángulos.

Para conseguir un ángulo de 60°, se construye un triángulo equilátero, $ABC$ (figura 3.13), cuyos lados son iguales y sus ángulos valen todos 60°. Por el vértice C se traza la altura, que divide al triángulo equilátero en dos triángulos rectángulos iguales. En el triángulo $AHC$ de la misma figura, el ángulo correspondiente al vértice C es de 30°, y el correspondiente al vértice A, de 60°.

Si se aplican las definiciones de las razones trigonométricas, resulta:

$$\text{sen } 60° = \frac{CH}{AC} \qquad \cos 60° = \frac{AH}{AC} \qquad \text{tg } 60° = \frac{CH}{AH}$$

La longitud del segmento que determina la altura, $CH$, se puede averiguar mediante el teorema de Pitágoras: $CH = \sqrt{AC^2 - AH^2}$.

Como $AH = \frac{1}{2}AC$ entonces: $CH = \sqrt{AC^2 - \left(\frac{1}{2}AC\right)^2} = \sqrt{\frac{3}{4}AC^2} = \frac{\sqrt{3}}{2}AC$

Sustituyendo en las expresiones de las razones trigonométricas:

$$\text{sen } 60° = \frac{CH}{AC} = \frac{\sqrt{3}}{2} \qquad \text{cosec } 60° = \frac{2}{\sqrt{3}} = \frac{2\sqrt{3}}{3}$$

$$\cos 60° = \frac{AH}{AC} = \frac{1}{2} \qquad \sec 60° = 2$$

$$\text{tg } 60° = \frac{CH}{AH} = \sqrt{3} \qquad \text{cotg } 60° = \frac{1}{\sqrt{3}} = \frac{\sqrt{3}}{3}$$

En el mismo triángulo que estamos considerando, se puede observar que:

$$\text{sen } 30° = \frac{AH}{AC} = \cos 60° = \frac{1}{2} \qquad \text{cosec } 30° = 2$$

$$\cos 30° = \frac{CH}{AC} = \text{sen } 60° = \frac{\sqrt{3}}{2} \qquad \sec 30° = \frac{2\sqrt{3}}{3}$$

$$\text{tg } 30° = \frac{AH}{CH} = \text{cotg } 60° = \frac{1}{\sqrt{3}} = \frac{\sqrt{3}}{3} \qquad \text{cotg } 30° = \sqrt{3}$$

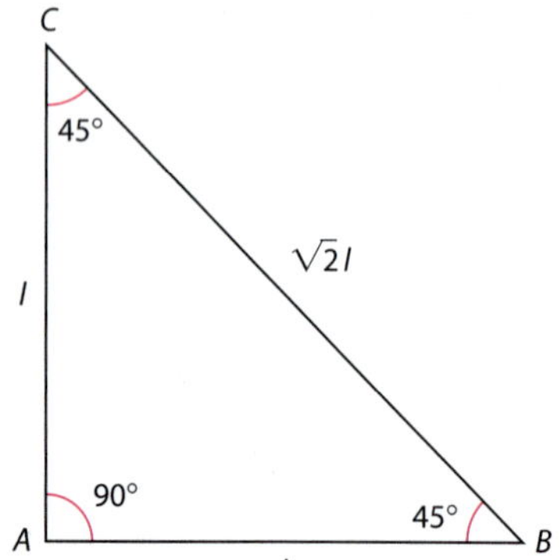

FIGURA 3.14.

Para averiguar las razones trigonométricas de un ángulo de 45°, se construye un triángulo rectángulo isósceles, $CAB$, como se indica en la figura 3.14.

La longitud de los dos catetos es la misma, y los dos ángulos agudos son iguales y miden 45°. Para hallar el valor de la hipotenusa, se aplica el teorema de Pitágoras:

$$CB = \sqrt{l^2 + l^2} = \sqrt{2} \cdot l$$

Sustituyendo estos valores en las expresiones del seno, coseno y tangente de un ángulo agudo, se obtiene:

$$\text{sen } 45° = \frac{l}{CB} = \frac{1}{\sqrt{2}} = \frac{\sqrt{2}}{2} \qquad \text{cosec } 45° = \sqrt{2}$$

$$\cos 45° = \frac{l}{CB} = \frac{1}{\sqrt{2}} = \frac{\sqrt{2}}{2} \qquad \sec 45° = \sqrt{2}$$

$$\text{tg } 45° = \frac{l}{l} = 1 \qquad \text{cotg } 45° = 1$$

| RAZONES TRIGONOMÉTRICAS DE 30°, 45° Y 60° | | | |
|---|---|---|---|
| Razones | $\alpha = 30° = \frac{\pi}{6}$ rad | $\alpha = 45° = \frac{\pi}{4}$ rad | $\alpha = 60° = \frac{\pi}{3}$ rad |
| sen $\alpha$ | $\frac{1}{2}$ | $\frac{\sqrt{2}}{2}$ | $\frac{\sqrt{3}}{2}$ |
| cos $\alpha$ | $\frac{\sqrt{3}}{2}$ | $\frac{\sqrt{2}}{2}$ | $\frac{1}{2}$ |
| tg $\alpha$ | $\frac{\sqrt{3}}{3}$ | 1 | $\sqrt{3}$ |
| cosec $\alpha$ | 2 | $\sqrt{2}$ | $\frac{2\sqrt{3}}{3}$ |
| sec $\alpha$ | $\frac{2\sqrt{3}}{3}$ | $\sqrt{2}$ | 2 |
| cotg $\alpha$ | $\sqrt{3}$ | 1 | $\frac{\sqrt{3}}{3}$ |

## Ejercicios resueltos

▶ *En un terreno horizontal, y a una distancia de 6 m del pie de un árbol, se observa, bajo un ángulo de 30°, su punto más alto. Calcular su altura.*

Si llamamos $h$ a la altura del árbol, la situación se puede esquematizar como se observa en la figura 3.15.a.

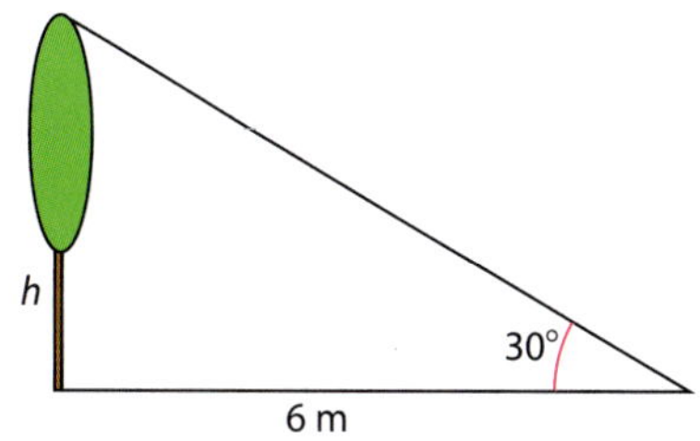

FIGURA 3.15.a.

La razón trigonométrica que relaciona los dos catetos en un triángulo rectángulo es la tangente. En nuestro caso, podemos plantear:

$$\text{tg } 30° = \frac{h}{6}, \text{ así la altura del árbol es: } h = 6 \cdot \text{tg } 30° = 2\sqrt{3} \text{ m}$$

▶ *Determinar la altura y el área de un triángulo equilátero de 3 cm de lado.*

Dado que todos los ángulos de un triángulo equilátero son iguales, podemos plantear que:

$$\text{sen } 60° = \frac{h}{3} \Rightarrow h = 3 \cdot \text{sen } 60° = \frac{3\sqrt{3}}{2} \text{ cm}$$

Es decir, la altura del triángulo mide, $\frac{3\sqrt{3}}{2}$ cm.

Para calcular el área del triángulo:

$$A = \frac{b \cdot h}{2} = \frac{3 \cdot 3 \cdot \text{sen } 60°}{2} = \frac{9\sqrt{3}}{2} \text{ cm}^2$$

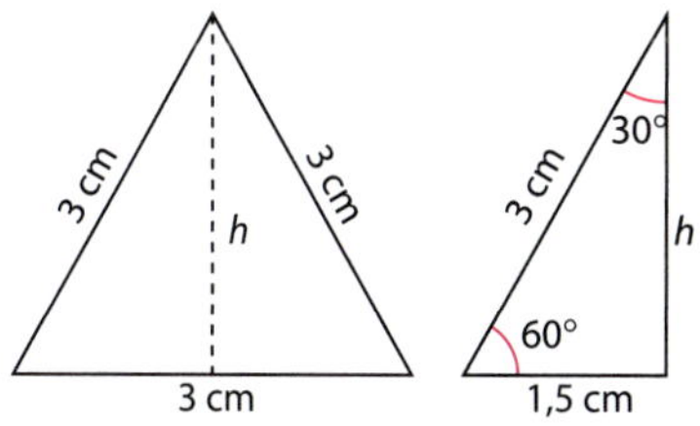

FIGURA 3.15.b.

## Actividades

**17** Dado el triángulo de la figura 3.16, calcula sen $\alpha$, cos $\alpha$, tg $\alpha$.

**Solución:** sen $\alpha = \frac{2\sqrt{a}}{1+a}$, cos $\alpha = \frac{1-a}{1+a}$, tg $\alpha = \frac{2\sqrt{a}}{1-a}$

**18** Una estaca vertical de longitud $l$ proyecta una sombra de longitud $\sqrt{3}l$. Calcula el ángulo de elevación del Sol sobre el horizonte.

**Solución:** 30°

**19** Calcula la longitud de las diagonales de un rombo sabiendo que sus ángulos son 60° y 120°, y que sus lados miden 6 cm.

**Solución:** 6 cm y $6\sqrt{3}$ cm

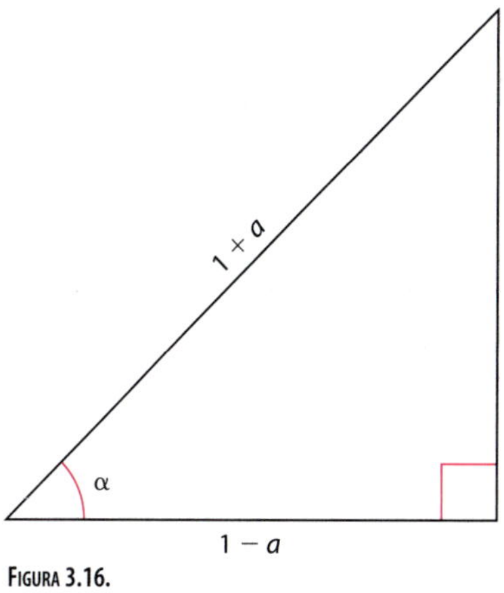

FIGURA 3.16.

# 3. Razones trigonométricas de un ángulo cualquiera

## 3.1. Definiciones

En un sistema de ejes cartesianos se considera una circunferencia con centro situado en el origen de coordenadas. A cada punto, $P$, de la circunferencia se le asigna un ángulo orientado, $\alpha$, del siguiente modo:

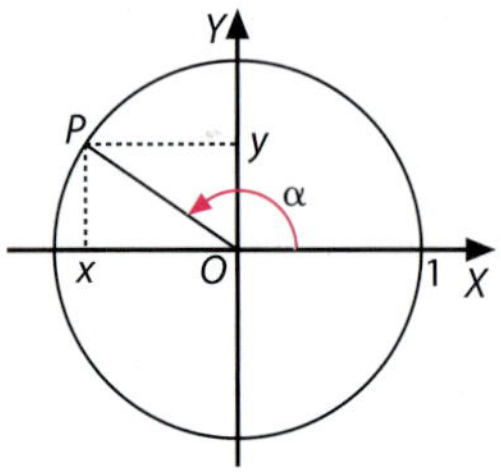


FIGURA 3.17.

El ángulo $\alpha$ es el determinado por el semieje positivo de abscisas y la semirrecta definida por el punto $P$ y el origen de coordenadas, O.

A cada ángulo, $\alpha$, le corresponde, en dicha circunferencia, un solo punto, $P$.

Para simplificar los cálculos, se toma una circunferencia de radio unidad que se denomina **circunferencia goniométrica.**

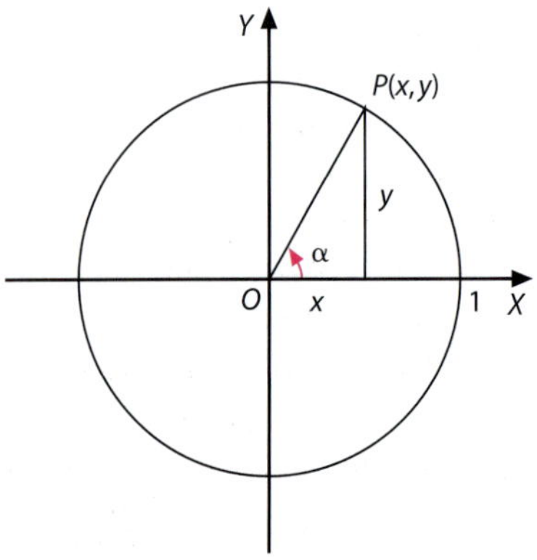


FIGURA 3.18.

Al punto $P$ le asignamos un ángulo:

$$P \longrightarrow \text{ángulo } \alpha$$
$$(x, y) \longrightarrow (\cos \alpha, \text{sen } \alpha)$$

Esta forma de asignación es totalmente concordante con las definiciones dadas para las razones de un ángulo agudo (figura 3.18). En efecto, dado que el radio, es 1, resulta:

$$\text{sen } \alpha = \frac{y}{r} = y \qquad \cos \alpha = \frac{x}{r} = x$$

En la figura 3.19 se observa que los valores del seno y del coseno de los ángulos de 0°, 90°, 180°, 270° y 360° corresponden a los valores de las coordenadas de los puntos de intersección de la circunferencia con los ejes cartesianos.

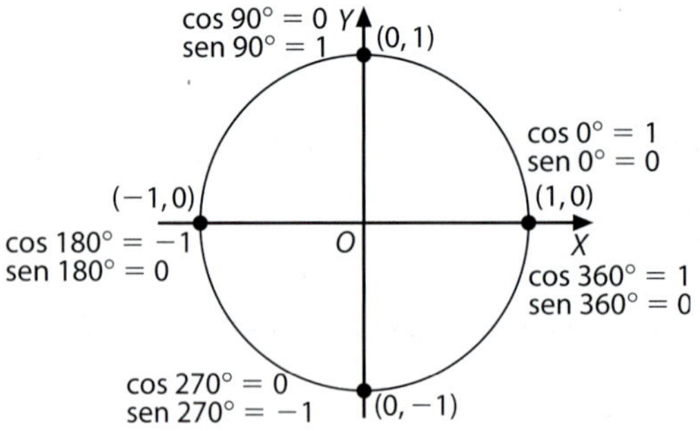


FIGURA 3.19.

**Actividades**

**20** Determina los valores del seno y el coseno de los siguientes ángulos: 540° y 1 350°.

**Solución:** sen 540° = 0, cos 540° = −1, sen 1 350° = −1, cos 1 350° = 0

## 3.2. Signo de las razones trigonométricas

La intersección de la circunferencia con los ejes de coordenadas divide a esta en cuatro cuadrantes. El signo de las coordenadas de los puntos de cada cuadrante corresponde al signo de las razones trigonométricas de los ángulos que estos puntos determinan con el semieje OX.

Así, por ejemplo, si $90° < \alpha < 180°$, el punto $P$ correspondiente tiene la ordenada positiva y la abscisa negativa, por lo que:

$$\text{sen } \alpha > 0 \qquad \cos \alpha < 0$$

Los signos de las razones trigonométricas se muestran en la figura 3.20.

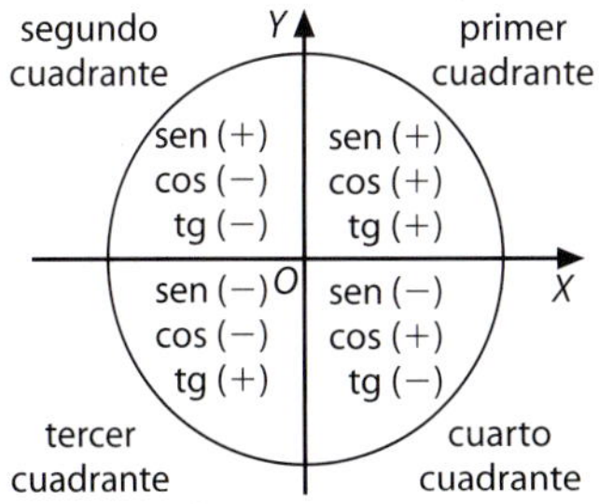


FIGURA 3.20.

**Ejercicio resuelto**

▶ *Calcular el seno y la tangente de un ángulo α del segundo cuadrante, si cos α = −0,78.*

Teniendo en cuenta que un ángulo del segundo cuadrante tiene el seno positivo, tenemos que:

$$\text{sen}^2 \alpha + \cos^2 \alpha = 1 \Rightarrow \text{sen } \alpha = \sqrt{1 - \cos^2 \alpha} \Rightarrow$$

$$\Rightarrow \text{sen } \alpha = \sqrt{1 - (-0{,}78)^2} \Rightarrow \text{sen } \alpha = 0{,}63$$

Para calcular la tg α dividimos el valor obtenido entre el del coseno:

$$\text{tg } \alpha = \frac{\text{sen } \alpha}{\cos \alpha} \Rightarrow \text{tg } \alpha = -0{,}80$$

## 3.3. Propiedades

Las razones trigonométricas de un ángulo cualquiera tienen las siguientes propiedades:

- Para cualquier ángulo α se cumple que:

  $$-1 \leq \text{sen } \alpha \leq 1 \quad \text{y} \quad -1 \leq \cos \alpha \leq 1$$

  ya que las coordenadas de los puntos de la circunferencia tienen valores comprendidos entre −1 y 1.

- Según el teorema de Pitágoras, la siguiente igualdad es cierta:

  $$x^2 + y^2 = 1$$

  Por tanto, para cualquier valor del ángulo α:

  $$\text{sen}^2 \alpha + \cos^2 \alpha = 1$$

Esta identidad constituye la **identidad fundamental de la trigonometría.**

**Actividades**

**21** Calcula las razones trigonométricas de un ángulo del segundo cuadrante si $\text{sen } \alpha = 3/7$.

**Solución:** $\cos \alpha = -2\sqrt{10}/7$, $\text{tg } \alpha = -3\sqrt{10}/20$

**22** Si $3\pi/2 < \alpha < 2\pi$ y $\text{cotg } \alpha = -0{,}27$, calcula las demás razones trigonométricas del ángulo α.

**Solución:** $\text{sen } \alpha = -0{,}97$, $\cos \alpha = 0{,}26$, $\text{tg } \alpha = -3{,}7$

**23** Sabiendo que $\text{tg } \alpha < 0$ y que $\cos \alpha = -\sqrt{3}/4$, calcula las restantes razones trigonométricas.

**Solución:** $\text{sen } \alpha = \sqrt{13}/4$, $\text{tg } \alpha = -\sqrt{39}/3$

**Razones trigonométricas con la calculadora**

Para calcular los valores de las razones trigonométricas, se dispone la calculadora en el modo correspondiente a las unidades de medida con las que se va a trabajar (DEG, RAD o GRA):

DEG = Grados sexagesimales

RAD = Radianes

GRA = Grados centesimales

Generalmente, en las calculadoras científicas esto se hace utilizando las instrucciones de la tecla MODE.

Si se presiona dos veces la tecla MODE aparece en pantalla:

Si presionamos la tecla 1, la calculadora trabajará en grados y la 2 en radianes.

Se pueden hallar directamente las razones trigonométricas pulsando las siguientes teclas:

SIN Seno  COS Coseno  TAN Tangente

Así, para calcular sen 53° nos aseguramos que la calculadora trabaja en grados sexagesimales y, a continuación, presionamos las teclas SIN 53° =

y su valor aparece en la pantalla:

# 4. Determinación de ángulos

## 4.1. Determinación gráfica

Dada una razón trigonométrica, es posible determinar gráficamente a qué ángulos corresponde. Veamos cómo:

- *¿Qué ángulos comprendidos entre 0° y 360° cumplen que* sen $\alpha = a$?

En la figura 3.21 hay dos puntos cuya ordenada vale $a$. Para hallarlos, se dibuja la recta $y = a$. Los puntos de intersección de la recta con la circunferencia determinan los ángulos $\alpha_1$ y $\alpha_2$ cuyo seno vale $a$.

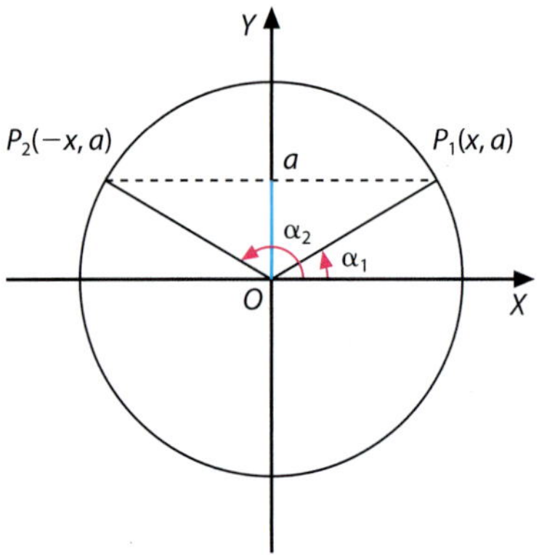


FIGURA 3.21.

**Ejercicio resuelto**

▶ *Determinar gráficamente los ángulos comprendidos entre 0° y 360° cuyo seno vale* $-1/3$.

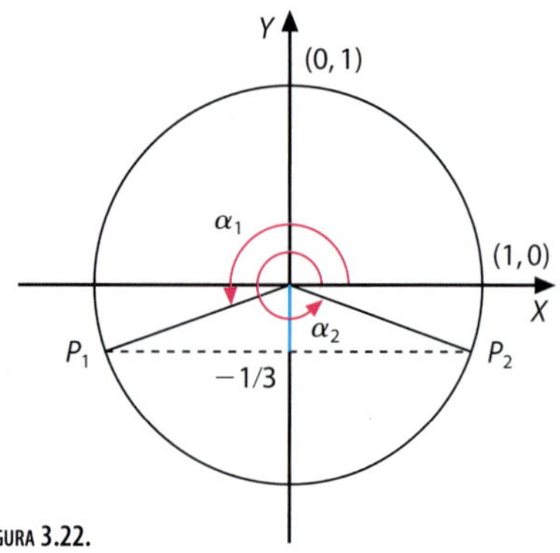


FIGURA 3.22.

- *¿Para qué ángulos entre 0° y 360° se cumple que* cos $\alpha = b$?

En la circunferencia goniométrica de la figura 3.23 hay dos puntos cuya abscisa vale $b$. Para hallarlos, se dibuja la recta $x = b$. Los puntos de intersección de la recta con la circunferencia determinan los ángulos $\alpha_1$ y $\alpha_2$ cuyo coseno vale $b$.

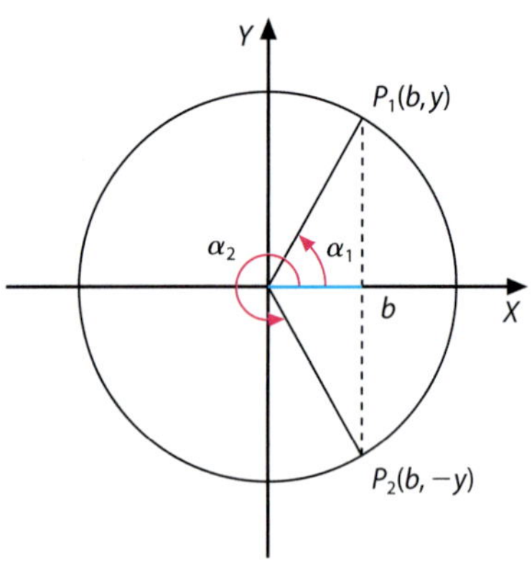


FIGURA 3.23.

**Ejercicio resuelto**

▶ *Determinar gráficamente los ángulos comprendidos entre 0° y 360° cuyo coseno vale* $-3/4$.

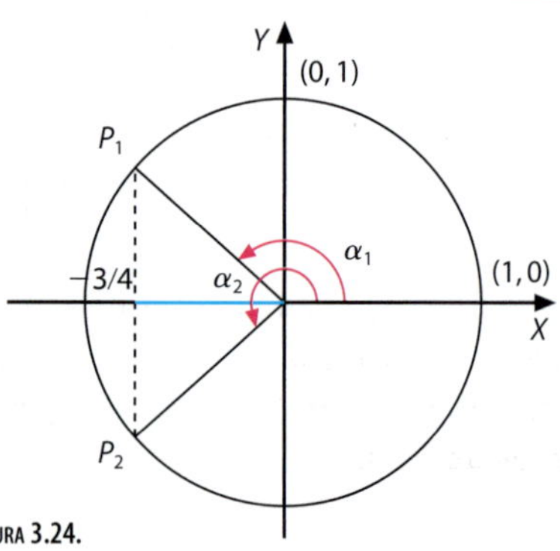


FIGURA 3.24.

- *¿Qué ángulos comprendidos entre 0° y 360° cumplen que* tg $\alpha = c$?

Los dos ángulos señalados en la figura 3.25 tienen la misma tangente, es decir, el cociente entre la ordenada y la abscisa es el mismo en ambos casos. Los dos triángulos rectángulos, $OAP$ y $OP'A'$, son iguales y, además, semejantes al triángulo $OBC$ por tener un ángulo agudo igual.

Por tanto, se puede escribir:

$$\text{tg}\,\alpha = \frac{y}{x} = \frac{c}{r}, \text{ y si tomamos } r = 1, \ \text{tg}\,\alpha = c$$

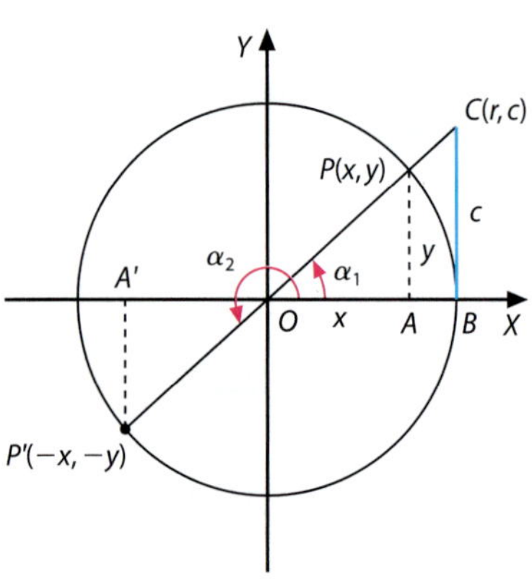


FIGURA 3.25.

Para averiguar qué ángulos tienen una tangente determinada, $c$, se traza una recta perpendicular al eje de abscisas y tangente a la circunferencia goniométrica en el punto (1, 0). Sobre esta recta se señala el punto de ordenada $c$ y se dibuja la recta que pasa por este punto y el origen de coordenadas. Los puntos de intersección de esta recta con la circunferencia determinan los ángulos $\alpha_1$ y $\alpha_2$ cuya tangente vale $c$.

**Ejercicio resuelto**

▶ *Determinar gráficamente los ángulos comprendidos entre* 0° *y* 360° *cuya tangente vale* −1,5.

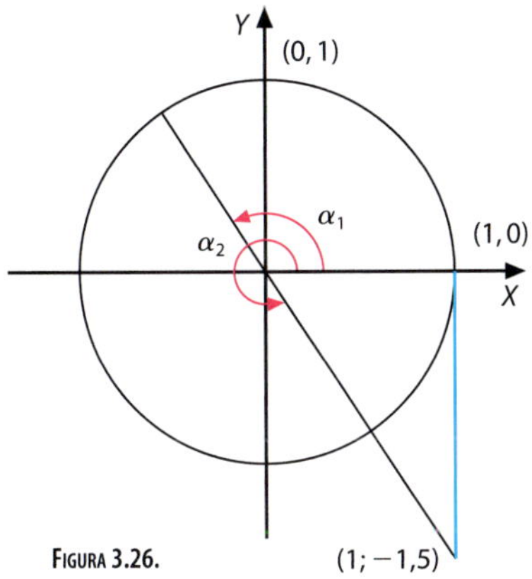


FIGURA 3.26.

## 4.2. Determinación numérica

Del mismo modo que se pueden hallar las razones trigonométricas de un ángulo utilizando la calculadora científica, también es posible averiguar a qué ángulo o ángulos corresponde una razón trigonométrica.

Para hallar los ángulos correspondientes a una razón trigonométrica dada, hay que pulsar una combinación de teclas: la que indica *paso inverso* y las de la razón trigonométrica.

Por ejemplo, si tg $\alpha = 3$, pulsamos:

En la pantalla aparece el valor de **uno de los ángulos** cuya tangente es 3:

Si deseamos calcular el **otro ángulo,** basta con tener presente el método gráfico de determinación que hemos visto anteriormente. Por tanto, el otro ángulo que tiene la misma tangente en el primer giro es $\alpha + 180°$, es decir, redondeando:

$$\alpha_1 = 71{,}57°$$
$$\alpha_2 = 251{,}57°$$

Si la tangente es negativa, por ejemplo, tg $\alpha = -3$, la calculadora nos indica, comúnmente, un ángulo negativo. En ese caso, buscamos el ángulo positivo correspondiente sumándole 360°.

Para determinar el otro ángulo del primer giro que tiene la misma tangente, restamos 180° al resultado anterior.

En general, siempre es útil tener presente la determinación gráfica de ángulos que corresponden a una razón dada para poder obtener el ángulo que la calculadora no nos indica.

En algunos casos, el ángulo es único. Si sen $\alpha = 1$, entonces $\alpha = 90°$.

## Ejercicios resueltos

▶ *Hallar los ángulos comprendidos entre* 0° *y* 360° *cuya tangente es* 1/3.

El ángulo que se obtiene con la calculadora cuando se realizan los pasos es $\alpha = 18{,}43°$.

Como se ve en la figura 3.27, existe otro ángulo en el tercer cuadrante con la misma tangente, que es:

$$180° + 18{,}43° = 198{,}43°$$

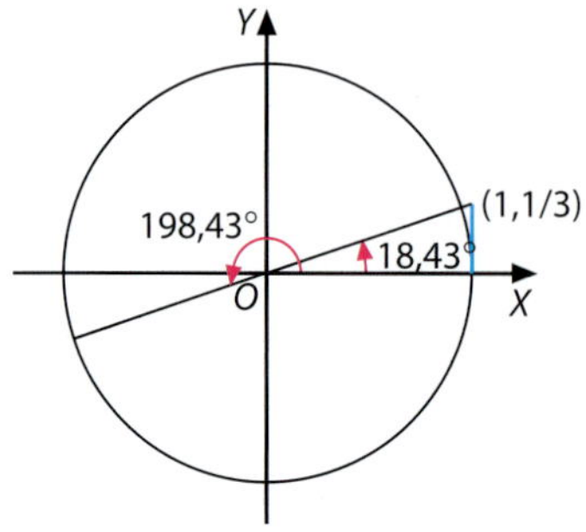


FIGURA 3.27.

Para resolver este tipo de ejercicios, es conveniente representar gráficamente ángulos con la misma tangente.

▶ *Hallar los ángulos comprendidos entre* 0° *y* 360° *cuya tangente es* −3.

La calculadora da para $\alpha$ un valor de −71,57°, es decir, 288,43°, que es un ángulo del cuarto cuadrante.

Existe otro ángulo en el segundo cuadrante (figura 3.28) con la misma tangente, que es: 288,43° − 180° = 108,43°

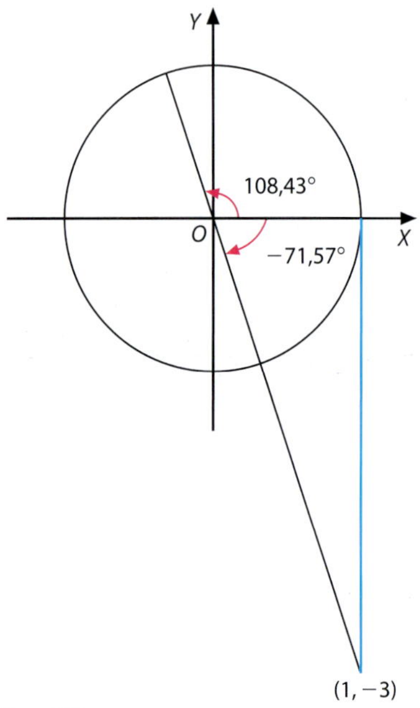


FIGURA 3.28.

▶ *Hallar los ángulos comprendidos entre* 0° *y* 360° *cuyo coseno es* −0,45.

Utilizando la calculadora se obtiene, aproximadamente, $\alpha = 116{,}74°$.

Existe otro ángulo en el tercer cuadrante con el mismo coseno que, por simetría, es 243,26° aproximadamente.

▶ *Hallar los ángulos comprendidos entre* 0° *y* 360° *cuya cosecante vale* 5.

La cosecante es la razón inversa del seno; por tanto, $\operatorname{sen}\alpha = 0{,}2$.

El ángulo que se obtiene con la calculadora para este seno es 11,54°.

Su ángulo suplementario tiene el mismo seno:

$$180° - 11{,}54° = 168{,}46°$$

## Actividades

**24** Calcula todos los ángulos entre 0° y 360° que cumplen $\operatorname{cotg}\alpha = -0{,}03$.

**Solución:** $\alpha = 271{,}72°$, $\alpha = 91{,}72°$

**25** Resuelve $\sec\alpha = -3{,}78$.

**Solución:** $\alpha = 105{,}34°$, $\alpha = 254{,}66°$

**26** Resuelve $\cos\alpha = 0{,}32$.

**Solución:** $\alpha = 71{,}34°$, $\alpha = 288{,}66°$

**27** Resuelve $\operatorname{cosec}\alpha = -5$.

**Solución:** $\alpha = 191{,}54°$, $\alpha = 348{,}46°$

**28** Utiliza la calculadora para resolver las actividades 22 y 23 del epígrafe anterior.

# 5. Relación entre las razones trigonométricas de ángulos de diferentes cuadrantes

Es importante saber relacionar las razones trigonométricas de ángulos de distinto cuadrante, ya que el procedimiento de reducción de los ángulos al primer cuadrante permite simplificar los cálculos necesarios para la resolución de problemas.

Para ello, recordaremos cómo se han definido las razones trigonométricas de un ángulo cualquiera (figura 3.29).

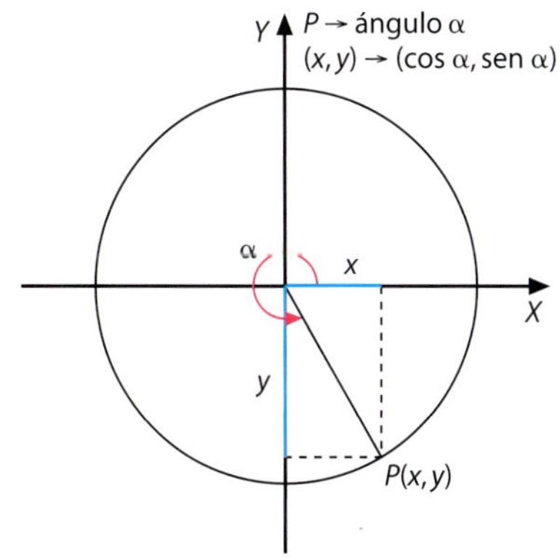


FIGURA 3.29.

## Razones trigonométricas de ángulos complementarios

Dos ángulos son complementarios cuando suman 90° o $\frac{\pi}{2}$ rad.

Dado que los triángulos *OAP* y *OA'P'* de la figura 3.30 son iguales, ya que tienen iguales la hipotenusa y dos ángulos, se puede afirmar que *AP* es igual a *A'P'* y que *OA* es igual a *OA'*.

Por tanto:

$$AP = \text{sen}\,\alpha \qquad OA = \cos\alpha$$

$$A'P' = \cos\left(\frac{\pi}{2} - \alpha\right) \qquad OA' = \text{sen}\left(\frac{\pi}{2} - \alpha\right)$$

Y entonces:

$$\text{sen}\left(\frac{\pi}{2} - \alpha\right) = \cos\alpha \qquad \text{cosec}\left(\frac{\pi}{2} - \alpha\right) = \sec\alpha$$

$$\cos\left(\frac{\pi}{2} - \alpha\right) = \text{sen}\,\alpha \qquad \sec\left(\frac{\pi}{2} - \alpha\right) = \text{cosec}\,\alpha$$

$$\text{tg}\left(\frac{\pi}{2} - \alpha\right) = \text{cotg}\,\alpha \qquad \text{cotg}\left(\frac{\pi}{2} - \alpha\right) = \text{tg}\,\alpha$$

ma1b9

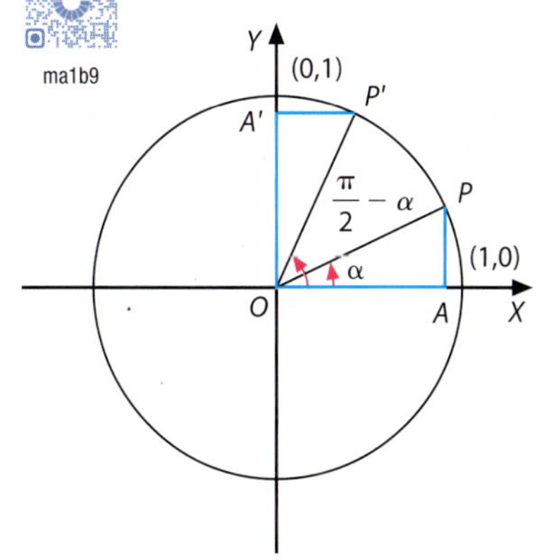


FIGURA 3.30.

Estas relaciones ya se han deducido, en el epígrafe 2.3 de esta unidad, para ángulos de 30°, 45° y 60°.

## Razones trigonométricas de ángulos que difieren $\frac{\pi}{2}$ rad

Dado que los triángulos *OAP* y *OA'P'* de la figura 3.31 son iguales, ya que tienen iguales la hipotenusa y dos ángulos, podemos afirmar que *AP* es igual a *A'P'* y que *OA* es igual a *OA'*.

Como en el segundo cuadrante de la circunferencia goniométrica la abscisa tiene un valor negativo, se deduce que:

$$\text{sen}\left(\frac{\pi}{2} + \alpha\right) = \cos\alpha \qquad \text{cosec}\left(\frac{\pi}{2} + \alpha\right) = \sec\alpha$$

$$\cos\left(\frac{\pi}{2} + \alpha\right) = -\text{sen}\,\alpha \qquad \sec\left(\frac{\pi}{2} + \alpha\right) = -\text{cosec}\,\alpha$$

$$\text{tg}\left(\frac{\pi}{2} + \alpha\right) = -\text{cotg}\,\alpha \qquad \text{cotg}\left(\frac{\pi}{2} + \alpha\right) = -\text{tg}\,\alpha$$

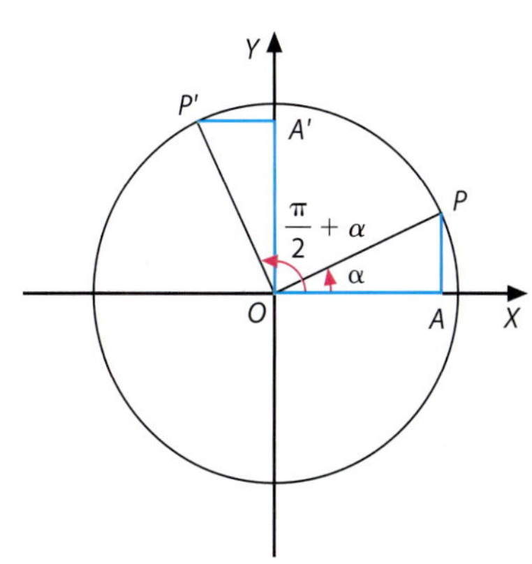


FIGURA 3.31.

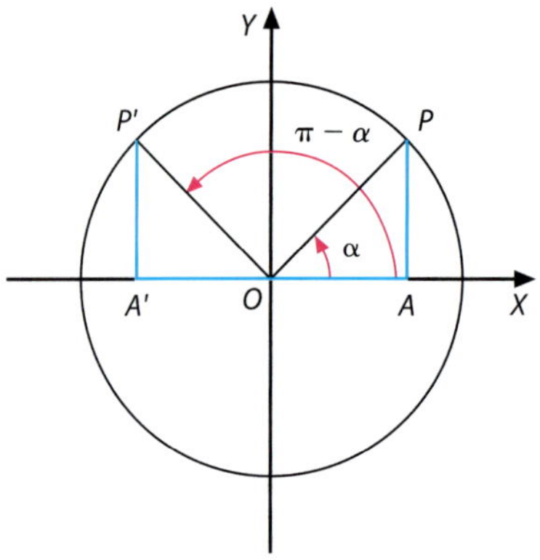


FIGURA 3.32.

ma1b10

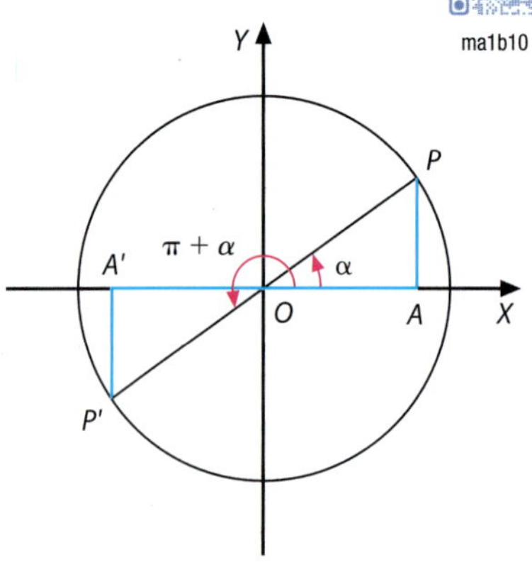


FIGURA 3.33.

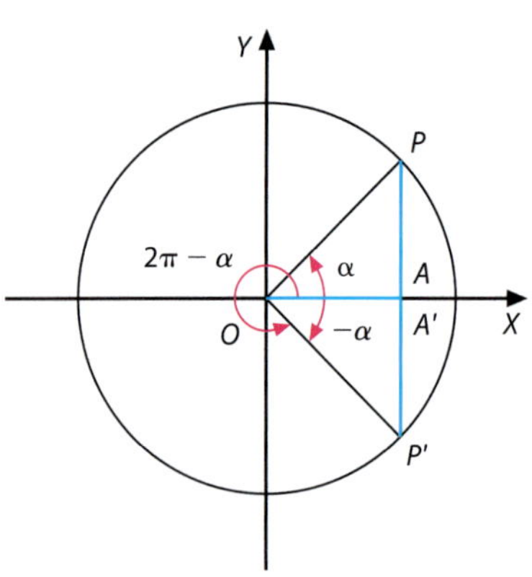


FIGURA 3.34.

## Razones trigonométricas de ángulos suplementarios

Dos ángulos son suplementarios si suman 180° o π rad.

Dado un ángulo agudo, α, su ángulo suplementario, π − α, se encuentra en el segundo cuadrante. En la figura 3.32 se observa que los triángulos *OPA* y *OP'A'* son iguales por la misma razón que en los dos apartados anteriores; por tanto:

| | |
|---|---|
| $\text{sen}\,(\pi - \alpha) = \text{sen}\,\alpha$ | $\text{cosec}\,(\pi - \alpha) = \text{cosec}\,\alpha$ |
| $\cos\,(\pi - \alpha) = -\cos\alpha$ | $\sec\,(\pi - \alpha) = -\sec\alpha$ |
| $\text{tg}\,(\pi - \alpha) = -\text{tg}\,\alpha$ | $\text{cotg}\,(\pi - \alpha) = -\text{cotg}\,\alpha$ |

## Razones trigonométricas de ángulos que difieren 180° o π rad

Los triangulos *OAP* y *OA'P'* de la figura 3.33 son iguales y, por tanto, es fácil deducir que:

| | |
|---|---|
| $\text{sen}\,(\pi + \alpha) = -\text{sen}\,\alpha$ | $\text{cosec}\,(\pi + \alpha) = -\text{cosec}\,\alpha$ |
| $\cos\,(\pi + \alpha) = -\cos\alpha$ | $\sec\,(\pi + \alpha) = -\sec\alpha$ |
| $\text{tg}\,(\pi + \alpha) = \text{tg}\,\alpha$ | $\text{cotg}\,(\pi + \alpha) = \text{cotg}\,\alpha$ |

## Razones trigonométricas de ángulos que suman un ángulo completo o que son ángulos opuestos

Los triángulos *OAP* y *OA'P'* de la figura 3.34 son iguales y, por tanto, es fácil relacionar las razones trigonométricas de los ángulos α y (−α) o (2π − α):

| | |
|---|---|
| $\text{sen}\,(2\pi - \alpha) = \text{sen}\,(-\alpha) = -\text{sen}\,\alpha$ | $\text{cosec}\,(2\pi - \alpha) = \text{cosec}\,(-\alpha) = -\text{cosec}\,\alpha$ |
| $\cos\,(2\pi - \alpha) = \cos\,(-\alpha) = \cos\alpha$ | $\sec\,(2\pi - \alpha) = \sec\,(-\alpha) = \sec\alpha$ |
| $\text{tg}\,(2\pi - \alpha) = \text{tg}\,(-\alpha) = -\text{tg}\,\alpha$ | $\text{cotg}\,(2\pi - \alpha) = \text{cotg}\,(-\alpha) = -\text{cotg}\,\alpha$ |

### Ejercicios resueltos

▶ *Calcular sen* 150°, *cos* 240° *y tg* 330°.

$$\text{sen}\,150° = \text{sen}\,(180° - 30°) = \text{sen}\,30° = 1/2$$
$$\cos 240° = \cos\,(180° + 60°) = -\cos 60° = -1/2$$
$$\text{tg}\,330° = \text{tg}\,(360° - 30°) = -\text{tg}\,30° = -\sqrt{3}/3$$

▶ *Calcular sen* $\frac{2\pi}{3}$, *cos* $\frac{4\pi}{3}$.

$$\text{sen}\,\frac{2\pi}{3} = \text{sen}\left(\frac{\pi}{2} - \frac{\pi}{6}\right) = \cos\frac{\pi}{6} = \frac{\sqrt{3}}{2}$$
$$\cos\frac{4\pi}{3} = \text{sen}\left(\pi + \frac{\pi}{3}\right) = -\cos\frac{\pi}{3} = -\frac{1}{2}$$

### Otras relaciones trigonométricas

Consulta la sección *Ejercicios resueltos*, en la página 89, para obtener la relación entre las razones trigonométricas de los ángulos α y 270°− α, y de los ángulos α y 270° + α.

### Actividades

**29** Calcula las razones trigonométricas de los siguientes ángulos.

| | | |
|---|---|---|
| ***a)*** 120° | ***c)*** 210° | ***e)*** 300° |
| ***b)*** 135° | ***d)*** 225° | ***f)*** −45° |

# 6. Resolución de triángulos rectángulos

**Resolver un triángulo rectángulo** consiste en hallar todos sus elementos desconocidos.

En un triángulo hay que determinar seis elementos: los tres ángulos, A, B y C, y los tres lados, $a$, $b$ y $c$.

A la hora de resolver un triángulo rectángulo se puede utilizar:

- La propiedad según la cual la suma de los tres ángulos de un triángulo es 180°. En el caso de triángulos rectángulos, si el ángulo A es recto, $B + C = 90°$.
- El teorema de Pitágoras.
- Las definiciones de las razones trigonométricas.

Para resolver un triángulo rectángulo hay que conocer, además del ángulo recto, al menos dos elementos del triángulo, que no podrán ser los dos ángulos agudos, pues conocer uno de ellos equivale a conocer los dos.

Hay que hallar estos elementos desconocidos partiendo, en ambos casos, de los datos que proporciona el enunciado del ejercicio, así se evita que el error cometido en el cálculo de uno de los elementos invalide los resultados obtenidos.

## Ejercicios resueltos

▶ *Dado un triángulo rectángulo en el que* $B = \frac{\pi}{6}$ rad y $a = 10$ cm, *calcular los otros elementos del triángulo.*

Tenemos que hallar la medida del ángulo C, y la longitud de los catetos $b$ y $c$.

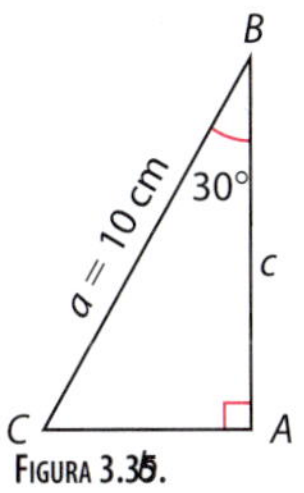


FIGURA 3.35.

$$C = \frac{\pi}{2} - \frac{\pi}{6} = \frac{\pi}{3} \text{ rad}$$

$$b = a \cdot \text{sen } B \Rightarrow b = 10 \cdot \text{sen } \frac{\pi}{6} = 5 \text{ cm}$$

$$c = a \cdot \cos B \Rightarrow c = 10 \cdot \cos \frac{\pi}{6} = 5\sqrt{3} \text{ cm}$$

▶ *Dado un triángulo rectángulo en el que* $B = 25°$ y $b = 7$ cm, *calcular los otros elementos del triángulo.*

En este caso, tenemos que hallar la medida del ángulo C, y la longitud de la hipotenusa $a$ y del cateto $c$.

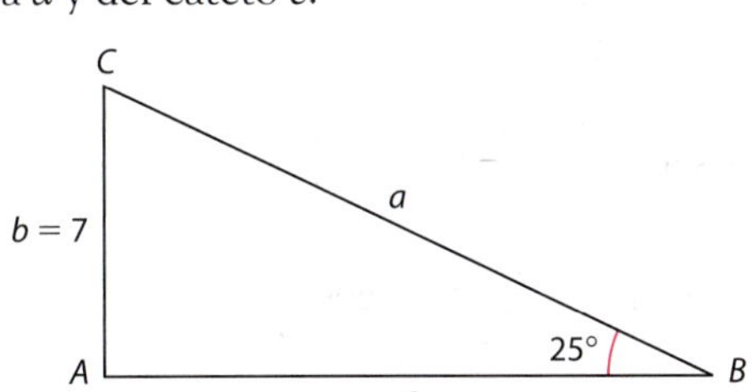


FIGURA 3.36.

$$C = 90° - 25° = 65°$$

$$a = \frac{b}{\text{sen } B} \Rightarrow a = \frac{7}{\text{sen } 25°} = 16{,}56 \text{ cm}$$

$$c = \frac{b}{\text{tg } B} \Rightarrow c = \frac{7}{\text{tg } 25°} = 15{,}01 \text{ cm}$$

## Ejercicios resueltos

▶ *Dado un triángulo rectángulo en el que a = 12 cm y b = 6 cm, calcular los demás elementos del triángulo.*

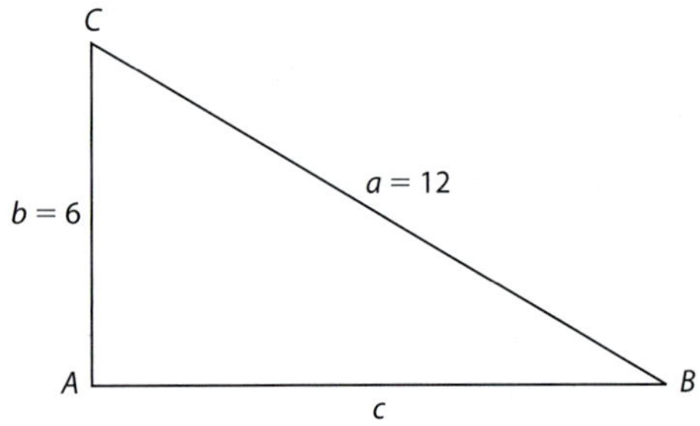

FIGURA 3.37.

$$c = \sqrt{a^2 - b^2} = \sqrt{12^2 - 6^2} = \sqrt{108} = 6\sqrt{3} \text{ cm}$$

$$\text{sen } B = \frac{b}{a} = \frac{6}{12} = \frac{1}{2} \Rightarrow B = 30°$$

$$\cos C = \frac{b}{a} = \frac{6}{12} = \frac{1}{2} \Rightarrow C = 60°$$

▶ *Dado un triángulo rectángulo en el que b = 5 cm y c = 3 cm, calcular los restantes elementos del triángulo.*

$$a = \sqrt{b^2 + c^2} = \sqrt{5^2 + 3^2} = \sqrt{34} \text{ cm}$$

$$\text{tg } B = \frac{b}{c} = \frac{5}{3} \Rightarrow B = 59{,}04°$$

$$\text{tg } C = \frac{c}{b} = \frac{3}{5} \Rightarrow C = 30{,}96°$$

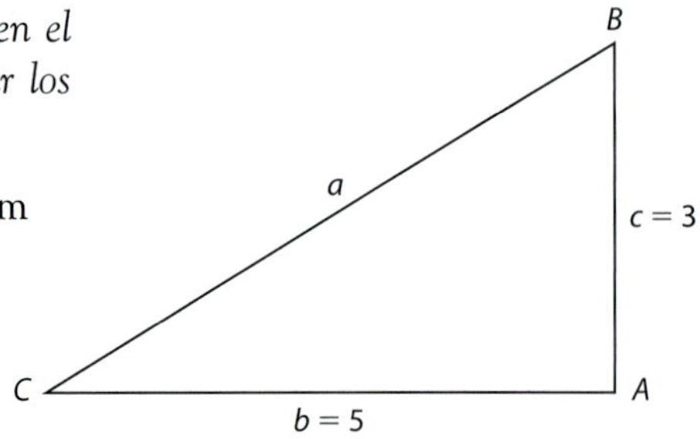

FIGURA 3.38.

### OBSERVA

- Se llama **ángulo de elevación** al que forma la línea de la visual con la horizontal cuando el objeto está por encima del observador.
- Se llama **ángulo de depresión** al que forma la línea de la visual con la horizontal cuando el objeto está por debajo del observador.

ma1b11

▶ *El ángulo de elevación del Sol sobre el horizonte es de 35°. Calcular la longitud de la sombra que proyectará una persona de 1,75 m de estatura.*

$$\text{tg } 35° = \frac{1{,}75 \text{ m}}{\text{Longitud de la sombra}}$$

$$\text{Longitud de la sombra} = \frac{1{,}75}{\text{tg } 35°} = 2{,}50 \text{ m}$$

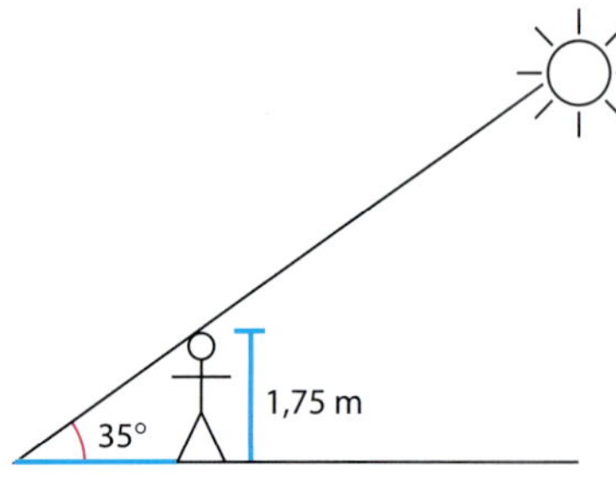

FIGURA 3.39.

## Actividades

**30** Dado el triángulo rectángulo cuyo ángulo recto es *A*, calcula los elementos desconocidos en cada uno de los siguientes casos:

| a) | b) | c) | d) | e) |
|---|---|---|---|---|
| $b = 10$ cm | $C = 26°$ | $b = 7$ cm | $B = 38°$ | $B = 27°$ |
| $a = 15$ cm | $c = 3$ cm | $c = 14$ cm | $a = 20$ cm | $C = 63°$ |

**Solución:** ***a)*** $c = 11{,}18$ cm, $B = 41{,}81°$, $C = 48{,}19°$ ***b)*** $B = 64°$, $a = 6{,}84$ cm, $b = 6{,}15$ cm ***c)*** $a = 15{,}65$ cm, $B = 26{,}57°$, $C = 63{,}43°$ ***d)*** $C = 52°$, $b = 12{,}31$ cm, $c = 15{,}76$ cm ***e)*** Existen infinitos triángulos semejantes con estos ángulos.

**31** Calcula la altura a la que llega una escalera de 4,50 m apoyada en una pared y que forma un ángulo de 67° con el suelo.

**Solución:** 4,14 m

**32** Calcula las razones trigonométricas de un triángulo rectángulo en el que la longitud de la hipotenusa es el triple que la de uno de los catetos.

**Solución:** $\text{sen } B = \frac{1}{3}$, $\cos B = \frac{2\sqrt{2}}{3}$, $\text{tg } B = \frac{1}{2\sqrt{2}} = \frac{\sqrt{2}}{4}$

$\text{sen } C = \frac{2\sqrt{2}}{3}$, $\cos C = \frac{1}{3}$, $\text{tg } C = 2\sqrt{2}$

# EJERCICIOS RESUELTOS

## Aplicación de la definición de radián

**1. La longitud de una circunferencia es 9$\pi$ m. Hallar cuánto mide el arco de circunferencia que determina un ángulo de 1,75 rad y calcular el área del sector circular correspondiente.**

Recuerda que 1 rad es el ángulo que abarca un arco de circunferencia que mide lo mismo que el radio. Por tanto, hay que calcular el valor del radio:

$$L_c = 2\pi r \Rightarrow r = \frac{L_c}{2\pi} = \frac{9\pi}{2\pi} = 4{,}50 \text{ m}$$

En esta circunferencia, un radián determina un arco de 4,50 m:

$$\text{Arco}_{1{,}75 \text{ rad}} = 1{,}75 \cdot 4{,}50 = 7{,}88 \text{ m}$$

Para calcular el área del sector circular, ten en cuenta que un círculo completo determina $2\pi$ rad y que su área vale $\pi r^2$; así:

$$\text{Área sector} = \frac{1{,}75 \cdot \pi \cdot (4{,}5)^2}{2\pi} = 17{,}72 \text{ m}^2$$

## Razones trigonométricas de ángulos que suman 270° o 3$\pi$/2 rad

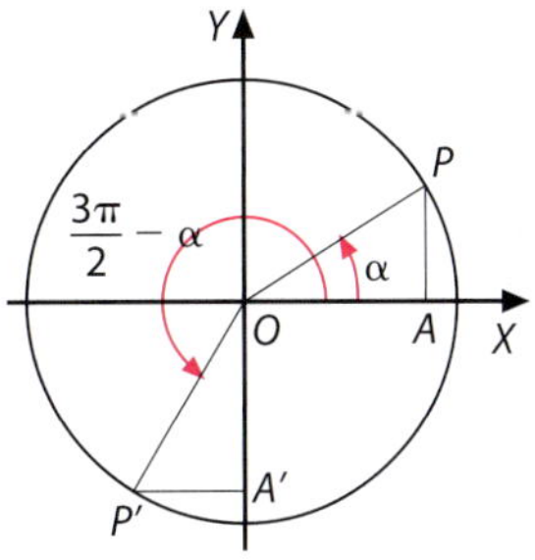


**Figura 3.40.**

Dado que los triángulos *OAP* y *OA′P′* de la figura 3.40 son iguales, por tener iguales la hipotenusa y dos ángulos, podemos afirmar que *AP* es igual que *A′P′*, y que *OA* es igual a *OA′*.

Como en el tercer cuadrante el seno y el coseno son negativos, se deduce que:

$$\text{sen}\left(\frac{3\pi}{2} - \alpha\right) = -\cos\alpha \quad \cos\left(\frac{3\pi}{2} - \alpha\right) = -\text{sen}\,\alpha \quad \text{tg}\left(\frac{3\pi}{2} - \alpha\right) = \text{cotg}\,\alpha$$

**2. A partir de la igualdad sen 21° = 0,358, determinar: sec 249° y tg 249°**

- $\sec 249° = \dfrac{1}{\cos 249°} = \dfrac{1}{-\text{sen}\, 21°} = -2{,}79$
- tg 249° = cotg 21°. Debemos calcular, en primer lugar, la cotangente de 21°:

$$1 + \text{cotg}^2\, 21° = \frac{1}{\text{sen}^2\, 21°} \Rightarrow \text{cotg}\, 21° = 2{,}61$$

Así, tg 249° = 2,61.

## Razones trigonométricas de ángulos que difieren 270° o 3$\pi$/2 rad

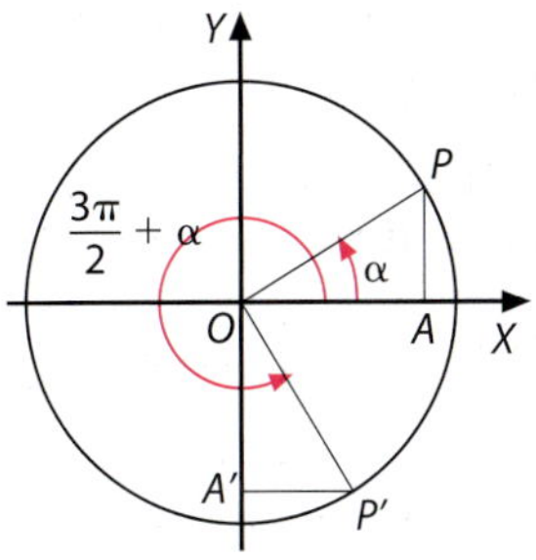


**Figura 3.41.**

Dado que los triángulos *OAP* y *OA′P′* de la figura 3.41 son iguales, ya que tienen iguales la hipotenusa y dos ángulos, podemos afirmar que *AP* es igual a *A′P′*, y que *OA* es igual a *OA′*.

Como en el cuarto cuadrante el seno es negativo, se deduce lo siguiente:

$$\text{sen}\left(\frac{3\pi}{2} + \alpha\right) = -\cos\alpha \qquad \cos\left(\frac{3\pi}{2} + \alpha\right) = \text{sen}\,\alpha$$

$$\text{y} \quad \text{tg}\left(\frac{3\pi}{2} + \alpha\right) = -\text{cotg}\,\alpha$$

**3.** **A partir de la igualdad sen 21° = 0,36, determinar cos 291° y cosec 291°.**

- $\cos 291° = \text{sen } 21° = 0{,}36$
- $\text{cosec } 291° = \dfrac{1}{\text{sen } 291°} = \dfrac{1}{-\cos 21°}$

Hay que calcular, en primer lugar, el coseno de 21°:

$$\cos 21° = \sqrt{1 - \text{sen}^2\, 21} = 0{,}93$$

Por tanto:

$$\text{cosec } 291° = \frac{1}{-0{,}93} = -1{,}07$$

## Cálculo de las razones trigonométricas

**4.** **Sabiendo que sec $\alpha = -4$ y que $180° < \alpha < 270°$, calcular las demás razones trigonométricas de $\alpha$ sin utilizar la calculadora.**

A partir de $1 + \text{tg}^2\, \alpha = \sec^2 \alpha$, y como $\alpha$ es un ángulo del tercer cuadrante ($\text{sen } \alpha < 0$, $\cos \alpha < 0$ y $\text{tg } \alpha > 0$), se obtiene:

$$\text{tg } \alpha = +\sqrt{\sec^2 \alpha - 1} = +\sqrt{15}$$

$$\cos \alpha = \frac{1}{\sec \alpha} = \frac{1}{-4} = -0{,}25$$

$$\text{sen } \alpha = \text{tg } \alpha \cdot \cos \alpha = \sqrt{15} \cdot \left(\frac{-1}{4}\right) = \frac{-\sqrt{15}}{4}$$

$$\text{cosec } \alpha = \frac{1}{\text{sen } \alpha} = \frac{4}{-\sqrt{15}} = \frac{-4\sqrt{15}}{15}$$

$$\text{cotg } \alpha = \frac{1}{\text{tg } \alpha} = \frac{1}{\sqrt{15}} = \frac{\sqrt{15}}{15}$$

ma1b12

## Simplificación de expresiones trigonométricas

**5.** **Simplificar estas expresiones:**

*a)* $\dfrac{\cos\left(\dfrac{\pi}{2} + \alpha\right) \cdot \text{tg } (\pi + \alpha)}{\text{sen } (-\alpha)}$

*b)* $\dfrac{1 + \text{tg}^2\, \alpha}{\text{cosec}^2\, \alpha}$

*c)* $\dfrac{\text{sen } (2\pi - \alpha) - \cos \alpha \cdot \text{sen}\left(\dfrac{\pi}{2} + \alpha\right) + 1}{\text{sen } (\pi - \alpha)}$

*a)* Dado que $\cos\left(\dfrac{\pi}{2} + \alpha\right) = -\text{sen } \alpha$, $\text{tg } (\pi + \alpha) = \text{tg } \alpha$, y $\text{sen } (-\alpha) = -\text{sen } \alpha$, sustituyendo y simplificando, resulta:

$$\frac{\cos\left(\dfrac{\pi}{2} + \alpha\right) \cdot \text{tg } (\pi + \alpha)}{\text{sen } (-\alpha)} = \frac{-\text{sen } \alpha \cdot \text{tg } \alpha}{-\text{sen } \alpha} = \text{tg } \alpha$$

*b)* Dado que $1 + \text{tg}^2\, \alpha = \sec^2 \alpha$, $\dfrac{1}{\text{cosec}^2\, \alpha} = \text{sen}^2\, \alpha$, si sustituimos, resulta:

$$\frac{1 + \text{tg}^2\, \alpha}{\text{cosec}^2\, \alpha} = \sec^2 \alpha \cdot \text{sen}^2\, \alpha = \frac{1}{\cos^2 \alpha} \cdot \text{sen}^2\, \alpha = \text{tg}^2\, \alpha$$

*c)* Dado que $\text{sen } (2\pi - \alpha) = -\text{sen } \alpha$, y que $\text{sen}\left(\dfrac{\pi}{2} + \alpha\right) = \cos \alpha$, $\text{sen } (\pi - \alpha) = \text{sen } \alpha$, sustituyendo:

$$\frac{-\text{sen } \alpha - \cos \alpha \cdot \cos \alpha + 1}{\text{sen } \alpha} = \frac{-\text{sen } \alpha - \cos^2 \alpha + 1}{\text{sen } \alpha}$$

Como $1 - \cos^2 \alpha = \text{sen}^2\, \alpha$, sustituimos y simplificamos:

$$\frac{-\text{sen } \alpha + \text{sen}^2\, \alpha}{\text{sen } \alpha} = -1 + \text{sen } \alpha$$

## Demostración de identidades trigonométricas

**6.** **Demostrar la igualdad** $\frac{1-\text{sen}^4\alpha}{\cos^2\alpha} = 2-\cos^2\alpha$.

Dado que $1-\text{sen}^4\alpha$ es una diferencia de cuadrados:

$$\frac{1-\text{sen}^4\alpha}{\cos^2\alpha} = \frac{(1-\text{sen}^2\alpha)\cdot(1+\text{sen}^2\alpha)}{\cos^2\alpha} = 1+\text{sen}^2\alpha = 1+1-\cos^2\alpha = 2-\cos^2\alpha$$

Como se quería demostrar.

## Aplicaciones de la trigonometría

**7.** **Calcular el área y el perímetro de un pentágono regular inscrito en una circunferencia de radio 3 cm.**

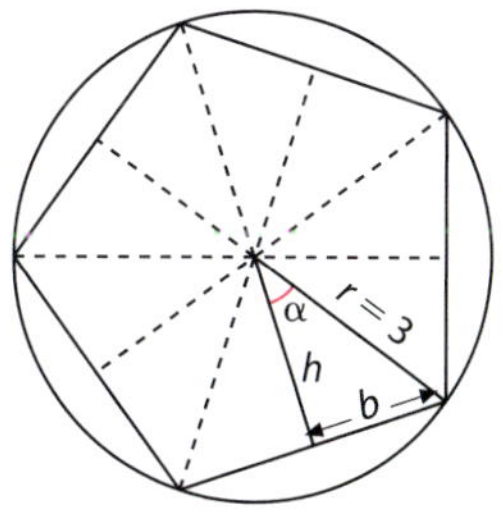

FIGURA 3.42.

Se puede dividir el pentágono en 10 triángulos rectángulos iguales. El ángulo $\alpha$ vale $\frac{360°}{10} = 36°$ (figura 3.42):

$b = r\cdot\text{sen}\,\alpha = 3\cdot\text{sen}\,36° = 1{,}76$ cm

$h = r\cdot\cos\alpha = 3\cdot\cos 36° = 2{,}43$ cm

Llamando $P$ al perímetro, se obtiene:

$P = 10\cdot b = 17{,}6$ cm

El área del pentágono es:

$$A = \frac{10\cdot b\cdot h}{2} = 5\cdot b\cdot h = 21{,}38\ \text{cm}^2$$

**8.** **Observamos la primera terraza de la Giralda de Sevilla bajo un ángulo de elevación de 29°; después, nos alejamos 10 m y repetimos la observación. El ángulo de elevación es ahora de 26,6°. Calcular la altura de la primera terraza de la Giralda.**

En la figura 3.43 se observa que la altura que hay que calcular, a la que denominaremos $h$, corresponde a un mismo cateto de dos triángulos rectángulos cuyo ángulo opuesto a dicha altura conocemos.

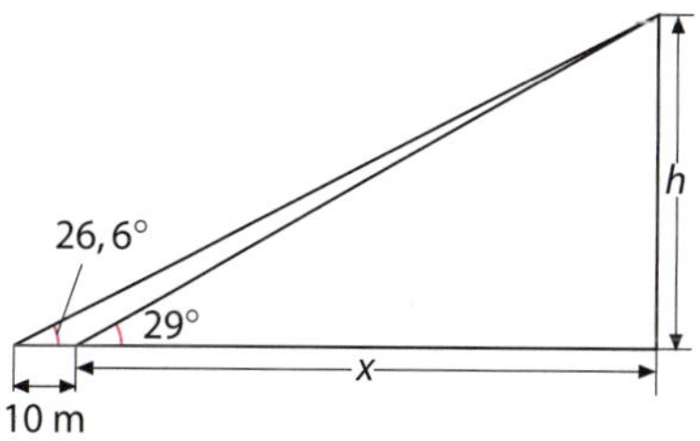

FIGURA 3.43.

Como no sabemos la distancia que hay desde el pie de la Giralda hasta el punto en el que se efectúa la primera observación, le asignamos una incógnita, $x$.

Por tanto, la distancia desde el segundo punto de observación será $x+10$.

A continuación, escribimos para cada triángulo el valor de la tangente del ángulo de observación y obtenemos un sistema de dos ecuaciones con dos incógnitas, $x$ y $h$.

$$\begin{cases} \text{tg}\,29° = \dfrac{h}{x} \\ \text{tg}\,26{,}6° = \dfrac{h}{x+10} \end{cases}$$

Igualando las expresiones que resultan al despejar $x$ en cada una, se obtiene:

$$\frac{h}{\text{tg}\,29°} = \frac{h}{\text{tg}\,26{,}6°} - 10$$

Reduciendo a común denominador y sacando factor común, queda:

$$h\cdot(\text{tg}\,29° - \text{tg}\,26{,}6°) = 10\cdot\text{tg}\,29°\cdot\text{tg}\,26{,}6°$$

Despejando $h$ y realizando el cálculo, se obtiene:

$$h = \frac{10\cdot\text{tg}\,29°\cdot\text{tg}\,26{,}6°}{\text{tg}\,29° - \text{tg}\,26{,}6°} = 51{,}84\ \text{m}$$

Esta es la altura que, según las observaciones realizadas, se deduce para la primera terraza de la Giralda.

## Ángulos

**1** Dada una circunferencia de 3 m de radio, calcula la longitud de una cuerda correspondiente a un ángulo central de 38,5°.

**Solución:** $l = 1{,}98$ m

**2** En una trayectoria circular de 7 m de radio, un móvil se desplaza a 3 m/s. Calcula el ángulo central recorrido en 4 s y escribe el resultado en grados sexagesimales y en radianes.

**Solución:** $\frac{12}{7}$ rad $= 98{,}22°$

**3** Expresa los siguientes ángulos en radianes.

***a)*** 320° ***b)*** 1 273° ***c)*** 125° ***d)*** −765°

**Solución:** ***a)*** 5,59 rad ***b)*** 22,22 rad ***c)*** 2,18 rad ***d)*** −13,35 rad

**4** Expresa como un ángulo entre 0° y 360°.

***a)*** 1230° ***b)*** −730° ***c)*** 9,63 rad ***d)*** $\frac{14\pi}{3}$ rad

**Solución:** ***a)*** 150° ***b)*** 350° ***c)*** 3,35 rad ***d)*** $2\pi/3$ rad

**5** ¿Qué ángulo forman las agujas del reloj a las 9 y 20? ¿Y a las 9 y 15? ¿Y a las 6 y media?

**Solución:** A las 9:20 son 200°, a las 9:15 son 172,5° y a las 6:30 son 345°

**6** En una circunferencia de radio 10 cm, un arco mide 20 cm. Averigua el valor del ángulo central correspondiente y qué longitud tiene la cuerda que determina.

**Solución:** $\alpha = 114°35'29{,}6''$, $c = 16{,}83$ cm

## Razones trigonométricas

**7** Resuelve un triángulo rectángulo, sabiendo que la tangente de uno de sus ángulos agudos es 3,5 y que el cateto opuesto a este ángulo mide 2 cm.

**Solución:** cateto = 0,57 cm, hipotenusa = 2,08 cm

**8** ¿Es posible que exista un ángulo, $\alpha$, que verifique simultáneamente $\operatorname{sen} \alpha = \frac{3}{5}$ y $\cos \alpha = \frac{2}{5}$? ¿Por qué?

**9** Si $\operatorname{cotg} \alpha = \operatorname{cotg} \beta$, ¿podemos asegurar que $\alpha$ y $\beta$ son iguales? Razona tu respuesta.

**10** Dibuja un ángulo del segundo cuadrante cuyo coseno vale −3/5, utilizando una circunferencia de radio unidad.

**11** Dibuja los ángulos cuyo seno vale $-\frac{1}{4}$ utilizando una circunferencia de radio unidad.

**12** Utiliza una circunferencia de radio unidad para dibujar los ángulos cuya tangente es 2.

**13** Si $\cos \alpha = -1{,}11$, indica cuál de las siguientes afirmaciones es cierta y razona tu respuesta.

***a)*** $\alpha$ es un ángulo negativo.

***b)*** $\alpha$ está en el tercer cuadrante.

***c)*** $\alpha$ es un ángulo mayor que $2\pi$.

***d)*** Es imposible que el coseno de un ángulo sea −1,11.

**14** Señala en qué cuadrante está el ángulo $\alpha$ si:

***a)*** $\operatorname{sen} \alpha > 0$ y $\cos \alpha < 0$

***b)*** $\operatorname{sen} \alpha < 0$ y $\operatorname{tg} \alpha > 0$

***c)*** $\sec \alpha < 0$ y $\operatorname{cosec} \alpha < 0$

***d)*** $\operatorname{cotg} \alpha < 0$ y $\cos \alpha > 0$

**15** Sean $\alpha$ y $\beta$ dos ángulos cualesquiera teniendo en cuenta que:

$$\operatorname{tg} \alpha > \operatorname{tg} \beta;\ 270° < \alpha < 360°;\ 270° < \beta < 360°$$

indica si las siguientes afirmaciones son ciertas o no.

***a)*** $\alpha < \beta$

***b)*** $\operatorname{sen} \alpha < \operatorname{sen} \beta$

***c)*** $\beta < \alpha$

***d)*** $\operatorname{sen} \beta < \operatorname{sen} \alpha$

**16** Si $\operatorname{tg} \alpha = -4$ y $\frac{\pi}{2} < \alpha < \pi$, calcula las demás razones trigonométricas.

**Solución:** $\operatorname{sen} \alpha = 0{,}97$, $\cos \alpha = -0{,}24$, $\operatorname{cosec} \alpha = 1{,}03$, $\sec \alpha = -4{,}17$, $\operatorname{cotg} \alpha = -0{,}25$

**17** Si $\operatorname{sen} \alpha = -0{,}3$ y $180° < \alpha < 270°$, calcula las otras razones trigonométricas.

**Solución:** $\cos \alpha = -0{,}95$, $\operatorname{tg} \alpha = 0{,}31$, $\operatorname{cosec} \alpha = -3{,}33$, $\sec \alpha = -1{,}05$, $\operatorname{cotg} \alpha = 3{,}22$

**18** Si $\cos \alpha = 0{,}65$ y $\frac{3\pi}{2} < \alpha < 2\pi$, calcula las restantes razones trigonométricas.

**Solución:** $\operatorname{sen} \alpha = -0{,}76$, $\operatorname{tg} \alpha = -1{,}17$, $\operatorname{cosec} \alpha = -1{,}32$, $\sec \alpha = 1{,}54$, $\operatorname{cotg} \alpha = -0{,}86$

**19** De un ángulo $\alpha$ sabemos que:

$$\operatorname{tg} \alpha = -\frac{1}{2};\ \operatorname{sen} \alpha < \cos \alpha$$

¿En qué cuadrante se encuentra dicho ángulo?

**20** Señala si las siguientes igualdades son ciertas o no. En este último caso, escribe la igualdad correcta.

***a)*** $\operatorname{sen} \alpha = \operatorname{sen} (180° + \alpha)$

***b)*** $\cos \alpha = \operatorname{sen} (90° + \alpha)$

***c)*** $\sec \alpha = \sec (2\pi - \alpha)$

***d)*** $\operatorname{tg} \alpha = \operatorname{cotg} \left(\frac{3\pi}{2} - \alpha\right)$

***e)*** $\operatorname{cosec} \alpha = -\operatorname{cosec} (\pi - \alpha)$

***f)*** $\operatorname{cotg} \alpha = \operatorname{cotg} (360° - \alpha)$

**21** A partir de las razones trigonométricas de 0°, 30° y 45° calcula.

***a)*** sen 135°

***b)*** cos 720°

***c)*** cos 210°

***d)*** tg 300°

***e)*** cos 450°

***f)*** tg 135°

***g)*** tg 210°

**22** Sin usar la calculadora, halla todos los valores de $\alpha$ en el primer giro que verifican las siguientes igualdades.

*a)* $\text{sen}\ \alpha = -\dfrac{1}{2}$ *d)* $\text{tg}\ \alpha = \sqrt{3}$

*b)* $\sec \alpha = -\sqrt{2}$ *e)* $\text{cosec}\ \alpha = -\dfrac{2}{\sqrt{3}}$

*c)* $\cos \alpha = \dfrac{1}{\sqrt{2}}$ *f)* $\text{cosec}\ \alpha = -2$

**23** Averigua sin utilizar la calculadora:

*a)* $\text{sen}\ 1\,500°$ *c)* $\cos 2\,745°$ *e)* $\text{tg}\ 2\,010°$

*b)* $\text{sen}\left(\dfrac{61\pi}{3}\right)$ *d)* $\cos\left(\dfrac{37\pi}{6}\right)$ *f)* $\text{tg}\left(-\dfrac{7\pi}{3}\right)$

**Solución:** *a)* $\sqrt{3}/2$ *b)* $\sqrt{3}/2$ *c)* $-\sqrt{2}/2$ *d)* $\sqrt{3}/2$ *e)* $\sqrt{3}/3$ *f)* $-\sqrt{3}$

**24** Sabiendo que $\text{sen}\ \alpha = \dfrac{3}{4}$ y que $\alpha$ es un ángulo del primer cuadrante, calcula:

*a)* $\text{sen}\ (180° - \alpha)$ *d)* $\text{sen}\ (180° + \alpha)$ *g)* $\text{cosec}\ \alpha$

*b)* $\text{cosec}\ (-\alpha)$ *e)* $\cos (360° - \alpha)$ *h)* $\cos\left(\dfrac{3\pi}{2} - \alpha\right)$

*c)* $\text{tg}\left(\dfrac{3\pi}{2} + \alpha\right)$ *f)* $\sec (180° - \alpha)$ *i)* $\text{cotg}\ (-\alpha)$

**Solución:** *a)* 3/4 *b)* −4/3 *c)* $-\sqrt{7}/3$ *d)* −3/4 *e)* $\sqrt{7}/4$ *f)* $-4\sqrt{7}/7$ *g)* 4/3 *h)* −3/4 *i)* $-\sqrt{7}/3$

**25** Halla estas razones trigonométricas sin calculadora.

*a)* sen 150° *f)* cos 225° *k)* tg (−45°)

*b)* cosec 120° *g)* cotg 240° *l)* sec 135°

*c)* sen 315° *h)* sec (−120°) *m)* sen 1 395°

*d)* $\text{cosec}\left(\dfrac{7\pi}{6}\right)$ *i)* $\text{sen}\left(\dfrac{13\pi}{3}\right)$ *n)* $\text{tg}\left(\dfrac{2\pi}{3}\right)$

*e)* tg (−495°) *j)* $\text{cotg}\left(\dfrac{13\pi}{2}\right)$ *ñ)* cosec 720°

**26** Calcula las siguientes razones trigonométricas:

*a)* $\text{tg}\ (7\pi - \alpha)$, si $\text{tg}\ \alpha = 2$

*b)* $\text{tg}\left(\dfrac{7\pi}{2} + \alpha\right)$, si $\text{tg}\ \alpha = \dfrac{3}{2}$

**Solución:** *a)* −2 *b)* −2/3

**27** Calcula los ángulos del primer giro que cumplen:

*a)* $\cos \alpha = 0{,}989$

*b)* $\text{tg}\ \alpha = 2{,}5$

**Solución:** *a)* 8° 30′ 22,13″ y 351° 29′ 37,9′ *b)* 68° 11′ 54,93″ y 248° 11′ 54,93″

**28** Utilizando la calculadora, averigua el valor que tiene el ángulo $\alpha$.

*a)* $\text{sen}\ \alpha = -0{,}15,\ \ \alpha < 3\pi/2$

*b)* $\cos \alpha = -0{,}92,\ \ \alpha > \pi$

*c)* $\text{tg}\ \alpha = 2{,}35,\ \ \alpha > \pi$

*d)* $\text{cotg}\ \alpha = 0{,}36,\ \ \alpha < \pi/2$

**Solución:** *a)* 188° 37′ 37″ *b)* 203° 4′ 26″ *c)* 246° 56′ 55,3″ *d)* 70° 12′ 4″

## Expresiones trigonométricas

**29** Simplifica las siguientes expresiones trigonométricas.

*a)* $\dfrac{\cos(\pi + \alpha) - \text{sen}\left(\dfrac{\pi}{2} - \alpha\right)}{\text{sen}\left(\dfrac{3\pi}{2} + \alpha\right) + \cos(\pi - \alpha)}$

*b)* $\dfrac{\cos^2 \alpha}{1 + \text{sen}\ \alpha}$

*c)* $(2 - \text{cosec}^2 \alpha) : \dfrac{\text{sen}^4\alpha - \cos^4\alpha}{\text{sen}^2\alpha}$

*d)* $\dfrac{\text{sen}\left(\dfrac{\pi}{4}\right) + \text{tg}\left(\dfrac{\pi}{6}\right)}{\text{sen}\left(\dfrac{\pi}{3}\right) - \cos\left(\dfrac{3\pi}{2}\right)}$

*e)* $\text{sen}^4 \alpha + \text{sen}^2 \alpha \cdot \cos^2 \alpha$

*f)* $\dfrac{\cos^3 \alpha + \cos \alpha \cdot \text{sen}^2 \alpha}{\text{sen}^3 \alpha + \cos^2 \alpha \cdot \text{sen}\ \alpha}$

*g)* $\dfrac{-\text{sen}\ \alpha - \cos^2 \alpha + 1}{\text{sen}\ \alpha} \cdot (1 + \text{sen}\ \alpha)$

**Solución:** *a)* 1 *b)* $1 - \text{sen}\ \alpha$ *c)* 1 *d)* $2(\sqrt{3} + \sqrt{2})/(3\sqrt{2})$ *e)* $\text{sen}^2 \alpha$ *f)* $\text{cotg}\ \alpha$ *g)* $-\cos^2 \alpha$

**30** Demuestra, de forma razonada, las siguientes igualdades.

*a)* $\dfrac{\sec^2 \alpha}{\text{cotg}\ \alpha}(1 - \text{sen}^2 \alpha) \cdot \text{cosec}^2 \alpha = \dfrac{\text{cosec}\ \alpha}{\cos \alpha}$

*b)* $(1 - \text{sen}^2 \alpha) \cdot \dfrac{1}{\cos \alpha} \cdot \dfrac{1 + \cos^2 \alpha}{2 - \text{sen}^2 \alpha} \cdot \text{tg}\ \alpha = \text{sen}\ \alpha$

*c)* $\text{cotg}^2 \alpha \cdot \cos^2 \alpha - \text{cotg}^2 \alpha = -\cos^2 \alpha$

*d)* $\dfrac{\cos^4 \alpha - \text{sen}^4 \alpha}{\text{sen}\ \alpha \cdot \cos \alpha} = \dfrac{1 - \text{tg}^2 \alpha}{\text{tg}\ \alpha}$

*e)* $(1 + \text{tg}\ \alpha) \cdot (1 + \text{cotg}\ \alpha) = \dfrac{(\text{sen}\ \alpha + \cos \alpha)^2}{\text{sen}\ \alpha \cdot \cos \alpha}$

## Triángulos rectángulos

**31** Resuelve cada uno de los triángulos rectángulos de la figura.

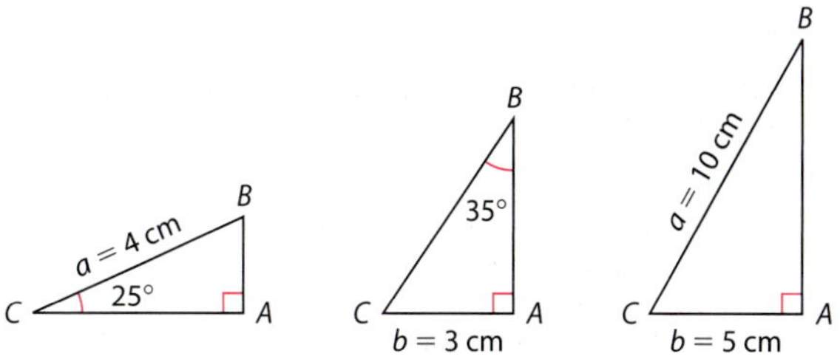


FIGURA 3.44.

**Solución:** *a)* $B = 65°, b = 3{,}63$ cm, $c = 1{,}69$ cm *b)* $C = 55°, c = 4{,}28$ cm, $a = 5{,}23$ cm *c)* $B = 30°, C = 60°, c = 8{,}66$ cm

**32** Calcula el ángulo de elevación del Sol sobre el horizonte, sabiendo que una estatua proyecta una sombra que mide tres veces su altura.

**Solución:** $\alpha = 18°\ 26'\ 6''$

**33** En un triángulo *ABC*, rectángulo en *A*, conocemos la altura correspondiente al vértice *A*, que es 7 cm, y el cateto *b* que es de 9 cm. Calcula el valor de los ángulos *B* y *C*, del cateto *c*, y de la hipotenusa, *a*.

**Solución:** $B = 38° 56' 32{,}79''$, $C = 51° 3' 27{,}21''$, $a = 14{,}32$ cm, $c = 11{,}14$ cm

**34** En un triángulo rectángulo, conocemos la altura correspondiente relativa a la hipotenusa, que es 3 cm, y la hipotenusa, $a = 10$ cm. Calcula el valor de los ángulos agudos, y la medida de los catetos.

**Solución:** $B = 18° 26' 5{,}82''$, $C = 71° 33' 54{,}18''$, $c = 9{,}49$ cm y $b = 3{,}16$ cm

**35** Conociendo la longitud de la hipotenusa de un triángulo rectángulo, 16 cm, y que la proyección ortogonal de uno de los catetos sobre ella es de 9 cm, calcula el área del triángulo.

**Solución:** $A = 63{,}50$ cm$^2$

**36** En un triángulo rectángulo, un cateto, *b*, mide 5 cm y su proyección sobre la hipotenusa 4 cm. Calcula la longitud de la hipotenusa y del otro cateto.

**Solución:** $a = 6{,}25$ cm, $c = 3{,}75$ cm

**37** Construye un triángulo rectángulo cuyos catetos midan $b = 5$ cm y $c = 12$ cm. Calcula la longitud de la hipotenusa, las proyecciones de los catetos sobre la hipotenusa, la altura correspondiente a la hipotenusa y los ángulos agudos de dicho triángulo.

**Solución:** $a = 13$ cm, $B = 22° 37' 11{,}51''$, $C = 67° 22' 48{,}49''$, $h = 4{,}62$ cm, $\text{proy}_b = 1{,}92$ cm y $\text{proy}_c = 11{,}08$ cm

**38** En un triángulo rectángulo, la altura sobre la hipotenusa la divide en dos segmentos de 4,3 y 7,8 cm, respectivamente. Calcula:

*a)* Los ángulos agudos del triángulo.

*b)* La longitud de los catetos.

*c)* Su área.

**Solución:** *a)* 53° 24′ 24,18″ y 36° 35′ 35,82″ *b)* 9,71 cm y 7,21 cm *c)* $A = 35{,}04$ cm$^2$

**39** Uno de los ángulos de un triángulo rectángulo mide $B = 27° 45' 12''$ y su cateto opuesto, $b = 4$ cm. ¿Cuánto miden los otros lados y ángulos del triángulo?

**Solución:** $a = 8{,}59$ cm, $c = 7{,}60$ cm, $C = 62° 14' 48''$

**40** Calcula el perímetro del triángulo rectángulo *ABC*, sabiendo que la longitud del segmento *CP* es $2\sqrt{3}$ cm.

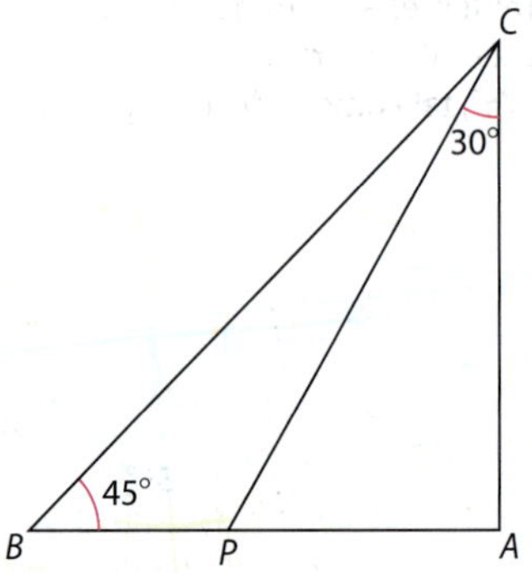


**Figura 3.44.**

**Solución:** 10,24 cm

## Problemas de aplicación

**41** Una circunferencia mide 48,56 cm y las dos tangentes trazadas desde un punto exterior forman un ángulo de 25°. Calcula la distancia del centro de la circunferencia a dicho punto.

**Solución:** $d = 35{,}71$ cm

**42** Los radios de dos circunferencias tangentes exteriormente son de 15 cm y 8 cm, respectivamente. Calcula el ángulo que forman sus tangentes comunes.

**Solución:** 35° 26′ 16,31″

**43** Bajo un ángulo de 90°, un barco divisa dos plataformas petrolíferas. Se sabe que la distancia a una de las plataformas es de 6,8 km, y que la distancia a la línea imaginaria que las une es de 6 km. Calcula la distancia que hay entre las plataformas y la distancia del barco a la segunda plataforma.

**Solución:** 14,45 km y 12,75 km, respectivamente

**44** Calcula los ángulos de un rombo sabiendo que la longitud de sus lados es de 5 cm y que sus diagonales miden 6 cm y 8 cm.

**Solución:** 106° 15′ 37″ y 73° 44′ 23″

**45** Desde un helicóptero que vuela a 300 m de altura se observa un pueblo, bajo un ángulo de depresión de 25°. Calcula la distancia del helicóptero al pueblo medida sobre la horizontal.

**Solución:** 643,35 m

**46** El ángulo desigual de un triángulo isósceles mide 32° 24′ 36″. El lado desigual mide 7 cm. Calcula el área del triángulo.

**Solución:** $A = 42{,}15$ cm$^2$

**47** El ángulo desigual de un triángulo isósceles es de 25°. Los lados iguales miden 7 cm cada uno. Calcula el área del triángulo.

**Solución:** $A = 10{,}35$ cm$^2$

**48** El área de un triángulo rectángulo es 30 cm$^2$, y su hipotenusa mide 13 cm. Averigua el valor de los ángulos agudos de dicho triángulo.

**Solución:** 67° 22′ 48,49″ y 22° 37′ 11,51″

**49** Un grupo de bomberos intenta llegar con una escalera de 5 m de longitud a una ventana de un edificio que está situada a 4 m del suelo, de donde sale una densa nube de humo. ¿A qué distancia de la pared del edificio habrán de colocar los bomberos el pie de la escalera para poder entrar por la ventana?

**Solución:** 3 m

**50** Situados en un punto de un terreno horizontal, el ángulo que forma la visual dirigida al punto más alto de un árbol con la horizontal, es de 60°. ¿Cuál será el ángulo que se formará si nos alejamos a una distancia del árbol el triple de la inicial?

**Solución:** $\alpha = 30°$

**51** Desde el suelo, vemos la terraza de un rascacielos bajo un ángulo de 40°. ¿Con qué ángulo la veríamos desde una distancia que fuera la mitad de la anterior?

**Solución:** $\alpha = 59° 12' 36{,}96''$

52 La hipotenusa de un triángulo rectángulo mide el triple que uno de los catetos. Averigua el valor de los ángulos de este triángulo y la relación entre la hipotenusa y el otro cateto.

**Solución:** 70° 31′ 43,61″ y 19°28′16,39″

53 El radio terrestre, $R$, mide alrededor de 6 370 km. ¿Cuál es la longitud aproximada del paralelo que pasa por Sevilla? (Latitud de Sevilla: 37° 20′)

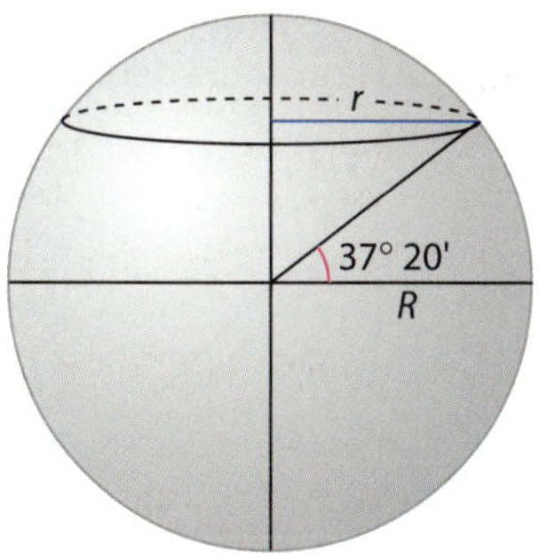


Figura 3.46.

**Solución:** 31 823,83 km

54 Calcula los ángulos que determina la diagonal de una caja de zapatos de 35 x 20 x 15 cm con cada una de las caras.

**Solución:** Con la cara de 35 × 20, 20° 24′ 37,6″. Con la cara de 35 × 15, 27° 42′ 34,6″. Con la cara de 15 × 20, 54° 27′ 44,36″

55 Un rectángulo de 3 cm × 4 cm está inscrito en una circunferencia. Calcula cuánto miden los arcos que determina en ella.

**Solución:** 4,64 cm y 3,22 cm

56 Halla el área de un octógono regular inscrito en una circunferencia de 5 m de radio.

**Solución:** $A = 70{,}71\ m^2$

57 Un pentágono regular está inscrito en una circunferencia de radio 10 cm. Calcula:

*a)* El área del pentágono.

*b)* El área de la corona circular que forman dicha circunferencia y la circunferencia inscrita en el pentágono.

**Solución:** *a)* $A = 237{,}76\ cm^2$ *b)* $A = 108{,}54\ cm^2$

58 Calcula el radio de la circunferencia inscrita y circunscrita a un decágono regular de 25 cm de lado.

**Solución:** $r_i = 38{,}47$ cm y $r_c = 40{,}45$ cm

59 Un club náutico dispone de una rampa para efectuar saltos de esquí acuático. Esta rampa tiene una longitud de 8 m y su punto más elevado se encuentra a 2 m sobre el nivel del agua. Si se pretende que los esquiadores salgan desde un punto situado a 2,5 m de altura, ¿cuántos metros hay que alargar la rampa sin variar el ángulo de inclinación?

**Solución:** 2 m

60 Un trapecio regular tiene una altura de 4 cm y sus bases miden 8 cm y 14 cm, respectivamente. Calcula su perímetro, su área y el valor de sus ángulos.

**Solución:** $P = 32$ cm, $A = 44\ cm^2$, ángulos: 53,13° y 126,87°

61 En un círculo de 14 cm de radio, calcula el perímetro de un sector circular correspondiente a un ángulo central de 40°.

**Solución:** $P = 37{,}77$ cm

62 Calcula el área del segmento circular correspondiente a un ángulo central de 115° en una circunferencia de 15 cm de radio.

**Solución:** $A = 123{,}84\ cm^2$

63 Dos observadores ven el punto más alto de una torre bajo un ángulo de 58° y 75°, respectivamente, tal como indica la figura. La distancia que los separa es de 25 metros. Calcula la altura de la torre.

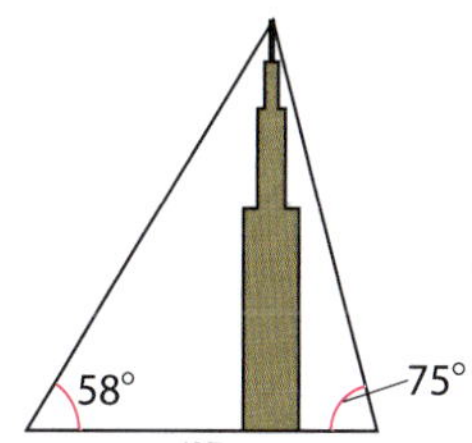


Figura 3.47.

**Solución:** $h = 28$ m

64 Observamos la cima de una montaña bajo un ángulo de elevación de 67°. Si nos alejamos 300 m, el ángulo de elevación es de 27°. Calcula la altura de la montaña.

**Solución:** 195,04 m

65 Para medir la anchura de un río, dos amigos se colocan en una de las orillas separados una distancia de 150 m. Los dos miden el ángulo que forma su visual a un árbol, punto de la orilla contraria con la recta que los une, y resultan 39° y 75°, tal como indica la figura. ¿Cuál es la anchura del río?

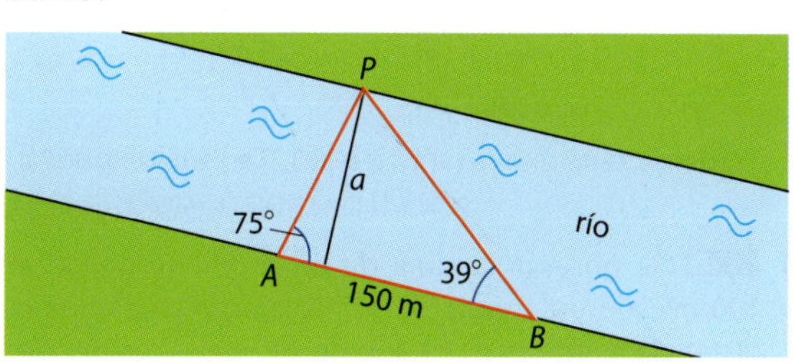


Figura 3.48.

**Solución:** $a = 99{,}81$ m

**66** Desde dos puntos distantes entre sí 3 km se observa un globo sonda. El ángulo de elevación desde uno de los puntos, *A*, es 24,° y desde el otro, *B*, 36°. ¿Cuál es el punto más próximo al globo sonda? ¿Y la altura del globo?

**Solución:** Primer caso: $d = 1{,}86$ km y $h = 0{,}83$ km
Segundo caso: $d = 4{,}75$ km y $h = 3{,}45$ km

**67** Desde un punto observamos la copa de un árbol bajo un ángulo de 40°. Desde ese mismo punto, pero a una altura de 2 m, vemos la copa bajo un ángulo de 20°. Calcula la altura del árbol y la distancia a la que nos encontramos de él.

**Solución:** $h = 3{,}53$ m y $x = 4{,}21$ m

**68** El ángulo de elevación del Sol sobre el horizonte es de 48°. Calcula la longitud de la sombra que proyectará una estaca clavada verticalmente en el suelo si su longitud es de 1,3 m. ¿Cuál sería la longitud de la sombra de la estaca si esta estuviera inclinada 5° respecto de la vertical?

**Solución:** $s = 117{,}05$ cm. Si está inclinada 5°, $s = 105{,}28$ cm o $s = 127{,}94$ cm

**69** Desde un punto situado a una cierta distancia de la fachada de un edificio, observamos su punto más alto bajo un ángulo de 49°, tal como se indica en la figura. Nos alejamos 60 m, bajando unas escaleras, y desde un punto 10 m por debajo del anterior, vemos el mismo punto en lo alto del edificio bajo un ángulo de 26°. Calcula la altura del edificio.

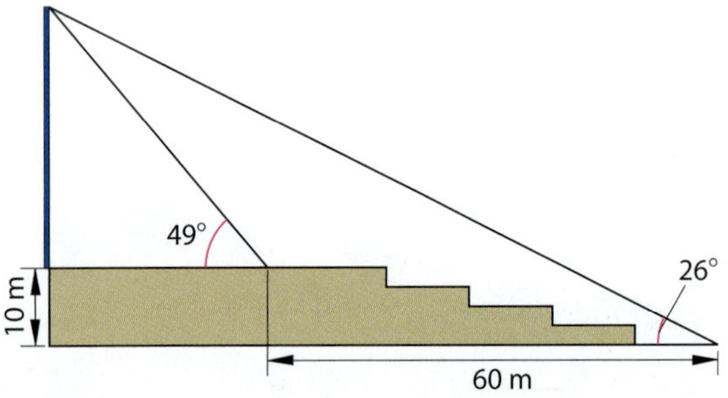


Figura 3.49.

**Solución:** $h = 33{,}44$ m

**70** Para calcular la altura de un mural, realizamos dos mediciones desde dos puntos *A* y *B*, como se indica en la siguiente figura. Calcula la distancia de ambos puntos al mural, y la altura de este.

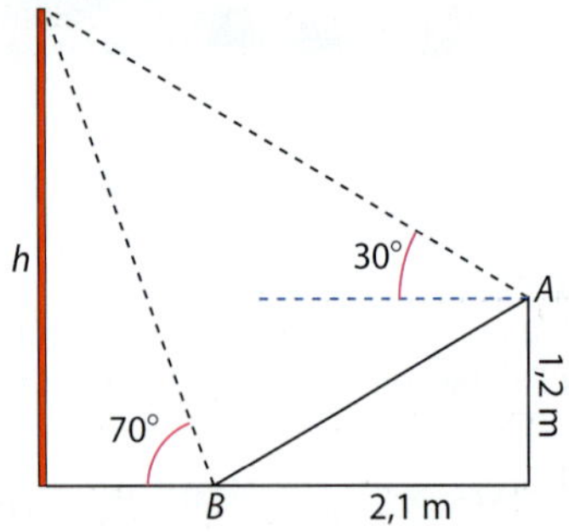


Figura 3.50.

**Solución:** La distancia de *A* al mural es de 3,21 m y la distancia de *B* al mural es de 1,11 m. La altura del mural es de $h = 3{,}05$ m

**71** Se observa la cima de un promontorio de altura 100 m bajo un ángulo de 17°. Nos acercamos una cierta distancia y entonces el ángulo de elevación es de 30°. Calcula qué distancia nos hemos acercado.

**Solución:** 153,88 m

**72** El poste central de una carpa se sujeta con cables al suelo. En el punto de fijación del cable con el suelo, el ángulo que forma el cable con el terreno, supuestamente horizontal, es de 45°, y se gastan 2 m más de cable que si el cable y el terreno forman un ángulo de 55°. Si hacen falta 6 cables para realizar una sujeción segura del poste, averigua cuánto cable hace falta si gastamos la menor cantidad posible, y cuál es la altura del poste.

**Solución:** 75,73 m de cable y $h = 10{,}34$ m

**73** Queremos averiguar la anchura de un voladizo situado a 8 m de altura. Desde un mismo punto realizamos dos mediciones y obtenemos los ángulos que se indican en la figura. Calcula la anchura del voladizo.

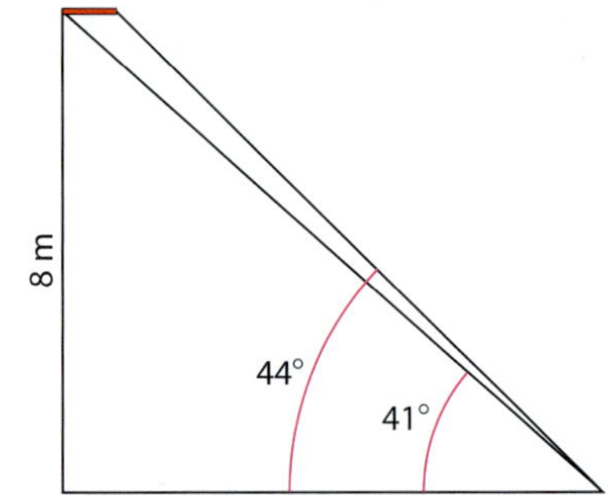


Figura 3.51.

**Solución:** $a = 0{,}92$ m

**74** Desde un barco *A* se divisa la luz de un faro bajo un ángulo de 45°, y su base, que está en una pequeña elevación de la costa, bajo un ángulo de 20°. Una barca, *B*, situada a 15 m del punto de la costa en que está el faro, ve su luz bajo un ángulo de 65°. Calcula cuánto mide el faro desde su base hasta su luz.

**Solución:** 20,46 m

**75** Para calcular la altura de un punto *P* inaccesible, dos amigos, *A* y *B*, han realizado las mediciones que se reflejan en la figura. Sabiendo que el ángulo *OAB* es recto, calcula la altura del punto *P*, perpendicular al plano *OAB*.

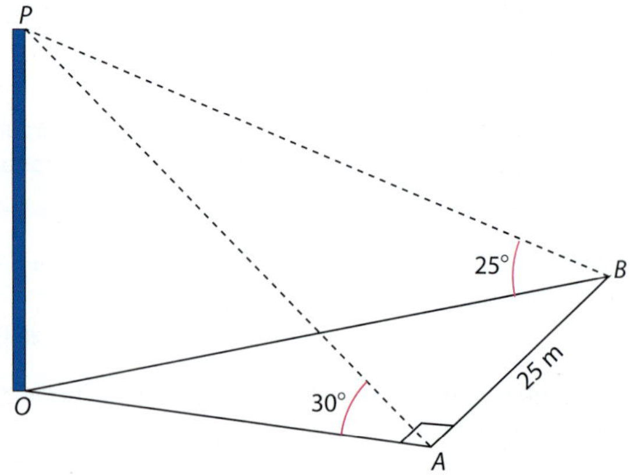


Figura 3.52.

**Solución:** $L = 19{,}77$ m

**76** En un triángulo rectángulo de lados 6 cm, 8 cm y 10 cm se considera un punto *P*, que dista 1 cm del cateto más largo y de la hipotenusa. Desde este punto trazamos perpendiculares a los dos catetos, de forma que queda dibujando un rectángulo. ¿Cuál es la superficie de este rectángulo?

## Evaluación

| Soy capaz de... | Actividades |
|---|---|
| Conocer las razones trigonomótricas de un ángulo, así como las del ángulo suma y diferencia de otros dos. | 1-5 |
| Resolver problemas geométricos del mundo natural, geométrico o tecnológico, utilizando las fórmulas trigonométricas usuales. | 1, 5-7 |
| Realizar estimaciones y elaborar conjeturas sobre los resultados de los problemas a resolver valorando su utilidad y eficacia. | 2 |
| Valorar la información de un enunciado y relacionarla con el número de soluciones del problema. | 3 |
| Recrear entornos y objetos geométricos con herramientas tecnológicas interactivas para mostrar, analizar y comprender propiedades geométricas. | 6 |

**1.** Calcula las razones trigonométricas del ángulo $\alpha$ de este triángulo rectángulo.

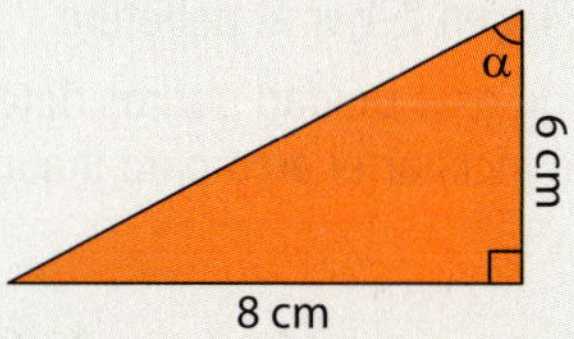


**2.** Si el coseno y la tangente de un ángulo son negativos, ¿entre qué valores está el ángulo?

**3.** Halla los posibles valores de $\alpha$ sabiendo que $\text{cotg}\ \alpha = 1$.

*a)* $\text{sen}\ \alpha$

*b)* $\cos (180° + \alpha)$

*c)* $\text{tg}\ (90° + \alpha)$

*d)* ¿En qué cuadrantes puede estar $\alpha$? ¿Qué valores puede tomar? Da tu respuesta en grados y en radianes.

**4.** Comprueba que se cumplen las siguientes identidades.

*a)* $\cos\left(\frac{\pi}{2} - \alpha\right) \cdot \text{sen}\ (\pi - \alpha) + \cos (2\pi - \alpha) \cdot \text{sen}\left(\frac{\pi}{2} - \alpha\right) = 1$

*b)* $\dfrac{\text{sen}\ (2\pi - \alpha) \cdot \cos\left(-\alpha + \frac{\pi}{2}\right)}{\text{sen}\ (\pi - \alpha)} = -\text{sen}\ \alpha$

**5.** En un triángulo isósceles, el seno del ángulo desigual es $\frac{1}{2}$. ¿Cuáles son las posibles medidas de los ángulos?

**6.** Calcula el área y el perímetro de un octógono regular inscrito en una circunferencia de 5 cm de radio.

Utiliza *GeoGebra* para realizar la construcción y comprueba que se obtiene el mismo resultado para el área que el obtenido mediante trigonometría.

**7.** Marta observa el punto más alto de la torre Eiffel, de 324 m de altura, bajo un ángulo de 60°. Su amigo Cristian le recomienda que mire bajo un ángulo de 45°. ¿Qué distancia debe alejarse?

# 4 Trigonometría II

El día 25 de julio de 1992 se celebró en Barcelona la ceremonia de inauguración de los XXV Juegos Olímpicos de la época moderna.

Uno de los momentos más emocionantes tuvo lugar cuando el atleta paralímpico Antonio Rebollo, especialista en tiro con arco, encendió el pebetero del estadio olímpico mediante uno de los procedimientos más originales de todos los utilizados hasta entonces en las olimpiadas: del pebetero, de 29 m de altura, salía una columna de gas inflamable de 2 m de altura. El arquero, que sostenía el arco a 1,5 m del suelo, tenía que conseguir que una flecha encendida atravesase la columna de gas para desencadenar la combustión.

Al ser disparada, la flecha salió del arco con una velocidad inicial de unos 34 m/s y tardó 2,4 s en llegar al pebetero.

Al final de esta unidad podrás determinar el valor del ángulo con que Antonio Rebollo debió inclinar el arco para inaugurar los Juegos Olímpicos de Barcelona.

# Repasa lo que sabes

Relacionamos las razones trigonométricas de ángulos de distinto cuadrante con ayuda gráfica.

**1.** Si $\alpha$ es un ángulo del primer cuadrante, razona cuáles de las siguientes igualdades son ciertas y cuáles no.

- $\cos\alpha = \cos(-\alpha)$
- $\text{sen}\left(\dfrac{\pi}{2} - \alpha\right) = \text{sen}\,\alpha$
- $\text{tg}\,\alpha = \text{tg}\,(180° - \alpha)$
- $\text{sen}\left(\dfrac{3\pi}{2} - \alpha\right) = -\cos\alpha$

Podemos utilizar la tecla ***paso inverso*** [SHIFT] de la calculadora para averiguar a qué ángulos corresponde una razón trigonométrica.

La calculadora muestra solo uno de los ángulos. El otro lo determinamos gráficamente.

**2.** Utiliza la calculadora para hallar los ángulos comprendidos en el primer giro que cumplen que $\cos\alpha = -0{,}45$.

**3.** Utiliza la calculadora para hallar las razones trigonométricas de un ángulo del segundo cuadrante si $\text{sen}\,\alpha = 0{,}5$.

Las propiedades generales de los triángulos son:

- La suma de los tres ángulos ha de ser 180°.
- La suma de dos lados cualesquiera ha de ser mayor que el tercero.
- El lado mayor está enfrentado al ángulo mayor; el lado menor, al ángulo menor, y el lado intermedio, al ángulo intermedio.

**4.** ¿Existe algún triángulo cuyos lados midan, respectivamente, 3 cm, 4 cm y 8 cm? Explica por qué.

**5.** ¿Cuántos triángulos hay cuyos ángulos sean 113°, 25° y 42°? ¿Por qué?

**Resolver un triángulo rectángulo** es hallar todos sus lados y ángulos desconocidos. Podemos utilizar:

- La suma de los tres ángulos ha de ser 180°.
- El teorema de Pitágoras.
- Las definiciones de las razones trigonométricas.

**6.** Resuelve el triángulo si $\hat{A} = 90°$, $a = 14$ cm y $b = 6$ cm. Ten en cuenta que $\hat{A}$, $\hat{B}$ y $\hat{C}$ son los ángulos de un triángulo rectángulo y $a$, $b$ y $c$ sus lados opuestos.

## Representación de ángulos de diferente cuadrante

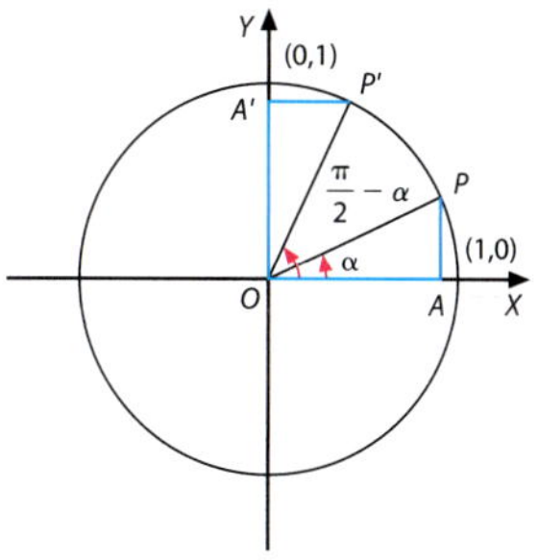


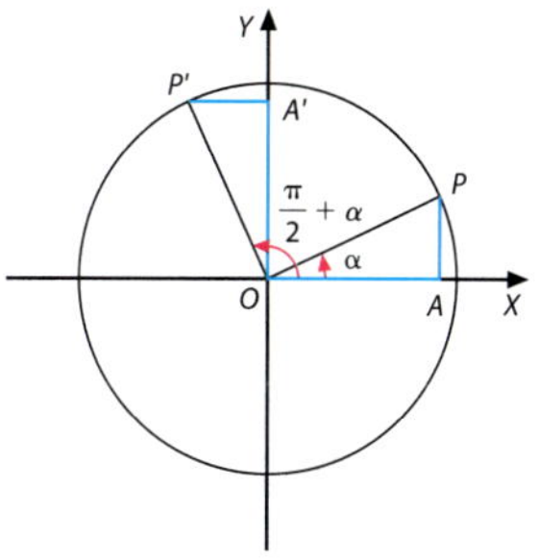


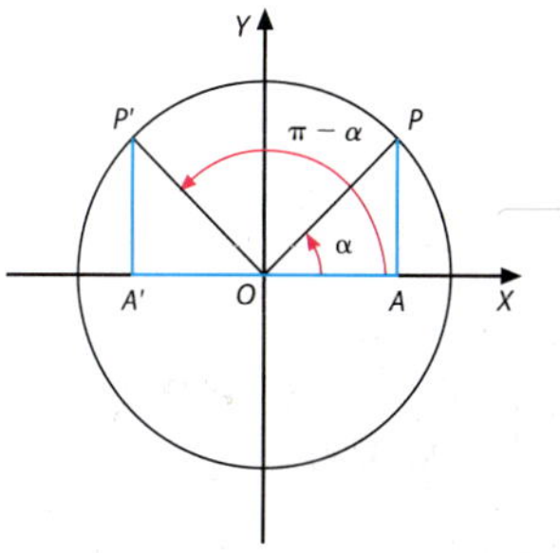


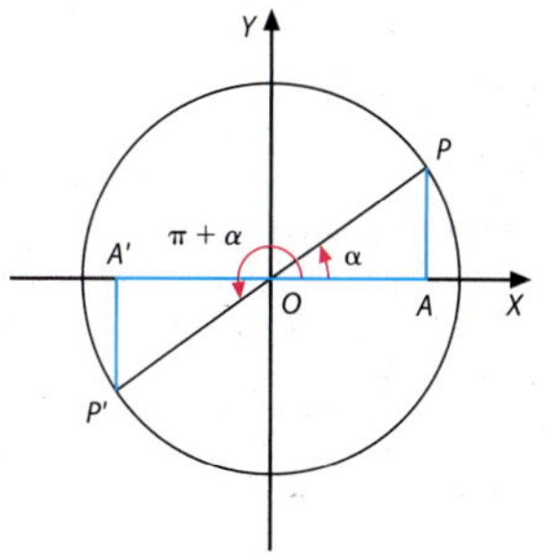


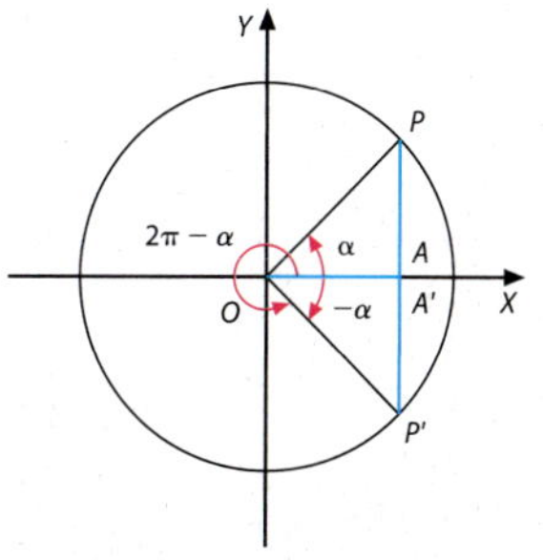

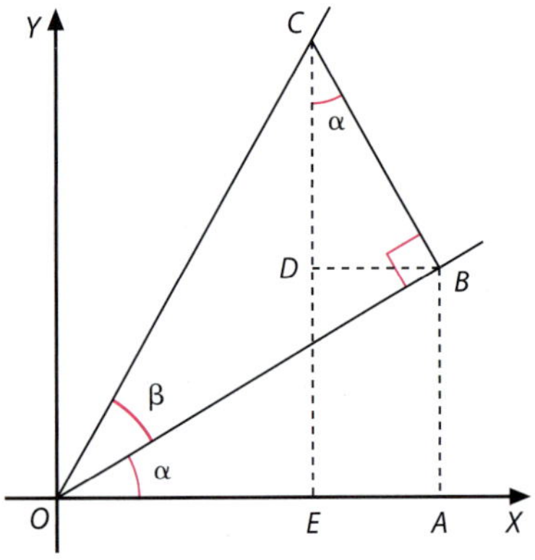


FIGURA 4.1.

# 1. Identidades trigonométricas

## 1.1. Razones trigonométricas de la suma de dos ángulos

### Seno de la suma de dos ángulos

En la figura 4.1, el ángulo $\alpha$ de los triángulos $OAB$ y $CDB$ tiene el mismo valor, ya que los lados que lo determinan en un triángulo son perpendiculares a los del otro.

En el triángulo $OEC$, $\text{sen}\,(\alpha+\beta)=\dfrac{EC}{OC}=\dfrac{ED+DC}{OC}$.

Como $ED = AB$, tenemos que $\text{sen}\,(\alpha+\beta)=\dfrac{AB+DC}{OC}$.

En el triángulo $CDB$, $\cos\alpha=\dfrac{DC}{BC}$; por tanto, $DC = BC\cos\alpha$.

En el triángulo $OAB$, $\text{sen}\,\alpha=\dfrac{AB}{OB}$, por lo que $AB = OB\,\text{sen}\,\alpha$.

Sustituyendo:

$$\text{sen}\,(\alpha+\beta)=\frac{OB\,\text{sen}\,\alpha+BC\cos\alpha}{OC}=\frac{OB\,\text{sen}\,\alpha}{OC}+\frac{BC\cos\alpha}{OC}$$

En el triángulo $OBC$, $\cos\beta=\dfrac{OB}{OC}$ y $\text{sen}\,\beta=\dfrac{BC}{OC}$. De este modo:

$$\text{sen}\,(\alpha+\beta)=\text{sen}\,\alpha\cdot\cos\beta+\text{sen}\,\beta\cdot\cos\alpha$$

### Coseno de la suma de dos ángulos

Aplicando al ángulo $\alpha+\beta$ las relaciones que existen entre las razones trigonométricas de ángulos que difieren 90° (figura 4.2), se puede escribir:

$$\cos\,(\alpha+\beta)=\text{sen}\,(90°+\alpha+\beta)=\text{sen}\,[(90°+\alpha)+\beta]=$$
$$=\text{sen}\,(90°+\alpha)\cdot\cos\beta+\text{sen}\,\beta\cdot\cos\,(90°+\alpha)$$

Aplicando $\text{sen}\,(90°+\alpha)=\cos\alpha$ y $\cos(90°+\alpha)=-\text{sen}\,\alpha$, se obtiene:

$$\cos\,(\alpha+\beta)=\cos\alpha\cdot\cos\beta+\text{sen}\,\beta\cdot(-\text{sen}\,\alpha)$$

Cabe concluir, pues, que la expresión para el coseno de la suma de dos ángulos es:

$$\cos\,(\alpha+\beta)=\cos\alpha\cdot\cos\beta-\text{sen}\,\alpha\cdot\text{sen}\,\beta$$

### Tangente de la suma de dos ángulos

Aplicando la relación $\text{tg}\,\alpha=\dfrac{\text{sen}\,\alpha}{\cos\alpha}$ al ángulo $(\alpha+\beta)$, se obtiene:

$$\text{tg}\,(\alpha+\beta)=\frac{\text{sen}\,(\alpha+\beta)}{\cos\,(\alpha+\beta)}=\frac{\text{sen}\,\alpha\cdot\cos\beta+\text{sen}\,\beta\cdot\cos\alpha}{\cos\alpha\cdot\cos\beta-\text{sen}\,\alpha\cdot\text{sen}\,\beta}$$

Dividiendo todos los términos por $\cos\alpha\cdot\cos\beta$, resulta:

$$\text{tg}\,(\alpha+\beta)=\frac{\text{tg}\,\alpha+\text{tg}\,\beta}{1-\text{tg}\,\alpha\cdot\text{tg}\,\beta}$$

**Errores comunes**

Las razones trigonométricas de la suma de dos ángulos, $\alpha$ y $\beta$, **no equivalen a** la suma de las razones trigonométricas de los ángulos $\alpha$ y $\beta$. Es decir:

- $\text{sen}\,(\alpha+\beta)\neq\text{sen}\,\alpha+\text{sen}\,\beta$
- $\cos\,(\alpha+\beta)\neq\cos\alpha+\cos\beta$
- $\text{tg}\,(\alpha+\beta)\neq\text{tg}\,\alpha+\text{tg}\,\beta$

Por ejemplo:

$\text{sen}\,75°=\text{sen}\,(30°+45°)=$

$=\dfrac{1}{2}\cdot\dfrac{\sqrt{2}}{2}+\dfrac{\sqrt{2}}{2}\cdot\dfrac{\sqrt{3}}{2}=\dfrac{\sqrt{2}+\sqrt{6}}{4}$

Mientras que:

$\text{sen}\,45°+\text{sen}\,30°=\dfrac{\sqrt{2}}{2}+\dfrac{1}{2}=$

$=\dfrac{\sqrt{2}+1}{2}$

Por tanto:

$\text{sen}\,75°\neq\text{sen}\,45°+\text{sen}\,30°$

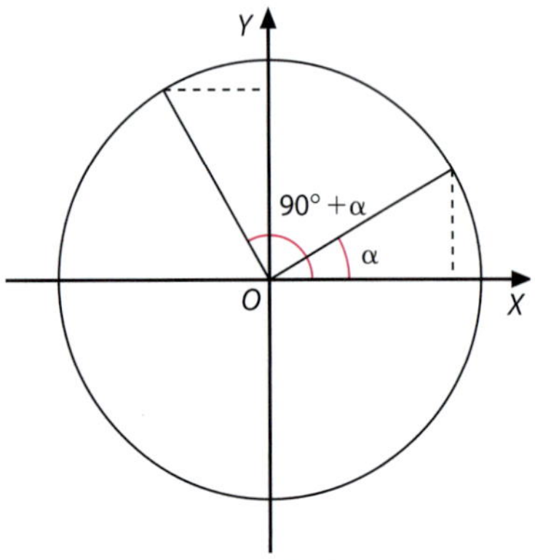


FIGURA 4.2.

## 1.2. Razones trigonométricas de la diferencia de dos ángulos

### Seno de la diferencia de dos ángulos

Utilizando la expresión obtenida para el seno de la suma:

$$\text{sen}(\alpha + \beta) = \text{sen}\,\alpha \cdot \cos\beta + \cos\alpha \cdot \text{sen}\,\beta$$

y sustituyendo el ángulo β por (−β), se obtiene:

$$\text{sen}[\alpha + (-\beta)] = \text{sen}\,\alpha \cdot \cos(-\beta) + \cos\alpha \cdot \text{sen}(-\beta)$$

Empleando las relaciones entre las razones del ángulo opuesto (figura 4.3), se obtiene la expresión siguiente:

$$\text{sen}[\alpha + (-\beta)] = \text{sen}\,\alpha \cdot \cos\beta + \cos\alpha \cdot (-\text{sen}\,\beta)$$

de donde:

$$\text{sen}(\alpha - \beta) = \text{sen}\,\alpha \cdot \cos\beta - \cos\alpha \cdot \text{sen}\,\beta$$

### Coseno de la diferencia de dos ángulos

A partir de la expresión obtenida para el coseno de la suma:

$$\cos(\alpha + \beta) = \cos\alpha \cdot \cos\beta - \text{sen}\,\alpha \cdot \text{sen}\,\beta$$

y sustituyendo β por (−β), se obtiene:

$$\cos[\alpha + (-\beta)] = \cos\alpha \cdot \cos(-\beta) - \text{sen}\,\alpha \cdot \text{sen}(-\beta)$$

Aplicando las relaciones entre las razones trigonométricas de ángulos opuestos, cabe concluir que:

$$\cos(\alpha - \beta) = \cos\alpha \cdot \cos\beta + \text{sen}\,\alpha \cdot \text{sen}\,\beta$$

### Tangente de la diferencia de dos ángulos

Del mismo modo que en el caso de la tangente de la suma de dos ángulos, se puede demostrar que:

$$\text{tg}(\alpha - \beta) = \frac{\text{tg}\,\alpha - \text{tg}\,\beta}{1 + \text{tg}\,\alpha \cdot \text{tg}\,\beta}$$

**RECUERDA**

La figura 4.3 muestra dos ángulos opuestos.

Las relaciones entre las razones trigonométricas de ángulos opuestos son:

- $\text{sen}\,\alpha = -\text{sen}(-\alpha)$
- $\cos\alpha = \cos(-\alpha)$
- $\text{tg}\,\alpha = -\text{tg}(-\alpha)$

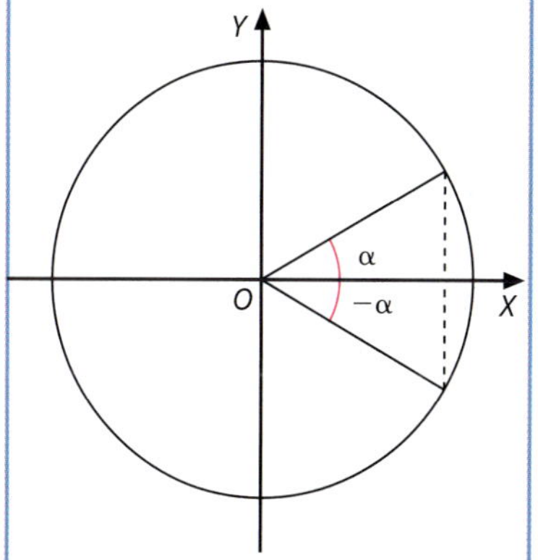


FIGURA 4.3.

### Actividades

**1** Calcula las razones trigonométricas de un ángulo de 15°, conociendo las de uno de 45° y las de otro de 30°.

**Solución:** $\text{sen}\,15° = (\sqrt{6} - \sqrt{2})/4$, $\cos 15° = (\sqrt{6} + \sqrt{2})/4$, $\text{tg}\,15° = 2 - \sqrt{3}$

**2** Sabiendo que $\cos\alpha = -\frac{5}{13}$; que el ángulo α pertenece al 3.er cuadrante, que $\text{sen}\,\beta = \frac{3}{5}$ y que β pertenece al 2.° cuadrante, calcula $\text{sen}(\alpha + \beta)$ y $\cos(\alpha - \beta)$.

**Solución:** $\text{sen}(\alpha + \beta) = 33/65$, $\cos(\alpha - \beta) = -16/65$

**3** Calcula el coseno y la tangente del ángulo de 75° utilizando las razones trigonométricas de 30° y 45°. Comprueba después el resultado utilizando una calculadora científica.

**4** Procediendo de forma análoga a como se halló $\text{tg}(\alpha + \beta)$, demuestra que:

$$\text{tg}(\alpha - \beta) = \frac{\text{tg}\,\alpha - \text{tg}\,\beta}{1 + \text{tg}\,\alpha \cdot \text{tg}\,\beta}$$

## 1.3. Razones trigonométricas del ángulo doble y del ángulo mitad

Las razones trigonométricas del **ángulo doble** de $\alpha$, es decir $2\alpha$, se pueden obtener utilizando las fórmulas de la suma de dos ángulos, $\alpha + \beta$:

$$\text{sen}\,(\alpha + \beta) = \text{sen}\,\alpha \cdot \cos\beta + \text{sen}\,\beta \cdot \cos\alpha$$

Si se sustituye el ángulo $\beta$ por $\alpha$, se obtiene:

$$\text{sen}\,(\alpha + \alpha) = \text{sen}\,2\alpha = \text{sen}\,\alpha \cdot \cos\alpha + \text{sen}\,\alpha \cdot \cos\alpha = 2\,\text{sen}\,\alpha \cdot \cos\alpha$$

y, por tanto:

$$\text{sen}\,2\alpha = 2\,\text{sen}\,\alpha \cdot \cos\alpha$$

De modo análogo, se puede demostrar que:

ma1b13

$$\cos 2\alpha = \cos^2\alpha - \text{sen}^2\,\alpha \qquad \text{tg}\,2\alpha = \frac{2\,\text{tg}\,\alpha}{1 - \text{tg}^2\,\alpha}$$

Las fórmulas para calcular las razones trigonométricas del **ángulo mitad** de $\beta$, es decir $\beta/2$, se pueden obtener a partir de la fórmula para el coseno del ángulo doble y de la ecuación fundamental de la trigonometría:

$$1 = \cos^2\alpha + \text{sen}^2\,\alpha \qquad \cos 2\alpha = \cos^2\alpha - \text{sen}^2\,\alpha$$

Al sumar y restar miembro a miembro las dos identidades, resulta:

$$1 + \cos 2\alpha = 2\cos^2\alpha \qquad 1 - \cos 2\alpha = 2\,\text{sen}^2\alpha$$

Efectuando el cambio $2\alpha = \beta$, se obtiene, respectivamente:

$$1 + \cos\beta = 2\cos^2\left(\frac{\beta}{2}\right) \qquad 1 - \cos\beta = 2\,\text{sen}^2\left(\frac{\beta}{2}\right)$$

De donde se deduce que:

$$\cos\left(\frac{\beta}{2}\right) = \pm\sqrt{\frac{1 + \cos\beta}{2}} \qquad \text{sen}\left(\frac{\beta}{2}\right) = \pm\sqrt{\frac{1 - \cos\beta}{2}}$$

**OBSERVA**

El ángulo $\beta$ puede pertenecer a cualquier cuadrante o comprender más de un giro. Por ello, al calcular las razones trigonométricas del ángulo $\beta/2$, se debe tener en cuenta el cuadrante en el que se encuentra, con el fin de otorgar a sus razones trigonométricas el signo que les corresponde.

Para calcular la tangente de $\frac{\beta}{2}$, se divide el seno por el coseno:

$$\text{tg}\left(\frac{\beta}{2}\right) = \pm\sqrt{\frac{1 - \cos\beta}{1 + \cos\beta}}$$

### Actividades

**5** Conociendo las razones trigonométricas de $\frac{\pi}{6}$, calcula las de $\frac{\pi}{12}$.

**Solución:** $\text{sen}\left(\frac{\pi}{12}\right) = \frac{\sqrt{2 - \sqrt{3}}}{2}$, $\cos\left(\frac{\pi}{12}\right) = \frac{\sqrt{2 + \sqrt{3}}}{2}$, $\text{tg}\left(\frac{\pi}{12}\right) = \sqrt{7 - 4\sqrt{3}}$

**6** Si $\text{sen}\,\alpha = \frac{-12}{13}$ y $\pi < \alpha < \frac{3\pi}{2}$, calcula las razones trigonométricas del ángulo doble y del ángulo mitad de $\alpha$.

**Solución:** $\text{sen}\,2\alpha = 120/169$, $\cos 2\alpha = -119/169$, $\text{tg}\,2\alpha = -120/119$, $\text{sen}\,(\alpha/2) = 3\sqrt{13}/13$, $\cos(\alpha/2) = -2\sqrt{13}/13$, $\text{tg}\,(\alpha/2) = -3/2$

**7** Demuestra.

*a)* $\cos 2\alpha = \cos^2\alpha - \text{sen}^2\,\alpha$ *b)* $\text{tg}\,2\alpha = \frac{2\,\text{tg}\,\alpha}{1 - \text{tg}^2\,\alpha}$

## 1.4. Transformación de la suma de dos razones trigonométricas en producto

El objetivo de las siguientes demostraciones es obtener una serie de fórmulas que permitan transformar sumas de razones trigonométricas en productos y viceversa, con el fin de simplificar algunas expresiones trigonométricas.

### Transformación de la suma de senos en producto

Partiendo de las ecuaciones del seno de la suma y de la diferencia:

$$\text{sen}\,(\alpha + \beta) = \text{sen}\,\alpha \cdot \cos\beta + \text{sen}\,\beta \cdot \cos\alpha$$

$$\text{sen}\,(\alpha - \beta) = \text{sen}\,\alpha \cdot \cos\beta - \text{sen}\,\beta \cdot \cos\alpha$$

y sumando miembro a miembro, se obtiene:

$$\text{sen}\,(\alpha + \beta) + \text{sen}\,(\alpha - \beta) = 2\,\text{sen}\,\alpha \cdot \cos\beta$$

Si hacemos ahora el siguiente cambio de variables

$$\alpha + \beta = A \qquad \alpha - \beta = B$$

de modo que:

$$\alpha = \frac{A + B}{2}$$

$$\beta = \frac{A - B}{2}$$

se obtiene:

$$\text{sen}\,A + \text{sen}\,B = 2\,\text{sen}\,\frac{A + B}{2} \cdot \cos\frac{A - B}{2}$$

### Transformación de la diferencia de senos en producto

Por un procedimiento análogo al anterior, se puede demostrar la siguiente expresión:

$$\text{sen}\,A - \text{sen}\,B = 2\cos\frac{A + B}{2} \cdot \text{sen}\,\frac{A - B}{2}$$

**OBSERVA**

En ocasiones es útil emplear la expresión:

$$\text{sen}\,\alpha \cdot \cos\beta =$$

$$= \frac{1}{2}\,[\text{sen}\,(\alpha + \beta) + \text{sen}\,(\alpha - \beta)]$$

### Ejercicios resueltos

▶ *Calcular, sin utilizar la calculadora*, sen 75° + sen 15°.

Aplicamos la fórmula de conversión de sumas de senos en productos:

$$\text{sen}\,75° + \text{sen}\,15° = 2\,\text{sen}\left(\frac{75° + 15°}{2}\right) \cdot \cos\left(\frac{75° - 15°}{2}\right) =$$

$$= 2\,\text{sen}\,45° \cdot \cos 30° = \frac{\sqrt{6}}{2}$$

▶ *Calcular* sen 75° − sen 15°.

Aplicando la fórmula de conversión de la diferencia de senos en productos, concluimos que:

$$\text{sen}\,75° - \text{sen}\,15° = 2\cos\left(\frac{75° + 15°}{2}\right) \cdot \text{sen}\left(\frac{75° - 15°}{2}\right) =$$

$$= 2\cos 45° \cdot \text{sen}\,30° = \frac{\sqrt{2}}{2}$$

## Transformación de la suma de cosenos en producto

Partiendo de las siguientes fórmulas:

$$\cos(\alpha + \beta) = \cos\alpha \cdot \cos\beta - \text{sen}\,\alpha \cdot \text{sen}\,\beta$$
$$\cos(\alpha - \beta) = \cos\alpha \cdot \cos\beta + \text{sen}\,\alpha \cdot \text{sen}\,\beta$$

y sumando miembro a miembro ambas igualdades, se obtiene:

$$\cos(\alpha + \beta) + \cos(\alpha - \beta) = 2\cos\alpha \cdot \cos\beta$$

Después se realiza el siguiente cambio de variables:

$$\alpha + \beta = A$$
$$\alpha - \beta = B$$

Tras sustituir, concluimos que:

$$\cos A + \cos B = 2\cos\frac{A+B}{2} \cdot \cos\frac{A-B}{2}$$

**OBSERVA**

En ocasiones es útil emplear esta expresión:

$$\cos\alpha \cdot \cos\beta = \frac{1}{2}[\cos(\alpha+\beta) + \cos(\alpha-\beta)]$$

## Transformación de la diferencia de cosenos en producto

Siguiendo un proceso similar, es posible demostrar la siguiente fórmula para la diferencia de cosenos:

$$\cos A - \cos B = -2\,\text{sen}\,\frac{A+B}{2} \cdot \text{sen}\,\frac{A-B}{2}$$

### Ejercicios resueltos

▶ *Calcular* $\cos 75° + \cos 15°$.

$$\cos 75° + \cos 15° = 2\cos\left(\frac{75° + 15°}{2}\right) \cdot \cos\left(\frac{75° - 15°}{2}\right) =$$
$$= 2\cos 45° \cdot \cos 30° = \frac{\sqrt{6}}{2}$$

▶ *Calcular* $\cos 75° - \cos 15°$.

$$\cos 75° - \cos 15° = -2\,\text{sen}\left(\frac{75° + 15°}{2}\right) \cdot \text{sen}\left(\frac{75° - 15°}{2}\right) =$$
$$= -2\,\text{sen}\,45° \cdot \text{sen}\,30° = -\frac{\sqrt{2}}{2}$$

### Actividades

**8** Demuestra la igualdad: $\dfrac{\text{sen}\,3x + \text{sen}\,x}{\text{sen}\,3x - \text{sen}\,x} = \dfrac{2}{1 - \text{tg}^2 x}$

**9** Calcula.

*a)* $\dfrac{\cos 105° - \cos 15°}{\cos 105° + \cos 15°}$

*b)* $\dfrac{\text{sen}\,70° + \text{sen}\,50°}{\cos 70° + \cos 50°}$

*c)* $\dfrac{\text{sen}\,100° + \text{sen}\,40°}{\cos 100° - \cos 40°}$

*d)* $\cos 52{,}5° \cdot \cos 7{,}5°$

**Solución:** *a)* $-\sqrt{3}$ *b)* $\sqrt{3}$ *c)* $-\sqrt{3}$ *d)* $(1 + \sqrt{2})/4$

**10** Demuestra.

*a)* La fórmula de la conversión de la diferencia de senos en productos.

*b)* La fórmula de la conversión de la diferencia de cosenos en productos.

## 1.5. Ecuaciones trigonométricas

Una **ecuación** se denomina **trigonométrica** cuando la incógnita forma parte del argumento de una razón trigonométrica.

Hay ecuaciones trigonométricas de resolución inmediata.

### Ejercicio resuelto

▶ *Resolver las siguientes ecuaciones trigonométricas.*

- $\cos x = -\dfrac{1}{2}$

  Si $\cos x = -\dfrac{1}{2}$, los ángulos $x$ comprendidos entre 0° y 360° que cumplen esta igualdad son:

  $x = 120°$ y $x = 240°$

  Pero la ecuación tiene infinitas soluciones, puesto que también lo son:

  $120° + 360°, 120° + 2 \cdot 360°, 120° + 3 \cdot 360°, \ldots$

  y $120° - 360°, 120° - 2 \cdot 360°, 120° - 3 \cdot 360°, \ldots$

  y lo mismo sucede con 240°. Por eso, las soluciones de esta ecuación se escriben del siguiente modo:

  En grados: $\begin{cases} x = 120° + k \cdot 360° \\ x = 240° + k \cdot 360° \end{cases} \quad k \in \mathbb{Z}$

  En radianes: $\begin{cases} x = \dfrac{2\pi}{3} + k \cdot 2\pi \\ x = \dfrac{4\pi}{3} + k \cdot 2\pi \end{cases} \quad k \in \mathbb{Z}$

- $\text{sen } 2x = \dfrac{\sqrt{2}}{2}$

  Si $\text{sen } 2x = \dfrac{\sqrt{2}}{2}$, los ángulos $2x$ comprendidos entre 0° y 360° que cumplen la igualdad son:

  $2x = 45°$ y $2x = 135°$. Luego:

  En grados: $\begin{cases} 2x = 45° + k \cdot 360° \\ 2x = 135° + k \cdot 360° \end{cases} \quad k \in \mathbb{Z} \Rightarrow \begin{cases} x = 22{,}5° + k \cdot 180° \\ x = 67{,}5° + k \cdot 180° \end{cases}$

  En radianes: $\begin{cases} x = \dfrac{\pi}{8} + k \cdot \pi \\ x = \dfrac{3\pi}{8} + k \cdot \pi \end{cases} \quad k \in \mathbb{Z}$

- $\text{tg}\left(x + \dfrac{\pi}{2}\right) = 0$

  Si $\text{tg}\left(x + \dfrac{\pi}{2}\right) = 0$, entonces $x + \dfrac{\pi}{2} = 0$ o $x + \dfrac{\pi}{2} = \pi$ entre 0 y $2\pi$.

  Las soluciones en radianes son:

  $\begin{cases} x = -\dfrac{\pi}{2} + k \cdot 2\pi \\ x = \dfrac{\pi}{2} + k \cdot 2\pi \end{cases} \quad k \in \mathbb{Z},$

  o lo que es lo mismo $x = \dfrac{\pi}{2} + k \cdot \pi, k \in \mathbb{Z}$

  En otras ecuaciones es necesario manejar fórmulas trigonométricas.

## Ejercicios resueltos

▶ *Resolver la ecuación* sen $2x = \text{tg } x$.

Sustituimos sen $2x$ y tg $x$ por sus expresiones equivalentes en función de sen $x$ y cos $x$:

$$2 \text{ sen } x \cos x = \frac{\text{sen } x}{\cos x} \Rightarrow 2 \text{ sen } x \cos^2 x = \text{sen } x$$

**Atención:** No deben dividirse los dos miembros de la igualdad por sen $x$ para simplificar, puesto que se pierden las soluciones de sen $x = 0$, como vemos a continuación:

$$2 \text{ sen } x \cos^2 x - \text{sen } x = 0$$
$$\text{sen } x \cdot (2 \cos^2 x - 1) = 0$$

Por tanto, sen $x = 0$ o $2 \cos^2 x - 1 = 0$.

De la ecuación sen $x = 0$ se obtienen dos soluciones entre 0° y 360°, $x = 0°$ y $x = 180°$. Las infinitas soluciones de la ecuación serán:

$$x = k \cdot 180° \quad k \in \mathbb{Z}$$

De la ecuación $2 \cos^2 x - 1 = 0$ se obtiene $\cos x = \pm\frac{\sqrt{2}}{2}$, por lo que el conjunto de soluciones es:

$$\begin{cases} x = 45° + k \cdot 360° \\ x = 135° + k \cdot 360° \end{cases} \qquad \begin{cases} x = 225° + k \cdot 360° \\ x = 315° + k \cdot 360° \end{cases} \quad k \in \mathbb{Z}$$

Lo que equivale a escribir: $x = 45° + k \cdot 90° \quad k \in \mathbb{Z}$

▶ *Resolver la ecuación* $\cos 2x + \cos x = 0$.

De forma análoga al ejemplo anterior:

$\cos^2 x - \text{sen}^2 x + \cos x = 0$

$\cos^2 x - (1 - \cos^2 x) + \cos x = 0 \Rightarrow \cos^2 x - 1 + \cos^2 x + \cos x = 0$

$$2 \cos^2 x + \cos x - 1 = 0 \Rightarrow \cos x = \frac{-1 \pm \sqrt{1+8}}{4} = \begin{cases} \nearrow -1 \\ \searrow 1/2 \end{cases}$$

- $\cos x = \frac{1}{2} \Rightarrow \begin{cases} x = 60° + k \cdot 360° \\ x = 300° + k \cdot 360° \end{cases} \quad k \in \mathbb{Z}$
- $\cos x = -1 \Rightarrow \quad x = 180° + k \cdot 360° \quad k \in \mathbb{Z}$

**OBSERVA**

Las soluciones en radianes de la ecuación $\cos 2x + \cos x = 0$ son:

$$\begin{cases} x = \pi/3 + k \cdot 2\pi \\ x = 5\pi/3 + k \cdot 2\pi \quad k \in \mathbb{Z} \\ x = \pi + k \cdot 2\pi \end{cases}$$

## Actividades

**11** Resuelve las siguientes ecuaciones.

*a)* sen $3x = 1$ *b)* sen $x = \cos x$ *c)* cosec $x = -2$

**Solución:** *a)* $x = 30° + k \cdot 120°, k \in \mathbb{Z}$ *b)* $x = 45° + k \cdot 180°, k \in \mathbb{Z}$

*c)* $\begin{cases} x = 210° + k \cdot 360° \\ x = 330° + k \cdot 360° \end{cases} \quad k \in \mathbb{Z}$

**12** Resuelve $\cos^2 x - 3 \cos x + 2 = 0$

**Solución:** $x = k \cdot 360°$

**13** Resuelve sen $x + \cos x = 1$

**Solución:** $x = 90° + k \cdot 360°$ y $x = k \cdot 360°$ con $k \in \mathbb{Z}$

**14** Resuelve $\text{tg } x \cdot \sec x = \sqrt{2}$

**Solución:** $\begin{cases} x = 45° + k \cdot 360° \\ x = 135° + k \cdot 360° \end{cases} \quad k \in \mathbb{Z}$

# 2. Triángulos

## 2.1. Teoremas del seno y del coseno

Dado que los triángulos de la figura 4.4 no son rectángulos, no es posible aplicar las definiciones de las razones trigonométricas de sus ángulos. Para solventar esta dificultad, se utilizan los teoremas del seno y del coseno.

### Teorema del seno

En un triángulo no rectángulo se traza una altura cualquiera, por ejemplo, la correspondiente al vértice A (figura 4.4.a). Esta altura divide el triángulo ABC en dos triángulos rectángulos, BMA y AMC.

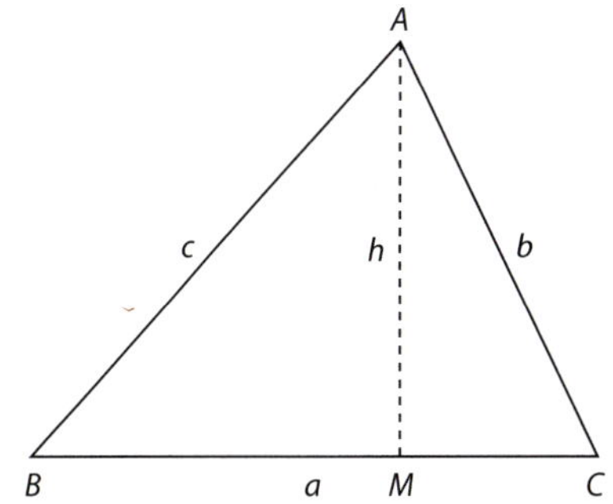

FIGURA 4.4.a.

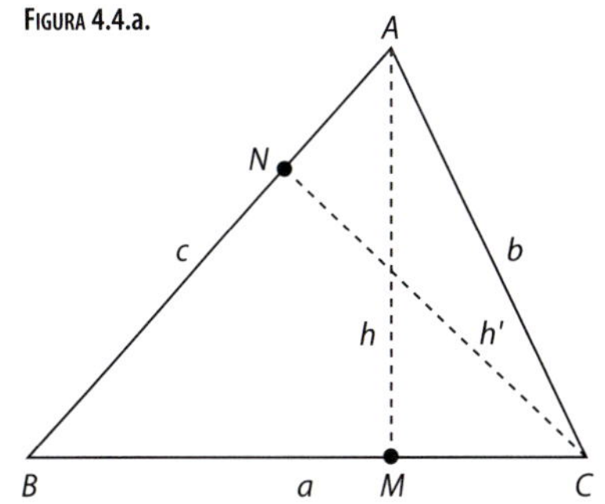

FIGURA 4.4.b.

Aplicando la definición del seno de un ángulo agudo, se obtiene:

$$\text{sen B} = \frac{h}{c} \text{ y } \text{sen C} = \frac{h}{b}$$

Aislando $h$ e igualando, resulta $c$ sen B = $b$ sen C, es decir:

$$\frac{b}{\text{sen B}} = \frac{c}{\text{sen C}} \quad (1)$$

Se traza ahora la altura correspondiente a otro vértice, por ejemplo, C (figura 4.4.b). El triángulo inicial queda dividido en dos triángulos rectángulos, ANC y CNB.

Aplicando la definición del seno en los dos triángulos rectángulos, resulta:

$$\text{sen B} = \frac{h'}{a} \text{ y } \text{sen A} = \frac{h'}{b}$$

Procediendo de manera análoga, se obtiene:

ma1b14

$$\frac{a}{\text{sen A}} = \frac{b}{\text{sen B}} \quad (2)$$

Al agrupar las igualdades (1) y (2), cabe concluir que:

**Teorema del seno**
En un triángulo cualquiera, las longitudes de los lados son proporcionales a los senos de los ángulos opuestos:

$$\frac{a}{\text{sen } A} = \frac{b}{\text{sen } B} = \frac{c}{\text{sen } C}$$

**Ejercicio resuelto**

▶ *Los lados c y b de un triángulo valen 5 cm y 7 cm, respectivamente, y su ángulo B, 30°. Calcular el ángulo C.*

No se puede presuponer que el triángulo sea rectángulo. Para resolver el problema, se aplica el teorema del seno:

$$\frac{b}{\text{sen B}} = \frac{c}{\text{sen C}} \Rightarrow \frac{7}{\text{sen } 30°} = \frac{5}{\text{sen C}}$$

De donde resulta que sen C = 0,36 y, por tanto, C = 21,1°.

Podría ser C = 158,9°, pero entonces B + C = 30° + 158,9° > 180°, lo cual es imposible.

En ocasiones, los dos ángulos obtenidos son posibles. En el siguiente epígrafe se trata en profundidad la resolución de estos problemas para un triángulo cualquiera.

**OBSERVA**

Por el teorema del seno se demuestra que la proporción entre los lados de un triángulo y el seno de sus ángulos opuestos es igual al diámetro de la circunferencia circunscrita al triángulo.

Sea el triángulo $ABC$ y $r$ el radio de su circunferencia circunscrita. Se traza el diámetro que pasa por $C$ y se construye el triángulo $DBC$.

Los ángulos $A$ y $D$ son iguales, dado que abarcan el mismo arco, mientras que el ángulo $B$, en el triángulo $DBC$, es recto, ya que abarca un diámetro.

Al aplicar el teorema del seno al triángulo $DBC$, se obtiene:

$$\frac{a}{\text{sen } D} = \frac{2r}{\text{sen } B}$$

Como sen $D$ = sen $A$ y sen $B = 1$, resulta que:

$$\frac{a}{\text{sen } A} = 2r$$

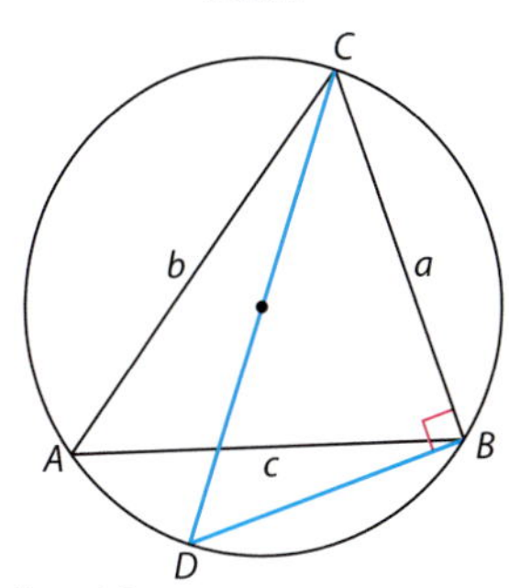

FIGURA 4.5.

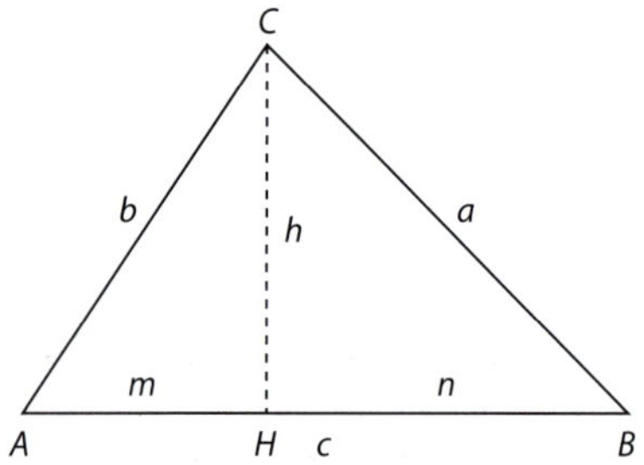

FIGURA 4.6.

## Teorema del coseno

Consideramos el triángulo $ABC$ de la figura 4.6. Se traza la altura correspondiente a un vértice, en este caso C, y se aplica el teorema de Pitágoras en el triángulo $CHB$ resultante:

$$a^2 = n^2 + h^2$$

Dado que $n = c - m$, sustituyendo, se obtiene:

$$a^2 = (c - m)^2 + h^2 = c^2 + m^2 - 2cm + h^2$$

Como $m^2 + h^2 = b^2$, resulta:

$$a^2 = c^2 + b^2 - 2cm$$

y, dado que $m = b \cos A$, puede concluirse que:

$$a^2 = c^2 + b^2 - 2cb \cos A$$

ma1b15

**Teorema del coseno**

En un triángulo cualquiera, un lado elevado al cuadrado es igual a la suma de los cuadrados de los otros dos menos el doble de su producto por el coseno del ángulo que forman.

$$a^2 = b^2 + c^2 - 2bc \cos A$$
$$b^2 = a^2 + c^2 - 2ac \cos B$$
$$c^2 = a^2 + b^2 - 2ab \cos C$$

**OBSERVA**

El **teorema de Pitágoras** es un caso particular del teorema del coseno: aquel en el que el triángulo es rectángulo.

### Ejercicios resueltos

▶ *Dos de los lados de un triángulo miden 3 cm y 5 cm, respectivamente, y forman un ángulo de 40°. Calcular el otro lado.*

Aplicando el teorema del coseno, se obtiene:

$$a^2 = b^2 + c^2 - 2bc \cos A \Rightarrow a^2 = 9 + 25 - 30 \cos 40° \Rightarrow a = 3{,}3 \text{ cm}$$

▶ *Los lados de un triángulo miden $a = 3$ cm, $b = 5$ cm, y $c = 6$ cm. Calcular los tres ángulos.*

Aplicando el teorema del coseno, obtenemos:

$$a^2 = b^2 + c^2 - 2bc \cos A \Rightarrow 9 = 25 + 36 - 60 \cos A \Rightarrow A = 29{,}9°$$
$$b^2 = a^2 + c^2 - 2ac \cos B \Rightarrow 25 = 9 + 36 - 36 \cos B \Rightarrow B = 56{,}3°$$
$$c^2 = a^2 + b^2 - 2ab \cos C \Rightarrow 36 = 9 + 25 - 30 \cos C \Rightarrow C = 93{,}8°$$

En realidad, para obtener el ángulo C no es necesario volver a aplicar el teorema del coseno, ya que, en cualquier triángulo, $A + B + C = 180°$. Es, sin embargo, aconsejable proceder de este modo y comprobar después si la suma de los tres ángulos es igual a 180°, con el fin de detectar posibles errores en el cálculo de los ángulos A, B y C.

### Actividades

**15** Los lados de un triángulo son $a = 2$ cm, $b = 7$ cm y $c = 8$ cm. Calcula sus ángulos.

**Solución:** $A = 13{,}3°$, $B = 53{,}6°$, $C = 113{,}1°$

**16** Los lados $a$ y $b$ de un triángulo miden, respectivamente, 7 cm y 5 cm, y el ángulo comprendido entre ambos, $C$, es de 45°. Calcula el valor del lado $c$.

**Solución:** $c = 4{,}95$ cm

**17** Dos lados de un paralelogramo miden 6 cm y 8 cm, y forman un ángulo de 100°. Calcula la longitud de sus diagonales.

**Solución:** $d_1 = 10{,}8$ cm, $d_2 = 9{,}1$ cm

## 2.2. Resolución de triángulos

Resolver un triángulo es hallar todos sus elementos desconocidos. El teorema de Pitágoras es aplicable únicamente a triángulos rectángulos, al igual que las definiciones de las razones trigonométricas. Para resolver un triángulo cualquiera se utilizan los teoremas del seno y del coseno; para ello, es preciso conocer tres de sus elementos, con la condición de que estos no sean los tres ángulos.

Antes de abordar la resolución de triángulos, se ha de verificar que los datos sean coherentes; es decir, el enunciado no puede contradecir ninguna de las propiedades generales de los triángulos, a saber:

- La suma de los tres ángulos ha de dar 180°.
- La suma de dos lados cualesquiera ha de ser mayor que el tercero.
- El lado mayor está enfrentado al ángulo mayor; el lado menor, al ángulo menor, y el lado intermedio, al ángulo intermedio.

Veamos, a continuación, los casos que pueden darse:

> **RECUERDA**
>
> Los triángulos semejantes tienen los ángulos iguales. Por esta razón, existen infinitos triángulos con los tres ángulos iguales.

### Se conocen los tres lados, *a*, *b* y *c*

Consideramos, por ejemplo, el triángulo cuyos lados son:

$$a = 4, b = 5, c = 2$$

Lo primero que se debe comprobar es que la suma de dos lados cualesquiera es siempre mayor que el otro lado. Si esto es así, el triángulo es único, como demuestra su construcción gráfica (figura 4.7).

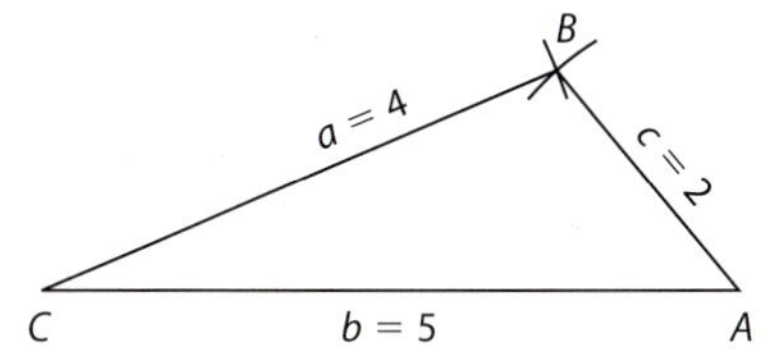

FIGURA 4.7.

Por el teorema del coseno se calcula un ángulo cualquiera, por ejemplo, A:

$$\cos A = 0{,}65$$

Por tanto:

$$A = 49{,}46°$$

La otra solución para el ángulo A pertenece al cuarto cuadrante, por lo que es imposible que forme parte de un triángulo.

A continuación, se podría optar por aplicar el teorema del seno, pero si sen $\alpha > 0$, para el valor de $\alpha$ existen dos posibles soluciones menores de 180°, por lo que podrían obtenerse dos triángulos. Como gráficamente esto no es posible, se aplica dos veces el teorema del coseno, con lo que resulta:

$$B = 108{,}21°$$

$$C = 22{,}33°$$

### Se conocen dos lados, *a* y *b* y el ángulo comprendido, *C*

Supongamos ahora un triángulo en el que:

$$a = 5, b = 4, C = 28°$$

Si realizamos con estos datos la construcción gráfica de la figura 4.8, se observa que el triángulo es único.

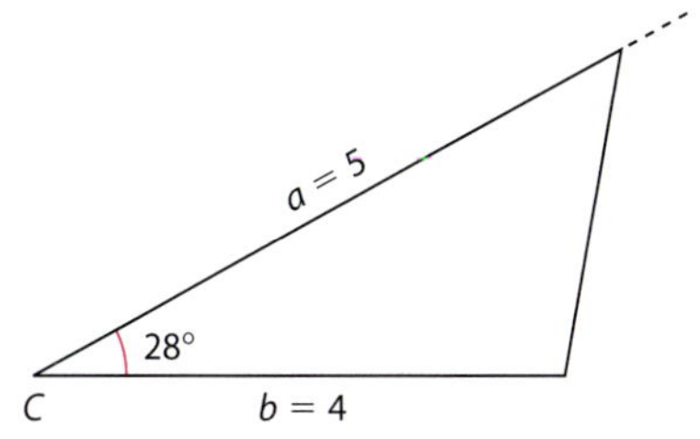

FIGURA 4.8.

Mediante el teorema del coseno obtenemos:

$$c = 2{,}38$$

Dado que el triángulo es único, para evitar dobles soluciones al hallar A y B se aplica el teorema del coseno. De este modo:

$$B = 51{,}98° \text{ y } A = 100{,}02°$$

Aunque el ángulo A se podría calcular directamente conociendo C y B, pues $A = 180° - B - C$, es recomendable calcular los dos ángulos por separado y comprobar después que la suma de todos ellos es 180°.

## Se conocen dos lados, *a* y *b* y el ángulo agudo, *A*, no comprendido entre ellos

Pueden darse tres situaciones:

- **El triángulo no existe.** Partamos de los siguientes datos:

$$a = 1,\ b = 4,\ A = 25°$$

Como se observa en la construcción gráfica de la figura 4.9, el triángulo no se puede cerrar.

Si se pretende realizar el cálculo mediante el teorema del seno, se obtiene sen $B = 1{,}69$, resultado que es imposible.

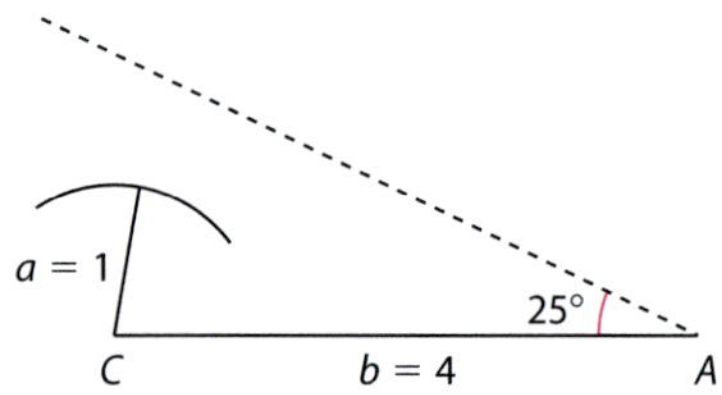

FIGURA 4.9.

- **El triángulo existe y es único.** Consideremos ahora estos datos:

$$a = 5,\ b = 4,\ A = 25°$$

La construcción gráfica de la figura 4.10 muestra que la solución es única.

Realizando el cálculo mediante el teorema del seno, se obtienen dos soluciones: $B = 19{,}76°$ y $B = 160{,}24°$.

La última solución no es posible, puesto que, en este caso, $A + B > 180°$; por tanto: $B = 19{,}76°$ y $C = 135{,}24°$.

Para calcular $c$, se puede aplicar cualquiera de los dos teoremas y se obtiene $c = 8{,}33$.

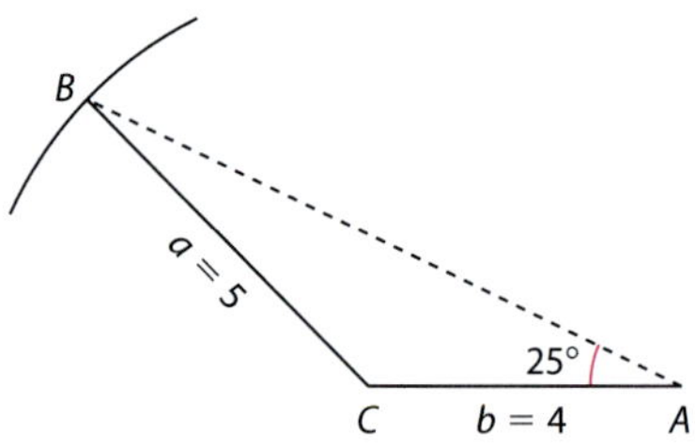

FIGURA 4.10.

- **Existen dos posibles triángulos.** Partamos, por último, de estos datos:

$$a = 4,\ b = 5,\ A = 45°$$

Como se observa en la construcción gráfica de la figura 4.11, hay dos posibles triángulos: $AB_1C_1$ y $AB_2C_2$.

Aplicando el teorema del seno se obtienen dos soluciones: $B_1 = 62{,}11°$ y $B_2 = 117{,}89°$, ambas válidas.

Para $B_1 = 62{,}11°$, se obtiene $C_1 = 72{,}89°$; y aplicando cualquiera de los teoremas, $c_1 = 5{,}41$.

Para $B_2 = 117{,}89°$, se obtiene $C_2 = 17{,}11°$ y $c_2 = 1{,}66$.

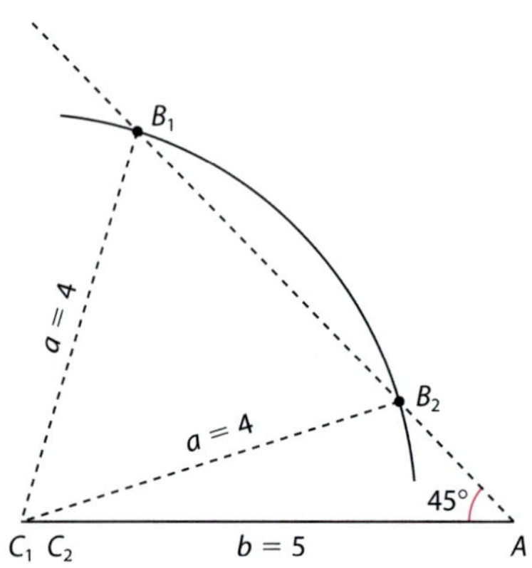

FIGURA 4.11.

## Se conocen dos lados, *a* y *b* y el ángulo obtuso, *A*, no comprendido entre ellos

Consideremos aquí estos datos: $a = 5$, $b = 8$ y $A = 140°$.

En primer lugar, será necesario comprobar que $a > b$, porque, de lo contrario, el triángulo no tiene solución.

Como se observa en la figura 4.12, no se puede cerrar el triángulo.

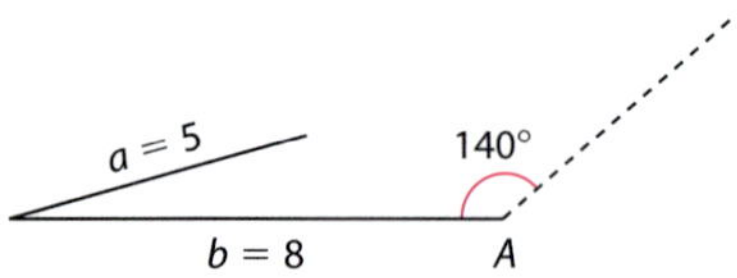

FIGURA 4.12.

Si en lugar de los datos anteriores consideramos estos otros: $a = 8$, $b = 5$ y $A = 140°$, comprobaremos que, ahora sí, $a > b$. Este triángulo sí tiene solución, que es, además, única, como queda demostrado en la construcción gráfica de la figura 4.13.

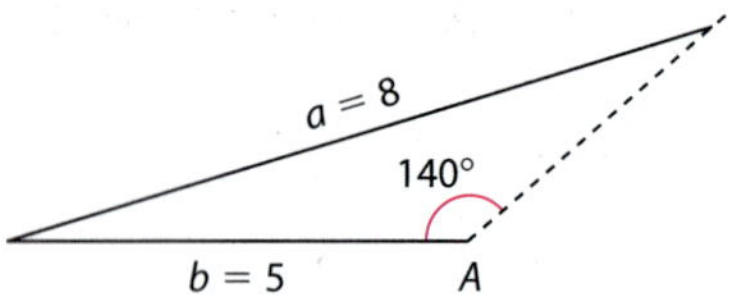

FIGURA 4.13.

Aplicando el teorema del seno, $B = 23{,}68°$; la otra solución, $B = 156{,}32°$, es imposible.

Por tanto, se obtiene $C = 16{,}32°$ y, aplicando cualquiera de los teoremas, $c = 3{,}50$.

## Se conocen un lado, *a*, y dos ángulos, *A* y *B*

Consideremos un triángulo en el que: $A = 35°$, $B = 100°$ y $b = 5$.

Se puede obtener directamente que $C = 45°$.

Si se realiza la construcción gráfica de la figura 4.14, se observa que el triángulo es único.

Aplicando el teorema del seno resulta: $a = 2{,}91$ y $c = 3{,}59$.

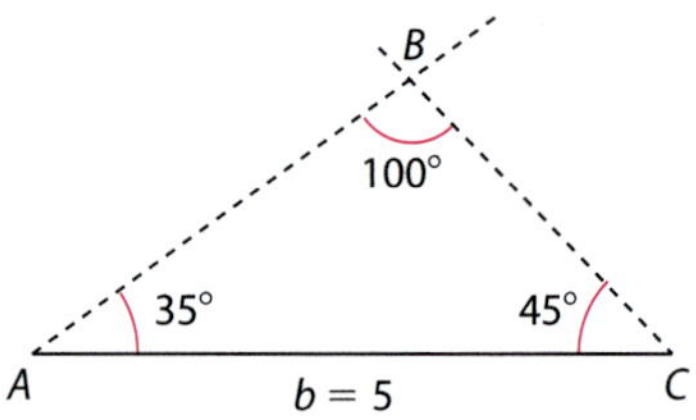

FIGURA 4.14.

# 3. Aplicaciones de la trigonometría

La trigonometría es la disciplina matemática que trata de la resolución de triángulos. En este epígrafe se abordarán de un modo más directo, ejercicios y problemas que hasta ahora debían tratarse descomponiendo el triángulo no rectángulo en triángulos rectángulos.

## Ejercicios resueltos

▶ *Calcular la altura a la que se encuentra la primera terraza de la Giralda, si tras hacer una primera observación bajo un ángulo de elevación de 29°, al alejarnos 10 m, el ángulo es de 26,6°.*

Estamos en disposición de resolver esta actividad de un modo directo aplicando el teorema del seno:

$$\frac{l}{\text{sen } 26{,}6°} = \frac{10}{\text{sen } 2{,}4°} \Rightarrow l = 106{,}93 \text{ m} \qquad \text{sen } 29° = \frac{h}{l} \Rightarrow h = 51{,}84 \text{ m}$$

▶ *En 1977, el hombre lanzó al espacio una sonda de investigación planetaria llamada* Voyager 2. *Después de navegar por el espacio casi dos años, el 9 de julio de 1979 llegó al sistema de Júpiter. En aquel momento, la* Voyager 2 *estaba a $5 \cdot 10^8$ km de la Tierra, la distancia que separaba a Júpiter de la Tierra era de $6{,}288 \cdot 10^8$ km, y el ángulo que formaban las dos direcciones que surgían de la observación del planeta y de la nave espacial era de 10°. Calcular la distancia que separaba la nave de Júpiter.*

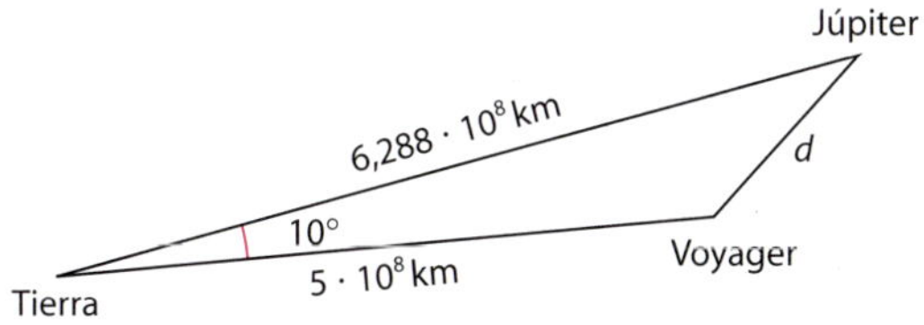


FIGURA 4.15.

Observando la figura 4.15 y aplicando el teorema del coseno:

$$d^2 = (6{,}288 \cdot 10^8)^2 + (5 \cdot 10^8)^2 - 2 \cdot (6{,}288 \cdot 10^8)(5 \cdot 10^8) \cdot \cos 10° \Rightarrow$$

$$\Rightarrow d = 1{,}62 \cdot 10^8 \text{ km}$$

▶ *En una pequeña planicie de la zona montañosa de los Alpes hay dos pueblecitos que distan unos 700 m el uno del otro. Un topógrafo necesita calcular la distancia que hay entre dos picos cercanos a los pueblos. Después de asegurarse de que los dos pueblecitos están a la misma altura, toma las medidas de los ángulos que se indican en la figura 4.16. Con los datos del topógrafo, averiguar la distancia que separa los dos picos y la altura de cada uno de ellos respecto a la horizontal que determinan los pueblos.*

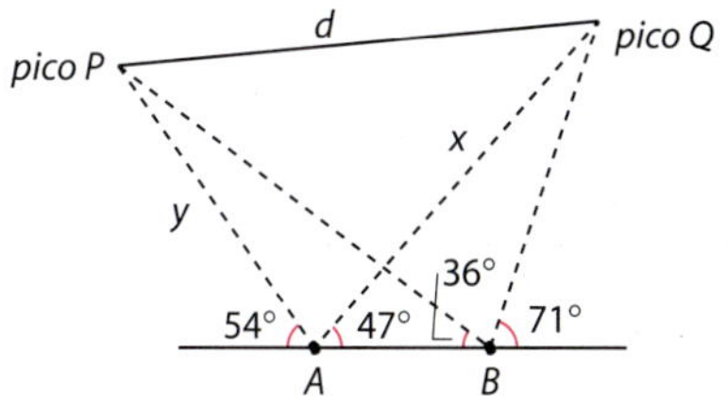


FIGURA 4.16.

En el triángulo $ABQ$ se aplica el teorema del seno y se obtiene:

$$x = 1\,627{,}25 \text{ m}$$

En el triangulo $ABP$ se aplica el teorema del seno y se obtiene:

$$y = 1\,331{,}48 \text{ m}$$

Aplicando ahora el teorema del coseno al triángulo $QAP$ resulta:

$$d = 1\,895{,}77 \text{ m}$$

La altura de los picos P y Q se calcula así:

$$h_I = x \cdot \text{sen } 47° = 1\,190{,}10 \text{ m}$$

$$h_{II} = y \cdot \text{sen } 54° = 1\,077{,}19 \text{ m}$$

La diferencia de alturas entre los picos es de 112,91 m.

## Ejercicio resuelto

▶ *Teniendo en cuenta los datos del texto de la página de apertura de esta unidad, calcular entre qué valores debió inclinar el arco Antonio Rebollo para encender el pebetero del estadio olímpico.*

Para resolver este problema hay que aplicar una expresión cinemática de movimiento. El vector *velocidad de la flecha* tiene dos componentes, una vertical y otra horizontal. La altura máxima que alcanza la flecha depende de la componente vertical, pues, si no existiera atracción gravitatoria, la flecha no se frenaría nunca. La gravedad interviene frenando la ascensión de la flecha y comunicándole un movimiento uniformemente decelerado con aceleración $-g$.

Así, la expresión que da la altura máxima alcanzada por la flecha es:

$$y = v_y \cdot t - \frac{1}{2} g \cdot t^2$$

donde $v_y$ es la componente vertical del vector velocidad y vale $v \cdot \text{sen}\ \alpha$, mientras que $v$ es la velocidad inicial de la flecha.

Sustituyendo los datos conocidos, y teniendo en cuenta a qué altura sostiene el arco el atleta, cabe concluir que:

$$27{,}5 = 34 \cdot \text{sen}\ \alpha_1 \cdot 2{,}4 - \frac{1}{2} 9{,}8 \cdot (2{,}4)^2 \Rightarrow \alpha_1 = 43{,}07°$$

$$29{,}5 = 34 \cdot \text{sen}\ \alpha_2 \cdot 2{,}4 - \frac{1}{2} 9{,}8 \cdot (2{,}4)^2 \Rightarrow \alpha_2 = 45{,}02°$$

Así, el ángulo de inclinación del arco estaba entre $\alpha_1$ y $\alpha_2$.

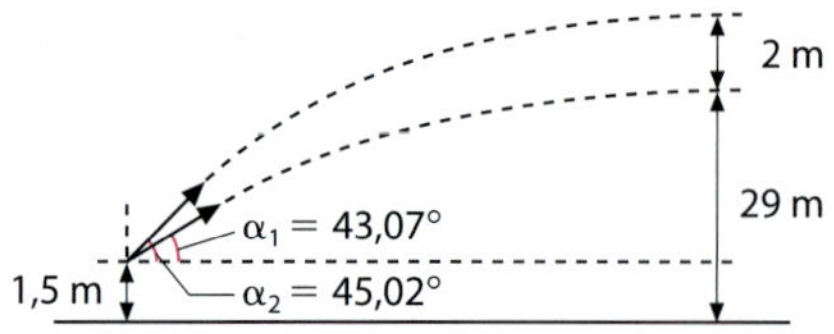


FIGURA 4.17.

## Actividades

**18** Desde un punto, *A*, se divisan otros dos puntos, *B* y *C*, las visuales forman un ángulo de 52° 29'. Se sabe que *B* y *C* distan entre sí 450 m, y que *A* y *B* están separados por 500 m. Averigua la distancia que hay entre *A* y *C*.

**Solución:** 517,14 m; 91,85 m.

**19** Dado el pentágono regular de la siguiente figura, averigua: *c*, β, *d* y α.

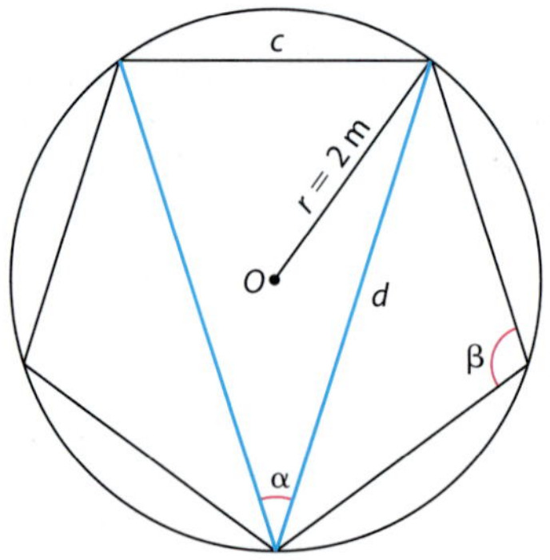


FIGURA 4.18.

**Solución:** $c = 2{,}35$ m, $\beta = 108°$, $d = 3{,}80$ m, $\alpha = 36°$

## Demostración de identidades trigonométricas

Para realizar demostraciones trigonométricas, se recomienda aplicar el siguiente procedimiento:

- No hay que mezclar los dos miembros de la igualdad, es decir, iniciar la demostración a un lado del signo igual para llegar al otro. Es recomendable empezar por el que ofrece más posibilidades de transformación.
- Una vez decidido en qué miembro trabajamos, hay que determinar qué expresiones se pueden sustituir aplicando los contenidos que se han trabajado en la unidad.
- Se han de usar todos los procedimientos de cálculo necesarios para obtener la expresión más simple posible.
- Conviene comparar el resultado obtenido con el otro miembro de la igualdad e identificar los dos miembros de esta.

**1. Demostrar la siguiente igualdad:**
$$\mathbf{tg}\left(\frac{\pi}{4}+\alpha\right)-\mathbf{tg}\left(\frac{\pi}{4}-\alpha\right)=\mathbf{2\ tg\ 2}\alpha$$

Se inicia la demostración en el miembro de la izquierda, sustituyendo las expresiones $\text{tg}\left(\frac{\pi}{4}+\alpha\right)$ y $\text{tg}\left(\frac{\pi}{4}-\alpha\right)$:

$$\text{tg}\left(\frac{\pi}{4}+\alpha\right)-\text{tg}\left(\frac{\pi}{4}-\alpha\right)=\frac{\text{tg}\left(\frac{\pi}{4}\right)+\text{tg}\ \alpha}{1-\text{tg}\left(\frac{\pi}{4}\right)\cdot\text{tg}\ \alpha}-\frac{\text{tg}\left(\frac{\pi}{4}\right)-\text{tg}\ \alpha}{1+\text{tg}\left(\frac{\pi}{4}\right)\cdot\text{tg}\ \alpha}$$

Se sustituye tg ($\pi$/4) por su valor, 1; se reduce a común denominador y se realizan todas aquellas operaciones necesarias para simplificar al máximo:

$$\frac{1+\text{tg}\ \alpha}{1-\text{tg}\ \alpha}-\frac{1-\text{tg}\ \alpha}{1+\text{tg}\ \alpha}=\frac{(1+\text{tg}\ \alpha)^2-(1-\text{tg}\ \alpha)^2}{(1-\text{tg}\ \alpha)\cdot(1+\text{tg}\ \alpha)}=$$

$$=\frac{1+2\ \text{tg}\ \alpha+\text{tg}^2\ \alpha-(1-2\ \text{tg}\ \alpha+\text{tg}^2\ \alpha)}{1-\text{tg}^2\ \alpha}=\frac{4\ \text{tg}\ \alpha}{1-\text{tg}^2\ \alpha}$$

Se identifica la expresión obtenida con el segundo miembro:

$$2\ \text{tg}\ 2\alpha=2\cdot\frac{2\ \text{tg}\ \alpha}{1-\text{tg}^2\ \alpha}$$

Así, es fácil obtener directamente la demostración:

$$\frac{4\ \text{tg}\ \alpha}{1-\text{tg}^2\alpha}=2\cdot\frac{2\ \text{tg}\ \alpha}{1-\text{tg}^2\ \alpha}=2\ \text{tg}\ 2\alpha$$

**2. Si *A, B, C* son los ángulos de un triángulo, comprobar:**
**tg *A* + tg (*B* + *C*) = 0**

Hay que tener en cuenta que $180° = A + B + C$, por lo que $B + C = 180° - A$. De este modo, lo que hay que demostrar es:

$$\text{tg}\ A+\text{tg}\ (180°-A)=0$$

Para ello, se sustituye tg ($180° - A$):

$$\text{tg}\ (180°-A)=\frac{\text{tg}\ 180°-\text{tg}\ A}{1+\text{tg}\ 180°\cdot\text{tg}\ A}$$

Como tg $180° = 0$, resulta:

$$\text{tg}\ A+\frac{0-\text{tg}\ A}{1+0}=\text{tg}\ A-\frac{\text{tg}\ A}{1}=0$$

Atención: **la tangente de una diferencia de ángulos no es la diferencia de las tangentes.** Si se hubiese cometido este error en la igualdad propuesta, la demostración habría sido incorrecta.

## Cálculo de razones trigonométricas a partir de las de ángulos sencillos

**3. Sabiendo que el seno de un ángulo del tercer cuadrante es $-\frac{\sqrt{2}}{3}$, calcular el seno de su ángulo doble y la tangente de su ángulo mitad.**

Dado que $\operatorname{sen} 2\alpha = 2 \operatorname{sen} \alpha \cdot \cos \alpha$ y $\operatorname{tg}\left(\frac{\alpha}{2}\right) = \pm\sqrt{\frac{1-\cos\alpha}{1+\cos\alpha}}$, es necesario averiguar $\cos \alpha$.

A partir de la expresión fundamental de la trigonometría, y recordando que el coseno de un ángulo del tercer cuadrante es negativo:

$$\cos \alpha = -\sqrt{1-\operatorname{sen}^2 \alpha} = -\sqrt{1-\left(-\frac{\sqrt{2}}{3}\right)^2} = -\sqrt{1-\frac{2}{9}} = -\frac{\sqrt{7}}{3}$$

Para hallar $\operatorname{sen} 2\alpha$, se sustituye:

$$\operatorname{sen} 2\alpha = 2 \cdot \left(-\frac{\sqrt{2}}{3}\right) \cdot \left(-\frac{\sqrt{7}}{3}\right) = \frac{2\sqrt{14}}{9}$$

Para determinar el signo de $\operatorname{tg}\left(\frac{\alpha}{2}\right)$, hay que tener en cuenta que, si $\alpha$ pertenece al tercer cuadrante, entonces $\frac{\alpha}{2}$ pertenece al segundo cuadrante, con lo que $\operatorname{tg}\left(\frac{\alpha}{2}\right) < 0$. Por tanto:

$$\operatorname{tg}\left(\frac{\alpha}{2}\right) = -\sqrt{\frac{1+\frac{\sqrt{7}}{3}}{1-\frac{\sqrt{7}}{3}}} = -3{,}99$$

**4. Dados dos ángulos, $\alpha$ y $\beta$, con $\pi/2 < \alpha < \pi$ y $\pi < \beta < 3\pi/2$, y de los cuales se conocen $\operatorname{sen} \alpha = 2/5$ y $\cos \beta = -1/3$, hallar $\cos (\alpha - \beta)$.**

Dado que $\cos(\alpha - \beta) = \cos \alpha \cdot \cos \beta + \operatorname{sen} \alpha \cdot \operatorname{sen} \beta$, este ejercicio se reduce a determinar $\cos \alpha$ y $\operatorname{sen} \beta$, teniendo en cuenta el cuadrante al que pertenecen estos ángulos.

Como $\alpha$ se encuentra en el segundo cuadrante:

$$\cos \alpha = -\sqrt{1-\left(\frac{2}{5}\right)^2} = -\frac{\sqrt{21}}{5}$$

Y como $\beta$ pertenece al tercer cuadrante:

$$\operatorname{sen} \beta = -\sqrt{1-\left(-\frac{1}{3}\right)^2} = -\frac{\sqrt{8}}{3} = -\frac{2\sqrt{2}}{3}$$

Sustituyendo:

$$\cos(\alpha - \beta) = -\frac{\sqrt{21}}{5} \cdot \left(-\frac{1}{3}\right) + \frac{2}{5} \cdot \left(-\frac{2\sqrt{2}}{3}\right) = -0{,}07$$

## Aplicación de los teoremas del seno y del coseno

**5. Sobre un cuerpo de 10 kg de masa actúan dos fuerzas, una de 30 N y otra de 50 N, que forman entre sí un ángulo de 40°. ¿Qué aceleración le comunican al cuerpo?**

La segunda ley de Newton enuncia que $\vec{F} = m \cdot \vec{a}$, donde $\vec{F}$ es la resultante de las fuerzas aplicadas sobre un cuerpo de masa $m$, y $\vec{a}$, la aceleración que le comunica. Dicha resultante es la suma de las fuerzas aplicadas sobre el cuerpo (figura 4.19).

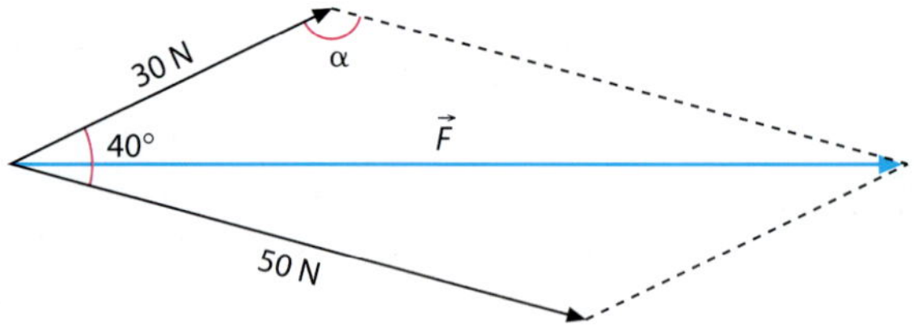


FIGURA 4.19.

En este caso:

$$\alpha + \alpha + 40° + 40° = 360°$$
$$\alpha = 140°$$

Por tanto, podemos calcular la resultante a partir del teorema del coseno:

$$|\vec{F}|^2 = 30^2 + 50^2 - 2 \cdot 30 \cdot 50 \cdot \cos 140° \Rightarrow |\vec{F}| = 75{,}49 \text{ N}$$
$$|\vec{F}| = m \cdot a \Rightarrow 75{,}49 \text{ N} = 10 \text{ kg} \cdot a \Rightarrow a = 7{,}55 \text{ m/s}^2$$

**6.** **Determinar el perímetro de un triángulo inscrito en una circunferencia de 2,5 cm de radio, sabiendo que uno de sus lados mide 4 cm y que, de los otros dos lados, uno es el triple que el otro.**

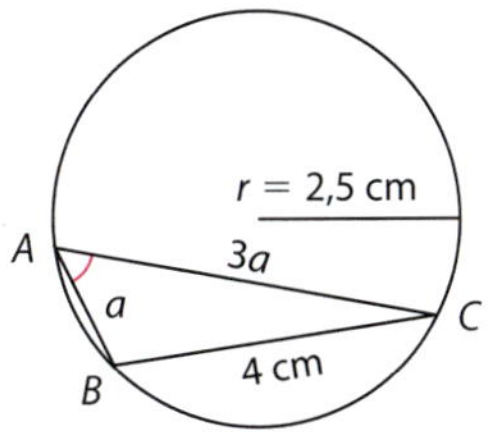


FIGURA 4.20.

De entrada, no parece posible calcular $A$ por falta de datos, ya que, para resolver un triángulo, hay que conocer, al menos tres de sus elementos.

Sin embargo, debes recordar que todos los ángulos inscritos en una circunferencia que abarcan el mismo arco son iguales, por lo que podemos dibujar otro triángulo inscrito con el mismo ángulo $A$ y uno de cuyos lados sea un diámetro (figura 4.21).

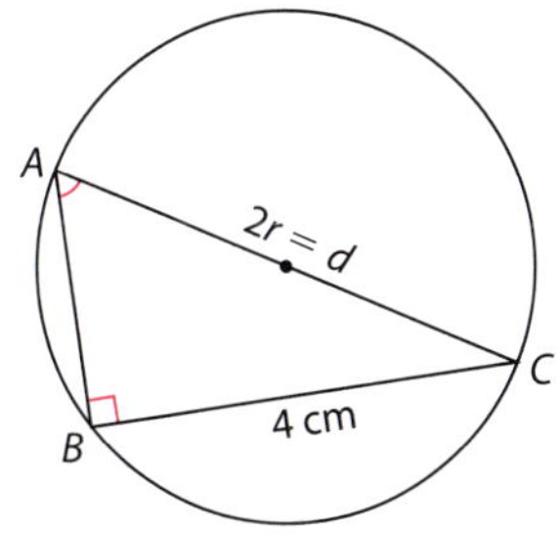


FIGURA 4.21.

Dado que el ángulo inscrito que abarca un diámetro vale 90°, podemos escribir:

$$\frac{4}{\text{sen } A} = 2 \cdot 2{,}5 \Rightarrow \text{sen } A = \frac{4}{5} \Rightarrow A = 53{,}13° \text{ y } A' = 126{,}87°$$

Las dos soluciones son válidas, lo cual significa que el dibujo inicial está incompleto. Retomándolo y dibujando los dos triángulos, se obtiene la figura 4.22.

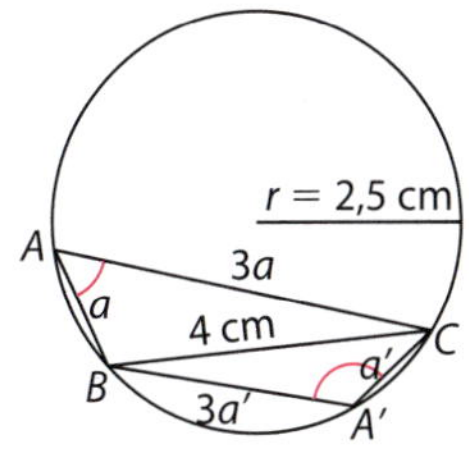


FIGURA 4.22

Como el objetivo del ejercicio es encontrar el perímetro del triángulo inscrito, procedemos a aplicar el teorema del coseno para hallar $a$ y $a'$ en cada uno de los triángulos solución:

**Triángulo *ABC*:** teniendo en cuenta que $\cos A = 3/5$

$$16 = a^2 + (3a)^2 - 2a \cdot 3a \cdot (3/5) \Rightarrow a = \sqrt{2{,}5} = 1{,}58 \text{ cm}$$

De este modo, el perímetro de *ABC* mide 10,32 cm.

**Triángulo *A'BC*:** teniendo en cuenta que $\cos A' = -3/5$

$$16 = (a')^2 + (3a')^2 - 2a' \cdot 3a' \cdot (-3/5) \Rightarrow a' = \sqrt{1{,}18} = 1{,}08$$

De este modo, el perímetro de *A'BC* mide 8,34 cm.

## Resolución de sistemas de ecuaciones trigonométricas

**7.** **Resolver el sistema:**

$$\begin{cases} \text{tg } x = \dfrac{1}{\text{tg } y} \\ 2 \text{ sen } x = \sqrt{2} - \cos y \end{cases}$$

Para resolver este sistema, observamos que de la primera ecuación, se debe cumplir que los ángulos $x$ e $y$ son complementarios, luego $x + y = 90°$.

Teniendo esto en cuenta, resulta que $\cos y = \text{sen } x$, por lo que la segunda ecuación se convierte en:

$$2\text{sen } x = \sqrt{2} - \text{sen } x \Rightarrow 3 \text{ sen } x = \sqrt{2} \Rightarrow \text{sen } x = \sqrt{2}/3$$

Para el valor de $x$ se obtiene: $\begin{cases} x = 28°\ 7'\ 32'' + k \cdot 360° \\ x = 151°\ 52'\ 28'' + k \cdot 360° \end{cases} k \in \mathbb{Z}$

Si $\text{sen } x = \sqrt{2}/3$, entonces $\cos y = \text{sen } x = \sqrt{2}/3$, por lo que para el valor de $y$ se obtienen los ángulos complementarios de $x$:

$$\begin{cases} y = 61°\ 52'\ 28'' + k \cdot 360° \\ y = 298°\ 7'\ 32'' + k \cdot 360° \end{cases} k \in \mathbb{Z}$$

ma1b16

## Identidades trigonométricas

**1** Si sen 40° = 0,6428 y sen 15° = 0,2588, ¿se puede deducir que sen 55° = 0,9008?

**2** Razona qué es mayor, sen $2\alpha$ o 2 sen $\alpha$.

**3** Conociendo las razones trigonométricas de $\frac{\pi}{4}$, calcula las de $\frac{\pi}{8}$.

**Solución:** sen $\pi/8 = \left(\sqrt{2-\sqrt{2}}\right)/2$, cos $\pi/8 = +\left(\sqrt{2+\sqrt{2}}\right)/2$, tg $\pi/8 = \sqrt{3-2\sqrt{2}}$

**4** El seno de un ángulo del segundo cuadrante vale $\frac{3}{5}$. Calcula las razones trigonométricas de su ángulo doble.

**Solución:** sen $2\alpha = -24/25$, cos $2\alpha = 7/25$, tg $2\alpha = -24/7$

**5** Sin utilizar la calculadora, halla el valor de:

*a)* sen 105° *b)* cos 165° *c)* tg 285°

**Solución:** sen 105° $= \left(\sqrt{2}\left(1+\sqrt{3}\right)\right)/4$, cos 165° $= \left(-\sqrt{2}\left(1+\sqrt{3}\right)\right)/4$, tg 285° $= -2-\sqrt{3}$

**6** Calcula tg $\alpha$ si tg $2\alpha = \frac{2}{3}$ y $\alpha$ pertenece al tercer cuadrante.

**Solución:** tg $\alpha = 0{,}3028$

**7** Si $\alpha$ es un ángulo del que se conoce que $\pi/2 < \alpha < \pi$, y tg $\alpha = -10$, calcula sen $(\pi + \alpha)$, cos $(\pi + \alpha)$ y tg $(\pi + \alpha)$.

**Solución:** sen $(\pi + \alpha) = -0{,}995$; cos $(\pi + \alpha) = 0{,}0995$; tg $(\pi + \alpha) = -10$

**8** Sabiendo que sen $\alpha = 3/4$, $\pi/2 < \alpha < \pi$, y cos $\beta = -1/3$, $\pi/2 < \beta < \pi$, averigua:

*a)* sen $2\alpha$, cos $2\alpha$ y tg $2\alpha$

*b)* sen $(\alpha + \beta)$, cos $(\alpha + \beta)$ y tg $(\alpha + \beta)$

*c)* sen $(\alpha/2)$ y cos $2\beta$

**Solución:** *a)* sen $2\alpha = -0{,}992$, cos $2\alpha = -1/8$ y tg $2\alpha = 7{,}937$
*b)* sen $(\alpha + \beta) = (-3 - 2\sqrt{14})/12$; cos $(\alpha + \beta) =$ cos $\left(\sqrt{7} - 6\sqrt{2}\right)/12$ y tg $(\alpha + \beta) = 1{,}8$
*c)* sen $(\alpha/2) = 0{,}91$; cos $2\beta = -7/9$

**9** Sabiendo que dos ángulos son agudos y que sus tangentes son 3 y 0,75, respectivamente, calcula el seno de su suma, el coseno de su diferencia y la tangente de su semisuma.

**Solución:** sen $(\alpha + \beta) = 0{,}95$; cos $(\alpha - \beta) = 0{,}82$ y tg $((\alpha + \beta)/2) = 1{,}39$

**10** Sabemos que tg $\alpha = 14/5$, $\alpha < \pi$, y que sen $\beta = -2/7$, $\pi < \beta < 3\pi/2$. Averigua:

*a)* sen $2\alpha$, cos $2\alpha$ y tg $2\alpha$

*b)* sen $(\beta/2)$, cos $(\beta/2)$ y tg $(\beta/2)$

*c)* sen $(\alpha + \beta)$, cos $(\alpha - \beta)$ y tg $(2\alpha + \beta/2)$

**Solución:** *a)* sen $2\alpha = 0{,}63$; cos $2\alpha = -0{,}77$ y tg $2\alpha = -0{,}82$
*b)* sen $\beta/2 = 0{,}99$; cos $\beta/2 = -0{,}14$ y tg $\beta/2 = -6{,}85$
*c)* sen $(\alpha + \beta) = -0{,}99$; cos $(\alpha - \beta) = -0{,}59$ y tg $(2\alpha + \beta/2) = 1{,}66$

**11** Si cos $a = 3/5$ y $a$ es un ángulo del cuarto cuadrante y sen $b = 4/5$ y $b$ es un ángulo del segundo cuadrante, calcula:

*a)* $\cos\left(\frac{a}{2} + 90°\right)$ *d)* sen $(a - b)$ *g)* $\cos\left(\frac{a}{2}\right)$

*b)* sen $(2a + 2b)$ *e)* tg $2a$ *h)* $\text{tg}\left(\frac{b}{2}\right)$

*c)* tg $(180° - b)$ *f)* $\text{tg}\left(\frac{b}{2} - 2b\right)$ *i)* tg $3a$

**Solución:** *a)* $-\sqrt{5}/5$ *b)* 0,54 *c)* 4/3 *d)* 0 *e)* 24/7 *f)* $-10/55$ *g)* $-2\sqrt{5}/5$ *h)* 2 *i)* 44/117

**12** Comprueba que es rectángulo todo triángulo $ABC$ que verifique lo siguiente:

$$\text{sen } B + \text{sen } C = \cos B + \cos C$$

**13** Demuestra que si $A + B = \pi/2$, se cumple que:

$$(\text{sen } A + \text{sen } B) \cdot (\cos A + \cos B) = 1 + \text{sen } 2A$$

**14** Demuestra las siguientes igualdades.

*a)* $\text{sen}^2\left(\frac{x}{2}\right) = \frac{1 - \cos^2 x}{4\cos^2 (x/2)}$

*b)* $\frac{\cos(a+b) - \cos(a-b)}{\text{sen}(a+b) + \text{sen}(a-b)} = -\text{tg } b$

*c)* $\frac{\cos a + (\cos 3a)/3}{\text{sen } a - (\text{sen } 3a)/3} = \frac{1}{\text{tg}^3 a}$

**15** Simplifica $\frac{\text{tg } 2a}{(1 + \sec 2a)} - \frac{\text{sen}(a-b)}{\cos a \cdot \cos b} - (\text{tg } a + \text{tg } b)$

**Solución:** $-$tg $a$

**16** Comprueba que se verifican estas igualdades.

*a)* sen 44° − sen 22° = −2 cos 147° · sen 11°

*b)* cos 70° − cos 50° = 2 sen 300° · sen 10°

*c)* sen 75° − cos 75° = 2 cos 45° · sen 30°

**17** Transforma en productos las siguientes sumas.

*a)* sen 100° + sen 20°

*b)* cos 100° − cos 20°

*c)* cos 70° + cos 50°

**Solución:** *a)* 2sen 60° · cos 40° *b)* −2sen 60° · sen 40° *c)* 2 cos 60° · cos 10°

**18** Sin utilizar la calculadora, halla:

*a)* $\frac{\text{sen } 40° + \text{sen } 20°}{\cos 40° + \cos 20°}$ *c)* cos 75° · cos 15°

*b)* $\frac{\text{sen } 110° + \text{sen } 50°}{\cos 110° - \cos 50°}$ *d)* sen 75° · cos 15°

**Solución:** *a)* $\sqrt{3}/3$ *b)* $-\sqrt{3}$ *c)* 1/4 *d)* $\left(2+\sqrt{3}\right)/4$

**19** Sin utilizar la calculadora, averigua el valor de las siguientes expresiones.

*a)* $\frac{\text{sen } 105° + \text{sen } 15°}{\cos 105° - \cos 15°} \cdot \text{tg } 15°$

*b)* (sen 75° · sen 45°) · (cos 75° · cos 45°) · (1 − cos 15°)

**Solución:** *a)* $\sqrt{3} - 2$ *b)* $1/8 - \left(\sqrt{6} + \sqrt{2}\right)/32$

**20** Calcula la expresión de tg 3*a* en función de tg *a*. Aplícala para $a = 45°$.

**Solución:** $\text{tg } 135° = \text{tg } (3 \cdot 45°) = -1$

**21** Halla sen 2*x* si $\text{sen } x - \cos x = 1/3$

**Solución:** 8/9

## Ecuaciones trigonométricas

**22** Resuelve.

*a)* $\text{tg } x = \sqrt{3}$

*b)* $\sec x = 2$

*c)* $\text{cotg } x = -1$

*d)* $\text{sen } (x/2) = \sqrt{2}/2$

*e)* $\cos (x - \pi/2) = -1$

*f)* $\text{cosec } (x + \pi) = -\sqrt{2}$

**Solución:** En todos los casos $k \in \mathbb{Z}$. *a)* $x = 60° + k \cdot 180°$ *b)* $x = 60° + k \cdot 360°, x = 300° + k \cdot 360°$ *c)* $x = 135° + k \cdot 180°$ *d)* $x = 90° + k \cdot 720°, x = 270° + k \cdot 720°$ *e)* $x = 3\pi/2 + k \cdot 2\pi$ *f)* $x = \pi/4 + k \cdot 2\pi, x = 3\pi/4 + k \cdot 2\pi$

**23** Resuelve las siguientes ecuaciones trigonométricas.

*a)* $\cos 3x = \text{sen } 30°$

*b)* $\cos (4x - \pi) = -1/2$

*c)* $\text{sen } 2x = \cos x$

*d)* $2\text{sen}^2 x + \text{sen } x = 1/2$

*e)* $\text{sen } x + \cos x = \sqrt{2}$

*f)* $\cos x - \cos 3x = 0$

*g)* $\text{sen } x - \cos x = \sqrt{\dfrac{3}{2}}$

*h)* $\text{sen } x - \dfrac{1}{\text{sen } x} = -\dfrac{1}{2\sqrt{3}}$

*i)* $\text{sen } x + 2 = 3 \cos 2x$

*j)* $1 = \dfrac{\text{sen } 2x}{2} + \cos^2 x$

*k)* $\cos 2x + 5 \cos x + 3 = 0$

*l)* $\dfrac{\text{sen}^2 2x}{2} + \cos^2 x = 1$

*m)* $6 \cos^2 x + \cos 2x = 5$

*n)* $\cos x - \dfrac{2 \text{ tg } x}{1 + \text{tg}^2 x} = 0$

**Solución:** En todos los casos $k \in \mathbb{Z}$ *a)* $x = 20° + k \cdot 120°, x = 100° + k \cdot 120°$ *b)* $x = 15° + k \cdot 90°, x = 75° + k \cdot 90°$ *c)* $x = \pi/2 + k\pi, x = \pi/6 + 2k\pi, x = 5\pi/6 + 2k\pi$ *d)* $x = 38{,}17° + k \cdot 360°, x = 141{,}83° + k \cdot 360°$ *e)* $x = 45° + k \cdot 360°$ *f)* $x = k \cdot 90°$ *g)* $x = 105° + k \cdot 360°, x = 165° + k \cdot 360°$ *h)* $x = 60° + k \cdot 360°, x = 120° + k \cdot 360°$ *i)* $x = 19{,}47° + k \cdot 360°, x = 160{,}53° + k \cdot 360°$ $x = 210° + k \cdot 360°, x = 330° + k \cdot 360°$ *j)* $x = k \cdot 180°, x = 45° + k \cdot 180°$ *k)* $x = 120° + k \cdot 360°, x = 240° + k \cdot 360°$ *l)* $x = k \cdot 180°, x = 45° + k \cdot 90°$ *m)* $x = 30° + k \cdot 180°, x = 150° + k \cdot 180°$ *n)* $x = 30° + k \cdot 360°, x = 150° + k \cdot 360°$

**24** Resuelve los siguientes sistemas de ecuaciones.

*a)* $\begin{cases} 5 \text{ sen } x + 15 \cos y = -1 \\ 10 \text{ sen } x - 20 \cos y = 13 \end{cases}$

*b)* $\begin{cases} \text{sen}^2 \dfrac{x}{2} - \text{sen } y = \dfrac{1}{4} \\ \cos x + \cos^2 y = \dfrac{1}{4} \end{cases}$

*c)* $\begin{cases} 2 \cos 2x = \text{tg } y \\ 4 \text{ sen}^2 2x - 2 \text{ tg } y = 1 \end{cases}$

**Solución:** En todos los casos $k \in \mathbb{Z}$ *a)* $x = 44{,}427° + k \cdot 360°, x = 135{,}573° + k \cdot 360°$ e $y = 107{,}458° + k \cdot 360°, y = 252{,}542° + k \cdot 360°$ *b)* $x = 120° + k \cdot 360°, x = 240° + k \cdot 360°$ e $y = 30° + k \cdot 360°, y = 150° + k \cdot 360°$ *c)* $x = 30° + k \cdot 180°, x = 150° + k \cdot 180°$ e $y = 45° + k \cdot 180°$

## Resolución de triángulos. Teoremas del seno y del coseno

**25** ¿Es posible resolver un triángulo sabiendo que $a = 30$ cm, $A = 110°$ y $B = 80°$? ¿Por qué?

**26** Demuestra que el teorema del coseno equivale al teorema de Pitágoras cuando el triángulo es rectángulo.

**27** Resuelve los triángulos de los siguientes casos, ayudándote de su construcción gráfica:

*a)* $a = 5$ $b = 4$ $c = 7$

*b)* $A = 45°$ $a = 8$ $b = 10$

*c)* $A = 35°$ $B = 48°$ $a = 11$

*d)* $A = 30°$ $B = 100°$ $C = 50°$

*e)* $A = 35°$ $B = 48°$ $c = 11$

**Solución:** *a)* $A = 44{,}42°, B = 34{,}05°, C = 101{,}53°$ *b)* $B = 62{,}11°, C = 72{,}89°, c = 10{,}81$ cm *c)* $C = 97°, b = 11{,}56$ cm, $c = 15{,}44$ cm *d)* Existen infinitos triángulos semejantes *e)* $C = 97°, a = 6{,}36$ cm, $b = 8{,}24$ cm

**28** Resuelve los siguientes triángulos.

*a)* $a = 10$ cm $b = 7$ cm $c = 13$ cm

*b)* $a = 10$ cm $b = 7$ cm $B = 30°$

*c)* $a = 10$ cm $b = 7$ cm $C = 80°$

*d)* $a = 10$ cm $B = 30°$ $C = 80°$

**Solución:** *a)* $A = 49{,}58°, B = 32{,}20°, C = 98{,}21°$ *b)* Primer triángulo: $A = 45{,}58°, C = 104{,}42°, c = 13{,}56$ cm, segundo triángulo: $A = 134{,}42°, C = 15{,}58°, c = 3{,}76$ cm *c)* $c = 11{,}17$ cm, $A = 61{,}84°, B = 38{,}16°$ *d)* $A = 70°, b = 5{,}32$ cm, $c = 10{,}48$ cm

**29** Calcula una cualquiera de las alturas de los triángulos resueltos en el ejercicio anterior y utilízala después para calcular su área.

**Solución:** *a)* 34,65 $cm^2$ *b)* 33,9 $cm^2$ y 9,44 $cm^2$ *c)* 34,45 $cm^2$ *d)* 26,2 $cm^2$

**30** Calcula el área de cada uno de los triángulos siguientes, sabiendo:

*a)* $b = 30$ cm, $A = 50°$ y $B = 74°$

*b)* $a = 41$ cm, $C = 45°$, y $B = 75°$

*c)* $a = 18$ cm, $b = 15$ cm, $C = 19° 42'$

*d)* $a = 6$ cm, $b = 12$ cm, $A = 17° 30'$

*e)* $a = 33$ cm, $b = 24$ cm, $c = 20$ cm

**Solución:** *a)* 297,30 $cm^2$ *b)* 662,88$cm^2$ *c)* 45,71 $cm^2$ *d)* d1: 29,30 $cm^2$, d2: 12 $cm^2$ *e)* 283,33 $cm^2$

**31** Uno de los ángulos de un rombo mide 75°, y su diagonal mayor, 10 cm. Calcula su perímetro.

**Solución:** 25,2 cm

**32** El ángulo entre los dos lados iguales de un triángulo isósceles es de 40° y el lado desigual tiene una longitud de 40 cm. ¿Cuál es la longitud de cada uno de los lados iguales del triángulo?

**Solución:** 58,48 cm cada uno

**33** El ángulo agudo de un rombo mide 25°. El lado mide 13 cm. Calcula el área del rombo.

**Solución:** 71,42 $cm^2$

**34** Los lados de un triángulo miden 8 cm, 11 cm y 13 cm, respectivamente. Calcula el valor del seno del ángulo más pequeño.

**Solución:** sen $\alpha = 0{,}61$

**35** Los tres lados de un triángulo miden 6 cm, 8 cm y 9 cm. Calcula sus ángulos y su área.

**Solución:** 40,80°, 60,61° y 78,59°, 23,52 cm$^2$

**36** Una araña ha tejido una tela octogonal de 7 cm de radio. Calcula el área que abarca la tela de araña.

**Solución:** 138,72 cm$^2$

**37** Calcula el radio de las circunferencias inscrita y circunscrita de un pentágono regular de 5 dm de lado.

**Solución:** $R_c = 4{,}25$ dm, $R_i = 3{,}44$ dm

**38** En un triángulo *ABC*, conocemos los ángulos, $A = 34{,}5°$, $B = 78°$ y la suma de los lados, $a + b = 43$ cm. Calcula cuánto miden los lados *a* y *b*.

**Solución:** $a = 15{,}76$ cm, $b = 27{,}24$ cm

**39** En un triángulo *ABC*, conocemos los lados $a = 15$ cm, $b = 11$ cm y la suma de dos de sus ángulos $A + B = 104°$. Calcula cuánto miden los ángulos *A* y *B*.

**Solución:** $A = 63°\,8'\,23{,}36''$ y $B = 40°\,51'\,36{,}64''$

**40** En un triángulo *ABC* dados $A - B = 16°$, $a = 23$ cm y $b = 19$ cm. Calcula los ángulos del triángulo.

**Solución:** $A = 63°\,52'\,34{,}69''$, $B = 47°\,52'\,34{,}69''$ y $C = 68°\,14'\,50{,}62''$

**41** Los ángulos de la base de un triángulo valen 35° y 95°, y la suma de los otros dos lados es 38 cm. Calcula el perímetro y el área del triángulo.

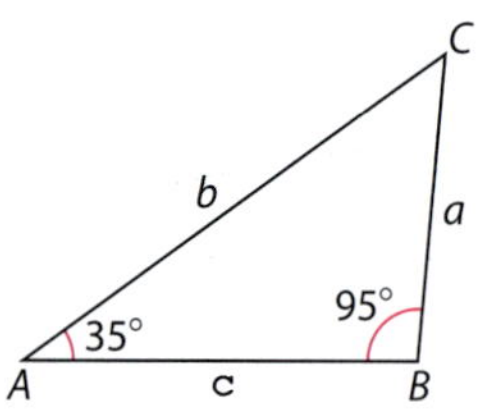


FIGURA 4.23.

**Solución:** $P = 56{,}54$ cm, $A = 128{,}25$ cm$^2$

**42** Demuestra que en todo triángulo *ABC*, se cumple el teorema de la tangente, también conocido como **teorema de Nepper.**

$$\frac{a-b}{a+b} = \frac{\operatorname{tg}\dfrac{A-B}{2}}{\operatorname{tg}\dfrac{A+B}{2}}$$

(Indicación: debes usar el teorema del seno para escribir la relación entre *a* y *b*)

**43** En los lados de un triángulo *ABC* se cumple que $b - a = 1$ y $c - b = 1$, y se tiene que $\cos A = 0{,}6$. Calcula *a*, $\operatorname{tg}\left(\dfrac{B}{2}\right)$ y sen 2*C*.

**Solución:** $a = 13$, $\operatorname{tg}\left(\dfrac{B}{2}\right) = 0{,}57$, $\operatorname{sen} 2C = 0{,}71$

**44** De un triángulo se conocen los lados $b = 2{,}5$ cm y $c = 3{,}5$ cm y se sabe que el ángulo *B* es la mitad del ángulo *C*. Calcula *a* y los ángulos *A*, *B* y *C*.

**Solución:** $B = 45°\,34'\,22{,}79''$, $C = 91°\,8'\,45{,}57''$, $A = 43°\,16'\,51{,}64''$ y $a = 2{,}49$ cm

**45** En un círculo de 10 cm de radio, dibujamos una cuerda que une los extremos de un arco que abarca un ángulo de 80°. Averigua la longitud de la cuerda que se estudia.

**Solución:** 12,86 cm

**46** Halla el ángulo que forman las dos tangentes comunes a dos circunferencias exteriores cuyos radios miden, respectivamente, 10 cm y 18 cm.

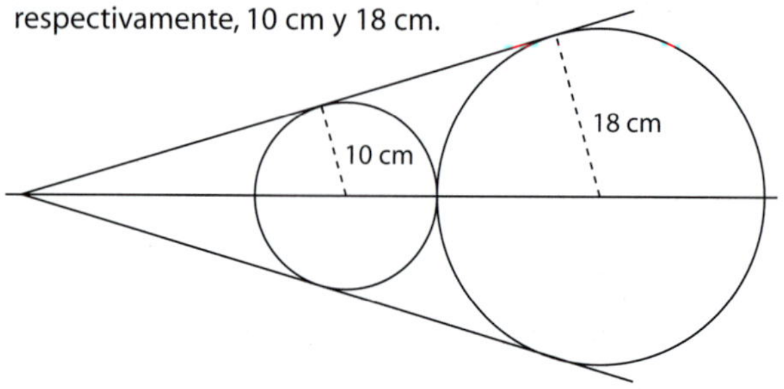


FIGURA 4.24.

**Solución:** 33,2°

**47** Un triángulo de lados 3 cm, 4 cm y 6 cm, está inscrito en una circunferencia.

*a)* Calcula su perímetro.

*b)* Averigua su área.

**Solución:** *a)* $P = 21{,}21$ cm
*b)* $A = 35{,}79$ cm$^2$

**48** En una circunferencia de radio 10 cm, hay inscrito un triángulo isósceles cuyo lado desigual mide 10 cm también. Calcula el área de dicho triángulo.

**Solución:** $A = 93{,}3$ cm$^2$

**49** Determina el área de un triángulo que está inscrito en una circunferencia de radio 3 cm, sabiendo que dos de los lados del triángulo miden 2 cm y 4 cm, respectivamente.

**Solución:** Triángulo 1: $A = 3{,}51$ cm$^2$
Triángulo 2: $A = 1{,}52$ cm$^2$

**50** Calcula el área del triángulo *ABC* representado en la siguiente figura si sabes que $AB = 25$ cm:

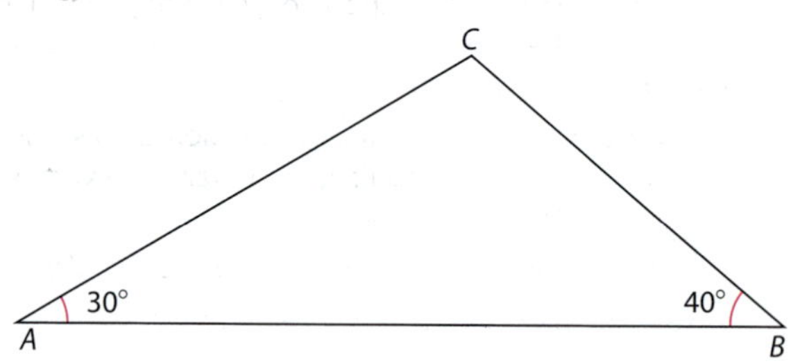


FIGURA 4.25.

**Solución:** $A = 106{,}88$ cm$^2$

**51** Sabiendo que la longitud de las manecillas de un reloj de pared miden 10 y 12 centímetros, respectivamente.

*a)* ¿Cuál es la distancia entre sus extremos cuando son las 16:00?

*b)* ¿Qué área tiene el triángulo que determinan las manecillas a esta hora?

**Solución:** *a)* 19,09 cm
*b)* 51,96 cm$^2$

**52** El área de un triángulo de vértices *A*, *B* y *C*, es de 50 $m^2$. El ángulo *A* de este triángulo es de 45° y el ángulo *B* es de 30°. Sea *D* el pie de la altura desde el vértice *C*, es decir, el punto del segmento *AB* en que se cumple que *CD* es perpendicular a *AB*. Calcula la longitud de los segmentos *CD*, *AD*, *BD*, *AB*, *BC* y *AC*.

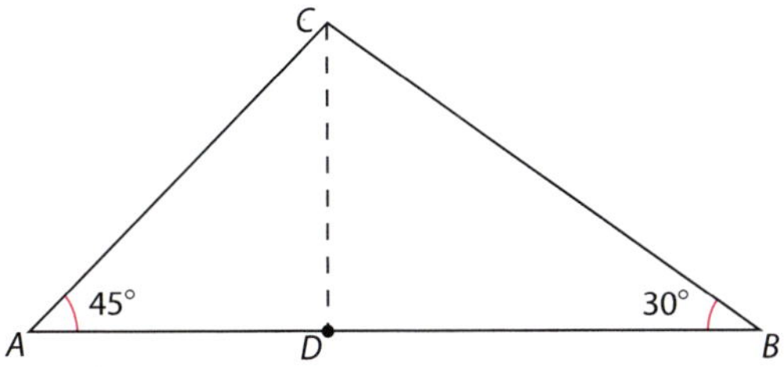


**Figura 4.26.**

**Solución:** $CD = AD = 6{,}05$ m; $BD = 10{,}48$ m; $AB = 16{,}53$ m; $BC = 12{,}10$ m; $AC = 8{,}56$ m

**53** De un triángulo conocemos que $a + b = 11$ m; el ángulo $C = 30°$; y el área es 7 $m^2$. Calcula:

*a)* La longitud de cada uno de los lados del triángulo.

*b)* Los ángulos del triángulo.

**Solución:** *a)* 4 y 7 m, respectivamente *b)* 29,49° y 120,51°

**54** Calcula el área de un triángulo isósceles inscrito en una circunferencia de 30 cm de radio, y cuyo lado desigual mide 20 cm.

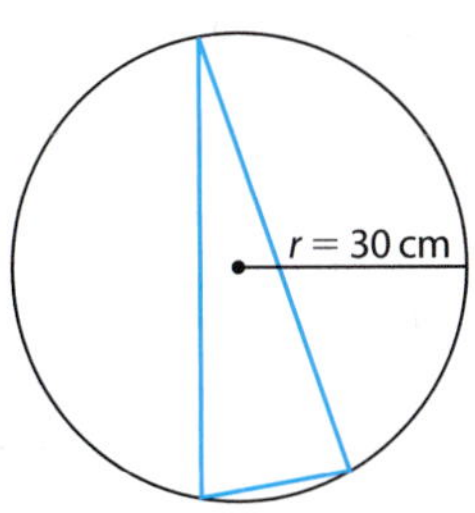


**Figura 4.27.**

**Solución:** 17,2 $cm^2$

**55** Sobre una circunferencia de radio 1 m y centro en el punto *O*, consideramos los cinco vértices *A*, *B*, *C*, *D* y *E* de un pentágono regular. Calcula:

*a)* El ángulo que forma el radio que acaba en el vértice *A* con el lado *AB* y el ángulo que forman en el vértice *A* los dos lados que lo tienen como extremo.

*b)* La longitud de cada uno de los lados del pentágono.

*c)* La longitud de cualquiera de las diagonales.

*d)* El área del triángulo *EAB*.

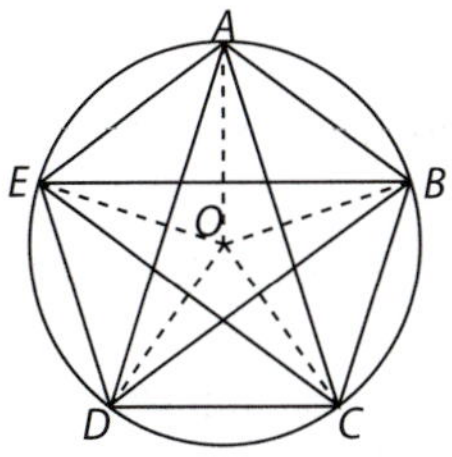


**Figura 4.28.**

**Solución:** *a)* 54°, 108°, respectivamente *b)* 1,176 m *c)* 1,902 m *d)* 0,657 $m^2$

**56** El lado más largo de un paralelogramo mide 20 cm, su área es de 120 $cm^2$ y su ángulo menor, 30°. Determina:

*a)* El ángulo mayor del paralelogramo.

*b)* La longitud del lado menor.

**Solución:** *a)* 150° *b)* 12 cm

## Aplicaciones de la trigonometría

**57** En un cierto lugar de su recorrido un río tiene sus orillas paralelas. En ese punto se desea medir su anchura. Para ello desde dos puntos *A* y *B* de una de sus orillas, que están separados 25 m, se observa un punto *P* de la otra orilla, situado río abajo. Si las visuales desde *A* y *B* a *P* forman con la orilla unos ángulos de 39° 25′ y 52° 48′ respectivamente, averigua la anchura del río en ese punto.

**Solución:** 54,63 m

**58** Si el extremo superior de una estatua es observado desde un punto situado a ras del suelo y a cierta distancia, con un ángulo de elevación de 35°, ¿cuál será el ángulo de elevación desde el triple de distancia?

**Solución:** 13,14°

**59** Una rampa de 40 m de longitud y 10° de inclinación conduce al pie de una estatua. Calcula su altura sabiendo que, en el inicio de la rampa, el ángulo de elevación del punto más alto de la estatua es de 15°.

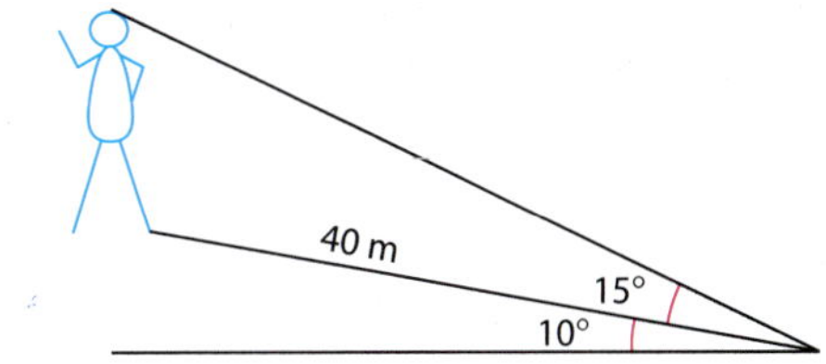


**Figura 4.29.**

**Solución:** 11,42 m

**60** Una embarcación, *A*, se encuentra a 45 km al sureste de otro barco *B*, y una tercera embarcación, *C*, se halla a 57 km al sur de *B*.

*a)* ¿Qué distancia separa a los barcos *A* y *C*?

*b)* ¿Qué rumbo debería tomar el barco *C* para arribar al punto donde está situado *A*?

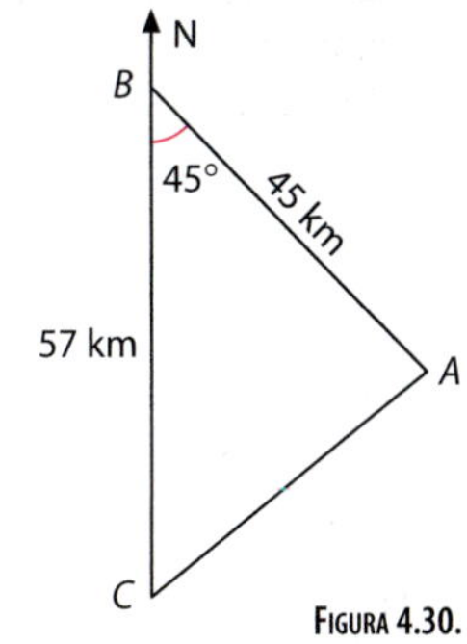


**Figura 4.30.**

**Solución:** *a)* 40,58 km *b)* Rumbo 51,64° Noreste

**61** Un golfista golpea la pelota de modo que su lanzamiento alcanza una longitud de 129 m. Si la distancia del golfista al hoyo es de 150 m y la pelota queda a una distancia de 40 m del hoyo, calcula el ángulo que forma la línea de unión del golfista con el hoyo y la dirección del lanzamiento.

**Solución:** 14,06°

**62** Dos observadores que se hallan en la costa a 1 000 m de distancia el uno del otro contemplan una plataforma petrolífera situada mar adentro. Ambos dirigen sus respectivas visuales a la plataforma y miden el ángulo que forman estas con la línea imaginaria que los une. Si estos ángulos valen 63° y 83°, ¿cuál es la distancia que separa la plataforma de la costa?

**Solución:** 1 581,5 m

**63** Los puentes levadizos de la figura tienen la misma longitud. Cuando están elevados 33°, ¿qué distancia separa los puntos *X* e *Y*?

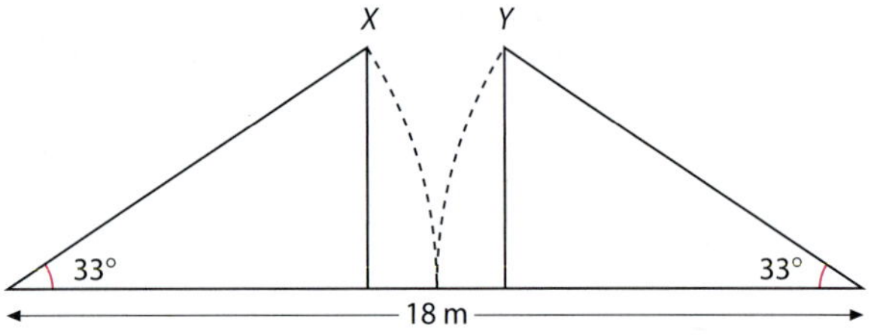


**Figura 4.31.**

**Solución:** 2,90 m

**64** Averigua el ángulo que forman dos fuerzas de 52 N y 31 N, cuya resultante es de 70 N.

**Solución:** 112° 31′ 25″

**65** Alejandro quiere colgar una lámpara a una determinada distancia del techo de su habitación. Para ello, coge un cable, fija la lámpara y lo clava por sus extremos en dos puntos del techo que están separados 140 cm. Alejandro escoge estos puntos de modo que los ángulos entre el cable y el techo son de 40° y 60° en cada uno de los puntos de fijación.

*a)* ¿Cuál es la longitud del cable?

*b)* ¿A qué distancia del techo quedará la lámpara?

**Solución:** *a)* 214,49 cm *b)* 79,14 cm

**66** Hay que realizar un mapa de una cierta zona montañosa y *A*, *B* y *C* son las cimas de tres montañas de la misma altura. Las cimas *A* y *B* están bien determinadas y representadas en el mapa, mientras que la situación de *C* está por determinar.

Subimos a lo alto de la cima *A* y medimos el ángulo entre la línea *AB* y la línea *AC*, que resulta de 68°. Subimos a *B* y el ángulo entre las líneas *BC* y *BA* es de 35°. En el mapa la distancia entre *A* y *B* es de 3 cm.

*a)* Haz un diagrama de la situación, anotando el ángulo que forman en *C* las líneas *CA* y *CB*.

*b)* Halla, sobre el mapa, la distancia entre *A* y *C* y la distancia entre *B* y *C*.

*c)* Si la escala del mapa es 1:50 000, calcula la distancia entre las cimas de las tres montañas.

**Solución:** *a)* $C = 77°$ *b)* $AC = 1{,}77$ cm y $BC = 2{,}85$ cm
*c)* $AC = 883$ m y $BC = 1\,427{,}36$ m

**67** En el momento de marcar el último gol de Alemania en la final de la Eurocopa de Inglaterra, Bierhoff estaba situado a 5 metros de uno de los palos y a 8 metros del otro, y veía la portería bajo un ángulo de 60°. Calcula la distancia del jugador a la línea de gol.

**Solución:** 4,95 m

**68** Para medir la altura de una nube se han hecho dos observaciones simultáneas desde los puntos *A* y *B*, ambos situados al nivel del mar y que distan entre sí 1 km. La inclinación de la visual desde *A* a la nube, respecto de la horizontal, es de 47°. Los ángulos que forman las visuales desde *A* y desde *B* con la recta *AB* son, respectivamente, 38° y 53°, tal como se indica en la figura. Averigua la altura a la que se encuentra situada dicha nube con respecto del nivel del mar.

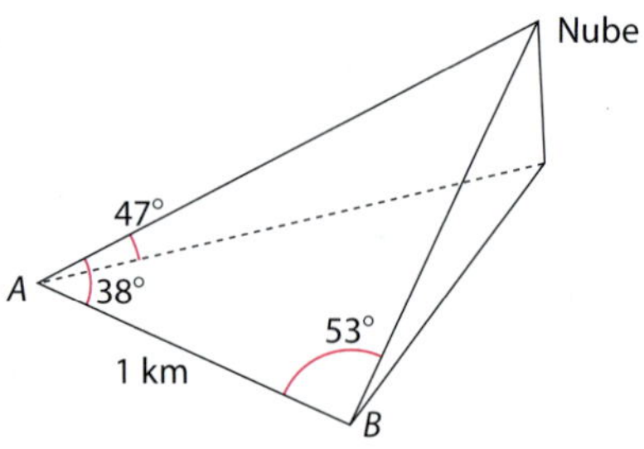


**Figura 4.32.**

**Solución:** 584,17 m

**69** Dos amigos están cada uno de ellos en la terraza de su casa y observan un barco. Quieren determinar a qué distancia se encuentra, y para ello disponen cada uno de un teodolito. Llamemos *A* y *B* a los puntos en que se encuentran sus respectivos teodolitos.

Desde el punto *A* miden una distancia de 10 m a un punto *C*, $AC = 10$ m, de manera que el triángulo *ACB* es rectángulo en *A*.

Desde el punto *B* resulta que el ángulo *B* de este triángulo es de 5,6°.

*a)* ¿Qué distancia hay entre los dos amigos?

*b)* Calcula a qué distancia está el barco de cada uno de ellos si la recta que une *A* con el barco forma con la recta *AB* un ángulo de 75,5°. Y si la recta que une *B* con el barco forma con la recta *AB* un ángulo de 81,6°.

*c)* ¿Podemos saber, sin hacer cálculos, quién está más cerca del barco? ¿Por qué?

**Solución:** *a)* 101,99 m;
*b)* 259,28 m y 253,75 m de *A* y de *B*, respectivamente
*c)* Está más cerca de *B* porque el ángulo *A* es menor.

**70** El circo ha llegado a una ciudad y hay que instalarlo. El especialista que lo monta no ha llegado y los operarios no saben cuánto cable necesitan. Hay uno que recuerda que, una vez tensado el cable desde el extremo del palo principal hasta un punto determinado del suelo, con el cual forma un ángulo de 60°, hacen falta 2 m más de cable que si forma con el suelo un ángulo de 70°. En total han de colocar 6 cables tensados formando con el suelo un ángulo de 60° cada uno de ellos. ¿Cuántos metros de cable necesitan?

**Solución:** 153,07 m de cable

**71** Dos vías de ferrocarril se cortan formando un ángulo cuyo valor es de 20° 16′. Del cruce salen al mismo tiempo dos locomotoras, una por cada vía. Una de las locomotoras va a una velocidad de 100 km/h. ¿A qué velocidad debe circular la otra para que a las 3 horas estén separadas una distancia de 150 km?

**Solución:** 129,87 km/h o 57,75 km/h

# Evaluación

| Soy capaz de... | Actividades |
|---|---|
| Conocer las razones trigonométricas de un ángulo, su doble y mitad, así como las del ángulo suma y diferencia de otros dos. | 1-3 |
| Resolver ecuaciones trigonométricas y sistemas de ecuaciones trigonométricas sencillos. | 5 y 6 |
| Valorar la información de un enunciado y relacionarla con el número de soluciones del problema. | 6 |
| Resolver problemas geométricos del mundo natural, geométrico o tecnológico, utilizando los teoremas del seno, coseno y tangente y las fórmulas trigonométricas usuales. | 4, 7 y 8 |

**1.** Demuestra la identidad:

$$\text{tg}\,(45° + \alpha) - \text{tg}\,(45° - \alpha) = 2\text{tg}2\alpha$$

**2.** Si $\text{cotg}\,\alpha = \dfrac{8}{15}$ determina el valor de las siguientes expresiones:

*a)* $\dfrac{\dfrac{1}{3}\,\text{sen}\,\alpha - \dfrac{1}{2}\cos\alpha}{\dfrac{1}{17}\,(\sec\alpha + \text{tg}\,\alpha)}$

*b)* $\sec 2\alpha + \text{tg}\,2\alpha$

**3.** Demuestra que cuando $\alpha + \beta + \gamma = 180°$ se verifica que:

$$\text{tg}\,\alpha + \text{tg}\,\beta + \text{tg}\,\gamma = \text{tg}\,\alpha \cdot \text{tg}\,\beta \cdot \text{tg}\,\gamma$$

**4.** Si en un triángulo rectángulo la hipotenusa vale $\dfrac{1}{\text{cosec}\,\alpha - \text{cotg}\,\alpha} + \dfrac{1}{\text{cosec}\,\alpha + \text{cotg}\,\alpha}$ y uno de los catetos vale $\dfrac{2 \cdot (1 + \cos 2\alpha)}{\text{sen}\,2\alpha}$, calcula el valor del otro cateto.

**5.** Resuelve las siguientes ecuaciones trigonométricas.

*a)* $\cos\alpha = \text{sen}\,2\alpha$

*b)* $\cos 2\alpha + 3\text{sen}\,\alpha = 2$

**6.** Resuelve el siguiente sistema:

$$\begin{cases} \text{sen}\,\alpha + \text{sen}\,\beta = \dfrac{3}{2} \\ \cos\alpha + \cos\beta = \dfrac{\sqrt{3}}{2} \end{cases}$$

**7.** Resuelve el triángulo cuyos lados *b* y *c* miden 10 cm y 7 cm respectivamente, y cuyo ángulo A mide 60°.

**8.** Desde la torre de un pueblo A, y bajo un ángulo de 60°, se ven las torres de dos pueblos *B* y C, distantes de *A* 20 km y 12 km respectivamente. Calcula la distancia que hay entre las torres de los pueblos *B* y C.

# 5 Números complejos

Hemos visto que ecuaciones del tipo $x^2 + 9 = 0$ no tienen solución real. El matemático hindú Bhaskara (1114-1185) ya hacía referencia en su libro Lilavati a la inexistencia de la raíz cuadrada de un número negativo.

Cuatro siglos después, Gerolamo Cardano (1501-1576), matemático y médico italiano, fue el primero en escribir las raíces negativas solución de una ecuación de segundo grado, aunque aclaraba que no tenían sentido. Leonhard Euler (1707-1783) introdujo una nomenclatura específica para resolver raíces negativas, y Carl Friedrich Gauss (1777-1855) culminó la construcción de un nuevo conjunto numérico, el de los números complejos.

La elaboración de este nuevo conjunto numérico ha sido una tarea ardua pero fructífera, ya que en la actualidad los números complejos se emplean en la resolución de problemas en diversos campos: matemáticas, electromagnetismo, aeronáutica... La teoría del Bing Bang sobre el origen del universo implica una noción del tiempo que se basa en la utilización de los números complejos.

# Repasa lo que sabes

Las coordenadas cartesianas $x_1$ e $y_1$ de un punto $P_1(x_1, y_1)$ son los puntos de intersección de las paralelas a los ejes de coordenadas $x$ e $y$, trazadas desde el punto $P_1$.

- Si $P_2$ es **simétrico** a $P_1$ **respecto al eje de ordenadas,** sus coordenadas son $P_2(-x_1, y_1)$.
- Si $P_3$ es **simétrico** a $P_1$ **respecto al eje de abscisas,** sus coordenadas son $P_3(x_1, -y_1)$.
- Si $P_3$ es **simétrico** a $P_1$ **respecto al origen de coordenadas,** sus coordenadas son $P_4(-x_1, -y_1)$.

**1.** Dado el punto $P(4, 3)$, representa sus simétricos respecto al:

*a)* Eje de ordenadas.

*b)* Eje de abscisas.

*c)* Origen de coordenadas.

La **distancia entre dos puntos** $P_1(x_1, y_1)$ y $P_2(x_2, y_2)$ es el valor numérico de la hipotenusa del triángulo rectángulo que se forma.

$$d(P_1, P_2) = \sqrt{(x_2 - x_1)^2 + (y_2 - y_1)^2}$$

**2.** Calcula y representa en el eje de coordenadas la distancia entre los puntos $A(6, 4)$ y $B(2, 1)$.

Un **vector** $\overrightarrow{AB}$ es un segmento orientado que va desde el punto $A$ (origen) al punto $B$ (extremo), y sus componentes son: módulo, dirección y sentido.

- El **módulo de un vector** viene dado por la distancia entre los dos puntos:

$$|m| = \sqrt{(x_b - x_a)^2 + (y_b - y_a)^2}$$

**3.** Dados los vectores fijos de origen O y extremos $P_1(5, 2)$ y $P_2(-5, -2)$:

*a)* ¿Cuáles son sus módulos?

*b)* ¿Qué ángulos forman con el semieje positivo de abscisas?

Para resolver una ecuación de segundo grado $ax^2 + bx + c = 0$, utilizamos la fórmula $\frac{-b \pm \sqrt{b^2 - 4ac}}{2a}$, donde $\Delta = b^2 - 4ac$ es el discriminante.

**4.** Indica el discriminante de cada una de estas ecuaciones y, según el caso, resuélvelas.

*a)* $x^2 + 9 = 0$

*b)* $x^2 + x = 0$

*c)* $x^2 - 6x + 9 = 0$

**OBSERVA**

Si el discriminante es negativo, la ecuación no tiene solución real.

**Racionalizar** es eliminar los radicales que aparecen en el denominador de una fracción.

El **conjugado** de un binomio $(a + b)$ es $(a - b)$.

**5.** Racionaliza la expresión $\frac{1}{1 + \sqrt{2}}$.

# 1. Números imaginarios. Números complejos en forma binómica

> **RECUERDA**
>
> Cualquier número real elevado al cuadrado es otro número real positivo.
>
> Los números negativos no tienen raíz cuadrada real.

Existen ecuaciones que carecen de solución en el conjunto de los números reales, es decir, no hay ningún número real que sea solución de dichas ecuaciones.

Por ejemplo, las soluciones de la ecuación $x^2 - 9 = 0$ pueden obtenerse despejando $x$, esto es, $x = \pm\sqrt{9} \Rightarrow x = \pm 3$. Sin embargo, si se aplica el mismo procedimiento a la ecuación $x^2 + 9 = 0$, se obtiene $x = \pm\sqrt{-9}$, pero $\sqrt{-9}$ no tiene solución real, ya que no existe ningún número real que, elevado al cuadrado, tenga como resultado $-9$.

Para solucionar problemas en los que aparezcan raíces cuadradas de números negativos, es preciso ampliar el conjunto de los números reales, $\mathbb{R}$, y construir un nuevo conjunto numérico, $\mathbb{C}$, tal que $\mathbb{R}$ sea subconjunto de $\mathbb{C}$, es decir, $\mathbb{R} \subset \mathbb{C}$; de modo que en este nuevo conjunto se conserven las propiedades de las operaciones, y todos los números tengan raíz cuadrada.

> La **unidad imaginaria, *i*,** es aquel número que elevado al cuadrado da $-1$, es decir:
>
> $$i = \sqrt{-1}$$

## Ejercicios resueltos

> **RECUERDA**
>
> El **discriminante,** $\Delta$, de la ecuación $ax^2 + bx + c = 0$ es:
>
> $$\Delta = b^2 - 4ac$$

▶ *¿Qué soluciones tiene la ecuación $x^2 + 9 = 0$?*

Tiene dos soluciones:

$$x = \pm\sqrt{-9} \Rightarrow x = \pm\sqrt{9}\sqrt{-1} \Rightarrow x_1 = 3i \text{ y } x_2 = -3i$$

▶ *Hallar las soluciones de la siguiente ecuación de segundo grado con discriminante negativo:* $x^2 - 6x + 13 = 0$.

$$x = \frac{6 \pm \sqrt{36 - 52}}{2} = \frac{6 \pm \sqrt{-16}}{2} = \frac{6 \pm 4i}{2} = 3 \pm 2i$$

Las soluciones son $x_1 = 3 + 2i$ y $x_2 = 3 - 2i$.

Las soluciones de una ecuación de segundo grado con discriminante negativo son $a + bi$.

> Una expresión de la forma ***a* + *bi*,** en la que $a$ y $b$ son dos números reales cualesquiera e $i$, la unidad imaginaria, se denomina **número complejo.**

La expresión $a + bi$ recibe el nombre de **forma binómica** del número complejo, ***a*** es la **parte real,** y ***b*,** la **parte imaginaria.**

Son números complejos: $2 - 3i$, $4 - 2i$, $2 + i$, $-3$, $4i$, $8$, $0$, $\sqrt{5}i$

## Actividades

**1** Calcula las soluciones de las ecuaciones en el conjunto $\mathbb{C}$.

*a)* $x^2 + 16 = 0$

*b)* $x^2 + 8x + 25 = 0$

*c)* $x^4 - 3x^2 - 4 = 0$

**Solución:** *a)* $x_1 = +4i$, $x_2 = -4i$ *b)* $x_1 = -4 + 3i$, $x_2 = -4 - 3i$ *c)* $x_1 = 2$, $x_2 = -2$, $x_3 = i$, $x_4 = -i$

# 2. Representación gráfica de los números complejos

Los números complejos, como ampliación de los números reales, no tienen cabida en la recta real, ya que todos los puntos de dicha recta tienen asignado un número real.

Gauss fue el primer matemático que estableció el siguiente paralelismo: «Si los números reales se representan en una recta infinita, que llamamos recta real, los números complejos se podrán representar en un plano infinito, que denominaremos **plano complejo,** de modo que la parte real se represente en el eje de abscisas, llamado, en este caso, **eje real,** y la parte imaginaria, en el eje de ordenadas, o **eje imaginario».**

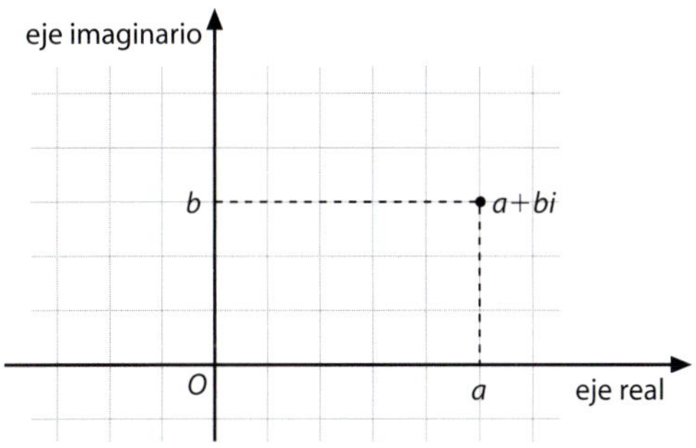


FIGURA 5.2.

Todo número complejo, $a + bi$, se representa mediante un punto, $P$, de coordenadas $(a, b)$, del plano complejo. Este punto recibe el nombre de **afijo** del número complejo, y es tal que a cada número complejo le corresponde su afijo en el plano, y a cada punto del plano complejo le corresponde un número complejo.

Se pueden dar los siguientes casos:

- Si $b = 0$, el número complejo $a + bi$ se identifica con el número real $a$, y se representa en el eje de abscisas o eje real.
- Si $a = 0$, el número complejo $a + bi$ tiene únicamente parte imaginaria y se denomina **imaginario puro.** Se representa en el eje de ordenadas o eje imaginario. El número complejo $3i$ es imaginario puro.
- Si $a = 0$ y $b = 0$, el número complejo $0 + 0i$ se llama **número complejo cero** y se representa en el origen de coordenadas.

## Ejercicio resuelto

▶ *Calcular y representar, en el conjunto de los números complejos, las soluciones de la ecuación* $x^4 - 1 = 0$.

Se factoriza la ecuación:

$x^4 - 1 = (x^2 + 1) \cdot (x^2 - 1) =$
$= (x^2 + 1) \cdot (x + 1) \cdot (x - 1) = 0$

Las soluciones de la ecuación serán:

$(x^2 + 1) = 0 \Rightarrow x = \pm\sqrt{-1} \Rightarrow$
$\Rightarrow x_1 = i,\ x_2 = -i$

$(x + 1) = 0 \Rightarrow x_3 = -1$

$(x - 1) = 0 \Rightarrow x_4 = 1$

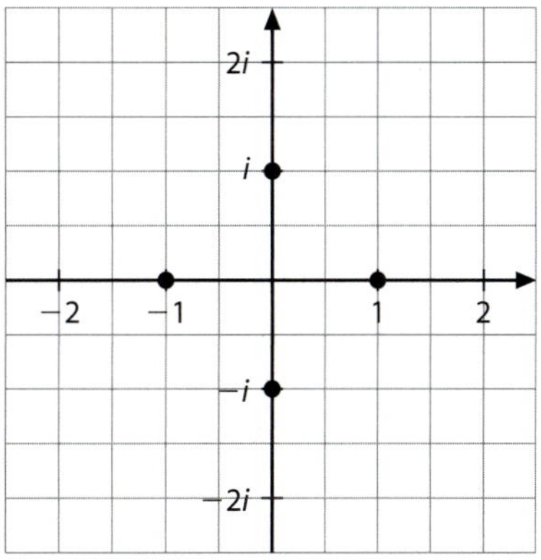


FIGURA 5.3.

**RECUERDA**

Los números reales se representan en una recta que se denomina **recta real.**

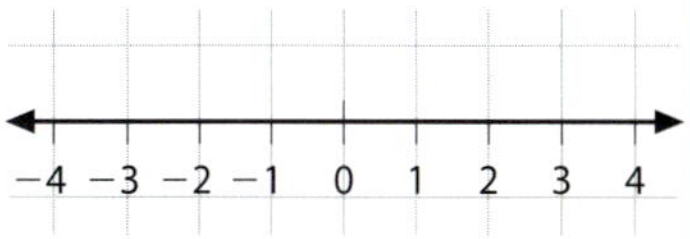


FIGURA 5.1.

**OBSERVA**

Los números reales son un subconjunto de los números complejos: $\mathbb{R} \subset \mathbb{C}$.

Dos números complejos, $a + bi$ y $c + di$, son **iguales** si lo son sus partes real e imaginaria, es decir, si $a = c$ y $b = d$; en este caso, están representados por el mismo afijo.

Dos números complejos son **conjugados** si tienen la misma parte real y la parte imaginaria es igual en valor absoluto, pero de signo contrario. El número complejo conjugado de $a + bi$ es $a - bi$. Si $z$ es el número complejo $a + bi$, su conjugado se designa por $\overline{z}$. Al representar gráficamente dos números complejos conjugados se observa que son simétricos respecto del eje real (figura 5.4).

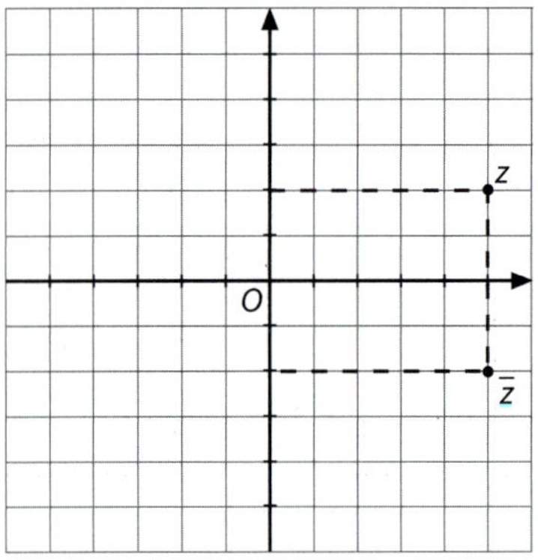


FIGURA 5.4.

Dado un número complejo $a + bi$, su **opuesto** es aquel cuyas partes real e imaginaria tienen el mismo valor absoluto, pero de signo contrario, $-a - bi$. Si se denomina z al número complejo $a + bi$, su opuesto se representa por $-z$. Al representar gráficamente dos números complejos opuestos, se observa que son simétricos respecto del origen de coordenadas (figura 5.5).

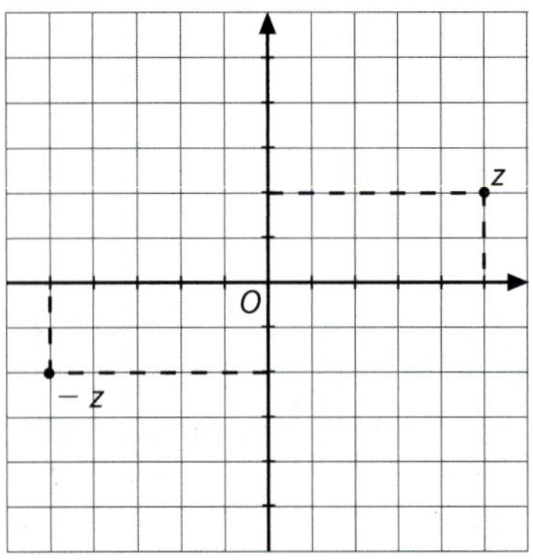


FIGURA 5.5.

## Ejercicios resueltos

▶ *Dado el número complejo $z = 4 - 2i$, su conjugado es $\overline{z} = 4 + 2i$ y su opuesto, $-z = -4 + 2i$. Representar gráficamente $z$, $\overline{z}$ y $-z$.*

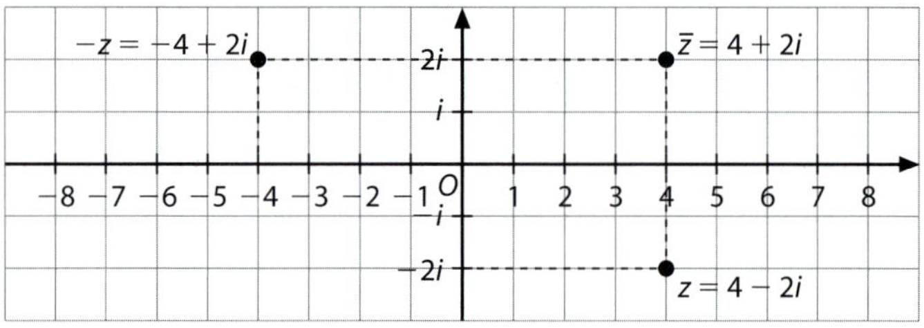


FIGURA 5.6.

▶ *Representar los siguientes números complejos:*

$$-3i,\ 2 - 3i,\ 4 - \frac{3}{2}i,\ -3 + i,\ \frac{7}{5}i,\ 4$$

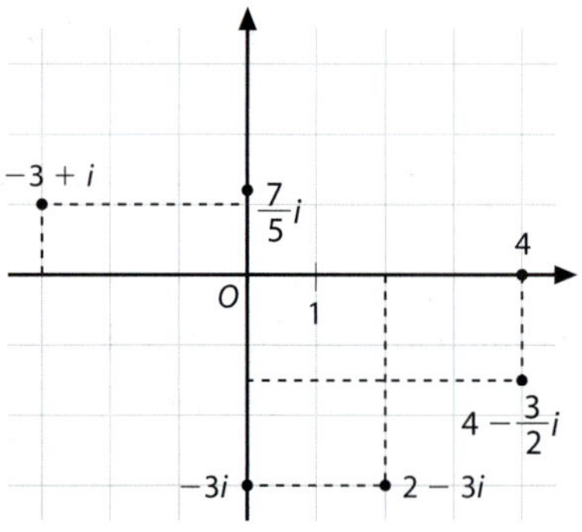


FIGURA 5.7.

▶ *Calcular y representar el conjugado y el opuesto de $z = -1 + i$.*

*El conjugado es $\overline{z} = -1 - i$ y su opuesto es $-z = 1 - i$.*

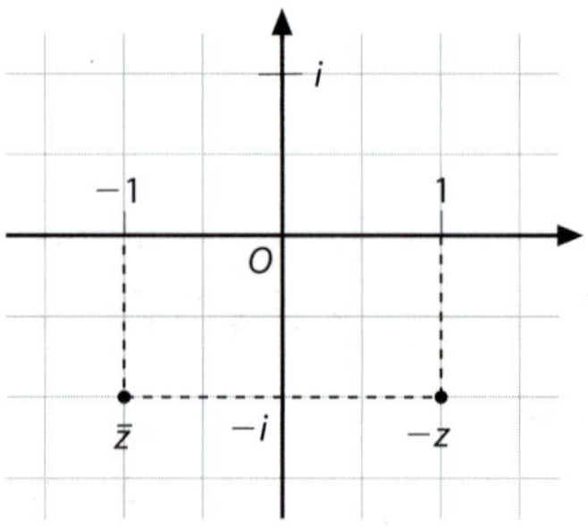


FIGURA 5.8.

**OBSERVA**

Las soluciones de una ecuación de segundo grado, si no son reales, son números complejos conjugados.

# 3. Operaciones con números complejos en forma binómica

## 3.1. Suma de números complejos

Sean los números complejos $a + bi$ y $c + di$, su suma es:

$$(a + bi) + (c + di) = (a + c) + (b + d)i$$

Para sumar dos o más números complejos en forma binómica, se suman por separado las partes real e imaginaria.

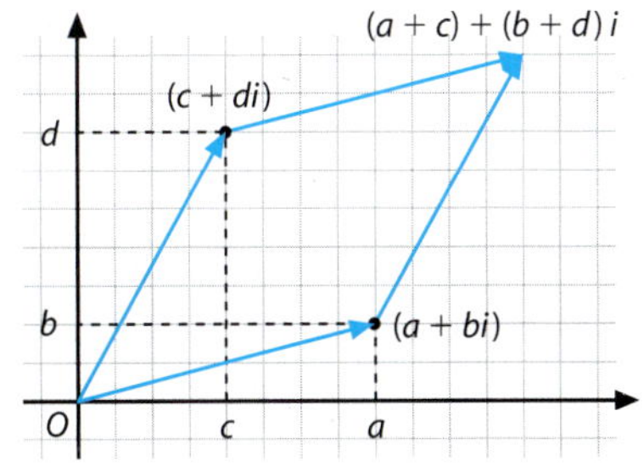


FIGURA 5.9.

**Ejercicio resuelto**

▶ *Calcular:*

- $(3 - 2i) + (6 + 7i) = (3 + 6) + (-2 + 7)i = 9 + 5i$
- $(-5 + 3i) + (4 - 2i) = (-5 + 4) + (3 - 2)i = -1 + i$

ma1b17

## 3.2. Multiplicación de números complejos

Sean $a + bi$ y $c + di$ dos números complejos, su producto es:

$$(a + bi) \cdot (c + di) = ac + adi + bci + bdi^2 = (ac - bd) + (ad + bc)i$$

**OBSERVA**

Para multiplicar números complejos se aplica la propiedad distributiva considerando, además, que $i^2 = -1$.

**Ejercicio resuelto**

▶ *Calcular:*

- $(3 - 2i) \cdot (6 + 7i) = 18 + 21i - 12i - 14i^2 = 32 + 9i$
- $(5 + 3i) \cdot (-3 - 2i) = -15 - 10i - 9i - 6i^2 = -9 - 19i$

El resultado del producto de un número complejo, $z$, por su conjugado, $\overline{z}$, es un número real.

## 3.3. División de números complejos

Sean $a + bi$ y $c + di$ dos números complejos. Para dividirlos, se multiplican el numerador y el denominador por el conjugado del denominador:

$$\frac{a + bi}{c + di} = \frac{a + bi}{c + di} \cdot \frac{c - di}{c - di} = \frac{(ac + bd) + (bc - ad)i}{c^2 - (di)^2} = \frac{ac + bd}{c^2 + d^2} + \frac{bc - ad}{c^2 + d^2}i$$

El resultado es también un número complejo que tiene como parte real $\frac{ac + bd}{c^2 + d^2}$ y cuya parte imaginaria es $\frac{bc - ad}{c^2 + d^2}$.

**Ejercicios resueltos**

▶ *Efectuar el siguiente cociente:* $\frac{3 - 2i}{6 + 7i}$

$$\frac{3 - 2i}{6 + 7i} = \frac{3 - 2i}{6 + 7i} \cdot \frac{6 - 7i}{6 - 7i} = \frac{4 - 33i}{36 + 49} = \frac{4}{85} - \frac{33}{85}i$$

▶ *Calcular el inverso de* $3 - 2i$.

$$\frac{1}{3 - 2i} = \frac{1}{3 - 2i} \cdot \frac{3 + 2i}{3 + 2i} = \frac{3 + 2i}{9 + 4} = \frac{3}{13} + \frac{2}{13}i$$

**Características de las operaciones con números complejos**

La definición de la suma y la multiplicación de números complejos hace que se cumplan en el conjunto $\mathbb{C}$ las mismas propiedades que se verifican para estas operaciones en el conjunto $\mathbb{R}$:

- **Suma:** es asociativa, conmutativa, y existe elemento neutro $(0 + 0i)$ y elemento opuesto.
- **Multiplicación:** es asociativa y conmutativa, existe elemento neutro $(1 + 0i)$ y todos los elementos tienen inverso (excepto el cero).
- Distributiva de la multiplicación respecto de la suma.

## 3.4. Potencias de números complejos

Para calcular la potencia $n$-ésima de un número complejo $a + bi$, se aplica la siguiente expresión:

$$(a+bi)^n = \overbrace{(a+bi)\cdot(a+bi)\cdot\ldots\cdot(a+bi)}^{n \text{ veces}}$$

donde, al desarrollar los paréntesis, aparecen potencias sucesivas de $i$, cuyo valor hay que calcular para hallar la potencia $n$-ésima de $a + bi$.

Dado que $i^2 = -1$, se puede escribir:

| | | |
|---|---|---|
| $i^0 = 1$ | $i^4 = i^3 \cdot i = 1$ | $i^8 = i^7 \cdot i = 1$ |
| $i^1 = i$ | $i^5 = i^4 \cdot i = i$ | ... |
| $i^2 = -1$ | $i^6 = i^5 \cdot i = -1$ | ... |
| $i^3 = i^2 \cdot i = -i$ | $i^7 = i^6 \cdot i = -i$ | ... |

**OBSERVA**

Para calcular $(a + bi)^n$ también podemos aplicar la fórmula del **binomio de Newton.**

ma1b18

Existe una cadencia, de cuatro en cuatro, en la repetición de las potencias de $i$. Por tanto, para hallar una potencia de $i$, se divide el exponente entre 4 y se calcula la potencia de $i$ cuyo exponente sea el resto de la división.

### Ejercicios resueltos

▶ *Calcular* $i^{55}$.

Se divide 55 entre 4. Como el resto da 3, resulta: $i^{55} = i^3 = -i$

▶ *Calcular* $i^{12}$.

Al dividir 12 entre 4 da de resto 0. Por tanto: $i^{12} = i^0 = 1$

▶ *Calcular* $(2 + 3i)^5$.

$$(2+3i)^5 = (2+3i)^2(2+3i)^2(2+3i) = (4+12i-9)(4+12i-9)(2+3i) =$$
$$= (12i-5)^2(2+3i) = (-144-120i+25)(2+3i) = (-119-120i)(2+3i) =$$
$$= -238-240i-357i+360 = 122-597i$$

▶ *Calcular* $(3 - 5i)^4$.

$$(3-5i)^4 = (3-5i)^2\cdot(3-5i)^2 = (9-30i-25)(9-30i-25) =$$
$$= (-16-30i)^2 = 256+960i-900 = -644+960i$$

### Actividades

**2** Calcula los valores de las potencias siguientes.

*a)* $i^{19}$ *b)* $i^{29}$ *c)* $i^{56}$

**3** Dados los números complejos $z = 3 - 2i$ y $\omega = 4 + i$, calcula.

| | | | | |
|---|---|---|---|---|
| *a)* $z + \omega$ | *c)* $z/\omega$ | *e)* $1/\omega$ | *g)* $-\omega$ | *i)* $\overline{\omega}$ |
| *b)* $z \cdot \omega$ | *d)* $1/z$ | *f)* $-z$ | *h)* $\overline{z}$ | *j)* $\overline{z} \cdot \omega$ |

**Solución:** *a)* $7 - i$ *b)* $14 - 5i$ *c)* $\frac{10}{17} - \frac{11}{17}i$ *d)* $\frac{3}{13} + \frac{2}{13}i$ *e)* $\frac{4}{17} - \frac{1}{17}i$

*f)* $-3 + 2i$ *g)* $-4 - i$ *h)* $3 + 2i$ *i)* $4 - i$ *j)* $10 + 11i$

**4** Calcula.

*a)* $(2 - 2i)^6$ *b)* $(3 - 4i)^3$

**Solución:** *a)* $512i$ *b)* $-117 - 44i$

# 4. Forma polar de un número complejo

A cada número complejo, $a + bi$, se le asigna un punto, $P(a, b)$, en el plano complejo.

Si se une el origen de coordenadas, O, con P, se obtiene el vector $\overrightarrow{OP}$. De este modo, a todo número complejo se le asocia un vector fijo de origen O (origen de coordenadas) y extremo P (afijo del número complejo).

El punto P se puede determinar mediante sus coordenadas $(a, b)$ o mediante la longitud o módulo del vector $\overrightarrow{OP}$ y el ángulo $\alpha$ que este forma con el semieje positivo de abscisas (figura 5.9):

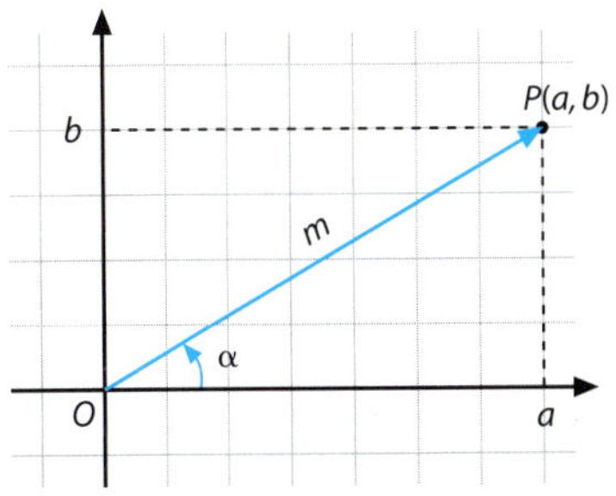


FIGURA 5.10.

- Se denomina **módulo** del número complejo $z = a + bi$, y se representa por $m$ o $|z|$, al módulo del vector $\overrightarrow{OP}$:

$$m = |z| = |\overrightarrow{OP}| = \sqrt{a^2 + b^2}$$

- Se llama **argumento,** $\alpha$, de un número complejo, $a + bi$, al ángulo que forma el vector $\overrightarrow{OP}$ con el semieje positivo de abscisas, medido en sentido contrario al giro de las agujas del reloj.

  Conocidos $a$ y $b$, para determinar el valor de $\alpha$, se aplica esta fórmula:

$$\operatorname{tg} \alpha = \frac{b}{a}$$

La determinación del argumento, $\alpha$, de la expresión anterior no es única, ya que existen infinitos ángulos con una misma tangente. Si se restringe la determinación a ángulos comprendidos entre 0 y $2\pi$, esta sigue sin ser única, pues existen dos ángulos, que difieren $\pi$ radianes (180°), con la misma tangente.

El argumento del número complejo dependerá de los signos de $a$ y $b$, es decir, del cuadrante en el que está situado el afijo de dicho número.

**Argumento principal**

Al argumento del número complejo entre 0 y $2\pi$ se le denomina **argumento principal.**

Un número complejo, que en forma binómica tiene la expresión $a + bi$, se puede escribir también como $m_\alpha$, es decir, indicando su módulo y su argumento, $m$ y $\alpha$, y se denomina **forma polar** o **módulo-argumental** del número complejo.

**OBSERVA**

- Los números reales positivos tienen un argumento de 0°, y los reales negativos, de 180°.
- Los números imaginarios puros de la forma $bi$ tienen un argumento de 90° si $b > 0$, y de 270°, si $b < 0$.

## Ejercicio resuelto

▶ *Calcular la expresión del número complejo $-3 - 3i$ en forma polar.*

Se calcula, en primer lugar, su módulo:

$$m = \sqrt{(-3)^2 + (-3)^2} = \sqrt{18} = 3\sqrt{2}$$

Para calcular su argumento, se procede como sigue:

$$\operatorname{tg} \alpha = \frac{-3}{-3} = 1$$

Esta tangente corresponde a los ángulos de 45° y 225°.

Dado que el número complejo tiene su afijo en el tercer cuadrante, el argumento buscado es 225°.

Por tanto: $-3 - 3i = (3\sqrt{2})_{225°}$

Hemos visto cómo se puede obtener la forma polar de un número complejo a partir de su forma binómica. También puede efectuarse el proceso contrario, es decir, hallar su forma binómica a partir de la forma polar. Para ello, se aplican las definiciones de seno y coseno:

$$\cos \alpha = \frac{a}{m} \Rightarrow a = m \cos \alpha \qquad \text{sen}\ \alpha = \frac{b}{m} \Rightarrow b = m\ \text{sen}\ \alpha$$

Sustituyendo las dos igualdades anteriores en la forma binómica, $a + bi$, resulta:

$$a + bi = (m \cos \alpha) + (m\ \text{sen}\ \alpha)i = m\ (\cos \alpha + i\ \text{sen}\ \alpha)$$

La expresión $m\ (\cos \alpha + i\ \text{sen}\ \alpha)$ recibe el nombre de **forma trigonométrica** de un número complejo.

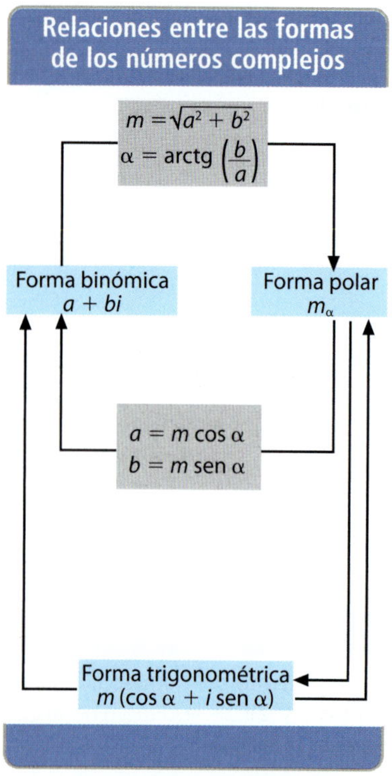


## Ejercicios resueltos

▶ *Calcular la expresión del número $3_{60°}$, en forma binómica.*

$a = 3 \cos 60° = 3 \cdot 1/2 = 3/2 \qquad b = 3\ \text{sen}\ 60° = 3 \cdot \sqrt{3}/2 = 3\sqrt{3}/2$

Por tanto: $3_{60°} = \frac{3}{2} + \frac{3\sqrt{3}}{2}i$

▶ *Expresar $3\ (\cos 50° + i\ \text{sen}\ 50°)$ en forma binómica y polar.*

$$3\ (\cos 50° + i\ \text{sen}\ 50°) = 3_{50°}$$

$$3\ (\cos 50° + i\ \text{sen}\ 50°) = 1{,}93 + 2{,}30i$$

▶ *Expresar el número complejo $4_{100°}$ en forma binómica y trigonométrica.*

$$4_{100°} = 4\ (\cos 100° + i\ \text{sen}\ 100°) = -0{,}69 + 3{,}94i$$

▶ *Expresar el número complejo $3 - 4i$ en forma polar y trigonométrica.*

$$m = \sqrt{3^2 + (-4)^2} = 5 \qquad \text{tg}\ \alpha = -4/3 \Rightarrow \alpha = 306{,}9°$$

$$(3 - 4i) = 5_{306{,}9°} = 5\ (\cos 306{,}9° + i\ \text{sen}\ 306{,}9°)$$

## Errores comunes

Si tenemos un número complejo expresado de la forma $m\ (\cos \alpha - i\ \text{sen}\ \alpha)$ y efectuamos directamente el paso a la forma polar $m_\alpha$, incurriremos en un error, ya que es $m_\alpha = m\ (\cos \alpha + i\ \text{sen}\ \alpha)$.

Para solucionar esta dificultad, hemos de conseguir que el signo del paréntesis sea + en lugar de −. Teniendo en cuenta que $\cos \alpha = \cos(-\alpha)$ y que $\text{sen}\ \alpha = -\text{sen}\ (-\alpha)$, podemos escribir:

$$m\ (\cos \alpha - i\ \text{sen}\ \alpha) = m\ [\cos(-\alpha) + i\ \text{sen}\ (-\alpha)] = m_{-\alpha}$$

## Ejercicio resuelto

▶ *Expresar el número complejo $7(\cos 50° - i\ \text{sen}\ 50°)$ en forma binómica y polar.*

La expresión en forma binómica puede realizarse de forma directa:

$$7(\cos 50° - i\ \text{sen}\ 50°) = 4{,}50 - 5{,}36i$$

Para expresar el número complejo en forma polar se debe determinar correctamente su argumento.

Como $\cos 50° = \cos(-50°)$ y $\text{sen}\ (50°) = -\text{sen}\ (-50°)$, entonces:

$$7(\cos 50° - i\ \text{sen}\ 50°) = 7(\cos(-50°) + i\ \text{sen}\ (-50°)) = 7_{-50°}$$

Algunas características de los números complejos en forma polar son:

- Dos números complejos en forma polar, $m_\alpha$ y $m'_\beta$, son **iguales** si lo son sus módulos y sus argumentos difieren en un número entero de vueltas:

$$m = m' \text{ y } \alpha = \beta + k \cdot 360° \qquad k \in \mathbb{Z}$$

- Como ya vimos, dos números complejos **conjugados** tienen la misma parte real y la parte imaginaria cambiada de signo; por tanto, son **simétricos** respecto del eje de abscisas.

  El complejo conjugado de $m_\alpha$ será $m_{-\alpha} = m_{360° - \alpha}$ (figura 5.11).

- Teniendo en cuenta que los números complejos opuestos tienen las partes real e imaginaria de signo contrario y, por tanto, son simétricos respecto del origen, el número complejo opuesto de $m_\alpha$ será $m_{\alpha + 180°}$ (figura 5.11).

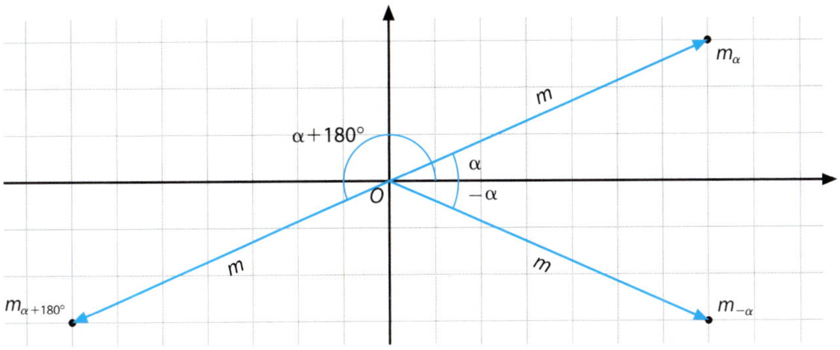


**FIGURA 5.11.**

ma1b19

## Ejercicio resuelto

▶ *Calcular, en forma polar, el conjugado y el opuesto de este número complejo:*

$$z = \sqrt{2}\,(\cos 75° - i \operatorname{sen} 75°)$$

En primer lugar, se expresa el número en forma polar:

$$\sqrt{2}\,(\cos 75° - i \operatorname{sen} 75°) = \sqrt{2}\,[\cos(-75°) + i \operatorname{sen}(-75°)] =$$
$$= (\sqrt{2})_{-75°} = (\sqrt{2})_{285°}$$

Por tanto:

$$\bar{z} = (\sqrt{2})_{360° - 285°} = (\sqrt{2})_{75°}$$
$$-z = (\sqrt{2})_{180° + 285°} = (\sqrt{2})_{465°} = (\sqrt{2})_{105°}$$

## Actividades

**5** Expresa los siguientes números complejos en forma polar.

*a)* $-3 + 2i$ *c)* $5\,(\cos 20° - i \operatorname{sen} 20°)$

*b)* $-4i$ *d)* La unidad imaginaria positiva.

**Solución:** *a)* $(\sqrt{13})_{146,3°}$ *b)* $4_{270°}$ *c)* $5_{340°}$ *d)* $1_{90°}$

**6** Expresa el número complejo $3\,(\cos 150° + i \operatorname{sen} 150°)$ en forma binómica.

**Solución:** $-\dfrac{3\sqrt{3}}{2} + \dfrac{3}{2}i$

**7** Calcula el opuesto y el conjugado de los siguientes números complejos, expresándolos en forma polar.

*a)* $z = 1 - \sqrt{3}i$ *b)* $z = \dfrac{1}{2}(\cos 200° + i \operatorname{sen} 200°)$ *c)* $z = 4_{-15°}$

**Solución:** *a)* $\bar{z} = 2_{60°}$, $-z = 2_{120°}$ *b)* $\bar{z} = \left(\dfrac{1}{2}\right)_{160°}$, $-z = \left(\dfrac{1}{2}\right)_{20°}$

*c)* $\bar{z} = 4_{15°}$, $-z = 4_{165°}$

# 5. Operaciones con números complejos en forma polar

## 5.1. Suma de números complejos

Para sumar números complejos expresados en forma polar, los escribimos en forma binómica y sumamos sus partes real e imaginaria. Esta forma de sumar es mucho más sencilla que si se hiciera con módulos y argumentos.

## 5.2. Multiplicación de números complejos

El producto de dos números complejos en forma polar es otro número complejo cuyo módulo es el producto de los módulos y cuyo argumento es la suma de los argumentos.

$$m_\alpha \cdot m'_\beta = (m \cdot m')_{\alpha+\beta}$$

Para demostrarlo, expresamos los números complejos dados en forma polar, $m_\alpha$, y $m'_\beta$, en forma trigonométrica:

$$m_\alpha \cdot m'_\beta = m\,(\cos\alpha + i\,\text{sen}\,\alpha)\cdot m'\,(\cos\beta + i\,\text{sen}\,\beta) =$$

$$= m\cdot m'\,(\cos\alpha\cos\beta + i\cos\alpha\,\text{sen}\,\beta + i\,\text{sen}\,\alpha\cos\beta + i^2\,\text{sen}\,\alpha\,\text{sen}\,\beta)$$

Sustituyendo $i^2$ por $-1$ y agrupando las partes real e imaginaria, se obtiene:

$$m\cdot m'\,[(\cos\alpha\cos\beta - \text{sen}\,\alpha\,\text{sen}\,\beta) + i\,(\cos\alpha\,\text{sen}\,\beta + \text{sen}\,\alpha\cos\beta)] =$$

$$= m\cdot m'\,[\cos(\alpha+\beta) + i\,\text{sen}\,(\alpha+\beta)] = (m\cdot m')_{\alpha+\beta}$$

Por tanto: $m_\alpha \cdot m'_\beta = (m\cdot m')_{\alpha+\beta}$

**RECUERDA**

- $\text{sen}\,(\alpha+\beta) =$
  $= \text{sen}\,\alpha\cdot\cos\beta + \text{sen}\,\beta\cdot\cos\alpha$
- $\cos(\alpha+\beta) =$
  $= \cos\alpha\cdot\cos\beta - \text{sen}\,\alpha\cdot\text{sen}\,\beta$

## 5.3. División de números complejos

El cociente de dos números complejos en forma polar es otro número complejo cuyo módulo es el cociente de los módulos y cuyo argumento es la diferencia de los argumentos.

$$\frac{m_\alpha}{m'_\beta} = \left(\frac{m}{m'}\right)_{\alpha-\beta}$$

Para demostrarlo, procedemos como en el caso anterior, expresando los números complejos dados en forma polar, $m_\alpha$ y $m'_\beta$, en forma trigonométrica:

$$\frac{m_\alpha}{m'_\beta} = \frac{m\,(\cos\alpha + i\,\text{sen}\,\alpha)}{m'\,(\cos\beta + i\,\text{sen}\,\beta)} = \frac{m\,(\cos\alpha + i\,\text{sen}\,\alpha)}{m'\,(\cos\beta + i\,\text{sen}\,\beta)}\cdot\frac{(\cos\beta - i\,\text{sen}\beta)}{(\cos\beta - i\,\text{sen}\beta)} =$$

$$= \frac{m}{m'}\cdot\frac{\cos\alpha\cos\beta - i\cos\alpha\,\text{sen}\,\beta + i\,\text{sen}\,\alpha\cos\beta - i^2\,\text{sen}\,\alpha\,\text{sen}\,\beta}{\cos^2\beta + \text{sen}^2\,\beta} =$$

Dado que $\text{sen}^2\,\beta + \cos^2\beta = 1$, agrupando las partes real e imaginaria:

$$\frac{m}{m'}\,[(\cos\alpha\cos\beta + \text{sen}\,\alpha\,\text{sen}\,\beta) + i\,(\text{sen}\,\alpha\cos\beta - \text{sen}\,\beta\cos\alpha)] =$$

$$= \frac{m}{m'}\,[(\cos(\alpha-\beta) + i\,\text{sen}\,(\alpha-\beta)] = \left(\frac{m}{m'}\right)_{\alpha-\beta}$$

Por tanto: $\frac{m_\alpha}{m'_\beta} = \left(\frac{m}{m'}\right)_{\alpha-\beta}$

**RECUERDA**

- $\text{sen}\,(\alpha-\beta) =$
  $= \text{sen}\,\alpha\cdot\cos\beta - \text{sen}\,\beta\cdot\cos\alpha$
- $\cos(\alpha-\beta) =$
  $= \cos\alpha\cdot\cos\beta + \text{sen}\,\alpha\cdot\text{sen}\,\beta$

El inverso de un número complejo puede obtenerse con el procedimiento empleado para calcular el cociente de números complejos en forma polar, teniendo en cuenta que la expresión polar de la unidad real, 1, es $1_{0°}$. Así, el inverso del complejo $m_\alpha$ es:

$$\frac{1}{m_\alpha} = \frac{1_{0°}}{m_\alpha} = \left(\frac{1}{m}\right)_{0-\alpha} = \left(\frac{1}{m}\right)_{-\alpha} = \left(\frac{1}{m}\right)_{360°-\alpha}$$

## Ejercicios resueltos

▶ *Calcular* $z \cdot \omega$ *si* $z = 2_{30°}$ *y* $\omega = 4_{90°}$.

$$z \cdot \omega = 2_{30°} \cdot 4_{90°} = 8_{120°}$$

▶ *Calcular* $\frac{z}{\omega}$ *si* $z = 2_{30°}$ *y* $\omega = \sqrt{2}_{90°}$.

$$\frac{\omega}{z} = \frac{2_{30°}}{(\sqrt{2})_{90°}} = \left(\frac{2}{\sqrt{2}}\right)_{-60°} = (\sqrt{2})_{-60°} = (\sqrt{2})_{300°}$$

## 5.4. Potencias de números complejos

La potencia $n$-ésima de un número complejo en forma polar, $m_\alpha$, es otro número complejo cuyo módulo es la potencia $n$-ésima de $m$ y cuyo argumento es $n$ veces $\alpha$.

$$(m_\alpha)^n = m^n_{n\alpha}$$

En efecto, dado un número complejo, $m_\alpha$, su potencia $n$-ésima es:

$$(m_\alpha)^n = \underbrace{m_\alpha \cdot m_\alpha \cdot \ldots \cdot m_\alpha}_{n\ \text{veces}}$$

Aplicando el producto de números complejos en forma polar, se obtiene:

$$(m_\alpha)^n = (m)^n_{n\alpha}$$

Así, el número complejo resultante de $(3_{15°})^4$ es $81_{60°}$.

Si se toma la fórmula de la potencia de un número complejo en forma polar, $(m_\alpha)^n = m^n_{n\alpha}$, y se expresa en forma trigonométrica, resulta:

$$[m\,(\cos\alpha + i \operatorname{sen}\alpha)]^n = m^n\,[\cos(n\alpha) + i \operatorname{sen}(n\alpha)]$$

Simplificando $m^n$ en ambos miembros de la igualdad, se obtiene la denominada **fórmula de De Moivre:**

$$(\cos\alpha + i \operatorname{sen}\alpha)^n = [\cos(n\alpha) + i \operatorname{sen}(n\alpha)]$$

**Forma de los números complejos al operar**

Como ya habrás podido comprobar, algunas operaciones con números complejos son más sencillas si estos están expresados de una forma determinada.

Por ejemplo, para elevar un número complejo a una potencia, es preferible que esté expresado en forma polar; en cambio, para sumar dos números complejos, es conveniente que estén en forma binómica.

Antes de realizar operaciones con números complejos, deberás decidir si ya se encuentran en la forma que consideras más adecuada o si, por el contrario, es aconsejable cambiar su expresión antes de operar.

## Actividades

**8** Dados los números complejos $z = 3_{75°}$ y $\omega = 4_{20°}$, calcula:

*a)* $z + \omega$ *b)* $z \cdot \omega$ *c)* $z/\omega$ *d)* $1/z$ *e)* $1/\omega$ *f)* $-z$ *g)* $-\omega$ *h)* $\bar{z}$

**Solución:** *a)* $4{,}54 + 4{,}27i$ *b)* $12_{95°}$ *c)* $(3/4)_{55°}$ *d)* $(1/3)_{285°}$ *e)* $(1/4)_{340°}$ *f)* $3_{255°}$ *g)* $4_{200°}$ *h)* $3_{285°}$

**9** Calcula la potencia cuarta del número complejo $3 - 3i$, expresándolo previamente en forma polar.

**Solución:** $324_{180°}$

**10** Calcula $(-4 + 2i)^5$, expresándolo en forma polar.

**Solución:** $(800\sqrt{5})_{47{,}17°}$

**OBSERVA**

La **fórmula de De Moivre** permite calcular las razones trigonométricas (seno y coseno) del múltiplo de un ángulo $\alpha$, $n\alpha$, en función de sen $\alpha$ y de cos $\alpha$.

## 5.5. Radicación de números complejos

Sea el número complejo $m_\alpha$. Para determinar su raíz $n$-ésima, $r_\theta$, esta deberá cumplir:

$$(r_\theta)^n = m_\alpha \Rightarrow r^n_{n\theta} = m_\alpha$$

Como estos números complejos han de ser iguales, también han de serlo sus módulos, y sus argumentos deben diferir un número entero de vueltas:

$$r^n = m \Rightarrow r = \sqrt[n]{m}$$

$$n\theta - \alpha = k \cdot 360° \Rightarrow \theta = \frac{\alpha + k \cdot 360°}{n};\ k \in \mathbb{Z}$$

Se observa que un número complejo diferente de 0 tiene $n$ raíces $n$-ésimas.

Para calcular las raíces $n$-ésimas de un número complejo se aplica:

$$\sqrt[n]{m_\alpha} = (\sqrt[n]{m})_{\frac{\alpha + k \cdot 360°}{n}} \text{ con } k = 0, 1, \dots, n-1$$

En particular, un número real también tendrá $n$ raíces $n$-ésimas, algunas de las cuales pueden ser reales.

### OBSERVA

Dado que $k$ toma los valores 0, 1, 2, ..., $n - 1$, si a $k$ se le asigna el valor $n$, el ángulo $\theta$ difiere 360° del obtenido para $k = 0$; y si se le da el valor $n + 1$, difiere 360° del valor para $k = 1$; es decir, si se van asignando valores sucesivos a $k$, los ángulos que se obtienen difieren de los $n$ primeros en un número completo de vueltas.

### Ejercicios resueltos

▶ *Calcular* $\sqrt[3]{-27}$.

El número real $-27$, expresado en forma polar, se escribe $27_{180°}$. Su raíz cúbica tendrá de módulo $\sqrt[3]{27} = 3$ y de argumentos:

$$\theta_1 = \frac{180°}{3} = 60°$$

$$\theta_2 = \frac{180° + 360°}{3} = 180°$$

$$\theta_3 = \frac{180° + 720°}{3} = 300°$$

Se observa que, de las tres soluciones obtenidas, $3_{60°}$, $3_{180°}$ y $3_{300°}$, una es real, $3_{180°} = -3$, y las otras dos, complejas (figura 5.12).

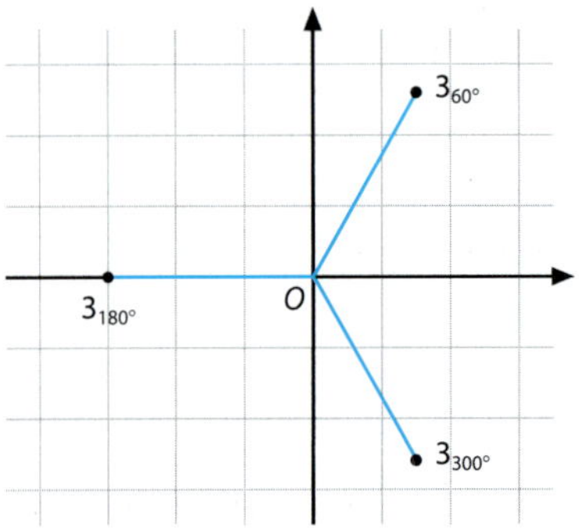


FIGURA 5.12.

▶ *Calcular* $\dfrac{(\sqrt{2})_{315°} \cdot (-1 + \sqrt{3}i)^4}{2\,(\cos 30° - i \operatorname{sen} 30°)}$ *y expresar el resultado en forma polar y binómica.*

Se expresan los números que están en forma binómica, $(-1 + \sqrt{3}i)$ y $2\,(\cos 30° - i \operatorname{sen} 30°)$, en forma polar:

$$(-1 + \sqrt{3}i) = 2_{120°} \text{ y } 2\,(\cos 30° - i \operatorname{sen} 30°) = 2_{330°}$$

Sustituyendo en la expresión inicial, se obtiene:

$$\frac{(\sqrt{2})_{315°} \cdot (-1 + \sqrt{3}i)^4}{2\,(\cos 30° - i \operatorname{sen} 30°)} = \frac{(\sqrt{2})_{315°} \cdot (2_{120°})^4}{2_{330°}} = (8\sqrt{2})_{105°}$$

Este resultado, que está en forma polar, se expresará en forma binómica:

$$(8\sqrt{2})_{105°} = 8\sqrt{2}\,(\cos 105° + i \operatorname{sen} 105°) = (4 - 4\sqrt{3}) + (4 + 4\sqrt{3})i$$

### Raíces de números complejos

Observa la representación gráfica de las raíces del ejercicio resuelto y reflexiona: ¿crees que las raíces $n$-ésimas de un número complejo siempre estarán distribuidas de una manera uniforme alrededor del origen de coordenadas?

### Actividades

**11** Calcula las raíces cúbicas del número complejo $8 - 8i$.

**Solución:** $2\sqrt[6]{2}_{105°}$, $2\sqrt[6]{2}_{225°}$, $2\sqrt[6]{2}_{345°}$

**12** Calcula las raíces quintas de 32.

**Solución:** $2_{0°}$, $2_{72°}$, $2_{144°}$, $2_{216°}$, $2_{288°}$

### Teorema fundamental del Álgebra

Cualquier ecuación algebraica de grado $n$ (siendo $n$ un número entero positivo) con coeficientes complejos tiene $n$ soluciones complejas.

## Operaciones con números complejos y transformaciones geométricas

**1.** **Consideremos el cuadrilátero de la figura 5.13 situado en el plano complejo. Si sumamos el número complejo $6 + 5i$ a cada uno de los vértices del cuadrilátero, ¿qué ocurre?**

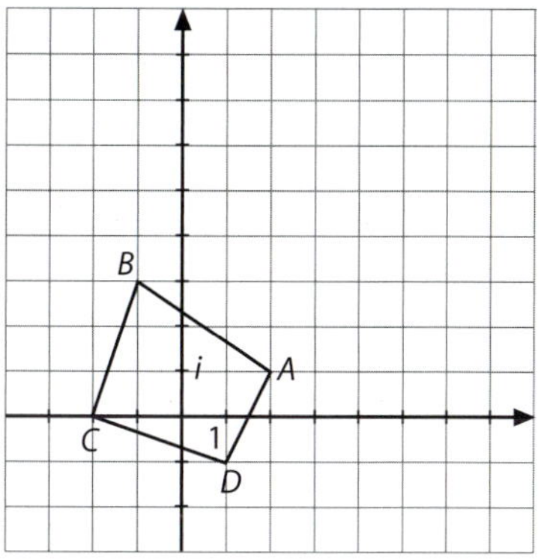


FIGURA 5.13.

En primer lugar, se escriben los números complejos correspondientes a cada uno de los vértices del cuadrilátero:

$$A(2,1) \Rightarrow 2+i \qquad C(-2,0) \Rightarrow -2+0i$$
$$B(-1,3) \Rightarrow -1+3i \qquad D(1,-1) \Rightarrow 1-i$$

Después, se suma a cada uno de estos números $6 + 5i$.

$$(2+i)+(6+5i)=8+6i \Rightarrow A'(8,6)$$
$$(-1+3i)+(6+5i)=5+8i \Rightarrow B'(5,8)$$
$$(-2+0i)+(6+5i)=4+5i \Rightarrow C'(4,5)$$
$$(1-i)+(6+5i)=7+4i \Rightarrow D'(7,4)$$

Si representamos el nuevo cuadrilátero, observamos que se ha producido una traslación de vector (6, 5).

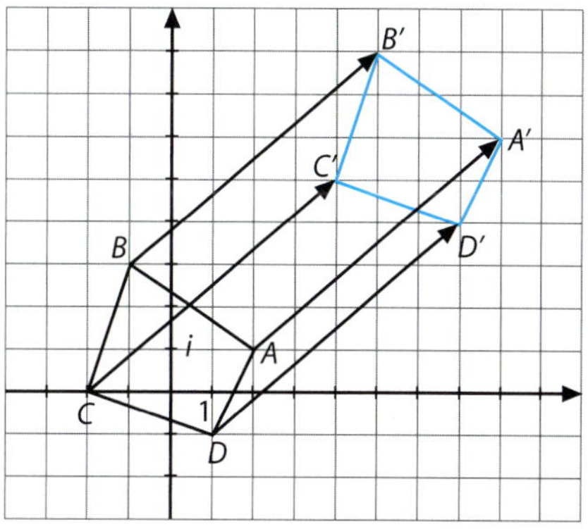


FIGURA 5.14.

Geométricamente, si se suma el número complejo $z = a + bi$ a otro número complejo $z' = c + di$, se produce una traslación paralela al vector asociado al complejo $a + bi$.

**2.** **Si multiplicamos por *i* los vértices del cuadrilátero de la actividad anterior, ¿qué cuadrilátero se obtiene?**

Los números complejos correspondientes a los vértices del cuadrilátero son:

$$A(2,1) \Rightarrow 2+i \qquad C(-2,0) \Rightarrow -2+0i$$
$$B(-1,3) \Rightarrow -1+3i \qquad D(1,-1) \Rightarrow 1-i$$

Multiplicando por *i*, resulta:

$$(2+i)\cdot i=-1+2i \Rightarrow A'(-1,2)$$
$$(-1+3i)\cdot i=-3-i \Rightarrow B'(-3,-1)$$
$$(-2+0i)\cdot i=-2i \Rightarrow C'(0,-2)$$
$$(1-i)\cdot i=1+i \Rightarrow D'(1,1)$$

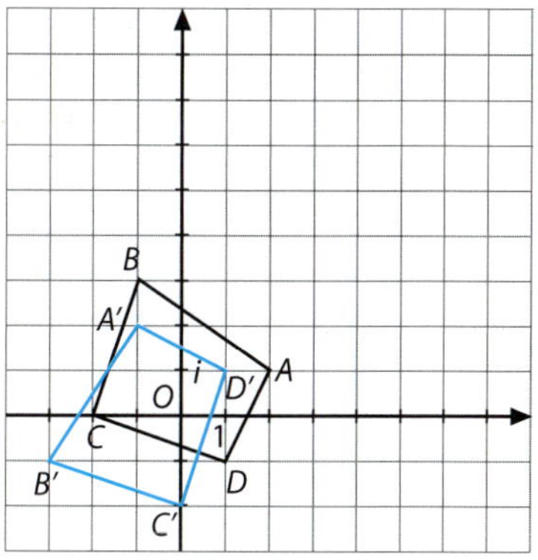


FIGURA 5.15.

Como puede verse en la figura del margen, se obtiene el mismo cuadrilátero girado 90°, con centro de giro el origen de coordenadas, *O*.

Geométricamente, al multiplicar un número complejo cualquiera por la unidad imaginaria, *i*, le comunicamos un giro de 90° de amplitud y de centro *O*. En efecto, $i = 1_{90°}$

Si el número complejo está expresado en forma binómica, resulta:

$$(a+bi)\cdot i = ai - b = -b + ai$$

Si el número complejo está expresado en forma polar, se obtiene:

$$m_\alpha \cdot i = m_\alpha \cdot 1_{90°} = m_{\alpha + 90°}$$

En cualquier caso, al multiplicar un número complejo por la unidad imaginaria obtenemos otro número complejo con el mismo módulo pero con el argumento aumentado en 90°. Por lo tanto, multiplicar por *i* equivale, geométricamente, a comunicar un giro de 90° con centro de giro *O*.

**3.** **Un triángulo de vértices $A(3, 3)$, $B(3, -3)$ y $C(-6, 0)$ gira 30° alrededor del origen. Calcular los vértices del triángulo girado.**

En primer lugar, expresa los vértices del triángulo en forma polar:

$$A(3,3) \Rightarrow \sqrt{18}_{45^\circ}$$
$$B(3,-3) \Rightarrow \sqrt{18}_{315^\circ}$$
$$C(-6,0) \Rightarrow 6_{180^\circ}$$

A continuación, multiplicamos por el número complejo $1_{30^\circ}$:

$$\sqrt{18}_{45^\circ} \cdot 1_{30^\circ} = \sqrt{18}_{75^\circ} \Rightarrow A'(1{,}1, 4{,}1)$$
$$\sqrt{18}_{315^\circ} \cdot 1_{30^\circ} = \sqrt{18}_{345^\circ} \Rightarrow B'(4{,}1, -1{,}1)$$
$$6_{180^\circ} \cdot 1_{30^\circ} = 6_{210^\circ} \Rightarrow C'(-5{,}2, -3)$$

Geométricamente, podemos afirmar que, cuando se multiplica un número complejo cualquiera por otro número complejo de módulo 1 y argumento $\alpha$, se comunica un giro antihorario de centro $O$ y de amplitud $\alpha$.

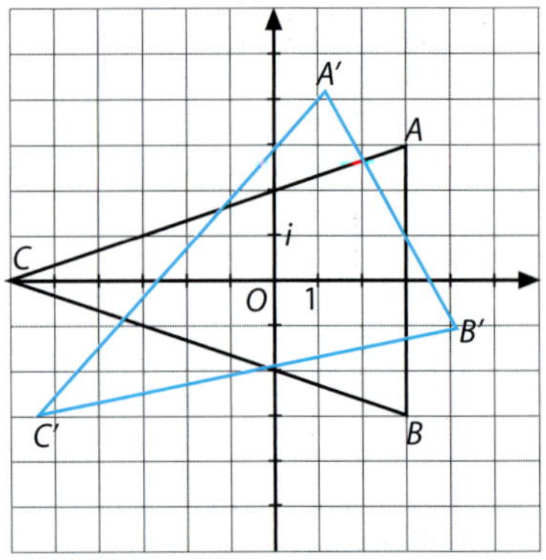

**Figura 5.16.**

**4.** **Si multiplicamos el triángulo de la actividad anterior por $3_{30^\circ}$, calcular los vértices del triángulo que se obtiene.**

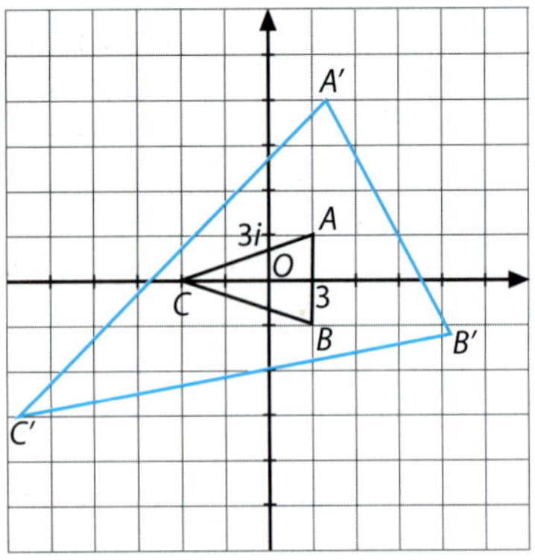

**Figura 5.17.**

Primero, hay que expresar los puntos de los vértices en forma polar:

$$A(3,3) \Rightarrow \sqrt{18}_{45^\circ}$$
$$B(3,-3) \Rightarrow \sqrt{18}_{315^\circ}$$
$$C(-6,0) \Rightarrow 6_{180^\circ}$$

A continuación, multiplicamos cada una de las expresiones resultantes por $3_{30^\circ}$ y obtenemos los nuevos vértices:

$$\sqrt{18}_{45^\circ} \cdot 3_{30^\circ} = 3\sqrt{18}_{75^\circ} \Rightarrow A'(3{,}29, 12{,}29)$$
$$\sqrt{18}_{315^\circ} \cdot 3_{30^\circ} = 3\sqrt{18}_{345^\circ} \Rightarrow B'(12{,}29, -3{,}29)$$
$$6_{180^\circ} \cdot 3_{30^\circ} = 18_{210^\circ} \Rightarrow C'(-15{,}59, -9)$$

Geométricamente, si multiplicamos por un número complejo de módulo distinto de la unidad y argumento $\alpha$, realizamos una homotecia de centro $O$, cuya razón es el módulo del complejo, y giramos un ángulo $\alpha$.

**5.** **Un cuadrado con centro en el origen, $O$, tiene uno de sus vértices en el punto $A(2, 3)$. Calcular los demás vértices.**

Para calcular los otros vértices, tendremos que girar 90° el vértice $A(2, 3)$, después girar 90° más el vértice obtenido, y así sucesivamente hasta obtener todos los vértices:

$$B \Rightarrow (2+3i) \cdot i = 2i - 3 \Rightarrow B(-3, 2)$$
$$C \Rightarrow (-3+2i) \cdot i = -2 - 3i \Rightarrow C(-2, -3)$$
$$D \Rightarrow (-2-3i) \cdot i = 3 - 2i \Rightarrow D(3, -2)$$

Para calcular todos los vértices de un polígono centrado en el origen de coordenadas, conocido uno de ellos, hay que multiplicarlos reiteradamente por $1_\alpha$, donde $\alpha$ es el ángulo que resulta de dividir 360° entre el número de lados del polígono.

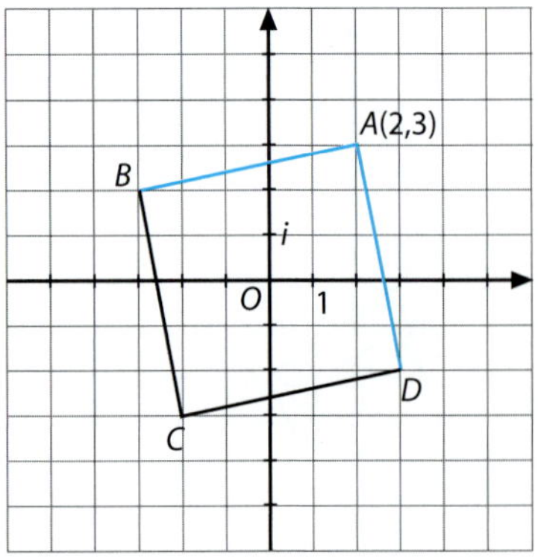

**Figura 5.18.**

**6.** **Dado el cuadrado de la figura, del que se conocen dos vértices consecutivos, $A(0, 0)$ y $B(\sqrt{3}, 1)$, calcular los otros dos.**

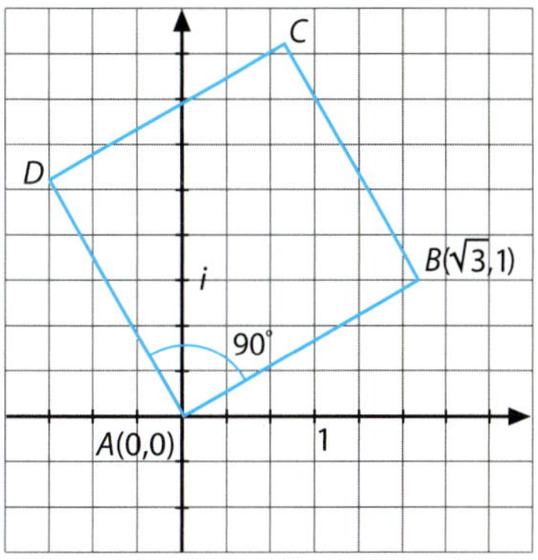


FIGURA 5.19.

En primer lugar, calculamos cuánto mide el lado, $l$, del cuadrado:

$$l = \sqrt{(\sqrt{3})^2 + 1^2} = 2$$

Para averiguar el vértice $D$, se comunica un giro de + 90° a $B$.

$$B(\sqrt{3}, 1) \Rightarrow 2_{30°}$$

$$2_{30°} \cdot 1_{90°} = 2_{120°} \Rightarrow D(-1, \sqrt{3})$$

Para calcular el vértice $C$, hay que tener en cuenta la longitud de la diagonal $AC$, que debe medir $2\sqrt{2}$. Así, debe imponerse un giro de 45° a $B$, y aumentar $\sqrt{2}$ veces el vector $\overrightarrow{AB}$:

$$B(\sqrt{3}, 1) \Rightarrow 2_{30°}$$

$$2_{30°} \cdot \sqrt{2}_{45°} = 2\sqrt{2}_{75°} \Rightarrow C(0{,}73, 2{,}73)$$

Para hallar los vértices de un polígono no centrado en el origen de coordenadas, no se debe multiplicar reiteradamente uno de los vértices por $1_\alpha$. Este procedimiento solo es válido para polígonos centrados en $O$.

## Radicación de números complejos

**7.** **Calcular $\sqrt[3]{i}$.**

Dado que $i = 1_{90°}$, se debe calcular $\sqrt[3]{1_{90°}}$.

El módulo y los argumentos serán:

$$m = \sqrt[3]{1} = 1$$

$$\alpha = \frac{90° + k\,360°}{3} = \begin{cases} \alpha_1 = 30° \\ \alpha_2 = 150° \\ \alpha_3 = 270° \end{cases}$$

Por tanto, las raíces son:

$$r_1 = 1_{30°}$$

$$r_2 = 1_{150°}$$

$$r_3 = 1_{270°}$$

Al representar gráficamente las raíces obtenidas, queda la figura de la derecha.

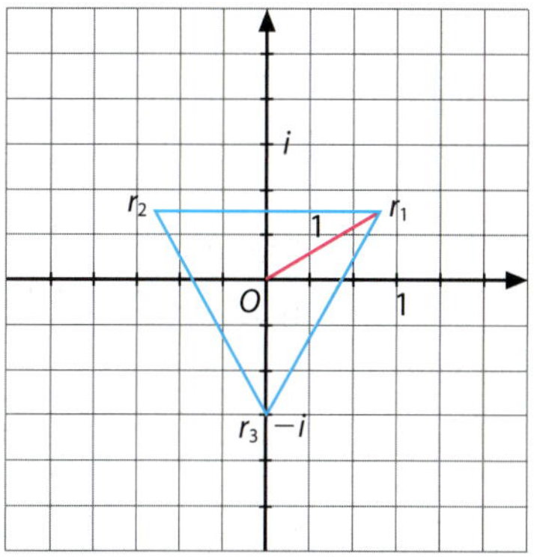


FIGURA 5.20.

**8.** **Calcular $\sqrt[4]{i}$.**

Dado que $i = 1_{90°}$, se debe calcular $\sqrt[4]{1_{90°}}$.

El módulo y los argumentos serán:

$$m = \sqrt[4]{1} = 1$$

$$\alpha = \frac{90° + k\,360°}{4} = \begin{cases} \alpha_1 = 22{,}50° \\ \alpha_2 = 112{,}50° \\ \alpha_3 = 202{,}50° \\ \alpha_4 = 292{,}50° \end{cases}$$

Por tanto, las raíces son:

$$r_1 = 1_{22{,}50°}$$

$$r_2 = 1_{112{,}50°}$$

$$r_3 = 1_{202{,}50°}$$

$$r_4 = 1_{292{,}50°}$$

Si representamos las raíces gráficamente, tenemos la figura 5.21.

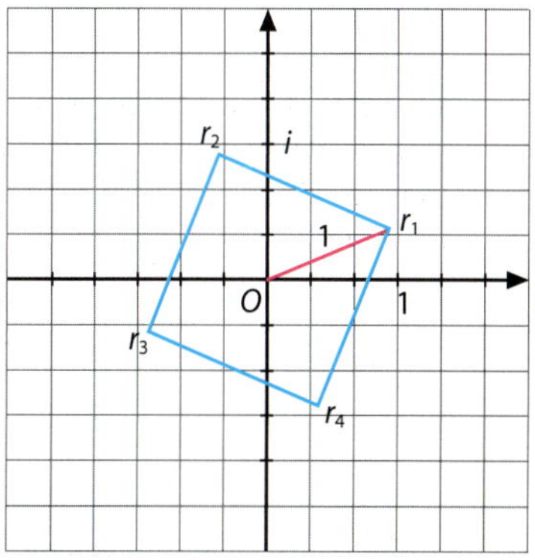


FIGURA 5.21.

**9.** **Calcular $\sqrt[5]{i}$.**

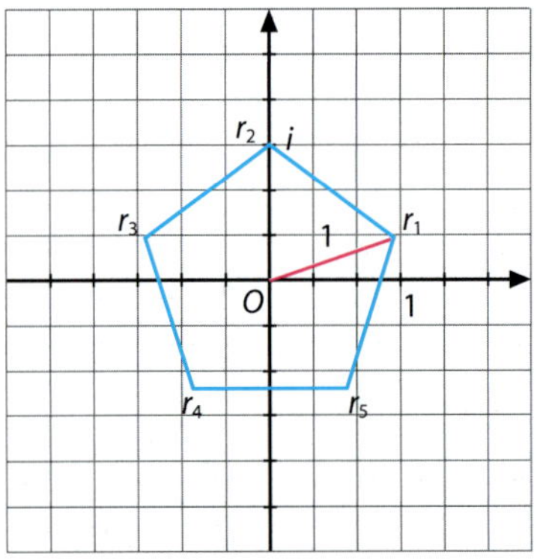


FIGURA 5.22.

Seguimos el mismo procedimiento que en las dos actividades anteriores:

$$m = \sqrt[5]{1} = 1 \qquad \alpha = \frac{90° + k\,360°}{5} = \begin{cases} \alpha_1 = 18° \\ \alpha_2 = 90° \\ \alpha_3 = 162° \\ \alpha_4 = 234° \\ \alpha_5 = 306° \end{cases}$$

Por tanto, las raíces son:

$$r_1 = 1_{18°} \qquad r_2 = 1_{90°} \qquad r_3 = 1_{162°} \qquad r_4 = 1_{234°} \qquad r_5 = 1_{306°}$$

Si representamos los resultados gráficamente, tenemos la figura 5.22.

Podríamos seguir calculando raíces de la unidad imaginaria o hallar las raíces de otro número complejo. En cualquier caso, dado que todo número complejo diferente de 0 tiene $n$ raíces $n$-ésimas distintas, al representarlas siempre obtenemos los vértices de un polígono regular con un número de lados igual al índice de la raíz.

## Potencias de números complejos

**10.** **Dado el número complejo $2_{80°}$, calcular sus cinco primeras potencias y representarlas.**

$$(2_{80°})^1 = 2_{80°} \qquad (2_{80°})^2 = 4_{160°} \qquad (2_{80°})^3 = 8_{240°} \qquad (2_{80°})^4 = 16_{320°} \qquad (2_{80°})^5 = 32_{400°}$$

Al representar gráficamente los puntos, se puede observar que pertenecen a una espiral.

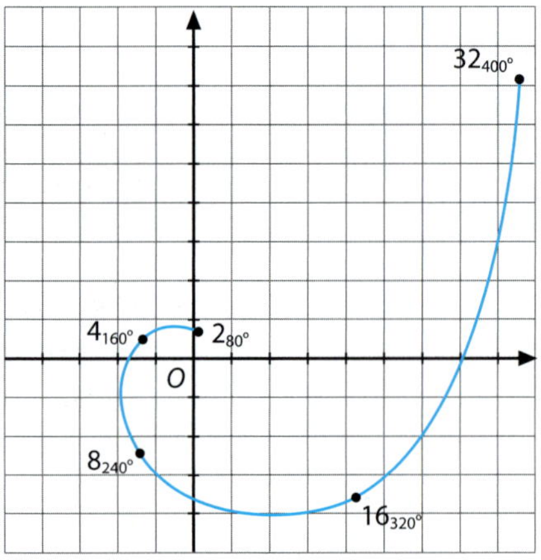


FIGURA 5.23.

**11.** **Dado el número complejo $1_{80°}$, calcular sus cinco primeras potencias y representarlas.**

$$(1_{80°})^1 = 1_{80°} \qquad (1_{80°})^2 = 1_{160°} \qquad (1_{80°})^3 = 1_{240°} \qquad (1_{80°})^4 = 1_{320°} \qquad (1_{80°})^5 = 1_{400°}$$

Todos los puntos forman parte de una circunferencia de radio 1.

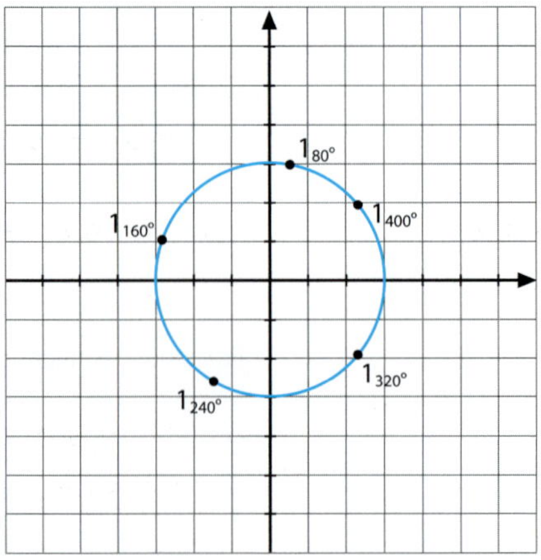


FIGURA 5.24.

**12.** **Dado el número complejo $0{,}5_{80°}$, calcular sus cinco primeras potencias y representarlas.**

$(0{,}5_{80°})^1 = 0{,}5_{80°}$ $\quad (0{,}5_{80°})^4 = 0{,}0625_{320°}$

$(0{,}5_{80°})^2 = 0{,}25_{160°}$ $\quad (0{,}5_{80°})^5 = 0{,}03125_{400°}$

$(0{,}5_{80°})^3 = 0{,}125_{240°}$

Si unimos los puntos, obtenemos nuevamente una espiral.

En los gráficos de los ejercicios 10, 11 y 12, se puede observar que la representación gráfica de las potencias de un número complejo está sobre una espiral creciente o decreciente, dependiendo de si el módulo del número complejo es mayor o menor que la unidad.

Si el módulo del número complejo es 1, la espiral se convierte en una circunferencia de radio 1; es decir, todas las potencias de un número complejo de módulo 1 tienen también módulo 1.

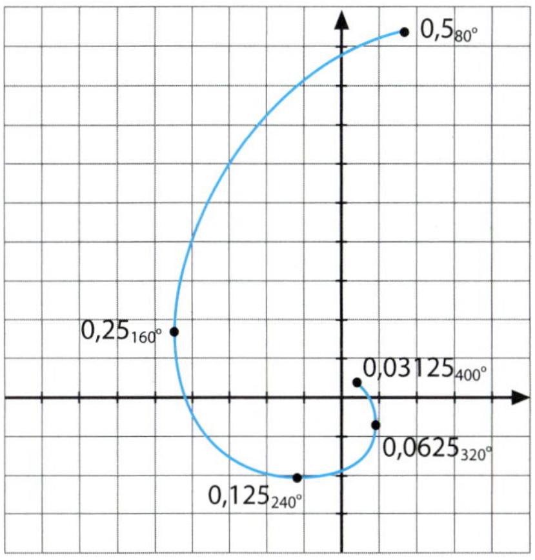


FIGURA 5.25.

## Aplicación de la fórmula de De Moivre

La fórmula de De Moivre permite, conocidos el seno y el coseno de un ángulo cualquiera, calcular el seno y el coseno de un múltiplo de dicho ángulo.

**13.** **Calcular sen 3$\alpha$ y cos 3$\alpha$ conociendo sen $\alpha$ y cos $\alpha$.**

Aplicando la fórmula de De Moivre:

$$(\cos n\alpha + i \operatorname{sen} n\alpha) = (\cos \alpha + i \operatorname{sen} \alpha)^n$$

podemos escribir $(\cos 3\alpha + i \operatorname{sen} 3\alpha) = (\cos \alpha + i \operatorname{sen} \alpha)^3$.

Al desarrollar el miembro de la derecha de la igualdad, obtenemos:

$$(\cos \alpha + i \operatorname{sen} \alpha)^3 = (\cos \alpha + i \operatorname{sen} \alpha)^2(\cos \alpha + i \operatorname{sen} \alpha) =$$
$$= (\cos^2 \alpha + 2i \operatorname{sen} \alpha \cos \alpha - \operatorname{sen}^2 \alpha)(\cos\alpha + i \operatorname{sen} \alpha) =$$
$$= \cos^3 \alpha + 2i \operatorname{sen} \alpha \cos^2 \alpha - \operatorname{sen}^2\alpha \cos \alpha + i \cos^2\alpha \operatorname{sen} \alpha - 2\operatorname{sen}^2 \alpha \cos \alpha - i \operatorname{sen}^3 \alpha$$

Si se sustituyen las potencias de $i$ por su valor y se igualan las partes real e imaginaria, resulta:

$$\cos 3\alpha = \cos^3 \alpha - 3 \cos \alpha \operatorname{sen}^2 \alpha \qquad \operatorname{sen} 3\alpha = 3 \operatorname{sen}\alpha \cos^2 \alpha - \operatorname{sen}^3 \alpha$$

## Resolución de ecuaciones

Durante el desarrollo teórico de esta unidad se ha indicado que una ecuación de grado $n$, que en el campo de los números reales podía no tener solución, tiene $n$ soluciones en el campo de los números complejos.

**14.** **Resolver la ecuación $x^4 + 1 = 0$.**

ma1b20

Debemos hallar las raíces cuartas de $-1$. Escribiendo $-1$ en forma polar $1_{180°}$, tenemos:

$$m = \sqrt[4]{1} = 1 \qquad \alpha = \frac{180° + k\,360°}{4} = \begin{cases} \alpha_1 = 45° \\ \alpha_2 = 135° \\ \alpha_3 = 225° \\ \alpha_4 = 315° \end{cases}$$

Por tanto, las soluciones de la ecuación son: $r_1 = 1_{45°}$, $r_2 = 1_{135°}$, $r_3 = 1_{225°}$, $r_4 = 1_{315°}$

**15.** **Resolver la ecuación $x^3 - 2x^2 + 9x - 18 = 0$.**

Si buscamos las soluciones reales aplicando la regla de Ruffini, resulta:

| | | | | |
|---|---|---|---|---|
| | 1 | −2 | 9 | −18 |
| 2 | | 2 | 0 | 18 |
| | 1 | 0 | 9 | 0 |

Así, $x^3 - 2x^2 + 9x - 18 = (x - 2)(x^2 + 9)$.

Una solución es $x = 2$. Las otras dos soluciones se obtienen resolviendo $x^2 + 9 = 0$:

$$x = \sqrt{-9} = \pm 3i$$

Las soluciones son $x_1 = 2$, $x_2 = 3i$ y $x_3 = -3i$.

## Números imaginarios. Forma binómica. Representación gráfica

**1** Representa gráficamente estos números complejos e indica cuáles son imaginarios puros y cuáles reales.

$$3-4i, -7i, -\sqrt{3}, \sqrt{-3}, -1-i, -1+i, \frac{1}{4}-\frac{5}{2}i, 3$$

**2** Escribe los conjugados y los opuestos de:

$$3-i,\ 2+4i, -5i, 1/2-1/3i$$

**3** Representa gráficamente el conjugado y el opuesto de los siguientes números complejos.

*a)* $z=-4+3i$

*b)* $z=-7i$

*c)* $z=4$

*d)* $z=-1-2i$

*e)* $z=3-4i$

*f)* $z=0$

**4** ¿Qué tienen en común los números complejos de afijos (4, 0), (−4, 0), (0, 4) y (0, −4)? ¿Por qué?

**5** Resuelve las siguientes ecuaciones.

*a)* $x^2+36=0$

*b)* $x^2-36=0$

*c)* $x^3-27=0$

*d)* $x^2-4x+5=0$

¿A qué conjunto numérico pertenecen las soluciones?

**Solución:** *a)* $x=\pm 6i$ *b)* $x=\pm 6$ *c)* $x=3, x=-3/2\pm 3\sqrt{3/2}i$ *d)* $x=2\pm i$

**6** Resuelve la ecuación $x^2-2x+10=0$ y comprueba que las raíces obtenidas la verifican.

**Solución:** $x=1\pm 3i$

**7** Determina las soluciones, en el conjunto de los números complejos, de las siguientes ecuaciones.

*a)* $x^2+1=0$

*b)* $x^4-81=0$

*c)* $x^2-4x+29=0$

*d)* $x^3-5x^2+4x-20=0$

**Solución:** *a)* $x_1=i, x_2=-i$ *b)* $x_1=3i, x_2=-3i, x_3=3, x_4=-3$ *c)* $x_1=2+5i, x_2=2-5i$ *d)* $x_1=5, x_2=-2i$ y $x_3=2i$

## Operaciones con números complejos en forma binómica

**8** Efectúa las siguientes sumas en forma binómica.

*a)* $(-2+3i)+(7-4i)$

*b)* $\left(\frac{1}{2}-3i\right)+\left(\frac{3}{2}-i\right)$

*c)* $\left(\sqrt{2}+\sqrt{5}i\right)+\left(\sqrt{2}-5\sqrt{5}i\right)$

**9** Calcula los siguientes productos.

*a)* $(2+3i)\cdot(3-5i)$

*b)* $\left(\frac{1}{2}-i\right)\cdot\left(\frac{3}{4}+2i\right)$

*c)* $\left(\sqrt{3}+i\right)\cdot\left(\sqrt{3}-i\right)$

*d)* $\left(\sqrt{2}+\sqrt{2}i\right)^2$

**Solución:** *a)* $21-i$ *b)* $19/8+1/4i$ *c)* 4 *d)* $4i$

**10** Efectúa las siguientes operaciones.

*a)* $(3-2i)\cdot(3+i)-(1-2i)\cdot(4+2i)$

*b)* $\frac{4-2i}{2+3i}+(2-2i)$

**Solución:** *a)* $3+3i$ *b)* $28/13-42/13i$

**11** Realiza las siguientes operaciones.

*a)* $[(3-2i)\cdot(3+i)-(1-2i)\cdot(1+2i)]\,(5+4i)$

*b)* $\frac{2}{3-i}$

*c)* $\frac{\sqrt{2}+i}{-i}$

*d)* $\frac{1+\sqrt{5}i}{i}$

**Solución:** *a)* $42+9i$ *b)* $\frac{3}{5}+\frac{1}{5}i$ *c)* $-1+\sqrt{2}i$ *d)* $\sqrt{5}-i$

**12** Demuestra que es $\frac{a}{a^2+b^2}-\frac{b}{a^2+b^2}i$ el inverso de $a+bi$.

**13** Calcula: $z=\frac{3}{i}+\frac{2i}{2+i}+\frac{2+3i}{1+2i}$

**Solución:** $z=(10-12i)/5$

**14** Dados los números complejos $3-bi$ y $a+2i$, calcula la $a$ y $b$ para que su producto sea $7+4i$.

**Solución:** $a=1, b=2; a=4/3, b=3/2$

**15** Calcula.

*a)* $\frac{(1+i)^2}{(1-i)^2}$

*b)* $\frac{(2+i)\cdot(1-2i)^2}{2-i}$

**Solución:** *a)* $-1$ *b)* $\frac{7}{5}-\frac{24}{5}i$

**16** Calcula.

*a)* $i^{33}$ *b)* $i^{185}$ *c)* $i^{186}$ *d)* $i^{64}$ *e)* $1/i^5$ *f)* $i^{-2}$

**17** Determina el valor de $m$ para que el cociente $\frac{6+mi}{1-i}$ sea igual a $1+5i$.

**Solución:** $m=4$

**18** Determina el valor de $a$ para que $(a-5i)^2$ sea un número imaginario puro.

**Solución:** $a=5; a=-5$

**19** Halla $b$ para que el producto $(3+bi)(3-5i)$ sea:

*a)* Un número real.

*b)* Un número imaginario puro.

**Solución:** *a)* $b=5$ *b)* $b=-9/5$

**20** Halla el valor de $k$ para que el número $\left(\frac{4-ki}{3+i}\right)\cdot i^{563}$ sea imaginario puro.

**Solución:** $k=-4/3$

**21** Calcula el valor de $x$ para que el complejo $\frac{3-2xi}{4+3i}$:

*a)* Sea imaginario puro.

*b)* Sea un número real.

*c)* Tenga su afijo en la bisectriz del primer cuadrante.

**Solución:** *a)* $x=2$ *b)* $x=-9/8$ *c)* $x=-21/2$

**22** Calcula el cociente $\frac{x+i}{2+i}$ y determina el valor de $x$ para que el módulo del complejo resultante sea $\sqrt{2}$.

**Solución:** $x=\pm 3$

**23** El número $\dfrac{2-(1+x)\,i}{1-xi}$ es real. Calcula $x$ y obtén el número.

**Solución:** $x = 1, n = 2$

**24** Calcula el número real $a$ para que el número complejo $z = \dfrac{3-2ai}{4-3i}$ esté situado en la bisectriz del primer cuadrante.

**Solución:** $-3/14$

## Forma polar de un número complejo

**25** ¿El producto de dos números complejos es real?

*a)* Si son conjugados, sí.

*b)* Si son opuestos, sí.

*c)* El producto de dos números complejos nunca puede ser un número real.

Indica y razona la respuesta correcta.

**26** Si dos números complejos tienen el mismo afijo:

*a)* Tienen el mismo argumento.

*b)* Tienen módulos proporcionales.

*c)* Su cociente tiene como módulo 1.

Indica y razona la afirmación correcta.

**27** ¿Qué tipo de gráfica forman los afijos de los números complejos que tienen el mismo argumento?

**28** ¿Se puede decir que un número complejo es real si su argumento es $\pi$?

**29** Si $z = m_\alpha$, ¿qué relación tienen con $z$ los números complejos $m_{\alpha+180°}$ y $m_{-\alpha}$?

**30** ¿Qué relación existe entre el argumento de un complejo y el de su conjugado? ¿Y con el de su opuesto?

**31** Calcula el módulo y el argumento de los siguientes números complejos, representándolos previamente:

*a)* $2-2i$ *c)* $2i$ *e)* $-2i$ *g)* $-2+2i$

*b)* $2+2i$ *d)* $-2-2i$ *f)* $2$ *h)* $-2$

**Solución:** *a)* $m = 2\sqrt{2}; \alpha = 315°$ *b)* $m = 2\sqrt{2}; \alpha = 45°$ *c)* $m = 2; \alpha = 90°$ *d)* $m = 2\sqrt{2}; \alpha = 225°$ *e)* $m = 2; \alpha = 270°$ *f)* $m = 2; \alpha = 0°$ *g)* $m = 2\sqrt{2}; \alpha = 135°$ *h)* $m = 2; \alpha = 180°$

**32** Expresa en forma polar y trigonométrica los siguientes complejos.

*a)* $-2\sqrt{2}-2\sqrt{2}i$ *c)* $4-4\sqrt{3}i$

*b)* $4i$ *d)* $3+3i$

**Solución:** *a)* $4_{5\pi/4} = 4\left(\cos\frac{5\pi}{4} + i\,\text{sen}\,\frac{5\pi}{4}\right)$

*b)* $4_{\pi/2} = 4\left(\cos\frac{\pi}{2} + i\,\text{sen}\,\frac{\pi}{2}\right)$

*c)* $8_{5\pi/3} = 8\left(\cos\frac{5\pi}{3} + i\,\text{sen}\,\frac{5\pi}{3}\right)$

*d)* $\left(3\sqrt{2}\right)_{\pi/4} = 3\sqrt{2}\left(\cos\frac{\pi}{4} + i\,\text{sen}\,\frac{\pi}{4}\right)$

**33** Expresa en forma binómica estos complejos.

*a)* $3_{\frac{3\pi}{4}}$ *b)* $1_{\frac{\pi}{6}}$ *c)* $2_\pi$ *d)* $8_{\frac{4\pi}{3}}$ *e)* $3_{\frac{\pi}{4}}$

**Solución:** *a)* $-\frac{3\sqrt{2}}{2} + \frac{3\sqrt{2}}{2}i$ *b)* $\frac{\sqrt{3}}{2} + \frac{1}{2}i$ *c)* $-2$ *d)* $-4-4\sqrt{3}i$ *e)* $\frac{3\sqrt{2}}{2} + \frac{3\sqrt{2}}{2}i$

**34** Expresa en forma binómica los siguientes números complejos.

*a)* $2\left(\cos\frac{5\pi}{3} + i\,\text{sen}\,\frac{5\pi}{3}\right)$

*b)* $3\sqrt{2}\left(\cos\frac{3\pi}{4} + i\,\text{sen}\,\frac{3\pi}{4}\right)$

*c)* $3\,(\cos 3 + i\,\text{sen}\,3)$

**Solución:** *a)* $1-\sqrt{3}i$ *b)* $-3+3i$ *c)* $-2{,}97+0{,}42i$

**35** Representa gráficamente estos números complejos.

*a)* $3-2i$ *e)* $4_{45°}$

*b)* $4+2i$ *f)* $3_{270°}$

*c)* $-1-3i$ *g)* $2\,(\cos 150° + i\,\text{sen}\,150°)$

*d)* $-4-i$ *h)* $2\,(\cos 45° - i\,\text{sen}\,45°)$

**36** Calcula el conjugado, el opuesto y el inverso de los números complejos del ejercicio anterior.

**37** Calcula el valor de $m$ para que el número complejo $m+4i$ tenga el mismo módulo que $\frac{5}{\sqrt{2}} - \frac{5\sqrt{2}}{2}i$.

## Operaciones con números complejos en forma polar

**38** Resuelve los siguientes productos.

*a)* $(3)_{\frac{3\pi}{4}}\cdot(2)_{\frac{\pi}{6}}$ *d)* $(4)_{\frac{\pi}{12}}\cdot(2)_{\frac{5\pi}{18}}\cdot\left(\frac{1}{3}\right)_\pi$

*b)* $(\sqrt{2})_{\frac{\pi}{3}}\cdot\left(\frac{\sqrt{2}}{2}\right)_{\frac{5\pi}{3}}$ *e)* $(2+2i)\cdot(\sqrt{2})_{\frac{\pi}{3}}$

*c)* $-3\cdot 5_{45°}$ *f)* $6\cdot 2_{15°}$

**39** Calcula los siguientes cocientes.

*a)* $\dfrac{10_{\frac{\pi}{3}}}{2_{\frac{\pi}{3}}}$ *b)* $\dfrac{2_\pi}{-2}$ *c)* $\dfrac{6_{30°}}{2_{50°}}$ *d)* $\dfrac{12_{30°}}{i}$

**40** Calcula.

*a)* $(3-2i)^4$ *c)* $\left(\frac{1}{2}-\frac{1}{2}i\right)^2$

*b)* $\left(\sqrt{3}-i\right)^5$ *d)* $(2+i)^3$

**41** Calcula.

*a)* $(1-2i)^{52}$ *c)* $\sqrt[4]{-81i}$

*b)* $\left(\dfrac{1+i\sqrt{3}}{1-i}\right)^{12}$ *d)* $\sqrt[5]{3\sqrt{3}+\sqrt{3}i}$

**42** Calcula el módulo y el argumento de:

$$\left(-1+\sqrt{3}i\right)^3\cdot\left(\sqrt{3}+i\right)^4\cdot\left(\sqrt{3}-i\right)+i^{31}$$

**Solución:** $m = 255; \alpha = 90°$

**43** Resuelve las siguientes potencias.

a) $\left[\left(\sqrt{3}\right)_{\frac{\pi}{3}}\right]^4$  b) $\left(\cos\frac{\pi}{6} + i \operatorname{sen}\frac{\pi}{6}\right)^3$  c) $\left(1_{\frac{3\pi}{2}}\right)^{50}$

**44** Representa gráficamente las seis primeras potencias del número $z = 2 - 2i$.

**45** Calcula las siguientes raíces.

a) $\sqrt{3_{(\pi/3)}}$  c) $\sqrt{2-2i}$  e) $\sqrt[3]{8i}$

b) $\sqrt{-i}$  d) $\sqrt[4]{-625}$  f) $\sqrt[5]{243_{60^\circ}}$

**46** Calcula.

a) $\sqrt[5]{1+\sqrt{3}i}$  c) $\dfrac{\sqrt[3]{-1+i}}{\sqrt{1+\sqrt{3}\,i}}$

b) $(1-i)^{5/4}$  d) $\sqrt{\sqrt{3+3\sqrt{3}i}}$

**Solución:** a) $\sqrt[5]{2}_{12^\circ}, \sqrt[5]{2}_{84^\circ}, \sqrt[5]{2}_{156^\circ}, \sqrt[5]{2}_{228^\circ}, \sqrt[5]{2}_{300^\circ}$

b) $\sqrt[8]{32}_{33,75^\circ}, \sqrt[8]{32}_{123,75^\circ}, \sqrt[8]{32}_{213,75^\circ}, \sqrt[8]{32}_{303,75^\circ}$

c) $\sqrt[3]{1/2}_{15^\circ}, \sqrt[3]{1/2}_{75^\circ}, \sqrt[3]{1/2}_{135^\circ}, \sqrt[3]{1/2}_{195^\circ}, \sqrt[3]{1/2}_{255^\circ}, \sqrt[3]{1/2}_{315^\circ}$

d) $\sqrt[4]{6}_{15^\circ}, \sqrt[4]{6}_{105^\circ}, \sqrt[4]{6}_{195^\circ}, \sqrt[4]{6}_{285^\circ}$

**47** Resuelve las siguientes ecuaciones.

a) $z^4 + 81 = 0$  d) $(z+1)^2 + 25 = 0$

b) $z^4 + 2z^2 + 1 = 0$  e) $z^2 + (3-i) + (2-2i) = 0$

c) $z^6 + 32z = 0$  f) $z^3 + z^2 + 15z - 17 = 0$

**Solución:** a) $3_{45^\circ}, 3_{135^\circ}, 3_{225^\circ}, 3_{315^\circ}$ b) $i, -i$ (ambas dobles)
c) $2_{36^\circ}, 2_{108^\circ}, 2_{180^\circ}, 2_{252^\circ}, 2_{324^\circ}$ d) $-1+5i, -1-5i$
e) $0{,}64 + 2{,}33i, -0{,}64 - 2{,}33i$ f) $1, -1+4i, -1-4i$

## Problemas de aplicación

**48** Calcula el inverso de estos números complejos.

a) $5_{\pi/4}$  b) $6i$  c) $2-2i$

¿Qué relación hay entre los módulos de un número complejo y los de su inverso? ¿Y entre los argumentos?

**49** Halla los complejos que cumplan que el cuadrado del inverso del opuesto dividido entre $(1/8)_{30^\circ}$ dé $2i$.

**Solución:** $2_{-60^\circ + 180^\circ \cdot k}, k \in \mathbb{Z}$

**50** Determina dos números complejos $z_1$ y $z_2$ sabiendo que su cociente es 3, que la suma de sus argumentos es $\pi/3$ y que la suma de sus módulos es 4.

**Solución:** $3_{30^\circ}, 1_{30^\circ}$

**51** Calcula dos complejos cuyo cociente es 4, sus argumentos suman 40° y la suma de sus módulos es 14.

**Solución:** $(56/5)_{20^\circ}, (14/5)_{20^\circ}$

**52** Calcula dos números complejos tales que su producto sea $8i$ y uno de ellos sea el cuadrado del otro.

**Solución:** $4_{\pi/3}, 2_{\pi/6}$

**53** El producto de dos números complejos es $3i$, y el cubo de uno de ellos dividido por el otro es 1/3. Calcúlalos.

**Solución:** $1_{\pi/8}, 3_{3\pi/8}$

**54** Dos números complejos tienen el mismo módulo, sus argumentos suman 50° y uno de ellos es el conjugado del cuadrado del otro. Calcúlalos.

**Solución:** $1_{100^\circ}, 1_{310^\circ}$

**55** Determina los números complejos que cumplan que el cubo de su conjugado coincida con su opuesto.

**Solución:** $1_{225^\circ + k \cdot 90^\circ}, k \in \mathbb{Z}$

**56** Calcula todos los números complejos que cumplan que el cuadrado de su inverso sea el opuesto de su conjugado.

**Solución:** $1_{180^\circ + k \cdot 360^\circ}, k \in \mathbb{Z}$

**57** Una de las raíces cúbicas de un número complejo es $8i$. Calcula dicho número y las otras raíces.

**Solución:** El número es $-512i$ y las otras raíces son $8_{210^\circ}$ y $8_{330^\circ}$

**58** Encuentra el número complejo que sumado a $\left(-\sqrt{2} + i\sqrt{2}\right)^3$ da como resultado 4 (cos 315° + $i$ sen 315°). Expresa la solución en forma polar, binómica y trigonométrica.

**Solución:** $\left(4\sqrt{5}\right)_{251,57^\circ}, -2\sqrt{2} - 6\sqrt{2}i, 4\sqrt{5}(\cos 251{,}57^\circ + i \operatorname{sen} 251{,}57^\circ)$

**59** Dados tres números complejos, $z_1$, $z_2$ y $z_3$, sabemos que $z_2$ es el conjugado de $z_1$ y que $z_3$ es el conjugado del opuesto de $z_2$. ¿Cómo son entre ellos $z_1$ y $z_3$?

**60** Calcula sen 4α y cos 4α utilizando la fórmula de De Moivre.

**61** Comprueba las fórmulas del seno y el coseno del ángulo doble demostradas en la UNIDAD 4 empleando la fórmula de De Moivre.

**62** Tenemos un triángulo de vértices $A(1, 1)$, $B(2, -1)$ y $C(-3, 2)$, y lo giramos un ángulo de 30° con centro el origen de coordenadas. Calcula los vértices del triángulo girado.

**Solución:** $A' = \left(\dfrac{\sqrt{3}-1}{2}, \dfrac{\sqrt{3}+1}{2}\right), B' = \left(\dfrac{2\sqrt{3}+1}{2}, \dfrac{2-\sqrt{3}}{2}\right),$
$C' = \left(\dfrac{-3\sqrt{3}-2}{2}, \dfrac{2\sqrt{3}-3}{2}\right)$

**63** Los afijos de los puntos $z_1$ y $z_2$ forman un triángulo equilátero con el origen de coordenadas. Calcula $z_2$, sabiendo que $z_1 = 4 + 5i$.

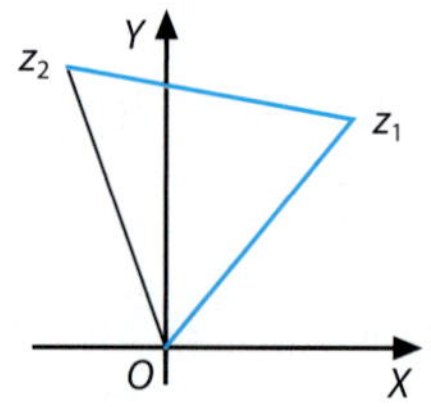

FIGURA 5.26.

**Solución:** $-2{,}33 + 5{,}96i$

**64** Un hexágono regular centrado en el origen tiene un vértice en el punto (3, 3). Calcula los otros vértices.

**Solución:** (−1,1; 4,1), (−4,1; 1,1), (−3, −3), (1,1; −4,1), (4,1; −1,1)

**65** Considera las siguientes aplicaciones en el plano:

α: giro de centro el origen y de amplitud 30°.

β: simetría respecto del origen de coordenadas.

γ: simetría respecto del eje de abscisas.

δ: giro de centro el origen y de amplitud 60°.

Halla las coordenadas del punto que se obtienen al aplicar sucesivamente α, β, γ, δ, al punto (2,3).

**Solución:** (−3,23; 1,59)

# Evaluación

| Soy capaz de... | Actividades |
|---|---|
| Reconocer los distintos tipos de números (reales y complejos) y utilizarlos para representar e interpretar adecuadamente información cuantitativa. | 1, 2 y 9 |
| Valorar los números complejos como ampliación del concepto de números reales y utilizarlos para obtener la solución de ecuaciones de segundo grado con coeficientes reales sin solución real. | 6 y 7 |
| Operar con números complejos, representarlos gráficamente, y utilizar la fórmula de Moivre en el caso de las potencias. | 3-5 |
| Realizar operaciones numéricas con eficacia, empleando cálculo mental, algoritmos de lápiz y papel, calculadora o herramientas informáticas. | 3-10 |

**1.** Escribe un número complejo que sea real y otro que sea imaginario puro. Explica cada caso.

**2.** Halla el conjugado y el opuesto de los siguientes números. Represéntalos en el plano.

*a)* $z = -2 - 4i$

*b)* $z = 3 + 5i$

*c)* $z = -7 + 2i$

*d)* $z = 8 - 3i$

**3.** Realiza estas operaciones, pasando a forma binómica o polar, según convenga.

*a)* $(2 - 3i) + (-5 + 4i)$

*b)* $(1 - i) - (-8 + 7i)$

*c)* $(2 - 9i) \cdot (3 + 4i)$

*d)* $\dfrac{3 + i}{2 + 3i}$

*e)* $2_{30°} + 5_{60°}$

*f)* $(1 + i)^5$

**4.** Utiliza la fórmula de De Moivre para calcular las siguientes potencias.

*a)* $(2 - 3i)^3$

*b)* $(-1 + 4i)^3$

*c)* $(3 - i)^2$

*d)* $(1 + i)^6$

**5.** Dado el número complejo $2_{70°}$, escribe sus cinco primeras potencias y represéntalas.

**6.** Encuentra una ecuación de segundo grado cuyas raíces son $3 + 2i$ y $3 - 2i$.

**7.** Resuelve estas ecuaciones e interpreta las soluciones geométricamente.

*a)* $z^4 + 256 = 0$

*b)* $z^3 - 6z^2 + 10z = 0$

*c)* $z^3 - 11z^2 + 36z - 26 = 0$

*d)* $z^4 - 3z^3 - 3z^2 + 61z = 156$

**8.** Halla las raíces que se indican. ¿Qué obtenemos en cada caso al unir los afijos que son solución?

*a)* $\sqrt[3]{2 - 2i}$

*b)* $\sqrt[4]{-2\sqrt{3} + 2i}$

*c)* $\sqrt[5]{-3 - 3\sqrt{3}i}$

*d)* $\sqrt[6]{1 - i}$

**9.** Halla $a$ para que el número $\dfrac{3 + ai}{a + 2i}$ sea:

*a)* Un número real.

*b)* Un número imaginario puro.

**10.** El cociente de dos números complejos es $3i$. Halla estos dos números sabiendo que la suma de sus argumentos es 150° y la suma de sus módulos es 20.

# 6 Geometría analítica en el plano

**Euclides,** que vivió en el siglo III a. C., es considerado el padre de la geometría. Se sabe que enseñó en la Biblioteca de Alejandría durante el reinado de Tolomeo I.

Su obra fundamental, Elementos de geometría, es una síntesis de los conocimientos griegos sobre la materia. Consta de quince volúmenes, los trece primeros atribuidos a Euclides, mientras que los dos últimos son apócrifos.

Algunos autores han sostenido, sin embargo, que esta magna obra podría ser el resultado de las contribuciones de toda una escuela de matemáticos que trabajara bajo la dirección de un fundador, o que siguiera desarrollando sus enseñanzas tras su muerte.

La claridad de los razonamientos y la acertada elección de los conceptos básicos contenidos en los Elementos, han cautivado a los matemáticos a lo largo de la Historia.

En esta unidad estudiarás la geometría euclídea analítica en el plano, es decir, en dos dimensiones. El estudio de la geometría euclídea analítica en el espacio (en tres dimensiones) será abordado en el próximo curso.

# Repasa lo que sabes

Las **raíces o ceros** de un polinomio $p(x)$ son los valores de $x$ que hacen que el valor numérico del polinomio sea cero. Un número real $a$ es raíz de $p(x)$ si $p(a) = 0$.

**1.** Halla las raíces de los siguientes polinomios.

*a)* $p(x) = 2x^3 - 6x^2 - 12x + 16$ *b)* $q(x) = x^4 - 10x^2 + 9$

- Una **ecuación** es una igualdad algebraica que solo se verifica para determinados valores de sus indeterminadas, que se denominan incógnitas.
- Un **sistema de ecuaciones** está formado por varias ecuaciones consideradas conjuntamente. Las soluciones del sistema son los valores de las incógnitas que son soluciones de todas las ecuaciones simultáneamente.

**2.** Calcula las soluciones de estas ecuaciones.

*a)* $3\sqrt{x-1} = \dfrac{5}{\sqrt{x-1}}$

*b)* $\log(x+7) - \log(2x-4) = 1 - \log(x-1)$

*c)* $2^x - 3 \cdot 4^x = -44$

**3.** Resuelve los siguientes sistemas de ecuaciones.

*a)* $\begin{cases} 3x + y + z = 5 \\ 2x - y + 4z = 5 \\ -2x + 3y - z = 0 \end{cases}$ *b)* $\begin{cases} x + y = 5 \\ x - y + z = 7 \\ y + z = 3 \end{cases}$

**4.** ¿Cómo calcularías de manera no gráfica el punto de intersección de las rectas $y = 3x - 6$ e $y = 2x - 5$? Calcula dicho punto.

Una **ecuación** se denomina **trigonométrica** cuando la incógnita forma parte del argumento de una razón trigonométrica.

**5.** Resuelve estas ecuaciones trigonométricas, dando sus soluciones en el intervalo $[0, 2\pi)$.

*a)* $\text{sen}\left(\dfrac{x}{2}\right) = \dfrac{\sqrt{2}}{2}$ *b)* $\text{tg}\,(x + \pi) = 0$ *c)* $\text{sen}\left(x + \dfrac{\pi}{2}\right) = -1$

Una expresión de la forma ***a+bi***, en la que $a$ y $b$ son dos números reales cualesquiera e $i$ la unidad imaginaria, se denomina **número complejo.**

Los números complejos se representan en el plano complejo, en el que la parte real se representa en el **eje de abscisas** y la parte imaginaria en el **eje de ordenadas.**

**6.** Calcula el número complejo $w$ en cada caso sabiendo que $z_1 = 2 + 3i$ y $z_2 = -1 - i$.

*a)* $w = z_1 + z_2$

*b)* $w = 2 \cdot z_1 - 3 \cdot z_2$

**7.** Representa los siguientes números complejos.

*a)* $z = 2 + 3i$ *c)* $z = 2 - 3i$

*b)* $z = -2 + 3i$ *d)* $z = -2 - 3i$

**RECUERDA**

Un número complejo se puede expresar en:

- Forma binómica:

  $z = a + bi; a, b \in \mathbb{R}$
- Forma polar:

  $z = p_\alpha$

# 1. Vectores

## 1.1. Vector fijo y vector libre

Un **vector fijo,** $\overrightarrow{AB}$, es un segmento orientado que queda determinado por un punto origen, $A(a_1, a_2)$, y un punto extremo, $B(b_1, b_2)$.

Un segmento orientado queda determinado por una dirección, un sentido y una longitud.

Las coordenadas del punto origen, $A(a_1, a_2)$, y del punto extremo, $B(b_1, b_2)$, determinan las **componentes,** $(b_1 - a_1, b_2 - a_2)$, del vector fijo $\overrightarrow{AB}$, como se puede observar en la figura 6.1.

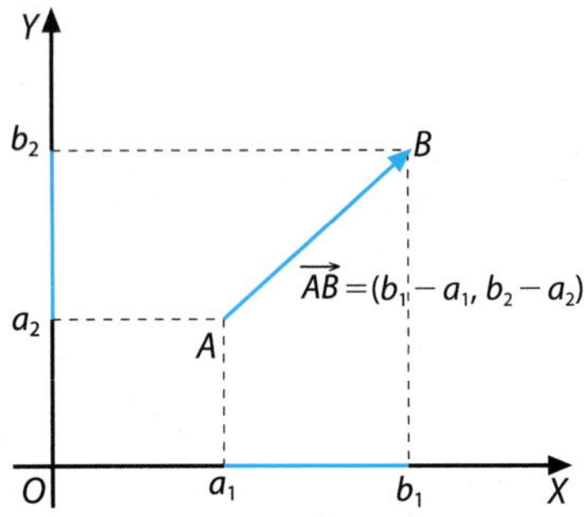

**Figura 6.1.**

La longitud de un segmento orientado se denomina **módulo** del vector. El módulo de un vector fijo, que representaremos por $|\overrightarrow{AB}|$, se puede calcular aplicando el teorema de Pitágoras:

$$|\overrightarrow{AB}| = \sqrt{(b_1 - a_1)^2 + (b_2 - a_2)^2}$$

**Ejercicios resueltos**

▶ *Averiguar las componentes y el módulo del vector que tiene su origen en* $A(3, -5)$ *y su extremo en* $B(7, 3)$.

Las componentes son:

$$\overrightarrow{AB} = (7 - 3, 3 - (-5)) = (4, 8)$$

Su módulo es:

$$|\overrightarrow{AB}| = \sqrt{4^2 + 8^2} = \sqrt{80} = 4\sqrt{5}$$

▶ *Determinar el extremo del vector* $\overrightarrow{PQ} = (-3, 1)$, *sabiendo que su origen es el punto* $P(2, 1)$.

Si el punto Q tiene por coordenadas $x$ e $y$, las componentes del vector se obtienen del siguiente modo: $(x - 2, y - 1) = (-3, 1)$

De esta igualdad entre vectores, se puede deducir:

$$\begin{cases} x - 2 = -3 \\ y - 1 = 1 \end{cases} \Rightarrow \begin{cases} x = -1 \\ y = 2 \end{cases} \Rightarrow Q(-1, 2)$$

**RECUERDA**

En un sistema de ejes cartesianos, un punto $P$ queda determinado por un par ordenado de números reales $(x, y)$ que se denominan **coordenadas** del punto: $x$ es la **abscisa,** e $y$, la **ordenada.**

El término **coordenadas** se suele utilizar en el caso de los puntos, mientras que cuando se trata de vectores, se prefiere el término **componentes**.

Cuando dos vectores fijos distintos tienen la misma dirección, el mismo sentido y el mismo módulo, es decir, las mismas componentes, se dice que son **equipolentes** (figura 6.2).

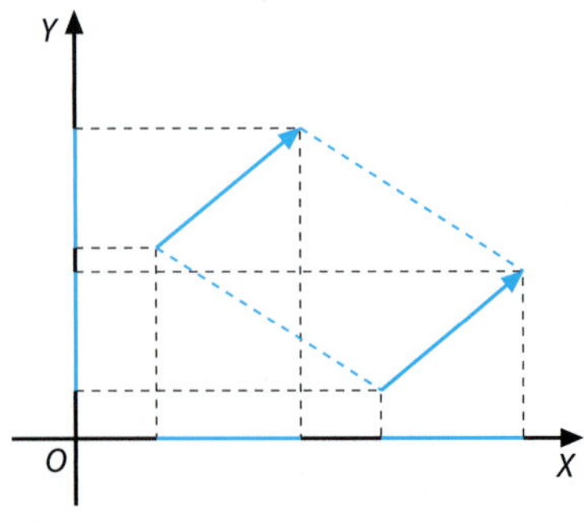

**Figura 6.2.** Uniendo los orígenes y los extremos de los dos vectores se forma un paralelogramo.

Todos los vectores equipolentes a uno dado definen un **vector libre,** $\vec{v}$. Un vector libre puede representarse por cualquiera de los vectores fijos equipolentes que lo definen.

Dado que todos los vectores fijos equipolentes tienen las mismas componentes, estas son las componentes del vector libre al cual representan, que son $\vec{v} = (v_1, v_2)$.

Así mismo, el módulo de un vector libre coincide con el módulo de uno cualquiera de sus representantes:

$$|\vec{v}| = \sqrt{v_1^2 + v_2^2}$$

## 1.2. Operaciones con vectores

### Suma de vectores libres

La suma de dos vectores libres, $\vec{v} = (v_1, v_2)$ y $\vec{w} = (w_1, w_2)$, es otro vector libre tal que:

$$\vec{v} + \vec{w} = (v_1 + w_1, v_2 + w_2)$$

Para sumar gráficamente dos vectores libres, $\vec{v}$ y $\vec{w}$, se utiliza un representante fijo de $\vec{v}$ y uno de $\vec{w}$, de tal manera que el origen de $\vec{w}$ coincida con el extremo de $\vec{v}$. Un representante del vector libre $\vec{v} + \vec{w}$ viene dado por el vector fijo que se obtiene al unir el origen de $\vec{v}$ con el extremo de $\vec{w}$.

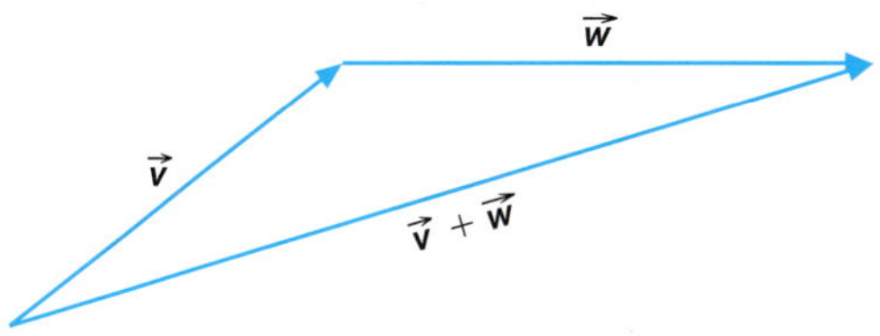

FIGURA 6.3.

También es posible sumar dos vectores, $\vec{v}$ y $\vec{w}$, haciendo coincidir sus orígenes. El vector suma es el segmento orientado que coincide con la diagonal del paralelogramo que determinan los vectores, y su origen es el de $\vec{v}$ y $\vec{w}$, como se observa en la figura:

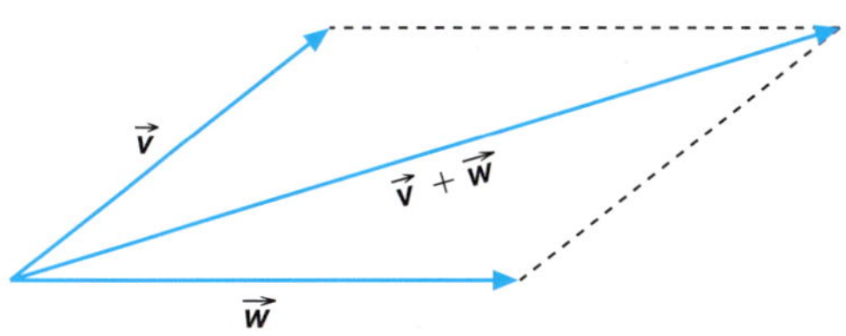

FIGURA 6.4.

**OBSERVA**

$$\vec{v} - \vec{w} = \vec{v} + (-\vec{w})$$

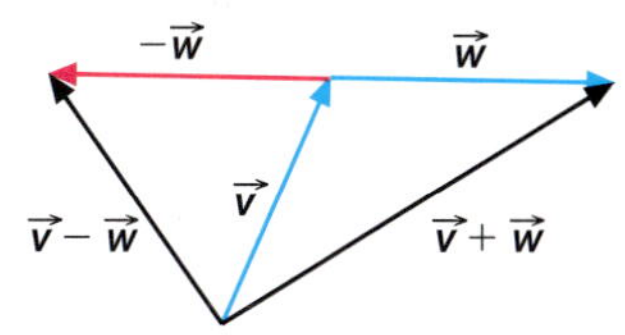

FIGURA 6.5.

### Multiplicación de un vector por un número real

Dado un vector libre, $\vec{v} = (v_1, v_2)$, y un número real, $k$, el producto $k \cdot \vec{v}$ es el vector:

$$k \cdot \vec{v} = (kv_1, kv_2)$$

El producto de un número real por un vector libre depende del valor de $k$. Existen diferentes posibilidades:

- Si $k = 0$, entonces $k \cdot \vec{v} = \vec{0}$.
- Si $k > 0$, el vector $k \cdot \vec{v}$ es un vector libre de la misma dirección y sentido que $\vec{v}$ y con un módulo que es $k$ veces el de $\vec{v}$.
- Si $k < 0$, el vector $k \cdot \vec{v}$ es un vector libre de la misma dirección que $\vec{v}$, con sentido contrario y con un módulo que es $k$ veces el módulo de $\vec{v}$.

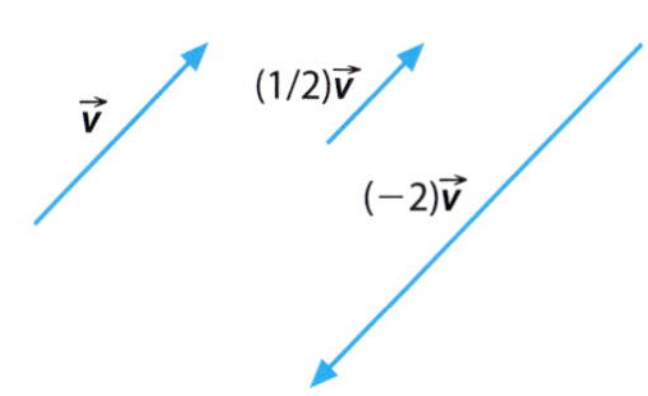

FIGURA 6.6.

**Ejercicio resuelto**

▶ *Dados los vectores* $\vec{u} = (3, 4)$ *y* $\vec{v} = (-1, 7)$, *hallar el vector que se obtiene al efectuar la operación* $2\vec{u} + 3\vec{v}$.

$$2\vec{u} = (2 \cdot 3, 2 \cdot 4) = (6, 8)$$

$$3\vec{v} = (3 \cdot (-1), 3 \cdot 7) = (-3, 21)$$

$$2\vec{u} + 3\vec{v} = (6, 8) + (-3, 21) = (6 - 3, 8 + 21) = (3, 29)$$

El vector, $\vec{w}$, que se obtiene al sumar $2\vec{u} + 3\vec{v}$, es $\vec{w} = (3, 29)$.

## 1.3. Combinación lineal de vectores. Base

**OBSERVA**

En el ejercicio resuelto anterior, el vector $\vec{w}$ es una combinación lineal de los vectores $\vec{u}$ y $\vec{v}$, es decir:

$$\vec{w} = 2\vec{u} + 3\vec{v}$$

Por tanto, los vectores $\vec{u}$, $\vec{v}$ y $\vec{w}$ son linealmente dependientes.

ma1b21

Se dice que un vector, $\vec{w}$, es **combinación lineal** de un conjunto de vectores, $\vec{u}_1, \vec{u}_2, \ldots, \vec{u}_n$, si:

$$\vec{w} = k_1 \cdot \vec{u}_1 + k_2 \cdot \vec{u}_2 + \ldots + k_n \cdot \vec{u}_n, \text{ con } k_i \in \mathbb{R}$$

Dado un conjunto de vectores, se dice que son **linealmente dependientes** si uno cualquiera de ellos se puede expresar como combinación lineal de los demás.

Dos vectores, $\vec{u}$ y $\vec{v}$, son linealmente dependientes si $\vec{u} = k \cdot \vec{v}$. En este caso, los vectores $\vec{u}$ y $\vec{v}$ tienen la misma dirección y, por tanto, son **paralelos.**

Dado un conjunto de vectores, se dice que son **linealmente independientes** si ninguno de ellos puede expresarse como combinación lineal de los demás.

En el plano, dos vectores cualesquiera no paralelos son linealmente independientes.

El conjunto de vectores linealmente independientes que permite expresar un vector como combinación lineal de ellos se denomina **base.**

Un caso particular de conjunto de vectores del plano que forman una base es el formado por $\vec{i} = (1, 0)$ y $\vec{j} = (0, 1)$. Esta es la **base canónica.**

Así, el vector $\vec{v} = (4, 3)$ se puede expresar como combinación lineal de los vectores de la base canónica: $\vec{v} = (4, 3) = 4 \cdot (1, 0) + 3 \cdot (0, 1) = 4\vec{i} + 3\vec{j}$

### Ejercicio resuelto

▶ *Dados los vectores* $\vec{u}_1 = (1, 1)$ *y* $\vec{u}_2 = (1, 3)$, *razonar por qué pueden constituir una base del conjunto de vectores del plano, y determinar las componentes del vector* $\vec{v} = (4, 3)$ *en ella.*

Los vectores $\vec{u}_1 = (1, 1)$ y $\vec{u}_2 = (1, 3)$ son una base porque son dos vectores linealmente independientes, es decir, no paralelos.

Para calcular las componentes de $\vec{v} = (4, 3)$ en la nueva base, hay que expresar este vector como combinación lineal de $\vec{u}_1 = (1, 1)$ y $\vec{u}_2 = (1, 3)$:

$$(4, 3) = a \cdot (1, 1) + b \cdot (1, 3) \Rightarrow \begin{cases} 4 = a + b \\ 3 = a + 3b \end{cases}$$

Se resuelve el sistema y se obtiene: $a = 9/2$ y $b = -1/2$

Por tanto, $\vec{v} = \frac{9}{2}\vec{u}_1 - \frac{1}{2}\vec{u}_2$, lo que quiere decir que $\vec{v}$ tiene por componentes $(9/2, -1/2)$ en la base formada por $\vec{u}_1$ y $\vec{u}_2$.

Si no se indica otra cosa, los vectores están referidos a la base canónica.

**OBSERVA**

Los coeficientes de la combinación lineal, en función de los vectores de la base canónica, son las componentes del vector.

Así, dados los puntos $A(3, -5)$ y $B(7, 3)$, el vector libre $\vec{v}$, representado por $\overrightarrow{AB}$, tiene de componentes (4, 8), ya que:

$$\vec{v} = 4\vec{i} + 8\vec{j}$$

### Actividades

**1** Razona cuáles de estos pares de vectores son linealmente independientes y, por tanto, constituyen una base de vectores libres del plano. A continuación, expresa $\vec{w} = (3, 1)$ como combinación lineal de las bases que hayas encontrado.

***a)*** $\vec{u}_1 = (1, 1)$ y $\vec{u}_2 = (0, 2)$

***b)*** $\vec{v}_1 = (1/3, -1/2)$ y $\vec{v}_2 = (-2, 3)$

***c)*** $\vec{z}_1 = (-2, \sqrt{3}/3)$ y $\vec{z}_2 = (-2\sqrt{3}, 1)$

***d)*** $\vec{e}_1 = (1, 2)$ y $\vec{e}_2 = (-2, 1)$

# 2. Producto escalar

## 2.1. Un producto entre vectores: producto escalar

Dados dos vectores libres del plano, $\vec{u}$ y $\vec{v}$, si se considera un representante $\overrightarrow{AB}$ de $\vec{u}$ y un representante $\overrightarrow{AC}$ de $\vec{v}$, el ángulo $\alpha$ es el que determinan $\vec{u}$ y $\vec{v}$; se representa como $\alpha = (\vec{u}, \vec{v})$.

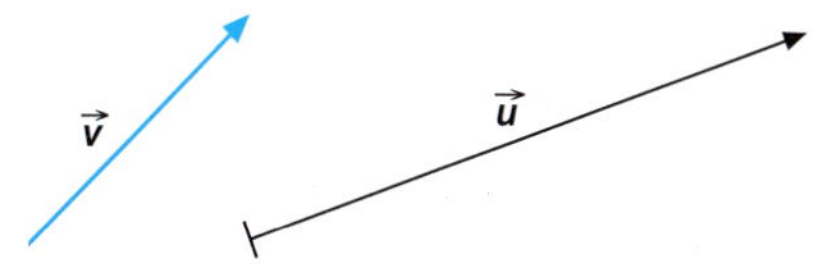


El **producto escalar** de dos vectores no nulos, $\vec{u}$ y $\vec{v}$, que se representa como $\vec{u} \cdot \vec{v}$, es el producto de sus módulos por el coseno del ángulo que forman.

$$\vec{u} \cdot \vec{v} = |\vec{u}| \cdot |\vec{v}| \cdot \cos(\vec{u}, \vec{v})$$

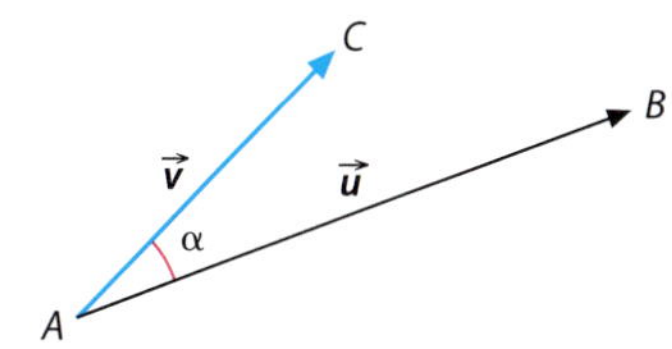


FIGURA 6.7.

El producto escalar de dos vectores es un número real. Algunas de sus propiedades son:

- Si $\vec{u} = \vec{0}$ o si $\vec{v} = \vec{0}$, entonces $\vec{u} \cdot \vec{v} = 0$.
- Si $(\vec{u}, \vec{v}) = 90°$, entonces $\vec{u} \cdot \vec{v} = 0$.
- Si se multiplica escalarmente un vector por sí mismo, se obtiene:

$$\vec{u} \cdot \vec{u} = |\vec{u}| \cdot |\vec{u}| \cdot \cos 0° = |\vec{u}|^2 \Rightarrow |\vec{u}| = \sqrt{\vec{u} \cdot \vec{u}}$$

Es decir, el **módulo** de un vector es la raíz cuadrada positiva del producto escalar del vector por sí mismo.

### Ejercicios resueltos

▶ *Determinar dos vectores unitarios en la dirección del vector* $\vec{v} = (-1, 7)$.

Calculamos el módulo de $\vec{v}$:

$$|\vec{v}| = \sqrt{(-1)^2 + 7^2} = \sqrt{50} = 5\sqrt{2}$$

Los vectores unitarios con la misma dirección que $\vec{v}$ son:

- Con el mismo sentido, $\vec{u}_1 = \left(\dfrac{-1}{5\sqrt{2}}, \dfrac{7}{5\sqrt{2}}\right)$
- Sentido contrario $\vec{u}_2 = \left(\dfrac{1}{5\sqrt{2}}, \dfrac{-7}{5\sqrt{2}}\right)$

▶ *En el triángulo equilatero de la figura 6.8, calcular* $\overrightarrow{AB} \cdot \overrightarrow{AC}$ *y* $\overrightarrow{AB} \cdot \overrightarrow{BC}$.

- $\overrightarrow{AB} \cdot \overrightarrow{AC} = |\overrightarrow{AB}| \cdot |\overrightarrow{AC}| \cdot \cos 60° = 2$

Para calcular $\overrightarrow{AB} \cdot \overrightarrow{BC}$, hay que conocer el ángulo que forman los vectores $\overrightarrow{AB}$ y $\overrightarrow{BC}$, por lo que es necesario hacer coincidir sus orígenes:

- $\overrightarrow{AB} \cdot \overrightarrow{BC} = |\overrightarrow{AB}| \cdot |\overrightarrow{BC}| \cdot \cos 120° = -2$

**OBSERVA**

Un **vector unitario,** $\vec{u}$, es aquel cuyo módulo vale 1. Cualquier vector $\vec{v}$ se puede expresar como:

$$\vec{v} = |\vec{v}| \cdot \vec{u}$$

donde $\vec{u}$ es un vector unitario en la dirección y sentido de $\vec{v}$, y $|\vec{v}|$ es el módulo de $\vec{v}$.

Por tanto, para obtener un vector unitario, $\vec{u}$, en la dirección y sentido de otro vector dado, $\vec{v}$, basta con dividir este último entre su módulo:

$$\vec{u} = \frac{\vec{v}}{|\vec{v}|} = \left(\frac{v_1}{|\vec{v}|}, \frac{v_2}{|\vec{v}|}\right)$$

Así, dado el vector $\vec{v} = (3, 4)$, un vector unitario con su misma dirección y sentido es:

$$\vec{u} = \left(\frac{3}{5}, \frac{4}{5}\right)$$

### Actividades

**2** Indica cuáles de los siguientes vectores son unitarios, y de ellos, cuáles tienen la misma dirección que el vector $\vec{v} = (2, \sqrt{5})$.

$$\vec{a} = \left(-\frac{2}{3}, -\frac{5}{3\sqrt{5}}\right), \vec{b} = \left(-\frac{2}{5}, \frac{1}{5}\right), \vec{c} = \left(-\frac{1}{2}, -\frac{\sqrt{3}}{2}\right), \vec{d} = (-1, 2), \vec{e} = \left(\frac{2}{9}, \frac{\sqrt{5}}{9}\right)$$

**3** Calcula el producto escalar de los siguientes vectores de la figura 6.8.

*a)* $\overrightarrow{CB} \cdot \overrightarrow{CH}$  *b)* $\overrightarrow{AB} \cdot \overrightarrow{HC}$

**Solución:** *a)* 3  *b)* 0

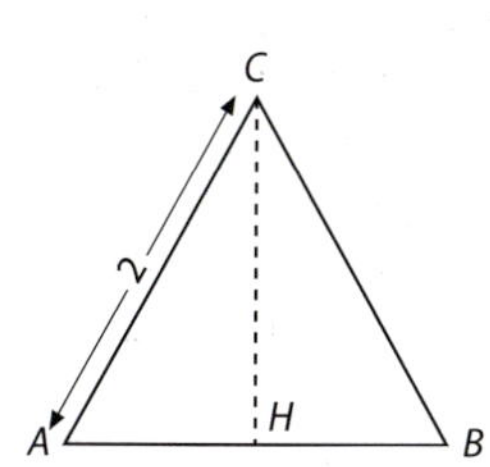


FIGURA 6.8.

## 2.2. Interpretación geométrica del producto escalar

**OBSERVA**

$\text{proy}_{\overrightarrow{AC}}(\overrightarrow{AB})$ es la proyección de $\overrightarrow{AB}$ sobre $\overrightarrow{AC}$.

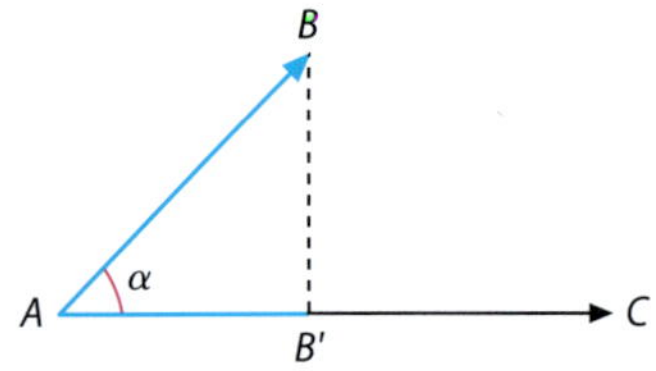


FIGURA 6.9.

$\text{proy}_{\overrightarrow{AC}}(\overrightarrow{AB}) = |\overrightarrow{AB}| \cdot \cos \alpha$

ma1b22

Como se observa en la figura 6.9, la proyección del vector $\overrightarrow{AB}$ sobre el vector $\overrightarrow{AC}$ es:

$$\text{proy}_{\overrightarrow{AC}}(\overrightarrow{AB}) = |\overrightarrow{AB}| \cdot \cos \alpha$$

Dado que $\overrightarrow{AB} \cdot \overrightarrow{AC} = |\overrightarrow{AB}| \cdot |\overrightarrow{AC}| \cdot \cos \alpha$, sustituyendo, se obtiene:

$$\overrightarrow{AB} \cdot \overrightarrow{AC} = \text{proy}_{\overrightarrow{AC}}(\overrightarrow{AB}) \cdot |\overrightarrow{AC}|$$

El **producto escalar** de dos vectores es igual al módulo de uno de ellos por la proyección del otro sobre él.

Si $\overrightarrow{AC}$ es un vector unitario, $\vec{u}$, se verifica que:

$$\overrightarrow{AB} \cdot \overrightarrow{AC} = \overrightarrow{AB} \cdot \vec{u} = \text{proy}_{\vec{u}}(\overrightarrow{AB})$$

Es decir, el producto escalar de un vector cualquiera por un vector unitario es la proyección de este sobre la dirección del vector unitario.

Esta característica geométrica es muy útil para demostrar las propiedades del producto escalar.

## 2.3. Propiedades del producto escalar

El producto escalar tiene las siguientes propiedades:

- Dado cualquier vector, $\vec{u}$, se cumple que:

$$\vec{u} \cdot \vec{u} \geq 0 \quad (\vec{u} \cdot \vec{u} = 0 \text{ si, y solo si, } \vec{u} = \vec{0})$$

- **Propiedad conmutativa.** El producto escalar es **simétrico.** Para cualquier par de vectores, $\vec{u}, \vec{v}$, se verifica lo siguiente:

$$\vec{u} \cdot \vec{v} = \vec{v} \cdot \vec{u}$$

En efecto, $\cos(\vec{u}, \vec{v}) = \cos(\vec{v}, \vec{u})$, ya que $\cos \alpha = \cos(-\alpha)$.

- **Propiedad asociativa mixta.** Para cualquier número real, $a$, y para todo par de vectores, $\vec{u}, \vec{v}$, se cumple lo siguiente:

$$(a\vec{u}) \cdot \vec{v} = \vec{u} \cdot (a\vec{v}) = a(\vec{u} \cdot \vec{v})$$

En efecto, la proyección del vector $a\vec{u}$ sobre $\vec{v}$ es igual que la proyección de $\vec{u}$ sobre $\vec{v}$ multiplicada por $a$, y, por simetría, la proyección de $\vec{u}$ sobre $a\vec{v}$ también lo es (figura 6.10).

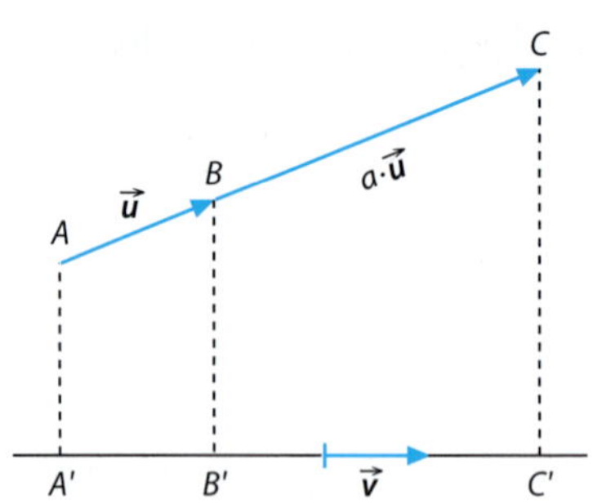


FIGURA 6.10.

$A'B' = \text{proy}_{\vec{v}}(\vec{u})$
$B'C' = \text{proy}_{\vec{v}}(a\vec{u})$

- **Propiedad distributiva respecto de la adición.** Dados tres vectores, $\vec{u}, \vec{v}$ y $\vec{w}$, se verifica lo siguiente:

$$(\vec{u} + \vec{v}) \cdot \vec{w} = \vec{u} \cdot \vec{w} + \vec{v} \cdot \vec{w}$$

A partir de la interpretación geométrica (figura 6.11), se observa que la proyección de una suma de vectores, $\vec{u} + \vec{v}$, sobre $\vec{w}$ es igual a la suma de las proyecciones de $\vec{u}$ y de $\vec{v}$ sobre $\vec{w}$.

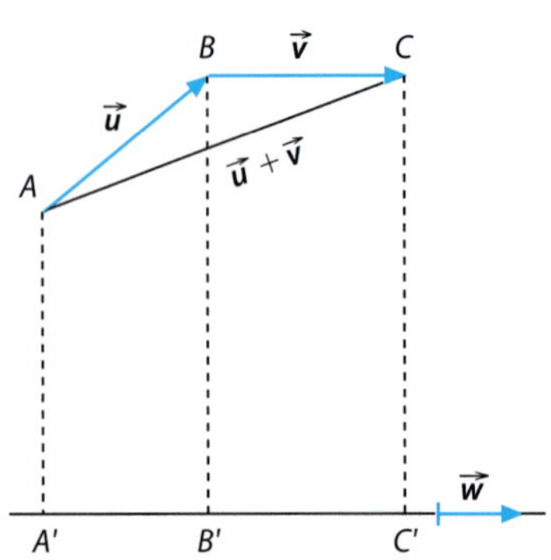


FIGURA 6.11.

$A'B' = \text{proy}_{\vec{w}}(\vec{u})$
$A'C' = \text{proy}_{\vec{w}}(\vec{u} + \vec{v})$
$B'C' = \text{proy}_{\vec{w}}(\vec{v})$

## 2.4. Determinación del ángulo que forman dos vectores

A partir de la definición de producto escalar de dos vectores, se deduce:

$$\cos(\vec{u},\vec{v}) = \frac{\vec{u}\cdot\vec{v}}{|\vec{u}|\cdot|\vec{v}|}$$

El ángulo $\alpha = (\vec{u}, \vec{v})$ puede determinarse aplicando la expresión anterior.

**Ejercicios resueltos**

▶ *Si* $|\vec{u}| = 2$, $|\vec{v}| = 4$, *y* $\vec{u}\cdot\vec{v} = -3$, *hallar el ángulo que forman* $\vec{u}$ *y* $\vec{v}$.

$$\cos(\vec{u},\vec{v}) = \frac{\vec{u}\cdot\vec{v}}{|\vec{u}|\cdot|\vec{v}|} = \frac{-3}{8} \Rightarrow (\vec{u},\vec{v}) = 112^\circ\ 1'\ 27{,}53''$$

▶ *A partir de los vectores* $\vec{u}$ *y* $\vec{v}$, *tales que* $|\vec{u}| = 1$, $|\vec{v}| = 2$, *y el ángulo* $(\vec{u},\vec{v}) = 60^\circ$, *calcular el ángulo* $(\vec{u}, \vec{u}+\vec{v})$.

$$\cos(\vec{u},\vec{u}+\vec{v}) = \frac{\vec{u}\cdot(\vec{u}+\vec{v})}{|\vec{u}|\cdot|\vec{u}+\vec{v}|} = \frac{\vec{u}\cdot\vec{u}+\vec{u}\cdot\vec{v}}{\sqrt{\vec{u}\cdot\vec{u}}\cdot\sqrt{(\vec{u}+\vec{v})\cdot(\vec{u}+\vec{v})}} =$$

$$= \frac{\vec{u}\cdot\vec{u}+\vec{u}\cdot\vec{v}}{\sqrt{\vec{u}\cdot\vec{u}}\cdot\sqrt{\vec{u}\cdot\vec{u}+2\,\vec{u}\cdot\vec{v}+\vec{v}\cdot\vec{v}}} = \frac{1+1}{1\,\sqrt{1+2\cdot1+4}} = \frac{2}{\sqrt{7}}$$

El ángulo $(\vec{u}, \vec{u}+\vec{v})$ es $40^\circ\ 53'\ 36{,}22''$.

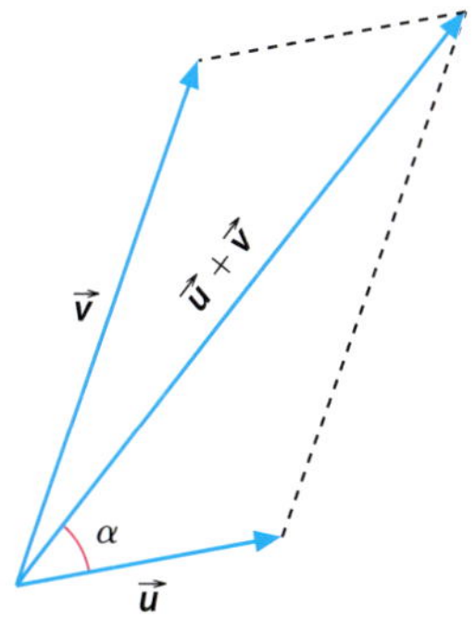

FIGURA 6.12.

Utilizando el producto escalar, es posible demostrar el teorema del coseno.

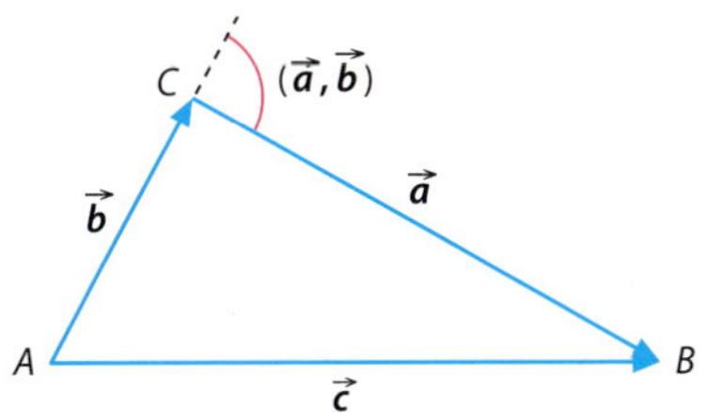

FIGURA 6.13.

Observa que $\vec{c} = \vec{a} + \vec{b}$. Si multiplicas escalarmente $\vec{c}$ por sí mismo:

$|\vec{c}|^2 = (\vec{a}+\vec{b})\cdot(\vec{a}+\vec{b}) = \vec{a}\cdot\vec{a} + \vec{a}\cdot\vec{b} + \vec{b}\cdot\vec{a} + \vec{b}\cdot\vec{b}$

$|\vec{c}|^2 = |\vec{a}|^2 + 2\vec{a}\cdot\vec{b} + |\vec{b}|^2$

$|\vec{c}|^2 = |\vec{a}|^2 + 2|\vec{a}|\cdot|\vec{b}|\cos(\vec{a}, \vec{b}) + |\vec{b}|^2$

Como $(\vec{a}, \vec{b}) + C = 180^\circ$, $\cos(\vec{a}, \vec{b}) = -\cos C$, por lo que:

$$c^2 = a^2 + b^2 - 2ab\cdot\cos C$$

**Actividades**

**4** Dado el vector $\vec{u} = (1, -\sqrt{3})$, determina el módulo del producto escalar de $\vec{u}$ por $\vec{v}$, si sabemos que la proyección de $\vec{v}$ sobre $\vec{u}$ es 3.

**Solución:** 6

**5** A partir de $\vec{a}$ y $\vec{b}$, tales que $|\vec{a}| = |\vec{b}|$ y el ángulo $(\vec{a}, \vec{b}) = \pi/3$ rad, calcula el ángulo $(\vec{a}, \vec{a}-\vec{b})$. Puedes ayudarte de su representación gráfica.

**Solución:** $\pi/3$

## 2.5. Expresión analítica del producto escalar

**OBSERVA**

Los vectores $\vec{i}$ y $\vec{j}$ son:

$\vec{i} = (1, 0)$ y $\vec{j} = (0, 1)$

y son perpendiculares. Por tanto:

$\vec{i} \cdot \vec{i} = \vec{j} \cdot \vec{j} = 1 \cdot 1 \cdot \cos 0° = 1$

$\vec{i} \cdot \vec{j} = \vec{j} \cdot \vec{i} = 1 \cdot 1 \cdot \cos 90° = 0$

Cualquier vector, $\vec{a}$, del plano se puede expresar como una combinación lineal de los vectores de la base canónica.

$$\vec{a} = a_1\vec{i} + a_2\vec{j}$$

Si se multiplican escalarmente dos vectores cualesquiera, $\vec{a}$ y $\vec{b}$, expresados en la base $\{\vec{i}, \vec{j}\}$ se obtiene:

$$\vec{a} \cdot \vec{b} = (a_1\vec{i} + a_2\vec{j}) \cdot (b_1\vec{i} + b_2\vec{j}) = a_1b_1\vec{i} \cdot \vec{i} + a_1b_2\vec{i} \cdot \vec{j} + a_2b_1\vec{j} \cdot \vec{i} + a_2b_2\vec{j} \cdot \vec{j} =$$
$$= a_1b_1 \cdot 1 + a_1b_2 \cdot 0 + a_2b_1 \cdot 0 + a_2b_2 \cdot 1 = a_1b_1 + a_2b_2$$

$$\vec{a} \cdot \vec{b} = a_1b_1 + a_2b_2$$

Esta expresión se denomina **expresión analítica del producto escalar.**

**Ejercicios resueltos**

▶ *Realizar el producto escalar de los vectores* $\vec{v} = (3, -2)$ y $\vec{w} = (2, 6)$.

$$\vec{v} \cdot \vec{w} = 3 \cdot 2 + (-2) \cdot 6 = 6 - 12 = -6$$

▶ *Hallar el ángulo,* $\alpha$, *que determinan* $\vec{v} = (-1, 5)$ y $\vec{w} = (-3, -2)$.

$$\cos\alpha = \frac{(-1) \cdot (-3) + 5 \cdot (-2)}{\sqrt{26} \cdot \sqrt{13}} = \frac{3 - 10}{\sqrt{338}} \Rightarrow \alpha = 112°\ 22'\ 48{,}4''$$

**Actividades**

**6** Calcula el producto escalar de los siguientes pares de vectores.

*a)* $\vec{u} = \left(1 - \sqrt{3}, \frac{\sqrt{3}}{3}\right)$ y $\vec{v} = \left(\sqrt{3} - 1, -6\right)$

*b)* $\vec{u} = \left(\frac{\sqrt{2}}{3} + 1, -\frac{1}{3}\right)$ y $\vec{v} = \left(1 - \sqrt{2}, 1 + \sqrt{2}\right)$

**Solución:** *a)* $-4$ *b)* $-\sqrt{2}$

**7** Si $\vec{a} = (3x - 1, 2)$ y $\vec{b} = (7, 2 - x)$, calcula el valor de $x$ si $\vec{a} \cdot \vec{b} = 16$.

**Solución:** $x = 1$

**8** Identifica los vectores unitarios de entre los siguientes. En el caso de que no lo sean, calcula el vector unitario que tiene la misma dirección y sentido.

*a)* $\vec{u} = \left(\frac{1}{4}, \frac{3}{4}\right)$ *b)* $\vec{v} = \left(-\frac{\sqrt{3}}{3}, \frac{\sqrt{2}}{\sqrt{3}}\right)$ *c)* $\vec{w} = \left(-4, -\sqrt{2}\right)$

**Solución:** *a)* $\vec{u}$ no es unitario. El vector unitario es $\vec{u}/|\vec{u}| = \left(1/\sqrt{10}, 3/\sqrt{10}\right)$.

*b)* $\vec{v}$ es unitario.

*c)* $\vec{w}$ no es unitario. El vector unitario es $\vec{w}/|\vec{w}| = \left(-2\sqrt{2}/3, -1/3\right)$.

**9** Calcula los ángulos que forman los siguientes pares de vectores.

*a)* $\vec{v} = (3, -4)$ y $\vec{w} = (3/2, -1)$ *b)* $\vec{v} = (2, 6)$ y $\vec{w} = (-7, 1)$

**Solución:** *a)* 19,44° *b)* 100,30°

**10** Determina el valor de $z$, para que los vectores $\vec{u} = (z, -3)$ y $\vec{v} = (1, -2)$:

*a)* Sean paralelos.

*b)* Sean perpendiculares.

*c)* Formen un ángulo de $\pi/4$ rad.

*d)* Formen un ángulo de $\pi/3$ rad.

**Solución:** *a)* $z = 3/2$ *b)* $z = -6$ *c)* $z = 9$ y $z = -1$

*d)* $z = 24 + 15\sqrt{3}$ y $z = 24 - 15\sqrt{3}$

## 2.6. Expresión analítica del ángulo entre dos vectores

Anteriormente se ha visto que la expresión del ángulo entre dos vectores es:

$$\cos(\vec{u}, \vec{v}) = \frac{\vec{u} \cdot \vec{v}}{|\vec{u}| \cdot |\vec{v}|}$$

Cuando expresábamos los vectores en función de una base ortonormal se obtenía que el producto escalar de los vectores era:

$$\vec{u} \cdot \vec{v} = u_1 v_1 + u_2 v_2$$

Así pues:

La **expresión analítica** del ángulo entre dos vectores es es:

$$\cos(\vec{u}, \vec{v}) = \frac{\vec{u} \cdot \vec{v}}{|\vec{u}| \cdot |\vec{v}|} = \frac{u_1 v_1 + u_2 v_2}{\sqrt{(u_1)^2 + (u_2)^2} \cdot \sqrt{(v_1)^2 + (v_2)^2}}$$

## 2.7. Bases ortogonales y bases ortonormales del plano

El producto escalar de dos vectores es:

$$\vec{u} \cdot \vec{v} = |\vec{u}| \cdot |\vec{v}| = \cos(\vec{u}, \vec{v})$$

Dos vectores son perpendiculares si el ángulo que forman entre sí es $\frac{\pi}{2}$ por lo que si sustituimos el ángulo en esta definición podemos obtener:

$$\vec{u} \cdot \vec{v} = |\vec{u}| \cdot |\vec{v}| \cdot \cos\left(\frac{\pi}{2}\right) \Rightarrow \vec{u} \cdot \vec{v} = |\vec{u}| \cdot |\vec{v}| \cdot 0 \Rightarrow \vec{u} \cdot \vec{v} = 0$$

Por tanto, si los vectores son perpendiculares, el producto escalar es cero.

- Dos vectores son **perpendiculares** si su producto escalar es cero.
- Si el **producto escalar** es cero, los vectores son perpendiculares.

**Notación matemática**

Cuando dos vectores son perpendiculares se denotan como:

$$\vec{u} \perp \vec{v}$$

Se ha visto que dos vectores que tienen distinta dirección son linealmente independientes. Además, cualquier otro vector puede expresarse como una combinación lineal de estos vectores y por ello, se dice que los vectores forman una base del plano.

Si tomamos dos vectores perpendiculares entre sí, podemos formar una base del plano ya que ambos vectores tienen distinta dirección.

Dos vectores son una **base ortogonal** si ambos vectores forman una base y además son perpendiculares entre sí.

Por ejemplo los vectores $\vec{u} = (1, 1)$ y $\vec{v} = (-1, 1)$ forman una base ya que tienen distinta dirección y además son perpendiculares ya que:

$$\vec{u} \cdot \vec{v} = (1, 1) \cdot (-1, 1) = -1 + 1 = 0$$

Por otro lado, si se toma una base ortogonal del plano, para cada vector de dicha base se puede calcular su módulo. Si ambos tienen modulo uno, tenemos una base ortonormal.

**RECUERDA**

Los vectores de módulo uno se denominan **vectores unitarios.**

Dos vectores son una **base ortonormal** del plano si ambos vectores forman una base ortogonal y además cada vector es unitario.

Así, la base canónica $\vec{i} = (1, 0)$ y $\vec{j} = (0, 1)$ es una base ortonormal.

## Ejercicios resueltos

▶ *Dados los vectores* $\vec{u} = (5, 12)$ *y* $\vec{v} = (-12, 5)$, *comprueba que forman una base ortogonal. Reescribir la base para que sea una base ortonormal.*

Se comprueba que tienen distinta dirección.

$$\frac{u_1}{v_1} = \frac{5}{-12} \neq \frac{12}{5} = \frac{u_2}{v_2}$$

Como los cocientes son distintos, ambos vectores tienen distintas direcciones y forman una base. Calculamos su producto escalar:

$$\vec{u} \cdot \vec{v} = (5, 12) \cdot (-12, 5) = 5 \cdot (-12) + 12 \cdot 5 = -60 + 60 = 0$$

Como el producto escalar es cero, ambos vectores son perpendiculares.

Por tanto se verifica que los vectores $\vec{u}$ y $\vec{v}$ forman una base ortogonal.

Para reescribir la base y que sea ortonormal, dividimos cada vector por su módulo para hacerlos unitarios. Así obtenemos los vectores $\vec{x}$ e $\vec{y}$.

$$|\vec{u}| = 13 \Rightarrow \vec{x} = \left(\frac{5}{13}, \frac{12}{13}\right) \qquad |\vec{v}| = 13 \Rightarrow \vec{y} = \left(\frac{-12}{13}, \frac{5}{13}\right)$$

Los nuevos vectores $\vec{x}$ y $\vec{y}$ son una base ortogonal porque mantienen la misma dirección que los vectores $\vec{u}$ y $\vec{v}$. Además sus módulos son la unidad, por lo que forman una base ortonormal.

▶ *Comprobar que* $\vec{x} = \left(\frac{3}{5}, \frac{4}{5}\right)$ *e* $\vec{y} = \left(\frac{-4}{5}, \frac{3}{5}\right)$ *forman una base ortonormal y hallar las coordenadas del vector* $\vec{z} = (17, 6)$ *en esta base.*

Se comprueba que la base es ortonormal:

$$|\vec{x}| = 1 \qquad |\vec{y}| = 1 \qquad \vec{x} \cdot \vec{y} = 0$$

Como $\vec{x} \perp \vec{y}$ y $|\vec{x}| = |\vec{y}| = 1$, se tiene una base ortonormal.

Para hallar las coordenadas de $\vec{z}$ se debe calcular $a$ y $b$ tales que

$$\vec{z} = a \cdot \left(\frac{3}{5}, \frac{4}{5}\right) + b \cdot \left(\frac{-4}{5}, \frac{3}{5}\right)$$

Para hallar las coordenadas del vector en esta base, se puede seguir el método tradicional, esto es, realizando las operaciones entre vectores, llegando a un sistema de ecuaciones cuya solución son las coordenadas pedidas.

No obstante, dado que tenemos una base ortonormal, las coordenadas se pueden calcular mediante otro procedimiento, usando el producto escalar entre los dos vectores.

Mediante el producto escalar las coordenadas serían:

$$a = \vec{z} \cdot \vec{x} = (17, 6) \cdot \left(\frac{3}{5}, \frac{4}{5}\right) = \frac{51 + 24}{5} = \frac{75}{5} = 15$$

$$b = \vec{z} \cdot \vec{y} = (17, 6) \cdot \left(\frac{-4}{5}, \frac{3}{5}\right) = \frac{-68 + 18}{5} = \frac{-50}{5} = -10$$

### OBSERVA

Si se realiza el producto escalar del vector $\vec{z}$ con cada uno de los vectores de una base ortonormal se obtendrían las coordenadas en la base, ya que:

$$\vec{z} \cdot \vec{x} = a \cdot \vec{x} \cdot \vec{x} + b \cdot \vec{y} \cdot \vec{x} = a$$

$$\vec{z} \cdot \vec{y} = a \cdot \vec{x} \cdot \vec{y} + b \cdot \vec{y} \cdot \vec{y} = b$$

## Actividades

**11** Halla el ángulo entre estos vectores.

***a)*** $\vec{u} = (2, 1)$ y $\vec{v} = (1, 3)$. ***b)*** $\vec{u} = (-1, 1)$ y $\vec{v} = (2, 3)$. ***c)*** $\vec{u} = (-5, 2)$ y $\vec{v} = (2, 5)$.

**12** Comprueba que los vectores $\vec{u} = (-1, 1)$ y $\vec{v} = (1, 1)$ forman una base ortogonal. Escribe de nuevo ambos vectores para que sean una base ortonormal y calcula las coordenadas del vector $\vec{z} = (\sqrt{2}, 2\sqrt{2})$.

# 3. Rectas en el plano

## 3.1. Ecuaciones de la recta

### Ecuación vectorial de la recta

Si se tiene en cuenta el concepto de dependencia lineal, se puede decir que tres puntos, A, B y C, están alineados si los vectores $\overrightarrow{AB}$ y $\overrightarrow{AC}$ son linealmente dependientes, es decir, son paralelos. Recíprocamente, si los vectores $\overrightarrow{AB}$ y $\overrightarrow{AC}$ son linealmente dependientes, los puntos A, B y C están alineados, dado que A es un punto común y $\overrightarrow{AB}$ y $\overrightarrow{AC}$ son paralelos (figura 6.14).

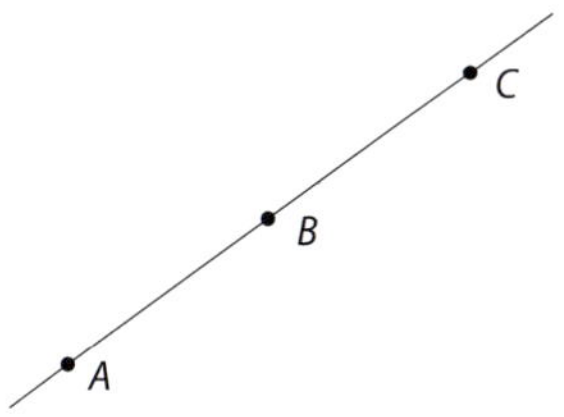

**Figura 6.14.**

Por tanto, se deduce que una recta, $r$, queda determinada a partir de un punto, A, que pertenezca a ella y de una dirección. Se puede expresar la dirección de una recta, y la de todas sus paralelas, mediante un vector no nulo.

Por ejemplo, en la figura 6.15, $r$ es una recta que pasa por el punto A y tiene la dirección que indica el vector $\vec{v}$.

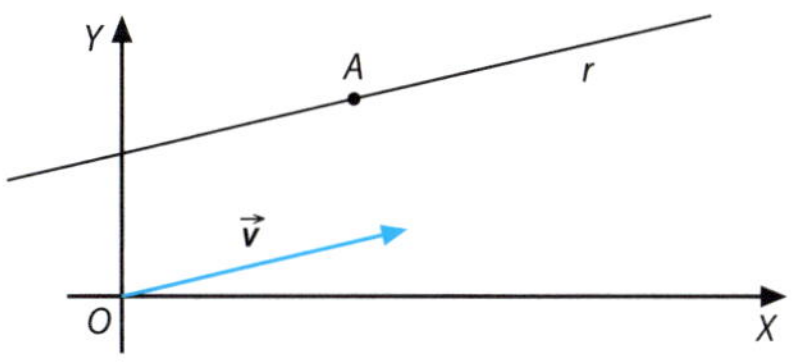

**Figura 6.15.**

El vector que indica la dirección de una recta se denomina **vector director.** Este vector no es único. En el ejemplo anterior, cualquier vector paralelo a $\vec{v}$; es decir, $k \cdot \vec{v}$ es también vector director de la recta $r$.

El problema consiste en encontrar una expresión analítica para el conjunto de los puntos que forman una recta.

En la figura 6.16 del observa, si $A(a_1, a_2)$ es un punto conocido de la recta $r$, y $\vec{v}$ es el vector que nos indica su dirección, entonces, para cualquier otro punto, P, P', P''..., de la recta $r$, se puede escribir lo siguiente:

$$\overrightarrow{OP} = \overrightarrow{OA} + \overrightarrow{AP} \qquad \overrightarrow{OP'} = \overrightarrow{OA} + \overrightarrow{AP'} \qquad \overrightarrow{OP''} = \overrightarrow{OA} + \overrightarrow{AP''} \qquad \ldots$$

Como $\overrightarrow{AP}$, $\overrightarrow{AP'}$, ..., y todos los vectores con origen en A y extremo en cualquier punto de la recta, $r$, tienen la misma dirección que $\vec{v}$, es decir, son paralelos, se puede escribir:

$$\overrightarrow{OP} = \overrightarrow{OA} + \lambda\vec{v} \qquad \forall\, \lambda \in \mathbb{R}$$

Esta igualdad se denomina **ecuación vectorial de la recta.** Para cada valor que se asigne al número real λ, se obtendrá un punto de la recta.

#### Ejercicios resueltos

▶ *Hallar la ecuación vectorial de la recta r que pasa por* A(3, −2) *y que tiene la dirección del vector* $\vec{v} = (-1, 5)$.

$$(x, y) = (3, -2) + \lambda(-1, 5)\ \forall\, \lambda \in \mathbb{R}$$

▶ *Dada la recta r:* $(x, y) = (-1, 5) + \lambda(2, -3)$, *averiguar si los puntos de coordenadas* (5, −4) *y* (3, −10) *pertenecen a ella.*

Si los puntos pertenecen a la recta $r$, sus coordenadas cumplen la ecuación de $r$, y el valor del parámetro es el mismo para las dos coordenadas:

- $(5, -4) = (-1, 5) + \lambda(2, -3) \Rightarrow \begin{cases} 5 = -1 + 2\lambda \\ -4 = 5 - 3\lambda \end{cases} \Rightarrow \begin{cases} \lambda = 3 \\ \lambda = 3 \end{cases}$

  (5, −4) pertenece a la recta $r$.

- $(3, -10) = (-1, 5) + \lambda(2, -3) \Rightarrow \begin{cases} 3 = -1 + 2\lambda \\ -10 = 5 - 3\lambda \end{cases} \Rightarrow \begin{cases} \lambda = 2 \\ \lambda = 5 \end{cases}$

  (3, −10) no pertenece a $r$.

**OBSERVA**

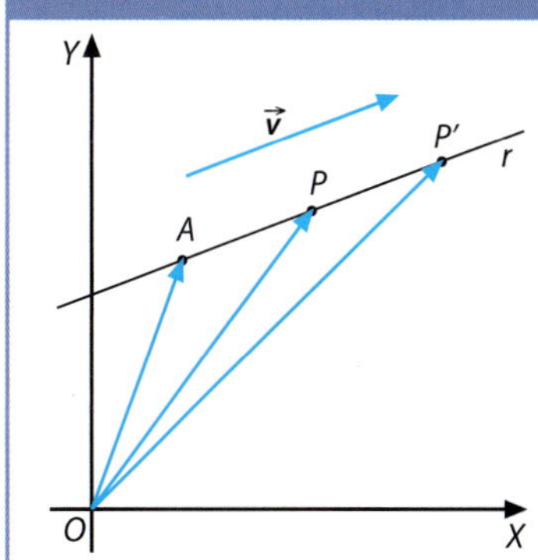

**Figura 6.16.**

- Las coordenadas del punto $A$ coinciden con las componentes del vector $\overrightarrow{OA}$.
- Las coordenadas del punto $P$ coinciden con las componentes de $\overrightarrow{OP}$.
- Si $(x, y)$ son las coordenadas del punto $P$, y $(a_1, a_2)$ las del punto $A$, la ecuación vectorial de la recta se puede escribir de la siguiente forma:

$$(x, y) = (a_1, a_2) + \lambda(v_1, v_2);\ \lambda \in \mathbb{R}$$

## Ecuaciones paramétricas de la recta

Si $A(a_1, a_2)$ es un punto conocido que pertenece a la recta, $P(x, y)$, un punto cualquiera de ella, y $\vec{v} = (v_1, v_2)$, un vector director, se puede escribir:

$$(x, y) = (a_1, a_2) + \lambda(v_1, v_2),\ \lambda \in \mathbb{R}$$

y operando:

$$(x, y) = (a_1 + \lambda v_1, a_2 + \lambda v_2),\ \lambda \in \mathbb{R}$$

Al igualar componentes, se obtienen las **ecuaciones paramétricas:**

$$\begin{cases} x = a_1 + \lambda v_1 \\ y = a_2 + \lambda v_2 \end{cases} \quad \text{donde } \lambda \in \mathbb{R}$$

Estas ecuaciones proporcionan las coordenadas de los puntos que pertenecen a la recta en función del valor que se le asigne al parámetro $\lambda$.

### Ejercicios resueltos

▶ *Hallar las ecuaciones paramétricas de la recta r:* $(x, y) = (2, -1) + \lambda(0, 1)$.

$$(x, y) = (2 - 0, -1 + \lambda) \Rightarrow \begin{cases} x = 2 \\ y = -1 + \lambda \end{cases},\ \lambda \in \mathbb{R}$$

Para el valor $\lambda = 1/2$, obtenemos $P(2, -1/2)$, y para $\lambda = -2$, $P(2, -3)$.

Así, podemos obtener diferentes puntos que pertenecen a la recta $r$.

▶ *Determinar las ecuaciones paramétricas de las rectas correspondientes a los ejes de coordenadas cartesianos.*

Para el eje de abscisas, podemos considerar el punto $O(0, 0)$ y un vector director $\vec{i} = (1, 0)$, por tanto, las ecuaciones paramétricas del eje $X$ son:

$$\begin{cases} x = \lambda \\ y = 0 \end{cases},\ \lambda \in \mathbb{R}$$

Para el eje de ordenadas, podemos considerar el punto $O(0, 0)$ y un vector director $\vec{j} = (0, 1)$, por tanto, las ecuaciones paramétricas del eje $Y$ son:

$$\begin{cases} x = 0 \\ y = \lambda \end{cases},\ \lambda \in \mathbb{R}$$

**Recta que pasa por dos puntos**

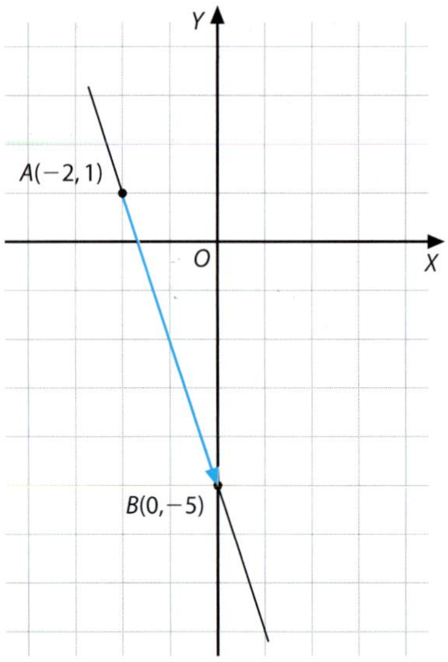


FIGURA 6.17.

Para hallar la ecuación de la recta de la figura 6.17, que pasa por los puntos $A(-2, 1)$ y $B(0, -5)$, se puede utilizar como vector director de la recta el vector $\overrightarrow{AB}$ y un punto cualquiera, $A$ o $B$. $\overrightarrow{AB} = (2, -6)$, y por tanto:

$$\frac{x+2}{2} = \frac{y-1}{-6}$$

## Ecuación continua de la recta

Partiendo de las ecuaciones paramétricas de la recta y despejando $\lambda$ de cada ecuación, se obtiene:

$$\lambda = \frac{x - a_1}{v_1} \qquad \lambda = \frac{y - a_2}{v_2}$$

Al igualar $\lambda$, resulta la **ecuación continua** de la recta:

$$\frac{x - a_1}{v_1} = \frac{y - a_2}{v_2}$$

### Ejercicio resuelto

▶ *Hallar la ecuación continua de la recta que pasa por el punto* $A(3, -4)$ *y que tiene por vector director* $\vec{v} = (-1, 3)$.

Sustituyendo en la expresión general de la ecuación continua, resulta:

$$\frac{x-3}{-1} = \frac{y+4}{3}$$

**OBSERVA**

Las distintas expresiones de la recta no constituyen una determinación única, es decir, una misma recta puede tener diferentes expresiones vectoriales, paramétricas o continuas; todo depende del punto escogido y del vector director utilizado.

## Ecuación general de la recta

Si se reescribe la ecuación continua de la recta y se opera así:

$$(x - a_1) \cdot v_2 = (y - a_2) \cdot v_1$$
$$v_2x - v_1y - a_1 \cdot v_2 + a_2 \cdot v_1 = 0$$

se obtiene una ecuación lineal con dos incógnitas. Designando los coeficientes por $v_2 = A$, $-v_1 = B$, y $-a_1 \cdot v_2 + a_2 \cdot v_1 = C$, resulta:

$$Ax + By + C = 0$$

Esta igualdad constituye la **ecuación general de la recta,** también denominada **ecuación implícita de la recta** o **ecuación cartesiana.**

### Ejercicios resueltos

▶ *Determinar la ecuación general de la recta que pasa por el punto* $P(-5, -3)$ *y es paralela al vector* $\vec{v} = (7, 3)$.

Se pueden utilizar dos procedimientos:

- Se escribe primero la ecuación en forma continua y después se opera:

$$\frac{x+5}{7} = \frac{y+3}{3} \Rightarrow 3x - 7y - 6 = 0.$$

- Se asigna su valor a los coeficientes A y B: $A = v_2 = 3$ y $B = -v_1 = -7$, y se averigua C, imponiendo que la recta pasa por el punto indicado, es decir, sustituyendo las coordenadas de $P(-5, -3)$ por $x$ e $y$:

  $$3x - 7y + C = 0 \Rightarrow 3 \cdot (-5) - 7 \cdot (-3) + C = 0 \Rightarrow C = -6$$

  Por tanto, la recta es $3x - 7y - 6 = 0$.

▶ *Dada la ecuación general de una recta,* $r$: $x - 2y - 14 = 0$, *determinar uno cualquiera de sus puntos. Calcular, además, los componentes del vector director de dicha recta.*

Para determinar uno de estos puntos, basta con dar un valor a una de las incógnitas y despejar la otra. Si $x = 0$, entonces $-2y - 14 = 0$, por lo que $y = -7$; así, un punto de la recta es el $(0, -7)$.

Para averiguar cuál es la dirección de la recta, basta recordar que un posible vector director es $\vec{v} = (-B, A)$, por lo que $\vec{v} = (2, 1)$.

### Actividades

**13** Determina tres puntos y un vector director de cada una de las siguientes rectas.

*a)* $\begin{cases} x = -\lambda \\ y = 3 + 2\lambda \end{cases} \lambda \in \mathbb{R}$

*b)* $3x - 2y + 7 = 0$

*c)* $\dfrac{x+1}{2} = \dfrac{y-2}{-5}$

**14** Escribe, en forma general y paramétrica, la ecuación de la recta que pasa por el punto $A(-1, 3)$ y es paralela al vector $\vec{v} = (-3, 4)$.

**15** Dada la recta que pasa por los puntos $A(-5, 8)$ y $B(0, 3)$, encuentra un vector que determine su dirección y calcula su ecuación general.

**16** Determina qué ecuación general corresponde a cada uno de los ejes de coordenadas.

#### OBSERVA

En la ecuación general de la recta, $Ax + By + C = 0$:

- Si $A = 0$, $By + C = 0$; por tanto, $y = -C/B$, que es la ecuación de una recta horizontal.
- Si $B = 0$, $Ax + C = 0$; por tanto, $x = -C/A$, que es la ecuación de una recta vertical.
- Si $C = 0$, $Ax + By = 0$, que es la ecuación de una recta que pasa por el origen de coordenadas.

#### OBSERVA

Dada una recta expresada en forma general:

$$Ax + By + C = 0$$

un vector director de ella es:

$$\vec{v} = (-B, A)$$

#### Ecuación canónica de la recta

Si una recta corta a los ejes de coordenadas en los puntos $(a, 0)$ y $(0, b)$, un vector director es $\vec{v} = (a, -b)$, y su ecuación

en forma continua es $\dfrac{x-a}{a} = \dfrac{y}{-b}$.

A partir de esta expresión se puede obtener:

$$\frac{x}{a} - 1 = \frac{-y}{b} \Rightarrow \frac{x}{a} + \frac{y}{b} = 1$$

expresión que se conoce como **ecuación canónica de la recta** que corta a los ejes en $(a, 0)$ y $(0, b)$.

## OBSERVA

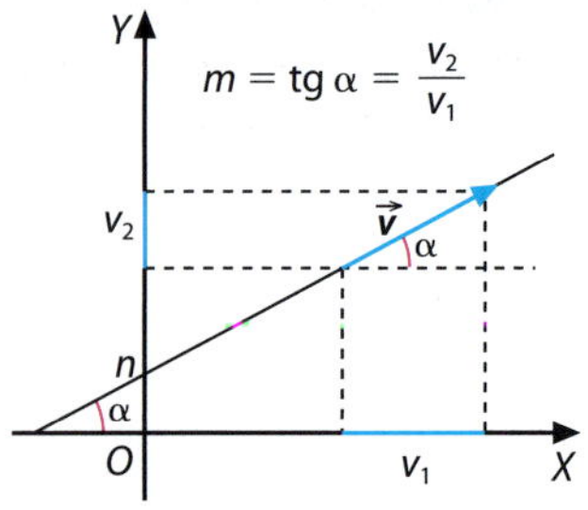


FIGURA 6.18.

La pendiente de una recta es la tangente del ángulo que determina con el eje de abscisas.

## Ecuación explícita de la recta

La ecuación general de la recta, $Ax + By + C = 0$, se puede escribir de modo que la ordenada de cualquier punto de la recta quede expresada en función de su abscisa, $y = f(x)$:

$$Ax + By + C = 0 \Rightarrow y = \frac{-Ax - C}{B} \Rightarrow y = \frac{-A}{B}x + \frac{-C}{B}$$

Si hacemos $m = \frac{-A}{B}$ y $n = \frac{-C}{B}$, entonces resulta:

$$y = mx + n$$

Esta expresión se denomina **ecuación explícita** de la recta. En ella, $m$ es la pendiente de la recta, y $n$, el valor de la ordenada en el origen, es decir, el punto de la recta cuya abscisa es 0.

Teniendo en cuenta que $A = v_2$ y $B = -v_1$, resulta: $m = \frac{v_2}{v_1}$

### Ejercicios resueltos

▶ *Determinar la ecuación explícita de una recta que pasa por los puntos* $P(1, 3)$ *y* $Q(2, -2)$.

El vector director de la recta es $(1, -5)$, por lo que la pendiente es:

$$m = \frac{v_2}{v_1} = \frac{-5}{1} = -5$$

La ecuación de la recta tendrá la forma $y = mx + n$:

$$y = -5x + n$$

Para determinar $n$, imponemos que la recta pase por uno cualquiera de los puntos, $P$ o $Q$:

$$3 = -5 \cdot 1 + n \Rightarrow n = 8$$

Por lo tanto, la ecuación explícita de la recta que pasa por $P$ y $Q$ es:

$$y = -5x + 8$$

▶ *Hallar la ecuación y la pendiente de la recta cuya dirección viene determinada por el vector* $\vec{v} = (-2, 0)$.

La recta tiene una pendiente nula, es decir, es una de las infinitas rectas paralelas al eje de abscisas. Su ecuación es $y = n$, donde $n$ es la ordenada de todos los puntos que constituyen la recta.

### Actividades

**17** Dada la recta $3x + 2y - 3 = 0$, halla el valor de su pendiente. Después, averigua la ecuación, en forma general, de otra recta que tenga la misma pendiente y pase por el punto $P(4, 2)$. ¿Qué se observa?

**18** Escribe, en forma explícita, la ecuación de la recta que corta el eje de ordenadas en $y = 3$ y el valor de cuya pendiente es 7.

**19** Escribe, en forma explícita, la ecuación de la recta que corta el eje de abscisas en el punto $x = -2$, y cuyo vector director es $\vec{v} = (1, \sqrt{3})$. ¿Qué ángulo forma con el eje de abscisas?

**20** ¿Cuál es la ecuación explícita de una recta que pasa por el punto $(-2, 3)$ y cuyo vector director es $\vec{v} = \left(0, -\frac{1}{2}\right)$?

## Ecuación punto-pendiente de la recta

La relación anterior entre la pendiente de una recta y las componentes de su vector director puede utilizarse también en la ecuación de la recta en forma continua: $\frac{x-a_1}{v_1}=\frac{y-a_2}{v_2}$.

Como $y-a_2=\frac{v_2}{v_1}(x-a_1)$, podemos concluir que:

$$y-a_2=m(x-a_1)$$

Esta expresión se denomina **ecuación punto-pendiente** de la recta y resulta muy útil cuando hay que calcular rectas tangentes a curvas.

**RECUERDA**

Si el vector director de una recta es $\vec{v}=(v_1,v_2)$ entonces:

$$m=\frac{v_2}{v_1}$$

### Ejercicio resuelto

▶ *Hallar la ecuación punto-pendiente de la recta que pasa por* $A(7,-1)$ *y es paralela al vector* $\vec{v}=(\sqrt{3},1)$.

La ecuación pedida es $y+1=(1/\sqrt{3})\cdot(x-7)$.

En el siguiente cuadro podemos resumir las ecuaciones de la recta estudiada:

| ECUACIONES DE LA RECTA | |
|---|---|
| **Formas** | **Ecuaciones** |
| Ecuación vectorial | $\overrightarrow{OP}=\overrightarrow{OA}+\lambda\vec{v}\ \ \forall\lambda\in\mathbb{R}$<br>$(x,y)=(a_1,a_2)+\lambda(v_1,v_2)$ |
| Ecuaciones paramétricas | $\begin{cases}x=a_1+\lambda v_1\\y=a_2+\lambda v_2\end{cases}\ \forall\lambda\in\mathbb{R}$ |
| Ecuación continua | $\frac{x-a_1}{v_1}=\frac{y-a_2}{v_2}$ |
| Ecuación general, implícita o cartesiana | $Ax+By+C=0$ |
| Ecuación explícita | $y=mx+n$ |
| Ecuación punto-pendiente | $y-a_2=m(x-a_1)$ |

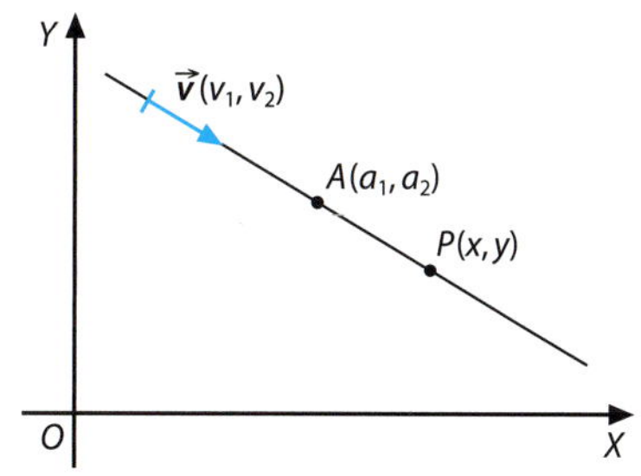

FIGURA 6.19.

### Actividades

**21** Dados los puntos $A(-3/2,7)$ y $B(1/2,5)$:

*a)* Averigua un vector director de la recta que contiene *A* y *B*, y su pendiente.

*b)* Determina la ecuación general de la recta, *r*, que contiene *A* y *B*.

*c)* Escribe una ecuación punto-pendiente de dicha recta.

*d)* Halla sus puntos de intersección con los ejes de coordenadas.

*e)* ¿Describe la recta *r* la ecuación $(x,y)=(9/2,1)+\lambda(-1,1)$?

**22** Escribe la ecuación en forma continua de una recta que forma un ángulo de 30° con el semieje positivo de abscisas y cuya ordenada en el origen es 1.

**23** Una recta pasa por el punto de intersección del eje de abscisas y la recta de ecuación $\frac{x}{4}-\frac{y}{3}=1$, y por el punto $(1,-7)$. Escribe su ecuación en forma vectorial.

**24** Dada $\frac{7-x}{2}=\frac{y-3}{7}$, averigua la ecuación en forma general de la recta que pasa por la intersección de $r: x=y$ y $s: x+y=3$ y tiene la misma pendiente.

## 3.2. Rectas paralelas

Dos rectas, $r$ y $s$, son paralelas si sus pendientes, $m_r$ y $m_s$, son iguales o si los vectores que determinan su dirección, $\vec{v}_r$ y $\vec{v}_s$, son proporcionales:

$$m_r = m_s \quad \text{o} \quad \vec{v}_r = k \cdot \vec{v}_s$$

Por ejemplo, las rectas, $r$: $6x - 2y + 7 = 0$ y $s$: $(x, y) = (0, 4) + \lambda(1, 3)$ son **paralelas,** puesto que:

$$m_r = -\frac{A}{B} = \frac{6}{2} = 3 \quad \text{y} \quad m_s = \frac{v_2}{v_1} = \frac{3}{1} = 3$$

Como $m = -\dfrac{A}{B}$, dos rectas expresadas en forma general:

$$r\text{: } Ax + By + C = 0 \quad \text{y} \quad s\text{: } A'x + B'y + C' = 0$$

son paralelas si:

$$-\frac{A}{B} = -\frac{A'}{B'} \Rightarrow \frac{A}{A'} = \frac{B}{B'}$$

es decir, si los coeficientes de $x$ e $y$ son proporcionales.

Si la recta está expresada en forma general, pueden emplearse los mismos coeficientes, A y B.

**OBSERVA**

En la práctica, para determinar ecuaciones de rectas paralelas a una dada, se puede utilizar el mismo vector director.

### Ejercicios resueltos

▶ *Hallar la ecuación de la recta paralela a* $3x - 5y + 2 = 0$ *que pasa por el punto* $P(0, 2)$.

De todas las rectas paralelas a la anterior $3x - 5y + C = 0$, se considera aquella que contiene el punto $P(0, 2)$:

$$3 \cdot 0 - 5 \cdot 2 + C = 0 \Rightarrow C = 10$$

Así, la recta buscada es $3x - 5y + 10 = 0$.

▶ *Hallar la ecuación de la recta paralela a* $\dfrac{x+3}{-1} = \dfrac{y}{6}$ *que pasa por el punto* $P(1, -1)$.

Para hallar una recta paralela, se toma el mismo vector director.

Se puede escribir directamente en forma continua:

$$\frac{x-1}{-1} = \frac{y+1}{6}$$

### Actividades

**25** Dada la recta $4y = x + 2$, calcula la ecuación general de otra recta paralela a ella que pase por el punto $A\left(7, \frac{3}{4}\right)$.

**26** Determina la ecuación de la recta de coordenadas, $O(0, 0)$ y sea paralela a la recta cuyas ecuaciones paramétricas son las siguientes:

$$\begin{cases} x = -\lambda \\ y = 7 + 3\lambda \end{cases}, \lambda \in \mathbb{R}$$

**27** Determina la ecuación de una recta paralela al eje de ordenadas que pase por el punto $A\left(-\frac{2}{3}, 1\right)$.

**28** Determina la ecuación punto–pendiente de una recta que pase por el punto $P(1, -2)$ y que sea paralela a otra cuya ecuación vectorial es la siguiente:

$$(x, y) = (2, 5) + \left(-\frac{2}{3}, 1\right)\lambda \text{ con } \lambda \in \mathbb{R}$$

## 3.3. Posición relativa entre rectas

Dos rectas distintas en el plano, o son paralelas, o se cortan en un punto.

Las ecuaciones de dos rectas permiten determinar si los vectores directores de estas son paralelos o no. Si los vectores son proporcionales, las rectas serán **paralelas** o **coincidentes.** Si no lo son, las rectas se cortan en un punto y se denominan **rectas secantes.**

La resolución del sistema que forman las ecuaciones de dos rectas permite determinar su posición relativa:

- Si el sistema **tiene una única solución,** las rectas son secantes.
- Si el sistema **no tiene solución,** las rectas son paralelas.
- Si el sistema **tiene infinitas soluciones,** las rectas son coincidentes, es decir, las dos ecuaciones corresponden a la misma recta.

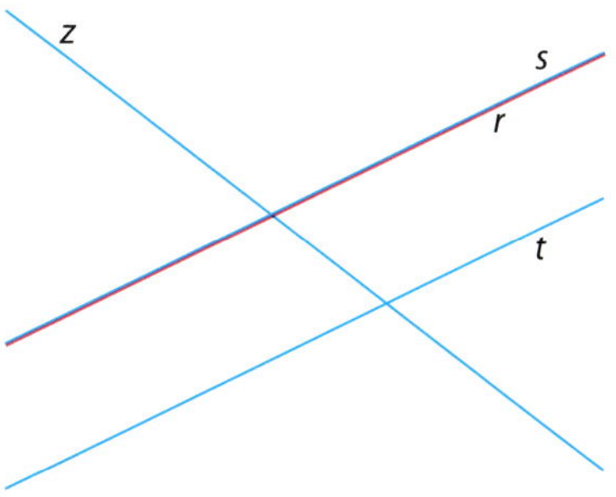


**Figura 6.20.** Rectas secantes: *z* y *t*; *z* y *s*; *z* y *r*; rectas paralelas: *t* y *s*, *t* y *r*; rectas coincidentes: *s* y *r*.

## 3.4. Ángulo formado por dos rectas. Perpendicularidad

El ángulo que forman dos rectas no paralelas es el menor de los dos ángulos que determinan. Para hallarlo, se calcula el ángulo que forman sus respectivos vectores directores tomando el valor absoluto del producto escalar a fin de garantizar que el coseno sea positivo y, por tanto, el ángulo sea agudo.

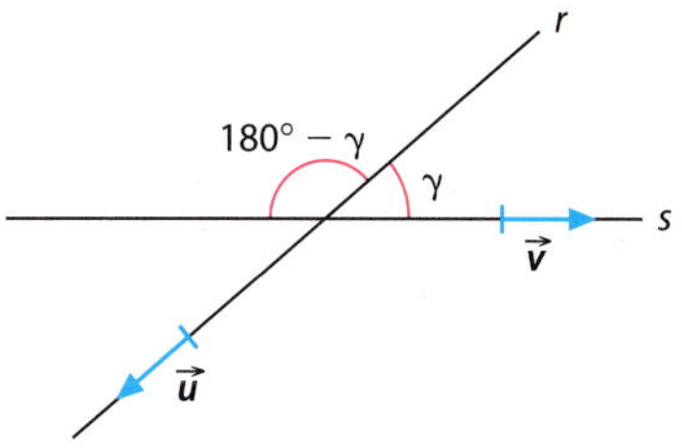


**Figura 6.21.**

Si $\vec{u}$ y $\vec{v}$ son los vectores directores de las rectas $r$ y $s$, respectivamente (figura 6.21), el ángulo $\gamma$ que forman $r$ y $s$ se deduce a partir de la expresión:

$$\cos \gamma = \frac{|\vec{u} \cdot \vec{v}|}{|\vec{u}| \cdot |\vec{v}|}$$

Dos rectas, $r$ y $s$, son perpendiculares si sus vectores directores, $\vec{u}$ y $\vec{v}$, lo son, es decir, si $\vec{u} \cdot \vec{v} = 0$. Aplicando la expresión analítica del producto escalar:

$$u_1 v_1 + u_2 v_2 = 0$$

Si escribimos $r$ y $s$ en forma general, $\vec{u} = (-B, A)$ y $\vec{v} = (-B', A')$, y sustituimos, se obtiene:

$$A \cdot A' + B \cdot B' = 0$$

**OBSERVA**

Recuerda que la tangente de la diferencia de dos ángulos es:

$$\operatorname{tg}(\alpha - \beta) = \frac{\operatorname{tg}\alpha - \operatorname{tg}\beta}{1 + \operatorname{tg}\alpha \cdot \operatorname{tg}\beta}$$

Si las pendientes de dos rectas son $m_1 = \operatorname{tg}\alpha$ y $m_2 = \operatorname{tg}\beta$, la tangente del ángulo que forman, $\gamma$, es:

$$\operatorname{tg}\gamma = \frac{m_1 - m_2}{1 + m_1 \cdot m_2}$$

**Figura 6.22.**

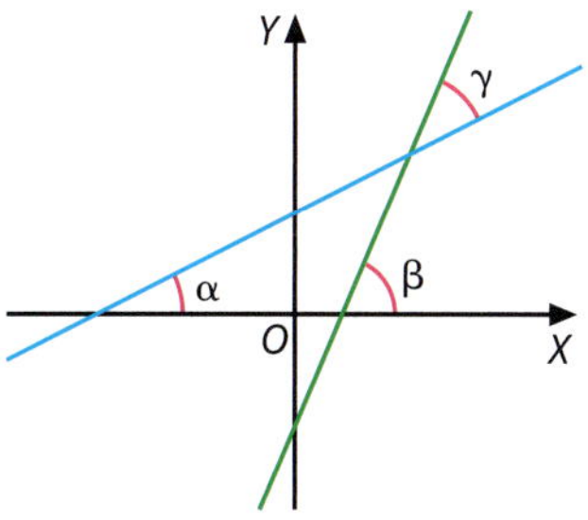


### Ejercicios resueltos

▶ *Son las rectas r: $x + 4y + 7 = 0$ y s: $(x, y) = (-2, 4) + \lambda(2, 5)$ perpendiculares?*

No lo son, puesto que, si se efectúa el producto escalar de sus vectores directores, resulta lo siguiente:

$$(-4, 1) \cdot (2, 5) = -8 + 5 = -3$$

Comprueba que el ángulo que forman es de 97° 45' 54,6".

▶ *Determinar la ecuación de la recta, r, que pasa por el punto A(−2, 6) y es perpendicular a la recta s, cuya ecuación es* $y = \dfrac{-2x + 5}{3}$.

Se puede averiguar un vector director de la recta $s$: $\vec{u} = (3, -2)$

Como $r$ es perpendicular a $s$, el vector director de $r$ debe ser tal que al multiplicarlo escalarmente por $(3, -2)$ obtengamos 0; por ejemplo $(2, 3)$.

Con el punto, $A(-2, 6)$, y el vector director, $(2, 3)$, podemos construir la ecuación de la recta $r$:

$$\frac{x+2}{2} = \frac{y-6}{3} \Rightarrow 3x - 2y + 18 = 0$$

**OBSERVA**

Para encontrar la ecuación general de una recta perpendicular a una dada, basta con intercambiar los coeficientes *A* y *B* modificando el signo de uno de ellos. Consideremos, por ejemplo, la recta

$$r\!: 3x - 2y + 7 = 0$$

Una recta, *s*, perpendicular a ella, es:

$$2x + 3y + C = 0$$

¿Cuál es la relación entre las pendientes de dos rectas perpendiculares, $r$ y $s$? Como el producto escalar de sus vectores directores, $\vec{u} = (u_1, u_2)$ y $\vec{v} = (v_1, v_2)$, ha de ser nulo, se puede deducir que:

$$u_1 \cdot v_1 + u_2 \cdot v_2 = 0 \Rightarrow u_1 \cdot v_1 = -u_2 \cdot v_2 \Rightarrow \frac{u_1}{u_2} = -\frac{v_2}{v_1} \Rightarrow \frac{1}{\frac{u_2}{u_1}} = -\frac{v_2}{v_1}$$

Dado que $m_r = \dfrac{u_2}{u_1}$ y $m_s = \dfrac{v_2}{v_1}$, se obtiene:

$$\frac{1}{m_r} = -m_s \Rightarrow m_r \cdot m_s = -1$$

El producto de las pendientes de dos rectas perpendiculares es $-1$; dicho de otra forma, dos rectas son perpendiculares si sus pendientes son inversas y de signo contrario. Así, en el ejemplo anterior, se podría optar por:

- Identificar la pendiente de $s$: $m_s = -\dfrac{2}{3}$
- Determinar la pendiente de $r$ perpendicular a $s$: $m_r = \dfrac{3}{2}$
- Escribir la ecuación punto–pendiente de la recta $r$ y operar:

$$y - 6 = \frac{3}{2} \cdot (x + 2) \Rightarrow 3x - 2y + 18 = 0$$

## Actividades

**29** Determina la posición relativa de los siguientes pares de rectas, estudiando la proporcionalidad de los vectores directores y la de los coeficientes de la recta en forma general, antes de resolver el sistema. En los casos en que sean secantes, determina el punto de intersección.

*a)* $r: 3x + 2y - 1 = 0 \quad s: 5x - y + 7 = 0$

*b)* $r: 2x - 3y + 7 = 0 \quad s: -4x + 6y = 0$

*c)* $r: 8x - 2y + 2 = 0 \quad s: -4x + y - 1 = 0$

*d)* $r: \begin{cases} x = \lambda \\ y = 2 - 3\lambda \end{cases}$, con $\lambda \in \mathbb{R} \quad s: \dfrac{x+1}{-1} = \dfrac{y+5}{3}$

*e)* $r: (x, y) = (2, -1) + \lambda(1, -1)$, con $\lambda \in \mathbb{R} \quad s: -x + y + 5 = 0$

*f)* $r: \dfrac{x+2}{5} = \dfrac{2-y}{-1} \quad s: x - 5y + 12 = 0$

*g)* $r: 2x - 2y + 5 = 0 \quad s: x - y + 2 = 0$

**30** Dados los puntos $A(0, -3)$, $B(1, 5)$, $C(-1, 3)$ y $D(1, 0)$, averigua los ángulos que determinan las rectas cuyos vectores directores son:

*a)* $\overrightarrow{AB}$ y $\overrightarrow{CB}$

*b)* $\overrightarrow{AC}$ y $\overrightarrow{BD}$

**Solución:** *a)* 37,87° *b)* 9,46°

**31** Dadas las rectas $r: \begin{cases} x = -m\alpha \\ y = 2 + 2\alpha \end{cases}$ con $\alpha \in \mathbb{R}$ y $s: y = \dfrac{4}{3}x - 2$, determina $m$ para que estas sean perpendiculares.

**Solución:** $m = 8/3$

**32** Dadas las rectas $r: ax - 2y + 7 = 0$ y $s: \dfrac{x+1}{b} = \dfrac{y}{2}$, halla $a$ y $b$ sabiendo que las rectas son perpendiculares y que $r$ pasa por el punto $P(-1, 2)$.

**Solución:** $a = 3, b = -3$

**33** Obtén la ecuación de la recta que pasa por el punto $A(7, -2)$ y forma un ángulo de 120° con el eje de abscisas, en sentido positivo.

**34** Halla la ecuación de las rectas que pasan por el punto $A(3, -1)$ y forman un ángulo de 30° con la recta $x = 4$.

# 4. Distancias en el plano

## 4.1. Distancia entre dos puntos

La distancia entre el punto $A(a_1, a_2)$ y el punto $B(b_1, b_2)$ es el módulo del vector $\overrightarrow{AB}$:

$$d(A, B) = |\overrightarrow{AB}| = \sqrt{(b_1 - a_1)^2 + (b_2 - a_2)^2}$$

**Ejercicio resuelto**

▶ *Hallar la distancia entre los puntos* $A(5, 7)$ *y* $B(-2, 3)$.

$$\overrightarrow{AB} = (-7, -4)$$

$$d(A, B) = |\overrightarrow{AB}| = \sqrt{(-7)^2 + (-4)^2} = \sqrt{65} \text{ unidades}$$

## 4.2. Distancia entre un punto y una recta

La distancia entre el punto $A(a_1, a_2)$ y la recta $r$ es la distancia entre A y su proyección ortogonal, $A_0$, sobre la recta $r$. Por tanto:

$$d(A, r) = |\overrightarrow{AA_0}|$$

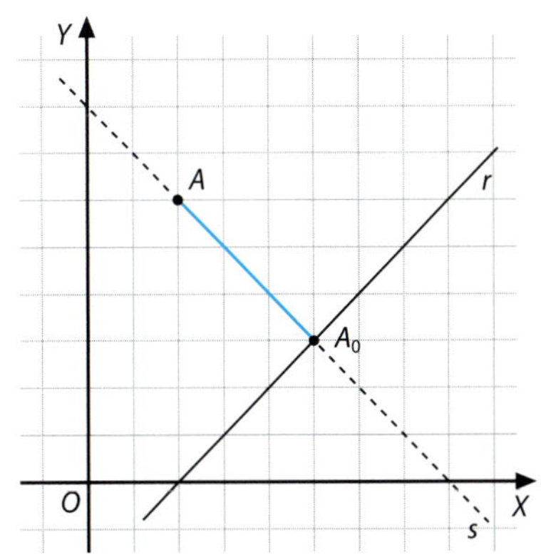


**Figura 6.23.** La proyección ortogonal de un punto, *A*, sobre una recta, *r*, es el punto de intersección de la perpendicular a *r* trazada por *A*.

ma1b23

**Ejercicio resuelto**

▶ *Calcular la distancia entre el punto* $A(1, 2)$ *y la recta* $r$, *de ecuación:*

$$3x + y - 15 = 0$$

Hay que calcular el punto de intersección, $A_0$, de $r$ y $s$ que es una recta perpendicular a la recta $r$ que pasa por el punto A.

Se busca la ecuación de la recta $s$:

$$\vec{v}_r = (-1, 3) \Rightarrow s: -x + 3y + C = 0$$

$$A(1, 2) \in s \Rightarrow -1 + 3 \cdot 2 + C = 0 \Rightarrow C = -5$$

Por tanto, la ecuación de $s$ es $-x + 3y - 5 = 0$.

Después se calcula $A_0$:

$$A_0 = r \cap s \Rightarrow \begin{cases} r: \ 3x + y - 15 = 0 \\ s: -x + 3y - 5 = 0 \end{cases} \Rightarrow A_0(4, 3)$$

Como $d(A, r) = |\overrightarrow{AA_0}|$, se calcula $\overrightarrow{AA_0}$, que es $\overrightarrow{AA_0} = (3, 1)$.

Por tanto, $d(A, r) = \sqrt{3^2 + 1^2} = \sqrt{10}$ unidades.

Se puede demostrar que la distancia de un punto, $A(a_1, a_2)$, a una recta, $r$, de ecuación $Ax + By + C = 0$ es:

$$d(A, r) = \frac{|Aa_1 + Ba_2 + C|}{\sqrt{A^2 + B^3}}$$

La demostración de esta expresión se basa en la característica geométrica del producto escalar.

Sea $\vec{u}$ un vector perpendicular a $r$ de módulo 1. Si la recta $r$ tiene por ecuación $Ax + By + C = 0$, $(A, B)$ es un vector perpendicular a $r$.

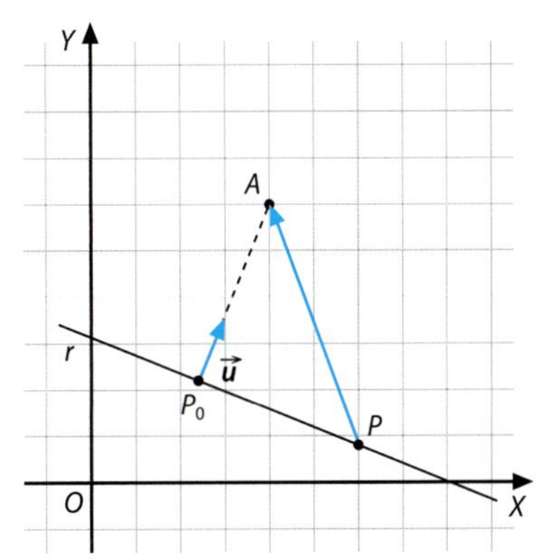


$d(A, r) = |\overrightarrow{P_0A}| = |\overrightarrow{PA} \cdot \vec{u}|$

**Figura 6.24.**

Para obtener un vector perpendicular a $r$ y de módulo 1, bastará con dividir el vector $(A, B)$ entre su módulo:

$$\vec{u} = \left( \frac{A}{\sqrt{A^2+B^2}}, \frac{B}{\sqrt{A^2+B^2}} \right)$$

El vector $\overrightarrow{PA}$ une un punto, $P(x, y)$, de la recta y el punto $A(a_1, a_2)$, es decir, $\overrightarrow{PA} = (a_1 - x, a_2 - y)$.

Como:

$$d(A, r) = |\overrightarrow{PA} \cdot \vec{u}| = \left| \frac{(a_1 - x) \cdot A}{\sqrt{A^2+B^2}} + \frac{(a_2 - y) \cdot B}{\sqrt{A^2+B^2}} \right| = \left| \frac{a_1A - Ax + a_2B - By}{\sqrt{A^2+B^2}} \right|$$

y dado que $-Ax - By = C$, se obtiene:

$$d(A, r) = \left| \frac{Aa_1 + Ba_2 + C}{\sqrt{A^2+B^2}} \right|$$

**OBSERVA**

El producto escalar de un vector cualquiera por un vector unitario es la proyección del primero sobre la dirección del vector unitario.

Se puede aplicar esta expresión para encontrar la distancia pedida. Así pues:

$$d(A, r) = \left| \frac{3 \cdot 1 + 1 \cdot 2 - 15}{\sqrt{3^2+1^2}} \right| = \left| \frac{3+2-15}{\sqrt{10}} \right| = \left| \frac{-10}{\sqrt{10}} \right| = \frac{10}{\sqrt{10}} = \sqrt{10} \text{ u}$$

## 4.3. Distancia entre dos rectas

La distancia entre dos rectas paralelas, $r$ y $s$, es la longitud del segmento perpendicular a las dos rectas que las une (figura 6.25). Si las rectas no son paralelas, no tiene sentido calcular en el plano la distancia que las separa, puesto que, al ser secantes, vale 0.

El cálculo de la distancia entre dos rectas se reduce al cálculo de la distancia entre un punto cualquiera de ellas y la otra.

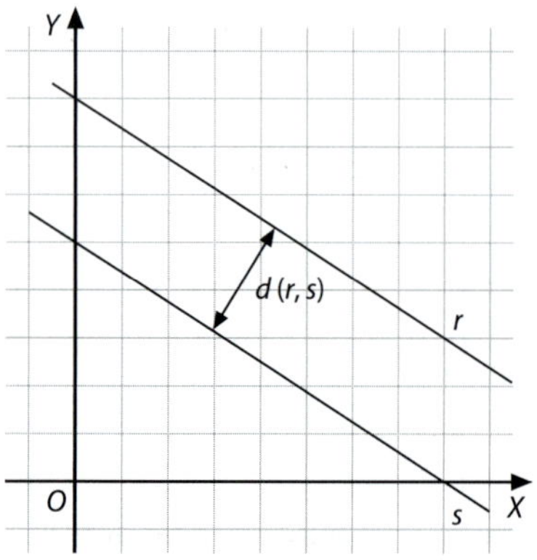


**Figura 6.25.**

**OBSERVA**

La distancia entre dos rectas paralelas:

$r: Ax + By + C = 0$

$s: Ax + By + C' = 0$

Se puede expresar como:

$$d(r, s) = \frac{|C - C'|}{A^2 + B^2}$$

### Ejercicio resuelto

▶ *Calcular la distancia entre las rectas:*

$$r: -x + 3y + 5 = 0 \text{ y } s: \begin{cases} x = 2 - 6\lambda \\ y = 1 - 2\lambda \end{cases}, \text{ con } \lambda \in \mathbb{R}$$

Primero hay que comprobar si son paralelas. En este caso lo son. A continuación se busca un punto $P \in s$: Por ejemplo $P(2, 1)$.

$$d(r, s) = d(P, r) \Rightarrow d(P, r) = \left| \frac{-1 \cdot 2 + 3 \cdot 1 + 5}{\sqrt{(-1)^2 + 3^2}} \right| = \frac{6}{\sqrt{10}} \text{ unidades}$$

### Actividades

**35** Calcula la distancia entre la recta $r: \begin{cases} x = 3 - 2\lambda \\ y = -\lambda \end{cases}$, con $\lambda \in \mathbb{R}$ y el punto de intersección de las rectas $s: 2x + 3y - 1 = 0$ y $t: x + y + 2 = 0$.

**Solución:** $d = 4\sqrt{5}$ u

**36** Determina la longitud de la altura correspondiente a $A$ en el triángulo de vértices $A(1, 4)$, $B(7, 5)$ y $C(-1, -3)$.

**Solución:** $d = 5\sqrt{2}/2$ u

**37** Halla la distancia entre la recta $r: 5x - y + 7 = 0$ y una paralela a ella que pase por el punto $(1, 7)$.

**Solución:** $d = 5/\sqrt{26}$ u

**38** Calcula la distancia entre la recta $r: 3x - 4y + 6 = 0$ y una paralela a ella que dista 3 unidades del origen de coordenadas (dos soluciones).

**Solución:** $d = 21/5$ u y $d = 9/5$ u

## Determinación de puntos utilizando vectores

**1. Dado el segmento cuyos extremos son $A(-1, 5)$ y $B(8, 2)$, calcular los puntos $P$ y $Q$ que lo dividen en tres partes iguales (figura 6.26).**

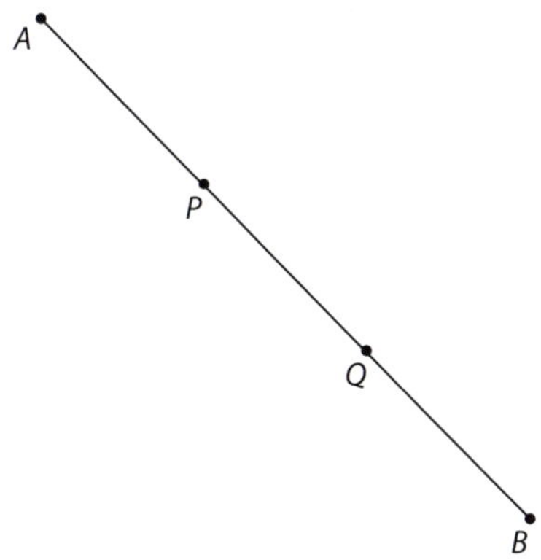


FIGURA 6.26.

Antes de nada, hay que tener en cuenta dos consideraciones:

- Los vectores $\overrightarrow{AP}$ y $\overrightarrow{AQ}$ tienen la misma dirección que el vector $\overrightarrow{AB}$.
- Los tres vectores, $\overrightarrow{AB}$, $\overrightarrow{AP}$ y $\overrightarrow{AQ}$, son fijos y tienen un origen común, $A$:

$$\overrightarrow{AP} = \frac{1}{3}\overrightarrow{AB} \quad \text{y} \quad \overrightarrow{AQ} = \frac{2}{3}\overrightarrow{AB}$$

Se sustituye en la primera igualdad $\overrightarrow{AP} = (x + 1, y - 5)$ y $\overrightarrow{AB} = (9, -3)$, y se obtiene:

$$(x + 1, y - 5) = \frac{1}{3} \cdot (9, -3)$$

Igualando componentes:

$$x + 1 = \frac{1}{3} \cdot 9$$

$$y - 5 = \frac{1}{3} \cdot (-3)$$

Se obtienen así las coordenadas del punto $P$: $x = 2$ e $y = 4$; por tanto, $P(2, 4)$.

Continuando ahora con este proceso en la segunda igualdad, $(x + 1, y - 5) = \frac{2}{3} \cdot (9, -3)$, se obtiene $Q(5, 3)$.

**2. Determinar el punto medio del segmento cuyos extremos son $A(13, -17)$ y $B(1, 7)$.**

Se puede seguir el mismo procedimiento del apartado anterior. Sea $M$ el punto medio del segmento:

$$\overrightarrow{AM} = \frac{1}{2}\overrightarrow{AB}$$

Sustituyendo $\overrightarrow{AM} = (x - 13, y + 17)$ y $\overrightarrow{AB} = (-12, 24)$, obtenemos:

$$(x - 13, y + 17) = 1/2 \cdot (-12, 24)$$

Por tanto, $x = 7$ e $y = -5$, es decir, $M(7, -5)$.

Observa que las coordenadas del punto medio de un segmento se pueden obtener realizando la semisuma de las coordenadas de sus extremos. Si $A(a_1, a_2)$ y $B(b_1, b_2)$, entonces las coordenadas del punto medio $M$ son:

$$M\left(\frac{a_1 + b_1}{2}, \frac{a_2 + b_2}{2}\right)$$

## Utilización de vectores equipolentes

**3. Los vértices consecutivos de un paralelogramo son $A(2, 3)$, $B(7, 0)$, $C(3, 8)$. Calcular el cuarto vértice.**

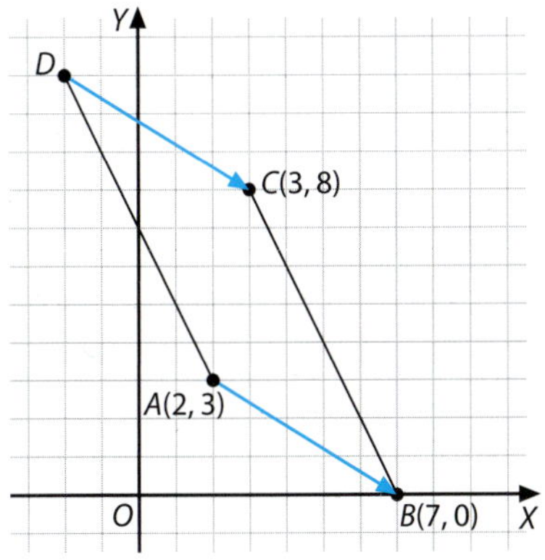


FIGURA 6.27.

Dado que los vértices pertenecen a un paralelogramo, estos determinan vectores paralelos dos a dos (figura 6.27).

Es importante tener en cuenta que, como los vértices son consecutivos, el vector $\overrightarrow{AB}$ es equipolente al vector $\overrightarrow{DC}$ (no al vector $\overrightarrow{CD}$).

Observa que esto condiciona la situación del punto $D$. Puedes escoger otros vectores para resolver el ejercicio siempre y cuando correspondan a lados del paralelogramo (no a diagonales).

Si escogemos $\overrightarrow{AB} = \overrightarrow{DC}$, tomando $D(x, y)$, obtenemos por sustitución:

$$(5, -3) = (3 - x, 8 - y)$$

Igualando componentes, las coordenadas del punto $D$ son $(-2, 11)$.

**4. Calcular el punto $A'$, simétrico del punto $A(2, 3)$ respecto de otro punto, $P(1, 3)$.**

Para resolver este problema se puede considerar que el punto $P$ es el punto medio del segmento $AA'$. Es decir:

$$(1, 3) = \left(\frac{a' + 2}{2}, \frac{b' + 3}{2}\right) \Rightarrow \begin{cases} a' = 0 \\ b' = 3 \end{cases}$$

El punto simétrico de $A$ con respecto a $P$ es:

$$A'(0, 3)$$

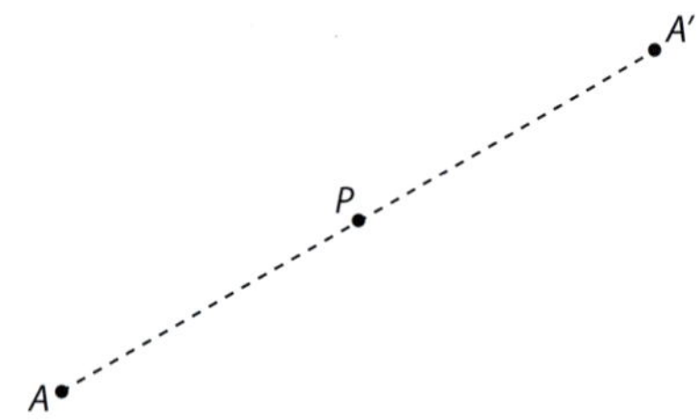


FIGURA 6.28.

**5. Calcular el punto simétrico de $A(0, 7)$ respecto de la recta $r$: $3x - 5y + 1 = 0$.**

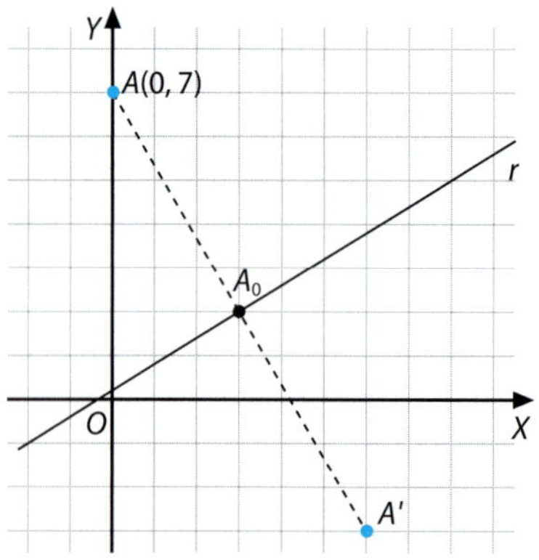


FIGURA 6.29.

Para resolver este ejercicio, basta con considerar que la proyección ortogonal de $A$ sobre $r$, $A_0$, es el punto medio del segmento $AA'$ (figura 6.29).

$A_0$ es el punto de intersección de la recta $r$ y su perpendicular, $s$, trazada por $A$.

Por tanto, $s$, que es perpendicular a $r$, tendrá por ecuación:

$$r: 5x + 3y + C = 0$$

Imponiendo que pase por el punto $A(0, 7)$, se obtiene $C = -21$.

Por lo que la ecuación es:

$$s: 5x + 3y - 21 = 0$$

Se resuelve el sistema para hallar $A_0$:

$$\begin{cases} r: \; 3x - 5y + 1 = 0 \\ s: \; 5x + 3y - 21 = 0 \end{cases}$$

Se obtiene $x = 3$ e $y = 2$, es decir, $A_0(3, 2)$.

$A_0$ es el punto medio del segmento $AA'$, por tanto, las coordenadas de $A'$ son $A'(6, -3)$.

**6. Calcular la recta simétrica a la recta $r$: $-3x + 4y - 11 = 0$ respecto de la recta $s$: $x - y + 3 = 0$ (figura 6.30).**

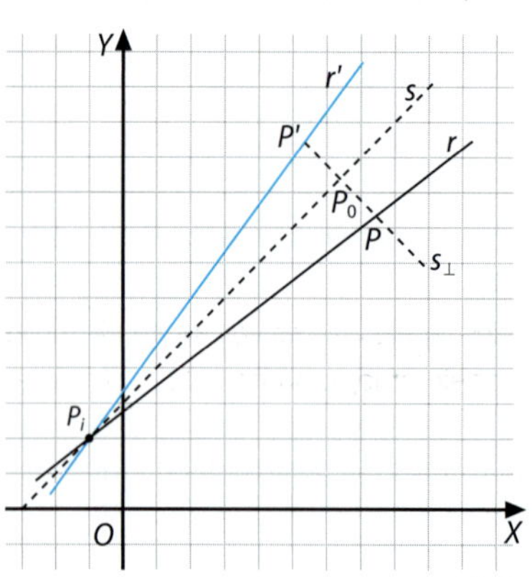


FIGURA 6.30.

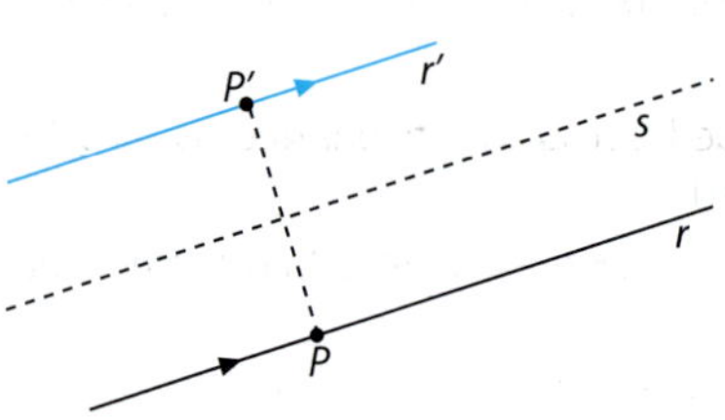


FIGURA 6.31.

La recta buscada contiene el punto de intersección de $r$ y $s$, $P_i$, y los puntos simétricos respecto de $s$ de todos los puntos de $r$.

En primer lugar, se determina el punto de intersección de $r$ y $s$ resolviendo el sistema:

$$\begin{cases} r: \; -3x + 4y - 11 = 0 \\ s: \; x - y + 3 = 0 \end{cases}$$

El punto de corte de las dos rectas es $P_i(-1, 2)$.

Se halla luego un punto cualquiera de $r$, $P(-5, -1)$, para determinar su simétrico, $P'$, respecto de la recta $s$. La recta $r'$, simétrica de $r$ respecto de $s$, pasará por $P_i$ y $P'$.

Para determinar $P'$, se halla la recta perpendicular a $s$, $s_\perp$, que pasa por $P(-5, -1)$:

$$x + y + C = 0$$

Se impone que pase por $P$, y resulta: $s_\perp: x + y + 6 = 0$

Se halla, después, la intersección de esta recta con la recta $s$:

$$\begin{cases} s: \; x - y + 3 = 0 \\ s_\perp: \; x + y + 6 = 0 \end{cases}$$

Se obtiene $P_0(-9/2, -3/2)$.

$P_0$ es el punto medio del segmento $PP'$; por lo que $P'(-4, -2)$.

La recta $r'$ pasa por los puntos $P_i$ y $P'$; así, para determinar su ecuación, tomamos el vector $\vec{u} = \overrightarrow{P_iP'} = (-3, -4)$ y un punto cualquiera, por ejemplo, $P_i$, con lo que su ecuación es:

$$\frac{x + 1}{-3} = \frac{y - 2}{-4} \Rightarrow 4x - 3y + 10 = 0$$

Observa que si $r$ y $s$ fueran paralelas, solo habría que hallar el punto simétrico, $P'$, de un punto cualquiera, $P$, de $r$ respecto de $s$ y construir la ecuación de la paralela a $r$ que pase por $P'$.

## Determinación de puntos notables de un triángulo

ma1b24

| RECTAS Y PUNTOS NOTABLES DE UN TRIÁNGULO | |
|---|---|
| **Rectas y segmentos** | **Punto de intersección** |
| Mediana. Segmento que une un vértice del triángulo con el punto medio del lado opuesto. | Baricentro |
| Altura. Segmento perpendicular a un lado que une este (o su prolongación) con el vértice opuesto. | Ortocentro |
| Bisectriz. Recta que pasa por el vértice y divide el ángulo correspondiente en dos ángulos iguales. | Incentro |
| Mediatriz. Recta perpendicular a un lado y que pasa por su punto medio. | Circuncentro |

**7. Dado el triángulo de vértices $A(2, -2)$, $B(0, 4)$ y $C(4, 2)$, calcular su baricentro.**

Una de las medianas pasará por el vértice $A$ y el punto medio del lado $BC$, en este caso por $A(2, -2)$ y $M_{BC}(2, 3)$. Por lo tanto, un posible vector director de la recta será $\overrightarrow{AM_{BC}} = (0, 5)$.

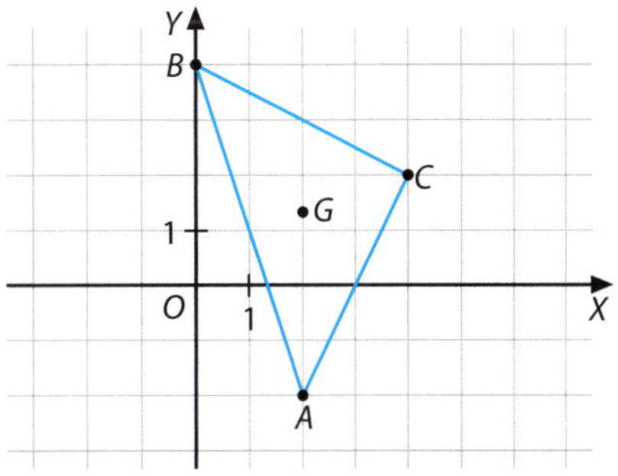


FIGURA 6.32.

Esto quiere decir que la mediana está contenida en una recta perpendicular al eje de abscisas, en este caso, la recta $m_A: x = 2$.

Otra de las medianas pasará por el vértice $B$ y el punto medio del lado $AC$, esto es, $B(0, 4)$ y $M_{AC}(3, 0)$. Para determinar su ecuación, consideramos el vector director $\overrightarrow{BM_{AC}} = (3, -4)$ y uno cualquiera de los dos puntos, por ejemplo, el $B$.

Su ecuación será:

$$m_B: \frac{x}{3} = \frac{y-4}{-4}$$

es decir:

$$4x + 3y - 12 = 0$$

La última mediana pasará por $C$ y el punto medio del lado $AB$, es decir, $C(4, 2)$ y $M_{AB}(1, 1)$. Tomando como vector director $\overrightarrow{CM_{AB}} = (-3, -1)$ y, por ejemplo, el punto $C$, tenemos que:

$$\frac{x-4}{-3} = \frac{y-2}{-1}$$

es decir:

$$m_C: x - 3y + 2 = 0$$

Al hallar el punto de corte de dos cualesquiera de las medianas, obtenemos el baricentro, $G(2, 4/3)$.

Para cerciorarte de que el resultado es correcto, puedes sustituir este punto en la ecuación de la tercera mediana y verificar que pertenece a ella.

Observa que, si los vértices de un triángulo son $A(a_1, a_2)$, $B(b_1, b_2)$ y $C(c_1, c_2)$, las coordenadas de su baricentro, $G$, son:

$$G\left(\frac{a_1 + b_1 + c_1}{3}, \frac{a_2 + b_2 + c_2}{3}\right)$$

**8.** **Calcular el ortocentro del triángulo cuyos vértices son $A(2, -2)$, $B(0, 4)$ y $C(4, 2)$.**

La ecuación de la altura correspondiente al vértice $A$ será la ecuación de la recta que pasa por $A$ y es perpendicular al lado $BC$.

Como $\overrightarrow{BC} = (4, -2)$, una recta perpendicular al lado $BC$ es:

$$4x - 2y + C = 0$$

Imponiendo que pase por $A$, resulta:

$$h_A\colon\ 2x - y - 6 = 0$$

La ecuación de la altura correspondiente al vértice $B$ será la ecuación de la recta que pasa por $B$ y es perpendicular al lado $AC$.

Como $\overrightarrow{AC} = (2, 4)$, una recta perpendicular al lado $AC$ es:

$$2x + 4y + C = 0$$

Imponiendo que pase por $B$, resulta:

$$h_B\colon\ x + 2y - 8 = 0$$

La ecuación de la altura correspondiente al vértice $C$ será la ecuación de la recta que pasa por $C$ y es perpendicular al lado $AB$.

Como $\overrightarrow{AB} = (-2, 6)$, una recta perpendicular al lado $AB$ es:

$$-2x + 6y + C = 0$$

Imponiendo que pase por $C$, resulta:

$$h_C\colon\ -x + 3y - 2 = 0$$

Hallando la intersección de dos cualesquiera de las alturas, se obtiene el punto $(4, 2)$.

Para comprobar la validez del resultado, es aconsejable sustituir este punto en la tercera altura y comprobar que pertenece a ella.

Observa que, en este caso, el ortocentro coincide con el vértice $C$; ¿sabrías explicar por qué? (Realiza el producto escalar de los vectores $\overrightarrow{BC}$ y $\overrightarrow{AC}$.)

## Cálculo del área de un triángulo conocidos sus tres vértices

**9.** **Calcular el área del triángulo de vértices $A(-1, 4)$, $B(5, 1)$ y $C(3, -5)$.**

La fórmula del área de un triángulo es:

$$A = \frac{b \cdot h}{2}$$

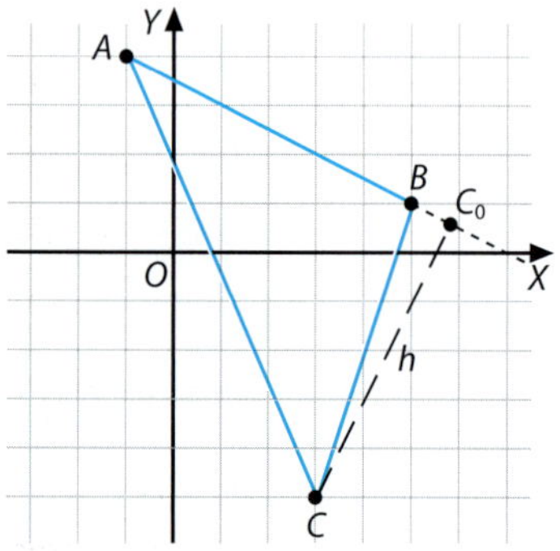


**FIGURA 6.33.**

Tomamos como base el lado $AB$. Su longitud es el módulo del vector $\overrightarrow{AB}$ (figura 6.33). Dado que $\overrightarrow{AB} = (6, -3)$, entonces $b = |\overrightarrow{AB}| = 3\sqrt{5}$ u.

Ahora buscamos la ecuación de la recta que pasa por los puntos $A$ y $B$:

$$r_{AB}\colon\ x + 2y - 7 = 0$$

$$h = d(C, r_{AB}) = \frac{|3 + 2 \cdot (-5) - 7|}{\sqrt{5}} = \frac{14}{\sqrt{5}} = \frac{14\sqrt{5}}{5}\ \text{u}$$

El área buscada es:

$$A = \frac{\dfrac{14\sqrt{5} \cdot 3\sqrt{5}}{5}}{2} = 21\ \text{u}^2$$

## Determinación de la ecuación de una recta que forma un ángulo con otra

**10. Calcular la ecuación de la recta que pasa por el punto $P(1, 3)$, y forma un ángulo de 45° con la recta $r$: $2x - 3y + 4 = 0$.**

**Método 1**

La pendiente de la recta $r$ es $m = 2/3$, que corresponde a la tangente de $\alpha$, $\text{tg } \alpha = 2/3$.

La pendiente de la recta buscada es $m' = \text{tg } \beta$.

Hay dos rectas que pasan por el punto $P(1, 3)$ y forman un ángulo de 45° con $r$ (figura 6.34 y figura 6.35).

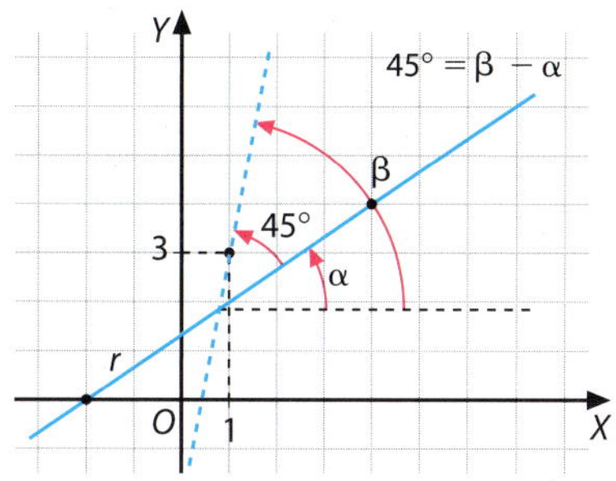


**Figura 6.34.**

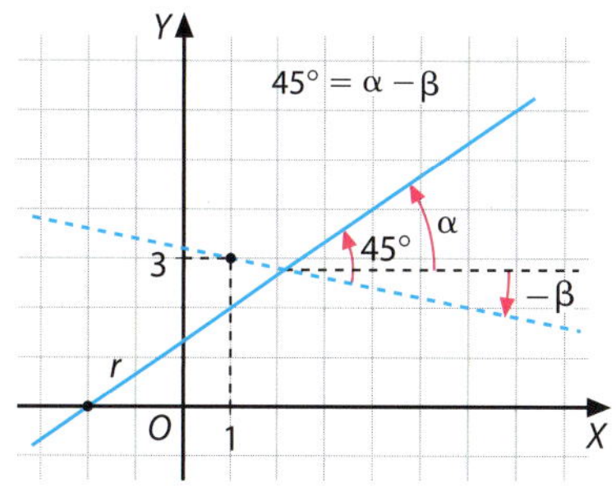


**Figura 6.35.**

Para el primer caso, utilizamos la expresión trigonométrica que proporciona la tangente de la diferencia $(\beta - \alpha)$:

$$\text{tg } (\beta - \alpha) = \frac{\text{tg } \beta - \text{tg } \alpha}{1 + \text{tg } \beta \cdot \text{tg } \alpha}$$

Y para el segundo caso:

$$\text{tg } (\alpha - \beta) = \frac{\text{tg } \alpha - \text{tg } \beta}{1 + \text{tg } \alpha \cdot \text{tg } \beta}$$

Como $\text{tg } \alpha = m = 2/3$, $\text{tg } \beta = m'$ y $|\alpha - \beta| = \gamma = 45°$.

Es decir, debemos utilizar la expresión:

$$\text{tg } \gamma = \left| \frac{m - m'}{1 + m \cdot m'} \right|$$

Por tanto: $$\text{tg } 45° = \left| \frac{2/3 - m'}{1 + 2/3 \cdot m'} \right| \Rightarrow \begin{cases} 1 = \dfrac{2/3 - m'}{1 + 2/3 \cdot m'} \\ 1 = \dfrac{-2/3 + m'}{1 + 2/3 \cdot m'} \end{cases}$$

De estas dos ecuaciones se obtiene el valor de las dos pendientes, $m'_1 = -1/5$ y $m'_2 = 5$.

Las dos rectas que forman 45° con $2x - 3y + 4 = 0$ y pasan por $P(1, 3)$ son:

$$s: y - 3 = -\frac{1}{5}(x - 1) \Rightarrow x + 5y - 16 = 0 \quad s': y - 3 = 5(x - 1) \Rightarrow 5x - y - 2 = 0$$

**Método 2**

Podemos resolver el problema a partir de la expresión que proporciona el coseno del ángulo entre dos rectas a partir de sus vectores directores:

$$\cos \gamma = \frac{|\vec{u} \cdot \vec{v}|}{|\vec{u}| \cdot |\vec{v}|}$$

Un vector director de la recta $r$ es $\vec{v} = (3, 2)$ y un vector director, $\vec{u} = (1, m)$, de una recta que forme con $r$ un ángulo de 45º cumplirá lo siguiente:

$$\frac{\sqrt{2}}{2} = \frac{|3 + 2m|}{\sqrt{13}\sqrt{1 + m^2}} \Rightarrow |6 + 4m| = \sqrt{26 + 26m^2} \Rightarrow \begin{cases} m = 5 \\ m = -1/5 \end{cases}$$

Por tanto, hay dos rectas que forman 45º con $r$; sus ecuaciones son:

$$s: y - 3 = 5(x - 1) \Rightarrow 5x - y - 2 = 0 \quad s': y - 3 = -\frac{1}{5}(x - 1) \Rightarrow x + 5y - 16 = 0$$

Evidentemente, se obtiene el mismo resultado con los dos métodos de resolución.

Ambas rectas son perpendiculares porque $m'_1 \cdot m'_2 = -1$.

## Vectores

**1** Calcula el extremo del vector $\vec{v} = (\sqrt{2}, -1)$ si su origen es el punto $A\left(\frac{1}{\sqrt{2}}, 4\right)$.

**Solución:** $B\left(3\sqrt{2}/2, 3\right)$

**2** Calcula las componentes y el módulo de los vectores.

*a)* $\vec{w} = -3 \cdot \left(-\frac{1}{3}, +3\right) + \sqrt{2}\left(\frac{2}{3\sqrt{2}}, \frac{\sqrt{2}}{3}\right)$

*b)* $\vec{w} = (5, \sqrt{3}) - \sqrt{6} \cdot (1, -\sqrt{2})$

**Solución:** *a)* $\vec{w} = \left(\frac{5}{3}, -\frac{25}{3}\right), |\vec{w}| = \frac{5\sqrt{26}}{3}$

*b)* $\vec{w} = \left(5 - \sqrt{6}, 3\sqrt{3}\right), |\vec{w}| = 5{,}79$

**3** Calcula $x$ e $y$ para que se cumpla esta igualdad:

$$\frac{1}{3} \cdot (2x, 3y - 6) = (-2, 12) - \frac{4}{3} \cdot \left(\frac{1 - x}{4}, 0\right)$$

**Solución:** $x = -7, y = 14$

**4** Si $\vec{a} = (3, 1/2), \vec{b} = (-2/3, 5)$ y $\vec{c} = (2, 3)$, determina las siguientes combinaciones lineales.

*a)* $3\vec{a} - 2(\vec{b} + \vec{c})$

*b)* $3(\vec{a} - \vec{b}) + \frac{1}{3}(\vec{b} - \vec{c})$

**Solución:** *a)* (19/3, −29/2) *b)* (91/9, −77/6)

**5** Halla el valor de $x$ e $y$ si $\vec{v} = x\vec{a} + y\vec{b}$, sabiendo que $\vec{a} = (-1, 3), \vec{b} = (7, 5)$ y $\vec{v} = (5, -2)$.

**Solución:** $x = -3/2, y = 1/2$

**6** Calcula las coordenadas de los puntos que dividen el segmento $AB$ en cuatro partes iguales, si $A(22, 7)$ y $B(-6, 5)$.

**Solución:** $M\left(15, \frac{13}{2}\right), N(8, 6)$ y $P\left(1, \frac{11}{2}\right)$

## Dependencia lineal y bases

**7** ¿Es el vector $\vec{v} = \left(2, -\frac{5}{7}\right)$ una combinación lineal del vector $\vec{u} = \left(-7, \frac{5}{2}\right)$? Expresa la respuesta enunciando la característica que los relaciona.

**8** La combinación lineal de dos vectores paralelos, ¿es necesariamente otro vector paralelo a ellos?

**9** ¿Es posible que dos vectores linealmente dependientes formen un ángulo de 180°? ¿Y un ángulo de 90°?

**10** ¿Son los vectores $\vec{u} = (4, 2)$ y $\vec{v} = (-2, -1)$ linealmente dependientes? ¿Son paralelos?

**11** Los puntos $A(2, 6)$, $B(5, 8)$ y $C(17, m)$ están alineados. Calcula $m$.

**Solución:** $m = 16$

**12** Considera los puntos del plano $A(3, 2)$, $B(-1, 8)$ y $C(k, k + 4)$ con $k \in \mathbb{R}$. Calcula el valor de $k$ para que $A$, $B$ y $C$ estén alineados.

**Solución:** $k = 1$

**13** Expresa el vector $\vec{w} = (-3, 4)$ como combinación lineal de los vectores $\vec{u} = (-1, 2)$ y $\vec{v} = (2, -3)$. Realiza la representación gráfica para comprobar el resultado.

**Solución:** $(-3, 4) = -1(-1, 2) - 2(2, -3)$

**14** Di cuáles de los siguientes pares de vectores forman base.

*a)* $(-3, 1)$ y $\left(\sqrt{3}, -\sqrt{3}/3\right)$

*b)* $\left(-\sqrt{2}, 4\right)$ y $\left(-1/\sqrt{2}, 2/\sqrt{2}\right)$

*c)* $(-5, 1)$ y $\left(2\sqrt{5}, -\sqrt{5}\right)$

*d)* $\left(2 - \sqrt{3}, 2 + \sqrt{3}\right)$ y $\left(1, -7 - 4\sqrt{3}\right)$

*e)* $\left(1/(\sqrt{5} + 1), (\sqrt{5} - 1)/4\right)$ y $(1, 1)$

**15** Dado el vector $\vec{v} = (3, -7)$, expresa el vector $\vec{v}$ en la base formada por los vectores $\vec{a} = (-1, 1)$ y $\vec{b} = (2, -1)$.

**Solución:** $\vec{v} = (-11, -4)$

## Producto escalar

**16** Calcula el producto escalar de dos vectores de módulos 3 y 4, respectivamente, que forman 60°.

**Solución:** 6

**17** Calcula el producto escalar de los vectores $\vec{u} = (1, 1)$ y $\vec{v} = (3, 4)$. Determina el ángulo que forman.

**Solución:** $7; \alpha = 8{,}13°$

**18** Calcula el ángulo que forman $\vec{v} = (3, 4)$ y $\vec{w} = (-3, 1)$.

**Solución:** $\alpha = 108{,}43°$

**19** ¿Es posible que dos vectores cuyo producto escalar vale 3 formen un ángulo de 120°? Razona la respuesta.

**20** Determina qué ángulos forman los siguientes pares de vectores.

*a)* $\vec{u} = (3, 2)$ y $\vec{v} = (7, -1)$

*b)* $\vec{u} = \left(2 - \sqrt{2}, 2/\left(2 + \sqrt{2}\right)\right)$ y $\vec{v} = (1, -1)$

*c)* $\vec{u} = \left(\sqrt{5}/2, -\sqrt{5}\right)$ y $\vec{v} = (-1, 2)$

**Solución:** *a)* $\alpha = 41° 49' 12{,}61''$ *b)* $\alpha = 90°$ *c)* $\alpha = 180°$

**21** Dado el vector $\vec{u} = (-5, 2)$, determina cuáles de los siguientes vectores son paralelos y cuáles perpendiculares a dicho vector.

*a)* $\vec{v} = (5, -2)$ *c)* $\vec{m} = (-2, -5)$ *e)* $\vec{o} = (5/2, -1)$

*b)* $\vec{w} = (2, -5)$ *d)* $\vec{n} = (-4, -10)$ *f)* $\vec{p} = (1, 5/2)$

**22** Dados $A(3, 0)$, $B(1, 4)$, $C(-1, 3)$ y $D(-1, -2)$, calcula el perímetro del cuadrilátero que determinan y el ángulo que forman los vectores $\overrightarrow{AD}$ y $\overrightarrow{BC}$.

**Solución:** $P = 5\sqrt{5} + 5; \alpha = 0°$

**23** Dados $\vec{a} = (2x, 5)$ y $\vec{b} = (7, y)$, averigua los valores de $x$ e $y$ sabiendo que $\vec{a}$ se encuentra en el primer cuadrante, $|\vec{a}| = 5\sqrt{5}$, y los vectores $\vec{a}$ y $\vec{b}$ son perpendiculares.

**Solución:** $x = 5, y = -14$

**24** Sabiendo que el vector $\vec{a} = (x, y)$ es perpendicular a $\vec{b} = (-3, 2)$ y que el módulo de $\vec{a}$ es $2\sqrt{13}$, halla el valor de $x$ e $y$.

**Solución:** $x = 4, y = 6; x = -4, y = -6$

**25** Calcula $a$ sabiendo que $\vec{u} = (a, 3)$ y $\vec{v} = \left(\sqrt{2}, 1\right)$ forman un ángulo de 30°.

**Solución:** $a = 12\sqrt{2} - 9\sqrt{3}$

**26** Si $|\vec{a}| = 2$ y $|\vec{b}| = 3$, y $\vec{a}$ y $\vec{b}$ son perpendiculares, halla $|\vec{a} + \vec{b}|$ y $|\vec{a} - \vec{b}|$.

**Solución:** $|\vec{a} + \vec{b}| = \sqrt{13}$; $|\vec{a} - \vec{b}| = \sqrt{13}$

**27** Sabiendo que $\vec{u}$ y $\vec{v}$ tienen el mismo módulo y que $\vec{u} = (3x, y)$ y $\vec{v} = (2, -1)$, calcula el ángulo que forman los vectores $\vec{u} + \vec{v}$ y $\vec{u} - \vec{v}$.

**Solución:** 90°

**28** Dados los vectores $\vec{v} = (7, 4)$ y $\vec{w} = (4, x)$, calcula $x$ para que estos:

*a)* Sean perpendiculares.

*b)* Sean paralelos.

*c)* Formen un ángulo de 30°.

**Solución:** *a)* $x = -7$ *b)* $x = 16/7$ *c)* $x = 6{,}86$; $x = -0{,}02$

**29** Halla la proyección ortogonal del vector $\vec{u} = (2, -1)$ sobre el vector $\vec{v} = (-3, 7)$.

**Solución:** $\text{proy}_{\vec{v}}(\vec{u}) = 13/\sqrt{58}$

**30** Dado el vector $\vec{u} = (-3, 6)$, determina el módulo del producto escalar de $\vec{u}$ por $\vec{v}$, si sabemos que la proyección de $\vec{v}$ sobre $\vec{u}$ es 3.

**Solución:** $9\sqrt{5}$

**31** Dados los puntos $A(7, 0)$, $B(4, 6)$ y $C(-1, -1)$, calcula las proyecciones de $\overrightarrow{AB}$ y $\overrightarrow{CB}$ sobre $\overrightarrow{AC}$ y comprueba que la suma de ambas es igual al módulo de $\overrightarrow{AC}$.

**Solución:** $\text{proy}_{\overrightarrow{AC}}(AB) = 18/\sqrt{65}$; $\text{proy}_{\overrightarrow{CA}}(CB) = 47/\sqrt{65}$

## Aplicaciones de los vectores

**32** Dado el triángulo cuyos vértices son $A(-1, 0)$, $B(3, 3)$ y $C(1, -2)$, calcula:

*a)* La longitud del lado $AB$.

*b)* La longitud del lado $AC$.

*c)* El ángulo $A$.

*d)* El área del triángulo.

**Solución:** *a)* 5 u *b)* $2\sqrt{2}$ u *c)* 81° 52′ 11,63″ *d)* 7 u²

**33** Dado el triángulo de vértices $A(-3, 7)$, $B(5, 6)$ y $C(-2, 15)$, calcula el valor de su área y el ángulo $A$.

**Solución:** 32,5 u²; 90°

**34** Dado el triángulo de vértices $A(-1, -1)$, $B(-3, 5)$ y $C(1, 3)$, calcula el valor de su área y el ángulo $A$.

**Solución:** 10 u²; 45°

## Ecuaciones de la recta

**35** Determina si los siguientes puntos están alineados y, en el caso de que lo estén, averigua la ecuación de la recta a la que pertenecen.

*a)* $A(1, 6)$, $B(-2, 0)$ y $C(1/2, 5)$

*b)* $A(1, 2)$, $B(-3, 3)$ y $C(-1, 4)$

**36** Calcula la ecuación de la recta que pasa por $A(3, 2)$ y $B(-6, 0)$. Exprésala de todas las formas posibles.

**37** ¿Qué podrías decir acerca de una recta cuyo vector director es $(1, 1)$?

**38** Si $A(2, 7)$, $B(8, -3)$ y $C(0, -10)$ son tres vértices consecutivos de un paralelogramo, determina las coordenadas del vértice $D$. A continuación, averigua las del punto en el que se cortan sus diagonales.

**Solución:** $D(-6, 0)$. Las diagonales se cortan en $M(1, -3/2)$

**39** Los puntos $A(0, -2)$, $B(6, 0)$ y $C(3, 4)$ son tres vértices de un paralelogramo. Calcula el cuarto vértice y las ecuaciones de sus diagonales.

**Solución:** $D(-3, 2)$

**40** Dada la recta $r: \begin{cases} x = -2 + 2t \\ y = a - 3t \end{cases}$, $t \in \mathbb{R}$, halla el valor de $a$ para que $(-4, 7)$ pertenezca a $r$.

**Solución:** $a = 4$

**41** Calcula $b$ para que la recta $x + by - 7 = 0$ pase por el punto de intersección de estas rectas:

$$r: (x, y) = (-7, 0) + \lambda(5, 1),\quad s: \begin{cases} x = \alpha \\ y = 2\alpha - 4 \end{cases}$$

**Solución:** $b = 2$

**42** Dados los puntos del plano $A(2, -1)$ y $B(0, 3)$ y la recta $r$ de ecuación $x + y - 2 = 0$, calcula las coordenadas de un punto $C$ de la recta que esté alineado con $A$ y $B$.

**Solución:** $C(1, 1)$

## Posiciones relativas de rectas

**43** Calcula la ecuación de una recta paralela a la de ecuación $3x - 2y + 5 = 0$ que pase por el punto $P(-1, 5)$. Exprésala en forma vectorial y paramétrica.

**44** Sean $r$ y $s$ las dos rectas del plano de ecuaciones:

$$r: 2x - y - 3 = 0,\quad s: \frac{x + 1}{4} = \frac{y + 2}{2}$$

Determina la ecuación de la recta que pasa por el punto de intersección de $r$ y $s$, y es paralela a la recta de ecuación que pasa por los puntos $(2, -1)$ y $(-3, 2)$.

**45** Calcula la ecuación de la recta perpendicular a la de ecuación $3x - 2y + 5 = 0$ que pase por el punto $P(-1, 5)$. Exprésala en forma continua y explícita.

**46** Considera la recta de ecuación $y = -7x + 5$. Encuentra las coordenadas del punto de intersección de esta recta con la recta perpendicular a ella que pasa por $(-7, 5)$.

**Solución:** $P(-7/50, 299/50)$

**47** Dadas las siguientes rectas:

$$r:\ 5x - y + 4 = 0,\quad s: \begin{cases} x = -3 + m\lambda \\ y = 4 - \lambda \end{cases},\ \text{con } \lambda \in \mathbb{R}$$

determina el valor de $m$ para que las rectas $r$ y $s$ sean:

*a)* Paralelas.

*b)* Perpendiculares.

*c)* Coincidentes.

**Solución:** *a)* $m = -1/5$ *b)* $m = 5$ *c)* No pueden ser coincidentes.

**48** Los puntos $A(1, 2)$ y $C(5, 4)$ representan los vértices opuestos de un cuadrado:

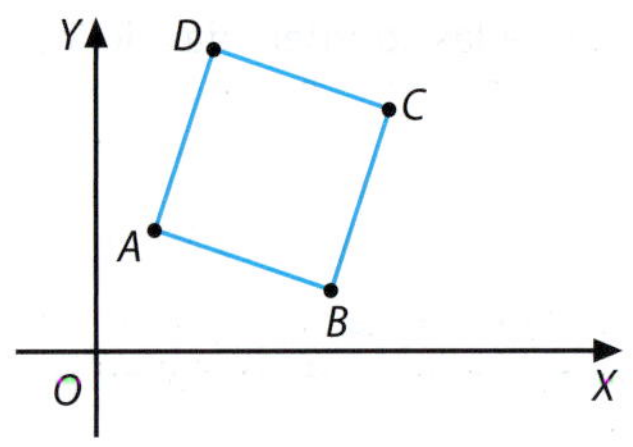


FIGURA 6.36.

*a)* Calcula el punto medio, $M$, de la diagonal, $AC$, del cuadrado ($M$ será el centro del cuadrado).

*b)* Escribe la ecuación de la recta que pasa por $M$ y es perpendicular a la diagonal $AC$.

*c)* Calcula las coordenadas de los otros dos vértices $B$ y $D$ del cuadrado.

**Solución:** *a)* $M(3, 3)$ *c)* $B(4, 1), D(2, 5)$

**49** Explica la condición que han de verificar $A$ y $B$ si las rectas $Ax + By + C = 0$ y $\dfrac{x-1}{2} = \dfrac{y-2}{3}$:

*a)* Son perpendiculares.

*b)* Son paralelas.

**50** Sea $r$ la recta de ecuación $3x - 5y + 2 = 0$. Determina las ecuaciones de las rectas paralela y perpendicular a $r$ que pasen por el punto $(-15, 4)$.

**51** Dada la recta de ecuación $3x - 5y + 7 = 0$, determina la ecuación de la recta perpendicular que corta el eje de ordenadas en $y = 3$.

**52** Determina el valor de $a$ para que las rectas de ecuaciones $x - 5ay = 1$ y $2x + 3y = 1$ sean:

*a)* Paralelas. *b)* Perpendiculares.

**Solución:** *a)* $a = -3/10$ *b)* $a = 2/15$

**53** Determina el valor de $m$ para que $r: x - y + 4 = 0$ y $s: \begin{cases} x = 3 + m\lambda \\ y = 1 - 4\lambda \end{cases}, \lambda \in \mathbb{R}$ sean:

*a)* Paralelas. *b)* Perpendiculares.

**Solución:** *a)* $m = -4$ *b)* $m = 4$

**54** Dadas $r: 2x + my - 7 = 0$ y $s: \begin{cases} x = -3 + 5\lambda \\ y = 7 + n\lambda \end{cases}, \lambda \in \mathbb{R}$, sabiendo que $s$ pasa por $P(13, 8)$, determina $m$ y $n$ en los siguientes casos:

*a)* Si $r$ y $s$ son paralelas.

*b)* Si $r$ y $s$ son perpendiculares.

**Solución:** *a)* $n = 5/16, m = -32$ *b)* $n = 5/16, m = 1/8$

**55** De un rombo $ABCD$ conocemos las coordenadas de tres vértices: $A$ es el origen de coordenadas, $B(4, 1)$ y $D(1, 4)$.

*a)* Calcula las coordenadas del cuarto vértice, $C$.

*b)* Comprueba, analíticamente, que las diagonales son perpendiculares y que se cortan en su punto medio.

**Solución:** *a)* $C(5, 5)$

**56** Calcula las coordenadas del punto simétrico de $A(1/6, 1)$ respecto del punto $P(1, -4)$.

**Solución:** $A'(11/6, -9)$

**57** Halla las coordenadas del punto simétrico al punto $P(2, 2)$ respecto de la recta $x - 2y - 5 = 0$.

**Solución:** $P'(24/5, -18/5)$

**58** Calcula el punto simétrico de $A(0, 4)$ respecto de la recta $3x - y + 1 = 0$.

**Solución:** $A'(9/5, 17/5)$

**59** Calcula el punto simétrico de $A(-2, -1)$ respecto de la recta $r: \begin{cases} x = 3t \\ y = 7 - 5t \end{cases}, t \in \mathbb{R}$.

**Solución:** $A'(8, 5)$

**60** Determina la ecuación de la recta simétrica de $r: x + y - 1 = 0$ respecto de la recta $s: x - 2y + 3 = 0$.

## Distancias y áreas

**61** Halla el perímetro del cuadrilátero $ABDC$ si $A = (3, 4)$; $B$ es el punto simétrico de $A$ respecto de la bisectriz del primer cuadrante; $C$, el simétrico de $B$ respecto del eje de ordenadas, y $D$, el simétrico de $C$ respecto del eje de abscisas.

**Solución:** $P = 16 + 6\sqrt{2}$ u

**62** Halla la distancia del punto $P(2, 2)$ a la recta paralela al eje de abscisas que pasa por el punto $Q(3, 4)$.

**Solución:** $d = 2$ u

**63** Considera el triángulo formado por las rectas de ecuaciones $2x - y - 1 = 0$, $x + 2y - 8 = 0$ y el eje de ordenadas. Calcula su perímetro y su área.

**Solución:** $P = 5 + 3\sqrt{5}$ u; $A = 5$ u$^2$

**64** Calcula la distancia entre les rectas $4x - 3y + 7 = 0$ y $8x - 6y = 0$.

**Solución:** $d = 1{,}4$ u

**65** Determina, sin efectuar cálculos, la distancia entre las rectas $3x + 2y - 5 = 0$ y $2x - 5y + 1 = 0$.

**Solución:** $d = 0$ u

**66** Dadas las rectas $ax + (a + 2)y = a + 2$ y $x + ay = 3$, donde $a$ es un parámetro.

*a)* Calcula un vector director de cada una de estas rectas.

*b)* Halla los valores de $a$ para los que las rectas son paralelas.

*c)* Calcula los valores de $a$ para los cuales las rectas son perpendiculares.

*d)* Calcula la distancia que hay entre las dos rectas cuando $a = 2$.

**Solución:** *a)* $\vec{v}_r = (-a - 2, a), \vec{v}_s = (-a, 1)$ *b)* $a = 2, a = -1$ *c)* $a = 0, a = -3$ *d)* $d = 1/\sqrt{5}$ u

**67** Considera la recta de ecuación $y = -2x + 2$.

*a)* Averigua las coordenadas del punto de intersección de esta recta con su recta perpendicular que pasa por $(6, 3)$.

*b)* Halla la ecuación de la paralela que contiene $(3, 5)$.

*c)* Calcula la distancia entre las dos rectas paralelas.

**Solución:** *a)* $P(4/5, 2/5)$ *c)* $d = 9/\sqrt{5}$ u

**68** Determina si es equilátero, isósceles o rectángulo el triángulo cuyos vértices son $A(2, 2)$, $B(5, 6)$ y $C(-2, 5)$. Averigua el valor de la altura correspondiente al vértice $A$ y utilízalo para calcular el área del triángulo.

**Solución:** $h = 5\sqrt{2}/2$; $A = 12{,}5$ u$^2$

**69** Calcula la distancia entre estas rectas.

$r\!: 4x - 2y + 10 = 0 \quad s\!: 4x - 2y - 10 = 0$

**Solución:** $h = 2\sqrt{5}$ u

**70** Sabiendo que $3x + ay - 5a = 0$ y $-bx + 3y + 3b = 0$ son perpendiculares y sus ordenadas en el origen están a 4 unidades de distancia, calcula *a* y *b*.

**Solución:** si $b = -1, a = -1$; si $b = -9, a = -9$

**71** Averigua qué punto, $P(x, y)$, del plano dista $5\sqrt{2}$ u de $Q(4, 1)$ y cumple lo siguiente:

- $x > y$
- $|y| = 2|x|$
- $x > 0$

**Solución:** $P(3, -6)$

**72** Un punto de la recta $r\!:\ x + 3y + 7 = 0$ equidista de los puntos $A(-1, 3)$ y $B(3, -5)$. Calcúlalo.

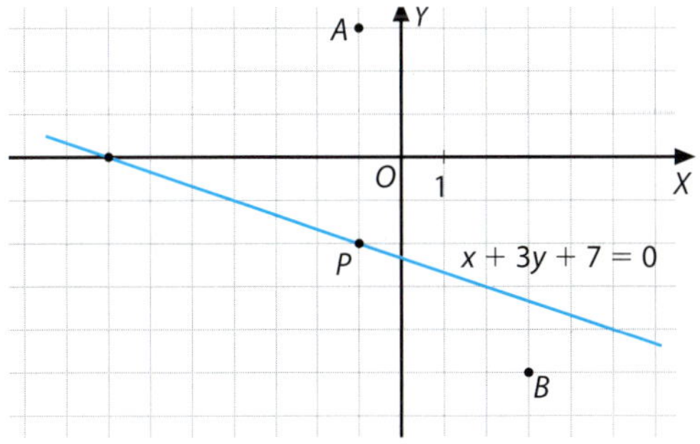


FIGURA 6.37.

**Solución:** $P(-1, -2)$

**73** El punto $A(4, -3)$ dista 5 unidades de dos puntos de la recta $7x - y - 6 = 0$; halla las coordenadas de los puntos.

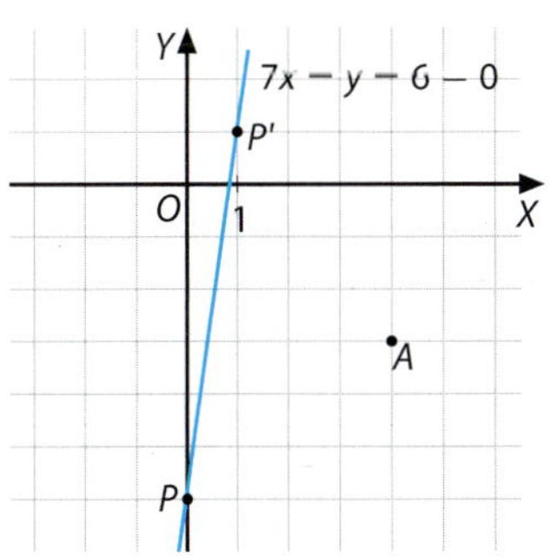


FIGURA 6.38.

**Solución:** $P(0, -6), P'(1, 1)$

**74** Determina los puntos de la recta $\begin{cases} x = 3 - t \\ y = 2t \end{cases}, \; t \in \mathbb{R}$, que distan $\sqrt{10}$ u de $y = 3x + 1$.

**Solución:** $P(3, 0), P'(-1, 8)$

**75** Halla el punto de la recta $2x + 3y - 5 = 0$ que equidista de $A(0, 3)$ y $B(-1, 4)$.

**Solución:** $P(-7/5, 13/5)$

**76** Averigua los puntos de la recta $-8x + y - 1 = 0$ que están a distancia $2\sqrt{2}$ u del punto $A(2, 3)$.

**Solución:** $P(0, 1), P'(36/65, 353/65)$

**77** Encuentra las coordenadas de los puntos situados en la recta $r\!: x + 2y - 3 = 0$ que distan dos unidades de la recta $s\!: 4x - 3y + 9 = 0$.

**Solución:** $P(1, 1), P'(-29/11, 31/11)$

**78** De todas las rectas que pasan por el punto $P(2, 1)$, halla las que distan una unidad del origen.

**79** Averigua las ecuaciones de las rectas que pasan por $(-2, 4)$ y distan 3 unidades del punto $(-1, 7)$.

**80** Determina las ecuaciones de las rectas que distan 7 unidades del punto $P(3, 5)$ y son perpendiculares a la recta cuya ecuación es $3x - 4y + 6 = 0$.

**81** En el triángulo de vértices $A(0, 3)$, $B(3, 7)$ y $C(6, 0)$, determina:

*a)* El perímetro.

*b)* La ecuación de la recta perpendicular a *BC* que pasa por *A*, es decir, la altura del triángulo desde el vértice *A*.

*c)* La distancia del punto *A* a la recta que contiene el segmento *BC*.

*d)* El área.

**Solución:** *a)* $P = 19{,}32$ u *c)* $33/\sqrt{58}$ u *d)* $A = 33/2\ \text{u}^2$

## Ángulos

**82** Encuentra las ecuaciones de las rectas que forman con el eje de abscisas un ángulo cuya tangente vale 3.

**83** Determina, sin efectuar cálculos, el ángulo existente entre las rectas $3x - 2y - 5 = 0$ y $2x + 3y - 0$.

**Solución:** $\alpha = 90°$

**84** Halla el ángulo que forman estas dos rectas:

$r\!: 3x - 5y + 10 = 0,\ s\!: \begin{cases} x = 2 + 3t \\ y = 4 - 2t \end{cases},\ t \in \mathbb{R}$

**Solución:** $\alpha = 64°\,39'\,13{,}77''$

**85** Averigua la ecuación de la mediatriz del segmento de extremos $A(-1/2, 5)$ y $B(7, -2)$ y determina el ángulo que forma con la recta $x = 5$.

**Solución:** $\alpha = 43°\,1'\,30{,}24''$

**86** Escribe la ecuación de las dos rectas que pasan por el punto $(3, 2)$ y forman un ángulo de 45° con el eje *OX*:

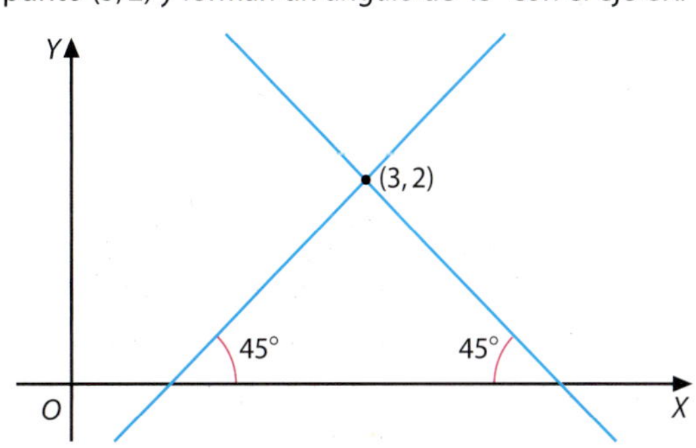


FIGURA 6.39.

**87** Determina la pendiente de las rectas que forman un ángulo de 60° con la recta de ecuación $-x + 2y = 4$.

**Solución:** $m = -0{,}66$ y $m' = 16{,}66$

**88** Escribe las ecuaciones de las rectas que pasan por el punto de intersección de $x + 3y - 5 = 0$ y $-2x + y + 3 = 0$ y forman un ángulo de 45° con $2x - y - 1 = 0$.

## Ejercicios de aplicación

**89** Dado el triángulo de vértices $A(0, 0)$, $B(4, -2)$ y $C(-2, 6)$, calcula:

*a)* Su área.

*b)* El ángulo $B$.

*c)* La ecuación de la mediatriz del segmento $AB$.

*d)* El punto simétrico de $C$ respecto de $AB$.

**Solución:** *a)* $A = 10$ u$^2$ *b)* $B = 26{,}57°$ *d)* $C'(-6, -2)$

**90** Halla el área del triángulo determinado por:

$r$: $y = -x$ $\quad$ $s$: $\begin{cases} x = 3 + k \\ y = -3 + 3k \end{cases}, k \in \mathbb{R}$ $\quad$ $t$: $y = -\frac{x}{5} + \frac{4}{5}$

**Solución:** $A = 8$ u$^2$

**91** Considera los puntos $O(0, 0)$ y $A(9, 12)$. Una persona situada en el punto $O$ viaja en línea recta hacia $A$.

*a)* ¿Qué distancia recorre para ir de $O$ hasta $A$?

*b)* Escribe la ecuación de la recta que sigue en este camino.

*c)* Cuando lleva la tercera parte de recorrido, ¿qué coordenadas serán las del punto $P$ en que se encuentre?

*d)* Si cuando llega al punto $P$ decide dirigirse hacia un punto $Q$ de coordenadas $Q(7, 1)$, ¿qué ángulo deberá girar respecto de la trayectoria que seguía?

**Solución:** *a)* 15 u *c)* $P(3, 4)$ *d)* $\alpha = 90°$

**92** Considera el siguiente rectángulo del plano:

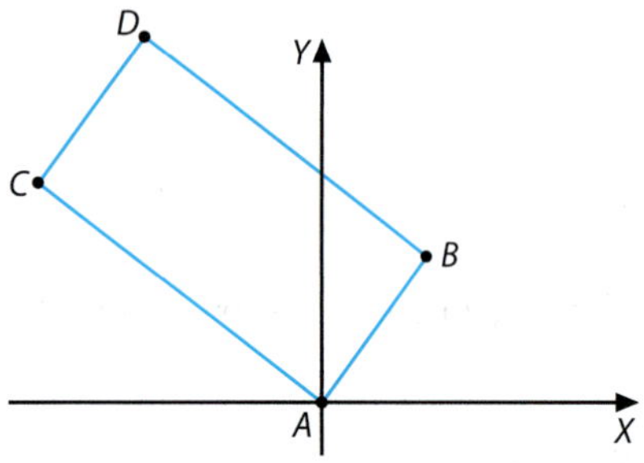


FIGURA 6.40.

*a)* Si $A(0, 0)$ y $B(3, 4)$, calcula la longitud de $AB$.

*b)* Determina la ecuación de la recta que pasa por $C$ y $A$.

*c)* Determina las coordenadas del vértice $C$ sabiendo que la longitud del lado $CA$ es doble de la de $AB$.

*d)* Calcula las coordenadas del vértice $D$.

**Solución:** *a)* 5 u *c)* $C(-8, 6)$ *d)* $D(-5, 10)$

**93** El lado desigual de un triángulo isósceles mide $2\sqrt{2}$ u y está sobre $y = x$. El vértice opuesto es $(0, 4)$.

*a)* Averigua la longitud de los lados iguales.

*b)* Determina las coordenadas de su baricentro.

**Solución:** *a)* $\sqrt{10}$ u *b)* $(4/3, 8/3)$

**94** Determina las ecuaciones de las rectas que pasan por $P(-2, 7)$ y son perpendiculares a la bisectriz del primer cuadrante y al eje de abscisas. Halla, también, el área del cuadrilátero que forman los ejes $X$ e $Y$ y las rectas halladas.

**Solución:** $A = 12$ u$^2$

**95** Halla las ecuaciones de las rectas que pasan por $(6, 2)$ y forman un triángulo de 27 u$^2$ con los ejes de coordenadas.

**96** Un triángulo tiene dos vértices en los puntos $A(0, 0)$ y $B(3, 1)$. Su área es 2 u$^2$ y el tercer vértice, de ordenada positiva, se encuentra sobre la recta de ecuación $x - 2y + 2 = 0$. Calcula las coordenadas de $C$ y el perímetro del triángulo.

**Solución:** $C(2, 2)$; $P = \sqrt{10} + 3\sqrt{2}$ u

**97** Escribe la ecuación de la recta simétrica de $r$: $y = 3x$ respecto de la bisectriz del primer cuadrante y, a continuación, calcula el área del triángulo que forman la recta $r$, su simétrica, y la recta de ecuación $t$: $5x + y - 16 = 0$.

**Solución:** $A = 8$ u$^2$

**98** Un triángulo rectángulo tiene un vértice, $A$, correspondiente al ángulo recto, en el origen de coordenadas; otro en el punto $B(2, 4)$, y el $C$ está a distancia 3 u del eje de abscisas Calcula:

*a)* Las ecuaciones de las rectas que contienen $AB$ y $AC$.

*b)* El vértice $C$.

*c)* El área del triángulo.

**Solución:** *b)* $C(-6, 3)$ *c)* $A = 15$ u$^2$

**99** Determina:

*a)* La ecuación de la recta paralela a la bisectriz del segundo y cuarto cuadrante que pasa por el punto $(0, a)$.

*b)* El valor de $a$ para que la recta anterior determine en el primer cuadrante con los ejes de coordenadas un triángulo de 8 u$^2$ de área.

*c)* La distancia del origen de coordenadas a esta recta.

*d)* La distancia entre esta recta y el punto $(4, 0)$.

**Solución:** *b)* $a = 4$ *c)* $d = 2\sqrt{2}$ u *d)* 0 u

**100** En el triángulo de vértices $A(-1, -1)$, $B(-3, 5)$ y $C(1, 3)$, averigua:

*a)* Las ecuaciones de sus medianas.

*b)* Las coordenadas del ortocentro.

**Solución:** *b)* $O(1, 3)$

**101** Calcula las ecuaciones de las alturas y el baricentro del triángulo que tiene por vértices $A(0, 6)$, $B(4, 0)$ y $O(0, 0)$.

**Solución:** $G(4/3, 2)$

**102** Un punto equidista de los puntos $A(7, 1)$ y $B(1, 3)$. La distancia de dicho punto al eje de ordenadas es el doble que al eje de abscisas. Calcula el punto.

**Solución:** $P(4, 2)$

**103** Determina la ecuación de una recta que forma con el eje $X$ un ángulo de 45° y que dista 15 unidades con $(0, 0)$.

**104** Un rombo tiene dos vértices opuestos, $A(5, 3)$ y $C(1, 2)$, y un vértice, $B$, que está sobre el eje de ordenadas. Halla $D$.

**Solución:** $D(6, -19/2)$

**105** Dado un triángulo isósceles cuyo lado desigual es $AB$, con $A(5, 3)$, $B(2, 2)$, calcula el vértice opuesto, $C$, si sabemos que pertenece a la recta $x - y + 1 = 0$.

**Solución:** $C(3, 4)$

**106** De un triángulo conocemos un vértice, $A(0, 2)$, y las ecuaciones de dos alturas, $y = -x$ y $x - 3y - 2 = 0$. Halla las ecuaciones de los lados del triángulo y los otros vértices.

**Solución:** vértices: $(-4, -2)$, $(1, -1)$

# Evaluación

| Soy capaz de... | Actividades |
|---|---|
| Calcular la expresión analítica del producto escalar, del módulo de un vector y del coseno del ángulo que forman dos vectores. | 1 |
| Emplear las consecuencias de la definición de producto escalar para normalizar vectores, estudiar la ortogonalidad de dos vectores o la proyección de un vector sobre otro. | 2, 3 y 4 |
| Obtener la ecuación de una recta en sus diversas formas, identificando en cada caso sus elementos característicos. | 5 y 6 |
| Reconocer y diferenciar analíticamente las posiciones relativas de las rectas. | 7, 9 y 10 |
| Calcular distancias entre puntos, de un punto a una recta y entre dos rectas. | 8 y 11 |
| Utilizar medios tecnológicos adecuados para comprender y comprobar propiedades de la geometría analítica. | 8, 9 y 11 |

**1.** Halla el módulo y el ángulo que forman los siguientes pares de vectores:

*a)* $\vec{u} = (2, 1)$ y $\vec{v} = (-1, 3)$

*b)* $\vec{u} = (2, 4)$ y $\vec{v} = (-4, 2)$

**2.** Verifica que $\{\vec{u} = (1, 3), \vec{v} = (-1, 2)\}$ es una base y halla las coordenadas del vector $\vec{w} = (3, 5)$ con respecto a esa base.

**3.** Determina el vector $\overrightarrow{AB}$ siendo $A(-2, 0)$ y $B(-4, 2)$. Además:

*a)* Halla un vector para que formen una base del plano.

*b)* Busca otro vector para que la base sea ortogonal.

**4.** Dada la base de vectores $\{\vec{u} = (2, 3), \vec{v} = (-3, 2)\}$:

*a)* Comprueba que la base es ortogonal.

*b)* Reescribe la base para que sea una base ortonormal del plano.

**5.** Halla las ecuaciones de la recta que pasa por $A(-1, 3)$ y tiene a $\vec{v} = (2, 1)$ como vector director. Calcula, además, la recta perpendicular que pase por ese punto.

**6.** Calcula la ecuación de la recta que pasa por los puntos $A(1, 3)$ y $B(0, 1)$.

**7.** Dada la recta $r\colon x + 3y - 5 = 0$ y el punto $A(-2, -2)$, calcula:

*a)* La ecuación de la recta paralela a $r$ que pasa por $A$.

*b)* La ecuación de la recta normal a $r$ que pasa por $A$.

**8.** Calcula el área del triángulo cuyos vértices son:

$$A(1, 3), B(5, 6) \text{ y } C(0, 3)$$

**9.** Halla el circuncentro del triángulo con vértices:

$$A(1, -3), B(1, 1) \text{ y } C(3, -1)$$

**10.** Calcula el punto simétrico de $P(3, 5)$ con respecto a la recta $r\colon x - 4y = 0$.

**11.** Dados los puntos $A(1, 4)$, $B(2, 1)$ y $C(6, 1)$. Halla:

*a)* El vértice $D$ para que $ABCD$ forme un paralelogramo.

*b)* El área de dicho cuadrilátero.

# 7 Lugares geométricos y cónicas

En la Antigüedad, los cometas suscitaban un gran temor y eran fuente de numerosas supersticiones, ya que se desconocía cuál era su naturaleza. Su llegada imprevista se consideraba una señal precursora de catástrofes.

Tal era la inquietud que su paso por la bóveda celeste provocaba, que en algunas culturas, como la china, los astrónomos reales que no habían sido capaces de predecir su aparición eran ejecutados. En 1517, dos años antes de la llegada de Hernán Cortés a México, la observación de un gran cometa fue interpretada como un presagio de mal augurio por el emperador azteca Moctezuma II, quien cayó en un estado de profundo abatimiento que, tal vez, propició la rápida conquista de México por los españoles.

Actualmente disponemos de abundante información sobre la naturaleza y trayectoria de algunos cuerpos planetarios que giran en torno al Sol describiendo en la mayoría de los casos una órbita elíptica (la elipse es una de las cónicas que se estudian en esta unidad).

# Repasa lo que sabes

Un **vector fijo** $\overrightarrow{AB}$, es un segmento orientado que queda determinado por un punto origen, $A(a_1, a_2)$ y un punto extremo, $B(b_1, b_2)$.

La longitud de un vector $\vec{v}$ se denomina **módulo del vector**.

**RECUERDA**

- Dados dos puntos $A$ y $B$, el vector $\overrightarrow{AB}$ se obtiene:

$$\overrightarrow{AB} = \overrightarrow{OB} - \overrightarrow{OA}$$

- El módulo de un vector fijo se calcula mediante:

$$|\vec{v}| = \sqrt{v_1^2 + v_2^2}$$

**1.** Calcula los vectores que forman los siguientes pares de puntos.

*a)* A(2, 3) y B(1, 3)

*b)* A(−2, −3) y B(0, 3)

*c)* A(1, 5) y B(2, −1)

*d)* A(−5, −2) y B(−1, 4)

**2.** Calcula el módulo de los siguientes vectores.

*a)* $\vec{a} = (5, -3)$

*b)* $\vec{b} = (4, -3)$

*c)* $\vec{c} = (2, -6)$

*d)* $\vec{d} = (5, -12)$

El **producto escalar** de dos vectores, $\vec{u}$ y $\vec{v}$, se define como:

$$\vec{u} \cdot \vec{v} = |\vec{u}| \cdot |\vec{v}| \cdot \cos(u, v)$$

Si los vectores $\vec{u} = (u_1, u_2)$ y $\vec{v} = (v_1, v_2)$ se utilizan mediante una **expresión analítica**, entonces el producto escalar se puede calcular de la siguiente manera:

$$\vec{u} \cdot \vec{v} = u_1 \cdot v_1 + u_2 \cdot v_2$$

El **coseno del ángulo** de dos vectores se escribe como:

$$\cos(\vec{u}, \vec{v}) = \frac{\vec{u} \cdot \vec{v}}{|\vec{u}| \cdot |\vec{v}|}$$

Dos **vectores** son **perpendiculares** si el producto escalar es cero. Es decir:

$$\vec{u} \perp \vec{v} \Leftrightarrow \vec{u} \cdot \vec{v} = 0$$

**3.** Calcula el producto escalar y el ángulo de estos vectores.

*a)* $\vec{a} = (12, 0)$ y $\vec{b} = (4, 3)$

*b)* $\vec{a} = (1, 0)$ y $\vec{b} = (2, 5)$

*c)* $\vec{a} = (2, 7)$ y $\vec{b} = (-7, 2)$

*d)* $\vec{a} = (11, 3)$ y $\vec{b} = (-3, 11)$

La **distancia** entre dos puntos se calcula como el módulo del vector formado por ambos puntos.

$$d(A, B) = |\overrightarrow{AB}| = \sqrt{(b_1 - a_1)^2 + (b_2 - a_2)^2}$$

La **distancia** de un punto $P(p_1, p_2)$ a una recta cuya expresión es $r: Ax + By + C = 0$ se halla mediante la fórmula:

$$d(P, r) = \frac{|Ap_1 + Bp_2 + C|}{\sqrt{A^2 + B^2}}$$

**RECUERDA**

La distancia entre rectas paralelas expresadas en su ecuación general:

$$d(P, r) = \frac{|C - C'|}{\sqrt{A^2 + B^2}}$$

**4.** Determina la distancia entre cada uno de los siguientes pares de puntos.

*a)* P(2, 3) y Q(1, 3)

*b)* P(0, 0) y Q(4, 3)

*c)* P(1, 2) y Q(4, 2)

**5.** Calcula la distancia entre el punto (2, −1) y cada una de las siguientes rectas.

*a)* $3x + 2y - 10 = 0$

*b)* $x - 3y - 5 = 0$

*c)* $y = 5$

# 1. Lugar geométrico

Se denomina **lugar geométrico** del plano al conjunto de puntos de este que cumplen una condición determinada.

Por ejemplo, la **mediatriz** de un segmento de extremos A y B es el lugar geométrico de los puntos del plano que equidistan de A y de B.

Si $P(x, y)$ es un punto de la mediatriz del segmento $AB$, se deberá cumplir la siguiente igualdad:

$$d(P, A) = d(P, B)$$

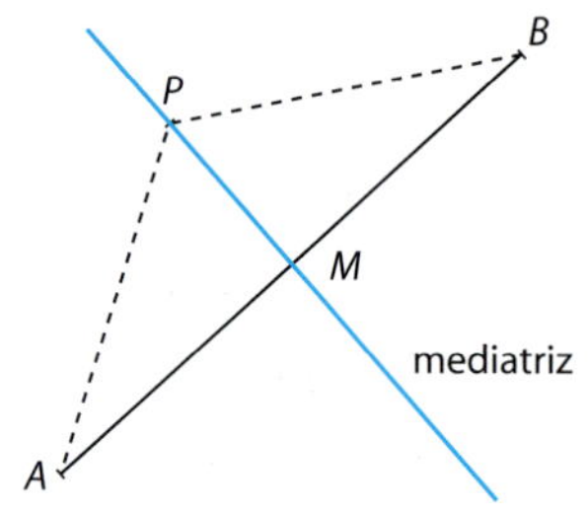


FIGURA 7.1.

## Ejercicio resuelto

▶ *Determinar la ecuación de la mediatriz del segmento de extremos* A(5, 7) *y* B(−3, 2).

Los puntos $P(x, y)$ de la mediatriz deben cumplir lo siguiente:

$$d(P, A) = d(P, B)$$

Para ello, se debe dar la siguiente igualdad:

$$\sqrt{(x-5)^2+(y-7)^2} = \sqrt{(x+3)^2+(y-2)^2}$$

Elevando al cuadrado los dos miembros y desarrollando los cuadrados de los paréntesis, se obtiene esta expresión:

$$16x + 10y - 61 = 0$$

Observa que la recta obtenida tiene un vector director, $\vec{v} = (-10, 16)$, perpendicular al vector $\overrightarrow{AB} = (-8, -5)$ y, además, pasa por el punto medio de este segmento, $M(1, 9/2)$.

**RECUERDA**

Los ángulos formados por las rectas *r* y *s* tienen como bisectrices:

$$\frac{Ax+By+C}{\sqrt{A^2+B^2}} = +\frac{A'x+B'y+C'}{\sqrt{A'^2+B'^2}}$$

$$\frac{Ax+By+C}{\sqrt{A^2+B^2}} = -\frac{A'x+B'y+C'}{\sqrt{A'^2+B'^2}}$$

Otro ejemplo es la **bisectriz** del ángulo que forman dos rectas que es el lugar geométrico de los puntos del plano que equidistan de ambas rectas.

Si $P(x, y)$ es un punto de la bisectriz que determinan las rectas de ecuación $r$: $Ax + By + C = 0$ y $s$: $A'x + B'y + C' = 0$, tiene que cumplirse:

$$d(P, r) = d(P, s)$$

$$\left|\frac{Ax+By+C}{\sqrt{A^2+B^2}}\right| = \left|\frac{A'x+B'y+C'}{\sqrt{A'^2+B'^2}}\right|$$

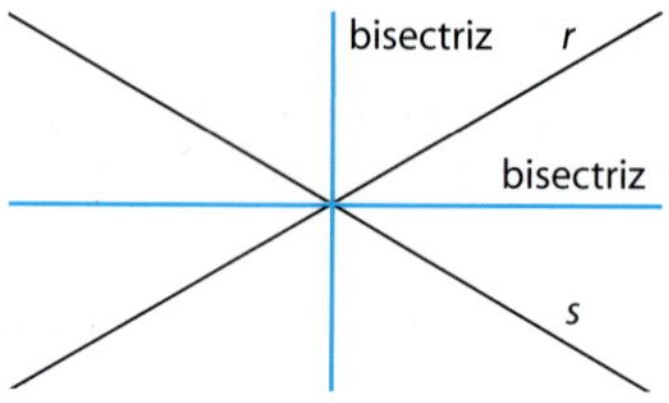


FIGURA 7.2.

## Ejercicios resueltos

▶ *Determinar las ecuaciones de las bisectrices del ángulo que forman las siguientes rectas.*

$$r\text{: } 6x + 8y - 2 = 0$$
$$s\text{: } 24x - 7y + 25 = 0$$

Los puntos $P(x, y)$ de las bisectrices deben cumplir lo siguiente:

$$d(P, r) = d(P, s)$$

Para ello, se debe dar la siguiente igualdad:

$$\left|\frac{6x + 8y - 2}{\sqrt{6^2 + 8^2}}\right| = \left|\frac{24x - 7y + 25}{\sqrt{24^2 + (-7)^2}}\right| \Rightarrow \frac{|6x + 8y - 2|}{10} = \frac{|24x - 7y + 25|}{25}$$

Para resolver esta ecuación hay que tener en cuenta que:

$$|A| = |B| \Rightarrow \begin{cases} A = B \\ A = -B \end{cases}$$

entonces: $\dfrac{6x + 8y - 2}{10} = \pm\dfrac{24x - 7y + 25}{25}$

$$b_1\text{: } -3x + 9y - 10 = 0 \text{ y } b_2\text{: } 39x + 13y + 20 = 0$$

Observa que estas rectas son perpendiculares entre sí y se cortan en el punto $P(-31/39, 11/13)$, que es el mismo punto de intersección de las rectas $r$ y $s$.

▶ *Determinar el lugar geométrico de los puntos del plano que equidistan del punto A$(1, -3)$ y del eje de abscisas.*

Estos puntos deberán satisfacer lo siguiente:

$$\sqrt{(x-1)^2 + (y+3)^2} = \frac{|y|}{\sqrt{0^2 + 1^2}}$$

Desarrollando los paréntesis y elevando al cuadrado, se obtiene:

$$x^2 - 2x + 1 + y^2 + 6y + 9 = \frac{y^2}{1} \Rightarrow x^2 - 2x + 6y + 10 = 0$$

que puede escribirse $y = -\dfrac{x^2}{6} + \dfrac{x}{3} - \dfrac{5}{3}$

expresión que corresponde a la ecuación de una parábola (figura 7.3).

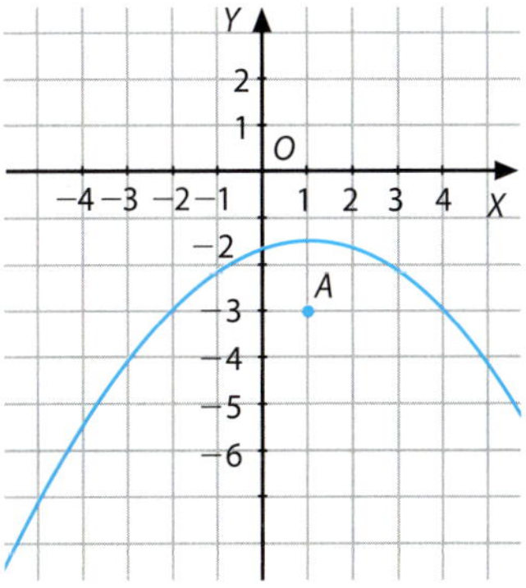

FIGURA 7.3.

## Actividades

**1** ▮▯▯ Halla la mediatriz del segmento cuyos extremos son los puntos $A(1, -1)$ y $B(-3, 4)$.

**2** ▮▯▯ Calcula la bisectriz del ángulo formado por las rectas $r$: $3x - 4y + 10 = 0$ y $s$: $5x + 12y - 2 = 0$.

**3** ▮▮▯ Determina el lugar geométrico de los puntos del plano cuya distancia al origen es el triple que la distancia a la recta $6x - y + 4 = 0$.

**4** ▮▮▯ Dada la recta de ecuación $r$: $7x + 2y - 4 = 0$ y el punto $P(-3, 2)$, determina las coordenadas de un punto $Q$ sabiendo que la recta $r$ es la mediatriz del segmento $PQ$.

**Solución:** $Q(135/53, 190/53)$

**5** ▮▯▯ Sabiendo que el punto de intersección de dos rectas $r$ y $s$ es $P(9, -2)$ y una de sus bisectrices es la recta de ecuación $2x + 5y - 8 = 0$, halla la ecuación de la otra bisectriz.

**6** ▮▯▯ Determina la ecuación que cumplen los puntos del plano cuya distancia a $P(-3, 5)$ es 4.

# 2. Circunferencia

## 2.1. Definición

La **circunferencia** es el lugar geométrico de los puntos del plano que equidistan de otro punto al que llamamos **centro.**

La distancia de un punto cualquiera de la circunferencia, $P(x, y)$, al centro de esta, $C(a, b)$, recibe el nombre de **radio** de la circunferencia y se representa por $R$.

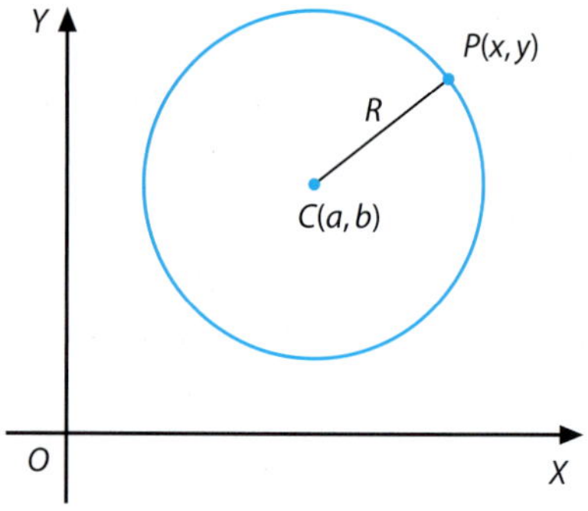


FIGURA 7.4.

## 2.2. Ecuación

Consideremos la circunferencia de la figura 7.4. Para calcular su ecuación, imponemos que la distancia de un punto cualquiera de la misma, $P(x, y)$, al centro, $C(a, b)$, sea igual al radio, $R$:

$$\sqrt{(x-a)^2+(y-b)^2}=R$$

Elevando al cuadrado la expresión anterior y desarrollando los paréntesis, obtenemos el siguiente resultado:

$$x^2-2ax+a^2+y^2-2by+b^2=R^2$$

Por tanto, la ecuación de la circunferencia de la figura 7.4 se puede escribir de esta forma:

$$x^2+y^2+mx+ny+p=0$$

donde:
$m=-2a$
$n=-2b$
$p=a^2+b^2-R^2$

**OBSERVA**

Dada una circunferencia de ecuación:

$$x^2+y^2+mx+ny+p=0$$

las coordenadas de su centro son:

$$C\left(\frac{-m}{2}, \frac{-n}{2}\right)$$

y su radio es:

$$R=\frac{1}{2}\sqrt{m^2+n^2-4p}$$

**Ejercicio resuelto**

▶ *Calcular la ecuación de una circunferencia de centro* $(1, -2)$ *y radio* 4.

$$\sqrt{(x-1)^2+(y+2)^2}=4$$

Elevando al cuadrado y desarrollando los paréntesis, se obtiene que:

$$x^2-2x+1+y^2+4y+4=16$$

Agrupando, la ecuación final es:

$$x^2+y^2-2x+4y-11=0$$

## Ejercicios resueltos

▶ *Calcular las coordenadas del centro y el radio de la circunferencia que tiene como ecuación:*

$$x^2 + y^2 + 6x - 10y - 66 = 0$$

$m = 6 = -2a \quad \Rightarrow a = -3$

$n = -10 = -2b \Rightarrow b = 5$

$p = -66 = a^2 + b^2 - R^2 \Rightarrow R = \sqrt{a^2 + b^2 + 66} \Rightarrow$

$\Rightarrow R = \sqrt{(-3)^2 + 5^2 + 66} = \sqrt{100} = 10$

El centro de la circunferencia es $C(-3, 5)$, y el radio, $R = 10$.

▶ *Calcular la ecuación de la circunferencia que pasa por los puntos $P(0, 2)$, $Q(1, 1)$ y $S(-2, 3)$.*

La ecuación de la circunferencia es del tipo:

$$x^2 + y^2 + mx + ny + p = 0$$

Imponemos que los tres puntos cumplan la ecuación anterior:

$$\begin{cases} 0 + 4 + 2n + p = 0 \\ 1 + 1 + m + n + p = 0 \\ 4 + 9 - 2m + 3n + p = 0 \end{cases}$$

Para resolver el sistema se puede eliminar la incógnita $p$ restando la segunda ecuación de la primera y la tercera de la segunda; obteniendo así un sistema de dos ecuaciones con dos incógnitas. De esta forma, se obtiene lo siguiente:

$$m = 7;\ n = 5;\ p = -14$$

La ecuación de la circunferencia que pasa por los puntos $P$, $Q$ y $S$ es, por tanto:

$$x^2 + y^2 + 7x + 5y - 14 = 0$$

**OBSERVA**

Por dos puntos pasan infinitas circunferencias.

Para determinar la ecuación de una circunferencia, se precisan, como mínimo, tres de sus puntos o bien tres condiciones que permitan determinar $m$, $n$ y $p$.

Conviene tener en cuenta que no todas las expresiones del tipo $x^2 + y^2 + mx + ny + p = 0$ representan una circunferencia.

## Ejercicio resuelto

▶ *Di si $x^2 + y^2 + 4x - 2y + 25 = 0$ es la ecuación de una circunferencia.*

Al aplicar las expresiones de $m$, $n$ y $p$ para determinar las coordenadas del centro y el radio, se obtiene el siguiente resultado:

$m = 4 = -2a \quad \Rightarrow a = -2$

$n = -2 = -2b \Rightarrow b = 1$

$p = +25 = a^2 + b^2 - R^2 \Rightarrow R = \sqrt{a^2 + b^2 - 25} = \sqrt{(-2)^2 + 1^2 - 25} = \sqrt{-20}$

Como no se puede hallar un valor real del radio, la circunferencia no existe.

**OBSERVA**

- Si $a^2 + b^2 - p > 0$, la circunferencia existe.
- Si $a^2 + b^2 - p = 0$, la circunferencia es un punto, puesto que el radio es 0.
- Si $a^2 + b^2 - p < 0$, la circunferencia no existe.

Para determinar si un punto pertenece a una circunferencia, hay que comprobar que dicho punto cumpla su ecuación.

Por ejemplo, dada la circunferencia de ecuación $x^2 + y^2 - x - 4y + 4 = 0$, el punto $P(1, 2)$ pertenece a ella, ya que:

$$1^2 + 2^2 - 1 - 4 \cdot 2 + 4 = 0$$

Sin embargo, el punto $Q(2, 1)$ no pertenece a la circunferencia, porque:

$$2^2 + 1^2 - 2 - 4 \cdot 1 + 4 \neq 0$$

## 2.3. Casos particulares

### Circunferencia centrada en el origen

Una circunferencia cuyo centro se encuentra en el origen de coordenadas, C(0, 0), tiene la siguiente ecuación:

$$\sqrt{(x-0)^2+(y-0)^2}=R \Rightarrow x^2+y^2=R^2$$

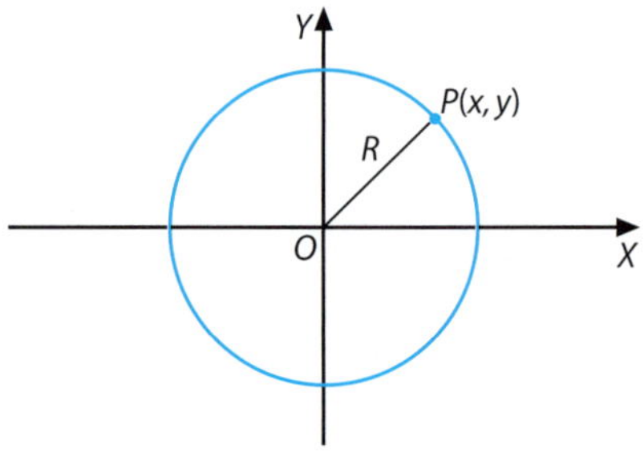


FIGURA 7.5.

### Circunferencia que pasa por el origen

La circunferencia de ecuación $x^2+y^2+mx+ny+p=0$, que pase por el origen, deberá cumplir lo siguiente:

$$0^2+0^2+m\cdot 0+n\cdot 0+p=0 \Rightarrow p=0$$

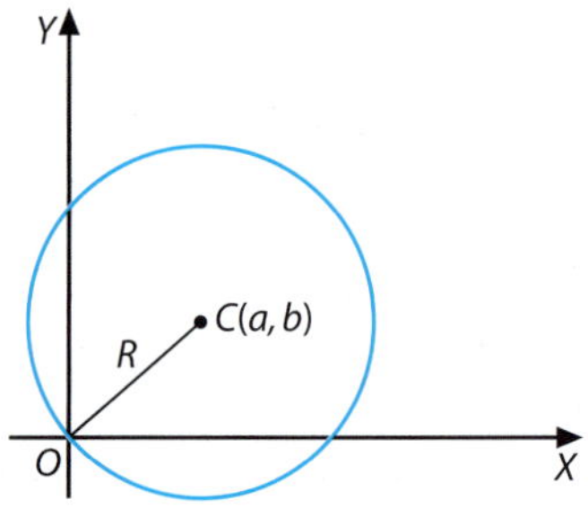


FIGURA 7.6.

### Circunferencias concéntricas

Las ecuaciones de dos circunferencias concéntricas, es decir, con el mismo centro, tienen valores idénticos para $m$ y $n$, y solo difieren en el valor de $p$:

$$x^2+y^2+mx+ny+p=0$$
$$x^2+y^2+mx+ny+p'=0$$

**Actividades**

**7** Calcula la ecuación de una circunferencia de centro $C(-1, 5)$ y radio 7.

**8** Calcula las coordenadas del centro y el radio de la circunferencia cuya ecuación es: $x^2+y^2-4x+8y-16=0$

**Solución:** $C(2, -4)$ y $R=6$

**9** Dada la circunferencia $x^2+y^2-10x+6y-47=0$, calcula la ecuación de otra concéntrica con respecto a ella que:

*a)* Tenga radio 2.

*b)* Pase por el punto $(5, -7)$.

**10** Calcula las coordenadas del centro y el radio de la circunferencia de ecuación $4x^2+4y^2-10x+5y-1=0$.

**Solución:** $C\left(\frac{5}{4}, \frac{-5}{8}\right)$, $R=\frac{\sqrt{141}}{8}$

**11** Calcula la ecuación de una circunferencia cuyo centro esté sobre el eje de abscisas, y la de una circunferencia que tenga su centro sobre el eje de ordenadas.

# 3. Elipse

## 3.1. Definición

La **elipse** es el lugar geométrico de los puntos del plano cuya suma de distancias a dos puntos fijos, llamados **focos,** es constante.

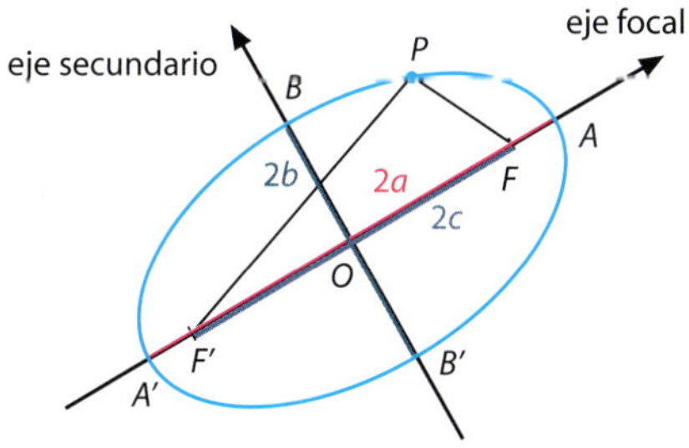


FIGURA 7.7.a.

ma1b25

Se denomina **eje focal** de la elipse a la recta que pasa por los focos, y **eje secundario,** a la mediatriz del segmento que determinan los focos.

Los **focos** se representan por $F$ y $F'$. La distancia entre ellos se llama **distancia focal** y se representa por $2c$; $c$ es la **semidistancia focal.**

Los **vértices** de la elipse son los puntos de intersección de esta con el eje focal, A y A', y el eje secundario, $B$ y $B'$.

El segmento que une los vértices A y A' recibe el nombre de **eje mayor** de la elipse y se representa por $2a$; el **semieje mayor** es $a$.

El **eje menor** de la elipse es el segmento que une los vértices $B$ y $B'$ y se representa por $2b$; el **semieje menor** es $b$.

El **centro** de la elipse, O, es el punto de intersección de los ejes.

**OBSERVA**

La elipse es **simétrica** respecto del eje focal y del eje secundario. El punto de intersección de los dos ejes de simetría, que constituye el centro de la elipse, es también el centro de simetría.

## 3.2. Ecuación

Para determinar la ecuación de la elipse, consideramos un sistema de referencia que tenga como eje de abscisas el eje focal, y como eje de ordenadas, el eje secundario (figura 7.7.b).

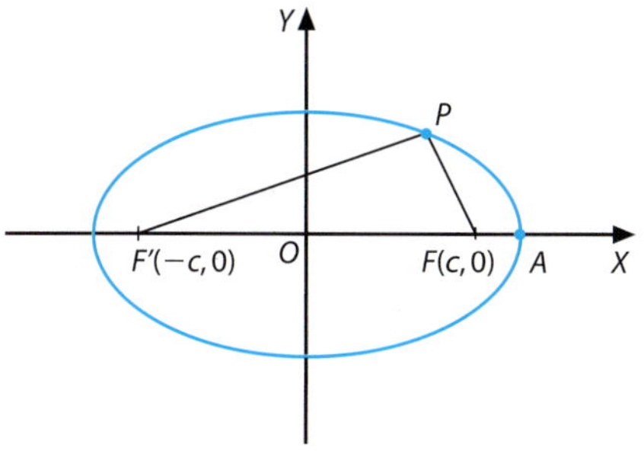


FIGURA 7.7.b.

En el sistema de referencia considerado, las coordenadas de los focos son $F(c, 0)$ y $F'(-c, 0)$. Sea un punto $P(x, y)$ de la elipse. Por definición, se debe cumplir que: $\overline{PF} + \overline{PF'} = constante$

Para determinar el valor de la *constante*, tomaremos el punto $A(a, 0)$. Así pues, el valor es:

$$\overline{AF} + \overline{AF'} = \sqrt{(a+c)^2 + 0} + \sqrt{(a-c)^2 + 0^2} = a + c + a - c = 2a$$

Así, podemos escribir:

$$\overline{PF} + \overline{PF'} = 2a$$

o lo que es lo mismo:

$$\sqrt{(x-c)^2 + (y-0)^2} + \sqrt{(x+c)^2 + (y-0)^2} = 2a$$

Pasando una de las raíces al segundo miembro y elevando al cuadrado, resulta:

$$\left[\sqrt{(x-c)^2 + (y-0)^2}\right]^2 = \left[2a - \sqrt{(x+c)^2 + (y-0)^2}\right]^2$$

$$x^2 - 2xc + c^2 + y^2 = 4a^2 + x^2 + 2xc + c^2 + y^2 - 4a \cdot \sqrt{(x+c)^2 + (y-0)^2}$$

Agrupamos luego los términos sin radical en el miembro de la izquierda, y obtenemos la siguiente expresión:

$$4xc + 4a^2 = 4a \cdot \sqrt{(x+c)^2 + (y-0)^2}$$

Desarrollamos el radicando, dividimos entre 4 y volvemos a elevar al cuadrado:

$$x^2c^2 + a^4 + 2a^2xc = a^2x^2 + a^2c^2 + 2a^2xc + a^2y^2$$

Agrupando los términos en $x$ y en $y$ en un miembro y los restantes en otro, resulta:

$$a^2(a^2 - c^2) = x^2(a^2 - c^2) + a^2y^2$$

A continuación, aplicamos las relaciones entre $a$, $b$ y $c$, $a^2 = b^2 + c^2$, y obtenemos lo siguiente:

$$a^2 b^2 = x^2 b^2 + a^2 y^2$$

Dividiendo todos los términos por $a^2\, b^2$, resulta:

$$\frac{x^2}{a^2} + \frac{y^2}{b^2} = 1$$

Esta es la ecuación de una **elipse centrada en el origen** de coordenadas con el eje mayor sobre el eje de abscisas, que también recibe el nombre de **ecuación reducida** de la elipse.

**OBSERVA**

Si tomamos, por ejemplo, el vértice $B$, dado que pertenece a la elipse, deberá cumplirse que

$$\overline{BF} + \overline{BF'} = 2a$$

Pero, por simetría, $\overline{BF} = \overline{BF'}$, luego $\overline{BF} = a$. Aplicando el teorema de Pitágoras a la figura 7.8, llegamos a esta expresión:

$$a^2 = b^2 + c^2$$

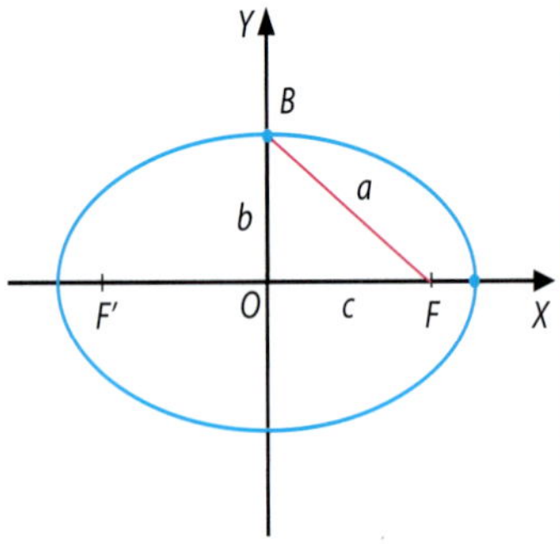


FIGURA 7.8.

## 3.3. Casos particulares

Mediante demostraciones similares a la anterior se obtienen las fórmulas de las siguientes ecuaciones:

- Ecuación de una elipse centrada en el origen con el semieje mayor vertical:

$$\frac{x^2}{b^2} + \frac{y^2}{a^2} = 1, \text{ donde } a > b$$

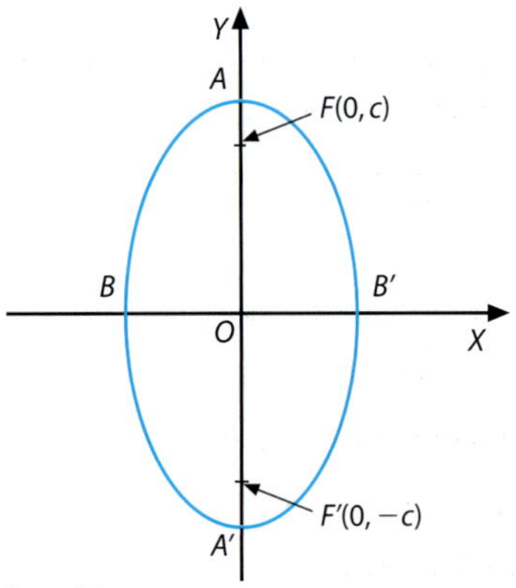


FIGURA 7.9.

- Ecuación de una elipse de eje mayor horizontal no centrada en el origen de coordenadas, sino en un punto, $P(x_0, y_0)$:

$$\frac{(x-x_0)^2}{a^2}+\frac{(y-y_0)^2}{b^2}=1$$

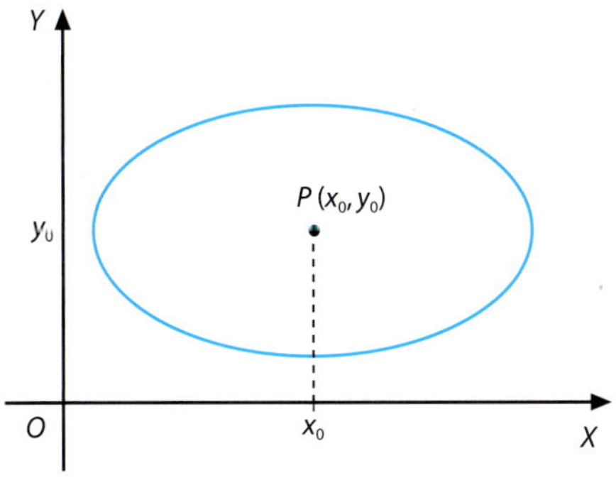


FIGURA 7.10.

- Ecuación de una elipse de eje mayor vertical no centrada en el origen de coordenadas, sino en un punto, $P(x_0, y_0)$:

$$\frac{(x-x_0)^2}{b^2}+\frac{(y-y_0)^2}{a^2}=1$$

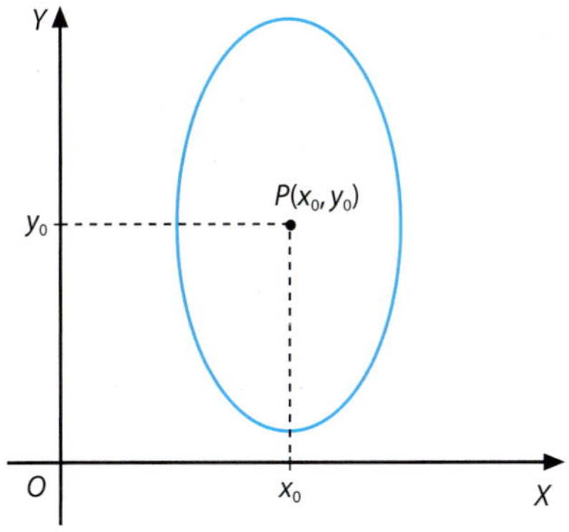


FIGURA 7.11.

Siendo en todos los casos, $a > b$.

## Ejercicios resueltos

▶ *Determinar la ecuación de una elipse de eje mayor vertical centrada en el punto P(3, −2) y cuyos ejes miden 18 y 12.*

$$\frac{(x-3)^2}{36}+\frac{(y+2)^2}{81}=1$$

▶ *¿Cuál sería la ecuación de la elipse del ejemplo anterior si su eje mayor, en lugar de ser vertical, fuera horizontal?*

$$\frac{(x-3)^2}{81}+\frac{(y+2)^2}{36}=1$$

▶ *Di en qué punto está centrada la elipse de ecuación:*

$$(x+2)^2+9(y+2)^2=9$$

*¿Cuáles son sus semiejes mayor y menor?*

El punto donde está centrada es $(-2, -2)$.

Los semiejes son $a = 3$ y $b = 1$.

## 3.4. Excentricidad de la elipse

La **excentricidad de una elipse, *e*,** es el cociente entre la semidistancia focal y el semieje mayor:

$$e = \frac{c}{a}$$

La excentricidad siempre será menor que 1, ya que el semieje mayor es siempre mayor que la semidistancia focal. Se aproximará tanto más a 1 cuanto más se acerque $c$ a $a$, es decir, cuanto más *achatada* sea la elipse. Si $e = 0$ la elipse no está en absoluto achatada, es decir, es una circunferencia: los dos focos coinciden y se convierten en el centro de la circunferencia.

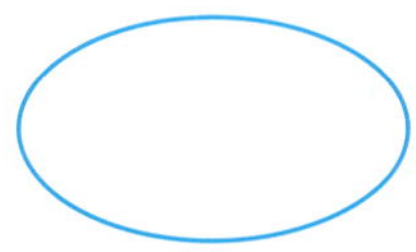

$e = 0{,}8$

FIGURA 7.12.a.

$e = 0$

FIGURA 7.12.b.

$e = 0{,}92$

FIGURA 7.12.c.

**El Sol se encuentra en uno de los focos de las órbitas elípticas que describen los planetas del sistema solar.**

### Actividades

**12** Calcula la ecuación de una elipse centrada en el origen, de semieje mayor 10 y distancia focal 12.

**13** Calcula la ecuación de una elipse de excentricidad 0,4 y semidistancia focal 2.

**14** Calcula la excentricidad de cada una de las elipses cuyas ecuaciones son las siguientes:

*a)* $\frac{x^2}{80} + \frac{y^2}{20} = 1$

*b)* $\frac{x^2}{18} + \frac{y^2}{9} = 1$

*c)* $\frac{x^2}{25} + \frac{y^2}{49} = 1$

**Solución:** *a)* $e = \frac{\sqrt{3}}{2}$ *b)* $e = \frac{\sqrt{2}}{2}$ *c)* $e = \frac{2\sqrt{6}}{7}$

**15** Calcula el eje mayor, el eje menor, las coordenadas de los vértices y de los focos y la excentricidad de la elipse de ecuación:

$$\frac{x^2}{25} + \frac{y^2}{16} = 1$$

**Solución:** Eje mayor = 10, eje menor = 8, $A(5, 0)$, $A'(-5, 0)$, $B(0, 4)$ y $B'(0, -4)$, $F(3, 0)$ y $F'(-3, 0)$, $e = 0{,}6$.

# 4. Hipérbola

## 4.1. Definición

La **hipérbola** es el lugar geométrico de los puntos del plano cuya diferencia de distancias a dos puntos fijos, llamados **focos,** es constante.

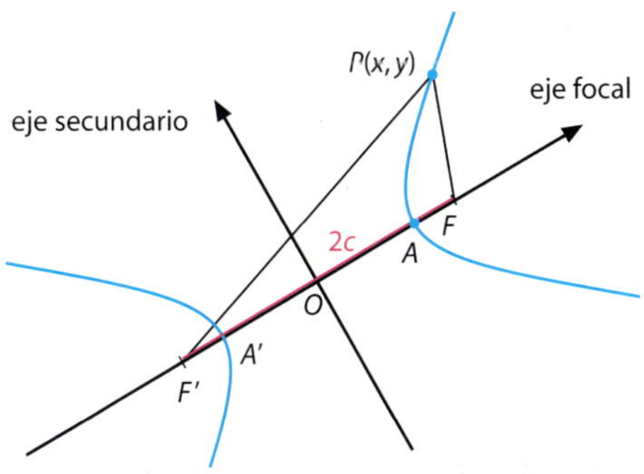


FIGURA 7.13.

ma1b26

Se llama **eje focal** de la hipérbola a la recta que pasa por los focos, y **eje secundario,** a la mediatriz del segmento que une los focos.

Los **focos** se representan por $F$ y $F'$. La distancia entre ellos se denomina **distancia focal** y se representa por $2c$; $c$ es la **semidistancia focal.**

Los **vértices** de la hipérbola son los puntos de intersección de esta con el eje focal: A y A'.

El **centro** de la hipérbola, O, es el punto de intersección de los ejes.

**OBSERVA**

La hipérbola es **simétrica** respecto del eje focal y del secundario. El punto de intersección de los dos ejes, que constituye el centro de la hipérbola, también es el centro de simetría.

## 4.2. Ecuación

Para determinar la ecuación de la hipérbola, consideramos un sistema de referencia que tenga como eje de abscisas el eje focal, y como eje de ordenadas, el eje secundario (figura 7.14).

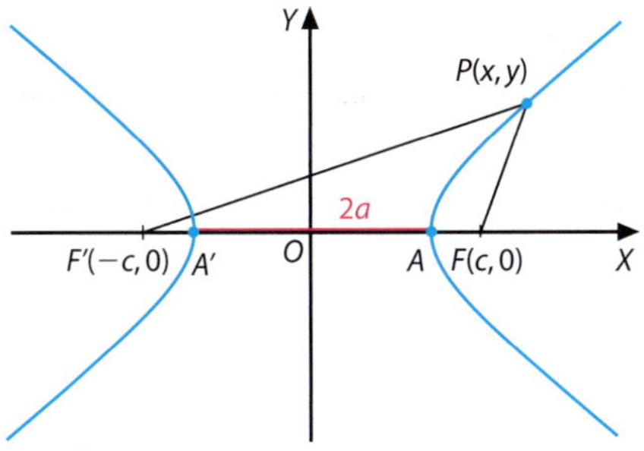


FIGURA 7.14.

Las coordenadas de los focos son $F(c, 0)$ y $F'(-c, 0)$.

Sea un punto $P(x, y)$ de la hipérbola. Por definición, se debe cumplir que:

$$|\overline{PF} - \overline{PF'}| = constante$$

Llamaremos a esta *constante* $2a$.

La interpretación geométrica de $a$ puede realizarse tomando un vértice de la hipérbola, por ejemplo, A. Dado que $\overline{AF'} - \overline{AF} = 2a$, se puede concluir que la distancia del centro de la hipérbola al vértice es $a$, luego las coordenadas de los vértices de la hipérbola son $A(a, 0)$ y $A'(-a, 0)$.

Así, podemos escribir:

$$|\overline{PF} - \overline{PF'}| = 2a$$

o lo que es lo mismo:

$$\sqrt{(x-c)^2+(y-0)^2} - \sqrt{(x+c)^2+(y-0)^2} = \pm 2a$$

Pasamos una de las raíces al segundo miembro y elevamos al cuadrado:

$$\left[\sqrt{(x-c)^2+(y-0)^2}\right]^2 = \left[\pm 2a + \sqrt{(x+c)^2+(y-0)^2}\right]^2$$

$$x^2 - 2xc + c^2 + y^2 = 4a^2 + x^2 + 2xc + c^2 + y^2 \pm 4a \cdot \sqrt{(x+c)^2+(y-0)^2}$$

Agrupamos luego los términos sin radical en el miembro de la izquierda, con lo que se obtiene:

$$-4xc - 4a^2 = \pm 4a \cdot \sqrt{(x+c)^2+(y-0)^2}$$

Desarrollamos el radicando, dividimos entre 4 y elevamos al cuadrado:

$$x^2c^2 + a^4 + 2a^2xc = a^2x^2 + a^2c^2 + 2a^2xc + a^2y^2$$

Agrupamos los términos en $x$ e $y$ en un miembro y los restantes en otro:

$$a^2(a^2 - c^2) = x^2(a^2 - c^2) + a^2y^2$$

Si llamamos $b^2 = c^2 - a^2$, resulta:

$$a^2b^2 = x^2b^2 - a^2y^2$$

Al dividir todos los términos por $a^2 b^2$, llegamos a esta ecuación:

$$\frac{x^2}{a^2} - \frac{y^2}{b^2} = 1$$

**OBSERVA**

En el caso de la hipérbola, la relación entre los parámetros *a*, *b* y *c* es la siguiente:

$$c^2 = a^2 + b^2$$

Esta ecuación es la de una **hipérbola centrada en el origen** de coordenadas con el eje focal sobre el eje de abscisas, que también recibe el nombre de **ecuación reducida** de la hipérbola.

Por analogía con la ecuación de la elipse, $a$ se denomina **semieje real,** y $b$, **semieje imaginario.**

## 4.3. Casos particulares

Mediante demostraciones similares a la anterior se obtienen las siguientes ecuaciones:

- Ecuación de una hipérbola centrada en el origen de coordenadas de eje focal vertical:

$$\frac{y^2}{a^2} - \frac{x^2}{b^2} = 1$$

Torre Azadí (Irán).

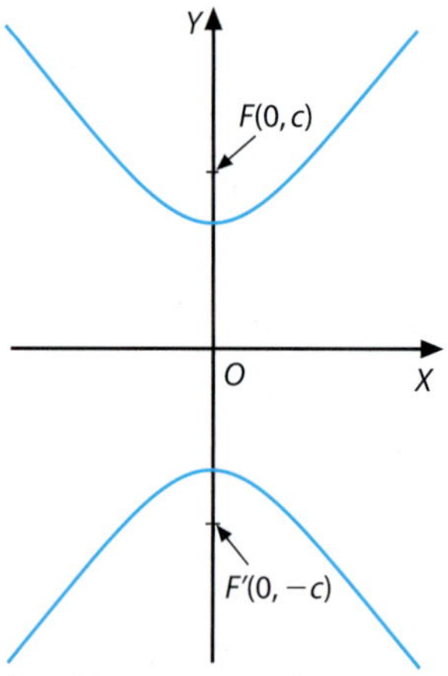


FIGURA 7.15.

- Ecuación de una hipérbola de eje focal horizontal centrada en el punto $P(x_0, y_0)$:

$$\frac{(x-x_0)^2}{a^2}-\frac{(y-y_0)^2}{b^2}=1$$

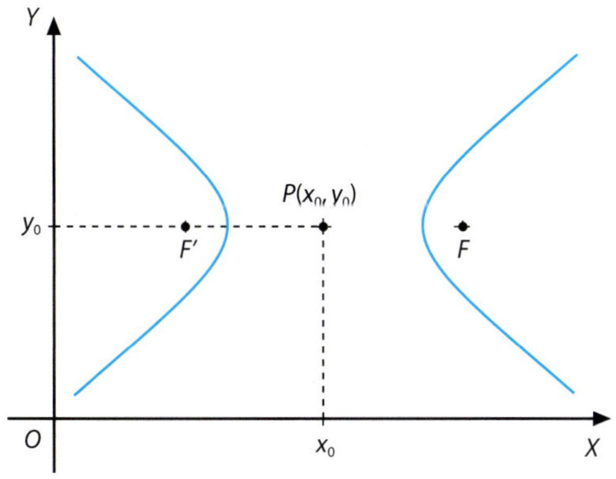

FIGURA 7.16.

- Ecuación de una hipérbola de eje focal vertical centrada en el punto $P(x_0, y_0)$:

$$\frac{(y-y_0)^2}{a^2}-\frac{(x-x_0)^2}{b^2}=1$$

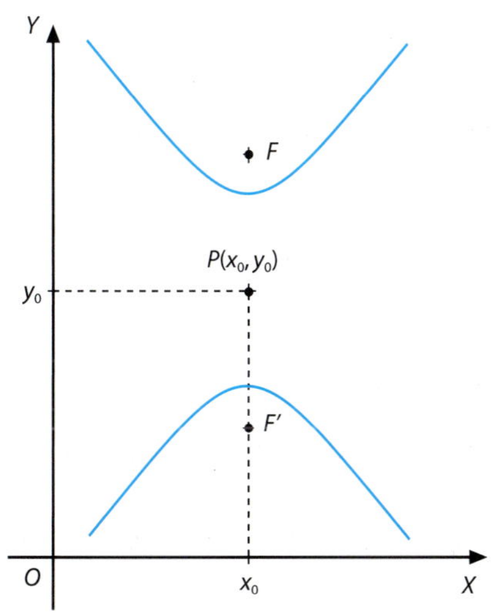

FIGURA 7.17.

## Ejercicios resueltos

▶ *Determinar la ecuación de una hipérbola de eje focal horizontal centrada en el punto $P(3, 0)$, con distancia focal 10 y distancia entre los vértices 8.*

$$\frac{(x-3)^2}{16}-\frac{y^2}{9}=1$$

▶ *Determinar la distancia focal de la hipérbola de ecuación:*

$$\frac{(x-2)^2}{144}-\frac{(y-3)^2}{25}=1$$

Como $c^2 = a^2 + b^2$, entonces:

$$c^2=144+25=169 \Rightarrow c=13$$

Por tanto, la distancia focal es: $2c = 2 \cdot 13 = 26$

## 4.4. Excentricidad de la hipérbola

> **OBSERVA**
>
> Cuanto mayor sea la excentricidad de la hipérbola más cerradas estarán sus ramas.

La **excentricidad, *e*,** de la hipérbola es el cociente entre la semidistancia focal y el semieje real:

$$e = \frac{c}{a}$$

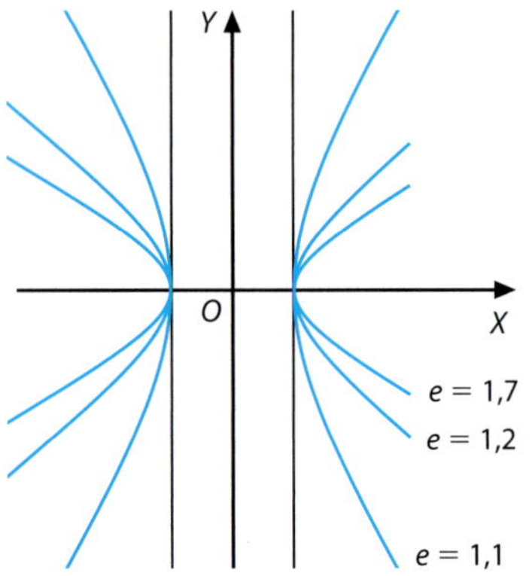

FIGURA 7.18.

La excentricidad siempre será mayor que 1, ya que el semieje mayor siempre es menor que la semidistancia focal.

## 4.5. Asíntotas de la hipérbola

Se llama **asíntota** de una hipérbola a una recta que pasa por su centro y que es tangente a la hipérbola en el infinito.

La distancia entre la hipérbola y la asíntota cuando $x$ tiende a infinito se hace tan pequeña como queramos.

Dada la hipérbola centrada en el origen de coordenadas:

$$\frac{x^2}{a^2} - \frac{y^2}{b^2} = 1$$

se puede demostrar que sus asíntotas son las rectas:

- $y = \frac{b}{a}x$
- $y = -\frac{b}{a}x$

Se observa que estas rectas pasan por el origen de coordenadas y sus pendientes, una positiva y la otra negativa, son iguales al cociente de los semiejes imaginario y real.

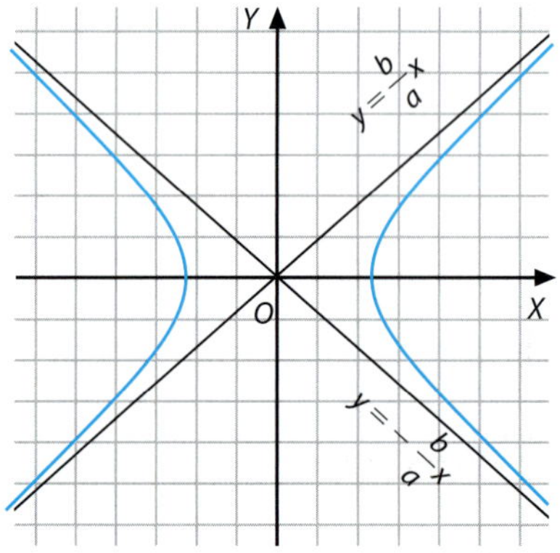

FIGURA 7.19.

**Ejercicio resuelto**

▶ *Calcular las asíntotas y la excentricidad de la hipérbola* $\frac{x^2}{25} - \frac{y^2}{81} = 1$.

$$a^2 = 25 \Rightarrow a = 5$$

$$b^2 = 81 \Rightarrow b = 9$$

Las ecuaciones de las asíntotas son $y = \frac{9}{5}x$ e $y = -\frac{9}{5}x$.

La excentricidad es: $e = \frac{\sqrt{106}}{5}$

## 4.6. Hipérbola equilátera

Una hipérbola cuyo semieje real es igual al semieje imaginario, $a = b$, se llama **hipérbola equilátera.** Su ecuación es de la forma:

$$\frac{x^2}{a^2} - \frac{y^2}{a^2} = 1 \Rightarrow x^2 - y^2 = a^2$$

Las asíntotas de una hipérbola equilátera centrada en el origen de coordenadas son $y = x$ e $y = -x$.

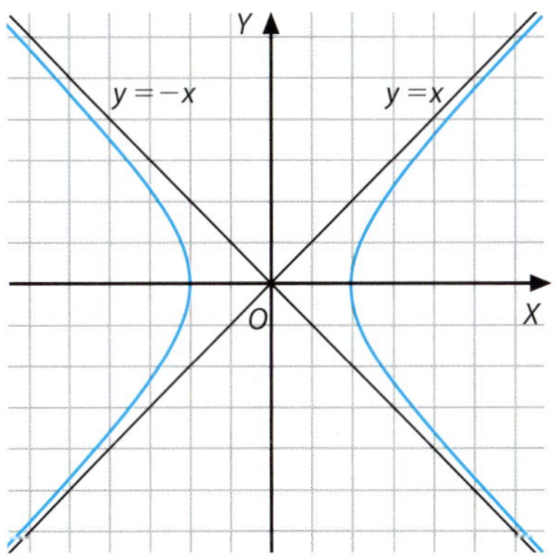


FIGURA 7.20.

Como $c^2 = a^2 + a^2 = 2a^2 \Rightarrow c = a\sqrt{2}$ y su excentricidad es:

$$e = \frac{c}{a} = \sqrt{2}$$

Si referimos la ecuación de una hipérbola equilátera a unos ejes de coordenadas que sean las bisectrices de los cuadrantes, obtenemos esta figura:

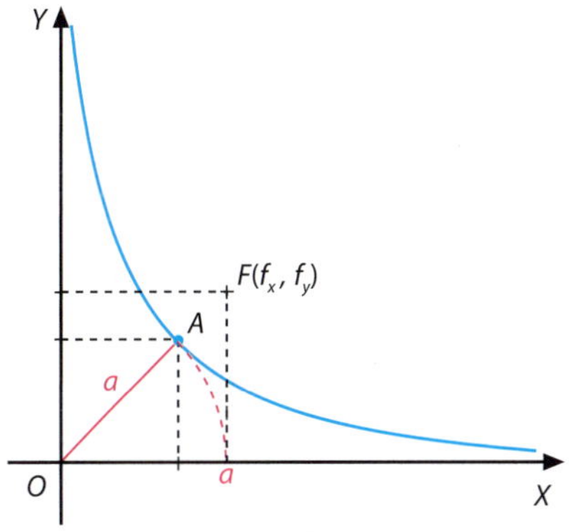


FIGURA 7.21.

$$\overline{OA} = a \text{ y } \overline{OF} = c = a\sqrt{2}$$

Calculamos, a continuación, las coordenadas de los focos, $F(f_x, f_y)$ y $F'(-f_x, -f_y)$.

Dado que estos se sitúan en la bisectriz $f_x = f_y$, al aplicar el teorema de Pitágoras a la figura 7.21, resulta:

$$f_x^2 + f_x^2 = \overline{OF}^2 \Rightarrow 2f_x^2 = 2a^2 \Rightarrow f_x = \pm a$$

Las coordenadas de los focos son $F(a, a)$ y $F'(-a, -a)$.

Si aplicamos ahora la definición de hipérbola, tenemos que:

$$|\overline{PF'} - \overline{PF}| = 2a \Rightarrow \overline{PF'} = \pm 2a + \overline{PF} \Rightarrow$$

$$\Rightarrow \sqrt{(x+a)^2 + (y+a)^2} = \pm 2a + \sqrt{(x-a)^2 + (y-a)^2}$$

Elevando al cuadrado los dos miembros de la ecuación, desarrollando y simplificando, obtenemos:

$$x + y - a = \pm\sqrt{(x-a)^2 + (y-a)^2}$$

Al elevar de nuevo al cuadrado:

$$x^2 + y^2 + a^2 + 2xy - 2ax - 2ay = x^2 - 2xa + a^2 + y^2 - 2ay + a^2 \Rightarrow$$

$$\Rightarrow 2xy = a^2 \Rightarrow xy = \frac{a^2}{2}. \text{ Sea } \frac{a^2}{2} = k \text{ entonces } xy = k$$

$$y = \frac{k}{x}$$

Esta ecuación es la de una hipérbola referida a sus asíntotas.

**RECUERDA**

La gráfica de la **función de proporcionalidad inversa** es una **hipérbola equilátera.**

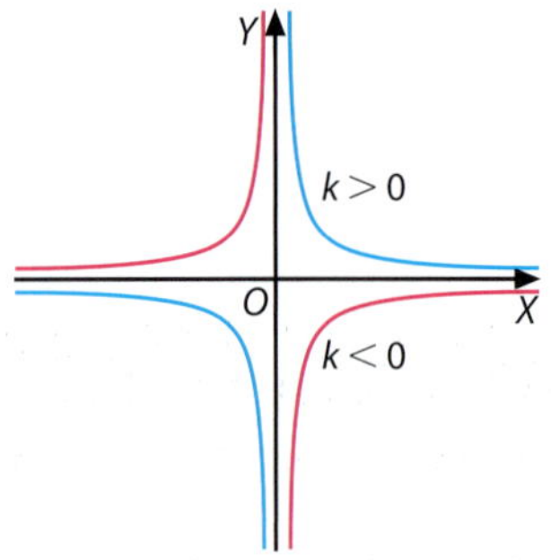

FIGURA 7.22.

## Ejercicio resuelto

▶ *Calcular las coordenadas de los focos y los vértices de la hipérbola cuya ecuación es la siguiente:*

$$y = \frac{4}{x}$$

La función se puede escribir $xy = 4$; por tanto, $a^2 = 8$ y $a = 2\sqrt{2}$.

Las coordenadas de los focos son $F(2\sqrt{2}, 2\sqrt{2})$ y $F'(-2\sqrt{2}, -2\sqrt{2})$.

Las coordenadas de los vértices serán de la forma $(x, x)$, puesto que están sobre la bisectriz del primer cuadrante:

$$x^2 + x^2 = a^2 \Rightarrow 2x^2 = 8 \Rightarrow x = \pm 2$$

Las coordenadas de los vértices son $A(2, 2)$ y $A'(-2, -2)$.

## Actividades

**16** Calcula la ecuación de una hipérbola centrada en el origen cuyo eje real es 20 cm y cuya distancia focal es 32 cm.

**17** Determina la ecuación de una hipérbola de excentricidad 1,4 y semidistancia focal 7.

**18** Calcula la excentricidad de la hipérbola cuya ecuación es la siguiente:

$$\frac{x^2}{80} - \frac{y^2}{20} = 1$$

**Solución:** $e = \frac{\sqrt{5}}{2}$

**19** Calcula el eje real, el eje imaginario, las coordenadas de los vértices y de los focos, y la excentricidad de la hipérbola de ecuación:

$$\frac{x^2}{25} - \frac{y^2}{16} = 1$$

**Solución:** Eje real = 10, eje imaginario = 8, $A(5, 0)$, $A'(-5, 0)$, $F(\sqrt{41}, 0)$, $F'(-\sqrt{41}, 0)$, $e = \frac{\sqrt{41}}{5}$

**20** Calcula las asíntotas de la hipérbola de ecuación:

$$\frac{x^2}{36} - \frac{y^2}{49} = 1$$

**21** Dada la hipérbola cuyo semieje real es 10 y cuya distancia focal es $20\sqrt{2}$, ¿puedes decir si es o no equilátera?

# 5. Parábola

## 5.1. Definición

La **parábola** es el lugar geométrico de los puntos del plano que equidistan de una recta, llamada **directriz,** y de un punto, llamado **foco.**

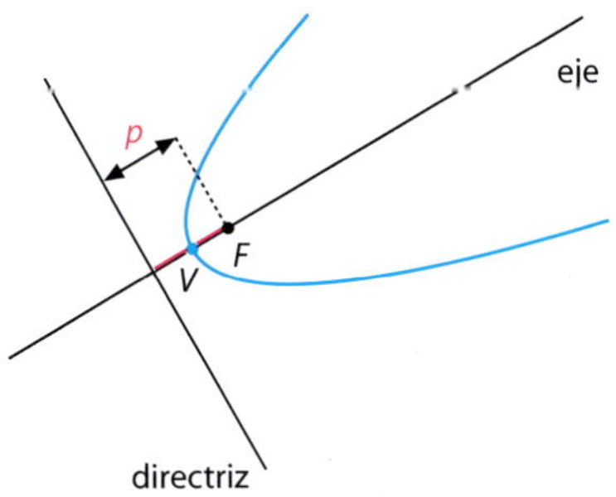

FIGURA 7.23.

ma1b27

La distancia entre el foco y la directriz se denomina **parámetro** de la parábola y se representa por $p$.

El **eje** de la parábola es la perpendicular a la directriz que pasa por el foco.

El punto de intersección de la parábola con su eje es el **vértice.**

**OBSERVA**

La parábola es simétrica respecto de su eje.

## 5.2. Ecuación

Para determinar la ecuación de la parábola, tomamos como eje de abscisas la recta perpendicular a la directriz que pasa por el foco, es decir, el eje de la parábola, y como eje de ordenadas, la paralela a la directriz que pasa por el punto medio del segmento que la une al foco, esto es, el vértice de la parábola.

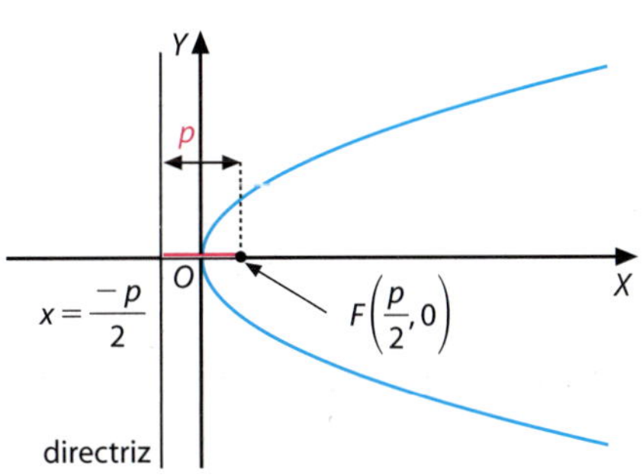

Figura 7.24.

El foco es $F\left(\frac{p}{2}, 0\right)$, y la ecuación de la directriz es $x = -\frac{p}{2}$.

Todo punto, $P(x, y)$, de la parábola deberá cumplir que:

$$d(P, directriz) = d(P, F) \Rightarrow x + \frac{p}{2} = \sqrt{\left(x - \frac{p}{2}\right)^2 + y^2}$$

Elevando al cuadrado, resulta: $\left(x + \frac{p}{2}\right)^2 = \left(x - \frac{p}{2}\right)^2 + y^2$; al operar y agrupar, obtenemos:

$$y^2 = 2px$$

Esta ecuación es la de una parábola con vértice en $(0, 0)$ y directriz vertical.

**OBSERVA**

La parábola de ecuación $y^2 = 2px$ no está definida para valores negativos de $x$.

## 5.3. Casos particulares

Mediante demostraciones similares a la anterior se obtienen las fórmulas de las siguientes ecuaciones:

- Ecuación de una parábola con el vértice en el punto $V(x_0, y_0)$ y directriz vertical (figura 7.25.a):

$$(y - y_0)^2 = 2p \cdot (x - x_0)$$

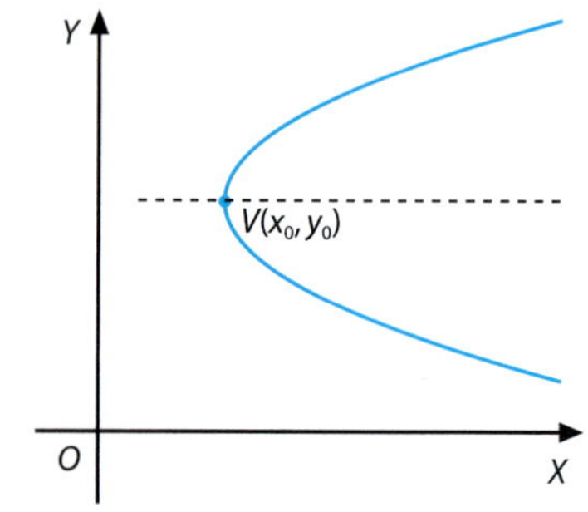


FIGURA 7.25.a.

- Ecuación de una parábola con el vértice en el punto $V(x_0, y_0)$ y directriz horizontal (figura 7.25.b):

$$(x - x_0)^2 = 2p \cdot (y - y_0)$$

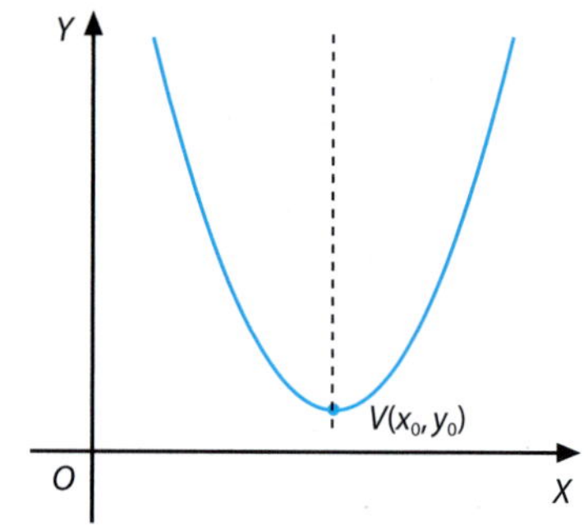


FIGURA 7.25.b.

### Ejercicio resuelto

▶ *Calcular la ecuación de una parábola de foco* $F(1, -2)$ *y de directriz la recta de ecuación:* $3x - 4y + 10 = 0$

Para resolver este ejercicio, se impone que las distancias desde un punto cualquiera de la parábola, $P(x, y)$, a la directriz y al foco sean iguales:

$$\sqrt{(x-1)^2 + (y+2)^2} = \frac{|3x - 4y + 10|}{\sqrt{3^2 + (-4)^2}}$$

operando, obtenemos:

$$x^2 - 2x + 1 + y^2 + 4y + 4 = \frac{9x^2 + 16y^2 - 24xy + 60x - 80y + 100}{25}$$

Simplificando se tiene la ecuación de la parábola:

$$16x^2 + 9y^2 + 24xy - 110x + 180y + 25 = 0$$

### Actividades

**22** Calcula el lugar geométrico de los puntos del plano que equidistan de la recta $x = -3$ y del punto $P(5, 0)$.

**23** Calcula la ecuación de una parábola de foco $F(3, -1)$ y directriz el eje de abscisas. Observa que esta parábola tiene el eje paralelo al eje de ordenadas, es decir, es una parábola vertical.

**24** Calcula el parámetro $p$ de una parábola de ecuación $y^2 = 2px$ con foco en el punto $(1, 0)$.

**Solución:** $p = 2$

---

**RECUERDA**

Una parábola de eje vertical tiene la expresión $y = ax^2 + bx + c$.

Su vértice es el punto de coordenadas:

$$V\left(\frac{-b}{2a}, -\frac{b^2 - 4ac}{4a}\right)$$

- Si $a > 0$, las ramas de la parábola están dirigidas hacia arriba.
- Si $a < 0$, la parábola tiene las ramas dirigidas hacia abajo.

Una parábola de eje horizontal tiene la expresión:

$$x = ay^2 + by + c$$

Su vértice es el punto de coordenadas:

$$V\left(-\frac{b^2 - 4ac}{4a}, \frac{-b}{2a}\right)$$

- Si $a > 0$, las ramas de la parábola están dirigidas hacia la derecha.
- Si $a < 0$, la parábola tiene las ramas dirigidas hacia la izquierda.

---

**OBSERVA**

La parábola $y = x^2$ tiene el vértice en el origen de coordenadas, eje vertical y las ramas dirigidas hacia arriba.

La parábola $y = -x^2$ tiene el vértice en el origen de coordenadas, eje vertical y las ramas dirigidas hacia abajo.

La parábola $x = y^2$ tiene el vértice en el origen de coordenadas, eje horizontal y las ramas dirigidas hacia la derecha.

La parábola $x = -y^2$ tiene el vértice en el origen de coordenadas, eje horizontal y las ramas dirigidas hacia la izquierda.

## Cálculo de tangentes a la circunferencia

**Tangente a la circunferencia por uno de sus puntos**

Sean la circunferencia $(x-a)^2+(y-b)^2=R^2$ y uno de sus puntos, $P(x_0, y_0)$.

La ecuación de la recta tangente a la circunferencia por el punto $P$ será de la forma:

$$y-y_0=m(x-x_0)$$

Esta recta es perpendicular a la recta que pasa por $P(x_0, y_0)$ y por el centro de la circunferencia $C(a, b)$, cuyo vector director es $(x_0-a,\ y_0-b)$; por lo que, su pendiente es $m'=\dfrac{y_0-b}{x_0-a}$.

Así pues, la pendiente de la recta tangente, $m$, será: $m=-\dfrac{x_0-a}{y_0-b}$ y la ecuación de la recta será:

$$y-y_0=-\frac{x_0-a}{y_0-b}(x-x_0)$$

**1.** **Calcular la tangente a la circunferencia de ecuación $x^2+y^2-4x+6y+3=0$ que pasa por el punto $P(3, 0)$.**

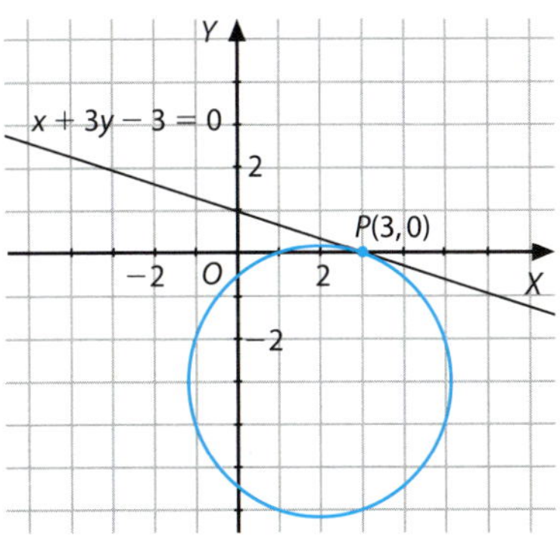


FIGURA 7.26.

El punto (3, 0) pertenece a la circunferencia, como puedes comprobar.

Las coordenadas del centro de la circunferencia son $C(2,\ -3)$.

La recta que pasa por $C(2,\ -3)$ y $P(3,\ 0)$ tiene como vector director $\vec{v}=(1,\ 3)$ y, por tanto, su pendiente es $m'=3$.

La recta tangente buscada, perpendicular a la anterior, tendrá pendiente $m=-\dfrac{1}{3}$.

La ecuación de la recta tangente será:

$$y-0=\frac{-1}{3}(x-3) \Rightarrow r: x+3y-3=0$$

**Tangente a la circunferencia por un punto exterior a esta**

Sean la circunferencia $(x-a)^2+(y-b)^2=R^2$ y un punto exterior a esta, $P(x_0, y_0)$.

La ecuación de la tangente a la circunferencia por el punto $P$ será: $y-y_0=m(x-x_0)$

Para que la recta sea tangente a la circunferencia, el sistema: $\begin{cases}(x-a)^2+(y-b)^2=R^2\\ y-y_0=m(x-x_0)\end{cases}$

deberá tener una solución única, que será el punto de tangencia.

**2.** **Calcular las ecuaciones de las rectas tangentes a la circunferencia de ecuación $x^2+y^2=4$ que pasan por el punto $P(3, 0)$.**

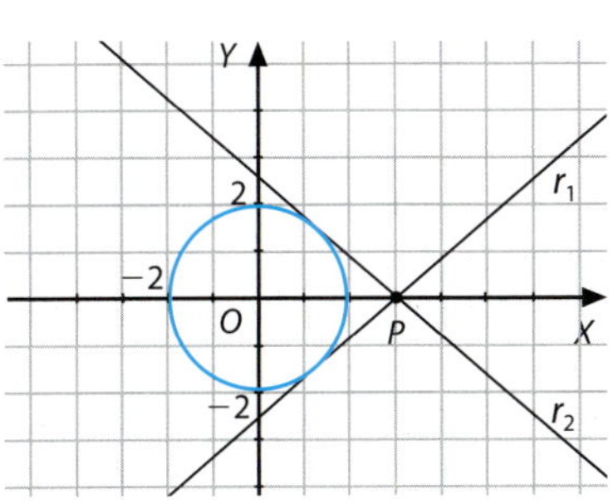


FIGURA 7.27.

En este caso, el punto $P$ no pertenece a la circunferencia.

Las ecuaciones de las rectas tangentes serán de la forma: $y-0=m(x-3)$

El sistema $\begin{cases}x^2+y^2=4\\ y=m(x-3)\end{cases}$ deberá tener una solución única.

Sustituyendo la segunda ecuación en la primera, se obtiene:

$$x^2+[m(x-3)]^2=4 \Rightarrow (m^2+1)x^2-6m^2x+9m^2-4=0$$

Si se establece que el discriminante de la ecuación es cero:

$$36m^4-4(m^2+1)\cdot(9m^2-4)=0 \Rightarrow m=\pm\frac{2}{\sqrt{5}}$$

Las dos rectas tangentes a $x^2+y^2=4$ que pasan por $P(3,\ 0)$ son:

$$r_1: y=\frac{2}{\sqrt{5}}(x-3)$$

$$r_2: y=-\frac{2}{\sqrt{5}}(x-3)$$

## Cálculo de tangentes a la elipse

**3.** **Calcular la ecuación de la recta tangente a la elipse de ecuación $\frac{x^2}{18}+\frac{y^2}{9}=1$ que pasa por $P(4, 1)$.**

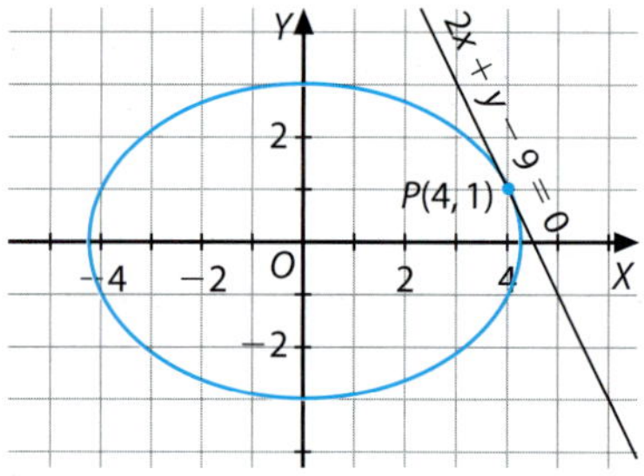


FIGURA 7.28.

El punto $P$ pertenece a la elipse, como puedes comprobar sustituyéndolo en la ecuación:

$$\frac{4^2}{18}+\frac{1^2}{9}=\frac{8}{9}+\frac{1}{9}=1$$

El sistema $\begin{cases}\frac{x^2}{18}+\frac{y^2}{9}=1\\(y-1)=m(x-4)\end{cases} \Rightarrow \begin{cases}x^2+2y^2=18\\y=m(x-4)+1\end{cases}$ deberá tener una solución única.

Sustituyendo la segunda ecuación en la primera, resulta:

$$x^2+2(m(x-4)+1)^2=18$$

Desarrollando y simplificando, se obtiene su discriminante:

$$16m^2+64m+64=0$$

Al resolver la ecuación de segundo grado anterior, tenemos: $m=-2$

La ecuación de la recta tangente buscada será:

$$r: y-1=-2(x-4)$$

## Cálculo de tangentes a la hipérbola

**4.** **Calcular la ecuación de la recta tangente a la hipérbola de ecuación $\frac{x^2}{4}-\frac{y^2}{2}=1$ que pasa por $P(1, 0)$.**

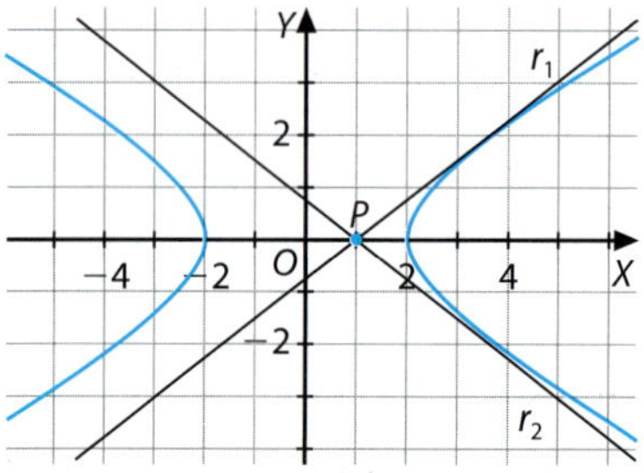


FIGURA 7.29.

El punto $P$ no pertenece a la hipérbola, como se comprueba sustituyéndolo en la ecuación:

$$\frac{1^2}{4}-\frac{0^2}{2}=\frac{1}{4}\neq 1$$

El sistema $\begin{cases}\frac{x^2}{4}-\frac{y^2}{2}=1\\y=m(x-1)\end{cases}$ deberá tener una solución única.

Sustituyendo la segunda ecuación en la primera, se obtiene:

$$x^2(1-2m^2)+4m^2x-(2m^2+4)=0$$

Esta ecuación de segundo grado deberá tener discriminante cero:

$$16m^4+4(1-2m^2)\cdot(2m^2+4)=0 \Rightarrow m=\pm\frac{2}{\sqrt{6}}$$

Las ecuaciones de las rectas tangentes son:

$$r_1: y=\frac{2}{\sqrt{6}}(x-1)$$

$$r_2: y=-\frac{2}{\sqrt{6}}(x-1)$$

## Cálculo de tangentes a la parábola

**5.** **Calcular la ecuación de la recta tangente a la parábola de ecuación $y^2=-6x$ que pasa por $P(-6, 6)$.**

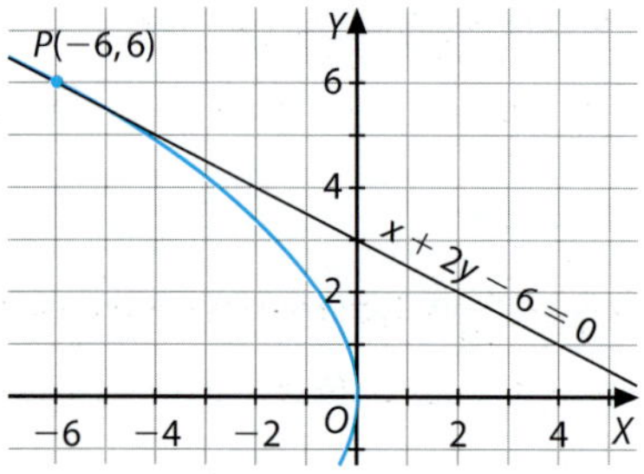


FIGURA 7.30.

El punto $P$ pertenece a la parábola.

La ecuación de la recta tangente será $(y-6)=m(x+6)$.

El sistema $\begin{cases}y^2=-6x\\y=m(x+6)+6\end{cases}$ deberá tener una solución única.

Sustituyendo la segunda ecuación en la primera, resulta:

$$[m(x+6)+6]^2=-6x \Rightarrow m^2x^2+(12m^2+12m+6)x+36m^2+72m+36=0$$

Para que el sistema tenga una única solución, el discriminante de la ecuación anterior deberá ser igual a cero:

$$(12m^2+12m+6)^2-4m^2(36m^2+72m+36)=0 \Rightarrow m=-\frac{1}{2}$$

La recta tangente es:

$$y-6=-\frac{1}{2}(x+6) \Rightarrow r: x+2y-6=0$$

## Lugares geométricos

**1** Determina la ecuación del lugar geométrico de los puntos del plano que equidistan de $A(-1, 3)$ y $B(7, -1)$.

**2** Calcula la ecuación del lugar geométrico de los puntos del plano cuya distancia al eje de abscisas sea el doble que su distancia al punto $(1, 1)$.

**3** Determina la ecuación del lugar geométrico de los puntos del plano cuya distancia a la recta $y = -3$ sea el cuadrado de la distancia a la recta $x + y + 1 = 0$.

**4** Calcula el lugar geométrico de los puntos que equidistan de las rectas $3x + 4y - 2 = 0$ y $6x - 8y + 13 = 0$.

**5** Determina el lugar geométrico de los puntos del plano cuya suma de distancias a los ejes de coordenadas es igual a 6.

## Circunferencia

**6** Calcula la ecuación de una circunferencia:

*a)* De centro el punto $C(1, 0)$ y radio 3.

*b)* De centro el punto $C(-1, -2)$ y radio 5.

*c)* De centro el punto $C(4, -4)$ y radio 4.

*d)* De centro el punto $C(0, 0)$ y radio 2.

**7** Halla las coordenadas del centro y el radio de las siguientes circunferencias.

*a)* $x^2 + y^2 - 18x - 9 = 0$

*b)* $x^2 + y^2 + 6x + 4y + 10 = 0$

*c)* $x^2 + y^2 - 4x + 10y + 33 = 0$

*d)* $4x^2 + 4y^2 - 8x + 4y - 14 = 0$

**Solución:** *a)* $C(9, 0), r = 3\sqrt{10}$ *b)* $C(-3, -2), r = \sqrt{3}$

*c)* No corresponde a una circunferencia. *d)* $C\left(1, -\frac{1}{2}\right), r = \frac{\sqrt{19}}{2}$

**8** Dada la circunferencia $x^2 + y^2 - 4x + 10y - 50 = 0$, halla:

*a)* La ecuación de otra circunferencia concéntrica a ella de radio 8.

*b)* La ecuación de otra circunferencia concéntrica a ella que pase por el punto $(2, 2)$.

**9** Calcula la ecuación de una circunferencia que pasa por los puntos $A(0, -1)$, $B(1, 2)$ y $C(-3, 2)$.

**10** Determina la ecuación de una circunferencia de centro $C(2, -1)$ y que es tangente a la recta $3x - 4y + 10 = 0$.

**11** Sean la circunferencia $x^2 + y^2 = 25$ y una recta secante, $7x + y - 25 = 0$. Calcula la ecuación de la mediatriz del segmento determinado por la circunferencia y la recta.

**12** Halla la ecuación de una circunferencia que pasa por el origen de coordenadas, tiene radio 4 y su centro está situado en la bisectriz del segundo cuadrante.

**13** Calcula la ecuación de una circunferencia que pasa por el origen de coordenadas, tiene su centro en la bisectriz del primer cuadrante y cuyo diámetro es $4\sqrt{2}$.

**14** Halla la ecuación de una circunferencia que pasa por los puntos $A(2, 1)$ y $B(3, -3)$ y tiene su centro sobre la recta de ecuación $x + y - 5 = 0$.

**15** Calcula la longitud de la cuerda común a las circunferencias $c_1: x^2 + y^2 = 10$ y $c_2: x^2 + y^2 - 10x = 0$.

**16** Los extremos de un diámetro de una circunferencia son los puntos $A(-4, 5)$ y $A'(10, 9)$. Calcula la ecuación de esa circunferencia.

**17** Dada la circunferencia $x^2 + y^2 = 25$, determina las ecuaciones de las rectas tangentes a esta que pasan por:

*a)* El punto $P(3, -4)$.

*b)* El punto $Q(0, 6)$.

**18** Halla la ecuación de una circunferencia de centro $C(2, 3)$ tangente a la recta $4x - 3y + 6 = 0$.

**19** Dada la circunferencia $x^2 + y^2 = 16$, calcula la ecuación de la recta tangente a ella paralela a $2x - y + 3 = 0$.

**20** Halla las ecuaciones de las tangentes a la circunferencia $x^2 + y^2 - 4x + 6y + 12 = 0$ que sean:

*a)* Paralelas a la recta $3x - 4y + 10 = 0$.

*b)* Perpendiculares a la recta $3x - 4y + 10 = 0$.

## Elipse

**21** Calcula las ecuaciones de las elipses de las que se conoce:

*a)* $b = 4$ y $c = 3$

*b)* $c = 9$ y $e = 0{,}2$

*c)* $2c = 10$ y $a = 10$

*d)* $b = 5$ y pasa por $P(-2, 4)$.

**22** Determina los ejes, focos, vértices y excentricidad de las elipses:

*a)* $\frac{x^2}{6} + \frac{y^2}{2} = 1$ *b)* $3x^2 + 6y^2 = 12$

**Solución:** *a)* vértices: $A(\sqrt{6}, 0), A'(-\sqrt{6}, 0), B(0, \sqrt{2}), B'(0, -\sqrt{2})$;

focos: $F(2, 0), F'(-2, 0)$; eje mayor: $2\sqrt{6}$; eje menor: $2\sqrt{2}$; $e = \frac{\sqrt{6}}{3}$

*b)* vértices: $A(2, 0), A'(-2, 0), B(0, \sqrt{2}), B'(0, -\sqrt{2})$;

focos: $F(\sqrt{2}, 0), F'(-\sqrt{2}, 0)$; eje mayor: 4; eje menor: $2\sqrt{2}$; $e = \frac{\sqrt{2}}{2}$

**23** Calcula la ecuación de una elipse centrada en el origen que pasa por los puntos $A(1, -1)$ y $B(0, -4)$.

**24** Comprueba si el punto $P(\sqrt{5}, 2\sqrt{2})$ pertenece a la elipse $\frac{x^2}{25} + \frac{y^2}{10} = 1$.

**25** Dada la elipse $\frac{x^2}{25} + \frac{y^2}{10} = 1$, calcula las coordenadas de un punto de dicha elipse cuya ordenada es el triple que la abscisa.

**Solución:** $P_1\left(5\sqrt{\frac{2}{47}}, 15\sqrt{\frac{2}{47}}\right)$, $P_2\left(-5\sqrt{\frac{2}{47}}, -15\sqrt{\frac{2}{47}}\right)$

**26** Calcula la ecuación de una elipse cuyos focos son $F(2, 5)$ y $F'(2, -4)$, sabiendo, además, que $a = 15$.

**27** Determina las ecuaciones de las tangentes a la elipse de ecuación $\dfrac{x^2}{16} + \dfrac{y^2}{5} = 1$ en el punto $P(0, 6)$.

**28** Calcula la ecuación de las rectas tangente y normal a la elipse $4x^2 + y^2 = 20$ en el punto de abscisa 1 y ordenada negativa.

**29** Calcula la ecuación de la recta tangente a la elipse, cuya ecuación es $\dfrac{x^2}{18} + \dfrac{y^2}{9} = 1$, por el punto $P(6, 0)$.

## Hipérbola

**30** Halla los ejes, focos, vértices y excentricidad de las siguientes hipérbolas:

*a)* $\dfrac{x^2}{25} - \dfrac{y^2}{9} = 1$

*b)* $x^2 - 3y^2 = 18$

*c)* $x^2 - y^2 = 25$

**Solución:** *a)* ejes: $2a = 10, 2b = 6$; focos: $F\left(\sqrt{34}, 0\right), F'\left(-\sqrt{34}, 0\right)$; vértices: $A(5, 0), A'(-5, 0)$; $e = \dfrac{\sqrt{34}}{5}$ *b)* ejes: $2a = 6\sqrt{2}, 2b = 2\sqrt{6}$; focos: $F\left(\sqrt{24}, 0\right), F'\left(-\sqrt{24}, 0\right)$; vértices: $A\left(3\sqrt{2}, 0\right), A'\left(-3\sqrt{2}, 0\right)$; $e = \dfrac{2\sqrt{3}}{3}$ *c)* ejes: $2a = 10, 2b = 10$; focos: $F\left(5\sqrt{2}, 0\right), F\left(-5\sqrt{2}, 0\right)$; vértices: $A(5, 0),\ A'(-5, 0)$; $e = \sqrt{2}$

**31** La hipérbola $\dfrac{x^2}{25} - \dfrac{y^2}{b^2} = 1$ pasa por $(3\sqrt{5}, -2)$. Halla su ecuación.

**32** Halla la ecuación de una hipérbola equilátera cuya distancia focal dé $8\sqrt{2}$. Calcula sus ejes, focos, vértices y excentricidad.

**Solución:** ejes: $2a = 8, 2b = 8$; focos: $F\left(4\sqrt{2}, 0\right), F'\left(-4\sqrt{2}, 0\right)$; vértices: $A(4, 0),\ A'(-4, 0)$; $e = \sqrt{2}$

**33** Determina el ángulo que forman las asíntotas de la hipérbola de ecuación $11x^2 - 7y^2 = 77$.

**Solución:** $\alpha = 77°\, 9'\, 37{,}48''$

**34** El eje imaginario de una hipérbola mide 16 cm, y sus asíntotas son $y = \dfrac{4}{5}x$ e $y = -\dfrac{4}{5}x$. Calcula la ecuación de la hipérbola, sus ejes, focos, vértices y excentricidad.

**Solución:** ejes: $2a = 20, 2b = 16$; focos: $F\left(2\sqrt{41}, 0\right), F'\left(-2\sqrt{41}, 0\right)$; vértices: $A(10, 0),\ A'(-10, 0)$; $e = \dfrac{\sqrt{41}}{5}$

**35** Dada la hipérbola $4x^2 - 10y^2 = 24$, calcula las coordenadas de un punto del tercer cuadrante cuya abscisa sea el doble que la ordenada. Determina las ecuaciones de la recta tangente y de la recta normal a dicha hipérbola que pasan por este punto.

**Solución:** $P(-4, -2)$

**36** Si la ecuación de una hipérbola es $x \cdot y = 1$, ¿cuáles son las ecuaciones de sus asíntotas? ¿Y la ecuación de su eje focal? ¿Cuánto vale el eje real? ¿Cuáles son las coordenadas de los focos? ¿Y las coordenadas de los vértices?

**Solución:** eje real: $2\sqrt{2}$; vértices: $A(1, 1), A'(-1, -1)$; focos: $F\left(\sqrt{2}, \sqrt{2}\right), F'\left(-\sqrt{2}, -\sqrt{2}\right)$

**37** Dada la ecuación de la hipérbola:

$$x^2 - 6y^2 = 24$$

calcula $n$ para que $y = 3x + n$ sea una de sus tangentes.

**Solución:** $n = \pm 2\sqrt{53}$

**38** Determina la ecuación de la recta tangente a la hipérbola de ecuación $\dfrac{x^2}{4} - \dfrac{y^2}{2} = 1$ en el punto $P(6, 0)$.

## Parábola

**39** Calcula la ecuación de las parábolas que tienen las siguientes características:

*a)* La directriz es la recta $x = -5$, y el foco, el punto $F(5, 0)$.

*b)* El vértice está en el origen de coordenadas, pasa por el punto $(5, 4)$ y su eje es el de abscisas.

*c)* El vértice está en el origen de coordenadas, pasa por el punto $(5, 4)$ y su eje es el de ordenadas.

*d)* El vértice está en el punto $V(5, 4)$ y la directriz es la recta $x = 0$.

**40** Halla la ecuación de una parábola cuyo foco es el punto $(1, 1)$ y su directriz, la recta $y = 2x$.

**41** Calcula la ecuación de la tangente a la parábola $y^2 = 6x$ en el punto de coordenadas $P(6, -6)$.

**42** Calcula la ecuación de la tangente a la parábola $y^2 = 10x - 30$ en el punto $P(1, 0)$.

## Ejercicios de aplicación

**43** Determina la posición relativa de la elipse de ecuación $x^2 + 2y^2 = 3$ y la recta $x + 2y - 1 = 0$.

**44** Halla la posición relativa de la elipse $4x^2 + 9y^2 = 36$ y la circunferencia $x^2 + y^2 = 25$.

**45** Calcula la posición relativa de la circunferencia de ecuación $x^2 + y^2 = 25$ y la recta $3x + 2y - 19 = 0$.

**46** Halla la posición relativa de la recta $x + y - 3 = 0$ y la elipse $\dfrac{x^2}{6} + \dfrac{y^2}{3} = 1$.

**47** Dadas las siguientes ecuaciones, identifica de qué cónica se trata e indica sus elementos característicos:

*a)* $x^2 + y^2 - 10x + 6y + 30 = 0$

*b)* $x^2 + y^2 - 10x + 6y - 25 = 0$

*c)* $(x - 5)^2 + \dfrac{(y - 3)^2}{5} = 1$

*d)* $4x^2 - 3(y + 7)^2 - 12 = 0$

*e)* $\dfrac{x^2}{8} - \dfrac{y^2}{2} = 10$

*f)* $(y - 5)^2 = 6(x - 1)$

# Evaluación

| Soy capaz de... | Actividades |
|---|---|
| Conocer el significado de lugar geométrico en el plano. | 1, 2, 3 y 4 |
| Identificar las cónicas como lugares geométricos y conocer sus principales características. | 3-10 |
| Realizar investigaciones utilizando programas informáticos específicos en las que hay que seleccionar, estudiar posiciones relativas y realizar intersecciones entre rectas y las distintas cónicas estudiadas. | 1-4 |

**1.** Halla, mediante la definición de lugar geométrico, la ecuación de la mediatriz del segmento formado por los puntos $A(1, 2)$ y $B(4, 5)$.

Utiliza el programa GeoGebra para comprobar la solución.

**2.** Calcula, mediante la definición de lugar geométrico, la ecuación de la bisectriz de las rectas

$$r: 4x - y + 1 = 0$$
$$s: -x + 4y - 4 = 0$$

Comprueba con el programa GeoGebra la solución.

**3.** Determina la ecuación del lugar geométrico de los puntos que equidistan del punto $P(1, -1)$ tres unidades.

Verifica con el programa GeoGebra la solución.

**4.** Halla la ecuación del lugar geométrico de los puntos del plano si la suma de las distancias a los puntos $P(1, 5)$ y $Q(3, 5)$ es de $\sqrt{5}$ unidades.

Construye mediante GeoGebra el lugar geométrico pedido.

**5.** Clasifica las siguientes curvas cónicas y señala sus elementos característicos.

*a)* $x^2 + y^2 = 5$

*b)* $x^2 + 2y^2 = 4$

*c)* $x^2 - 3y^2 = 9$

*d)* $y^2 - 3x = 5$

**6.** Calcula la ecuación de la circunferencia que pasa por los puntos $A(0, 6)$, $B(4, 10)$ y $C(8, 6)$. Halla el centro y el radio de dicha circunferencia.

**7.** Calcula la recta tangente a la circunferencia de ecuación $x^2 + y^2 - 8x - 8y + 28 = 0$ por los puntos:

*a)* $P(0, 4)$

*b)* $Q(4, 0)$

**8.** Halla la ecuación de la elipse centrada en el punto $A(-1, 3)$ con semieje mayor 10 u y excentricidad 0,6.

**9.** Determina la ecuación de la hipérbola horizontal centrada en el origen con distancia focal 12 u y distancia entre los vértices de 10 u. Calcula además la excentricidad y sus asíntotas.

**10.** Calcula la ecuación de la parábola cuyo foco es $F(0, 2)$ y su directriz es la recta con ecuación $y = -4$.

# 8 Funciones

Desde sus orígenes, el ser humano ha sentido curiosidad por el mundo que le rodea. Por eso ha intentado hallar las relaciones entre las magnitudes que puede observar en los fenómenos de la naturaleza.

Por ejemplo, el tiempo que tarda en caer una piedra depende de la altura desde la que cae; la aceleración que adquiere un cuerpo depende de la fuerza con la que es empujado, y la presión que ejerce un gas en un recipiente depende de la temperatura de dicho gas. Pero también los fenómenos económicos y sociales presentan dependencia: las ganancias de una empresa dependen de sus ingresos; el coste de una llamada telefónica depende de su duración, y el interés de una cuenta bancaria depende, entre otros factores, del plazo, por mencionar solo algunos ejemplos.

Cuando una magnitud depende de otra, se dice que la primera está en función de la segunda.

# Repasa lo que sabes

Un **intervalo** es un subconjunto de números reales que se corresponde gráficamente con los puntos de un segmento o de una semirrecta de la recta real.

- Intervalo abierto: $(a, b) = \{x \in \mathbb{R} \,/\, a < x < b\}$
- Intervalo cerrado: $[a, b] = \{x \in \mathbb{R} \,/\, a \leq x \leq b\}$
- Intervalos semiabiertos o semicerrados: $(a, b] = \{x \in \mathbb{R} \,/\, a < x \leq b\}$
  $[a, b) = \{x \in \mathbb{R} \,/\, a \leq x < b\}$

La **amplitud de un intervalo** es la longitud del segmento que determina.

**OBSERVA**

En la recta numérica se asigna $-\infty$ al extremo izquierdo, y $+\infty$, al derecho.

**1.** Escribe los intervalos $[-3, 5)$, $(-\infty, 5)$ y $(-3/2, +\infty)$ de la recta real como desigualdades.

**2.** Escribe los conjuntos $\mathbb{R} - \{-2, 0\}$, $\mathbb{R} - [-3, 5)$ y $\{x \in \mathbb{R} \mid x \geq -5\}$ en forma de intervalo o unión de intervalos.

El **entorno de un punto** $x_0$ es el intervalo $(x_0 - r, x_0 + r)$, donde $r$ es el radio, es decir, la mitad de la amplitud.

**3.** Indica el entorno del punto 2, de radio 0,5.

El **valor numérico** de un polinomio $p(x)$ para $x = a$, es el número que resulta al sustituir la indeterminada $x$ del polinomio por un número cualquiera $a$. Se representa por $p(a)$.

**Polinomios y fracciones algebraicas**

- Un **polinomio** de grado $n$ es cualquier expresión del tipo:

$$p(x) = p_0 + p_1x + p_2x^2 + p_3x^3 + \ldots + p_nx^n$$

donde $p_n \neq 0$, $n$ es un número natural, $p_i$ son números reales, y $x$ es la indeterminada.

- Una **fracción algebraica** es el cociente de dos polinomios:

$$\frac{p(x)}{q(x)}, \text{ con } q(x) \neq 0.$$

**4.** Dada la igualdad $y = \dfrac{3x - 1}{x + 1}$ averigua el valor de $y$ cuando $x = 0$, y el valor de $x$ cuando $y = 7$.

- Una **ecuación** es una igualdad algebraica que solo se verifica para determinados valores de sus indeterminadas, que se denominan incógnitas.
- Un **sistema de ecuaciones** está formado por varias ecuaciones consideradas conjuntamente. Las soluciones del sistema son los valores de las incógnitas que son soluciones de todas las ecuaciones simultáneamente.

**5.** Resuelve estas ecuaciones y sistemas.

*a)* $x^2 - 18x = -17$

*b)* $(2x + 1)^2 - 5 = 4$

*c)* $\begin{cases} x + y = 2 \\ 3x - 5y = -6 \end{cases}$

*d)* $\begin{cases} x + y + z = 2 \\ 2x - 3y + z = 14 \\ x + 2y - 5z = -18 \end{cases}$

Una **inecuación** es una desigualdad entre expresiones algebraicas. Resolver una inecuación consiste en hallar todas sus soluciones.

**6.** Halla las soluciones de las siguientes inecuaciones.

*a)* $3x - 1 > 0$

*b)* $x^2 - 4 \geq 0$

*c)* $x^2 + 2 < 3$

# 1. Definición de función. Dominio y recorrido

Observa los siguientes ejemplos:

- El precio de una llamada telefónica *depende de* su duración.
- El espacio que recorre un móvil con movimiento uniforme *depende del* tiempo invertido.
- El volumen de una pirámide *depende* de su altura.

En estos ejemplos, la expresión *depende de* puede cambiarse por *es función de*.

Una **función** es una relación entre dos magnitudes o variables. Una de ellas, denominada *y* o **variable dependiente,** viene determinada o depende del valor de la otra, llamada *x* o **variable independiente,** que, de algún modo, es su causa.

La relación funcional que se establece entre las magnitudes puede expresarse mediante una **tabla,** una **gráfica** o una **expresión analítica** en la que, a través de una **fórmula,** y dando valores a la variable *x*, se obtienen los correspondientes valores de la variable *y*.

| Altura sobre el nivel del mar (m) | Presión atmosférica (mbar) |
|---|---|
| 0 | 1 013 |
| 500 | 983 |
| 1 000 | 899 |
| 1 500 | 845 |
| 2 000 | 795 |
| 3 000 | 701 |
| 4 000 | 616 |
| 5 000 | 540 |
| 7 500 | 382 |
| 10 000 | 264 |

Así, por ejemplo:

- En la tabla del margen se especifica cómo disminuye la presión atmosférica en función de la altura. La altura es la variable independiente: su aumento produce una disminución de presión; por tanto, la presión es la variable dependiente.
- El coste de una carrera de taxi depende de la distancia que se recorra. Supongamos que, en cierta localidad, la bajada de bandera vale 2 € y da derecho a un trayecto de 1,9 km; a partir de esta distancia, la tarifa es de 0,80 €/km. Si $x$ es la longitud del trayecto, en kilómetros, el coste de la carrera viene dado por esta expresión:

$$C(x) = \begin{cases} 2 & \text{si } 0 \leq x \leq 1{,}9 \\ 2 + 0{,}80 \cdot (x - 1{,}9) & \text{si } x > 1{,}9 \end{cases}$$

Así, una carrera de 5,7 km costará $C(5{,}7) = 2 + 0{,}80 \cdot (5{,}7 - 1{,}9) = 5{,}04$ €, mientras que una de 1 km valdrá $C(1) = 2$ €.

Por otra parte, decimos que el valor $C(1) = 2$ es la imagen de 1 por $C(x)$, mientras que el valor 5,7 lo denominamos antiimagen de 5,04 ya que:

$$5{,}04 = C^{-1}(5{,}7)$$

Según lo dicho, podemos establecer la siguiente definición de función:

Una **función** es una aplicación entre dos conjuntos, A y B, tal que a cada elemento del conjunto **A (conjunto original)** le corresponde un único elemento del conjunto **B (conjunto final).** Se escribe de la siguiente forma:

$$\begin{aligned} f\colon A &\rightarrow B \\ x &\rightarrow y = f(x) \end{aligned}$$

$y$ es la **imagen** por $f$ de $x$, es decir, $y = f(x)$

$x$ es la **antiimagen** de $y$ por $f$, es decir, $x = f^{-1}(y)$

Un ejemplo de aplicación es la correspondencia de $\mathbb{N}$ en $\mathbb{Q}$, definida como:

$$\begin{aligned} f\colon \mathbb{N} &\rightarrow \mathbb{Q} \\ n &\rightarrow \frac{n+3}{2} \end{aligned}$$

La aplicación que hace que cada individuo de un conjunto se corresponda con su altura es una función de $\mathbb{N}$ en $\mathbb{R}$.

Sin embargo, la correspondencia inversa a este ejemplo no es una función, ya que varios individuos pueden tener una misma altura.

> Dada una función, $f$, para cada valor $x \in A$, existe un único elemento $y = f(x) \in B$. La afirmación inversa no siempre es cierta.
>
> Si $f: A \rightarrow B$ y $A$ y $B$ son subconjuntos de $\mathbb{R}$, la función se denomina **función real de variable real.**

Por ejemplo, la aplicación que asigna a cada número real su raíz cúbica es una función real de variable real.

La aplicación que asigna al consumo de agua de una vivienda el valor de su factura es una función real de variable real. Fíjate en que un mismo consumo no puede tener dos facturas distintas.

En general, en la expresión de una función cualquiera no se suele indicar en qué subconjunto, $A$, está definida, ni cuál es el subconjunto, $B$, de todos los posibles valores o imágenes que puede tomar dicha función. Estas características de las funciones deberán determinarse, en cada caso, teniendo en cuenta tanto el tipo de función como la forma en la que se exprese.

> El **dominio** de una función es el conjunto original de la aplicación. En una función real de variable real, $f(x)$, el dominio es el subconjunto $A \subset \mathbb{R}$ formado por todos los elementos $x$ que tienen imagen $y = f(x)$.
>
> $$\text{Dom } f = \{x \in \mathbb{R} \mid \exists\, y = f(x) \in \mathbb{R}\}$$

Por ejemplo, en la función real de variable real $f(x) - 1/x$, dado que no existe $1/0$, $\text{Dom } f = \mathbb{R} - \{0\}$.

En la función definida en la página anterior mediante la tabla que relaciona la altura sobre el nivel del mar con la presión, el dominio es un subconjunto de $\mathbb{R}^+$.

> El **recorrido** o **imagen** de una función es el conjunto imagen de la aplicación. En una función real de variable real, $f(x)$, el recorrido o imagen es el subconjunto $B \subset \mathbb{R}$ formado por todos los elementos $y$ para los cuales existe al menos un elemento $x$ del dominio tal que $f(x) = y$, es decir, $B = f(A)$.
>
> $$\text{Rec } f = \{y \in \mathbb{R} \mid \exists\, x \in \text{Dom } f \text{ con } f(x) = y\}$$

Esto es lo mismo que decir que el recorrido de una función es el subconjunto $B \subset \mathbb{R}$ formado por todos los elementos $y$ que tienen **antiimagen** $x = f^{-1}(y)$. El recorrido es el conjunto de todos los posibles valores de $y = f(x)$.

De ahora en adelante nos referiremos a las funciones reales de variable real simplemente como funciones.

**conjunto original** —— aplicación ⟶ **conjunto imagen**

**dominio** —— función ⟶ **recorrido o imagen**

### NOTACIÓN MATEMÁTICA

| Símbolo | Significado |
|---|---|
| $\forall$ | Para todo |
| $\in$ | Pertenece a |
| $\subset$ | Incluido en |
| $\exists$ | Existe un |
| $\mid$ | Tal que |

### OBSERVA

La imagen de un original $x$, $y = f(x)$, si existe, es única. La antiimagen $x = f^{-1}(y)$ es el conjunto de elementos del dominio de la función con la misma imagen; por tanto, no tiene por qué ser única.

Por ejemplo, dada la función $f(x) = x^2$, tenemos que:

$$f^{-1}(4) = \{-2, 2\}$$

puesto que $(-2)^2 = 2^2 = 4$.

## Ejercicios resueltos

▶ *La suma de las longitudes de un lado de un triángulo y su altura correspondiente es 20 cm. Expresar su área en función de la altura e indicar su dominio.*

El área de un triángulo se puede calcular mediante la expresión $A = (b \cdot h) / 2$.

Puesto que $b + h = 20$, se puede expresar la base en función de la altura:

$$b = 20 - h$$

Sustituyendo, obtenemos:

$$A(h) = \frac{(20-h) \cdot h}{2} = \frac{20h - h^2}{2} = 10h - \frac{h^2}{2}$$

Queda expresada, así, el área en función de la altura; se trata de una función polinómica de segundo grado, cuya variable independiente es la altura.

Solo tiene sentido calcular el área para aquellos valores de la altura que estén comprendidos entre 0 y 20, esto es:

$$\text{Dom } A = \{h \in \mathbb{R} \mid 0 < h < 20\} = (0, 20)$$

▶ *Tres amigos tardan 8 días en pintar un piso. Calcular cuántos días hubieran tardado si les hubieran ayudado otros dos amigos que trabajasen al mismo ritmo. Expresar el tiempo invertido en función del número de amigos que trabajan.*

Como cada uno de los tres amigos ha invertido 8 días en pintar el piso, puede decirse que han necesitado 24 días en total ($8 \cdot 3 = 24$). De este modo, para cubrir los 24 días entre cinco amigos, cada uno de ellos debe trabajar 4,8 días ($24/5 = 4{,}8$).

Así, la función que expresa el tiempo (en días) que tardan en acabar la obra, según el número de amigos, $x$, es:

$$T(x) = \frac{24}{x}$$

Recuerda que este tipo de funciones se denomina de proporcionalidad inversa: cuantos más amigos sean, menor será la duración de la obra.

## Actividades

**1** Expresa mediante una función:

*a)* El precio, en función del peso, de una cierta cantidad de café que vale 2 €/kg.

*b)* El coste de una llamada telefónica, si el establecimiento de llamada es de 0,10 € y la tarifa por minuto, de 0,20 €.

*c)* La relación entre la altura y la base de un triángulo cualquiera de 6 $cm^2$ de área, si la base es la variable dependiente.

**2** En la siguiente tabla se muestran algunos pares ordenados de una aplicación, $f(n)$, de $\mathbb{N}$ en $\mathbb{N}$.

| $n$ | 1 | 2 | 3 | 4 | 5 | 6 |
|---|---|---|---|---|---|---|
| $f(n)$ | 1 | 3 | 5 | 7 | 9 | 11 |

*a)* Halla su expresión analítica.

*b)* Calcula $f(8)$.

**Solución:** *a)* $f(n) = 2n - 1$ *b)* $f(8) = 15$

**3** Un coche ha estado circulando a 70 km/h hasta el kilómetro 40 de una carretera comarcal. En ese mismo instante, y en el kilómetro 0 de dicha carretera, otro coche circula a 90 km/h. Si ambos vehículos mantienen su velocidad constante, expresa cómo varía la distancia que los separa en función del tiempo. Cuando el segundo coche vaya 40 km por delante del primero, ¿qué tiempo habrá transcurrido?

**Solución:** $d = |20t - 40|$; 4 h

## 2. Representación gráfica de una función

Dado que una función, $f$: $\mathbb{R} \to \mathbb{R}$, es una aplicación, está constituida por un conjunto de pares ordenados de elementos de $\mathbb{R}$, $(x, f(x))$. Estos pares de números se pueden representar en un sistema de coordenadas cartesianas mediante puntos, $(x, y)$, donde $y = f(x)$.

Si la función está expresada de la forma $y = f(x)$, asignando valores a $x$, se pueden obtener pares de números, $(x, f(x))$. Cuantos más pares de números tengamos, más detallada será la representación gráfica de la función.

Si la función viene definida por una tabla de valores, se representa la variable independiente en el eje de abscisas y la dependiente en el de ordenadas, con lo que se obtiene un conjunto de puntos que constituyen su representación gráfica.

### Ejercicio resuelto

▶ *Representar la función $f(x) = (-1/2)x^2 + 10\,x$. (La expresión de esta función es la misma que la obtenida en el primer ejemplo del epígrafe anterior.)*

Como puedes observar, se trata de una función polinómica de segundo grado. Para realizar su representación gráfica (una parábola) es preciso determinar las coordenadas de su vértice y los puntos en los que la gráfica corta al eje de abscisas, así como completar un cuadro de valores con algunos puntos más, dispuestos de forma simétrica respecto de la abscisa del vértice.

En nuestro caso, $a = -1/2$, $b = 10$ y $c = 0$.

El vértice se determina de la siguiente forma:

$$x_v = \frac{-b}{2a} = \frac{-10}{2 \cdot (-1/2)} = 10$$

$$y_v = (-1/2) \cdot 10^2 + 10 \cdot 10 = 50$$

Por tanto, el vértice se encuentra en el punto $(10, 50)$.

Los puntos en los que la gráfica corta al eje de abscisas son los que tienen la ordenada igual a cero, $y = 0$. Es decir, hemos de calcular para qué valores de $x$ se anula $f(x)$:

$$f(x) = 0 \Rightarrow -(1/2)x^2 + 10x = 0 \Rightarrow ((-1/2)x + 10) \cdot x = 0 \Rightarrow$$
$$\Rightarrow x = 0 \text{ y } (-1/2)x + 10 = 0$$

Así pues, la gráfica corta al eje de abscisas en $x = 0$ y $x = 20$.

Por último, construimos una tabla de valores y representamos los puntos:

| $x$ | $-2$ | 0 | 6 | 10 | 14 | 20 | 22 |
|---|---|---|---|---|---|---|---|
| $y = f(x)$ | $-22$ | 0 | 42 | 50 | 42 | 0 | $-22$ |

El dominio es Dom $f = \mathbb{R}$.

Para establecer el recorrido, se observa que, como $a = -1/2 < 0$, la parábola es convexa, por lo que el **vértice,** $(10, 50)$, es el punto cuya ordenada, $y = 50$, constituye el valor **máximo** que toma la función.

Esto quiere decir que Rec $f = (-\infty, 50]$.

En el contexto del primer ejemplo del epígrafe anterior, esto significa que el área máxima que puede tener el triángulo que se indicaba es de 50 cm$^2$. Además, si $x$, que es la altura y, por tanto, ha de ser positiva, tomara valores mayores que 20 cm, el área sería negativa, como se observa en la gráfica, lo cual es absurdo, por lo que el dominio de la función área es el intervalo real $(0, 20)$.

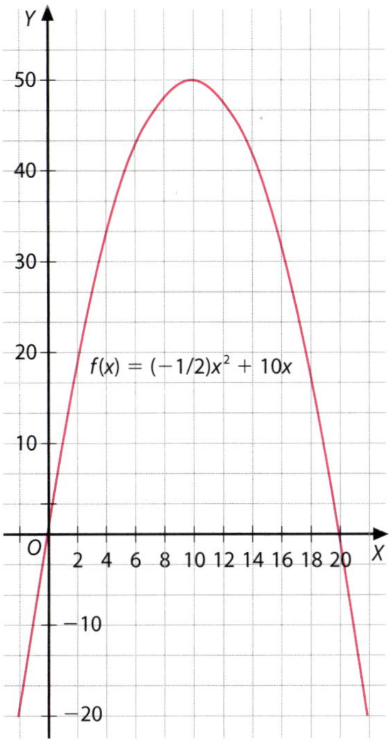


FIGURA 8.1.

## Ejercicios resueltos

▶ *Representar de forma aproximada la función* $f(x) = \sqrt{x-2}$.

En primer lugar, construimos una tabla que relacione la variable $x$ con su imagen, $f(x)$. Observa que el dominio de la función está restringido al conjunto de valores reales del intervalo $[2, +\infty)$, puesto que el radicando, $x - 2$, ha de ser mayor o igual que cero para que exista la raíz cuadrada.

| $x$ | 2 | 3 | 4 | 6 | 11 | 18 |
|---|---|---|---|---|---|---|
| $\sqrt{x-2}$ | 0 | 1 | $\sqrt{2}$ | 2 | 3 | 4 |

Ya tenemos suficientes datos para representar la función:

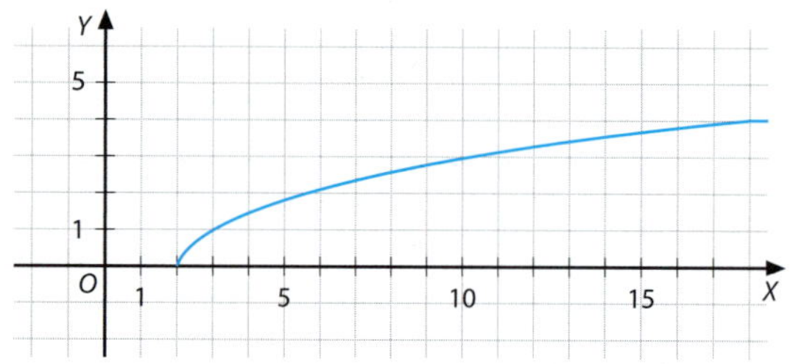


FIGURA 8.2.

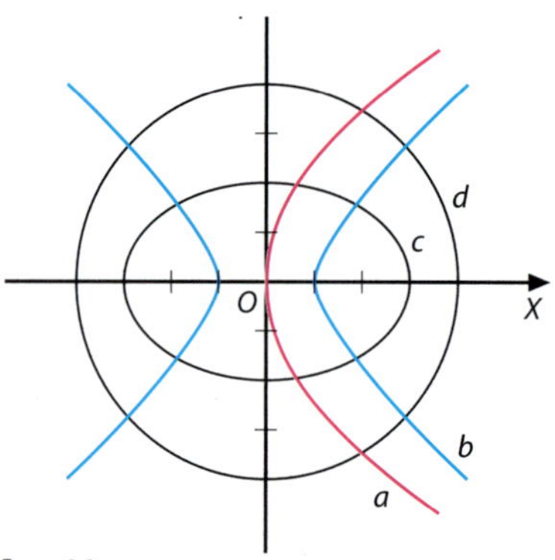


FIGURA 8.3.

▶ *¿Corresponden a funciones las gráficas de la figura 8.3?*

Las gráficas de la figura 8.3 corresponden a las representaciones de ciertas figuras geométricas agrupadas bajo la denominación de **cónicas: parábola** ($a$), **hipérbola** ($b$), **elipse** ($c$) y **circunferencia** ($d$).

Como se puede observar, su expresión, $y = f(x)$, **no corresponde a una función,** pues para un mismo valor de $x$ pueden existir dos valores de $y$. Para visualizar gráficamente esta característica, basta con trazar una recta perpendicular al eje de abscisas que, excepto en los vértices de las figuras, corta a la cónica en dos puntos distintos.

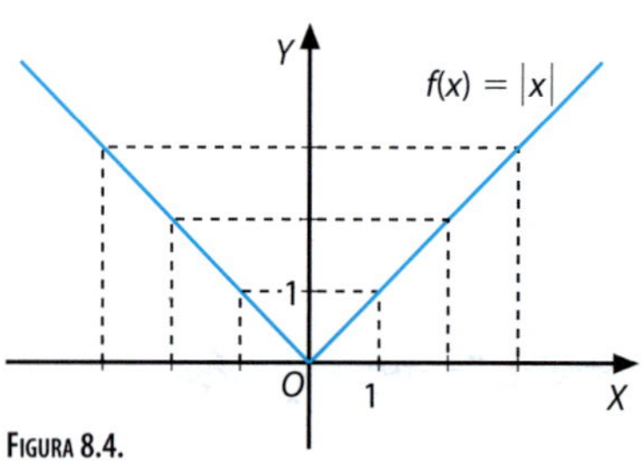


FIGURA 8.4.

▶ *Representar gráficamente la función «valor absoluto de un número real».*

La función *valor absoluto de un número real*, $f(x) = |x|$, se define como:

$$f(x) = |x| = \begin{cases} x & \text{si } x \geq 0 \\ -x & \text{si } x < 0 \end{cases}$$

Se trata, por tanto, de una **función definida a trozos.** Está definida para cualquier valor real, ya que $\text{Dom } f = \mathbb{R}$, y su recorrido es el conjunto de valores reales no negativos, es decir:

$$\text{Rec } f = [0, +\infty)$$

Su representación gráfica es la de la figura 8.4.

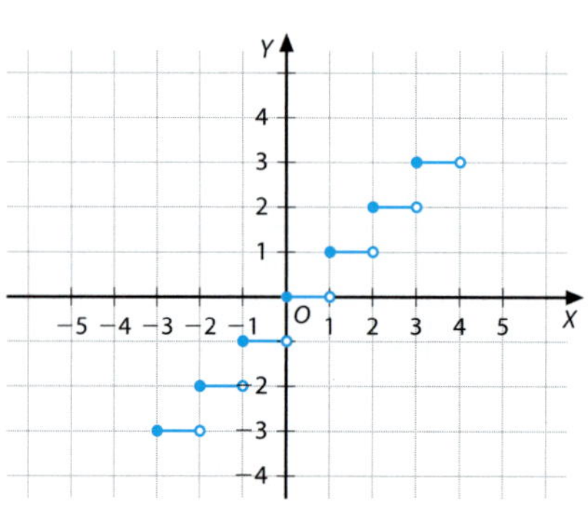


FIGURA 8.5.

▶ *Representar gráficamente la función «parte entera de un número real».*

La parte entera de un número real $x$, que se escribe como $E(x)$ o $[x]$, es el mayor número entero $z$, tal que $0 \leq x - z < 1$, donde $x \in \mathbb{R}$. Es decir, a cada número real, $x$, se le hace corresponder el mayor número entero $z$ que sea menor o igual que $x$:

$$E(-2) = -2 \qquad E(0) = 0$$
$$E(-1{,}5) = -2 \qquad E(0{,}5) = 0$$
$$E(-1) = -1 \qquad E(1) = 1$$
$$E(-0{,}5) = -1 \qquad E(1{,}5) = 1$$

La función que asigna su parte entera a cualquier número real, $f(x) = E(x)$, es una función a trozos. Está definida en $\mathbb{R}$, $\text{Dom } f = \mathbb{R}$, y su recorrido es el conjunto de los enteros, $\mathbb{Z}$.

Su representación gráfica es la de la figura 8.5.

Un recurso muy útil para estudiar las características de las funciones es su representación gráfica, construida a partir de su expresión analítica o de una tabla que muestra la relación funcional.

Así, la representación gráfica de la figura 8.6 permite observar que:

- $f(0) = -1,\ f(-2) = 3,\ f(2) = -2,\ f(1) = 0$
- $f^{-1}(0) = \{-1/2, 1, 4\},\ f^{-1}(-1) = \{0, 5, 7\}, f^{-1}(-2) = (-\infty, -2) \cup \{2\}$
- $\text{Dom}\, f = (-\infty, 2] \cup (3, +\infty)$
- $\text{Rec}\, f = \{-2\} \cup [-1{,}25; +\infty)$

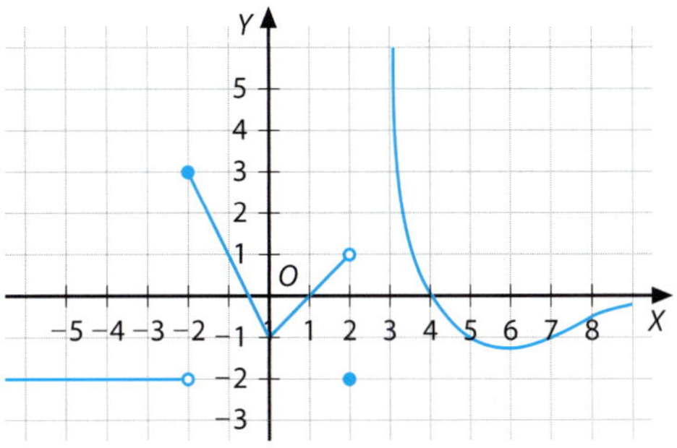

FIGURA 8.6.

**RECUERDA**

En una representación gráfica, el símbolo ○ significa que el punto señalado por él no pertenece a la gráfica.

En la figura 8.6, los puntos $(-2, -2)$ y $(2, 1)$ no pertenecen a la gráfica. Las ordenadas correspondientes a las abscisas $-2$ y $2$ son, respectivamente, $3$ y $-2$. Por tanto, los puntos $(-2, 3)$ y $(2, -2)$ pertenecen a la gráfica, lo que se indica con el símbolo ●.

## Actividades

**4** A partir de las gráficas, halla los valores de las imágenes y antiimágenes.

*a)* $f(2),\ f(6),\ f(7),\ f(-3/2),\ f(-9/2),\ f^{-1}(0),\ f^{-1}(2),\ f^{-1}(-2)$

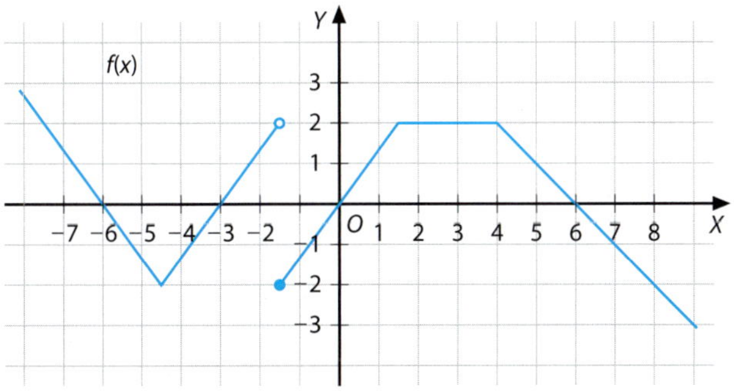


FIGURA 8.7.a.

*b)* $g(-4),\ g(-1/2),\ g(0),\ g^{-1}(2),\ g^{-1}(-3),\ g^{-1}(0)$

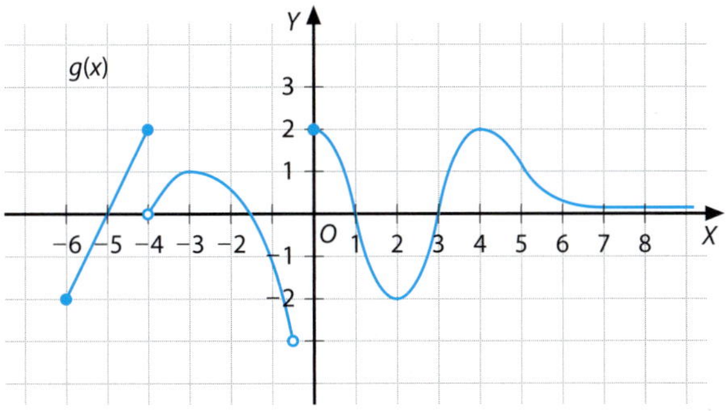


FIGURA 8.7.b.

*c)* $h(-5),\ h(-3),\ h(-2),\ h(0),\ h(3),\ h(5),\ h^{-1}(-3),\ h^{-1}(-1),\ h^{-1}(2)$

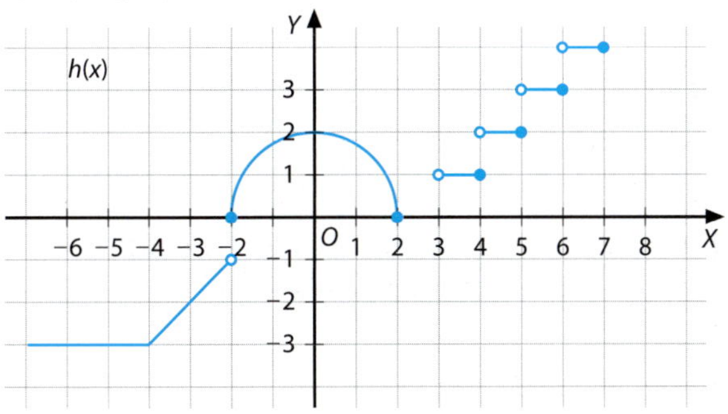


FIGURA 8.7.c.

# 3. Cálculo del dominio de una función

Son **funciones algebraicas** aquellas cuya variable independiente, $x$, está sometida a operaciones algebraicas: suma, resta, multiplicación, división, potenciación y radicación. Todas las funciones polinómicas, racionales e irracionales son algebraicas.

Las funciones que no son algebraicas, se denominan **trascendentes.** Las funciones logarítmicas, exponenciales y trigonométricas son trascendentes.

## 3.1. Funciones polinómicas

Las **funciones polinómicas** son todas aquellas cuya expresión es la de un polinomio:

$$f(x) = p_0 + p_1x + p_2x^2 + \dots + p_{n-2}x^{n-2} + p_{n-1}x^{n-1} + p_nx^n$$

En estas funciones, cualquier número real, $x \in \mathbb{R}$, tiene imagen. Es decir, al sustituir $x$ por un número real cualquiera en la expresión anterior, siempre existe $f(x)$. Por tanto, el dominio de todas estas funciones polinómicas es $\mathbb{R}$.

Así, el dominio de la función polinómica $f(x) = 4x^5 + 3x^2 - x + 1$ es $\mathbb{R}$.

Las funciones polinómicas más conocidas son:

- La función constante, $f(x) = k$.
- La función de proporcionalidad directa, $f(x) = kx$.
- La función lineal, $f(x) = ax + b$.
- La función cuadrática, $f(x) = ax^2 + bx + c$.

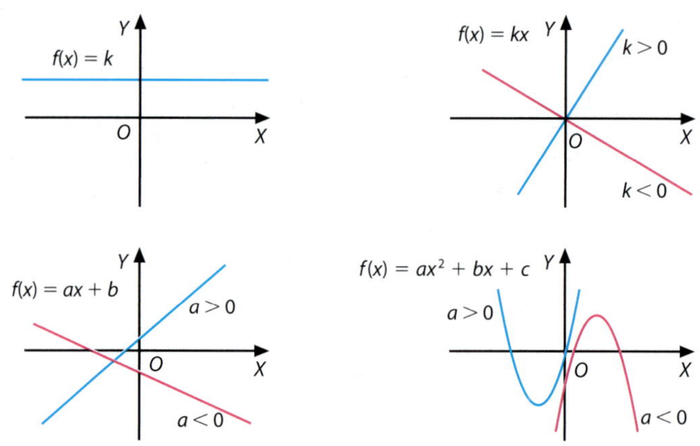


FIGURA 8.8.a.

A continuación se muestran las representaciones de algunas funciones polinómicas de órdenes superiores: $f(x) = x^3$ (figura 8.8.b) y $g(x) = x^4 - 2x^2$ (figura 8.8.c).

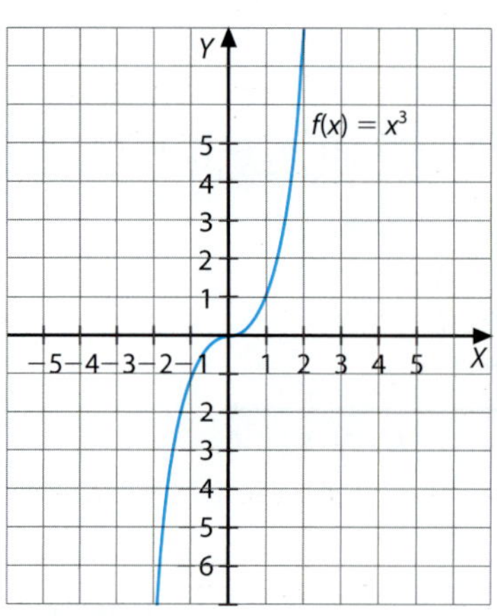


FIGURA 8.8.b.

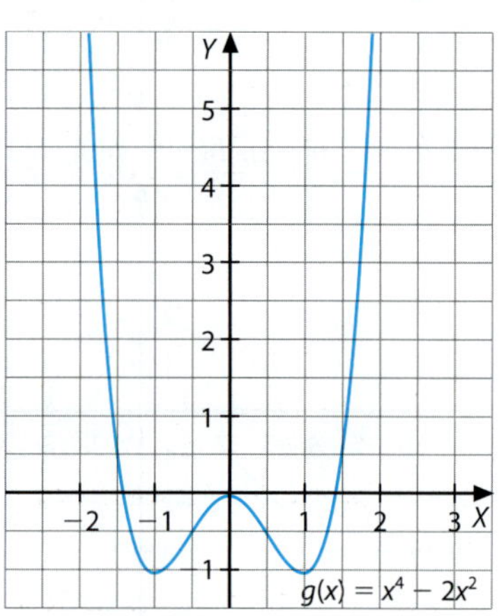


FIGURA 8.8.c.

## 3.2. Funciones racionales

Las **funciones racionales** son aquellas cuya expresión es una fracción algebraica, es decir, el cociente entre dos polinomios:

$$f(x) = \frac{p(x)}{q(x)}$$

El dominio de este tipo de funciones está formado por aquellos valores reales que no anulan el denominador. En general, se puede escribir:

$$\text{Dom } f = \{x \in \mathbb{R} \mid q(x) \neq 0\}$$

Un ejemplo de función racional es la función de proporcionalidad inversa, $f(x) = 1/x$ (figura 8.9), cuyo dominio es $\mathbb{R} - \{0\}$.

**OBSERVA**

Para designar un subconjunto de números reales, puede usarse también la notación de intervalo.

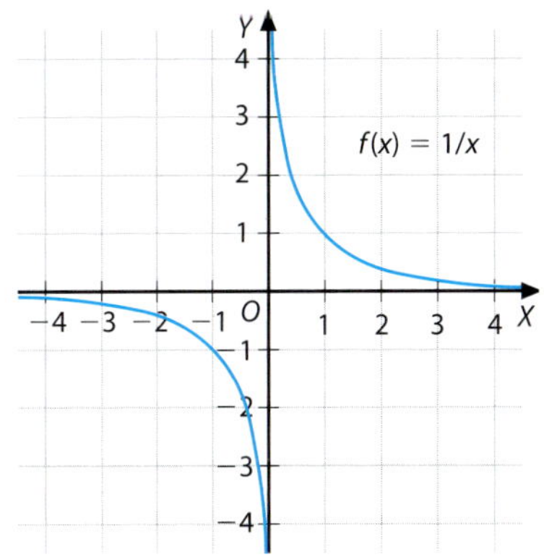


FIGURA 8.9.

**Ejercicio resuelto**

▶ *Hallar el dominio de* $f(x) = \dfrac{3x-1}{x^2-1}$.

$$\text{Dom } f = \{x \in \mathbb{R} \mid x^2 - 1 \neq 0\}$$

Dado que $x^2 - 1 = 0$ para $x = 1$ y $x = -1$, resulta:

$$\text{Dom } f = \mathbb{R} - \{-1, 1\} = (-\infty, -1) \cup (-1, 1) \cup (1, +\infty)$$

## 3.3. Funciones irracionales

Las **funciones irracionales** son aquellas cuya expresión matemática presenta un radical $\sqrt[n]{g(x)}$, donde $g(x)$ es una función polinómica o racional.

Dada $f(x) = \sqrt[n]{g(x)}$, si el índice de la raíz, $n$, es par, el dominio de la función son los valores de $x$ que hacen que el radicando sea positivo o nulo. Sin embargo, si $n$ es impar, el dominio de $f(x)$ es el mismo que el de $g(x)$.

El dominio de $f(x) = \sqrt{4-x}$ es $\{x \in \mathbb{R} \mid 4 - x \geq 0\}$.

Así, $4 - x \geq 0$ si $-x \geq -4$, esto es, $x \leq 4$, por lo que $\text{Dom } f = (-\infty, 4]$.

El dominio de $f(x) = \sqrt[3]{\dfrac{-x+1}{x}}$ es $\{x \in \mathbb{R} \mid x \neq 0\} = \mathbb{R} - \{0\}$.

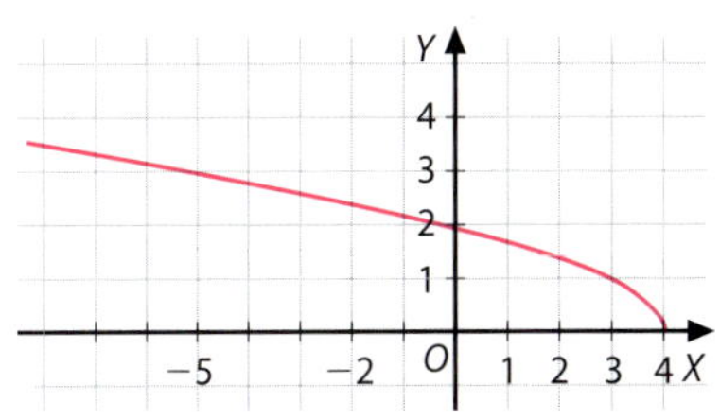


FIGURA 8.10.

**Ejercicio resuelto**

▶ *Hallar el dominio de* $f(x) = \sqrt{-x^2 + 2x + 3}$.

$$\text{Dom } f = \{x \in \mathbb{R} \mid -x^2 + 2x + 3 \geq 0\}$$

Dado que $-x^2 + 2x + 3 = (x+1) \cdot (3-x)$, hay que determinar para qué valores de $x$ el producto de estos factores es mayor o igual que cero. Para ello, es útil realizar un cuadro de signos como el que sigue:

| | $-\infty$ a $-1$ | $-1$ a $3$ | $3$ a $+\infty$ |
|---|---|---|---|
| $x+1$ | − | + | + |
| $3-x$ | + | + | − |
| $(x+1)\cdot(3-x)$ | − | + | − |

Como se observa, el producto es positivo o nulo en el intervalo $[-1, 3]$. Por tanto:

$$\text{Dom } f = \{x \in \mathbb{R} \mid -1 \leq x \leq 3\} = [-1, 3]$$

**OBSERVA**

- Los **cuadros de signos** son útiles siempre que la función pueda descomponerse en productos o cocientes de productos, y siempre que sea posible determinar sus ceros y los puntos en los que no esté definida.
- Para descomponer una función polinómica, $f(x)$, se utiliza la regla de Ruffini, o, si es de segundo grado, se resuelve la ecuación $f(x) = 0$.

## Ejercicio resuelto

▶ *Hallar el dominio de* $f(x) = \sqrt{\dfrac{3x-1}{2-x}}$.

$$\text{Dom } f = \left\{ x \in \mathbb{R} - \{2\} \mid \frac{3x-1}{2-x} \geq 0 \right\}$$

A continuación, se realiza el siguiente cuadro de signos:

| | $-\infty$ a $\frac{1}{3}$ | $\frac{1}{3}$ a $2$ | $2$ a $+\infty$ |
|---|---|---|---|
| $3x-1$ | − | + | + |
| $2-x$ | + | + | − |
| $\dfrac{3x-1}{2-x}$ | − | + | − |

El radicando existe y es positivo o nulo en [1/3, 2).

Observa que no hace falta imponer específicamente que $2 - x \neq 0$. Esta condición queda sobreentendida desde el momento en que se decide que el cociente existe y es positivo o nulo. Por tanto:

$\text{Dom } f = \{x \in \mathbb{R} \mid 1/3 \leq x < 2\}$ o, simplemente, $\text{Dom } f = [1/3, 2)$

## 3.4. Funciones definidas gráficamente

Cuando una función está expresada gráficamente, determinar su dominio es observar el conjunto de valores reales del eje de abscisas que tienen imagen. Un procedimiento visual consiste en proyectar la gráfica sobre el eje de abscisas, como ves en la figura; en este caso: $\text{Dom } f(x) = (-\infty, 2] \cup (5, +\infty)$.

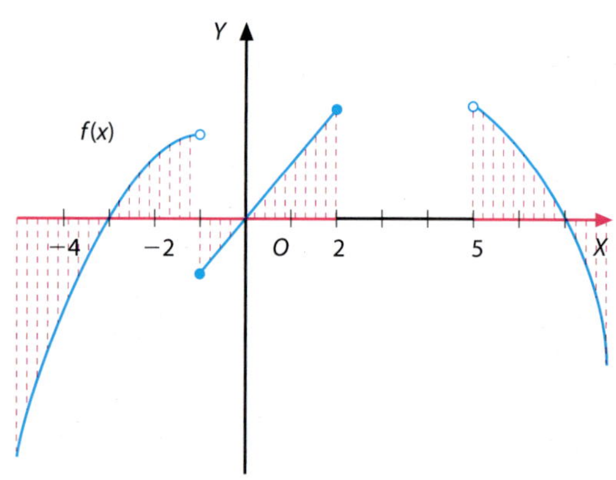


FIGURA 8.11.

## 3.5. Funciones definidas a trozos

Las funciones **definidas a trozos** tienen una expresión analítica diferente para distintos valores o subconjuntos reales. Así, por ejemplo, la función valor absoluto es una función definida a trozos, como también lo es la siguiente:

$$f(x) = \begin{cases} x^2 + 1 & \text{si } x \leq 3 \\ 2x + 1 & \text{si } x > 4 \end{cases}$$

Para determinar el dominio de una función definida a trozos es preciso unir los diferentes subconjuntos para los cuales está definida.

Así, en el caso anterior: $\text{Dom } f = (-\infty, 3] \cup (4, +\infty] = \mathbb{R} - (3, 4]$

## Ejercicio resuelto

▶ *En el recibo del agua de un municipio se cobra una cuota fija de 4 €. Los primeros 50 m³ consumidos se pagan a 0,30 €/m³ y, a partir de ahí, el precio es de 0,50 €/m³. Determinar la función que permita conocer el importe de la factura según los metros cúbicos de agua consumidos.*

Esta es una típica función definida a trozos:

- Si $x$ es el consumo de agua, en m³, y este es menor o igual que 50 m³, entonces la factura será:

$$4 + 0{,}30x$$

- Si el consumo, $x$, es mayor que 50 m³, entonces:

$$4 + 50 \cdot 0{,}30 + 0{,}50(x - 50)$$

A partir de esto, la expresión analítica de la función es:

$$f(x) = \begin{cases} 4 + 0{,}30x & \text{si } 0 \leq x \leq 50 \\ 4 + 50 \cdot 0{,}30 + 0{,}50(x - 50) & \text{si } x > 50 \end{cases}$$

Operando, nos queda la siguiente función:

$$f(x) = \begin{cases} 4 + 0{,}30x & \text{si } 0 \leq x \leq 50 \\ 0{,}50x - 6 & \text{si } x > 50 \end{cases}$$

Por ejemplo, para un consumo de 60 m³, y dado que $60 > 50$, la factura ascenderá a $f(60) = 0{,}50 \cdot 60 - 6 = 24$ €.

La gráfica de esta función es la que se observa en la figura 8.12.

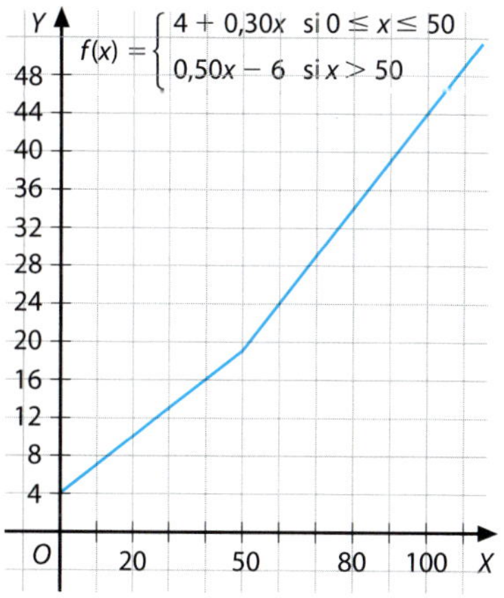


Figura 8.12.

## Actividades

**5** Halla el dominio de las siguientes funciones.

*a)* $f(x) = 2x^3 - x - \dfrac{1}{x}$

*b)* $f(x) = \dfrac{x+2}{x^2+2}$

*c)* $f(x) = \dfrac{2x-1}{x^3 - 7x^2 + 10x}$

*d)* $f(x) = \sqrt{x^2 - 1}$

*e)* $f(x) = \sqrt{-2x^2 - x + 1}$

*f)* $f(x) = \dfrac{\sqrt{3x-5}}{x-2}$

*g)* $f(x) = \sqrt[3]{\dfrac{1}{x}}$

*h)* $f(x) = \begin{cases} x^2 - 1 & \text{si } x < 0 \\ \dfrac{3}{x-5} & \text{si } x > 0 \end{cases}$

*i)* $f(x) = \dfrac{x}{\sqrt{x^2 - x}}$

*j)* $f(x) = \dfrac{|x|}{x}$

*k)* $f(x) = \dfrac{\sqrt{x+2}}{x^2+1}$

*l)* $f(x) = \dfrac{x^2+x+1}{3x^2-7x+2}$

**6** Calcula la expresión analítica de la función representada en la figura, e indica su dominio.

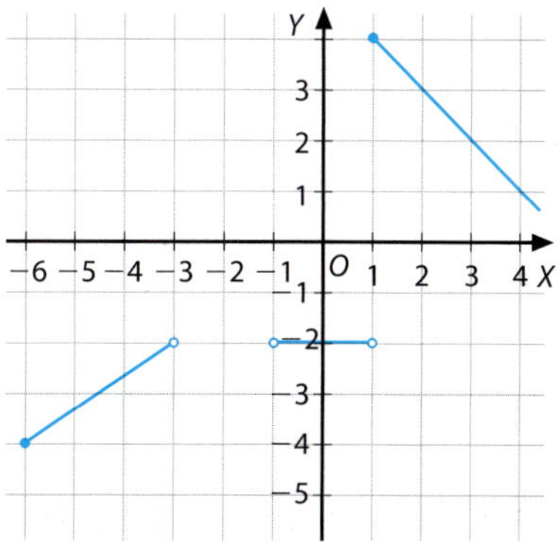


Figura 8.13.

## OBSERVA

El recorrido de las **funciones polinómicas de primer grado,** de la forma $f(x) = ax + b$, es $\mathbb{R}$.

El recorrido de las **funciones polinómicas de segundo grado,** de la forma $f(x) = ax^2 + bx + c$, es un subconjunto de $\mathbb{R}$ que se determina a partir de la ordenada de su vértice, $y_v$, y del signo del coeficiente $a$:

- Si $a > 0$, entonces:
  $\text{Rec } f(x) = [y_v, +\infty)$
- Si $a < 0$, entonces:
  $\text{Rec } f(x) = (-\infty, y_v]$

# 4. Cálculo del recorrido de una función

Dada una función, $f(x)$, el conjunto de valores reales, $y \in \mathbb{R}$, que poseen antiimagen, es decir, $y = f^{-1}(x)$, constituye el recorrido de dicha función.

Para calcular el recorrido de funciones definidas gráficamente se determina la **proyección** de la gráfica sobre el eje de ordenadas. Así el recorrido de cada una de estas funciones es:

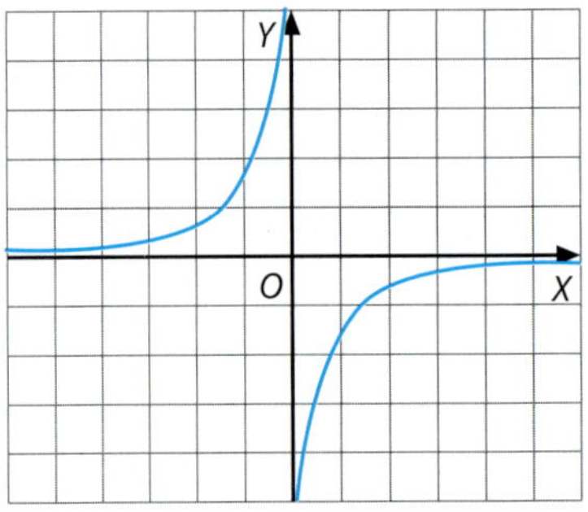


**Figura 8.14.a.**

$\text{Rec } f = \mathbb{R} - \{0\}$

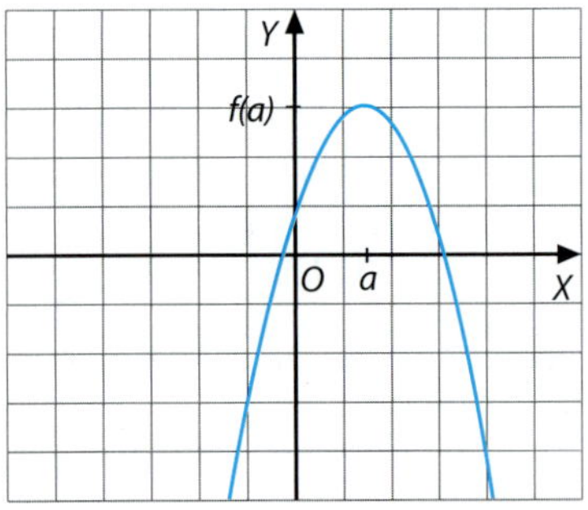


**Figura 8.14.b.**

$\text{Rec } f = (-\infty, f(a)]$

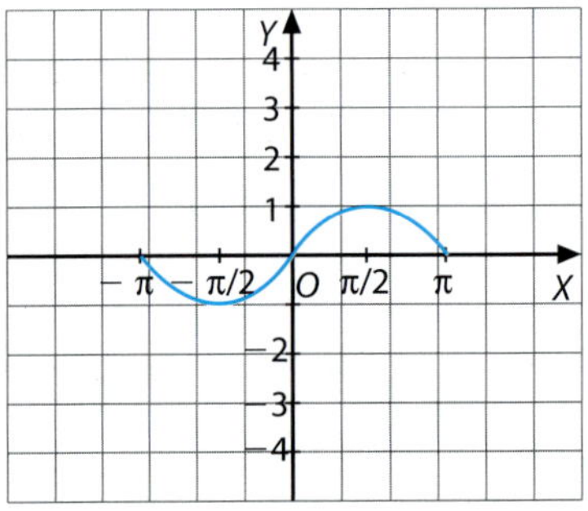


**Figura 8.14.c.**

$\text{Rec } f = [-1, 1]$

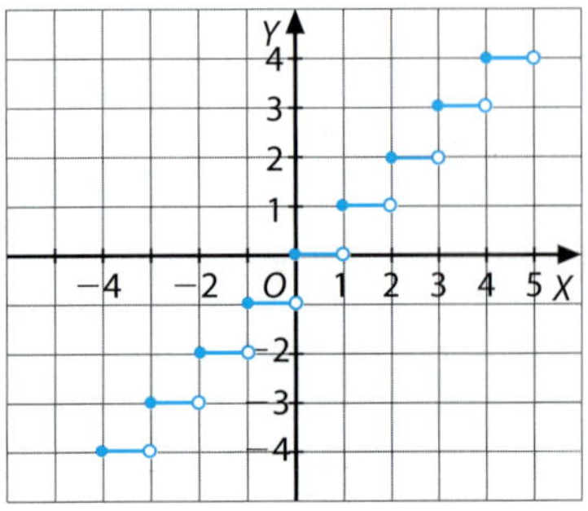


**Figura 8.14.d.**

$\text{Rec } f = \mathbb{Z}$

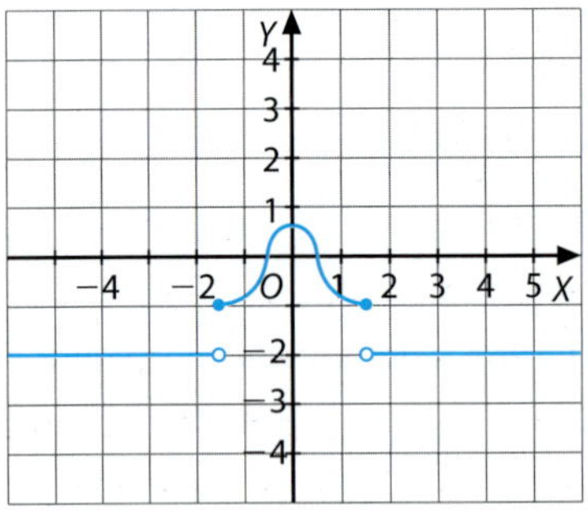


**Figura 8.14.e.**

$\text{Rec } f = \{-2\} \cup \left[-1, \frac{1}{2}\right]$

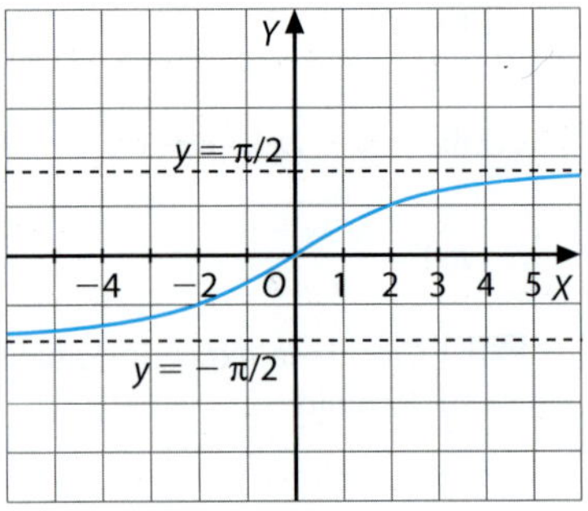


**Figura 8.14.f.**

$\text{Rec } f = \left(-\frac{\pi}{2}, \frac{\pi}{2}\right)$

## Actividades

**7** Calcula el recorrido de las siguientes funciones.

***a)*** $f(x) = x^2 - 1$

***b)*** $f(x) = x^2 - x$

***c)*** $f(x) = -x^2 + 2x - 1$

***d)*** $f(x) = 7$

**Solución:** ***a)*** $[-1, +\infty)$ ***b)*** $[-1/4, +\infty)$ ***c)*** $(-\infty, 0]$ ***d)*** $\{7\}$

# 5. Características de una función

## 5.1. Signo de una función

Dada una función, $f(x)$, determinar su signo es hallar para qué valores de su dominio es $f(x) > 0$ y $f(x) < 0$.

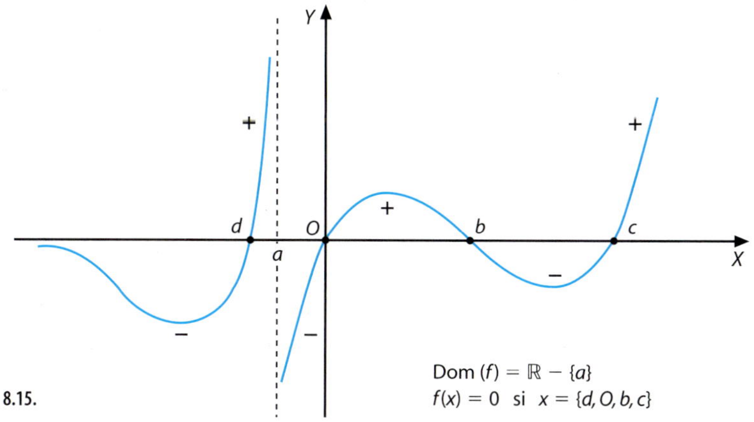


FIGURA 8.15.

A partir de su representación gráfica, $f(x) > 0$ para el conjunto de puntos situados por encima del eje de abscisas, y $f(x) < 0$ para aquellos puntos que se hallan por debajo. A partir de su expresión analítica, es preciso encontrar los posibles cambios de signo, determinando los ceros de la función y los puntos en los que no está definida. Con estos datos se pueden establecer los intervalos de signo constante.

**Ceros de una función**

Son ceros de una función los valores del dominio que satisfacen $f(x) = 0$, es decir, las soluciones de la ecuación $f(x) = 0$.

Los puntos en los que la función no está definida son aquellos que no pertenecen al dominio, $x \notin \text{Dom}(f)$.

**Ejercicio resuelto**

▶ *Determinar los intervalos de signo constante en el dominio de esta función:*

$$f(x) = x - \frac{4}{x}$$

Hay que averiguar los ceros de $f(x)$:

$$f(x) = 0 \text{ si } x - \frac{4}{x} = 0, \text{ esto es, si } x^2 - 4 = 0$$

Por tanto, para $x = -2$ y para $x = 2$ la función se anula.

También hay que hallar los puntos en los que la función no existe.

Dado que $x - \frac{4}{x}$ no existe para $x = 0$, no existe $f(0)$; por tanto:

$$\text{Dom}(f) = \mathbb{R} - \{0\}$$

A continuación, se deducen los intervalos de signo constante, que son:

$$(-\infty, -2), (-2, 0), (0, 2) \text{ y } (2, +\infty)$$

Para cada intervalo se halla el signo de la imagen de un punto interior cualquiera, y ese signo es el de todas las imágenes que corresponden a ese intervalo:

- $f(-3) = -3 - \frac{4}{-3} < 0 \Rightarrow f(x) < 0\ \forall x \in (-\infty, -2)$
- $f(-1) = -1 - \frac{4}{-1} > 0 \Rightarrow f(x) > 0\ \forall x \in (-2, 0)$
- $f(1) = 1 - \frac{4}{1} < 0 \Rightarrow f(x) < 0\ \forall x \in (0, 2)$
- $f(3) = 3 - \frac{4}{3} > 0 \Rightarrow f(x) > 0\ \forall x \in (2, +\infty)$

Observa la gráfica de esta función en la figura 8.16 y comprueba los resultados.

**OBSERVA**

Si una función se puede factorizar, para averiguar sus intervalos de signo constante es conveniente construir su cuadro de signos.

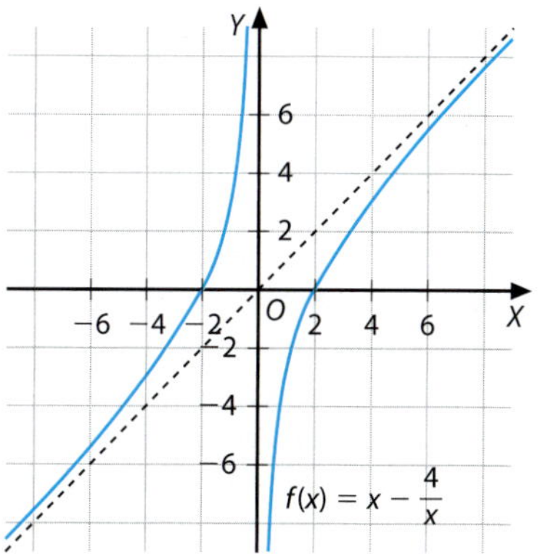


FIGURA 8.16.

## 5.2. Monotonía

Se entiende por **monotonía** de una función su variación con respecto a la variable independiente. Este concepto engloba los de crecimiento y decrecimiento:

- Una función, $f(x)$, es **creciente** en un intervalo $(a, b)$ de su dominio si para cualquier par de valores $x_1$ y $x_2$ del intervalo, con $x_2 > x_1$, se cumple que $f(x_2) \geq f(x_1)$. En caso de que se cumpla $f(x_2) > f(x_1)$, la función es **estrictamente creciente** en el intervalo $(a, b)$. (figura 8.17.a)
- Una función, $f(x)$, es **decreciente** en un intervalo $(a, b)$ de su dominio si para cualquier par de valores $x_1$ y $x_2$ del intervalo, con $x_2 > x_1$, se cumple que $f(x_2) \leq f(x_1)$. En caso de que se cumpla $f(x_2) < f(x_1)$, la función es **estrictamente decreciente** en el intervalo $(a, b)$. (figura 8.17.b)

**OBSERVA**

Gráficamente, una función es creciente si al desplazar el valor de las abscisas hacia la derecha, el valor de las ordenadas sufre un desplazamiento hacia arriba. Si, por el contrario, la función es decreciente, el valor de las ordenadas sufre un desplazamiento hacia abajo.

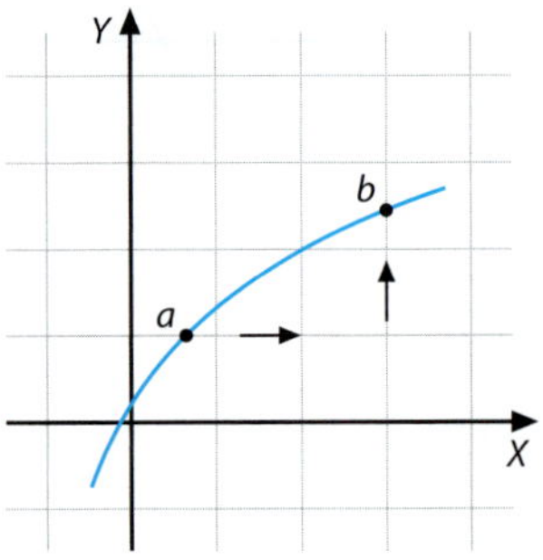


FIGURA 8.17.a.

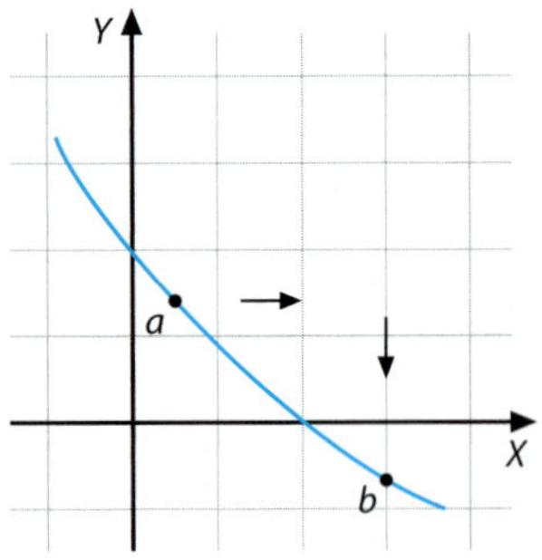


FIGURA 8.17.b.

- Una función, $f(x)$, presenta un **máximo** en un punto de un intervalo $(a, b)$ de su dominio si pasa de creciente a decreciente. Y presenta un **mínimo** se pasa de decreciente a creciente.

### Ejercicios resueltos

▶ *Indicar los intervalos de crecimiento y decrecimiento de* $f(x) = x^2 - x - 2$.

La función es decreciente en el intervalo $(-\infty, 1/2)$ y creciente en el intervalo $(1/2, +\infty)$. (figura 8.18)

En el punto $V$ la función presenta un mínimo.

▶ *Indicar los intervalos de crecimiento y decrecimiento de* $f(x) = -2x^2 + 3x$.

La función es creciente en el intervalo $(-\infty, 3/4)$ y decreciente en el intervalo $(3/4, +\infty)$. (figura 8.19)

En el punto $V$ la función presenta un máximo.

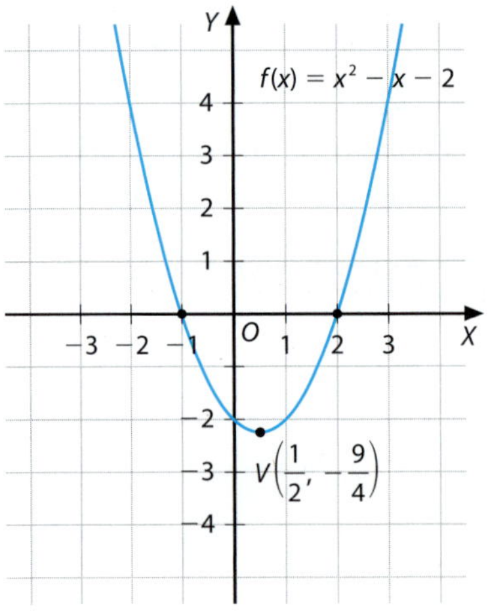


FIGURA 8.18.

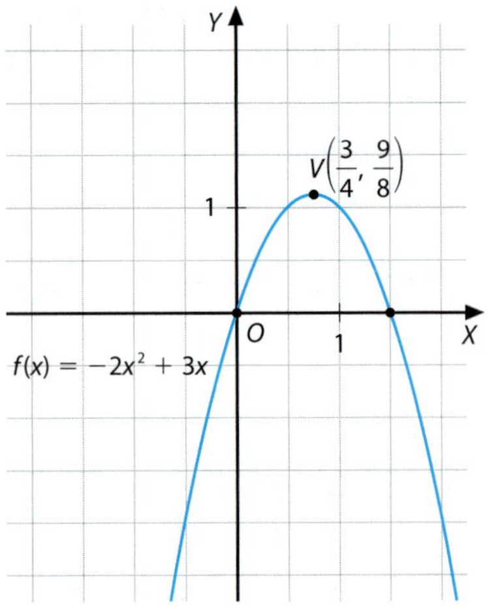


FIGURA 8.19.

**RECUERDA**

- Si la pendiente de una recta es positiva, la **función polinómica de primer grado** que representa es creciente. Si, por el contrario, la pendiente es negativa, es decreciente.
- La representación gráfica de una **función polinómica de segundo grado** es una parábola.

Si el coeficiente del término de segundo grado es positivo, la parábola tiene las ramas hacia arriba y su vértice, deja a la izquierda el intervalo de decrecimiento, y a su derecha el de crecimiento.

Si el coeficiente del término de segundo grado es negativo, la parábola tiene las ramas hacia abajo y su vértice deja a la izquierda el intervalo de crecimiento y a su derecha el de decrecimiento.

## 5.3. Concavidad y convexidad

- Una función, $f(x)$, es **cóncava** en un intervalo si para cualquier par de puntos del intervalo, el segmento que los une queda por encima de la gráfica de $f(x)$ en dicho intervalo (figura 8.20.a).

  Para cualquier valor $x \in (a, b)$, se cumple que:

$$\frac{f(b) - f(a)}{b - a} > \frac{f(x) - f(a)}{x - a}$$

  Esta característica geométrica define el intervalo en que $f(x)$ es cóncava.

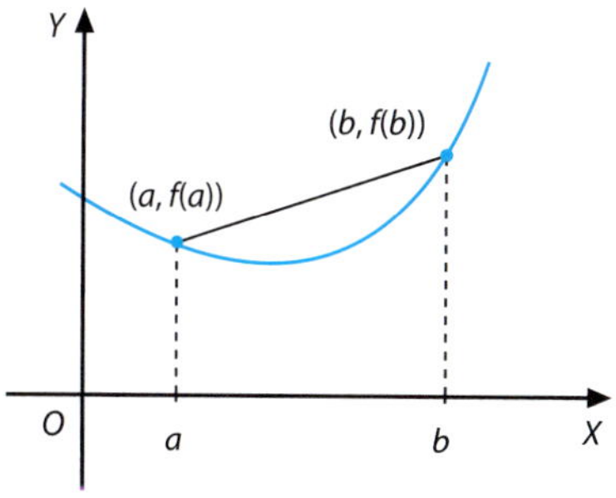

FIGURA 8.20.a.

- Una función, $f(x)$, es **convexa** en un intervalo si para cualquier par de puntos del intervalo, el segmento que los une queda por debajo de la gráfica de $f(x)$ en ese intervalo (figura 8.20.b).

  Se debe cumplir que $\forall\, x \in (a, b)$:

$$\frac{f(b) - f(a)}{b - a} < \frac{f(x) - f(a)}{x - a}$$

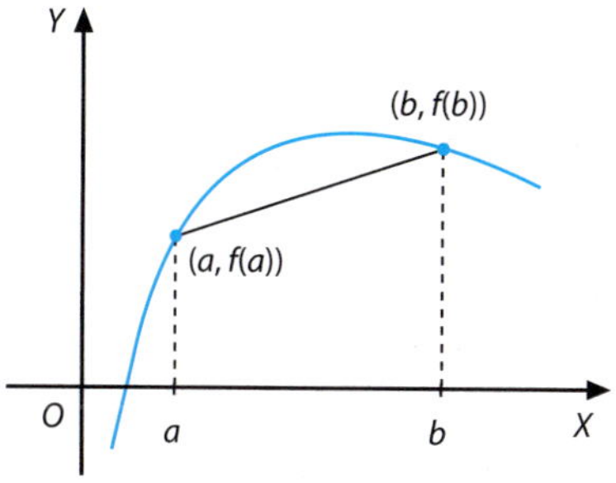

FIGURA 8.20.b.

Observa ahora estas figuras:

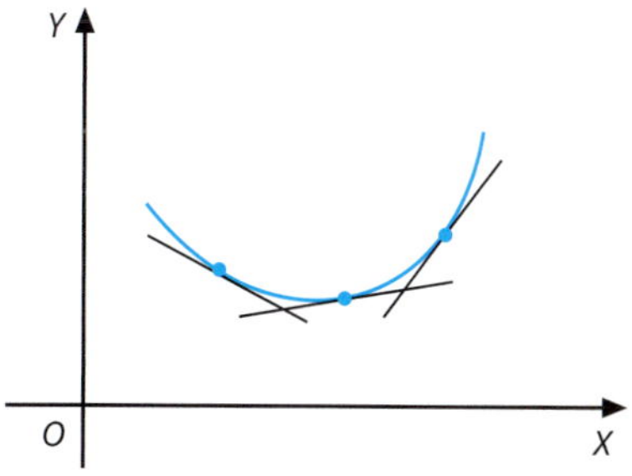

FIGURA 8.21.a.

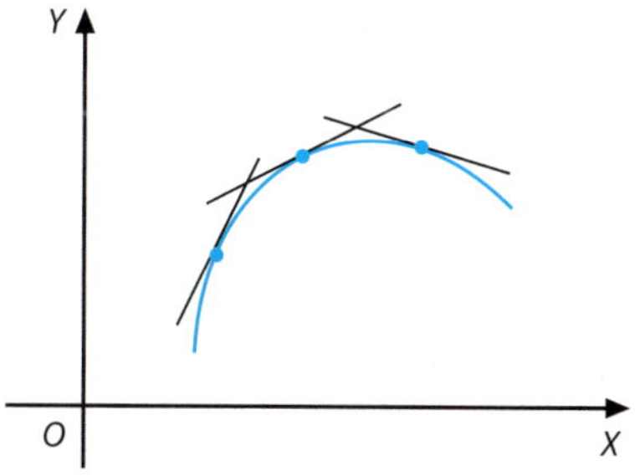

FIGURA 8.21.b.

Se hace patente que, si una función es cóncava en un determinado intervalo, queda por encima de las rectas tangentes que se pueden trazar en cualquiera de sus puntos. Cuando una función es convexa queda por debajo de cada una de sus rectas tangentes en dicho intervalo.

**OBSERVA**

Una función que posea un mínimo en un determinado entorno es cóncava en ese entorno. Y si posee un máximo, entonces en su entorno es convexa.

En ocasiones, hay puntos de la gráfica de la función en que la recta tangente atraviesa la curva: a un lado del punto la tangente queda, por ejemplo, por debajo de la gráfica, y, por el otro, queda por encima (figura 8.22). Esto significa que a un lado la función es cóncava, y al otro lado convexa.

Se dice que $(a, f(a))$ es un **punto de inflexión** de $f(x)$ si en él se produce un cambio en la curvatura de la función.

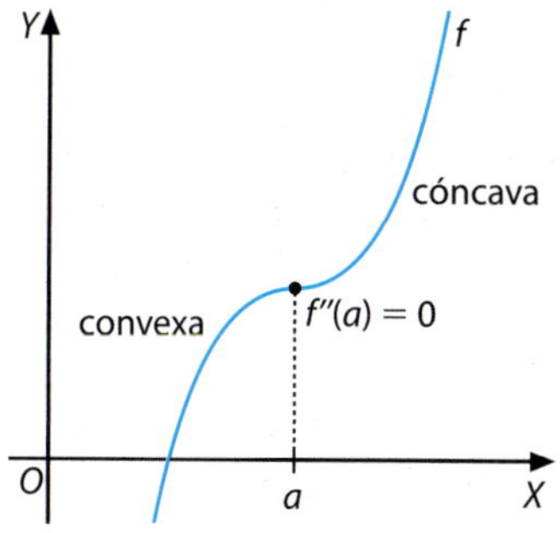

FIGURA 8.22.

### Ejercicio resuelto

▶ *Determinar los intervalos de concavidad y convexidad de la función:*

$$f(x) = \sqrt[3]{x}$$

*Hallar, si los tiene, sus puntos de inflexión.*

Esta función es continua en todo el conjunto $\mathbb{R}$.

- En $(-\infty, 0)$, $f(x)$ es cóncava.
- En $(0, +\infty)$, $f(x)$ es convexa.

Por lo tanto, en el punto $(0, 0)$ la función tiene un punto de inflexión.

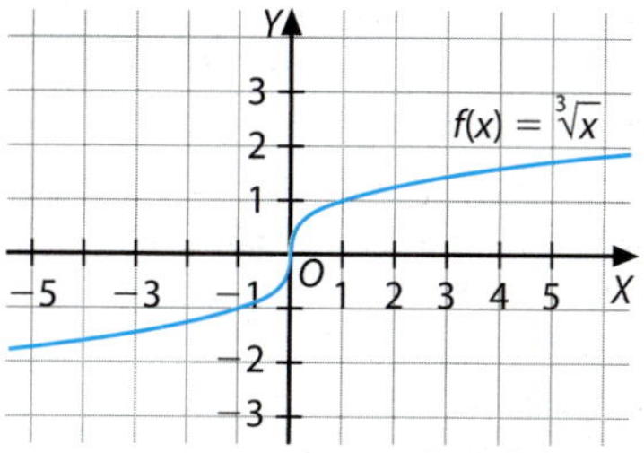

FIGURA 8.23.

## 5.4. Simetrías

Una función, $f(x)$, es **par** si se cumple que, para cualquier $x \in \text{Dom } f$, $f(-x) = f(x)$.

En este caso, la gráfica de la función es **simétrica respecto del eje de ordenadas,** puesto que si existe el par $(x, f(x))$, también existe el par $(-x, f(x))$, y, por tanto, para cualquier punto $(x, y)$ de la gráfica existe su simétrico $(-x, y)$ respecto del eje de ordenadas.

ma1b28

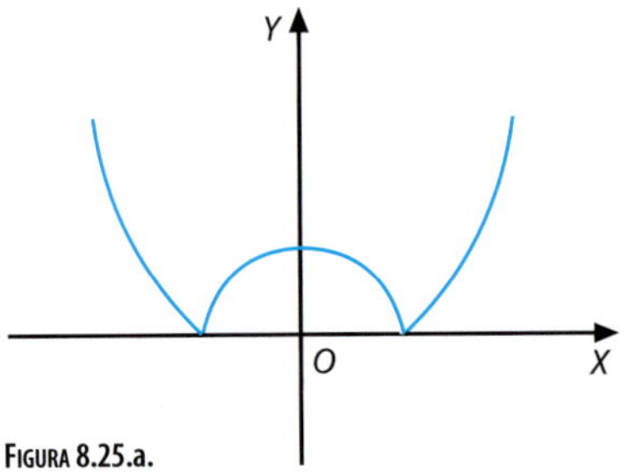

FIGURA 8.25.a.

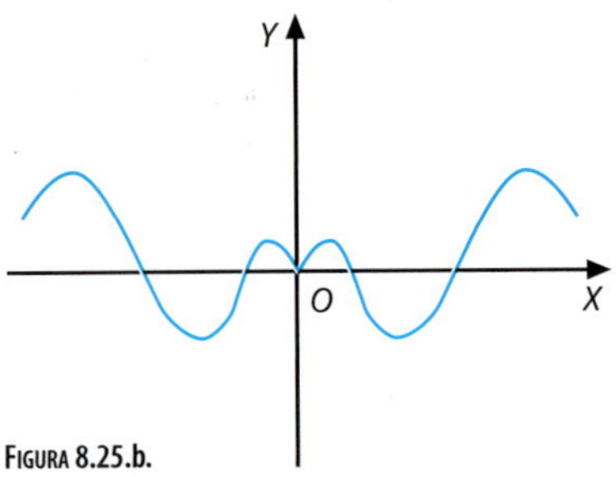

FIGURA 8.25.b.

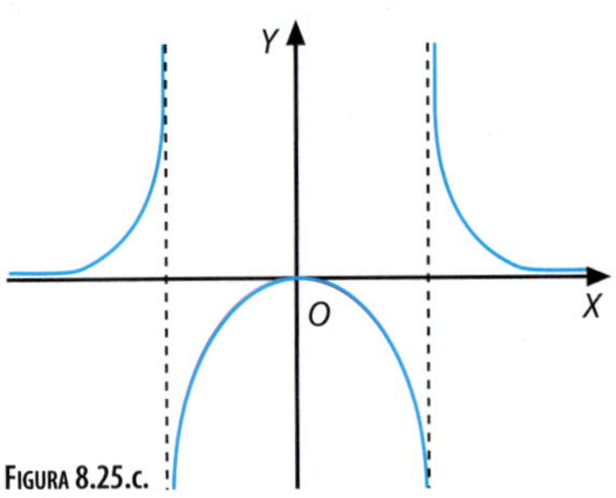

FIGURA 8.25.c.

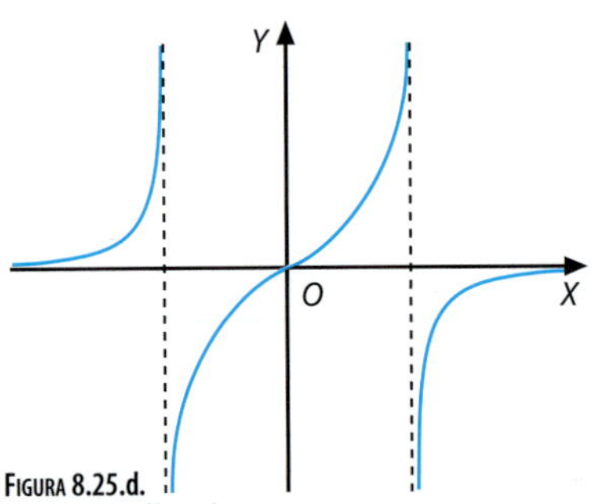

FIGURA 8.25.d.

**Simetría de funciones**

Hay funciones que no presentan **simetría** de ningún tipo. Otras, en cambio, son simétricas respecto de rectas que no son los ejes de coordenadas. Para el estudio general de funciones, las simetrías son muy útiles.

**Ejercicios resueltos**

▶ *Determinar si la función* $f(x) = \dfrac{x^2}{x^2+1}$ *es par.*

Es una función par, puesto que $f(-x) = \dfrac{(-x)^2}{(-x)^2+1} = \dfrac{x^2}{x^2+1} = f(x)$.

Observa que la gráfica es simétrica respecto del eje de ordenadas:

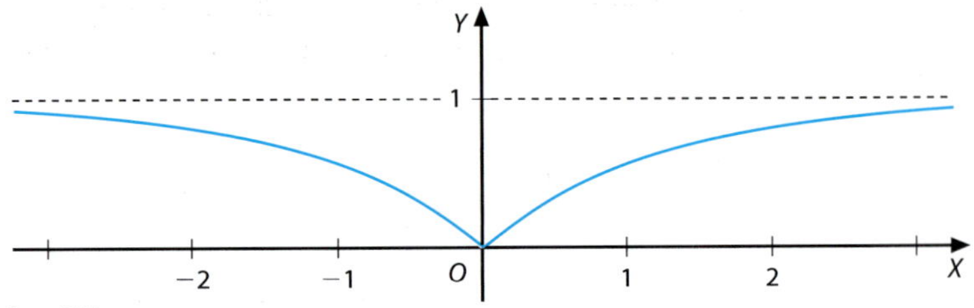

FIGURA 8.24.

▶ *Determinar si son pares las funciones de las figuras del margen.*

Son pares las funciones correspondientes a las gráficas *a*, *b* y *c*. La función correspondiente a la gráfica *d* no lo es.

Una función, $f(x)$, es **impar** si se cumple que, para cualquier $x \in \text{Dom } f$, $f(-x) = -f(x)$.

En este caso, la gráfica de la función es **simétrica respecto del origen de coordenadas** puesto que si existe el par $(x, f(x))$, existe $(-x, -f(x))$. Por tanto, dado el punto $(x, y)$ de la gráfica de la función, también existe el punto $(-x, -y)$, que es el resultado de realizar dos simetrías consecutivas respecto de los ejes de coordenadas.

Así, la función correspondiente a la gráfica de la figura 8.25.d es impar.

**Ejercicio resuelto**

▶ *Determinar si la función* $f(x) = \dfrac{x}{x^2+1}$ *es par o impar.*

Es impar, puesto que $f(-x) = \dfrac{-x}{(-x)^2+1} = \dfrac{-x}{x^2+1} = -f(x)$.

Observa la representación gráfica de $f(x)$ en la figura 8.26. Es simétrica respecto del origen de coordenadas.

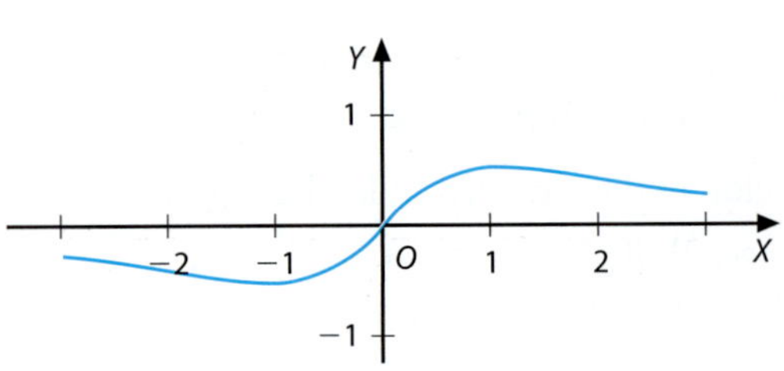

FIGURA 8.26.

## 5.5. Acotación

Intuitivamente, una **función acotada** es aquella cuyo conjunto imagen o recorrido está comprendido entre dos valores; por tanto, su representación gráfica estará comprendida entre dos rectas del tipo $y = k$.

Una función está **acotada superiormente** si existe un número real, $k$, tal que $f(x) \leq k$ para cualquier $x \in \text{Dom } f$. El número $k$ es una **cota superior** de la función.

Del mismo modo, una función está **acotada inferiormente** si existe un número real, $k$, tal que $f(x) \geq k$ para cualquier $x \in \text{Dom } f$. El número $k$ es, en este caso, una **cota inferior** de la función.

Cuando una función está acotada superior e inferiormente, se dice que está **acotada,** y se cumple que existe un valor real positivo, $k$, tal que $|f(x)| \leq k$ para cualquier $x \in \text{Dom } f$. El número $k$ será una **cota superior,** y el número $-k$, una **cota inferior.**

Así, por ejemplo, las representaciones gráficas de las figuras 8.27 y 8.28 corresponden, respectivamente, a funciones acotadas total e inferiormente.

**OBSERVA**

Una función acotada tiene infinitas cotas.

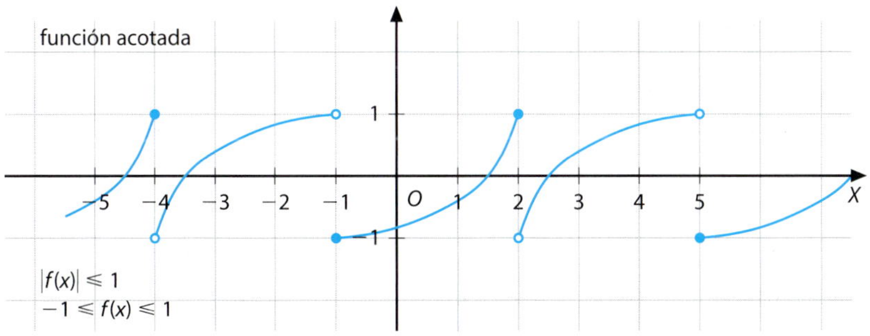


FIGURA 8.27.

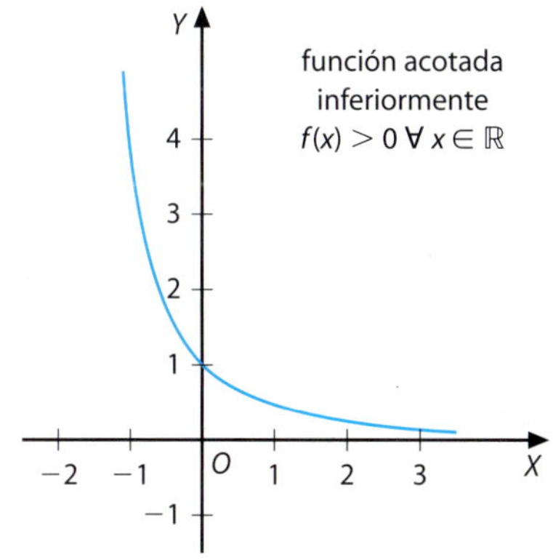


FIGURA 8.28.

La función $f(x) = x^2 - x - 2$, cuya representación gráfica corresponde a la figura 8.18, está acotada inferiormente. Son cotas inferiores $-3$ y $-4$, por ejemplo.

La función $f(x) = -2x^2 + 3x$, cuya representación gráfica corresponde a la figura 8.19, está acotada superiormente. Son cotas superiores 2 y 3, por ejemplo.

Es evidente que las cotas no son únicas: la cota superior mínima, si existe, se denomina **supremo,** y la cota inferior máxima, **ínfimo.**

## 5.6. Periodicidad

Una función es periódica de período $T$ cuando, para cualquier $x \in \text{Dom } f$, se cumple que $f(x + T) = f(x)$.

Desde el punto de vista gráfico, son funciones que se repiten cada cierto intervalo de amplitud $T$. Por ejemplo, las funciones representadas en las figuras 8.29.a y 8.29.b son periódicas de período 1 y $\pi$, respectivamente.

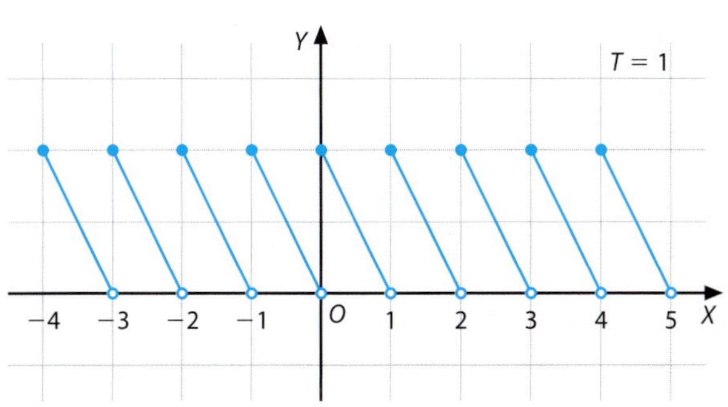


FIGURA 8.29.a.

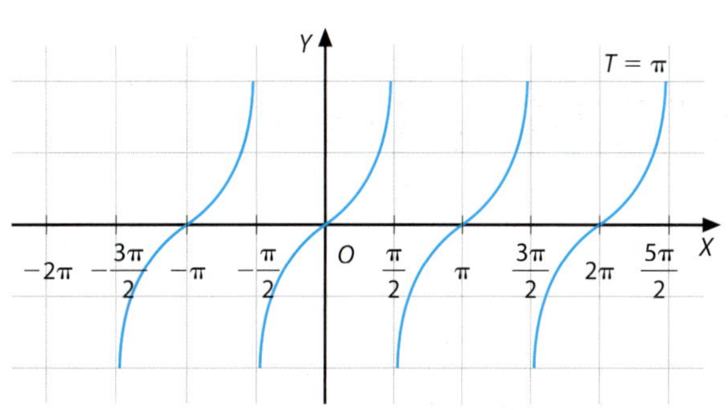


FIGURA 8.29.b.

## Actividades

**8** Fíjate en las representaciones gráficas de las siguientes funciones.

*a)* Determina los intervalos de signo constante.

*b)* Estudia su monotonía y su curvatura, si es posible.

*c)* ¿Qué funciones están acotadas?

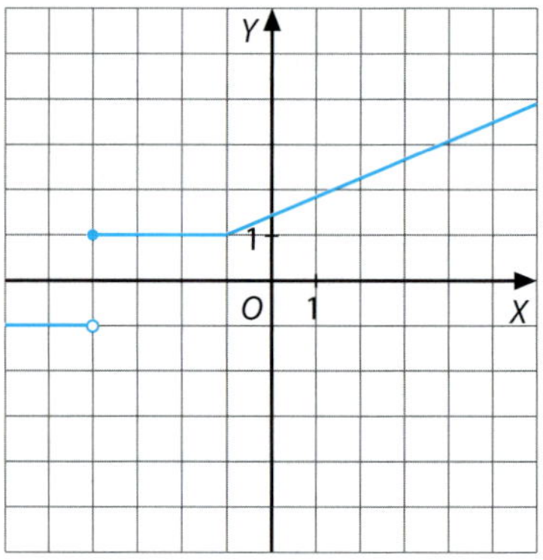

FIGURA 8.30.a.

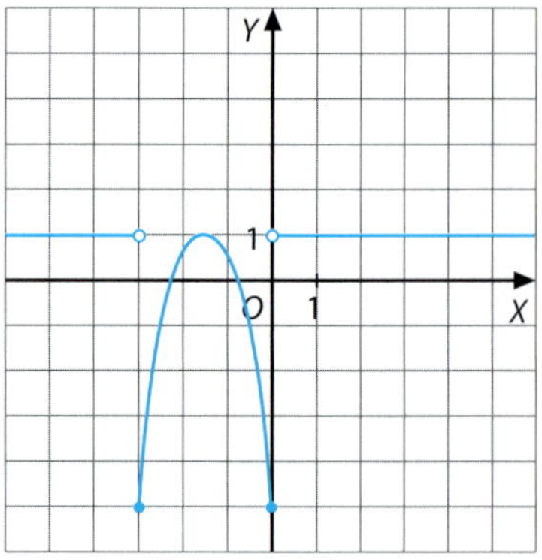

FIGURA 8.30.c.

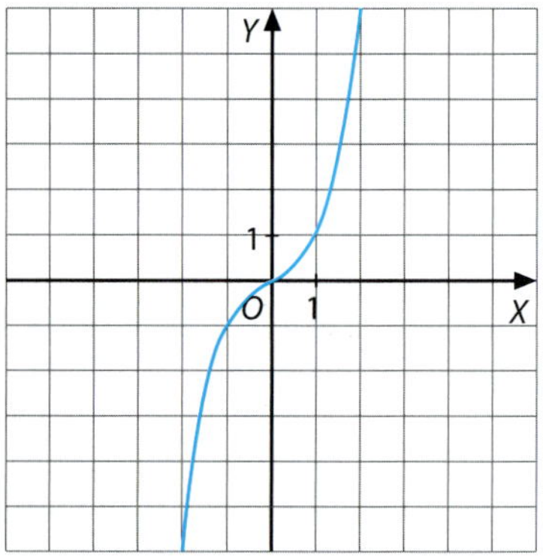

FIGURA 8.30.b.

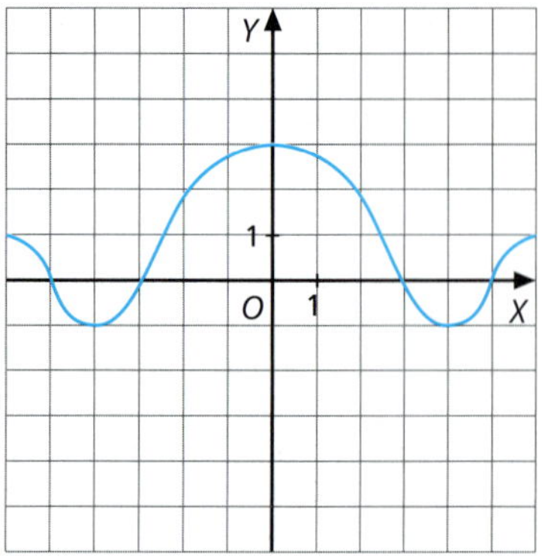

FIGURA 8.30.d.

**9** De las funciones representadas en las figuras, determina:

*a)* Cuál está acotada.

*b)* Si son pares o impares.

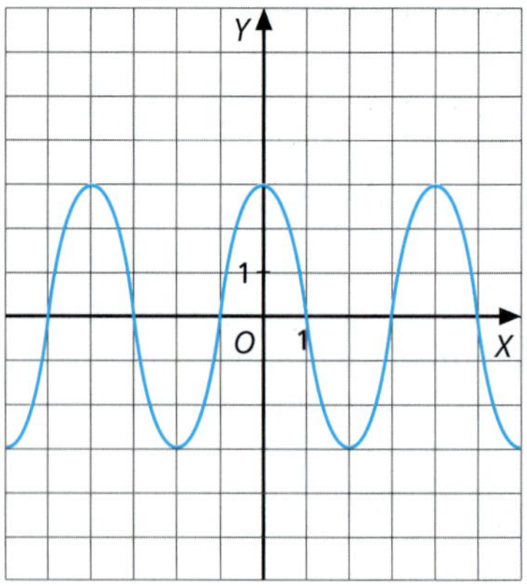

FIGURA 8.31.a.

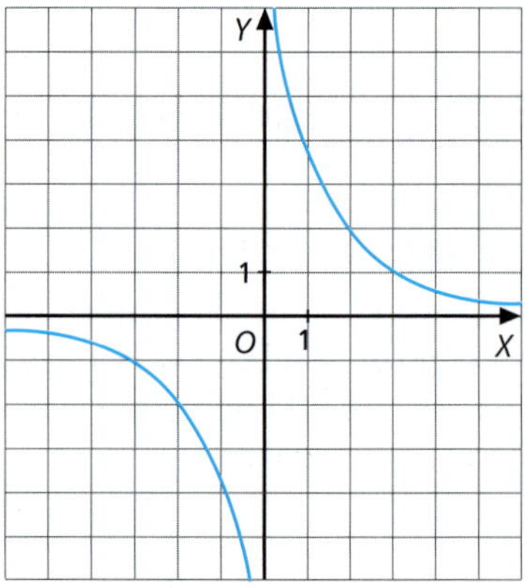

FIGURA 8.31.b.

**10** Determina el período de la función representada en la figura 8.31.a.

**11** Determina los intervalos de signo constante de la función $f(x) = \dfrac{x+1}{-x+2}$.

**12** Determina el tipo de simetría de la función $f(x) = x - \dfrac{4}{x}$.

# 6. Operaciones con funciones

## 6.1. Adición de funciones

Sean las funciones $f(x)$ y $g(x)$; la función suma, $(f+g)(x)$, es la suma de las imágenes de $x$ por $f$ y por $g$:

$$(f+g)(x) = f(x) + g(x), \text{ donde Dom } (f+g) = \text{Dom } f \cap \text{Dom } g$$

Si alguna de estas imágenes no está definida para algún valor real, la suma tampoco lo está.

La función resta, $(f-g)(x)$, se define de modo similar:

$$(f-g)(x) = f(x) - g(x), \text{ donde Dom } (f-g) = \text{Dom } f \cap \text{Dom } g$$

**Ejercicio resuelto**

▶ *Sumar las funciones* $f(x) = \frac{1}{x} - 1$ y $g(x) = \frac{x+1}{x-2}$.

Sus dominios son, respectivamente:

$$\text{Dom } f = \mathbb{R} - \{0\} \text{ y Dom } g = \mathbb{R} - \{2\}$$

La función suma, $(f+g)(x)$, será:

$$(f+g)(x) = \frac{1}{x} - 1 + \frac{x+1}{x-2} = \frac{4x-2}{x^2-2x}$$

y su dominio es: Dom $(f+g) = \mathbb{R} - \{0, 2\}$.

## 6.2. Multiplicación de funciones

Sean las funciones $f(x)$ y $g(x)$; la función producto, $(f \cdot g)(x)$, es el producto de las imágenes de $x$ por $f$ y por $g$. Si alguna de estas imágenes no está definida para algún valor real, el producto tampoco lo está:

$$(f \cdot g)(x) = f(x) \cdot g(x), \text{ donde Dom } (f \cdot g) = \text{Dom } f \cap \text{Dom } g$$

**Ejercicio resuelto**

▶ *Multiplicar las funciones* $f(x) = \frac{x+1}{x-1}$ y $g(x) = \frac{x^2-1}{x^2+1}$.

Sus dominios respectivos son:

$$\text{Dom } f = \mathbb{R} - \{1\} \text{ y Dom } g = \mathbb{R}$$

La función $(f \cdot g)(x)$ será:

$$(f \cdot g)(x) = \frac{x+1}{x-1} \cdot \frac{x^2-1}{x^2+1} = \frac{x^3+x^2-x-1}{x^3-x^2+x-1} = \frac{(x+1)^2}{x^2+1}$$

Su dominio es:

$$\text{Dom } (f \cdot g) = \mathbb{R} - \{1\}$$

El producto de funciones se simplifica con la condición indispensable de indicar el dominio de definición.

**OBSERVA**

A partir de este epígrafe, en ocasiones se escribirá $f$ y $g$ en lugar de $f(x)$ y $g(x)$ con el fin de agilizar la notación.

**Propiedades de la adición y de la multiplicación de funciones**

El conjunto de las funciones reales de variable real tiene las propiedades siguientes respecto a la adición:

- **Asociativa:** $(f+g)+h = f+(g+h)$
  $(f \cdot g) \cdot h = f \cdot (g \cdot h)$
- **Conmutativa:** $f+g = g+f$
  $f \cdot g = g \cdot f$
- **Elemento neutro de la adición:** es la función definida como $f(x) = 0$, $\forall x$ del dominio; se denomina $f_0$.
- **Elemento neutro de la multiplicación:** es la función unidad definida como $f(x) = 1$, $\forall x$ del dominio; se denomina $f_1$.
- **Elemento opuesto:** $\forall f$ de este conjunto, existe la función $-f$, tal que $f+(-f) = f_0$.
- **Distributiva respecto de la adición:**
  $f \cdot (g+h) = f \cdot g + f \cdot h$

No toda función de este conjunto tiene inversa con respecto a la multiplicación; basta con tener presente que si una función de este conjunto se anula para un determinado valor, $a$, del dominio, es imposible encontrar una función, $g$, tal que $f(a) \cdot g(a) = f_1 = 1$.

**Potenciación de funciones**

Sean las funciones $f(x)$ y $g(x)$; se define la función $(f^g)(x)$ como:

$$(f^g)(x) = [f(x)]^{g(x)}$$

donde $f(x) > 0, \forall x \in \text{Dom } f$.

## 6.3. División de funciones

Sean las funciones $f(x)$ y $g(x)$; la función cociente, $(f/g)(x)$, es el cociente de las imágenes de $x$ por $f$ y por $g$. Si alguna de estas imágenes no está definida para algún valor real, el cociente tampoco lo está. Así mismo, para los valores del dominio de $g$ en los que $g(x) = 0$, la función cociente no está definida.

$$(f/g)(x) = f(x)/g(x), \text{ donde Dom } (f/g) = \{\text{Dom } f \cap \text{Dom } g\} - \{x \in \text{Dom } g \mid (g)(x) = 0\}$$

**OBSERVA**

No se debe **simplificar** una operación con funciones si no se indica su dominio; de lo contrario, el dominio que se deduce después de la simplificación no es el correcto, y la función no es la misma.

Para que dos funciones sean iguales, es indispensable que las imágenes sean iguales y que estén definidas en el mismo dominio.

**Ejercicio resuelto**

▶ *Dividir las funciones* $f(x) = \sqrt{2-x}$ y $g(x) = \dfrac{1}{x}$.

Sus respectivos dominios son Dom $f = (-\infty, 2]$ y Dom $(g) = \mathbb{R} - \{0\}$.

La función $(f/g)(x)$ será:

$$(f/g)(x) = \frac{\sqrt{2-x}}{1/x} = x \cdot \sqrt{2-x}$$

Su dominio es: Dom $(f/g) = (-\infty, 2] - \{0\} = (-\infty, 0) \cup (0, 2]$.

Si no se indica el dominio, la función $(f/g)(x)$ debe escribirse como:

$$(f/g)(x) = \frac{\sqrt{2-x}}{1/x}$$

## 6.4. Composición de funciones

**OBSERVA**

En adelante, se escribirá $f \circ g$ y $g \circ f$ en lugar de $(f \circ g)(x)$ y $(g \circ f)(x)$, respectivamente, para simplificar la notación.

Dadas dos funciones, $f(x)$ y $g(x)$, la función $(g \circ f)(x)$, que se obtiene aplicando $g$ a la imagen por $f$ de $x$, $f(x)$, se denomina **función compuesta de $f$ y $g$.**

$$x \xrightarrow{f} f(x) \xrightarrow{g} g[f(x)] = (g \circ f)(x)$$

Análogamente, la función compuesta de $g$ y $f$, $(f \circ g)(x)$, se obtiene aplicando $f$ a la imagen por $g$ de $x$, $g(x)$:

$$x \xrightarrow{g} g(x) \xrightarrow{f} f[g(x)] = (f \circ g)(x)$$

Observa que, aunque se aplique primero la función $f(x)$ y después la función $g(x)$, **$f$ compuesta de $g$** se escribe de derecha a izquierda:

$$(g \circ f)(x)$$

Si el recorrido de la primera función que se aplica, $f(x)$, está incluido en el dominio de la segunda, $g(x)$, el dominio de la composición de $f(x)$ y $g(x)$ es el dominio de $f(x)$.

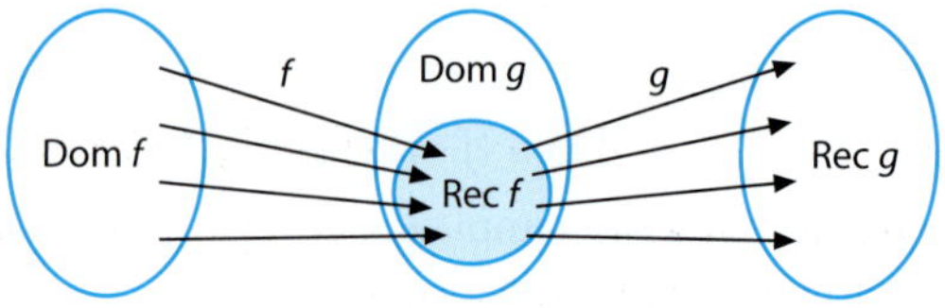


FIGURA 8.32.

## Ejercicio resuelto

▶ *Dadas las funciones* $f(x) = x + 2$ *y* $g(x) = x^2 - 2x + 1$, *calcular* $(f \circ g)(x)$ *y su dominio.*

Procedemos a calcular $(f \circ g)(x)$:

$$(f \circ g)(x) = f[g(x)] = f(x^2 - 2x + 1) = (x^2 - 2x + 1) + 2 = x^2 - 2x + 3$$

El recorrido de la función $g(x)$ es $[0, +\infty)$ y está incluido en el dominio de $f(x)$, que es $\mathbb{R}$. Por tanto:

$$\text{Dom } (f \circ g) = \text{Dom } g(x) = \mathbb{R}$$

Si el recorrido de la primera función, $f(x)$, no está incluido en el dominio de la segunda función, $g(x)$, hay que determinar el dominio de $(g \circ f)(x)$ estudiando los valores del dominio de $g(x)$ que tienen antiimagen por $f(x)$:

$$\text{Dom } (g \circ f) = \text{Dom } f \cap f^{-1}(\text{Dom } g)$$

## Ejercicios resueltos

▶ *Hallar* $(f \circ g)(x)$ *y su dominio dadas las funciones:*

$$f(x) = \sqrt{x} \qquad g(x) = 2x - 1$$

Procedemos a calcular $(f \circ g)(x)$:

$$(f \circ g)(x) = f[g(x)] = f(2x - 1) = \sqrt{2x - 1}$$

Hay que considerar los valores de $x$ que cumplen $2x - 1 \geq 0$.

Resolviendo la inecuación, se obtiene lo siguiente:

$$\text{Dom } (f \circ g) = \left[\frac{1}{2}, +\infty\right)$$

▶ *Hallar* $(f \circ g)(x)$ *y su dominio dadas las funciones:*

$$f(x) = \frac{x}{x+1} \qquad g(x) = \frac{1}{x}$$

Procedemos a calcular $(f \circ g)(x)$:

$$(f \circ g)(x) = f[g(x)] = f\left(\frac{1}{x}\right) = \frac{1/x}{1/x + 1} = \frac{1}{1 + x}$$

Como $\text{Dom } g = \mathbb{R} - \{0\}$ y además $(f \circ g)$ no está definida en $x = -1$:

$$\text{Dom } (f \circ g) = \mathbb{R} - \{0, -1\}$$

### OBSERVA

La composición de funciones **no es,** en general, conmutativa.

La composición de funciones posee **elemento neutro,** que es la **función identidad:**

$I(x) = x$, que verifica $I \circ f = f \circ I = f$

Cuando se componen dos funciones, $f(x)$ y $g(x)$, y se obtiene la función identidad $I$, $f(x)$ y $g(x)$ son **funciones inversas** una de la otra con respecto a la composición, y, en estas condiciones, la composición es conmutativa:

$$g \circ f = f \circ g = I$$

## Actividades

**13** A partir de las funciones $f(x) = x + 1$ y $g(x) = \dfrac{2 - x}{3x - 6}$, realiza las siguientes operaciones e indica sus respectivos dominios:

*a)* $(f + g)(x)$

*b)* $(f \cdot g)(x)$

*c)* $(f/g)(x)$

**14** Si $f(x) = \sqrt{x + 1}$ y $g(x) = x + 1$, averigua $(g/f)(x)$ y su dominio.

**15** Dadas las funciones $f(x) = x^2 - 1$ y $g(x) = \sqrt{2x - 1}$, calcula las composiciones $f \circ g$ y $g \circ f$, y el dominio de cada una.

# 7. Función inversa respecto de la composición de funciones

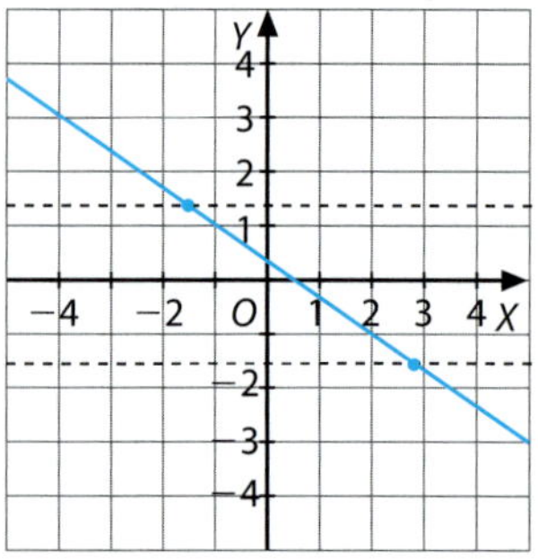


FIGURA 8.33.

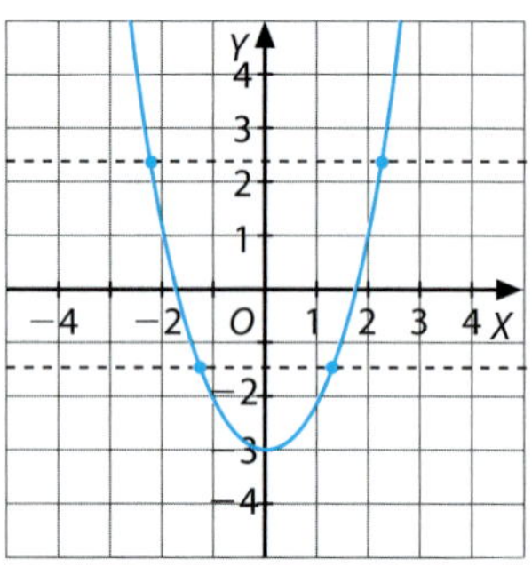


FIGURA 8.34.

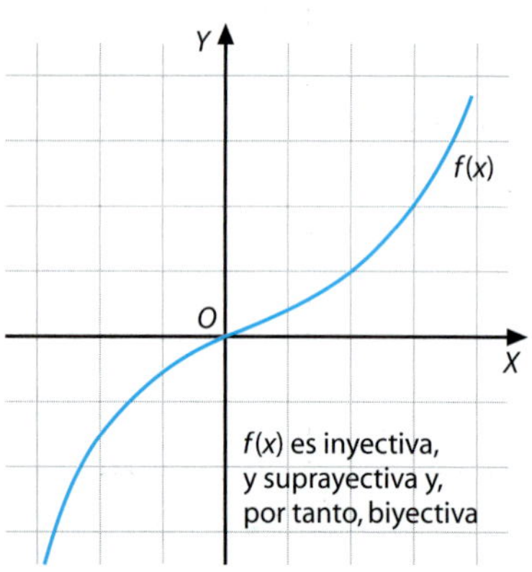


FIGURA 8.35.

Antes de abordar el concepto de función inversa respecto de la composición, hay que definir los de función inyectiva, suprayectiva y biyectiva:

- Una función es **inyectiva,** si y solo si, $f(a) = f(b) \Rightarrow a = b$; en otras palabras, **no hay** dos elementos del dominio con la misma imagen.

  Así, por ejemplo, $f(x) = \dfrac{1-2x}{3}$ es inyectiva, puesto que, si $f(a) = f(b)$, se tiene que:

  $$\frac{1-2a}{3} = \frac{1-2b}{3} \Rightarrow 1-2a = 1-2b \Rightarrow -2a = -2b \Rightarrow a = b$$

  Gráficamente, una función es inyectiva si al trazar cualquier recta paralela al eje de abscisas que corta a la gráfica, lo hace solo en un punto de esta (figura 8.33).

  Por ejemplo, $f(x) = x^2 - 3$ no es inyectiva (figura 8.34). De $a^2 - 3 = b^2 - 3$ se deduce que $a^2 = b^2$, y esto significa que:

  $$a = \pm\sqrt{b^2} \Rightarrow a = \pm b$$

- Una función es **suprayectiva** o **exhaustiva,** si y solo si, su recorrido son todos los números reales.

  Así, $f(x) = x + \dfrac{3}{4}$ es una función suprayectiva, puesto que $\text{Rec } f = \mathbb{R}$.

  Por su parte, $f(x) = \dfrac{1}{x}$ no es suprayectiva, ya que $\text{Rec } f = \mathbb{R} - \{0\}$.

- Una función es **biyectiva,** si y solo si, es inyectiva y suprayectiva al mismo tiempo.

> Dada una función inyectiva, $f(x)$, se denomina **función inversa,** $f^{-1}(x)$, a aquella que cumple lo siguiente:
>
> $$(f \circ f^{-1})(x) = (f^{-1} \circ f)(x) = x$$

Para que una función tenga inversa respecto de la composición, es imprescindible que sea inyectiva. Si no es así, una misma imagen, $f(x)$, puede tener más de un original, por lo que la correspondencia inversa no sería una función: a un valor $f(x)$ le correspondería más de un valor, $f^{-1}[f(x)]$.

La composición de una función, $f(x)$, y su inversa, $f^{-1}(x)$, es **conmutativa.**

## Ejercicio resuelto

▶ *Dada la función* $f(x) = 2x - 3$, *que es biyectiva, ¿cuál es su inversa?*

Su inversa será aquella función tal que $f^{-1}[f(x)] = x$.

Por tanto, la imagen por $f^{-1}$ de $y = f(x)$ se obtiene sumando 3 a $y$ y dividiendo el resultado de esta operación entre 2. Es decir:

$$f^{-1}(y) = \frac{y+3}{2}$$

Fíjate en que, si ahora se sustituye $y = 2x - 3$ en la expresión anterior, tenemos que:

$$f^{-1}(y) = \frac{y+3}{2} = \frac{2x-3+3}{2} = x, \text{ es decir, } f^{-1}[f(x)] = x$$

### OBSERVA

La **función inversa** o **recíproca** de $f$ es aquella que *invierte* $(x, f(x))$, es decir, a la imagen de $x$ por $f$, $f(x)$, le hace corresponder de nuevo $x$.

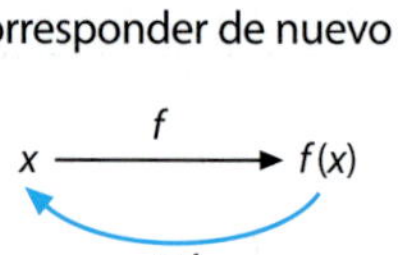

En general, para calcular la función inversa, $f^{-1}(x)$, de una función inyectiva, $f(x)$, el procedimiento es el siguiente:

- Se hace que $f(x) = y$.
- Se intercambian $x$ e $y$.
- Se despeja $y$ en función de $x$.

## Ejercicio resuelto

▶ *Dada la función inyectiva* $f(x) = \dfrac{1+2x}{x}$, *hallar* $f^{-1}(x)$.

Procedemos del siguiente modo:

- Se hace que $f(x) = y$:

$$y = \frac{1+2x}{x}$$

- Se intercambian $x$ e $y$:

$$x = \frac{1+2y}{y}$$

- Se despeja $y$ en función de $x$:

$$x \cdot y = 1 + 2y \Rightarrow x \cdot y - 2y = 1$$

$$(x-2) \cdot y = 1 \Rightarrow y = \frac{1}{x-2}$$

Por tanto, podemos concluir que:

$$f^{-1}(x) = \frac{1}{x-2}$$

## Actividades

**16** Indica qué tipo de funciones representan las gráficas de las figuras 8.36: inyectivas, suprayectivas o biyectivas.

**17** Indica cuáles de estas funciones son inyectivas.

*a)* $f(x) = \dfrac{1}{x} - 2$

*b)* $f(x) = x^2 - 2x + 3$

*c)* $f(x) = \dfrac{3-4x}{2}$

*d)* $f(x) = x^3 - 2$

*e)* $f(x) = \dfrac{2x^2 - 7}{x}$

*f)* $f(x) = \sqrt{x-1}$

**18** Calcula la función inversa, $f^{-1}(x)$, de las siguientes funciones.

*a)* $f(x) = \dfrac{1-3x}{6}$

*b)* $f(x) = \dfrac{3}{2-2x}$

*c)* $f(x) = \dfrac{7-x}{x}$

*d)* $f(x) = \sqrt[3]{x-2}$

*e)* $f(x) = \dfrac{3-x}{4+5x}$

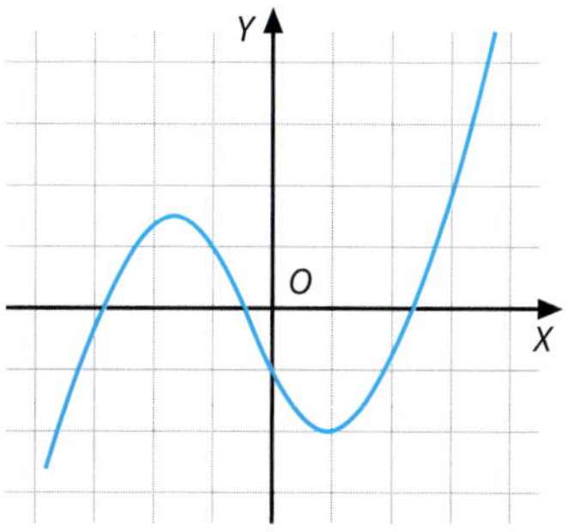

**Figura 8.36.a.**

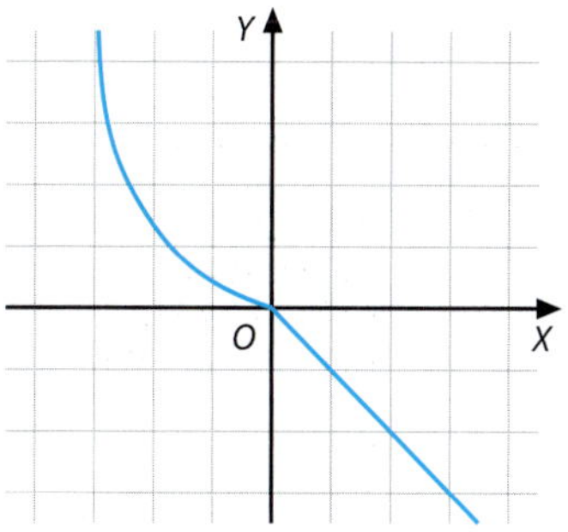

**Figura 8.36.b.**

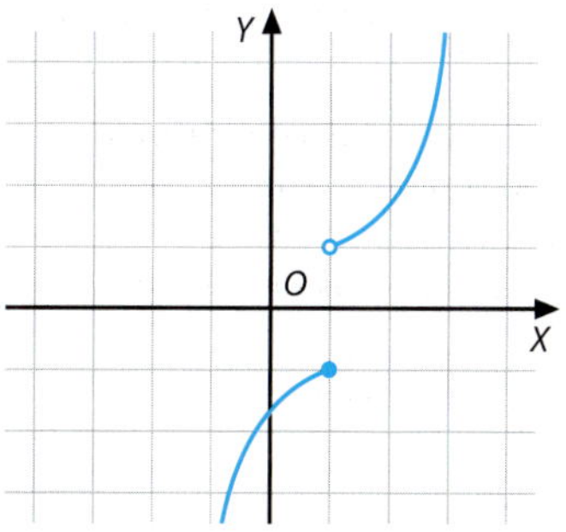

**Figura 8.36.c.**

# 8. Transformaciones de funciones

A partir de una función, $f(x)$, podemos construir nuevas funciones que tendrán la misma representación gráfica que la original, pero estarán desplazadas, dilatadas, contraídas o invertidas, dependiendo de las transformaciones que efectuemos.

## 8.1. Representación de $g(x) = f(x) + a$: desplazamiento vertical

La nueva función, $g(x)$, resultado de la transformación $g(x) = f(x) + a$, tiene la misma representación gráfica que la función $f(x)$, pero con un desplazamiento vertical: si $a > 0$, entonces el desplazamiento es hacia arriba y si $a < 0$, hacia abajo.

**Ejercicio resuelto**

▶ *A partir de la gráfica de* $f(x)$, *representar* $f(x) + 3$ *y* $f(x) - 5$.

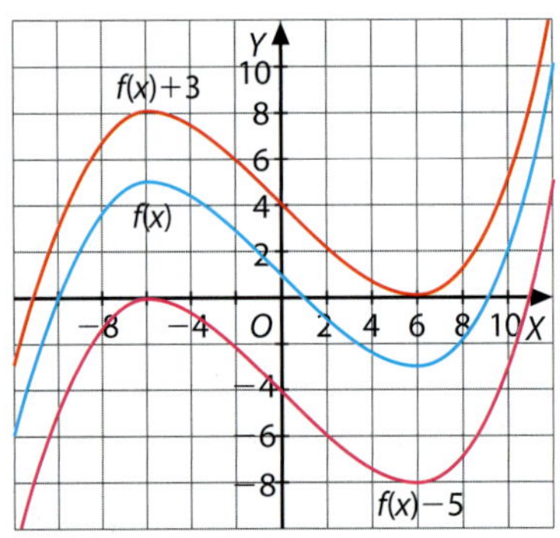


Figura 8.37.

La gráfica de la función $f(x) + 3$ está desplazada verticalmente 3 unidades en sentido positivo respecto de la gráfica de la función $f(x)$, y la gráfica de la función $f(x) - 5$, está desplazada verticalmente 5 unidades en sentido negativo respecto de la gráfica de $f(x)$.

ma1b29

## 8.2. Representación de $g(x) = f(x + a)$: desplazamiento horizontal

La nueva función, $g(x)$, resultado de la transformación $g(x) = f(x + a)$, tiene la misma representación gráfica que la función $f(x)$, pero con un desplazamiento horizontal igual a $a$. Si $a > 0$, el desplazamiento es hacia la izquierda, y si $a < 0$, hacia la derecha.

**Ejercicio resuelto**

▶ *A partir de la gráfica de* $f(x)$, *representar* $f(x + 8)$ *y* $f(x - 10)$.

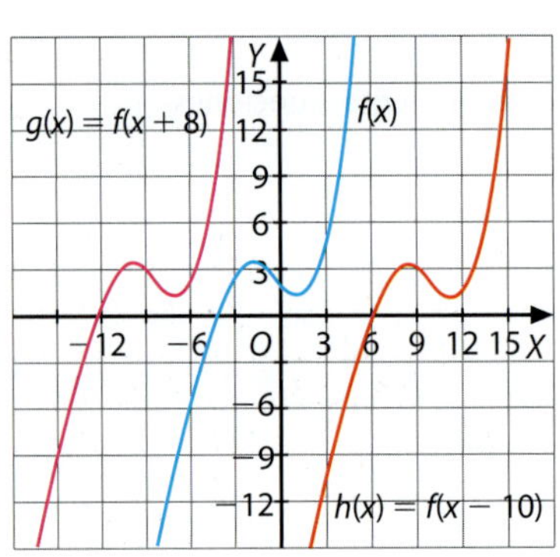


Figura 8.38.

Observa las gráficas, puedes ver que cuando sumamos un número positivo a la abscisa el desplazamiento es **hacia la izquierda.** En nuestro caso, $f(0) = 2$. Y $g(-8) = f(-8 + 8) = f(0) = 2$.

Y el desplazamiento se produce **hacia la derecha** cuando el número que sumamos a la abscisa es negativo, $h(10) = f(10 - 10) = f(0) = 2$.

ma1b30

## 8.3. Representación de $g(x) = a \cdot f(x)$: dilatación o contracción vertical

La nueva función, $g(x) = a \cdot f(x)$, tiene la misma representación gráfica que la función $f(x)$, pero con una *dilatación* o *contracción* vertical.

- Cuando $a > 0$, la gráfica de la función se dilata si $a > 1$ y se contrae si $0 < a < 1$.
- Cuando $a < 0$, la gráfica de la función se invierte y se dilata si $|a| > 1$ y se contrae si $0 < |a| < 1$.
- Si $a = -1$, la función se invierte, y las gráficas de ambas funciones, $f(x)$ y $-f(x)$ son simétricas respecto del eje de abscisas.

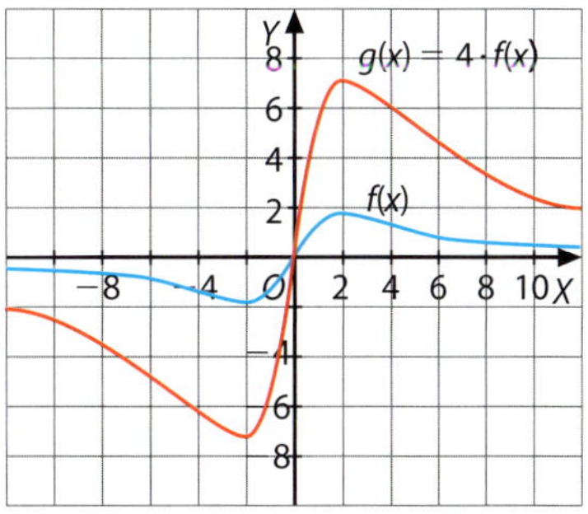

FIGURA 8.39.

### Ejercicios resueltos

► *A partir de la gráfica de* $f(x)$, *representar* $4 \cdot f(x)$.

La gráfica de la función $g(x) = 4 \cdot f(x)$ está dilatada verticalmente respecto de la gráfica de la función $f(x)$ (figura 8.39).

► *A partir de la gráfica de* $f(x)$, *representar* $-f(x)$.

Las gráficas de las funciones $f(x)$ y $-f(x)$ son simétricas respecto del eje de abscisas (figura 8.40).

En efecto, la función se invierte: para el mismo valor de $x$, el valor de la ordenada tiene signo contrario, pero igual valor absoluto.

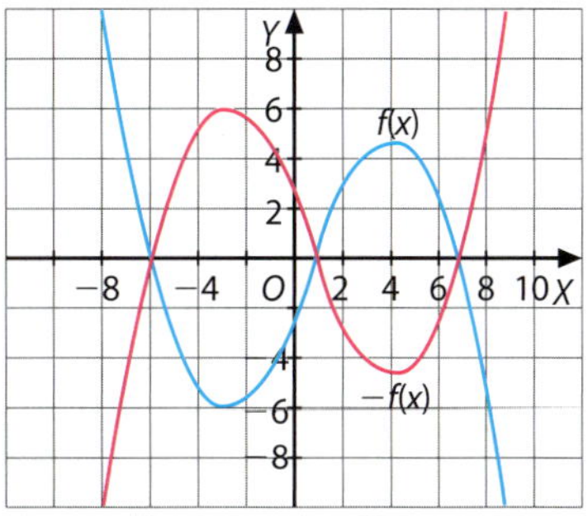

FIGURA 8.40.

## 8.4. Representación de $g(x) = f(a \cdot x)$: dilatación o contracción horizontal

La nueva función, $g(x) = f(a \cdot x)$, tiene la misma representación gráfica que la función $f(x)$, pero con una *dilatación* o *contracción* horizontal.

- Cuando $a > 0$, la gráfica de la función se contrae si $a > 1$ y se dilata si $0 < a < 1$.
- Cuando $a < 0$, la gráfica de la función se invierte y se contrae si $|a| > 1$ y se dilata si $0 < |a| < 1$.
- Cuando $a = -1$, la función es simétrica respecto del eje de ordenadas.

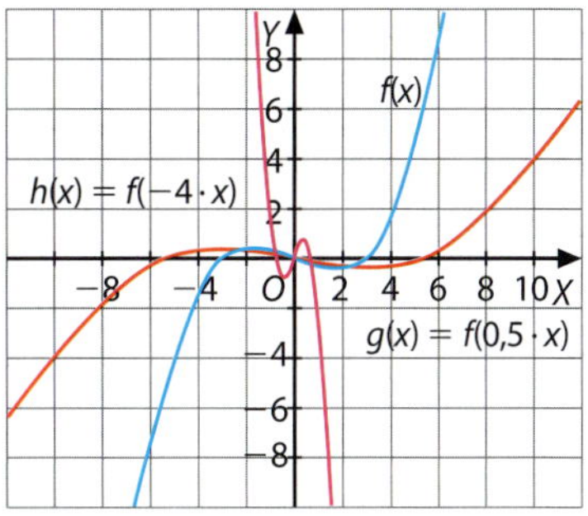

FIGURA 8.41.

### Ejercicio resuelto

► *A partir de la gráfica de* $f(x)$, *representar* $g(x) = f(0{,}5x)$ *y* $h(x) = f(-4x)$.

En la gráfica (figura 8.41) se observa que cuando se multiplica el valor de $x$ por 0,5 la gráfica de la nueva función se dilata horizontalmente.

Cuando se multiplica por $-4$, la gráfica de la nueva función se invierte y se contrae horizontalmente.

### Actividades

**19** A partir de la gráfica de $f(x)$, identifica las funciones representadas.

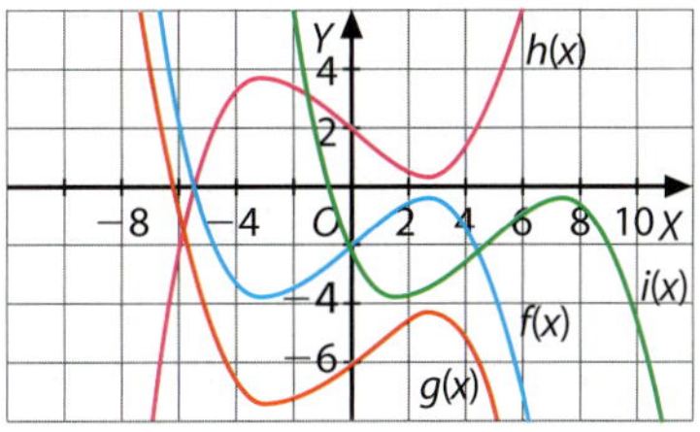

FIGURA 8.42.

## Modelización de situaciones reales mediante funciones

**1.** **El precio de cada bloque de una cierta materia es proporcional al cuadrado de su peso. Imagina que tenemos un bloque de 20 kg que cuesta 500 €:**

*a)* **Si el bloque se rompe en dos trozos de 5 kg y 15 kg, ¿cuál es ahora el precio de los dos trozos?**

*b)* **¿Es cierto que si el bloque se rompe en dos trozos siempre se depreciará?**

*c)* **Calcular para qué partición se produce la máxima pérdida de valor.**

*a)* Puesto que el precio, $p(x)$, es proporcional al cuadrado del peso, debemos calcular la constante, $k$, tal que $p(x) = kx^2$.

Del enunciado se deduce que: $500 = k \cdot 20^2 \Rightarrow k = 500/400 = 5/4$

Es decir, la función que proporciona el precio en función del peso es:

$$p(x) = 5x^2/4$$

Por tanto, el precio total de los dos trozos de 5 kg y 15 kg es:

$$p(5) + p(15) = 5 \cdot 5^2/4 + 5 \cdot 15^2/4 = (5/4) \cdot (25 + 225) = 312{,}50 \text{ €}$$

*b)* El precio del bloque sin seccionar, es decir, 20 kg, sería: $p(x) = 5 \cdot 20^2/4 = 500$ €

Para demostrar que el precio es mayor si el bloque no se rompe, basta recordar que:

$$(a + b)^2 = a^2 + 2ab + b^2$$

Dado que $a > 0$ y $b > 0$, por ser $a$ y $b$ los pesos de los dos trozos en que se parte un bloque de peso $(a + b)$, entonces: $(a + b)^2 > a^2 + b^2$.

Por tanto: $\frac{5}{4}(a + b)^2 > \frac{5}{4}(a^2 + b^2) = \frac{5}{4}a^2 + \frac{5}{4}b^2$

*c)* Supongamos una partición cualquiera del bloque de 20 kg: $x$ y $20 - x$

El precio total será: $p(x) = \frac{5}{4}[x^2 + (20 - x)^2]$

Y la función que proporciona la pérdida respecto del precio del bloque sin partir es:

$$f(x) = 500 - \frac{5}{4}[x^2 + (20 - x)^2]$$

Operando, se obtiene: $f(x) = \frac{-5}{2}x^2 + 50x$

Esta es una función polinómica de segundo grado, que presenta un valor máximo en:

$$x = \frac{-50}{-5} = 10$$

La máxima pérdida de valor se producirá cuando se divida el bloque de 20 kg en dos bloques de 10 kg cada uno.

**2.** **En una fábrica de ropa hay actualmente 3 000 abrigos. Un comerciante está dispuesto a comprar todos los abrigos de la fábrica a precio de mercado, que actualmente es de 80 € cada uno; cada día que pasa, este precio disminuye 0,80 €.**

**Si la fábrica produce 100 abrigos al día, determinar la función que proporciona el dinero que ingresa la fábrica un día cualquiera, $x$, tomando el día de hoy como $x = 0$.**

El número de abrigos que producirá la fábrica, y el precio que el comerciante pagará en función de los días transcurridos a partir de hoy, se refleja en la siguiente tabla:

| Días | 0 | 1 | ... | $x$ |
|---|---|---|---|---|
| Número de abrigos | 3 000 | $3\,000 + 100 \cdot 1$ | ... | $3\,000 + 100x$ |
| Precio de un abrigo | 80 | $80 - 0{,}80 \cdot 1$ | ... | $80 - 0{,}80x$ |
| Ingresos de la fábrica | 240 000 | 245 520 | ... | $-80x^2 + 5\,600x + 240\,000$ |

Es decir, la función que proporciona los ingresos en función del tiempo transcurrido, tomando hoy como $x = 0$, es:

$$f(x) = -80x^2 + 5\,600x + 240\,000$$

Es una función polinómica de segundo grado, cuyo dominio, por el contexto del problema, es el conjunto de números naturales, $x$, para los cuales no se anula el precio de los abrigos, porque esto daría un ingreso nulo.

$$80 - 0{,}80x \neq 0 \Rightarrow x \neq 100$$

$$\text{Dom } f = \{x \in \mathbb{N} \cup \{0\} \mid x \in [0, 100]\}$$

Si quisiéramos calcular el momento idóneo para vender los abrigos, bastaría recordar que la representación gráfica de esta función es una parábola invertida, en cuyo vértice se alcanza el valor máximo.

El vértice tiene por abscisa: $x = -\frac{5\,600}{2 \cdot (-80)} = 35$

Es decir, después de 35 días la venta de los abrigos que hay en la fábrica produce el máximo beneficio.

## Estudio de las características de una función

**3. Estudiar la siguiente función representada mediante su gráfica.**

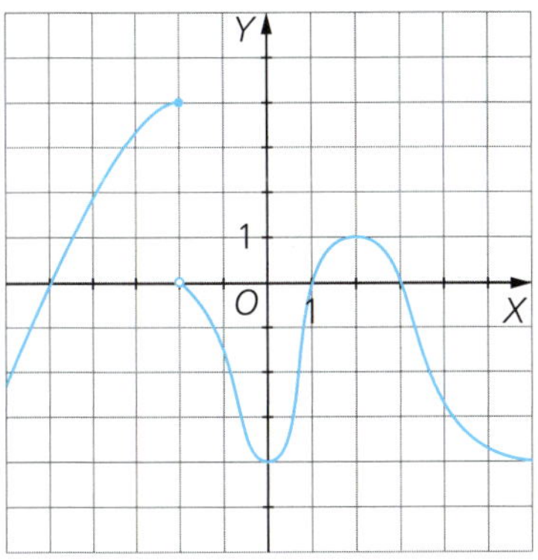


FIGURA 8.43.a.

1. Estudiamos el **dominio y recorrido** de la función $f(x)$.

   Fijándonos en la gráfica podemos observar que la función puede tomar cualquier valor para la variable independiente $x$.

   Por tanto, el dominio de la función son todos los números reales: Dom $f = \mathbb{R}$

   Además al ir dando valores a la variable independiente, la variable dependiente puede tomar cualquier valor hasta el valor 4.

   Por tanto su recorrido es: Rec $f = (-\infty, 4]$

2. En este punto estudiamos sus **puntos de corte, signo y continuidad.**

   Los puntos de corte de la función $f(x)$ con el eje de abscisas son los puntos $P_1(-5, 0)$, $P_2(1, 0)$ y $P_3(3, 0)$.

   El valor $x = -2$ no es un punto de corte ya que la función toma como valor $f(-2) = 4$ y por tanto no es un punto de corte.

   La función tiene como dominio todos los números reales, por lo que se puede calcular la imagen de $x = 0$ y calcular el punto de corte con el eje de ordenadas. Concretamente $P_4(0, -4)$.

   Para determinar la continuidad de la función, observamos que la función presenta un salto en el punto de abscisa $x = -2$, de modo que la función no es continua en $x = -2$.

   En cuanto al signo, la función es:

   - Positiva en: $(-5, -2) \cup (1, 3)$
   - Negativa en: $(-\infty, -5) \cup (-2, 1) \cup (3, +\infty)$

3. Estudiamos ahora la **monotonía** y **curvatura** de la función

   Hallamos los intervalos de monotonía de la función:

   - Estrictamente creciente en los intervalos: $(-\infty, -2) \cup (0, 2)$
   - Estrictamente decreciente en los intervalos: $(-2, 0) \cup (2, +\infty)$

   Calculamos los máximos y mínimos de la función:

   - Máximos: $M_1(2, 1)$
   - Mínimos: $M_2(0, -4)$

   Finalmente hallamos los intervalos de curvatura.

   - La función es cóncava en los intervalos: $(-2, 1) \cup (3, +\infty)$
   - La función es convexa en los intervalos: $(-\infty, -2) \cup (1, 3)$

   Por último, calculamos los puntos de inflexión de la función que en este caso son $M_3(1, 0)$ y $M_4(3, 0)$.

RESUMEN MONOTONÍA Y CURVATURA

Monotonía

| | $-\infty$ a $-2$ | $-2$ a $0$ | $0$ a $2$ | $2$ a $+\infty$ |
|---|---|---|---|---|
| $f(x)$ | Creciente | Decreciente | Creciente | Decreciente |

Curvatura

| | $-\infty$ a $-2$ | $-2$ a $1$ | $1$ a $3$ | $3$ a $+\infty$ |
|---|---|---|---|---|
| $f(x)$ | Convexa | Cóncava | Convexa | Cóncava |

FIGURA 8.43.b.

## Representación del valor absoluto de una función

Para obtener la **función valor absoluto** de una función cualquiera, $f(x)$, es preciso determinar previamente el dominio de $f(x)$ y estudiar su signo, puesto que cuando este sea negativo, entonces $|f(x)| = -f(x)$, es decir: $|f(x)| = \begin{cases} f(x) & \text{si } f(x) \geq 0 \\ -f(x) & \text{si } f(x) < 0 \end{cases}$

La representación gráfica de $|f(x)|$ se puede obtener a partir de la de $f(x)$, usando el eje de abscisas como eje de simetría cuando la gráfica de $f(x)$ está por debajo de dicho eje.

**4.** **Representar la función $f(x) = |4 - 2x|$.**

La función $4 - 2x$ está definida en $\mathbb{R}$. Si estudiamos su signo, obtenemos:

| | $-\infty$ a $+2$ | $+2$ a $+\infty$ |
|---|---|---|
| $4 - 2x$ | + | − |

Por consiguiente:

$$|4 - 2x| = \begin{cases} 4 - 2x & \text{si } x < 2 \\ -4 + 2x & \text{si } x \geq 2 \end{cases}$$

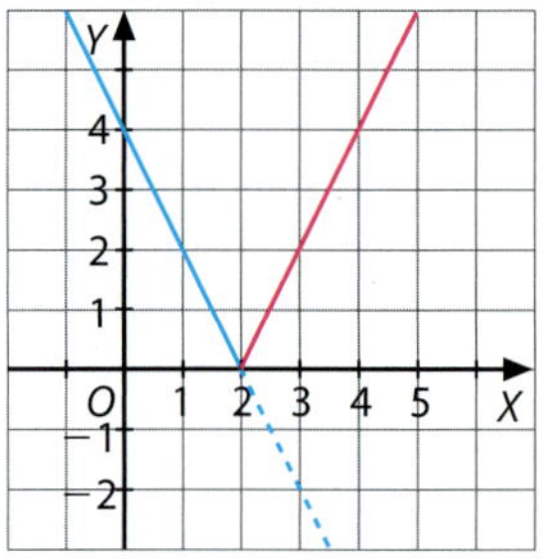

**Figura 8.44.**

Su representación gráfica es la de la figura 8.44.

Al estudiar el valor absoluto de una función polinómica de primer grado, $f(x) = |ax + b|$, la pendiente de la recta siempre es negativa para $x < -b/a$ y positiva para $x \geq -b/a$.

**5.** **Representar la función $f(x) = |-x^2 - x + 6|$.**

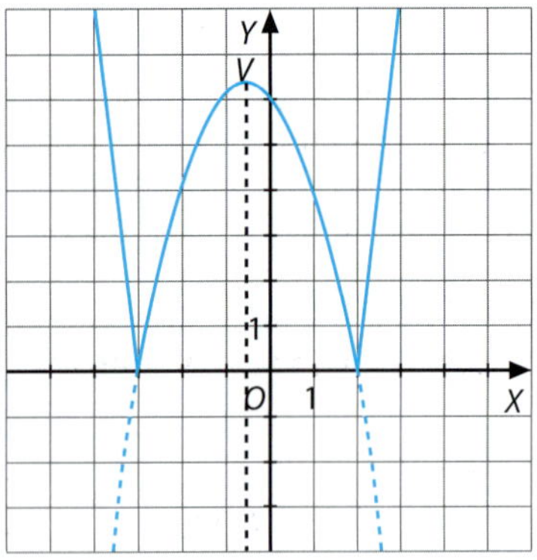

**Figura 8.45.**

Partimos de que $-x^2 - x + 6$ es una función definida en $\mathbb{R}$ y, a continuación, la factorizamos para estudiar su signo: $-x^2 - x + 6 = -(x + 3) \cdot (x - 2)$

| | $-\infty$ a $-3$ | $-3$ a $+2$ | $+2$ a $+\infty$ |
|---|---|---|---|
| $x + 3$ | − | + | + |
| $x - 2$ | − | − | + |
| $-1$ | − | − | − |
| $-(x + 3) \cdot (x - 2)$ | − | + | − |

Por consiguiente:

$$|-x^2 - x + 6| = \begin{cases} x^2 + x - 6 & \text{si } x \in (-\infty, -3) \cup (2, +\infty) \\ -x^2 - x + 6 & \text{si } x \in [-3, 2] \end{cases}$$

Su representación gráfica es la de la figura 8.45. El vértice es el punto $V\left(-\frac{1}{2}, \frac{25}{4}\right)$ y el eje de simetría $x = -\frac{1}{2}$.

Cuando se estudia el valor absoluto de una función de segundo grado, $f(x) = |ax^2 + bx + c|$, hay que considerar el signo del coeficiente, $a$, que determina si la representación gráfica es una parábola invertida o no, y tener en cuenta que puede tener dos, uno o ningún cero.

ma1b31

## Interpolación y extrapolación lineal

**6.** **En un determinado país la esperanza de vida es la que se indica en la siguiente tabla:**

| Año | 2014 | 2018 |
|---|---|---|
| Esperanza de vida | 76,84 | 77,48 |

**Calcular, mediante interpolación lineal, la esperanza de vida en el año 2015 y realizar una extrapolación para estimar la esperanza de vida en el 2020.**

Escribimos la ecuación de la recta que tiene de extremos los puntos de la tabla y cuya ecuación es la siguiente:

$$y = 76{,}48 + \frac{77{,}48 - 76{,}84}{2018 - 2014}(x - 2014) = 76{,}84 + 0{,}16(x - 2014)$$

Para el año 2015 obtenemos que la esperanza de vida es:

$$y = 76{,}84 + 0{,}16 \cdot 1 = 77 \text{ años}$$

Para el año 2020 podemos estimar que la esperanza de vida es:

$$y = 76{,}84 + 0{,}16 \cdot 6 = 77{,}8 \text{ años}$$

**7. Averiguar la expresión analítica que corresponde a la gráfica:**

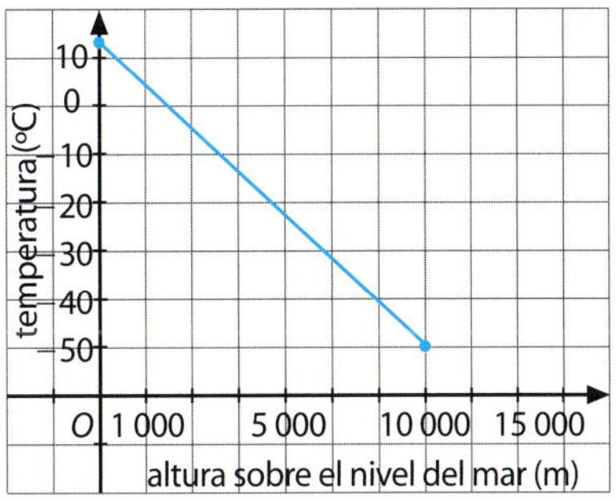


FIGURA 8.46.

La gráfica muestra la relación entre la altura sobre el nivel del mar y la temperatura. Como se puede observar, la relación es lineal, y resulta posible averiguar su expresión analítica. La función que proporciona la temperatura en relación con la altura se designa $T(h)$ y debe ser del tipo $T(h) = m \cdot h + n$, es decir, se trata de una función polinómica de primer grado.

Dado que hemos de determinar dos coeficientes, necesitamos dos puntos. Observando la gráfica, escogemos (0, 15) y (10 000, −50).

Sustituimos estos valores en la expresión de $T(h)$: $\begin{cases} 15 = m \cdot 0 + n \\ -50 = m \cdot 10\,000 + n \end{cases}$

Por tanto, $n = 15$ y $m = -0{,}0065$.

La función es: $T(h) = -0{,}0065 \cdot h + 15$

Se obtiene la misma expresión utilizando la ecuación punto pendiente de la recta, determinando previamente la pendiente: $m = (-50 - 15)/(10\,000 - 0) = -0{,}0065$

Entonces, escogemos un punto: $T(h) = 15 + (-0{,}0065)(h - 0) \Rightarrow T(h) = 15 - 0{,}0065h$

## Interpolación cuadrática

**8. Determinar la ecuación posición-tiempo correspondiente a la siguiente gráfica.**

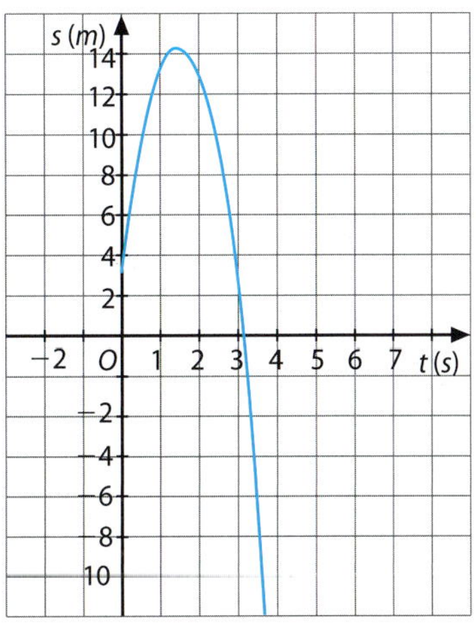


FIGURA 8.47.

Dado un sistema de referencia, la gráfica que relaciona el tiempo con la posición en un movimiento uniformemente acelerado es de una función polinómica de segundo grado:

$$s(t) = s_0 + v_0 \cdot t + a \cdot t^2/2$$

$s_0$, $v_0$ y $a$ son los coeficientes de esta función.

$s_0$ es la posición inicial, o el punto que corresponde al momento $t = 0$

$v_0$ es la velocidad inicial

$a$ es la aceleración del movimiento

A partir de la gráfica se conocen tres puntos: (0, 3), (1, 13) y (3, 3). Con estos puntos se puede obtener la expresión de la posición del móvil en cada instante haciendo:

- $s(0) = 3 \Rightarrow 3 = s_0 + v_0 \cdot 0 + a \cdot 0^2/2$
- $s(1) = 13 \Rightarrow 13 = s_0 + v_0 \cdot 1 + a \cdot 1^2/2$
- $s(3) = 3 \Rightarrow 3 = s_0 + v_0 \cdot 3 + a \cdot 3^2/2$

Es preciso, pues, resolver un sistema de tres ecuaciones con tres incógnitas. De la primera ecuación se obtiene directamente: $s_0 = 3$.

Sustituyendo en la tercera ecuación se tiene que: $v_0 = -3a/2$

De la segunda ecuación se obtiene: $13 - 3 = 3a/2 + a/2 \Rightarrow a = -10$, con lo que $v_0 = 15$

La ecuación posición-tiempo buscada es: $s(t) = 3 + 15t - 5t^2$

## Gráficas de funciones inversas respecto de la composición

**9. Representa las gráficas de $f(x) = 2x + 3$ y $f^{-1}(x)$.**

Dos funciones que son inversas respecto de la composición tienen intercambiados el dominio y el recorrido; es decir, los pares de valores, $(x, f(x))$, que corresponden a los puntos de la gráfica de $f(x)$, están intercambiados en la gráfica de $f^{-1}(x)$ y son: $(f(x), f^{-1}(f(x)))$, es decir, $(f(x), x)$.

Gráficamente, esto se traduce en una simetría respecto de la recta $y = x$.

Se consideran algunos puntos de la recta $f(x)$: (0, 3), (−1, 1), (−2, −1), (−3, −3)

Y para representar $f^{-1}(x)$ se intercambian las coordenadas así tenemos: (0, 3), (1, −1), (−1, −2), (−3, −3).

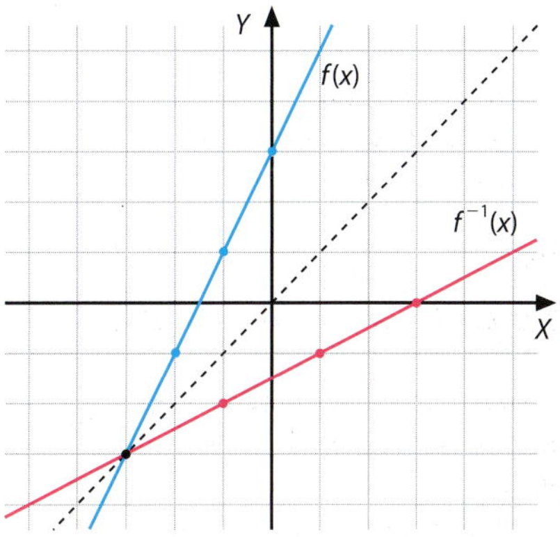


FIGURA 8.48.

## Funciones. Modelización

**1** Averigua la función que permite obtener el volumen de un cubo en función de su diagonal, *d*.

**2** En un triángulo isósceles se inscribe un rectángulo como se muestra en la figura 8.49. Halla la función que proporciona la superficie del rectángulo en función de su base, *b*. ¿Cuál es el dominio de esta función? ¿Y su recorrido?

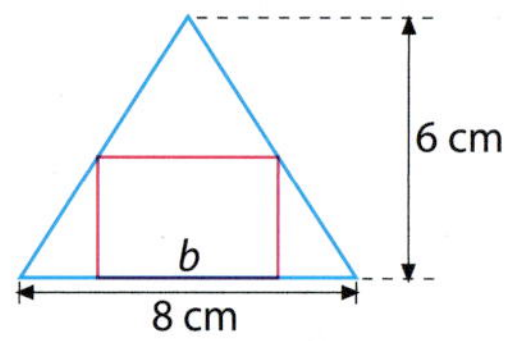


FIGURA 8.49.

**3** Queremos alquilar un apartamento en verano. Una agencia, A, pide 200 € de entrada por costes diversos y 40 € diarios. Otra agencia, B, pide 100 € de entrada y 50 € diarios. Dibuja en un mismo sistema de referencia las gráficas que representan el precio del apartamento en función de los días, y determina a partir de cuántos días de alquiler resulta más económica la oferta de la agencia A.

**Solución:** A partir de 10 días

**4** De entre las siguientes relaciones entre variables que sean funciones indica el dominio y recorrido.

*a)* A todo número real, *x*, se le asigna su inverso.

*b)* A cada número real, *x*, se le asigna un número entero, *z*, tal que $0 \leq x - z < 1$.

*c)* A cada número real, *x*, se le asigna otro número real, *y*, de tal manera que se cumpla $x^2 + y^2 = 4$.

*d)*

| **x** | −2 | −1 | 0 | 1 | 2 | 3 |
|---|---|---|---|---|---|---|
| **y** | 5 | 5 | 5 | 5 | 5 | 5 |

*e)*

| **x** | 3 | 3 | 3 | 3 | 3 | 3 |
|---|---|---|---|---|---|---|
| **y** | −10 | −7 | −4 | −1 | 2 | 5 |

*f)*

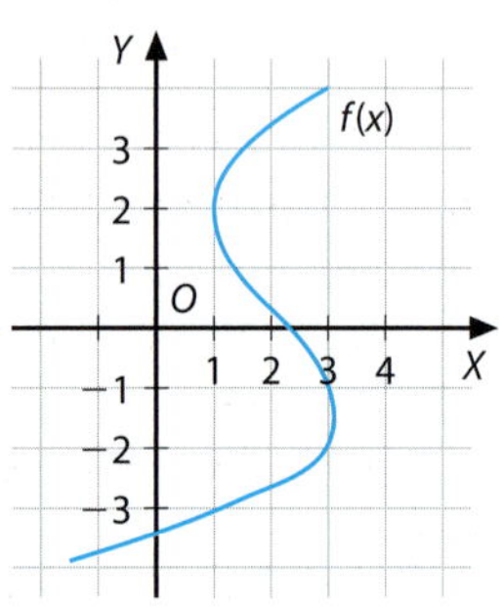


FIGURA 8.50.

*g)*

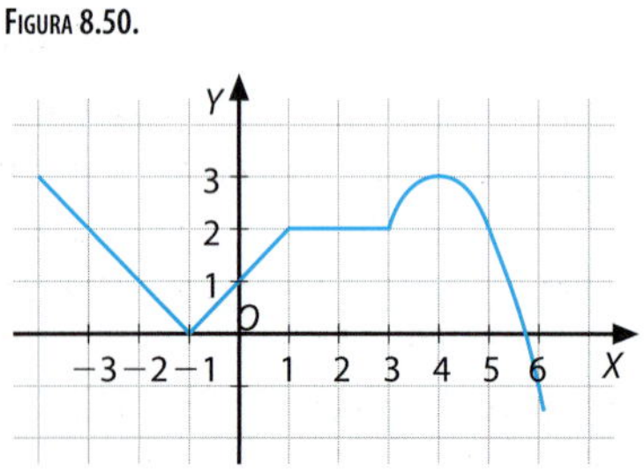


FIGURA 8.51.

**5** Un fabricante de latas de refresco necesita producir latas cilíndricas de 33 $cm^3$ de volumen. Expresa:

*a)* La relación entre la altura de la lata y el radio de su base.

*b)* El área total de la lata en función del radio de la base.

**6** Averigua la función que relaciona el área de un rectángulo con uno de sus lados, sabiendo que su perímetro mide 12 cm. ¿Qué tipo de función es? Represéntala. Halla su dominio y su recorrido. ¿Para qué valores es creciente?

**7** Un centro de estudios alquila un autocar de 60 plazas para realizar una excursión. El alquiler es de 900 €. Por cada alumno que asista, la asociación de padres de la escuela subvenciona la salida con 2,50 €. El número mínimo de asistentes a la salida es de 25 alumnos. ¿Qué función relaciona el precio de la excursión por alumno con el número de alumnos que asistan? Realiza una gráfica que muestre esa relación y determina el dominio de dicha función.

**8** En un círculo de 5 cm de radio se inscribe un triángulo isósceles. Halla su área en función de su base, *b*.

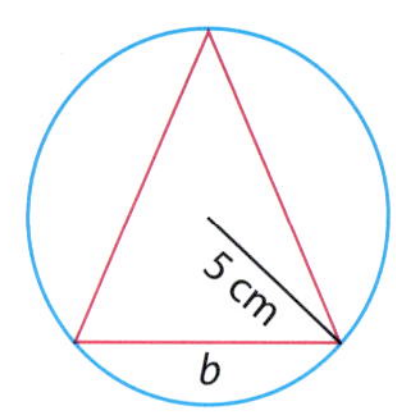


FIGURA 8.52.

**9** Halla la expresión que pasa grados centígrados:

*a)* A grados Kelvin, sabiendo que 0 K corresponden a −273 °C, y 373 K, a 100 °C.

*b)* A grados Fahrenheit, sabiendo que 32 °F corresponden a 0 °C, y 212 °F, a 100 °C.

**10** La cantidad de calor que hay que suministrar a un gramo de una sustancia para que esta aumente 1 °C se llama calor específico. Sabiendo que cuando se suministran 3 calorías a un gramo de cinc a 20 °C, la temperatura sube a 52,43 °C, averigua su calor específico y escribe una función que proporcione el incremento de temperatura de una masa cualquiera de cinc en función del aporte de calor.

**11** En la siguiente tabla se detalla el ahorro que se produce en el intercambio de bombillas, en función de la diferencia de potencia que consumen:

| Intercambio de bombillas | Ahorro (€) |
|---|---|
| 25 W → 5 W | 4 |
| 40 W → 7 W | 6,6 |
| 60 W → 11W | 9,8 |
| 75 W → 15 W | 12 |
| 100 W → 20 W | 16 |
| 120 W → 23 W | 19,4 |

¿Qué tipo de función relaciona el ahorro, *A*, con la diferencia de potencia consumida, *D*?

**Solución:** Por un kilovatio se ahorran 200 €

**12** La longitud de una varilla de metal varía en función de la temperatura a la que se somete. La tabla muestra la relación entre la temperatura y la longitud de dicha varilla, que inicialmente está a 20 °C y mide 35 m de longitud:

| Temperatura (°C) | 20 | 40 | 60 |
|---|---|---|---|
| Longitud (cm) | 3 500 | 3 501,176 | 3 502,352 |

Sabiendo que la relación entre la longitud de la varilla y el incremento de temperatura es afín, halla la expresión analítica $L(t)$. ¿Cuánto medirá la varilla a 80 °C?

**Solución:** $L(80) = 3\,503{,}528$ cm

**13** La facturación que hace una compañía eléctrica cada dos meses a uno de sus usuarios engloba tres conceptos:

- *Facturación de la potencia:* por cada kW contratado y por cada mes, la tarifa es de 2,82 €.
- *Consumo:* por cada kWh consumido, la tarifa es de 0,16 €.
- *Concepto fijo:* 1,13 € por mes en concepto de equipo de medida.

Finalmente, al importe se le aplica un 21% de IVA.

Si llamamos $P$ a la potencia contratada y $C$ al consumo en kWh de dos meses, halla la función que proporciona el importe de la factura bimestral.

*a)* ¿Cuántas variables engloba?

*b)* Calcula el total de una factura para una potencia contratada de 4,4 kW y un consumo bimestral de 271 kWh.

**Solución:** 85,23 €

**14** Una empresa realiza un estudio comparativo sobre el coste que suponen dos piezas distintas. Estima que el coste en euros de la pieza tipo A, en función del número de miles de piezas, $x$, si el pedido no sobrepasa las 2 000 piezas, viene dado por la expresión:

$$C_A(x) = -2x^2 + 5x$$

Y el coste de la pieza tipo B en las mismas condiciones es:

$$C_B(x) = 2x^2 - 3x + 2$$

*a)* ¿Para qué número de piezas es menor el coste de la producción de la pieza tipo A?

*b)* Para un pedido de 2 000 piezas, ¿qué tipo de pieza produce menor coste a la empresa?

*c)* ¿Cuántas piezas del tipo B producen menor coste?

**Solución:** *a)* Un pedido $<$ 293 piezas o entre 1 707 y 2 000 unidades *c)* 750

**15** Un granjero va cerrar un terreno rectangular de 80 m² con una valla. Uno de los lados linda con la carretera, por lo que la valla de este lado es más resistente y cuesta 15 €/m, y el resto de valla está a 10 €/m.

Expresa, en función del lado que linda con la carretera, $x$, el precio total de la valla.

**16** En el aparcamiento de unos grandes almacenes se debe abonar 1,50 € por cada hora o fracción de hora, hasta un máximo de 12 €, siendo las dos primeras horas gratuitas. Representa gráficamente la función que expresa el importe del aparcamiento en función del tiempo transcurrido.

**17** El servicio de correos de un cierto país tiene las siguientes tarifas para el envío de cartas:

Hasta 20 g de peso, se paga 0,35 €. Por cada 10 g o fracción de 10 g de exceso de peso, se añaden 0,07 € más.

*a)* Expresa la relación entre el precio del envío, $y$, y el peso de la carta, $x$, hasta 50 g.

*b)* Representa gráficamente la función.

**18** En un concurso, los participantes deben contestar 100 preguntas. En las 25 primeras, se ganan 200 € por cada una que se acierte. A partir de aquí, el premio es, en miles de euros, la raíz cuadrada del número de preguntas acertadas.

*a)* Expresa, mediante una función, la relación entre respuestas correctas y cantidad ganada, y represéntala.

*b)* ¿Cuál es su dominio? ¿Y su recorrido?

*c)* ¿Cuántas respuestas ha debido acertar un participante que ha ganado 6 082,76 €?

**Solución:** *c)* 37 respuestas

**19** Una lancha circula, cuando se ha alejado 60 kilómetros del muelle, a una media de 60 km/h. En ese mismo instante, desde el muelle sale otra lancha a una velocidad media de 75 km/h. Ambas mantienen la velocidad media constante. Expresa cómo varía la distancia que las separa en función del tiempo. Cuando la segunda lancha haya adelantado en 45 km a la primera, ¿qué tiempo habrá transcurrido?

**Solución:** Transcurren 7 horas.

**20** El beneficio mensual de un artesano expresado en euros, cuando fabrica y vende $x$ objetos, se ajusta a la función $B(x) = -0{,}5x^2 + 50x - 800$, donde $20 \leq x \leq 60$.

*a)* Determina el beneficio que obtiene cuando fabrica y vende 20 objetos y 60 objetos, respectivamente.

*b)* ¿Cuántos objetos debe fabricar y vender para obtener el máximo beneficio?, ¿a cuánto asciende?

**Solución:** *b)* 50 objetos, 450 €

**21** Si el precio de la entrada al cine es de 6 €, van 320 personas. Se sabe que si aumenta el precio en 0,25 €, hay 10 espectadores menos. Halla:

*a)* La función que determina el número de espectadores en función del precio de la entrada.

*b)* La función que determina los ingresos del cine en función del precio de la entrada.

*c)* El precio de la entrada para obtener el máximo ingreso.

**Solución:** *c)* 7 €

**22** El beneficio (en miles de euros) de una empresa por la venta de $x$ unidades de un producto, lo da por la función: $B(x) = -x^2 + 300x - 16\,100, 50 \leq x \leq 250$.

*a)* ¿Cuántas unidades habrá vendido si el beneficio que ha obtenido es de 3 900 miles de euros?

*b)* ¿Cuántas unidades debe vender para obtener el máximo beneficio? ¿A cuánto asciende este beneficio?

*c)* ¿Cuántas unidades debe vender para no tener pérdidas?

**Solución:** *a)* 100 o 200 unidades *b)* 150 unidades, $B(150) = 6\,400$ miles de euros *c)* $70 \leq x \leq 230$

## Dominio y recorrido

**23** Halla el dominio de estas funciones.

*a)* $f(x)=\sqrt{x+3}$

*b)* $f(x)=\sqrt{3-x}$

*c)* $f(x)=3x+\sqrt{x}-2$

*d)* $f(x)=\dfrac{2x^2+x-1}{x^2+x+1}$

*e)* $f(x)=\dfrac{6x-1}{\sqrt{x}+1}$

*f)* $f(x)=\dfrac{6x-1}{\sqrt{x}-1}$

*g)* $f(x)=\dfrac{2x^3+7}{\sqrt[3]{3x+6}}$

*h)* $f(x)=\dfrac{7x+5}{(x^2-1)^2}$

*i)* $f(x)=\sqrt{\dfrac{x^2}{x^2+1}}$

*j)* $f(x)=\sqrt{\dfrac{x^2}{x^2-1}}$

*k)* $f(x)=\dfrac{3x+1}{1-2x}$

*l)* $f(x)=\dfrac{x^2+x}{x-2x^2}$

*m)* $f(x)=\sqrt{\dfrac{1-x}{x+2}}$

*n)* $f(x)=\dfrac{\sqrt{x^2-1}}{x+3}$

*ñ)* $f(x)=\dfrac{x^2-1}{\sqrt{x+3}}$

*o)* $f(x)=\sqrt{\dfrac{|x|}{x}}$

*p)* $f(x)=\sqrt{\dfrac{|x|}{x^2}}$

*q)* $f(x)=\begin{cases}\dfrac{x+3}{3-x} & \text{si } x<3\\ -7 & \text{si } x=4\\ \dfrac{1}{x-10} & \text{si } x>5\end{cases}$

**24** Averigua el recorrido de estas funciones.

*a)*

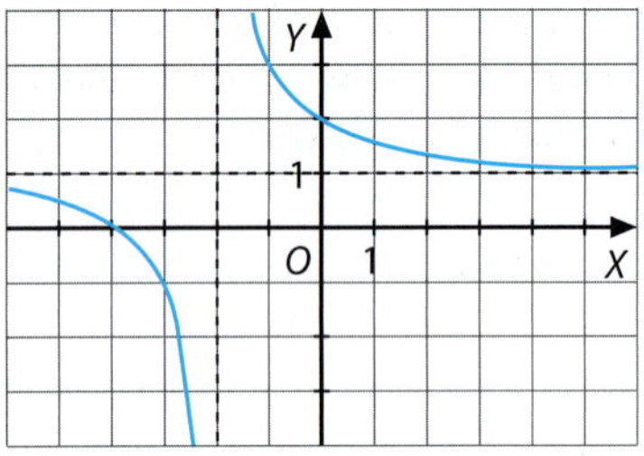


FIGURA 8.53.

*b)*

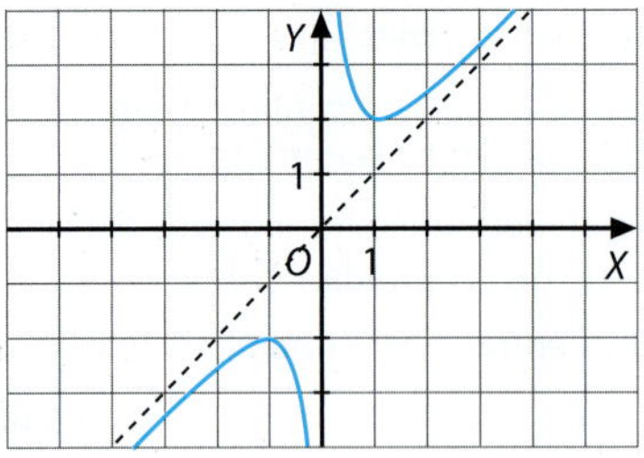


FIGURA 8.54.

*c)*

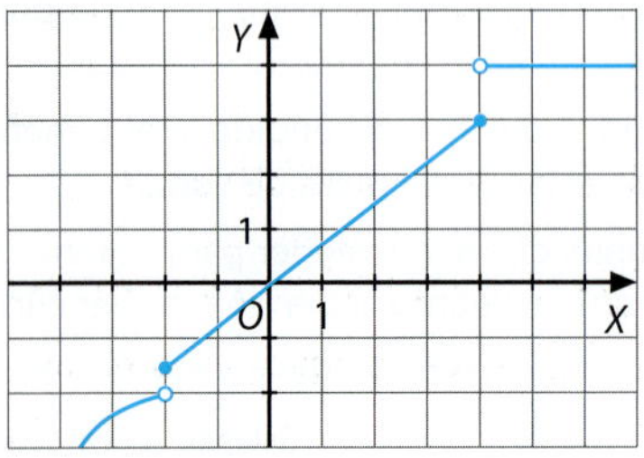


FIGURA 8.55.

**25** Averigua el recorrido de estas funciones.

*a)* $f(x)=2x^2-3x+1$

*b)* $f(x)=\dfrac{-x^2}{2}+\dfrac{3x}{2}+2$

*c)* $f(x)=\dfrac{2x+1}{x}$

*d)* $f(x)=x^2-4x$

*e)* $f(x)=E(x)+4$

*f)* $f(x)=\begin{cases}x & \text{si } x\le 4\\ -x & \text{si } x>4\end{cases}$

**26** Son iguales $f(x)=x+2$ y $g(x)=\dfrac{x^2-4}{x-2}$? ¿Por qué?

## Representación de funciones

**27** Representa las siguientes funciones.

*a)* $f(x)=-x+5$

*b)* $g(x)=|-x+5|$

*c)* $f(x)=2x+3$

*d)* $g(x)=|2x+3|$

*e)* $f(x)=-2x^2+5x+3$

*f)* $g(x)=|-2x^2+5x+3|$

**28** A partir de la función representada en la figura 8.56, halla:

*a)* $f(0)$, $f(-2)$, $f(-4)$, $f^{-1}(1)$, $f^{-1}(-1)$, $f^{-1}(-5/2)$

*b)* Dom *f* y Rec *f*

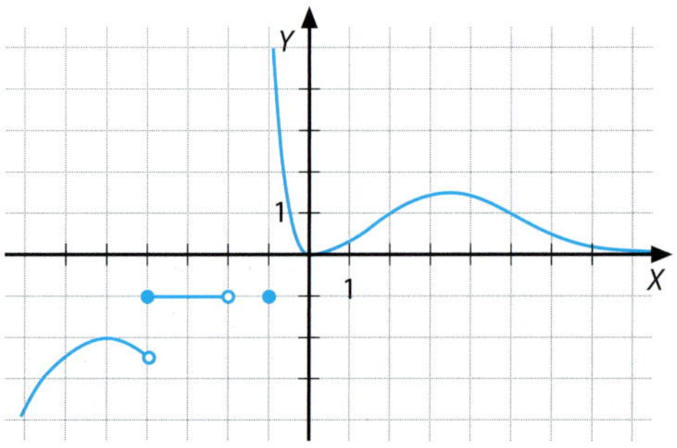


FIGURA 8.56.

**29** Representa las siguientes funciones e indica sus dominios y recorridos.

*a)* $f(x)=\begin{cases}-x+1 & \text{si } x<-2\\ x^2-4 & \text{si } x\ge -2\end{cases}$

*b)* $f(x)=\begin{cases}x-10 & \text{si } x<-1\\ -1 & \text{si} -1<x\le 3\\ -x^2-4x-6 & \text{si } x>3\end{cases}$

*c)* $f(x)=|x^2-2x|$

**30** La función $f(x)=x-E(x)$ es la función que a cada número real $x$, comprendido en un intervalo $[z, z+1)$, le hace corresponder $x-z$.

Por ejemplo, $f(3{,}25)=3{,}25-3=0{,}25$, $f(-3{,}25)=0{,}75$, $f(0{,}5)=0{,}5-0=0{,}5$, $f(-0{,}5)=-0{,}5+1=0{,}5$.

Haz una tabla de valores y realiza su representación gráfica.

## Características de las funciones

**31** Dada la función $f(x)=\dfrac{x^2}{x+1}$, determina sus intervalos de signo constante.

**32** Dada la función $f(x)=\dfrac{x^2-4}{x}$, determina sus intervalos de signo constante.

**33** Estudia en las funciones que muestran las figuras, los intervalos de signo constante, la monotonía y la curvatura si es posible. ¿Está acotada alguna de las funciones? ¿Hay alguna que presente simetría? ¿Y periodicidad?

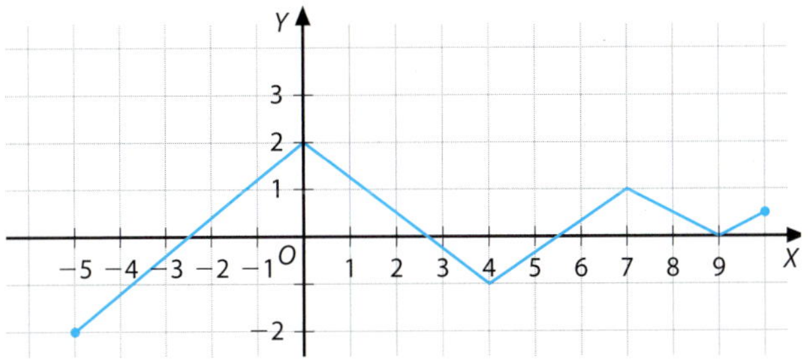


FIGURA 8.57.a.

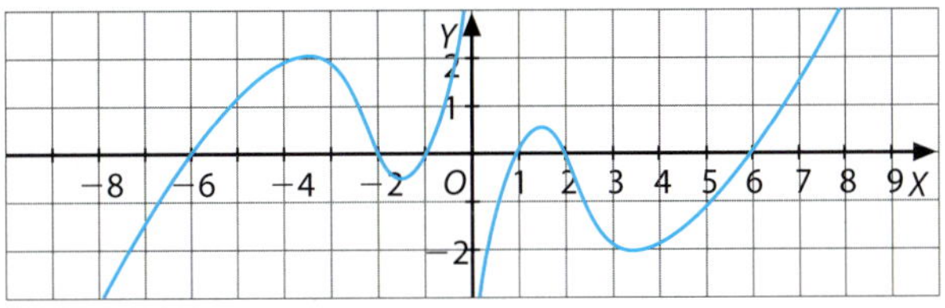


FIGURA 8.57.b.

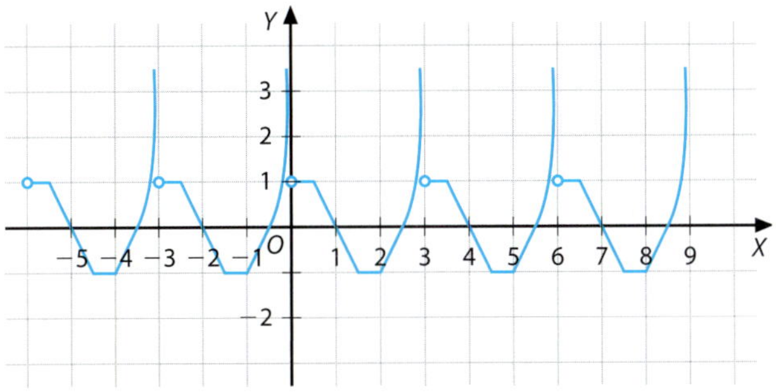


FIGURA 8.57.c.

## Operaciones con funciones

**34** Calcula, en cada caso, $(f+g)(x)$ y su dominio.

*a)* $f(x) = x^3 + 2x^2 - x + 3,\ g(x) = \sqrt{x^2-4}$

*b)* $f(x) = \dfrac{3x}{2x+1},\ g(x) = \dfrac{-1}{x-2}$

**35** Calcula $(f+g)(x)$ y $(f-g)(x)$, y sus respectivos dominios, siendo $f(x) = \dfrac{1}{x}$ y $g(x) = \dfrac{1-x}{x+2}$.

**36** Dadas las siguientes funciones definidas a trozos, calcula $(f+g)(x)$ y su dominio.

$$f(x) = \begin{cases} \dfrac{2}{x^2-1} & \text{si } x \le 3 \\ x^2-1 & \text{si } x > 3 \end{cases} \qquad g(x) = \begin{cases} \dfrac{1}{x+1} & \text{si } x < 0 \\ \dfrac{1}{x-1} & \text{si } x \ge 0 \end{cases}$$

**37** Calcula, en cada caso, $(f \cdot g)(x)$ y su dominio.

*a)* $f(x) = \dfrac{\sqrt{x+1}}{2x},\ g(x) = \dfrac{x^2-x}{x+1}$

*b)* $f(x) = x^2 - x - 6,\ g(x) = \dfrac{x-2}{2x-6}$

**38** Halla $(f+g)(x)$, $(f-g)(x)$, $\left(\dfrac{f}{g}\right)(x)$, y sus respectivos dominios, a partir de las funciones:

$$f(x) = \frac{3+x}{x^2-3x} \text{ y } g(x) = \frac{3x-5}{x^2-4x+3}$$

**39** Dadas las funciones definidas a trozos:

$$f(x) = \begin{cases} -x^2 & \text{si } x \le 0 \\ \sqrt{x} & \text{si } x > 0 \end{cases} \quad \text{y} \quad g(x) = \begin{cases} -\dfrac{1}{x} & \text{si } x < 0 \\ \sqrt{x^3} & \text{si } x \ge 0 \end{cases}$$

encuentra la expresión de $(f \cdot g)(x)$ y su dominio.

**40** A partir de los siguientes pares de funciones, halla $(f \circ g)(x)$ y $(g \circ f)(x)$, indicando su dominio.

*a)* $f(x) = \dfrac{2}{3x},\ g(x) = \dfrac{2x}{3}$

*b)* $f(x) = \sqrt{x^2+1},\ g(x) = 3$

*c)* $f(x) = 2x^2 + x - 3,\ g(x) = \dfrac{1}{x+1}$

**41** Dadas las funciones $f(x) = \dfrac{2-x}{x+1}$ y $g(x) = \sqrt{2x \quad 1}$, calcula la función compuesta de $f(x)$ y $g(x)$ y su dominio.

**42** A partir de las funciones $f(x) = 2x - x^2$ y $g(x) = \sqrt{x-2}$, halla $(f \circ g)(x)$ y $(g \circ f)(x)$ y sus respectivos dominios. ¿Qué se observa? ¿Es siempre posible la composición?

**43** La función $h(x) = 4x^2$ se puede entender como la composición de las funciones $f(x) = 2x$ y $g(x) = x^2$ de este modo: $(g \circ f)(x) = g(f(x)) = g(2x) = 4x^2 = h(x)$.

Expresa las siguientes funciones como composición de funciones, indicando estas últimas:

*a)* $h(x) = 5\sqrt{x+5}$

*b)* $h(x) = 5x^4 + 2x^2 + 6$

## Función inversa

**44** ¿Existe función inversa respecto de la composición para las siguientes funciones? Si es así, halla su expresión.

*a)* $f(x) = 3x - 2$

*b)* $f(x) = \dfrac{x-3}{4x}$

*c)* $f(x) = \sqrt[3]{x+8}$

*d)* $f(x) = x^2 + 5x$

*e)* $f(x) = \dfrac{1}{4x+2}$

*f)* $f(x) = -x - \dfrac{1}{x}$

*g)* $f(x) = x^2 - 3x + 1$

*h)* $f(x) = 1 - \dfrac{4}{x}$

**45** Representa la función $f(x) = -x - 1$ y su inversa.

## Transformaciones de funciones

**46** A partir de la función $f(x) = \dfrac{1}{x}$, representa las siguientes funciones e indica sus dominios y recorridos.

*a)* $f(x) = \dfrac{1}{x-2}$

*b)* $f(x) = 2 + \dfrac{1}{x-2}$

*c)* $f(x) = \dfrac{1}{3x}$

**47** A partir de la gráfica de la función $f(x)$ de la figura, representa: $f(-x)$, $-f(x)$, $f(x+3)$, $f(x) - 3$ y $2 \cdot f(x)$.

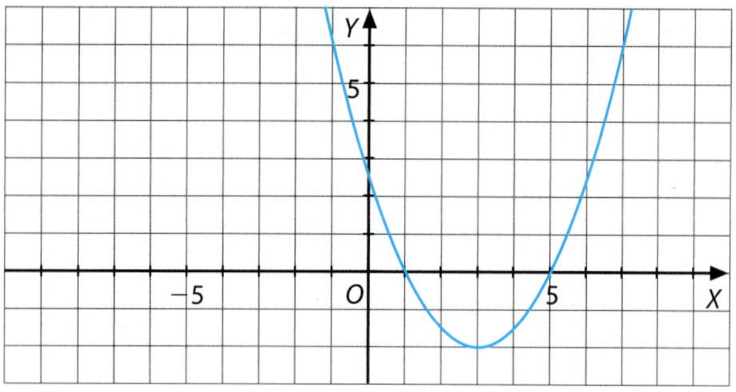


**Figura 8.58.**

## Ejercicios de aplicación

**48** Considera las siguientes funciones:

- $f(x) = 2x^2 - 3x + 1$
- $g(x) = -(x+1)^2$
- $h(x) = x^2 + x + 1$
- $i(x) = -3x^2 - x + 2$

*a)* Represéntalas gráficamente, indicando sus ceros, sus vértices y sus ejes de simetría.

*b)* Estudia su signo.

*c)* Indica sus intervalos de monotonía y sus recorridos.

*d)* Escribe las funciones valor absoluto correspondientes a cada una como funciones a trozos, y represéntalas.

**49** Dada la función $f(x) = x^3 + 3x^2 - 9x$:

*a)* Averigua sus ceros.

*b)* Determina sus intervalos de signo constante.

*c)* Esboza una gráfica, completando previamente la siguiente tabla de valores:

| $x$ | $-5$ | $-4$ | $-3$ | $-2$ | $-1$ | 1 | 2 | 3 | 4 | 5 |
|---|---|---|---|---|---|---|---|---|---|---|
| $f(x)$ | × | × | × | × | × | × | × | × | × | × |

**50** La tarifa del transporte en taxi en cierta localidad depende linealmente de la longitud del trayecto que se efectúe. A un usuario de este servicio, una carrera de 3,6 km le cuesta 7,12 €, y a otro, 8,80 € un trayecto de 5 km. ¿Cuánto vale la bajada de bandera?

**Solución:** 2,80 €

**51** Una función lineal pasa por los puntos $(-1, 5/2)$ y $(1/4, -3)$. Halla su expresión analítica. ¿Es una función creciente?

**52** El porcentaje destinado de I+D del PIB de un determinado país en los años 2008, 2010 y 2012 es la que se indica en la siguiente tabla:

| Año | 2008 | 2010 | 2012 |
|---|---|---|---|
| % I+D del PIB | 0,28 | 0,32 | 0,47 |

Mediante interpolación lineal, calcula el porcentaje del PIB destinado de I+D en el año 2009 y realiza una extrapolación para estimar cuánto se destinará en el año 2016.

**Solución:** En 2009, fue de un 0,33%. En 2016 será del 0,68%.

**53** El precio de un viaje en tren es función, entre otras cosas, de los kilómetros recorridos. Recorrer 57 km cuesta 2,21 € y recorrer 68 km vale 2,54 €. Averigua:

*a)* La función afín que expresa el coste del billete en función de los kilómetros recorridos.

*b)* Por extrapolación, el precio del billete cuando la distancia recorrida sea de 500 km.

*c)* Si un billete cuesta 5,93 €, ¿cuántos kilómetros tiene el recorrido?

**Solución:** *b)* 15,50 € *c)* 181 km

**54** Encuentra una función cuadrática $f(x)$ que tome los valores que muestra la tabla:

| $x$ | 0 | 2 | $-1$ |
|---|---|---|---|
| $f(x)$ | 1,25 | $-0{,}75$ | 6,75 |

**55** Expresa el volumen de un cono cualquiera de generatriz 2 dm en función de su altura. ¿Entre qué valores puede oscilar la altura? Indica el dominio de esta función.

**Solución:** La altura oscila entre 0 y 2 dm.

**56** Si un juguete se vende a 130 € lo compran 1 000 personas. Por cada euro que aumenta (o disminuye) este precio, disminuye (o aumenta), respectivamente, el número de compradores en 50.

*a)* Expresa la función que proporciona el número de juguetes que se venden en función del precio de venta.

*b)* Si el precio de coste de un juguete es de 80 €, calcula el precio, *p*, que proporciona el beneficio total máximo.

*c)* Halla el número de juguetes que se venden si el precio es *p*, y calcula el beneficio máximo.

**Solución:** *b)* 115 € *c)* 1 750 juguetes y 61 250 € de beneficio

**57** El perímetro de un triángulo isósceles es 6 cm. Expresa el área del triángulo en función de la base, *b*, y determina su dominio.

**58** Expresa el área de un pentágono regular en función de su lado, *l*, y determina su dominio.

**59** El área de un contenedor formado por una semiesfera de radio *r* y un cilindro abierto de altura *h* es de 32 m². Expresa su volumen en función del radio, y determina su dominio.

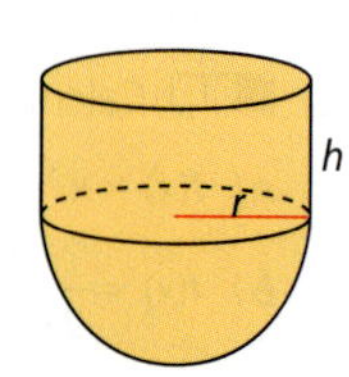


**Figura 8.59.**

**60** En un cubo se instala un depósito en forma de pirámide invertida con la misma base que la cara superior del cubo.

Determina el área de la cuatro caras del depósito, en función de su volumen.

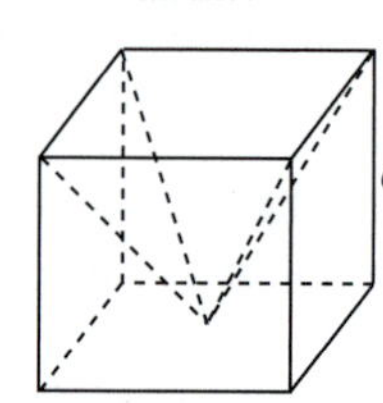


**Figura 8.60.**

**61** Un almacén tiene forma de prisma recto de base cuadrada y su volumen es 768 m³. Se sabe que la pérdida de calor a través de las paredes laterales es de 100 unidades por m², mientras que por el techo es de 300 unidades por m². La pérdida de calor a través del suelo es despreciable. Expresa la pérdida de calor del almacén en función del lado de su base.

# Evaluación

| Soy capaz de... | Actividades |
|---|---|
| Reconocer analítica y gráficamente las funciones reales de variable real elementales. | **1** |
| Seleccionar de manera adecuada y razonada ejes, unidades, dominio y escalas, y reconocer los errores de interpretación derivados de una mala elección. | **2, 6, 7** |
| Interpretar las propiedades locales y globales de las funciones, comprobando los resultados con la ayuda de medios tecnológicos en actividades abstractas y problemas contextualizados. | **3-7** |

**1.** Determina cuáles de las siguientes gráficas corresponden a una función. Construye una tabla de valores y escribe su expresión analítica.

***a)***

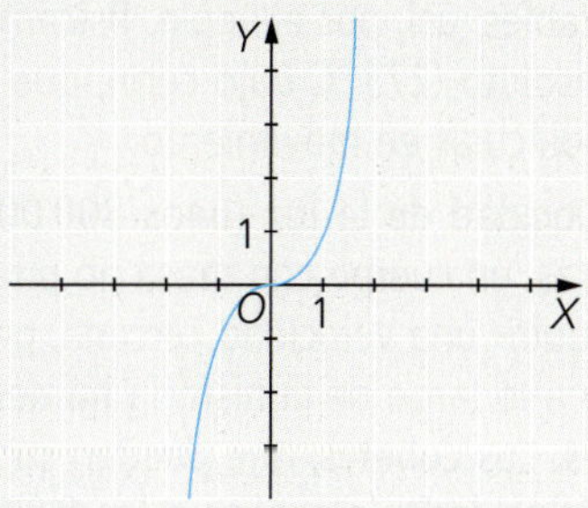


***b)***

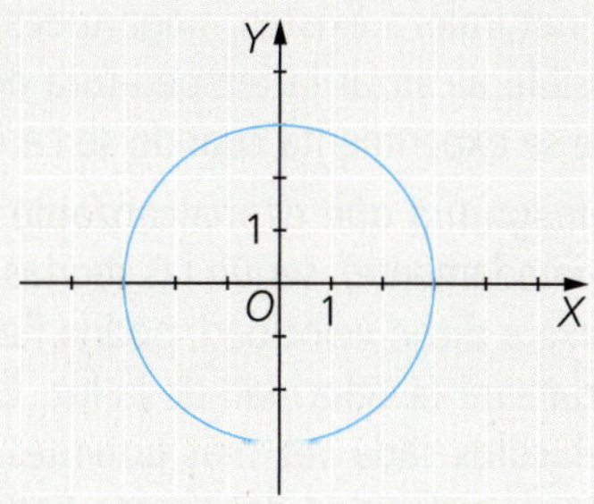


***c)***

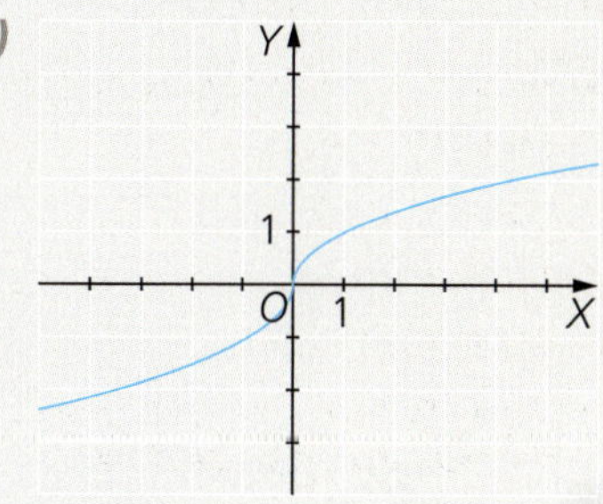


**2.** Halla el dominio de las siguientes funciones.

***a)*** $f(x) = \dfrac{1}{x-1}$ ***b)*** $f(x) = x^2 - 5x$ ***c)*** $f(x) = \dfrac{3}{x^2-9}$ ***d)*** $f(x) = \dfrac{x^3 - 3x + 4}{x}$ ***e)*** $f(x) = \sqrt{1 - x^2}$

**3.** Estudia el signo de estas funciones.

***a)*** $f(x) = \dfrac{1}{x^2 - 1}$ ***b)*** $f(x) = \dfrac{x-5}{x^2 + 5x + 6}$ ***c)*** $f(x) = \dfrac{x^2 - 5x + 4}{x^2 - 4}$ ***d)*** $f(x) = x^2 + 3x + 2$

**4.** Estudia la simetría de:

***a)*** $f(x) = \dfrac{x^2 - 4}{x^2}$ ***b)*** $f(x) = x^2 - 4x$ ***c)*** $f(x) - \dfrac{x^3 - 5x}{x^2}$

**5.** Determina la monotonía y la curvatura de estas funciones. ¿Alguna de ellas está acotada?

***a)***

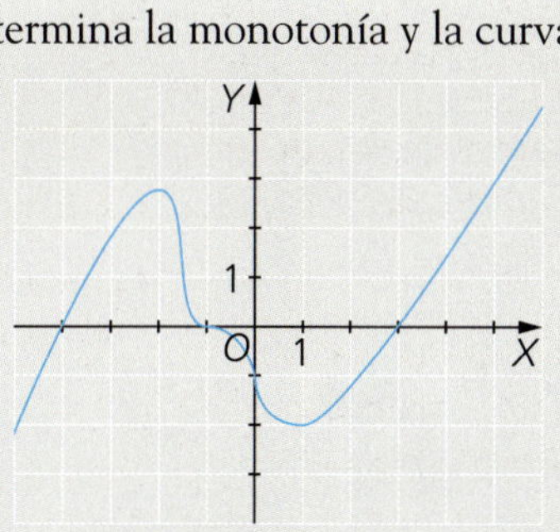


***b)***

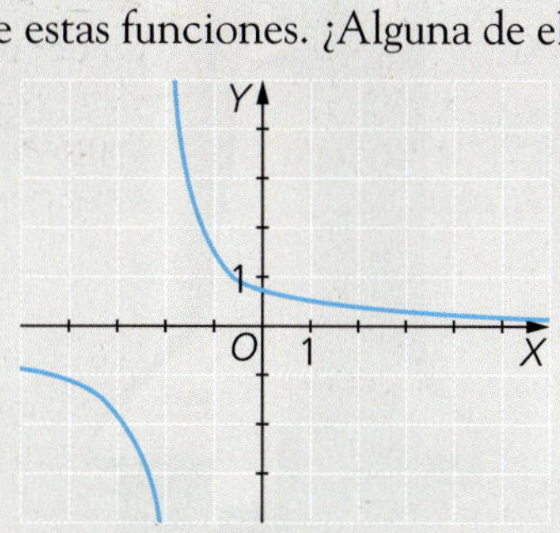


***c)***

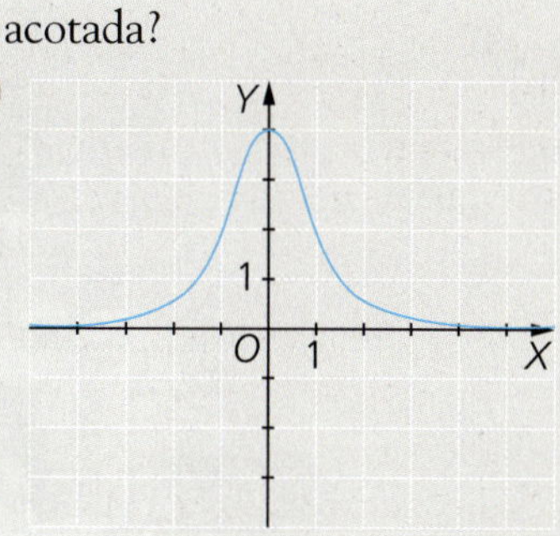


**6.** Determina todas las características de estas funciones.

***a)*** $f(x) = x^2 - 1$ ***b)*** $f(x) = x^2 - 3x + 2$ ***c)*** $f(x) = -x^2 + x$ ***d)*** $f(x) = -x^2 + 4$

**7.** Estudia y representa estas funciones.

***a)*** $f(x) = \begin{cases} x - 1 & \text{si } x < 1 \\ 3 & \text{si } x > 1 \end{cases}$

***b)*** $f(x) = \begin{cases} x - 1 & \text{si } x \leq -1 \\ -x + 2 & \text{si } -1 < x < 2 \\ x^2 - 3 & \text{si } x \leq 2 \end{cases}$

# 9 Límites y continuidad

En esta unidad vamos a trabajar con un concepto que usas a menudo en tu vida cotidiana, límite. De un modo intuitivo el límite sugiere algo que no se puede sobrepasar, el final, la frontera... Sin embargo, en matemáticas, el límite no solo no puede rebasarse, sino que es algo a lo que es posible aproximarse tanto como se quiera, pero nunca se puede alcanzar.

En la naturaleza existen magnitudes inalcanzables, así, por ejemplo, físicamente no es posible alcanzar la temperatura de cero absoluto (273 °C bajo cero), que teóricamente se experimenta cuando se carece de moléculas en movimiento.

Otra magnitud que es inalcanzable es la velocidad de la luz (unos 300 000 km/s, aproximadamente), según las teorías relativistas, un cuerpo con masa no puede desplazarse a dicha velocidad, podría llegar a adquirir una velocidad cercana, pero nunca alcanzará la velocidad de la luz. El hombre a lo largo de la historia ha desarrollado vehículos cada vez más potentes y veloces. Los cohetes, que pueden superar en 7 veces la velocidad del sonido llegando a velocidades cercanas a los 8 000 km/h, todavía están muy lejos de alcanzar el límite impuesto por la luz.

# Repasa lo que sabes

Para calcular el **valor numérico** de una expresión algebraica, se sustituyen las letras por los números que corresponden a cada una de ellas, y se realizan las operaciones indicadas.

**1.** Calcula el valor numérico de la expresión algebraica $7x^2y + 2xy^2 - 3y^3$ para $x = 2$ e $y = -2$.

Un **polinomio** es **irreducible** si solo es divisible por él mismo y por un polinomio de grado 0.

**2.** Decide si los siguientes polionomios son irreducibles.

*a)* $x^2 + x + 1$

*b)* $x^3 + 1$

*c)* $x^2 + 1$

**3.** Halla la factorización de los siguientes polinomios.

*a)* $x^3 - 5x^2 - x + 5$ *b)* $x^3 - 7x^2 + 12x$

Simplificar una fracción algebraica consiste en transformarla en otra fracción equivalente e irreducible. Para ello, se descomponen en factores el numerador y denominador, y se dividen por los factores comunes.

**4.** Simplifica las siguientes fracciones algebraicas.

*a)* $\dfrac{2x^2 - 2x}{x^4 + x^3 + x^2}$ *b)* $\dfrac{x^3 - 2x^2 + x}{x^3 - x}$

- El dominio de una función son los valores que la variable independiente puede tomar.
- El recorrido de una función son los valores que alcanza la variable dependiente.

**5.** Representa una función que cumpla las siguientes condiciones:

- Dom $f(x) = \mathbb{R}$
- Rec $f(x) = \mathbb{R}$
- $f(0) = 1; f(1) = 2; f^{-1}(2) = \{-3, 1\}; f^{-1}(0) = \{-1, 3\}$
- La función es estrictamente decreciente en $(-\infty, -1) \cup (1, +\infty)$ y estrictamente creciente en $(-1, 1)$.

**6.** Calcula el dominio de las siguientes funciones.

*a)* $f(x) = \dfrac{3x + 2}{x^2 - 5x}$ *b)* $g(x) = \dfrac{3}{x^2 + 1}$

**OBSERVA**

El **dominio de una función racional** está formado por aquellos valores reales que no anulan el denominador.

Para calcular la **función inversa** $f^{-1}(x)$ de una función inyectiva $f(x)$:

- Se hace que $f(x) = y$.
- Se intercambian $x$ e $y$.
- Se despeja $y$ en función de $x$.

**7.** Dada la función $f(x) = \dfrac{x + 1}{2 - x}$, calcula la función $f^{-1}(x)$.

# 1. Sucesiones

## 1.1. Término general de una sucesión

**RECUERDA**

- Una función real de variable real, $f(x)$, es una aplicación de $D \subset \mathbb{R}$ en $\mathbb{R}$, donde D es el dominio de $f(x)$.
- Una sucesión es una función cuyo conjunto original son los números naturales, $\mathbb{N}$. Es decir, se trata de una función cuyo dominio es $\mathbb{N}$.

Una **sucesión** de números reales es una aplicación del conjunto de los números naturales en el conjunto de los números reales:

$$s: \mathbb{N} \rightarrow \mathbb{R}$$

de manera que a cada número natural le corresponde un número real.

Los valores asociados a los números naturales se designan por $s(n)$ o $s_n$.

$$\begin{aligned} s:\ \mathbb{N} &\rightarrow \mathbb{R} \\ n &\rightarrow s(n) = s_n \\ 1 &\rightarrow s(1) = s_1 \\ 2 &\rightarrow s(2) = s_2 \\ 3 &\rightarrow s(3) = s_3 \end{aligned}$$

Así, son sucesiones:

- $1, 2, 3, 4, \ldots$
- $3, 6, 9, 12, \ldots$
- $-1, 1, -1, 1, \ldots$

En algunas ocasiones, es posible expresar el término $n$-ésimo (término que ocupa el lugar $n$) en función de $n$. La expresión que permite expresar un término en función del lugar que ocupa recibe el nombre de **término general de la sucesión.**

Por ejemplo:

- La sucesión $1, 4, 9, 16, 25, \ldots$ tiene por término general $a_n = n^2$.
- La sucesión $0, 1, 2, 3, 4, \ldots$ tiene por término general $b_n = n - 1$.
- La sucesión $-2, 4, -6, 8, -10, 12, -14, \ldots$ tiene por término general $c_n = (-1)^n \cdot 2n$.

Dos sucesiones son **opuestas** si sus términos generales lo son. Por ejemplo:

- La sucesión opuesta de $1, 4, 9, 16, 25, \ldots$ es $-1, -4, -9, -16, -25, \ldots$, y su término general es $d_n = -n^2$.

Dos sucesiones son **inversas** si sus términos generales lo son. Por ejemplo:

- La sucesión inversa de $2, 5, 10, 17, 26, \ldots$, de término general $e_n = n^2 + 1$, es $\frac{1}{2}, \frac{1}{5}, \frac{1}{10}, \frac{1}{17}, \frac{1}{26}, \ldots$ y su término general es $\frac{1}{n^2+1}$.

**OBSERVA**

En una sucesión con un número impar de términos, tiene como término central:

$$a_c = \frac{a_1 + a_n}{2}$$

## 1.2. Progresiones aritméticas y geométricas

Existen dos casos particulares de sucesiones que merecen una atención especial, ya que se presentan en multitud de ocasiones: son las progresiones aritméticas y geométricas.

### Progresiones aritméticas

Una **progresión aritmética** es una sucesión de números reales en la que cada uno de sus términos, excepto el primero, se obtiene sumando al anterior una cantidad constante que se denomina **diferencia.**

Por ejemplo, las siguientes son progresiones aritméticas:

- $2, 5, 8, 11, \ldots$ Su primer término es $a_1 = 2$, y la diferencia es $d = 3$.
- $3, 5, 7, 9, \ldots$ Su primer término es $b_1 = 3$, y la diferencia es $d = 2$.

Si se designa por $a_1$ el primer término y por $d$ la diferencia, una progresión aritmética se puede escribir como sigue: $a_1,\ a_1 + d,\ a_1 + 2d,\ a_1 + 3d, \ldots$

El término que ocupa el lugar $n$ tendrá por expresión:

$$a_n = a_1 + (n - 1) \cdot d$$

Así, los términos que ocupan el lugar 20 en los ejemplos anteriores son:

- $a_{20} = 2 + (20 - 1) \cdot 3 = 59$
- $b_{20} = 3 + (20 - 1) \cdot 2 = 41$

## Progresiones geométricas

Una **progresión geométrica** es una sucesión de números reales en la que cada uno de sus términos, excepto el primero, se obtiene multiplicando el anterior por una cantidad constante llamada **razón.**

Por ejemplo, son progresiones geométricas las siguientes:

- 2, 6, 18, 54, … Su primer término es $a_1 = 2$, y su razón, $r = 3$.
- 3, 1, 1/3, 1/9, … Su primer término es $b_1 = 3$, y su razón, $r = 1/3$.

Si se designa por $a_1$ el primer término y por $r$ la razón, una progresión geométrica se puede escribir así: $a_1,\ a_1 \cdot r,\ a_1 \cdot r^2,\ a_1 \cdot r^3,\ a_1 \cdot r^4, \ldots$

El término que ocupa el lugar $n$ tendrá por expresión:

$$a_n = a_1 \cdot r^{n-1}$$

Así, los términos que ocupan el lugar 20 en los ejemplos anteriores son:

- $a_{20} = 2 \cdot 3^{19}$
- $b_{20} = 3 \cdot (1/3)^{19} = (1/3)^{18}$

### Ejercicios resueltos

▶ *Hallar la diferencia y el término general de estas progresiones aritméticas.*

- $-2, 1, 4, 7, \ldots$ $a_1 = -2$ y $d = 3 \Rightarrow a_n = -2 + (n - 1) \cdot 3 = 3n - 5$
- $10, 20, 30, 40, \ldots$ $a_1 = 10$ y $d = 10 \Rightarrow a_n = 10 + (n - 1) \cdot 10 = 10n$
- $7/2, 4, 9/2, 5, \ldots$ $a_1 = 7/2$ y $d = 1/2 \Rightarrow a_n = 7/2 + (n - 1) \cdot 1/2 = n/2 + 3$

▶ *Hallar la razón y el término general de estas progresiones geométricas.*

- $3, 6, 12, 24, 48, \ldots$ $a_1 = 3$ y $r = 2 \Rightarrow a_n = 3 \cdot 2^{n-1}$
- $3, -6, 12, -24, 48, \ldots$ $a_1 = 3$ y $r = -2 \Rightarrow a_n = 3 \cdot (-2)^{n-1}$
- $4, 2, 1, 1/2, 1/4, \ldots$ $a_1 = 4$ y $r = 1/2 \Rightarrow a_n = 4 \cdot (1/2)^{n-1} = 2^{3-n}$

### Actividades

**1** Dada la sucesión $a_n = (-1)^n \cdot \dfrac{3n+5}{n^2-3}$, calcula los cinco primeros términos.

**2** Dada la sucesión $a_n = (-n)^3$, calcula el séptimo término.

**3** Calcula el término general de las sucesiones siguientes.

***a)*** 1, 4/3, 6/4, 8/5, … ***b)*** 0, 3/7, 8/9, 15/11, … ***c)*** 1/5, 2/9, 4/13, 8/17, …

**4** Calcula el término general de las siguientes progresiones aritméticas.

***a)*** −1, −3/4, − 1/2, − 1/4, … ***b)*** 5, 3, 1, −1, −3, … ***c)*** 3, 1, −1, −3, −5, …

**5** Calcula el término general de las siguientes progresiones geométricas.

***a)*** $\sqrt{2}, 2, 2\sqrt{2}, 4, 4\sqrt{2}, 8, \ldots$ ***b)*** −3, 3, −3, 3, −3, … ***c)*** −4, −12, −36, −108, …

## 1.3. Suma de los términos de progresiones aritméticas y geométricas

En ocasiones nos interesa saber la suma de un determinado número de términos de la sucesión, como por ejemplo, medidas geométricas o intereses bancarios. Para hacer estas sumas no hace falta calcular todos los términos de la sucesión como vemos a continuación.

### Progresiones aritméticas

Supongamos que se desea sumar $n$ términos de una **progresión aritmética** que tiene como primer término $a_1$ y como diferencia, $d$:

$$S = a_1 + a_2 + a_3 + \ldots + a_{n-2} + a_{n-1} + a_n$$

Observa que:

$$a_1 + a_n = a_2 - d + a_{n-1} + d = a_3 - 2d + a_{n-2} + 2d = \ldots$$

Es decir:

$$a_1 + a_n = a_2 + a_{n-1} = a_3 + a_{n-2} = \ldots$$

Por tanto, podemos sumar en columna estas expresiones:

$$\begin{array}{rcl} S &=& a_1 + a_2 + \ldots + a_{n-1} + a_n \\ S &=& a_n + a_{n-1} + \ldots + a_2 + a_1 \\ \hline 2S &=& (a_1 + a_n) + (a_2 + a_{n-1}) + \ldots + (a_{n-1} + a_2) + (a_n + a_1) \end{array}$$

Todos los paréntesis valen lo mismo, y hay, obviamente, $n$ paréntesis. Por tanto tenemos que:

$$2S = n \cdot (a_1 + a_n)$$

Despejando S, obtenemos:

$$S = \frac{a_1 + a_n}{2} \cdot n$$

### Progresiones geométricas

Supongamos que se desea sumar $n$ términos de una **progresión geométrica** que tiene como primer término $a_1$ y cuya razón es $r$:

$$S = a_1 + a_2 + a_3 + a_4 + \ldots + a_{n-2} + a_{n-1} + a_n$$

Observa que $a_n = a_{n-1} \cdot r$.

Por tanto, si multiplicamos $S \cdot r$, tenemos:

$$S \cdot r = a_1 \cdot r + a_2 \cdot r + a_3 \cdot r + \ldots + a_{n-2} \cdot r + a_{n-1} \cdot r + a_n \cdot r =$$
$$= a_2 + a_3 + a_4 + a_5 + \ldots + a_{n-1} + a_n + a_n \cdot r$$

Si hacemos $S \cdot r - S$, tenemos que:

$$\begin{array}{rcl} S \cdot r &=& + a_2 + a_3 + a_4 + \ldots + a_n + a_n \cdot r \\ - \quad S &=& a_1 + a_2 + a_3 + a_4 + \ldots + a_n \\ \hline S \cdot r - S &=& -a_1 + a_n \cdot r \end{array}$$

Así:

$$S(r-1) = a_n \cdot r - a_1$$

Con lo que el valor de la suma de los $n$ primeros términos es:

$$S = \frac{a_n \cdot r - a_1}{r - 1}$$

Como $a_n = a_1 \cdot r^{n-1}$, se sustituye y se obtiene:

$$S = \frac{a_1 \cdot r^n - a_1}{r - 1} = \frac{a_1 \cdot (r^n - 1)}{r - 1}$$

Es interesante estudiar cuánto vale la suma de los infinitos términos de una progresión geométrica en función del valor de la razón:

- Si $r \geq 1$

  La suma es infinita.
- Si $r \leq -1$

  El valor de la suma no se puede calcular.
- Si $-1 < r < 1$

  Como $r^n \to 0$ entonces: $S = \frac{-a_1}{r-1}$ que se suele escribir:

$$S = \frac{a_1}{1-r} \text{ si } |r| < 1$$

## Ejercicios resueltos

▶ *Sumar los 30 primeros términos de una progresión aritmética sabiendo que* $d = -\frac{1}{3}$ y $a_5 = -21$.

Se puede optar por calcular $a_1$ y $a_{30}$ y, a partir de aquí, sumar. Pero también es posible calcular solo $a_{26}$. En este caso, no es necesario hallar un término, porque $(a_5 + a_{26}) = (a_1 + a_{30})$:

$$a_{26} = a_5 + d \cdot (26 - 5)$$

$$a_{26} = -21 + (-1/3) \cdot 21 = -21 - 7 = -28$$

Por tanto:

$$S = \frac{a_5 + a_{26}}{2} \cdot 30 = \frac{-21 - 28}{2} \cdot 30 = -735$$

▶ *Sumar los 10 primeros términos de una progresión geométrica siendo* $a_3 = 0{,}09$ *y* $a_{15} = 4{,}78 \cdot 10^{-20}$.

Para calcular la suma de los 10 primeros términos usamos la expresión $S = \frac{a_1 (r^9 - 1)}{r - 1}$.

Para ello vamos a calcular la razón y $a_1$.

$$a_{15} = a_{14} \cdot r = a_{13} \cdot r^2 = \ldots = a_3 \cdot r^{12} \Rightarrow r^{12} = \frac{4{,}78 \cdot 10^{-20}}{0{,}09} \Rightarrow r = 0{,}03$$

$$a_3 = a_1 \cdot r^2 \Rightarrow a_1 = \frac{0{,}09}{0{,}03^2} = 100$$

Así, $S = \frac{100 \cdot (0{,}03^9 - 1)}{0{,}03 - 1} = 103{,}09$

▶ *Sumar todos los términos de una progresión geométrica sabiendo que* $a_1 = \sqrt{3}$ *y* $r = 1/\sqrt{2}$.

Se aplica la expresión hallada anteriormente para progresiones geométricas cuya razón es menor que 1:

$$S = \frac{\sqrt{3}}{1 - \frac{1}{\sqrt{2}}} = \frac{\sqrt{6}}{\sqrt{2} - 1}$$

Se racionaliza y se obtiene:

$$S = \frac{\sqrt{6}}{\sqrt{2} - 1} \cdot \frac{\sqrt{2} + 1}{\sqrt{2} + 1} = \sqrt{12} + \sqrt{6}$$

## 1.4. Producto de los términos de progresiones geométricas

Supongamos que se desean multiplicar $n$ términos de una progresión geométrica, que tiene como primer término $a_1$, y como razón, $r$:

$$P = a_1 \cdot a_2 \cdot a_3 \cdot \ldots \cdot a_{n-2} \cdot a_{n-1} \cdot a_n$$

Observa que:

$$a_1 \cdot a_n = \frac{a_2}{r} \cdot a_{n-1} \cdot r = \frac{a_3}{r^2} \cdot a_{n-2} \cdot r^2 = \ldots, \Rightarrow$$

$$a_1 \cdot a_n = a_2 \cdot a_{n-1} = a_3 \cdot a_{n-2} = \ldots$$

Por tanto, podemos multiplicar las siguientes expresiones:

$$\begin{array}{lccccccc} P = & a_1 & \cdot\ a_2 & \cdot\ a_3 & \cdot \ldots \cdot & a_{n-2} & \cdot\ a_{n-1} & \cdot\ a_n \\ P = & a_n & \cdot\ a_{n-1} & \cdot\ a_{n-2} & \cdot \ldots \cdot & a_3 & \cdot\ a_2 & \cdot\ a_1 \\ \hline \end{array}$$

$$P^2 = (a_1 \cdot a_n) \cdot (a_2 \cdot a_{n-1}) \cdot (a_3 \cdot a_{n-2}) \cdot \ldots \cdot (a_{n-2} \cdot a_3) \cdot (a_{n-1} \cdot a_2) \cdot (a_n \cdot a_1)$$

Dado que todos los paréntesis tienen el mismo valor y hay $n$ paréntesis: $P^2 = (a_1 \cdot a_n)^n$. Obtenemos:

$$P = \sqrt{(a_1 \cdot a_n)^n}$$

**Ejercicio resuelto**

▶ *Hallar el producto de los 7 primeros términos de una progresión geométrica sabiendo que* $a_1 = 3$ *y* $a_5 = 243/16$.

En primer lugar debemos averiguar la razón para calcular $a_7$:

$$r = \sqrt[4]{\frac{a_5}{a_1}} = \sqrt[4]{\frac{243/16}{3}} = \sqrt[4]{\frac{81}{16}} = \frac{3}{2}$$

Por tanto: $a_7 = a_1 \cdot r^6 = 3 \cdot (3/2)^6 = \dfrac{2\,187}{64}$

$$P = \sqrt{\left(\frac{3 \cdot 2\,187}{64}\right)^7} = \sqrt{\left(\frac{3^8}{2^6}\right)^7} = \left(\frac{3^4}{2^3}\right)^7 = \frac{3^{28}}{2^{21}}$$

**Actividades**

**6** ¿Cuántos números impares consecutivos a partir de 1 suman 10 201?

**Solución:** $n = 101$

**7** En una progresión aritmética que tiene un número impar de términos, el término central es 42. ¿Qué valor tiene la suma de los términos extremos?

**Solución:** 84

**8** Sabiendo que en una progresión aritmética $S_{15} = 75$ y la diferencia $d = 1/2$, calcula $a_8$.

**Solución:** $a_8 = 5$

**9** Halla la suma de los 10 primeros términos de una progresión geométrica si $a_2 = 5$ y $a_{15} = 45/2^{13}$. ¿Cuánto vale la suma de todos sus términos?

**Solución:** $S_{10} = 20{,}59$, $S = 20{,}7$

**10** La suma de los 9 primeros términos de una progresión geométrica es 19 682 y la razón $r = 3$. Halla los nueve primeros términos de la progresión.

**Solución:** 2, 6, 18, 54, 162, 486, 1 458, 4 374, 13 122

**11** Sabiendo que en una progresión geométrica el producto de los 5 primeros términos es $P_5 = 2^{12} \cdot \sqrt{2}$, calcula $a_3$.

# 2. Idea intuitiva de límite de una sucesión

Dado que una sucesión es una función, puede expresarse mediante una tabla y representarse de forma gráfica, aunque únicamente los números naturales tendrán imágenes. Por ejemplo:

- La figura 9.1 es la representación gráfica de la sucesión $a_n = \frac{1}{n^2}$.

| $n$ | 1 | 2 | 3 | 4 | 5 | 6 | ... | $n \to \infty$ |
|---|---|---|---|---|---|---|---|---|
| $\frac{1}{n^2}$ | 1 | 0,25 | $0,\widehat{1}$ | 0,625 | 0,04 | $0,0\widehat{27}$ | ... | 0 |

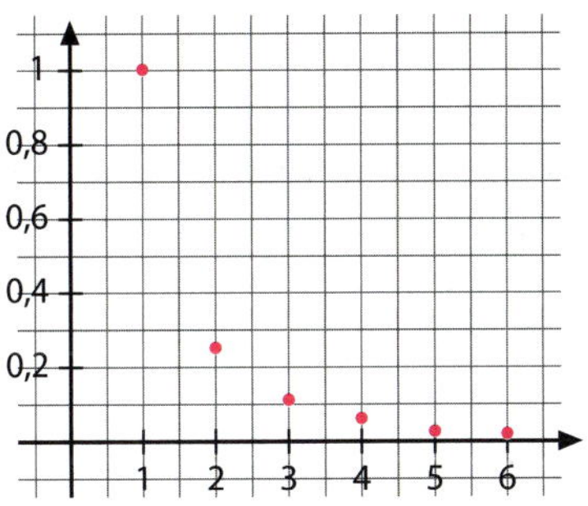


**Figura 9.1.**

- La figura 9.2 es la representación gráfica de la sucesión $b_n = \frac{4n}{n+4}$.

| $n$ | 1 | 2 | 10 | 1 000 | 1 000 000 | 100 000 000 | ... | $n \to \infty$ |
|---|---|---|---|---|---|---|---|---|
| $\frac{4n}{n+4}$ | 0,8 | $1,\widehat{3}$ | 2,857 1 | 3,984 0 | 3,999 984 | 3,999 999 984 | ... | 4 |

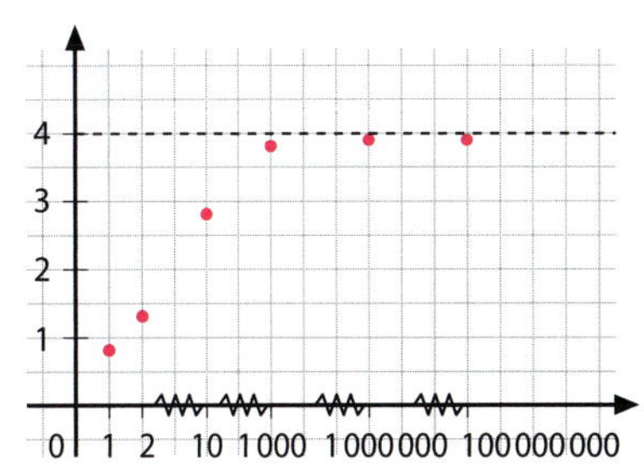


**Figura 9.2.**

- La figura 9.3 es la representación gráfica de la sucesión $c_n = \frac{3n+1}{2n+5}$.

| $n$ | 1 | 2 | 10 | 1 000 | 1 000 000 | 100 000 000 | ... | $n \to \infty$ |
|---|---|---|---|---|---|---|---|---|
| $\frac{3n+1}{2n+5}$ | 0,571428 | $0,\widehat{7}$ | 1,24 | 1,496 758 | 1,499 996 75 | 1,499 999 99 | ... | 1,5 |

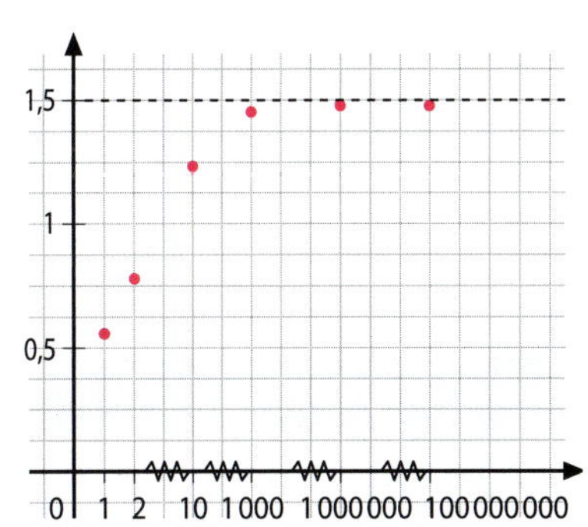


**Figura 9.3.**

En todas las representaciones anteriores se puede observar que los términos de la sucesión se van acercando a un determinado valor al que, sin embargo, no acaban de llegar nunca. El valor al que se acercan indefinidamente los términos de una sucesión recibe el nombre de **límite de la sucesión.**

Si el **límite de una sucesión** de término general $a_n$ es $L$, se escribe:

$$\lim_{n \to \infty} a_n = L$$

Una sucesión, $a_n$, tiene límite $L$ si, para cualquier número real y positivo, $k$, tan pequeño como se quiera, siempre existe un valor, $n_0$, de $n$, a partir del cual el valor absoluto de la diferencia entre los términos de la sucesión y $L$ es menor que $k$.

Si una sucesión tiene un límite finito, se denomina **sucesión convergente.** Una sucesión convergente cuyo límite es cero recibe el nombre de **sucesión nula** o **infinitésimo.**

Por ejemplo, $a_n = 1/n$ es una sucesión nula. También sería un infinitésimo una sucesión cuyo término general fuera $a_n = \frac{k}{n^{\alpha}}$, donde $\alpha > 0$.

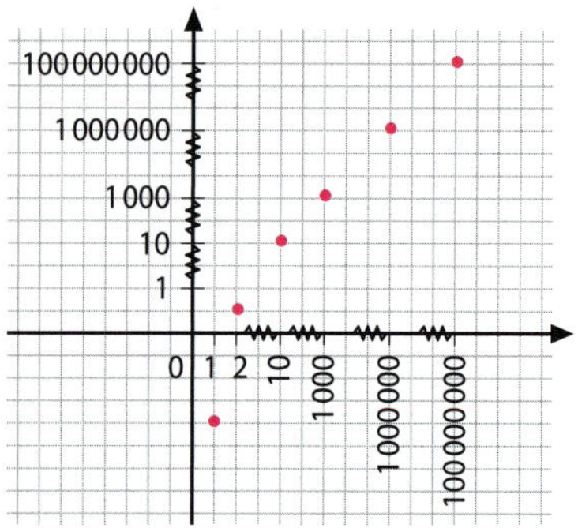


FIGURA 9.4.

Existen sucesiones que no son convergentes, como la siguiente:

$$a_n = \frac{n^2 - 3}{n}$$

Si se construye una tabla de valores y se representa gráficamente, puede observarse que los términos de la sucesión crecen indefinidamente (figura 9.4).

| $n$ | 1 | 2 | 10 | 1 000 | 1 000 000 | 100 000 000 | ... | $n \to \infty$ |
|---|---|---|---|---|---|---|---|---|
| $\frac{n^2-3}{n}$ | −2 | 0,5 | 9,7 | 999,997 | 1 000 000 | 100 000 000 | ... | $+\infty$ |

Una sucesión tiene límite $+\infty$ cuando, para cualquier número real y positivo que se tome, $k$, siempre existe un valor, $n_0$, de $n$, a partir del cual los términos de la sucesión son mayores que $k$. Se escribe:

$$\lim_{n \to \infty} a_n = +\infty$$

La definición anterior indica que los términos de la sucesión se hacen tan grandes como se quiera a medida que aumenta $n$.

Si se representa la sucesión opuesta a $a_n = -\frac{n^2-3}{n}$, se obtiene la figura 9.5.

| $n$ | 1 | 2 | 10 | 1 000 | 1 000 000 | 100 000 000 | ... | $n \to \infty$ |
|---|---|---|---|---|---|---|---|---|
| $-\frac{n^2-3}{n}$ | 2 | −0,5 | −9,7 | −999,997 | −1 000 000 | −100 000 000 | ... | $-\infty$ |

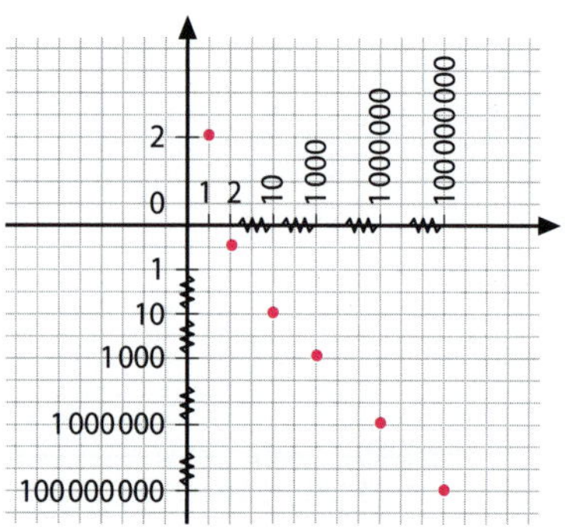


FIGURA 9.5.

Como puede observarse, los términos de esta sucesión crecen en valor absoluto, pero, al ser negativos, se dice que tienden a $-\infty$.

Una sucesión tiene límite $-\infty$ cuando, para cualquier número real y negativo que se tome, $k$, siempre existe un valor, $n_0$, de $n$, a partir del cual los términos de la sucesión son menores que $k$. Se escribe:

$$\lim_{n \to \infty} a_n = -\infty$$

La definición anterior indica que los términos de la sucesión, aunque negativos, se hacen tan grandes en valor absoluto como se quiera a medida que aumenta $n$.

Las sucesiones que tienen límites $+\infty$ o $-\infty$ se denominan **sucesiones divergentes.**

También existen sucesiones que no son ni convergentes ni divergentes. Por ejemplo, las siguientes sucesiones no tienen límite finito, pero tampoco tienen a $+\infty$ o $-\infty$ como límite:

- 2, 0, 4, 0, 6, 0, 8, ...
- 1, −2, 3, −4, 5, −6, ...

Las sucesiones que no son ni convergentes ni divergentes reciben el nombre de **sucesiones oscilantes.**

### OBSERVA

- A las sucesiones que alternan los signos en sus términos se llaman **sucesiones alternadas.**
- Las sucesiones alternadas pueden ser convergentes, divergentes u oscilantes.

## Actividades

**12** Determina, calculando algunos de sus términos, qué tipo de sucesión es cada una de las siguientes.

***a)*** $\frac{n+1}{n}$ ***c)*** $2^{-n+1}$ ***e)*** $(-2)^n$

***b)*** $\frac{n^2+2}{n-1}$ ***d)*** $2^{1/n}$ ***f)*** $\left(\frac{-1}{n}\right)^n$

# 3. Operaciones con límites

## 3.1. Límite de la suma de sucesiones

Dadas dos sucesiones:

$$x_n = x_1, x_2, x_3, \ldots \qquad y_n = y_1, y_2, y_3, \ldots$$

la sucesión suma, $x_n + y_n$, se obtiene sumando los términos de igual subíndice de ambas sucesiones:

$$x_n + y_n = (x_1 + y_1), (x_2 + y_2), (x_3 + y_3), \ldots$$

El **límite de la sucesión suma** es igual a la suma de los límites de las sucesiones que la forman:

$$\lim_{n \to \infty} (x_n + y_n) = \lim_{n \to \infty} x_n + \lim_{n \to \infty} y_n$$

En la suma de dos sucesiones, $x_n$ e $y_n$, cualquiera de ellas puede ser convergente o divergente. La siguiente tabla muestra las diferentes posibilidades que se pueden presentar al sumar dos sucesiones en función del valor de sus límites:

| + | $\lim_{n \to \infty} x_n = a$ | $\lim_{n \to \infty} x_n = +\infty$ | $\lim_{n \to \infty} x_n = -\infty$ |
|---|---|---|---|
| $\lim_{n \to \infty} y_n = b$ | $a + b$ | $+\infty$ | $-\infty$ |
| $\lim_{n \to \infty} y_n = +\infty$ | $+\infty$ | $+\infty$ | IND |
| $\lim_{n \to \infty} y_n = -\infty$ | $-\infty$ | IND | $-\infty$ |

**OBSERVA**

- $a + (+\infty) = +\infty$
- $a + (-\infty) = -\infty$
- $b + (+\infty) = +\infty$
- $b + (-\infty) = -\infty$
- $(+\infty) + (+\infty) = +\infty$
- $(-\infty) + (-\infty) = -\infty$

Con la expresión IND de la tabla se representan los casos en los que el carácter divergente de las dos sucesiones que se suman no permite establecer ninguna conclusión inmediata acerca del límite de la sucesión suma:

$$(-\infty) + (+\infty) = \text{IND}$$

$$(+\infty) + (-\infty) = \text{IND}$$

Estos casos reciben el nombre de **indeterminaciones.**

La aparición de una indeterminación no quiere decir que el límite no exista, sino que no es posible calcularlo utilizando la norma general.

Cuando aparezca una **indeterminación** al calcular el límite de una suma de sucesiones, será preciso analizar el caso concreto, tratando de hallar una expresión del término general de la sucesión suma que nos dé más información sobre su límite.

La **diferencia** de sucesiones puede considerarse como la suma de una de ellas con la sucesión opuesta de la otra, y, por tanto, es posible utilizar las propiedades expuestas para la suma.

### Actividades

**13** Copia y completa la siguiente tabla para la resta de las sucesiones $x_n$ e $y_n$.

| − | $\lim_{n \to \infty} x_n = a$ | $\lim_{n \to \infty} x_n = +\infty$ | $\lim_{n \to \infty} x_n = -\infty$ |
|---|---|---|---|
| $\lim_{n \to \infty} y_n = b$ | × | × | × |
| $\lim_{n \to \infty} y_n = +\infty$ | × | × | × |
| $\lim_{n \to \infty} y_n = -\infty$ | × | × | × |

## 3.2. Límite del producto de sucesiones

**OBSERVA**

- Si $a > 0, a \cdot (+\infty) = +\infty$
- Si $a > 0, a \cdot (-\infty) = -\infty$
- Si $a < 0, a \cdot (+\infty) = -\infty$
- Si $a < 0, a \cdot (-\infty) = +\infty$
- $(+\infty) \cdot (+\infty) = +\infty$
- $(-\infty) \cdot (+\infty) = -\infty$
- $(-\infty) \cdot (-\infty) = +\infty$

Dadas dos sucesiones, $x_n = x_1, x_2, x_3, \ldots$ e $y_n = y_1, y_2, y_3, \ldots$, la sucesión producto, $(x_n \cdot y_n)$, se obtiene multiplicando los términos de igual subíndice de ambas sucesiones:

$$x_n \cdot y_n = (x_1 \cdot y_1), (x_2 \cdot y_2), (x_3 \cdot y_3), \ldots$$

El **límite de la sucesión producto** es igual al producto de los límites de las sucesiones que se multiplican:

$$\lim_{n \to \infty} (x_n \cdot y_n) = \lim_{n \to \infty} x_n \cdot \lim_{n \to \infty} y_n$$

Esto se cumple excepto cuando uno de los límites es 0 y el otro $\infty$, que corresponde a una indeterminación.

La siguiente tabla muestra las distintas posibilidades que se pueden dar cuando se multiplican dos sucesiones en función de sus respectivos límites:

| $\times$ | $\lim_{n\to\infty} x_n = a$ | $\lim_{n\to\infty} x_n = 0$ | $\lim_{n\to\infty} x_n = +\infty$ | $\lim_{n\to\infty} x_n = -\infty$ |
|---|---|---|---|---|
| $\lim_{n\to\infty} y_n = b$ | $a \cdot b$ | 0 | $+\infty\ (b > 0)$<br>$-\infty\ (b < 0)$ | $-\infty\ (b > 0)$<br>$+\infty\ (b < 0)$ |
| $\lim_{n\to\infty} y_n = 0$ | 0 | 0 | IND | IND |
| $\lim_{n\to\infty} y_n = +\infty$ | $+\infty\ (a > 0)$<br>$-\infty\ (a < 0)$ | IND | $+\infty$ | $-\infty$ |
| $\lim_{n\to\infty} y_n = -\infty$ | $-\infty\ (a > 0)$<br>$+\infty\ (a < 0)$ | IND | $-\infty$ | $+\infty$ |

**OBSERVA**

Para calcular el **límite de la suma** o el **límite del producto** de varias sucesiones, basta con sumar o multiplicar los límites de estas sucesiones. Únicamente en el caso de que al realizar esta operación aparezca una **indeterminación,** será preciso analizar el caso concreto.

## 3.3. Límite del cociente de sucesiones

Dadas dos sucesiones, $x_n = x_1, x_2, x_3, \ldots$ e $y_n = y_1, y_2, y_3, \ldots$, la sucesión cociente, $\frac{x_n}{y_n}$, se obtiene dividiendo los términos de igual subíndice de ambas sucesiones:

$$\frac{x_n}{y_n} = \frac{x_1}{y_1}, \frac{x_2}{y_2}, \frac{x_3}{y_3}, \ldots, \text{con } y_n \neq 0$$

El **límite de la sucesión cociente** es igual al cociente de los límites de las sucesiones que se dividen:

$$\lim_{n \to \infty} \frac{x_n}{y_n} = \frac{\lim_{n \to \infty} x_n}{\lim_{n \to \infty} y_n}, \text{siempre que } \lim_{n \to \infty} y_n \neq 0$$

Esto se cumple excepto si ambos límites son 0 o ambos son $\infty$, que corresponde a una indeterminación.

En el cálculo del límite del cociente de dos sucesiones conviene tener presente que si $\lim_{n \to \infty} z_n = \infty$, entonces $\lim_{n \to \infty} \frac{1}{z_n} = 0$.

Por ejemplo, dada la sucesión 1, 2, 3, 4, …, de término general $z_n = n$, se puede observar que es divergente y que su límite es $+\infty$.

Por el contrario, su sucesión inversa, $\frac{1}{z_n} = \frac{1}{n}$, tiene límite 0.

Observa que si una sucesión, $z_n$, tiene límite 0, su inversa, $1/z_n$, tendrá límite $\infty$; sin embargo, hay que prestar atención al signo de este infinito.

Así, por ejemplo:

- La sucesión $1, \frac{1}{2}, \frac{1}{3}, \frac{1}{4}, \ldots$, de término general $z_n = \frac{1}{n}$, tiene por límite 0.
- La sucesión opuesta $-1, -\frac{1}{2}, -\frac{1}{3}, -\frac{1}{4}, \ldots$, de término general $s_n = -\frac{1}{n}$, también tiene por límite 0.

Sin embargo, sus sucesiones inversas:

$$\frac{1}{z_n} = n \text{ y } \frac{1}{s_n} = -n$$

tienen límite $+\infty$ y $-\infty$, respectivamente.

La siguiente tabla muestra las distintas posibilidades que se pueden dar al dividir dos sucesiones en función de sus respectivos límites:

| $\div$ | $\lim\limits_{n\to\infty} x_n = a$ | $\lim\limits_{n\to\infty} x_n = 0$ | $\lim\limits_{n\to\infty} x_n = +\infty$ | $\lim\limits_{n\to\infty} x_n = -\infty$ |
|---|---|---|---|---|
| $\lim\limits_{n\to\infty} y_n = b$ | $\frac{a}{b}$ | 0 | $+\infty\ (b>0)$<br>$-\infty\ (b<0)$ | $-\infty\ (b>0)$<br>$+\infty\ (b<0)$ |
| $\lim\limits_{n\to\infty} y_n = 0$ | $+\infty$ | IND | $\pm\infty$ | $\pm\infty$ |
| $\lim\limits_{n\to\infty} y_n = +\infty$ | 0 | 0 | IND | IND |
| $\lim\limits_{n\to\infty} y_n = -\infty$ | 0 | 0 | IND | IND |

En los casos $\pm\infty$, se deberá determinar el signo del $\infty$ en función de los términos generales de las sucesiones que se dividen, como se verá en el siguiente epígrafe.

**OBSERVA**

- Si $b > 0, \frac{+\infty}{b} = +\infty, \frac{-\infty}{b} = -\infty$
- Si $b < 0, \frac{+\infty}{b} = -\infty, \frac{-\infty}{b} = +\infty$
- $\frac{a}{0} = \pm\infty$
- $\frac{\infty}{0} = \pm\infty$
- $\frac{0}{\infty} = 0$

## 3.4. Límite de la potencia de sucesiones

Dadas las sucesiones $x_n$ e $y_n$, $x_n = x_1, x_2, x_3, \ldots$ e $y_n = y_1, y_2, y_3, \ldots$, se define la sucesión $(x_n)^{y_n}$ como sigue:

$$(x_n)^{y_n} = (x_1)^{y_1}, (x_2)^{y_2}, (x_3)^{y_3}, \ldots$$

El **límite de la sucesión $(x_n)^{y_n}$** es igual a la potencia de los límites de las sucesiones $x_n$ e $y_n$:

$$\lim_{n\to\infty} (x_n)^{y_n} = \left(\lim_{n\to\infty} x_n\right)^{\lim\limits_{n\to\infty} y_n}, \text{ siempre que } x_n > 0\ \forall n \in \mathbb{N}$$

Esto es cierto excepto si se dan indeterminaciones del tipo $\infty^0$, $0^0$ y $1^\infty$.

Las sucesiones $x_n$ e $y_n$ pueden ser convergentes o divergentes.

En los límites de las potencias de sucesiones se pueden dar **indeterminaciones** del tipo $\infty^0$ y $0^0$, que no se estudiarán en este curso y la indeterminación $1^\infty$ que se tratará más adelante.

**OBSERVA**

- Si $a > 1,\ a^{+\infty} = +\infty$
- Si $0 < a < 1,\ a^{+\infty} = 0$
- Si $a > 1,\ a^{-\infty} = \frac{1}{a^{+\infty}} = 0$
- Si $0 < a < 1$, entonces:

$$a^{-\infty} = \frac{1}{a^{+\infty}} = \frac{1}{0} = +\infty$$

$$\forall a \in \mathbb{R} \text{ y } a \neq 0 \Rightarrow a^0 = 1$$

**Actividades**

**14** Calcula los términos 100, 1 000 y 10 000 de las siguientes sucesiones.

*a)* $\left(1 + \frac{1}{n}\right)^n$

*b)* $n^{1/n}$

*c)* $\left(\frac{1}{n}\right)^{\frac{1}{n}}$

*d)* $\left(\frac{1}{n+1}\right)^{\frac{2}{n}}$

# 4. Cálculo de límites de sucesiones

## 4.1. Sucesiones que tienen el término general como un polinomio en *n*

Intuitivamente, el límite de la sucesión de término general $x_n = n$ es $+\infty$:

$$\lim_{n \to \infty} x_n = \lim_{n \to \infty} n = +\infty$$

Así mismo, el límite de la sucesión de término general $y_n = -n$ es $-\infty$:

$$\lim_{n \to \infty} y_n = \lim_{n \to \infty} (-n) = -\infty$$

Análogamente, se puede decir que:

$$\lim_{n \to \infty} n^2 = +\infty \qquad \lim_{n \to \infty} 2n^4 = +\infty \qquad \lim_{n \to \infty} (-n^2) = -\infty \qquad \lim_{n \to \infty} (-n^3) = -\infty$$

Las sucesiones cuyo término general es un **polinomio en *n*** siempre son divergentes. Su límite será $+\infty$ o $-\infty$ en función del signo del coeficiente del término de mayor grado. Por ejemplo:

$$\lim_{n \to \infty} (4n^3 + n^2 - 3n) = +\infty \qquad \lim_{n \to \infty} (-n^4 + 3n^3 + 4n^2) = -\infty$$

## 4.2. Sucesiones que tienen el término general como un cociente de polinomios en *n*

Al calcular límites de sucesiones cuyo término general es un **cociente de polinomios en *n*,** siempre nos encontramos con la indeterminación $(\infty/\infty)$. Para *deshacer* este tipo de indeterminación, se dividen todos los términos del cociente entre *n* elevado a la potencia mayor del polinomio del denominador.

**Ejercicio resuelto**

▶ *Calcular los límites de las siguientes sucesiones.*

$$x_n = \frac{3n^3 + 2n^2 - 7}{4n^2 - 5n + 6} \qquad y_n = \frac{2n^3 + 5n - 2}{5n - n^2}$$

- $\lim_{n \to \infty} x_n = \left(\frac{\infty}{\infty}\right)$ es una indeterminación; dividiendo por $n^2$, resulta:

$$\lim_{n \to \infty} x_n = \lim_{n \to \infty} \frac{\frac{3n^3}{n^2} + \frac{2n^2}{n^2} - \frac{7}{n^2}}{\frac{4n^2}{n^2} - \frac{5n}{n^2} + \frac{6}{n^2}} = \lim_{n \to \infty} \frac{3n + 2 - \frac{7}{n^2}}{4 - \frac{5}{n} + \frac{6}{n^2}} = \infty$$

Esta sucesión es divergente, pero, para conocer el signo del infinito, hay que observar los signos de los términos de mayor grado del numerador y del denominador; en este caso, ambos son positivos; por tanto, $\lim_{n \to \infty} x_n = +\infty$.

- $\lim_{n \to \infty} y_n = \left(\frac{\infty}{\infty}\right)$ es una indeterminación; dividiendo por $n^2$, resulta:

$$\lim_{n \to \infty} y_n = \lim_{n \to \infty} \frac{\frac{2n^3}{n^2} + \frac{5n}{n^2} - \frac{2}{n^2}}{\frac{5n}{n^2} - \frac{n^2}{n^2}} = \lim_{n \to \infty} \frac{2n + \frac{5}{n} - \frac{2}{n^2}}{\frac{5}{n} - 1} = \infty$$

En este caso, observando los signos de los términos de mayor grado del numerador y del denominador, se obtiene $\lim_{n \to \infty} y_n = -\infty$.

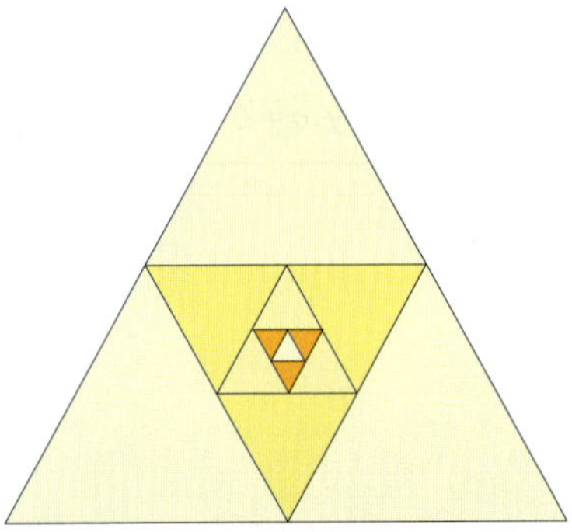

FIGURA 9.6. Dado un triángulo equilátero, si vamos encajando en él triángulos semejantes cuyos lados son la mitad del anterior, el límite de la sucesión de longitudes de los lados tiende a cero cuando el número de dichos triángulos tiende a infinito.

## Ejercicios resueltos

▶ *Calcular el límite de la sucesión* $z_n = \dfrac{4n^2 + 2n - 7}{3n^2 + 5}$.

$\lim_{n \to \infty} z_n = \lim_{n \to \infty} \dfrac{4n^2 + 2n - 7}{3n^2 + 5} = \left(\dfrac{\infty}{\infty}\right)$; es, pues, una indeterminación.

Al dividir todos los términos por $n^2$, resulta:

$$\lim_{n \to \infty} z_n = \lim_{n \to \infty} \frac{\frac{4n^2}{n^2} + \frac{2n}{n^2} - \frac{7}{n^2}}{\frac{3n^2}{n^2} + \frac{5}{n^2}} = \lim_{n \to \infty} \frac{4 + \frac{2}{n} - \frac{7}{n^2}}{3 + \frac{5}{n^2}} = \frac{4 + 0 - 0}{3 + 0} = \frac{4}{3}$$

Así pues, $\lim_{n \to \infty} z_n = \dfrac{4}{3}$.

▶ *Calcular el límite de la sucesión* $s_n = \dfrac{2n^2 + 7n - 5}{3n^3 - 2}$ .

$\lim_{n \to \infty} s_n = \lim_{n \to \infty} \dfrac{2n^2 + 7n - 5}{3n^3 - 2} = \left(\dfrac{\infty}{\infty}\right)$; es, por tanto, una indeterminación.

Dividiendo todos los términos por $n^3$, resulta:

$$\lim_{n \to \infty} s_n = \lim_{n \to \infty} \frac{\frac{2n^2}{n^3} + \frac{7n}{n^3} - \frac{5}{n^3}}{\frac{3n^3}{n^3} - \frac{2}{n^3}} = \lim_{n \to \infty} \frac{\frac{2}{n} + \frac{7}{n^2} - \frac{5}{n^3}}{3 - \frac{2}{n^3}} = \frac{0}{3} = 0$$

Por tanto, $\lim_{n \to \infty} s_n = 0$.

**RECUERDA**

Una indeterminación no quiere decir que el límite no exista, sino que debe estudiarse su caso concreto ya que puede ser cualquier resultado.

Una sucesión cuyo término general es un cociente de dos polinomios:

- Es **divergente** si el grado del polinomio del numerador es mayor que el del denominador. Pueden darse, entonces, dos casos:
  - Su límite es $+\infty$ si los signos de los términos de mayor grado del numerador y del denominador coinciden.
  - Su límite es $-\infty$ si los términos de mayor grado del numerador y del denominador tienen signos distintos.
- Tiene **límite cero** si el grado del polinomio del numerador es menor que el del denominador. En este caso la sucesión es **convergente.**
- Si el grado de los polinomios del numerador y del denominador coincide, su límite es el **cociente de los coeficientes** de los términos de mayor grado de dichos polinomios. En este caso la sucesión también es **convergente.**

## Actividades

**15** Calcula los siguientes límites.

***a)*** $\lim_{n \to \infty} (3n^2 + 10\,000 - n^4)$

***b)*** $\lim_{n \to \infty} [4n^3 + 2n - (5n^2 + 4)^2]$

***c)*** $\lim_{n \to \infty} \dfrac{\sqrt{3n^2} - 2n^5}{2n^2 + 6}$

***d)*** $\lim_{n \to \infty} \dfrac{n^6 + 2n^2}{3n^6 + 2}$

***e)*** $\lim_{n \to \infty} \dfrac{4n^2 + 2n + 3}{1 - n^3}$

***f)*** $\lim_{n \to \infty} \dfrac{4n^3 + 2n - 5}{2n^2 + 5n - n^3}$

**Solución:** ***a)*** $-\infty$ ***b)*** $-\infty$ ***c)*** $-\infty$ ***d)*** 1/3 ***e)*** 0 ***f)*** $-4$

## 4.3. Sucesiones con radicales

Una sucesión del tipo $x_n = \sqrt[k]{a_n}$, donde $a_n$ es una sucesión polinómica y $k \in \mathbb{N}$ es siempre divergente. Por ejemplo:

- $\lim\limits_{n\to\infty} \sqrt{n^4 + 2n + 7} = +\infty$
- $\lim\limits_{n\to\infty} \sqrt[3]{-n^5 + 4n + 2} = -\infty$
- $\lim\limits_{n\to\infty} \sqrt{6n + 2} = +\infty$

Ten en cuenta que no tiene sentido plantearse, por ejemplo, $\lim\limits_{n\to\infty} \sqrt{-n^3 + 1}$, ya que $\sqrt{-n^3 + 1}$, al no existir sus términos para $n > 1$, no es una sucesión. Solo tiene sentido plantearse el límite de sucesiones que existen.

Si la sucesión es un cociente de radicales, se procede de un modo análogo al del apartado 4.2, es decir, dividiendo todos los términos por $n$ elevado al mayor exponente del denominador.

**Ejercicio resuelto**

▶ *Calcular los siguientes límites.*

- $$\lim_{n\to\infty} \frac{\sqrt{n^2+2n}}{\sqrt{3n^2+2}} = \lim_{n\to\infty} \frac{\sqrt{\dfrac{n^2}{n^2} + \dfrac{2n}{n^2}}}{\sqrt{\dfrac{3n^2}{n^2} + \dfrac{2}{n^2}}} = \lim_{n\to\infty} \frac{\sqrt{1 + \dfrac{2}{n}}}{\sqrt{3 + \dfrac{2}{n^2}}} = \frac{1}{\sqrt{3}}$$

- $$\lim_{n\to\infty} \frac{\sqrt{n^3 + 3n}}{\sqrt{n^2 + 10}} = \lim_{n\to\infty} \frac{\sqrt{\dfrac{n^3}{n^2} + \dfrac{3n}{n^2}}}{\sqrt{\dfrac{n^2}{n^2} + \dfrac{10}{n^2}}} = \lim_{n\to\infty} \frac{\sqrt{n + \dfrac{3}{n}}}{\sqrt{1 + \dfrac{10}{n^2}}} = +\infty$$

- $$\lim_{n\to\infty} \frac{\sqrt[3]{8n^6 + 9n^5 + 4}}{\sqrt{4n^4 + 10n - 2}} = \lim_{n\to\infty} \frac{\sqrt[3]{\dfrac{8n^6}{n^6} + \dfrac{9n^5}{n^6} + \dfrac{4}{n^6}}}{\sqrt{\dfrac{4n^4}{n^4} + \dfrac{10n}{n^4} - \dfrac{2}{n^4}}} = \frac{\sqrt[3]{8}}{\sqrt{4}} = \frac{2}{2} = 1$$

(Reflexiona sobre la igualdad $\sqrt[3]{n^6} = \sqrt{n^4}$.)

En adelante, trabajaremos con los términos de mayor grado; por ejemplo:

$$\lim_{n\to\infty} \frac{\sqrt{n^4+2n}}{\sqrt{n^5+6}} = \lim_{n\to\infty} \frac{\sqrt{n^4}}{\sqrt{n^5}} = \lim_{n\to\infty} \frac{n^2}{n^{5/2}} = 0$$

La igualdad que se obtiene al tomar los términos de mayor grado solo es cierta cuando se realiza el paso al límite.

**Actividades**

**16** Calcula los límites de las siguientes sucesiones.

***a)*** $a_n = \dfrac{\sqrt{8n^2 + 2n + 3}}{\sqrt[3]{8n^3 - 5n^2 + 3}}$

***b)*** $b_n = \dfrac{\sqrt[3]{-3n^3 + 2n - 5}}{\sqrt[3]{2n^2 + 3}}$

***c)*** $c_n = \dfrac{n - 2}{\sqrt[5]{32n^5 + 8}}$

***d)*** $d_n = \dfrac{\sqrt[6]{n^5 + 4n^3}}{\sqrt[8]{2n^7 + 5n^2}}$

**Solución:** ***a)*** $\sqrt{2}$ ***b)*** $-\infty$ ***c)*** 1/2 ***d)*** 0

En una sucesión cuyo término general es la suma o diferencia de dos raíces, puede aparecer una indeterminación que se resolverá comparando los grados de los términos de mayor grado de los polinomios y los índices de dichas raíces.

**Ejercicio resuelto**

▶ *Calcular los siguientes límites.*

- $\lim_{n\to\infty}\left(\sqrt{n^4+2}+\sqrt{n^3+3}\right)=(+\infty)+(+\infty)=+\infty$
- $\lim_{n\to\infty}\left(\sqrt{n^4+2}-\sqrt{n^3+3}\right)=(\infty-\infty)$; es, pues, una indeterminación.

$$\lim_{n\to\infty}\left(\sqrt{n^4+2}-\sqrt{n^3+3}\right)=\lim_{n\to\infty}\left(\sqrt{n^4}-\sqrt{n^3}\right)=\lim_{n\to\infty}\left(n^2-n^{3/2}\right)=+\infty$$

- $\lim_{n\to\infty}\left(\sqrt[3]{n^2+5}-\sqrt{n^3+2}\right)=(\infty-\infty)$; es, pues, una indeterminación.

$$\lim_{n\to\infty}\left(\sqrt[3]{n^2+5}-\sqrt{n^3+2}\right)=\lim_{n\to\infty}\left(\sqrt[3]{n^2}-\sqrt{n^3}\right)=\lim_{n\to\infty}\left(n^{2/3}-n^{3/2}\right)=-\infty$$

Si los grados de los términos de mayor grado son iguales, en el caso de radicales del mismo índice, el signo del infinito se determina por sus coeficientes.

**Ejercicio resuelto**

▶ *Calcular los siguientes límites.*

- $\lim_{n\to\infty}\left(\sqrt{4n^2+2n}-\sqrt{9n^2-3n}\right)=(\infty-\infty)$; es, pues, una indeterminación:

$$\lim_{n\to\infty}\left(\sqrt{4n^2+2n}-\sqrt{9n^2-3n}\right)=-\infty$$

- $\lim_{n\to\infty}\left(\sqrt{16n^3+5}-\sqrt{14n^3+3n}\right)=(\infty-\infty)$; es, pues, una indeterminación:

$$\lim_{n\to\infty}\left(\sqrt{16n^3+5}-\sqrt{14n^3+3n}\right)=+\infty$$

Si los términos tienen el mismo grado y el mismo coeficiente, no es posible *deshacer* la indeterminación de un modo inmediato. Así, por ejemplo:

$\lim_{n\to\infty}\left(\sqrt{n^4-10n}-\sqrt{n^4-5n+7}\right)=(\infty-\infty)$ es una indeterminación.

El método para resolver este tipo de indeterminaciones, $(\infty-\infty)$, que aparecen cuando se restan dos términos de mayor grado iguales, consiste en multiplicar y dividir por el conjugado de la expresión.

**RECUERDA**

$(a+b)\cdot(a-b)=a^2-b^2$

**Ejercicio resuelto**

▶ *Calcular* $\lim_{n\to\infty}\dfrac{\sqrt{n^4-10n}-\sqrt{n^4-5n^2+7}}{5}$.

$$\lim_{n\to\infty}\frac{\sqrt{n^4-10n}-\sqrt{n^4-5n^2+7}}{5}=(\infty-\infty)$$; es, pues, una indeterminación.

$$\lim_{n\to\infty}\frac{\sqrt{n^4-10n}-\sqrt{n^4-5n^2+7}}{5}\cdot\frac{\sqrt{n^4-10n}+\sqrt{n^4-5n^2+7}}{\sqrt{n^4-10n}+\sqrt{n^4-5n^2+7}}=$$

$$=\lim_{n\to\infty}\frac{\left(\sqrt{n^4-10n}\right)^2-\left(\sqrt{n^4-5n^2+7}\right)^2}{5\cdot\left(\sqrt{n^4-10n}+\sqrt{n^4-5n^2+7}\right)}=$$

$$=\lim_{n\to\infty}\frac{n^4-10n-(n^4-5n^2+7)}{5\cdot\left(\sqrt{n^4}+\sqrt{n^4}\right)}=\lim_{n\to\infty}\frac{5n^2-10n-7}{5\cdot 2n^2}=\lim_{n\to\infty}\frac{5n^2}{10n^2}=\frac{1}{2}$$

**OBSERVA**

En estos ejercicios resueltos se consideran los términos de mayor grado para calcular el límite.

Recuerda que las igualdades que se obtienen al tomar los términos de mayor grado solo son ciertas en el paso al límite cuando $n \to \infty$.

**Ejercicio resuelto**

▶ *Calcular* $\lim_{n \to \infty} \left(\sqrt{17n^2+4n} - \sqrt{17n^2-4n}\right)$.

Es una indeterminación del tipo $(\infty - \infty)$.

$$\lim_{n \to \infty} \left(\sqrt{17n^2+4n} - \sqrt{17n^2-4n}\right) \cdot \frac{\sqrt{17n^2+4n} + \sqrt{17n^2-4n}}{\sqrt{17n^2+4n} + \sqrt{17n^2-4n}} =$$

$$= \lim_{n \to \infty} \frac{\left(\sqrt{17n^2+4n}\right)^2 - \left(\sqrt{17n^2-4n}\right)^2}{\sqrt{17n^2+4n} + \sqrt{17n^2-4n}} =$$

$$= \lim_{n \to \infty} \frac{17n^2+4n-(17n^2-4n)}{\sqrt{17n^2}+\sqrt{17n^2}} = \lim_{n \to \infty} \frac{8n}{2\sqrt{17}n} = \frac{4}{\sqrt{17}}$$

## 4.4. Potencias de sucesiones

El límite de una potencia de sucesiones puede dar como resultado indeterminaciones del tipo $\infty^0$, $0^0$ o $1^\infty$.

**Ejercicio resuelto**

▶ *Calcular los siguientes límites.*

- $\lim_{n \to \infty} (3n+2)^{\frac{2n+1}{3n-7}} = (+\infty)^{\frac{2}{3}} = +\infty$
- $\lim_{n \to \infty} \left(\frac{7n+5}{2n}\right)^{\frac{1}{2n}} = \left(\frac{7}{2}\right)^0 = 1$
- $\lim_{n \to \infty} \left(\frac{n+1}{2n+3}\right)^{2n} = \left(\frac{1}{2}\right)^{+\infty} = 0$
- $\lim_{n \to \infty} \left(\frac{n+1}{2n+3}\right)^{3n-n^2} = \left(\frac{1}{2}\right)^{-\infty} = 2^{+\infty} = +\infty$
- $\lim_{n \to \infty} (n-2)^{\sqrt{n+1}-\sqrt{2n}} = (+\infty)^{-\infty} = \left(\frac{1}{+\infty}\right)^{+\infty} = 0$

**Actividades**

**17** Calcula los límites de las sucesiones que tienen los siguientes términos generales.

*a)* $a_n = \dfrac{\sqrt{121n^2+4n-3} - \sqrt{121n^2+19n}}{4}$

*b)* $b_n = \sqrt{25n^2+4n} - (5n+3)$

*c)* $c_n = \sqrt{36n^2-1} - \sqrt{36n^2-5n}$

**Solución:** *a)* −15/88 *b)* −13/5 *c)* 5/12

**18** Calcula los siguientes límites.

*a)* $\lim_{n \to \infty} \left(\frac{3n+2}{2n-7}\right)^{n-n^3}$

*b)* $\lim_{n \to \infty} (2n+3)^{\frac{4n-2}{2n}}$

*c)* $\lim_{n \to \infty} \left(\frac{7n+2}{2n-5}\right)^{\frac{3}{n}}$

*d)* $\lim_{n \to \infty} \left(\frac{\sqrt{9n^2+3n-5}}{\sqrt{2n+n^2}}\right)^{\frac{2n}{n+1}}$

**Solución:** *a)* 0 *b)* +∞ *c)* 1 *d)* 9

# 5. El número e

## 5.1. Definición de número e

Al calcular el límite de la sucesión de término general $\left(1+\frac{1}{n}\right)^n$, se obtiene:

$$\lim_{n \to \infty}\left(1+\frac{1}{n}\right)^n = 1^{\infty}$$

El resultado, $1^{\infty}$, constituye una indeterminación.

Los primeros términos de dicha sucesión son los siguientes:

| Término | 1 | 2 | 3 | 4 | 5 | 6 |
|---|---|---|---|---|---|---|
| Sucesión | $\left(1+\frac{1}{1}\right)^1$ | $\left(1+\frac{1}{2}\right)^2$ | $\left(1+\frac{1}{3}\right)^3$ | $\left(1+\frac{1}{4}\right)^4$ | $\left(1+\frac{1}{5}\right)^5$ | $\left(1+\frac{1}{6}\right)^6$ |
| Valor | 2 | 2,25 | 2,37037037 | 2,44140625 | 2,48832 | 2,521626371 |

Como se observa, todos estos términos son mayores o iguales que 2 y menores que 3.

En principio, se podría pensar que esta sucesión seguirá creciendo y, a partir de un determinado valor de $n$, sus términos serán mayores que 3.

No obstante, si calculamos términos de la sucesión para valores de $n$ mayores, obtenemos lo siguiente:

$$a_{100} = \left(1+\frac{1}{100}\right)^{100} = 2{,}704\,813\,829\ldots$$

$$a_{10\,000} = \left(1+\frac{1}{10\,000}\right)^{10\,000} = 2{,}718\,145\,927\ldots$$

$$a_{1\,000\,000} = \left(1+\frac{1}{1\,000\,000}\right)^{1\,000\,000} = 2{,}718\,280\,469\ldots$$

$$a_{1\,000\,000\,000} = \left(1+\frac{1}{1\,000\,000\,000}\right)^{1\,000\,000\,000} = 2{,}718\,281\,827\ldots$$

Así, podemos constatar que, a pesar de haber llegado al término de subíndice mil millones, su valor sigue siendo inferior a 3.

De hecho, por mucho que avancemos en la sucesión y calculemos términos cada vez mayores, su valor nunca pasará de uno determinado. Este valor es el límite de la sucesión y se denomina **número e.**

$$e = \lim_{n \to \infty}\left(1+\frac{1}{n}\right)^n$$

Hemos llegado a la conclusión de que el **número e** es el límite de la sucesión de término general $a_n = \left(1+\frac{1}{n}\right)^n$, de un modo intuitivo y empleando la calculadora.

Hallando términos más avanzados de la sucesión, se obtiene una mejor aproximación del número irracional:

$$e = 2{,}718\,281\,828\,459\,045\,235\,360\,287\,471\,352\,662\,497\,757\,247\,093\,699\,959\,574\,966\,965\,762\,772\,407\,663\,035\,354\ldots$$

**OBSERVA**

El límite de la sucesión:

$$a_n = \left(1+\frac{1}{n}\right)^n$$

es un número irracional, con infinitas cifras decimales, que nunca llega al valor 2,72 y que se denomina número e.

## 5.2. Casos particulares

Siempre que el límite de una sucesión dé como resultado la indeterminación $1^{\infty}$, su límite estará relacionado con el número e.

### Sucesiones cuyo término general es $\left(1+\frac{1}{n}\right)^{n+a}$

$$\lim_{n\to\infty}\left(1+\frac{1}{n}\right)^{n+a}=\lim_{n\to\infty}\left(1+\frac{1}{n}\right)^{n}\cdot\lim_{n\to\infty}\left(1+\frac{1}{n}\right)^{a}=\mathrm{e}\cdot 1=\mathrm{e}$$

Por ejemplo:

$$\lim_{n\to\infty}\left(1+\frac{1}{n}\right)^{n+4}=\mathrm{e} \qquad \lim_{n\to\infty}\left(1+\frac{1}{n}\right)^{n-2}=\mathrm{e}$$

### Sucesiones cuyo término general es $\left(1+\frac{1}{n+a}\right)^{n}$

$$\lim_{n\to\infty}\left(1+\frac{1}{n+a}\right)^{n}=\lim_{n\to\infty}\left(1+\frac{1}{n+a}\right)^{n+a-a}=\lim_{n\to\infty}\frac{\left(1+\frac{1}{n+a}\right)^{n+a}}{\left(1+\frac{1}{n+a}\right)^{a}}=\frac{\mathrm{e}}{1}=\mathrm{e}$$

Por ejemplo:

$$\lim_{n\to\infty}\left(1+\frac{1}{n+3}\right)^{n}=\mathrm{e}$$

$$\lim_{n\to\infty}\left(1+\frac{1}{n-7}\right)^{n}=\mathrm{e}$$

### Sucesiones cuyo término general es $\left(1+\frac{1}{n}\right)^{kn}$

$$\text{Si } k\neq 0,\ \lim_{n\to\infty}\left(1+\frac{1}{n}\right)^{kn}=\lim_{n\to\infty}\left[\left(1+\frac{1}{n}\right)^{n}\right]^{k}=\mathrm{e}^{k}$$

Por ejemplo:

$$\lim_{n\to\infty}\left(1+\frac{1}{n}\right)^{7n}=\mathrm{e}^{7}$$

$$\lim_{n\to\infty}\left(1+\frac{1}{n}\right)^{-2n}=\frac{1}{\mathrm{e}^{2}}$$

### Sucesiones cuyo término general es $\left(1+\frac{1}{kn}\right)^{n}$

$$\text{Si } k\neq 0,\ \lim_{n\to\infty}\left(1+\frac{1}{kn}\right)^{n}=\lim_{n\to\infty}\left[\left(1+\frac{1}{kn}\right)^{kn}\right]^{\frac{1}{k}}=\mathrm{e}^{1/k}=\sqrt[k]{\mathrm{e}}$$

Por ejemplo:

$$\lim_{n\to\infty}\left(1+\frac{1}{8n}\right)^{n}=\mathrm{e}^{1/8}=\sqrt[8]{\mathrm{e}}$$

$$\lim_{n\to\infty}\left(1+\frac{2}{n}\right)^{n}=\mathrm{e}^{2}$$

De todo lo anterior se puede deducir que, en general, si $\lim_{n\to\infty} a_n=\infty$:

$$\lim_{n\to\infty}\left(1+\frac{1}{a_n}\right)^{a_n}=\mathrm{e}$$

### Sucesiones cualesquiera del tipo $(a_n)^{b_n}$ en las que $\lim\limits_{n\to\infty} a_n = 1$ y $\lim\limits_{n\to\infty} b_n = \infty$

Este caso generaliza todos los anteriores. Por ejemplo:

$$\lim_{n\to\infty}\left(\frac{3n-2}{3n+7}\right)^{4n-5} = (1^{\infty})$$

En primer lugar, escribiremos la sucesión de la base del modo $1+\frac{1}{x_n}$:

$$\frac{1}{x_n} = \frac{3n-2}{3n+7} - 1 = \frac{3n-2}{3n+7} - \frac{3n+7}{3n+7} = \frac{3n-2-3n-7}{3n+7} = \frac{-9}{3n+7}$$

El límite inicial se puede escribir de la siguiente forma:

$$\lim_{n\to\infty}\left(\frac{3n-2}{3n+7}\right)^{4n-5} = \lim_{n\to\infty}\left(1+\frac{1}{\frac{3n+7}{-9}}\right)^{4n-5}$$

Para poder aplicar $\lim\limits_{n\to\infty}\left(1+\frac{1}{a_n}\right)^{a_n} = \text{e}$, se escribe:

$$\lim_{n\to\infty}\left(1+\frac{1}{\frac{3n+7}{-9}}\right)^{\frac{3n+7}{-9}\cdot\frac{-9(4n-5)}{3n+7}} = \lim_{n\to\infty}\left(1+\frac{1}{\frac{3n+7}{-9}}\right)^{\frac{3n+7}{-9}\cdot\frac{-36n+45}{3n+7}}$$

y, definitivamente, se obtiene:

$$\lim_{n\to\infty}\left(\frac{3n-2}{3n+7}\right)^{4n-5} = \text{e}^{\lim\limits_{n\to\infty}\frac{-36n+45}{3n+7}} = \text{e}^{\frac{-36}{3}} = \text{e}^{-12} = \frac{1}{\text{e}^{12}}$$

**OBSERVA**

La expresión $1^{\infty}$ es una **indeterminación,** porque puede esconder cualquier valor.

ma1b32

## Actividades

**19** Calcula los siguientes límites.

*a)* $\lim\limits_{n\to\infty}\left(\frac{2n+2}{2n-2}\right)^{4n+5}$

*b)* $\lim\limits_{n\to\infty}\left(\frac{3n^2-7}{3n^2+2n}\right)^{\frac{4n^2+2}{3n-7}}$

*c)* $\lim\limits_{n\to\infty}\left(\frac{2n+7}{3n+2}\right)^{5n-9}$

*d)* $\lim\limits_{n\to\infty}\left(\frac{5n^2-1}{5n^2+n}\right)^{2n-2}$

*e)* $\lim\limits_{n\to\infty}\left(\frac{6n+4}{6n-3}\right)^{\frac{4n^2+2}{2n}}$

*f)* $\lim\limits_{n\to\infty}\left(\frac{5n+4}{5n-4}\right)^{-n+2}$

**Solución:** *a)* $\text{e}^8$ *b)* $\frac{1}{\sqrt[9]{\text{e}^8}}$ *c)* 0 *d)* $\frac{1}{\sqrt[5]{\text{e}^2}}$ *e)* $\sqrt[3]{\text{e}^7}$ *f)* $\frac{1}{\sqrt[5]{\text{e}^8}}$

**20** Calcula los siguientes límites.

*a)* $\lim\limits_{n\to\infty}\left(\frac{n^2+5n+2}{n^2+1}\right)^{4n}$

*b)* $\lim\limits_{n\to\infty}\left(1-\frac{3}{2-6n}\right)^{n+6}$

*c)* $\lim\limits_{n\to\infty}\left(\frac{5n-4}{2+n}\right)^{1-n^2}$

*d)* $\lim\limits_{n\to\infty}\left(\frac{3n+4}{2n-2}-\frac{1}{2}\right)^{\frac{1-n^2}{n+4}}$

*e)* $\lim\limits_{n\to\infty}\left(3-\frac{2n+1}{n+2}\right)^{-n+7}$

*f)* $\lim\limits_{n\to\infty}\left(\frac{n+13}{2n-2}\right)^{\frac{-1}{n}}$

*g)* $\lim\limits_{n\to\infty}\left(3+\frac{2n}{1-2n}\right)^{\frac{4-n^2}{n+2}}$

*h)* $\lim\limits_{n\to\infty}\left(\frac{n^3+n}{n^3+1}\right)^{-2n+3}$

**Solución:** *a)* $\text{e}^{20}$ *b)* $\sqrt{\text{e}}$ *c)* 0 *d)* $\frac{1}{\sqrt{\text{e}^7}}$ *e)* $\frac{1}{\text{e}^3}$ *f)* 1 *g)* 0 *h)* 1

# 6. Límites de funciones. Asíntotas

## 6.1. Límites de funciones en el infinito

A partir de la representación gráfica de funciones, es posible estudiar cuál es su comportamiento para valores muy grandes, positivos o negativos, de $x$.

Consideramos, por ejemplo, la función $f(x) = \dfrac{x^2+1}{x^2}$.

Como se observa en su gráfica (figura 9.7), para valores de $x$ muy grandes, es decir, cuando $x$ tiende a $+\infty$, la función tiende a 1, y lo mismo ocurre para valores de $x$ muy pequeños, es decir, cuando $x$ tiende a $-\infty$.

Si la función presenta la misma tendencia en ambos extremos de la gráfica, se escribe:

$$\lim_{x \to \infty} f(x) = 1$$

La recta $y = 1$ es una asíntota horizontal de la función $f(x) = \dfrac{x^2+1}{x^2}$.

La recta $y = k$ es una **asíntota horizontal** de $f(x)$ si $\lim\limits_{x \to \infty} f(x) = k$.

- Si $\lim\limits_{x \to +\infty} f(x) = k$, la recta $y = k$ es una asíntota horizontal por la derecha.
- Si $\lim\limits_{x \to -\infty} f(x) = k$, entonces $y = k$ es una asíntota horizontal por la izquierda.

Sin embargo, es posible que el límite de la función en el infinito no sea una constante; puede tender a infinito.

Por ejemplo, consideremos $f(x) = \dfrac{x^2+1}{x}$ en la representada figura 9.8.

Si se divide el numerador entre el denominador y se escribe $f(x)$ como: $f(x) = \dfrac{x^2+1}{x} = x + \dfrac{1}{x}$, vemos que, cuando $x$ tiende al infinito, $1/x$ tiende a cero, por lo que la función se aproxima a la recta $y = x$.

$$\lim_{x \to \infty} \frac{x^2+1}{x} = \lim_{x \to \infty} \left( x + \frac{1}{x} \right) = \infty$$

Se observa que $\lim\limits_{x \to +\infty} f(x) = +\infty$ y $\lim\limits_{x \to -\infty} f(x) = -\infty$.

La recta $y = x$ es una **asíntota oblicua.**

En este caso, la función no tiene asíntotas horizontales; se dice que presenta **ramas asintóticas,** de asíntota oblicua.

La recta $y = mx + n$ es una **asíntota oblicua** de $f(x)$ si verifica que:

- $\lim\limits_{x \to \infty} f(x) = \infty$
- $m = \lim\limits_{x \to \infty} \dfrac{f(x)}{x}$ y su valor es un número real no nulo.
- $n = \lim\limits_{x \to \infty} [f(x) - mx]$

Un método para calcular la asíntota, cuando la función es racional, es dividir el numerador entre su denominador. Si el cociente es de la forma $y = mx + n$, entonces, es una asíntota oblicua.

Si una función no tiene ningún tipo de asíntotas, ni horizontales ni oblicuas, pero $\lim\limits_{x \to \infty} f(x) = \pm\infty$, se dice que la función presenta **ramas parabólicas.**

**OBSERVA**

Es posible aplicar los resultados obtenidos para las sucesiones al cálculo de límites de funciones. Sin embargo, es importante tener en cuenta que, en el caso de las funciones, la variable real puede tender a $+\infty$ y a $-\infty$.

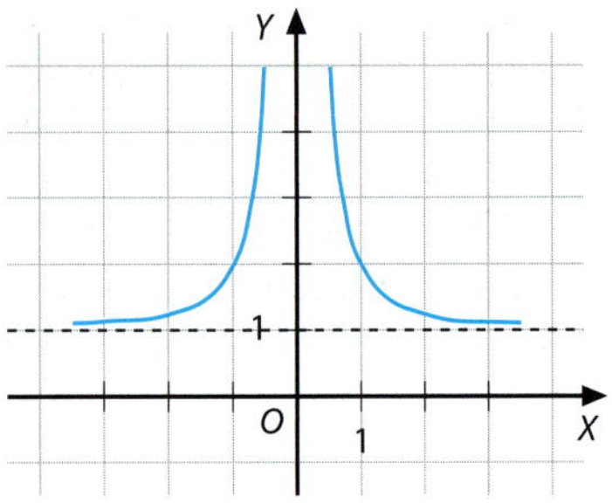


FIGURA 9.7.

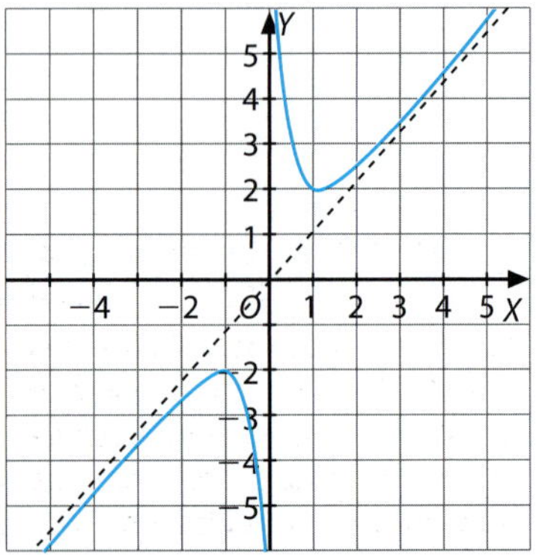


FIGURA 9.8.

ma1b33

## 6.2. Cálculo de límites de funciones en el infinito

### Límites de funciones polinómicas

Las funciones polinómicas tienden a $\infty$ cuando $x \to +\infty$ o $x \to -\infty$. El signo debe determinarse en cada caso:

Por ejemplo, para calcular el límite de la función $-3x^3 - x^2 + 4x - 1$, dado que el término de grado máximo es el que determina la tendencia de la función, se obtiene:

$$\lim_{x \to +\infty} (-3x^3 - x^2 + 4x - 1) = \lim_{x \to +\infty} (-3x^3) = -(+\infty) = -\infty$$
$$\lim_{x \to -\infty} (-3x^3 - x^2 + 4x - 1) = \lim_{x \to -\infty} (-3x^3) = -(-\infty) = +\infty$$

### Límites de funciones racionales

Las funciones cociente de polinomios presentan una indeterminación del tipo $\left(\frac{\infty}{\infty}\right)$. En este caso, se trabaja observando el término de grado máximo de cada uno de los polinomios:

$$\lim_{x \to +\infty} \frac{3x^3 - 2x^2 + x - 1}{5x^3 - 3x + 2} = \lim_{x \to +\infty} \frac{3x^3}{5x^3} = \frac{3}{5}$$

$$\lim_{x \to -\infty} \frac{3x^3 + 4x^2 - x}{-2x^2 + 1} = \lim_{x \to -\infty} \frac{3x^3}{-2x^2} = +\infty$$

### Límites de funciones con radicales

En los límites de los siguientes ejemplos aparece la indeterminación del tipo $(\infty - \infty)$. La forma de resolverla es análoga al caso de las sucesiones.

**Ejercicios resueltos**

▶ *Calcular* $\lim_{x \to +\infty} \left(\sqrt{2x^3 + 1} - \sqrt{3x^3}\right)$.

Es una indeterminación del tipo $(\infty - \infty)$. Pero, como en las sucesiones, dado que los coeficientes del término de grado máximo no son iguales, tenemos que el límite es:

$$\lim_{x \to +\infty} \left(\sqrt{2x^3 + 1} - \sqrt{3x^3}\right) = -\infty$$

▶ *Calcular* $\lim_{x \to +\infty} \left(\sqrt{5x^3 - 2x^2} - \sqrt{5x^3}\right)$.

Como es una indeterminación del tipo $(\infty - \infty)$ y los coeficientes del término de grado máximo son iguales, se multiplica y se divide la expresión por su conjugada:

$$\lim_{x \to +\infty} \left(\sqrt{5x^3 - 2x^2} - \sqrt{5x^3}\right) \cdot \frac{\sqrt{5x^3 - 2x^2} + \sqrt{5x^3}}{\sqrt{5x^3 - 2x^2} + \sqrt{5x^3}} =$$

$$= \lim_{x \to +\infty} \frac{5x^3 - 2x^2 - 5x^3}{\sqrt{5x^3 - 2x^2} + \sqrt{5x^3}} = \lim_{x \to +\infty} \frac{-2x^2}{\sqrt{5x^3 - 2x^2} + \sqrt{5x^3}} = \left(\frac{\infty}{\infty}\right)$$

Esta indeterminación se resuelve considerando los términos de grado máximo:

$$\lim_{x \to +\infty} \frac{-2x^2}{\sqrt{5x^3 - 2x^2} + \sqrt{5x^3}} = \lim_{x \to +\infty} \frac{-2x^2}{2\sqrt{5x^3}} = -\infty$$

**Funciones en el infinito**

En las operaciones con funciones se presentan las mismas posibilidades que en las operaciones con sucesiones, pero hay que considerar también el caso en el que $x$ tiende a $-\infty$. Aquí, los límites se resuelven de manera análoga a como se hace con $x \to +\infty$, teniendo en cuenta la regla de los signos.

Las indeterminaciones que se presentan son del mismo tipo que para las sucesiones:

$$\infty - \infty,\ 0 \cdot \infty,\ \frac{\infty}{\infty},\ \frac{0}{0},\ \infty^0,\ 0^0,\ 1^\infty$$

**OBSERVA**

Antes de calcular el límite de una función en $+\infty$ o $-\infty$, es preciso determinar su dominio. No tendrá sentido plantearse el límite de estos ejercicios resueltos en $-\infty$.

## Ejercicios resueltos

▶ *Calcular* $\lim_{x\to +\infty} (\sqrt{x^2-x}-\sqrt{x^2+x})$.

Indeterminación del tipo $(\infty-\infty)$.

$$\lim_{x\to +\infty} (\sqrt{x^2-x}-\sqrt{x^2+x})\cdot\frac{\sqrt{x^2-x}+\sqrt{x^2+x}}{\sqrt{x^2-x}+\sqrt{x^2+x}}=$$

$$=\lim_{x\to +\infty}\frac{x^2-x-x^2-x}{\sqrt{x^2-x}+\sqrt{x^2+x}}=\lim_{x\to +\infty}\frac{-2x}{2\sqrt{x^2}}=-1$$

▶ *Calcular* $\lim_{x\to +\infty} (\sqrt{x^2+1}-\sqrt{x^2-1})$.

Indeterminación del tipo $(\infty-\infty)$.

$$\lim_{x\to +\infty} (\sqrt{x^2+1}-\sqrt{x^2-1})\cdot\frac{\sqrt{x^2+1}+\sqrt{x^2-1}}{\sqrt{x^2+1}+\sqrt{x^2-1}}=$$

$$=\lim_{x\to +\infty}\frac{x^2+1-x^2+1}{\sqrt{x^2+1}+\sqrt{x^2-1}}=\lim_{x\to +\infty}\frac{2}{\sqrt{x^2+1}+\sqrt{x^2-1}}=0$$

### Límites de funciones del tipo $[f(x)]^{g(x)}$

Las indeterminaciones que pueden surgir en este tipo de límites son análogos al caso de sucesiones. Las del tipo $1^\infty$, se resuelven del mismo modo.

**OBSERVA**

Como ocurre con las sucesiones, el límite de una potencia de funciones es igual a la potencia de los límites de cada una de las funciones, siempre que el límite de la base sea positivo.

## Ejercicios resueltos

▶ *Calcular* $\lim_{x\to +\infty}\left(\frac{3x-1}{3x+4}\right)^{\frac{2x^2}{5+x}}$

Indeterminación del tipo $(1^\infty)$.

$$\lim_{x\to +\infty}\left(\frac{3x-1}{3x+4}\right)^{\frac{2x^2}{5+x}}=\lim_{x\to +\infty}\left(1+\frac{1}{\frac{3x+4}{-5}}\right)^{\frac{3x+4}{-5}\cdot\frac{-5}{3x+4}\cdot\frac{2x^2}{5+x}}=$$

$$=e^{\lim_{x\to +\infty}\left(\frac{-5}{3x+4}\cdot\frac{2x^2}{5+x}\right)}=e^{\lim_{x\to +\infty}\frac{-10x^2}{3x^2}}=e^{\frac{-10}{3}}$$

▶ *Calcular* $\lim_{x\to -\infty}\left(\frac{2x-1}{2x}\right)^{-x+3}$

Indeterminación del tipo $(1^\infty)$.

$$\lim_{x\to -\infty}\left(\frac{2x-1}{2x}\right)^{-x+3}=\lim_{x\to -\infty}\left(1+\frac{1}{-2x}\right)^{-2x\cdot\frac{1}{-2x}\cdot(-x+3)}=$$

$$=e^{\lim_{x\to -\infty}\frac{-x+3}{-2x}}=e^{\frac{1}{2}}=\sqrt{e}$$

▶ *Calcular* $\lim_{x\to +\infty}\left(\frac{2x-1}{3x+2}\right)^{x^2}$

$$\lim_{x\to +\infty}\left(\frac{2x-1}{3x+2}\right)=\left(\frac{\infty}{\infty}\right)=\frac{2}{3}$$

Como no es una indeterminación $1^\infty$, se toman los términos de grado máximo:

$$\lim_{x\to +\infty}\left(\frac{2x-1}{3x+2}\right)^{x^2}=\left(\frac{2}{3}\right)^{+\infty}=0$$

## Actividades

**21** Determina los límites en el infinito de las siguientes funciones y escribe la ecuación de sus asíntotas horizontales.

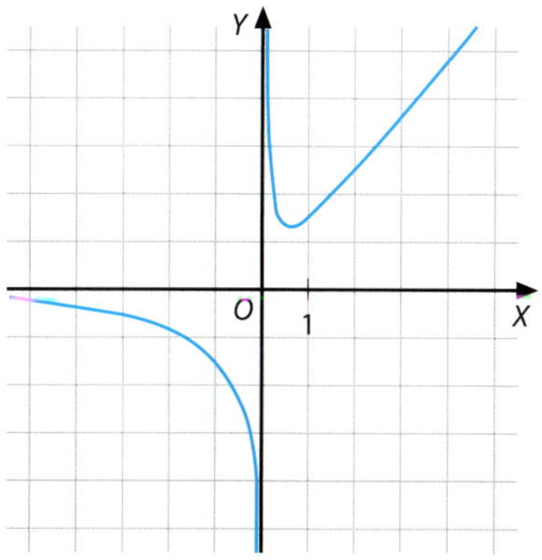


FIGURA 9.9.

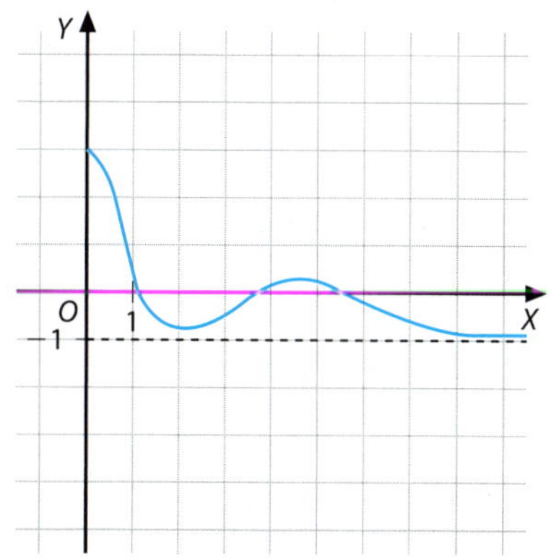


FIGURA 9.10.

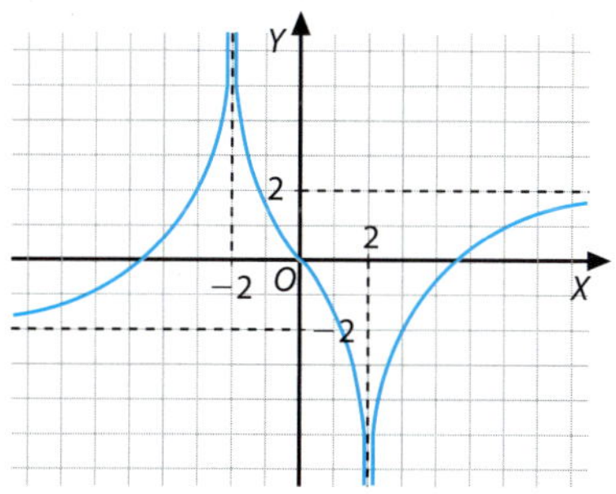


FIGURA 9.11.

**22** Calcula la ecuación de las asíntotas horizontales, si las tienen, de las siguientes funciones.

*a)* $f(x) = \dfrac{1 - 2x^2}{x^2 - 1}$

*b)* $f(x) = \dfrac{3x - 1}{2x + 1}$

*c)* $f(x) = \dfrac{x^2 + 1}{x^3}$

*d)* $f(x) = \dfrac{\sqrt{4x^2 + 1}}{2x + 2}$

**23** Calcula los siguientes límites.

*a)* $\lim\limits_{x \to -\infty} \left( \dfrac{x+1}{7x^2} \cdot \dfrac{x^2}{x-1} \right)$

*b)* $\lim\limits_{x \to +\infty} \left( \dfrac{5}{2} \right)^{\frac{x^3+1}{2x^2}}$

*c)* $\lim\limits_{x \to -\infty} \left( \dfrac{5}{2} \right)^{\frac{x^3+1}{2x^2}}$

*d)* $\lim\limits_{x \to +\infty} \left( \dfrac{x+1}{2x-3} \right)^{x+1}$

*e)* $\lim\limits_{x \to +\infty} \left( \dfrac{2x^3 - 5x + 1}{3x^3 - 2x^2 + 5} \right)^{-x+1}$

*f)* $\lim\limits_{x \to +\infty} \left( \sqrt{x^2 + x} - \sqrt{x^2 - 1} \right)$

*g)* $\lim\limits_{x \to +\infty} \left( \sqrt{4x^2 - 2} - 2x \right)$

*h)* $\lim\limits_{x \to +\infty} \left( \dfrac{3x - 2}{3x + 1} \right)^{-6x}$

*i)* $\lim\limits_{x \to +\infty} \left( \dfrac{2x^2 - 1}{2x^2 + 2x + 1} \right)^{x+1}$

*j)* $\lim\limits_{x \to -\infty} \left( \sqrt{x^2 + 1} - \sqrt{x^4 + 3} \right)$

**Solución:** *a)* 1/7 *b)* $+\infty$ *c)* 0 *d)* 0 *e)* $+\infty$ *f)* 1/2 *g)* 0 *h)* $e^6$ *i)* 1/e *j)* $-\infty$

## 6.3. Límites laterales de una función en un punto

A continuación, vamos a establecer los límites laterales de una serie de funciones en determinados puntos:

- La figura 9.12 es la representación gráfica de la función $f(x) = x^2 - 1$.

  Si $x$ tiende a $+\infty$, la función crece indefinidamente, lo cual se expresa escribiendo:

  $$\lim_{x \to +\infty} (x^2 - 1) = +\infty$$

  Lo mismo sucede si se estudia el comportamiento de la función si $x \to -\infty$. Pero, ¿cómo se comporta la función cuando $x$ se aproxima a un valor concreto, por ejemplo a 3? Se puede realizar la aproximación tomando valores cercanos a 3 tanto por la derecha como por la izquierda, es decir, para $x > 3$ y para $x < 3$.

  En cualquier caso, las imágenes conforman una sucesión cuyo límite es 8:

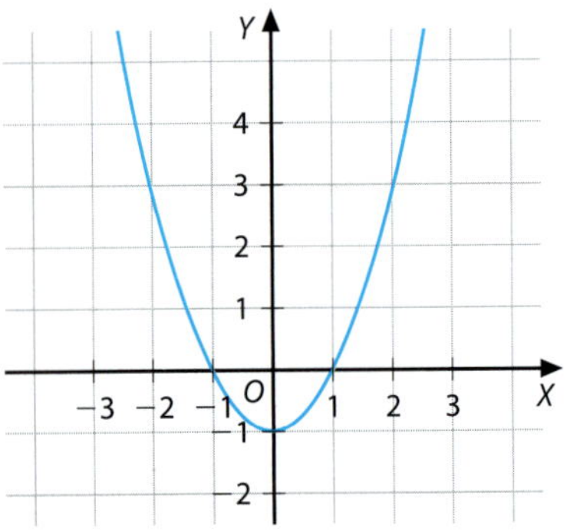

FIGURA 9.12.

| *x* | 2,90 | 2,95 | 2,99 | 3 | 3,01 | 3,05 | 3,10 |
|---|---|---|---|---|---|---|---|
| *f(x)* | 7,41 | 7,7025 | 7,94 | 8 | 8,0601 | 8,3025 | 8,61 |

  Como se observa en la tabla, los valores leídos de izquierda a derecha hacia $x = 3$ y los leídos de derecha a izquierda hacia $x = 3$, convergen en el valor 8. Por eso se escribe $\lim_{x \to 3} (x^2 - 1) = 8$. Además, $f(3) = 8$.

- Consideremos ahora la función $f(x) = \dfrac{x^2 - 4}{x - 2}$.

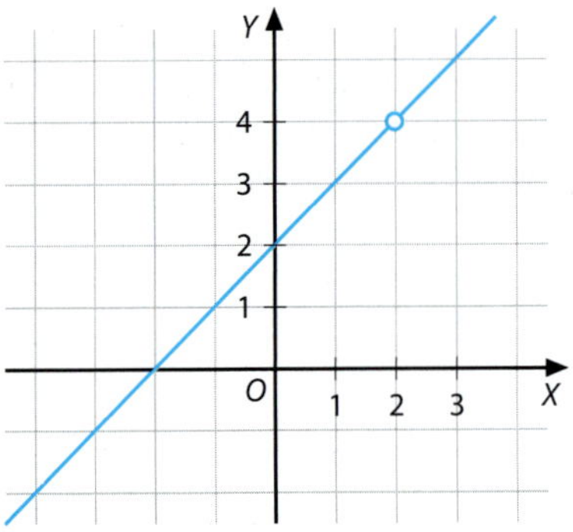

FIGURA 9.13.

  Es una función definida en $\mathbb{R} - \{2\}$. Por tanto, se puede escribir:

  $$f(x) = \frac{x^2 - 4}{x - 2} = \frac{(x + 2)\,(x - 2)}{x - 2} = x + 2 \text{ si } x \neq 2$$

  Su representación gráfica coincide con la de la recta $y = x + 2$, pero con un *hueco*, el correspondiente a $f(2)$, que no existe (figura 9.13).

  Al igual que en el ejemplo anterior, es posible realizar una aproximación al punto $x = 2$ y observar cómo se comportan las imágenes por $f$:

| *x* | 1,95 | 1,99 | 1,999 | … | 2,001 | 2,01 | 2,05 |
|---|---|---|---|---|---|---|---|
| *f(x)* | 3,95 | 3,99 | 3,999 | … | 4,001 | 4,01 | 4,05 |

  Si nos aproximamos a $x = 2$ tomando valores cada vez más cercanos a 2 por la izquierda, el límite de las imágenes es 4, igual que si lo hacemos por la derecha. Por tanto, se escribe:

  $$\lim_{x \to 2} \frac{x^2 - 4}{x - 2} = \lim_{x \to 2} (x + 2) = 4$$

- La función **parte entera de $x$, $f(x) = E(x)$,** que asigna a cada valor real, $x$, el número entero que cumple la condición de ser el entero más próximo y, a la vez, menor o igual que $x$, es una función escalonada. Su representación gráfica presenta un salto en cada número entero (figura 9.14).

  Si estudiamos lo que sucede cuando $x$ se aproxima a un valor entero, por ejemplo 1, observamos que:

  - Para valores de $x$ tan próximos a 1 como se desee, pero menores que él, las imágenes siempre son cero.
  - Para valores de $x$ tan próximos a 1 como se desee, pero mayores que él, las imágenes siempre valen 1.
  - $f(1) = 1$

  Es decir:

| $x$ | 0,9 | 0,99 | 0,999 | 1 | 1,001 | 1,01 | 1,1 |
|---|---|---|---|---|---|---|---|
| $E(x)$ | 0 | 0 | 0 | 1 | 1 | 1 | 1 |

En este caso, decimos que el límite lateral cuando $x$ tiende a 1 por la izquierda es 0, mientras que el límite lateral cuando $x$ tiende a 1 por la derecha es 1. Se escribe:

$$\lim_{x \to 1^-} E(x) = 0 \qquad \lim_{x \to 1^+} E(x) = 1$$

Dado que los límites laterales en el punto 1 no coinciden, la función no tiene límite cuando $x$ tiende a 1.

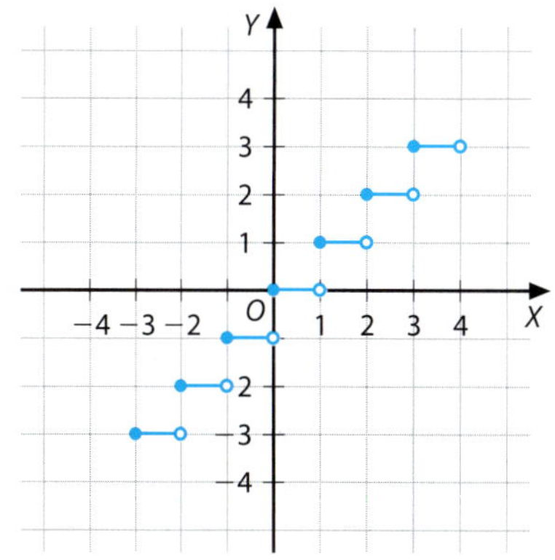

FIGURA 9.14.

- La figura 9.15 es la representación gráfica de la función $f(x) = \dfrac{1}{x}$. Su dominio es $\mathbb{R} - \{0\}$.

  Observemos qué sucede cuando se toman valores de $x$ próximos a cero por la izquierda y por la derecha. ¿Cómo se comporta la función? ¿Cómo son las imágenes de puntos situados cada vez más cerca de cero? Para responder a estas preguntas, realicemos la siguiente tabla, tomando valores por la izquierda y por la derecha de cero:

| $x$ | −0,01 | −0,001 | −0,000 1 | ... | 0,000 1 | 0,001 | 0,01 |
|---|---|---|---|---|---|---|---|
| $1/x$ | −100 | −1 000 | −10 000 | ... | 10 000 | 1 000 | 100 |

Como se observa, $\lim\limits_{x \to 0^-} \dfrac{1}{x} = -\infty$ y $\lim\limits_{x \to 0^+} \dfrac{1}{x} = +\infty$. Es decir, las imágenes crecen tanto como se desee al acercarnos a cero por la derecha, mientras que decrecen tanto como se desee cuando los valores de $x$ se aproximan a cero por la izquierda.

Por consiguiente, la función no tiene límite cuando $x$ tiende a cero, de modo análogo a como sucede en el ejemplo anterior; sin embargo, dado que los límites laterales no son finitos, por convenio se escribe:

$$\lim_{x \to 0} \frac{1}{x} = \infty$$

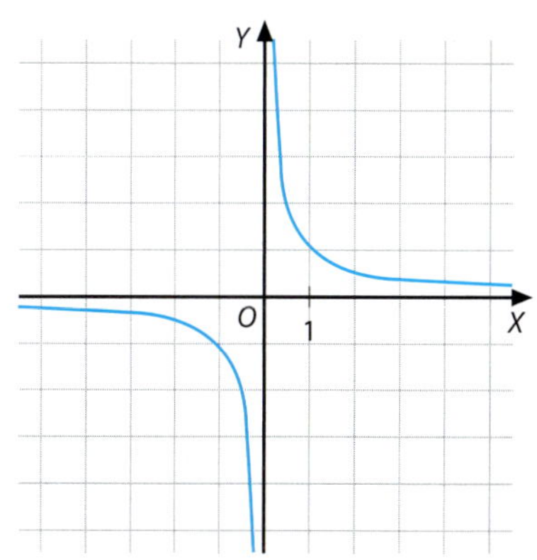

FIGURA 9.15.

**OBSERVA**

Cuando los límites laterales en un punto son $+\infty$ y $-\infty$, se escribe, por convenio, $\infty$.

- Observa ahora la gráfica de la figura 9.16. Aunque no se conoce la expresión analítica de la función representada, es posible deducir si tiene límite cuando $x$ tiende a 2.

  Cuando nos aproximamos al valor $x = 2$ por la izquierda, las imágenes se acercan cada vez más a 0. Por tanto, $\lim\limits_{x \to 2^-} f(x) = 0$.

  Si, por el contrario, se toman valores próximos a 2, pero mayores que él, las imágenes crecen ilimitadamente, por lo que $\lim\limits_{x \to 2^+} f(x) = +\infty$.

  En este caso, la función no tiene límite cuando $x$ tiende a 2, porque los límites laterales no son iguales. Más aún, uno de los límites laterales es finito y el otro infinito. Sencillamente, $\nexists \lim\limits_{x \to 2} f(x)$.

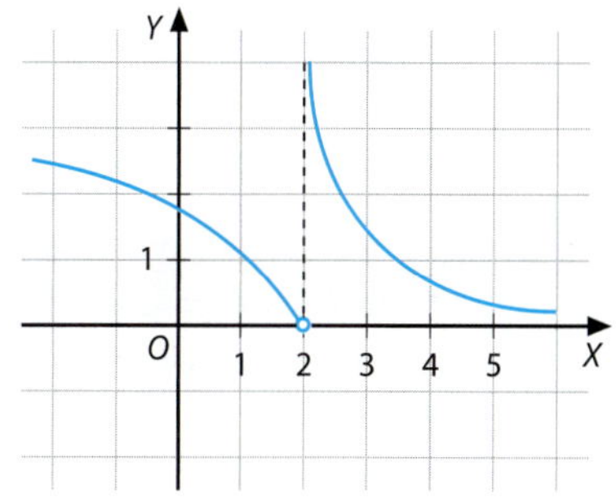

FIGURA 9.16.

## 6.4. Límite de una función en un punto

Es importante definir la relación que existe entre el límite de una función, $f(x)$, en un punto $a$, $\lim_{x \to a} f(x)$, y los límites laterales:

> Si existen los dos límites laterales de una función en $a$, son finitos y coinciden; entonces existe también el límite de la función cuando $x$ tiende a $a$. Si no es así, la función no tiene límite en $x = a$.

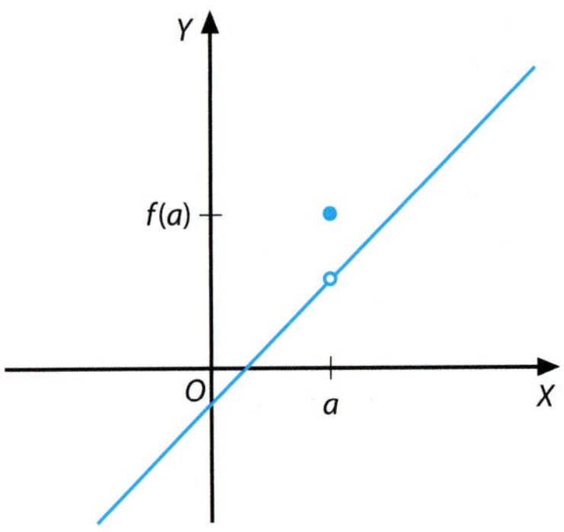

FIGURA 9.17.

Observa en la figura 9.17 que $f(x)$ no tiene por qué estar definida en $a$ para que exista su límite. Es más, puede tener un valor diferente al $\lim_{x \to a} f(x)$.

Es posible que la función tienda a infinito cuando $x$ tiende a $a$: si los dos límites laterales tienen el mismo signo (figura 9.18.a), el límite es infinito con el signo que corresponda, mientras que si los límites laterales son infinitos con distinto signo, el límite es infinito sin signo (figura 9.18.b).

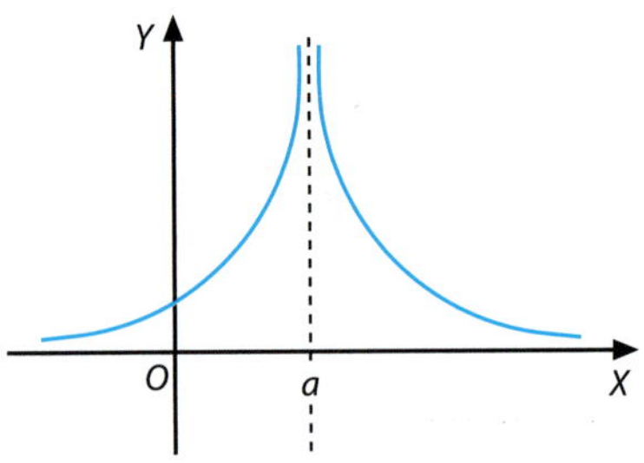

FIGURA 9.18.a.

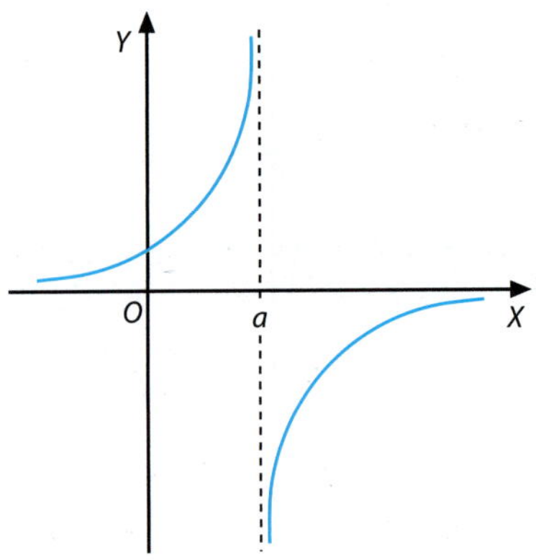

FIGURA 9.18.b.

> Se dice que un número real, $L$, es el **límite de una función en el punto *a*** si, al tomar valores de $x$ cada vez más próximos a $a$, sus imágenes correspondientes, $f(x)$, están también más próximas a $L$ (figura 9.19).
>
> Intuitivamente, esto significa que si $|x - a| \to 0$, entonces $|f(x) - L| \to 0$.
>
> Si una función tiene límite en un punto, este es único.

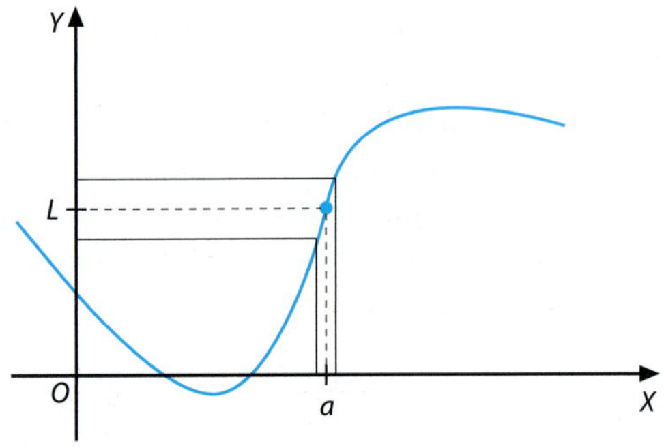

FIGURA 9.19.

Vamos a determinar a continuación el límite de una serie de funciones en varios puntos. Para ello, no partiremos de sus gráficas, sino que de la determinación de la existencia de límite en un punto deduciremos cómo es su gráfica.

- **Determinación del límite de $f(x) = 3x^2 - 2x + 1$ en $x = 0$**

  En primer lugar, $f(x)$ es una función definida en el conjunto $\mathbb{R}$.

  Cuando nos aproximamos al valor $x = 0$, las imágenes se aproximan a $f(0) = 1$. En este caso, el valor del límite coincide con el de la imagen. ¿Por qué? Desde un punto de vista intuitivo, es una consecuencia lógica: sabemos que su representación gráfica es una parábola que *se puede dibujar sin levantar el lápiz del papel*.

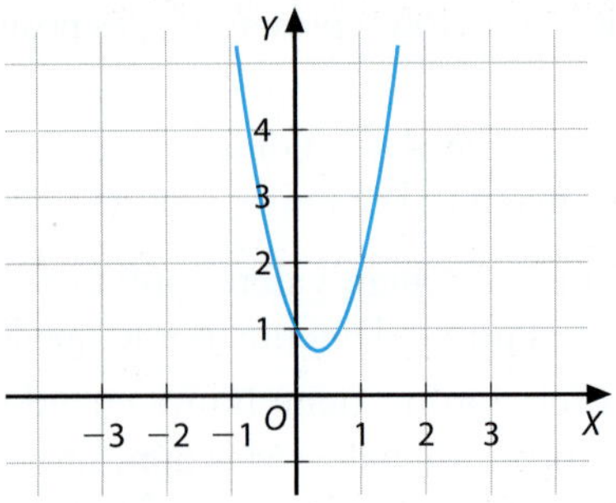

FIGURA 9.20.

> **OBSERVA**
>
> Si $f(x)$ es una función polinómica, entonces:
>
> $\lim_{x \to a} f(x) = f(a); \forall a \in \mathbb{R}$

En los dos primeros ejemplos $\lim_{x \to a} f(x) = L$, tanto si la función está definida en $a$ como si no. En los siguientes esto no es así.

- **Determinación en $x = 4$ del límite de $f(x) = \begin{cases} 2 & \text{si } x < 4 \\ 4 & \text{si } x = 4 \\ 2x - 6 & \text{si } x > 4 \end{cases}$**

El dominio de la función es $\mathbb{R}$.

Dado que el punto de abscisa 4 separa las dos ramas de la función, para valores muy próximos a 4, podemos escribir:

$$\lim_{x \to 4^-} f(x) = \lim_{x \to 4^-} 2 = 2 \ \text{ y } \lim_{x \to 4^+} f(x) = \lim_{x \to 4^+} (2x - 6) = 2$$

Los dos límites laterales son iguales. Por tanto, $\lim_{x \to 4} f(x) = 2$.

No obstante, $f(4) = 4$.

¿Cómo hay que interpretar esta circunstancia? Podemos esquematizarla tal y como muestra la figura 9.21.

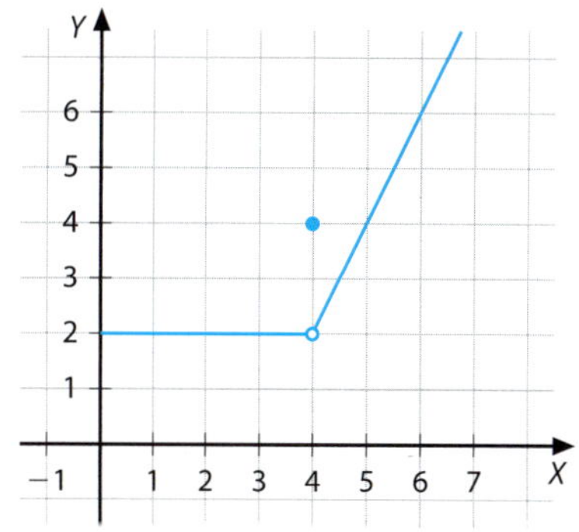

FIGURA 9.21.

- **Determinación del límite de $f(x) = \dfrac{x^2 - 1}{x + 1}$ en $x = -1$**

El dominio de la función es $\mathbb{R} - \{-1\}$, ya que $-1$ es la raíz del polinomio del denominador.

Por otro lado, se observa también que $-1$ es una raíz del numerador. Esto significa que, el límite tiende a $\left(\dfrac{0}{0}\right)$, y ello constituye una **indeterminación:**

$$\lim_{x \to -1} \frac{x^2 - 1}{x + 1} = \left(\frac{0}{0}\right)$$

Al factorizar y simplificar, se obtiene:

$$\lim_{x \to -1} \frac{x^2 - 1}{x + 1} = \lim_{x \to -1} \frac{(x + 1)(x - 1)}{x + 1} = \lim_{x \to -1} (x - 1) = -2$$

Es obvio que, en este caso, resulta innecesario el cálculo de límites laterales: la expresión a partir de la cual se obtiene el límite por sustitución no presenta ningún problema en $x = -1$.

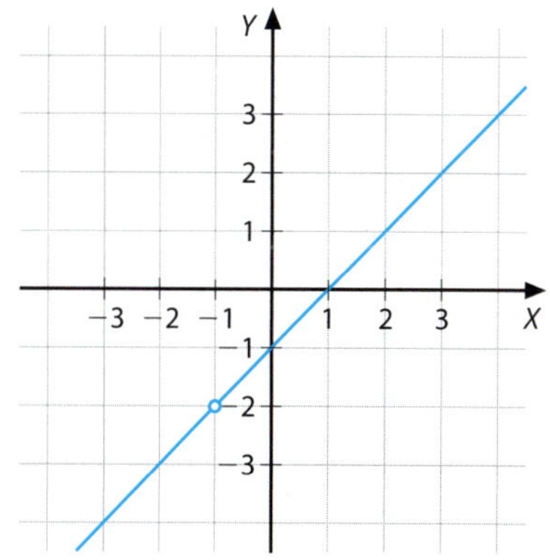

FIGURA 9.22.

**OBSERVA**

En la función $f(x) = \dfrac{x^2 - 1}{x + 1}$, la aparición de $\left(\dfrac{0}{0}\right)$ se debe al hecho de que $x = -1$ es una raíz de ambos polinomios.

Intuitivamente, si la función estuviera definida en $x = -1$, debería valer $f(-1) = -2$.

- **Determinación del límite de $f(x) = \dfrac{|x|}{x}$ en $x = 0$**

El dominio de esta función es $\mathbb{R} - \{0\}$.

La función valor absoluto, $|x|$, está definida de la siguiente forma:

$$|x| = \begin{cases} -x & \text{si } x < 0 \\ x & \text{si } x \geq 0 \end{cases}$$

Así, la función puede expresarse como sigue:

$$f(x) = \begin{cases} -1 & \text{si } x < 0 \\ 1 & \text{si } x > 0 \end{cases}$$

Por tanto, los límites laterales en $x = 0$ son distintos:

$$\lim_{x \to 0^-} \frac{|x|}{x} = -1 \quad \text{y} \quad \lim_{x \to 0^+} \frac{|x|}{x} = 1$$

Por lo que $\nexists \lim_{x \to 0} \dfrac{|x|}{x}$ (figura 9.23).

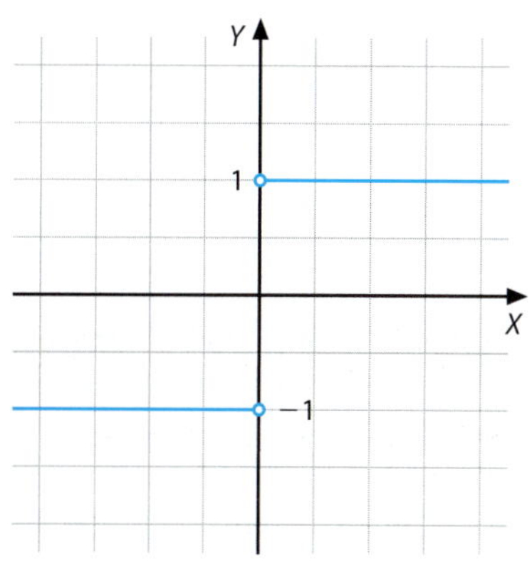

FIGURA 9.23.

## OBSERVA

Cuando en el cálculo de un límite resuelta la indeterminación $\left(\frac{k}{0}\right)$ con $k \neq 0$, tenemos que calcular sus límites laterales.

### Determinación del límite de $f(x) = \frac{x+1}{x-1}$ en $x = 1$

El dominio de la función es $\mathbb{R} - \{1\}$.

No existe $f(1)$, pero podemos aproximarnos a 1 tanto como queramos, por la izquierda y por la derecha. De este modo, es posible escribir:

$$\lim_{x \to 1^-} \frac{x+1}{x-1} = \frac{1^- + 1}{1^- - 1} \quad \text{y} \quad \lim_{x \to 1^+} \frac{x+1}{x-1} = \frac{1^+ + 1}{1^+ - 1}$$

Queda claro que no estamos calculando $f(1)$, puesto que no existe. Solo estamos calibrando qué sucede con las imágenes $f(x)$ cuando $x$ está muy próximo a 1:

$$\lim_{x \to 1^-} \frac{x+1}{x-1} = \left(\frac{2}{0^-}\right) \quad \text{y} \quad \lim_{x \to 1^+} \frac{x+1}{x-1} = \left(\frac{2}{0^+}\right)$$

El numerador es un valor *casi igual* a 2, y los denominadores presentan una diferencia importante: su valor es *casi* 0, pero su signo es distinto.

Para valores cada vez más cercanos a 1, el valor absoluto del cociente crece; por lo tanto, tenemos:

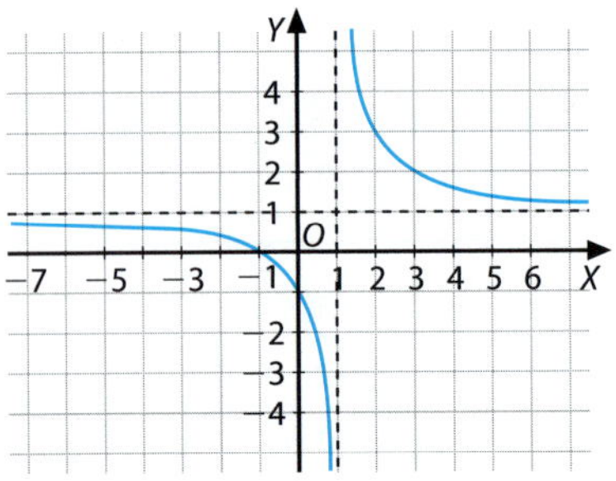

FIGURA 9.24.

$$\lim_{x \to 1^-} \frac{x+1}{x-1} = -\infty \quad \text{y} \quad \lim_{x \to 1^+} \frac{x+1}{x-1} = +\infty$$

En consecuencia, la función $f(x) = \frac{x+1}{x-1}$ tiene **límite infinito** en $x = 1$:

$$\lim_{x \to 1} \frac{x+1}{x-1} = \infty$$

¿Cómo se debe interpretar este resultado? Observa la gráfica 9.24.

Cuando $\lim_{x \to a} f(x) = \infty$, se dice que $f(x)$ tiene una **asíntota vertical** en $x = a$.

### Determinación del límite de $f(x) = 2^{1/x}$ en $x = 0$

El dominio de esta función es $\mathbb{R} - \{0\}$.

Dado que el valor de la base es constante, es necesario observar qué sucede con el exponente, es decir, con la función $g(x) = \frac{1}{x}$ cuando $x$ tiende a 0:

$$\lim_{x \to 0} \frac{1}{x} = \left(\frac{1}{0}\right)$$

Esto significa que hay que determinar los límites laterales, que serán:

$$\lim_{x \to 0^-} \frac{1}{x} = \left(\frac{1}{0^-}\right) = -\infty \quad \text{y} \quad \lim_{x \to 0^+} \frac{1}{x} = \left(\frac{1}{0^+}\right) = +\infty$$

Es decir, es una función divergente cuando $x$ tiende a 0.

Pero, ¿qué sucede con la función $f(x) = 2^{1/x}$ cuando $x$ tiende a 0?

Puesto que los límites laterales de la función del exponente son diferentes, hay que calcular también límites laterales para $f(x)$:

$$\left.\begin{array}{l} \lim_{x \to 0^-} 2^{1/x} = 2^{1/0^-} = 2^{-\infty} = 0 \\ \lim_{x \to 0^+} 2^{1/x} = 2^{1/0^+} = 2^{+\infty} = +\infty \end{array}\right\} \Rightarrow \nexists \lim_{x \to 0} 2^{1/x}$$

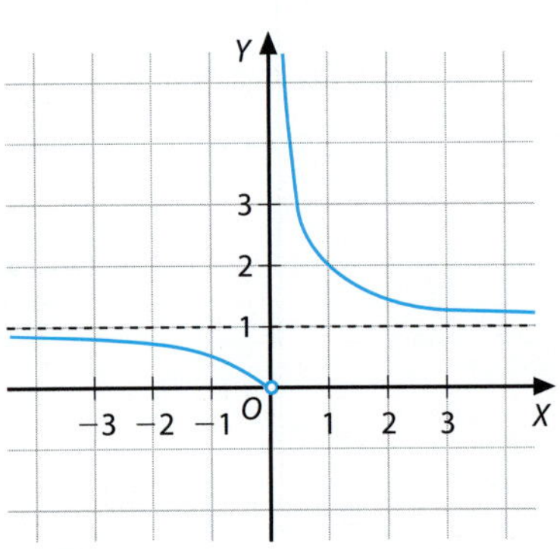

FIGURA 9.25.

La función $f(x) = 2^{1/x}$ no tiene límite en $x = 0$.

Como por la derecha el límite es $+\infty$, se dice que la función tiene una **asíntota vertical** por la derecha en $x = 0$ (figura 9.25).

## Actividades

**24** Halla lo que se indica en cada apartado.

*a)* Figura 9.26: Dom $f$, Rec $f$, $f(0)$, $\lim\limits_{x\to 0^-} f(x)$, $\lim\limits_{x\to 0^+} f(x)$, $\lim\limits_{x\to 0} f(x)$, $\lim\limits_{x\to -\infty} f(x)$, $\lim\limits_{x\to +\infty} f(x)$.

*b)* Figura 9.27: Dom $f$, Rec $f$, $f(0)$, $f^{-1}(1)$, $\lim\limits_{x\to 1^-} f(x)$, $\lim\limits_{x\to 1^+} f(x)$, $\lim\limits_{x\to 1} f(x)$, $\lim\limits_{x\to -\infty} f(x)$, $\lim\limits_{x\to +\infty} f(x)$.

*c)* Figura 9.28: Dom $f$, Rec $f$, $\lim\limits_{x\to 0^-}, f(x)$, $\lim\limits_{x\to 0^+} f(x)$, $\lim\limits_{x\to 0} f(x)$, $\lim\limits_{x\to -\infty} f(x)$, $\lim\limits_{x\to +\infty} f(x)$.

*e)* Figura 9.29: Dom $f$, Rec $f$, $f(1)$, $f(3/2)$, $\lim\limits_{x\to 1^-} f(x)$, $\lim\limits_{x\to 1^+} f(x)$, $\lim\limits_{x\to 1} f(x)$, $\lim\limits_{x\to \infty} f(x)$.

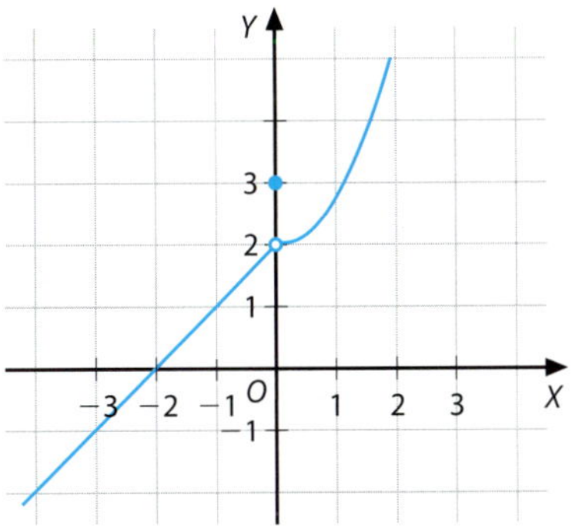


FIGURA 9.26.

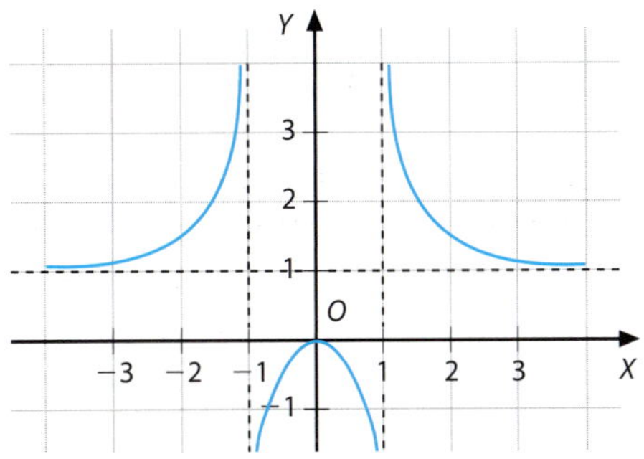


FIGURA 9.27.

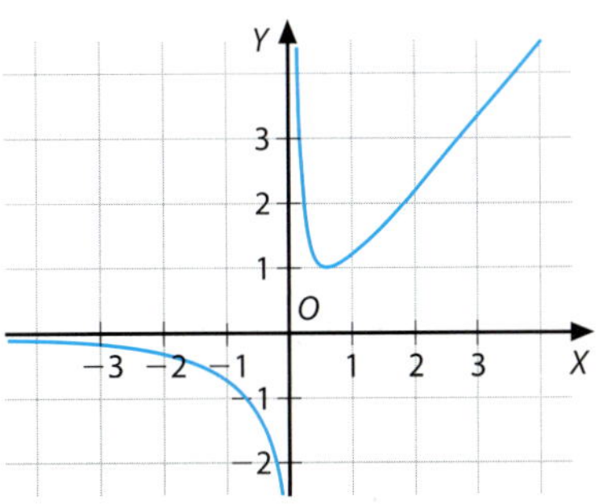


FIGURA 9.28.

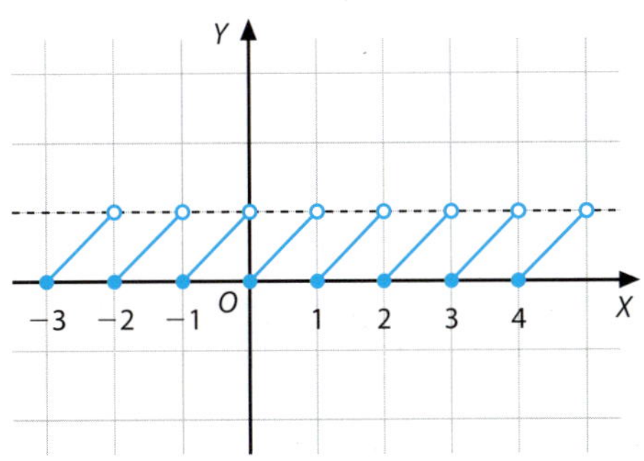


FIGURA 9.29.

**25** Estudia el límite de las siguientes funciones en los puntos que se indican.

*a)* $f(x) = -3x + 5$, en $x = 0$ y en $x = 3$

*b)* $f(x) = x^3$, en $x = 0$ y en $x = \sqrt{3}$

*c)* $f(x) = |x - 2|$, en $x = 2$ y en $x = -3$

*d)* $f(x) = x + E(x)$, en $x = 2$ y en $x = -1$

*e)* $f(x) = \dfrac{x^2 + 3x + 2}{x \quad 2}$, en $x = -2$ y en $x = -1$

*f)* $f(x) = \begin{cases} x^2 + 1 & \text{si } x < 2 \\ x + 3 & \text{si } x \geq 2 \end{cases}$ en $x = -2$, en $x = 2$ y en $x = 4$

*g)* $f(x) = \begin{cases} 3x - 1 & \text{si } x \leq -2 \\ (x + 1)/(x + 3) & \text{si } x > 5 \end{cases}$ en $x = -3$, en $x = -2$ y en $x = 5$

**26** Construye gráficas que cumplan las siguientes condiciones.

*a)* Dom $f = \mathbb{R}$, Rec $f = [-1, +\infty)$, $\lim\limits_{x\to -\infty} f(x) = 3$, $\lim\limits_{x\to +\infty} f(x) = +\infty$, $f(3) = 3$, $\lim\limits_{x\to 3} f(x) = 2$, $f^{-1}(0) = \{0, 2\}$

*b)* Dom $f = \mathbb{R} - \{0, 2\}$, Rec $f = (-\infty, 0) \cup \{1\} \cup (3, +\infty)$, $\lim\limits_{x\to 0} f(x) = \infty$, $\lim\limits_{x\to 2^-} f(x) = 3$, $\lim\limits_{x\to 2^+} f(x) = 1$, $\lim\limits_{x\to -\infty} f(x) = 0$, $\lim\limits_{x\to +\infty} f(x) = 1$
(Ten en cuenta que $f(x) < 0$ si $x < 0$, $f(x) > 0$ si $x > 0$.)

*c)* Dom $f = \mathbb{R}$, Rec $f = \mathbb{R}$, $\lim\limits_{x\to 0^-} f(x) = -\infty$, $\lim\limits_{x\to 0^+} f(x) = 3$, $\lim\limits_{x\to -\infty} f(x) = +\infty$, $\lim\limits_{x\to +\infty} f(x) = 0$

# 7. Propiedades de las operaciones con límites de funciones

Las operaciones con límites de funciones tanto en el infinito como en un punto tienen propiedades análogas a las de las sucesiones. En el siguiente cuadro se resumen estas propiedades:

**OBSERVA**

En el cuadro adjunto, las propiedades son válidas tanto si el cálculo es en el infinito como si es en un punto.

| PROPIEDADES | |
|---|---|
| El límite de la **suma o diferencia de dos funciones** es la suma o diferencia de los límites de cada una de las funciones. | $\lim\limits_{x\to\infty}(f+g)=\lim\limits_{x\to\infty} f+\lim\limits_{x\to\infty} g$<br>$\lim\limits_{x\to\infty}(f-g)=\lim\limits_{x\to\infty} f-\lim\limits_{x\to\infty} g$ |
| El límite del **producto de dos funciones** es el producto de los límites de cada una de las funciones. | $\lim\limits_{x\to\infty}(f\cdot g)=\lim\limits_{x\to\infty} f\cdot\lim\limits_{x\to\infty} g$ |
| El límite del **cociente de dos funciones** es el cociente de los límites de cada una de las funciones. | $\lim\limits_{x\to\infty}\left(\frac{f}{g}\right)=\frac{\lim\limits_{x\to\infty} f}{\lim\limits_{x\to\infty} g}$, si $\lim\limits_{x\to\infty} g\neq 0$ |
| El límite del **producto de una función por un número real** es el producto del número por el límite de la función. | $\lim\limits_{x\to\infty}(k\cdot f)=k\cdot\lim\limits_{x\to\infty} f$ |
| El límite de una **función constante** coincide con el valor de la constante. | $\lim\limits_{x\to\infty} k=k$ |
| El límite de la **potencia de dos funciones** es el valor de la potencia de sus límites. | $\lim\limits_{x\to\infty}(f)^g=\left(\lim\limits_{x\to\infty} f\right)^{\lim\limits_{x\to\infty} g}$ |

Este cuadro te será de gran ayuda para resolver límites de operaciones con funciones que ya conoces, así como con otras que se introducirán en la unidad siguiente.

## Actividades

**27** Calcula los siguientes límites.

*a)* $\lim\limits_{x\to 2}(x-2)\cdot\left(1+\frac{1}{x-2}+\frac{1}{(x-2)^2}\right)$

*b)* $\lim\limits_{x\to 4}\left(\frac{x+1}{x^2-16}-\frac{x}{x-4}\right)$

*c)* $\lim\limits_{x\to 0}\left(\frac{\sqrt{x+4}-2}{x}\right)$

*d)* $\lim\limits_{x\to -1}\left(\frac{x^2-4x-5}{x^2-1}\right)^{2x+1}$

**Solución:** *a)* $\infty$ *b)* $\infty$ *c)* $+1/4$ *d)* $1/3$

**28** Calcula los siguientes límites.

*a)* $\lim\limits_{x\to 4}\frac{1}{x-4}$

*b)* $\lim\limits_{x\to 4}\frac{x}{(x-4)^2}$

*c)* $\lim\limits_{x\to 2}\frac{x^2+x-6}{x+3}$

*d)* $\lim\limits_{x\to +\infty}\frac{x^3-2x^2+4x}{x-2}$

*e)* $\lim\limits_{x\to -\infty}\frac{x^3}{(4+2x)^3}$

*f)* $\lim\limits_{x\to +\infty} 7^{1/x}$

**Solución:** *a)* $\infty$ *b)* $+\infty$ *c)* 0 *d)* $+\infty$ *e)* $\frac{1}{8}$ *f)* 1

# 8. Continuidad

A continuación, se exponen las gráficas de tres funciones. Intuitivamente, la de la figura 9.30.a corresponde a una función continua en $x = a$, mientras que las de las figuras 9.30.b y 9.30.c, por diferentes motivos, no corresponden a funciones continuas en $x = a$. Sin embargo, en las tres existe $f(a)$ y los límites laterales son finitos.

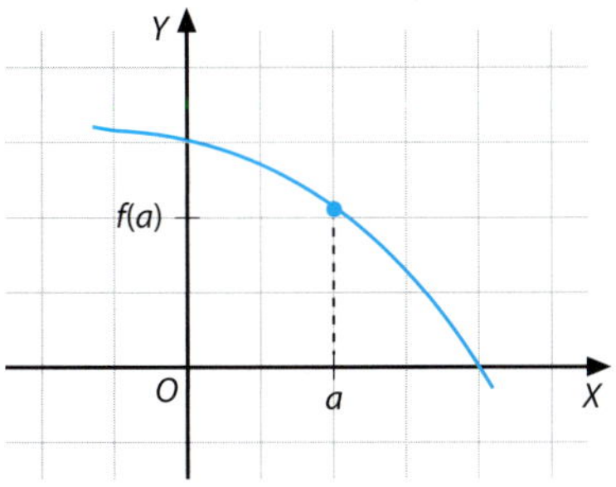

FIGURA 9.30.a.

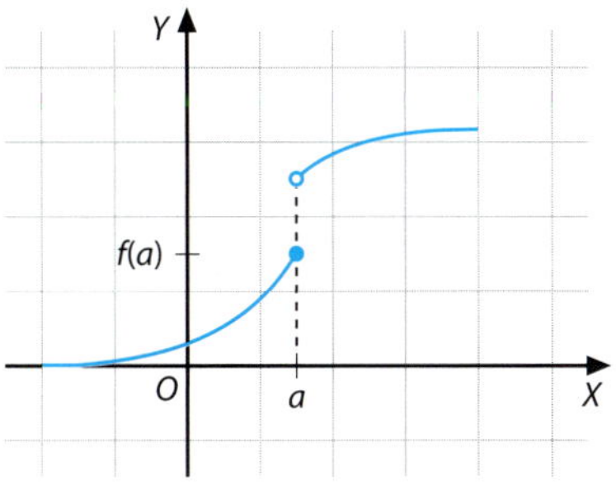

FIGURA 9.30.b.

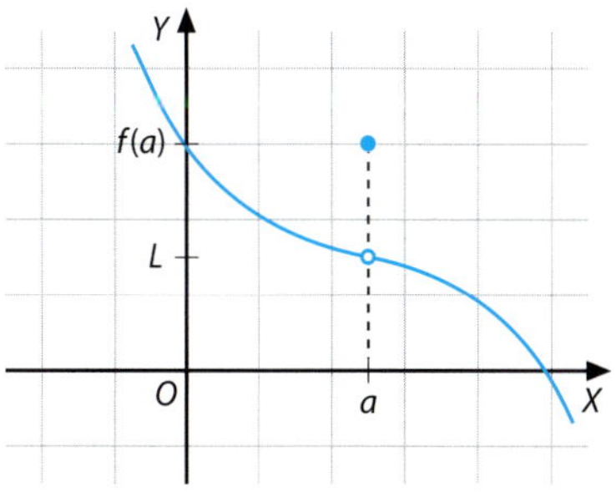

FIGURA 9.30.c.

Se dice que una función $f(x)$ es **continua en *a*** si:

- Existe $f(a)$.
- Existe $\lim_{x \to a} f(x)$.
- $\lim_{x \to a} f(x) = f(a)$

Si una función no cumple alguna de estas condiciones, es **discontinua en *a*.**

Como se observa, solo la función representada en la gráfica 9.30.a cumple estas tres condiciones. En la gráfica 9.30.b existe $f(a)$, pero no $\lim_{x \to a} f(x)$, puesto que los límites laterales no son iguales. En la gráfica 9.30.c, por su parte, existe $f(a)$ y existe $\lim_{x \to a} f(x)$, pero $\lim_{x \to a} f(x) \neq f(a)$.

La definición de continuidad en un punto exige que $f(x)$ esté definida en un entorno de $a$, puesto que esta condición es necesaria para que el límite exista: debe haber límites laterales, y estos han de ser iguales. A partir de esta consideración, se puede definir la continuidad de una función en un intervalo abierto:

Una función es **continua en un intervalo (*a*, *b*)** si es continua en cada uno de sus puntos.

**OBSERVA**

El **dominio de continuidad** de una función es el conjunto de puntos en el que la función es continua.

No tiene sentido estudiar la continuidad de una función en un punto $a$ que no sea del dominio. Sin embargo, sí que lo tiene afirmar que la función $f(x) = 1/x$ es discontinua en $x = 0$. En general, es suficiente con que la función esté definida en un entorno del punto $a$ para que sea posible estudiar su discontinuidad.

## 8.1. Propiedades de las funciones continuas

- Si $f(x)$ y $g(x)$ son funciones continuas en $a$, entonces:
  - $(f + g)(x)$ es continua en $a$.
  - $(f \cdot g)(x)$ es continua en $a$.
  - $(f/g)(x)$ es continua en $a$, si $g(a) \neq 0$.

  Estas propiedades tienen dos consecuencias importantes:
  - Las funciones polinómicas son continuas en $\mathbb{R}$.
  - Las funciones racionales son continuas en su dominio.
- Si $f(x)$ es continua en $a$, y $g(x)$ lo es en $f(a)$, entonces la composición $(g \circ f)(x)$ es continua en $a$.

  Esta propiedad permite afirmar que las funciones compuestas son continuas en su dominio.

## Ejercicios resueltos

▶ *Estudiar la continuidad de la siguiente función:*

$$f(x) = \begin{cases} x^2 - 2 & \text{si } x < 3 \\ 2x & \text{si } x \geq 3 \end{cases}$$

Su dominio es $\mathbb{R}$. En sus dos tramos, las expresiones funcionales son polinómicas y, por tanto, continuas en su dominio de definición.

Debemos estudiar el punto de unión, $x = 3$:

$$f(3) = 2 \cdot 3 = 6$$

$$\left.\begin{array}{l} \lim\limits_{x \to 3^-} f(x) = \lim\limits_{x \to 3^-} (x^2 - 2) = 3^2 - 2 = 7 \\ \lim\limits_{x \to 3^+} f(x) = \lim\limits_{x \to 3^+} 2x = 2 \cdot 3 = 6 \end{array}\right\} \Rightarrow \nexists \lim_{x \to 3} f(x)$$

Así, $f(x)$ no es continua en $x = 3$. Su dominio de continuidad es $\mathbb{R} - \{3\}$.

▶ *Estudiar la continuidad de la función* $f(x) = \dfrac{2x}{2 - x}$.

Su dominio es $\mathbb{R} - \{2\}$. Es continua en su dominio, por ser una función racional. Sin embargo, en el punto $x = 2$, obviamente, no es continua:

$$\lim_{x \to 2} \frac{2x}{2 - x} = \left(\frac{4}{0}\right)$$

Para resolver esta indeterminación, es necesario estudiar los límites laterales cuando $x$ tiende a 2:

$$\lim_{x \to 2^-} \frac{2x}{2 - x} = \left(\frac{4}{0^+}\right) = +\infty \qquad \lim_{x \to 2^+} \frac{2x}{2 - x} = \left(\frac{4}{0^-}\right) = -\infty$$

Por tanto, $\lim\limits_{x \to 2} \dfrac{2x}{2 - x} = \infty$.

La función no es continua en $x = 2$ y presenta una asíntota vertical.

## 8.2. Clasificación de discontinuidades

Partiendo de que es posible tratar la discontinuidad en un punto que no es del dominio de la función, podemos establecer la siguiente clasificación de discontinuidades en un punto:

- **Discontinuidad evitable**

  Se produce cuando:

  - Existe $f(a)$ y $\lim\limits_{x \to a} f(x)$, pero $f(a) \neq \lim\limits_{x \to a} f(x)$ (figura 9.31).
  - No existe $f(a)$ y sí $\lim\limits_{x \to a} f(x)$ (figura 9.32).

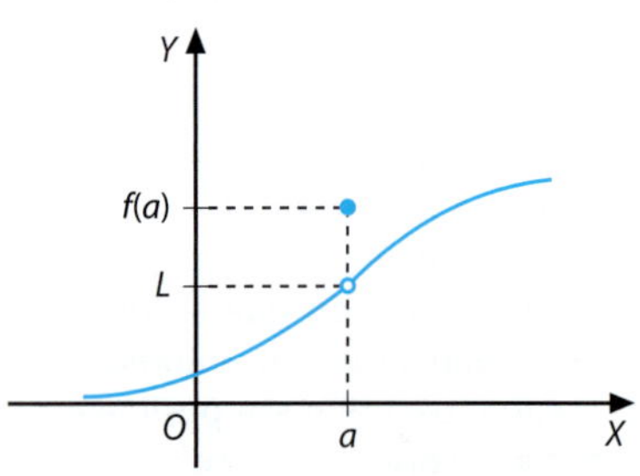


FIGURA 9.31.

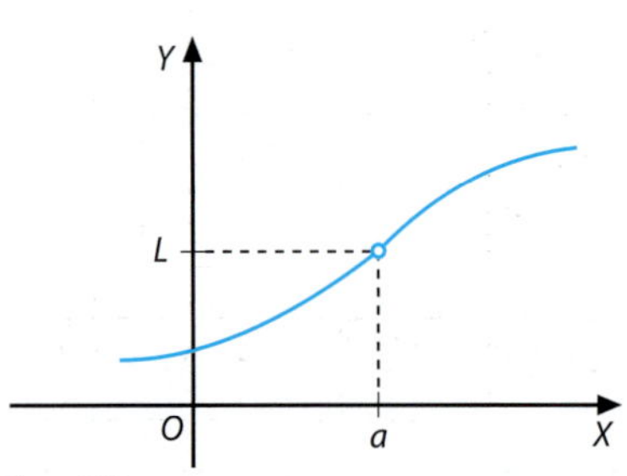


FIGURA 9.32.

- **Discontinuidad de salto finito**

  Se produce cuando no existe $\lim\limits_{x \to a} f(x)$ porque los dos límites laterales son finitos, pero desiguales. Da lo mismo si $f(a)$ existe o no.

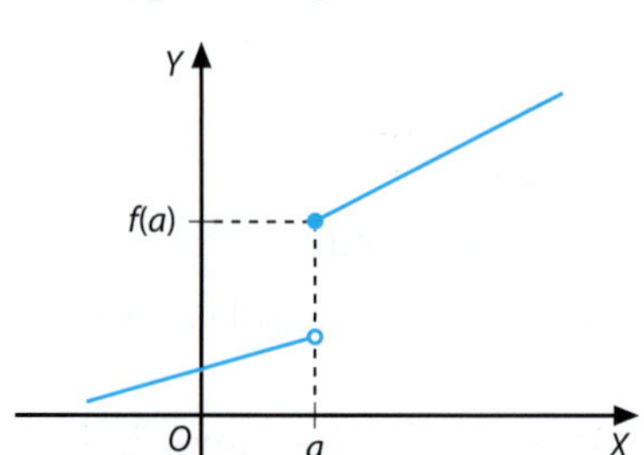


FIGURA 9.33.a.

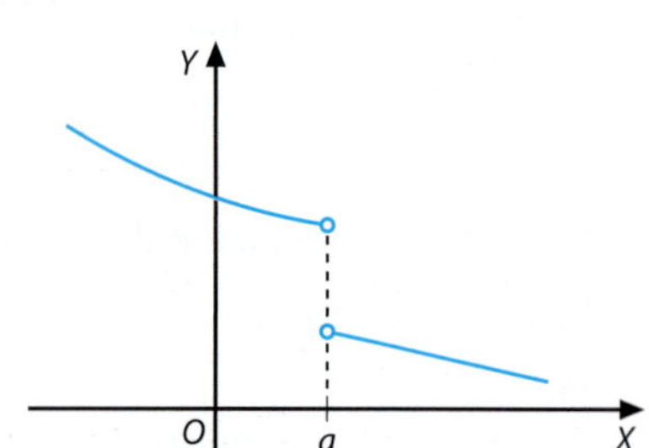


FIGURA 9.33.b.

### Discontinuidad asintótica o de salto infinito

Se produce cuando uno o los dos límites laterales son $\infty$. En este caso, $f(a)$ puede existir o no.

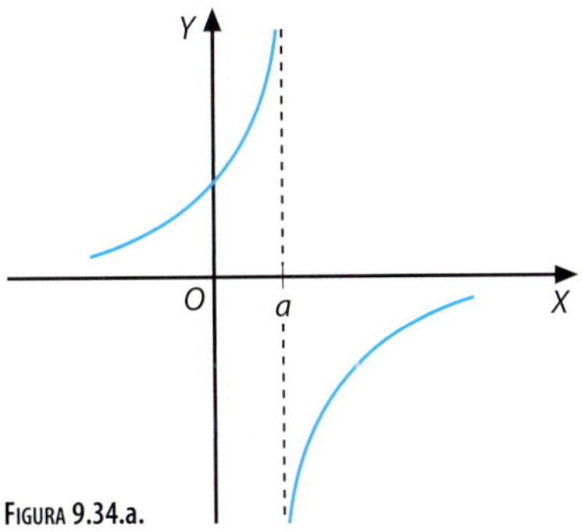


FIGURA 9.34.a.

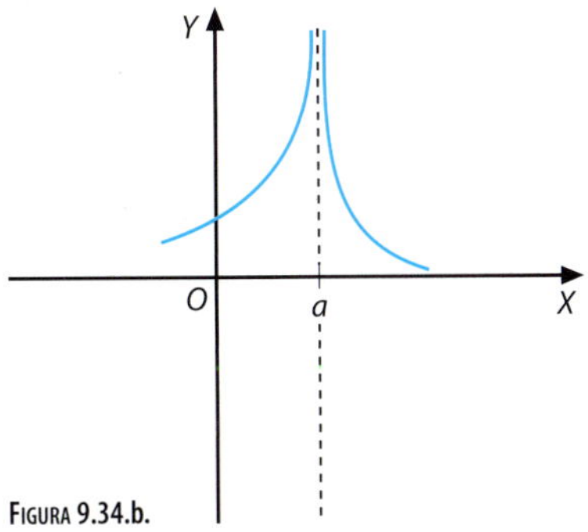


FIGURA 9.34.b.

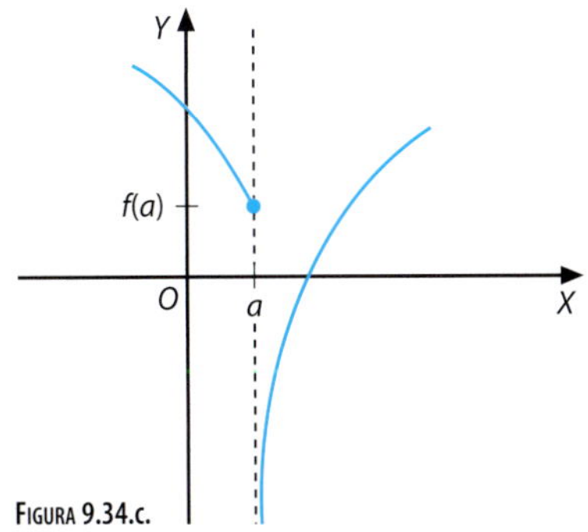


FIGURA 9.34.c.

Cuando existe una discontinuidad asintótica existe una asíntota vertical en el punto, $x = a$, ya que $\lim\limits_{x \to a} f(x) = \infty$.

## Ejercicio resuelto

▶ *Estudiar la continuidad y clasificar las discontinuidades de:*

$$f(x) = \begin{cases} 4/x & \text{si } x < 0 \\ \dfrac{x^2 + x}{x - 3} & \text{si } 0 \leq x < 5 \\ \dfrac{3x}{x - 4} & \text{si } x \geq 5 \end{cases}$$

El dominio de esta función es $\mathbb{R} - \{3\}$.

Podría haber alguna discontinuidad en los puntos donde la función varía: $x = 0$ y $x = 5$, y en $x = 3$, en el que ya sabemos que $f(x)$ es discontinua.

- Estudiamos, en primer lugar, qué tipo de discontinuidad hay en $x = 3$:
  - $\nexists f(3)$
  - $\lim\limits_{x \to 3} f(x) = \lim\limits_{x \to 3} \dfrac{x^2 + x}{x - 3} = \infty$

  En $x = 3$ hay discontinuidad de salto infinito o asintótica.

  Así, la función tiene una asíntota vertical en $x = 3$, ya que $\lim\limits_{x \to 3} f(x) = \infty$

- Ahora vemos qué pasa en $x = 0$:
  - $\exists f(0) = 0$
  - ¿$\exists \lim\limits_{x \to 0} f(x)$?

$$\lim_{x \to 0^-} \frac{4}{x} = -\infty \qquad \lim_{x \to 0^+} \frac{x^2 + x}{x - 3} = 0$$

  Así $\nexists \lim\limits_{x \to 0} f(x)$.

  La función tiene en $x = 0$ una discontinuidad inevitable de salto infinito.

- Estudiamos qué ocurre en $x = 5$:
  - $\exists f(5) = 15$
  - ¿$\exists \lim\limits_{x \to 5} f(x)$?

$$\lim_{x \to 5^-} \frac{x^2 + x}{x - 3} = 15 \qquad \lim_{x \to 5^+} \frac{3x}{x - 4} = 15$$

  Así, $\exists \lim\limits_{x \to 5} f(x) = 15$

  La función $f(x)$ es continua en $x = 5$.

La representación gráfica de la función viene mostrada en la figura 9.35.

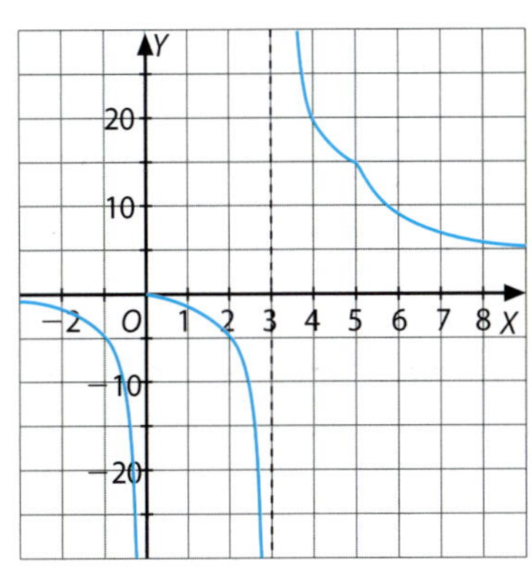


FIGURA 9.35.

## Actividades

**29** Indica el dominio de continuidad de las siguientes funciones.

*a)* Figura 9.36.a. *c)* Figura 9.36.c. *e)* Figura 9.36.e.

*b)* Figura 9.36.b. *d)* Figura 9.36.d. *f)* Figura 9.36.f.

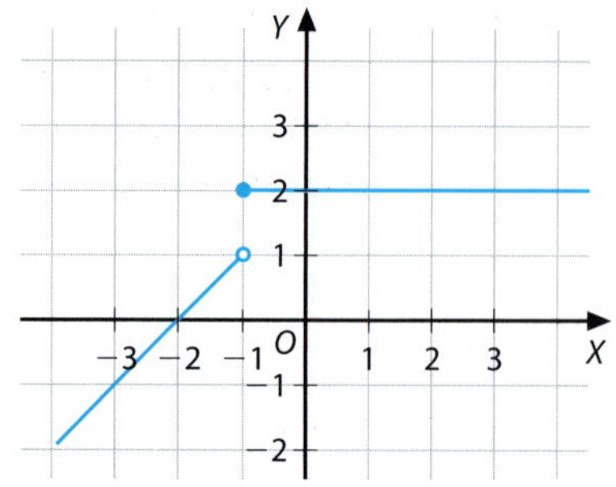


**Figura 9.36.a.**

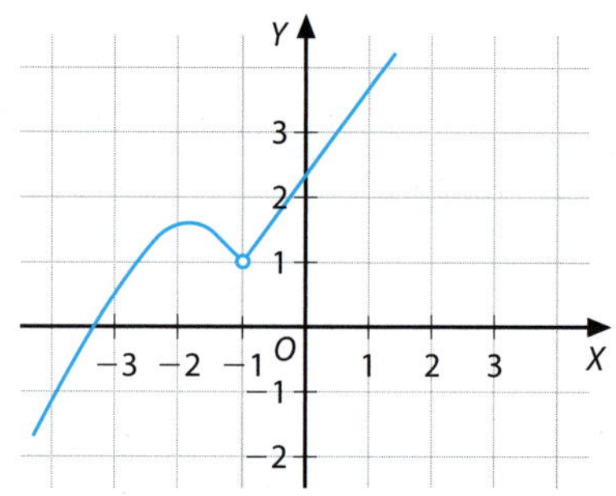


**Figura 9.36.b.**

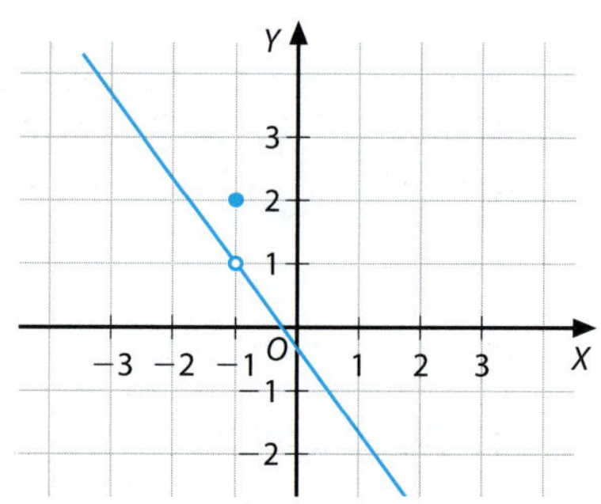


**Figura 9.36.c.**

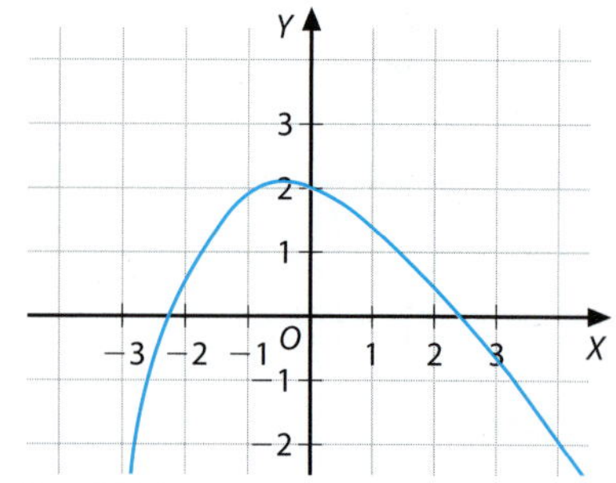


**Figura 9.36.d.**

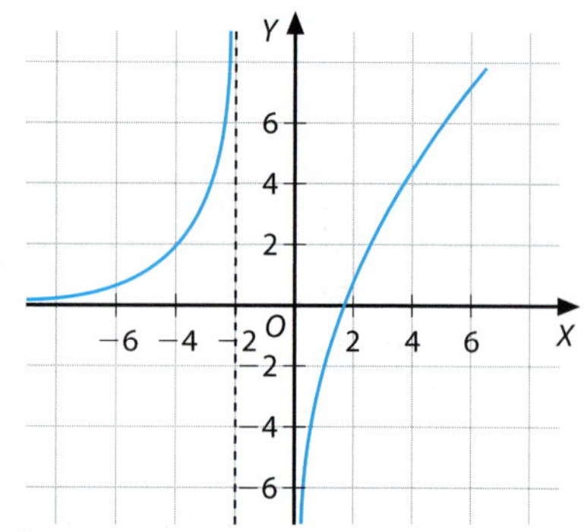


**Figura 9.36.e.**

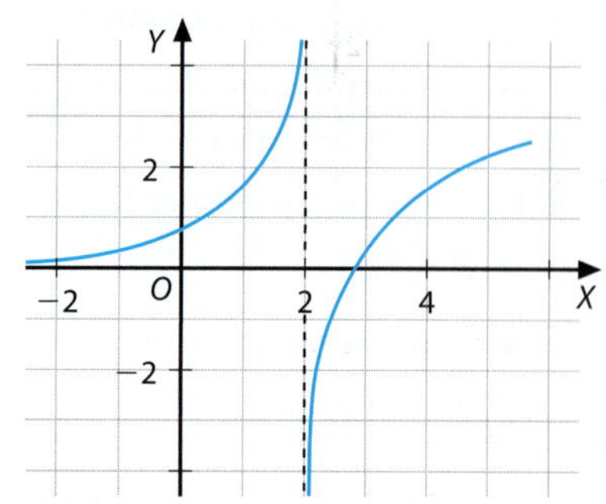


**Figura 9.36.f.**

**30** Clasifica las discontinuidades de las funciones anteriores.

**31** Analiza la continuidad de las siguientes funciones.

*a)* $f(x) = -3x + 5$

*b)* $f(x) = x^3$

*c)* $f(x) = |x - 2|$

*d)* $f(x) = \dfrac{x^2 + 3x + 2}{x + 2}$

*e)* $f(x) = \begin{cases} x^2 + 1 & \text{si } x < 2 \\ x + 3 & \text{si } x \geq 2 \end{cases}$

*f)* $f(x) = x + E(x)$

*g)* $f(x) = \begin{cases} 3x - 1 & \text{si } x \leq -2 \\ \dfrac{x + 1}{x + 3} & \text{si } x > 5 \end{cases}$

*h)* $f(x) = \begin{cases} |x| & \text{si } x \leq -3 \\ -2x - 3 & \text{si } x > 2 \end{cases}$

## Estudio de continuidad de funciones

**1.** **Dada la función**

$$f(x) = \begin{cases} x^2 - 5 & \text{si } x \leq -2 \\ \dfrac{x^2 + 3x + 2}{x + 2} & \text{si } -2 < x < 0 \\ 3x & \text{si } x > 0 \end{cases}$$

**estudiar su continuidad y clasificar sus discontinuidades.**

En primer lugar, determinamos el dominio de la función, que es $\mathbb{R}$.

Por tanto, los puntos con posibles discontinuidades son $x = -2$ y $x = 0$, que son los puntos donde hay algún cambio en esta función a trozos.

- En primer lugar estudiaremos $x = -2$.
  - $\exists\, f(-2) = -1$
  - ¿$\exists \lim\limits_{x \to -2} f(x)$?

    $$\lim_{x \to -2^-} f(x) = \lim_{x \to -2^-} (x^2 - 5) = -1$$

    $$\lim_{x \to -2^+} f(x) = \lim_{x \to -2^+} \frac{x^2 + 3x + 2}{x + 2} = \left(\frac{0}{0}\right) = \lim_{x \to -2^+} \frac{(x + 2)(x + 1)}{(x + 2)} = -1$$

    Así, $\lim\limits_{x \to -2} f(x) = -1$
  - $f(-2) = \lim\limits_{x \to -2} f(x) = -1$. La función $f(x)$ es continua en $x = -2$
- Veamos ahora qué ocurre en $x = 0$.
  - $\nexists\, f(0)$

    En este momento ya sabemos que la función es discontinua en $x = 0$ pero debemos calcular el límite para determinar qué tipo de discontinuidad presenta.
  - ¿$\exists \lim\limits_{x \to 0} f(x)$?

    $$\lim_{x \to 0^-} f(x) = \lim_{x \to 0^-} \frac{x^2 + 3x + 2}{x + 2} = 1 \qquad \lim_{x \to 0^+} f(x) = \lim_{x \to 0^+} 3x = 0$$

    Así, $\nexists \lim\limits_{x \to 0} f(x)$
- Los límites laterales son diferentes y finitos, la función $f(x)$ presenta en $x = 0$ una discontinuidad inevitable de salto finito.

La representación gráfica de la función anterior es la que aparece a la izquierda.

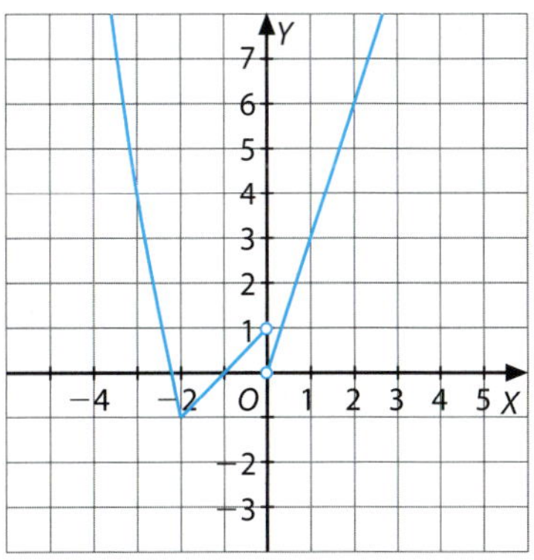


FIGURA 9.37.

**2.** **Dada la función**

$$f(x) = \begin{cases} -4x + a & \text{si } x \leq -2 \\ x^2 - 5 & \text{si } -2 < x < 1 \\ bx + 3 & \text{si } 1 \leq x \end{cases}$$

**Calcular los valores $a$ y $b$ para que $f(x)$ sea continua en todo valor de $x$.**

En primer lugar, determinamos el dominio de la función, que es $\mathbb{R}$. A continuación, impondremos que la función sea continua en los puntos de unión, $x = -2$ y $x = 1$.

- Estudiemos en primer lugar qué ocurre en $x = -2$.
  - Calcularemos $\lim\limits_{x \to -2} f(x)$:

    $$\lim_{x \to -2^-} f(x) = \lim_{x \to -2^-} (-4x + a) = 8 + a$$

    $$\lim_{x \to -2^+} f(x) = \lim_{x \to -2^+} (x^2 - 5) = -1$$

    Para que exista el límite deben ser iguales los dos límites laterales:

    $$8 + a = -1 \Rightarrow a = -9$$
  - Por lo que si $a = -9$, $f(x)$ es continua en $x = -2$:

    $$\lim_{x \to -2} f(x) = f(-2) = -1$$
- Estudiaremos ahora qué ocurre en $x = 1$.
  - Calcularemos $\lim\limits_{x \to 1} f(x)$:

    $$\lim_{x \to 1^-} f(x) = \lim_{x \to 1^-} (x^2 - 5) = -4$$

    $$\lim_{x \to 1^+} f(x) = \lim_{x \to 1^+} (bx + 3) = b + 3$$

    Para que exista el límite deben ser iguales los dos límites laterales:

    $$b + 3 = -4 \Rightarrow b = -7$$
  - Por lo que si $b = -7$, $f(x)$ es continua en $x = 1$:

    $$\lim_{x \to 1} f(x) = f(1) = -4$$

Si $a = -9$ y $b = -7$, la función es continua en $\mathbb{R}$.

ma1b34

## Determinación de las asíntotas de una función

**3. Determinar las asíntotas de las funciones siguientes.**

*a)* $f(x) = \dfrac{4}{x - 7}$

*b)* $f(x) = x^3 - 4x^2 + 3x$

*c)* $f(x) = \dfrac{3x^2 - 7}{x^2 + 4}$

*d)* $f(x) = \dfrac{x^2}{x + 5}$

*a)* $f(x) = \dfrac{4}{x - 7}$

Dom $f = \{x \in \mathbb{R} / x - 7 \neq 0\} = \mathbb{R} - \{7\}$

- Asíntota vertical:

  $\lim\limits_{x \to 7} \dfrac{4}{x - 7} = \infty$, por tanto,

  $x = 7$ es una asíntota vertical.

- Asíntota horizontal:

  $\lim\limits_{x \to \infty} \dfrac{4}{x - 7} = 0$, por tanto,

  $y = 0$ es una asíntota horizontal.

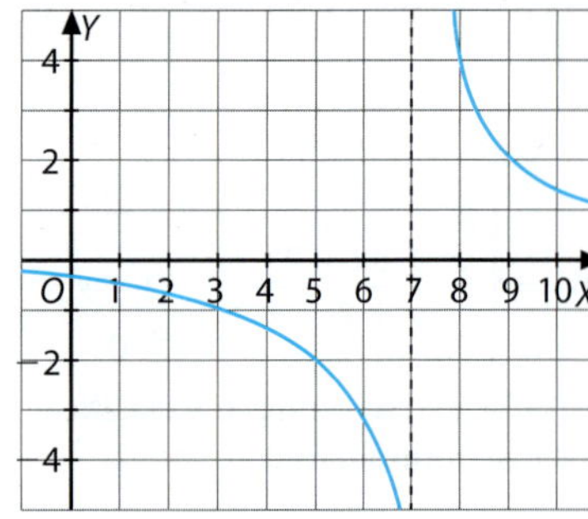


FIGURA 9.38.

*b)* $f(x) = x^3 - 4x^2 + 3x$

Dom $f = \mathbb{R}$

Esta función, que es polinómica, no tiene ni asíntotas verticales, puesto que en ningún punto el límite es infinito, ni horizontales, puesto que el límite en el infinito es infinito.

Las funciones polinómicas presentan **ramas parabólicas,** puesto que no tienen asíntotas en el infinito y $\lim\limits_{x \to \infty} f(x) = \pm\infty$.

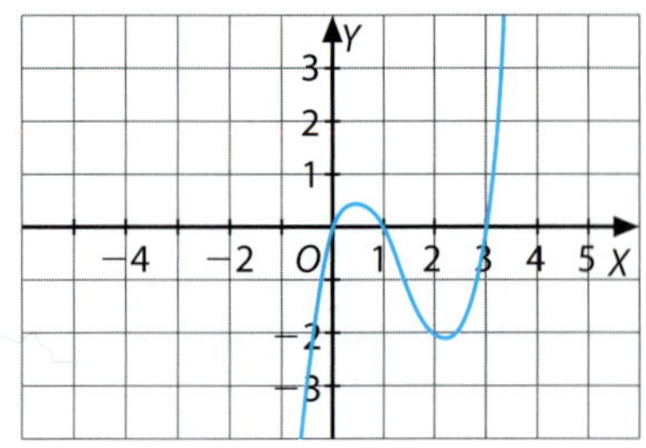


FIGURA 9.39.

*c)* $f(x) = \dfrac{3x^2 - 7}{x^2 + 4}$

Dom $f = \{x \in \mathbb{R} \mid x^2 + 4 \neq 0\} = \mathbb{R}$

La función $f(x)$ no tiene asíntotas verticales puesto que es continua en $\mathbb{R}$.

- Asíntota horizontal:

$\lim\limits_{x \to \infty} \dfrac{3x^2 - 7}{x^2 + 4} = 3$, por tanto,

$y = 3$ es una asíntota horizontal.

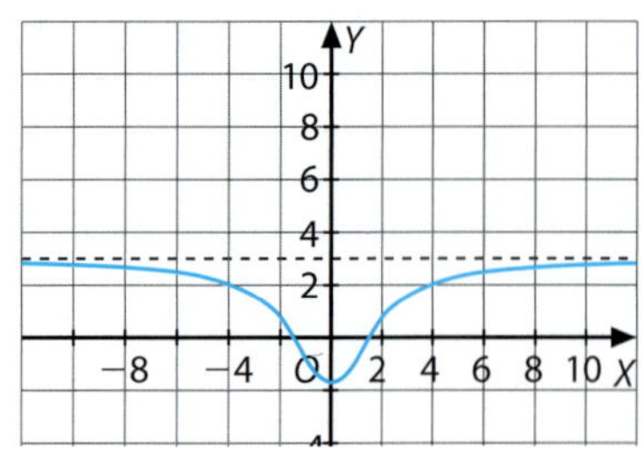


FIGURA 9.40.

*d)* $f(x) = \dfrac{x^2}{x + 5}$

Dom $f = \{x \in \mathbb{R} | x + 5 \neq 0\} = \mathbb{R} - \{-5\}$

- Asíntota vertical:

  $\lim\limits_{x \to -5} \dfrac{x^2}{x + 5} = \infty$, por tanto,

  $x = -5$ es una asíntota vertical.

- Asíntota horizontal:

  En cambio, la función no tiene asíntotas horizontales puesto que: $\lim\limits_{x \to \infty} \dfrac{x^2}{x + 5} = \infty$

- Asíntota oblicua:

  Si dividimos el numerador entre el denominador, la función $f(x)$ se puede escribir como:

$$f(x) = \frac{x^2}{x + 5} = x - 5 + \frac{25}{x + 5}$$

La recta $y = x - 5$ es una asíntota oblicua de la función $f(x) = \dfrac{x^2}{x + 5}$.

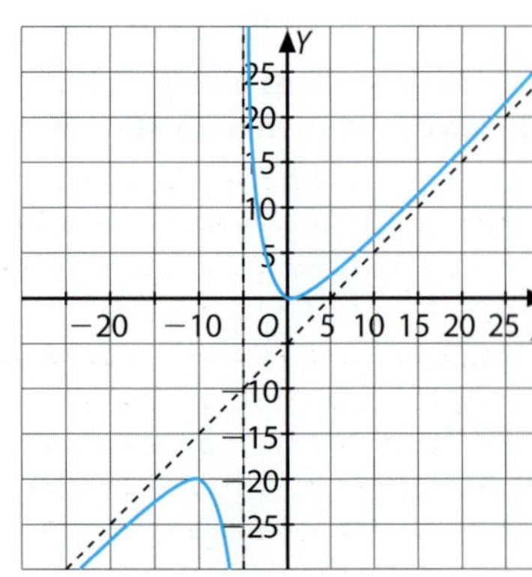


FIGURA 9.41.

En general, cuando en una función racional $f(x) = p(x)/q(x)$, el grado del numerador es una unidad mayor que el grado del denominador, grado $p(x)$ = grado $q(x) + 1$, la función tiene una asíntota oblicua.

## Interpretación de fenómenos reales mediante el estudio de límites de funciones

**4.** **El número de individuos de una población animal a lo largo del tiempo, *t*, viene dado por la función:**

$$P(t) = \frac{1\,000 + 10\,000t}{1+t}, \text{ donde } t \geq 0$$

**¿De qué forma afectará el paso del tiempo a dicha población?**

Utilizando el concepto de límite, es fácil observar que:

$$\lim_{t \to +\infty} \frac{1\,000 + 10\,000t}{1+t} = 10\,000$$

Es decir, la población se estabiliza con el paso del tiempo.

En términos matemáticos, la función $P(t)$ tiene una asíntota horizontal:

$$y = 10\,000$$

Además , dado que el grado del numerador no es inferior al del denominador, es posible efectuar la división y expresar la función de la siguiente forma:

$$P(t) = 10\,000 - \frac{9\,000}{1+t}$$

A medida que aumenta $t$, el cociente $\frac{9\,000}{1+t}$ se hace cada vez más pequeño y, en consecuencia, la diferencia, $10\,000 - \frac{9\,000}{1+t}$ se hace mayor.

Por tanto, se puede deducir que $P(t)$ es una función creciente.

En conclusión, el número de individuos de la población irá aumentando con el paso del tiempo, pero por mucho tiempo que pase la población no llegará a superar los 10 000 individuos.

## Interpretación de fenómenos reales mediante el estudio de la continuidad de una función

**5.** **La bajada de bandera de un taxi cuesta 2,50 €, y cada dos minutos el contador aumenta 0,10 €. Dibujar la gráfica correspondiente a los primeros diez minutos de carrera. ¿Cuál es el coste de una carrera de 7 min? Indicar si la función que expresa el coste de la carrera en función del tiempo presenta algún tipo de discontinuidad.**

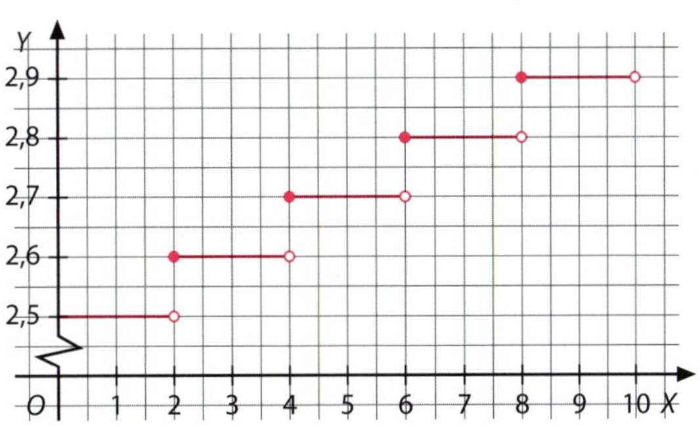


FIGURA 9.42.

Observando la gráfica podemos fácilmente ver que el coste de una carrera de 7 minutos es de 2,80 €.

La función es discontinua en $t = 2n$, con $n \in \mathbb{N}$, es decir, en los múltiplos de 2. En estos puntos, la discontinuidad es de salto finito.

Es decir, el coste de la carrera no aumenta de un modo continuo, sino que cada dos minutos hay un incremento *de golpe* de 10 céntimos.

## Sucesiones. Progresiones aritméticas y geométricas

**1** Calcula el término general de las siguientes sucesiones y di si son convergentes, divergentes u oscilantes.

*a)* $3, 7, 11, 15, 19, \ldots$

*b)* $2, 6, 18, 54, 162, \ldots$

*c)* $1, 3/2, 2, 5/2, 3, \ldots$

*d)* $1/2, 2/3, 3/4, 4/5, 5/6, \ldots$

*e)* $4, 2, 1, 1/2, 1/4, \ldots$

**2** Halla el término general de las siguientes sucesiones e indica si son convergentes, divergentes u oscilantes.

*a)* $1, 3/4, 5/9, 7/16, \ldots$

*b)* $2, 5, 10, 17, 26, \ldots$

*c)* $10, 26, 50, 82, \ldots$

*d)* $-1/2, 1/5, 3/8, 5/11, \ldots$

*e)* $-2, 4, -8, 16, \ldots$

**3** Calcula el término general de cada una de las siguientes sucesiones.

*a)* $4, 3, 9/4, 27/16, \ldots$

*b)* $1/16, -1/16, 9/256, -1/64, \ldots$

*c)* $3, 2, 35, 46, 57, \ldots$

*d)* $2, -7/5, 5/4, -13/11, \ldots$

*e)* $3{,}4, 4{,}5, 5{,}6, 6{,}7, \ldots$

**4** Dadas las progresiones.

- $4, 7, 10, \ldots$
- $20, 17, 14, \ldots$

Averigua la suma de los $n$ primeros términos de cada sucesión y luego la suma de esas sumas.

**5** Los lados de un triángulo rectángulo están en progresión aritmética y su perímetro es 36 cm. Halla cuánto miden sus lados.

**Solución:** 9, 12 y 15 cm

**6** Halla tres números de una progresión aritmética sabiendo que su suma es 6 y la suma de sus cuadrados es $\frac{158}{9}$.

**Solución:** $a_1 = 1/3, a_2 = 2, a_3 = 11/3$

**7** Calcula: $x = \sqrt{2\sqrt{2\sqrt{2\sqrt{2\ldots}}}}$

**Solución:** 2

**8** Se deja caer una bola de goma desde la azotea de un edificio que tiene una altura de 243 metros. Cada vez que toca al suelo, rebota y recorre hacia arriba una distancia igual a las dos terceras partes de la altura desde la que ha caído la última vez.

*a)* ¿De qué altura ha caído la bola cuando ha tocado el suelo por sexta vez?

*b)* ¿Qué distancia ha recorrido desde que se ha dejado caer hasta que ha tocado al suelo por sexta vez?

**Solución:** *a)* 32 m *b)* 1 087 m

**9** Un concurso de televisión consiste en proponer al concursante una sucesión de preguntas hasta que de una respuesta incorrecta y quede eliminado. Los premios de cada respuesta se acumulan y son de un euro por la primera, dos por la segunda, cuatro por la tercera y así sucesivamente, en progresión geométrica de razón 2.

*a)* Si se responden diez preguntas correctamente, ¿cuánto dinero se consigue?

*b)* ¿Cuál es el mínimo número de preguntas que hay que responder para conseguir 6 000 €?

**Solución:** *a)* 1 023 € *b)* 13

## Límites de sucesiones

**10** Calcula, a partir de las siguientes sucesiones:

$$a_n = \frac{4n^2 + 3n}{n^2 - 6n} \qquad b_n = \frac{2n+1}{2-7n} \qquad c_n = \frac{3n^2+2}{5-n}$$

*a)* $\lim_{n\to\infty} (a_n + b_n)$

*b)* $\lim_{n\to\infty} (a_n - b_n)$

*c)* $\lim_{n\to\infty} (a_n + c_n)$

*d)* $\lim_{n\to\infty} (b_n - c_n)$

*e)* $\lim_{n\to\infty} \frac{1}{c_n}$

*f)* $\lim_{n\to\infty} (a_n \cdot c_n)$

*g)* $\lim_{n\to\infty} (b_n \cdot c_n)$

*h)* $\lim_{n\to\infty} \frac{b_n}{c_n}$

*i)* $\lim_{n\to\infty} \frac{a_n}{b_n}$

*j)* $\lim_{n\to\infty} (a_n)^{b_n}$

*k)* $\lim_{n\to\infty} (a_n)^{c_n}$

*l)* $\lim_{n\to\infty} \sqrt{a_n}$

*m)* $\lim_{n\to\infty} (a_n \cdot b_n \cdot c_n)$

*n)* $\lim_{n\to\infty} (a_n)^{1/c_n}$

**Solución:** *a)* 26/7 *b)* 30/7 *c)* $-\infty$ *d)* $+\infty$ *e)* 0 *f)* $-\infty$ *g)* $+\infty$ *h)* 0 *i)* $-14$ *j)* $\sqrt[7]{1/16}$ *k)* 0 *l)* 2 *m)* $+\infty$ *n)* 1

**11** Calcula los límites de las siguientes sucesiones.

*a)* $a_n = \frac{3n^4 + 2n^5 - 3n}{6n^4 + 2n}$

*b)* $b_n = \frac{2n^2 + 3n}{6n^3 + 2n - 7}$

*c)* $c_n = \frac{5n^5 - 3n^3 + 1}{-2n^2 + 3}$

*d)* $d_n = \frac{-4 + n^5 + n^8}{3 + 2n^2 - 7n^8}$

*e)* $e_n = \frac{3n - 7}{n^2 + 1}$

*f)* $f_n = \frac{(n+3)^2}{n^2 + 3}$

**Solución:** *a)* $+\infty$ *b)* 0 *c)* $-\infty$ *d)* $-1/7$ *e)* 0 *f)* 1

**12** Calcula los límites de las siguientes sucesiones.

*a)* $a_n = \left(\frac{10}{3n+3}\right) \cdot (-6n)$

*b)* $b_n = \left(2 + \frac{3}{n}\right) \cdot \left(\frac{4n+2}{2n-1}\right) \cdot \left(6 + \frac{1}{n^2}\right)$

*c)* $c_n = \left(\frac{3n-1}{2n+4} - \frac{11n+3}{10n^2+5}\right)$

*d)* $d_n = \left[(n+1)^2 - (n-2)^2\right]$

*e)* $e_n = \left(\frac{5n+1}{7n-4}\right) \cdot \left(\frac{7n^2+5}{5n^2-9}\right)$

*f)* $f_n = \left(\frac{n^2}{n^3} + \frac{n^3}{n^2}\right)$

**Solución:** *a)* $-20$ *b)* 24 *c)* 3/2 *d)* $+\infty$ *e)* 1 *f)* $+\infty$

**13** Calcula los límites de las siguientes sucesiones.

*a)* $a_n = \dfrac{\sqrt{n^3} + n^2 + 1}{3\sqrt{n^3} + 2n^2 - 7}$

*b)* $b_n = \dfrac{2\sqrt{n} + \sqrt[3]{n} + \sqrt[4]{n}}{\sqrt{9n} + 3\sqrt[3]{n} + 5\sqrt[4]{n}}$

*c)* $c_n = \sqrt[3]{n^4 + 4} - \sqrt[4]{n^3 + 3}$

*d)* $d_n = \sqrt[3]{n^7 - 10^8}$

*e)* $e_n = \sqrt{13n^2 - 4} - \sqrt{6n^2 + 5}$

*f)* $f_n = \sqrt{13n^2 - 4} - \sqrt{7n^3 + 10n}$

**Solución:** *a)* $\frac{1}{2}$ *b)* $\frac{2}{3}$ *c)* $+\infty$ *d)* $+\infty$ *e)* $+\infty$ *f)* $-\infty$

**14** Calcula el límite de las siguientes sucesiones.

*a)* $a_n = \sqrt{n^2 + 2} - \sqrt{n^2 - 2n}$

*b)* $b_n = \dfrac{1}{\sqrt{19n^2} - \sqrt{19n^2 + 3n}}$

*c)* $c_n = \sqrt{6n^2 + 3} - (6n + 2)$

*d)* $d_n = \sqrt{16n^2 + 5} - (4n - 9)$

*e)* $e_n = \dfrac{\sqrt{25n^2 + 3} - \sqrt{25n^2 - 5n}}{10}$

**Solución:** *a)* 1 *b)* $\frac{-2\sqrt{19}}{3}$ *c)* $-\infty$ *d)* 9 *e)* $\frac{1}{20}$

**15** Calcula el límite de las siguientes sucesiones.

*a)* $a_n = (3n + 2)^{\frac{-3n+2}{2n+3}}$

*b)* $b_n = \left(\dfrac{6}{6n^2 + 2}\right)^{\sqrt{(25n^2 - 5)/n^2}}$

*c)* $c_n = \left(\dfrac{3n + 2}{4n - 1}\right)^{3n}$

*d)* $d_n = \left(10 + \dfrac{10}{n}\right)^{10n}$

*e)* $e_n = \left(\dfrac{3 + 5/n^5}{6 + 6/n^6}\right)^{\frac{3n}{2+n}}$

*f)* $f_n = \sqrt{\dfrac{2n + 1}{n - 1}}$

**Solución:** *a)* 0 *b)* 0 *c)* 0 *d)* $+\infty$ *e)* 1/8 *f)* $\sqrt{2}$

**16** Calcula el límite de las siguientes sucesiones.

*a)* $a_n = \sqrt[n]{\dfrac{2n + 1}{n + 1}}$

*b)* $b_n = \left(\dfrac{2n + 1}{2n - 1}\right)^{3n - 19}$

*c)* $c_n = \left(n + \dfrac{1}{n^2}\right)^6$

*d)* $d_n = \dfrac{(-n)^n}{2n^2 + 3}$

*e)* $e_n = \left(1 - \dfrac{3}{n + 1}\right)^{n + 7}$

*f)* $f_n = \left(\dfrac{n^2 + 7}{2n}\right)^{\frac{3n+7}{2n}}$

**Solución:** *a)* 1 *b)* $e^3$ *c)* $+\infty$ *d)* ∄ límite *e)* $e^{-3}$ *f)* $+\infty$

**17** Calcula el límite de las siguientes sucesiones.

*a)* $a_n = \left(\dfrac{n^2 + 7}{n^2}\right)^{2n - 7}$

*b)* $b_n = \left(\dfrac{7n - 3}{7n + 3}\right)^{n - 3}$

*c)* $c_n = \left(\dfrac{\sqrt{n}}{n + 3}\right)^{\frac{-5n}{n+1}}$

*d)* $d_n = \left(\dfrac{2n}{2n + 2}\right)^{n^2}$

*e)* $e_n = \left(\dfrac{6n + 6}{6n - 6}\right)^{-n + 2}$

*f)* $f_n = \left(1 - \dfrac{5}{n}\right)^{5n + 5}$

**Solución:** *a)* 1 *b)* $1/\sqrt[7]{e^6}$ *c)* $+\infty$ *d)* 0 *e)* $e^{-2}$ *f)* $e^{-25}$

## Límites de funciones en el infinito

**18** Dadas las siguientes funciones, averigua los límites que se indican.

*a)* $f(x) = \begin{cases} -x + 2 & \text{si } x < 0 \\ \sqrt{x + 2} & \text{si } x \geq 0 \end{cases}$

$\lim_{x \to -\infty} f(x)$, $\lim_{x \to +\infty} f(x)$, $\lim_{x \to 2^-} f(x)$, $\lim_{x \to 2^+} f(x)$, $\lim_{x \to 2} f(x)$

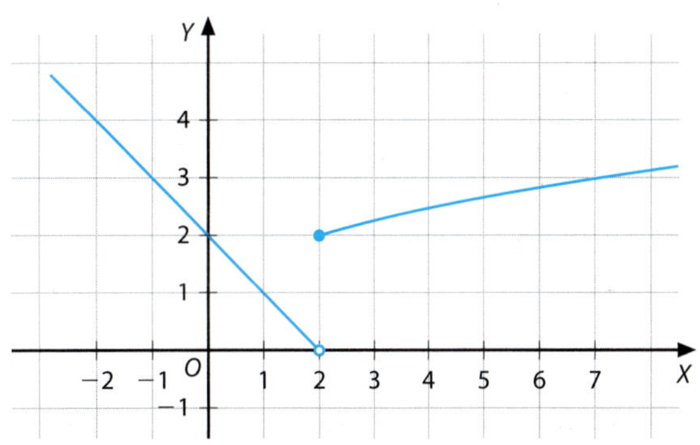


FIGURA 9.43.a.

*b)* $f(x) = \dfrac{2x^2}{x^2 + 1}$

$\lim_{x \to -\infty} f(x)$, $\lim_{x \to +\infty} f(x)$, $\lim_{x \to \infty} f(x)$, $\lim_{x \to 0} f(x)$

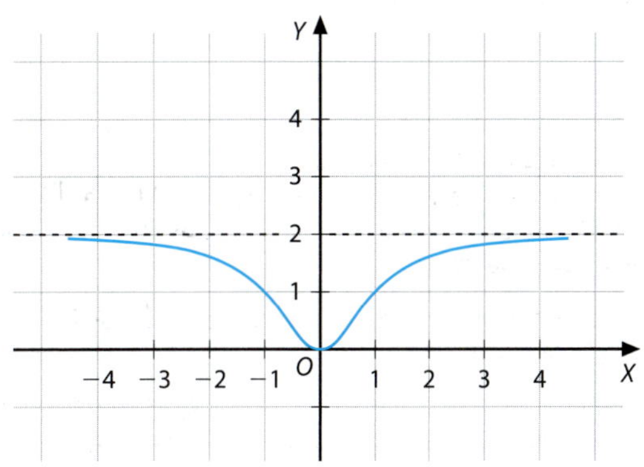


FIGURA 9.43.b.

**19** Averigua los límites que se indican.

*a)* $f(x) = \sqrt{x^2 - 1} - x$

$\lim_{x \to -1^-} f(x)$, $\lim_{x \to -1^+} f(x)$, $\lim_{x \to -\infty} f(x)$ y $\lim_{x \to +\infty} f(x)$.

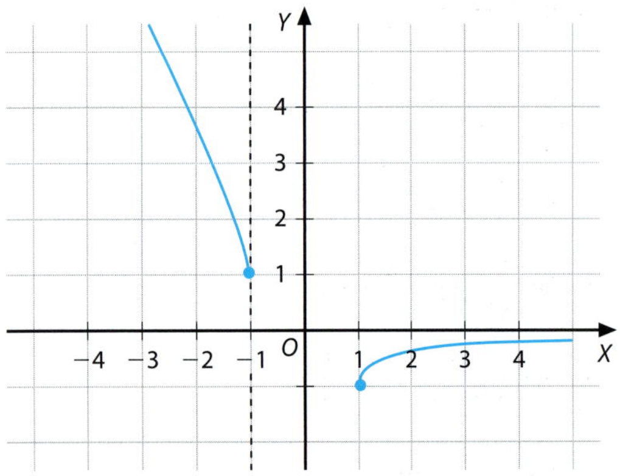


FIGURA 9.44.a.

*b)* $f(x) = \dfrac{x^2}{x^3+1}$

$\lim_{x \to -\infty} f(x)$, $\lim_{x \to +\infty} f(x)$, $\lim_{x \to -1^-} f(x)$, $\lim_{x \to -1^+} f(x)$ y $\lim_{x \to -1} f(x)$.

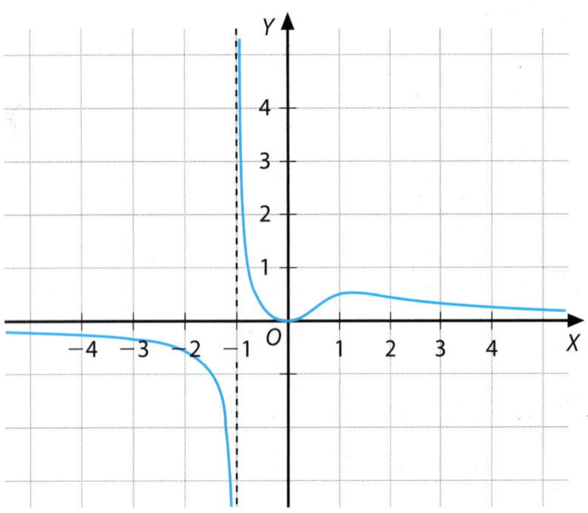


FIGURA 9.44.b.

**20** Calcula los siguientes límites.

*a)* $\lim_{x \to +\infty} (x^3 - x^2 + 2x - 5)$

*b)* $\lim_{x \to +\infty} (-3x^4 + 3x^3 - 7x^2 - 2x + 9)$

*c)* $\lim_{x \to +\infty} (-x^5 - 4x^3 - x + 4)$

*d)* $\lim_{x \to +\infty} (x^6 + 3x^3 - 3x + 7)$

**21** Calcula el límite de las funciones de la actividad anterior cuando $x \to -\infty$.

**22** Calcula los siguientes límites.

*a)* $\lim_{x \to +\infty} \dfrac{-3x^3+3x-3}{x^2+5x-2}$

*b)* $\lim_{x \to +\infty} \dfrac{(3-5x)^2}{-9x^2-x}$

*c)* $\lim_{x \to +\infty} \dfrac{x^3+3x^2+7x-8}{x^4-4x^2+6}$

*d)* $\lim_{x \to +\infty} \dfrac{-x^2+5x-1}{3-5x}$

**Solución:** *a)* $-\infty$ *b)* $\dfrac{-25}{9}$ *c)* 0 *d)* $+\infty$

**23** Calcula el límite de las funciones de la actividad anterior cuando $x \to -\infty$.

**Solución:** *a)* $+\infty$ *b)* $\dfrac{-25}{9}$ *c)* 0 *d)* $-\infty$

**24** Calcula los límites de las siguientes funciones.

*a)* $\lim_{x \to +\infty} \left(\sqrt{x^2+1} - x\right)$

*b)* $\lim_{x \to +\infty} \left(\sqrt{2x^2+4} - \sqrt{3x^2-1}\right)$

*c)* $\lim_{x \to +\infty} \left(\sqrt{1-x} - \sqrt{3x-2}\right)$

*d)* $\lim_{x \to +\infty} \left(\sqrt{2x+5} - \sqrt{2x-5}\right)$

*e)* $\lim_{x \to +\infty} \left(\sqrt{16x^2+4x} - 4x\right)$

**Solución:** *a)* 0 *b)* $-\infty$ *c)* $\nexists$ límite *d)* 0 *e)* $\dfrac{1}{2}$

**25** Calcula el límite de las funciones de la actividad anterior cuando $x \to -\infty$.

**Solución:** *a)* $+\infty$ *b)* $+\infty$ *c)* $\nexists$ límite *d)* $\nexists$ límite *e)* $+\infty$

**26** Calcula los límites de las siguientes funciones.

*a)* $\lim_{x \to +\infty} 2^{\frac{3x}{x^2-1}}$

*b)* $\lim_{x \to -\infty} 2^{\frac{3x}{x^2-1}}$

*c)* $\lim_{x \to +\infty} \left(\dfrac{2x+1}{5x-3}\right)^{-x+3}$

*d)* $\lim_{x \to -\infty} \left(\dfrac{2x+1}{5x-3}\right)^{-x+3}$

*e)* $\lim_{x \to +\infty} \left(\dfrac{x^2}{x+5} - \dfrac{x^2+2}{x-5}\right)$

*f)* $\lim_{x \to +\infty} \left[\left(\dfrac{x}{9-x^2}\right) \cdot \left(\dfrac{3x+x^2}{2x+1}\right)\right]$

*g)* $\lim_{x \to +\infty} \left(\dfrac{3x+1}{3x}\right)^{2x+2}$

*h)* $\lim_{x \to +\infty} \left(1 - \dfrac{x+3}{3-2x^2}\right)^{-x^2}$

*i)* $\lim_{x \to +\infty} \left(\dfrac{1}{2} + \dfrac{x-1}{2x+2}\right)^{\frac{3-x^2}{x}}$

*j)* $\lim_{x \to +\infty} \left(2x - 1 - \sqrt{4x^2+4x+4}\right)$

*k)* $\lim_{x \to -\infty} \left(2x - 1 - \sqrt{4x^2+4x+4}\right)$

*l)* $\lim_{x \to +\infty} \dfrac{\sqrt{3x^2-1}}{3x}$

*m)* $\lim_{x \to -\infty} \dfrac{\sqrt{3x^2-1}}{3x}$

*n)* $\lim_{x \to +\infty} \dfrac{\sqrt{x^2+x} - \sqrt{x^2-x}}{\sqrt{2x}}$

**Solución:** *a)* 1 *b)* 1 *c)* $+\infty$ *d)* 0 *e)* $-10$ *f)* $-\dfrac{1}{2}$ *g)* $\sqrt[3]{e^2}$ *h)* 0 *i)* e *j)* $-2$ *k)* $-\infty$ *l)* $\dfrac{\sqrt{3}}{3}$ *m)* $-\dfrac{\sqrt{3}}{3}$ *n)* 0

## Límites de funciones en punto

**27** Halla los límites laterales de las siguientes funciones en los puntos que se indican.

***a)*** $f(x) = \begin{cases} -x^2 + 2x - 1 & \text{si } x < 0 \\ (x-1)^2 + 2 & \text{si } x \geq 0 \end{cases}$ en $x = 0$ y en $x = 3$

***b)*** $f(x) = \dfrac{x^3 - x^2 - 2x}{x^2 - 4x + 4}$ en $x = 2$

***c)*** $f(x) = \begin{cases} \dfrac{1-3x}{x} & \text{si } x < 1 \\ \dfrac{-x-1}{x} & \text{si } x \geq 1 \end{cases}$ en $x = 0$ y en $x = 1$

***d)*** $f(x) = \begin{cases} \dfrac{|x+1|}{x+1} & \text{si } x \leq 3 \\ \dfrac{1}{3-x} & \text{si } x > 3 \end{cases}$ en $x = -1$ y en $x = 3$

***e)*** $\lim\limits_{x \to -1^-} \left(1 + \dfrac{1}{x}\right)^x$

**Solución:** ***a)*** $\nexists \lim\limits_{x\to 0} f(x)$, $\lim\limits_{x\to 3} f(x) = 6$ ***b)*** $\lim\limits_{x\to 2} f(x) = \infty$
***c)*** $\lim\limits_{x\to 0} f(x) = \infty$, $\lim\limits_{x\to 1} f(x) = -2$ ***d)*** $\nexists \lim\limits_{x\to -1} f(x)$, $\nexists \lim\limits_{x\to 3} f(x)$ ***e)*** $+\infty$

**28** Calcula los siguientes límites.

***a)*** $\lim\limits_{x\to -1} \dfrac{x^3 + x^2 - x + 1}{1 - x}$

***b)*** $\lim\limits_{x\to 1} \dfrac{x^3 + x^2 - x - 1}{x^2 - 2x + 1}$

***c)*** $\lim\limits_{x\to -1} \dfrac{3}{(x+1)^3}$

***d)*** $\lim\limits_{x\to 0} \dfrac{x^5 - x^3}{x^6}$

***e)*** $\lim\limits_{x\to -2} \dfrac{x^3 - 2x^2 - 4x + 8}{x^2 - x - 2}$

***f)*** $\lim\limits_{x\to -2} \dfrac{x^2 - x - 2}{x^3 - 2x^2 - 4x + 8}$

***g)*** $\lim\limits_{x\to 1/2} \dfrac{2x^3 - x^2 - 2x + 1}{6x^3 + 3x^2 - 3x}$

***h)*** $\lim\limits_{x\to -2} \dfrac{x^2 - 9}{2x + 1}$

***i)*** $\lim\limits_{x\to 0} \dfrac{x^3 - 2x^2 + x}{x^2 + x}$

***j)*** $\lim\limits_{x\to -2} \dfrac{4x^2 + 4x}{x^2 + 2x - 1}$

***k)*** $\lim\limits_{x\to 3} \dfrac{-x^3 + 2x}{x^3 - 2x^2 - 3x}$

***l)*** $\lim\limits_{x\to 1/2} \dfrac{4x^2 - 1}{2x^3 + 3x^2 - 2x}$

**Solución:** ***a)*** 1 ***b)*** $\infty$ ***c)*** $\infty$ ***d)*** $\infty$ ***e)*** 0 ***f)*** $\infty$ ***g)*** $-1/3$ ***h)*** 5/3
***i)*** 1 ***j)*** $-8$ ***k)*** $\infty$ ***l)*** 8/5

**29** Calcula los siguientes límites en los puntos que se indican.

***a)*** $\lim\limits_{x\to 0} 2^{\frac{1}{x^2}}$

***b)*** $\lim\limits_{x\to 0} 2^{-\frac{1}{x^2}}$

***c)*** $\lim\limits_{x\to 0} 2^{\frac{1}{x}}$

***d)*** $\lim\limits_{x\to 0} 2^{-\frac{1}{x}}$

***e)*** $\lim\limits_{x\to 2} (2x + 1/3)^{\frac{1}{x-2}}$

***f)*** $\lim\limits_{x\to 1} (2x + 1)^{-x+1}$

**Solución:** ***a)*** $+\infty$ ***b)*** 0 ***c)***, ***d)*** y ***e)*** $\nexists$ límite ***f)*** 1

**30** Calcula los siguientes límites.

***a)*** $\lim\limits_{x\to 1} \left(\dfrac{1}{x-1} - \dfrac{3x}{x^2-1}\right)$

***b)*** $\lim\limits_{x\to -1} \left(\dfrac{3}{x+1} - \dfrac{2x+2}{x^2-1}\right)$

***c)*** $\lim\limits_{x\to -1} \left(\dfrac{1}{x^2-1} - \dfrac{2}{x+1}\right)$

***d)*** $\lim\limits_{x\to 1} \left(\dfrac{x+1}{x-1} - \dfrac{x+1}{x^2-x}\right)$

***e)*** $\lim\limits_{x\to -2} \left(\dfrac{x+3}{x+2} - \dfrac{x+1}{x^2+2x}\right)$

***f)*** $\lim\limits_{x\to 2} \left(\dfrac{1}{x-2} - \dfrac{1}{x}\right)$

**Solución:** ***a)*** $\infty$ ***b)*** $\infty$ ***c)*** $\infty$ ***d)*** 2 ***e)*** $\infty$ ***f)*** $\infty$

**31** Calcula los siguientes límites.

***a)*** $\lim\limits_{x\to 2} \sqrt{\dfrac{x^2-4}{x-2}}$

***b)*** $\lim\limits_{x\to 3} \sqrt{\dfrac{x^2-9}{4x-12}}$

***c)*** $\lim\limits_{x\to -2^-} \dfrac{x+2}{\sqrt{x^2-4}}$

***d)*** $\lim\limits_{x\to -2^+} \sqrt{\dfrac{x+2}{x^2-4}}$

**Solución:** ***a)*** 2 ***b)*** $\dfrac{\sqrt{6}}{2}$ ***c)*** 0 ***d)*** $+\infty$

**32** Calcula los siguientes límites.

***a)*** $\lim\limits_{x\to -1} \left(\dfrac{x^3 - 2x}{x^2 - 3x - 1}\right)^{2x+5}$

***b)*** $\lim\limits_{x\to 2} (2x^2 + 3x + 1)^{\frac{-5}{(x-2)^2}}$

***c)*** $\lim\limits_{x\to -1} \left(\dfrac{x^2 + 4x + 3}{x^2 + 1}\right)^{x-2}$

***d)*** $\lim\limits_{x\to -2} \left(\dfrac{2x+2}{x}\right)^{\frac{-1}{x+2}}$

**Solución:** ***a)*** 1/27 ***b)*** 0 ***c)*** $+\infty$ ***d)*** $\sqrt{e}$

## Asíntotas

**33** Indica el dominio de las funciones de los ejercicios 18 y 19 y calcula analíticamente las asíntotas horizontales y verticales de las funciones representadas, en caso de que las tengan.

**34** Determina la ecuación de todas las asíntotas de las siguientes funciones.

***a)*** $f(x) = \dfrac{2}{x^2 - x}$

***b)*** $f(x) = \dfrac{2x}{(4-x)^2}$

***c)*** $f(x) = \dfrac{x^2}{2x^2 + 5}$

***d)*** $f(x) = \dfrac{x^2 - 3}{x + 1}$

***e)*** $f(x) = \dfrac{2x^2}{x^2 - 3x + 2}$

***f)*** $f(x) = \dfrac{x}{\sqrt{x^2 - 1}}$

## Continuidad de funciones

**35** Considera la función:

$$f(x)=\begin{cases}2x+2 & \text{si } x\le 0\\ x^2-3x+2 & \text{si } x>0\end{cases}$$

*a)* Dibuja la gráfica.

*b)* Estudia la continuidad.

**36** Dada la función:

$$f(x)=\frac{2x+2}{x^4-x^3-2x^2}$$

*a)* Halla el límite en $x\to -1$, en $x\to 2$ y en $x\to 0$.

*b)* Estudia su continuidad y clasifica sus discontinuidades.

*c)* Indica qué valor debería tomar $f(x)$ en $x=-1$ para evitar la discontinuidad.

*d)* Indica sus asíntotas.

*e)* Estudia su signo.

**37** Estudia la continuidad de la función:

$$f(x)=\begin{cases}-(x-1)^2+3 & \text{si } x\le 2\\ 1 & \text{si } 2<x<4\\ -x+5 & \text{si } x\ge 4\end{cases}$$

*a)* Represéntala.

*b)* Clasifica sus discontinuidades, si las tuviera.

**38** Dada la siguiente función:

$$f(x)=\begin{cases}2x+1 & \text{si } x\le -2\\ |x-1| & \text{si } -2\le x<2\\ ((1-x)/x)-3 & \text{si } x\ge 2\end{cases}$$

Estudia su continuidad y clasifica sus discontinuidades.

**39** Dada la siguiente función:

$$f(x)=\begin{cases}\dfrac{2x+1}{x+1} & \text{si } x<0\\[2mm] \dfrac{x^2-2x-3}{x-3} & \text{si } x\ge 0\end{cases}$$

Estudia su continuidad y clasifica sus discontinuidades.

**40** Estudia la continuidad de la función: $f(x)=2^{\frac{1}{2-x}}$. Clasifica sus discontinuidades.

**41** Dada la función:

$$f(x)=\begin{cases}x^2+1 & \text{si } x\le 1\\ ax+3 & \text{si } x>1,\end{cases}$$

Determina $a$ para que la función sea continua en todo su dominio.

**Solución:** $a=-1$

**42** Dada la función:

$$f(x)=\begin{cases}\dfrac{3x+b}{x-1} & \text{si } x\le 0\\[2mm] \dfrac{4}{x-2} & \text{si } 0<x<1\\[2mm] \dfrac{x^2+1}{ax} & \text{si } x\ge 1\end{cases}$$

Determina $a$ y $b$ para la función sea continua en todo su dominio.

**Solución:** $a=-1/2$ $b=2$

## Ejercicios de aplicación

**43** En los seis primeros meses, desde que abrió, una librería ha ido anotando el número de compradores de cada mes. Este número $N(x)$ se puede ajustar por la función

$$N(x)=\frac{1\,000x-600}{x}$$

Siendo $x$ el número del mes contado desde que abrió.

*a)* ¿Cuántos compradores tuvo en el segundo mes? ¿En qué mes contado desde la apertura tuvo 900 compradores?

*b)* Supongamos que esta fórmula sirve para predecir el número de compradores en el futuro, ¿podemos asegurar que este número siempre irá creciendo? Explica razonadamente tu respuesta.

**Solución:** *a)* 700 compradores. Sexto mes

**44** Tras un estudio demográfico se ha determinado que el número de habitantes de cierta población en los próximos años, vendrá dado por la función:

$$N(x)=\frac{14\,750x+3\,750}{2x+1}$$

*a)* ¿Cuál es la población actualmente? (año $x=0$)

*b)* ¿Cuál será la población dentro de dos años?

*c)* ¿Y dentro de tres años?

*d)* Si se supone que el comportamiento de la población es siempre el mismo, ¿la población crecería indefinidamente o, por el contrario, se estabilizaría? Y si así fuera, ¿en qué valor?

**Solución:** *a)* 3 750 habitantes *b)* 6 650 habitantes *c)* 6 857 habitantes *d)* 7 375 habitantes

**45** En un cuadrado de lado 1, se unen los puntos medios de los lados y se forma otro cuadrado, del cual se unen los puntos medios de los lados y se forma otro cuadrado, y así sucesivamente. Calcula la suma de las áreas de todos los cuadrados así formados.

**Solución:** 2

**46** Representa gráficamente funciones que cumplan las siguientes condiciones.

*a)* Dom $f=\mathbb{R}-\{2\}$, Rec $f=\mathbb{R}$,

$\lim_{x\to 2} f(x)=+\infty$, $\lim_{x\to -\infty} f(x)=-\infty$, $\lim_{x\to +\infty} f(x)=0$,

$f(0)=0$, $f(x)<0$ si $x<0$, $f(x)>0$ si $x>0$

*b)* Dom $f=\mathbb{R}$, Rec $f=[-1,0)\cup\{2\}$,

$f(1)=-1$, $\lim_{x\to 1^-} f(x)=2$, $\lim_{x\to 1^+} f(x)=-1$,

$\lim_{x\to -\infty} f(x)=2$, $\lim_{x\to +\infty} f(x)=0$

*c)* Dom $f=\mathbb{R}-\{3\}$, Rec $f=\mathbb{R}$,

$\lim_{x\to 3} f(x)=\infty$, $\lim_{x\to -\infty} f(x)=+\infty$, $\lim_{x\to +\infty} f(x)=0$

*d)* Dom $f=\mathbb{R}-\{-2,3\}$, Rec $f=\mathbb{R}$,

$\lim_{x\to -\infty} f(x)=0$, $\lim_{x\to +\infty} f(x)=+\infty$, $\lim_{x\to -2} f(x)=+\infty$,

$\lim_{x\to +3} f(x)=\infty$

*e)* Dom $f=\mathbb{R}-\{-1,-1\}$, Rec $f=\mathbb{R}$,

$\lim_{x\to 1^-} f(x)=\lim_{x\to -1^-} f(x)=0$,

$\lim_{x\to 1^+} f(x)=\lim_{x\to -1^+} f(x)=+\infty$

## Evaluación

| Soy capaz de... | Actividades |
|---|---|
| Manejar sucesiones numéricas: término general, monotonía y acotación, y comprender la relación entre el número e y el concepto de límite de una sucesión. | 1-4 |
| Comprender el concepto de límite, realizar las operaciones elementales de cálculo de los mismos, y aplicar los procesos para resolver indeterminaciones, comprobando los resultados con ayuda de medios tecnológicos. | 4-6 |
| Determinar la continuidad de la función en un punto a partir del estudio de su límite y del valor de la función, para extraer conclusiones en situaciones reales. | 7 |
| Conocer las propiedades de las funciones continuas, y representar la función en un entorno de los puntos de discontinuidad. | 7 y 8 |

**1.** Calcula los términos generales y la suma de los 15 primeros términos de las siguientes progresiones aritméticas.

**a)** $1, 4, 7, 10, \ldots$ **b)** $-8, -6, -4, -2, \ldots$ **c)** $\frac{1}{2}, 1, \frac{3}{2}, 2, \ldots$ **d)** $-\frac{5}{3}, -\frac{4}{3}, -1, -\frac{2}{3}, \ldots$

**2.** Calcula los términos generales y la suma de los 5 primeros términos en cada caso. Si se puede, calcula también la suma de todos los términos de la progresión geométrica.

**a)** $1, 2, 4, 8, \ldots$ **b)** $1, \frac{1}{2}, \frac{1}{4}, \frac{1}{8}, \ldots$ **c)** $-\frac{1}{3}, -\frac{1}{9}, -\frac{1}{27}, -\frac{1}{81}, \ldots$ **d)** $1, 5, 25, 125, \ldots$

**3.** Los cuadrados de esta figura se han obtenido uniendo 2 a 2 los puntos medios de los lados consecutivos. Calcula:

**a)** El término general de la sucesión que forman los lados.

**b)** El término general de la sucesión que forman las áreas.

**c)** La suma de las áreas de los infinitos cuadrados que se generan.

**4.** Mediante la definición del número e elabora una tabla con el desarrollo de la sucesión, utilizando una hoja de cálculo.

**5.** Resuelve estos límites.

**a)** $\lim_{x \to +\infty} \left(\sqrt{x^4 - 3} - \sqrt{x^4 + 5x^2}\right)$ **b)** $\lim_{x \to +\infty} \left(\sqrt{x^2 - 3x} - x\right)$ **c)** $\lim_{x \to +\infty} \left(x^2 - 3x - \sqrt{x^4 + 6}\right)$

**6.** Calcula los siguientes límites.

**a)** $\lim_{x \to 2} \left(\frac{x^2 - 5x + 6}{x^2 - 4}\right)$ **b)** $\lim_{x \to -2} \left(\frac{x^2 - 5x + 6}{x^2 - 4}\right)$

**7.** Estudia la continuidad de estas funciones y clasifica sus puntos de discontinuidad.

**a)** $f(x) = \frac{x - 1}{x^2 + 5}$ **b)** $f(x) = \frac{x^2}{x - 1}$ **c)** $f(x) = \begin{cases} x - 3 & \text{si } x < 3 \\ x + 1 & \text{si } x \geq 3 \end{cases}$ **d)** $f(x) = \frac{x^2 - 4}{x - 4}$

**8.** Determina las asíntotas de las siguientes funciones.

**a)** $f(x) = \frac{x^2 - 1}{x^2}$ **b)** $f(x) = \frac{x^2}{x - 1}$ **c)** $f(x) = \frac{x^2 - 3x}{x^2 - 9}$

# 10 Funciones exponenciales, logarítmicas y trigonométricas

Los residuos radiactivos constituyen un problema para la humanidad. ¿Por qué los ecologistas se oponen a que se arrojen al mar bidones de materiales radiactivos supuestamente herméticos?

El período de semi-desintegración, es decir, el tiempo necesario para que el número de átomos radiactivos se reduzca a la mitad, es de miles de años. Por esta razón, al lanzar un bidón al mar, no basta con asegurar que este no tendrá fugas durante algunos años; hay que garantizar que esto no va a ocurrir durante miles de años, lo cual, teniendo en cuenta la capacidad corrosiva del mar, es muy complicado.

En la actualidad, el vertido de residuos al mar está prohibido, pero los que ya están en él suponen un lastre para las generaciones sucesivas.

Los seres humanos debemos ser conscientes de lo maravillosa que es la diversidad biológica de nuestro planeta y de nuestra obligación de preservarla.

# Repasa lo que sabes

Una **sucesión** de números reales es una aplicación del conjunto de los números naturales en el conjunto de los números reales:

$$s: \mathbb{N} \rightarrow \mathbb{R}$$

de manera que a cada número natural le corresponde un número real.

**1.** Calcula el término general de las siguientes sucesiones:

*a)* $1, \frac{1}{2}, \frac{1}{3}, \frac{1}{4}, \ldots$

*b)* $1, \sqrt{2}, \sqrt{3}, 2, \ldots$

- Una **progresión aritmética** es una sucesión de números reales en la que cada uno de sus términos, excepto el primero, se obtiene sumando al anterior una cantidad constante que se denomina **diferencia.**
- Una **progresión geométrica** es una sucesión de números reales en la que cada uno de sus términos, excepto el primero, se obtiene multiplicando el anterior por una cantidad constante llamada **razón.**

**OBSERVA**

- **Progresión aritmética**
  Su término general es:
  $a_n = a_1 + (n-1) \cdot d$
- **Progresión geométrica**
  Su término general es:
  $a_n = a_1 \cdot r^{n-1}$

**2.** Determina cuáles de las siguientes sucesiones son progresiones aritméticas o progresiones geométricas. Halla su término general.

*a)* $-5, -2, 1, 4, \ldots$

*b)* $\frac{2}{3}, \frac{4}{9}, \frac{8}{27}, \frac{16}{81}, \ldots$

*c)* $1, 5, 25, 125, \ldots$

*d)* $1, \frac{4}{3}, \frac{5}{3}, 2, \ldots$

**3.** Halla el término $a_{10}$ de una progresión geométrica de razón $\frac{2}{3}$, si $a_4 = \frac{81}{8}$.

El **radián** (rad) es el valor del ángulo central que abarca una longitud de arco igual al radio.

**4.** Expresa, en radianes, el ángulo central de una circunferencia cuyo arco mide $\frac{2}{3}r$, siendo $r$ el radio de la circunferencia.

En un triángulo rectángulo se tienen las siguientes **razones trigonométricas:**

- El cociente entre la longitud del cateto opuesto al ángulo y la longitud de la hipotenusa se denomina **seno** del ángulo $\alpha$.
- El cociente entre la longitud del cateto contiguo al ángulo y la longitud de la hipotenusa se denomina **coseno** del ángulo $\alpha$.
- El cociente entre la longitud del cateto opuesto al ángulo y la longitud del cateto contiguo se denomina **tangente** del ángulo $\alpha$.

**5.** Averigua los ángulos menores que 720° cuya tangente vale $-\frac{13}{5}$.

**6.** Halla todas las razones trigonométricas del ángulo $\alpha$ sabiendo que:

*a)* $\text{sen}\,\alpha = \frac{3}{5}$ $\quad 90° \leq \alpha < 180°$

*b)* $\cos\alpha = \frac{12}{13}$ $\quad 270° \leq \alpha < 360°$

*c)* $\text{tg}\,\alpha = 1$ $\quad 180° \leq \alpha < 270°$

**OBSERVA**

Se verifican las siguientes propiedades:

- $0 \leq \text{sen}\,\alpha \leq 1$ y $0 \leq \cos\alpha \leq 1$
- $\text{sen}^2\alpha + \cos^2\alpha = 1$

# 1. Función exponencial

## 1.1. Definición

Cuando se define la función que asigna a todo número real, $x$, una imagen del tipo $a^x$, que debe ser también real, surgen dos cuestiones importantes:

- ¿Es siempre $a^x$ un número real, sea cual sea la base, $a$?
- ¿Cómo se calcula una potencia de exponente irracional?

Como respuesta a la primera cuestión hay que decir que, si la base de la potencia, $a$, es negativa, $a^x$ no siempre existe en el campo de los números reales. Por ejemplo, $(-2)^{1/2}$ no es un número real. En efecto:

$$(-2)^{1/2} = \sqrt{-2} \notin \mathbb{R}$$

Por otra parte, y con relación a la segunda cuestión, no se han definido las potencias de exponente real, solo las potencias de exponente racional como:

$$a^{m/n} = \sqrt[n]{a^m}$$

Para definir la función exponencial como una función real de variable real, es preciso imponer que la base sea real y positiva, para asegurar, así, que la función sea real.

Se define potencia de base real $a > 0$ y exponente real $x$ como el límite de una sucesión de potencias de base $a$ cuyo exponente sea una sucesión racional, $x_n$, de límite $x$.

Por ejemplo, se va a calcular el valor de $2^{\sqrt{7}}$ y para ello se considera una sucesión de números racionales cuyo límite sea $\sqrt{7}$.

| Sucesión | 2 | 2,6 | 2,64 | 2,645 | ... | $\sqrt{7}$ |
|---|---|---|---|---|---|---|
| Valor | $2^2$ | $2^{2,6}$ | $2^{2,64}$ | $2^{2,645}$ | ... | $2^{\sqrt{7}}$ |
| Aproximación | 4 | 6,0628 | 6,2333 | 6,2579 | ... | 6,2582 |

**OBSERVA**

Si el exponente es un número racional o entero $a$, una sucesión $a_n$ válida es:

$$a_n = a$$

De esta forma, se sigue cumpliendo la definición ya que:

$$\lim_{n \to +\infty} a_n = a$$

Para las potencias de exponente real se verifican las mismas propiedades que para las de exponente racional.

Con la ampliación que supone el concepto de potencia de exponente real, ya es posible definir la función exponencial.

Dado un número real positivo, $a$, tal que $a \neq 1$, se denomina **función exponencial de base $a$** a la aplicación definida de $\mathbb{R}$ en $\mathbb{R}$ que asigna $a^x$ a todo número $x$:

$$f\colon \mathbb{R} \to \mathbb{R}$$
$$x \to f(x) = a^x$$

Esta función se escribe $f(x) = a^x$.

- El dominio de la función exponencial es $\mathbb{R}$.
- Su recorrido es $\mathbb{R}^+$, es decir, $(0, +\infty)$, ya que cualquier potencia de base positiva y exponente real, es positiva.

| PROPIEDADES DE LAS POTENCIAS DE EXPONENTE REAL | | | |
|---|---|---|---|
| $a^0 = 1$ | $a^{-m} = \dfrac{1}{a^m}$ | $a^m \cdot a^n = a^{m+n}$ | $a^m b^m = (a \cdot b)^m$ |
| $\dfrac{a^m}{a^n} = a^{m-n}$ | $\dfrac{a^m}{b^m} = \left(\dfrac{a}{b}\right)^m$ | $(a^m)^n = a^{m \cdot n}$ | Si $a^m = a^n$, entonces $m = n$ |

## Ejercicio resuelto

▶ *Una colonia de bacterias presenta un crecimiento exponencial, de modo que se duplica cada 20 minutos. A las tres horas del inicio de la experiencia, una determinada muestra de esta colonia consta de $2{,}56 \cdot 10^6$ bacterias. ¿Qué número de bacterias había en la muestra inicial? ¿Cómo se expresa su crecimiento?*

Este es un típico ejemplo de lo que se llama tiempo de duplicación.

En un período de 20 minutos, el número de individuos de la muestra se duplica. Tres horas equivalen a 9 períodos; por tanto, si el crecimiento es exponencial, tendríamos lo siguiente:

$$2{,}56 \cdot 10^6 = N_0 \cdot 2^9, \text{ donde } N_0 \text{ es el número inicial de individuos}$$

Por tanto, $N_0 = \dfrac{2{,}56 \cdot 10^6}{2^9} = 5\,000$ individuos presentes inicialmente.

El exponente, 9, que se ha utilizado en el cálculo anterior, corresponde al número de períodos. Si se desea obtener una función que relacione el número de individuos de la muestra con el tiempo transcurrido desde el momento en que la población inicial es $N_0$, el exponente de la función exponencial debe ser $t/T$, donde $t$ es el tiempo transcurrido desde el inicio, y $T$, el tiempo de duplicación. Obviamente, si $t = T$, entonces $N = 2N_0$.

Por tanto, la expresión buscada será del tipo:

$$N = N_0 \cdot 2^{t/T}$$

En este caso, $T = 20$ minutos, por lo que $t$ deberá expresarse en minutos.

### OBSERVA

- Si $a > 1$ y $m > n$, entonces:
$$a^m > a^n$$
- Si $0 < a < 1$ y $m > n$, entonces:
$$a^m < a^n$$

Por ejemplo:

$$2^3 > 2^2 \text{ y } \left(\frac{1}{2}\right)^3 < \left(\frac{1}{2}\right)^2$$

## Actividades

**1** Halla la población de la colonia de bacterias del ejemplo anterior, al cabo de 12 h.

**Solución:** $3{,}44 \cdot 10^{14}$ bacterias

**2** Utiliza la calculadora y obtén, con cuatro cifras exactas:

$$3^{\pi}, 2^{\sqrt{2}}, e^{-1/3} \text{ y } \left(\sqrt{2}\right)^{\sqrt{2}}$$

**Solución:** 31,54, 2,665, 0,7165, 1,633

**3** Ordena de menor a mayor.

$$2^{-1}, \left(\frac{1}{2}\right)^3, \frac{1}{2^2}, 2^0, \left(\frac{1}{2}\right)^{-3}, \left(\sqrt{2}\right)^{-3}, 2^{1/3}, \left(\sqrt[3]{2}\right)^2$$

**4** Sin realizar ningún cálculo, indica cuáles de los siguientes valores son mayores que 1.

$$(2{,}5)^{3/2}, (0{,}25)^5, (0{,}5)^{-3}, \left(\frac{3}{5}\right)^{-2/3} \text{ y } (1{,}4)^{-1{,}4}$$

**5** Sin realizar cálculos, determina el signo de $x$ en las siguientes expresiones.

*a)* $2^x = 0{,}25$ *b)* $(0{,}25)^x = 0{,}05$ *c)* $\left(\frac{2}{5}\right)^x = \frac{75}{8}$

**6** Realiza estas operaciones.

*a)* $\left(\frac{1}{2} + 2^{-2}\right)^{-2}$ *b)* $\left[\left(1 - \frac{1}{3}\right)^2 + \left(\frac{3}{2}\right)^{-2}\right]^2 - \left[1 - \left(1 - \frac{3}{2}\right)^2\right]^{-2}$

**Solución:** *a)* 16/9 *b)* −80/81

**7** Se desconoce el tipo de crecimiento de una especie de bacterias. Solo se sabe que este crecimiento es exponencial: a los 48 minutos del inicio de la experiencia hay 50 000 individuos, y a las dos horas, 3,2 millones. ¿Cuántos individuos había en la muestra inicial? ¿Cuál es su período de duplicación?

**Solución:** Había 3 125 individuos. Su período de duplicación es de 12 minutos.

## 1.2. Representación gráfica y propiedades de la función exponencial

Para representar una función exponencial, se construye una sencilla tabla de valores, $x$ y $f(x)$, como la que se puede ver en el margen. A continuación, puedes observar las gráficas de las funciones $f(x) = 2^x$ y $g(x) = \left(\frac{1}{2}\right)^x$:

| $f(x) = 2^x$ | | $g(x) = (1/2)^x$ | |
|---|---|---|---|
| $x$ | $2^x$ | $x$ | $(1/2)^x$ |
| −5 | 1/32 | −5 | 32 |
| −3 | 1/8 | −3 | 8 |
| −2 | 1/4 | −2 | 4 |
| −1 | 1/2 | −1 | 2 |
| −0,5 | $1/\sqrt{2}$ | −0,5 | $\sqrt{2}$ |
| 0 | 1 | 0 | 1 |
| 0,5 | $\sqrt{2}$ | 0,5 | $1/\sqrt{2}$ |
| 1 | 2 | 1 | 1/2 |
| 2 | 4 | 2 | 1/4 |
| 3 | 8 | 3 | 1/8 |
| 5 | 32 | 5 | 1/32 |

ma1b35

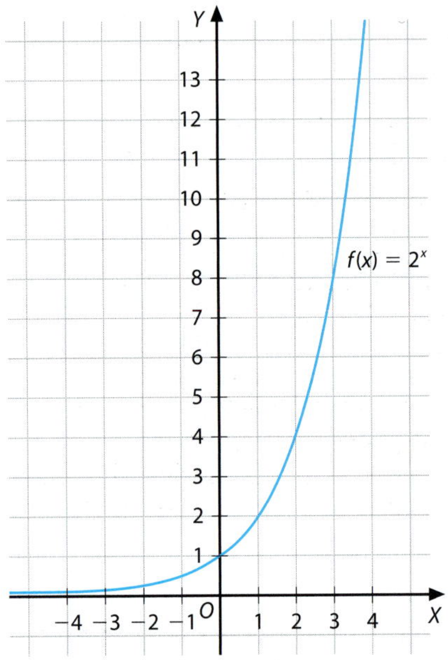


FIGURA 10.1.

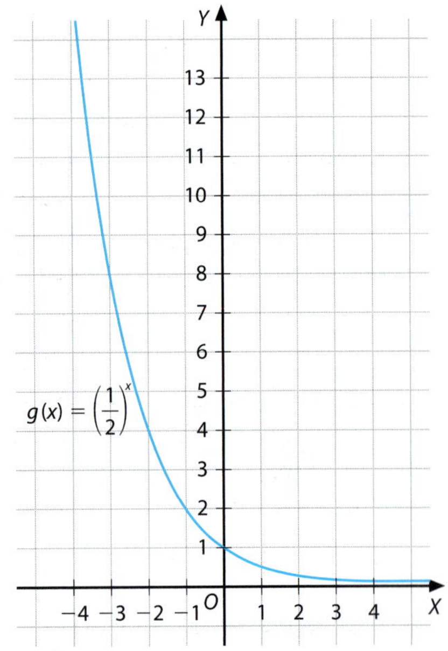


FIGURA 10.2.

A partir de la representación de las funciones exponenciales (figuras 10.1 y 10.2), se deducen sus principales propiedades.

Dada la función $\boldsymbol{f(x) = a^x}$**:**

- El dominio de la función es $\mathbb{R}$ y su recorrido $\mathbb{R}^+$, es decir, siempre $a^x > 0$.
- Es una función continua en $\mathbb{R}$.
- Es una función cóncava en $\mathbb{R}$.
- $a^0 = 1$, por lo que la gráfica de la función pasa por el punto $(0, 1)$.
- Es una función inyectiva: se puede observar que cualquier recta paralela al eje de abscisas corta en un solo punto a la gráfica $y = a^x$.
- Si $a > 1$:
  - La función $f(x) = a^x$ es estrictamente creciente.
  - Se cumple que $\lim\limits_{x \to -\infty} a^x = 0$ y $\lim\limits_{x \to +\infty} a^x = +\infty$
  - La recta $y = 0$ (el eje $X$) es una asíntota horizontal cuando $x \to -\infty$.
- Si $0 < a < 1$:
  - La función $f(x) = a^x$ es estrictamente decreciente.
  - Se cumple que $\lim\limits_{x \to -\infty} a^x = +\infty$, y $\lim\limits_{x \to +\infty} a^x = 0$
  - La recta $y = 0$ (el eje $X$) es una asíntota horizontal cuando $x \to +\infty$.

### Cálculo de límites

Para hallar $\lim\limits_{x \to -\infty} 2^x$, podemos escribir lo siguiente:

$$\lim_{x \to -\infty} 2^x = 2^{-\infty} = \frac{1}{2^{+\infty}} = 0$$

Cuando un número positivo es menor que la unidad, sus potencias sucesivas son cada vez menores; en nuestro caso:

$$\frac{1}{2} > \frac{1}{4} > \frac{1}{8} > \frac{1}{16} > \ldots$$

Esta sucesión tiende a cero.

### Actividades

**8** Construye las gráficas de las siguientes funciones.

***a)*** $f(x) = \left(\frac{3}{2}\right)^x$ ***b)*** $f(x) = e^x$ (con calculadora) ***c)*** $f(x) = e^{-x}$ ***d)*** $f(x) = \left(\frac{3}{2}\right)^x + \left(\frac{2}{3}\right)^x$

## 1.3. La importancia de la función $f(x) = e^x$

La función exponencial por excelencia es la que tiene de base e. De hecho, su expresión generalizada está presente en diversos fenómenos socioeconómicos, así como en numerosas leyes de la naturaleza y en otras que rigen fenómenos aleatorios.

### Leyes de crecimiento exponencial

Estas leyes responden a la expresión $f(x) = A \cdot e^{kx}$, donde A y $k$ son constantes. Si $k$ es negativo, indica decrecimiento.

- **Interés continuo.** La expresión que proporciona el capital disponible acumulado, C, a un interés continuo anual, $i$, en tanto por uno, es:

$$C = C_0 \cdot e^{it}, \text{ donde } C_0 \text{ es el capital inicial}$$

- **Evolución de las poblaciones.** El economista inglés Robert Malthus (1766-1834) determinó en 1798 que el crecimiento de una población se ajusta a un modelo exponencial que depende del tiempo:

$$P(t) = P_0 \cdot e^{rt}$$

donde $P_0$ es la población inicial, y $r$, la tasa de crecimiento. No obstante, es lógico suponer que la evolución de una población no puede crecer indefinidamente, por lo que el propio Malthus propuso otro modelo de crecimiento, esta vez limitado, denominado función de crecimiento logístico:

$$P(t) = \frac{B}{1 + C \cdot e^{kt}}$$

- **Ley de Rutherford sobre la desintegración radiactiva.** Cuando se considera una muestra de un determinado material radiactivo, se puede calcular el número de átomos que quedan sin desintegrar, $N(t)$, al cabo de un cierto tiempo, $t$:

$$N(t) = N_0 \cdot e^{-t/V}$$

donde $N_0$ es el número inicial de átomos sin desintegrar presentes en la muestra radiactiva, y $V$, la vida media del material en cuestión (figura 10.3).

Esta ley es importante en la datación de fósiles y restos arqueológicos por el método del carbono 14 ($C^{14}$). Este isótopo radiactivo, cuya vida media es de unos 8 266,6 años, se mantiene estable en el organismo vivo; sin embargo, a partir de su fallecimiento, el $C^{14}$ inicia un lento proceso de desintegración. Así, es posible calcular de modo aproximado el tiempo transcurrido desde la muerte de un organismo, por la proporción entre el $C^{14}$ contenido en una muestra fosilizada y el que está presente en los seres vivos.

**Desintegración radiactiva**

La vida media de un material radiactivo se define como la media de vida de sus núcleos radiactivos. Su inverso, $1/V$, es una constante que depende del tipo de material, y se denomina constante de semidesintegración.

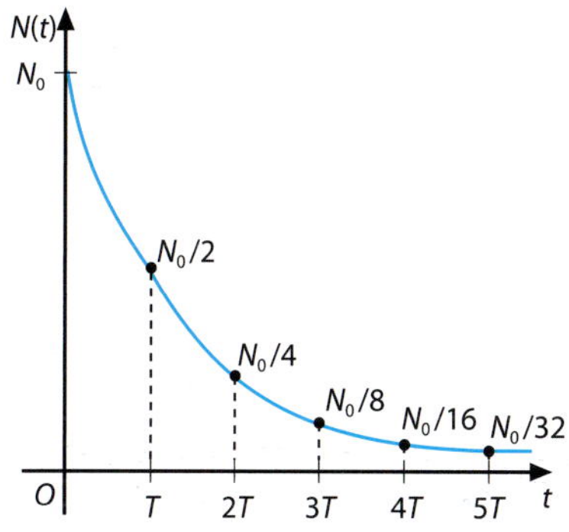


FIGURA 10.3.

### Leyes estadísticas

La probabilidad de un fenómeno aleatorio está ligada, en ocasiones, a una expresión exponencial del tipo: $f(x) = k \cdot e^{-x^2}$

La representación gráfica de $f(x) = e^{-x^2}$ se muestra en el margen (figura 10.4).

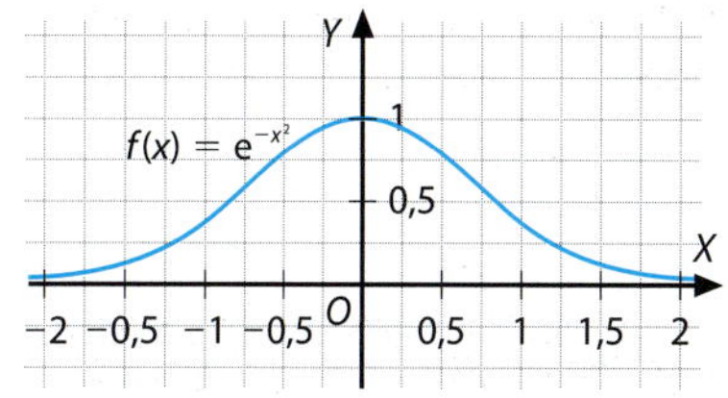


FIGURA 10.4.

### Actividades

**9** La vida media del radio es, aproximadamente, 2 300 años. ¿Qué cantidad de este elemento radiactivo quedará al cabo de 1 000 años en una muestra de 3 g de masa?

**Solución:** 1,94 g

**10** Calcula el incremento de capital que se obtiene en una inversión de capitalización continua al 6 % de interés anual, si el capital inicial es de 2 millones de euros y el tiempo de la inversión es de 11 meses.

**Solución:** 113 081 €

# 2. Función logarítmica

## 2.1. Definición

Como $f(x) = a^x$, con $a$ positivo y $a \neq 1$, es una función inyectiva de $\mathbb{R}$ en $\mathbb{R}^+$, se puede definir su función inversa como una función de $\mathbb{R}^+$ en $\mathbb{R}$ que asigne a cada valor real positivo, $y = a^x$, el valor real $x$:

$$\begin{array}{ccccc} \mathbb{R} & \xrightarrow{f} & \mathbb{R}^+ & \xrightarrow{f^{-1}} & \mathbb{R} \\ x & \rightarrow & a^x & \rightarrow & x \end{array}$$

| $f^{-1}$ | |
|---|---|
| $2^x$ | $x$ |
| 1/1 024 | −10 |
| 1/32 | −5 |
| 1/8 | −3 |
| 1/4 | −2 |
| 1/2 | −1 |
| $1/\sqrt{2}$ | −0,5 |
| 1 | 0 |
| $\sqrt{2}$ | 0,5 |
| 2 | 1 |
| 4 | 2 |
| 8 | 3 |
| 32 | 5 |
| 1 024 | 10 |

Por ejemplo, la función inversa de $f(x) = 2^x$ es una función cuyo dominio es el recorrido de la anterior; por tanto, el conjunto de imágenes será ahora el conjunto original. Se puede, pues, reproducir su tabla de valores intercambiando las columnas de la función $f(x)$, como se observa en la tabla del margen.

En la primera columna de dicha tabla, que corresponde al nuevo conjunto de partida, $\mathbb{R}^+$, hay potencias de base 2 cuya imagen, en la otra columna, coincide con su exponente:

- Si $f(3) = 2^3 = 8$, entonces $f^{-1}(8) = 3$.
- Si $f(-3) = 2^{-3} = \dfrac{1}{8}$, entonces $f^{-1}\left(\dfrac{1}{8}\right) = -3$.

Recuerda que para una determinada base $a$, el valor $x$, tal que $y = a^x$, se denomina **logaritmo en base *a* de *y*,** y se escribe del siguiente modo:

$$x = \log_a y$$

**RECUERDA**

La base de un logaritmo es positiva y distinta de uno.

Se denomina **función logarítmica de base *a*, $f(x) = \log_a x$,** a la función inversa de $f(x) = a^x$, y se define de la siguiente manera:

$$\begin{array}{ccc} f\!: \mathbb{R}^+ & \rightarrow & \mathbb{R} \\ x & \rightarrow & f(x) = \log_a x \end{array}$$

## 2.2. Representación gráfica y propiedades de la función logarítmica

Para representar una función logarítmica se construye una tabla de valores como las que se pueden ver en el margen.

| $f(x) = \log_2 x$ | | $g(x) = \log_{1/2} x$ | |
|---|---|---|---|
| $x$ | $\log_2 x$ | $x$ | $\log_{1/2} x$ |
| 1/32 | −5 | 1/32 | 5 |
| 1/8 | −3 | 1/8 | 3 |
| 1/4 | −2 | 1/4 | 2 |
| 1/2 | −1 | 1/2 | 1 |
| $1/\sqrt{2}$ | −0,5 | $1/\sqrt{2}$ | 0,5 |
| 1 | 0 | 1 | 0 |
| $\sqrt{2}$ | 0,5 | $\sqrt{2}$ | −0,5 |
| 2 | 1 | 2 | −1 |
| 4 | 2 | 4 | −2 |
| 8 | 3 | 8 | −3 |
| 32 | 5 | 32 | −5 |

A continuación, puedes observar las gráficas de las funciones $f(x) = \log_2 x$ y $g(x) = \log_{1/2} x$.

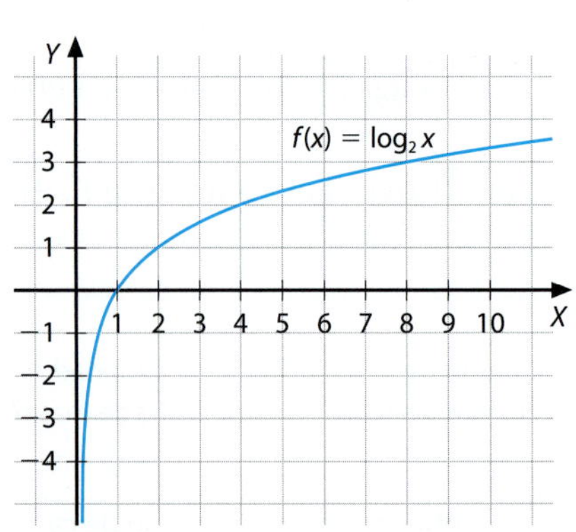


FIGURA 10.5.

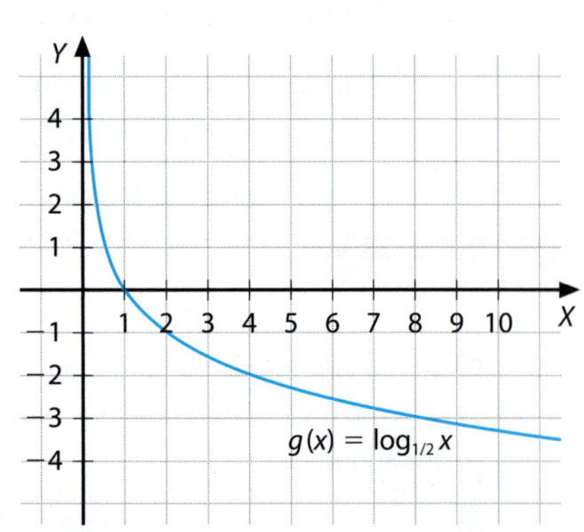


FIGURA 10.6.

A partir de las funciones logarítmicas representadas en las figuras 10.5 y 10.6, es fácil deducir sus principales propiedades.

Dada la función $\boldsymbol{f(x) = \log_a x}$:

- El dominio de la función es $\mathbb{R}^+$ y su recorrido $\mathbb{R}$.
- Es una función continua.
- $\log_a 1 = 0$, por lo que la gráfica de la función pasa por el punto $(1, 0)$.
- Es una función inyectiva.
- Es una función suprayectiva: su recorrido es $\mathbb{R}$.
- Al ser inyectiva y suprayectiva la función es biyectiva.
- Si $a > 1$:

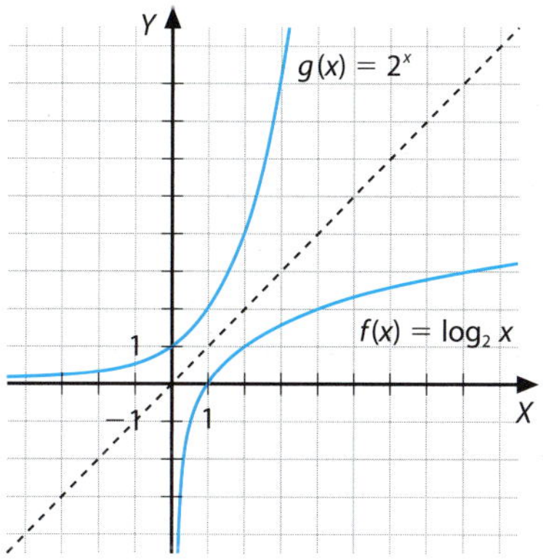

FIGURA 10.7.

- La función $f(x) = \log_a x$ es estrictamente creciente.
- $f(x) = \log_a x < 0$ si $0 < x < 1$ y $f(x) = \log_a x > 0$ si $x > 1$.
- Se cumple que $\lim_{x \to 0^+} \log_a x = -\infty$ y $\lim_{x \to +\infty} \log_a x = +\infty$.
- La recta $x = 0$ (el eje $Y$) es una asíntota vertical cuando $x \to 0^+$.
- Es una función convexa.

**RECUERDA**

Las representaciones gráficas de $f(x) = \log_a x$ y $g(x) = a^x$ son simétricas respecto de la recta bisectriz del primer cuadrante, como se observa en las figuras 10.7 y 10.8.

- Si $0 < a < 1$:

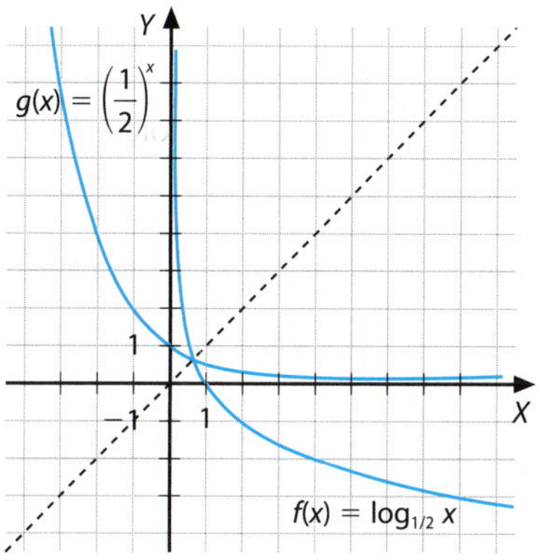

FIGURA 10.8.

- La función $f(x) = \log_a x$ es estrictamente decreciente.
- $f(x) = \log_a x > 0$ si $0 < x < 1$ y $f(x) = \log_a x < 0$ si $x > 1$.
- Se cumple que $\lim_{x \to 0^+} \log_a x = +\infty$ y $\lim_{x \to +\infty} \log_a x = -\infty$.
- La recta $x = 0$ (el eje $Y$) es una asíntota vertical cuando $x \to 0^+$.
- Es una función cóncava.

## Actividades

**11** Calcula los siguientes logaritmos.

*a)* $\log_5 \sqrt{125}$ *c)* $\log_{\sqrt{3}} (1/27)$

*b)* $\log_{1/2} 1\,024$ *d)* $\log_{-5} 625$

**Solución:** *a)* 3/2 *b)* −10 *c)* −6 *d)* No existe

**12** Calcula $x$ en estos logaritmos.

*a)* $\log_x (1/\sqrt[3]{49}) = -2/3$

*b)* $\log_{2/3} x = -1/2$

*c)* $\log_x \sqrt[3]{5} = 2/3$

**Solución:** *a)* 7 *b)* $\sqrt{3/2}$ *c)* $\sqrt{5}$

**13** Indica cuál es la base de las funciones logarítmicas que cumplen:

*a)* $f(1/64) = 3$ *b)* $f(8/5) = -1/2$ *c)* $f(1/3) = -2$

**Solución:** *a)* 1/4 *b)* 25/64 *c)* $\sqrt{3}$

## pH de una disolución

El pH de una disolución es una medida sobre la acidez que tiene la mezcla. Se calcula como:

$$\text{pH} = -\log [H^+]$$

siendo $[H^+]$ la concentración.

## RECUERDA

- $\log_a (xy) = \log_a x + \log_a y$
- $\log_a \frac{x}{y} = \log_a x - \log_a y$
- $\log_a x^m = m \log_a x$
- $\log_a \sqrt[m]{x} = \frac{\log_a x}{m}$

## Ejercicios resueltos

▶ *Hallar la antigüedad de un fósil que contiene un 20 % de $C^{14}$.*

Se aplica la ley de Rutherford para determinar el número de átomos de $C^{14}$ que quedan sin desintegrar:

$$N(t) = N_0 \cdot e^{-t/V}, \text{ donde } V = 8\,266{,}6 \text{ años}$$

La proporción de $C^{14}$ presente en la muestra respecto del que contenía el organismo vivo es 0,2, es decir:

$$\frac{N(t)}{N_0} = 0{,}2$$

Por tanto:

$$0{,}2 = e^{-t/8\,266{,}6}$$

Tomando logaritmos a ambos lados de la igualdad, queda lo siguiente:

$$\ln 0{,}2 = \frac{-t}{8\,266{,}6} \Rightarrow t = -8\,266{,}6 \cdot \ln 0{,}2 = 13\,304{,}58 \text{ años}$$

▶ *Calcular el tiempo que tardará un país en duplicar su población si su tasa de crecimiento anual es del 3 % y se supone que se mantiene constante.*

El crecimiento de población se rige por la expresión:

$$P(t) = P_0 \cdot e^{rt}$$

En este caso, $r = 0{,}03$. La población se duplica si $P(t) = 2P_0$, por lo que, sustituyendo, podemos obtener:

$$2P_0 = P_0 \cdot e^{0{,}03t} \Rightarrow 2 = e^{0{,}03t}$$

Tomando logaritmos neperianos, obtenemos:

$$\ln 2 = 0{,}03\, t \Rightarrow t = \frac{\ln 2}{0{,}03} = 23{,}1 \text{ años}$$

▶ *La magnitud, M, de un movimiento sísmico se determina mediante la escala de Richter, una escala logarítmica de base 10 que asocia a un terremoto el logaritmo decimal de su potencia: M = log P, donde P es la potencia. Según esto, calcular la proporción entre las magnitudes de dos terremotos de escalas 5 y 4.*

Para cada uno de los terremotos tenemos que:

$$4 = \log P_1 \Rightarrow 10^4 = P_1$$

$$5 = \log P_2 \Rightarrow 10^5 = P_2$$

La proporción entre las magnitudes es:

$$\frac{P_2}{P_1} = 10$$

## Actividades

**14** La constante de semidesintegración del $C^{14}$ es de $3{,}8359 \cdot 10^{-12}\ s^{-1}$. Calcula su período de semidesintegración.

**Solución:** 5 730 años

**15** El período de semidesintegración del uranio 238 es de $4{,}51 \cdot 10^9$ años. ¿Cuál es su vida media?

**Solución:** $6{,}51 \cdot 10^9$ años

**16** La magnitud, *M*, de un terremoto, según la escala de Richter, y la energía, *E*, liberada en él, están relacionadas por la expresión: $M = (2/3) \cdot \log (E / E_0)$, donde $E_0$ es una constante que vale $2{,}5 \cdot 10^4$ julios.

¿Qué energía liberó el terremoto de San Francisco producido en 1906, cuya magnitud fue de 8,25 según la escala de Richter?

**Solución:** $5{,}93 \cdot 10^{16}$ J

# 3. Funciones trigonométricas

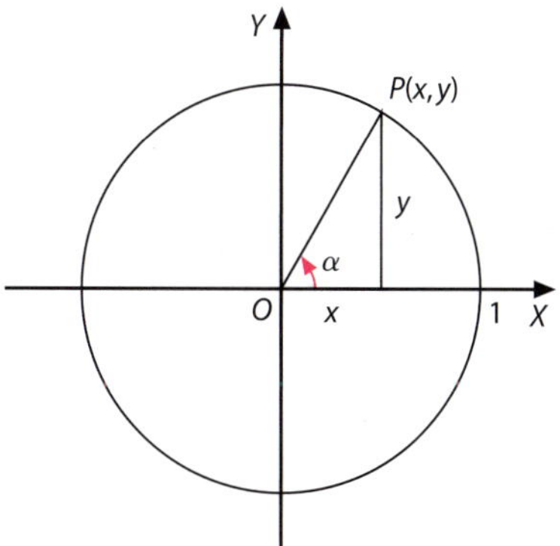


FIGURA 10.9.

Recuerda que la circunferencia goniométrica es la de centro O y radio la unidad (figura 10.9). Cada punto, $P$, de la circunferencia determina un ángulo que, en radianes, corresponde a un arco de longitud $x$. Las coordenadas del punto $P$ son (cos $x$, sen $x$).

Si asignamos un punto, $P$, de la circunferencia goniométrica a todo número real, $x' \in \mathbb{R}$, que puede escribirse como $x' = x + n \cdot 2\pi$, tenemos que:

$$\text{sen } x' = \text{sen } x \quad \text{y} \quad \cos x' = \cos x$$

Así, quedan definidas las funciones seno y coseno para todo número real.

## 3.1. Función seno

La aplicación de $\mathbb{R}$ en $\mathbb{R}$, que asigna a todo número real, $x$, el valor sen $x$:

$$f: \mathbb{R} \rightarrow \mathbb{R}$$
$$x \rightarrow f(x) = \text{sen } x$$

es una función real de variable real, y se denomina **función seno:** $f(x) = \text{sen } x$

### Representación gráfica

Para representar las funciones trigonométricas se puede construir una tabla de valores, donde la variable $x$ se exprese en radianes.

| $x$ | 0 | $\frac{\pi}{6}$ | $\frac{\pi}{3}$ | $\frac{\pi}{2}$ | $\frac{2\pi}{3}$ | $\frac{5\pi}{6}$ | $\pi$ | $\frac{7\pi}{6}$ | $\frac{4\pi}{3}$ | $\frac{3\pi}{2}$ | $\frac{5\pi}{3}$ | $\frac{11\pi}{6}$ | $2\pi$ |
|---|---|---|---|---|---|---|---|---|---|---|---|---|---|
| $y = \text{sen } x$ | 0 | $\frac{1}{2}$ | $\frac{\sqrt{3}}{2}$ | 1 | $\frac{\sqrt{3}}{2}$ | $\frac{1}{2}$ | 0 | $-\frac{1}{2}$ | $-\frac{\sqrt{3}}{2}$ | $-1$ | $-\frac{\sqrt{3}}{2}$ | $-\frac{1}{2}$ | 0 |

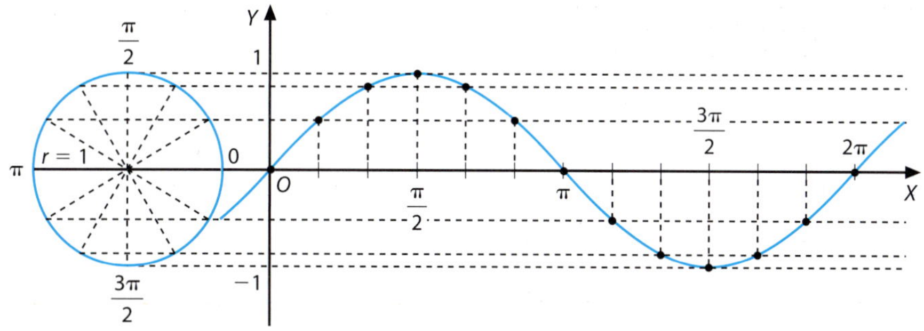


FIGURA 10.10.

Dada la función $f(x) = \text{sen } x$**:**

- Dom $f(x) = \mathbb{R}$
- Rec $f(x) = [-1, 1]$
- Es una función acotada: $|\text{sen } x| \leq 1$
- Es continua.
- Es periódica, cuyo período es $2\pi$:

$$\text{sen } x = \text{sen } (x + 2\pi)$$

- Tiene simetría impar: sen $x = -$sen $(-x)$, por lo que es simétrica respecto al origen de coordenadas.
- Su monotonía y curvatura no es uniforme.
- No existe $\lim_{x \to \infty} \text{sen } x$.

## Ejercicio resuelto

▶ *Calcular el período de la función* $f(x) = \text{sen } 2x$.

La función es periódica, puesto que $\text{sen } 2x = \text{sen } (2x + 2\pi) = \text{sen } 2(x + \pi)$.

Por tanto, $f(x) = f(x + \pi)$, es decir, su período es $\pi$.

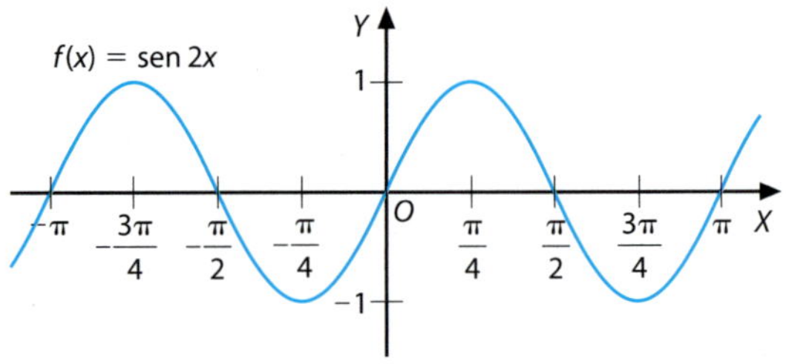


FIGURA 10.11.

## 3.2. Función coseno

La aplicación de ℝ en ℝ, que asigna a todo número real, *x*, el valor cos *x*:

$$f: \mathbb{R} \rightarrow \mathbb{R}$$
$$x \rightarrow f(x) = \cos x$$

es una función real de variable real, y se denomina **función coseno:** $f(x) = \cos x$

### Representación gráfica

La representación de la función coseno es la siguiente:

| *x* | 0 | π/6 | π/3 | π/2 | 2π/3 | 5π/6 | π | 7π/6 | 4π/3 | 3π/2 | 5π/3 | 11π/6 | 2π |
|---|---|---|---|---|---|---|---|---|---|---|---|---|---|
| *y* = cos *x* | 1 | $\sqrt{3}/2$ | 1/2 | 0 | − 1/2 | $-\sqrt{3}/2$ | −1 | $-\sqrt{3}/2$ | − 1/2 | 0 | 1/2 | $\sqrt{3}/2$ | 1 |

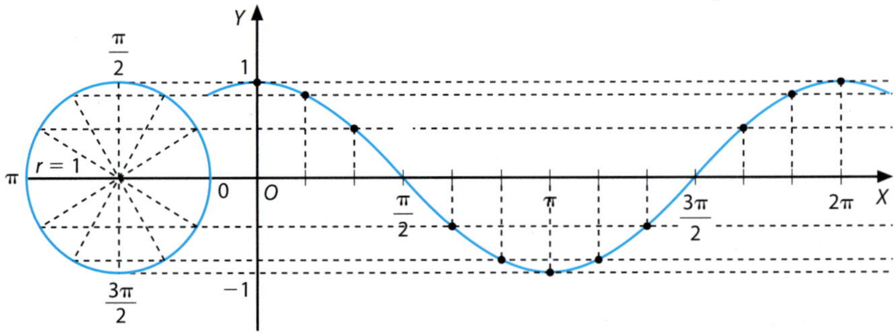


FIGURA 10.12.

Dada la función $\boldsymbol{f(x) = \cos x}$:

- Dom $f(x) = \mathbb{R}$
- Rec $f(x) = [-1, 1]$
- Es una función acotada: $|\cos x| \leq 1$
- Es continua.
- Es periódica cuyo período es $2\pi$:

$$\cos x = \cos\,(x + 2\pi)$$

- Es par, $\cos x = \cos\,(-x)$, así que es simétrica respecto al eje de ordenadas.
- Su monotonía y curvatura no es uniforme.
- No existe $\lim\limits_{x \to \infty} \cos x$.

**OBSERVA**

La gráfica de $f(x) = \cos x$ coincide con la de $f(x) = \text{sen } x$ desplazando la abscisa $-\dfrac{\pi}{2}$, ya que:

$$\cos x = \text{sen}\left(x + \frac{\pi}{2}\right)$$

## 3.3. Función tangente

La **función tangente** se define como la función cociente $f(x) = \dfrac{\text{sen } x}{\cos x}$, y se expresa como $f(x) = \text{tg } x$.

### Representación gráfica

La representación gráfica de la función tangente es la que sigue:

| $x$ | 0 | $\frac{\pi}{6}$ | $\frac{\pi}{3}$ | $\frac{\pi}{2}$ | $\frac{2\pi}{3}$ | $\frac{5\pi}{6}$ | $\pi$ | $\frac{7\pi}{6}$ | $\frac{4\pi}{3}$ | $\frac{3\pi}{2}$ | $\frac{5\pi}{3}$ | $\frac{11\pi}{6}$ | $2\pi$ |
|---|---|---|---|---|---|---|---|---|---|---|---|---|---|
| $y = \text{tg } x$ | 0 | $\frac{\sqrt{3}}{3}$ | $\sqrt{3}$ | $\nexists$ | $-\sqrt{3}$ | $-\frac{\sqrt{3}}{3}$ | 0 | $\frac{\sqrt{3}}{3}$ | $\sqrt{3}$ | $\nexists$ | $-\sqrt{3}$ | $-\frac{\sqrt{3}}{3}$ | 0 |

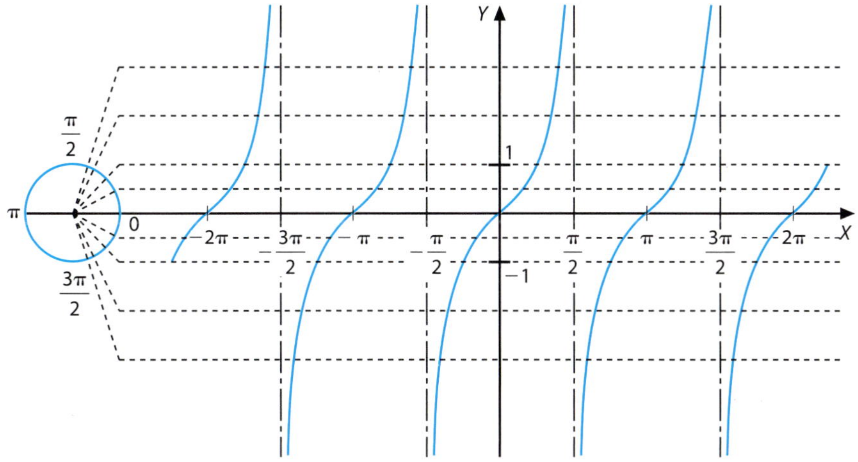


FIGURA 10.13.

Dada la función $f(x) = \text{tg } x$:

- $\text{Dom } f(x) = \{x \in \mathbb{R} \mid \cos x \neq 0\} = \mathbb{R} - \{(2k+1)\frac{\pi}{2}, k \in \mathbb{Z}\}$.
- La función $f(x)$ no es continua en $\mathbb{R}$.
- En los puntos con $x = (2k+1)\frac{\pi}{2}$, $k \in \mathbb{Z}$, tiene discontinuidades asintóticas.
- Es periódica cuyo período es $\pi$:

$$\text{tg } x = \text{tg } (x + \pi)$$

- Es impar: $\text{tg } x = -\text{tg } (-x)$, y, por tanto, simétrica respecto al origen de coordenadas.
- Es estrictamente creciente en su dominio.

### Actividades

**17** Representa las funciones $f(x) = \text{sen } x + 1$ y $g(x) = 2\cos x$, e indica el recorrido de cada una de ellas.

**18** Calcula $\lim_{x \to \pi/4} (\text{sen } x - \cos x)$.

**Solución:** 0

**19** A partir de la representación gráfica de $f(x) = \text{tg } x$, calcula:

*a)* $\lim_{x \to \pi/2^-} (\text{tg } x)$ *b)* $\lim_{x \to \pi/2^+} (\text{tg } x)$

**Solución:** *a)* $+\infty$ *b)* $-\infty$

**20** Averigua el dominio de la función $f(x) = \text{tg } (x + \pi/2)$.

## 3.4. Función cotangente

La **función cotangente** se define como la función cociente $f(x) = \dfrac{\cos x}{\text{sen } x}$, y se expresa como $f(x) = \text{cotg } x$.

### Representación gráfica

Como $\text{cotg } x = \dfrac{1}{\text{tg } x}$, es fácil representar la función cotangente utilizando la representación de la función tangente.

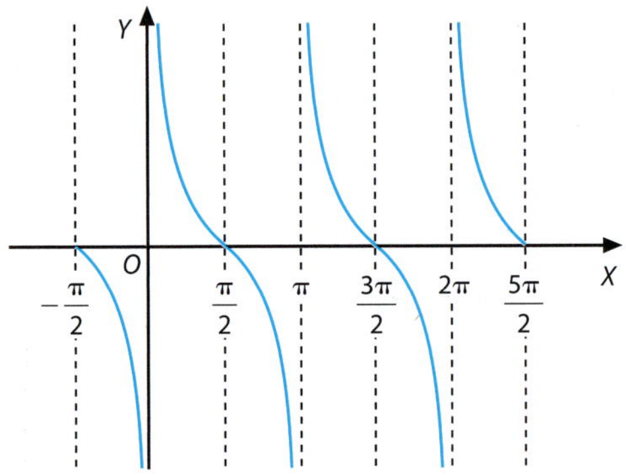


FIGURA 10.14.

Dada la función **$f(x) = \text{cotg } x$:**

- $\text{Dom } f(x) = \{x \in \mathbb{R} \mid \text{sen } x \neq 0\} = \mathbb{R} - \{k\pi, k \in \mathbb{Z}\}$. Por tanto, $f(x)$ no es continua en $\mathbb{R}$.
- En $x = k\pi$, $k \in \mathbb{Z}$, presenta discontinuidades asintóticas.
- Es periódica cuyo período es $\pi$:

$$\text{cotg } x = \text{cotg } (x + \pi)$$

- Es impar: $\text{cotg } x = -\text{cotg } (-x)$, y, por tanto, simétrica respecto al origen de coordenadas.
- Es estrictamente decreciente en su dominio.

**Notación matemática**

Para simbolizar una unión de elementos generalizada usamos la notación:

$$\bigcup_i A_i$$

donde los $A_i$ son elementos que dependen de $i$.

**Ejercicio resuelto**

▶ *Calcular el dominio de la función* $f(x) = \ln (\text{sen } x)$.

Debemos calcular para qué valores reales $\text{sen } x > 0$, es decir:

$$\text{Dom } f(x) = \{x \in \mathbb{R} \mid \text{sen } x > 0\}$$

$f(x) > 0$, para $x \in (2k\pi, (2k+1)\pi)$, $k \in \mathbb{Z}$.

Por tanto, la unión de estos intervalos constituirá el dominio de $f(x)$:

$$\text{Dom } f(x) = \bigcup_{k \in \mathbb{Z}} (2k\pi, (2k+1)\pi) = \ldots \cup (-2\pi, -\pi) \cup (0, \pi) \cup (2\pi, 3\pi) \cup \ldots$$

**Actividades**

**21** Calcula $\lim_{x \to \pi/2^-} (-2\text{tg } x)$.

**Solución:** $-\infty$

**22** ¿Cuál es el período de la función $f(x) = \cos 3x$?

**Solución:** $2\pi/3$

**23** A partir de la representación gráfica de la función $f(x) = \text{cotg } x$, indica:

***a)*** $\lim_{x \to \pi^-} (\text{cotg } x)$  ***b)*** $\lim_{x \to \pi^+} (\text{cotg } x)$

# 4. Funciones trigonométricas inversas

## 4.1. Función arcoseno

La función $f(x) = \text{sen } x$, definida de $\mathbb{R}$ en $[-1, 1]$, no es inyectiva. Basta observar que una recta horizontal que corte su gráfica lo hace en infinitos puntos. Pero, si se restringe su dominio y se define como:

$$f\colon [-\pi/2, \pi/2] \rightarrow [-1, 1]$$
$$x \rightarrow f(x) = \text{sen } x$$

entonces $f(x)$ es biyectiva y a su función inversa se llama función arcoseno:

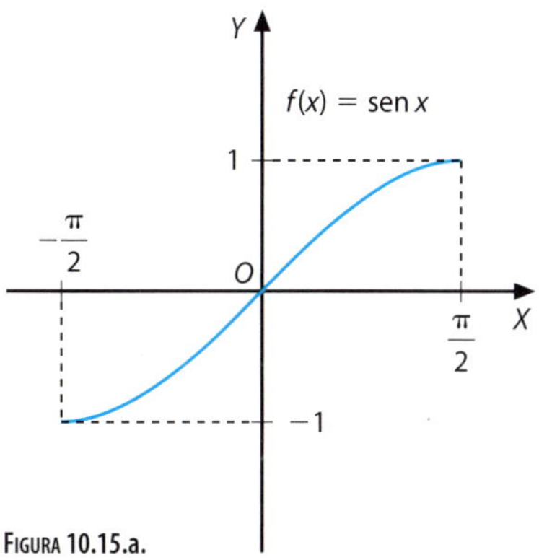


FIGURA 10.15.a.

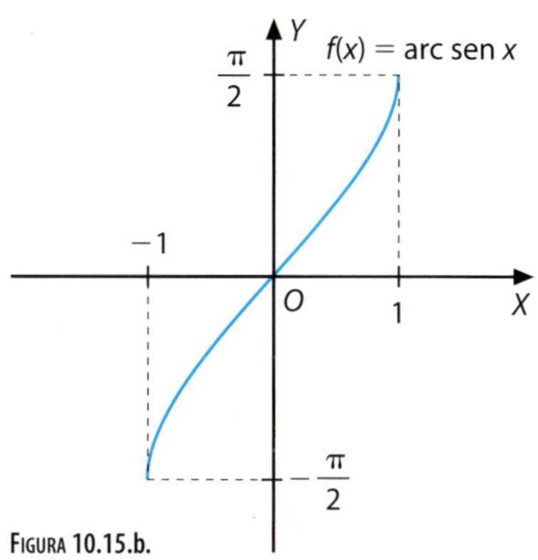


FIGURA 10.15.b.

La **función arcoseno** se define como la aplicación que a todo $x \in [-1, 1]$ le hace corresponder un valor $y \in [-\pi/2, \pi/2]$, tal que $x = \text{sen } y$:

$$f\colon [-1, 1] \rightarrow [-\pi/2, \pi/2]$$
$$x \rightarrow f(x) = \text{arc sen } x$$

La gráfica de la función $f(x) = \text{arc sen } x$ se puede obtener a partir de la gráfica de la función seno comprendida entre $-\pi/2$ y $\pi/2$: basta con permutar el orden de las coordenadas de los puntos que la forman.

La función $f(x) = \text{arc sen } x$ es creciente y continua en su dominio.

## 4.2. Función arcocoseno

La función $f(x) = \cos x$, definida de $\mathbb{R}$ en $[-1, 1]$, no es inyectiva. Una recta horizontal que corte su gráfica lo hace en infinitos puntos. Pero si se restringe su dominio y se define como:

$$f\colon [0, \pi] \rightarrow [-1, 1]$$
$$x \rightarrow y = \cos x$$

entonces, la función $f(x) = \cos x$ es biyectiva, y admite una función inversa denominada función arcocoseno (figuras 10.16).

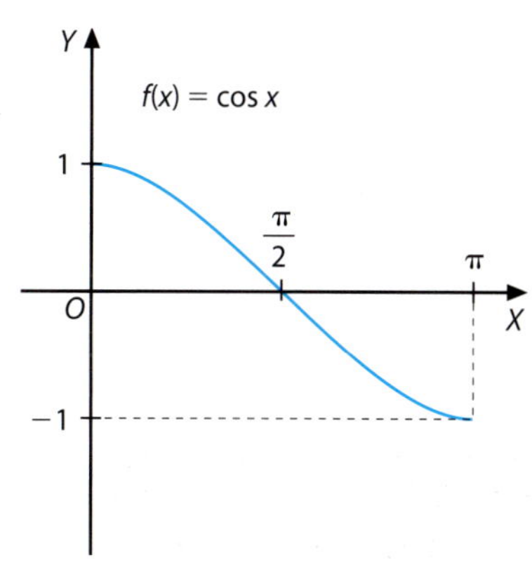


FIGURA 10.16.a.

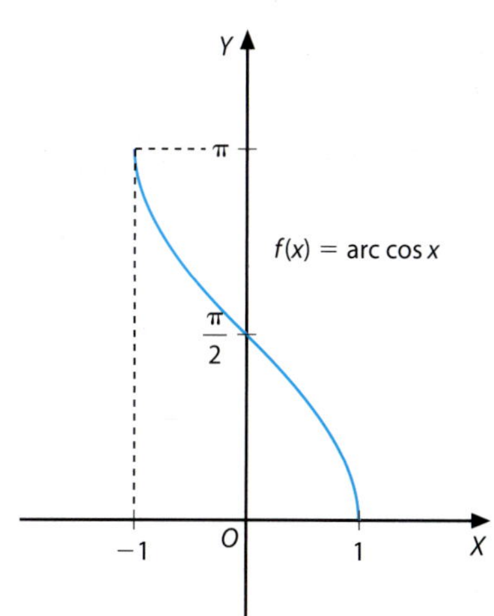


FIGURA 10.16.b.

La **función arcocoseno** se define como la aplicación que a todo $x \in [-1, 1]$ le hace corresponder un valor $y \in [-\pi/2, \pi/2]$, tal que $x = \cos y$:

$$f\colon [-1, 1] \rightarrow [0, \pi]$$
$$x \rightarrow f(x) = \text{arc cos } x$$

La gráfica de la función $f(x) = \text{arc cos } x$ se puede obtener a partir de la gráfica de la función coseno comprendida entre 0 y $\pi$: basta con permutar el orden de las coordenadas de los puntos que la forman.

La función $f(x) = \text{arc cos } x$ es decreciente y continua en su dominio.

## Ejercicio resuelto

▶ *Dadas las funciones* $f(x) = \text{arc cos } x$ y $g(x) = \text{sen } x$, *hallar* $g \circ f$.

$$(g \circ f)(x) = g\,(f(x)) = g\,(\text{arc cos } x) = \text{sen }(\text{arc cos } x)$$

Como $\text{sen } y = \sqrt{1 - \cos^2 y}$, se puede escribir:

$$(g \circ f)(x) = \sqrt{1 - \cos^2 (\text{arc cos } x)} = \sqrt{1 - x^2}$$

Función que, considerando el signo positivo de la raíz, está definida en $[-1, 1]$, al igual que $f(x)$.

## 4.3. Función arcotangente

Si se restringe el dominio de la función tangente y se define como una aplicación $f\colon (-\pi/2, \pi/2) \to \mathbb{R}$, se obtiene una función biyectiva que admite una inversa denominada función arcotangente.

La **función arcotangente** se define como la aplicación que a cada valor real, *x*, le asocia otro valor, $y \in [-\pi/2, \pi/2]$, tal que $\text{tg } y = x$:

$$f\colon \mathbb{R} \to [-\pi/2, \pi/2]$$
$$x \to f(x) = \text{arc tg } x$$

Esta función se denota por $f(x) = \text{arc tg } x$, y su representación gráfica se obtiene a partir de la función tangente, igual que en las funciones inversas anteriores.

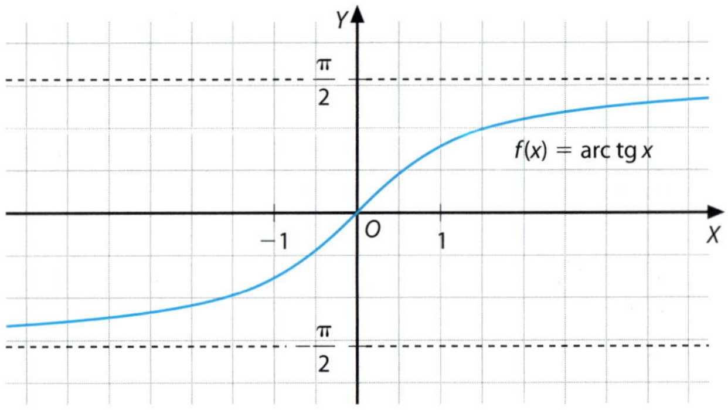


FIGURA 10.17.

La función $f(x) = \text{arc tg } x$ es acotada, creciente y continua en $\mathbb{R}$.

Como $\lim\limits_{x \to -\infty} \text{arc tg } x = -\dfrac{\pi}{2}$ y $\lim\limits_{x \to +\infty} \text{arc tg } x = \dfrac{\pi}{2}$, las rectas $y = -\dfrac{\pi}{2}$ e $y = \dfrac{\pi}{2}$ son asíntotas horizontales de la función arcotangente.

## Actividades

**24** Representa la función de ecuación $f(x) = \text{arc cotg } x$, indicando su dominio y su recorrido.

**25** Dada la función $f(x) = \cos(\text{arc cos } x)$, calcula $f(1)$, $f(-1/2)$ y $f\left(\sqrt{3}/2\right)$

**Solución:** $f(1) = 1$, $f(-1/2) = -1/2$ y $f\left(\sqrt{3}/2\right) = \sqrt{3}/2$.

**26** Dadas dos funciones, $f(x) = \text{arc sen } x$ y $g(x) = \cos x$, averigua la expresión de las funciones $g \circ f$ y $f \circ g$.

**Solución:** $f \circ g = \pi/2 + x$, $g \circ f = \sqrt{1 - x^2}$

## Interés compuesto

**1. Calcular el capital que producen 100 000 € al 12 % anual en 10 años.**

Se entiende por **interés compuesto** la acumulación de los intereses al capital. Los intereses se acumulan al final de un determinado periodo de tiempo, llamado tiempo de capitalización.

Al final del primer año de capitalización, se tiene un capital de:

$100\,000 \cdot 1{,}12 = 112\,000$ €

Al final del segundo año: $112\,000 \cdot 1{,}12 = 100\,000 \cdot 1{,}12^2 = 125\,440$ €

Al final del tercer año: $125\,440 \cdot 1{,}12 = 100\,000 \cdot 1{,}12^3 = 140\,492{,}80$ €

⋮

Al final del décimo año: $100\,000 \cdot 1{,}12^{10} = 310\,584{,}82$ €

**2. Calcular el capital que producen 100 000 € al 1 % mensual en 3 años. ¿Es el mismo capital que si el interés es del 12 % anual? ¿Cuál sería el interés mensual que acumularía el mismo capital al final de los 3 años?**

Al final del primer mes de capitalización: $100\,000 \cdot 1{,}01 = 101\,000$ €

Al final del segundo mes: $101\,000 \cdot 1{,}01 = 100\,000 \cdot 1{,}01^2 = 102\,010$ €

Al final del tercer mes: $102\,010 \cdot 1{,}01 = 100\,000 \cdot 1{,}01^3 = 103\,030{,}10$ €

⋮

Al final del mes 36: $100\,000 \cdot 1{,}01^{36} = 143\,076{,}88$ €

A un interés del 12 % anual en 3 años: $100\,000 \cdot 1{,}12^3 = 140\,492{,}80$ €

Para calcular el interés mensual que acumula el mismo capital en los tres años:

$$1{,}12^3 = x^{36} \Rightarrow 1{,}12 = x^{12} \Rightarrow x = 1{,}00949$$

Es decir, un interés mensual del 0,949 %.

## Cálculo de funciones inversas

**3. Determinar la función inversa de las funciones siguientes:**

**a)** $f(x) = \sqrt{2} + 33^x$

**b)** $f(x) = -\ln(2x + 1)$

**c)** $f(x) = \text{sen}\,\dfrac{x}{2}$

**a)** Es una función inyectiva, cuyo domino es $\mathbb{R}$ y su recorrido $\left(\sqrt{2}, +\infty\right)$, se puede calcular su inversa, cuyo dominio será $\left(\sqrt{2}, +\infty\right)$ y su recorrido $\mathbb{R}$:

$y = \sqrt{2} + 33^x$

$$x = \sqrt{2} + 33^y \Rightarrow x - \sqrt{2} = 33^y \Rightarrow \log\left(x - \sqrt{2}\right) = y \log 33 \Rightarrow y = \frac{\log\left(x - \sqrt{2}\right)}{\log 33}$$

$$f^{-1}(x) = \frac{\log\left(x - \sqrt{2}\right)}{\log 33}$$

**b)** Es una función biyectiva, cuyo dominio es $(-1/2, +\infty)$ y su recorrido $\mathbb{R}$, se puede calcular su inversa, cuyo dominio será $\mathbb{R}$ y su recorrido $(-1/2, +\infty)$:

$y = -\ln(2x + 1)$

$$x = -\ln(2y + 1) \Rightarrow e^{-x} = 2y + 1 \Rightarrow 2y = e^{-x} - 1 \Rightarrow y = \frac{e^{-x} - 1}{2}$$

$$f^{-1}(x) = \frac{e^{-x} - 1}{2}$$

**c)** Si se restringe el dominio al intervalo $[-\pi, \pi]$, porque el período de esta función es $4\pi$, el recorrido es $[-1, 1]$, y podemos calcular su inversa, cuyo dominio será el intervalo $[-1, 1]$ y su recorrido $[-\pi, \pi]$:

$y = \text{sen}\,\dfrac{x}{2}$

$$x = \text{sen}\,\frac{y}{2} \Rightarrow \text{arc sen}\,x = \frac{y}{2} \Rightarrow y = 2\,\text{arc sen}\,x$$

$$f^{-1}(x) = 2\,\text{arc sen}\,x$$

**4.** **Representar las gráficas de las funciones siguientes:**

*a)* $f(x) = 2^{x+3}$

*b)* $f(x) = -\ln x + 2$

*c)* $f(x) = 1 - \cos 2x$

*a)* Es la gráfica de $f(x) = 2^x$, trasladada 3 unidades hacia la izquierda.

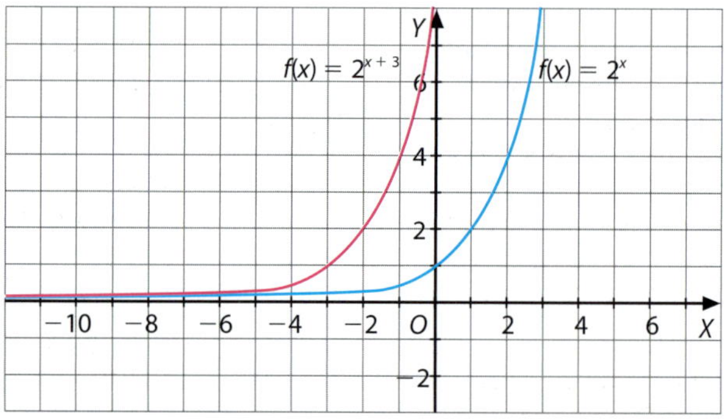


FIGURA 10.18.

*b)* Es la gráfica de $f(x) = \ln x$, invertida y trasladada 2 unidades hacia arriba.

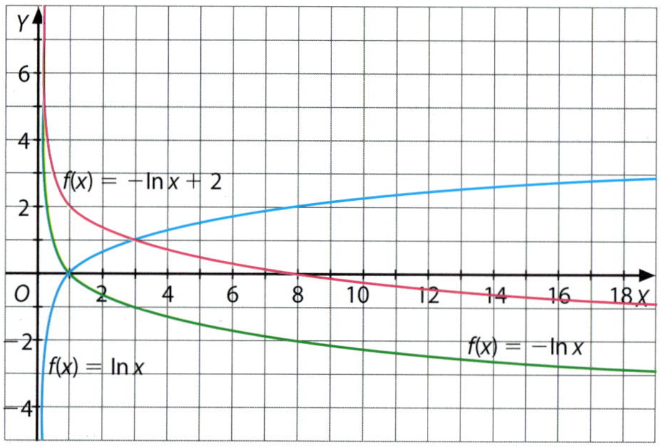


FIGURA 10.19.

*c)* La gráfica es como la de la función coseno, pero contraída, su período es la mitad, invertida y trasladada hacia arriba 1 unidad:

ma1b37

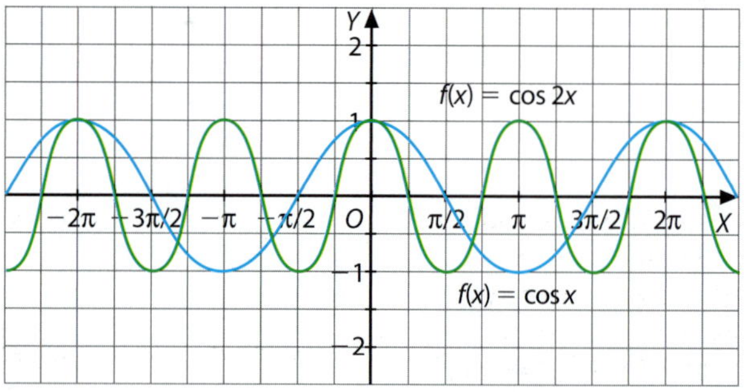


FIGURA 10.20.

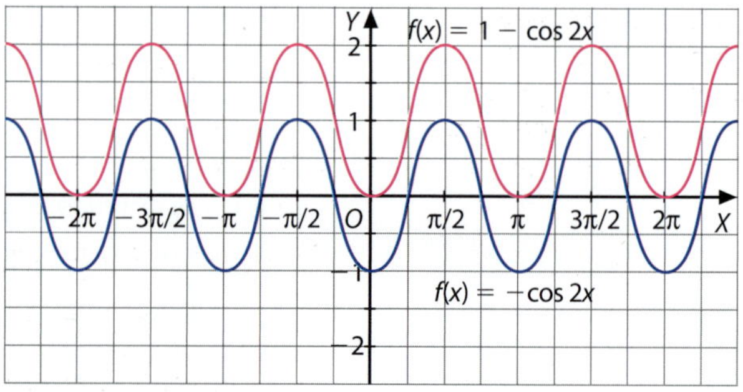


FIGURA 10.21.

## Resolución de problemas con funciones exponenciales y logarítmicas

**5. Un grave problema ecológico es la destrucción de grandes extensiones de arbolado. Supongamos que este fenómeno se rige por la función $y = \ln x$, donde $x$ es el tiempo en años e $y$ los millares de hectáreas de bosque que han desaparecido hasta el momento.**

**a) Expresa la fórmula matemática de la superficie destruida anualmente. ¿Puedes asegurar que la destrucción anual de arbolado permanecerá acotada por debajo de ciertos valores para un futuro lejano?**

**b) ¿Es cierto que, siguiendo esta función, cada año se destruirá menos que el anterior?**

En primer lugar se debe considerar $x > 1$ puesto que de lo contrario podría ser que la tasa de destrucción fuera negativa, es decir, que se creara bosque.

a) Se debe determinar la superficie destruida anualmente.

Si en un año se destruye $\ln x$, al año siguiente se destruye $\ln (x + 1)$, es decir el incremento de la destrucción es:

$$\ln (x + 1) - \ln (x) = \ln \frac{x+1}{x} = \ln\left(1 + \frac{1}{x}\right).$$

Dado que $x \geq 1$, resulta:

$$\ln\left(1 + \frac{1}{x}\right) < \ln 2.$$

La destrucción anual está acotada por $\ln 2$.

b) En el año $x$ se han destruido:

$$\ln (x + 1) - \ln (x) = \ln \frac{x+1}{x}$$

En el año $x + 1$ se habrán destruido:

$$\ln (x + 2) - \ln (x + 1) = \ln \frac{x+2}{x+1}$$

Dado que $\ln x$ es una función creciente bastará con ver si:

$$\frac{x+2}{x+1} < \frac{x+1}{x}$$

Puesto que $x$ es positivo, hay que comprobar que:

$$(x + 2) \cdot x < (x + 1)^2$$

$$(x + 2) \cdot x < (x + 1)^2 \Rightarrow x^2 + 2x < x^2 + 2x + 2 \Rightarrow 0 < 2$$

Siempre se cumple que $0 < 2$.

Así que:

Cada año se destruye menos extensión de arbolado que el año anterior.

**6. Cierta sustancia es eliminada por el cuerpo humano según la función $y(t) = y_0 e^{-at}$, siendo $y(t)$ la concentración en sangre en el instante $t$, medido en horas, e $y_0$ la concentración en el instante inicial.**

**Determina la constante $a$ y el tiempo que se tardará en reducir la concentración hasta el 10 % del valor inicial, sabiendo que para $t = 1$ la concentración era de 1 g/L y, para $t = 2$, había bajado a 0,8 g/L.**

En primer lugar debemos determinar las constante $y_0$ y $a$:

$$1 = y_0\, e^{-a}$$

$$0{,}8 = y_0\, e^{-2a}$$

Dividimos la segunda ecuación entre la primera y se obtiene:

$$0{,}8 = e^{-a} \Rightarrow -a = \ln 0{,}8 \Rightarrow a = -\ln 0{,}8$$

Teniendo en cuenta que $e^{-a} = 0{,}8$, sustituyendo, podemos obtener $y_0$:

$$1 = y_0 \cdot 0{,}8 \Rightarrow y_0 = 1{,}25$$

Y la función se puede escribir como:

$$y(t) = y_0 e^{-at} = 1{,}25 \cdot 0{,}8^t$$

El 10 % de la concentración inicial es $0{,}1 \cdot 1{,}25 = 0{,}125$, por lo que:

$$0{,}125 = 1{,}25 \cdot 0{,}8^t \Rightarrow 0{,}1 = 0{,}8^t$$

Resolvemos la ecuación tomando logaritmos:

$$\ln 0{,}1 = t \ln 0{,}8 \Rightarrow t = \frac{\ln 0{,}1}{\ln 0{,}8} = 10{,}31885 = 10 \text{ h } 19 \text{ min } 8 \text{ s}$$

Se tardarán 10 h 19 min 8 s en reducir la concentración de la sustancia hasta el 10 % del valor inicial.

## Función exponencial

**1** Calcula.

*a)* $\dfrac{(0{,}1)^{-3}\cdot 2^2}{2^{-1}\cdot 10^2}$ *b)* $\dfrac{2\cdot 2^{1/3}}{(2^{-1/3})^2}$

**Solución:** *a)* 80 *b)* 4

**2** Ordena de menor a mayor en cada caso.

*a)* $\left(\dfrac{1}{3}\right)^{-2}, \left(\dfrac{1}{4}\right)^{-2}, \left(\dfrac{1}{5}\right)^{-2}, \left(\dfrac{1}{3}\right)^{-3}, \left(\dfrac{1}{3}\right)^{-1}$

*b)* $\pi^{-3/2}, \pi^{-1}, \pi^{-1/2}$

*c)* $(0{,}2)^{4/3}$, $(0{,}2)^{5/3}$, $(0{,}2)^2$, $2^{-1/2}$, $2^{-1}$, $2^{-2}$

*d)* $\sqrt{(1/2)}, \sqrt[3]{(1/3)}, \sqrt[4]{(1/4)}$

**3** A partir de la función $f(x)=\left(\sqrt{3}\right)^x$, calcula.

$f(0)$, $f(-3)$, $f(-2)$, $f(4)$, $f(6)$, $f^{-1}(9)$, $f^{-1}\left(\dfrac{1}{27}\right)$ y $f^{-1}(-3)$

**Solución:** $f(0)=1$, $f(-3)=1/\left(3\sqrt{3}\right)$, $f(-2)=1/3$, $f(4)=9$, $f(6)=27$, $f^{-1}(9)=4$, $f^{-1}(1/27)=-6$, $\nexists f^{-1}(-3)$

**4** Dada la función $f(x)=3^x$, calcula las antiimágenes de $\dfrac{1}{27}$, $0{,}\widehat{3}$, $\sqrt[3]{9}$, 10 y 7.

**Solución:** $x=-3$, $x=-1$, $x=2/3$, $x=1/\log 3$, $x=\ln 7/\ln 3$

**5** Utilizando la calculadora construye una tabla de valores para la función $f(x)=(4/5)^x$, ¿es una función creciente o decreciente?

**6** Las gráficas de las funciones $f(x)=a^x$ tienen todas un punto en común,¿cuál es este punto?

**7** ¿Para qué valores de $a$ es creciente $f(x)=a^x$?, ¿para cuáles es decreciente?

**8** Utilizando las propiedades de la función exponencial, indica a qué expresión corresponden las gráficas siguientes:

*a)* $f(x)=2^x$ *b)* $f(x)=(1/3)^x$ *c)* $f(x)=5^x$ *d)* $f(x)=(1/5)^x$

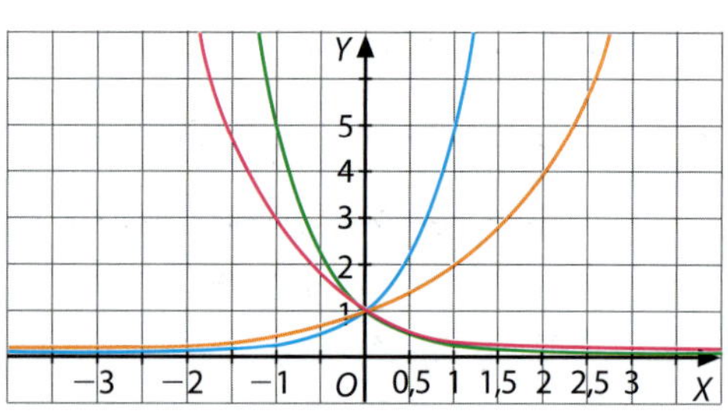


FIGURA 10.22.

¿Cuál es el dominio y el recorrido de las funciones representadas? ¿Cuáles son crecientes? ¿Cuáles decrecientes?

**9** Construye las gráficas de las siguientes funciones.

*a)* $f(x)=\left(\dfrac{1}{2}\right)\cdot 2^x$ *b)* $f(x)=2^{|x|}$

**10** Sin dibujar la gráfica, indica las características de las siguientes funciones.

*a)* $f(x)=0{,}2^x$ *c)* $f(x)=-2\cdot 2^{-x}$

*b)* $f(x)=-2\cdot 3^x$ *d)* $f(x)=3\cdot 2^{-x}$

**11** Averigua el punto de intersección de las gráficas de las funciones $f(x)=3^x$ y $g(x)=2^x$.

**12** Utilizando la gráfica de la función $f(x)=2^x$, representa gráficamente la función $f(x)=2^x+1$ y $f(x)=2^x-3$.

**13** De la función exponencial $f(x)=k\cdot a^x$ sabemos que pasa por (0, 2) y (3, 54). Determina los valores de $a$ y $k$.

**14** Calcula $k$ y $a$ en la función $f(x)=k\cdot a^x$, sabiendo que se cumple lo siguiente.

*a)* $f(3)=6$ y $f(8)=192$

*b)* $f(-1)=1/6$ y $f(-3/2)=1/18$

*c)* $f(1)=12$ y $f(3)=192$

**15** Cuando se afirma que la inflación anual es del 3,2 %, se está indicando que un producto cuyo valor sea, por ejemplo, de 100 € al inicio del año, valdrá 103,20 € a su término. Calcula cuánto habrá que pagar dentro de 4 años por una vivienda que cuesta actualmente 137 000 €, si se supone una inflación anual constante del 3,2 %.

**16** Considerando la misma inflación que en la actividad anterior, calcula el precio que tenía una vivienda hace cuatro años si actualmente cuesta 200 000 €.

## Función logarítmica

**17** Escribe las siguientes igualdades como una expresión logarítmica.

*a)* $6^{-1}=1/6$ *c)* $7^{-3}=1/343$

*b)* $(4/9)^{1/2}=2/3$ *d)* $\left(\sqrt{2}\right)^{-4}=1/4$

**18** Calcula la base de los siguientes logaritmos.

*a)* $\log_x 1/4=-2$

*b)* $\log_x \sqrt[3]{625}=4/3$

*c)* $\log_x \sqrt{1/32}=5/2$

**Solución:** *a)* $x=2$ *b)* $x=5$ *c)* $x=1/2$

**19** Haz una tabla de valores para la función $f(x)=4^x$ y a partir de esos valores representa la función $f(x)=\log_4 x$.

**20** Las gráficas de las funciones $f(x)=\log_a x$ tienen todas un punto en común, ¿cuál es este punto?

**21** ¿Para qué valores de $a$ es creciente $f(x)=\log_a x$?, ¿para cuáles es decreciente?

**22** Utilizando las propiedades de la función logarítmica, indica a que expresión corresponden las gráficas:

*a)* $f(x)=\log_2 x$ *c)* $f(x)=\log_{1/5} x$

*b)* $f(x)=\log_{1/3} x$ *d)* $f(x)=\log_5 x$

FIGURA 10.23.

**23** Utilizando la gráfica de $f(x) = \log_2 x$, representa la función $f(x) = \log_2 x + 1$ y $f(x) = \log_2 x - 3$.

**24** Si $a$ y $b$ son dos números reales, positivos y mayores que 1, y $\log_a 3 < \log_b 3$ ¿qué relación existe entre $a$ y $b$?

**25** Sea $f(x) = \log_{1/2} x$ y $g(x) = \log_{1/3} x$ y $f(a) < g(b)$. ¿Qué se debe cumplir: $a > b$ o $a < b$?

**26** Representa estas funciones.

*a)* $f(x) = \log x$

*b)* $i(x) = \log x^2$

*c)* $g(x) = \log |x|$

*d)* $h(x) = |\log x|$

**27** Un gramo de una sustancia radiactiva, que se desintegra exponencialmente, se reduce a un 18 % en 8 años. Calcula su vida media y su período de semidesintegración.

**Solución:** Vida media = 4,67 años, Período semidesintegración = 3,23 años

**28** Durante un cierto período, la demanda de café queda ajustada a la función $D = 1\,600 \cdot e^{-0,1t}$, donde $t$ indica el número de meses, y $D$, la cantidad de kilos de café vendidos. Calcula cuándo se reducirá la demanda a la mitad.

**Solución:** 6 meses y 28 días aproximadamente

**29** La concentración de iones de hidronio de una solución jabonosa es $3,1 \cdot 10^{-6}$ moles/L. ¿Cuál es su pH?

**Solución:** 5,51

**30** Un fenómeno natural se mide mediante una constante que se calcula a partir de la expresión $k = \log (I/I_0)$. Si la intensidad es $I_0$, entonces $k = 0$, por lo que dicha intensidad se considera normal. Calcula la intensidad relativa del fenómeno cuando $k = \ln 2$.

**Solución:** 4,93

## Función trigonométricas

**31** Representa $f(x) = \operatorname{sen} x + 1$ e indica su período.

**32** Representa $f(x) = -\cos x + 3$ e indica su período.

**33** Dadas las funciones $f(x) = \cos x$, $g(x) = \cos x + 2$ y $h(x) = \cos x - 3$, determina su dominio y su recorrido.

**34** ¿Para qué valores de $x$ se cumple que $\operatorname{sen} x > \cos x$?

**35** Representa las siguientes funciones e indica si son periódicas y qué período tienen:

*a)* $f(x) = 2 \cos x$

*b)* $f(x) = |\cos x|$

**36** Halla $f \circ g$, siendo $f(x) = \operatorname{arc\,cos} x$, y siendo:

*a)* $g(x) = \operatorname{sen} x$

*b)* $g(x) = \cos 2x$

**37** Un movimiento oscilatorio tiene la siguiente ecuación $x(t) = 10 \operatorname{sen} (\pi t + \pi/4)$, siendo $x$ la desviación respecto del punto de equilibrio medida en centímetros respecto del tiempo, $t$, medido en segundos.

*a)* Averigua el período de esta función.

*b)* ¿Cuánto tarda en realizar una oscilación completa?

*c)* Averigua la desviación máxima respecto del punto de equilibrio.

*d)* ¿Cuál es el tiempo mínimo que tarda en llegar a su máxima desviación?

*e)* Determina la desviación inicial, es decir, $x(0)$.

**Solución:** *a)* 2 s *b)* 0,5 s *c)* 10 cm *d)* $t = 0,25$ s *e)* $x(0) = 7,07$ cm

**38** Calcula:

*a)* $\operatorname{sen}\left(\operatorname{arc\,cos}\dfrac{\sqrt{3}}{2}\right)$

*b)* $\operatorname{sen}\left(\operatorname{arc\,sen}\dfrac{1}{2}\right)$

*c)* $\operatorname{arc\,sen}(\cos x)$

**Solución:** *a)* 1/2 *b)* 1/2 *c)* $(\pi/2) - x$

## Ejercicios de aplicación

**39** En la figura tienes representadas las funciones:

*a)* $f(x) = a^x$, $a > 1$

*b)* $f(x) = a^x$, $0 < a < 1$

*c)* $f(x) = \log_a x$, $0 < a < 1$

*d)* $f(x) = \log_a x$, $a > 1$

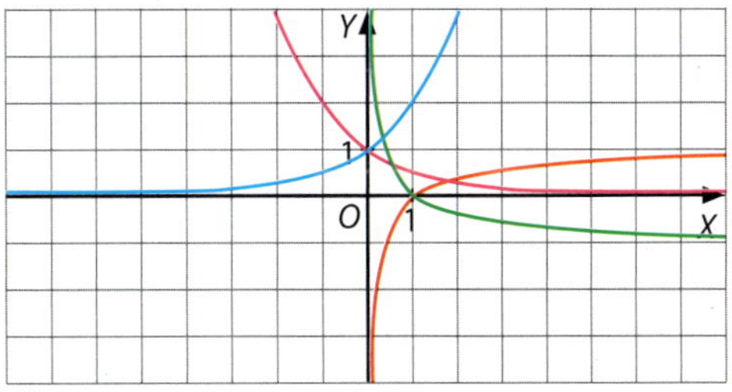


FIGURA 10.24.

Identifícalas e indica el dominio y el recorrido de cada una de las funciones y di si son crecientes o decrecientes.

**40** Dibuja en unos mismos ejes de coordenadas las gráficas de las funciones.

*a)* $f(x) = 2x$

*b)* $g(x) = x^2$

*c)* $h(x) = 2^x$

*d)* $i(x) = \log_2 x$

**41** Dibuja esta función, e indica si es continua en $x = 2$:

$$f(x) = \begin{cases} 2^x & \text{si } x < 2 \\ -x^2 + 4x & \text{si } x \geq 2 \end{cases}$$

**42** Estudia si la siguiente función es continua en $\mathbb{R}$:

$$f(x) = \begin{cases} \cos (x + \pi) & \text{si } x \leq 0 \\ \dfrac{x^3 - x}{2x^2 + x} & \text{si } x > 0 \end{cases}$$

**43** Representa $f(x) = \ln x - e^x$.

**44** Calcula el punto donde se cortan las gráficas de las siguientes funciones.

$$f(x) = e^x \text{ y } g(x) = \ln x$$

**Solución:** No se cortan.

**45** Construye las tablas de valores y representa estas funciones.

$f(x) = 2 + \log x$, $g(x) = \log (x + 2)$, $h(x) = 2 + \log (x + 2)$

**46** Dada la función $f(x) = \ln x$, determina para qué valores de $x$ se cumple que $2 < f(x) < 4$.

**Solución:** $e^2 < x < e^4$

**47** Identifica las funciones, indicando su período.

*a)*

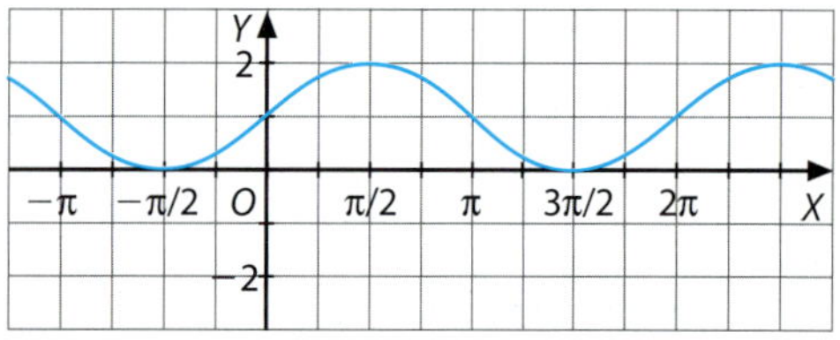


FIGURA 10.25.

*b)*

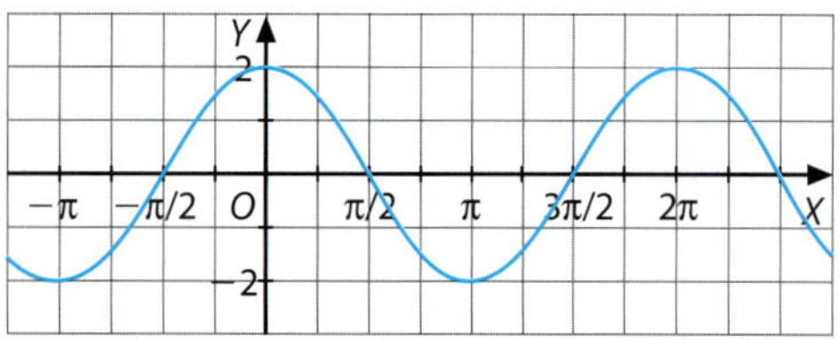


FIGURA 10.26.

*c)*

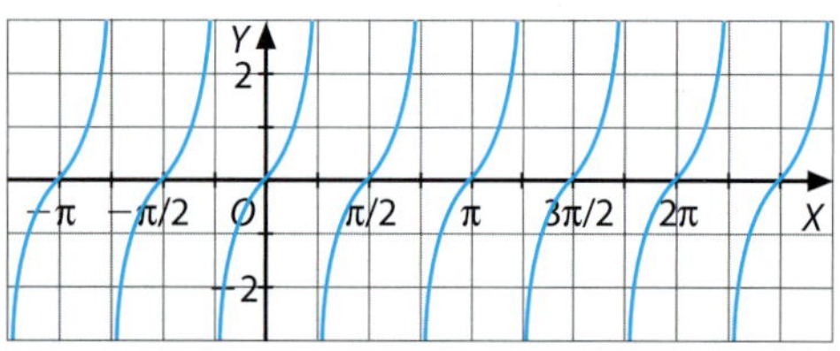


FIGURA 10.27.

**48** Representa las siguientes funciones e indica si son periódicas y qué período tienen.

*a)* $f(x) = \text{sen}\, x + \cos x$ *b)* $f(x) = 3\ \text{sen}\ 2x$

**49** Calcula los dominios de las siguientes funciones.

*a)* $f(x) = \log(x^2 + x - 6)$ *c)* $f(x) = \dfrac{\ln x}{\sqrt{x-3}}$

*b)* $f(x) = \ln\left(\dfrac{x+3}{2-x}\right)$ *d)* $f(x) = \dfrac{2x}{1 - \ln x}$

**50** Halla el dominio de las siguientes funciones.

*a)* $f(x) = 2/\text{sen}\, x$ *b)* $f(x) = \log(1 + \cos x)$

**51** Halla la inversa de las siguientes funciones.

*a)* $f(x) = 2(e^x - 1)$ *c)* $f(x) = 5 \cdot 7^{x-4}$

*b)* $f(x) = \sqrt{-\ln x}$ *d)* $f(x) = 5 + 7^x$

**52** Calcula los ceros de las siguientes funciones e indica qué sucederá cuando $x \to +\infty$.

*a)* $f(x) = \dfrac{1}{2} - e^{-2x}$ *b)* $f(x) = 1 - 2e^{-2x}$

**Solución:** *a)* $f(x) = 0 \Rightarrow x = \ln\sqrt{2}, x \to +\infty \Rightarrow f(x) \to 1/2$

*b)* $f(x) = 0 \Rightarrow x = \ln\sqrt{2}, x \to +\infty \Rightarrow f(x) \to 1$

**53** La función $f(x) = a \cdot (1 - e^{-kx})$ tiene una representación denominada curva de aprendizaje.

*a)* Calcula para qué valor de $x$ se cumple que $f(x) = a/2$.

*b)* Representa la función si $a = 10$ y $k = 1$. Calcula $\lim\limits_{x \to +\infty} f(x)$. ¿Qué se observa?

**Solución:** *a)* $x = \ln 2/k$ *b)* 10

**54** La población de un estado es, en millones de habitantes, $P(t) = 20/(4e^{-t/100} + 1)$, siendo $t$ el tiempo medido en años. Calcula la población actual y estudia si se estabilizará con el paso del tiempo.

**Solución:** 4 millones de habitantes

**55** Una magnitud física varía con el paso del tiempo $t$ según la función: $M(t) = 100 - 20e^{2t}$ con $t \geq 0$ donde el tiempo, $t$, está dado en horas.

*a)* Calcula el valor inicial de dicha magnitud.

*b)* La magnitud $M(t)$, ¿aumenta o disminuye con el paso del tiempo?

*c)* ¿Cuándo será nula la magnitud $M$?

*d)* Representa la función $M(t)$.

**Solución:** *a)* 80 *c)* 48 min 17 s

**56** Entre 1975 y 1995, el promedio del índice de crecimiento anual de la población mundial fue de 1,73 %. Si se estimaba que la población mundial en 1975 era de 4 079 millones de personas, ¿qué población puede estimarse en el año 1995? Por otro lado, se prevé que la población mundial ascenderá, en el año 2025, a 8 427 millones de personas. ¿Cuál será entonces el promedio anual de crecimiento de la población?

**Solución:** 5 748,24 millones de personas. Promedio anual de crecimiento 1,46 %

**57** Se sabe que cuando se administra un fármaco a un enfermo la concentración en sangre disminuye exponencialmente en función del tiempo. También se sabe que para un fármaco determinado la concentración en sangre en función del tiempo es $C(t) = 0{,}6 \cdot (0{,}85)^t$, donde $C(t)$ es la concentración en mg cuando han pasado $t$ horas desde la administración.

*a)* ¿Cuál es la dosis inicial?

*b)* ¿Qué concentración tendrá el paciente a las dos horas? ¿Y a las cinco?

*c)* Es importante que la concentración no baje de 0,31 mg. ¿Cada cuánto tiempo se deberá administrar el fármaco?

**Solución:** *a)* 0,6 mg *b)* 0,4335 mg 0,2663 mg *c)* 4 horas

**58** Un producto se lanza al mercado con una previsión de ventas para las veinte primeras semanas determinada por la función $N(t) = 1\,500\ e^{0{,}25t}$, donde $N$ es el número de unidades que se prevé vender y $t$ el tiempo en semanas. Determina la expresión que refleja el tiempo transcurrido en función de las unidades vendidas y haz una estimación de cuántas semanas han de pasar para que se hayan vendido 10 000 unidades.

**Solución:** 7,6 semanas

**59** Suponemos que una persona después de beber durante una cena, llega a una tasa de alcoholemia en sangre de 1,1 g/L. A partir de este momento deja de beber y la concentración baja progresivamente siguiendo la función $f(t) = 1{,}1 \cdot 0{,}65^t$, donde $t$ representa el tiempo en horas. Calcular las horas que se deberá esperar para tener una tasa de alcoholemia de 0,2 mg/L.

**Solución:** Aproximadamente 4 horas

**60** El nivel de intensidad de una onda sonora se define como $b = 10 \log I/I_0$, donde $I_0$ es el nivel de referencia y vale $I_0 = 10^{-12}$ W/m², e $I$, el nivel de la intensidad del sonido que se desea medir. ($b$ se expresa en decibelios)

*a)* Calcula cuántos decibelios tiene el sonido cuya intensidad es la de referencia.

*b)* Si el nivel de la intensidad del sonido del tráfico en una gran ciudad es de 70 decibelios, calcula cuál es su intensidad en W/m².

**Solución:** *a)* 0 db *b)* $I = 10^{19}$ W/m²

# Evaluación

| Soy capaz de... | Actividades |
|---|---|
| Representar funciones exponenciales, logarítmicas y trigonométricas, e interpretar sus propiedades locales y globales, comprobando los resultados con la ayuda de medios tecnológicos. | **1, 2, 4, 6** |
| Extraer e identificar informaciones derivadas del estudio y análisis de funciones en contextos reales. | **3, 5, 8** |
| Analizar funciones expresadas en forma algebraica y relacionarlas con fenómenos cotidianos, económicos, sociales y científicos extrayendo y replicando modelos. | **7, 8** |

**1.** Representa las siguientes funciones y determina sus propiedades:

*a)* $f(x) = e^{2x}$

*b)* $g(x) = \text{sen}\ (2x)$

*c)* $h(x) = \text{arc tg}\ (x - 1)$

**2.** Haz un estudio y representa gráficamente a partir de la gráfica de $f(x) = 2^x$, la función:

$$g(x) = 2^{x+2} + 1$$

**3.** Se sabe que la demanda de un producto sigue la ecuación $f(x) = A \cdot 3^{-kx}$ siendo $x$ el tiempo, en años, de demanda del producto.

Calcula las constantes A y $k$, si sabemos que a los dos años se hizo una demanda de 729 unidades y que a los 5 años tuvo una demanda de 27 unidades.

**4.** Haz un estudio y representa gráficamente, a partir de la gráfica de $f(x) = \ln x$, la función:

$$g(x) = \ln(x - 1) + 1$$

**5.** Cierto método numérico contabiliza el número de operaciones que realiza para ordenar listas de números, siguiendo la fórmula $f(x) = Ax \log x + Bx$ siendo $x$ el número de elementos de la lista a ordenar.

Calcula las constantes $A$ y $B$ si sabemos que para una lista de 10 elementos necesita 120 operaciones y que para una lista de 10 000 elementos realiza 420 000.

**6.** Estudia el dominio de la siguiente función:

$$f(x) = \text{tg}\left(2x - \frac{3\pi}{2}\right)$$

**7.** Dada la función $f(x) = 5 \cdot \text{sen}\left(2x - \frac{\pi}{4}\right)$, determina:

*a)* El dominio y recorrido de la función.

*b)* El período.

*c)* El valor máximo y el valor mínimo.

*d)* Su función inversa. ¿Cuál sería el dominio de esta función? ¿Y su recorrido?

**8.** El movimiento de una onda se estudia a partir de la ecuación $f(x) = 3 \cdot \cos\ (2\pi x)$.

Calcula:

*a)* La amplitud del movimiento (valor máximo del recorrido).

*b)* El período del movimiento.

*c)* El número de oscilaciones en ese período.

# 11 Derivadas

Alrededor del pueblo de Nurburgo (Alemania) se encuentra, desde 1927, el circuito de Nordschleife. El circuito que podemos ver en la fotografía, fue construido para albergar los grandes premios de automovilismo del Gran Premio de Alemania.

Nordschleife es el circuito de carreras más largo (25 378 m) del mundo y se le reconoce como uno de los circuitos más temidos y difíciles para pilotar. Grandes leyendas del automovilismo como Alberto Ascari, Juan Manuel Fangio, Niki Lauda o Jackie Stewart pudieron dejar su nombre escrito en la historia de este circuito. Hoy en día, el infierno verde, como lo apodó Jackie Stewart en 1960, alberga una de las pruebas reinas del motor: las 24 h de Nürburgring.

Desde 1977 hasta hoy en día se disputa el Gran Premio de Alemania en el circuito moderno de Nürburgring, alternándose con el circuito de Hockenheimring. En el año 2013, Sebastian Vettel completó las 60 vueltas de 5,148 km del circuito en un tiempo de 1 h 41 min 14,711 s, llevándose la victoria.

La velocidad de un corredor en el momento de atravesar la meta se obtiene determinando su velocidad media entre dos instantes extraordinariamente próximos.

# Repasa lo que sabes

**Ecuación punto-pendiente de la recta**

La relación entre la pendiente de una recta y las componentes de su vector director puede utilizarse también en la ecuación de la recta en forma continua:

$$\frac{x-a_1}{v_1}=\frac{y-a_2}{v_2}$$

Como $y-a_2=\frac{v_2}{v_1}(x-a_1)$, podemos concluir que $y-a_2=m(x-a_1)$.

Esta expresión se denomina **ecuación punto-pendiente** de la recta y resulta muy útil cuando hay que calcular rectas tangentes a curvas.

**OBSERVA**

La pendiente, $m$, de una recta que pasa por los puntos $(x_0, y_0)$ y $(x_1, y_1)$ viene dada por la expresión:

$$m=\text{tg}\,\alpha=\frac{y_1-y_0}{x_1-x_0}$$

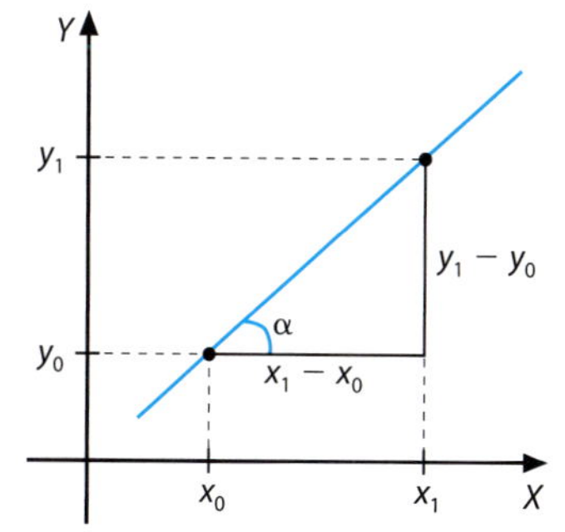


**1.** Determina la ecuación de la recta de pendiente $-3$ que pasa por el punto de coordenadas $(2, -1)$.

**2.** Calcula la ecuación de la recta tangente a la curva de la función

$$f(x)=x^2+1$$

en el punto de abscisa 2, sabiendo que su pendiente es 4.

Se dice que un número real, $L$, es el **límite de una función en un punto** $a$ si, al tomar valores de $x$ cada vez más próximos a $a$, sus imágenes correspondientes, $f(x)$, están también más próximas a $L$.

Intuitivamente, esto significa que si $|x-a|\to 0$, entonces $|f(x)-L|\to 0$.

Si una función tiene límite en un punto, este es único.

**3.** Calcula los siguientes límites de funciones.

*a)* $\lim\limits_{x\to -5}\left(\dfrac{\sqrt{-1-2x}-3}{x+5}\right)$ *b)* $\lim\limits_{h\to 0}\left(\dfrac{\dfrac{1}{(1+h)^2}-1}{h}\right)$

Se dice que una **función** $f(x)$ es **continua en un punto** $a$ si:

- Existe $f(a)$.
- Existe $\lim\limits_{x\to a} f(x)$.
- $\lim\limits_{x\to a} f(x)=f(a)$

Si una función no cumple alguna de estas condiciones, la función no es continua en $a$. En este caso, decimos que $f(x)$ presenta un punto de discontinuidad en $x=a$.

**4.** Estudia la continuidad de las siguientes funciones.

*a)* $f(x)=\dfrac{1}{x^2-1}$

*b)* $g(x)=\begin{cases}\dfrac{x^2}{2}-2x & \text{si } x\leq 4\\ \sqrt{x}-2 & \text{si } x>4\end{cases}$

# 1. Tasa de variación

## 1.1. Tasa de variación media

**OBSERVA**

Las variables $s$ y $t$ están relacionadas: $s$ es la variable dependiente, y $t$, la variable independiente.

Si la velocidad media es grande, el espacio varía mucho para una determinada variación del tiempo. Por el contrario, cuando la tasa de variación media es pequeña, hay poca variación del espacio para la misma variación del tiempo y, por tanto, la velocidad media será pequeña.

Sebastian Vettel el piloto de carreras de la introducción de la unidad, recorrió en el circuito de Nürburgring 308,880 km en 1,687 h. Su velocidad media fue:

$$v_m = \frac{\text{espacio recorrido}}{\text{tiempo empleado}} = \frac{\Delta s}{\Delta t} = \frac{308{,}880}{1{,}687} = 183{,}048 \text{ km/h}$$

La velocidad media se denomina **tasa de variación media** (TVM) del espacio en función del tiempo.

**Ejercicio resuelto**

▶ *Un paracaidista se tira desde un avión que vuela a gran altura. Después de caer libremente durante 6 s, abre el paracaídas. El espacio recorrido por el paracaidista con respecto al tiempo viene dado en la siguiente tabla:*

| t (s) | 0 | 1 | 2 | 3 | 4 | 5 | 6 |
|---|---|---|---|---|---|---|---|
| s (m) | 0 | 4,9 | 19,6 | 44,1 | 78,4 | 122,5 | 176,4 |

*Calcular la velocidad media en intervalos de dos segundos de amplitud.*

En el intervalo [0, 2] tenemos: $v_{0\text{-}2} = \frac{19{,}6 - 0}{2} = 9{,}8$ m/s

Análogamente en [2, 4] y [4, 6]:

$$v_{2\text{-}4} = \frac{78{,}4 - 19{,}6}{2} = 29{,}4 \text{ m/s} \qquad v_{4\text{-}6} = \frac{176{,}4 - 78{,}4}{2} = 49 \text{ m/s}$$

Como puedes observar, la tasa de variación media del espacio respecto del tiempo es mayor en el intervalo [4, 6] que en los otros dos; es decir, la velocidad media en los distintos intervalos no es constante. Se evidencia así que el movimiento de caída de los cuerpos no es uniforme.

Dada una función cualquiera, $f(x)$, se define su **tasa de variación media** en un intervalo $[a, b]$, como:

$$\text{TVM}_{[a,b]} = \frac{\text{variación de } f(x)}{\text{variación de } x} = \frac{f(b) - f(a)}{b - a}$$

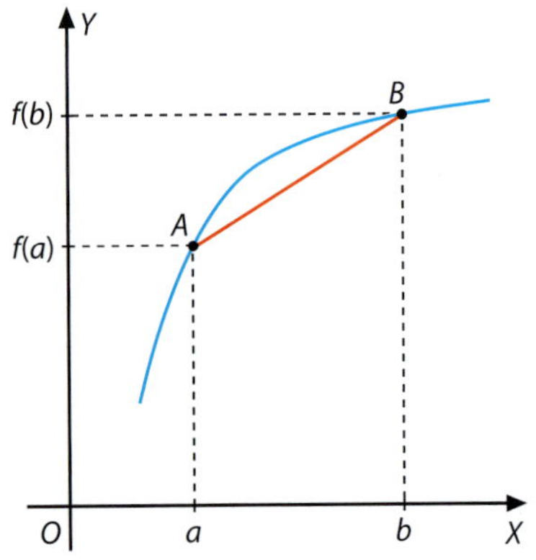

FIGURA 11.1.

La tasa de variación media para una función cualquiera $f(x)$ en un intervalo de amplitud $h$, $[a, a + h]$, es:

$$\text{TVM}_{[a,\, a+h]} = \frac{f(a+h) - f(a)}{h}$$

Se puede observar en la gráfica de la figura 11.1 que la tasa de variación media de la función $f(x)$ en el intervalo $[a, b]$ coincide con el valor de la pendiente de la recta secante que pasa por los puntos $A(a, f(a))$ y $B(b, f(b))$.

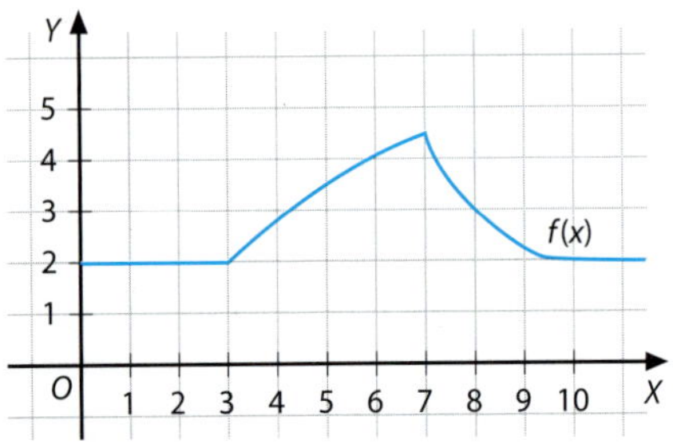

FIGURA 11.2.

**Actividades**

**1** Observa la gráfica de la función representada en la figura 11.2, y calcula, de forma aproximada, las tasas de variación media en los intervalos [1, 3], [3, 5], [5, 7], [7, 8] y [8, 10].

**Solución:** $\text{TVM}_{[1,3]} = 0$, $\text{TVM}_{[3,5]} = 0{,}75$, $\text{TVM}_{[5,7]} = 0{,}5$, $\text{TVM}_{[7,8]} = -1{,}5$, $\text{TVM}_{[8,10]} = -0{,}5$

## 1.2. Tasa de variación instantánea

Si quisiéramos calcular la velocidad del piloto en un momento cualquiera del recorrido, deberíamos determinar la velocidad media en un intervalo de tiempo nulo, y esta sería la **tasa de variación instantánea** (TVI) del espacio en función del tiempo.

Para determinar la tasa de variación instantánea de una función cualquiera en un punto $a$, podemos considerar intervalos de amplitud cada vez menor.

Dada una función cualquiera, $f(x)$, se define su **tasa de variación instantánea** en un punto $a$, como:

$$\text{TVI}\ (a) = \lim_{b \to a} \frac{f(b) - f(a)}{b - a}$$

Llamando $h$ a la amplitud del intervalo, $b - a$, la expresión anterior se puede escribir:

$$\text{TVI}\ (a) = \lim_{h \to 0} \frac{f(a + h) - f(a)}{h}$$

Observando la representación gráfica de la figura 11.3, el límite de las sucesivas secantes cuando $h$ tiende a cero es la recta tangente a la gráfica de la función en el punto $(a, f(a))$.

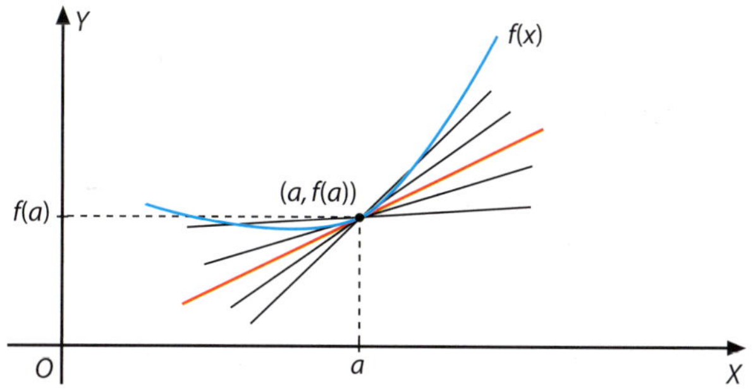


FIGURA 11.3.

### Ejercicio resuelto

▶ *La ecuación del espacio, s (en metros), que recorre un móvil en función del tiempo, t (en segundos), es* $s(t) = 2t + 5t^2$. *Calcular la velocidad de dicho móvil en el instante* $t = 7$.

Para hallar la velocidad hay que calcular TVI (7).

$$\text{TVI}\ (7) = \lim_{h \to 0} \frac{s(7 + h) - s(7)}{h} = \lim_{h \to 0} \frac{[2(7 + h) + 5(7 + h)^2] - 259}{h} =$$

$$= \lim_{h \to 0} \frac{72h + 5h^2}{h} = \lim_{h \to 0} (72 + 5h) = 72$$

Por tanto, en el instante $t = 7$ el móvil lleva una velocidad de 72 m/s.

### Actividades

**2** Calcula la velocidad (en metros por segundo), en el instante $t = 4$, de un móvil cuya ecuación de movimiento es:

$$s(t) = 3 - 4t + \frac{t^2}{2}$$

**Solución:** $v(4) = 0$ m/s

# 2. Derivada de una función en un punto

Si se quiere determinar la tasa de variación instantánea de una función en un punto, los extremos del intervalo de variación $[a,\ a+h]$ deberán aproximarse infinitamente, es decir, $h$ deberá tender a cero, $h \to 0$. Este límite se denomina **derivada de la función $f(x)$ en el punto de abscisa $x = a$** y se designa por $f'(a)$.

**OBSERVA**

$h \neq 0$, y puede ser $h > 0$ y $h < 0$.

La **derivada de una función** $f(x)$ en el punto de abscisa $x = a$ es el valor de este límite, si existe y es finito.

Se designa por $f'(a)$, y es: $f'(a) = \lim\limits_{h \to 0} \dfrac{f(a+h) - f(a)}{h}$

En ocasiones se utiliza otra expresión equivalente para definir la derivada de $f$ en $a$. Si $x = a + h$, se tiene que $a = x - h$, por lo que si $h \to 0$, entonces $x \to a$, y así:

$$f'(a) = \lim_{x \to a} \frac{f(x) - f(a)}{x - a}$$

## 2.1. Interpretación geométrica

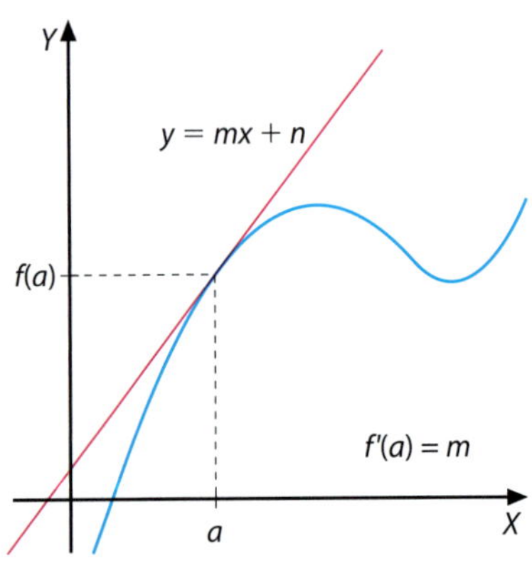

FIGURA 11.5.

Gráficamente, el valor de la tasa de variación media de una función en el intervalo $[a,\ a+h]$ es la pendiente de la recta secante que corta a la gráfica de $f(x)$ en los puntos $(a,\ f(a))$ y $(a+h,\ f(a+h))$.

ma1b38

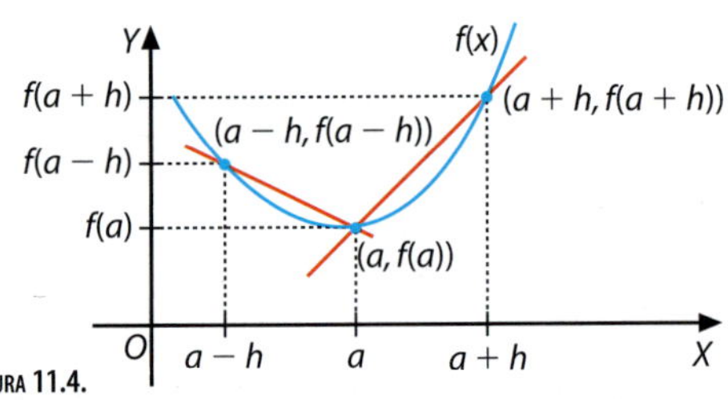

FIGURA 11.4.

De modo análogo, y como ocurre con la velocidad instantánea, la tasa de variación instantánea coincide con la pendiente de la recta tangente a la gráfica de la función en el punto $(a,\ f(a))$ (figura 11.5).

Así, geométricamente la derivada $f'(a)$ es el valor de la pendiente de la recta tangente a la gráfica de $f(x)$ en el punto $(a,\ f(a))$.

### Ejercicios resueltos

▶ *Dada la función $f(x) = \sqrt{x}$, calcular $f'(1)$.*

$$f'(1) = \lim_{h \to 0} \frac{f(1+h) - f(1)}{h} = \lim_{h \to 0} \frac{\sqrt{1+h} - 1}{h} =$$

$$= \lim_{h \to 0} \frac{(\sqrt{1+h} - 1) \cdot (\sqrt{1+h} + 1)}{h \cdot (\sqrt{1+h} + 1)} = \lim_{h \to 0} \frac{1}{\sqrt{1+h} + 1} = \frac{1}{2}$$

▶ *Calcular la pendiente de la recta tangente a la curva $y = (2 - x)^2$ en $x = -1$.*

La pendiente de la recta tangente en $x = -1$ es $f'(-1)$:

$$f'(-1) = \lim_{h \to 0} \frac{f(-1+h) - f(-1)}{h} = \lim_{h \to 0} \frac{(3-h)^2 - 9}{h} =$$

$$= \lim_{h \to 0} \frac{9 - 6h + h^2 - 9}{h} = \lim_{h \to 0} \frac{h(6-h)}{h} = \lim_{h \to 0} (6 - h) = -6$$

Luego la pendiente de la recta tangente en $x = -1$ es $m = f'(-1) = -6$.

## Ejercicio resuelto

▶ *Determinar los puntos de tangente horizontal de la gráfica de la función* $f(x) = 4x^2 - 3x$.

La función es polinómica de grado 2, por lo que es continua y no presenta ningún pico (como sabes, todas las funciones polinómicas tienen una variación suave). Averiguamos el valor de la derivada en un punto cualquiera, $x = a$:

$$f'(a) = \lim_{h \to 0} \frac{f(a+h) - f(a)}{h} = \lim_{h \to 0} \frac{(4(a+h)^2 - 3(a+h)) - (4a^2 - 3a)}{h} =$$

$$= \lim_{h \to 0} \frac{4(a^2 + 2ah + h^2) - 3a - 3h - 4a^2 + 3a}{h} =$$

$$= \lim_{h \to 0} \frac{4a^2 + 8ah + 4h^2 - 3a - 3h - 4a^2 + 3a}{h} =$$

$$= \lim_{h \to 0} \frac{h(8a + 4h - 3)}{h} = \lim_{h \to 0} (8a + 4h - 3) = 8a - 3$$

En los puntos de tangente horizontal la derivada es cero, por tanto:

$$f'(a) = 0 \Rightarrow 8a - 3 = 0 \Rightarrow a = \frac{3}{8}$$

En el punto de abscisa $x = 3/8$ la gráfica de la función $f(x) = 4x^2 - 3x$ tiene tangente horizontal.

## Actividades

**3** Dada la función $f(x) = 3x^2 - 3x$, averigua $f'(2)$.

**Solución:** $f'(2) = 9$

**4** Dada la función $f(x) = 1/x$, averigua $f'(a)$, donde $a \neq 0$. ¿Hay algún punto de la gráfica en que $f'(a) > 0$? ¿Cómo es $f(x)$ en cualquier punto de su dominio?

**5** ¿Existe la derivada en $x = 2$ de la función $f(x) = |x - 2|$? ¿Por qué?

**6** A partir de la función (figura 11.6), determina:

*a)* Los puntos en los que no es derivable.

*b)* Los puntos de derivada nula.

*c)* $f'(-2)$ y $f'(4)$.

*d)* El valor de la pendiente de la recta tangente en $x = -2$, $x = 0$ y $x = 1$.

**Solución:** *c)* $f'(-2) = 1$ y $f'(4) = 0$
*d)* $f'(-2) = 1$; $f'(0) = 0$; $f'(1) = -2$

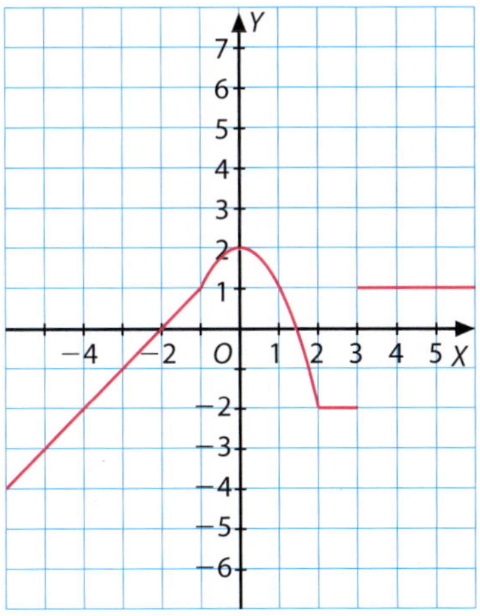


FIGURA 11.6.

**7** Calcula el valor de la pendiente de la recta tangente a $y = 1/x^2$ en $x = 2$.

**Solución:** $m = -1/4$.

**8** Determina los puntos de tangente horizontal de las funciones:

*a)* $f(x) = 2 + \sqrt{x}$ *b)* $f(x) = 2x^2 - 3x + 1$

**Solución:** *a)* No tiene. *b)* $x = 3/4$

**9** Calcula el ángulo que forma la recta tangente a la gráfica de la función $f(x) = -2x^2 + x$ en $x = 0$ con el semieje positivo de abscisas.

**Solución:** 45°

## 2.2. Derivadas laterales

A partir de la definición de derivada de una función en un punto se pueden definir las derivadas laterales utilizando el concepto de límite lateral.

Así, si existe $\lim\limits_{h \to 0^-} \dfrac{f(a+h) - f(a)}{h}$, se dice que $f$ es **derivable por la izquierda** en $x = a$.

Dicho límite se escribe $f'_-(a)$.

Si existe $\lim\limits_{h \to 0^+} \dfrac{f(a+h) - f(a)}{h}$, se dice que $f$ es **derivable por la derecha** en $x = a$.

Dicho límite se escribe $f'_+(a)$.

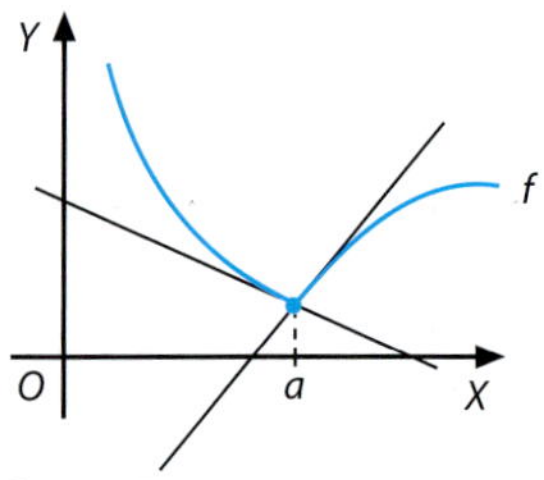

FIGURA 11.7.

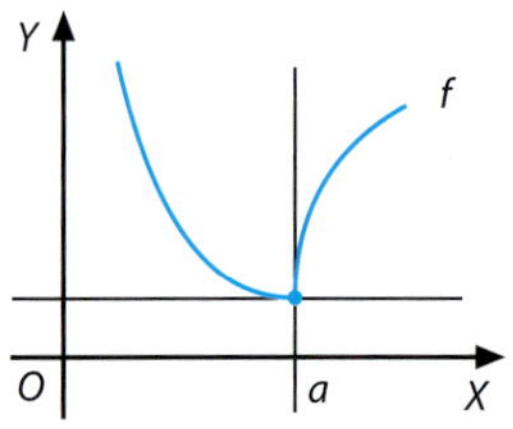

FIGURA 11.8.

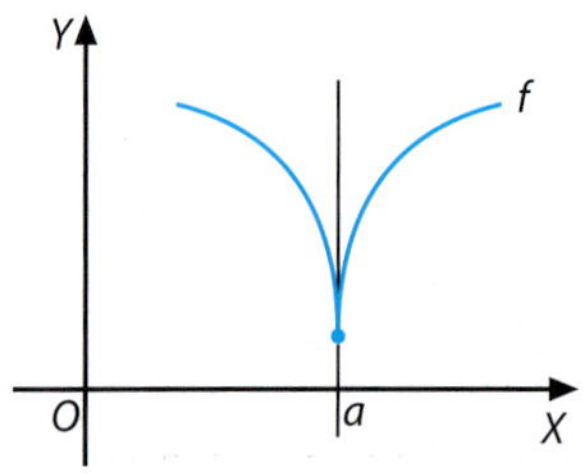

FIGURA 11.9.

De su definición se deduce que si una función es derivable en $x = a$, entonces sus derivadas laterales en $x = a$ existen y son iguales. Y viceversa, una función continua en $x = a$ es derivable en $a$ si existen sus derivadas laterales en $x = a$ y ambas coinciden.

Dada una función continua en $x = a$, si las derivadas laterales en $x = a$ existen, pero no son iguales, la gráfica de la función presenta en $x = a$ un **punto anguloso.** Gráficamente, quiere decir que la recta tangente que se obtiene como límite del cociente incremental de la función es diferente a ambos lados del punto de abscisa $x = a$ (figura 11.7).

También puede suceder que una de las derivadas laterales en $x = a$ exista y la otra sea infinita. En este caso, el punto de abscisa $x = a$ también es un **punto anguloso** (figura 11.8).

Si las dos derivadas laterales en $x = a$ son infinitas y de distinto signo, siendo $f$ continua en $a$, entonces el punto se denomina de **retroceso** (figura 11.9).

### Ejercicio resuelto

▶ *Sea $f(x) = |x|$. Calcular $f'(0)$.*

La función $f(x)$ está definida a trozos: $f(x) = \begin{cases} -x & \text{si } x < 0 \\ x & \text{si } x \geq 0 \end{cases}$

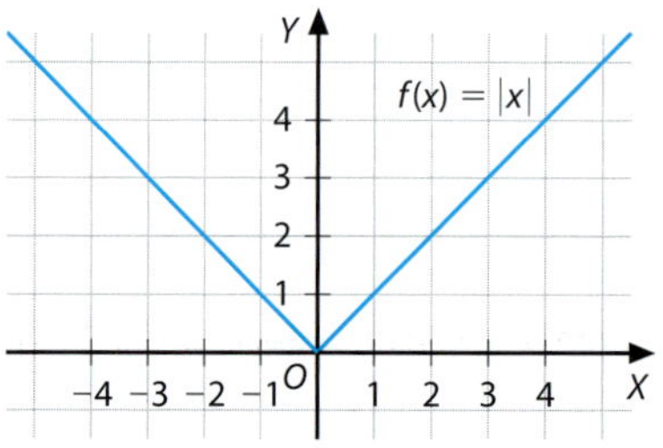

FIGURA 11.10.

La derivada de $f(x)$ en $x = 0$ es $f'(0) = \lim\limits_{h \to 0} \dfrac{f(0+h) - f(0)}{h}$.

Como $f(x)$ es distinta a cada lado de $x = 0$, para calcular $f'(0)$ se hallan los límites por la izquierda y por la derecha de $x = 0$, es decir, las derivadas laterales $f'_-(0)$ y $f'_+(0)$.

- La **derivada lateral por la izquierda** es:

$$f'_-(0) = \lim_{h \to 0^-} \frac{f(0+h) - f(0)}{h} = \lim_{h \to 0^-} \frac{-(0+h) - 0}{h} = \lim_{h \to 0^-} \frac{-h}{h} = -1$$

- La **derivada lateral por la derecha** es:

$$f'_+(0) = \lim_{h \to 0^+} \frac{f(0+h) - f(0)}{h} = \lim_{h \to 0^+} \frac{(0+h) - 0}{h} = \lim_{h \to 0^+} \frac{h}{h} = 1$$

Las derivadas laterales no coinciden; por lo que no existe la derivada en $x = 0$. Dicho de otra forma, $f(x) = |x|$ no es derivable en $x = 0$.

**OBSERVA**

Si una función no es continua en $x = a$, no tiene derivada en $x = a$, decimos que no es derivable en $x = a$. Y que una función, $f(x)$, sea derivable quiere decir que existe la derivada en todos los puntos de su dominio.

## Ejercicios resueltos

► *Calcular, si existe, la derivada de la función* $f(x) = \sqrt[3]{x}$ *en el punto de abscisa* $x = 0$.

Como se observa, la función está definida en todos los reales y $f(0) = 0$.

Calculamos $f'(0)$:

$$f'(0) = \lim_{h\to 0} \frac{f(0+h) - f(0)}{h} = \lim_{h\to 0} \frac{h^{1/3} - 0}{h} = \lim_{h\to 0} \frac{1}{\sqrt[3]{h^2}} = \left(\frac{1}{0^+}\right) = +\infty$$

Por tanto, la función no es derivable en $x = 0$. Decimos que $f$ tiene una derivada infinita en cero (positiva), del mismo signo, aunque calculemos sus derivadas laterales para $h$ tendiendo a $0^+$ o a $0^-$ (figura 11.11).

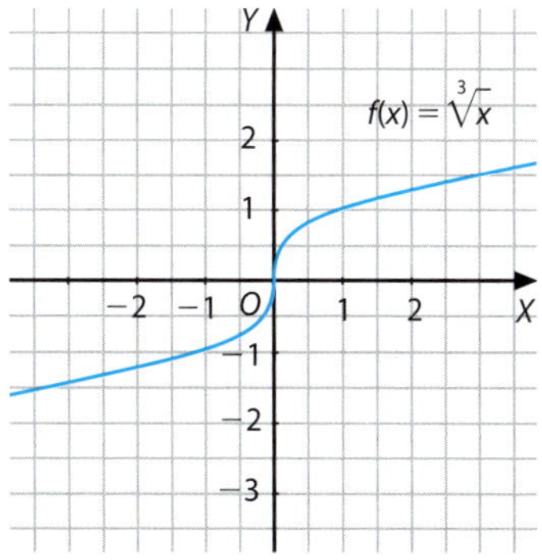

FIGURA 11.11.

► *Calcular, si existe, la derivada de la función* $f(x) = \sqrt[3]{x^2}$ *en el punto de abscisa* $x = 0$.

Como se observa, la función está definida en todos los reales y $f(0) = 0$.

Calculamos $f'(0)$:

$$f'(0) = \lim_{h\to 0} \frac{f(0+h) - f(0)}{h} =$$

$$= \lim_{h\to 0} \frac{h^{2/3} - 0}{h} = \lim_{h\to 0} \frac{1}{h^{1/3}} = \left(\frac{1}{0}\right)$$

Por tanto, la función no es derivable en $x = 0$. Es más, si calculamos el límite del cociente incremental para valores de $h$ próximos a cero, pero de distinto signo, obtenemos:

$$f'_-(0) = -\infty$$

$$f'_+(0) = +\infty$$

Es decir, las derivadas laterales son infinitas y de distinto signo, por lo que la función presenta en $x = 0$ un punto al que denominamos de retroceso (figura 11.12).

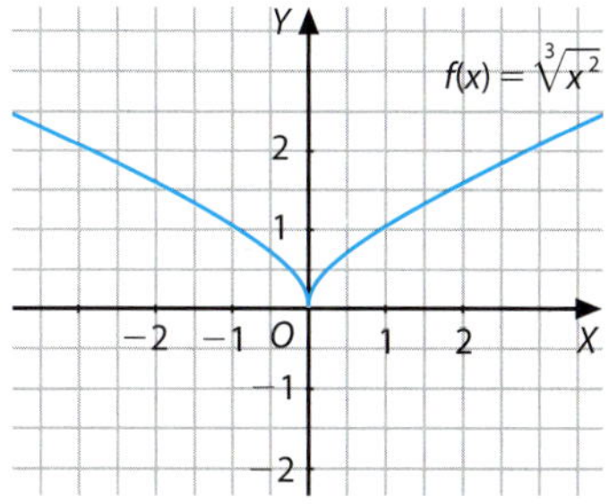

FIGURA 11.12.

## Actividades

**10** Determina, si existe, la derivada de la siguiente función en el punto de abscisa $x = 1$.

$$f(x) = \begin{cases} \dfrac{1}{x} & \text{si } x > 1 \\ 2 - x & \text{si } x \leq 1 \end{cases}$$

**Solución:** $f'(1) = -1$

**11** Calcula si, en el punto de abscisa $x = 2$, existe la derivada de la siguiente función.

$$f(x) = \begin{cases} -x^2 + 4x - 1 & \text{si } x < 2 \\ 2x - 3 & \text{si } x \geq 2 \end{cases}$$

**Solución:** No es continua en $x = 2$, por lo tanto no existe la derivada de $f$ en dicho punto.

**12** Determina si la función $f(x) = |x^2 - 1|$ es derivable en los puntos de abscisas $x = -1$ y $x = 1$.

**Solución:** No es derivable en dichos puntos, puesto que las derivadas laterales en ellos son distintas: $f'_-(-1) = -2$, $f'_+(-1) = 2$; $f'_-(1) = -2$, $f'_+(1) = 2$

# 3. Recta tangente y recta normal

Se define la **tangente a la gráfica de la función $f(x)$ en el punto de abscisa $x = a$** como la recta que pasa por $(a, f(a))$ y tiene pendiente $f'(a)$.

Su ecuación es:

$$y - f(a) = f'(a) \cdot (x - a)$$

Como consecuencia de la definición de tangente a una curva en un punto, se puede deducir que, si una función, $f$, es derivable en $x = a$, entonces existe una tangente a la curva de $f$ en el punto $(a, f(a))$.

Por otro lado, la recta normal a la gráfica de la función $f(x)$ en un punto de abscisa $a$, es la perpendicular a la tangente en el punto $(a, f(a))$. Por ello, el producto de sus pendientes es $-1$:

$$m \cdot m_{\perp} = -1$$

Se define la **recta normal a la gráfica de la función $f(x)$ en el punto de abscisa $x = a$** como la recta que pasa por $(a, f(x))$ y tiene pendiente $-\frac{1}{f'(a)}$.

Su ecuación es:

$$y - f(a) = -\frac{1}{f'(a)}(x - a)$$

**OBSERVA**

Con esta definición de recta tangente como límite de rectas secantes se evitan las confusiones que se derivan de cualquier otra posible definición. Por ejemplo, es común admitir que la recta tangente a una función en un punto es una recta que corta en un solo punto a la función.

Las siguientes figuras ilustran tan desafortunada definición: en la figura 11.13.a, la recta no sería tangente a la gráfica, y lo es; y en la 11.13.b, se podría trazar más de una tangente en los puntos en que hay un cambio brusco de dirección, y, sin embargo, no existe recta tangente en $x = a$.

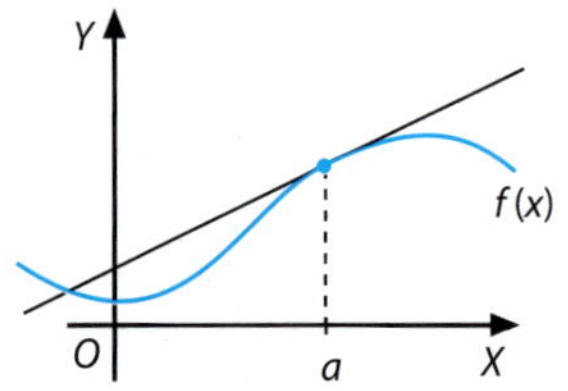


FIGURA 11.13.a.

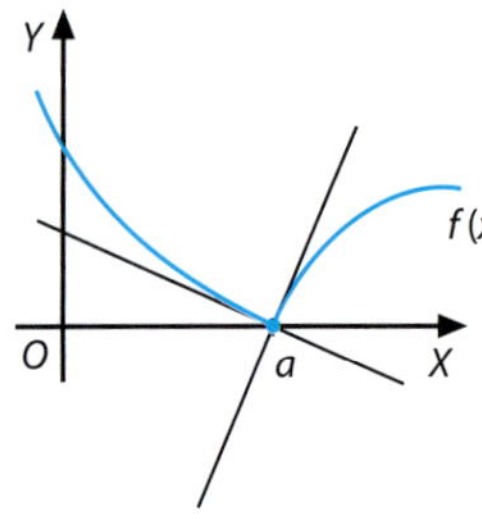


FIGURA 11.13.b.

## Ejercicio resuelto

► *Averiguar el valor de la pendiente de la recta tangente a la curva de la función $f(x) = \sqrt{x}$, en el punto de abscisa $x = 2$. Escribir las ecuaciones de las rectas tangente y normal a la curva en dicho punto.*

Si existe $f'(2)$ coincidirá, por definición, con el valor de la pendiente de la tangente en el punto $(2, \sqrt{2})$.

$$f'(2) = \lim_{h \to 0} \frac{f(2+h) - f(2)}{h} = \lim_{h \to 0} \frac{\sqrt{2+h} - \sqrt{2}}{h} =$$

$$= \lim_{h \to 0} \frac{(\sqrt{2+h} - \sqrt{2})(\sqrt{2+h} + \sqrt{2})}{h(\sqrt{2+h} + \sqrt{2})} = \lim_{h \to 0} \frac{2+h-2}{h(\sqrt{2+h} + \sqrt{2})} =$$

$$= \lim_{h \to 0} \frac{1}{\sqrt{2+h} + \sqrt{2}} = \frac{1}{2\sqrt{2}}$$

Por tanto, el valor de la pendiente de la tangente pedida es:

$$m = \frac{1}{2\sqrt{2}}$$

- La ecuación de la recta tangente en el punto de abscisa $x = 2$ será:

$$y - \sqrt{2} = \frac{1}{2\sqrt{2}}(x - 2) \Rightarrow y = \frac{1}{2\sqrt{2}}x + \frac{1}{\sqrt{2}}$$

- La pendiente de la recta normal en $x = 2$ es:

$$m_{\perp} = -\frac{1}{m} = -2\sqrt{2}$$

Por lo que su ecuación será:

$$y - \sqrt{2} = -2\sqrt{2}(x - 2) \Rightarrow y = -2\sqrt{2}x + 5\sqrt{2}$$

## Ejercicio resuelto

▶ *Averiguar en qué punto la tangente a la curva de la función* $f(x) = \frac{1}{x}$ *tiene pendiente* $-4$, *y escribir su ecuación.*

Calculamos $f'(a)$:

$$f'(a) = \lim_{h \to 0} \frac{f(a+h) - f(a)}{h} = \lim_{h \to 0} \frac{\frac{1}{a+h} - \frac{1}{a}}{h} =$$

$$= \lim_{h \to 0} \frac{[a - (a+h)]}{h[a(a+h)]} = \lim_{h \to 0} \frac{-h}{h[a(a+h)]} = \lim_{h \to 0} \frac{-1}{a(a+h)} = \frac{-1}{a^2}$$

$$\text{Si } f'(a) = -4 \Rightarrow -\frac{1}{a^2} = -4 \Rightarrow a = \pm\frac{1}{2}$$

Por lo tanto, hay dos puntos de la gráfica en los cuales la tangente tiene pendiente $-4$, que son:

$$\left(\frac{1}{2}, 2\right) \left(-\frac{1}{2}, -2\right)$$

La ecuación de la recta tangente en el punto de abscisa $a = \frac{1}{2}$ será:

$$y - 2 = -4\left(x - \frac{1}{2}\right) \Rightarrow y = -4x + 4$$

La ecuación de la recta tangente en el punto de abscisa $a = \frac{-1}{2}$ será:

$$y + 2 = -4\left(x + \frac{1}{2}\right) \Rightarrow y = -4x - 4$$

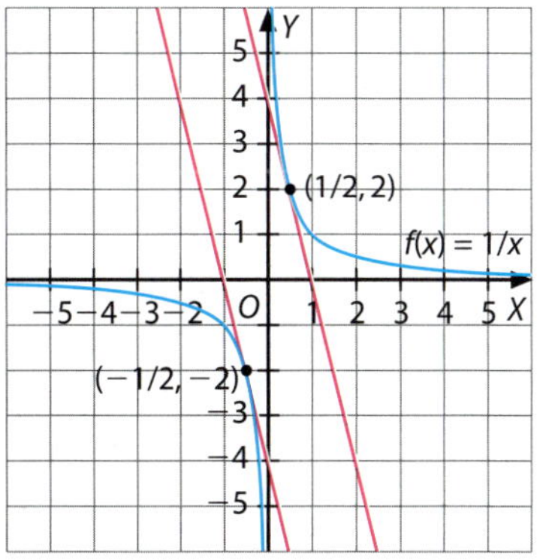


FIGURA 11.15.

## Actividades

**13** Dada la función $f(x) = (1 - x)^2$, calcula su derivada en el punto de abscisa 1. ¿Qué puedes decir acerca de la recta tangente a la gráfica de $f$ en dicho punto?

**Solución:** $f'(1) = 0$

**14** Averigua el valor de la pendiente de la recta tangente a la curva de la función $f(x) = x^2 - 1$ en el punto de abscisa $x = 2$. A continuación, escribe la ecuación de dicha recta.

**Solución:** $m = 4; y = 4x - 5$

**15** Calcula la pendiente de la tangente a $f(x) = \sqrt{x}$ en el punto de abscisa $x = 4$. A continuación, escribe la ecuación de dicha recta.

**Solución:** $m = f'(4) = \frac{1}{4}$.

La recta tangente es $y = \frac{x}{4} + 1$.

**16** Averigua en qué punto de la gráfica de $f(x) = x^2 - 2x$, la pendiente de la recta tangente es 4.

**Solución:** En el punto (3, 3).

**17** Calcula las ecuaciones de las rectas tangente y normal a la gráfica de la función $f(x) = \sqrt{x + 2}$ en el punto de abscisa $x = 2$.

**Solución:** Recta tangente: $y = \frac{x}{4} + \frac{3}{2}$ Recta normal: $y = -4x + 10$

# 4. Continuidad y derivabilidad

Como se ha visto en los ejemplos, que una función sea continua en $x = a$ es una condición necesaria, pero no suficiente, para que la función sea derivable en $x = a$.

Una función puede ser continua y no ser derivable en $x = a$. Esto sucede, como se ha comprobado, en los puntos angulosos y de retroceso que puede presentar una función. Sin embargo, vamos a demostrar que si una función $f$ es derivable en $x = a$, necesariamente debe ser continua en $x = a$.

Si una función $f(x)$ es derivable en $x = a$, entonces es continua en $x = a$.

***Demostración:***

$$\lim_{h \to 0} [f(a+h) - f(a)] = \lim_{h \to 0} \frac{f(a+h) - f(a)}{h} \cdot h =$$

$$= \lim_{h \to 0} \frac{f(a+h) - f(a)}{h} \cdot \lim_{h \to 0} h$$

Si existe $f'(a)$, entonces $\lim_{h \to 0} [f(a+h) - f(a)] = f'(a) \cdot 0 = 0$.

Es decir, $\lim_{h \to 0} [f(a+h) - f(a)] = 0$, que equivale a $\lim_{h \to 0} f(a+h) = f(a)$.

Como podemos sustituir $a + h$ por $x$, entonces:

$$\lim_{h \to 0} f(a+h) = \lim_{x \to a} f(x) = f(a)$$

Así pues, $f$ es continua en $x = a$.

## Ejercicio resuelto

▶ *Determinar si es derivable en $x = 1$ la siguiente función:*

$$f(x) = \begin{cases} x - 1 & \text{si } x < 1 \\ \ln x & \text{si } x \geq 1 \end{cases}$$

Primero debemos comprobar que $f$ es continua en $x = 1$.

$f(1) = \ln 1 = 0$

$$\left.\begin{array}{l} \lim_{x \to 1^-} f(x) = \lim_{x \to 1^-} (x - 1) = 0 \\ \lim_{x \to 1^+} f(x) = \lim_{x \to 1^+} \ln x = 0 \end{array}\right\} \Rightarrow \lim_{x \to 1} f(x) = 0$$

Como $\lim_{x \to 1} f(x) = f(1) = 0$, la función es continua en $x = 1$.

Si es derivable en $x = 1$, sus laterales en 1 deben ser finitas y coincidir.

$$f'_-(1) = \lim_{h \to 0^-} \frac{(1+h) - 1 - (1-1)}{h} = \lim_{h \to 0^-} \frac{h}{h} = 1$$

$$f'_+(1) = \lim_{h \to 0^+} \frac{\ln(1+h) - \ln 1}{h} = \lim_{h \to 0^+} \frac{\ln(1+h)}{h} = \lim_{h \to 0^+} \ln(1+h)^{1/h}$$

Como la función logaritmo es continua en su dominio y recordando cómo se resuelven los límites cuya indeterminación es $1^\infty$, tenemos:

$$f'_+(1) = \ln \lim_{h \to 0^+} (1+h)^{1/h} = \ln e = 1$$

Por consiguiente, las derivadas laterales en $x = 1$ coinciden, por lo que $f(x)$ es derivable y además $f'(1) = 1$ (figura 11.16).

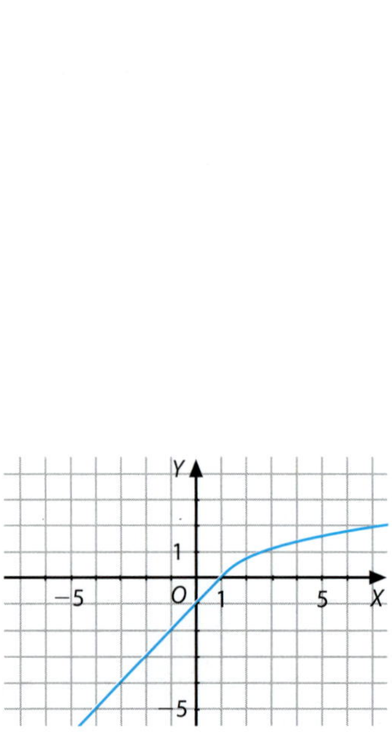


$$f(x) = \begin{cases} x - 1 & \text{si } x < 1 \\ \ln x & \text{si } x \geq 1 \end{cases}$$

**FIGURA 11.16.**

## Ejercicio resuelto

▶ *Calcular el valor del parámetro a para que sea derivable en $x = 2$ la siguiente función:*

$$f(x) = \begin{cases} 4 - x & \text{si } x < 2 \\ -x^2 + ax & \text{si } x \geq 2 \end{cases}$$

En primer lugar $f(x)$ debe ser continua en $x = 2$.

$f(2) = -4 + 2a$

$\lim\limits_{x \to 2^-} f(x) = \lim\limits_{x \to 2^-} (4 - x) = 2$

$\lim\limits_{x \to 2^+} f(x) = \lim\limits_{x \to 2^+} (-x^2 + ax) = -4 + 2a$

Para que sea continua en $x = 2$, $f(2) = \lim\limits_{x \to 2^+} f(x) = \lim\limits_{x \to 2^-} f(x)$, por lo que:

$$-4 + 2a = 2 \Rightarrow a = 3$$

Puesto que la continuidad en $x = 2$ no es una condición suficiente para que exista $f'(2)$, calculamos las derivadas laterales en $x = 2$:

$$f'_-(2) = \lim_{h \to 0^-} \frac{f(2+h) - f(2)}{h} = \lim_{h \to 0^-} \frac{4 - (2+h) - 2}{h} = \lim_{h \to 0^-} \frac{-h}{h} = -1$$

$$f'_+(2) = \lim_{h \to 0^+} \frac{f(2+h) - f(2)}{h} = \lim_{h \to 0^+} \frac{-(2+h)^2 + 3(2+h) - 2}{h} =$$

$$= \lim_{h \to 0^+} \frac{-4 - 4h - h^2 + 6 + 3h - 2}{h} = \lim_{h \to 0^+} \frac{-h^2 - h}{h} = \lim_{h \to 0^+} (-h - 1) = -1$$

Por tanto, si $a = 3$ la derivada en $x = 2$ existe y vale $f'(2) = -1$.

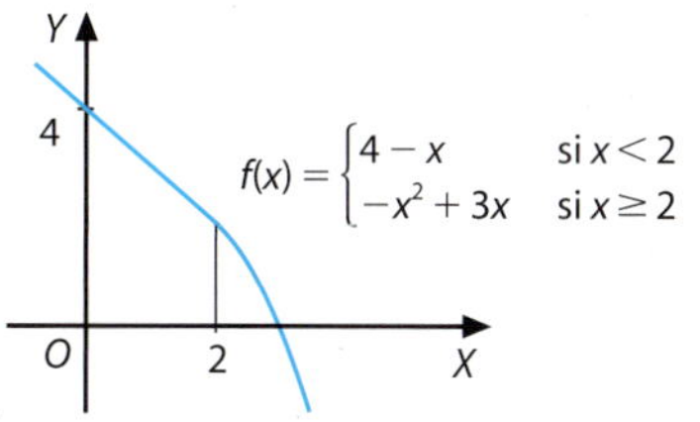


**FIGURA 11.17.**

## Actividades

**18** Determina si la función $f(x) = \left(1 + \frac{1}{x}\right)^x$ es derivable en $x = -1$.

**Solución:** La función no es derivable en $x = -1$, ya que no es continua en $x = -1$.

**19** Determina si es derivable en $x = 2$ la función:

$$f(x) = \begin{cases} x^2 - 4 & \text{si } x \leq 2 \\ \ln(x - 1) & \text{si } x > 2 \end{cases}$$

**Solución:** La función $f$ es continua en $x = 2$, pero no es derivable, puesto que $f'_-(2) = 4$ y $f'_+(2) = 1$.

**20** Calcula el valor del parámetro $a$ para que sea derivable en $x = 1/2$ la función:

$$f(x) = \begin{cases} ax^2 + x & \text{si } x < \frac{1}{2} \\ -\frac{a}{x} & \text{si } x \geq \frac{1}{2} \end{cases}$$

**Solución:** Si $a = -\frac{2}{9}$, $f$ es continua en $x = \frac{1}{2}$, pero no es derivable en $x = \frac{1}{2}$.

El punto $\left(\frac{1}{2}, f\left(\frac{1}{2}\right)\right)$ es un punto anguloso.

# 5. Función derivada

## 5.1. Concepto de función derivada

En el epígrafe anterior se ha visto que, dada una función, $f(x)$, es posible definir, si existe, su derivada en el punto de abscisa $a$: $f'(a)$.

La **función derivada** de $f(x)$ se representa mediante $f'(x)$, y se define como aquella que hace corresponder a cada valor de $a$ la derivada de $f(x)$ en $x = a$, es decir, $f'(a)$.

**OBSERVA**

Para simplificar, se acostumbra a llamar simplemente derivada a la función derivada de otra.

Por ejemplo, para calcular la función derivada de $f(x) = x^2 - 3$, se halla en primer lugar $f'(a)$, aplicando la definición:

$$f'(a) = \lim_{h \to 0} \frac{f(a+h) - f(a)}{h} = \lim_{h \to 0} \frac{[(a+h)^2 - 3] - [a^2 - 3]}{h} =$$

$$= \lim_{h \to 0} \frac{(a^2 + 2ah + h^2 - 3) - (a^2 - 3)}{h} = \lim_{h \to 0} \frac{2ah + h^2}{h} = \lim_{h \to 0} (2a + h) = 2a$$

Dado que $a$ puede tomar cualquier valor real, para respetar la notación de las funciones, en lugar de escribir $f'(a) = 2a$, escribiremos $f'(x) = 2x$.

## 5.2. Cálculo de la derivada de algunas funciones

### Función constante

Sea la función constante $f(x) = k$; para calcular la función derivada, se aplica la siguiente expresión:

$$f'(x) = \lim_{h \to 0} \frac{f(x+h) - f(x)}{h} = \lim_{h \to 0} \frac{k - k}{h} = \lim_{h \to 0} 0 = 0$$

Así pues, la derivada de una función constante es cero.

Si $f(x) = k, k \in \mathbb{R} \Rightarrow f'(x) = 0$

### Función identidad

Para calcular la derivada de la función $f(x) = x$, se procede de este modo:

$$f'(x) = \lim_{h \to 0} \frac{f(x+h) - f(x)}{h} = \lim_{h \to 0} \frac{(x+h) - x}{h} = \lim_{h \to 0} \frac{h}{h} = \lim_{h \to 0} 1 = 1$$

Es decir, la derivada de la función identidad es la unidad.

Si $f(x) = x \Rightarrow f'(x) = 1$

### Función cuadrática

La derivada de la función $f(x) = x^2$ se calcula de la siguiente manera:

$$f'(x) = \lim_{h \to 0} \frac{f(x+h) - f(x)}{h} = \lim_{h \to 0} \frac{(x+h)^2 - x^2}{h} =$$

$$= \lim_{h \to 0} \frac{(x^2 + 2xh + h^2) - x^2}{h} = \lim_{h \to 0} \frac{2xh + h^2}{h} = \lim_{h \to 0} (2x + h) = 2x$$

La derivada de la función cuadrática es, por consiguiente, $2x$.

Si $f(x) = x^2 \Rightarrow f'(x) = 2x$

## Función cúbica

La derivada de la función $f(x) = x^3$ se calcula como sigue:

$$f'(x) = \lim_{h \to 0} \frac{f(x+h) - f(x)}{h} = \lim_{h \to 0} \frac{(x+h)^3 - x^3}{h} =$$

$$= \lim_{h \to 0} \frac{(x^3 + 3x^2h + 3xh^2 + h^3) - x^3}{h} = \lim_{h \to 0} \frac{3x^2h + 3xh^2 + h^3}{h} =$$

$$= \lim_{h \to 0} (3x^2 + 3xh + h^2) = 3x^2$$

De este modo, la derivada de la función cúbica es $3x^2$.

Si $f(x) = x^3 \Rightarrow f'(x) = 3x^2$

## Función potencial

Generalizando los resultados de los apartados anteriores, se obtiene que la derivada de una función potencial cualquiera es:

Si $f(x) = x^n \Rightarrow f'(x) = nx^{n-1}$

## Función exponencial

Dada la función $f(x) = a^x$, $a \in \mathbb{R}^+ - \{1\}$, su derivada es la siguiente:

Si $f(x) = a^x, a \in \mathbb{R}^+ \Rightarrow f'(x) = a^x \cdot \ln a$

En el caso de que $f(x) = e^x$, entonces $f'(x) = e^x \cdot \ln e$; por tanto:

Si $f(x) = e^x \Rightarrow f'(x) = e^x$

## Función logarítmica

Dada la función $f(x) = \log_a x$, con $a > 0$ y $a \neq 1$, su derivada es la siguiente:

Si $f(x) = \log_a x \Rightarrow f'(x) = \frac{1}{x} \cdot \frac{1}{\ln a}$

En el caso particular de que la base del logaritmo sea el número e, tenemos lo siguiente:

$$f'(x) = \frac{1}{x} \cdot \frac{1}{\ln e}$$

Pero, como $\ln e = 1$, se obtiene:

Si $f(x) = \ln x \Rightarrow f'(x) = \frac{1}{x}$

## Funciones trigonométricas

Las derivadas de las funciones trigonométricas seno y coseno son las siguientes:

Si $f(x) = \operatorname{sen} x \Rightarrow f'(x) = \cos x$
Si $f(x) = \cos x \Rightarrow f'(x) = -\operatorname{sen} x$

## 5.3. Derivada de algunas operaciones con funciones

### Derivada de la suma de dos funciones

Sean $f(x)$ y $g(x)$ dos funciones derivables; la derivada de su suma es:

$$(f(x) + g(x))' = f'(x) + g'(x)$$

Así, por ejemplo, la derivada de $f(x) = x^3 + x - 3$ es $f'(x) = 3x^2 + 1 - 0 = 3x^2 + 1$.

**OBSERVA**

La derivada de la diferencia de dos funciones es la diferencia de las derivadas de cada una de ellas: $\left(f(x) - g(x)\right)' = f'(x) - g'(x)$

### Derivada del producto de un número real, *k*, por una función

Sea $f(x)$ una función derivable y $k$ un número real; la derivada de su producto es:

$$(k \cdot f(x))' = k \cdot f'(x)$$

Así, por ejemplo, la función derivada de $f(x) = 4x^5$ es $f'(x) = 4 \cdot 5x^4 = 20x^4$.

### Derivada del producto de dos funciones

Sean $f(x)$ y $g(x)$ dos funciones derivables; la derivada de su producto es:

$$(f(x) \cdot g(x))' = f'(x) \cdot g(x) + f(x) \cdot g'(x)$$

Así, dadas $f(x) = x^3$ y $g(x) = \ln x$, la derivada de su producto es:

$$(x^3 \cdot \ln x)' = (x^3)' \cdot \ln x + x^3 \cdot (\ln x)' = 3x^2 \cdot \ln x + x^3 \cdot \frac{1}{x} = 3x^2 \cdot \ln x + x^2$$

### Derivada de un cociente de funciones

Sean $f(x)$ y $g(x)$ dos funciones derivables; la derivada de su cociente es:

$$\left(\frac{f(x)}{g(x)}\right)' = \frac{f'(x) \cdot g(x) - f(x) \cdot g'(x)}{(g(x))^2}$$

Así, dadas $f(x) = x^3$ y $g(x) = \ln x$, la derivada de su cociente es:

$$\left(\frac{x^3}{\ln x}\right)' = \frac{3x^2 \cdot \ln x - x^3\,(1/x)}{(\ln x)^2} = \frac{3x^2 \cdot \ln x - x^2}{\ln^2 x}$$

**Ejercicios resueltos**

▶ *Calcular las derivadas de las siguientes funciones.*

- $f(x) = x^2 + x^4$. Su derivada es $f'(x) = 2x + 4x^3$.
- $f(x) = x^3 + 10$. Su derivada es $f'(x) = 3x^2$.
- $f(x) = 33 - 33x + 33x^2$. Su derivada es $f'(x) = -33 + 66x$.

▶ *Calcular la derivada de la función* $f(x) = 5x\sqrt{5x} - 2x/\sqrt{2x}$.

Se expresan las variables en forma de potencias, con lo que $f(x)$ es:

$$f(x) = 5\sqrt{5}\sqrt{x^3} - \sqrt{2x} = 5\sqrt{5}x^{3/2} - \sqrt{2}x^{1/2}$$

La función derivada será:

$$f'(x) = \frac{5\sqrt{5} \cdot 3x^{1/2}}{2} - \frac{\sqrt{2} \cdot x^{-1/2}}{2} = \frac{15\sqrt{5x}}{2} - \frac{1}{\sqrt{2x}}$$

## Ejercicios resueltos

▶ *Calcular las derivadas de las siguientes funciones.*

- $f(x) = \text{sen}\, x \cdot \ln x$

Como $f(x)$ es un producto de dos funciones:

$$f'(x) = (\text{sen}\, x \cdot \ln x)' = (\text{sen}\, x)' \cdot \ln x + \text{sen}\, x \cdot (\ln x)' =$$

$$= \cos x \cdot \ln x + \text{sen}\, x \cdot \frac{1}{x} = \cos x \cdot \ln x + \frac{\text{sen}\, x}{x}$$

- $f(x) = \dfrac{\cos x}{x}$

Como $f(x)$ es un cociente de dos funciones:

$$\left(\frac{\cos x}{x}\right)' = \frac{(\cos x)' \cdot x - \cos x \cdot (x)'}{x^2} = \frac{-x \cdot \text{sen}\, x - \cos x}{x^2}$$

▶ *Hallar la derivada de la función tangente.*

Dado que $\text{tg}\, x = \dfrac{\text{sen}\, x}{\cos x}$, tenemos un cociente de dos funciones.

$$(\text{tg}\, x)' = \left(\frac{\text{sen}\, x}{\cos x}\right)' = \frac{(\text{sen}\, x)' \cdot \cos x - \text{sen}\, x \cdot (\cos x)'}{(\cos x)^2} =$$

$$= \frac{\cos x \cdot \cos x - \text{sen}\, x \cdot (-\text{sen}\, x)}{(\cos x)^2} = \frac{\cos^2 x + \text{sen}^2 x}{\cos^2 x} = \frac{1}{\cos^2 x}$$

## Actividades

**21** Calcula la derivada de cada una de las siguientes funciones.

*a)* $f(x) = x^3 + \dfrac{1}{x}$

*b)* $g(x) = 3x^3 - \dfrac{x^2}{3} + \sqrt{2}x - \sqrt{3}$

*c)* $h(x) = \dfrac{3x^5}{5} - \dfrac{2x^2}{3} + \dfrac{2}{3}$

*d)* $i(x) = \dfrac{1}{2x} - \dfrac{2}{x^3} + \dfrac{\sqrt{3}}{\sqrt{x}}$

**22** Calcula la derivada de cada una de las siguientes funciones.

*a)* $f(x) = x^4 \cdot \ln x$ *b)* $g(x) = \sqrt{x} \cdot \cos x$ *c)* $h(x) = \dfrac{3x}{3x - 1}$ *d)* $i(x) = \dfrac{\sqrt{x}}{\sqrt{x} + 1}$

**23** Calcula la derivada de $f(x) = x^4 \ln x$ y halla la pendiente de la recta tangente a la función en $x = 1$.

**Solución:** $m = 1$

**24** Calcula la pendiente de la recta tangente a $h(x) = \dfrac{3x}{3x - 1}$ en $x = 1$.

**Solución:** $m = -\dfrac{3}{4}$

**25** Dada la función $f(x) = x^3 - 3x^2 + ax + 1$, calcula el valor de $a$ para que la pendiente de la recta tangente en $x = 1$ sea $-\dfrac{5}{2}$.

**Solución:** $a = \dfrac{1}{2}$

## 5.4. Derivada de la composición de funciones: regla de la cadena

Si $g$ es derivable en $x = a$ y $f$ es derivable en $g(a)$, entonces $f \circ g$ es derivable en $x = a$ y se cumple:

$$(f \circ g)'(a) = f'(g(a)) \cdot g'(a)$$

Esta fórmula recibe el nombre de **regla de la cadena.**

### OBSERVA

El dominio de la derivada de una función debe estar contenido, o ser igual, al dominio de la propia función:

$$\text{Dom } f' \subseteq \text{Dom } f$$

Por este motivo, debemos restringir el dominio de $f'$ al de $f$, y luego observar si existe algún punto del dominio de $f$ que no deba estar en el de $f'$ y eliminarlo.

De este modo, en este primer ejercicio resuelto, la expresión algebraica de $f'$ es válida para todos los números reales excepto $\pm 1$; pero como estos valores ya están excluidos del dominio de $f$, resulta que Dom $f'$ = Dom $f$.

### Ejercicios resueltos

▶ *Calcular la función derivada de* $f(x) = \ln (x^2 - 1)$.

Primero se determina el dominio de $f$:

$$\text{Dom } f = (-\infty, -1) \cup (1, +\infty)$$

A continuación se observa que $f$ es una función compuesta:

$$x \rightarrow x^2 - 1 \rightarrow \ln (x^2 - 1)$$

Por tanto, la función derivada será:

$$f'(x) = \frac{1}{x^2 - 1} \cdot (x^2 - 1)' = \frac{2x}{x^2 - 1}$$

Dom $f'$ = Dom $f$

▶ *Calcular la función derivada de* $f(x) = \ln \sqrt{\dfrac{1 - x}{1 + x}}$.

Dom $f = (-1, 1)$.

Además, $f$ es una función compuesta del siguiente modo:

$$x \rightarrow \frac{1 - x}{1 + x} \rightarrow \sqrt{\frac{1 - x}{1 + x}} \rightarrow \ln \sqrt{\frac{1 - x}{1 + x}}$$

Por tanto, primero deberíamos derivar la función logaritmo, a continuación la función potencial, y por último, la función racional. Pero, utilizando las propiedades de las operaciones con logaritmos, podemos escribir:

$$f(x) = \frac{1}{2} \cdot [\ln (1 - x) - \ln (1 + x)]$$

Entonces, simplemente:

$$f'(x) = \frac{1}{2} \cdot \left( \frac{-1}{1 - x} - \frac{1}{1 + x} \right) = \frac{1}{2} \cdot \frac{-2}{1 - x^2} = \frac{1}{x^2 - 1}$$

Dom $f'$ = Dom $f$

ma1b39

### Actividades

**26** Calcula la derivada de las siguientes funciones.

*a)* $f(x) = e^{2x}$

*b)* $f(x) = (x + 1) \cdot 2^{x+1}$

*c)* $f(x) = \ln (x + e^{-x})$

*d)* $f(x) = \text{sen } (2x)$

*e)* $f(x) = \text{sen}^2 (x)$

*f)* $f(x) = \text{sen } (x^2)$

*g)* $f(x) = \cos (2x^2)$

*h)* $f(x) = \text{sen } (x^2) \cdot \cos (x^2)$

**Solución:**

*a)* $f(x) = 2e^{2x}$

*b)* $f(x) = 2^{x+1} \cdot [1 + (x + 1) \ln(2)]$

*c)* $f(x) = \dfrac{1 - e^{-x}}{x + e^{-x}}$

*d)* $f(x) = 2\cos (2x)$

*e)* $f(x) = \text{sen } (2x)$

*f)* $f(x) = 2x \cos (x^2)$

*g)* $f(x) = -4x \text{ sen } (2x^2)$

*h)* $f(x) = 2x \cdot [\cos(x^2) - \text{sen}(x^2)]$

## 5.5. Derivadas sucesivas

Del mismo modo que se obtiene la derivada de una función $f$, también es posible obtener la derivada de $f'$, que llamamos derivada segunda y denotamos por $(f')' = f''$. Su dominio es el conjunto de valores reales $x$ en los que $f'$ es derivable. Cuando existe $f''(a)$ se dice que la función $f$ es dos veces derivable en $x = a$.

Este proceso se puede continuar. La derivada de la función $f''$ es la derivada tercera de $f$, $(f'')' = f'''$. Y así sucesivamente.

Como se puede observar, la notación para las derivadas de orden superior de $f$ es algo engorrosa: se debe adoptar una notación más práctica.

Por lo general, la **derivada *n*-ésima** de $f$ se denota por $\boldsymbol{f^{n)}}$.

Es importante resaltar que existe una estrecha relación entre una función $f$ y sus derivadas de orden superior.

**Aceleración**

Si la función $s(t)$ proporciona la posición de un móvil en cada instante $t$ de tiempo, su derivada segunda, $s''(t)$, es la tasa de variación instantánea de su velocidad en un cierto instante, $t$, es decir, su aceleración en dicho instante.

**Ejercicio resuelto**

▶ *¿Qué sucede con las derivadas sucesivas de la función* $f(x) = (x - a)^2 + b$, *cuya representación gráfica es una parábola con vértice en el punto* $(a, b)$*?*

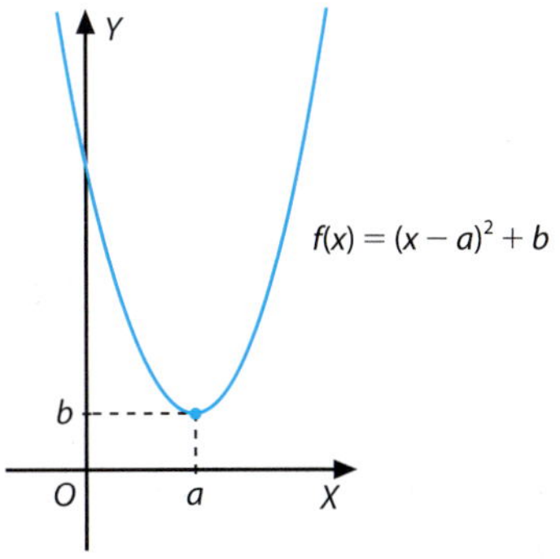


FIGURA 11.18.

Para cualquier $x \in \mathbb{R}$, tenemos que:

$$f'(x) = \lim_{h\to 0} \frac{f(x+h) - f(x)}{h} = \lim_{h\to 0} \frac{(x+h-a)^2 + b - [(x-a)^2 + b]}{h} =$$

$$= \lim_{h\to 0} \frac{(x-a)^2 + 2(x-a)h + h^2 + b - (x-a)^2 - b}{h} =$$

$$= \lim_{h\to 0} [2(x-a) + h] = 2x - 2a$$

La representación gráfica de $f'(x)$ corresponde a una recta de pendiente 2 y ordenada en el origen $-2a$, tal como muestra la figura 11.19.a.

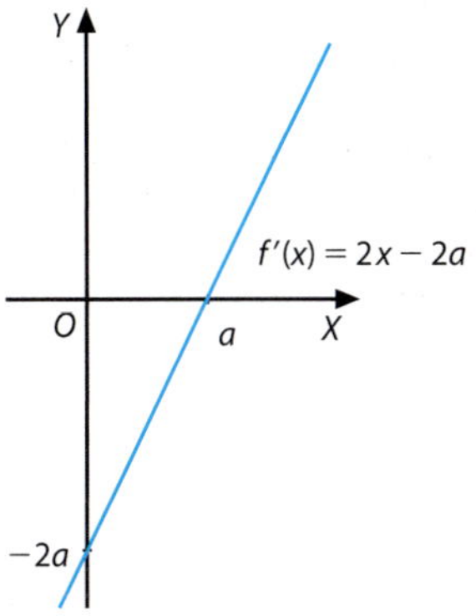


FIGURA 11.19.a.

$$f''(x) = \lim_{h\to 0} \frac{f'(x+h) - f'(x)}{h} = \lim_{h\to 0} \frac{[2(x+h) - 2a] - [2x - 2a]}{h} =$$

$$= \lim_{h\to 0} \frac{2h}{h} = 2$$

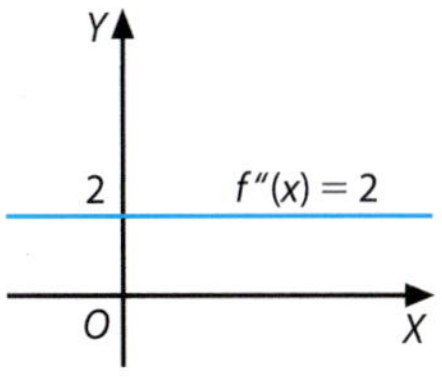


FIGURA 11.19.b.

La representación gráfica de $f''(x)$ es una recta, $y = 2$ (figura 11.19.b).

Como se deduce fácilmente, cualquier derivada de orden superior es cero, $f^{n)} = 0$, si $n > 2$ (figura 11.19.c).

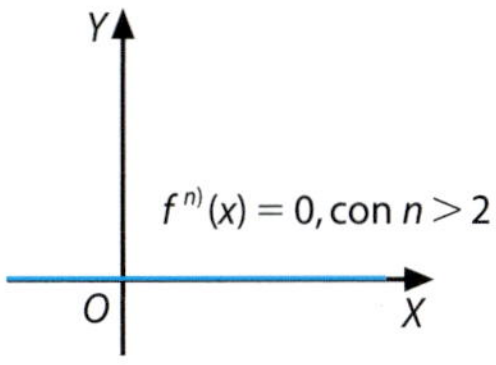


FIGURA 11.19.c.

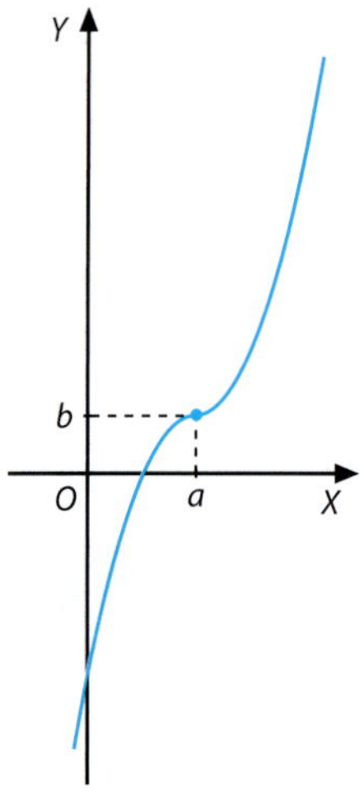


$$f(x) = \begin{cases} (x-a)^2 + b & \text{si } x \geq a \\ -(x-a)^2 + b & \text{si } x < a \end{cases}$$

**FIGURA 11.20.**

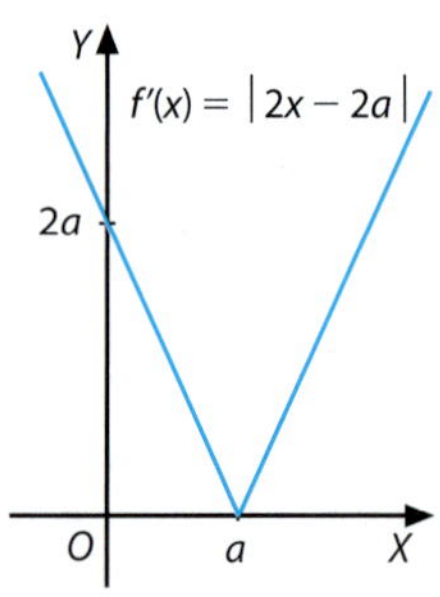


**FIGURA 11.21.**

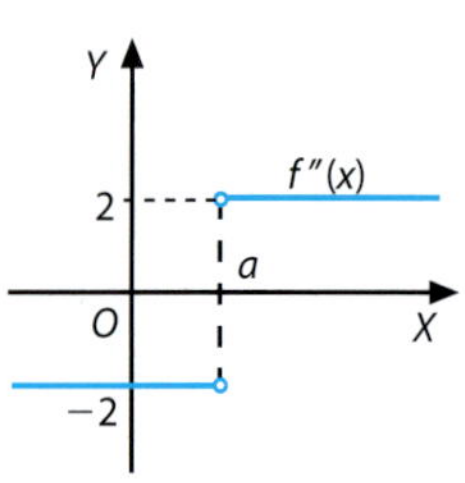


**FIGURA 11.22.**

La función $f(x) = (x-a)^2 + b$ es una función cuya gráfica no presenta ningún *sobresalto*, por lo que parece lógico que las gráficas de sus derivadas sucesivas sean continuas y sin picos. Pero en la función que se propone a continuación, que no es más que una pequeña modificación de la anterior, se observará que su aparente sencillez gráfica no se traduce en un comportamiento análogo al de la función anterior.

Sea la función:

$$f(x) = \begin{cases} (x-a)^2 + b & \text{si } x \geq a \\ -(x-a)^2 + b & \text{si } x < a \end{cases} \qquad \text{(figura 11.20)}$$

Para cualquier valor de $x > a$, la función derivada es la misma que hemos calculado anteriormente, $f'(x) = 2x - 2a$.

Realizando los cambios de signo oportunos, para cualquier valor de $x < a$, $f'(x) = -2x + 2a$.

Puesto que la función es continua en $x = a$, debemos calcular las derivadas laterales en este punto. Si existen y coinciden, existe $f'(a) = f'_-(a) = f'_+(a)$.

$$f'_-(a) = \lim_{h \to 0^-} \frac{-(a+h-a)^2 + b - [-(a-a)^2 + b]}{h} = \lim_{h \to 0^-} (-h^2) = 0$$

$$f'_+(a) = \lim_{h \to 0^+} \frac{(a+h-a)^2 + b - [(a-a)^2 + b]}{h} = \lim_{h \to 0^+} h^2 = 0$$

Es decir, $f'(a) = 0$.

Con todo esto, podemos escribir que $f'(x) = |2x - 2a|$. Su representación gráfica se muestra en la figura 11.21.

A partir de la gráfica indicada se observa que la derivada segunda está definida para todos los reales excepto $x = a$, puesto que $f'$ presenta un *pico* en dicho punto:

$f''$ no es continua en $x = a$ (figura 11.22).

## Actividades

**27** Dada la función $f(x) = 3x^2 - x$, calcula $f'(1)$, $f''(-2)$ y $f'''(2)$.

**Solución:** $f'(1) = 5$, $f''(-2) = 6$, $f'''(2) = 0$.

**28** Halla las derivadas sucesivas de la función $f(x) = x^3 - 2$.

**Solución:** $f'(x) = 3x^2$, $f''(x) = 6x$, $f'''(x) = 6$, $f^{n)}(x) = 0$, si $n \geq 4$.

**29** Calcula la segunda derivada de la función:

$$f(x) = \begin{cases} (x-a)^2 + b & \text{si } x \geq a \\ -(x-a)^2 + b & \text{si } x < a \end{cases}$$

**Solución:** $f''(x) = \begin{cases} 2 & \text{si } x > a \\ -2 & \text{si } x < a \end{cases}$

**30** Determina la función derivada de la función:

$$f(x) = \begin{cases} x - 1 & \text{si } x < 1 \\ \ln x & \text{si } x \geq 1 \end{cases}$$

**Solución:** $f'(x) = \begin{cases} 1 & \text{si } x < 1 \\ \dfrac{1}{x} & \text{si } x \geq 1 \end{cases}$

# 6. Aplicaciones de las derivadas

## 6.1. Crecimiento y decrecimiento de una función

De la definición de derivada de una función en un punto, se deduce:

- La pendiente de la recta tangente a la gráfica de una función en un punto mide el crecimiento de la función en dicho punto (figura 11.23):

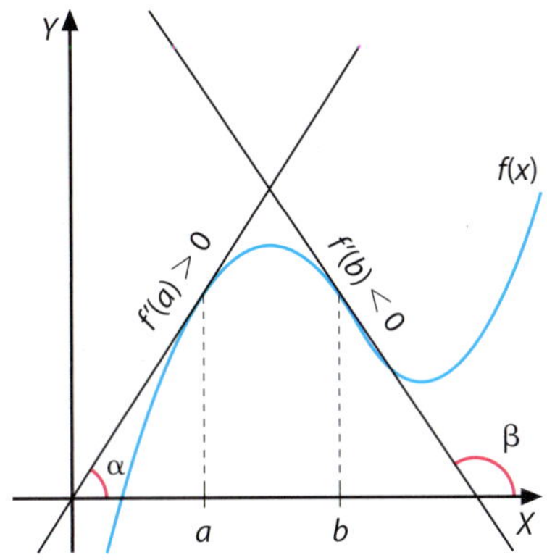


$f'(a) = \text{tg}\,\alpha > 0$ $\quad$ $f'(b) = \text{tg}\,\beta < 0$

**FIGURA 11.23.**

- Si es positiva, $f'(a) > 0$, la función es creciente en el punto $(a, f(a))$.
- Si es negativa, $f'(b) < 0$, la función es decreciente en el punto $(b, f(b))$.

Por ejemplo, la función $f(x) = (2 - x)^2$ es decreciente en $x = -1$, puesto que la pendiente en ese punto es $m = f'(-1) = -6 < 0$.

ma1b40

Es decir, el estudio del signo de la derivada de una función nos proporciona su **crecimiento** o **decrecimiento,** es decir, sus intervalos de monotonía.

- La derivada de una función continua en un punto de abscisa $x = a$ puede no existir, ya que es posible que no exista $\lim\limits_{h \to 0} \dfrac{f(a+h) - f(a)}{h}$.

Una función es continua cuando su gráfica se puede dibujar sin levantar el lápiz del papel, es decir, cuando no presenta cortes o saltos. Ahora vemos que una función continua es derivable cuando su gráfica no presenta picos, es decir, cuando es suave, ya que, para que exista la derivada en $x = a$, ha de existir $\lim\limits_{h \to 0} \dfrac{f(a+h) - f(a)}{h}$; y para que exista este límite, deberán existir y ser iguales los límites laterales por la izquierda y por la derecha.

Si hay un pico en $x = a$, estos límites no coinciden, por lo que en $x = a$ no existe recta tangente.

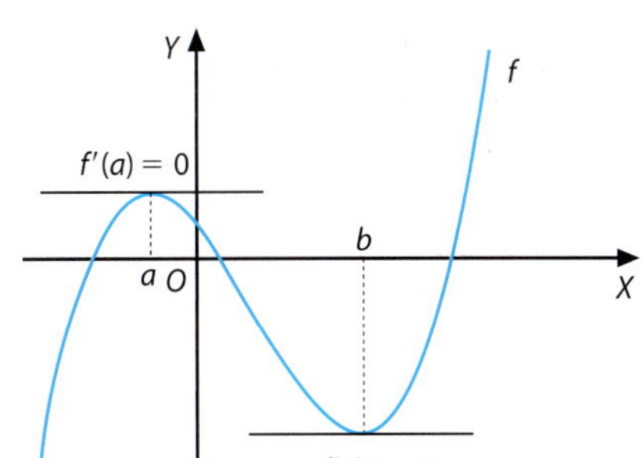


**FIGURA 11.24.**

- Cuando una función es derivable y presenta **un extremo relativo en $a$,** la recta tangente en $x = a$ es horizontal, es decir, $\boldsymbol{f'(a) = 0}$.

> Si una función, $f(x)$, tiene un extremo relativo en $x = a$ (máximo o mínimo) y existe $f'(a)$, entonces $f'(a) = 0$.

Una función puede tener un punto de tangente horizontal y no ser un extremo relativo; en la figura 11.25 $f'(c) = 0$, pero en $x = c$ no existe ni un máximo ni un mínimo.

Los puntos de $f(x)$ que verifican $f'(x) = 0$, se llaman **puntos singulares.**

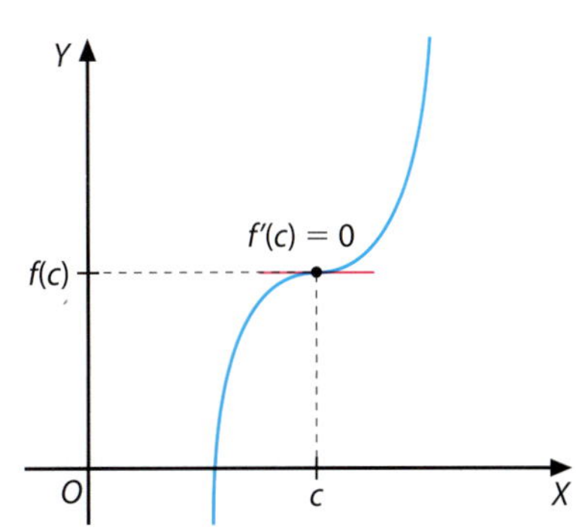


**FIGURA 11.25.** Que una función derivable, $f(x)$, tenga un extremo relativo en $x = c$ implique que $f'(c) = 0$ no quiere decir que lo contrario sea siempre cierto.

Hemos constatado que el valor de la pendiente de la recta tangente a la gráfica de una función, es decir, el valor de la derivada de una función, proporciona información sobre su crecimiento o decrecimiento.

Para determinar los intervalos de monotonía de una función continua, es necesario hallar los puntos en los que esta no es ni creciente ni decreciente, es decir, en qué puntos puede variar la monotonía. Así, es preciso calcular los puntos en los que $f'(x) = 0$, así como aquellos en los que no existe $f'(x)$.

## Ejercicios resueltos

▶ *Dada* $f(x) = 2x^3 - 27x^2 + 84x + 10$, *hallar los intervalos de monotonía.*

En primer lugar, se calcula su función derivada: $f'(x) = 6x^2 - 54x + 84$

Como se puede observar, $f'(x)$ existe para cualquier valor de $x$.

Hay que determinar para qué valores se anula la derivada.

$$f'(x) = 0 \Rightarrow 6x^2 - 54x + 84 = 0$$

Las soluciones de esta ecuación son $x = 2$ y $x = 7$. Entonces, los intervalos de monotonía son $(-\infty, 2)$, $(2, 7)$ y $(7, +\infty)$.

Para determinar en cuáles de estos intervalos es creciente la función y en cuáles decreciente, se sustituye un valor correspondiente a cada uno de los intervalos en la función derivada:

- Intervalo $(-\infty, 2)$: para $x = 1$, $f'(1) > 0$; luego, la función es creciente.
- Intervalo $(2, 7)$: para $x = 3$, $f'(3) < 0$; luego, la función es decreciente.
- Intervalo $(7, +\infty)$: para $x = 8$, $f'(8) > 0$; luego, la función es creciente.

Es fácil deducir que en $x = 2$ hay un máximo relativo, porque la función pasa de creciente a decreciente y en $x = 7$ hay un mínimo relativo, porque la función pasa de decreciente a creciente.

### OBSERVA

Podemos ayudarnos de un cuadro que relaciona el signo de $f'(x)$ con el crecimiento de $f(x)$:

| | $-\infty$ a 2 | 2 a 7 | 7 a $+\infty$ |
|---|---|---|---|
| $f'(x)$ | + | − | + |
| $f(x)$ | ↗ | ↘ | ↗ |

▶ *Dada la función* $f(x) = \dfrac{x^2}{x-1}$, *determinar sus intervalos de crecimiento y decrecimiento, así como sus extremos relativos.*

$\text{Dom } f = \mathbb{R} - \{1\}$

$$f'(x) = \frac{x^2 - 2x}{(x-1)^2}$$

Teniendo en cuenta que $\text{Dom } f' = \mathbb{R} - \{1\}$, en $x = 1$ puede haber un cambio en el signo de $f'(x)$.

A continuación determinamos para qué valores se verifica que $f'(x) = 0$:

$$f'(x) = 0 \Rightarrow x^2 - 2x = 0 \Rightarrow x = 0,\ x = 2$$

$f(x)$ puede cambiar su monotonía en $x = 0$ y $x = 2$, además de en $x = 1$.

Debemos construir los intervalos: $(-\infty, 0)$, $(0, 1)$, $(1, 2)$ y $(2, +\infty)$

| | $-\infty$ a 0 | 0 a 1 | 1 a 2 | 2 a $+\infty$ |
|---|---|---|---|---|
| $f'(x)$ | + | − | − | + |
| $f(x)$ | ↗ | ↘ | ↘ | ↗ |

- Intervalo $(-\infty, 0)$: para $x = -1$, $f'(-1) > 0 \Rightarrow$ la función es creciente.
- Intervalo $(0, 1)$: para $x = 1/2$, $f'(1/2) < 0 \Rightarrow$ la función es decreciente.
- Intervalo $(1, 2)$: para $x = 3/2$, $f'(3/2) < 0 \Rightarrow$ la función es decreciente.
- Intervalo $(2, +\infty)$: para $x = 3$, $f'(3) > 0 \Rightarrow$ la función es creciente.

Es fácil deducir que en $x = 0$ hay un máximo relativo, porque la función pasa de creciente a decreciente; y en $x = 2$ hay un mínimo relativo, porque pasa de decreciente a creciente (en $x = 1$ la función no es continua).

### Extremos relativos

Sea $f'(x_0) = 0$:

- Si $f''(x_0) > 0$, entonces $f(x)$ tiene un **mínimo relativo** o local en el punto de abscisa $x_0$.
- Si $f''(x_0) < 0$, entonces $f(x)$ tiene un **máximo relativo** o local en el punto de abscisa $x_0$.

## 6.2. Concavidad y convexidad

Observa estas figuras que representan una función cóncava y otra función convexa.

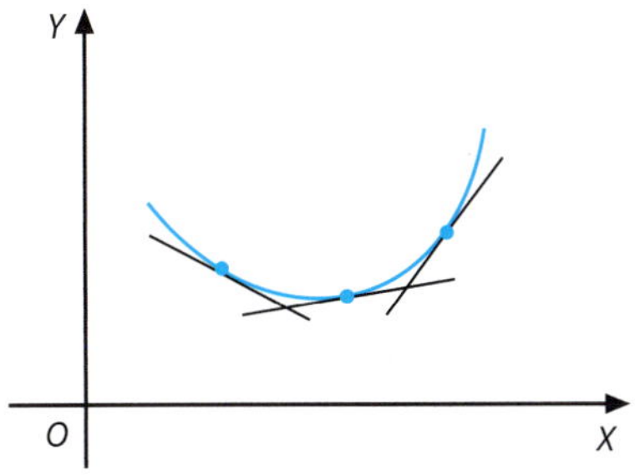


FIGURA 11.25.a.

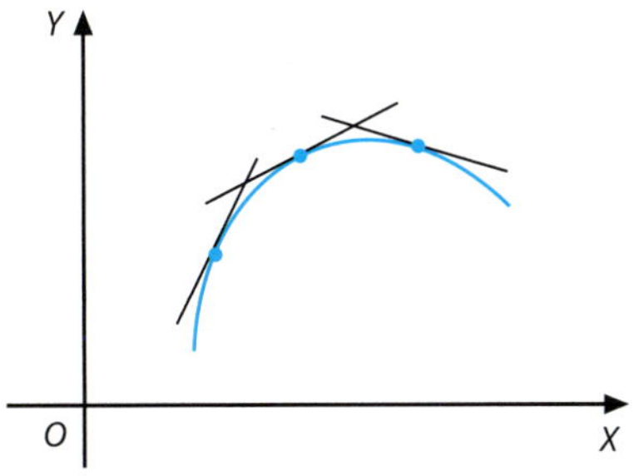


FIGURA 11.25.b.

En el intervalo en que la función es:

- Cóncava, la pendiente de las rectas tangentes aumenta: si $a$ y $b$ son las abscisas de dos puntos cualesquiera del intervalo, y $a < b$, entonces $f'(a) < f'(b)$.
- Convexa, entonces $f'(a) > f'(b)$.

Si $f'(x)$ es estrictamente creciente, entonces $f(x)$ es **cóncava.**
Si $f'(x)$ es estrictamente decreciente, entonces $f(x)$ es **convexa.**

**OBSERVA**

Esta condición solo es aplicable a funciones derivables. Pero puede existir algún punto del intervalo en que la función no es derivable: en este caso es la característica geométrica la que define la curvatura del intervalo.

Si una función $f(x)$ es dos veces derivable en $x = a$, se puede establecer la siguiente condición suficiente para determinar la curvatura en $a$.

En el caso en que $f''(a) > 0$, $f'(x)$ es estrictamente creciente en $a$, y entonces $f(x)$ es **cóncava** en $a$.
Si, por el contrario, $f''(a) < 0$, $f'(x)$ es estrictamente decreciente en $a$, y entonces, $f(x)$ es **convexa** en $a$.

Esta condición nos proporciona un método para determinar la curvatura de una función dos veces derivable en un intervalo:

- Si $f''(x) > 0$ para todos los puntos de un intervalo, entonces la función $f(x)$ es **cóncava** en dicho intervalo.
- Si $f''(x) < 0$ para todos los puntos de un intervalo, entonces la función $f(x)$ es **convexa** en dicho intervalo.

Sea $(a, f(a))$ un punto de inflexión de $f(x)$ (figura 11.26). Si $f''(a)$ existe, y $f''(x)$ es una función continua en $a$, debe ser $f''(a) = 0$, puesto que en cualquier entorno de $a$, $f''(x)$ toma valores de diferente signo.

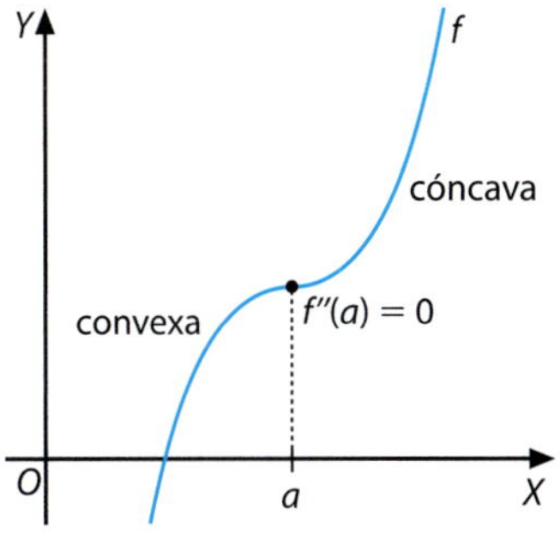


FIGURA 11.26.

Esta es una condición necesaria, pero no suficiente. Puede suceder que $f''(a) = 0$ y la función no posea en $x = a$ un punto de inflexión. Por ejemplo, la función $f(x) = x^4$, tiene en $x = 0$ derivada segunda nula y, sin embargo, el punto $(0, 0)$ no es de inflexión.

¿Qué debería suceder para que si $f''(a) = 0$, exista en $a$ un punto de inflexión? Es sencillo pensar que, puesto que la curvatura de la función cambia, el signo de $f''(x)$ debe ser diferente a ambos lados de $a$, por lo que $f''(x)$ debe ser creciente o decreciente, es decir, en cualquier caso la derivada de $f''(x)$ no puede ser nula.

Si $f''(a) = 0$ y $f'''(a) \neq 0$, entonces $(a, f(a))$ es un **punto de inflexión** de $f(x)$ .

**OBSERVA**

Un **punto de inflexión** debe pertenecer a la gráfica, es decir, $a \in$ Dom $f$. Y solo es necesario que cambie en $a$ el signo de $f''$.

Puede suceder que en $x = a$ no exista $f'$ y, por tanto, tampoco $f''$.

También puede ocurrir que $f'$ exista en $x = a$, pero no exista $f''$.

| | $(-\infty, -3)$ | $(-3, -1)$ | $(-1, +\infty)$ |
|---|---|---|---|
| $x+3$ | $-$ | $+$ | $+$ |
| $x+1$ | $-$ | $-$ | $+$ |
| $e^x$ | $+$ | $+$ | $+$ |
| $f''$ | $+$ | $-$ | $+$ |
| $f$ | $\cup$ | $\cap$ | $\cup$ |

$x = -3$ punto de inflexión    $x = -1$ punto de inflexión

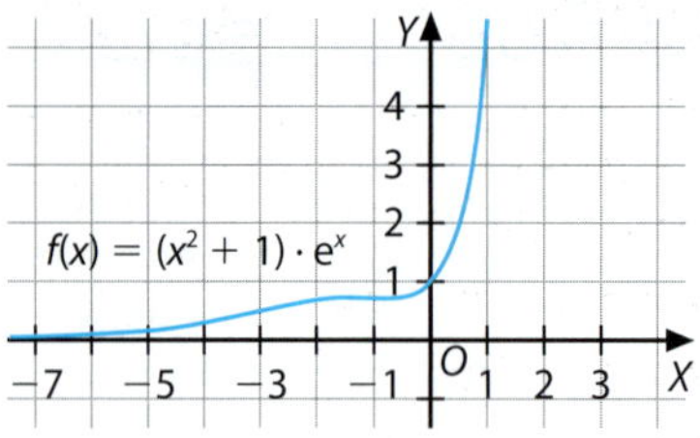


FIGURA 11.27.

## Ejercicio resuelto

▶ *Determinar cuáles son los intervalos de concavidad y convexidad de la función $f(x) = (x^2 + 1) \cdot e^x$, y hallar, si los tiene, sus puntos de inflexión.*

Esta función es continua en todo el conjunto $\mathbb{R}$.

Su derivada es: $f'(x) = (x^2 + 2x + 1) \cdot e^x$

Su derivada segunda es: $f''(x) = (x^2 + 4x + 3) \cdot e^x = (x + 3)(x + 1) \cdot e^x$

La derivada segunda de la función se anula en $x = -3$ y $x = -1$.

Estos dos valores determinan intervalos en la recta real en los que el tipo de curvatura será el mismo.

Si estudiamos el signo de $f''(x)$:

- En $(-\infty, -3)$, $f''(-4) = 3 \cdot e^{-4} > 0$, por lo que $f(x)$ es cóncava.
- En $(-3, -1)$, $f''(-2) = -e^{-2} < 0$, por lo que $f(x)$ es convexa.
- En $(-1, +\infty)$, $f''(0) = 3 > 0$, por lo que $f(x)$ es cóncava.

Como se observa, al determinar los intervalos de concavidad y convexidad quedan caracterizados los puntos de inflexión: en $x = -3$ y en $x = -1$ la función $f(x)$ tiene puntos de inflexión, puesto que la curvatura cambia.

La gráfica de la función es la figura 11.27.

Comprueba que: $f'''(-3) < 0$ y $f'''(-1) > 0$.

## Actividades

**31** Determina los intervalos de concavidad y convexidad de las siguientes funciones, indicando, si existen, los puntos de inflexión.

*a)* $f(x) = \begin{cases} x^2 + 2 & \text{si } x \leq 0 \\ 2^{-x+1} & \text{si } x > 0 \end{cases}$

*b)* $f(x) = \dfrac{x}{e^x}$

*c)* $f(x) = x \cdot e^{x^2}$

*d)* $f(x) = x - e^x$

*e)* $f(x) = \dfrac{x^2 - 2x + 1}{x}$

*f)* $f(x) = \dfrac{\ln x}{x}$

*g)* $f(x) = x - \sqrt[3]{x^2}$

*h)* $f(x) = \text{sen } x - \cos x$, en $(-\pi, \pi)$.

**Solución:** *a)* $f$ es siempre cóncava. En $x = 0$ hay un punto anguloso. No es un punto de inflexión. *b)* $f$ es convexa en $(-\infty, 2)$ y cóncava en $(2, +\infty)$. En $x = 2$ tiene un punto de inflexión. *c)* $f$ es convexa en $(-\infty, 0)$ y cóncava en $(0, +\infty)$. En $x = 0$ tiene un punto de inflexión. *d)* $f$ es siempre convexa. *e)* $f$ es convexa en $(-\infty, 0)$ y cóncava en $(0, +\infty)$. No existe punto de inflexión. *f)* $f$ es convexa en $(0, e^{3/2})$ y cóncava en $(e^{3/2}, +\infty)$. En $x = e^{3/2}$ tiene un punto de inflexión. *g)* $f$ es siempre cóncava. En $x = 0$ hay un punto anguloso que no es de inflexión. *h)* $f$ es cóncava en $\left(-\dfrac{3\pi}{4}, \dfrac{\pi}{4}\right)$, y convexa en $\left(-\pi, -\dfrac{3\pi}{4}\right)$ y $\left(\dfrac{\pi}{4}, \pi\right)$. En $x = -\dfrac{3\pi}{4}$ y en $x = \dfrac{\pi}{4}$ tiene puntos de inflexión.

## 6.3. Representación de funciones

Para representar una función es imprescindible seguir los siguientes pasos:

- Determinar su dominio.
- Averiguar sus puntos de intersección con los ejes de coordenadas.
- Estudiar su continuidad y su derivabilidad.
- Determinar sus ramas infinitas, es decir, sus asíntotas y su comportamiento en $+\infty$ y en $-\infty$.
- Averiguar los intervalos de crecimiento y decrecimiento, así como su curvatura.
- Determinar sus puntos críticos, es decir, en qué puntos la tangente es horizontal (puntos singulares) o no existe.

### Representación de funciones polinómicas

Las funciones polinómicas son continuas y derivables en su dominio o, lo que es igual, en el conjunto de los números reales. Esto significa que son funciones que se pueden *dibujar sin levantar el lápiz del papel* (no tienen asíntotas verticales) y que son funciones *suaves*, es decir, sin *picos*.

Ya en cursos anteriores y en unidades precedentes se ha estudiado la representación gráfica de las funciones polinómicas de primer y segundo grado, recta y parábola, respectivamente.

Para representar funciones polinómicas de grado superior a dos, es suficiente estudiar su comportamiento en el infinito, sus puntos de intersección con los ejes de coordenadas y sus puntos de tangente horizontal, o puntos singulares. En ocasiones conviene averiguar los intervalos de crecimiento y decrecimiento de la función.

**OBSERVA**

El vértice de una parábola $y = f(x)$ se puede calcular a partir de su derivada:

$f(x) = ax^2 + bx + c \Rightarrow$

$\Rightarrow f'(x) = 2ax + b$

Puesto que es un punto de tangente horizontal (corresponde a un máximo o un mínimo):

$f'(x) = 0 \Rightarrow 2ax + b = 0 \Rightarrow$

$\Rightarrow x = \dfrac{-b}{2a}$

**Ejercicio resuelto**

▶ *Representar la función* $f(x) = x^3 + x^2 - x + 2$.

- La función es continua y derivable es su dominio que es $\mathbb{R}$.
- Puntos de intersección con los ejes.
  - Con el eje X. Se debe resolver la ecuación $f(x) = 0$. El único punto de intersección con el eje de abscisas es el $(-2, 0)$.
  - Con el eje Y. Cuando $x = 0$, entonces $f(0) = 2$, luego el punto de intersección con el eje de ordenadas es el $(0, 2)$.
- Ramas infinitas.

$$\lim_{x\to+\infty} f(x) = +\infty \text{ y } \lim_{x\to-\infty} f(x) = -\infty$$

- Estudiamos el signo de $f'(x)$ para estudiar la monotonía de la función.
  - $\forall x \in (-\infty, -1)$, $f'(x) > 0 \Rightarrow f(x)$ es estrictamente creciente.
  - $\forall x \in \left(-1, \dfrac{1}{3}\right)$, $f'(x) < 0 \Rightarrow f(x)$ es estrictamente decreciente.
  - $\forall x \in \left(\dfrac{1}{3}, +\infty\right)$, $f'(x) > 0 \Rightarrow f(x)$ es estrictamente creciente
- Puntos críticos. Igualamos a cero la función derivada:

$$f'(x) = 0 \Rightarrow 3x^2 + 2x - 1 = 0 \Rightarrow x = -1 \text{ y } x = 1/3$$

Calculamos sus ordenadas: $f(-1) = 3$ y $f(1/3) = 49/27$

Por tanto, los puntos singulares, son $(-1, 3)$ y $(1/3, 49/27)$.

Se puede observar que la función tiene un máximo relativo en $x = -1$, un mínimo relativo en $x = 1/3$ y un punto de inflexión en $x = -1/3$.

La representación gráfica es la figura 11.28.

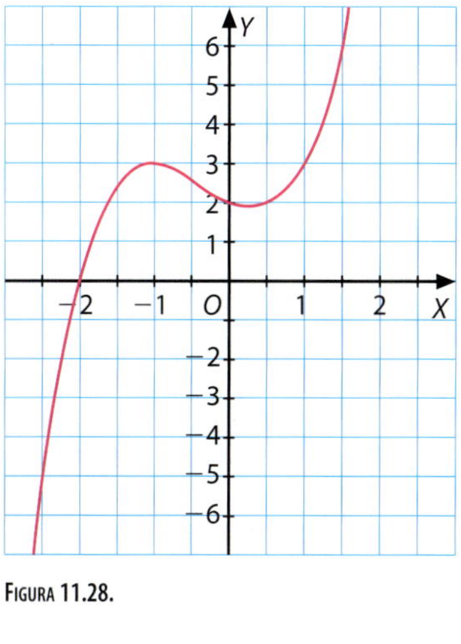


FIGURA 11.28.

## Ejercicio resuelto

▶ *Representar la función* $f(x) = 3x^4 - 4x^3 - 36x^2$.

- El dominio es $\mathbb{R}$ y la función es continua en él.
- Puntos de intersección con los ejes.
  - Con el eje X. Se debe resolver la ecuación $f(x) = 0$.

$$3x^4 - 4x^3 - 36x^2 = 0 \Rightarrow x^2 \cdot (3x^2 - 4x - 36) = 0$$

Las soluciones son: $x = 0$, $x = \dfrac{2 + 4\sqrt{7}}{3}$ y $x = \dfrac{2 - 4\sqrt{7}}{3}$

Los puntos de intersección con el eje de abscisas son:

$$(0, 0), \left(\frac{2 + 4\sqrt{7}}{3}, 0\right) \text{ y } \left(\frac{2 - 4\sqrt{7}}{3}, 0\right)$$

  - Con el eje Y. Se debe imponer $x = 0$; así, el punto es $(0, 0)$.
- Ramas infinitas.

$$\lim_{x \to +\infty} f(x) = +\infty \text{ y } \lim_{x \to -\infty} f(x) = +\infty$$

- Puntos críticos de la función.

$$f'(x) = 0 \Rightarrow 12x^3 - 12x^2 - 72x = 0$$

Resolviendo esta ecuación, se obtiene $x = 0$, $x = -2$ y $x = 3$.

Calculamos sus ordenadas: $f(0) = 0$, $f(-2) = -64$ y $f(3) = -189$

Por tanto, los puntos singulares son $(0, 0)$, $(-2, -64)$ y $(3, -189)$.

Para representar la función usamos distintas escalas para cada eje:

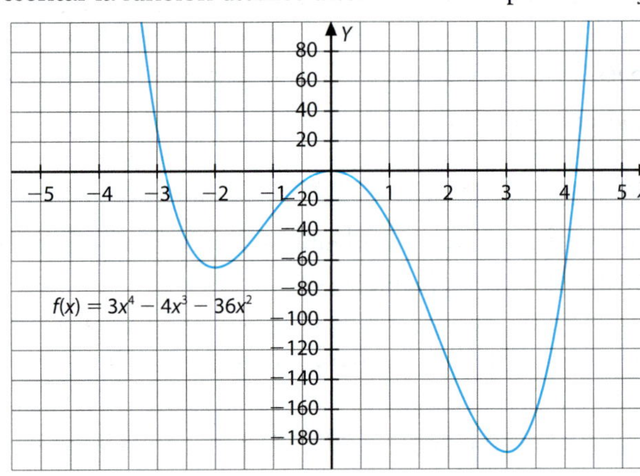


FIGURA 11.29.

**RECUERDA**

Podemos ayudarnos de un cuadro que relacione el signo de $f'(x)$ con el crecimiento de $f(x)$:

| | $-\infty$ a $-2$ | $-2$ a $0$ | $0$ a $3$ | $3$ a $+\infty$ |
|---|---|---|---|---|
| $f'(x)$ | + | − | − | + |
| $f(x)$ | ↘ | ↗ | ↘ | ↗ |

**RECUERDA**

Observa las representaciones gráficas de estas funciones:

$f(x) = 1/x, g(x) = 2/x, h(x) = 3/x$

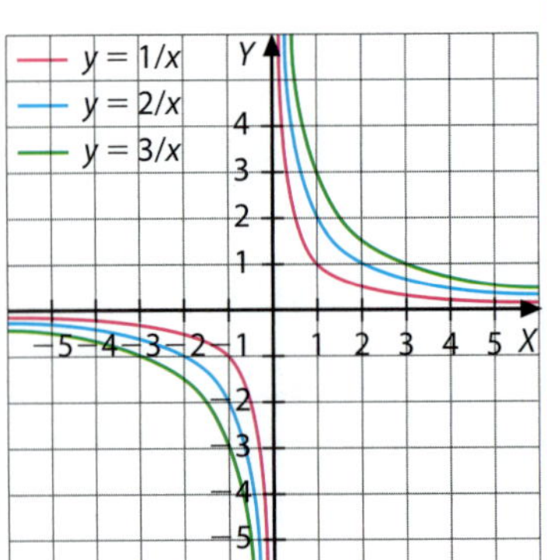


FIGURA 11.30.

Las funciones de proporcionalidad inversa, de la forma $f(x) = k/x$, con $k > 0$, son estrictamente decrecientes; sin embargo, si $k < 0$, son estrictamente crecientes.

## Representación de funciones racionales sencillas

Las funciones racionales, $f(x) = \dfrac{p(x)}{q(x)}$, en las que $p(x)$ y $q(x)$ son dos polinomios, son continuas y derivables en su dominio.

Su dominio es $\text{Dom } f = \{x \in \mathbb{R} \mid q(x) \neq 0\}$.

Para representar funciones racionales, es imprescindible estudiar:

- Su dominio.
- Sus puntos de intersección con los ejes.
- Sus puntos de discontinuidad.
- Sus ramas infinitas.
- Sus intervalos de monotonía y puntos críticos.

## Ejercicio resuelto

▶ *Representar la función* $f(x) = \dfrac{3}{x-4}$.

- Dominio.

$$\text{Dom } f = \{x \in \mathbb{R} \mid x - 4 \neq 0\} = \mathbb{R} - \{4\}$$

- Puntos de intersección con los ejes.
  - Con el eje X. Se debe resolver la ecuación $f(x) = 0$; y como esta no tiene solución, la gráfica no corta al eje de abscisas.
  - Con el eje Y. Si $x = 0$, entonces $f(0) = -3/4$; por tanto, el punto de intersección con el eje de ordenadas es $(0, -3/4)$.
- Continuidad.

La función es continua en su dominio.

En $x = 4$ presenta una discontinuidad asintótica.

- Ramas infinitas.

La función tiene una asíntota vertical, $x = 4$.

Para ayudar a su representación es útil averiguar cómo se comporta la función a ambos lados de $x = 4$; para ello, se calculan los límites laterales:

$$\lim_{x \to 4^-} \frac{3}{x-4} = \left(\frac{3}{0^-}\right) = -\infty \text{ y } \lim_{x \to 4^+} \frac{3}{x-4} = \left(\frac{3}{0^+}\right) = +\infty$$

Ahora estudiamos el comportamiento de la función en el infinito:

$$\lim_{x \to -\infty} \frac{3}{x-4} = 0 \text{ y } \lim_{x \to +\infty} \frac{3}{x-4} = 0, \text{ es decir, } \lim_{x \to \infty} \frac{3}{x-4} = 0$$

Así pues, la función tiene una asíntota horizontal, $y = 0$.

- Monotonía y puntos críticos.

Calculamos la función derivada: $f'(x) = -\dfrac{3}{(x-4)^2}$

Como esta función no se anula, $f(x)$ no tiene puntos de tangente horizontal, es decir, ni máximos ni mínimos.

Como se puede ver a partir de la expresión de $f'(x)$, su denominador es siempre positivo para cualquier $x \neq 4$, y el numerador es negativo, por lo que:

$$\forall x \in \text{Dom } f, f'(x) < 0 \Rightarrow f(x) \text{ es decreciente en su dominio.}$$

Se puede observar que su gráfica es la misma que la de $f(x) = 3/x$, aunque esta está desplazada hacia la derecha cuatro unidades.

La representación de la función es:

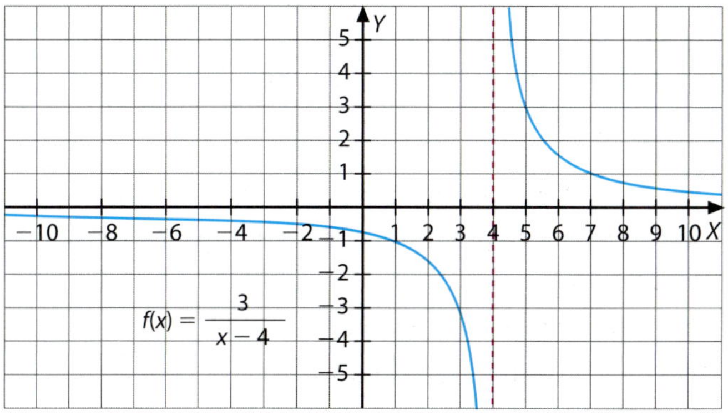


FIGURA 11.32.

**RECUERDA**

Cuando el polinomio del denominador no tiene ceros, la función racional no tiene asíntotas verticales. Además, al estudiar el comportamiento de la función en el infinito pueden existir asíntotas que no sean horizontales, es decir, puede haber ramas asintóticas, de asíntota oblicua, como en el caso de la función de la figura:

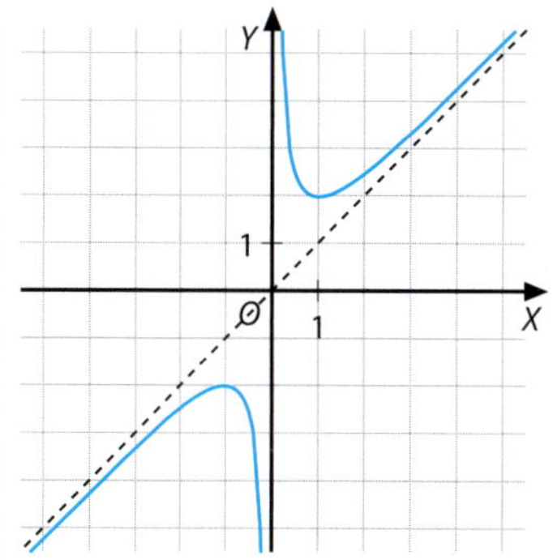


FIGURA 11.31.

## Actividades

**32** Dada la función $f(x) = -x^2 + 3x - 2$, determina los extremos relativos y los intervalos de monotonía.

**33** Averigua en qué punto de su gráfica la función $f(x) = \frac{x+1}{2-x}$ tiene una recta tangente de pendiente 1/3, y escribe su ecuación.

**Solución:** $(-1, 0), (5, -2)$

**34** Halla en qué punto es paralela a la recta $x + 2y - 3 = 0$ la recta tangente a la curva de la función $f(x) = \sqrt{x} - x$.

**35** Halla los puntos críticos de $f(x) = xe^x$.

**Solución:** $P(-1, -1/e)$

**36** Calcula las rectas tangentes a la función $f(x) = x^3 + x^2 - 3x + 2$ en los puntos de intersección con la recta $y = -2x + 3$.

**37** La recta de ecuación $y = 2x - 3$ es tangente a $f(x) = ax^3 + bx^2 + x - 2$ en $x = 1$. Averigua $a$ y $b$.

**Solución:** $a = 1, b = -1$

**38** Averigua los intervalos de monotonía de $f(x) = -2x^3 - 3x^2 + 12x - 1$.

**Solución:** $f(x)$ es creciente en $(-2, 1)$ y decreciente en $(-\infty, -2) \cup (1, +\infty)$.

**39** Determina los extremos relativos de la función $f(x) = \frac{x^2}{2x+1}$.

**Solución:** $(0, 0)$ es un mínimo relativo y $(-1, -1)$ es un máximo relativo.

**40** Averigua los puntos de tangente horizontal de $f(x) = 4x^3 - x^4$. Estudia si son todos extremos relativos, indicando los intervalos de monotonía de la función.

**Solución:** Puntos de tangente horizontal: $(0, 0)$ y $(3, 27)$. $f(x)$ es creciente si $x < 3$ y es decreciente si $x > 3$, por lo que $(3, 27)$ es un máximo de la función.

**41** Dada la función $f(x) = \frac{x}{\ln x}$, indica:

*a)* El dominio. *b)* Los puntos singulares. *c)* Los intervalos de monotonía.

**Solución:** *b)* $P(e, e)$ *c)* $f(x)$ es decreciente en $(0, 1) \cup (1, e)$ y creciente en $(e, +\infty)$.

**42** A partir de la gráfica de $f'(x)$ que se observa en la figura 11.33, indica los intervalos de crecimiento de la función $f(x)$ y sus extremos relativos. A continuación, esboza una posible representación de $f(x)$.

**Solución:** Es creciente en $(-2, 4)$ y decreciente en $\mathbb{R} - [-2, 4]$. En $x = -2$, presenta un mínimo relativo y en $x = 4$, un máximo relativo.

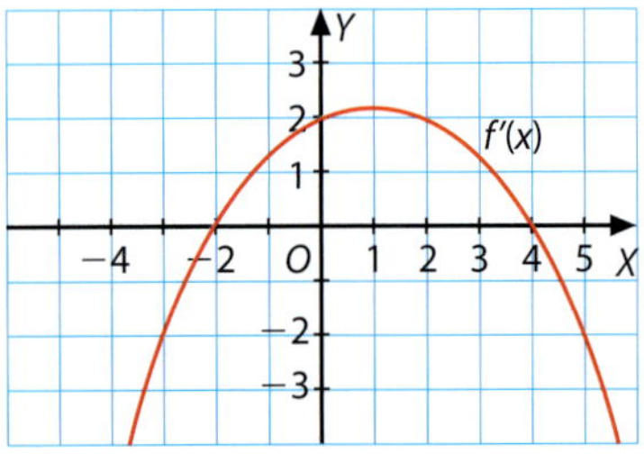

FIGURA 11.33.

**43** Representa la función $f(x) = x^3 + 3x^2 - 9x + 5$, indicando:

*a)* Los puntos de intersección con los ejes.

*b)* Los puntos singulares.

**Solución:** *a)* Con el eje $X$: $(-5, 0), (1, 0)$; con el eje $Y$: $(0, 5)$ *b)* $(-3, 32), (1, 0)$

**44** Representa la función $f(x) = \frac{-3x+1}{x-2}$, indicando:

*a)* El dominio y la continuidad.
*b)* Las ramas infinitas.
*c)* Los puntos de intersección con los ejes.
*d)* Los puntos de tangente horizontal.

**Solución:** *c)* Con el eje $X$: $(1/3, 0)$ y con el eje $Y$: $(0, -1/2)$ *d)* No tiene.

**45** Construye la gráfica de una función que cumpla las siguientes condiciones:

- $\text{Dom} f = \mathbb{R} - \{-2, 2\}$
- Asíntotas verticales: $x = -2, x = 2$
- Asíntota horizontal: $y = 1$
- Puntos de intersección con los ejes: $(-4, 0), (4, 0)$
- Decreciente en $(-\infty, -2) \cup (-2, 0)$ y creciente en $(0, 2) \cup (2, +\infty)$.

## 6.4. Optimización

En muchas situaciones es necesario encontrar los valores que determinan que una función sea máxima o mínima. Este tipo de **problemas** se denomina de **máximos y mínimos.** Generalmente se trata de encontrar los extremos de una función en un intervalo que viene determinado por el enunciado. Suele ser una función que depende de algunas variables, y el problema radica en encontrar la relación entre ellas, para poder expresar lo que se quiere optimizar respecto de una sola variable. A partir de aquí, se aplican los procedimientos estudiados en la unidad anterior para encontrar los extremos de una función.

Hay que tener presente que lo que se busca es un extremo en un intervalo, por lo que este debe ser, en principio, absoluto. Normalmente coincide con extremos relativos de la función en el intervalo considerado, pero, en ocasiones, esto no es así.

### Ejercicio resuelto

▶ *Hallar las dimensiones del rectángulo de mayor área inscrito en una circunferencia de radio R.*

El área del rectángulo inscrito de base $b$ y altura $h$ es $A = b \cdot h$.

Como se deduce de la figura 11.34, $h^2 + b^2 = (2R)^2$, por lo que:

$$h = \sqrt{4R^2 - b^2}$$

Si sustituimos la variable $h$ en la ecuación del área, obtenemos una función que proporciona el área del rectángulo inscrito a partir de su base:

$$A(b) = b \cdot \sqrt{4R^2 - b^2} = \sqrt{4R^2b^2 - b^4}$$

Esta función es siempre positiva. El valor de la base, $b$, se encuentra en el intervalo $(0, 2R)$. Como $A(0) = A(2R) = 0$, el valor máximo que alcanza la función debe coincidir con un máximo relativo.

Para calcular los extremos relativos de $A(b)$, hallamos su función derivada y la igualamos a cero:

$$A'(b) = \frac{8R^2b - 4b^3}{2\sqrt{4R^2b^2 - b^4}} = \frac{4R^2 - 2b^2}{\sqrt{4R^2 - b^2}} = 0 \Leftrightarrow b = R\sqrt{2}$$

Para este único valor de $b$ que anula la derivada de la función área, el extremo solo puede ser un máximo, por lo que calculamos el valor de $h$ para $b = R\sqrt{2}$:

$$h = \sqrt{4R^2 - b^2} = \sqrt{4R^2 - (R\sqrt{2})^2} = R\sqrt{2}$$

Por tanto, el rectángulo de mayor área inscrito en una circunferencia de radio $R$ es un cuadrado cuyo lado mide $R\sqrt{2}$.

### Actividades

**46** Encuentra dos números cuya suma sea 100 y cuyo producto sea máximo.

**Solución:** $x = y = 50$

**47** Se quiere construir un rectángulo con un alambre de longitud, $l$. ¿Qué dimensiones ha de tener el rectángulo para que su área sea máxima?

**Solución:** $b = h = l/4$

**48** Entre todos los triángulos isósceles cuyo perímetro es 36 cm, calcula el que tiene área máxima.

**Solución:** El triángulo equilátero de lado 12 cm.

### Extremos absolutos

Si una función no presenta asíntotas en un intervalo cerrado, $[a, b]$, sus **extremos absolutos** en dicho intervalo se encuentran entre:

- Los puntos extremos del intervalo: $a$ y $b$.
- Los extremos relativos del intervalo.

Los **extremos relativos** de la función se hallan entre sus puntos críticos, que son:

- Los puntos $x \in (a, b)$ en los que la derivada es cero.
- Los puntos $x \in (a, b)$ en los que la función no es derivable.

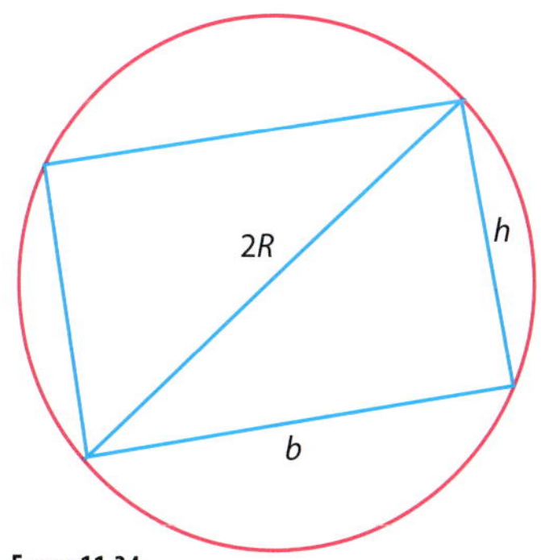

FIGURA 11.34.

## Recta tangente

**1. Determina la ecuación de la recta tangente a $f(x) = x^3 - 7x + 5$ paralela a la recta de ecuación $y = 5x - 7$.**

Si la recta tangente ha de ser paralela a la recta $y = 5x - 7$, deberá tener la misma pendiente, $m = 5$; por tanto, la derivada de la función en un punto por determinar deberá ser $f'(x) = 5$.

$$f'(x) = 3x^2 - 7$$

Como $f'(x) = 5 \Rightarrow 3x^2 - 7 = 5 \Rightarrow x^2 = 4 \Rightarrow x = \pm 2$

Hay dos rectas tangentes paralelas a $y = 5x - 7$:

- En $x = 2$: $f(2) = 2^3 - 7 \cdot 2 + 5 = -1 \Rightarrow P(2, -1)$

  La ecuación de la recta tangente en $P(2, -1)$ es:

  $$y + 1 = 5(x - 2) \Rightarrow y = 5x - 11$$

- En $x = -2$: $f(-2) = (-2)^3 - 7 \cdot (-2) + 5 = 11 \Rightarrow Q(-2, 11)$

  La ecuación de la recta tangente en $Q(-2, 11)$ es:

  $$y - 11 = 5(x + 2) \Rightarrow y = 5x + 21$$

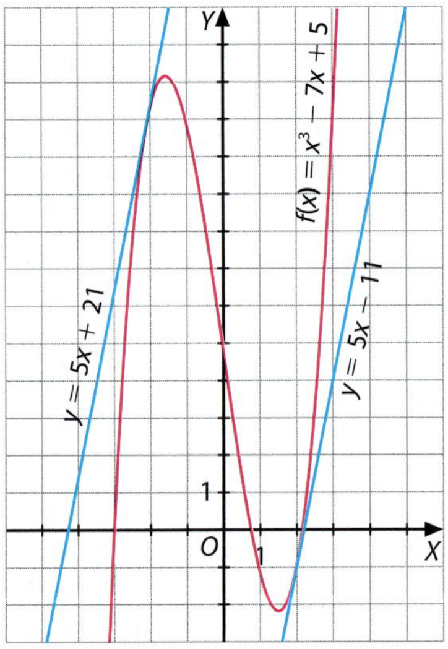


**Figura 11.35.**

## Continuidad y derivabilidad

**2. Determinar los valores de *a* y *b* para que la siguiente función sea continua y derivable en todo su dominio:**

$$f(x) = \begin{cases} x^2 + 3x + a & \text{si } x \le 0 \\ 3x^2 + bx & \text{si } x > 0 \end{cases}$$

Debemos imponer que la función sea continua y derivable en $x = 0$.

- En primer lugar se debe imponer que sea continua:
  - $f(0) = a$
  - Ha de existir $\lim_{x \to 0} f(x)$ y coincidir con $f(0)$.

  $$\left.\begin{aligned} \lim_{x \to 0^-} f(x) &= \lim_{x \to 0^-} (x^2 + 3x + a) = a \\ \lim_{x \to 0^+} f(x) &= \lim_{x \to 0^+} (3x^2 + bx) = 0 \end{aligned}\right\} \Rightarrow \lim_{x \to 0^-} f(x) = \lim_{x \to 0^+} f(x) \Rightarrow a = 0$$

  Por tanto, si $a = 0$, $f(x)$ es continua en $x = 0$: $f(0) = \lim_{x \to 0} f(x) = 0$

- Ahora impondremos que sea derivable:
  - $f'_-(0) = \lim_{h \to 0^-} \dfrac{f(0 + h) - f(0)}{h} = \lim_{h \to 0^-} \dfrac{h^2 + 3h}{h} = \lim_{h \to 0^-} (h + 3) = 3$
  - $f'_+(0) = \lim_{h \to 0^+} \dfrac{f(0 + h) - f(0)}{h} = \lim_{h \to 0^+} \dfrac{3h^2 + bh}{h} = \lim_{h \to 0^-} (3h + b) = b$

  Los límites laterales deben ser iguales: $f'_-(0) = f'_+(0) \Rightarrow b = 3$

Para que la función $f(x)$ sea continua y derivable en todo su dominio los valores de los parámetros deberán ser $a = 0$ y $b = 3$.

ma1b41

## Determinación del crecimiento y la curvatura de una función

**3.** **Hallar los extremos relativos de la función $f(x) = \dfrac{x^2 + 3}{x - 1}$, y sus intervalos de monotonía y su curvatura.**

La función $f(x)$ es racional.

Su dominio es Dom $f = \mathbb{R} - \{1\}$.

Tiene derivada en todos los puntos de su dominio. Sus extremos relativos, es decir, sus máximos y mínimos, se deben hallar entre los puntos de tangente horizontal, esto es, de derivada nula, en los que cambie la monotonía de la función: si es un máximo, la función pasará de creciente a decreciente y, si es un mínimo, sucederá lo contrario.

En primer lugar, averiguamos en qué puntos se anula la derivada: $f'(x) = \dfrac{x^2 - 2x - 3}{(x - 1)^2}$

$$f'(x) = 0 \Rightarrow x^2 - 2x - 3 = 0 \Rightarrow x = -1 \text{ y } x = 3$$

Estudiamos ahora el signo de la función derivada en los intervalos que estos valores determinan en la función (teniendo en cuenta que en $x = 1$ no está definida):

- Si $f' > 0$ en un intervalo, es creciente en dicho intervalo.
- Si $f' < 0$, entonces es decreciente.

Los intervalos que debemos considerar son $(-\infty, -1)$, $(-1, 1)$, $(1, 3)$ y $(3, +\infty)$.

- Si $x \in (-\infty, -1)$, $f' > 0 \Rightarrow f$ es creciente en $(-\infty, -1)$.
- Si $x \in (-1, 1)$, $f' < 0 \Rightarrow f$ es decreciente en $(-1, 1)$.
- Si $x \in (1, 3)$, $f' < 0 \Rightarrow f$ es decreciente en $(1, 3)$.
- Si $x \in (3, +\infty)$, $f' > 0 \Rightarrow f$ es creciente en $(3, +\infty)$.

Es útil recoger esta información en un cuadro:

| | $-\infty$ a $-1$ | $-1$ a $1$ | $1$ a $3$ | $3$ a $+\infty$ |
|---|---|---|---|---|
| $f'(x)$ | + | − | − | + |
| $f(x)$ | ↗ | ↘ | ↘ | ↗ |

Con esto podemos deducir que:

- En $x = -1$, $f$ pasa de ser creciente a decreciente, luego tiene un máximo relativo.
- En $x = 3$, $f$ pasa de ser decreciente a creciente, luego tiene un mínimo relativo.

Para determinar la curvatura de la función hallamos la segunda derivada de la función:

$$f''(x) = \frac{4}{(x - 1)^2}$$

Al resolver la ecuación $f''(x) = 0$ no obtenemos ningún punto de inflexión. Así, tenemos que estudiar los intervalos $(-\infty, 1) \cup (1, +\infty)$.

- Para el intervalo $(-\infty, 1)$ vemos que $f''(x) > 0$ así pues, la función es cóncava.
- También para el intervalo $(1, +\infty)$ comprobamos que $f''(x) > 0$ así pues, la función es cóncava.

**4.** **Hallar los intervalos de monotonía de la siguiente función:**

$$f(x) = |-x^2 - 2x + 3|$$

Observa que $g(x) = -x^2 - 2x + 3$ es una función definida en $\mathbb{R}$.

Para estudiar su signo, primero se descompone en factores:

$$-x^2 - 2x + 3 = -(x + 3) \cdot (x - 1)$$

Después, se realiza la tabla de signos:

| | $-\infty$ a $-3$ | $-3$ a $1$ | $1$ a $+\infty$ |
|---|---|---|---|
| $x + 3$ | − | + | + |
| $x - 1$ | − | − | + |
| $-1$ | − | − | − |
| $-(x + 3) \cdot (x - 1)$ | − | + | − |

Por consiguiente:

$$|-x^2-2x+3| = \begin{cases} x^2+2x-3 & \text{si } x \in (-\infty, -3) \cup (1, +\infty) \\ -x^2-2x+3 & \text{si } x \in [-3, 1] \end{cases}$$

Su representación gráfica es:

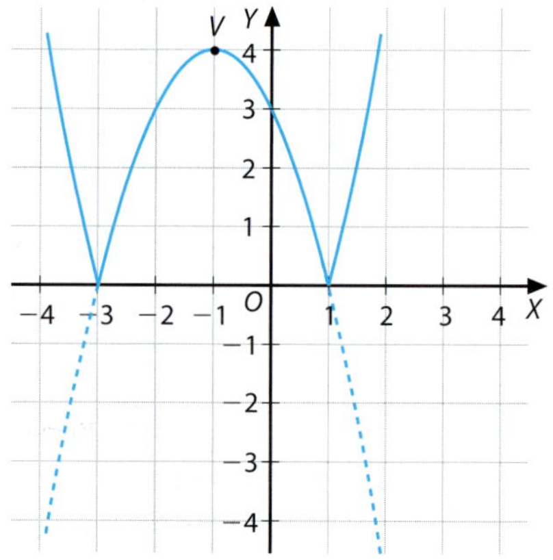


FIGURA 11.36.

En la figura se observa que hay dos *picos:* uno en $(-3, 0)$ y otro en $(1, 0)$. En estos puntos la derivada no existe y, como se puede ver, la monotonía cambia; pero, además, hay un punto en el intervalo $(-3, 1)$ en el que la derivada es cero.

Este punto se puede calcular, mediante derivación, de este modo:

$$(-x^2-2x+3)' = -2x-2$$

$$-2x-2=0 \Rightarrow x=-1$$

A este valor de $x$ le corresponde el valor de $y=4$; por tanto, el vértice se encuentra en el punto $V(-1, 4)$.

Así, tenemos tres puntos, $(-3, 0)$, $(-1, 4)$ y $(1, 0)$, que dividen la función en cuatro intervalos de monotonía.

Comprobamos el signo de $f'(x)$:

$$\left(|-x^2-2x+3|\right)' = \begin{cases} 2x+2 & \text{si } x \in (-\infty, -3) \cup (1, +\infty) \\ -2x-2 & \text{si } x \in (-3, 1) \end{cases}$$

Observa que los intervalos de definición de la derivada son abiertos, puesto que $f'(-3)$ y $f'(1)$ no existen (recuerda aquí el concepto de derivadas laterales).

Por eso, los intervalos de monotonía de $f(x)$ son los siguientes:

- Decreciente: $(-\infty, -3) \cup (-1, 1)$
- Creciente: $(-3, -1) \cup (1, +\infty)$

En $x=-1$, la función presenta un máximo relativo. En $x=-3$ y en $x=1$ la función toma el valor mínimo.

## Determinación de una función conociendo algunas de sus características

**5. Dada la función $f(x) = ax^3 + bx^2 + cx$, calcular los valores de $a$, $b$ y $c$ sabiendo que $f(x)$ tiene un máximo en el punto $(1, 4)$ y que en $x = 0$ la recta tangente tiene pendiente 9.**

Si tiene un máximo en $(1, 4)$, la función pasa por $(1, 4)$:

$$f(1) = 4 \Rightarrow 4 = a \cdot 1^3 + b \cdot 1^2 + c \cdot 1 \Rightarrow a + b + c = 4$$

Además, si tiene un máximo en $x = 1$, la recta tangente en este punto deberá ser horizontal, luego la derivada, $f'(x) = 3ax^2 + 2bx + c$, en $x = 1$, $f'(1)$, deberá ser 0:

$$f'(1) = 0 \Rightarrow 3a \cdot 1^2 + 2b \cdot 1 + c = 0 \Rightarrow 3a + 2b + c = 0$$

Si en $x = 0$ la tangente tiene pendiente 9, el valor de la derivada en $x = 0$ debe ser 9:

$$f'(0) = 9 = 3a \cdot 0^2 + 2b \cdot 0 + c \Rightarrow 9 = c$$

Debemos resolver el sistema:

$$\begin{cases} a + b + c = 4 \\ 3a + 2b + c = 0 \\ c = 9 \end{cases} \Rightarrow \begin{cases} a + b = -5 \\ 3a + 2b = -9 \\ c = 9 \end{cases} \Rightarrow a = 1, b = -6, c = 9$$

La función es $f(x) = x^3 - 6x^2 + 9x$.

## Representación de funciones

**6. Representar la siguiente función:**

$$f(x) = \frac{1}{x^2 + 1}$$

- Dominio.

  El denominador de la función es siempre positivo, ya que $x^2$ es mayor o igual que cero y, al sumarle uno, nunca podría anularse.

  Por tanto:

$$\text{Dom } f = \mathbb{R}$$

- Puntos de intersección con los ejes.
  - Con el eje *X*. La ecuación $f(x) = 0$ no tiene solución, por lo que la gráfica no corta al eje de abscisas.
  - Con el eje *Y*. Si $x = 0$, entonces $f(0) = 1$, por lo que la gráfica corta al eje de ordenadas en el punto (0, 1).
- Es continua en $\mathbb{R}$.
- Ramas infinitas.

  No tiene asíntotas verticales.

  En el infinito, $\lim_{x \to \infty} \frac{1}{x^2 + 1} = 0$, por lo que el eje *X* es una **asíntota horizontal, $y = 0$.**

- Puntos críticos.

  Igualamos a cero la función derivada:

$$f'(x) = 0 \Rightarrow \frac{-2x}{(x^2 + 1)^2} = 0 \Rightarrow x = 0$$

  Puesto que $f(0) = 1$, el punto (0, 1) es un punto crítico.

- Intervalos de crecimiento y de decrecimiento.

  En el punto anterior hemos visto el valor para el que se anulaba la derivada, $x = 0$. Como la función es continua en todo $\mathbb{R}$, y, además, la derivada es negativa para valores de *x* negativos y positiva para valores de *x* positivos, podemos concluir lo siguiente:
  - La función es creciente en $(-\infty, 0)$.
  - La función es decreciente en $(0, +\infty)$.

Para representar la función primero reproducimos en los ejes de coordenadas el punto crítico que hemos obtenido.

En este caso, utilizamos escalas de numeración distintas en ambos ejes y, tenemos en cuenta las características de la función $f'(x)$ y los intervalos de crecimiento y de decrecimiento.

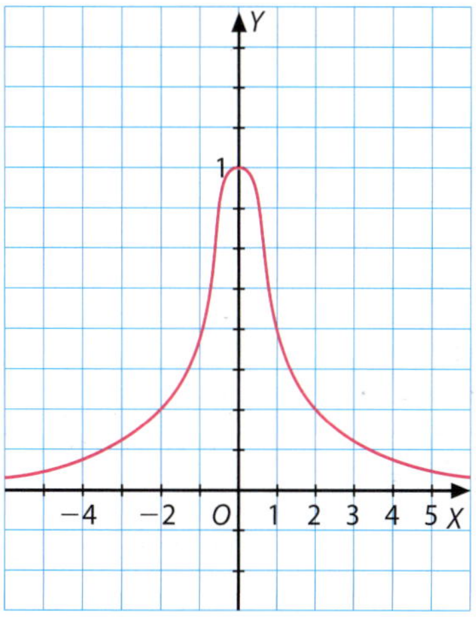


FIGURA 11.37.

ma1b42

Como puedes observar (figura 11.37), la gráfica de la función $f(x)$ presenta una asíntota horizontal en el eje de abscisas *X*, cuya ecuación es $y = 0$.

## Tasa de variación media

**1** Calcula la tasa de variación media de las siguientes funciones en el intervalo que se indica.

*a)* $f(x) = x + 2$ en $[-1, 5]$

*b)* $f(x) = x^2 + 3$ en $[0, 1]$

*c)* $f(x) = x^2 + x$ en $[0, 3]$

*d)* $f(x) = x^3 + 4$ en $[4, 6]$

*e)* $f(x) = x^2 + x^4$ en $[0, 2]$

*f)* $f(x) = \dfrac{x+1}{x-2}$ en $[-1, 1]$

*g)* $f(x) = \log x$ en $[1, 10]$

*h)* $f(x) = 2^x$ en $[-10, 1]$

*i)* $f(x) = \sqrt{2x+1}$ en $[4, 12]$

*j)* $f(x) = x^2 + 1$ en $[x, x + h]$

*k)* $f(x) = \sqrt{x^3}$ en $[x, a]$

*l)* $f(x) = \ln (x - 1)$ en $[2, 3]$

**Solución:** *a)* 1 *b)* 1 *c)* 4 *d)* 76 *e)* 10 *f)* $-1$ *g)* 1/19 *h)* 0,1817 *i)* 1/4 *j)* $2x + h$ *k)* $\dfrac{x^2+ax+a^2}{\sqrt{x^3}+\sqrt{a^3}}$ *l)* ln 2

**2** Si una función tiene una tasa de variación media negativa en un determinado intervalo, ¿puede afirmarse que la función es decreciente en dicho intervalo?

**3** Demuestra que la tasa de variación media de las funciones del tipo $f(x) = ax^2 + k$ es la misma en un determinado intervalo, independientemente del valor de $k$.

## Tasa de variación instantánea

**4** Calcula la tasa de variación instantánea utilizando la fórmula: $\text{TVI}(a) = \lim\limits_{x \to a} \dfrac{f(x) - f(a)}{x - a}$ en las siguientes funciones, en los puntos que se indican.

*a)* $f(x) = -x + 2$ en $x = 10$

*b)* $f(x) = x^2$ en $x = 2$

*c)* $f(x) = x^2 + 1$ en $x = 0$

*d)* $f(x) = x^3$ en $x = a$

*e)* $f(x) = \dfrac{1}{x+1}$ en $x = a$

*f)* $f(x) = \sqrt{x}$ en $x = a$

**Solución:** *a)* $-1$ *b)* 4 *c)* 0 *d)* $3a^2$ *e)* $\dfrac{-1}{(a+1)^2}$ *f)* $\dfrac{1}{2\sqrt{a}}$

## Derivada de una función en un punto

**5** Utilizando la definición de derivada, halla la derivada de las siguientes funciones en los puntos que se indican.

*a)* $f(x) = \dfrac{3-x}{2}$ en $x = \sqrt{2}$

*b)* $f(x) = x^2 + 2x$ en $x = 1$

*c)* $f(x) = (x - 5)^2$ en $x = \dfrac{1}{2}$

*d)* $f(x) = \dfrac{1}{x-2}$ en $x = 0$

*e)* $f(x) = \dfrac{1}{\sqrt{x}}$ en $x = 4$

**Solución:** *a)* $-\dfrac{1}{2}$ *b)* 4 *c)* $-9$ *d)* $-\dfrac{1}{4}$ *e)* $-\dfrac{1}{16}$

**6** Aplicando la definición de derivada, calcula la derivada de las siguientes funciones en los puntos que se indican.

*a)* $f(x) = x^3 + x^2$ en $x = 2$

*b)* $g(x) = x^3 + 3$ en $x = 1$

*c)* $h(x) = \dfrac{1}{x}$ en $x = -1$

*d)* $i(x) = \dfrac{x}{3}$ en $x = 5$

*e)* $j(x) = \dfrac{1}{x+3}$ en $x = -4$

*f)* $k(x) = \sqrt{x+1}$ en $x = 2$

**Solución:** *a)* 16 *b)* 3 *c)* $-1$ *d)* $\dfrac{1}{3}$ *e)* $-1$ *f)* $\dfrac{1}{2\sqrt{3}}$

**7** Si existe la derivada de una función en un punto, ¿esta es una función o un número real?

**8** Si en un punto la recta tangente a la función $f(x)$ es paralela al eje de abscisas, ¿qué ocurre con la derivada en ese punto?

**9** Teniendo en cuenta la gráfica, indica cuál de las siguientes afirmaciones es incorrecta:

*a)* $f'(a) = 0$

*b)* $f'(a)$ no existe.

*c)* $f(x)$ es continua en $a$.

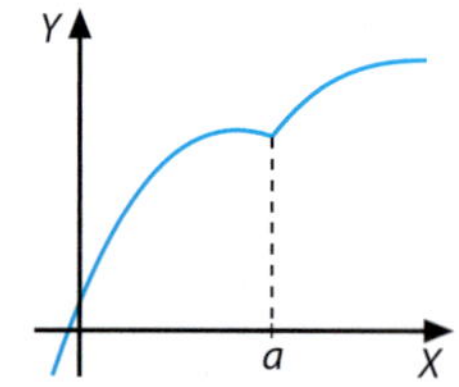


FIGURA 11.38.

**10** ¿En qué punto no es derivable la función $f(x) = |x + 2|$?

**Solución:** $x = -2$

**11** Aplicando la definición de derivada, calcula $f'(3)$ en las funciones que se indican.

*a)* $f(x) = (x + 1)^2$

*b)* $f(x) = \dfrac{1}{x-2}$

**Solución:** *a)* $f'(3) = 8$ *b)* $f'(3) = -1$

**12** Observa la gráfica de la función $f(x)$ y di qué valor tienen, aproximadamente:

*a)* $f(0)$

*b)* $x$ si $f(x) = 0$

*c)* $f'(0)$

*d)* $f'(-2)$

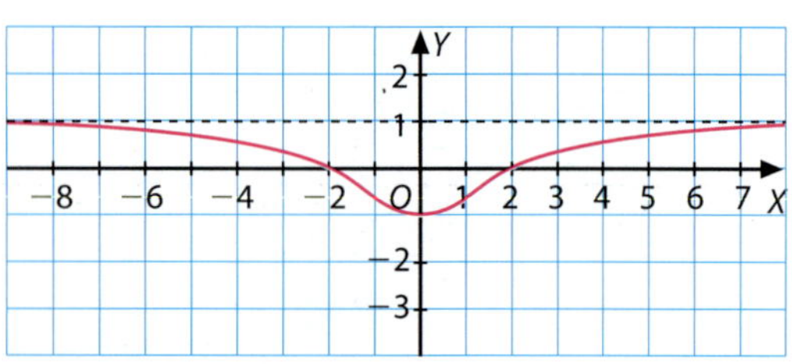


FIGURA 11.39.

**Solución:** *a)* $f(0) = -1$ *b)* $x = -2, x = 2$ *c)* $f'(0) = 0$ *d)* $f'(-2) = -\dfrac{1}{2}$

**13** Observa la representación gráfica de $f(x)$:

$$f(x) = \frac{x^2}{x^2 - 1}$$

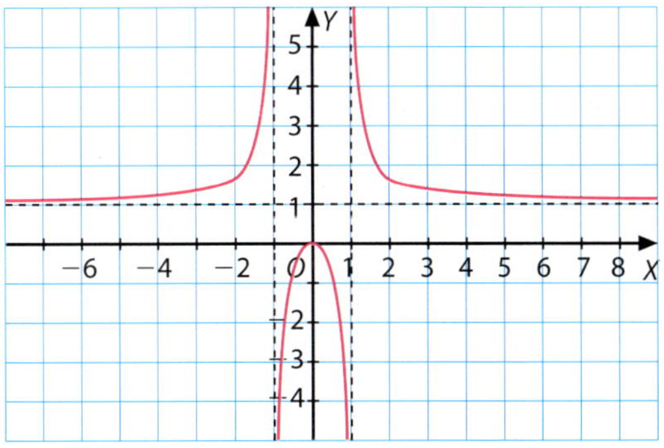


**Figura 11.40.**

Determina:

*a)* $f'(0)$

*b)* ¿Qué relación existe entre $f'(-3)$ y $f'(3)$?

**Solución:** *a)* $f'(0) = 0$

**14** Dada la representación gráfica de $f(x) = x^3 - 3x^2$:

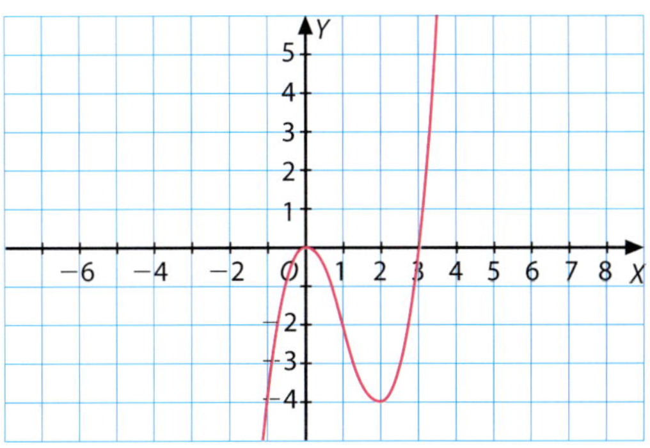


**Figura 11.41.**

Determina:

*a)* Los puntos de derivada nula.

*b)* Los intervalos de derivada positiva y los intervalos de derivada negativa.

**Solución:** *a)* $x = 0, x = 2$ *b)* positiva: $(-\infty, 0) \cup (2, +\infty)$; negativa: $(0, 2)$.

**15** Dadas las representaciones gráficas de las funciones $f(x) = x^3 - 3x^2$ y $g(x) = x^4 - 3x^2$:

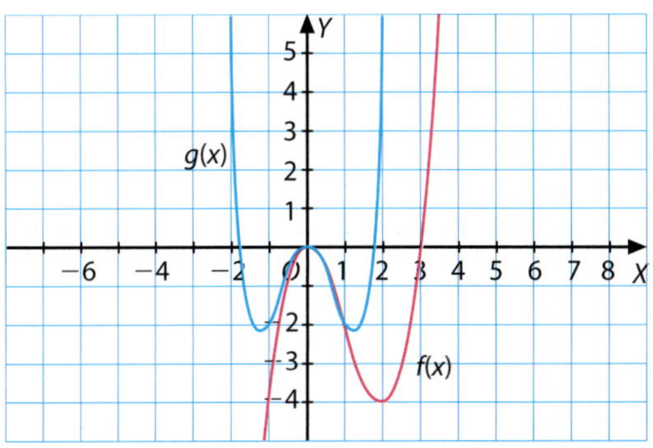


**Figura 11.42.**

A partir de las gráficas, determina la derivada de cada una en $x = -1$.

**16** A partir de la gráfica de la función $f(x)$, y de las de las tangentes en $x = -1$, $x = 0$ y $x = 1$, calcula $f'(-1)$, $f'(0)$ y $f'(1)$.

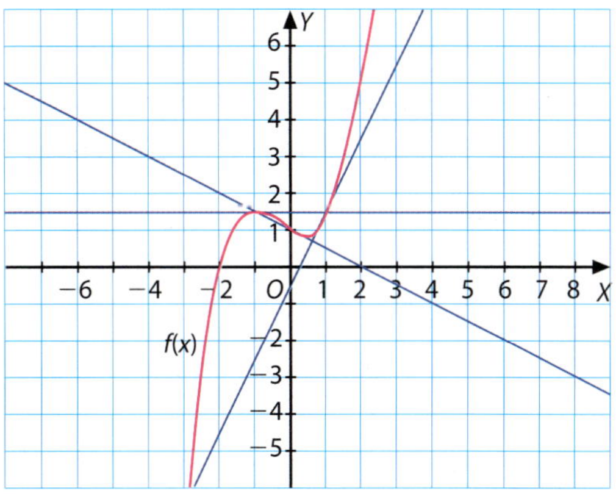


**Figura 11.43.**

**Solución:** $f'(-1) = 0, f'(0) = -\frac{1}{2}$ y $f'(1) = 2$.

**17** Averigua en qué puntos no es derivable la siguiente función:

$$f(x) = |x^2 - x - 2|$$

**Solución:** $x = -1, x = 2$

**18** Explica por qué no es derivable en $x = 0$ la siguiente función:

$$f(x) = \begin{cases} x^2 + 1 & \text{si } x < 0 \\ -x + 2 & \text{si } x \geq 0 \end{cases}$$

**19** Di en qué punto no es derivable la siguiente función definida a trozos:

$$f(x) = \begin{cases} x^3 & \text{si } x \geq 2 \\ 4x & \text{si } x < 2 \end{cases}$$

**Solución:** $x = 2$

**20** Dadas las siguientes funciones, indica en qué puntos no son derivables. Razona por qué.

*a)* $f(x) = |x - 3|$

*b)* $f(x) = |x^2 - 1|$

*c)* $f(x) = \begin{cases} x + 2 & \text{si } x < 0 \\ -x + 1 & \text{si } x \geq 0 \end{cases}$

*d)* $f(x) = \begin{cases} x + 2 & \text{si } x < 0 \\ x^2 + 2 & \text{si } x \geq 0 \end{cases}$

**Solución:** *a)* $x = 3$ *b)* $x = 1, x = -1$ *c)* $x = 0$ *d)* $x = 0$

**21** Dada la siguiente función:

$$f(x) = \frac{x + 1}{x - 1}$$

Calcula la ecuación de la recta tangente y normal en $x = 2$.

## Función derivada

**22** ¿Es lo mismo derivada de una función en un punto que función derivada?

**23** Si la función $f(x)$ es continua en $\mathbb{R}$, ¿es derivable también en $\mathbb{R}$?

**24** Calcula la función derivada de estas funciones.

*a)* $f(x) = x^3 + 2x$

*b)* $f(x) = (x + 2)^2$

*c)* $f(x) = x^2 - 5$

*d)* $f(x) = 2x^3 + 9x^2$

*e)* $f(x) = \dfrac{1}{x} + \dfrac{1}{x^2} + \dfrac{1}{x^3}$

*f)* $f(x) = \left(x + 2\sqrt{x}\right)^3$

*g)* $f(x) = 3\sqrt[5]{x^3} + 2\sqrt{x} + \sqrt[3]{4x}$

*h)* $f(x) = x\sqrt[3]{x^2} + 7x + \dfrac{1}{\sqrt[3]{x^2}}$

*i)* $f(x) = \dfrac{2x^2}{3} + \dfrac{4x}{5} - \dfrac{1}{6}$

*j)* $f(x) = 1 + \dfrac{2}{x} - \dfrac{2}{x^2}$

*k)* $f(x) = \dfrac{1}{\sqrt[3]{x^2}} - \dfrac{3}{x\sqrt{x}}$

*l)* $f(x) = \dfrac{1}{4} - \dfrac{1}{3}x - x^2 - 3x^3$

*m)* $f(x) = 2\sqrt{x} + \sqrt[3]{x}$

*n)* $f(x) = x^2 \cdot \sqrt{x^3}$

*ñ)* $f(x) = 2x^4 - 3x^2 + 1$

*o)* $f(x) = 1 - \dfrac{2}{x^2}$

*p)* $f(x) = 5\sqrt{x} + \sqrt{5x} - \dfrac{x^3}{\sqrt{x^3}}$

*q)* $f(x) = \dfrac{\ln x}{7} + \dfrac{2}{x}$

*r)* $f(x) = \sqrt{x^3} + \sqrt[3]{x^2}$

*s)* $f(x) = (2 - 6x)^2$

*t)* $f(x) = 3x\sqrt{x} - \dfrac{3x}{\sqrt{x}}$

*u)* $f(x) = 3x \cdot (x^2 - 2)$

*v)* $f(x) = \dfrac{1}{x^2} - \dfrac{1}{x^3}$

*w)* $f(x) = \dfrac{x + x^3}{x^2}$

*x)* $f(x) = \dfrac{1}{2x} + \dfrac{x}{2}$

*y)* $f(x) = \sqrt[3]{x} + \sqrt{3}$

*z)* $f(x) = \dfrac{5x}{\sqrt{x} - 5}$

**25** Calcula la función derivada de estas funciones.

*a)* $f(x) = \dfrac{x - \sqrt{x}}{2 + \sqrt{x}}$

*b)* $f(x) = (x^2 - x + 1) \cdot e^x$

*c)* $f(x) = \dfrac{x^3}{e^x}$

*d)* $f(x) = (x^2 + 3x - 1) \cdot (2x^3 - 1)$

*e)* $f(x) = \dfrac{2x + 1}{2x - 1}$

*f)* $f(x) = \dfrac{3x}{x - 1} + \dfrac{2x}{x^2 - 1}$

*g)* $f(x) = \dfrac{1 - \sqrt[3]{x}}{\sqrt{x}}$

*h)* $f(x) = \dfrac{e^{5x}}{x}$

*i)* $f(x) = \dfrac{e^{-3x} + 2}{e^{-3x} - 2}$

*j)* $f(x) = \dfrac{\operatorname{sen} x + \cos 2x}{1 - \operatorname{sen} x}$

*k)* $f(x) = 3x \cdot \operatorname{sen} x + 4$

*l)* $f(x) = \dfrac{-2x}{(x^2 - 1)^2}$

*m)* $f(x) = \dfrac{e^x + 1}{e^{2x}}$

*n)* $f(x) = \dfrac{\operatorname{sen} x}{3}$

*ñ)* $f(x) = \dfrac{\ln 4x}{x}$

*o)* $f(x) = \dfrac{x + 1}{x - 1}$

*p)* $f(x) = \dfrac{e^{-x}}{x}$

*q)* $f(x) = x^2 \cdot \operatorname{sen} x$

*r)* $f(x) = \dfrac{2x + 1}{x^2 - 1}$

*s)* $f(x) = e^x \cdot 2x + x^2$

*t)* $f(x) = \dfrac{e^x}{2^x}$

*u)* $f(x) = \ln x \cdot \operatorname{sen} x$

*v)* $f(x) = \dfrac{\sqrt{x}}{e^x}$

*w)* $f(x) = x^3 \cdot 3^x$

*x)* $f(x) = \dfrac{1}{\ln 3x}$

*y)* $f(x) = e^x \cdot \cos x + 2^4$

**26** Obtén, a partir de las gráficas de las funciones, las de sus funciones derivadas.

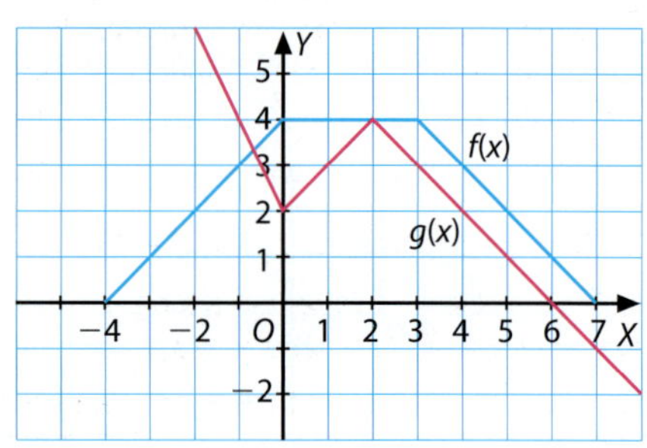


FIGURA 11.44.

## Aplicaciones de la derivada

**27** Calcula cuál de estas funciones es más rápidamente creciente para $x = 2$.

- $f(x) = 6x^3 - 4x^2 - 10x + 5$
- $g(x) = 12x^4 - 4x + 3$

**28** Dada la función $f(x) = ax^2 - 3x + 5$, calcula el valor de $a$ para que $f'(1) = 9$.

**Solución:** $a = 6$

**29** La función $s(t) = 30 - 5t^2$ expresa el espacio que recorre un cuerpo en caída libre en función del tiempo, donde $s$ se mide en metros y $t$ en segundos.

Calcula la velocidad media de la caída y la velocidad instantánea en $t = 2$ s y en el momento de llegar al suelo.

**Solución:** $v_m = -10$ m/s; $v(2) = -20$ m/s; $v(\sqrt{6}) = -10\sqrt{6}$ m/s

**30** Calcula la ecuación correspondiente a la recta tangente a la función $f(x) = 7x^2 + 4x - 7$ en el punto de abscisa $x = 3$.

**31** Halla la ecuación de la recta tangente a esta función:

$$f(x) = 2 + \sqrt{x} \quad \text{en } x = \frac{3}{4}$$

**32** ¿En qué punto es paralela la tangente de la función $f(x) = \frac{x^2}{4} - 7x$ a la bisectriz del primer cuadrante? ¿Y a la del segundo?

**Solución:** primer cuadrante: $(16, -48)$; segundo cuadrante: $(12, -48)$

**33** Calcula el punto de la curva $y = 2 + x + x^2$ en el que la tangente es paralela a la recta $x - y = 0$.

**Solución:** $(0, 2)$

**34** Halla en qué punto es paralela a la recta $3x - y + 2 = 0$ la recta tangente a la función $f(x) = x^2 - 6x + 5$.

**35** Halla los puntos de tangente horizontal de la gráfica de $f(x) = 3x^4 + 2x^3 - 3x^2$.

**Solución:** los de abscisa $x = 0, x = \frac{1}{2}, x = -1$.

**36** Averigua los puntos en los que la recta tangente a la curva de la función $f(x) = \frac{4}{x^2} + x$ cumple:

*a)* Es horizontal.

*b)* Es paralela a la recta $y = 2x + 3$.

**Solución:** *a)* $(2, 3)$ *b)* $(-2, -1)$

**37** Determina los puntos de la grafica de $f(x) = x^4 - 5x$ en los que la recta tangente es paralela a la bisectriz del segundo cuadrante. Halla las ecuaciones de estas tangentes.

**Solución:** $P(1, -1)$

**38** Considera la función $f(x) = x^3 - 3x^2 + 2x + 2$:

*a)* Halla la ecuación de la recta tangente a la gráfica de $f(x)$ en el punto de abscisa $x = 3$.

*b)* ¿Existe alguna otra recta tangente a la gráfica de $f(x)$ que sea paralela a la que has hallado? Razona la respuesta y en caso afirmativo, calcula la ecuación.

**39** Averigua la ecuación de la recta tangente a la gráfica de la función $f(x) = \sqrt{x} - 2x$ paralela a la recta de ecuación $3x + 2y + 2 = 0$.

**40** ¿En qué punto de la gráfica de la función $f(x) = \ln x$ su recta tangente es paralela a la recta $x - 3y + 1 = 0$?

**Solución:** $(3, \ln 3)$

**41** ¿En qué punto de la curva $y = \ln x$ la recta tangente es paralela a la cuerda que une los puntos $(1, 0)$ y $(e, 1)$?

**Solución:** En el punto de abscisa $x = e - 1$.

**42** Averigua en qué otro punto corta a la curva de $f(x)$ la tangente a $f(x) = x^3 - x + 1$ en $x = 1$.

**Solución:** En el punto de abscisa $x = -2$.

**43** Determina los puntos en los que la recta tangente a la curva de la función $f(x) = 3x^2 - x$ en $x = -2$ corta a los ejes de coordenadas.

**Solución:** $(0, -12), (-12/13, 0)$

**44** Halla en qué punto corta al eje $X$ la recta tangente a la función $f(x) = x^2 - 4x + 2$ en el punto de abscisa 1. ¿En qué punto corta al eje $Y$?

**Solución:** $X$: $(1/2, 0)$; $Y$: $(0, 1)$

**45** Determina el punto de la curva $f(x) = -2x^2 + x$ en el que la recta tangente forma un ángulo de 135° con el eje de abscisas en sentido positivo.

**Solución:** $(1/2, 0)$

**46** Dada la curva de ecuación $\frac{x^2 - 4}{x^2 + 4}$:

*a)* ¿En qué punto tiene una recta tangente horizontal?

*b)* ¿Es posible que esta curva tenga una tangente paralela a $3x - 3y + 7 = 0$ en algún punto de abscisa negativa?

**Solución:** *a)* $(0, -1)$

**47** Averigua los puntos en los que la recta tangente a la curva de la función $f(x) = x \ln x$:

*a)* Es horizontal.

*b)* Forma un ángulo de 45° con el eje $X$ en sentido positivo.

**Solución:** *a)* $(1/e, -1/e)$ *b)* $(1, 0)$

**48** La recta $8x - 4y - 5 = 0$ es tangente a la curva de ecuación $y = x^2 + x - 1$. ¿En qué punto?

**Solución:** $(1/2, -1/4)$

**49** Determina la ecuación de la recta tangente a la curva $y = \frac{-2x}{5 - 5x}$ cuya pendiente es $-5/2$.

**Solución:** $25x + 10y - 9 = 0$

**50** ¿En qué punto la recta que pasa por los puntos $A(0, -1)$ y $B(-1, 1)$ es tangente a la curva $y = \frac{x^3}{2} - 2x^2 - 1$?

**Solución:** $(2, -5)$

**51** Determina el punto de intersección de las rectas tangentes a las gráficas de estas funciones:

$$f(x) = \ln x \text{ y } g(x) = -x^3 + x^2 - 2 \text{ en } x = 1$$

**Solución:** $(0, -1)$

**52** Determina la monotonía y la curvatura de estas funciones.

*a)* $f(x) = 2x^3 + 9x^2 - 24x + 5$

*b)* $h(x) = 4x^3 - 24x$

*c)* $p(x) = 2x^3 - 9x^2 + 12x + 6$

*d)* $g(x) = x^3 - 3x^2$

**53** Determina los intervalos de crecimiento y decrecimiento de la función $f(x) = 3x^4 + 2x^3 - 3x^2$, así como sus puntos máximos y mínimos relativos.

**Solución:** decreciente: $(-\infty, -1) \cup (0, 1/2)$; creciente: $(-1, 0) \cup (1/2, +\infty)$; mínimo relativo: $x = -1, x = 1/2$; máximo relativo: $x = 0$

**54** Halla los extremos relativos de la siguiente función polinómica:

$$f(x) = x^3 - \frac{3}{2}x^2 - 6x - 3$$

**Solución:** máximo relativo: $x = -1$; mínimo relativo: $x = 2$.

**55** A partir de los máximos y mínimos relativos de la función $f(x) = x^3 - \frac{3}{2}x^2 - 6x - 3$ y de su comportamiento en el infinito, representa de manera aproximada su gráfica.

**56** Estudia el crecimiento y el decrecimiento de cada una de las siguientes funciones.

*a)* $f(x) = 4x^3 - 3x + 1$

*b)* $f(x) = \dfrac{x}{x - 3}$

*c)* $f(x) = \dfrac{x^2 - 2}{x + 1}$

**Solución:** *a)* creciente: $\left(-\infty, -\frac{1}{2}\right) \cup \left(\frac{1}{2}, +\infty\right)$; decreciente: $\left(-\frac{1}{2}, \frac{1}{2}\right)$
*b)* decreciente: $\mathbb{R} - \{3\}$ *c)* creciente: $\mathbb{R} - \{-1\}$

**57** Determina los extremos relativos de las siguientes funciones.

*a)* $f(x) = \dfrac{x^2 + 1}{x}$

*b)* $f(x) = x\,e^x$

*c)* $f(x) = x \ln x$

**Solución:** *a)* máximo: $(-1, -2)$; mínimo: $(1, 2)$
*b)* mínimo: $\left(-1, -\frac{1}{e}\right)$ *c)* mínimo: $\left(\frac{1}{e}, -\frac{1}{e}\right)$

**58** Representa las siguientes funciones.

*a)* $f(x) = -2x^3 + 5x^2 - 4x + 1$

*b)* $f(x) = x^3 - 3x - 1$

*c)* $f(x) = x^4 + 2x^3 - 2x - 1$

*d)* $f(x) = \dfrac{x^2 + 1}{x^2}$

*e)* $f(x) = \dfrac{2 - x}{1 - x}$

## Ejercicios de aplicación

**59** Dada la función $f(x) = \dfrac{mx - 2}{x - 1}$ donde $m$ es un parámetro:

*a)* Determina para cada valor del parámetro $m$ el valor del límite $\lim_{x \to 1} f(x)$, si existe.

*b)* ¿Para qué valores de $m$ la derivada de la función $f(x)$ es positiva para todo valor de $x$?

**Solución:** *b)* $m < 2$

**60** Halla las ecuaciones de las rectas tangentes a las curvas en su punto de intersección: $f(x) = \dfrac{x + 1}{2 - x}$ y $g(x) = x^2 - x - 2$

¿Qué se observa?

**61** Escribe las ecuaciones de las rectas tangentes a la función $f(x) = x^3 + 3x^2 + x$ en los puntos de intersección con la bisectriz del primer cuadrante.

**62** Calcula el área del triángulo que forman los semiejes positivos de coordenadas y la recta que es tangente a la curva $y = \dfrac{x^2}{2} - 2x + \dfrac{3}{2}$ en $x = 1$.

**Solución:** $\frac{1}{2}$ u$^2$

**63** Calcula una función de segundo grado del tipo:

$$f(x) = x^2 + bx + c$$

sabiendo que su gráfica pasa por el punto de coordenadas $(1, 3)$ y que en el punto de abscisa 2 su tangente tiene pendiente igual a 1.

**Solución:** $b = -3, c = 5$

**64** Calcula los valores de $b$ y $c$ para que la función de ecuación $f(x) = x^2 + bx + c$ tenga un extremo relativo en el punto $(-1, -4)$. ¿Qué tipo de extremo es?

**Solución:** $b = 2, c = 5$

**65** Halla los coeficientes $a$, $b$ y $c$ de la función de ecuación $f(x) = ax^2 + bx + c$, sabiendo que la recta $y = -x + 1$ es tangente a la curva $y = f(x)$ en el punto $(1, 0)$ e $y = f(x)$ corta el eje de ordenadas en $y = 3$.

**Solución:** $a = 2, b = -5, c = 3$

**66** Dada la función:

$$f(x) = \begin{cases} 2x^3 + 2x + a & \text{si } x < 1 \\ bx^2 + 1 & \text{si } x \geq 1 \end{cases}$$

*a)* Calcula $a$ y $b$ para que la función sea continua y derivable en $x = 1$.

*b)* Calcula la ecuación de la recta tangente a la curva $f(x)$ en $x = 1$.

**Solución:** *a)* $a = 1, b = 4$

**67** Halla $a$ y $b$ para que la función:

$$f(x) = \begin{cases} x^3 + x^2 & \text{si } x \leq 1 \\ ax + b & \text{si } x > 1 \end{cases}$$ sea derivable en $\mathbb{R}$.

**Solución:** $a = 5, b = -3$

**68** Halla dos números tales que el doble del primero más el triple del segundo sea 24 y que su producto sea máximo.

**Solución:** 4 y 6

**69** Entre todos los rectángulos de perímetro 36 cm, halla el que tiene área máxima.

**Solución:** Es el cuadrado de lado 9 cm.

**70** De todos los triángulos rectángulos de área 1 u$^2$, averigua las dimensiones del que tiene hipotenusa mínima.

**Solución:** El que es isósceles y sus catetos miden $\sqrt{2}$ u y la hipotenusa 2 u.

**71** Determina la mayor área que puede encerrar un triángulo rectángulo cuya hipotenusa mida 1 metro.

**Solución:** $\frac{1}{4}$ u$^2$

# Evaluación

| Soy capaz de... | Actividades |
|---|---|
| Calcular la tasa de variación instantánea en un punto. | 1 |
| Obtener la recta tangente y normal a una función en un punto dado. | 2 |
| Analizar la relación entre continuidad y derivabilidad de una función. | 3 |
| Calcular la derivada de una función usando los métodos adecuados y la derivada de funciones que son composición de varias funciones elementales utilizando la regla de la cadena. | 4 |
| Representar y estudiar funciones, mediante un estudio completo de sus características usando las propiedades de las derivadas, y los medios tecnológicos adecuados. | 5 y 6 |
| Emplear las derivadas para estudiar situaciones reales y resolver problemas. | 7, 8 y 9 |

**1.** Calcula la tasa de variación instantánea de las siguientes funciones en el punto $x = 2$.

***a)*** $f(x) = x^2$ ***b)*** $g(x) = \sqrt{x+1}$ ***c)*** $h(x) = \dfrac{1}{x}$

**2.** Halla la recta tangente y normal a la función $f(x) = \dfrac{x-1}{x+1}$ en el punto $x = -2$.

**3.** Estudia la continuidad y derivabilidad de la siguiente función:

$$f(x) = \begin{cases} x^2 - 1 & \text{si } x \leq -1 \\ x & \text{si } -1 < x \leq -1 \\ -x^2 + 1 & \text{si } x \geq 1 \end{cases}$$

**4.** Calcula la función derivada de las siguientes funciones.

***a)*** $f(x) = 3\text{sen}^2(3x)$ ***c)*** $f(x) = e^x \cdot \ln(\text{sen}(x))$ ***e)*** $f(x) = e^{x^2} - \ln\left(\dfrac{1}{x}\right)$

***b)*** $f(x) = \dfrac{1}{\cos(x)}$ ***d)*** $f(x) = \ln\left(\dfrac{x}{x+1}\right)$ ***f)*** $f(x) = \ln(x^2 - 1)$

**5.** Estudia la monotonía de las siguientes funciones.

***a)*** $f(x) = \dfrac{1}{x^2}$ ***c)*** $f(x) = x^3 - 27x$

***b)*** $f(x) = \sqrt{x^2 - 1}$ ***d)*** $f(x) = x^5 - 5x$

**6.** Calcula los puntos de inflexión y estudia la curvatura de esta función:

$$f(x) = \frac{x^2}{x^2 - 1}$$

**7.** Halla una función $f(x) = x^3 + bx^2 + cx + d$ tal que tenga un punto de inflexión en $x = -1$ y un extremo relativo en el punto $P(1, 20)$.

**8.** Calcula la base del triángulo isósceles cuyo perímetro mide 8 cm y su área es máxima.

**9.** ¿Cuál es el perímetro mínimo que puede tener un sector circular de 25 m$^2$ de área?

# 12 Estadística

La estadística es una de las ramas de las matemáticas que tiene más aplicaciones prácticas en nuestra vida cotidiana. ¿Cómo sabe un pediatra si el proceso de crecimiento de un niño o de una niña es el correcto? ¿Qué criterio ha permitido establecer la relación entre el hábito de fumar y el cáncer de pulmón?

Estas y otras cuestiones se han resuelto mediante la investigación biomédica, asistida por el método estadístico, que comprende, fundamentalmente, tres etapas: la recogida de datos, su análisis y la obtención de conclusiones a partir de dicho análisis.

En ocasiones, la recogida de datos es un proceso laborioso. Para contestar a las preguntas anteriores, se debe comprobar la talla de millares de niños de diversas edades y estudiar un nutrido conjunto de personas y observar si fuman y si han contraído la enfermedad. Los datos así obtenidos se suelen representar en tablas o en gráficos, como el histograma que aparece en el margen.

En esta unidad aprenderás a analizar datos estadísticos y comprenderás la diferencia que existe entre la mera especulación y el análisis riguroso de los datos.

# Repasa lo que sabes

- La **frecuencia absoluta,** $f_i$**,** de un dato es el número de veces que se repite.
- La **frecuencia relativa,** $h_i$**,** de un dato es el cociente entre su frecuencia absoluta y el número total de datos.
- La **frecuencia absoluta acumulada,** $F_i$**,** de un dato se obtiene sumando a su frecuencia absoluta las de los valores que la preceden.
- La **frecuencia relativa acumulada,** $H_i$**,** de un dato se obtiene sumando a su frecuencia relativa las de los valores que la preceden.

Para organizar los datos de un estudio estadístico se construye una **tabla de frecuencias** en la que se recogen los datos en la primera columna y las frecuencias en las siguientes.

**1.** La siguiente tabla recoge la estatura, en cm, de 100 personas.

| Estatura (cm) | $f_i$ | $h_i$ | $F_i$ | $H_i$ |
|---|---|---|---|---|
| [155, 160) | 10 | × | × | × |
| [160, 165) | 15 | × | × | × |
| [165, 170) | 35 | × | × | × |
| [170, 175) | 30 | × | × | × |
| [175, 180) | 10 | × | × | × |
| Total | × | × | | |

*a)* Cópiala en tu cuaderno y complétala con las frecuencias absolutas y relativas.

*b)* ¿Cuánto suman las frecuencias absolutas?

*c)* ¿Y las relativas?

Para organizar los datos de un estudio estadístico también podemos elaborar diferentes **gráficos estadísticos:**

- Diagramas de barras
- Diagramas de sectores
- Histogramas…

**2.** El histograma muestra el número de personas que han visitado un museo durante el día de la inauguración de una nueva exposición.

El horario de apertura ha sido de 10 h a 15 h.

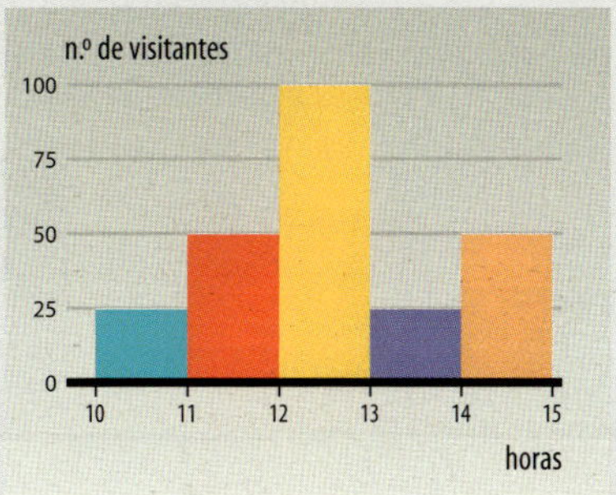


*a)* Construye la tabla de frecuencias correspondiente.

*b)* ¿En qué intervalo horario ha tenido más visitantes? ¿Y menos?

*c)* ¿Podrías indicar cuántas personas había en el museo a las 11:30 h?

**Datos agrupados en intervalos**

Al realizar estudios estadísticos si agrupamos los datos lo hacemos en intervalos semiabiertos o semicerrados de la forma:

$$[a, b) = \{x \in \mathbb{R} / a \leq x < b\}$$

La **amplitud de un intervalo** es la longitud del segmento que determina.

# 1. Variable estadística unidimensional

## 1.1. Caracteres y variables

Un estudio estadístico hace referencia a un conjunto de personas, cosas o eventos que se denomina **población.** Por ejemplo, al estudiar la intención de voto en nuestro país en el marco de unas elecciones generales, la población la constituyen todos los ciudadanos españoles con derecho a voto.

Como no siempre es posible observar todos los elementos de una población, para hacer el estudio estadístico se elige una parte lo más representativa posible de esta, llamada **muestra.** El número de individuos de una muestra recibe el nombre de **tamaño** de la misma.

Así, cuando se hace, por ejemplo, un sondeo sobre la intención de voto, no puede realizarse sobre toda la población, pues sería como celebrar las elecciones por anticipado. Por esta razón, el sondeo debe restringirse a un número limitado de individuos; este conjunto es la muestra, y el número de individuos, el tamaño de la misma.

Si la muestra no está bien elegida, es bastante probable que los resultados del sondeo sean erróneos. Por ejemplo, si solo son consultados individuos que vivan en capitales de provincia y no en el campo, o solo personas mayores de 40 años y no jóvenes con derecho a voto, o asalariados y no empresarios..., el resultado del sondeo puede no ser un reflejo de la realidad.

En una población cabe observar diferentes **caracteres:**

- **Caracteres cualitativos:** los que no pueden expresarse numéricamente.
- **Caracteres cuantitativos:** los que pueden expresarse numéricamente.

Por ejemplo, en una clase es posible observar el color de los ojos de los alumnos, que es un carácter cualitativo, o su altura, que es un carácter cuantitativo.

A cada carácter cuantitativo se le puede asociar una **variable estadística,** que podrá ser **discreta** o **continua.** El número de hermanos que tiene cada alumno de una clase representa una variable discreta, mientras que el peso es una variable continua.

En ocasiones, sobre todo cuando la variable estadística es continua, resulta interesante agrupar los valores de la variable estadística en **intervalos,** también llamados **clases.** Por ejemplo, al estudiar el peso (en kg) de ciertos alumnos, puede ser interesante agruparlos en los siguientes intervalos de peso: [50; 52,5), [52,5; 55), [55; 57,5), [57,5; 60), ...

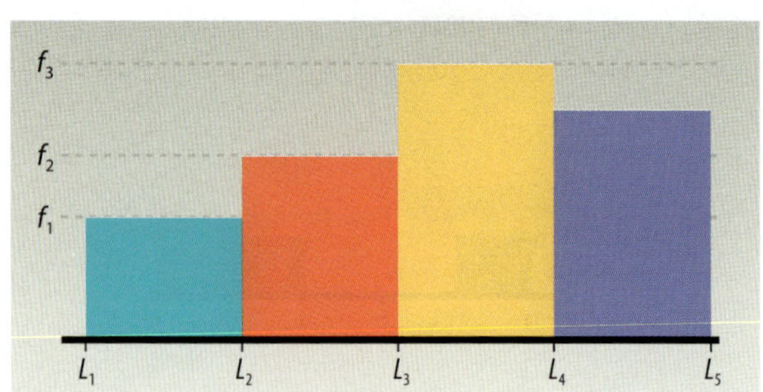


FIGURA 12.1.

El extremo inferior del primer intervalo de clase se representa por $L_1$; el del segundo, por $L_2$... En el ejemplo anterior, $L_1 = 50$, $L_2 = 52,5$, ...

El punto medio de cada intervalo se denomina **marca de clase.** En el ejemplo que estudiamos, las marcas de clase son 51,25; 53,75; 56,25; 58,75...

**RECUERDA**

Una variable se dice que es **discreta** cuando toma valores aislados, y **continua** cuando puede tomar cualquier valor dentro de un intervalo.

**OBSERVA**

La marca de clase del primer intervalo es:

$$\frac{L_1 + L_2}{2}$$

La marca de clase del segundo intervalo es:

$$\frac{L_2 + L_3}{2}$$

Podríamos continuar así hasta completar todos los demás intervalos.

Es importante reflexionar sobre el hecho que no es necesario, aunque sí frecuente, que todos los intervalos tengan la misma amplitud, pero en cualquier caso la marca de clase siempre será el valor central de los mismos.

## 1.2. Parámetros estadísticos

Una vez que se tienen todos los valores correspondientes a una determinada variable estadística, es preciso definir una serie de parámetros estadísticos que proporcionen, de una manera rápida, una descripción del comportamiento de esta variable. Los parámetros estadísticos se agrupan en dos grandes bloques: de **centralización** y de **dispersión.**

### Parámetros estadísticos de centralización

Son parámetros estadísticos de centralización la **moda,** la **mediana** y la **media.** Todos ellos miden, de alguna manera, cuál es el valor más representativo de la variable estadística.

La **moda,** *Mo*, es, de todos los valores que presenta la variable estadística, el que tiene mayor frecuencia, es decir, el que más se repite.

**Ejercicio resuelto**

▶ *En una clase se observa el número de hermanos de los alumnos y se obtienen los resultados de la tabla. ¿Cuál es la moda?*

| Número de hermanos | 0 | 1 | 2 | 3 | 4 |
|---|---|---|---|---|---|
| Frecuencia absoluta ($f_i$) | 11 | 13 | 5 | 0 | 1 |
| Frecuencia absoluta acumulada ($F_i$) | 11 | 24 | 29 | 29 | 30 |

La moda es 1 hermano, ya que es el valor que presenta una frecuencia absoluta más alta, 13.

La **mediana,** *Me*, es el valor de la variable estadística que ocupa el lugar central después de haber ordenado los datos de menor a mayor. Si el número de datos es par, la mediana es el promedio de los dos valores centrales.

De este modo, en la tabla del ejemplo anterior, los dos valores que ocupan el lugar central, una vez ordenados de menor a mayor, son 1 y 1; por tanto, la mediana de esta distribución es 1.

Si la variable estadística es continua o los datos están agrupados en **intervalos de clase,** resulta sencillo determinar la **clase mediana,** o clase en la que se encuentra el valor de la mediana; pero esto no es suficiente para obtener el valor de la mediana, es decir, el valor de la variable que deja la mitad de los datos de la distribución estadística, una vez ordenados, a su izquierda y la otra mitad a su derecha. La expresión que permite calcular el valor de la mediana en estos casos es:

$$Me = L_i + a\,\frac{\frac{n}{2} - F_{i-1}}{f_i}$$

donde:

- $L_i$ es el extremo inferior de la clase mediana.
- $a$ es la amplitud del intervalo de la clase mediana.
- $n$ es el número total de datos.
- $F_{i-1}$ es la frecuencia absoluta acumulada de la clase anterior a la clase mediana.
- $f_i$ es la frecuencia absoluta de la clase mediana.

**OBSERVA**

En ocasiones puede haber más de una moda. Una distribución estadística con dos modas se llama bimodal; con tres, trimodal, etcétera.

**Fórmula de la mediana**

La fórmula de la mediana puede demostrarse a partir de la representación gráfica del intervalo de clase donde se halla situada.

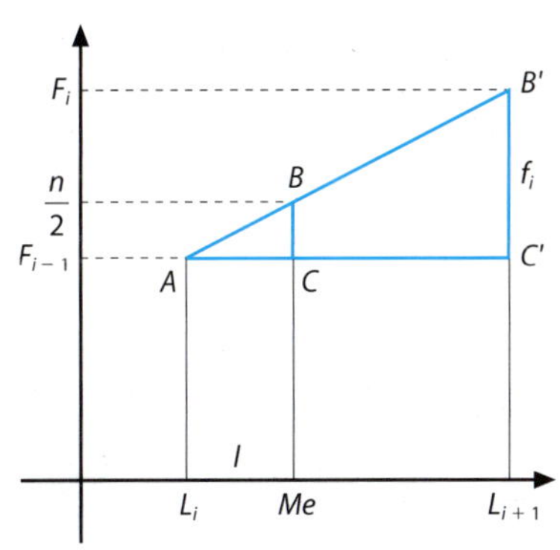


FIGURA 12.2.

Aplicando la semejanza de triángulos, se obtiene $\frac{B'C'}{AC'} = \frac{BC}{AC}$.

$AC = l;\ B'C' = f_i,\ AC' = a,\ BC = \frac{n}{2} - F_{i-1}$

Por tanto:

$$AC = \frac{AC' \cdot BC}{B'C'} = \frac{a \cdot \left(\frac{n}{2} - F_{i-1}\right)}{f_i}$$

Por lo que:

$$Me = L_i + a\,\frac{\frac{n}{2} - F_{i-1}}{f_i}$$

## Utilización de la calculadora

El manejo de la calculadora es muy importante en esta unidad. Durante su desarrollo se irá indicando el procedimiento que has de seguir para determinar los diferentes parámetros estadísticos.

A continuación se describe el protocolo de cálculo de algunas calculadoras; es importante que conozcas el de la tuya y que utilices siempre la misma.

- Para realizar cálculos estadísticos, se ha de activar **SD**. Generalmente, esto se consigue pulsando **MODE** **2**.
- Antes de iniciar el proceso, hay que cerciorarse de que la memoria no tiene almacenado ningún dato. Para esto se presionan las teclas **SHIFT** **CLR**

aparece en pantalla

| SCL | MODE | ALL |
|---|---|---|
| 1 | 2 | 3 |

se presiona **1** (Scl). Aparece en pantalla Stat Clear y se presiona **=**.

Se comprueba que la memoria está vacía oprimiendo el círculo central de la calculadora y aparece $n = 0$.

### Cálculo de la media

- Si se quiere introducir una serie de datos que tienen frecuencia uno, se van tecleando los diversos valores y después de cada valor se oprime la tecla **M+**.

Si los datos no tienen frecuencia unidad, se introducen del siguiente modo:

**Dato 1:** **SHIFT** **;** frecuencia **M+**

**Dato 2:** **SHIFT** **;** frecuencia **M+**

Se procede así sucesivamente.

A medida que se van introduciendo los datos en la pantalla aparece el número de datos introducidos.

Para determinar el valor de la media se presionan las teclas: **SHIFT** **2** (SVAR)

En la pantalla aparece:

| $\bar{x}$ | $x\sigma n$ | $x\sigma n\text{-}1$ |
|---|---|---|
| 1 | 2 | 3 |

Oprimimos la tecla **1** **=**, y obtenemos la media.

## Ejercicio resuelto

▶ *Hallar la mediana de la siguiente distribución estadística.*

| Clases | [30,35) | [35,40) | [40,45) | [45,50) | [50,55) | [55,60) |
|---|---|---|---|---|---|---|
| $f_i$ | 7 | 8 | 15 | 20 | 17 | 9 |
| $F_i$ | 7 | 15 | 30 | 50 | 67 | 76 |

La clase mediana es [45, 50); aplicando la expresión anterior, obtenemos:

$$Me = 45 + 5\,\frac{38 - 30}{20} = 45 + 2 = 47$$

El resultado obtenido, 47, pertenece, como es lógico esperar, al intervalo de clase mediana y es el valor de la variable estadística que ocupa el lugar central de la distribución.

La **media** de una variable estadística, $\bar{x}$, es el valor que resulta de sumar todos los valores, o marcas de clase, que se obtienen de la misma y dividirlo entre el número total, $n$, de valores que de ella se tienen.

Para comprender intuitivamente el valor de la media, podríamos decir que es el promedio de todos los valores o marcas de clase de la variable estadística.

$$\bar{x} = \frac{x_1 + x_2 + \ldots + x_n}{n} = \frac{\sum x_i}{n}$$

Observa que:

$$\sum x_i = x_1 + x_2 + x_3 + \ldots + x_n$$

Si los valores de la variable estadística, $x_i$, se repiten con una frecuencia $f_i$, la expresión de $\bar{x}$ se puede escribir de la siguiente forma:

$$\bar{x} = \frac{\sum x_i f_i}{\sum f_i} = \frac{\sum x_i f_i}{n}$$

Fíjate ahora en que:

$$\sum x_i f_i = x_1 f_1 + x_2 f_2 + \ldots + x_k f_k \quad \text{con } k \le n$$

## Parámetros estadísticos de dispersión

Son parámetros estadísticos de dispersión el **rango,** la **varianza,** la **desviación típica** y el **coeficiente de variación.** Todos ellos miden, en algún sentido, la dispersión de los valores de la variable estadística respecto de los parámetros de centralización.

El **rango,** también llamado **amplitud** o **recorrido,** es la diferencia entre el mayor y el menor de los valores que toma la variable estadística.

Así, en el ejercicio resuelto de la página anterior, el rango es 4.

A la hora de medir el grado de dispersión de los valores de una variable estadística, lo primero que se nos ocurre es calcular la diferencia entre cada uno de los valores de la variable estadística y la media aritmética; es decir, $x_i - \bar{x}$, sumar luego todas estas diferencias, con lo que se obtiene la suma total de las desviaciones respecto del valor central, y después dividir por $n$, esto es, por el número total de valores que tenemos.

Ahora bien, el procedimiento anterior plantea un problema: unas diferencias $(x_i - \overline{x})$ son positivas y otras negativas, con lo cual, al sumarlas, unas pueden enmascarar a las otras. Para solucionar este inconveniente, se suman los cuadrados de las diferencias $(x_i - \overline{x})^2$ y, posteriormente, se divide el resultado por el número total de valores, $n$. El valor así obtenido se denomina **varianza** de la variable estadística y se representa mediante el símbolo $\sigma^2$. Es decir:

$$\sigma^2 = \frac{\sum (x_i - \overline{x})^2}{n}$$

Si los valores $x_i$ se repiten con una frecuencia $f_i$, tenemos que:

$$\sigma^2 = \frac{\sum (x_i - \overline{x})^2 f_i}{n}$$

Observa que, al igual que ocurría en las expresiones para la media, los dos sumatorios, $\sum$, pueden corresponder a un número diferente de sumandos.

El parámetro que mide con mayor precisión si los datos están o no agrupados en las proximidades de la media es la **desviación típica,** que se representa mediante $\sigma$ y es igual a la raíz cuadrada de la varianza:

$$\sigma = \sqrt{\frac{\sum (x_i - \overline{x})^2 f_i}{n}} = \sqrt{\frac{\sum x_i^2 f_i}{n} - \overline{x}^2}$$

La desviación típica siempre es positiva, y su valor se mide en las mismas unidades que los datos.

Al comparar dos variables estadísticas, el hecho de que la desviación típica de una de ellas sea mayor no siempre es indicativo de una dispersión también mayor. El tipo de datos utilizados puede hacer que, de hecho, esta comparación no tenga sentido. El ejemplo siguiente muestra el peso de una serie de madres embarazadas antes del parto y el de sus hijos en el momento de nacer:

| Peso de las madres (kg) | N.° de madres | Peso de los recién nacidos (kg) | N.° de recién nacidos |
|---|---|---|---|
| [55, 60) | 6 | [2,4; 2,8) | 7 |
| [60, 65) | 24 | [2,8; 3,2) | 25 |
| [65, 70) | 47 | [3,2; 3,6) | 33 |
| [70, 75) | 19 | [3,6; 4) | 27 |
| [75, 80) | 4 | [4; 4,4) | 8 |

Si calculamos la media y la desviación típica de los pesos de las madres (m) y los de los recién nacidos (rn), obtenemos:

$$\overline{x}_{\text{m}} = 67{,}05 \text{ kg}, \ \sigma_{\text{m}} = 4{,}53 \text{ kg}, \ \overline{x}_{\text{rn}} = 3{,}42 \text{ kg}, \ \sigma_{\text{rn}} = 0{,}42 \text{ kg}$$

La desviación típica del peso de las madres es mayor, pero no necesariamente esta variable estadística es más dispersa que la del peso de los bebés.

Para poder comparar las dispersiones de distintas variables estadísticas, se introduce el **coeficiente de variación, CV,** que se define como el cociente entre la desviación típica y la media:

$$CV = \frac{\sigma}{\overline{x}}$$

Este cociente se expresa, por lo general, en porcentaje y sirve para comparar la dispersión relativa de diferentes variables estadísticas.

En el caso anterior, el coeficiente de variación de los pesos de las madres es $CV_{\text{m}} = 0{,}0676$, y el de los pesos de los recién nacidos, $CV_{\text{rn}} = 0{,}1228$. Observando estos resultados, podemos constatar que, aunque la desviación típica del peso de las madres es mayor, su coeficiente de variación es menor y, por tanto, esta es la distribución menos dispersa.

### Desviación típica con la calculadora

El procedimiento que has de seguir para obtener la desviación típica con la calculadora coincide con el indicado para obtener la media, con la única salvedad de que, cuando se pulsa SHIFT 2 (SVAR).

En la pantalla aparece:

| $\overline{x}$ | Xσn | Xσn-1 |
|---|---|---|
| 1 | 2 | 3 |

Para obtener la media se teclea 1 =, y para obtener la desviación típica se oprime 2 =.

Histograma humano. IES La Sedeta.

## Actividades

**1** En una clase de 30 alumnos se observa el número de suspensos que ha habido en la primera evaluación y se obtienen los datos de la tabla. Calcula la media, la moda y la mediana del número de suspensos.

| N.° de suspensos | 0 | 1 | 2 | 3 | 4 | 5 |
|---|---|---|---|---|---|---|
| N.° de alumnos | 2 | 4 | 6 | 10 | 5 | 3 |

**Solución:** $\bar{x} = 2{,}7$ suspensos, $Mo = 3$ suspensos, $Me = 3$ suspensos

**2** El número de palabras por frase en una página de un libro es el que se ve en la tabla. Calcula la media de la longitud (n.º de palabras) de las frases de esa página.

| N.° de palabras | 1-3 | 4-6 | 7-9 | 10-12 | 13-15 |
|---|---|---|---|---|---|
| N.° de frases | 3 | 38 | 59 | 27 | 4 |

**Solución:** $\bar{x} = 7{,}79$ palabras

**3** En una hora llegan 20 aviones con retraso a un aeropuerto. Los minutos de retraso y el número de aviones son los de la tabla. Calcula la media de los minutos de retraso de los aviones.

| Minutos | 0-3,5 | 3,5-8,5 | 8,5-13,5 | 13,5-18 |
|---|---|---|---|---|
| Aviones | 4 | 7 | 8 | 1 |

**Solución:** $\bar{x} = 7{,}64$ minutos

**4** Se han sembrado dos huertos con 10 plantas de tomates de dos tipos distintos. Se han medido los diámetros, en centímetros, de los tomates de cada una de las plantas y se han obtenido los siguientes promedios:

| Planta | 1 | 2 | 3 | 4 | 5 | 6 | 7 | 8 | 9 | 10 |
|---|---|---|---|---|---|---|---|---|---|---|
| Huerto 1 | 2,1 | 4,5 | 3,8 | 4,7 | 5,2 | 6,0 | 4,9 | 5,8 | 4,2 | 5,9 |
| Huerto 2 | 4,8 | 4,7 | 5,2 | 4,7 | 4,4 | 4,6 | 4,7 | 4,9 | 4,8 | 4,5 |

Calcula la media, el rango y la desviación típica de los tamaños de los tomates en los dos huertos.

¿En cuál de ellos el tamaño de los tomates presenta una dispersión mayor?

**Solución:** $\bar{x}_1 = 4{,}71$ cm  $\bar{x}_2 = 4{,}73$ cm

$\text{rango}_1 = 3{,}9$ cm  $\text{rango}_2 = 0{,}8$ cm

$\sigma_1 = 1{,}12$ cm  $\sigma_2 = 0{,}21$ cm

$CV_1 = 0{,}24$  $CV_2 = 0{,}04$

**5** Las ventas de tres productos de una empresa durante 10 días son las siguientes:

| Día | 1 | 2 | 3 | 4 | 5 | 6 | 7 | 8 | 9 | 10 |
|---|---|---|---|---|---|---|---|---|---|---|
| Producto A | 10 | 19 | 17 | 22 | 25 | 29 | 32 | 19 | 15 | 15 |
| Producto B | 12 | 13 | 25 | 39 | 44 | 37 | 36 | 14 | 14 | 15 |
| Producto C | 9 | 18 | 25 | 18 | 36 | 41 | 36 | 17 | 20 | 17 |

Calcula la media y la desviación típica de las ventas de cada uno de los tres productos y, mediante el coeficiente de variación, compara las respectivas dispersiones relativas.

**Solución:** $\bar{x}_A = 20{,}3$  $\bar{x}_B = 24{,}9$  $\bar{x}_C = 23{,}7$

$\sigma_A = 6{,}44$  $\sigma_B = 12{,}15$  $\sigma_C = 9{,}94$

$CV_A = 0{,}32$  $CV_B = 0{,}49$  $CV_C = 0{,}42$

# 2. Variables estadísticas bidimensionales

Los ejemplos y los ejercicios que acabamos de analizar hacen referencia a estudios estadísticos en los que se observa un único carácter de una población, al que se asocia una **variable estadística unidimensional.** En ocasiones, sin embargo, se pueden considerar dos caracteres; en este caso se recurre a una **variable estadística bidimensional** sobre una población concreta, que se define como aquella en la que cada individuo queda determinado por la pareja de caracteres que en él se han observado.

Las variables estadísticas bidimensionales se representan por el par ordenado $(X, Y)$, donde $X$ es una variable estadística unidimensional que toma los valores $x_1, x_2, x_3, \ldots, x_n$, e $Y$ es otra variable estadística unidimensional que toma los valores $y_1, y_2, y_3, \ldots, y_n$. Cada individuo de la población queda caracterizado por el par $(x_i, y_i)$, donde $1 \leq i \leq n$.

En ocasiones, las dos variables unidimensionales que se observan están relacionadas. Es muy importante conocer el tipo de relación, ya que esto nos permitirá extraer conclusiones acerca de una de ellas una vez conocida la otra.

La relación entre las dos variables puede ser **funcional,** es decir, las variables son función la una de la otra, de modo que, al conocer una de ellas, la otra queda unívocamente determinada. Estas variables, que acostumbran a relacionarse mediante una fórmula, carecen de interés desde el punto de vista estadístico.

Son relaciones funcionales, por ejemplo:

- La fuerza que se aplica sobre un cuerpo y la aceleración que este adquiere.
- La velocidad inicial con la que se lanza un cuerpo verticalmente hacia arriba y la altura que este alcanza.
- El peso que se suspende de un muelle y el alargamiento que se produce en este.

La relación entre dos variables también puede ser **estadística,** y recibe entonces el nombre de **correlación.** En este caso, conocida una variable, la otra no puede determinarse de un modo exacto, aunque es posible hacer una estimación aproximada. En una relación estadística, las variables no pueden ser función una de otra.

Por ejemplo, son relaciones estadísticas las siguientes:

- La edad de un niño y su estatura.
- La estatura de una persona adulta y su peso.
- La media de las estaturas del padre y la madre y la estatura del hijo.

## Actividades

**6** Analiza las siguientes variables estadísticas bidimensionales, escribe cuatro pares de valores que las determinan indicando las variables unidimensionales correspondientes.

*a)* Estatura y peso de los alumnos de una clase de Bachillerato.

*b)* Horas que duerme al día y horas de deporte que practican a la semana un grupo de personas.

*c)* Distancia desde casa al trabajo y número de medios de transporte que utilizan para llegar los empleados de una empresa.

## 2.1. Tablas de doble entrada

En ocasiones, para organizar los datos de variables bidimensionales cuando se manejan muchos datos o estos están agrupados, se ordenan en forma de **tabla de doble entrada.**

Por ejemplo, si se recogen las notas de Matemáticas y de Lengua de 30 alumnos de 1.º de Bachillerato, podemos organizarlos en la siguiente tabla de doble entrada.

| Matemáticas (X) / Lengua (Y) | I [2,5; 5) | SF [5, 6) | B [6, 7) | N [7; 8,5) | SB [8,5; 10) | |
|---|---|---|---|---|---|---|
| I [2,5; 5) | 4 | 2 | 1 | 0 | 0 | 7 |
| SF [5, 6) | 2 | 4 | 2 | 1 | 0 | 9 |
| B [6, 7) | 1 | 2 | 3 | 0 | 0 | 6 |
| N [7; 8,5) | 0 | 1 | 2 | 1 | 2 | 6 |
| SB [8,5; 10) | 0 | 0 | 0 | 1 | 1 | 2 |
| | 7 | 9 | 8 | 3 | 3 | |

Al estudiar las dos características a la vez decimos que estudiamos la **distribución conjunta.**

**Tablas correlación y tablas de contingencia**

Las tablas de doble entrada que recogen datos de variables bidimensionales se llaman también tablas de correlación.

Cuando las tablas de doble entrada recogen datos de variables cualitativas se llaman **tablas de contingencia.**

## 2.2. Distribuciones marginales

ma1b43

A partir de las tablas de doble entrada, es posible obtener las distribuciones de cada una de las variables estadísticas unidimensionales que forman la distribución bidimensional. Estas distribuciones, reciben el nombre de **distribuciones marginales.**

De este modo, podemos obtener las **tablas de frecuencias marginales.**

En el ejemplo anterior, la tabla de frecuencias marginales de $X$ es:

| Matemáticas (X) | $f_i$ |
|---|---|
| Insuficiente [2,5; 5) | 7 |
| Suficiente [5, 6) | 9 |
| Bien [6, 7) | 8 |
| Notable [7; 8,5) | 3 |
| Sobresaliente [8,5; 10) | 3 |
| **Total** | **30** |

Y la tabla de frecuencias marginales de $Y$ es:

| Lengua (Y) | $f_i$ |
|---|---|
| Insuficiente [2,5; 5) | 7 |
| Suficiente [5, 6) | 9 |
| Bien [6, 7) | 6 |
| Notable [7; 8,5) | 6 |
| Sobresaliente [8,5; 10) | 2 |
| **Total** | **30** |

## 2.3. Distribuciones condicionadas

Al estudiar una variable bidimensional, si fijamos un valor en una de las variables y estudiamos las frecuencias correspondientes de la otra, obtenemos una distribución unidimensional. Estas distribuciones, reciben el nombre de **distribuciones condicionadas.**

Así, las distribuciones condicionadas indican como se distribuyen, según una de las variables, los datos que cumplen una condición expresada por un valor o conjunto de valores de la otra.

En el ejemplo anterior, la distribución de notas en Matemáticas ($X$) condicionada a que la nota en Lengua sea Bien, $Y = B$, es $X|_{Y=B}$:

| Matemáticas (*X*) | $X\|_{Y=B}$ |
|---|---|
| Insuficiente [2,5; 5) | 1 |
| Suficiente [5, 6) | 2 |
| Bien [6, 7) | 3 |
| Notable [7; 8,5) | 0 |
| Sobresaliente [8,5; 10) | 0 |
| **Total** | **6** |

Y la distribución de notas en Lengua ($Y$) condicionada a que la nota en Matemáticas sea Notable, $X = N$, es $Y|_{X=N}$:

| Lengua (*Y*) | $Y\|_{X=N}$ |
|---|---|
| Insuficiente [2,5; 5) | 0 |
| Suficiente [5, 6) | 1 |
| Bien [6, 7) | 0 |
| Notable [7; 8,5) | 1 |
| Sobresaliente [8,5; 10) | 1 |
| **Total** | **3** |

ma1b44

**OBSERVA**

Cada una de las filas de la tabla de doble entrada define una distribución condicionada *X*, salvo la última que define su distribución marginal.

Análogamente, cada columna de la tabla de doble entrada define una distribución condicionada Y, salvo la última que define su distribución marginal.

## 2.4. Diagrama de dispersión

El **diagrama de dispersión** es la representación gráfica, en un sistema de ejes cartesianos, de los pares de puntos $(x_i, y_i)$ que definen la distribución bidimensional.

Se llama **nube de puntos** al conjunto de puntos así obtenido.

Por ejemplo, la figura 12.3 muestra el diagrama de dispersión correspondiente al peso y a la estatura de ocho mujeres que recoge la siguiente tabla:

| Estatura (cm) | Peso (kg) |
|---|---|
| 142 | 46 |
| 147 | 49 |
| 152 | 51 |
| 157 | 54 |
| 162 | 58 |
| 167 | 62 |
| 172 | 65 |
| 177 | 69 |

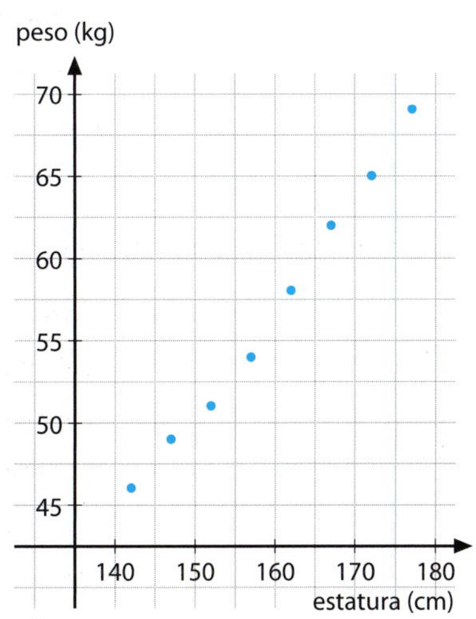


FIGURA 12.3.

## 3. Correlación

La **correlación** es la relación que existe entre dos variables estadísticas unidimensionales que constituyen una variable estadística bidimensional. La nube de puntos proporciona una primera aproximación al grado de correlación que hay entre las variables estadísticas. La correlación puede ser:

- **Lineal** si la nube de puntos está distribuida en torno a una línea (figura 12.4). Como ejemplo tenemos el peso y la talla de los alumnos de 17 años de un centro educativo.

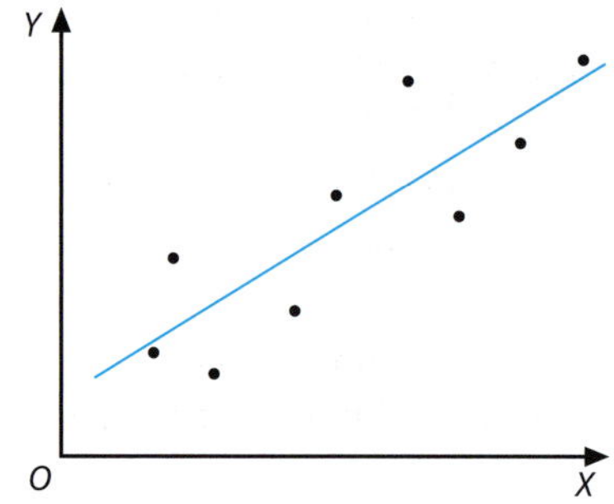


FIGURA 12.4.

Dentro de la correlación lineal se pueden dar dos casos:

  - **Positiva o directa**, si a medida que crece una variable, también lo hace la otra (figura 12.5). Este caso ilustra el número de horas dedicadas al estudio de matemáticas y la calificación obtenida.

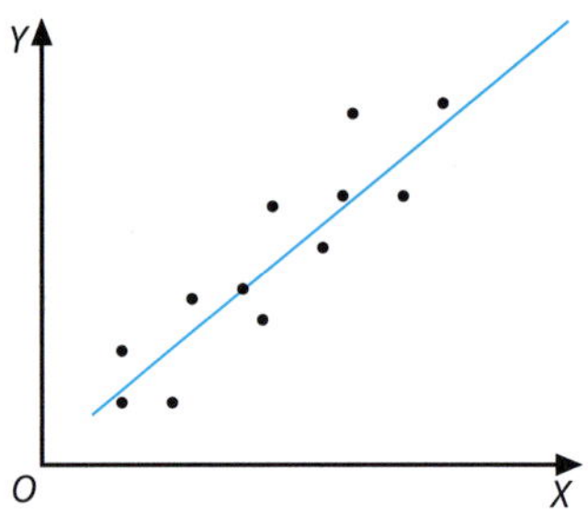


FIGURA 12.5.

  - **Negativa o inversa**, a medida que aumenta una variable, disminuye la otra (figura 12.6). El número de vacunas administradas por cada mil habitantes y el número de casos registrados de la enfermedad de que se trate ejemplifican esta relación.

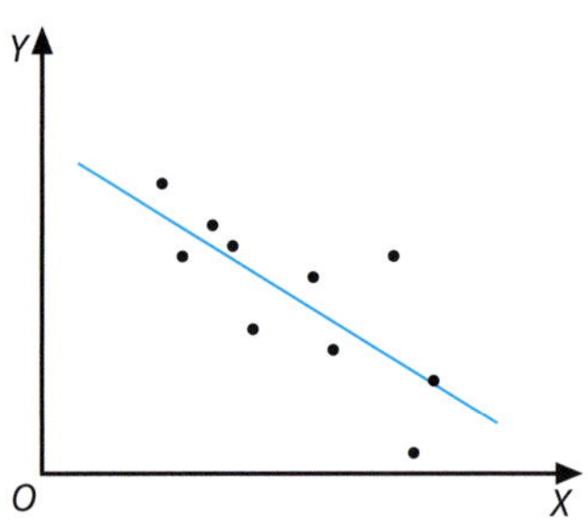


FIGURA 12.6.

- **Curvilínea**, si la nube de puntos está distribuida alrededor de una curva (figura 12.7). Como ejemplo puede citarse el número de bacterias de un cultivo y el tiempo que transcurre desde su preparación.

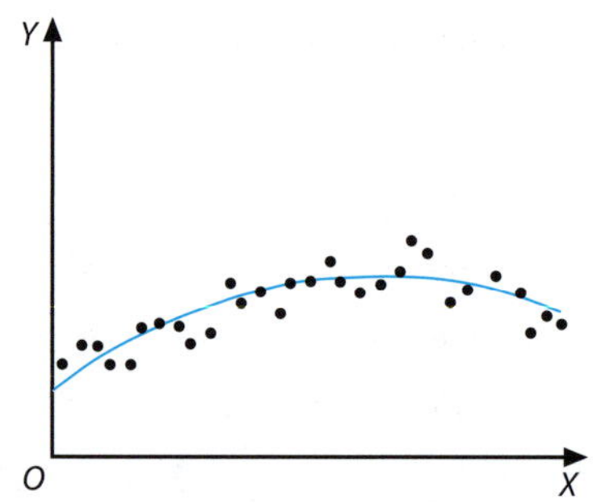


FIGURA 12.7.

- **Nula**, cuando no existe ninguna relación entre las variables; por ejemplo, la estatura de un grupo de individuos y su coeficiente intelectual. En este caso se dice que las variables estadísticas son independientes (figura 12.8).

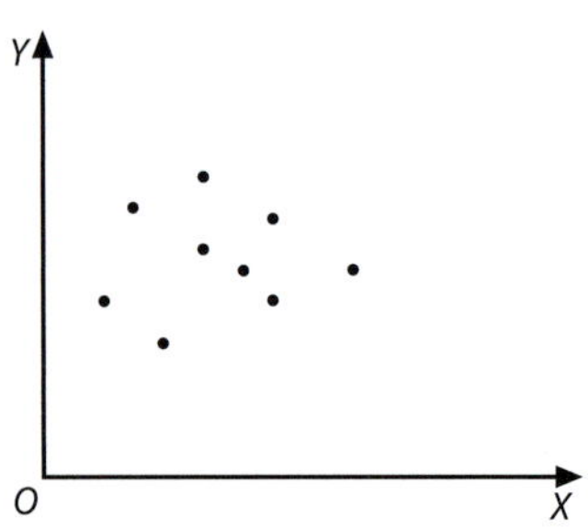


FIGURA 12.8.

La correlación entre las variables será tanto más fuerte cuanto más cerca estén los puntos de la línea en torno a la cual se distribuyen.

### Medida de la correlación

Al estudiar las distribuciones marginales, cada una de las variables estadísticas que forman la distribución bidimensional puede ser analizada independientemente. Así, es posible calcular la media, $\overline{x}$, y la desviación típica, $\sigma_x$, de la variable estadística X. De manera análoga se podrían calcular $\overline{y}$ y $\sigma_y$.

El punto $(\overline{x}, \overline{y})$, que recibe el nombre de **punto medio de la distribución bidimensional,** es tal que, si se suspendiera la nube de puntos apoyándola en él, el diagrama estaría en equilibrio. Dicho de otro modo, es el **centro de gravedad** de la distribución.

Resulta necesario ahora introducir un nuevo parámetro estadístico que relacione las variables $X$ e $Y$.

Recuerda que: $\sigma_X^2 = \dfrac{\sum f_i (x_i - \overline{x})^2}{n}$ y $\sigma_Y^2 = \dfrac{\sum f_i (y_i - \overline{y})^2}{n}$

Se define la **covarianza** de una variable bidimensional $(X, Y)$, $\sigma_{XY}$, como la media aritmética del producto de las desviaciones de cada una de las variables respecto de sus respectivas medias. Es decir:

$$\sigma_{XY} = \frac{\sum f_i (x_i - \overline{x}) \cdot (y_i - \overline{y})}{n} = \frac{\sum f_i x_i y_i}{n} - \overline{x}\,\overline{y}$$

Observando las expresiones para $\sigma_X$, $\sigma_Y$ y $\sigma_{XY}$, se comprende por qué la covarianza recibe, en ocasiones, el nombre de varianza conjunta de las variables $X$ e $Y$.

Fíjate en que la covarianza positiva indica que las diferencias $(x_i - \overline{x})$ e $(y_i - \overline{y})$ tienen el mismo signo; por tanto, la correlación es **positiva.**

La covarianza negativa, por su parte, indica que las diferencias $(x_i - \overline{x})$ e $(y_i - \overline{y})$ tienen signos opuestos; es decir, cuando una de las variables se encuentra por encima de su media, la otra está por debajo o, lo que es lo mismo, cuando aumenta una de las variables, disminuye la otra; la correlación es, entonces, **negativa.**

## Ejercicio resuelto

▶ *Calcular, utilizando los valores de la estatura y el peso de 8 mujeres cuyo diagrama de dispersión se ha representado en el epígrafe anterior, la covarianza de la distribución estadística, calculando previamente $\overline{x}$, $\overline{y}$. ¿Cuál de las dos variables es más dispersa?*

Tomamos la estatura como variable $X$ y el peso como variable $Y$.

| | | | | | | | | | |
|---|---|---|---|---|---|---|---|---|---|
| $x_i$ | 142 | 147 | 152 | 157 | 162 | 167 | 172 | 177 | $\sum x_i = 1\,276$ |
| $y_i$ | 46 | 49 | 51 | 54 | 58 | 62 | 65 | 69 | $\sum y_i = 454$ |
| $x_i^2$ | 20 164 | 21 609 | 23 104 | 24 649 | 26 244 | 27 889 | 29 584 | 31 329 | $\sum x_i^2 = 204\,572$ |
| $y_i^2$ | 2 116 | 2 401 | 2 601 | 2 916 | 3 364 | 3 844 | 4 225 | 4 761 | $\sum y_i^2 = 26\,228$ |
| $x_i y_i$ | 6 532 | 7 203 | 7 752 | 8 478 | 9 396 | 10 354 | 11 180 | 12 213 | $\sum x_i y_i = 73\,108$ |

$$\overline{x} = \frac{\sum x_i f_i}{n} = \frac{1\,276}{8} = 159{,}5 \qquad \overline{y} = \frac{\sum y_i f_i}{n} = \frac{454}{8} = 56{,}75$$

$$\sigma_{XY} = \frac{\sum x_i y_i f_i}{n} - \overline{x} \cdot \overline{y} = \frac{73\,108}{8} - 159{,}5 \cdot 56{,}75 = 86{,}875$$

En este ejemplo la covarianza es positiva puesto que, tal y como se puede observar en la nube de puntos de la figura 12.3, cuando aumenta la estatura de las mujeres estudiadas también aumenta su peso.

Para determinar cuál de las dos variables es más dispersa es necesario determinar el coeficiente de variación de cada una de ellas:

$$CV_X = \frac{\sigma_X}{\overline{x}} = 0{,}071 \Rightarrow 7{,}1\ \% \qquad CV_Y = \frac{\sigma_Y}{\overline{y}} = 0{,}134 \Rightarrow 13{,}4\ \%$$

Existe más dispersión en el peso que en la estatura.

## 3.1. Regresión lineal. Coeficiente de Pearson

La observación del diagrama de dispersión permite deducir si la correlación entre las variables es fuerte o débil, positiva o negativa, pero esta apreciación cualitativa se debe cuantificar.

Una forma de cuantificar la **correlación lineal** entre dos variables es mediante el cálculo del **coeficiente de correlación lineal de Pearson, *r*,** que viene dado por:

$$r = \frac{\sigma_{XY}}{\sigma_X \cdot \sigma_Y}$$

Está comprendido entre $-1$ y $+1$ y tiene el mismo signo que la covarianza:

- Si $-1 < r < 0$, la correlación es negativa y será tanto más fuerte cuanto más se aproxime a $-1$.
- Si $0 < r < 1$, la correlación es positiva y será tanto más fuerte cuanto más se aproxime a 1.
- Si $r = 0$, no existe correlación entre las variables.
- Si $r = 1$ o $r = -1$, existe una dependencia funcional lineal, es decir, el valor de una variable determina unívocamente el valor de la otra. En este caso, no tiene sentido someterlas a un estudio estadístico bidimensional.

### Ejercicio resuelto

▶ *La tabla siguiente muestra el valor de la presión atmosférica en un punto determinado y su altura sobre el nivel del mar:*

| Altura sobre el nivel del mar (m) | 0 | 150 | 300 | 450 | 600 | 750 |
|---|---|---|---|---|---|---|
| **Presión atmosférica (mmHg)** | 760 | 752 | 728 | 715 | 700 | 680 |

*Determinar el valor del coeficiente de correlación lineal de la distribución.*

Sea X la altura sobre el nivel del mar e Y la presión atmosférica:

| | | | | | | | |
|---|---|---|---|---|---|---|---|
| $x_i$ | 0 | 150 | 300 | 450 | 600 | 750 | $\sum x_i = 2\,250$ |
| $y_i$ | 760 | 752 | 728 | 715 | 700 | 680 | $\sum y_i = 4\,335$ |
| $x_i^2$ | 100 | 22 500 | 90 000 | 202 500 | 360 000 | 562 500 | $\sum x_i^2 = 1\,237\,500$ |
| $y_i^2$ | 577 600 | 565 504 | 529 984 | 511 225 | 490 000 | 462 400 | $\sum y_i^2 = 3\,136\,713$ |
| $x_i y_i$ | 7 600 | 112 800 | 218 400 | 321 750 | 420 000 | 510 000 | $\sum x_i y_i = 1\,582\,950$ |

$$\bar{x} = \frac{\sum x_i f_i}{n} = \frac{2\,250}{6} = 375 \qquad \bar{y} = \frac{\sum y_i f_i}{n} = \frac{4\,335}{6} = 722{,}5$$

$$\sigma_{XY} = \frac{\sum x_i y_i}{n} - \bar{x} \cdot \bar{y} = \frac{1\,582\,950}{6} - 375 \cdot 722{,}5 = -7\,112{,}5$$

$$\sigma_X = \sqrt{\frac{\sum x_i^2 f_i}{n} - \bar{x}^2} = \sqrt{\frac{1\,237\,500}{6} - 375^2} = 256{,}17$$

$$\sigma_Y = \sqrt{\frac{\sum y_i^2 f_i}{n} - \bar{y}^2} = \sqrt{\frac{3\,136\,713}{6} - 722{,}5^2} = 27{,}92$$

$$r = \frac{\sigma_{XY}}{\sigma_X \cdot \sigma_Y} = \frac{-7\,112{,}5}{256{,}17 \cdot 27{,}92} = -0{,}9944$$

La correlación es negativa, puesto que cuando aumenta la altura sobre el nivel del mar disminuye la presión atmosférica.

**Coeficiente de correlación con la calculadora**

Para calcular el coeficiente de correlación y la recta de regresión se debe proceder de la siguiente forma:

- En primer lugar se debe preparar la calculadora presionando MODE 3, aparece en pantalla

LIN LOG EXP
1 2 3

Presionamos la tecla 1 para indicar que realizaremos una regresión lineal.

- Igual que se ha explicado en los apartados anteriores nos debemos cerciorar de que la memoria está vacía.
- Seguidamente hay que introducir los pares de valores de este modo:

$x_1$ , $y_1$ M+

$x_2$ , $y_2$ M+

...

- Cuando todos los datos están introducidos se presiona:

SHIFT 2 (SVAR)

En la pantalla aparece:

$\bar{x}$ xσn xσn-1
1 2 3

Se presiona ▶ y en la pantalla aparece

$\bar{y}$ yσn yσn-1
1 2 3

Se vuelve a presionar ▶ y en la pantalla aparece

A B r
1 2 3

Se teclea 3 y se obtiene el valor de coeficiente de correlación.

## 3.2. Rectas de regresión

A partir de la nube de puntos, y tras constatar la existencia de correlación lineal mediante el cálculo del coeficiente de correlación lineal de Pearson, es preciso determinar la recta que mejor se ajuste a todos los puntos del diagrama de dispersión, llamada **recta de regresión.**

Para hallar esta recta, se aplica el método de los mínimos cuadrados. Este procedimiento consiste en determinar una recta para la que se cumpla que, la suma de los cuadrados de las distancias de todos los puntos de la nube a los puntos de la recta con igual abscisa sea mínima. Es decir, dados los puntos del diagrama de dispersión $(x_i, y_i)$, a cada valor $x_i$ le corresponde un valor $y_{Ri}$ en la recta de regresión, como se observa en la figura 12.9. El método de los mínimos cuadrados consiste en hacer que la suma de todos los cuadrados $(y_i - y_{Ri})^2$ sea mínima.

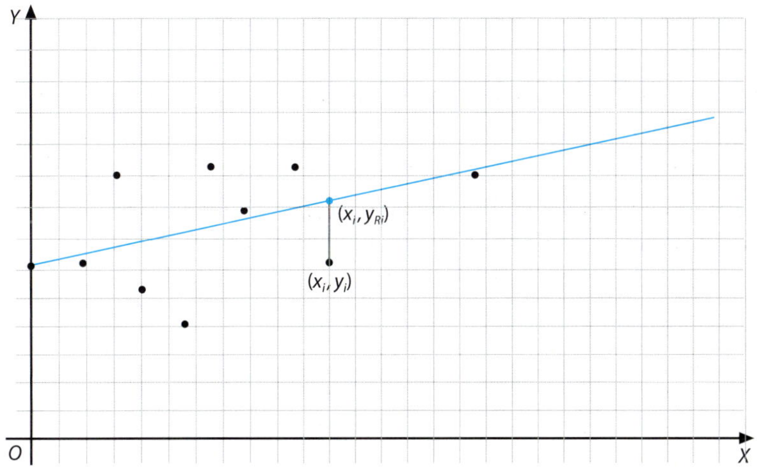


**FIGURA 12.9.**

Fíjate en que $(y_i - y_{Ri})$ es la diferencia entre el valor observado y el valor teórico que se obtiene al aplicar la ecuación de la recta de regresión.

Realizando los cálculos necesarios, se llega a la siguiente expresión, que recibe el nombre de **recta de regresión de Y sobre *X*:**

$$y - \bar{y} = \frac{\sigma_{XY}}{\sigma_X^2}(x - \bar{x})$$

Esta fórmula permite calcular el valor estimado de *Y* para un determinado valor de *X*.

Procediendo de manera análoga, hacemos ahora que la suma de los cuadrados $(x_i - x_{Ri})^2$ sea mínima, con lo que se obtiene la expresión:

$$x - \bar{x} = \frac{\sigma_{XY}}{\sigma_Y^2}(y - \bar{y})$$

Esta fórmula representa la **recta de regresión de *X* sobre Y** y permite calcular la estimación de la variable *X* para un determinado valor de la variable *Y*.

Es importante destacar que las pendientes de la rectas de regresión tienen el mismo signo que la covarianza y, por consiguiente, que el coeficiente de correlación.

Si la correlación es positiva, las rectas de regresión tendrán pendiente positiva, y viceversa, la pendiente será negativa si el coeficiente de correlación es negativo.

**Recta de regresión con la calculadora**

Se procede igual que en el cálculo del coeficiente de correlación lineal pero al llegar a la última pantalla se pulsa [1] y [2] para obtener los coeficientes de la recta de regresión, *A* corresponde a la ordenada en el origen y *B* a la pendiente.

ma1b45

**OBSERVA**

Las dos rectas de regresión no coinciden; por tanto, antes de utilizarlas para hacer una predicción, hay que tener en cuenta a qué variable pertenece el valor en función del cual queremos estimar la otra variable y utilizar, en consecuencia, la recta de regresión adecuada.

Las rectas de regresión se cortan en el punto medio de la distribución $(\bar{x}, \bar{y})$.

### Coeficiente de determinación lineal

Si elevamos al cuadrado el coeficiente de correlación, $r$, obtenemos un nuevo parámetro, el **coeficiente de determinación:**

$$r^2 = \frac{\sigma_{XY}^2}{\sigma_X^2 \cdot \sigma_Y^2}$$

### OBSERVA

Para calcular la recta de regresión, se toman unos valores de las variables $X$ e $Y$ contenidos en un cierto intervalo; al realizar el ajuste bidimensional, las predicciones que se efectúen mediante la recta de regresión serán menos fiables cuando correspondan a valores de la variable que se encuentren fuera del intervalo estudiado.

La recta de regresión permite calcular el valor estimado para una de las variables estadísticas en función del valor de la otra.

Las rectas de regresión serán tanto más representativas de la distribución bidimensional cuanto más próximo a 1 esté el valor absoluto del coeficiente de correlación lineal; si este es pequeño, la recta de regresión no será representativa y el ajuste carecerá de sentido.

En ocasiones, con el fin de calcular la calidad o **bondad del ajuste** realizado mediante la recta de regresión y, por tanto, la fiabilidad de las predicciones que con ella se puedan realizar, se utiliza la expresión $(r^2 \cdot 100)$ %, que nos da el porcentaje en el que la variable $Y$ se justifica por el valor de la variable $X$.

## Ejercicio resuelto

▶ *En la tabla siguiente se indican los datos de las inversiones (en millones de euros) de un sector económico de España en el exterior. Determinar la recta de regresión lineal que relaciona el año con la inversión y utilizarla para estimar el valor de la inversión en el año 2020. Calcular, así mismo, la bondad del ajuste. Resolver el problema aplicando las fórmulas y utilizando la calculadora.*

| **Año** | 2008 | 2010 | 2012 | 2014 | 2015 |
|---|---|---|---|---|---|
| **Inversión** | 114 | 177 | 228 | 342 | 436 |

Tomamos el año como variable $X$ y la inversión como variable $Y$:

| $x_i$ | $y_i$ | $x_i^2$ | $y_i^2$ | $x_i y_i$ |
|---|---|---|---|---|
| 2008 | 114 | 4 032 064 | 12 996 | 228 912 |
| 2010 | 177 | 4 040 100 | 31 329 | 355 770 |
| 2012 | 228 | 4 048 144 | 51 984 | 458 736 |
| 2014 | 342 | 4 056 196 | 116 964 | 688 788 |
| 2015 | 436 | 4 060 225 | 190 096 | 878 540 |
| $\sum x_i = 10\,059$ | $\sum y_i = 1\,297$ | $\sum x_i^2 = 20\,236\,729$ | $\sum y_i^2 = 403\,369$ | $\sum x_i y_i = 2\,610\,746$ |

$$\bar{x} = \frac{\sum x_i f_i}{n} = \frac{10\,059}{5} = 2\,011{,}8 \qquad \bar{y} = \frac{\sum y_i f_i}{n} = \frac{1\,297}{5} = 259{,}4$$

$$\sigma_{XY} = \frac{\sum x_i y_i f_i}{n} - \bar{x} \cdot \bar{y} = \frac{2\,610\,746}{5} - 2\,011{,}8 \cdot 259{,}4 = 288{,}28$$

$$\sigma_X = \sqrt{\frac{\sum x_i^2 f_i}{n} - \bar{x}^2} = \sqrt{\frac{20\,236\,729}{5} - 2\,011{,}8^2} = 2{,}56$$

La recta de regresión de $Y$ sobre $X$ será:

$$y - \bar{y} = \frac{\sigma_{XY}}{\sigma_X^2}(x - \bar{x}) \Rightarrow y - 259{,}4 = \frac{288{,}28}{2{,}56^2}(x - 2\,011{,}8) \Rightarrow$$

$$\Rightarrow y = 43{,}99x - 88\,235{,}73$$

La inversión estimada para el año 2020 es:

$$y = 43{,}99 \cdot 2020 - 88\,235{,}73 = 624{,}07$$

La inversión en 2020 será de 624,07 millones de euros.

Para determinar la bondad del ajuste precisamos calcular $\sigma_Y$:

$$\sigma_Y = \sqrt{\frac{\sum y_i^2 f_i}{n} - \bar{y}^2} = \sqrt{\frac{403\,369}{5} - 259{,}4^2} = 115{,}70$$

$$r = \frac{\sigma_{XY}}{\sigma_X \cdot \sigma_Y} = \frac{288{,}28}{2{,}56 \cdot 115{,}70} = 0{,}9732$$

La bondad del ajuste es: $r^2 \cdot 100 = 94{,}73$ %

## Ejercicios resueltos

▶ *Utilizando los datos del ejemplo anterior determinar en qué año la inversión superará los 742 millones de euros.*

Se deberá calcular la recta de regresión de X sobre Y.

$$x - \overline{x} = \frac{\sigma_{xy}}{\sigma_y^2}(y - \overline{y}) \Rightarrow x - 2\,011{,}8 = \frac{288{,}28}{115{,}70^2}(y - 259{,}4) \Rightarrow$$

$$\Rightarrow x = 0{,}022y + 2\,006{,}21$$

$$x = 0{,}022 \cdot 742 + 2\,006{,}21 = 2\,022{,}53$$

El año en que la inversión superará los 742 millones de euros será el 2023.

▶ *Dibujar la nube de puntos correspondiente a los dos ejemplos anteriores y las rectas de regresión obtenidas.*

Tomamos las dos rectas de regresión:

$$y = 43{,}99x - 88\,235{,}73$$

$$x = 0{,}029y + 2\,006{,}21$$

Para representarlas determinamos dos puntos de cada una de ellas.

$r$: $y = 43{,}99x - 88\,235{,}73$

$x = 2\,008 \Rightarrow y = 96{,}19$

$x = 2\,013 \Rightarrow y = 316{,}14$

$s$: $x = 0{,}029y + 2\,006{,}21$

$y = 200 \Rightarrow x = 2\,010{,}61$

$y = 400 \Rightarrow x = 2\,015{,}01$

Se puede observar en la figura del margen que las dos rectas de regresión se cortan en el punto $(\overline{x}, \overline{y})$, llamado **centro de gravedad** de la distribución.

**OBSERVA**

Dado que los valores de $x$ son muy grandes es importante trabajar con todos los decimales que proporciona la calculadora para no perder precisión.

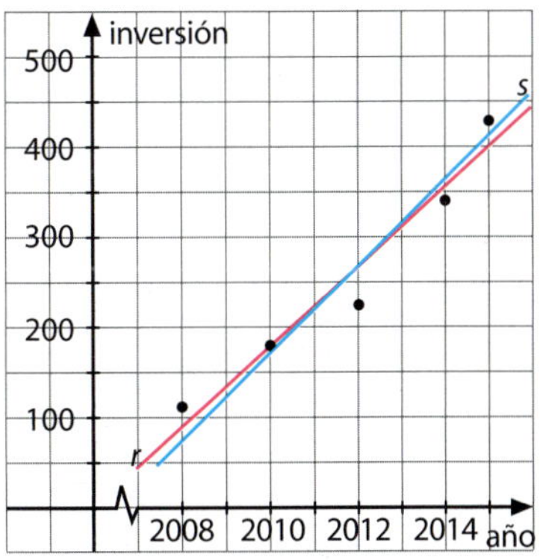


FIGURA 12.10.

## 3.3. Regresión curvilínea

En el epígrafe anterior se ha tratado la regresión lineal, es decir, se ha estudiado una recta como la línea ideal en torno a la cual se distribuyen los puntos de la distribución.

En algunos casos, sin embargo, la nube de puntos no se distribuye alrededor de una recta, sino de una parábola (regresión parabólica), de una función logarítmica (regresión logarítmica), de una función exponencial (regresión exponencial) o de una función potencial (regresión potencial). El estudio de estas posibilidades escapa a los propósitos de este libro, pero el procedimiento para calcular la línea de regresión consiste también en la aplicación del método de los mínimos cuadrados.

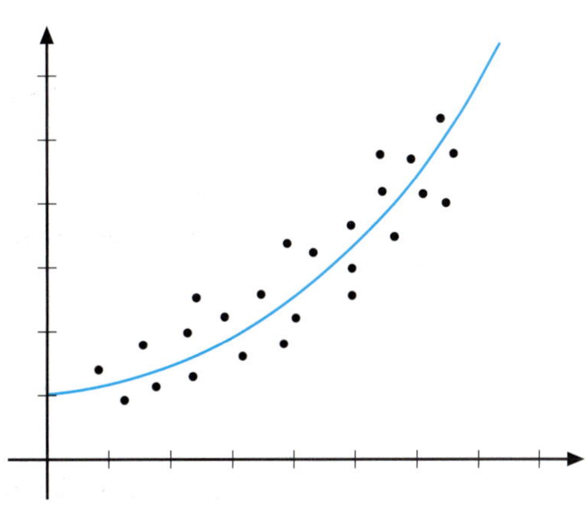

FIGURA 12.11.

## Actividades

**7** Utilizando la calculadora y aplicando las fórmulas, halla el coeficiente de correlación lineal de los siguientes pares de valores, que representan las notas de 12 alumnos en las materias de Matemáticas, *X*, y Biología, *Y*:

| *X* | 3 | 4 | 4 | 6 | 6 | 7 | 7 | 8 | 8 | 9 | 9 | 10 |
|---|---|---|---|---|---|---|---|---|---|---|---|---|
| *Y* | 4 | 3 | 6 | 5 | 6 | 7 | 5 | 7 | 8 | 8 | 10 | 10 |

**Solución:** $r = 0{,}8725$

| Estatura (cm) | Peso (kg) |
|---|---|
| 142 | 46 |
| 147 | 49 |
| 152 | 51 |
| 157 | 54 |
| 162 | 58 |
| 167 | 62 |
| 172 | 65 |
| 177 | 69 |

**8** Halla el coeficiente de correlación de los pesos y las estaturas de ocho mujeres adultas cuyos datos se indican en la tabla del margen. ¿Cuál de las dos variables está más dispersa? Calcula la recta de regresión.

**Solución:** $r = 0{,}9962$ $y = 0{,}6619x - 48{,}8238$, $(\bar{x}, \bar{y}) = (159{,}5, 56{,}75)$

**9** Calcula la recta de regresión para la variable bidimensional de la actividad 7. Dibújala y representa el punto medio.

**Solución:** $y = 0{,}8618x + 0{,}7665$, $(\bar{x}, \bar{y}) = (6{,}75, 6{,}58)$

**10** Utilizando la recta de regresión obtenida en la actividad 8, ¿cuál sería la talla que cabría esperar para una mujer cuyo peso fuera de 75 kg? ¿Y el peso de una mujer que midiera 160 cm?

**Solución:** 186,9 cm; 57,1 kg respectivamente.

**11** En la distribución bidimensional planteada en la actividad 7, ¿cuál sería la nota de Biología que se puede esperar de un alumno que ha obtenido un 8 en Matemáticas?

**Solución:** 7,7

**12** ¿Cuál es la fiabilidad de las predicciones de las actividades 7 y 8?

**Solución:** 76,13 %, 99,24 %, respectivamente

**13** ¿Cuál sería la fiabilidad de un ajuste bidimensional con $r = 0{,}7$? ¿Y con $r = -0{,}8$? ¿Y con $r = 0{,}9$?

**Solución:** 49 %, 64 %, 81 %, respectivamente

**14** Diez personas se someten a un test que consiste en contemplar una serie de ítems que después deben recordar. En la tabla siguiente se representan el número de segundos que estuvieron los ítems expuestos a la observación y el número de errores producidos al memorizarlos.

| Segundos | 5 | 6 | 7 | 8 | 9 | 10 | 11 | 12 | 13 | 14 |
|---|---|---|---|---|---|---|---|---|---|---|
| N.° de errores | 9 | 7 | 8 | 5 | 6 | 6 | 4 | 5 | 3 | 3 |

Calcula el coeficiente de correlación y la recta de regresión. Halla el número de errores que cabría esperar si el tiempo de observación fuera de 10,5 s. ¿Y si el tiempo fuese de 16 s? ¿Cuál de las dos predicciones te parece más fiable?

**Solución:** $r = -0{,}91$, $y = -0{,}61x + 11{,}36$
Si $x = 10{,}5$ s, n.° de errores 4,96.
Si $x = 16$, n.° de errores 1,60.

**15** La siguiente tabla muestra el tanto por ciento de pruebas de alcoholemia que dieron positivo (P) durante 11 fines de semana y el número de accidentes de tráfico (A) que se registraron:

| P | 9,1 | 4,1 | 8,9 | 9,2 | 5,5 | 9,2 | 7,8 | 4,2 | 5,6 | 4,9 | 10,8 |
|---|---|---|---|---|---|---|---|---|---|---|---|
| A | 65 | 49 | 46 | 97 | 25 | 96 | 56 | 43 | 56 | 42 | 89 |

Representa el diagrama de dispersión y halla el coeficiente de correlación lineal y la recta de regresión. ¿Cuántos accidentes cabría esperar durante un fin de semana en el que el tanto por ciento de pruebas de alcoholemia positivas fuera del 10 %? ¿Cuál es la fiabilidad de la predicción? Interpreta los resultados.

**Solución:** $r = 0{,}7453$, $y = 7{,}45x + 6{,}64$. La fiabilidad es del 55,55 %.

## Determinación de la mediana

**1. Calcula la mediana de una muestra de 75 bombillas en la que se han obtenido los siguientes datos relativos a su duración en horas:**

| Duración | N.° de bombillas |
|---|---|
| 250–300 | 3 |
| 300–350 | 6 |
| 350–400 | 21 |
| 400–450 | 28 |
| 450–500 | 11 |
| 500–550 | 6 |

La mitad de 75 bombillas es 37,5, las bombillas 37 y 38 están en la clase (400–450). Para determinar el valor exacto de la mediana aplicaremos su expresión:

$$Me = L_i + a\,\frac{\frac{n}{2} - F_{i-1}}{f_i} = 400 + 50\,\frac{37{,}5 - 30}{28} = 413{,}4 \text{ horas}$$

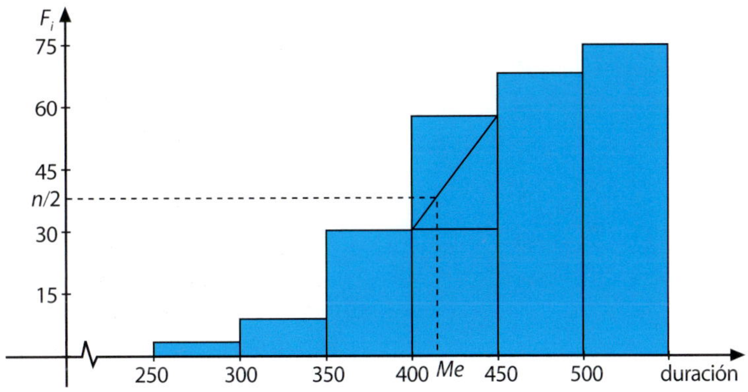


FIGURA 12.12.

## Cálculo de cuantiles

Como ya sabes, la mediana de una distribución estadística divide los datos, una vez ordenados de menor a mayor, en dos partes iguales.

Existen otros parámetros de centralización, llamados **cuantiles,** que dividen los datos de la distribución en un número determinado de partes iguales.

Los más importantes son los siguientes:

- Los **cuartiles,** que son tres valores que dividen la distribución en cuatro partes iguales. Se representan mediante los símbolos $Q_1$, $Q_2$ y $Q_3$, y se denominan cuartil primero, segundo y tercero, respectivamente.

  Se llama **recorrido** o **rango intercuartílico** a la diferencia entre el tercer y el primer cuartil, y es el intervalo central de la muestra, que abarca el 50 % de los individuos de la misma.

- Los **quintiles,** que son cuatro valores que dividen la distribución en cinco partes iguales. Se representan mediante $K_1$, $K_2$, $K_3$, y $K_4$, y se denominan quintil primero, segundo, tercero y cuarto.

- Los **deciles,** que son nueve valores que dividen la distribución en 10 partes iguales. Se representan mediante $D_1, D_2, D_3, \dots$ y $D_9$.

- Los **percentiles,** que son 99 valores que dividen la distribución en 100 partes iguales. Se representan mediante $P_1, P_2, P_3, \dots$ y $P_{99}$. El percentil $P_{74}$ indica que el 74 % de los valores de la distribución son menores o iguales que él.

  Dado que los cuantiles son parámetros de centralización del mismo tipo que la mediana, su cálculo se realizará de manera análoga.

**2.** **Las calificaciones obtenidas por un grupo de 200 alumnos en la asignatura de matemáticas se recogen en la siguiente tabla:**

*a)* **Calcular el rango intercuartílico.**

*b)* **Calcular los percentiles de orden 20 y 70.**

| Calificación | N.° de alumnos |
|---|---|
| 1 | 10 |
| 2 | 10 |
| 3 | 20 |
| 4 | 25 |
| 5 | 40 |
| 6 | 45 |
| 7 | 15 |
| 8 | 20 |
| 9 | 15 |

*a)* Se construye una tabla de frecuencias acumuladas, $F_i$:

| Calificación | 1 | 2 | 3 | 4 | 5 | 6 | 7 | 8 | 9 |
|---|---|---|---|---|---|---|---|---|---|
| $F_i$ | 10 | 20 | 40 | 65 | 105 | 150 | 165 | 185 | 200 |

El cuartil $Q_1$ deja la cuarta parte de la distribución, previamente ordenada, a la izquierda.

Como $N/4 = 50$, el cuartil primero es 4, por ser este el primer valor de la variable cuya frecuencia acumulada excede de 50.

El cuartil $Q_3$ deja las tres cuartas partes de la distribución a la izquierda.

Si $3N/4 = 150$, el tercer cuartil es 6,5.

El rango intercuartílico de la distribución es: $6{,}5 - 4 = 2{,}5$.

*b)* El percentil $P_{20}$ deja el 20 % de la distribución a la izquierda.

Puesto que $20N/100 = 40$, el percentil de orden 20 es 3,5.

El percentil $P_{70}$ deja el 70 % de la distribución a la izquierda.

Como $70N/100 = 140$, el percentil de orden 70 es 6.

Si la variable aleatoria es continua o sus valores están agrupados en intervalos de clase, para el cálculo de los cuantiles deberemos proceder de manera análoga a como se hizo en el cálculo de la mediana.

No debe olvidarse que la mediana es el percentil de orden 50, el decil de orden 5 o el cuartil de orden 2.

Para calcular el percentil de orden $x$, $P_x$, se utiliza esta expresión:

$$P_x = L_i + a\,\frac{x \cdot \dfrac{n}{100} - F_{i-1}}{f_i}$$

Los elementos de esta fórmula son los siguientes:

- $a$ = amplitud del intervalo.
- $L_i$ = extremo inferior del intervalo de clases donde se encuentra el percentil buscado.
- $n$ = número total de datos.
- $f_i$ = frecuencia absoluta de la clase del percentil buscado.
- $F_{i-1}$ = frecuencia absoluta acumulada de la clase anterior al percentil que buscamos.

**3.** **Dada la siguiente distribución estadística, calcular el primer y tercer cuartil, $Q_1$ y $Q_3$, y los percentiles de orden 40 y 80, $P_{40}$ y $P_{80}$:**

| Clases | $f_i$ | $F_i$ |
|---|---|---|
| [30, 35) | 7 | 7 |
| [35, 40) | 8 | 15 |
| [40, 45) | 15 | 30 |
| [45, 50) | 20 | 50 |
| [50, 55) | 17 | 67 |
| [55, 60) | 9 | 76 |

El primer cuartil deja 1/4 de la distribución a su izquierda.

En este caso, $76 \cdot 1/4 = 19$. El primer cuartil se encuentra en el intervalo [40, 45); aplicando la expresión anterior, obtenemos:

$$P_{25} = Q_1 = 40 + 5\,\frac{25\,(76/100) - 15}{15} = 40 + 5\,\frac{19 - 15}{15} = 41{,}33$$

El tercer cuartil (que coincide con $P_{75}$) deja 3/4 partes de la distribución a su izquierda. Ahora, $76 \cdot 3/4 = 57$. El tercer cuartil se encuentra en el intervalo [50, 55). Así pues:

$$P_{75} = Q_3 = 50 + 5\,\frac{75\,(76/100) - 50}{17} = 50 + 5\,\frac{57 - 50}{17} = 52{,}06$$

El percentil de orden 40 deja el 40 % de la distribución a su izquierda.

En este caso, $76 \cdot 40/100 = 30{,}4$. El intervalo de clase es [45, 50); aplicando la expresión anterior, obtenemos:

$$P_{40} = 45 + 5\,\frac{40\,(76/100) - 30}{20} = 45 + 5\,\frac{30{,}4 - 40}{20} = 45{,}1$$

Para el cálculo de $P_{80}$, procedemos de modo análogo:

$$P_{80} = 50 + 5\,\frac{80\,(76/100) - 50}{17} = 53{,}18$$

## Utilización de tablas de doble entrada

| Lengua (*Y*) \ Matemáticas (*X*) | I [2,5; 5) | SF [5, 6) | B [6, 7) | N [7; 8,5) | SB [8,5; 10) | |
|---|---|---|---|---|---|---|
| I [2,5; 5) | 4 | 2 | 1 | 0 | 0 | 7 |
| SF [5, 6) | 2 | 4 | 2 | 1 | 0 | 9 |
| B [6, 7) | 1 | 2 | 3 | 0 | 0 | 6 |
| N [7; 8,5) | 0 | 1 | 2 | 1 | 2 | 6 |
| SB [8,5; 10) | 0 | 0 | 0 | 1 | 1 | 2 |
| | 7 | 9 | 8 | 3 | 3 | |

En la tabla del margen se recogen las notas de Matemáticas y de Lengua de 30 alumnos de 1.º de Bachillerato.

Para calcular la recta de regresión, lo primero que hay que hacer es convertir la tabla de doble entrada en una tabla simple y sustituir luego cada intervalo de clase por su marca, tal como se observa en la tabla que figura al pie de la página. Por tanto:

$$\overline{x} = \frac{\sum x_i f_i}{n} = 5{,}96 \qquad \sigma_X = \sqrt{\frac{\sum x^2_i f_i}{n} - \overline{x}^2} = 1{,}63$$

$$\overline{y} = \frac{\sum y_i f_i}{n} = 5{,}99 \qquad \sigma_Y = \sqrt{\frac{\sum y^2_i f_i}{n} - \overline{y}^2} = 1{,}63$$

Así, la covarianza es: $\sigma_{XY} = \frac{\sum x_i y_i f_i}{n} - \overline{x} \cdot \overline{y} = 1{,}80$

El coeficiente de correlación lineal es $r = 0{,}68$.

Por tanto, la correlación es positiva y débil, y la recta de regresión de *Y* sobre *X* es:

$$y = 0{,}68x + 1{,}93$$

Las predicciones tendrán una fiabilidad del 46,24 %.

Las medias de las variables *X* e *Y*, sus desviaciones típicas, la covarianza, el coeficiente de Pearson y la recta de regresión de *Y* sobre *X*, pueden determinarse utilizando la calculadora tal y como se ha explicado durante el desarrollo de la unidad.

| $x_i$ | $y_i$ | $f_i$ | $x_i f_i$ | $y_i f_i$ | $x_i^2 f_i$ | $y_i^2 f_i$ | $x_i y_i f_i$ |
|---|---|---|---|---|---|---|---|
| 3,75 | 3,75 | 4 | 15 | 15 | 56,25 | 56,25 | 56,25 |
| 3,75 | 5,5 | 2 | 7,5 | 11 | 28,125 | 60,5 | 41,25 |
| 3,75 | 6,5 | 1 | 3,75 | 6,5 | 14,0625 | 42,25 | 24,375 |
| 5,5 | 3,75 | 2 | 11 | 7,5 | 60,5 | 28,125 | 41,25 |
| 5,5 | 5,5 | 4 | 22 | 22 | 121 | 121 | 121 |
| 5,5 | 6,5 | 2 | 11 | 13 | 60,5 | 84,5 | 71,5 |
| 5,5 | 7,75 | 1 | 5,5 | 7,75 | 30,25 | 60,0625 | 42,625 |
| 6,5 | 3,75 | 1 | 6,5 | 3,75 | 42,25 | 14,0625 | 24,375 |
| 6,5 | 5,5 | 2 | 13 | 11 | 84,5 | 60,5 | 71,5 |
| 6,5 | 6,5 | 3 | 19,5 | 19,5 | 126,75 | 126,75 | 126,75 |
| 6,5 | 7,75 | 2 | 13 | 15,5 | 84,5 | 120,125 | 100,75 |
| 7,75 | 5,5 | 1 | 7,75 | 5,5 | 60,0625 | 30,25 | 42,625 |
| 7,75 | 7,75 | 1 | 7,75 | 7,75 | 60,0625 | 60,0625 | 60,0625 |
| 7,75 | 9,25 | 1 | 7,75 | 9,25 | 60,0625 | 85,5625 | 71,6875 |
| 9,25 | 7,75 | 2 | 18,5 | 15,5 | 171,125 | 120,125 | 143,375 |
| 9,25 | 9,25 | 1 | 9,25 | 9,25 | 85,5625 | 85,5625 | 85,5625 |
| | | | $\sum x_i f_i = 178{,}75$ | $\sum y_i f_i = 179{,}75$ | $\sum x_i^2 f_i = 1\,145{,}5625$ | $\sum y_i^2 f_i = 1\,155{,}6875$ | $\sum x_i y_i f_i = 1\,124{,}9375$ |

ma1b46

Para representar el diagrama de dispersión, debemos tener en cuenta el número de veces que aparece cada dato. Para ello, representamos los puntos con distinto grosor, dependiendo de su frecuencia, que podemos indicarla entre paréntesis al lado de cada punto.

## Variables unidimensionales

**1** Se hace una consulta a 25 familias para saber el n.° de viviendas en propiedad y se obtienen los datos de la tabla. Calcula la moda, la mediana, la media y la desviación típica.

| Número de viviendas | 0 | 1 | 2 |
|---|---|---|---|
| Número de familias | 8 | 12 | 5 |

**Solución:** $\overline{x} = 0{,}88$ viviendas, $\sigma = 0{,}71$ viviendas

**2** Juan tiene 19 años de edad y mide 1,90 m de estatura. Su talla está en el percentil 92 para los jovenes de su edad. ¿Qué quiere decir esto?

**3** Dos gimnastas obtienen en las olimpiadas las puntuaciones de la siguiente tabla. ¿Cuál de las dos gimnastas se ha comportado de una forma más regular?

| Gimnasta 1 | 9,4 | 9,4 | 9,3 | 10 | 9,5 | 9,2 | 8,5 | 9,4 | 9,3 | 9,4 |
|---|---|---|---|---|---|---|---|---|---|---|
| Gimnasta 2 | 9,3 | 9,5 | 9,6 | 9,6 | 9,2 | 9,0 | 9,4 | 9,4 | 9,2 | 9,2 |

**4** De una muestra de 75 bombillas se han obtenido los siguientes datos relativos a su duración en horas:

| Duración (horas) | 250-300 | 300-350 | 350-400 | 400-450 | 450-500 | 500-550 |
|---|---|---|---|---|---|---|
| N.° de bombillas | 3 | 6 | 20 | 29 | 11 | 6 |

Calcula la duración media y la desviación típica.

**Solución:** $\overline{x} = 413$ h, $\sigma = 58{,}22$ h

**5** La tabla muestra los niveles de energía, en kilocalorías por 100 g, de 10 productos diferentes para aperitivo. Calcula la media y la desviación típica correspondientes a los niveles de energía de estos productos.

| kcal | 440 | 520 | 480 | 560 | 572 | 550 | 620 | 680 | 545 | 490 |
|---|---|---|---|---|---|---|---|---|---|---|
| Producto | 1 | 2 | 3 | 4 | 5 | 6 | 7 | 8 | 9 | 10 |

Si los niveles de energía de diferentes cereales para el desayuno tienen una media de 350 kcal por 100 g y una desviación típica de 28 kcal, ¿cuál de los dos tipos de alimentos presenta una mayor variación en sus niveles de energía?

**Solución:** $\overline{x} = 545{,}7$ kcal/100 g, $\sigma = 66{,}12$ kcal/100 g

**6** Responde razonadamente las siguientes preguntas:

*a)* ¿Pueden ser negativas las medias marginales?

*b)* ¿Pueden ser negativas las varianzas marginales?

*c)* ¿Puede ser negativa la covarianza?

**7** Se ha realizado una encuesta sobre opiniones políticas a un colectivo de 88 alumnos universitarios y se han obtenido los siguientes resultados (puntuación cero = extrema derecha, puntuación 100 = extrema izquierda):

| Puntuación | [38-44) | [44-50) | [50-56) | [56-62) | [62-68) | [68-74) | [74-80) |
|---|---|---|---|---|---|---|---|
| Alumnos | 7 | 8 | 15 | 25 | 18 | 9 | 6 |

Halla la media, la mediana, $P_{90}$ y la desviación típica.

**Solución:** $\overline{x} = 59{,}14$, $M_e = 59{,}36$, $P_{90} = 72{,}13$, $\sigma = 9{,}44$

## Variables bidimensionales

**8** Razona con cuál de los coeficientes de correlación dados se corresponden los siguientes diagramas de dispersión.

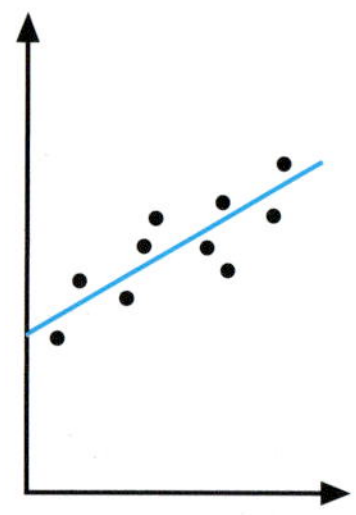

FIGURA 12.13.

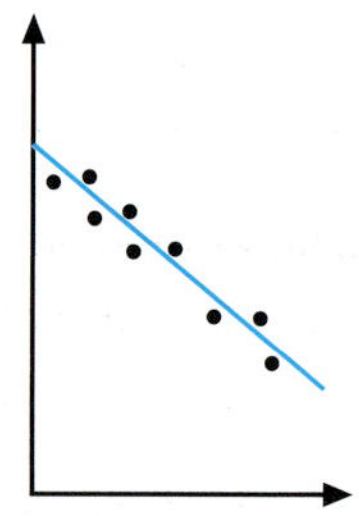

FIGURA 12.14.

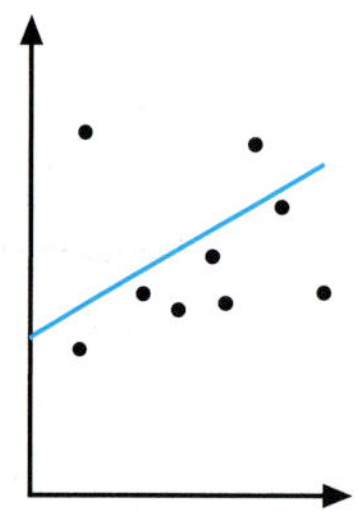

FIGURA 12.15.

- $r = 0{,}4$
- $r = -0{,}9$
- $r = 0{,}8$

Calcula qué fiabilidad tendría un ajuste bidimensional, mediante una recta, en cada uno de los casos.

**9** Si la pendiente de la recta de regresión de *Y* sobre *X* es negativa, ¿cómo debe será pendiente de la de *X* sobre *Y*?

**10** Sabiendo que la pendiente de una recta de regresión es negativa, indica y razona cuál de las siguientes afirmaciones es correcta.

*a)* La correlación es muy débil.

*b)* La correlación es muy fuerte.

*c)* La correlación es inversa.

*d)* La correlación es directa.

**11** Sabiendo que las dos rectas de regresión coinciden, indica y razona cuál de estas afirmaciones es correcta.

*a)* Existe una correlación muy fuerte.

*b)* La correlación es negativa.

*c)* Existe dependencia funcional.

*d)* No se puede afirmar nada sobre la correlación.

**12** Sabiendo que la fiabilidad de una predicción es del 81 %, indica y razona cuál de estas afirmaciones es correcta.

*a)* La correlación es directa.

*b)* La correlación es inversa.

*c)* No se puede afirmar cuál es el signo de la correlación.

**13** La tabla siguiente muestra el consumo de gasolina, en litros por cada 100 km, y el tiempo, en segundos, que emplean en pasar de 0 km/h a 100 km/h varios modelos de coche de una factoría automovilística.

| Tiempo | 7,1 | 7,9 | 7,5 | 7,6 | 8,0 | 7,5 | 7,0 | 7,1 | 7,8 | 8,1 |
|---|---|---|---|---|---|---|---|---|---|---|
| Consumo | 13,3 | 12,4 | 10,2 | 10,3 | 9,1 | 11,1 | 14,0 | 13,5 | 10,0 | 9,0 |

*a)* Representa el diagrama de dispersión y calcula el coeficiente de correlación lineal y la recta de regresión.

*b)* ¿Cuál es el consumo que cabe esperar de un automóvil que pasa de 0 km/h a 100 km/h en 7,2 s?

*c)* Calcula la bondad del ajuste.

*d)* ¿Tiene sentido preguntarse cuánto debería consumir un automóvil para pasar de 0 km/h a 100 km/h en 2 s?

**14** Las estaturas, en centímetros, de 10 padres y sus primogénitos son:

| Padre | 160 | 170 | 176 | 165 | 161 | 185 | 170 | 165 | 169 | 172 |
|---|---|---|---|---|---|---|---|---|---|---|
| Hijo | 162 | 173 | 177 | 165 | 159 | 187 | 168 | 168 | 171 | 174 |

*a)* Dibuja el diagrama de dispersión.

*b)* ¿Cuál de las dos variables presenta mayor dispersión?

*c)* ¿Qué altura cabe esperar de un hijo primogénito cuyo padre mida 175 cm? ¿Y de otro cuyo padre mida 195 cm? ¿Cuál de las dos previsiones te parece más fiable?

*d)* ¿Cuál será la altura esperada de alguien que tenga un hijo primogénito con una estatura de 174 cm?

**15** Una empresa de productos químicos dedicada a la investigación con fertilizantes ha querido determinar qué fertilizante es más eficaz entre dos determinados. Para ello, se han sembrado 18 parcelas del mismo tamaño y se ha abonado la mitad con uno de los fertilizantes y la otra mitad con el otro. Los resultados figuran en la tabla:

| Fert. (kg) | 50 | 60 | 70 | 80 | 90 | 100 | 110 | 120 | 130 |
|---|---|---|---|---|---|---|---|---|---|
| Prod. F1 (kg) | 2 500 | 2 700 | 2 400 | 2 800 | 3 000 | 3 000 | 3 200 | 3 300 | 3 350 |
| Prod. F2 (kg) | 2 400 | 2 600 | 2 800 | 2 800 | 2 900 | 3 100 | 3 250 | 3 350 | 3 400 |

*a)* Calcula la media de producción por kilo de fertilizante de cada uno de los fertilizantes.

*b)* ¿Cuál crees que es el fertilizante más eficaz?

**Solución:** *a)* $\bar{x}_1 = 34{,}44$ kg, $\bar{x}_2 = 34{,}80$ kg

**16** Se ha encuestado a un grupo de 100 individuos sobre el número de horas que dedican a dormir y a ver la televisión. Los resultados son los siguientes:

| N.° de horas de sueño | 6 | 7 | 8 | 9 | 10 |
|---|---|---|---|---|---|
| N.° de horas de TV | 4 | 3 | 3 | 2 | 1 |
| Frecuencia | 6 | 33 | 39 | 19 | 3 |

*a)* Calcula el coeficiente de correlación entre $X$ e $Y$ e interprétalo refiriéndote al enunciado.

*b)* Halla la ecuación de la recta de regresión de $Y$ sobre $X$.

*c)* Si una persona duerme 7 horas y media, ¿cuánto cabe esperar que vea la televisión?

*d)* Sin determinar la recta de regresión de $X$ sobre $Y$, indica en qué punto se cortará esta recta con la calculada en el apartado *b)*.

**Solución:** *a)* $r = -0{,}8837$ *b)* $y = 7{,}1557 - 0{,}5571x$ *c)* $y(7{,}5) = 3$ h *d)* $(\bar{x}, \bar{y}) = (7{,}8; 2{,}81)$

**17** Los pares de valores correspondientes a una distribución estadística bidimensional son (3, 3), (3, 4), (4, 4), (4, 5), (4, 4), (3, 4), (5, 4), (3, 3), (4, 5) y (4, 6).

*a)* Halla las medias marginales y las varianzas marginales.

*b)* Calcula el coeficiente de correlación.

*c)* Determina la recta de regresión de $Y$ sobre $X$.

**Solución:** *a)* $\bar{x}_1 = 3{,}7; \sigma_1^2 = 0{,}41; \bar{x}_2 = 4{,}2; \sigma_2^2 = 0{,}76$ *b)* $r = 0{,}4658$ *c)* $y = 1{,}8537 + 0{,}6341x$

**18** En la siguiente tabla se muestra el número de agencias bancarias de 8 pequeños municipios y el índice de actividad comercial de los mismos.

| Ag. bancarias | 16 | 9 | 22 | 7 | 10 | 11 | 5 | 3 |
|---|---|---|---|---|---|---|---|---|
| Índice | 115 | 70 | 180 | 60 | 81 | 84 | 50 | 40 |

*a)* Determina las dos rectas de regresión y comprueba que se cortan en $(\bar{x}, \bar{y})$.

*b)* Calcula el coeficiente de correlación y comprueba que su cuadrado coincide con el producto de las pendientes de las rectas.

**19** A partir de los siguientes datos referentes a horas trabajadas en un taller ($X$) y a unidades producidas ($Y$) determinar la recta de regresión de $Y$ sobre $X$, el coeficiente de correlación lineal e interpretarlo.

| X | 80 | 79 | 83 | 84 | 78 | 60 | 82 | 85 | 79 | 84 | 80 | 62 |
|---|---|---|---|---|---|---|---|---|---|---|---|---|
| Y | 300 | 302 | 315 | 330 | 300 | 250 | 300 | 340 | 315 | 330 | 310 | 240 |

**Solución:** $y = 31{,}74 + 3{,}47x, r = 0{,}95$

**20** En unos estudios sobre energía solar se han medido la temperatura máxima y el número de horas de sol durante una semana, obteniéndose los siguientes resultados:

| Temp. (°C) | 12 | 14 | 7 | 10 | 15 | 20 | 18 |
|---|---|---|---|---|---|---|---|
| Horas | 12,35 | 12,36 | 12,16 | 12,36 | 12,38 | 12,45 | 12,40 |

*a)* Halla las temperaturas mediana y modal diarias.

*b)* Halla la recta de regresión de la temperatura en función del número de horas de sol.

*c)* El lunes siguiente a la realización de la experiencia se rompió el medidor del número de horas de sol. ¿Es posible estimar este número a partir de la función obtenida en el apartado anterior? Justifícalo y obtén esta estimación si la temperatura máxima fue de 19 °C.

**Solución:** *b)* $y = 42{,}72x - 514$

**21** La siguiente tabla representa los pesos y estaturas de 20 alumnos de 1.° de Bachillerato.

| N.° de alumnos | 4 | 3 | 2 | 5 | 4 | 2 |
|---|---|---|---|---|---|---|
| Peso (kg) | 73 | 76 | 73 | 78 | 80 | 82 |
| Estatura (m) | 1,65 | 1,68 | 1,70 | 1,72 | 1,76 | 1,80 |

*a)* ¿Cómo están correlacionados los datos?

*b)* ¿Cuál será la altura estimada para un alumno de este colectivo que pese 75 kg?

**Solución:** *a)* $r = 0{,}93$ *b)* $y(75) = 1{,}69$ m

**22** Se sabe que entre el consumo de papel y el número de litros de agua por metro cuadrado que se recogen en una ciudad no existe relación. Responde:

*a)* ¿Cuál es el valor de la covarianza entre las variables?

*b)* ¿Cuánto vale el coeficiente de correlación lineal?

*c)* ¿Qué ecuaciones tienen las rectas de regresión y cuál es su posición en el plano?

**23** La evolución del IPC (índice de precios al consumo) y de la tasa de inflación el primer semestre de un año fue:

| | Enero | Febrero | Marzo | Abril | Mayo | Junio |
|---|---|---|---|---|---|---|
| IPC | 0,7 | 1,1 | 1,7 | 2 | 1,9 | 1,9 |
| Tasa inflación | 6 | 6 | 6,3 | 6,2 | 5,8 | 4,9 |

Calcula:

*a)* La media del IPC y de la tasa de inflación.

*b)* La desviación típica del IPC y de la tasa de inflación.

*c)* El coeficiente de correlación entre el IPC y la tasa de inflación.

*d)* Relaciona el coeficiente de correlación con la nube de puntos.

**Solución:** *a)* $\overline{x} = 1{,}55; \overline{y} = 5{,}87$ *b)* $\sigma_X = 0{,}48, \sigma_Y = 0{,}46$ *c)* $r = -0{,}24$

**24** Considerando el conjunto de datos de una distribución bidimensional de variables $X$ e $Y$, explicar qué es la regresión lineal.

| | | | | |
|---|---|---|---|---|
| $X$ | $x_1$ | $x_2$ | ....... | $x_n$ |
| $Y$ | $y_1$ | $y_2$ | ....... | $y_n$ |

Supongamos que $y = a + bx$ es la recta de regresión de la variable $y$ sobre la variable $x$. Indica la relación de los coeficientes $a$ y $b$ con la expresión siguiente:

$$(y_1 - a - bx_1)^2 + (y_2 - a - bx_2)^2 + \ldots + (y_n - a - bx_n)^2$$

**25** Determina el coeficiente de correlación e interprétalo para los datos presentados en la siguiente tabla que nos da la altura de cinco ciudades sobre el nivel del mar y los litros de agua de lluvia recogidos en un año:

| | | | | | |
|---|---|---|---|---|---|
| Altitud ($X$) | 365 | 450 | 350 | 220 | 150 |
| Litros de lluvia ($Y$) | 240 | 362 | 121 | 145 | 225 |

**Solución:** $r = 0{,}50$

## Problemas de aplicación

**26** Las notas obtenidas por 10 alumnos son:

| | | | | | | | | | | |
|---|---|---|---|---|---|---|---|---|---|---|
| Matemáticas | 6 | 4 | 8 | 5 | 3,5 | 7 | 5 | 10 | 5 | 4 |
| Música | 6,5 | 4,5 | 7 | 5 | 4 | 8 | 7 | 10 | 6 | 5 |

*a)* Calcula la covarianza, las varianzas y el coeficiente de correlación. ¿Existe correlación entre las dos variables? Razona la respuesta.

*b)* Calcula la recta de regresión necesaria para determinar cuál sería la nota esperada en música de un alumno que hubiera obtenido un 8,3 en Matemáticas.

**Solución:** *a)* $\sigma_{XY} = 3{,}075, \sigma_X^2 = 3{,}7625, \sigma_Y^2 = 2{,}96, r = 0{,}92$ *b)* $y(8{,}3) = 8{,}4$

**27** Dados los siguientes datos ($n = 60$):

$\Sigma x_i = 8\,320$ $\quad \Sigma y_i = 660$ $\quad \sigma_X = 6$ $\quad \sigma_Y = 3{,}5$ $\quad r = 0{,}82$

Si la variable $y$ presenta una dependencia lineal respecto de la $x$, indica cuál de las siguientes opciones es la correcta para de $y$ cuando $x = 196$ es:

- 38,4
- 33,49
- No hay suficientes datos
- 175,5

**28** Si la recta de regresión entre dos variables es la siguiente: $y = 3 - 0{,}5x$ y $r^2 = 0{,}85$. Razona cuál de las siguientes opciones se puede deducir.

- El valor del coeficiente de correlación lineal entre $X$ e $Y$ es 0,922. Indica una asociación lineal positiva entre ambas variables.
- El valor del coeficiente de correlación lineal entre $X$ e $Y$ es $-0{,}922$. Indica una asociación lineal negativa entre ambas variables.
- Existe una fuerte relación lineal entre ambas variables, pero no hay suficiente información para conocer si es positiva o negativa.
- El valor del coeficiente de correlación lineal entre $X$ e $Y$ es $-0{,}85$. Indica una asociación lineal negativa entre ambas variables.

**29** Para una muestra de 20 observaciones mensuales, un analista financiero estudia la relación lineal entre la tasa porcentual de rendimiento de las acciones de una empresa ($y$) sobre la tasa porcentual del rendimiento del índice bursátil ($x$). Se dispone de los siguientes datos:

$\Sigma x_i = 25{,}4$ $\quad \Sigma y_i = 22{,}6$ $\quad \Sigma x_i y_i = 150{,}5$ $\quad \sigma_X^2 = 9{,}09$

Indica cuál de las siguientes es la recta de regresión.

- $y = -0{,}04 + 0{,}92x$
- $y = 0{,}16 + 0{,}76x$
- $y = 0{,}28 + 0{,}67x$
- $y = 0{,}04 + 0{,}54x$

**30** Mediante el ajuste por mínimos cuadrados, y dada la siguiente tabla:

| | | | | | | | |
|---|---|---|---|---|---|---|---|
| $X$ | −3 | −2 | −1 | 0 | 1 | 2 | 3 |
| $Y$ | 3 | 6 | 7 | 8 | 10 | 11 | 12 |

¿Cuál es la previsión del valor de $y$ para $x = 7$?

- 18,15
- 12,12
- 36
- 16,29

**31** La siguiente tabla muestra los índices de las bolsas de Madrid y Wall Street durante una semana. Calcula la recta de regresión de dichos índices. Interpreta el resultado.

| | | | | | |
|---|---|---|---|---|---|
| Madrid | 0,23 | 1,33 | 1,22 | 0,15 | −0,13 |
| Wall Street | 0,32 | 0,65 | 1,58 | 0,45 | 0,22 |

**Solución:** $y = 0{,}618x + 0{,}298$

**32** Se suspenden de un resorte diferentes pesos y se mide, en cada caso, la longitud alcanzada por el mismo.

Recuerda la ley de Hooke: $F = k \cdot x$, donde $F$ es el peso que colgamos del resorte; $x$ el alargamiento que se produce, y $k$ la constante de recuperación del muelle. La tabla siguiente muestra el resultado del experimento.

| | | | | | | | | |
|---|---|---|---|---|---|---|---|---|
| Peso (N) | 0 | 0,10 | 0,20 | 0,25 | 0,30 | 0,35 | 0,40 | 0,50 |
| Long. muelle (m) | 0,25 | 0,29 | 0,34 | 0,35 | 0,36 | 0,40 | 0,41 | 0,46 |

*a)* Halla la recta de regresión del alargamiento sobre el peso. ¿Podrías decir cuál es la constante de la ley de Hooke?

*b)* ¿Qué longitud tendrá el resorte si colgamos 0,45 N? ¿Y 2 N? ¿Cuál de las predicciones es más fiable?

*c)* ¿Qué peso deberíamos colgar para que el resorte mi diera medio metro?

**Solución:** *a)* $k = 0{,}41$ *b)* $y(0{,}45) = 0{,}4345$ m; $y(2) = 1{,}07$ m *c)* 0,6045 N

# Evaluación

| Soy capaz de... | Actividades |
|---|---|
| Elaborar tablas bidimensionales de frecuencias a partir de los datos de un estudio estadístico y calcular e interpretar los parámetros estadísticos más usuales en variables bidimensionales. | 1 |
| Calcular las distribuciones marginales y diferentes distribuciones condicionadas a partir de una tabla de doble entrada. | 2 |
| Usar adecuadamente medios tecnológicos para organizar y analizar datos desde el punto de vista estadístico. | 1 y 4 |
| Distinguir la dependencia funcional de la estadística y estimar si dos variables son o no estadísticamente dependientes mediante la representación de la nube de puntos. | 3 |
| Cuantificar el grado de dependencia lineal entre dos variables mediante el cálculo e interpretación del coeficiente de correlación lineal. | 3 |
| Calcular las rectas de regresión y obtener predicciones a partir de ellas, evaluando su fiabilidad a partir del coeficiente de determinación lineal. | 4 |

**1.** En un estudio estadístico sobre los puntos anotados y los rebotes capturados por un equipo de baloncesto, se han obtenido estos resultados:

| | | | | |
|---|---|---|---|---|
| **Puntos** | 97 | 107 | 115 | 120 |
| **Rebotes** | 56 | 74 | 55 | 40 |

Construye la tabla de frecuencias y determina la covarianza de la distribución. ¿Cuál de las dos variables es más dispersa?

**2.** A partir de esta tabla de doble entrada:

| Sexo (*Y*) \ Nivel de estudios (*X*) | Educación obligatoria | Bachillerato | Universitarios |
|---|---|---|---|
| Hombre | 23 | 14 | 13 |
| Mujer | 18 | 16 | 16 |

*a)* Construye las tablas de frecuencias de las distribuciones marginales.

*b)* Determina la distribución de la variable sexo condicionada a tener estudios universitarios, y la variable nivel de estudios condicionada a ser mujer.

**3.** Determina el tipo de relación que existe entre las dos variables estadísticas que aparecen representadas en estos diagramas de dispersión y decide qué valor tomará el coeficiente de correlación lineal.

*a)*

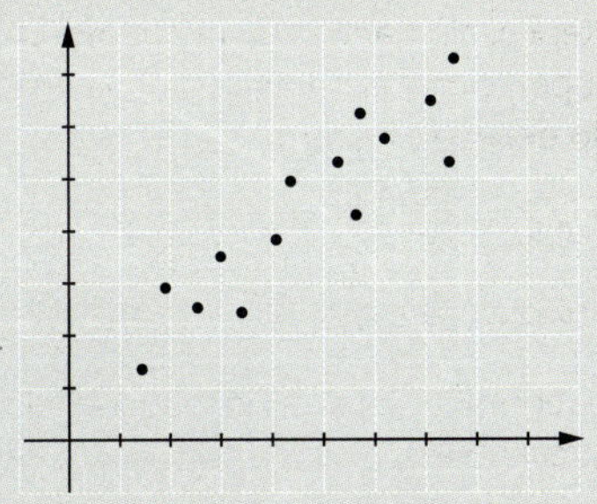

*b)*

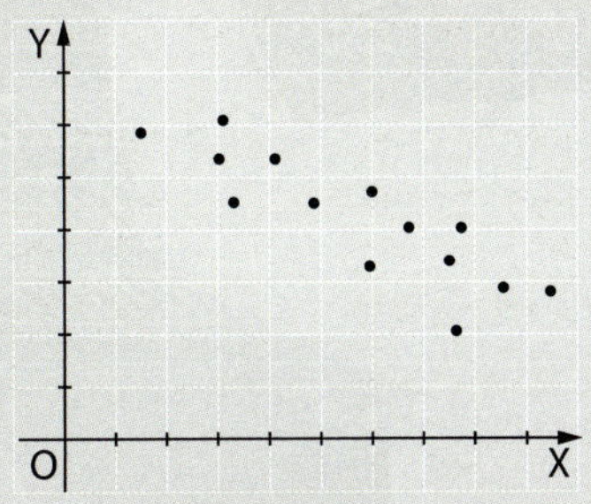


*c)*

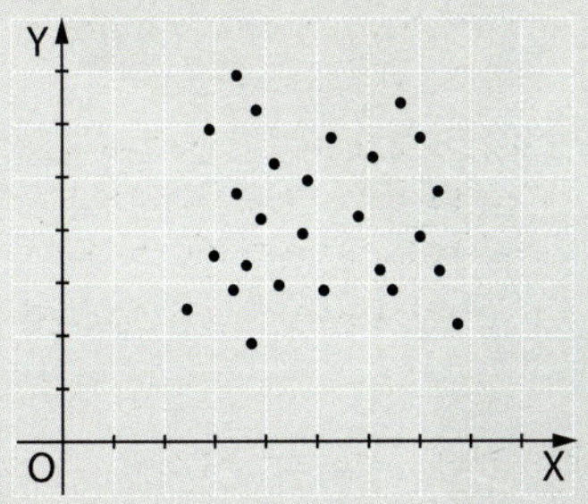


**4.** Determina las rectas de regresión lineal para los datos del ejercicio 1 y utilízalas para estimar el número de rebotes que habrá en un partido si se han metido 110 puntos y los puntos alcanzados si se han capturado 60 rebotes. Analiza, la bondad del ajuste.

# Resolución de problemas

Dos profesores pasean mientras charlan sobre sus respectivas familias.

—Por cierto —pregunta uno de ellos—, ¿qué edades tienen tus tres hijas?

—El producto de sus edades es 36 —contesta su colega—, y la suma de las mismas es, casualmente, igual al número de tu casa.

Tras meditar unos instantes, el que había formulado la pregunta dice:

—Me falta un dato.

—Es verdad —concede el otro—. Se me había olvidado decirte que la mayor toca el piano.

¿Qué edades tienen las tres hijas del profesor?

Este problema le fue planteado a Albert Einstein (1879-1955) por uno de sus alumnos. A lo largo de toda la unidad encontrarás la solución a este y a otros problemas que diversos matemáticos han propuesto en el transcurso de la historia.

# 1. Resolución de problemas

Desde la Antigüedad, una de las actividades más importantes que se les ha planteado a los matemáticos ha sido la resolución de problemas.

Un **problema** es una proposición dirigida a averiguar un resultado utilizando los datos que ofrece el enunciado.

**Resolver un problema** consiste en pasar de la situación inicial, en la que desconocemos el resultado, a otra ideal en la que este ya se conoce.

Un **modelo de resolución de problemas** será un conjunto de procedimientos que clasifiquen y analicen las fases del proceso que conducen a la solución del problema.

Matemáticos importantes de todos los tiempos han tratado de hallar un método pautado para resolver problemas.

El primer matemático del que se tiene constancia de que trabajó en este campo fue **Pappus de Alejandría,** hacia el año 320 de nuestra era.

Más de mil años después, **René Descartes** (1596-1650) quiso hallar un método universal para la resolución de problemas. Para ello, inició la redacción del libro *Reglas para la dirección de los ingenios*, que nunca concluyó.

En el siglo XVII, **Gottfried Wilhelm Leibniz** (1646-1716) quiso escribir un libro sobre este mismo tema, *Arte de la invención*, pero no llegó a hacerlo.

A principios del siglo XIX, **Bernhard Bolzano** (1781-1848) analizó la resolución de problemas con la intención de clasificar los caminos a seguir.

Fue a finales del siglo XIX cuando se inició un proceso sistemático de los diferentes procesos para la resolución de problemas. De los primeros modelos planteados, el más importante se debe a **Wallas.** En su libro *The art of Thought* (El arte del pensamiento) hay cuatro fases para la resolución de problemas:

- **Preparación:** recolecta de información y primeros intentos de solución.
- **Incubación:** se aparca el problema para realizar otras actividades o descansar.
- **Iluminación:** surge una idea que será clave para la solución.
- **Verificación:** se comprueba la solución.

Como puede observarse, el modelo de Wallas es más una descripción de las fases de la resolución de problemas que un auténtico modelo para ella.

La *heurística* moderna nació a raíz de la publicación, en 1945, del libro *How to solve it*, escrito por el matemático **George Polya.** A partir de este momento, la resolución de problemas se entiende como el estudio de todas las operaciones mentales útiles para llegar a la solución, considerando los aspectos emocionales, culturales, etc., que no habían tenido en cuenta los matemáticos anteriores. Polya analiza la figura del *resolutor ideal*, entendido como un sujeto que avanza linealmente desde el planteamiento del problema hasta su solución.

Según Polya, la resolución de problemas atraviesa cuatro fases:

- Comprender el problema.
- Concebir un plan:
  - Determinar la relación entre los datos y la incógnita.
  - De no encontrarse una relación inmediata, se pueden considerar problemas auxiliares.
  - Obtener finalmente un plan de solución.
- Ejecutar el plan.
- Examinar la solución obtenida.

Polya afirma que como los estudiantes aprenden por imitación y práctica, estos deben combinar las explicaciones con su **práctica individual.**

**Heurística**

La resolución de problemas se conoce también como heurística, palabra que proviene del griego *heurisko* y que significa «hallar».

Vamos a aplicar el método de Polya para resolver el problema del inicio de la unidad.

## Comprender el problema

Un profesor tiene tres hijas, cuyas edades se desconocen; las incógnitas son, pues, las edades de las hijas, y vamos a tratar de averiguarlas.

## Concebir un plan

Como el problema tiene tres incógnitas, precisaríamos tres ecuaciones para poder resolverlo; pero, leyendo detenidamente el enunciado, se observa que no se pueden escribir tres ecuaciones, puesto que los datos son:

El producto de sus edades es 36:

$$x \cdot y \cdot z = 36$$

La suma de las mismas es igual al número de tu casa. Nosotros desconocemos el número de la casa del profesor, pero él lo conoce.

En este momento, el segundo profesor tiene dos ecuaciones y tres incógnitas, a lo que responde: «Me falta un dato».

Es verdad –concede el otro–. Se me había olvidado decirte que la mayor toca el piano.

Esta última frase no se puede trasladar a una ecuación; por tanto, para abordar el problema, habrá que concebir una estrategia que no sea el planteamiento de un sistema de tres ecuaciones con tres incógnitas.

Releyendo el enunciado, observamos que lo único que sabemos es que el producto de las edades es 36; así pues, analizaremos todas las opciones de edades de las tres hijas del profesor cuyo producto sea 36.

## Ejecución del plan

Como $36 = 1 \cdot 2 \cdot 2 \cdot 3 \cdot 3$, las posibles edades de las hijas son:

- Una de 9 y dos gemelas de 2 años → $2 + 2 + 9 = 13$
- Una de 2 años, una de 3 y otra de 6 → $2 + 3 + 6 = 11$
- Una de 4 y dos gemelas de 3 → $3 + 3 + 4 = 10$
- Una de 1 año, otra de 4 y otra de 9 → $1 + 4 + 9 = 14$
- Una de 1 año y dos gemelas de 6 → $6 + 6 + 1 = 13$
- Una de 1 año, otra de 3 y otra de 12 → $1 + 3 + 12 = 16$
- Una de 1 año, otra de 2 y otra de 18 → $1 + 2 + 18 = 21$

Puesto que el número de la casa, que ambos profesores parecen conocer no ayuda a elegir la igualdad que contiene la respuesta correcta, esta solo puede hallarse en las dos cuyo resultado coincide:

$$2 + 2 + 9 \quad \text{o} \quad 6 + 6 + 1$$

La última pista indica que hay una hermana mayor (que toque el piano es, claro está, irrelevante). Esto descarta la solución $6 + 6 + 1$; por tanto, el profesor tiene dos gemelas de 2 años y una hija de 9 años.

## Examinar la solución obtenida

La solución, en nuestro caso, verifica las condiciones del enunciado, puesto que el producto de las edades es 36, y la suma no es única para todas las posibles edades; por tanto, falta un dato, y es que existe una hermana mayor (en lugar de que esta toca el piano, podríamos haber dicho que es rubia, o que tiene los ojos verdes, que le gustan las matemáticas, o que es deportista).

# 2. Estrategias de resolución de problemas

Para **concebir** y **ejecutar** el plan para la resolución del problema existen diversas estrategias, acertar con la adecuada para cada problema suele ser lo más difícil, sin embargo, esto se aprende, como la mayoría de las cosas de la vida (deporte, juegos de estrategia, juegos de mesa...), practicando.

A continuación se analizan algunas de las estrategias más útiles en la resolución de problemas.

## 2.1. Estudiar todos los casos posibles

En el problema que hemos resuelto y que estaba planteado en la introducción de la unidad se ha utilizado esta estrategia. A continuación planteamos otros problemas que también se pueden resolver con esta estrategia.

**Ejercicios resueltos**

▶ *Siendo un colegial,* **Carl Friedrich Gauss** (1777-1855) *hizo gala de su ingenio al resolver un problema que su maestro planteó a la clase para tener a los alumnos entretenidos un rato: les pidió que sumaran entre sí todos los números comprendidos entre el* 1 *y el* 100, *ambos incluidos. Ante el asombro de todos, Gauss contestó, nada más terminar el profesor de dictar el enunciado, que el resultado era* 5 050. *¿Cómo resolvió Gauss el problema tan rápidamente?*

El razonamiento de Gauss fue el siguiente:

$$1 + 2 + 3 + \ldots + 98 + 99 + 100$$

101

101

101

- $1 + 100 = 101$
- $2 + 99 = 101$
- $3 + 98 = 101$

...

Hay 50 sumas como las anteriores; así, la suma total es: $50 \cdot 101 = 5050$

▶ *Una persona va a la vinatería, adquiere* 20 *botellas y se gasta* 100 €. *Compra botellas de tres clases* A, B *y* C *que cuestan* 3 €, 7 € *y* 8 €, *respectivamente. Calcula cuántas botellas de cada clase ha comprado sabiendo que, al menos, ha adquirido una de cada clase.*

Si ha comprado 20 botellas y ha pagado 100 €, el precio medio por botella es de 5 €. Dado que los precios son 3 €, 7 € y 8 €, podemos concluir que ha comprado más botellas de 3 € que de 7 € y 8 €.

Supongamos 10 de A, 5 de B y 5 de C:

$$10 \cdot 3 + 5 \cdot 7 + 5 \cdot 8 = 105 \neq 100$$

Como el resultado es mayor que 100, aumentamos el número de botellas de A, ya que es la que menos cuesta.

Supongamos 11 de A, 4 de B y 5 de C:

$$11 \cdot 3 + 4 \cdot 7 + 5 \cdot 8 = 101 \neq 100$$

Supongamos 11 de A, 5 de B y 4 de C:

$$11 \cdot 3 + 5 \cdot 7 + 4 \cdot 8 = 100$$

El resultado es 11 botellas de A, 5 de B y 4 de C.

## 2.2. Simplificar el problema resolviendo casos particulares

### Ejercicios resueltos

▶ *Cuenta la leyenda que* ***Sheram,*** *rey de la India, quedó tan maravillado con el juego del ajedrez, que permitió a su inventor,* ***Lahur Sessa,*** *pedir lo que quisiera. Este solicitó la cantidad de trigo que resultara de colocar 1 grano en la primera casilla del tablero de ajedrez e ir añadiendo sucesivamente en cada casilla el doble de granos que en la anterior. Los contables del rey concluyeron que, no obstante la riqueza del reino, no era posible cumplir la promesa. ¿Cuánto trigo pedía?*

- Si el tablero tuviera 1 casilla, Lahur Sessa recibiría un grano de trigo.
- Si tuviera 2 casillas: $1 + 2 = 3$
- Si tuviera 3 casillas: $1 + 2 + 4 = 7$
- Si tuviera 4 casillas: $1 + 2 + 4 + 8 = 15$

...

Podemos observar lo siguiente:

- $1 = 2^1 - 1$
- $3 = 2^2 - 1$
- $7 = 2^3 - 1$
- $15 = 2^4 - 1$

...

**RECUERDA**

La suma de los $n$ primeros términos de una progresión geométrica cuyo primer término es $a_1$ y cuya razón es $r$, es la siguiente:

$$S_n = \frac{a_n \cdot r - a_1}{r - 1}$$

Como el tablero tiene 64 casillas, deberían entregar a Lahur Sessa:

$$2^{64} - 1 = 1{,}84 \cdot 10^{19} \text{ granos de trigo}$$

También se puede resolver el problema sumando los 64 primeros términos de una progresión geométrica de primer término 1 y razón 2:

$$1 + 2 + 2^2 + 2^3 + \ldots + 2^{62} + 2^{63} = \frac{2^{64} - 1}{1} = 1{,}84 \cdot 10^{19} \text{ granos de trigo}$$

▶ *En la siguiente suma, las letras X, Y y Z representan tres dígitos diferentes del conjunto {1, 2, 3, 4, 5, 6, 7, 8, 9}. ¿Cuál es el valor de X?*

$$\begin{array}{r} XX \\ YY \\ +\ ZZ \\ \hline ZYX \end{array}$$

Dado que los valores de X, Y, Z están entre 1 y 9, Z solo puede tomar los valores 1 o 2.

Supongamos $Z = 2$:

$$\begin{array}{r} XX \\ YY \\ +\ 22 \\ \hline 2YX \end{array}$$

Observando la primera columna deducimos: $X + Y + 2 = X$; por tanto, $Y + 2 = 10$, luego $Y = 8$.

Sustituimos:

$$\begin{array}{r} XX \\ 88 \\ +\ 22 \\ \hline 28X \end{array}$$

Ahora, observando la segunda columna y teniendo en cuenta que nos llevamos una:

$X + 8 + 2 + 1 = 8 \Rightarrow X + 3 = 10 \Rightarrow X = 7$

En este caso:

$$\begin{array}{r} 77 \\ 88 \\ +\ 22 \\ \hline 287 \end{array}$$

Este resultado no es correcto, luego $X = 8$.

Comprueba que el resultado correcto es: $Z = 1$, $Y = 9$, $X = 8$.

## Ejercicio resuelto

▶ *Cuenta una leyenda hindú que cuando Dios creó el mundo, dispuso, en un templo de la ciudad santa de Benarés, tres estacas verticales. En una de ellas había 64 anillos de oro, de diferentes diámetros, colocados en orden decreciente de tamaños, de manera que el mayor estaba situado en la posición inferior.*

*Según la leyenda, desde el momento de la Creación hasta nuestros días, los sacerdotes del templo cambian los anillos incesantemente; tratan de trasladarlos todos a otra estaca, moviéndolos de uno en uno de modo que se cumpla la condición de que en ningún momento uno más ancho se encuentre sobre otro más estrecho. La leyenda asegura que cuando se hayan dispuesto todos los anillos en otra estaca, el mundo se desvanecerá. ¿Cuántos movimientos de anillos habrá que hacer para pasarlos todos a otra estaca?*

Si fueran tres estacas y dos anillos, la secuencia de movimientos que debiera realizarse, cumpliendo la condición impuesta, sería la siguiente:

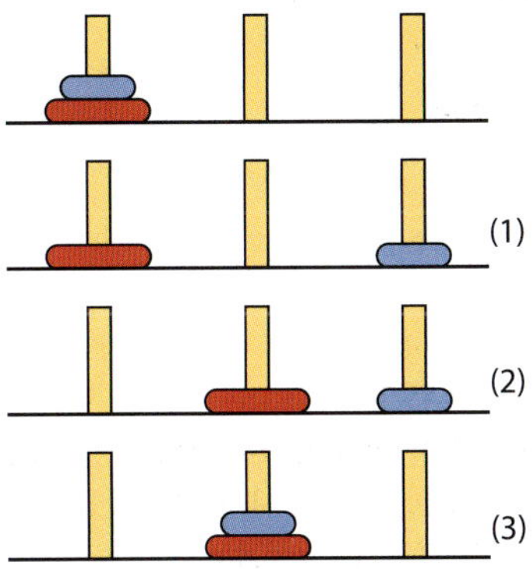


**FIGURA 16.1.**

Observa que la tercera estaca solo se utiliza para pasos intermedios, y que el número de movimientos con dos anillos es 3.

Si en lugar de dos anillos fueran tres anillos, la secuencia sería:

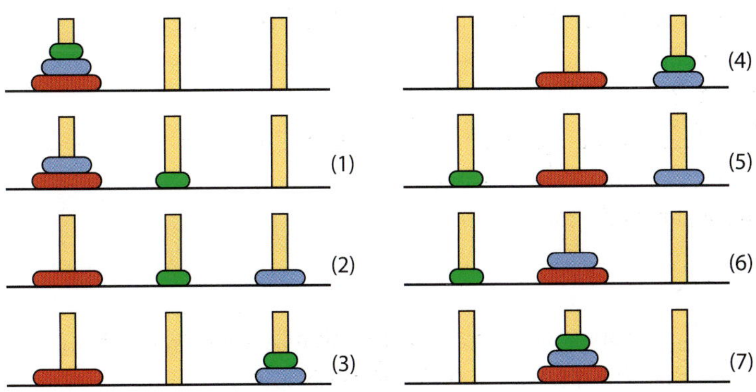


**FIGURA 16.2.**

Fíjate que el número de movimientos con tres anillos es 7.

Ten en cuenta que los resultados obtenidos se pueden expresar así:

- Con 2 anillos se realizan $2^2 - 1 = 3$ movimientos.
- Con 3 anillos se realizan $2^3 - 1 = 7$ movimientos.

Para $n$ anillos, el número de movimientos sería de $2^n - 1$. Para los 64 anillos, habrá $2^{64} - 1 = 1{,}84 \cdot 10^{19}$ movimientos.

Si se emplean dos segundos en cambiar de lugar un anillo, el tiempo necesario para completar el proceso sería de $3{,}69 \cdot 10^{19}$ segundos, es decir, $1{,}17 \cdot 10^{12}$ años, tiempo que supera ampliamente la edad actual del universo, que es del orden de $10^{10}$ años.

## 2.3. Ayudarse de un esquema

Muchas veces ayuda acompañar la resolución del problema con un dibujo.

**Ejercicios resueltos**

▶ ***Leonard Euler*** *(1707-1783) resolvió el denominado* ***problema de los puentes de Königsberg.*** *En el siglo XVIII, la actual ciudad rusa de Kaliningrado pertenecía a Prusia y se denominaba Königsberg. Los ciudadanos estaban muy orgullosos de sus siete puentes y bromeaban sobre la posibilidad de recorrerlos todos pasando una sola vez por cada uno de ellos.*

Esto llegó a oídos de Euler, que se dispuso a comprobar si esta posibilidad podía hacerse realidad. Para ello, representó cada una de las orillas del río, así como las islas, mediante puntos, y los puentes mediante líneas que unían dichos puntos (figura 3).

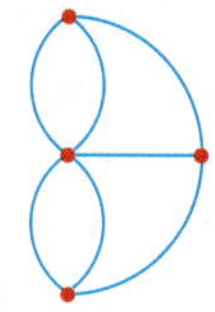

FIGURA 3.

En una red de este tipo, aquellos vértices a los que llega un número par de caminos reciben el nombre de pares, mientras que aquellos otros en los que concluye un número impar de caminos se denominan impares. Euler demostró que era imposible recorrer una red que requiere más de dos vértices impares sin pasar dos veces por el mismo camino.

En el caso que nos ocupa, todos los vértices son impares; por tanto, el problema no tiene solución (figura 4).

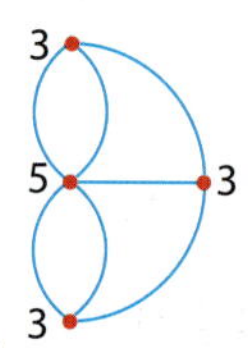


FIGURA 4.

Sí la tendría si se eliminara el puente que une las dos islas, ya que entonces habría dos vértices pares y dos impares (figura 5).

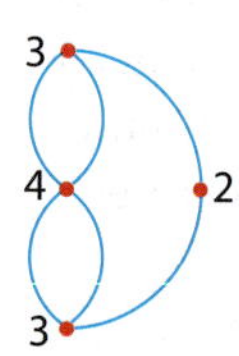


FIGURA 5.

▶ *El siguiente problema fue hallado en el capítulo IX del libro chino:* Chu Chang Suan Shu (Arte matemático en nueve secciones).

*En medio de una laguna circular de 3 m (300 cm) de diámetro, crece un junquillo que sobresale 30 cm del agua. Cuando se inclina hasta que lo cubre el agua alcanza justamente la orilla de la laguna. ¿Qué profundidad tiene la laguna?*

Realizamos un esquema del problema (figura 6).

Como 300 cm es el diámetro de la laguna, entonces la distancia del junquillo a la orilla es de 150 cm. Hemos llamado $x$ a la profundidad del agua; por tanto, la longitud total del junquillo será $x + 30$.

Si el junquillo está inclinado y llega a la orilla de la laguna (figura 7), por el teorema de Pitágoras:

$$(x + 30)^2 = 150^2 + x^2 \Rightarrow x^2 + 60x + 900 = 22\,500 + x^2 \rightarrow x = 360 \text{ cm}$$

La laguna tiene una profundidad de 3,6 m.

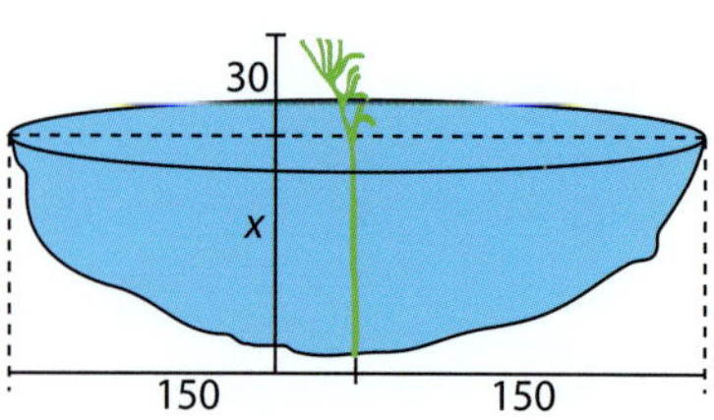


FIGURA 1.

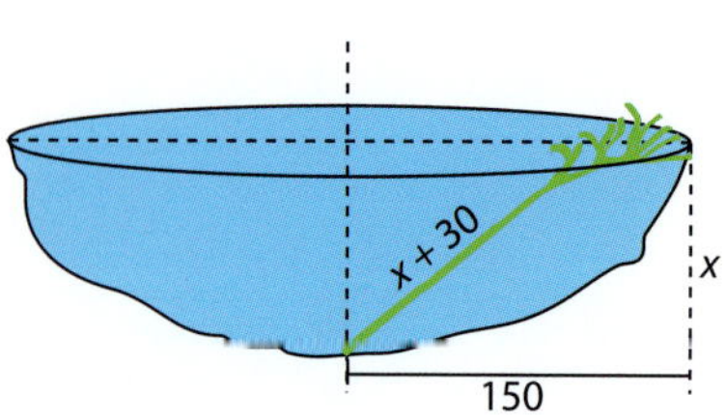


FIGURA 2.

## 2.4. Utilizar el ensayo-error

Para resolver un problema con esta estrategia se han de dar estos pasos:

1. Elegir un valor (resultado, operación o propiedad) posible.
2. Llevar a cabo con este valor las condiciones indicadas por el problema.
3. Probar si hemos alcanzado el objetivo buscado.

**Ejercicio resuelto**

▶ ***Muhammad ibn-Musa al-Khwarizmi,*** *matemático árabe del siglo IX d. C., escribió dos libros sobre aritmética y álgebra. Del más importante de ellos, A-jabr wa'l muqabalah, procede la palabra álgebra.*

*En el capítulo quinto de su tratado, AlKhwarizmi se plantea el problema de dividir el número 10 en dos partes, de modo que la suma de los productos obtenidos multiplicando cada parte por sí misma sea 58.*

No ha llegado hasta nosotros la solución a la que llegó Al-Khwarizmi, pero podría haberlo resuelto por el método de ensayo-error:

- Supongamos 1 y 9 $\Rightarrow 1 \cdot 1 + 9 \cdot 9 \neq 58$
- Supongamos 2 y 8 $\Rightarrow 2 \cdot 2 + 8 \cdot 8 \neq 58$
- Supongamos 3 y 7 $\Rightarrow 3 \cdot 3 + 7 \cdot 7 = 58$

La solución es 7 y 3.

Este ejercicio también se podría resolver utilizando la notación algebraica actual como sigue:

$$x^2 + (10 - x)^2 = 58 \Rightarrow x = 7, x = 3$$

La descomposición de 10 deberá ser 7 y 3.

## 2.5. Recurrir a otras alternativas

Aunque hemos visto algunas estrategias de resolución de problemas, muchas veces el hecho de enfrentarse a problemas y no desfallecer en su resolución ayuda a tener recursos para encontrar regularidades, simplificaciones, paralelismos con otros problemas cuya solución se conoce; y a la estrategia definitiva para resolver un problema, en ocasiones, se le llama idea feliz o inspiración (se enciende la bombilla, eureka). De todas formas, como Picasso decía: «La inspiración existe pero es necesario que te encuentre trabajando».

**Ejercicio resuelto**

▶ *Tenemos 10 cestas de bombones y cada bombón ha de pesar 10 g. Al disponernos a venderlos hay una cesta en la que los bombones solo pesan 9 g, pero el inconveniente es que no sabemos de qué cesta se trata. El reto consiste en descubrir la cesta que tiene los bombones de 9 g con una sola pesada (podemos usar la balanza una sola vez).*

Ordenamos las cestas en un orden cualquiera.

Cogemos un bombón de la primera cesta, dos de la segunda, tres de la tercera, así sucesivamente hasta tomar nueve de la novena.

Como la pesada de los bombones da $10 + 20 + 30 + \ldots + 90 = 450$ g, las cestas serán correctas y la defectuosa será la décima. Pero si la pesada es de $450 - 1 = 449$ g, la cesta defectuosa será la primera; si da $450 - 2 = 448$ g, será la segunda. Si obtenemos $450 - 3 = 447$ g, será la tercera cesta la defectuoso, y así sucesivamente hasta saber si es la novena, $450 - 9 = 441$ g, será la novena.

# 3. Demostraciones matemáticas

**OBSERVA**

El diccionario de la Real Academia de Ciencias Exactas, Físicas y Naturales afirma lo siguiente: «Una demostración es un proceso lógico que conduce a una proporción a partir de otras como hipótesis».

Para demostrar una proposición matemática no es suficiente con comprobar su veracidad para unos cuantos casos, hay que comprobarlo para un caso general, es decir, para cualquier caso.

Existen diferentes métodos para demostrar la veracidad o falsedad de una proposición: búsqueda del contraejemplo, deducción, reducción al absurdo, inducción, etcétera.

## 3.1. Búsqueda del contraejemplo

Este método sirve para demostrar que una proposición no es cierta; consiste en **hallar un contraejemplo** que demuestre su falsedad.

**Ejercicio resuelto**

- *Demostrar la falsedad de la siguiente expresión:*

$$\sqrt{a^2+b^2}=a+b$$

Para demostrar la falsedad de esta proposición no es necesario realizar una larga demostración, sino que es suficiente con recurrir a la famosa terna pitagórica 3, 4 y 5.

$$\sqrt{3^2+4^2}=\sqrt{9+16}=\sqrt{25}=5\neq 3+4=7$$

Así, queda demostrada la falsedad de la igualdad anterior.

## 3.2. Demostración deductiva

La **demostración deductiva** consiste en una implicación, o cadena de implicaciones, mediante la que se obtiene la conclusión partiendo de unas hipótesis que han sido previamente demostradas o elegidas como axiomas.

**Ejercicio resuelto**

- Demostrar la siguiente igualdad:

$$(1+\text{tg}\,\alpha)\cdot(1+\text{cotg}\,\alpha)=\frac{(\text{sen}\,\alpha+\cos\alpha)^2}{\text{sen}\,\alpha\cdot\cos\alpha}$$

En primer lugar, recopilamos las dos hipótesis que ya conocemos todos, y que están demostradas en unidades anteriores:

**1.** $\text{sen}^2\alpha+\cos^2\alpha=1$

**2.** $\text{tg}\,\alpha=\dfrac{\text{sen}\,\alpha}{\cos\alpha}$

Con estas hipótesis, podemos utilizar la demostración deductiva para demostrar la igualdad. Vamos a empezar por el primer miembro y, por medio de igualdades, llegaremos al segundo:

$$(1+\text{tg}\,\alpha)\cdot(1+\text{cotg}\,\alpha)=1+\text{cotg}\,\alpha+\text{tg}\,\alpha+1=\text{tg}\,\alpha+2+\text{cotg}\,\alpha=$$

$$=\frac{\text{sen}\,\alpha}{\cos\alpha}+2+\frac{\cos\alpha}{\text{sen}\,\alpha}=\frac{\text{sen}\,\alpha}{\cos\alpha}+\frac{2\text{sen}\,\alpha\cdot\cos\alpha}{\text{sen}\,\alpha\cdot\cos\alpha}+\frac{\cos\alpha}{\text{sen}\,\alpha}=$$

$$=\frac{\text{sen}^2\alpha}{\text{sen}\,\alpha\cdot\cos\alpha}+\frac{2\text{sen}\,\alpha\cdot\cos\alpha}{\text{sen}\,\alpha\cdot\cos\alpha}+\frac{\cos^2\alpha}{\text{sen}\,\alpha\cdot\cos\alpha}=$$

$$=\frac{\text{sen}^2\alpha+2\text{sen}\,\alpha\cdot\cos\alpha+\cos^2\alpha}{\text{sen}\,\alpha\cdot\cos\alpha}=\frac{(\text{sen}\,\alpha+\cos\alpha)^2}{\text{sen}\,\alpha\cdot\cos\alpha}$$

Y, por tanto, queda demostrada la igualdad.

## 3.3. Reducción al absurdo

Este procedimiento consiste en suponer que se verifica la **proposición contraria** a la que queremos demostrar y llegar así a una conclusión falsa.

**Ejercicio resuelto**

▶ *Demostrar el teorema que afirma que existen infinitos números primos.*

Supondremos que existe una cantidad finita de primos: $p_1, p_2, \ldots, p_n$, y llegaremos así a una contradicción.

Multiplicamos entre sí todos los primos y les sumamos 1:

$$P = (p_1 \cdot p_2 \cdot \ldots \cdot p_n) + 1$$

El número $P$ es mayor que cualquiera de los otros primos. Además, como hemos supuesto que existen $n$ primos, concluimos que $P$ no es primo.

Si $P$ no es primo, será compuesto y, por tanto, tendrá al menos un divisor primo: $p_1, p_2, \ldots, p_n$, es decir, $P$ es múltiplo de, al menos, uno de ellos.

Suponemos que $P$ es múltiplo de $p_1$, así el producto $p_1 \cdot p_2 \cdot \ldots \cdot p_n$ es también múltiplo de $p_1$. Por tanto, $P - p_1 \cdot p_2 \cdot \ldots \cdot p_n$ también será múltiplo de $p_1$. Pero, por definición, $P = (p_1 \cdot p_2 \cdot \ldots \cdot p_n) + 1$. Luego la diferencia es 1.

Se llega a la conclusión de que 1 es múltiplo de $p_1$, lo cual es imposible, ya que 1 no puede ser múltiplo de ningún número excepto de sí mismo.

Observa que la suposición de que existe un número finito de primos nos lleva a una contradicción. Por tanto, deducimos que hay infinitos primos.

## 3.4. Demostración por inducción

A partir de una determinada sucesión de proposiciones $P_1, P_2, P_3, \ldots$:

1. Se comprueba que $P_1$ es verdadera.
2. Se supone $P_k$ verdadera y se demuestra que $P_{k+1}$ es verdadera.

Si se cumplen las premisas anteriores, todas las proposiciones son verdaderas. En efecto, si existiera una primera proposición $P_h$ falsa, su proposición anterior $P_{h-1}$ sería verdadera; sin embargo, al ser $P_{h-1}$ verdadera en función de la premisa **2**, $P_h$ debe ser verdadera. Así, $P_h$ es falsa y verdadera simultáneamente, lo cual es imposible.

**Ejercicio resuelto**

▶ *Demostrar por el método de inducción* $1 + 2 + 3 + \ldots + n = \dfrac{(1+n) \cdot n}{2}$

- Para $n = 1$ la igualdad es cierta, ya que: $1 = \dfrac{(1+1) \cdot 1}{2}$
- Si suponemos la expresión cierta para $n$, tenemos:

$$1 + 2 + 3 + \ldots + n = \frac{(1+n) \cdot n}{2}$$

- Vamos a demostrar ahora que es cierta para $n + 1$.

  Sumamos $n + 1$ a ambos miembros de la igualdad anterior:

$$1 + 2 + 3 + \ldots + n + (n+1) = \frac{(1+n) \cdot n}{2} + (n+1) \Rightarrow$$

$$\Rightarrow 1 + 2 + 3 + \ldots + n + (n+1) = \frac{[1 + (n+1)] \cdot (n+1)}{2}$$

  Queda entonces demostrada la igualdad.

## Problemas de ingenio

**1** En el *Lilavati*, libro hindú de matemáticas del siglo XII, aparece el siguiente problema: en cierto lago repleto de gansos rosados y grullas, se podía ver la parte superior de una flor de una planta de loto un palmo por encima de la superficie del agua. Forzada por el viento, avanzó gradualmente y fue sumergida por el agua a una distancia de 4 palmos. Calcula la profundidad del lago.

FIGURA 8.

**Solución:** 7 palmos y medio

**2** Reparte 10 hogazas de pan entre 5 hombres, de tal manera que las partes correspondientes estén en progresión aritmética y, además, una séptima parte de la suma de las 3 partes más grandes sea igual a la suma de las 2 más pequeñas. (Papiro Phind, s. XVII a.C.)

**Solución:** los cinco hombres reciben, respectivamente, 1/6, 13/12, 2, 35/12, 23/6 hogazas

**3** Un negociante separa 100 escudos al principio de cada año para los gastos de ese ejercicio. Todos los años aumenta el capital en 1/3 y al cabo de tres años ha duplicado su dinero. ¿Qué capital tenía al principio? (Isaac Newton, 1642-1727)

**Solución:** 1 480 escudos

**4** ¿Cuántas maneras hay de escoger en un tablero de ajedrez ($8 \times 8$) una casilla blanca y una negra de modo que las dos escogidas no estén ni en la misma fila ni en la misma columna?

**Solución:** 768 maneras

**5** Dos ciclistas parten de dos ciudades distantes entre sí 50 km. Ambos salen al encuentro del otro a la velocidad de 25 km/h. Una mosca sale desde una de las bicicletas hacia la otra, volando a 42 km/h.

Cuando encuentra al otro ciclista, regresa hacia el primero, siempre a la misma velocidad; así hasta que los dos ciclistas se encuentran. ¿Cuántos kilómetros ha recorrido la mosca en este vaivén?

**6** Para hacer un castillo de tres pisos como este se necesitan 15 cartas.

*a)* ¿Cuántas cartas se necesitarán para levantar un castillo similar de 10 pisos de altura?

*b)* El record mundial está en 61 pisos. ¿Cuántas cartas necesitarías para batir ese record y hacer un castillo de 62 pisos de altura?

FIGURA 9.

**Solución:** *a)* 155 cartas *b)* 5 797 cartas

**7** Utilizando la estrategia del ensayo-error y la calculadora, resuelve:

*a)* El número 357 627 es el producto de tres números impares consecutivos. Hállalos.

*b)* El número 15 252 es el producto de dos números consecutivos. ¿Cuáles son?

*c)* El número 206 725 es la suma de dos cuadrados perfectos consecutivos. ¿Cuáles son?

**8** Si un hombre de 1,80 m de estatura camina sobre el Ecuador y da así toda la vuelta a la Tierra, ¿qué longitud habrá recorrido más su cabeza que sus pies? ¿Y si lo hace sobre el ecuador de la Luna?

**Solución:** 11,31 m en ambos casos

**9** Utilizando el estudio de grafos que hizo Leonard Euler a partir del problema de los puentes de Königsberg, di cuáles de los siguientes dibujos pueden hacerse de un solo trazo y cuáles no.

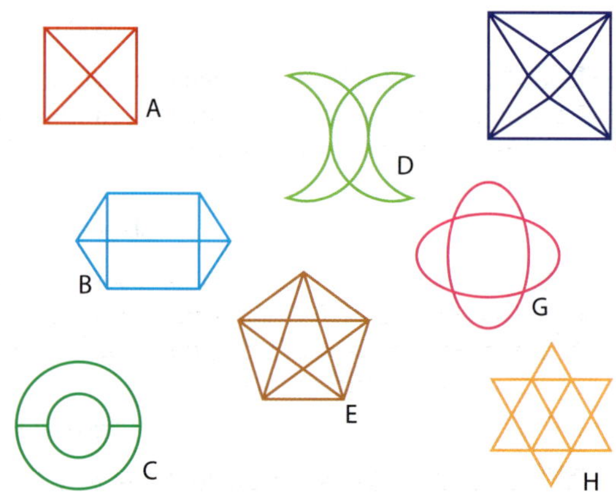


FIGURA 10.

**10** En una iglesia hay un rosetón como el de la figura. Sabiendo que hay un total de 400 $cm^2$ de cristal de color amarillo, ¿qué superficie de cristal azul se necesita para construir el rosetón?

FIGURA 11.

**Solución:** 400 $cm^2$

**11** Se ha suprimido un número de una lista de 10 números naturales consecutivos y se ha observado que la suma de los nueve números que quedan es 2 006. ¿Cuál es el número eliminado?

**Solución:** 219

**12** Dos hermanas compraron un barril que contenía 16 L de excelente vino. Al llegar a casa de una de ellas, decidieron dividirlo en partes iguales, pero descubrieron que solo tenían para hacerlo dos jarras: una de 11 L y otra de 6 L. ¿Qué tuvieron que hacer para dividir el vino en dos partes de 8 L haciendo el menor número de trasvases?

**13** Cuatro amigos tienen 45 €. Si el dinero del primero se aumenta en 2 €, el del segundo se reduce en 2 €, el del tercero se duplica y el del cuarto se reduce a la mitad, todos tendrán la misma cantidad. ¿Cuánto tiene cada uno?

**Solución:** 8 €, 12 €, 5 € y 20 €, respectivamente.

**14** Un granjero que tiene un rebaño de ovejas muy numeroso descubre una gran singularidad con respecto a su número. Si las cuenta de dos en dos, le sobra 1. Lo mismo ocurre cuando las cuenta de 3 en 3, de 4 en 4... hasta de 10 en 10. ¿Cuál es el tamaño del rebaño más pequeño que se ajusta a estas condiciones?

**Solución:** 2 521 ovejas

**15** Cincuenta y seis galletas han de servir de comida a diez animales; cada animal es un perro o un gato. Cada perro ha de comer seis galletas y cada gato, cinco. ¿Cuántos perros y cuántos gatos hay?

**Solución:** 6 perros y 4 gatos

**16** En un regimiento hay 4 000 soldados. Se licencia un cierto número de ellos. De los que quedan, sabemos que el $63,\widehat{63}$ % tiene carné de conducir y que el $92,\widehat{2297}$ % no usa gafas. ¿Cuántos soldados se licenciaron?

**Solución:** 744 soldados

**17** Un aficionado ha comprado dos entradas para ir al fútbol con un 10 % de recargo. Si las vende ahora con un 15 % de incremento sobre el precio de taquilla, se gana un 5 % sobre el recargo que pagó. ¿De acuerdo?

**18** A unas oposiciones al Ayuntamiento de Salamanca, se presentaron 37 candidatos. Todos los residentes en Salamanca capital consiguieron plaza y su número representaba el 95 % del total de aprobados. ¿Cuántos aprobaron y cuántos eran de Salamanca capital?

**Solución:** aprobados: 20; aprobados en Salamanca capital: 19

**19** Al tratar de medir un cable que tenía en casa, observé lo siguiente: si medía de 2 m en 2 m, me sobraba 1 m; si medía de 3 m en 3 m, me sobraban 2 m; si era de 4 m en 4 m me sobraban 3 m; si era de 5 m en 5 m, me sobraban 4 m, y si lo hacía de 6 m en 6 m, me sobraban 5 m. Si el cable medía menos de 100 m, ¿qué longitud tenía?

**Solución:** 59 m

**20** Una cuadrilla de segadores debía segar dos prados; la superficie de uno era el doble que la del otro. Durante medio día trabajó todo el personal de la cuadrilla en el prado grande; después de la comida, una mitad de la gente quedó en el prado grande y la otra mitad trabajó en el pequeño. Durante esa tarde se terminaron las dos siegas, a excepción de un reducido sector del prado pequeño, cuya siega ocupó el día siguiente completo a un solo segador. ¿Cuántos segadores componían la cuadrilla?

**Solución:** 8 segadores

**21** Un pastor tiene 2 panes y otro, un pan y se encuentran con un cazador que no lleva comida. Juntan los 3 panes y los tres comen partes iguales. Si al despedirse, el cazador les deja 3 monedas, ¿cómo deben repartirlas?

**22** Averigua $b$ y $c$ para que $62bc427$ sea múltiplo de 99.

**Solución:** $b = 2$ y $c = 4$

**23** En este cuadrado, dos amigos han borrado cada uno cuatro números, de manera que la suma de los números que ha borrado uno es el triple de la suma que ha borrado el otro. ¿Qué número ha quedado sin borrar?

| | | |
|---|---|---|
| 4 | 12 | 8 |
| 13 | 24 | 14 |
| 7 | 5 | 23 |

FIGURA 12.

**24** Sea $A$ un número entero y positivo con la siguiente propiedad: $10A$ es un cuadrado perfecto y $6A$ es un cubo perfecto. ¿Cuántos divisores positivos tiene el número $A$?

**Solución:** 72

**25** Si el lado del cuadrado mide 1 cm, averigua la suma de las longitudes de los radios de los dos círculos.

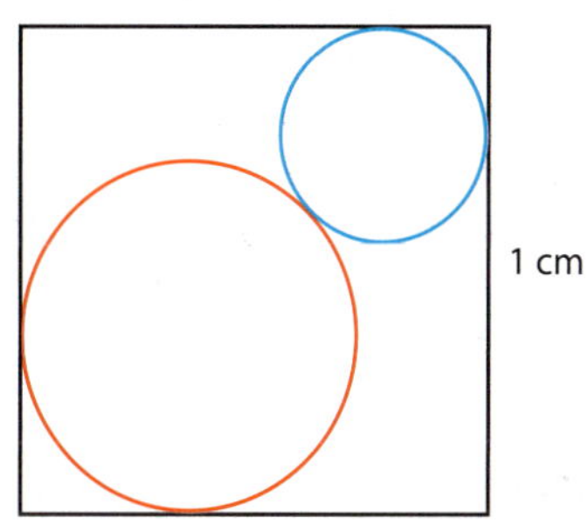


FIGURA 13.

**Solución:** $2 - \sqrt{2}$ cm

**26** En una urna hay 12 bolas: tres blancas, tres amarillas, tres negras y tres rojas. Las bolas de cada color están numeradas del 1 al 3. Extraemos tres bolas al azar. Determina la probabilidad de que las tres bolas, independientemente de su color, tengan los números 1, 2 y 3.

**Solución:** 16/55

**27** Un alumno pensó un número entero; otro lo multiplicó por 5 o por 6; otro sumó 5 o 6 al resultado anterior, y, un cuarto alumno restó 5 o 6 y obtuvo 73. ¿Qué número había pensado el primer alumno?

**Solución:** 12

**28** Demuestra, por reducción al absurdo, que si $m$ y $n$ son números enteros tales que $n + n^2 + n^3 = m + m^2$, entonces $n$ es par.

**29** Demuestra por inducción para qué números naturales se verifica $2^n > 2n + 1$.

**Solución:** $n \geq 3$

**30** Demuestra por inducción que la expresión $a^{2n} - 1$ es divisible por $a + 1$.

OXFORD
UNIVERSITY PRESS

Oxford University Press es un departamento de la Universidad de Oxford. Como parte integrante de esta institución, promueve el objetivo de excelencia en la investigación y la educación a través de sus publicaciones en todo el mundo. Oxford y Oxford Educación son marcas registradas de Oxford University Press.

Publicado en España por
Oxford University Press España S. A.
Parque Empresarial San Fernando, Edificio Atenas
28830 San Fernando de Henares (Madrid)



ISBN: 978-84-673-9441-2
Depósito legal: M-16515-2015
Impreso en España

**AUTORÍA**
Esther Bescós i Escruela
Zoila Pena i Terrén

**ILUSTRACIÓN**
Ramón Colera, Ángel Fernández, Raúl Herrero

**FOTOGRAFÍAS**
ACI, AGE Fotostock, Corbis, Cordon Press, Getty Images, Jorge Montoro, Photoaisa, Archivo Oxford, Shutterstock (p. 2 Jennifer Gottschalk; p. 31 sebikus; p. 34 Yuri Yavnik; p. 70 ixpert; p. 122 Jennifer Gottschalk; p. 176 MarcelClemens; p. 186 cigdem; p. 188 rickyd; p. 200 Germanskydiver; p. 280 Doug Lemke; p. 364 Minerva Studio)